钱民刚　主编

注册工程师执业资格考试公共基础知识

复习教程（第六版）

含近三年真题解析

U0372267

中国电力出版社
CHINA ELECTRIC POWER PRESS

内 容 提 要

自1997年以来，各专业注册工程师执业资格考试制度相继实施，为满足广大考生复习、应考需要，特组织有多年考前培训教学经验的教师编写了本书第一版～第五版，受到广大读者及各专业考生的好评。2022年作者团队又精心梳理了全书，更换了部分章节、删除低频考点例题、增加高频例题，同时更新了法律法规等相关内容，形成了第六版。

本书是注册工程师执业资格考试公共基础考试各专业的通用教程，主要内容包括工程科学基础（高等数学、普通物理、普通化学、理论力学、材料力学、流体力学）、现代技术基础（计算机应用基础、电气与信息）、工程管理基础（工程经济、法律法规）三篇十章。同时，为便于考生复习，本书还附有2020～2022年全国勘察设计注册工程师执业资格考试公共基础考试试题与答案，供大家学习参考。

本书适用于备考注册结构工程师、土木工程师、岩土工程师、注册电气工程师、公用设备（包括给排水、暖通空调和动力专业）工程师和环保工程师等考生，也可供相关专业的培训教师和工程技术人员参考。

图书在版编目（CIP）数据

注册工程师执业资格考试公共基础知识复习教程/钱民刚主编. —6版. —北京：中国电力出版社，2023.5

ISBN 978-7-5198-7610-4

Ⅰ.①注… Ⅱ.①钱… Ⅲ.①工程师－资格考试－自学参考资料 Ⅳ.①T-29

中国国家版本馆CIP数据核字（2023）第042474号

出版发行：中国电力出版社
地　　址：北京市东城区北京站西街19号（邮政编码100005）
网　　址：http://www.cepp.sgcc.com.cn
责任编辑：翟巧珍（806636769@qq.com）　胡　帅（1175198765@qq.com）
责任校对：黄　蓓　郝军燕　李　楠
装帧设计：张俊霞
责任印制：石　雷

印　　刷：北京雁林吉兆印刷有限公司
版　　次：2011年5月第一版　2023年5月第六版
印　　次：2023年5月北京第十二次印刷
开　　本：787毫米×1092毫米　16开本
印　　张：33.5
字　　数：830千字
印　　数：29001—31000册
定　　价：128.00元

前 言

自从钱民刚主编的《注册工程师执业资格考试　公共基础知识复习教程》（简称《复习教程》）和《注册工程师执业资格考试　公共基础知识真题解析》（简称《真题解析》）分别于2011年和2012年出版以来，受到广大读者的好评和欢迎。由于本书作者团队富有考前培训经验、复习内容讲解精练、真题解析贴近实战并兼顾不同专业需求，这些鲜明特点对于考生高效率地复习备考、提高考试通过率起到了重要作用，因此全国各地培训机构、培训教师和学员纷纷采用本书作为培训和复习教材，一时成为同类图书市场的畅销书。在2012年、2014年、2016年和2020年本书相继出版了第二版、第三版、第四版和第五版。

考虑到近几年注册工程师考试的动向、图书市场的变化和读者的需求，在第五版的基础上，本版特做了如下修订：

（1）对于《复习教程》中与近几年考试关系不大的内容做较大幅度的删改，使得《复习教程》更加精简，更加贴近考试考点的内容。总篇幅有所缩减。

（2）对于《复习教程》中的有关例题做大幅删改，删掉与近几年考试内容关系不大的例题和过时的例题，换上最近几年的真题，更加贴近考试高频考点。

（3）附录中换上近三年（2020、2021、2022年）的全套考试真题与解答，把原来2017、2018、2019年的真题中有的典型题替换到教程的例题中。

本书作者为钱民刚（理论力学、材料力学兼主编）、李群高（高等数学）、魏京花（普通物理）、岳冠华（普通化学）、李兆年（流体力学）、许小重（计算机应用基础）、许怡生（电气与信息）、陈向东（工程经济）、杨静（法律法规）共九人，是北京建筑大学、北京工业大学、北京工商大学的教授和副教授，具有多年相关专业的教学科研工作经验，1997年以来一直从事勘察设计注册工程师考前培训和全国培训辅导教材的编写工作，具有20多年丰富的实践教学经验，是全国最早从事勘察设计工程师考前培训工作的教师团队。

本书适用于备考勘察设计注册工程师岩土、结构、土木、电气、公用设备（包括给水排水、暖通空调和动力）、环保等各专业考试的考生，也可供相关专业的培训教师和工程技术人员参考。

虽经再三校核，本书仍难免疏漏之处，敬请读者指正。

编　者

2023年2月

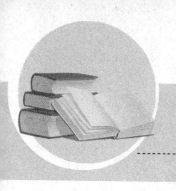

第一版前言

自原建设部（现住房和城乡建设部）和原人事部（现人力资源和社会保障部）从1997年起实施注册工程师（房屋结构）执业资格考试制度以来，注册岩土工程师（2002年）、注册电气工程师（2004年）、注册公用设备工程师（2005年）等各专业的执业资格考试制度陆续施行。为了满足广大考生的复习需要，各专业的辅导教材应运而生。与现在图书市场上的各类复习教材相比，本书具有以下特点：

（1）富有培训经验的作者队伍。由北京建筑工程学院、北京工业大学、北京工商大学和北京市建筑设计研究院的教师组成的作者队伍，自1997年起，一直从事注册工程师公共基础考试考前培训班的教学工作，具有14年丰富的培训教学实践经验。同时，我们依据2009年3月新修订的《勘察设计注册工程师资格考试公共基础考试大纲》和历年来考生的反馈意见，以多年来辅导培训的教案为基础，编写了本复习教程。本书凝结了教师们14年耕耘的心血，必将受到考生的欢迎。

（2）讲解精练的复习内容。注册工程师公共基础考试共包括高等数学、普通物理、普通化学、理论力学、材料力学、流体力学、计算机应用基础、电气与信息、工程经济和法律法规十门课程。面对繁重的复习任务，绝大多数考生都感到非常困难。考虑到广大考生工作繁忙、时间有限，在本书的编写过程中，力求简明扼要，特别注重精练，避免繁琐的陈述和讲解，比图书市场上同类教材精练得多，可以大大提高考生复习备考的时间利用率。

（3）贴近实战的真题训练。自从1997年以来，随着注册工程师资格考试公共基础考试的逐年进行，考试的真题通过各种渠道在考试培训市场上流传开来。这些真题对于考生复习备考、教师的培训教学具有指挥棒的重要作用。我们在培训中讲解这些真题，分析所考的知识点，受到广大考生的热情欢迎。在本书编写过程中，我们收集、整理了近几年的真题和答案，作为参考习题和典型例题，进一步加强了本书复习备考的针对性。这是本书与众不同的重要特色。

（4）兼顾不同专业要求。由于注册工程师各专业的差异，在大学本科学习阶段公共基础课学习的深度和广度，对各专业是有所不同的，个别课程甚至相差很大。例如，对房屋结构专业理论力学和材料力学要求很高，对给水排水和暖通空调专业流体力学要求较高，而对电气专业则对电工电子课程要求很高、对上述三门力学课程要求较少。因此各专业现已出版的复习教材往往是公共基础课和专业基础课配套编写出版，不利于各专业的通用。针对这种情况，本书以考试大纲和实际考题为准，面对各专业统一教学内容，既照顾到本科学习多学时的专业，又照顾到本科学习少学时的专业。这使得本书内容不仅适用于注册结构工程师、土木工程师、岩土工程师，也适用于公用设备工程师（包括给水排水、暖通空调和动力专业）、电气工程师和环保工程师等各专业的考生，具有广泛的适用性。

本书第一章由李群高负责编写，第二章由魏京花负责编写，第三章由岳冠华负责编写，第四章、第五章由钱民刚负责编写，第六章由李兆年负责编写，第七章由许小重负责编写，第八章由许怡生负责编写，第九章由陈向东负责编写，第十章由李魁元负责编写。全书由钱民刚担任主编。

限于作者的水平和时间，本书中难免存有疏漏之处，恳请广大读者批评指正。

祝各位考生考试顺利！

编　者

2011 年 2 月

第二版前言

《注册工程师执业资格考试　公共基础知识复习教程（第一版）》在2011年5月出版以后，受到广大读者和考生的热情欢迎。由于本书作者队伍富有培训经验、复习内容讲解精练、贴近实战的真题训练，并兼顾不同专业要求，因此各培训机构和培训教师纷纷采用此书作为教材。对于考生高效率地复习备考起到了重要作用。

在2011年的考前培训教学过程中，我们进一步征求了广大学员和教师的意见，并根据最新的考题动向对本书第二版的内容进行了修改完善。变动较大的主要是第一章高等数学和第七章计算机应用基础。第一章根据考前培训教学的需要增加完善了部分内容和例题。第七章则根据近几年最新的考题动向增删了部分内容。其余各章也做了相应修改，并改正了文字错误。

同时，应广大考生和考前培训班学员的要求我们新编了《注册工程师执业资格考试　公共基础知识真题解析》，把最近几年注册工程师资格考试公共基础考试的真题做了详细解答，以帮助考生更方便地进行复习，并且可以把《注册工程师执业资格考试　公共基础知识复习教程（第二版）》和《注册工程师执业资格考试　公共基础知识真题解析》配套使用。

本书第二版的各章作者及主编和第一版相同，兹不赘述。

虽经再三校核，本书仍难免疏漏，敬请广大读者指正。

编　者

2012年2月

第三版前言

《注册工程师执业资格考试　公共基础知识复习教程（第二版）》自 2012 年 2 月进行再版以来，受到广大读者和各专业考生的热烈欢迎，各培训机构和培训教师纷纷采用本书作为培训教材，对于广大考生高效率地复习备考起到了重要作用。本书作者团队具有丰富培训经验，复习内容讲解精练，并附有贴近实战的真题训练，可兼顾不同专业要求。

为了更好地与《注册工程师执业资格考试　公共基础知识真题解析（第二版）》配套使用、避免内容重复，根据 2013 年注册工程师考前培训教学过程中广大学员、教师的意见和最新的考题动向，《注册工程师执业资格考试　公共基础知识复习教程（第三版）》主要做了以下改动：将前版书各章后原有的参考习题和参考答案取消，进一步精简篇幅；修改和补充了书中各章相应的内容和例题，其中，对第三章中有机化学内容作了较多必要的补充，另外，由于近几年计算机基础考试试题内容变化较大，故重新编写了第七章，其他各章的内容和例题也做了补充、修订和进一步完善。

本书第一章由李群高负责编写，第二章由魏京花负责编写，第三章由岳冠华负责编写，第四章、第五章由钱民刚负责编写，第六章由李兆年负责编写，第七章由许小重负责编写，第八章由许怡生负责编写，第九章由陈向东负责编写，第十章由李魁元负责编写。全书由钱民刚担任主编。

经过近几年的使用、修订和这次再版，相信本书将日臻完善，更加受到广大读者的欢迎。限于作者的水平和时间，本书难免有疏漏，敬请读者指正。

编　者

2014 年 3 月

第四版前言

自从《注册工程师执业资格考试　公共基础知识复习教程》和《注册工程师执业资格考试　公共基础知识真题解析》分别于2011年和2012年出版以来，受到广大读者和考生的热情欢迎。由于本书作者队伍富有培训经验、复习内容讲解精练、真题解析贴近实战并兼顾不同专业需求，这些鲜明特点对于考生高效率地复习备考、提高考试通过率起到了重要作用，因此全国各地培训机构和培训教师纷纷采用本书作为培训教材，一时间成为图书市场上的畅销书。

《注册工程师执业资格考试　公共基础知识复习教程（第四版）》根据最新的考试真题内容更换了部分章节与考试考点联系不够密切的例题，增加了一些新的内容和例题。比如，第四章理论力学增加了强迫振动的内容和有关的最新的考题。第十章法律法规中第三节安全生产法根据修订后的条文进行了重写，第九节建设工程勘察设计管理条例也增添了新内容。对于在培训教学中发现的不够完善之处和个别文字错误，本次再版也进行了补充和修订。

本书第一章由李群高负责编写，第二章由魏京花负责编写，第三章由岳冠华负责编写，第四章、第五章由钱民刚负责编写，第六章由李兆年负责编写，第七章由许小重负责编写，第八章由许怡生负责编写，第九章由陈向东负责编写，第十章由李魁元负责编写。全书由钱民刚担任主编。在本书的编写过程中，郝莉同志给予了一些帮助，在此表示感谢。

限于作者的水平和时间，虽经再三修订，本书也难免存有疏漏之处，敬请广大读者指正。

祝各位考生考试顺利！

编　者

2016年2月

第五版前言

自从钱民刚主编的《注册工程师执业资格考试　公共基础知识复习教程》（简称《复习教程》）和《注册工程师执业资格考试　公共基础知识真题解析》（简称《真题解析》），分别于2011年和2012年出版以来，受到广大读者和考生的热情欢迎。由于本书作者队伍富有考前培训经验、复习内容讲解精练、真题解析贴近实战并兼顾不同专业需求，这些鲜明特点对于考生高效率地复习备考、提高考试通过率起到了重要作用，因此全国各地培训机构、培训教师和学员纷纷采用本书作为培训和复习教材，一时间成为同类图书市场的畅销书。随后本书在2012年、2014年和2016年又出版了第二版、第三版和第四版。

考虑到近几年注册工程师考试真题的动向、图书市场的变化和广大读者的实际需求，与第四版相比，本版特做了如下比较大的改动：

（1）对于《复习教程》中与考试关系不大的内容做较大幅度的删改，使得《复习教程》更加精简，更加贴近培训讲义的内容。

（2）对于《复习教程》中的有关例题做大幅增删，删掉与考试内容关系不大的例题和过时的例题，增加最近几年的真题，更加贴近考试实战。

（3）增设6个附录，给出近三年的全套考试真题与解答，作为模拟考题，使得考生对于考试试卷有一个全面的了解。为此附录中还给出了《勘察设计注册工程师资格考试　公共基础试题（上午段）配置说明》。

（4）《复习教程（第五版）》内容涵盖《真题解析》，所以不再出版单独的一本《真题解析》，这样学员一本书在手就可以复习所有公共基础知识了。

本书作者为钱民刚（理论力学、材料力学兼主编）、李群高（高等数学）、魏京花（普通物理）、岳冠华（普通化学）、李兆年（流体力学）、许小重（计算机基础）、许怡生（电气与信息）、陈向东（工程经济）、李魁元（法律法规）共九人，是北京建筑大学、北京工业大学、北京工商大学和北京建筑设计院的教授、副教授和高级工程师，具有多年相关专业的教学科研工作的经验，1997年以来一直从事注册勘察设计工程师考前培训和编写全国培训辅导教材的工作，具有20多年丰富的实践教学经验，是全国最早从事勘察设计工程师考前培训工作的教师团队。

本书适用于备考勘察设计注册工程师结构、土木、岩土、电气、公用设备（包括给水排水、暖通空调和动力）、环保等各专业考试的考生，也可供相关专业的培训教师和工程技术人员参考。

限于作者的水平和时间，本书中难免有疏漏之处，恳请广大读者批评指正。

祝各位考生复习顺利，考试取得好成绩。

编　者

2020年2月

目　录

第二篇　现代技术基础

第三篇 工程管理基础

第一篇　工程科学基础

第一章 高 等 数 学

第一节 空 间 解 析 几 何

一、向量代数

（一）向量的概念

（1）向量的坐标：设向量 $\boldsymbol{a}$ 的起点为 $A(x_1,y_1,z_1)$，终点为 $B(x_2,y_2,z_2)$，则

$$\boldsymbol{a}=\boldsymbol{AB}=\{x_2-x_1,y_2-y_1,z_2-z_1\}=\{a_x,a_y,a_z\}$$

注意

a_x，a_y，a_z 是向量 $\boldsymbol{a}$ 的坐标，向量的坐标也是该向量在三个坐标轴上的投影。

（2）向量的模：

$$|\boldsymbol{a}|=|\boldsymbol{AB}|=\sqrt{(x_2-x_1)^2+(y_2-y_1)^2+(z_2-z_1)^2}=\sqrt{a_x^2+a_y^2+a_z^2}$$

（3）向量的方向角与方向余弦：向量 $\boldsymbol{a}$ 与 x 轴、y 轴、z 轴正向的夹角 α、β、γ 叫 $\boldsymbol{a}$ 的方向角（$0\leqslant\alpha$、β、$\gamma\leqslant\pi$）。$\cos\alpha$、$\cos\beta$、$\cos\gamma$ 叫作 $\boldsymbol{a}$ 的方向余弦（$\cos^2\alpha+\cos^2\beta+\cos^2\gamma=1$），且 $\cos\alpha=\dfrac{a_x}{|\boldsymbol{a}|}$、$\cos\beta=\dfrac{a_y}{|\boldsymbol{a}|}$、$\cos\gamma=\dfrac{a_z}{|\boldsymbol{a}|}$。

（4）单位向量 $\boldsymbol{a}^0$：模为 1 的向量，且与向量 $\boldsymbol{a}$ 同方向，即 $\boldsymbol{a}^0=\dfrac{1}{|\boldsymbol{a}|}\boldsymbol{a}$。

（5）零向量：模为 0 的向量，方向不固定。零向量可与任何向量垂直或平行。

（6）向量在轴上的投影：向量 $\boldsymbol{AB}$ 在轴 u 上的投影 $\mathrm{Prj}_u\boldsymbol{AB}=|\boldsymbol{AB}|\cos(\widehat{\boldsymbol{AB},u})$。

（二）向量的运算

1. 向量的线性运算

若 $\boldsymbol{a}=\{a_x,a_y,a_z\}$，$\boldsymbol{b}=\{b_x,b_y,b_z\}$，$\lambda$ 是常数，则

$$\boldsymbol{a}\pm\boldsymbol{b}=\{a_x\pm b_x,a_y\pm b_y,a_z\pm b_z\},\lambda\boldsymbol{a}=\{\lambda a_x,\lambda a_y,\lambda a_z\}$$

若 $\boldsymbol{a}$、$\boldsymbol{b}$ 是非零向量

则
$$\boldsymbol{a}/\!/\boldsymbol{b}\Leftrightarrow\boldsymbol{a}=\lambda\boldsymbol{b}\Leftrightarrow\frac{a_x}{b_x}=\frac{a_y}{b_y}=\frac{a_z}{b_z}$$

2. 数量积（点积）

（1）定义：$\boldsymbol{a}\cdot\boldsymbol{b}=|\boldsymbol{a}||\boldsymbol{b}|\cos(\widehat{\boldsymbol{a},\boldsymbol{b}})$（运算结果为一数量）。

（2）坐标表达式：若 $\boldsymbol{a}=\{a_x,a_y,a_z\}$，$\boldsymbol{b}=\{b_x,b_y,b_z\}$，则 $\boldsymbol{a}\cdot\boldsymbol{b}=a_xb_x+a_yb_y+a_zb_z$。

（3）性质：$\boldsymbol{a}\cdot\boldsymbol{a}=|\boldsymbol{a}|^2$。

（4）两向量垂直的充分必要条件：$\boldsymbol{a}\perp\boldsymbol{b}\Leftrightarrow\boldsymbol{a}\cdot\boldsymbol{b}=0\Leftrightarrow a_xb_x+a_yb_y+a_zb_z=0$。

（5）两向量夹角的余弦公式：$\cos(\widehat{\boldsymbol{a},\boldsymbol{b}})=\dfrac{\boldsymbol{a}\cdot\boldsymbol{b}}{|\boldsymbol{a}||\boldsymbol{b}|}=\dfrac{a_xb_x+a_yb_y+a_zb_z}{\sqrt{a_x^2+a_y^2+a_z^2}\sqrt{b_x^2+b_y^2+b_z^2}}$。

注意

数量积满足交换律和分配律，但不满足结合律。

3. 向量积（叉积）

（1）定义：$\boldsymbol{c}=\boldsymbol{a}\times\boldsymbol{b}$ 是一个向量，该向量的大小为 $|\boldsymbol{c}|=|\boldsymbol{a}\times\boldsymbol{b}|=|\boldsymbol{a}||\boldsymbol{b}|\sin(\boldsymbol{a},\boldsymbol{b})$，该向量的方向 $\boldsymbol{c}\perp\boldsymbol{a}$、$\boldsymbol{c}\perp\boldsymbol{b}$ 且符合右手法则。

（2）坐标表达式：若 $\boldsymbol{a}=\{a_x,a_y,a_z\}$，$\boldsymbol{b}=\{b_x,b_y,b_z\}$，则

$$\boldsymbol{a}\times\boldsymbol{b}=\begin{vmatrix}\boldsymbol{i}&\boldsymbol{j}&\boldsymbol{k}\\a_x&a_y&a_z\\b_x&b_y&b_z\end{vmatrix}=(a_yb_z-a_zb_y)\boldsymbol{i}-(a_xb_z-a_zb_x)\boldsymbol{j}+(a_xb_y-a_yb_x)\boldsymbol{k}$$

（3）性质：$\boldsymbol{a}\times\boldsymbol{a}=\boldsymbol{0}$，$\boldsymbol{a}\times\boldsymbol{b}\perp\boldsymbol{a}$，$\boldsymbol{a}\times\boldsymbol{b}\perp\boldsymbol{b}$，$\boldsymbol{a}\times\boldsymbol{b}=-\boldsymbol{b}\times\boldsymbol{a}$。

（4）两向量平行（共线）的充分必要条件：$\boldsymbol{a}\parallel\boldsymbol{b}\Leftrightarrow\boldsymbol{a}\times\boldsymbol{b}=\boldsymbol{0}\Leftrightarrow\dfrac{a_x}{b_x}=\dfrac{a_y}{b_y}=\dfrac{a_z}{b_z}$。

4. 混合积

（1）定义：$(\boldsymbol{a}\times\boldsymbol{b})\cdot\boldsymbol{c}\doteq[\boldsymbol{abc}]$（运算结果为一数量）。

（2）坐标表达式：若 $\boldsymbol{a}=\{a_x,a_y,a_z\}$，$\boldsymbol{b}=\{b_x,b_y,b_z\}$，$\boldsymbol{c}=\{c_x,c_y,c_z\}$，则

$$[\boldsymbol{abc}]=\begin{vmatrix}a_x&a_y&a_z\\b_x&b_y&b_z\\c_x&c_y&c_z\end{vmatrix}$$

（3）性质：

$$\text{三向量 }\boldsymbol{a}、\boldsymbol{b}、\boldsymbol{c}\text{ 共面}\Leftrightarrow[\boldsymbol{abc}]=\begin{vmatrix}a_x&a_y&a_z\\b_x&b_y&b_z\\c_x&c_y&c_z\end{vmatrix}=0$$

例 1-1 设 $\boldsymbol{\alpha}$、$\boldsymbol{\beta}$、$\boldsymbol{\gamma}$ 都是非零向量，$\boldsymbol{\alpha}\times\boldsymbol{\beta}=\boldsymbol{\alpha}\times\boldsymbol{\gamma}$，则（　　）。

(A) $\boldsymbol{\beta}=\boldsymbol{\gamma}$　(B) $\boldsymbol{\alpha}/\!/\boldsymbol{\beta}$ 且 $\boldsymbol{\alpha}/\!/\boldsymbol{\gamma}$　(C) $\boldsymbol{\alpha}/\!/(\boldsymbol{\beta}-\boldsymbol{\gamma})$　(D) $\boldsymbol{\alpha}\perp(\boldsymbol{\beta}-\boldsymbol{\gamma})$

解：由 $\boldsymbol{\alpha}\times\boldsymbol{\beta}=\boldsymbol{\alpha}\times\boldsymbol{\gamma}$，有 $\boldsymbol{\alpha}\times\boldsymbol{\beta}-\boldsymbol{\alpha}\times\boldsymbol{\gamma}=0$，提公因子得 $\boldsymbol{\alpha}\times(\boldsymbol{\beta}-\boldsymbol{\gamma})=0$，由于两向量平行的充分必要条件是向量积为零，所以 $\boldsymbol{\alpha}/\!/(\boldsymbol{\beta}-\boldsymbol{\gamma})$。故选（C）。

例 1-2 已知向量 $\boldsymbol{a}=\boldsymbol{i}+\boldsymbol{j}+\boldsymbol{k}$，则垂直于 $\boldsymbol{a}$ 且垂直于 oy 轴的单位向量是（　　）。

(A) $\pm\dfrac{\sqrt{3}}{3}(\boldsymbol{i}+\boldsymbol{j}+\boldsymbol{k})$　(B) $\pm\dfrac{\sqrt{3}}{3}(\boldsymbol{i}-\boldsymbol{j}+\boldsymbol{k})$

(C) $\pm\dfrac{\sqrt{2}}{2}(\boldsymbol{i}-\boldsymbol{k})$　(D) $\pm\dfrac{\sqrt{2}}{2}(\boldsymbol{i}+\boldsymbol{k})$

解：与 oy 轴同方向的单位向量是 $\boldsymbol{j}$，而

$\boldsymbol{a}\times\boldsymbol{j}=\begin{vmatrix}\boldsymbol{i}&\boldsymbol{j}&\boldsymbol{k}\\1&1&1\\0&1&0\end{vmatrix}=\boldsymbol{k}-\boldsymbol{i}$，垂直于 $\boldsymbol{a}$ 且垂直于 oy 轴的单位向量是 $\dfrac{\boldsymbol{a}\times\boldsymbol{j}}{|\boldsymbol{a}\times\boldsymbol{j}|}=\pm\dfrac{1}{\sqrt{2}}(\boldsymbol{k}-\boldsymbol{i})=\mp\dfrac{\sqrt{2}}{2}(\boldsymbol{i}-\boldsymbol{k})$，故选（C）。

例 1-3 已知 $\boldsymbol{\alpha}=\boldsymbol{i}+a\boldsymbol{j}-3\boldsymbol{k}$，$\boldsymbol{\beta}=a\boldsymbol{i}-3\boldsymbol{j}+6\boldsymbol{k}$，$\boldsymbol{\gamma}=-2\boldsymbol{i}+2\boldsymbol{j}+6\boldsymbol{k}$，若 $\boldsymbol{\alpha}$，$\boldsymbol{\beta}$，$\boldsymbol{\gamma}$ 共面，则 a 等于（　　）。

(A) 1 或 2　(B) −1 或 2　(C) −1 或 −2　(D) 1 或 −2

解：若$\boldsymbol{\alpha}$、$\boldsymbol{\beta}$、$\boldsymbol{\gamma}$共面，则$\begin{vmatrix} 1 & a & -3 \\ a & -3 & 6 \\ -2 & 2 & 6 \end{vmatrix}=0$，计算三阶行列式得$a^2+3a+2=0$，求解该方程得$a=-1$或$a=-2$，故应选（C）。

二、平面

（一）平面方程

（1）点法式方程：设平面过点(x_0,y_0,z_0)，法向量为$\boldsymbol{n}=\{A,B,C\}$，则平面方程为

$$A(x-x_0)+B(y-y_0)+C(z-z_0)=0$$

注意

要求平面方程，关键是利用已知条件，找出平面的法向量和某点的坐标。

（2）一般方程：$Ax+By+Cz+D=0$（$\boldsymbol{n}=\{A,B,C\}$为平面的法向量）。

1）当$D=0$时，平面过原点。

2）当$A=0(B=0$或$C=0)$时，平面平行于$x(y$或$z)$轴，这时若$D\neq 0$，平面不经过$x(y$或$z)$轴，若$D=0$，则平面经过$x(y$或$z)$轴。

3）当$A=B=0$时，平面平行于xoy面。

注意

求平面方程的另一常用方法是利用条件，写出平面一般式，再确定系数。

（二）两平面的夹角

设平面π_1、π_2的法向量为$\boldsymbol{n}_1=\{A_1,B_1,C_1\}$和$\boldsymbol{n}_2=\{A_2,B_2,C_2\}$

$$\cos\theta=\frac{|\boldsymbol{n}_1\cdot\boldsymbol{n}_2|}{|\boldsymbol{n}_1||\boldsymbol{n}_2|}=\frac{|A_1A_2+B_1B_2+C_1C_2|}{\sqrt{A_1^2+B_1^2+C_1^2}\sqrt{A_2^2+B_2^2+C_2^2}}\quad\left(0\leqslant\theta\leqslant\frac{\pi}{2}\right)$$

$$\pi_1\perp\pi_2\Leftrightarrow\boldsymbol{n}_1\perp\boldsymbol{n}_2\Leftrightarrow A_1A_2+B_1B_2+C_1C_2=0$$

$$\pi_1 /\!/ \pi_2\Leftrightarrow\boldsymbol{n}_1 /\!/ \boldsymbol{n}_2\Leftrightarrow\frac{A_1}{A_2}=\frac{B_1}{B_2}=\frac{C_1}{C_2}$$

例 1-4　过点（−1，0，1）且与平面$x+y+4z+19=0$平行的平面方程为（　　）。

（A）$x+y+4z-3=0$　　（B）$2x+y+z-3=0$

（C）$x+2y+z-19=0$　　（D）$x+2y+4z-9=0$

解：已知平面的法向量为$\boldsymbol{n}=\{1,1,4\}$，由已知可得所求平面的法向量为$\boldsymbol{n}=\{1,1,4\}$。所以所求平面方程为：$1\times(x+1)+1\times(y-0)+4\times(z-1)=0$，即$x+y+4z-3=0$，故选（A）。

例 1-5　平面$x-3z-6=0$的位置是（　　）。

（A）平行xoz平面　　（B）平行y轴，但不通过y轴

（C）垂直于y轴　　（D）通过y轴

解：由于$B=0$而$D\neq 0$，故平面平行y轴，但不通过y轴，应选（B）。

三、直线

（一）直线方程

（1）对称式方程：设直线过点(x_0,y_0,z_0)，方向向量为$\boldsymbol{s}=\{m,n,p\}$，则直线方程为

$$\frac{x-x_0}{m}=\frac{y-y_0}{n}=\frac{z-z_0}{p}$$

如果 m、n、p 中有一个为零，如 $n=0$，这时直线方程为$\frac{x-x_0}{m}=\frac{z-z_0}{p}$，$y=y_0$。

注意

要求直线的方程，关键是利用已知条件，找出方向向量和一个点的坐标。

(2) 参数式方程：由$\frac{x-x_0}{m}=\frac{y-y_0}{n}=\frac{z-z_0}{p}=t$，可得直线的参数式方程

$$\begin{cases}x=x_0+mt\\ y=y_0+nt\\ z=z_0+pt\end{cases}\quad(-\infty<t<+\infty)$$

(3) 一般方程：$\begin{cases}A_1x+B_1y+C_1z+D_1=0\\ A_2x+B_2y+C_2z+D_2=0\end{cases}$（两个平面的交）

该直线的方向向量为 $\boldsymbol{s}=\boldsymbol{n}_1\times\boldsymbol{n}_2=\begin{vmatrix}\boldsymbol{i}&\boldsymbol{j}&\boldsymbol{k}\\ A_1&B_1&C_1\\ A_2&B_2&C_2\end{vmatrix}$

（二）两直线的夹角

设直线 L_1、L_2 的方向向量为 $\boldsymbol{s}_1=\{m_1,n_1,p_1\}$ 和 $\boldsymbol{s}_2=\{m_2,n_2,p_2\}$，则

$$\cos\theta=\frac{|\boldsymbol{s}_1\cdot\boldsymbol{s}_2|}{|\boldsymbol{s}_1||\boldsymbol{s}_2|}=\frac{|m_1m_2+n_1n_2+p_1p_2|}{\sqrt{m_1^2+n_1^2+p_1^2}\sqrt{m_2^2+n_2^2+p_2^2}}\quad\left(0\leqslant\theta\leqslant\frac{\pi}{2}\right)$$

$$L_1\perp L_2\Leftrightarrow\boldsymbol{s}_1\perp\boldsymbol{s}_2\Leftrightarrow m_1m_2+n_1n_2+p_1p_2=0$$

$$L_1\,/\!/\,L_2\Leftrightarrow\boldsymbol{s}_1\,/\!/\,\boldsymbol{s}_2\Leftrightarrow\frac{m_1}{m_2}=\frac{n_1}{n_2}=\frac{p_1}{p_2}$$

（三）直线与平面的夹角

设直线 L 的方向向量为 $\boldsymbol{s}=\{m,n,p\}$，平面 π 的法向量为 $\boldsymbol{n}=\{A,B,C\}$，直线 L 和它在平面 π 上投影直线的夹角称为直线 L 和平面 π 的夹角，即

$$\sin\varphi=\frac{|\boldsymbol{n}\cdot\boldsymbol{s}|}{|\boldsymbol{n}||\boldsymbol{s}|}=\frac{|Am+Bn+Cp|}{\sqrt{A^2+B^2+C^2}\sqrt{m^2+n^2+p^2}}\quad\left(0\leqslant\varphi\leqslant\frac{\pi}{2}\right)$$

$$L\perp\pi\Leftrightarrow\boldsymbol{s}\,/\!/\,\boldsymbol{n}\Leftrightarrow\frac{m}{A}=\frac{n}{B}=\frac{p}{C}$$

$$L\,/\!/\,\pi\Leftrightarrow\boldsymbol{s}\perp\boldsymbol{n}\Leftrightarrow Am+Bn+Cp=0$$

例 1-6 过点 $(2,0,-1)$ 且垂直于 xoy 坐标面的直线方程是（　　）。

(A) $\frac{x-2}{1}=\frac{y}{0}=\frac{z+1}{0}$　　(B) $\frac{x-2}{0}=\frac{y}{1}=\frac{z+1}{0}$

(C) $\frac{x-2}{0}=\frac{y}{0}=\frac{z+1}{1}$　　(D) $\begin{cases}x=2\\ z=-1\end{cases}$

解： 与 xoy 坐标面垂直的直线的方向向量为 $(0,0,1)$，又因为直线过点 $(2,0,-1)$，所以该直线的对称式方程为$\frac{x-2}{0}=\frac{y}{0}=\frac{z+1}{1}$，故正确答案为 (C)。

例 1-7 设有直线 L_1：$\frac{x-1}{1}=\frac{y-3}{-2}=\frac{z+5}{1}$，与 L_2：$\begin{cases}x=3-t\\ y=1-t\\ z=1+2t\end{cases}$，则 L_1 与 L_2 的夹角 θ

等于（　　）。

(A) $\frac{\pi}{2}$　　(B) $\frac{\pi}{3}$　　(C) $\frac{\pi}{4}$　　(D) $\frac{\pi}{6}$

解: L_1 的方向向量为 $\boldsymbol{s}_1=(1,-2,1)$，$L_2$ 的方向向量为 $\boldsymbol{s}_2=(-1,-1,2)$，故

$$\cos\theta=\frac{1\times(-1)+(-2)\times(-1)+1\times 2}{\sqrt{1^2+(-2)^2+1^2}\sqrt{(-1)^2+(-1)^2+2^2}}=\frac{1}{2}$$

所以 $\theta=\frac{\pi}{3}$，故应选（B)。

例 1-8　设平面的方程为 $x+y+z+1=0$，直线的方程为 $1-x=y+1=z$，则直线与平面（　　）。

(A) 平行　　(B) 垂直

(C) 重合　　(D) 相交但不垂直

解: 平面 $x+y+z+1=0$ 的法向量为 $(1,1,1)$，直线 $1-x=y+1=z$ 的方向向量为 $(-1,1,1)$，这两个向量既不垂直也不平行，表明直线与平面相交但不垂直，故应选（D)。

四、曲面

（一）母线平行于坐标轴的柱面

C 是 xoy 面内的定曲线，L 是平行于 z 轴的直线，动直线 L 沿定曲线 C 移动形成的曲面叫母线平行于 z 轴的柱面，其方程为 $F(x,y)=0$。类似，母线平行于 y 轴的柱面方程为 $G(x,z)=0$；母线平行于 x 轴的柱面方程为 $H(y,z)=0$。一般来说，在空间解析几何，方程中若缺少某个变量，就是柱面方程。

例如，$y=x^2$ 是准线在 xoy 面内、母线平行于 z 轴的抛物柱面；$x^2-z^2=1$ 是准线在 zox 面内，母线平行于 y 轴的双曲柱面。

（二）旋转曲面

平面曲线绕其平面上一定直线旋转一周所形成的曲面叫旋转曲面，定直线叫旋转曲面的轴。设 yoz 平面上曲线 c 的方程为 $f(y,z)=0$，该曲线绕 z 轴旋转一周所形成的旋转曲面方程为 $f(\pm\sqrt{x^2+y^2},z)=0$。

例如，xoy 面内的双曲线 $x^2-y^2=1$ 绕 y 轴旋转一周所形成旋转双曲面方程为 $x^2+z^2-y^2=1$。

（三）常用二次曲面

椭圆锥面　$\frac{x^2}{a^2}+\frac{y^2}{b^2}=z^2$

椭球面　$\frac{x^2}{a^2}+\frac{y^2}{b^2}+\frac{z^2}{c^2}=1$

单叶双曲面　$\frac{x^2}{a^2}+\frac{y^2}{b^2}-\frac{z^2}{c^2}=1$

双叶双曲面　$\frac{x^2}{a^2}-\frac{y^2}{b^2}-\frac{z^2}{c^2}=1$

椭圆抛物面　$\frac{x^2}{2p}+\frac{y^2}{2q}=z$（$p$、$q$ 同号）

双曲抛物面　$-\frac{x^2}{2p}+\frac{y^2}{2q}=z$（$p$、$q$ 同号）

例 1-9 下列方程中代表单叶双曲面的是（　　）。

(A) $\frac{x^2}{2}+\frac{y^2}{3}-z^2=1$　　(B) $\frac{x^2}{2}+\frac{y^2}{3}+z^2=1$

(C) $\frac{x^2}{2}-\frac{y^2}{3}-z^2=1$　　(D) $\frac{x^2}{2}+\frac{y^2}{3}+z^2=0$

解： $\frac{x^2}{2}+\frac{y^2}{3}-z^2=1$ 表单叶双曲面，$\frac{x^2}{2}+\frac{y^2}{3}+z^2=1$ 表椭球面，$\frac{x^2}{2}-\frac{y^2}{3}-z^2=1$ 表双叶双曲面，$\frac{x^2}{2}+\frac{y^2}{3}+z^2=0$ 表原点，故正确答案为（A）。

例 1-10 曲面 $x^2+y^2+z^2=a^2$ 与 $x^2+y^2=2az$（$a>0$）的交线是（　　）。

(A) 双曲线　　(B) 抛物线　　(C) 圆　　(D) 不存在

解： 将 $x^2+y^2=2az$ 代入 $x^2+y^2+z^2=a^2$，得 $z^2+2az=a^2$，整理得 $(z+a)^2=2a^2$，解得 $z=(\sqrt{2}-1)a$ 和 $z=-(\sqrt{2}+1)a$，这是两个与 xoy 面平行的平面，因 $z=-(\sqrt{2}+1)a$ 与 $x^2+y^2=2az(a>0)$ 不相交，故舍去。联立 $\begin{cases}x^2+y^2+z^2=a^2\\ z=(\sqrt{2}-1)a\end{cases}$ 得所求交线的方程，这是一个圆心在 $\{0, 0, (\sqrt{2}-1)a\}$，半径为 $\sqrt{2(\sqrt{2}-1)}a$ 的圆，应选（C）。

五、空间曲线在坐标面上的投影

设空间曲线 C 的一般方程为 $\begin{cases}F(x,y,z)=0\\ G(x,y,z)=0\end{cases}$，消去方程组中的变量 z，得到方程 $H(x,y)=0$，叫作曲线 C 关于 xoy 面的投影柱面，而方程 $\begin{cases}H(x,y)=0\\ z=0\end{cases}$ 为曲线 C 在 xoy 面上的投影曲线的方程。

例 1-11 空间曲线 $\begin{cases}2x^2+y^2+z^2=16\\ x^2+z^2-y^2=0\end{cases}$，在 xoy 平面的投影方程是（　　）。

(A) $\begin{cases}2x^2+y^2=16\\ x^2-y^2=0\end{cases}$　　(B) $\begin{cases}2x^2+y^2=16\\ z=0\end{cases}$

(C) $x+2y^2=16$　　(D) $\begin{cases}x^2+2y^2=16\\ z=0\end{cases}$

解： 消去方程组中的变量 z 得到 $x+2y^2=16$，这是所给曲线关于 xoy 面的投影柱面的方程，曲线在 xoy 平面的投影方程应是 $\begin{cases}x^2+2y^2=16\\ z=0\end{cases}$，故正确答案为（D）。

第二节　微　分　学

一、极限与函数的连续性

（一）函数的概念和性质

1. 函数的概念

定义：设 x，y 是两个变量，D 是给定的实数集，如果有一个对应法则 f，使得对于每一个实数 $x\in D$，变量 y 都有唯一确定的数值与之对应，则称变量 y 是变量 x 的函数，记为

$$y = f(x),\quad x \in D$$

其中 x 称为自变量，y 称为函数。集合 D 称为该函数的定义域。当 $x \in D$ 时，对应的 y 取值称为函数值，函数值的全体构成的集合称为该函数的值域。

函数的定义域是使得该函数有意义的实数全体，如果函数有实际意义，定义域由实际意义确定。

一元函数还可表示为隐函数 $F(x,y) = 0$ 和参数式 $\begin{cases} x = \varphi(t) \\ y = \psi(t) \end{cases}$。

2. 函数基本性质

单调性：如果函数 $y = f(x)$ 对于区间 (a,b) 内的任意两点 $x_1 < x_2$，都有

$$f(x_1) < f(x_2) \qquad [f(x_1) > f(x_2)]$$

则称函数 $y = f(x)$ 在区间 (a,b) 内单调增加（单调减少）。

在某区间单调增加或单调减少的函数都称为该区间内的单调函数，该区间称为单调区间。在整个定义域内都单调的函数称为单调函数。

有界性：如果函数 $y = f(x)$ 对于区间 (a,b) 内的一切 x，都有

$$|f(x)| \leqslant M$$

其中 M 是一个正常数，则称函数 $y = f(x)$ 在区间 (a,b) 内有界。在整个定义域内有界的函数称为有界函数。

奇偶性：如果函数 $y = f(x)$ 对于区间 $(-a,a)$ 内的一切 x，都有

$$f(-x) = f(x)$$

则称 $y = f(x)$ 为偶函数；对于区间 $(-a,a)$ 内的一切 x，都有

$$f(-x) = -f(x)$$

则称 $y = f(x)$ 为奇函数。

偶函数的图形关于 y 轴对称，奇函数的图形关于原点对称。

周期性：如果函数 $y = f(x)$ 对于定义域内的一切 x，都有

$$f(x+T) = f(x)$$

则称函数 $y = f(x)$ 为周期函数，T 为函数的周期，实际中常指最小正周期。

例 1-12 函数 $y=\sin\dfrac{1}{x}$ 是定义域内的（　　）。

(A) 有界函数　　(B) 无界函数

(C) 单调函数　　(D) 周期函数

解： $y=\sin u$ 是 $(-\infty,+\infty)$ 内的有界函数，与 $u=\dfrac{1}{x}$ 复合后仍是有界的，应选（A）。

例 1-13 设 $f(x) = \dfrac{e^{2x}-1}{e^{2x}+1}$，则（　　）。

(A) $f(x)$ 为偶函数，值域为 $(-1,1)$　　(B) $f(x)$ 为奇函数，值域为 $(-\infty,0)$

(C) $f(x)$ 为奇函数，值域为 $(-1,1)$　　(D) $f(x)$ 为奇函数，值域为 $(0,+\infty)$

解： $f(-x) = \dfrac{e^{-2x}-1}{e^{-2x}+1} = \dfrac{1-e^{2x}}{1+e^{2x}} = -\dfrac{e^{2x}-1}{e^{2x}+1} = -f(x)$，$f(x)$ 为奇函数。又 $f(x) = \dfrac{e^{2x}-1}{e^{2x}+1}$ 的定义域为 $(-\infty,+\infty)$，而 $\lim\limits_{x\to-\infty} f(x) = -1$，$\lim\limits_{x\to+\infty} f(x) = 1$，所以值域为 $(-1,1)$，应选（C）。

3. 基本初等函数

（1）基本初等函数。

幂函数 $y=x^{\mu}$（μ 为实数）

指数函数　$y=a^x$（$a>0$，$a\neq 1$）

对数函数　$y=\log_a x$（$a>0$，$a\neq 1$），$y=\ln x$（$a=\mathrm{e}$）

三角函数　$y=\sin x$，$y=\cos x$，$y=\tan x$，$y=\cot x$

反三角函数　$y=\arcsin x$，$y=\arccos x$，$y=\arctan x$，$y=\mathrm{arccot}\, x$

以上称为基本初等函数，这部分是学习高等数学的重要基础，需要掌握这些函数的定义域、性质和图形。

（2）常用结论。

对数运算法则　$\log_a x+\log_a y=\log_a xy$，$\log_a x-\log_a y=\log_a \dfrac{x}{y}$

三角函数公式　$\sin 2\alpha=2\sin\alpha\cos\alpha$，$\cos 2\alpha=\cos^2\alpha-\sin^2\alpha=2\cos^2\alpha-1$

$\sin^2\alpha=\dfrac{1}{2}(1-\cos 2\alpha)$，$\cos^2\alpha=\dfrac{1}{2}(1+\cos 2\alpha)$

4. 初等函数

（1）复合函数。设 y 是 u 的函数 $y=f(u)$，而 u 又是 x 的函数 $u=\varphi(x)$，如果对于 $\varphi(x)$ 的定义域中的某些 x 值所对应的 u 值，函数 $y=f(u)$ 有定义，则 y 通过 u 的联系也是 x 的函数，称为由 $y=f(u)$ 及 $u=\varphi(x)$ 复合而成的函数，记为 $y=f[\varphi(x)]$，其中 u 称为中间变量。例如，$y=\sin^2\dfrac{1}{x}$ 是由 $y=u^2$，$u=\sin v$，$v=\dfrac{1}{x}$ 这三个简单函数复合而成。

（2）初等函数。由常数和基本初等函数经过有限次四则运算、有限次复合步骤所构成，且可用一个式子表示的函数称为初等函数。

（二）极限的概念和性质

1. 数列的极限

（1）定义：对于数列 $\{u_n\}$，如果当 n 无限增大时，通项 u_n 无限趋近于某个确定的常数 a，则称常数 a 为数列 $\{u_n\}$ 的极限，记为

$$\lim_{n\to\infty}u_n=a$$

（2）结论：

1）单调有界数列必有极限。

2）收敛数列的任一子列都是收敛的。

2. 函数极限的概念

定义：如果当 $|x|$ 无限增大时，函数 $f(x)$ 无限趋近于某个确定的常数 A，则称常数 A 为函数 $f(x)$ 当 $x\to\infty$ 时的极限，记为

$$\lim_{x\to\infty}f(x)=A$$

同理可定义当 $x\to\pm\infty$ 时，函数 $f(x)$ 的极限，且有

$$\lim_{x\to\infty}f(x)=A \Leftrightarrow \lim_{x\to-\infty}f(x)=A \text{ 且 } \lim_{x\to+\infty}f(x)=A$$

定义：设函数 $f(x)$ 在 x_0 的某去心邻域内有定义，当自变量 x 趋近 x_0 时，函数 $f(x)$ 无限趋近于某个确定的常数 A，则称常数 A 为函数 $f(x)$ 当 $x\to x_0$ 时的极限，记为

$$\lim_{x\to x_0}f(x)=A$$

同理可定义当 $x \to x_0^-$ 和 $x \to x_0^+$ 时，函数 $f(x)$ 的极限，称为 $f(x)$ 在该点的左、右极限，且有

$$\lim_{x \to x_0} f(x) = A \Leftrightarrow f(x_0 - 0) = \lim_{x \to x_0^-} f(x) = A \text{ 且 } f(x_0 + 0) = \lim_{x \to x_0^+} f(x) = A$$

注意

这个结论经常用于求分段函数在交接点的极限。

3. 极限运算法则

如果 $\lim f(x) = A$, $\lim g(x) = B$ ，则：

(1) $\lim[af(x) + bg(x)] = a\lim f(x) + b\lim g(x) = aA + bB$。

(2) $\lim[f(x)g(x)] = \lim f(x)\lim g(x) = AB$, $\lim[f(x)]^n = [\lim f(x)]^n = A^n$。

(3) 当 $B \neq 0$ 时，有 $\lim \dfrac{f(x)}{g(x)} = \dfrac{\lim f(x)}{\lim g(x)} = \dfrac{A}{B}$。

注意

如果 $B=0$ 而 $A \neq 0$，则 $\lim \dfrac{f(x)}{g(x)} = \infty$ ；如果 $B=0$ 且 $A=0$，$\lim \dfrac{f(x)}{g(x)}$ 是未定式，极限可能存在也可能不存在。

4. 无穷小、无穷大

(1) 定义。

无穷小：若 $\lim f(x) = 0$ ，则称 $f(x)$ 为对应极限过程下的无穷小量。

无穷大：若 $\lim f(x) = \infty$ ，则称 $f(x)$ 为对应极限过程下的无穷大量。

无穷大与无穷小互为倒数关系。

(2) 无穷小的性质。有限个无穷小的和（积）仍为无穷小；有界量与无穷小的乘积仍是无穷小。

(3) 无穷小比较。如果当 $x \to x_0 (x \to \infty)$ 时，α 和 β 都是无穷小，则

若 $\lim \dfrac{\alpha}{\beta} = 0$，$\alpha$ 是 β 的高阶无穷小；

若 $\lim \dfrac{\alpha}{\beta} = c$ （$c \neq 0$），α 和 β 是同阶无穷小；

若 $\lim \dfrac{\alpha}{\beta} = 1$，$\alpha$ 和 β 是等价无穷小，记为 $\alpha \sim \beta$。

(4) 等价无穷小代换。如果当 $x \to x_0 (x \to \infty)$ 时，$\alpha \sim \alpha'$，$\beta \sim \beta'$，则

$$\lim \frac{\alpha}{\beta} = \lim \frac{\alpha'}{\beta'}$$

当 $x \to 0$ 时，常用的等价无穷小有

$$\sin x \sim x，\tan x \sim x，1 - \cos x \sim \frac{1}{2}x^2，\ln(1+x) \sim x，e^x - 1 \sim x，$$

$$\arcsin x \sim x，\arctan x \sim x，(1+x)^\mu - 1 \sim \mu x，a^x - 1 \sim x\ln a$$

注意

在求极限时，利用等价无穷小代换，可简化计算。

例 1-14 设 $\alpha(x) = 1 - \cos x$, $\beta(x) = 2x^2$ ，则当 $x \to 0$ 时，下列结论中正确的是（　　）。

(A) $\alpha(x)$ 与 $\beta(x)$ 是等价无穷小

(B) $\alpha(x)$ 是 $\beta(x)$ 的高阶无穷小

(C) $\alpha(x)$ 是 $\beta(x)$ 低阶无穷小

(D) $\alpha(x)$ 与 $\beta(x)$ 是同阶无穷小但不是等价无穷小

解： 因$\lim\limits_{x\to0}\dfrac{1-\cos x}{2x^2}=\lim\limits_{x\to0}\dfrac{\sin x}{4x}=\dfrac{1}{4}$，故 $\alpha(x)$ 与 $\beta(x)$ 是同阶无穷小但不是等价无穷小，应选（D）。

例 1-15 若 $x\to0$ 时，$f(x)$ 为无穷小，且 $f(x)$ 为 x^2 高阶无穷小，则$\lim\limits_{x\to0}\dfrac{f(x)}{\sin^2 x}=$（　　）。

（A）0　　（B）1　　（C）∞　　（D）$\dfrac{1}{2}$

解： 因为$\sin^2 x\sim x^2$，所以 $f(x)$ 为$\sin^2 x$ 高阶无穷小，极限为 0，故选（A）。

5. 重要结论

（1）两个重要极限，即

$$\lim_{x\to0}\frac{\sin x}{x}=1,\quad \lim_{x\to\infty}x\sin\frac{1}{x}=1$$

$$\lim_{x\to\infty}\left(1+\frac{1}{x}\right)^x=\mathrm{e},\quad \lim_{n\to\infty}\left(1+\frac{1}{n}\right)^n=\mathrm{e}$$

$$\lim_{x\to0}(1+x)^{\frac{1}{x}}=\mathrm{e}$$

例 1-16 下列极限计算中，错误的是（　　）。

（A）$\lim\limits_{n\to\infty}\dfrac{2^n}{x}\cdot\sin\dfrac{x}{2^n}=1$　　（B）$\lim\limits_{x\to\infty}\dfrac{\sin x}{x}=1$

（C）$\lim\limits_{x\to0}(1-x)^{\frac{1}{x}}=\mathrm{e}^{-1}$　　（D）$\lim\limits_{x\to\infty}\left(1+\dfrac{1}{x}\right)^{2x}=\mathrm{e}^2$

解： 因为$\lim\limits_{x\to\infty}\dfrac{1}{x}=0$，而 $\sin x$ 是有界量，根据无穷小量与有界量的乘积还是无穷小量，知$\lim\limits_{x\to\infty}\dfrac{\sin x}{x}=0$，故$\lim\limits_{x\to\infty}\dfrac{\sin x}{x}=1$ 错误，应选（B）。利用两个重要极限的结论，可知其他三个选项都是正确的。

例 1-17 若 $\lim\limits_{x\to0}(1-x)^{\frac{k}{x}}=2$，则常数 k 等于（　　）。

（A）$-\ln2$　　（B）$\ln2$　　（C）1　　（D）2

解：由 $\lim\limits_{x\to0}(1-x)^{\frac{k}{x}}=\lim\limits_{x\to0}\left[(1-x)^{\frac{1}{x}}\right]^{k}=\mathrm{e}^{-k}=2$，得 $k=-\ln2$，故选（A）。

（2）有理式的极限。设 $P_m(x)=a_mx^m+a_{m-1}x^{m-1}+\cdots+a_0$，$Q_n(x)=b_nx^n+b_{n-1}x^{n-1}+\cdots+b_0$，如果 $Q_n(x_0)\neq0$，则

$$\lim_{x\to x_0}\frac{P_m(x)}{Q_n(x)}=\frac{P_m(x_0)}{Q_n(x_0)}$$

若 $Q_n(x_0)=0$ 且 $P_m(x_0)\neq0$，则 $\lim\limits_{x\to x_0}\dfrac{P_m(x)}{Q_n(x)}=\infty$；若 $Q_n(x_0)=0$ 且 $P_m(x_0)=0$，则为未定式，可用罗必达法则或通过去零因子来求极限。当 $x\to\infty$时，有以下结论

$$\lim_{x\to\infty}\frac{P_m(x)}{Q_n(x)}=\begin{cases}0,m<n\\ \infty,m>n\\ \dfrac{a_m}{b_n},m=n\end{cases}$$

其中 a_m、b_n 分别是 $P_m(x)$ 和 $Q_n(x)$ 的最高次幂系数。

例 1-18 若 $\lim\limits_{x\to\infty}\left(\dfrac{ax^2-3}{x^2+1}+bx+2\right)=\infty$，则 a 与 b 的值是（　　）。

(A) $b\neq0$，a 为任意实数　　(B) $a\neq0$，$b=0$

(C) $a=1$，$b=-8$　　(D) $a=0$，$b=0$

解：利用有理式极限的结论，由 $\lim\limits_{x\to\infty}\left(\dfrac{ax^2-3}{x^2+1}+bx+2\right)=\lim\limits_{x\to\infty}\dfrac{bx^3+(a+2)x^2+bx-1}{x^2+1}=\infty$，分子的幂次必须高于分母的幂次，故有 $b\neq0$，a 为任意实数，应选（A）。

(3) 分段函数在交界点的极限。通过讨论左、右极限得到。

例 1-19 极限 $\lim\limits_{x\to\infty}\dfrac{3+e^{\frac{1}{x}}}{1-e^{\frac{2}{x}}}$ 值为（　　）

(A) 3　　(B) -1　　(C) 0　　(C) 不存在

解：当 $x\to0^-$ 时，$\dfrac{1}{x}\to-\infty$，$e^{\frac{1}{x}}\to0$，这时 $\lim\limits_{x\to0^-}\dfrac{3+e^{\frac{1}{x}}}{1-e^{\frac{2}{x}}}=3$；当 $x\to0^+$ 时，$\dfrac{1}{x}\to+\infty$，$e^{-\frac{1}{x}}\to0$，这时 $\lim\limits_{x\to0^+}\dfrac{3+e^{\frac{1}{x}}}{1-e^{\frac{2}{x}}}=\lim\limits_{x\to0^+}\dfrac{3e^{-\frac{2}{x}}+e^{-\frac{1}{x}}}{e^{-\frac{2}{x}}-1}=0$，左右极限存在但不相等，所以极限不存在，应选（D）。

(4) 罗必达法则。当 $x\to x_0(x\to\infty)$ 时，$f(x)\to0$，$F(x)\to0$[或 $f(x)\to\infty$，$F(x)\to\infty$]。

1) 在点 x_0 某去心邻域内（或当 $|x|>N$ 时）$f'(x)$ 及 $F'(x)$ 都存在且 $F'(x)\neq0$；

2) $\lim\dfrac{f'(x)}{F'(x)}$ 存在（或为无穷大），则

$$\lim\frac{f(x)}{F(x)}=\lim\frac{f'(x)}{F'(x)}$$

说明

1. 罗必达法则仅适用于 $\dfrac{0}{0}$ 及 $\dfrac{\infty}{\infty}$ 型未定式，其他情形不能使用。

2. 如果极限 $\lim\dfrac{f'(x)}{F'(x)}$ 不存在，不能得出极限 $\lim\dfrac{f(x)}{F(x)}$ 不存在的结论，只能说罗必达法则失效。

注意

如果 $\lim g(x)=0$，而 $\lim\dfrac{f(x)}{g(x)}$ 存在，则必有 $\lim f(x)=0$。

例 1-20 求极限 $\lim\limits_{x\to0}\dfrac{x^2\sin\dfrac{1}{x}}{\sin x}$ 时，下列各种解法中正确的是（　　）。

(A) 用罗比达法则后，求得极限为 0

(B) 因为 $\lim\limits_{x\to0}\dfrac{\sin x}{x}$ 不存在，所以上述极限不存在

(C) 原式 $=\lim\limits_{x\to0}x\sin\dfrac{1}{x}\cdot\dfrac{x}{\sin x}=0$

(D) 因为不能用罗比达法则，故极限不存在

解：因为 $\lim\limits_{x\to0}x\sin\dfrac{1}{x}=0$（无穷小与有界量的乘积），而 $\lim\limits_{x\to0}\dfrac{x}{\sin x}=1$，$\lim\limits_{x\to0}x\sin\dfrac{1}{x}\cdot\dfrac{x}{\sin x}=$

$0\times1=0$，故应选（C）。由于$\left(x^2\sin\dfrac{1}{x}\right)'=2x\sin\dfrac{1}{x}-\cos\dfrac{1}{x}$，当$x\to0$时极限不存在，故不能用罗比达法则，但求导后极限不存在不能得出原极限不存在，所以选项（A）和（D）都不对；又$\lim\limits_{x\to0}\dfrac{\sin x}{x}=1$，选项（B）错。

例 1-21 下列极限式中，能够使用罗必达法则求极限的是（ ）。

（A）$\lim\limits_{x\to0}\dfrac{1+\cos x}{e^x-1}$ （B）$\lim\limits_{x\to\infty}\dfrac{x-\sin x}{\sin x}$

（C）$\lim\limits_{x\to0}\dfrac{x^2\cdot\sin\dfrac{1}{x}}{\sin x}$ （D）$\lim\limits_{x\to0}\dfrac{x+\sin x}{x-\sin x}$

解：利用罗必达法则，$\lim\limits_{x\to0}\dfrac{x-\sin x}{\sin x}=\lim\limits_{x\to0}\dfrac{1-\cos x}{\cos x}=0$。而$\lim\limits_{x\to0}\dfrac{1+\cos x}{e^x-1}$不是未定式；$\lim\limits_{x\to0}\dfrac{x^2\cdot\sin\dfrac{1}{x}}{\sin x}$是$\dfrac{0}{0}$型未定式，但分子分母分别求导后极限不存在；$\lim\limits_{x\to0}\dfrac{x+\sin x}{x-\sin x}$是$\dfrac{\infty}{\infty}$型未定式，分子分母分别求导后极限不存在，应选（B）。

（5）函数的连续性。

1）定义：设函数$f(x)$在点x_0的某邻域内有定义，若$\lim\limits_{x\to x_0}f(x)=f(x_0)$，则称$f(x)$在点$x_0$连续。

若$\lim\limits_{x\to x_0^+}f(x)=f(x_0)$或$\lim\limits_{x\to x_0^-}f(x)=f(x_0)$，则称$f(x)$在点$x_0$处右连续或左连续。

如果函数$f(x)$在开区间内每一点都连续，则称$f(x)$在该开区间内连续。如果函数$f(x)$在开区间内每一点都连续，且在端点右、左连续，则称$f(x)$在该闭区间上连续。

例 1-22 设函数$f(x)=\begin{cases}e^{-2x}+a & x\leqslant0\\ \lambda\ln(1+x)+1, & x>0\end{cases}$，若$f(x)$在$x=0$连续，则$a$的值是（ ）。

（A）0 （B）1 （C）-1 （D）λ

解：$f(x)$在$x=0$处连续，则在该点左右极限存在且相等，并等于$f(0)=1+a$。由于$\lim\limits_{x\to0^+}f(x)=\lim\limits_{x\to0}\lambda\ln(1+x)+1=1$，$\lim\limits_{x\to0^-}f(x)=\lim\limits_{x\to0}(e^{-2x}+a)=1+a$，由$1+a=1\Rightarrow a=0$，故应选（A）。

2）重要结论。

a. 基本初等函数在定义域内连续；初等函数在定义区间内连续。

b. 闭区间上的连续函数在该区间上一定有最大值和最小值。

3）间断点及其类型。不连续的点即为间断点。间断点分为以下两类：

第一类：在该点左右极限都存在。如果左右极限相等，称为可去间断点，这时改变或补充函数值，可使之连续；如果左右极限不相等，称为跳跃间断点。

第二类：在该点左右极限至少有一个不存在。如果左右极限中有一个为无穷大，称为无穷间断点；如果在该点函数值振荡变化，称为振荡间断点。

例 1-23 下列命题正确的是（ ）。

（A）分段函数必存在间断点

（B）单调有界函数无第二类间断点

(C) 在开区间连续，则在该区间必取得最大值和最小值

(D) 在闭区间上有间断点的函数一定有界

解：第二类间断点有无穷间断点和振荡间断点两种，但有界函数不可能有无穷间断点，而单调函数不可能有振荡间断点，故单调有界函数无第二类间断点，应选（B）。

例 1-24 函数 $f(x)=\dfrac{x-x^2}{\sin\pi x}$ 可去间断点的个数为（　　）。

(A) 1　　(B) 2　　(C) 3　　(D) 无穷多个

解：函数 $f(x)$ 有无穷多个间断点 $x=0,\pm1,\pm2,\cdots$；当 $x\neq0,1$ 时，$f(x)=\dfrac{x-x^2}{\sin\pi x}$ 的分母为 0，分子是一个常数，故 $\lim\limits_{x\to k}\dfrac{x-x^2}{\sin\pi x}=\infty(k=-1,\pm2,\cdots)$，而 $\lim\limits_{x\to0}\dfrac{x-x^2}{\sin\pi x}=\lim\limits_{x\to1}\dfrac{x-x^2}{\sin\pi x}=\dfrac{1}{\pi}$，故 $f(x)$ 有 2 个可去间断点，应选（B）。

二、导数与微分

（一）导数概念

(1) 导数定义：$f'(x_0)=\lim\limits_{\Delta x\to0}\dfrac{f(x_0+\Delta x)-f(x_0)}{\Delta x}=\lim\limits_{x\to x_0}\dfrac{f(x)-f(x_0)}{x-x_0}$，$f'(x_0)$ 存在⇔左导数 $f'_-(x_0)$ 与右导数 $f'_+(x_0)$ 都存在且相等。

(2) 几何意义：$f'(x_0)$ 表示曲线 $y=f(x)$ 在点 $[x_0,f(x_0)]$ 处切线斜率 k。

切线方程：$y-f(x_0)=f'(x_0)(x-x_0)$

法线方程：$y-f(x_0)=-\dfrac{1}{f'(x_0)}(x-x_0)$

例 1-25 若 $f'(x_0)$ 存在，则 $\lim\limits_{x\to x_0}\dfrac{xf(x_0)-x_0f(x)}{x-x_0}=$（　　）。

(A) $f'(x_0)$　　(B) $-x_0f'(x_0)$

(C) $f(x_0)-x_0f'(x_0)$　　(D) $x_0f'(x_0)$

解：
$$\begin{aligned}\lim_{x\to x_0}\frac{xf(x_0)-x_0f(x)}{x-x_0}&=\lim_{x\to x_0}\frac{xf(x_0)-x_0f(x)+x_0f(x_0)-x_0f(x_0)}{x-x_0}\\&=f(x_0)-x_0\lim_{x\to x_0}\frac{f(x)-f(x_0)}{x-x_0}\\&=f(x_0)-x_0f'(x_0)\text{，故选（C）。}\end{aligned}$$

（二）导数和微分的计算

(1) 背熟导数基本公式，掌握导数运算的基本法则。

1) 常数和基本初等函数求导公式如下：

$(C)'=0$　　$(x^\mu)'=\mu x^{\mu-1}$

$(\sin x)'=\cos x$　　$(\cos x)'=-\sin x$

$(\tan x)'=\sec^2x$　　$(\cot x)'=-\csc^2x$

$(\sec x)'=\sec x\tan x$　　$(\csc x)'=-\csc x\cot x$

$(a^x)'=a^x\ln a$　　$(e^x)'=e^x$

$(\log_a x)'=\dfrac{1}{x\ln a}$　　$(\ln x)'=\dfrac{1}{x}$

$$(\arcsin x)'=\frac{1}{\sqrt{1-x^2}}\qquad(\arccos x)'=-\frac{1}{\sqrt{1-x^2}}$$

$$(\arctan x)'=\frac{1}{1+x^2}\qquad(\operatorname{arccot}x)'=-\frac{1}{1+x^2}$$

2）函数和、差、积、商的求导法则：设函数 $u(x)$ 和 $\nu(x)$ 可导，则

$$[u(x)\pm v(x)]'=u'(x)\pm v'(x)$$

$$[u(x)v(x)]'=u'(x)v(x)+u(x)v'(x)\quad[cu(x)]'=cu'(x)$$

$$\left[\frac{u(x)}{v(x)}\right]'=\frac{u'(x)v(x)-u(x)v'(x)}{v^2(x)}$$

3）复合函数的求导法则：设 $u=\varphi(x)$ 在 x 处可导，$y=f(u)$ 在 $u=\varphi(x)$ 处可导，则 $y=f[\varphi(x)]$ 在 x 处可导，且有 $\frac{\mathrm{d}y}{\mathrm{d}x}=\frac{\mathrm{d}y}{\mathrm{d}u}\frac{\mathrm{d}u}{\mathrm{d}x}$。

例 1-26 函数 $y=\sin^2\frac{1}{x}$ 在 x 处的导数 $\frac{\mathrm{d}y}{\mathrm{d}x}$ 是（　　）。

(A) $\sin\frac{2}{x}$　　(B) $\cos\frac{1}{x}$　　(C) $-\frac{1}{x^2}\sin\frac{2}{x}$　　(D) $\frac{1}{x^2}$

解： 由复合函数求导规则，以及 $2\sin x\cos x=\sin 2x$，有 $\frac{\mathrm{d}y}{\mathrm{d}x}=2\sin\frac{1}{x}\cos\frac{1}{x}\left(-\frac{1}{x^2}\right)=-\frac{1}{x^2}\sin\frac{2}{x}$，故应选（C）。

(2) 分段函数在交界点处的导数要用导数定义求，一般要分别求左导数与右导数。

例 1-27 设函数 $f(x)=\begin{cases}\frac{2}{x^2+1} & x\leqslant 1\\ ax+b & x>1\end{cases}$ 可导，则必有（　　）。

(A) $a=1$，$b=2$　　(B) $a=-1$，$b=2$

(C) $a=1$，$b=0$　　(D) $a=-1$，$b=0$

解： 由于 $\frac{2}{x^2+1}$ 在 $x<1$ 处可导，$ax+b$ 在 $x>1$ 处可导，故只要讨论 $x=1$ 点则可。由于 $f(x)$ 在 $x=1$ 连续，$f(1+0)=f(1-0)\Rightarrow a+b=1$，分段函数在交界点需考虑左右导数，$f'_-(1)=\lim\limits_{x\to1^-}\frac{\frac{2}{x^2+1}-1}{x-1}=-\lim\limits_{x\to1}\frac{x+1}{x^2+1}=1$，$f'_+(1)=\lim\limits_{x\to1^+}\frac{ax+1-a-1}{x-1}=a$，所以 $a=1$，$b=0$ 时，$f(x)$ 在 $x=1$ 可导，应选（C）。

(3) 求高阶导数就是反复地求一阶导数。

例 1-28 已知 $f(x)$ 是二阶可导的函数，$y=\mathrm{e}^{2f(x)}$，则 $\frac{\mathrm{d}^2y}{\mathrm{d}x^2}$ 为（　　）。

(A) $\mathrm{e}^{2f(x)}$　　(B) $\mathrm{e}^{2f(x)}f''(x)$

(C) $\mathrm{e}^{2f(x)}[2f'(x)]$　　(D) $2\mathrm{e}^{2f(x)}\{2[f'(x)^2+f''(x)]\}$

解： $\frac{\mathrm{d}y}{\mathrm{d}x}=\mathrm{e}^{2f(x)}[2f'(x)]$

$\frac{\mathrm{d}^2y}{\mathrm{d}x^2}=\mathrm{e}^{2f(x)}[2f'(x)][2f'(x)]+\mathrm{e}^{2f(x)}[2f''(x)]=2\mathrm{e}^{2f(x)}\{2[f'(x)]^2+f''(x)\}$，故应选（D）。

(4) 微分：当函数 $y=f(x)$ 在点 x 可导时，在该点一定可微，且有 $\mathrm{d}y=f'(x)\mathrm{d}x$

例 1-29 函数 $y=\frac{x}{\sqrt{1-x^2}}$ 在 x 处的微分是（　　）。

(A) $\frac{1}{(1-x^2)^{\frac{3}{2}}}\mathrm{d}x$　　(B) $2\sqrt{1-x^2}\mathrm{d}x$　　(C) $x\mathrm{d}x$　　(D) $\frac{1}{1-x^2}\mathrm{d}x$

解：$\mathrm{d}y=y'\mathrm{d}x=\frac{1}{(1-x^2)^{\frac{3}{2}}}\mathrm{d}x$，故应选（A）。

(5) 隐函数求导法：对方程 $F(x,y)=0$ 两边关于自变量求导，将因变量的函数当复合函数对待，再解出 y' 则可。或使用公式 $\frac{\mathrm{d}y}{\mathrm{d}x}=-\frac{F_x}{F_y}$，$\mathrm{d}y=-\frac{F_x}{F_y}\mathrm{d}x$。

(6) 参数方程求导法：设 $\begin{cases}x=\varphi(t)\\y=\psi(t)\end{cases}$，则 $\frac{\mathrm{d}y}{\mathrm{d}x}=\frac{\psi'(t)}{\varphi'(t)}$，$\frac{\mathrm{d}^2y}{\mathrm{d}x^2}=\frac{\mathrm{d}}{\mathrm{d}t}\left(\frac{\psi'(t)}{\varphi'(t)}\right)/\varphi'(t)$

例 1-30 设参数方程 $\begin{cases}x=f(t)-\ln f(t)\\y=tf(t)\end{cases}$ 确定了 y 是 x 的函数，且 $f'(t)$ 存在，$f(0)=2$，$f'(0)=2$，则当 $t=0$ 时，$\frac{\mathrm{d}y}{\mathrm{d}x}=$（　　）。

(A) $\frac{4}{3}$　　(B) $-\frac{4}{3}$　　(C) -2　　(D) 2

解：由参数方程求导公式

$$\frac{\mathrm{d}y}{\mathrm{d}x}=\frac{\frac{\mathrm{d}y}{\mathrm{d}t}}{\frac{\mathrm{d}x}{\mathrm{d}t}}=\frac{f(t)+tf'(t)}{f'(t)-\frac{f'(t)}{f(t)}}=\frac{f^2(t)+tf(t)f'(t)}{f'(t)f(t)-f'(t)}$$

$$\left.\frac{\mathrm{d}y}{\mathrm{d}x}\right|_{t=0}=\frac{2^2+0}{2\times2-2}=2$$

故应选（D）。

三、偏导数与全微分

（一）偏导数

1. 二元函数偏导数定义

设函数 $z=f(x,y)$ 在点 (x_0,y_0) 的某邻域内有定义，当 y 固定在 y_0，而 x 在 x_0 处有增量 Δx 时，相应的函数有偏增量 $f(x_0+\Delta x,y_0)-f(x_0,y_0)$，如果极限 $\lim\limits_{\Delta x\to0}\frac{f(x_0+\Delta x,y_0)-f(x_0,y_0)}{\Delta x}$ 存在，则称此极限值为函数 $z=f(x,y)$ 在点 (x_0,y_0) 处对 x 的偏导数，记为

$$f_x(x_0,y_0)=\lim_{\Delta x\to0}\frac{f(x_0+\Delta x,y_0)-f(x_0,y_0)}{\Delta x}\text{ 或}\lim_{x\to x_0}\frac{f(x,y_0)-f(x_0,y_0)}{x-x_0}$$

类似有

$$f_y(x_0,y_0)=\lim_{\Delta y\to0}\frac{f(x_0,y_0+\Delta y)-f(x_0,y_0)}{\Delta y}\text{ 或}\lim_{y\to y_0}\frac{f(x_0,y)-f(x_0,y_0)}{y-y_0}$$

注意

多元函数在一点连续和偏导数存在没有任何关系。

例 1-31 设函数 $f(x,y)=\begin{cases}\dfrac{1}{xy}\sin(x^2y), & xy\neq 0\\ 0, & xy=0\end{cases}$，则 $f'_x(0,1)$ 等于（　　）。

(A) 0　　(B) 1　　(C) 2　　(D) -1

解： 由二元函数偏导数定义知 $f'_x(0,1)=\lim\limits_{x\to 0}\dfrac{f(x,1)-f(0,0)}{x-0}=\lim\limits_{x\to 0}\dfrac{\frac{\sin x^2}{x}}{x}=\lim\limits_{x\to 0}\dfrac{\sin x^2}{x^2}=1$，应选（B）。

2. 偏导数的计算

一阶显函数偏导数计算很简单，对哪个变量求偏导，只要将其余变量当常数对待，对该变量求导数则可。求二阶偏导数，只要对一阶偏导数的结果，再继续求偏导数则可。

例 1-32 设 $z=e^{xe^y}$，则 $\dfrac{\partial^2 z}{\partial x^2}=$（　　）。

(A) e^{xe^y+2y}　　(B) $e^{xe^y+y}(xe^y+1)$　　(C) e^{xe^y}　　(D) e^{xe^y+y}

解： $\dfrac{\partial z}{\partial x}=e^{xe^y}\cdot e^y$，$\dfrac{\partial^2 z}{\partial x^2}=e^{xe^y}e^ye^y=e^{xe^y+2y}$，故应选（A）。

3. 多元复合函数求偏导法则

设 $u=u(x,y)$，$v=v(x,y)$ 在 (x,y) 处具有偏导数，$z=f(u,v)$ 在对应点 (u,v) 具有连续偏导数，则复合函数 $z=f[u(x,y),v(x,y)]$ 在 (x,y) 点偏导数存在，且有

$$\frac{\partial z}{\partial x}=\frac{\partial z}{\partial u}\frac{\partial u}{\partial x}+\frac{\partial z}{\partial v}\frac{\partial v}{\partial x}$$

$$\frac{\partial z}{\partial y}=\frac{\partial z}{\partial u}\frac{\partial u}{\partial y}+\frac{\partial z}{\partial v}\frac{\partial v}{\partial y}$$

注意

多元复合函数的情况比较复杂，不能用一个公式表达所有情况。复合函数求偏导的关键是：

(1) 分清复合层次，可用图解法表示出函数的复合层次。

(2) 分清每步对哪个变量求导，哪个是自变量，哪个是中间变量，固定了哪些变量。

(3) 对某自变量求导，应注意要经过各层次有关的中间变量而归结到该自变量。在每个层次中是求偏导还是求全导。

例 1-33 设函数 $z=f(x^2y)$，其中 $f(u)$ 具有二阶导数，则 $\dfrac{\partial^2 z}{\partial x\partial y}$ 等于（　　）。

(A) $f''(x^2y)$　　(B) $f'(x^2y)+x^2f''(x^2y)$

(C) $2x[f'(x^2y)+xf''(x^2y)]$　　(D) $2x[f'(x^2y)+x^2yf''(x^2y)]$

解： $\dfrac{\partial z}{\partial x}=2xyf'(x^2y)$，$\dfrac{\partial^2 z}{\partial x\partial y}=2xyf''(x^2y)x^2+2xf'(x^2y)=2x[f'(x^2y)+x^2yf''(x^2y)]$，应选（D）。

4. 隐函数求偏导

设方程 $F(x,y,z)=0$ 确定了隐函数 $z=f(x,y)$，函数 $F(x,y,z)$ 具有连续偏导数且 $F_z\neq 0$，则

$$\frac{\partial z}{\partial x}=-\frac{F_x}{F_z},\quad \frac{\partial z}{\partial y}=-\frac{F_y}{F_z}$$

例 1-34 函数 $z=z(x,y)$ 由方程 $xz-xy+\ln xyz=0$ 所确定，则 $\dfrac{\partial z}{\partial y}=$（　　）。

(A) $\dfrac{-xz}{xz+1}$　(B) $-x+\dfrac{1}{2}$　(C) $\dfrac{z(-xz+y)}{x(xz+1)}$　(D) $\dfrac{z(xy-1)}{y(xz+1)}$

解： 记 $F(x,y,z)=xz-xy+\ln xyz$，则 $F_y(x,y,z)=-x+\dfrac{1}{y}$，$F_z(x,y,z)=x+\dfrac{1}{z}$，

$\dfrac{\partial z}{\partial y}=-\dfrac{F_y}{F_z}=-\dfrac{-x+\dfrac{1}{y}}{x+\dfrac{1}{z}}=\dfrac{z(xy-1)}{y(xz+1)}$，故应选（D）。

（二）全微分

（1）如果 $z=f(x,y)$ 在点 (x,y) 可微，则偏导数必定存在，且全微分 $dz=\dfrac{\partial z}{\partial x}dx+\dfrac{\partial z}{\partial y}dy$

（2）全微分与偏导数的关系：全微分存在⇒偏导数存在，偏导数连续⇒全微分存在。

例 1-35　设函数 $z=\left(\dfrac{y}{x}\right)^x$，则全微分 $dz\big|_{\substack{x=1\\y=2}}=$（　　）。

(A) $\ln 2dx+\dfrac{1}{2}dy$　　(B) $(\ln 2+1)dx+\dfrac{1}{2}dy$

(C) $2(\ln 2-1)dx+dy$　　(D) $\dfrac{1}{2}\ln 2dx+2dy$

解： 因 $z=\left(\dfrac{y}{x}\right)^x=e^{x\ln\left(\frac{y}{x}\right)}=e^{x(\ln y-\ln x)}$，所以 $z_x=e^{x(\ln y-\ln x)}[(\ln y-\ln x)-1]=e^{x\ln\left(\frac{y}{x}\right)}\left[\ln\left(\dfrac{y}{x}\right)-1\right]$，$z_y=e^{x\ln\left(\frac{y}{x}\right)}\left(\dfrac{x}{y}\right)$，而 $z_x(1,2)=2(\ln 2-1)$，$z_y(1,2)=1$，所以 $dz\big|_{\substack{x=1\\y=2}}=2(\ln 2-1)dx+dy$，应选（C）。

四、导数与微分应用

（一）导数几何意义的应用

曲线 $y=f(x)$ 在点 $[x_0,f(x_0)]$ 处切线的斜率 $k=f'(x_0)$，则

切线方程为 $y-f(x_0)=f'(x_0)(x-x_0)$

法线方程为 $y-f(x_0)=-\dfrac{1}{f'(x_0)}(x-x_0)$

例 1-36　设曲线 $y=x^3+ax$ 与曲线 $y=bx^2+c$ 在点 $(-1,0)$ 处相切，则（　　）。

(A) $a=b=-1$，$c=1$　　(B) $a=-1$，$b=2$，$c=-2$

(C) $a=1$，$b=-2$，$c=2$　　(D) $a=b=-1$，$c=-1$

解： 由曲线 $y=x^3+ax$ 和曲线 $y=bx^2+c$ 过点 $(-1,0)$，得 $a=-1$，$b+c=0$

两曲线在该点相切，斜率相同，有 $3-1=-2b\Rightarrow b=-1$，$c=1$，故应选（A）。

（二）中值定理

1. 罗尔定理

若函数 $f(x)$ 在 $[a,b]$ 上连续，在 (a,b) 内可导，$f(a)=f(b)$，则至少存在一点 $\xi\in(a,b)$，使 $f'(\xi)=0$。

2. 拉格朗日中值定理（微分中值定理）

若 $f(x)$ 在 $[a,b]$ 上连续，在 (a,b) 内可导，则至少存在一点 $\xi\in(a,b)$，使 $\dfrac{f(b)-f(a)}{b-a}=f'(\xi)$。如果 $a=x$，$b=x+\Delta x$，则有 $\Delta y=f(x+\Delta x)-f(x)=f'(\xi)\Delta x$。

推论 如果在区间 I 上 $f'(x)=0$，则在区间 I 上 $f(x)$ 恒等于常数。

例 1-37 设 $y=f(x)$ 是 (a,b) 内的可导函数，x，$x+\Delta x$ 是 (a,b) 内的任意两点，则（　　）。

(A) $\Delta y=f'(x)\Delta x$

(B) 在 x，$x+\Delta x$ 之间恰好有一点 ξ，使 $\Delta y=f'(\xi)\Delta x$

(C) 在 x，$x+\Delta x$ 之间至少有一点 ξ，使 $\Delta y=f'(\xi)\Delta x$

(D) 在 x，$x+\Delta x$ 之间任意一点 ξ，均有 $\Delta y=f'(\xi)\Delta x$

解： 因 $y=f(x)$ 在 (a,b) 内可导，故在 $[x,x+\Delta x]$ 上连续，在 $(x,x+\Delta x)$ 内可导，利用拉格朗日定理知应选（C）。

（三）利用导数研究函数的性态

1. 函数的单调性的判定

若在区间 I 上，$f'(x)>0[f'(x)<0]$，则 $f(x)$ 在该区间上单调增加（单调减少）。

例 1-38 设函数 $f(x)$ 和 $g(x)$ 在 $[a,b]$ 上均可导，且恒正，若 $f'(x)g(x)+f(x)g'(x)>0$，则当 $x\in(a,b)$ 时，下列不等式中成立的是（　　）。

(A) $\dfrac{f(x)}{g(x)}>\dfrac{f(a)}{g(a)}$　　(B) $\dfrac{f(x)}{g(x)}>\dfrac{f(b)}{g(b)}$

(C) $f(x)g(x)>f(a)g(a)$　　(D) $f(x)g(x)>f(b)g(b)$

解： 记 $y=f(x)g(x)$，由于 $y'=f'(x)g(x)+f(x)g'(x)>0$，故函数 $y=f(x)g(x)$ 在 $[a,b]$ 上单调增加，有 $f(x)g(x)>f(a)g(a)$，应选（C）。

2. 函数的极值

(1) 定义：若函数 $f(x)$ 在点 x_0 的某邻域内有定义，若对此邻域内任一点 $x(x\neq x_0)$，均有 $f(x)<f(x_0)$，则称 $f(x_0)$ 是函数 $f(x)$ 的一个极大值；若对此邻域内任一点 $x(x\neq x_0)$，均有 $f(x)>f(x_0)$，则称 $f(x_0)$ 是函数 $f(x)$ 的一个极小值。点 x_0 称为极值点。

(2) 极值可疑点：我们将导数为零的点称为驻点。函数的驻点和导数不存在的点有可能会成为极值点，称这两种点为极值可疑点。

例 1-39 函数 $y=(5-x)x^{\frac{2}{3}}$ 的极值可疑点的个数是（　　）。

(A) 0　　(B) 1　　(C) 2　　(D) 3

解： 由 $y'=-x^{\frac{2}{3}}+\dfrac{2}{3}(5-x)x^{-\frac{1}{3}}=\dfrac{5(2-x)}{3\sqrt[3]{x}}=0$，知故 $x=2$ 是驻点，$x=0$ 是导数不存在点，故极值可疑点有两个，应选（C）。

(3) 极值存在必要条件：如果函数 $f(x)$ 在点 x_0 处导数存在，则函数在 x_0 处取得极值的必要条件是 $f'(x_0)=0$。

(4) 极值判别法：函数的极值可疑点也不一定都是极值点，对极值可疑点还需做进一步判别，有以下两种判别法。

第一判别法：设点 x_0 是函数 $f(x)$ 的极值可疑点，如果 $f'(x)$ 在点 x_0 左、右两侧变号，则 x_0 为极值点；若在 x_0 点两侧 $f'(x)$ 的符号由正变负（由负变正），则 $f(x_0)$ 为极大值（极小值）。

第二判别法：设 $f'(x_0)=0$，$f''(x_0)\neq 0$，若 $f''(x_0)<0[f''(x_0)>0]$，则 $f(x_0)$ 是极大值（极小值）。

说明

1. 极值是局部性概念，表示局部范围最大或最小，与最大（小）值不同。

2. 对于可导函数，极值只能在驻点处取得，但驻点不一定是极值点；极值也可能在导数不存在的连续点处取得。

例 1-40 设函数 $f(x)$ 在 (a,b) 内可微，且 $f'(x)\neq 0$，则 $f(x)$ 在 (a,b) 内（　　）。

(A) 必有极大值　　(B) 必有极小值

(C) 必无极值　　(D) 不能确定有还是没有极值

解： 由极值存在必要条件，如果 $f(x)$ 在 (a,b) 内可导且有极值，则在极值点必有 $f'(x)=0$。现有 $f(x)$ 在 (a,b) 内可微，故一定可导，又有 $f'(x)\neq 0$，则 $f(x)$ 在 (a,b) 内必无极值，应选（C）。

例 1-41 函数 $y=f(x)$ 在点 $x=x_0$ 处取得极小值，则必有（　　）。

(A) $f'(x_0)=0$　　(B) $f''(x_0)>0$

(C) $f'(x_0)=0$ 且 $f''(x_0)>0$　　(D) $f'(x_0)=0$ 或导数不存在

解： $f'(x_0)=0$ 的点 $x=x_0$ 是驻点，并不一定是极值点；$f'(x_0)=0$ 且 $f''(x_0)>0$ 是 $y=f(x)$ 在点 $x=x_0$ 处取得极小值的充分条件，但不是必要的，故选项（A）、(B)、(C) 都不正确；极值点必从驻点或导数不存在点取得，应选（D）。

3. 曲线的凹凸性与拐点

(1) 定义。设 $f(x)$ 在 (a,b) 内连续，且 $\forall x_1$、$x_2\in(a,b)$，若 $f\left(\frac{x_1+x_2}{2}\right)>\frac{f(x_1)+f(x_2)}{2}\left[\text{或} f\left(\frac{x_1+x_2}{2}\right)<\frac{f(x_1)+f(x_2)}{2}\right]$，则称曲线 $y=f(x)$ 在 (a,b) 内是凸（或凹）的。

曲线 $y=f(x)$ 的凹弧与凸弧的分界点 $[x_0,f(x_0)]$ 叫拐点。

(2) 判别法。在 (a,b) 内，若 $f''(x)>0\,[f''(x)<0]$，则曲线 $y=f(x)$ 在该区间上向上凹（向上凸）。

若 $f''(x_0)=0$ 或 $f''(x_0)$ 不存在，且在 x_0 点两侧 $f''(x)$ 变号，则 $[x_0,f(x_0)]$ 为曲线 $y=f(x)$ 的拐点。

例 1-42 设函数 $f(x)$ 在 $(-\infty,+\infty)$ 上是奇函数，且在 $(0,+\infty)$ 内有 $f'(x)<0$，$f''(x)>0$，则在 $(-\infty,0)$ 内必有（　　）。

(A) $f'(x)>0$，$f''(x)>0$　　(B) $f'(x)<0$，$f''(x)<0$

(C) $f'(x)<0$，$f''(x)>0$　　(D) $f'(x)>0$，$f''(x)<0$

解： 该题有两种解法，利用奇函数图形关于原点对称，偶函数图形关于 y 轴对称。

方法一：当 $f(x)$ 在 $(-\infty,+\infty)$ 上一阶和二阶导数存在时，若 $f(x)$ 在 $(-\infty,+\infty)$ 上是奇函数，则 $f'(x)$ 在 $(-\infty,+\infty)$ 上是偶函数，且 $f''(x)$ 在 $(-\infty,+\infty)$ 上是奇函数；再由在 $(0,+\infty)$ 内有 $f'(x)<0$，$f''(x)>0$，利用上述对称性，故在 $(-\infty,0)$ 内必有 $f'(x)<0$，$f''(x)<0$，应选（B）。

方法二：函数 $f(x)$ 在 $(-\infty,+\infty)$ 上是奇函数，其图形关于原点对称，由于在 $(0,+\infty)$ 内有 $f'(x)<0$，$f''(x)>0$，$f(x)$ 单调减少，其图形为凹的；故在 $(-\infty,0)$ 内，$f(x)$ 应单调减少，且图形为凸的，有 $f'(x)<0$，$f''(x)<0$。

（四）利用导数求函数的最大值与最小值

(1) 闭区间上连续函数的最大值与最小值求法：求区间内驻点或导数不存在的点及端点处的函数值，比较它们的大小，最大者为最大值，最小者为最小值。

(2) 如果连续函数 $f(x)$ 在$[a,b]$上单调，则最大值与最小值在端点处取得。

(3) 如果 $f(x)$ 在某区间上（有限或无限）连续且仅有一个极值，若是极大（小）值，则为最大（小）值。

（五）多元函数极值

1. 二元函数极值的必要条件

可导函数 $f(x,y)$ 在(x_0,y_0)点有极值的必要条件是

$$f'_x(x_0,y_0)=0,\ f'_y(x_0,y_0)=0$$

2. 二元函数极值的充分条件

设函数 $f(x,y)$ 在(x_0,y_0)点某邻域内具有一阶、二阶连续偏导数，且 $f_x(x_0,y_0)=0$，$f_y(x_0,y_0)=0$。令 $f_{xx}(x_0,y_0)=A$，$f_{xy}(x_0,y_0)=B$，$f_{yy}(x_0,y_0)=C$，则

(1) $AC-B^2>0$，且$\begin{cases}A<0\text{，则 } f(x_0,y_0)\text{为极大值}\\A>0\text{，则 } f(x_0,y_0)\text{为极小值}\end{cases}$。

(2) $AC-B^2<0$，则无极值。

(3) $AC-B^2=0$，该方法失效。

例 1-43 下列各点中为二元函数 $z=x^3-y^3+3x^2+3y^2-9x$ 的极值点的是（　　）。

(A) (1,0)　　(B) (1,2)　　(C) (1,1)　　(D) (−3,0)

解：由$\begin{cases}\dfrac{\partial z}{\partial x}=3x^2+6x-9=0\\\dfrac{\partial z}{\partial y}=-3y^2+6y=0\end{cases}$解得四个驻点(1,0)、(1,2)、(−3,0)、(−3,2)，再求二阶偏导数$\dfrac{\partial^2 z}{\partial x^2}=6x+6$，$\dfrac{\partial^2 z}{\partial x\partial y}=0$，$\dfrac{\partial^2 z}{\partial y^2}=-6y+6$，在点(1,0)处，$AC-B^2=12\times6>0$，是极值点。在点(1,2)处，$AC-B^2=12\times(-6)<0$，不是极值点。类似可知(−3,0)也不是极值点，点(1,1)不满足所给函数，也不是极值点。故应选（A）。

第三节　积　分　学

一、不定积分

（一）不定积分的概念与性质

1. 原函数与不定积分定义

若 $F'(x)=f(x)$ 或$[\mathrm{d}F(x)=f(x)\mathrm{d}x]$，则 $F(x)$ 为 $f(x)$ 的一个原函数。函数 $f(x)$ 的原函数全体叫 $f(x)$ 的不定积分，记作 $\int f(x)\mathrm{d}x$，且有

$$\int f(x)\mathrm{d}x=F(x)+C[F(x)\text{为 } f(x)\text{的一个原函数},C\text{ 为任意常数}]$$

2. 不定积分性质

$$\frac{\mathrm{d}}{\mathrm{d}x}\int f(x)\mathrm{d}x=f(x)\qquad\int f'(x)\mathrm{d}x=f(x)+C$$

$$\int kf(x)\mathrm{d}x=k\int f(x)\mathrm{d}x \quad (k\neq 0)$$

$$\int [f(x)\pm g(x)]\mathrm{d}x=\int f(x)\mathrm{d}x\pm \int g(x)\mathrm{d}x$$

例 1-44 若 $\int xf(x)\mathrm{d}x=x\sin x-\int \sin x\mathrm{d}x$，则 $f(x)=$（ ）。

(A) $\sin x$ (B) $\cos x$ (C) $\frac{\sin x}{x}$ (D) $\frac{\cos x}{x}$

解： 因 $\left(x\sin x-\int \sin x\mathrm{d}x\right)'=xf(x)$，所以 $x\cos x=xf(x)$，$f(x)=\cos x$，故选（B）。

（二）基本积分表

由于积分运算是微分运算的逆运算，利用求导公式，可得下列基本积分公式：

$\int k\mathrm{d}x=kx+C$ $\int \mathrm{d}x=x+C$

$\int \frac{\mathrm{d}x}{x}=\ln|x|+C$ $\int x^{\mu}\mathrm{d}x=\frac{x^{\mu+1}}{\mu+1}+C(\mu\neq -1)$

$\int \frac{\mathrm{d}x}{1+x^2}=\arctan x+C$ $\int \frac{\mathrm{d}x}{\sqrt{1-x^2}}=\arcsin x+C$

$\int \cos x\mathrm{d}x=\sin x+C$ $\int \sin x\mathrm{d}x=-\cos x+C$

$\int e^x\mathrm{d}x=e^x+C$ $\int a^x\mathrm{d}x=\frac{a^x}{\ln a}+C(a>0,a\neq 1)$

$\int \frac{\mathrm{d}x}{\cos^2 x}=\int \sec^2 x\mathrm{d}x=\tan x+C$ $\int \frac{\mathrm{d}x}{\sin^2 x}=\int \csc^2 x\mathrm{d}x=-\cot x+C$

$\int \sec x\tan x\mathrm{d}x=\sec x+C$ $\int \csc x\cot x\mathrm{d}x=-\csc x+C$

（三）不定积分的计算

1. 直接积分法

直接积分法就是利用不定积分的性质和基本积分公式求不定积分，有时还要用到代数和三角函数恒等式对被积函数进行恒等变形，然后再使用积分公式（常用公式参见高等数学教材）。

例 1-45 $\int \frac{\cos 2x}{\sin^2 x\cos^2 x}\mathrm{d}x=$（ ）。

(A) $\cot x-\tan x+C$ (B) $\cot x+\tan x+C$

(C) $-\cot x-\tan x+C$ (D) $-\cot x+\tan x+C$

解： $\int \frac{\cos 2x}{\sin^2 x\cos^2 x}\mathrm{d}x=\int \frac{\cos^2 x-\sin^2 x}{\sin^2 x\cos^2 x}\mathrm{d}x=\int \frac{1}{\sin^2 x}\mathrm{d}x-\int \frac{1}{\cos^2 x}\mathrm{d}x=-\cot x-\tan x+C$，

故应选（C）。

2. 第一类换元积分法（凑微分法）

$$\begin{aligned}\int g(x)\mathrm{d}x&=\int f[\varphi(x)]\varphi'(x)\mathrm{d}x=\int f[\varphi(x)]\mathrm{d}\varphi(x)\\&=\int f(u)\mathrm{d}u=F(u)+C=F[\varphi(x)]+C\end{aligned}$$

几种常用凑微分形式

$$\int f(ax+b)\mathrm{d}x=\frac{1}{a}\int f(ax+b)\mathrm{d}(ax+b)$$

$$\int x^{n-1} f(ax^n+b)\mathrm{d}x=\frac{1}{an}\int f(ax^n+b)\mathrm{d}(ax^n+b)$$

$$\int \frac{1}{x} f(\ln x)\mathrm{d}x=\int f(\ln x)\mathrm{d}(\ln x)$$

$$\int \cos x f(\sin x)\mathrm{d}x=\int f(\sin x)\mathrm{d}(\sin x)$$

$$\int \sec^2 x f(\tan x)\mathrm{d}x=\int f(\tan x)\mathrm{d}(\tan x)$$

$$\int \mathrm{e}^x f(\mathrm{e}^x)\mathrm{d}x=\int f(\mathrm{e}^x)\mathrm{d}(\mathrm{e}^x)$$

$$\int \frac{1}{\sqrt{x}} f(\sqrt{x})\mathrm{d}x=2\int f(\sqrt{x})\mathrm{d}\sqrt{x}$$

$$\int \frac{1}{1+x^2} f(\arctan x)\mathrm{d}x=\int f(\arctan x)\mathrm{d}(\arctan x)$$

例 1-46 $\int x\sqrt{3-x^2}\mathrm{d}x=$（　　）。

(A) $-\frac{1}{\sqrt{3-x^2}}+C$　　(B) $-\frac{1}{3}(3-x^2)^{\frac{3}{2}}+C$

(C) $3-x^2+C$　　(D) $(3-x^2)^2+C$

解: 用第一类换元及幂函数积分公式，有

$$\int x\sqrt{3-x^2}\mathrm{d}x=-\frac{1}{2}\int (3-x^2)^{\frac{1}{2}}\mathrm{d}(3-x^2)=-\frac{1}{3}(3-x^2)^{\frac{3}{2}}+C$$

故应选（B）。

例 1-47 设 $F(x)$ 是 $f(x)$ 的一个原函数，则 $\int \mathrm{e}^{-x} f(\mathrm{e}^{-x})\mathrm{d}x=$（　　）。

(A) $F(\mathrm{e}^{-x})+C$　　(B) $-F(\mathrm{e}^{-x})+C$　　(C) $F(\mathrm{e}^{x})+C$　　(D) $-F(\mathrm{e}^{x})+C$

解: $\int \mathrm{e}^{-x} f(\mathrm{e}^{-x})\mathrm{d}x=-\int f(\mathrm{e}^{-x})\mathrm{d}\mathrm{e}^{-x}=-F(\mathrm{e}^{-x})+C$，故应选（B）。

例 1-48 不定积分 $\int \frac{x}{\sin^2(x^2+1)}\mathrm{d}x$ 等于（　　）。

(A) $-\frac{1}{2}\cot(x^2+1)+C$　　(B) $\frac{1}{\sin^2(x^2+1)}+C$

(C) $-\frac{1}{2}\tan(x^2+1)+C$　　(D) $-\frac{1}{2}\cot(x)+C$

解: $\int \frac{x}{\sin^2(x^2+1)}\mathrm{d}x=\frac{1}{2}\int \frac{1}{\sin^2(x^2+1)}\mathrm{d}(x^2+1)=-\frac{1}{2}\cot(x^2+1)+C$，应选（A）。

3. 分部积分法

设 $u=u(x)$、$v=v(x)$ 具有连续导数，则

$$\int u\mathrm{d}v=uv-\int v\mathrm{d}u$$

对 $\int \ln x\mathrm{d}x$，设 $u=\ln x$、$v=x$，则

$$\int \ln x\mathrm{d}x=x\ln x-\int x\mathrm{d}\ln x=x\ln x-\int \mathrm{d}x=x\ln x-x+C$$

分部积分法常用于以下情形：

(1) 当被积函数是对数函数或反三角函数时，必须用分部积分法。例如，$\int \ln x\mathrm{d}x$ 和 $\int \arctan x\mathrm{d}x$，可直接使用分部积分公式计算。

(2) 当被积函数是两种不同类型函数的乘积时，可考虑用分部积分法。这时可按“反、对、幂、指、三”的顺序，位于前面的选为 u，余下部分为 $\mathrm{d}v$。

说明

“反”代表反三角函数，“对”代表对数函数，“幂”代表幂函数，“指”代表指数函数，“三”代表三角函数。

例 1-49 若 $\int xe^{-2x}\mathrm{d}x=$( )(式中 C 为任意常数)。

(A) $-\frac{1}{4}e^{-2x}(2x+1)+C$

(B) $\frac{1}{4}e^{-2x}(2x+1)+C$

(C) $-\frac{1}{4}e^{-2x}(2x-1)+C$

(D) $-\frac{1}{2}e^{-2x}(x+1)+C$

解：用分部积分法，有

$$\int xe^{-2x}\mathrm{d}x=-\frac{1}{2}\int x\mathrm{d}e^{-2x}=-\frac{1}{2}\left(xe^{-2x}-\int e^{-2x}\mathrm{d}x\right)=-\frac{1}{2}\left(xe^{-2x}+\frac{1}{2}e^{-2x}\right)+C$$
$$=-\frac{1}{4}e^{-2x}(2x+1)+C$$

故应选(A)。

例 1-50 若 $\sec^2 x$ 是 $f(x)$ 的一个原函数，则 $\int xf(x)\mathrm{d}x$ 等于( )。

(A) $\tan x+C$

(B) $x\tan x-\ln|\cos x|+C$

(C) $x\sec^2 x+\tan x+C$

(D) $x\sec^2 x-\tan x+C$

解：因 $\sec^2 x$ 是 $f(x)$ 的一个原函数，故有 $\int xf(x)\mathrm{d}x=\int x\mathrm{d}\sec^2 x$，利用分部积分公式，$\int x\mathrm{d}\sec^2 x=x\sec^2 x-\int \sec^2 x\mathrm{d}x=x\sec^2 x-\tan x+C$，应选(D)。

二、定积分

(一) 定积分的概念及性质

1. 定积分的定义

$$\int_a^b f(x)\mathrm{d}x=\lim_{\lambda\to 0}\sum_{i=1}^{n}f(\xi_i)\Delta x_i$$

说明

$\int_a^b f(x)\mathrm{d}x$ 是一个数值，它只与积分区间 $[a,b]$ 及被积函数 $f(x)$ 有关，而与积分变量的记号无关。

规定：$\int_a^b f(x)\mathrm{d}x=-\int_b^a f(x)\mathrm{d}x$； $\int_a^a f(x)\mathrm{d}x=0$。

2. 定积分的几何意义

当 $f(x)\geqslant 0$ 时，$\int_a^b f(x)\mathrm{d}x$ 表图 1-1(a) 中曲边梯形的面积；一般来说，$\int_a^b f(x)\mathrm{d}x$ 的值等于由 x 轴、曲线 $y=f(x)$ 及直线 $x=a$，$x=b$ 所围曲边梯形面积的代数和见图 1-1(b)

（位于 x 轴上方带正号，位于 x 轴下方带负号）。

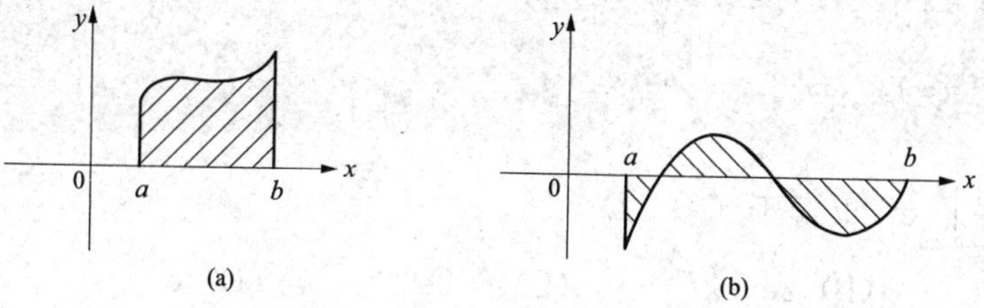

图 1-1　定积分的几何意义示意图

例 1-51　$\int_{-2}^{2}\sqrt{4-x^2}\,\mathrm{d}x=$（　　）。

（A）π　　（B）2π　　（C）3π　　（D）$\frac{\pi}{2}$

解： 由定积分的几何意义知 $\int_{-2}^{2}\sqrt{4-x^2}\,\mathrm{d}x$ 等于半径为 2 的圆的面积的一半，故选（B）。

3. 定积分的性质

（1）$\int_a^b[f(x)\pm g(x)]\mathrm{d}x=\int_a^b f(x)\mathrm{d}x\pm\int_a^b g(x)\mathrm{d}x$。

（2）$\int_a^b kf(x)\mathrm{d}x=k\int_a^b f(x)\mathrm{d}x$（$k$ 为常数）。

（3）$\int_a^b f(x)\mathrm{d}x=\int_a^c f(x)\mathrm{d}x+\int_c^b f(x)\mathrm{d}x$。

（4）$\int_a^b \mathrm{d}x=b-a$。

（5）若在区间 $[a,b]$ 上，$f(x)\leqslant g(x)$，则 $\int_a^b f(x)\mathrm{d}x\leqslant\int_a^b g(x)\mathrm{d}x$。

推论： $\left|\int_a^b f(x)\mathrm{d}x\right|\leqslant\int_a^b|f(x)|\mathrm{d}x$。

（6）估值定理：在 $[a,b]$ 上，$m\leqslant f(x)\leqslant M$，则 $m(b-a)\leqslant\int_a^b f(x)\mathrm{d}x\leqslant M(b-a)$。

（7）积分中值定理：如 $f(x)$ 在 $[a,b]$ 连续，则存在 $\xi\in[a,b]$，使

$$\int_a^b f(x)\mathrm{d}x=f(\xi)(b-a)$$

（二）积分上限的函数及其性质

1. 积分上限的函数

设 $f(x)$ 在 $[a,b]$ 上连续，$x\in[a,b]$，则定积分

$$\Phi(x)=\int_a^x f(t)\mathrm{d}t\,(a\leqslant x\leqslant b)$$

存在，并称为 x 的积分上限的函数。

2. 积分上限的函数的重要性质

如果 $f(x)$ 在 $[a,b]$ 上连续，则积分上限的函数 $\Phi(x)=\int_a^x f(t)\mathrm{d}t$ 在 $[a,b]$ 上可导，且

$$\Phi'(x)=\frac{\mathrm{d}}{\mathrm{d}x}\int_a^x f(t)\mathrm{d}t=f(x)\,(a\leqslant x\leqslant b)$$

注意

积分上限的函数$\int_a^x f(t)\mathrm{d}t$是连续函数$f(x)$的一个原函数。一般的，如果$u(x)$、$v(x)$可微，则$\frac{\mathrm{d}}{\mathrm{d}x}\int_{u(x)}^{v(x)} f(t)\mathrm{d}t = f[v(x)]v'(x) - f[u(x)]u'(x)$。

例 1-52 $\frac{\mathrm{d}}{\mathrm{d}x}\int_{2x}^{0} \mathrm{e}^{-t^2}\mathrm{d}t$ 等于（　　）。

(A) e^{-4x^2}　　(B) $2\mathrm{e}^{-4x^2}$　　(C) $-2\mathrm{e}^{-4x^2}$　　(D) e^{-x^2}

解：$\frac{\mathrm{d}}{\mathrm{d}x}\int_{2x}^{0} \mathrm{e}^{-t^2}\mathrm{d}t = -\frac{\mathrm{d}}{\mathrm{d}x}\int_{0}^{2x} \mathrm{e}^{-t^2}\mathrm{d}t = -\mathrm{e}^{-(2x)^2}\cdot(2x)' = -2\mathrm{e}^{-4x^2}$，应选（C）。

例 1-53 设$\int_0^x f(t)\mathrm{d}t = \frac{\cos x}{x}$，则$f\left(\frac{\pi}{2}\right)$等于（　　）。

(A) $\frac{\pi}{2}$　　(B) $-\frac{2}{\pi}$　　(C) $\frac{2}{\pi}$　　(D) 0

解：由$\int_0^x f(t)\mathrm{d}t = \frac{\cos x}{x}$，而积分上限函数是被积函数的一个原函数，故有$f(x) = \left(\frac{\cos x}{x}\right)' = \frac{-x\sin x - \cos x}{x^2}$，所以$f(\frac{\pi}{2}) = -\frac{2}{\pi}$，应选（B）。

（三）定积分的计算

1. 牛顿—莱布尼兹公式

设$f(x)$在$[a,b]$上连续，$F(x)$是$f(x)$的一个原函数，则

$$\int_a^b f(x)\mathrm{d}x = F(x)\big|_a^b = F(b) - F(a)$$

2. 定积分的换元法

设$f(x)$在$[a,b]$上连续，如果函数$x=\varphi(t)$满足条件：①$x=\varphi(t)$在$[\alpha,\beta]$上单值且有连续导数；②当t在$[\alpha,\beta]$上变化时，$x=\varphi(t)$的值在$[a,b]$上变化，且$\varphi(\alpha)=a$，$\varphi(\beta)=b$，则

$$\int_a^b f(x)\mathrm{d}x = \int_\alpha^\beta [\varphi(t)]\varphi'(t)\mathrm{d}t$$

注意

当用$x=\varphi(t)$作变量替换求定积分时，换元应立即换限。

3. 定积分的分部积分法

设$u=u(x)$，$v=v(x)$在$[a,b]$上具有连续导数，则

$$\int_a^b uv'\mathrm{d}x = [uv]_a^b - \int_a^b u'v\,\mathrm{d}x \quad 或 \quad \int_a^b u\mathrm{d}v = [uv]_a^b - \int_a^b v\mathrm{d}u$$

例 1-54 定积分$\int_{\frac{1}{\pi}}^{\frac{2}{\pi}} \frac{\sin\frac{1}{x}}{x^2}\mathrm{d}x$等于（　　）。

(A) 0　　(B) -1　　(C) 1　　(D) 2

解：因$\frac{1}{x^2}\mathrm{d}x = -\mathrm{d}\left(\frac{1}{x}\right)$，用凑微分法有

$$\int_{\frac{1}{\pi}}^{\frac{2}{\pi}} \frac{\sin\frac{1}{x}}{x^2}\mathrm{d}x = -\int_{\frac{1}{\pi}}^{\frac{2}{\pi}} \sin\frac{1}{x}\mathrm{d}\left(\frac{1}{x}\right) = \cos\frac{1}{x}\Bigg|_{\frac{2}{\pi}}^{\frac{1}{\pi}} = \cos\frac{\pi}{2} - \cos\pi = 0 - (-1) = 1$$

应选（C）。

（四）几个重要结论

设 $f(x)$ 为连续函数：

（1）若 $f(x)$ 为偶函数，则 $\int_{-a}^{a} f(x)\mathrm{d}x = 2\int_{0}^{a} f(x)\mathrm{d}x$；若 $f(x)$ 为奇函数，则 $\int_{-a}^{a} f(x)\mathrm{d}x = 0$。

（2）若 $f(x)$ 是以 T 为周期的周期函数，则 $\int_{a}^{a+T} f(x)\mathrm{d}x = \int_{0}^{T} f(x)\mathrm{d}x$（$a$ 为任意实数）。

（3）$\int_{0}^{\frac{\pi}{2}} f(\sin x)\mathrm{d}x = \int_{0}^{\frac{\pi}{2}} f(\cos x)\mathrm{d}x$。

（4）$\int_{0}^{\frac{\pi}{2}} \sin^n x\,\mathrm{d}x = \int_{0}^{\frac{\pi}{2}} \cos^n x\,\mathrm{d}x = \begin{cases} \dfrac{n-1}{n}\cdot\dfrac{n-3}{n-2}\cdots\dfrac{3}{4}\cdot\dfrac{1}{2}\cdot\dfrac{\pi}{2} & (n\text{ 为正偶数}) \\ \dfrac{n-1}{n}\cdot\dfrac{n-3}{n-2}\cdots\dfrac{2}{3} & (n>1\text{ 的奇数}) \end{cases}$。

例 1-55 已知 $f(0)=1$，$f(2)=3$，$f'(2)=5$，则 $\int_{0}^{2} xf''(x)\mathrm{d}x =$（　　）。

（A）12　　（B）8　　（C）7　　（D）6

解：用分部积分法

$$\int_{0}^{2} xf''(x)\mathrm{d}x = \int_{0}^{2} x\mathrm{d}f'(x) = xf'(x)\big|_{0}^{2} - \int_{0}^{2} f'(x)\mathrm{d}x = 10 - f(x)\big|_{0}^{2} = 10-(3-1) = 8$$

故选（B）。

例 1-56 定积分 $\int_{-1}^{1} (x^3+|x|)\mathrm{e}^{x^2}\mathrm{d}x$ 的值等于（　　）。

（A）0　　（B）e　　（C）e−1　　（D）不存在

解：因积分区间关于原点对称，考虑被积函数的奇偶性，有

$$\int_{-1}^{1} (x^3+|x|)\mathrm{e}^{x^2}\mathrm{d}x = \int_{-1}^{1} x^3\mathrm{e}^{x^2}\mathrm{d}x + \int_{-1}^{1} |x|\mathrm{e}^{x^2}\mathrm{d}x = 0 + 2\int_{0}^{1} x\mathrm{e}^{x^2}\mathrm{d}x = \int_{0}^{1} \mathrm{e}^{x^2}\mathrm{d}x^2 = \mathrm{e}-1,$$

应选（C）。

三、广义积分

（一）无穷限的广义积分

设函数 $f(x)$ 在区间 $[a,+\infty)$ 上连续，极限 $\lim\limits_{b\to+\infty}\int_{a}^{b} f(x)\mathrm{d}x(a<b)$ 存在，称此极限值为 $f(x)$ 在区间 $[a,+\infty)$ 上的广义积分，记作

$$\int_{a}^{+\infty} f(x)\mathrm{d}x = \lim_{b\to+\infty}\int_{a}^{b} f(x)\mathrm{d}x(a<b)$$

此时称广义积分 $\int_{a}^{+\infty} f(x)\mathrm{d}x$ 收敛，若 $\lim\limits_{b\to+\infty}\int_{a}^{b} f(x)\mathrm{d}x(a<b)$ 不存在，则称 $\int_{a}^{+\infty} f(x)\mathrm{d}x$ 发散。

类似定义：$\int_{-\infty}^{b} f(x)\mathrm{d}x = \lim\limits_{a\to-\infty}\int_{a}^{b} f(x)\mathrm{d}x(a<b)$

$$\int_{-\infty}^{+\infty} f(x)\mathrm{d}x = \int_{-\infty}^{0} f(x)\mathrm{d}x + \int_{0}^{+\infty} f(x)\mathrm{d}x$$

重要结论：广义积分 $\int_{a}^{+\infty} \frac{1}{x^k}\mathrm{d}x(a>0)$，当 $k>1$ 时收敛；当 $k\leqslant 1$ 时发散。

例 1-57 $\int_{0}^{+\infty} x\mathrm{e}^{-2x}\mathrm{d}x =$（　　）。

(A) $-\frac{1}{4}$　　(B) $\frac{1}{2}$　　(C) $\frac{1}{4}$　　(D) 4

解：$\int_0^{+\infty} x\mathrm{e}^{-2x}\mathrm{d}x=-\frac{1}{2}\int_0^{+\infty} x\mathrm{d}\mathrm{e}^{-2x}=-\frac{1}{2}x\mathrm{e}^{-2x}\Big|_0^{+\infty}+\frac{1}{2}\int_0^{+\infty}\mathrm{e}^{-2x}\mathrm{d}x=-\frac{1}{4}\mathrm{e}^{-2x}\Big|_0^{+\infty}=\frac{1}{4}$，故应选（C）。

（二）无界函数的广义积分

设函数 $f(x)$ 在区间 $[a,b]$ 上连续，而在点 a 的右邻域内无界。取 $\varepsilon>0$，如果极限

$$\lim_{\varepsilon\to+0}\int_{a+\varepsilon}^{b} f(x)\mathrm{d}x(a<b)$$

存在，称此极限值为 $f(x)$ 在区间 $[a,b]$ 上的广义积分，记作

$$\int_a^b f(x)\mathrm{d}x=\lim_{\varepsilon\to+0}\int_{a+\varepsilon}^{b} f(x)\mathrm{d}x(a<b)$$

此时称广义积分 $\int_a^b f(x)\mathrm{d}x$ 收敛；若 $\lim_{\varepsilon\to+0}\int_{a+\varepsilon}^{b} f(x)\mathrm{d}x(a<b)$ 不存在，则称 $\int_a^b f(x)\mathrm{d}x$ 发散。

类似可定义右瑕点和中间瑕点的广义积分。由定义知，广义积分的计算可通过定积分以及取极限来得到。

重要结论：广义积分 $\int_a^b \frac{1}{(x-a)^k}\mathrm{d}x$，当 $k<1$ 时收敛；当 $k\geqslant1$ 时发散。

注意

该结论对右瑕点和中间瑕点的广义积分也成立。

例 1-58　下列结论中正确的是（　　）。

(A) $\int_{-1}^{1}\frac{1}{x^2}\mathrm{d}x$ 收敛　　(B) $\frac{\mathrm{d}}{\mathrm{d}x}\int_0^{x^2} f(t)\mathrm{d}t=f(x^2)$

(C) $\int_1^{+\infty}\frac{1}{\sqrt{x}}\mathrm{d}x$ 发散　　(D) $\int_{-\infty}^{0}\mathrm{e}^{-\frac{x}{2}}\mathrm{d}x$ 收敛

解：因为 $\int_1^{+\infty}\frac{1}{\sqrt{x}}\mathrm{d}x=2\sqrt{x}\Big|_1^{+\infty}=+\infty$ 发散，所以应选（C）。$\int_{-1}^{1}\frac{1}{x^2}\mathrm{d}x=\int_{-1}^{0}\frac{1}{x^2}\mathrm{d}x+\int_0^1\frac{1}{x^2}\mathrm{d}x$，而 $\int_0^1\frac{1}{x^2}\mathrm{d}x=-\frac{1}{x}\Big|_0^1=+\infty$ 发散；$\frac{\mathrm{d}}{\mathrm{d}x}\int_0^{x^2} f(x)\mathrm{d}t=2xf(x^2)$；$\int_{-\infty}^{0}\mathrm{e}^{-\frac{x}{2}}\mathrm{d}x=-2\mathrm{e}^{-\frac{x}{2}}\Big|_{-\infty}^{0}=+\infty$ 发散，故其他三个选项都是错误的。

四、二重积分

（一）二重积分的概念与性质

（1）二重积分的定义：$\iint\limits_D f(x,y)\mathrm{d}\sigma=\lim\limits_{\lambda\to0}\sum\limits_{i=1}^{n} f(\xi_i,\eta_i)\Delta\sigma_i$。

（2）二重积分的性质：

1) $\iint\limits_D[kf(x,y)\pm lg(x,y)]\mathrm{d}\sigma=k\iint\limits_D f(x,y)\mathrm{d}\sigma\pm l\iint\limits_D g(x,y)\mathrm{d}\sigma$　（k，l 为常数）。

2) $\iint\limits_D f(x,y)\mathrm{d}\sigma=\iint\limits_{D_1} f(x,y)\mathrm{d}\sigma+\iint\limits_{D_2} f(x,y)\mathrm{d}\sigma$　（$D=D_1\cup D_2$）。

3) $\iint\limits_D \mathrm{d}\sigma=\sigma$　（σ 是区域 D 的面积，常用于求平面图形的面积）。

（3）二重积分的几何意义：$\iint\limits_{D} f(x,y)\mathrm{d}\sigma$ 在几何上表示以 D 为底，曲面 $z=f(x,y)$ 为顶的曲顶柱体的体积之代数和。

例 1-59 若 D 是由 x 轴、y 轴及直线 $2x+y-2=0$ 所围成的闭区域，则二重积分 $\iint\limits_{D}\mathrm{d}x\mathrm{d}y$ 的值等于（　　）。

(A) 1　　(B) 2　　(C) $\frac{1}{2}$　　(D) -1

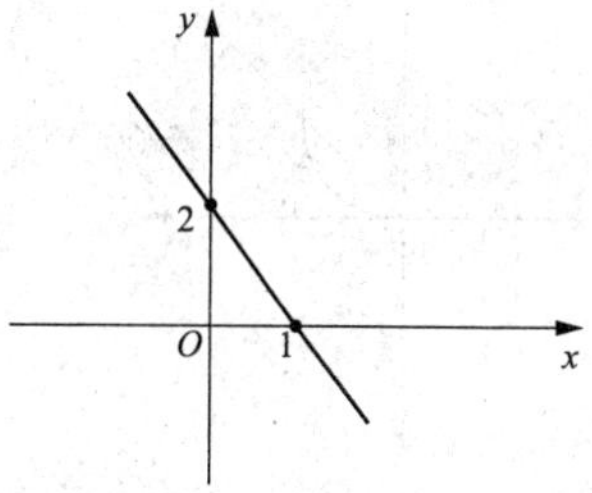

图 1-2　例 1-59 图

解：积分区域 D 见图 1-2：由二重积分几何意义知，二重积分 $\iint\limits_{D}\mathrm{d}x\mathrm{d}y$ 等于区域 D 的面积，而区域 D 是一个直角边分别为 2 和 1 的直角三角形，故 $\iint\limits_{D}\mathrm{d}x\mathrm{d}y=\frac{1}{2}\times 2\times 1=1$，应选（A）。

（二）二重积分的计算法（化为两次定积分）

1. 直角坐标系（有两种顺序）

D 为 X—型域，即 D：$\begin{cases} a\leqslant x\leqslant b \\ \varphi_1(x)\leqslant y\leqslant \varphi_2(x)\end{cases}$，$\iint\limits_{D} f(x,y)\mathrm{d}\sigma=\int_a^b \mathrm{d}x\int_{\varphi_1(x)}^{\varphi_2(x)} f(x,y)\mathrm{d}y$

D 为 Y—型域，即 D：$\begin{cases} c\leqslant y\leqslant d \\ \psi_1(y)\leqslant x\leqslant \psi_2(y)\end{cases}$，$\iint\limits_{D} f(x,y)\mathrm{d}\sigma=\int_c^d \mathrm{d}y\int_{\psi_1(x)}^{\psi_2(x)} f(x,y)\mathrm{d}x$

注意

采用哪种积分顺序，主要由积分区域和被积函数决定。

例 1-60 设 $f(x,y)$ 是连续函数，则 $\int_0^1\mathrm{d}x\int_0^x f(x,y)\mathrm{d}y=$（　　）。

(A) $\int_0^x\mathrm{d}y\int_0^1 f(x,y)\mathrm{d}x$　　(B) $\int_0^1\mathrm{d}y\int_0^x f(x,y)\mathrm{d}x$

(C) $\int_0^1\mathrm{d}y\int_0^1 f(x,y)\mathrm{d}x$　　(D) $\int_0^1\mathrm{d}y\int_y^1 f(x,y)\mathrm{d}x$

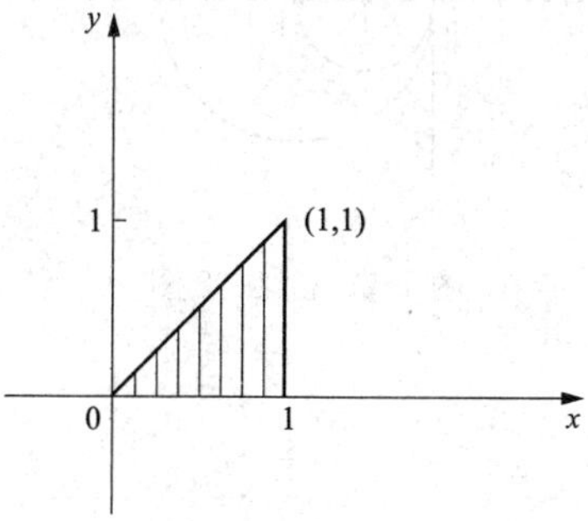

图 1-3　例 1-60 图

解：由图 1-3 可知，积分区域还可表示为 D：$y\leqslant x\leqslant 1$，$0\leqslant y\leqslant 1$，故应选（D）。

2. 极坐标系

在极坐标系下，有 $\begin{cases} x=r\cos\theta \\ y=r\sin\theta\end{cases}$

$$\iint\limits_{D} f(x,y)\mathrm{d}\sigma=\iint\limits_{D} f(r\cos\theta,r\sin\theta)r\mathrm{d}r\mathrm{d}\theta$$

极坐标下的二重积分也是化为两次积分，一般采用先对 r 后对 θ 的积分顺序。

注意

当积分区域为圆、环等图形，或被积函数含有 x^2+y^2 的因子时，可考虑用极坐标。

例 1-61 若 D 是由直线 $y=x$ 和圆 $x^2+(y-1)^2=1$ 所围成且在直线 $y=x$ 下方的平面区域，则二重积分 $\iint\limits_{D} x\mathrm{d}x\mathrm{d}y$ 等于（　　）。

(A) $\int_{0}^{\frac{\pi}{2}}\cos\theta d\theta\int_{0}^{2\cos\theta}\rho^2 d\rho$　　(B) $\int_{0}^{\frac{\pi}{2}}\sin\theta d\theta\int_{0}^{2\sin\theta}\rho^2 d\rho$

(C) $\int_{0}^{\frac{\pi}{4}}\sin\theta d\theta\int_{0}^{2\sin\theta}\rho^2 d\rho$　　(D) $\int_{0}^{\frac{\pi}{4}}\cos\theta d\theta\int_{0}^{2\sin\theta}\rho^2 d\rho$

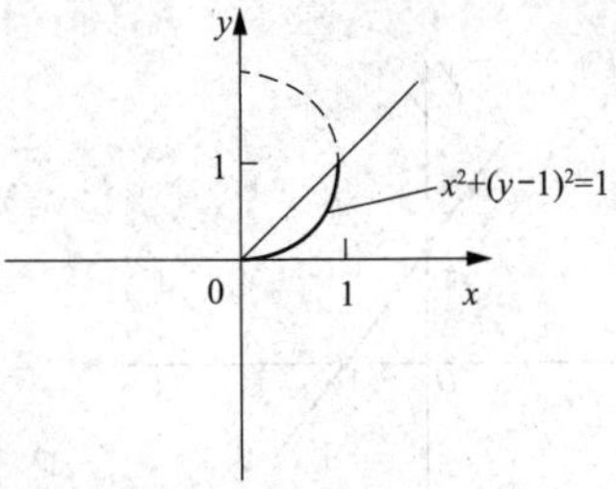

图 1-4　例 1-61 图

解：积分区域 D 见图 1-4，在极坐标系下可表示为 D：$0\leqslant\theta\leqslant\frac{\pi}{4}$，$0\leqslant\rho\leqslant 2\sin\theta$，故

$$\iint_D x\,dx\,dy=\iint_D \rho\cos\theta\cdot\rho\,d\rho\,d\theta=\int_{0}^{\frac{\pi}{4}}\cos\theta d\theta\int_{0}^{2\sin\theta}\rho^2 d\rho$$

（三）重要结论

如果积分区域 D 关于 x 轴对称，被积函数关于 y 为奇（偶），则积分为零（积分等于 D 位于 x 轴上半部分积分的两倍）。

如果积分区域 D 关于 y 轴对称，被积函数关于 x 为奇（偶），则积分为零（积分等于 D 位于 y 轴右半部分积分的两倍）。

例 1-62　圆周 $\rho=\cos\theta$，$\rho=2\cos\theta$ 及射线 $\theta=0$，$\theta=\frac{\pi}{4}$ 所围图形的面积 S 为（　　）。

(A) $\frac{3}{8}(\pi+2)$　　(B) $\frac{1}{16}(\pi+2)$　　(C) $\frac{3}{16}(\pi+2)$　　(D) $\frac{7}{8}\pi$

解：圆周 $\rho=\cos\theta$，$\rho=2\cos\theta$ 及射线 $\theta=0$，$\theta=\frac{\pi}{4}$ 所围图形如图 1-5 所示，由二重积分几何意义，所以

$$\begin{aligned}S&=\iint_D d\sigma=\int_{0}^{\frac{\pi}{4}}d\theta\int_{\cos\theta}^{2\cos\theta}\rho d\rho\\&=\frac{1}{2}\int_{0}^{\frac{\pi}{4}}(4\cos^2\theta-\cos^2\theta)d\theta=\frac{3}{2}\int_{0}^{\frac{\pi}{4}}\cos^2\theta d\theta\\&=\frac{3}{8}(2\theta+\sin 2\theta)\Big|_{0}^{\frac{\pi}{4}}=\frac{3}{8}\left(\frac{\pi}{2}+1\right)\\&=\frac{3}{16}(\pi+2)\end{aligned}$$

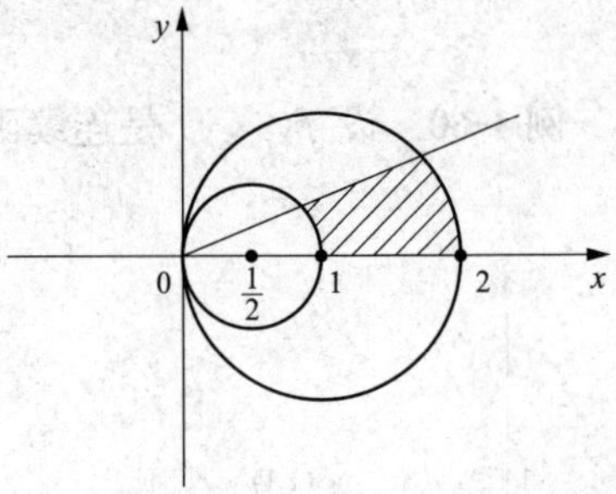

图 1-5　例 1-62 图

故应选（C）。

五、三重积分

1. 三重积分定义

$$\iiint_\Omega f(x,y,z)dv=\lim_{\lambda\to 0}\sum_{i=1}^{n}f(\xi_i,\eta_i,\xi_i)\Delta v_i$$

2. 三重积分的计算法

三重积分通过化为三次积分来计算，通常采用三种坐标系。

(1) 直角坐标系。在直角坐标系下，三重积分 $\iiint_\Omega f(x,y,z)dv$ 可以有三种积分顺序，如果积分区域 Ω 由不等式 $x_1\leqslant x\leqslant x_2$，$y_1(x)\leqslant y\leqslant y_2(x)$，$z_1(x,y)\leqslant z\leqslant z_2(x,y)$ 所确定，则有

$$\iiint_{\Omega} f(x,y,z)\mathrm{d}v = \int_{x_1}^{x_2}\mathrm{d}x\int_{y_1(x)}^{y_2(x)}\mathrm{d}y\int_{z_1(x,y)}^{z_2(x,y)} f(x,y,z)\mathrm{d}z$$

（2）柱坐标系

$$\begin{cases} x = r\cos\theta \\ y = r\sin\theta, \quad \mathrm{d}v = r\mathrm{d}r\mathrm{d}\theta\mathrm{d}z \\ z = z \end{cases}$$

在柱坐标系下计算三重积分，一般采取的积分次序为先积 z，再积 r，最后积 θ，若积分区域 Ω 由不等式：$\theta_1 \leqslant \theta \leqslant \theta_2$，$r_1(\theta) \leqslant r \leqslant r_2(\theta)$，$z_1(r,\theta) \leqslant z \leqslant z_2(r,\theta)$ 确定，则有

$$\iiint_{\Omega} f(x,y,z)\mathrm{d}v = \int_{\theta_1}^{\theta_2}\mathrm{d}\theta\int_{r_1(\theta)}^{r_2(\theta)} r\mathrm{d}r\int_{z_1(r,\theta)}^{z_2(r,\theta)} f(r\cos\theta, r\sin\theta, z)\mathrm{d}z$$

说明

如果积分区域 Ω 为圆柱形域，或 Ω 在 xoy 平面上的投影是圆域、圆扇形域或圆环域，而被积函数为 $f(x^2+y^2,z)$ 时，用柱坐标计算三重积分比较方便。

（3）球坐标系

$$\begin{cases} x = r\cos\theta\sin\varphi \\ y = r\sin\theta\sin\varphi, \quad \mathrm{d}v = r^2\sin\varphi\mathrm{d}r\mathrm{d}\varphi\mathrm{d}\theta \\ z = r\cos\varphi \end{cases}$$

在球坐标下计算三重积分一般采取的积分次序为先积 r，再积 φ，最后积 θ，如果积分区域 Ω 由不等式：$\theta_1 \leqslant \theta \leqslant \theta_2$，$\varphi_1 \leqslant \varphi \leqslant \varphi_2$，$r_1(\varphi,\theta) \leqslant r \leqslant r_2(\varphi,\theta)$ 确定，则有

$$\iiint_{\Omega} f(x,y,z)\mathrm{d}v = \int_{\theta_1}^{\theta_2}\mathrm{d}\theta\int_{\varphi_1}^{\varphi_2}\mathrm{d}\varphi\int_{r_1(\varphi,\theta)}^{r_2(\varphi,\theta)} f(r\cos\theta\sin\varphi, r\sin\theta\sin\varphi, r\cos\varphi)r^2\sin\varphi\mathrm{d}r$$

当积分区域 Ω 为球形域，或由圆锥面与球面所围成的区域，而被积函数为 $f(x^2+y^2+z^2)$ 时，用球坐标计算三重积分比较方便。

3. 重要结论

如果积分区域 Ω 关于 xoy 面对称，被积函数关于 z 为奇（偶），则积分为零（积分等于 Ω 位于 xoy 面上半部分积分的两倍）。

如果 Ω 关于其他坐标面对称，有类似结论。

例 1-63 计算 $I = \iiint_{\Omega} z\mathrm{d}v$，其中 Ω 为 $z^2 = x^2+y^2$，$z=1$ 所围成的立体，则正确的解法是（　　）。

(A) $I = \int_0^{2\pi}\mathrm{d}\theta\int_0^1 r\mathrm{d}r\int_0^1 z\mathrm{d}z$　　(B) $I = \int_0^{2\pi}\mathrm{d}\theta\int_0^1 r\mathrm{d}r\int_r^1 z\mathrm{d}z$

(C) $I = \int_0^{2\pi}\mathrm{d}\theta\int_0^1 z\mathrm{d}z\int_r^1 r\mathrm{d}r$　　(D) $I = \int_0^1\mathrm{d}z\int_0^{\pi}\mathrm{d}\theta\int_0^z zr\mathrm{d}r$

解：画出积分区域 Ω 的图形，见图 1-6，Ω 在 xoy 面的投影是圆域 $x^2+y^2 \leqslant 1$，故 Ω 在柱坐标下可表示为 $0 \leqslant \theta \leqslant 2\pi$，$0 \leqslant r \leqslant 1$，$r \leqslant z \leqslant 1$，所以 $I = \iiint_{\Omega} z\mathrm{d}v = \int_0^{2\pi}\mathrm{d}\theta\int_0^1 r\mathrm{d}r\int_r^1 z\mathrm{d}z$，故应选（B）。

例 1-64 曲面 $x^2+y^2+z^2=2z$ 之内以及曲面 $z=x^2+y^2$ 之外所围成的立体的体积 V 为（　　）。

(A) $\int_0^{2\pi}d\theta\int_0^1 rdr\int_r^{\sqrt{1-r^2}}dz$　　(B) $\int_0^{2\pi}d\theta\int_0^r rdr\int_{r^2}^{1-\sqrt{1-r^2}}dz$

(C) $\int_0^{2\pi}d\theta\int_0^r rdr\int_r^{1-r}dz$　　(D) $\int_0^{2\pi}d\theta\int_0^1 rdr\int_{1-\sqrt{1-r^2}}^{r^2}dz$

解：记Ω为曲面$x^2+y^2+z^2=2z$之内以及曲面$z=x^2+y^2$之外所围成的立体，Ω的图形见图1-7，Ω的体积$V=\iiint_\Omega dV$，因Ω在xoy面的投影是圆域$x^2+y^2\leqslant 1$，所以有$0\leqslant\theta\leqslant 2\pi$，$0\leqslant r\leqslant 1$，$z$是从球面$x^2+y^2+z^2=2z$的下半部到抛物面$z=x^2+y^2$，化为柱坐标有$1-\sqrt{1-r^2}\leqslant z\leqslant r^2$，故原积分化为柱坐标下的三重积分有

$$V=\iiint_\Omega dV=\iiint_\Omega rdrd\theta dz=\int_0^{2\pi}d\theta\int_0^1 rdr\int_{1-\sqrt{1-r^2}}^{r^2}dz$$

故应选（D）。

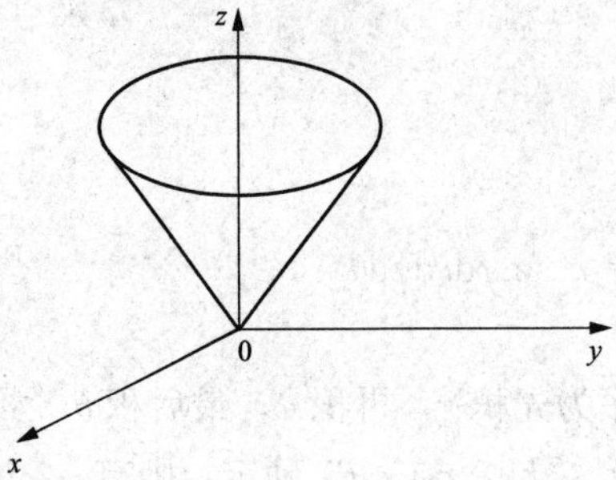

图1-6　例1-63图

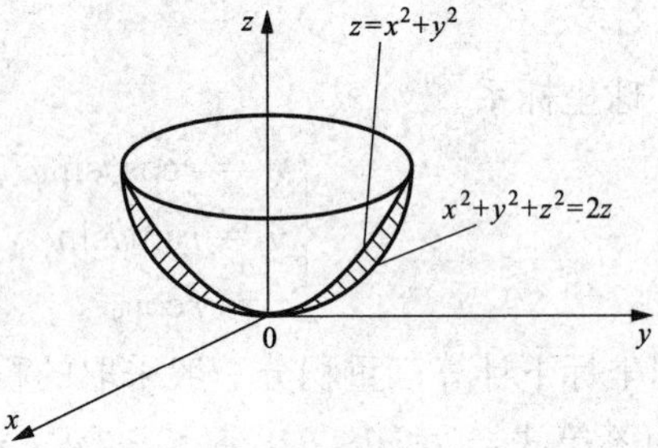

图1-7　例1-64图

六、平面曲线积分

（一）对弧长的曲线积分

1. 定义

$$\int_L f(x,y)ds=\lim_{\lambda\to 0}\sum_{i=1}^n f(\xi_i,\eta_i)\Delta s_i$$

说明

对弧长的曲线积分没有方向性，即$\int_{AB}f(x,y)ds=\int_{BA}f(x,y)ds$。

2. 计算（化为定积分）

L：参数方程$\begin{cases}x=x(t)\\y=y(t)\end{cases}$　$(\alpha\leqslant t\leqslant\beta)$

$$\int_L f(x,y)ds=\int_\alpha^\beta f[x(t),y(t)]\sqrt{[x'(t)]^2+[y'(t)]^2}dt$$

L：直角坐标方程：$y=y(x)(a\leqslant x\leqslant b)$

$$\int_L f(x,y)ds=\int_a^b f[x,y(x)]\sqrt{1+y'^2(x)}dx$$

例1-65　设L为连接点(0,2)与点(1,0)的直线段，则对弧长的曲线积分$\int_L(x^2+y^2)ds=$（　）。

(A) $\frac{\sqrt5}{2}$　　(B) 2　　(C) $\frac{3\sqrt5}{2}$　　(D) $\frac{5\sqrt5}{3}$

解：连接点（0,2）与点（1,0）的直线段的方程为 $y=-2x+2$，使用第一类曲线积分化定积分公式有

$$\int_L (x^2+y^2)\mathrm{d}s=\int_0^1[x^2+(-2x+2)^2]\sqrt{5}\mathrm{d}x=\frac{5\sqrt{5}}{3}$$

故选（D）。

（二）对坐标的曲线积分

1. 定义

$$\int_L P(x,y)\mathrm{d}x=\lim_{\lambda\to 0}\sum_{i=1}^{n}P(\xi_i,\eta_i)\Delta x_i$$

$$\int_L Q(x,y)\mathrm{d}y=\lim_{\lambda\to 0}\sum_{i=1}^{n}Q(\xi_i,\eta_i)\Delta y_i$$

组合形式：$\int_L P(x,y)\mathrm{d}x+Q(x,y)\mathrm{d}y=\int_L P(x,y)\mathrm{d}x+\int_L Q(x,y)\mathrm{d}y$

说明

对坐标的曲线积分具有方向性，即有

$$\int_{L^+} P(x,y)\mathrm{d}x+Q(x,y)\mathrm{d}y=-\int_{L^-} P(x,y)\mathrm{d}x+Q(x,y)\mathrm{d}y$$

2. 计算法（化为定积分）

$L=AB$：参数方程 $\begin{cases}x=x(t)\\y=y(t)\end{cases}$ 起点 A 对应 $t=\alpha$，终点 B 对应 $t=\beta$，则

$$\int_L P(x,y)\mathrm{d}x+Q(x,y)\mathrm{d}y=\int_\alpha^\beta\{p[x(t),y(t)]x'(t)+Q[x(t),y(t)]y'(t)\}\mathrm{d}t$$

$L=AB$：直角坐标方程 $y=y(x)$ 起点 A 对应 $x=a$，终点 B 对应 $x=b$，则

$$\int_L P(x,y)\mathrm{d}x+Q(x,y)\mathrm{d}y=\int_a^b\{P[x,y(x)]+Q[x,y(x)]y'(x)\}\mathrm{d}x$$

注意

对坐标的曲线积分与积分曲线的方向有关，化为定积分一定要注意起点对应下限，终点对应上限。

3. 格林公式

设闭区域 D 由分段光滑的曲线 L 围成，函数 $P(x,y)$ 及 $Q(x,y)$ 在 D 上具有一阶连续偏导数，则有

$$\iint_D\left(\frac{\partial Q}{\partial x}-\frac{\partial P}{\partial y}\right)\mathrm{d}x\mathrm{d}y=\int_L P\mathrm{d}x+Q\mathrm{d}y$$

其中 L 是 D 的取正向的边界曲线。

例 1-66 设圆周曲线 L：$x^2+y^2=1$ 取逆时针方向，则对坐标的曲线积分 $\int_L\frac{y\mathrm{d}x-x\mathrm{d}y}{x^2+y^2}$ 等于（　）。

(A) 2π　　(B) -2π　　(C) π　　(D) 0

解：圆周的参数方程为 $\begin{cases}x=\cos\theta\\y=\sin\theta\end{cases}$，因取逆时针方向，所以起点 $\theta=0$，终点 $\theta=2\pi$，所以 $\int_L\frac{y\mathrm{d}x-x\mathrm{d}y}{x^2+y^2}=\int_0^{2\pi}\sin\theta\mathrm{d}\cos\theta-\cos\theta\mathrm{d}\sin\theta=-2\pi$，应选（B）。

七、积分应用

（一）平面图形的面积

由曲线 $y=f(x)$，x 轴及直线 $x=a$、$x=b(a<b)$ 所围成的曲边梯形的面积为

$$A=\int_a^b |y|\,\mathrm{d}x=\int_a^b |f(x)|\,\mathrm{d}x$$

由曲线 $y=f_1(x)$、$y=f_2(x)$ 及直线 $x=a$，$x=b(a<b)$ 所围平面图形的面积为

$$A=\int_a^b |f_2(x)-f_1(x)|\,\mathrm{d}x$$

（二）旋转体的体积

曲边梯形 $a\leqslant x\leqslant b$、$0\leqslant y\leqslant y(x)$ 绕 x 轴旋转所生成的旋转体的体积公式为

$$V_x=\pi\int_a^b y^2(x)\,\mathrm{d}x$$

曲边梯形 $c\leqslant y\leqslant d$、$0\leqslant x\leqslant x(y)$ 绕 y 轴旋转所生成的旋转体的体积公式为

$$V_y=\pi\int_c^d x^2(y)\,\mathrm{d}y$$

由不等式 $a\leqslant x\leqslant b$、$y_1(x)\leqslant y\leqslant y_2(x)$ 所确定的平面图形绕 x 轴旋转所成的立体体积公式为

$$V_x=\pi\int_a^b [y_2^2(x)-y_1^2(x)]\,\mathrm{d}x$$

（三）平面曲线的弧长

若曲线弧 L 由方程 $y=f(x)(a\leqslant x\leqslant b)$ 给出，则 L 的弧长为

$$s=\int_a^b \sqrt{1+f'(x)^2}\,\mathrm{d}x$$

若曲线弧 L 由参数方程 $\begin{cases}x=x(t)\\ y=y(t)\end{cases}$ $(\alpha\leqslant t\leqslant\beta)$ 给出，则 L 的弧长为

$$s=\int_\alpha^\beta \sqrt{x'^2(t)+y'^2(t)}\,\mathrm{d}t$$

例 1-67　在区间 $[0,2\pi]$ 上，曲线 $y=\sin x$ 与 $y=\cos x$ 之间所围图形的面积是（　　）。

(A) $\int_{\frac{\pi}{2}}^{\pi}(\sin x-\cos x)\mathrm{d}x$　　(B) $\int_{\frac{\pi}{4}}^{\frac{5\pi}{4}}(\sin x-\cos x)\mathrm{d}x$

(C) $\int_0^{2\pi}(\sin x-\cos x)\mathrm{d}x$　　(D) $\int_0^{\frac{5\pi}{4}}(\sin x-\cos x)\mathrm{d}x$

解：由图 1-8 可知，曲线 $y=\sin x$ 与 $y=\cos x$ 在 $\left[\frac{\pi}{4},\frac{5\pi}{4}\right]$ 上围成封闭图形，故应选（B）。

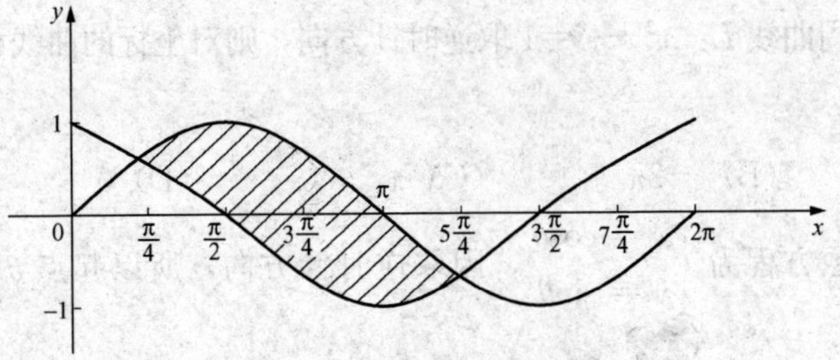

图 1-8　例 1-67 图

例 1-68 曲线 $y=e^{-x}(x\geqslant 0)$ 与直线 $x=0$、$y=0$ 所围图形绕 ox 轴旋转一周所得旋转体的体积为（　　）。

(A) $\frac{\pi}{2}$　　(B) π　　(C) $\frac{\pi}{3}$　　(D) $\frac{\pi}{4}$

解： 由图 1-9 可知，所求旋转体积为 $V=\pi\int_0^{+\infty}e^{-2x}dx=\frac{\pi}{2}$，应选（A）。

例 1-69 由曲线 $y=\ln x$，y 轴与直线 $y=\ln a$，$y=\ln b$（$b>a>0$）所围成的平面图形的面积等于（　　）。

(A) $\ln b-\ln a$　　(B) $b-a$　　(C) e^b-e^a　　(D) e^b+e^a

解： 曲线 $y=\ln x$，y 轴与直线 $y=\ln a$，$y=\ln b(b>a>0)$ 所围成的平面图形如图 1-10 所示，其面积为 $A=\int_{\ln a}^{\ln b}e^y dy=e^{\ln b}-e^{\ln a}=b-a$，故应选（A）。

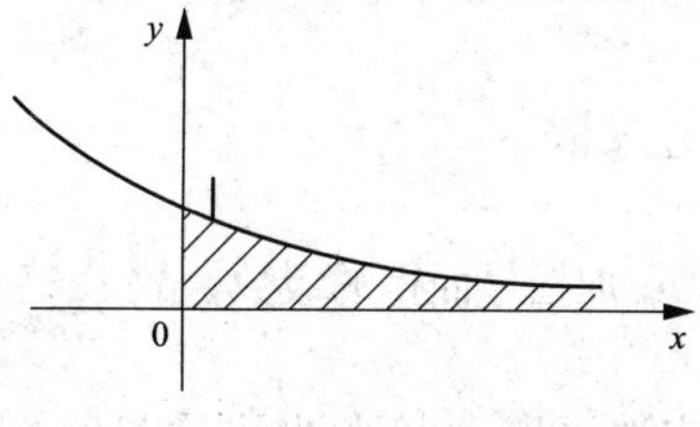

图 1-9　例 1-68 图

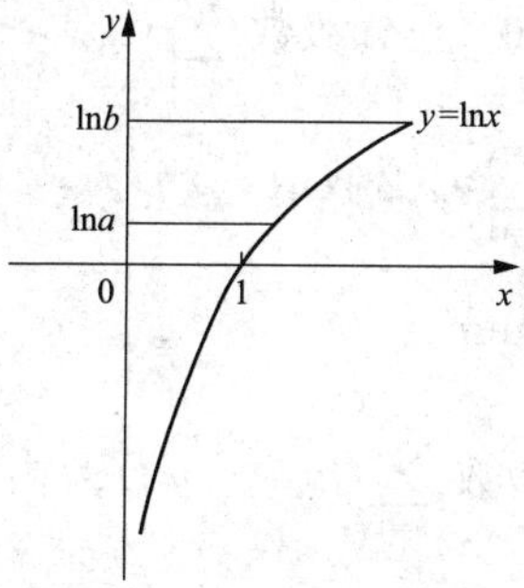

图 1-10　例 1-69 图

第四节　无　穷　级　数

一、常数项级数

（一）常数项级数概念

（1）定义：给定数列 $\{u_n\}$，称式子 $\sum_{n=1}^{\infty}u_n=u_1+u_2+\cdots+u_n+\cdots(I)$ 为常数项无穷级数（简称级数）。

（2）收敛与发散：令 $S_n=\sum_{i=1}^{n}u_i$（部分和），如果 $\lim_{n\to\infty}S_n=S$，则称级数（I）收敛，其和为 S，如果 $\lim_{n\to\infty}S_n$ 不存在，则称级数（I）发散。

（3）绝对收敛与条件收敛，若 $\sum_{n=1}^{\infty}|u_n|$ 收敛，称级数 $\sum_{n=1}^{\infty}u_n$ 绝对收敛；若 $\sum_{n=1}^{\infty}u_n$ 收敛，但 $\sum_{n=1}^{\infty}|u_n|$ 发散，则称级数 $\sum_{n=1}^{\infty}u_n$ 条件收敛。

（二）基本性质

（1）$\sum_{n=1}^{\infty}ku_n(k\neq 0)$ 与 $\sum_{n=1}^{\infty}u_n$ 具有相同敛散性。

（2）设 $\sum_{n=1}^{\infty}u_n=S$，$\sum_{n=1}^{\infty}v_n=\sigma$，则 $\sum_{n=1}^{\infty}(u_n\pm v_n)=S\pm\sigma$。若 $\sum_{n=1}^{\infty}u_n$ 收敛，$\sum_{n=1}^{\infty}v_n$ 发散，则 $\sum_{n=1}^{\infty}(u_n\pm v_n)$ 发散。

（3）在级数的任意位置增加、减少、修改有限项不改变敛散性，但和会发生变化。

（4）收敛级数任意加括号所得的新级数仍收敛，且其和不变。一个级数加括号后所得新级数若发散，则原级数一定发散。一个级数加括号后所得新级数收敛，则原级数可能收敛也可能发散。

（5）级数收敛必要条件：若 $\sum_{n=1}^{\infty}u_n$ 收敛，则 $\lim\limits_{n\to\infty}u_n=0$。

注意

该结论的逆命题不成立。但若 $\lim\limits_{n\to\infty}u_n\neq 0$，必有级数 $\sum_{n=1}^{\infty}u_n$ 发散。

例 1-70 已知级数 $\sum_{n=1}^{\infty}(u_{2n-1}-u_{2n})$ 是收敛的，则下列结果成立的是（　　）。

(A) $\sum_{n=1}^{\infty}u_n$ 必收敛　　(B) $\sum_{n=1}^{\infty}u_n$ 未必收敛

(C) $\lim\limits_{n\to\infty}u_n=0$　　(D) $\sum_{n=1}^{\infty}u_n$ 发散

解：级数 $\sum_{n=1}^{\infty}(u_{2n-1}-u_{2n})$ 是由级数 $\sum_{n=1}^{\infty}(-1)^{n-1}u_n$ 加括号而得的级数，故 $\sum_{n=1}^{\infty}(u_{2n-1}-u_{2n})$ 收敛，无法得到关于级数 $\sum_{n=1}^{\infty}u_n$ 敛散的结果，故应选（B）。该题也可通过举例说明，如由 $\sum_{n=1}^{\infty}(1-1)$ 收敛，该级数 $\sum_{n=1}^{\infty}1$ 发散；而 $\sum_{n=1}^{\infty}\left(\frac{1}{(2n-1)^2}-\frac{1}{(2n)^2}\right)$ 收敛，$\sum_{n=1}^{\infty}\frac{1}{n^2}$ 也收敛。

（三）几个重要级数的收敛性

（1）几何级数（等比级数）$\sum_{n=0}^{\infty}aq^n=a+aq+aq^2+\cdots+aq^n+\cdots$，$|q|<1$ 时收敛，则 $S=\frac{a}{1-q}$，$|q|\geqslant 1$ 时发散。

（2）调和级数 $\sum_{n=1}^{\infty}\frac{1}{n}=1+\frac{1}{2}+\frac{1}{3}+\cdots+\frac{1}{n}+\cdots$ 发散。

（3）$p-$级数 $\sum_{n=1}^{\infty}\frac{1}{n^p}=1+\frac{1}{2^p}+\frac{1}{3^p}+\cdots+\frac{1}{n^p}+\cdots$，$p>1$ 时收敛，$p\leqslant 1$ 时发散。

（4）$\sum_{n=1}^{\infty}(-1)^{n-1}\frac{1}{n}=1-\frac{1}{2}+\frac{1}{3}+(-1)^{n-1}\frac{1}{n}+\cdots$ 收敛（条件收敛）。

（四）审敛法

1. 正项级数审敛法

设正项级数：$\sum_{n=1}^{\infty}u_n(u_n\geqslant 0)$。

（1）比值法（根值法）

$$\lim_{n\to\infty}\frac{u_{n+1}}{u_n}=\rho(\lim_{n\to\infty}\sqrt[n]{u_n}=\rho)\Rightarrow\begin{cases}\rho<1\text{，级数收敛}\\\rho>1\text{，级数发散}\\\rho=1\text{，不能判定}\end{cases}$$

（2）比较法的极限形式：若$\lim\limits_{n\to\infty}\frac{u_n}{\nu_n}=l$，则：

1）$0<l<+\infty$时，$\sum\limits_{n=1}^{\infty}\nu_n$ 与$\sum\limits_{n=1}^{\infty}u_n$ 同敛散；

2）$l=0$ 时，若 $\sum\limits_{n=1}^{\infty}\nu_n$ 收敛，则 $\sum\limits_{n=1}^{\infty}u_n$ 收敛；

3）$l=+\infty$时，若 $\sum\limits_{n=1}^{\infty}\nu_n$ 发散，则 $\sum\limits_{n=1}^{\infty}u_n$ 发散。

（3）基本定理：正项级数 $\sum\limits_{n=1}^{\infty}u_n$ 收敛⇔部分和数列 $\{S_n\}$ 有界。

2. 交错级数审敛法

交错级数：$\sum\limits_{n=1}^{\infty}(-1)^n u_n$，$(u_n>0,n=1,2,\cdots)$（Ⅱ）

若交错级数（Ⅱ）满足条件：$\begin{cases}u_n\geqslant u_{n+1}\\\lim\limits_{n\to\infty}u_n=0\end{cases}$ $(n=1,2,\cdots)$，则该交错级数收敛。

例 1-71 下列级数发散的是（　　）。

(A) $\sum\limits_{n=1}^{\infty}\frac{n^2}{3n^4+1}$　　(B) $\sum\limits_{n=2}^{\infty}\frac{1}{\sqrt[3]{n(n-1)}}$　　(C) $\sum\limits_{n=1}^{\infty}\frac{(-1)^n}{\sqrt{n}}$　　(D) $\sum\limits_{n=1}^{\infty}\frac{5}{3^n}$

解：因 $\sum\limits_{n=2}^{\infty}\frac{1}{\sqrt[3]{n(n-1)}}=\sum\limits_{n=1}^{\infty}\frac{1}{\sqrt[3]{(n+1)n}}$，取 $\sum\limits_{n=1}^{\infty}\frac{1}{n^{\frac{2}{3}}}$，利用比较审敛法的极限形式，有 $\lim\limits_{n\to\infty}\frac{1}{\sqrt[3]{(n+1)n}}/\frac{1}{n^{\frac{2}{3}}}=\lim\limits_{n\to\infty}\frac{1}{\sqrt[3]{(1+\frac{1}{n})}}=1$，故 $\sum\limits_{n=2}^{\infty}\frac{1}{\sqrt[3]{n(n-1)}}$ 与 $\sum\limits_{n=1}^{\infty}\frac{1}{n^{\frac{2}{3}}}$ 有相同的敛散性，而 $\sum\limits_{n=1}^{\infty}\frac{1}{n^{\frac{2}{3}}}$ 是 $p=\frac{2}{3}<1$ 的 p 级数，发散，所以 $\sum\limits_{n=2}^{\infty}\frac{1}{\sqrt[3]{n(n-1)}}$ 发散。选项（A）中级数 $\sum\limits_{n=1}^{\infty}\frac{n^2}{3n^4+1}$ 与 $\sum\limits_{n=1}^{\infty}\frac{1}{n^2}$ 有相同的敛散性，故收敛；选项（C）中 $\sum\limits_{n=1}^{\infty}\frac{(-1)^n}{\sqrt{n}}$ 是 $u_n=\frac{1}{\sqrt{n}}$ 的交错级数，收敛；选项（D）中 $\sum\limits_{n=1}^{\infty}\frac{5}{3^n}$ 是公比 $q=\frac{1}{3}$ 的等比级数，收敛，应选（B）。

3. 级数的绝对收敛和条件收敛

（1）定义：设级数 $\sum\limits_{n=1}^{\infty}u_n$ 收敛，如果 $\sum\limits_{n=1}^{\infty}|u_n|$ 仍收敛，则称级数 $\sum\limits_{n=1}^{\infty}u_n$ 绝对收敛；如果 $\sum\limits_{n=1}^{\infty}|u_n|$ 发散，则称级数 $\sum\limits_{n=1}^{\infty}u_n$ 条件收敛。

（2）绝对收敛定理：如果 $\sum\limits_{n=1}^{\infty}|u_n|$ 收敛，则 $\sum\limits_{n=1}^{\infty}u_n$ 收敛。

例 1-72 级数 $\sum_{n=1}^{\infty}(-1)^n\frac{1}{n^{p-1}}=$（ ）。

(A) 当 $1<p\leqslant 2$ 时条件收敛　　(B) 当 $p>2$ 时条件收敛

(C) 当 $p<1$ 时条件收敛　　(D) 当 $p>1$ 时条件收敛

解： 因 $\sum_{n=1}^{\infty}(-1)^n\frac{1}{n^{p-1}}$ 是 $u_n=\frac{1}{n^{p-1}}$ 的交错级数，由交错级数审敛法，当 $p-1>0$，即 $p>1$ 时，级数 $\sum_{n=1}^{\infty}(-1)^n\frac{1}{n^{p-1}}$ 收敛；又因 $\sum_{n=1}^{\infty}\left|(-1)^n\frac{1}{n^{p-1}}\right|=\sum_{n=1}^{\infty}\frac{1}{n^{p-1}}$，只有当 $p-1>1$，即 $p>2$ 时才收敛，所以级数 $\sum_{n=1}^{\infty}(-1)^n\frac{1}{n^{p-1}}$ 当 $p>2$ 时绝对收敛，而当 $1<p\leqslant 2$ 时条件收敛，应选（A）。

二、幂级数

（一）幂级数概念

1. 定义

函数项级数 $\sum_{n=0}^{\infty}a_n(x-x_0)^n$ 称为幂级数，当 $x_0=0$ 时，有

$$\sum_{n=0}^{\infty}a_nx^n=a_0+a_1x+a_2x^2+\cdots+a_nx^n+\cdots(-\infty<x<+\infty)$$

2. 幂级数的收敛性（阿贝尔定理）

如果幂级数 $\sum_{n=0}^{\infty}a_nx^n$ 当 $x=x_0(x_0\neq 0)$ 时收敛，则适合不等式 $|x|<|x_0|$ 的一切 x 使幂级数 $\sum_{n=0}^{\infty}a_nx^n$ 绝对收敛；如果幂级数 $\sum_{n=0}^{\infty}a_nx^n$ 当 $x=x_0$ 时发散，则适合不等式 $|x|>|x_0|$ 的一切 x 使幂级数 $\sum_{n=0}^{\infty}a_nx^n$ 发散。

因此，幂级数 $\sum_{n=0}^{\infty}a_nx^n$ 的收敛范围一定是关于原点对称的区间。

（二）收敛半径与收敛区间

1. 收敛半径

如果幂级数 $\sum_{n=0}^{\infty}a_nx^n$ 当 $|x|<R$ 时绝对收敛，$|x|>R$ 时发散，则称正数 R 为其收敛半径。

规定：如果幂级数 $\sum_{n=0}^{\infty}a_nx^n$ 在 $(-\infty,+\infty)$ 内收敛，则 $R=+\infty$，如果幂级数 $\sum_{n=0}^{\infty}a_nx^n$ 仅在 $x=0$ 点收敛，则 $R=0$。

2. 收敛半径 R 的求法

(1) 对标准幂级数 $\sum_{n=0}^{\infty}a_nx^n$，若 $\lim_{n\to\infty}\left|\frac{a_{n+1}}{a_n}\right|=\rho\left(\lim_{n\to\infty}\sqrt[n]{|a_n|}=\rho\right)$，则收敛半径

$$R=\begin{cases}\frac{1}{\rho},\text{当}\rho\neq 0\\+\infty,\text{当}\rho=0\\0,\text{当}\rho=+\infty\end{cases}$$

(2) 对缺项幂级数 $\sum_{n=0}^{\infty} a_n x^{2n}$（或 $\sum_{n=0}^{\infty} a_n x^{2n+1}$）不能用求法（1）中方法处理，而必须看作一般的函数项级数，用比值法

$$\lim_{n\to\infty}\left|\frac{u_{n+1}(x)}{u_n(x)}\right| = \rho(x)\begin{cases}<1\Rightarrow |x|<R，绝对收敛\\ >1\Rightarrow |x|>R，发散\end{cases}$$

则 R 为收敛半径。

3. 收敛域的求法

(1) 求收敛半径 R，则可得收敛区间 $(-R,+R)$。

(2) 将 $x=\pm R$ 代入 $\sum_{n=0}^{\infty} a_n x^n$，讨论相应数项级数的收敛性，从而可得收敛域。

例 1-73 幂级数 $\sum_{n=1}^{\infty}(-1)^{n-1}\frac{x^{2n-1}}{2n-1}$ 的收敛域是（　　）。

(A) $[-1,1]$　　(B) $(-1,1]$　　(C) $[-1,1)$　　(D) $(-1,1)$

解：由 $\lim_{n\to\infty}\left|\frac{x^{2n+1}}{2n+1}\Big/\frac{x^{2n-1}}{2n-1}\right| = \lim_{n\to\infty}\frac{2n-1}{2n+1}|x^2| = x^2<1$，有 $|x|<1$，又在端点处，交错级数 $\sum_{n=1}^{\infty}(-1)^n\frac{1}{2n-1}$ 和 $\sum_{n=1}^{\infty}(-1)^{n-1}\frac{1}{2n-1}$ 都收敛，故收敛域为 $[-1,1]$，应选（A）。

（三）函数展开成幂级数

1. 泰勒级数

若 $f(x)$ 在点 x_0 处具有各阶导数，则幂级数 $\sum_{n=0}^{\infty}\frac{f^{(n)}(x_0)}{n!}(x-x_0)^n$ 称为函数 $f(x)$ 在点 x_0 处的泰勒级数，特别当 $x_0=0$ 时，级数 $\sum_{n=0}^{\infty}\frac{f^{(n)}(0)}{n!}x^n$ 称为函数 $f(x)$ 的麦克劳林级数。

2. 用间接法求函数的幂级数展开式

(1) 对函数作恒等变形（如果需要的话）。

(2) 利用已知结论，采用代入、逐项求导、积分等方法求出幂级数展开式。

(3) 写出收敛范围。

3. 几个重要函数的麦克劳林展开式

$$\frac{1}{1-x}=1+x+x^2+\cdots+x^n+\cdots=\sum_{n=0}^{\infty}x^n,(-1,1)$$

$$e^x=1+x+\frac{x^2}{2!}+\cdots+\frac{x^n}{n!}+\cdots=\sum_{n=0}^{\infty}\frac{x^n}{n!},(-\infty,+\infty)$$

$$\sin x=x-\frac{x^3}{3!}+\frac{x^5}{5!}-\cdots+(-1)^n\frac{x^{2n+1}}{(2n+1)!}+\cdots=\sum_{n=0}^{\infty}(-1)^n\frac{x^{2n+1}}{(2n+1)!},(-\infty,+\infty)$$

$$\cos x=1-\frac{x^2}{2!}+\frac{x^4}{4!}-\cdots+(-1)^n\frac{x^{2n}}{(2n)!}+\cdots=\sum_{n=0}^{\infty}(-1)^n\frac{x^{2n}}{(2n)!},(-\infty,+\infty)$$

$$\ln(1+x)=x-\frac{x^2}{2}+\frac{x^3}{3}-\cdots+(-1)^{n-1}\frac{x^n}{n}+\cdots=\sum_{n=1}^{\infty}(-1)^{n-1}\frac{x^n}{n},(-1,1]$$

$$(1+x)^m=1+mx+\frac{m(m-1)}{2!}x^2+\cdots+\frac{m(m-1)\cdots(m-n+1)}{n!}x^n+\cdots$$

例 1-74 函数 $\frac{1}{3-x}$ 展开成 $(x-1)$ 的幂级数是（　　）。

(A) $\sum_{n=0}^{\infty}(-1)^n\frac{(x-1)^n}{2^{n+1}}$　　(B) $\sum_{n=0}^{\infty}\frac{(x-1)^n}{2^{n+1}}$

(C) $\sum_{n=0}^{\infty}\left(\frac{x-1}{2}\right)^n$　　(D) $\sum_{n=0}^{\infty}(x-1)^n$

解：利用$\frac{1}{1-x}=\sum_{n=0}^{\infty}x^n$，有

$$\frac{1}{3-x}=\frac{1}{2-(x-1)}=\frac{1}{2}\frac{1}{1-\frac{x-1}{2}}=\frac{1}{2}\sum_{n=0}^{\infty}\left(\frac{x-1}{2}\right)^n=\sum_{n=0}^{\infty}\frac{(x-1)^n}{2^{n+1}}$$

故应选（B）。

例 1-75　函数 $f(x)=a^x(a>0,a\neq 1)$ 的麦克劳林展开式中的前三项是（　　）。

(A) $1+x\ln a+\frac{x^2}{2}$　　(B) $1+x\ln a+\frac{\ln a}{2}x^2$

(C) $1+x\ln a+\frac{(\ln a)^2}{2}x^2$　　(D) $1+\frac{x}{\ln a}+\frac{x^2}{2\ln a}$

解：函数 $f(x)$ 的麦克劳林展开式中的前三项是 $f(0)+f'(0)x+\frac{f''(0)}{2!}x^2$，在这里 $f(0)=1$，$f'(0)=\ln a$，$f''(0)=(\ln a)^2$，代入上式得 $1+x\ln a+\frac{(\ln a)^2}{2}x^2$，故应选（C）。

（四）求幂级数的和函数

1. 利用已知结论

$$\sum_{n=0}^{\infty}x^n=\frac{1}{1-x}(|x|<1)\qquad \sum_{n=0}^{\infty}(-1)^n x^n=\frac{1}{1+x}(|x|<1)$$

$$\sum_{n=0}^{\infty}\frac{x^n}{n!}=e^x(-\infty,+\infty)$$

例 1-76　幂级数 $\sum_{n=1}^{\infty}\frac{x^n}{n!}$ 的和函数 $s(x)$ 等于（　　）。

(A) e^x　　(B) e^x+1　　(C) e^x-1　　(D) $\cos x$

解：由 $\sum_{n=0}^{\infty}\frac{x^n}{n!}=e^x(-\infty,+\infty)$，有 $\sum_{n=1}^{\infty}\frac{x^n}{n!}=\sum_{n=0}^{\infty}\frac{x^n}{n!}-1=e^x-1$，应选（C）。

2. 利用幂级数和函数的重要性质

(1) 若 $\sum_{n=0}^{\infty}a_nx^n=s(x)(x\in I)$，且 $s(x)$ 在收敛域 I 上可积，则有

$$\int_0^x s(x)\mathrm{d}x=\int_0^x[\sum_{n=0}^{\infty}a_nx^n]\mathrm{d}x=\sum_{n=0}^{\infty}\int_0^x a_nx^n\mathrm{d}x=\sum_{n=0}^{\infty}\frac{a_n}{n+1}x^{n+1}(x\in I)$$

(2) 若 $\sum_{n=0}^{\infty}a_nx^n=s(x)(-R<x<R)$，且 $s(x)$ 在收敛域 $(-R,R)$ 内可导，则有

$$s'(x)=(\sum_{n=0}^{\infty}a_nx^n)'=\sum_{n=0}^{\infty}(a_nx^n)'=\sum_{n=1}^{\infty}na_nx^{n-1}(|x|<R)$$

例 1-77　级数 $\sum_{n=1}^{\infty}n(\frac{1}{2})^{n-1}$ 的和是（　　）。

(A) 1　　(B) 2　　(C) 3　　(D) 4

解：记 $f(x)=\sum_{n=0}^{\infty}x^n=\frac{1}{1-x}(|x|<1)$，则 $f'(x)=\sum_{n=1}^{\infty}nx^{n-1}=\frac{1}{(1-x)^2}(|x|<1)$，而 $f'(\frac{1}{2})=\sum_{n=1}^{\infty}n(\frac{1}{2})^{n-1}=\frac{1}{(1-\frac{1}{2})^2}=4$，故 $\sum_{n=1}^{\infty}n(\frac{1}{2})^{n-1}=4$，应选（D）。

第五节　常微分方程

一、微分方程的基本概念

（1）微分方程：含有自变量、未知函数及其导数（或微分）的方程称为微分方程。如果在微分方程中，自变量的个数只有一个，则称它为常微分方程，简称微分方程。

（2）微分方程的阶：微分方程中出现的未知函数导数的最高阶数，称为微分方程的阶数。

（3）微分方程的解：满足微分方程的函数称为微分方程的解。含有任意常数，且相互独立的任意常数的个数与微分方程的阶数相同的解称为微分方程的通解，不包含任意常数的解称为微分方程的特解。

（4）对 n 阶微分方程，条件 $y|_{x=x_0}=y_0,y'|_{x=x_0}=y_1,\cdots,y^{(n-1)}|_{x=x_0}=y_{n-1}$ 称为初始条件，根据初始条件，可以在通解中确定出任意常数的值而得到一个特解。

例 1-78　函数 $y=C_1C_2\mathrm{e}^{-x}$（C_1、C_2 是任意常数）是微分方程 $y''-2y'-3y=0$ 的（　　）。

（A）通解　　　　（B）特解

（C）不是解　　　　（D）既不是通解又不是特解，而是解

解：令 $C=C_1C_2$，则 $y=C\mathrm{e}^{-x}$，只含一个独立的任意常数，又经验证，$y=C\mathrm{e}^{-x}$ 满足所给方程，故是解但既不是通解又不是特解，应选（D）。

二、可分离变量方程

（一）可分离变量方程

形如 $\frac{\mathrm{d}y}{\mathrm{d}x}=f(x)g(y)$[或 $f_1(x)g_1(y)\mathrm{d}x+f_2(x)g_2(y)\mathrm{d}y=0$] 的方程叫作可分离变量的方程。

解法：（1）分离变量 $\frac{1}{g(y)}\mathrm{d}y=f(x)\mathrm{d}x$。

（2）两端积分 $\int\frac{1}{g(y)}\mathrm{d}y=\int f(x)\mathrm{d}x+C$。

若 $f(x)$、$g(y)$ 的原函数分别为 $F(x)$、$G(x)$，则方程的通解为 $G(y)=F(x)+C$（C 为常数）。

例 1-79　微分方程 $(1+y)\mathrm{d}x-(1-x)\mathrm{d}y=0$ 的通解是（　　）。

（A）$\frac{1+y}{1-x}=C$　　　　（B）$(1+y)=C(1-x)^2$

（C）$(1-x)(1+y)=C$　　　　（D）$\frac{1+y}{1+x}=C$

解：分离变量得 $\int\frac{1}{1-x}\mathrm{d}x=\int\frac{1}{1+y}\mathrm{d}y$，两边积分得 $-\ln|1-x|=\ln|1+y|+\ln|C|$，整理得 $(1-x)(1+y)=C$，可知应选（C）。

例 1-80 微分方程 $\cos y\mathrm{d}x+(1+\mathrm{e}^{-x})\sin y\mathrm{d}y=0$ 满足初始条件 $y|_{x=0}=\frac{\pi}{3}$ 的特解是（　　）。

(A) $\cos y=\frac{1}{4}(1+\mathrm{e}^{x})$　　(B) $\cos y=(1+\mathrm{e}^{x})$

(C) $\cos y=4(1+\mathrm{e}^{x})$　　(D) $\cos^2 y=1+\mathrm{e}^{x}$

解：这是可分离变量微分方程，分离变量得 $\int\frac{\mathrm{d}x}{1+\mathrm{e}^{-x}}=-\int\frac{\sin y}{\cos y}\mathrm{d}y$，两边积分得 $\ln(1+\mathrm{e}^{x})=\ln|\cos y|+\ln|C|$，整理得通解 $1+\mathrm{e}^{x}=C\cos y$，再代入初始条件 $y|_{x=0}=\frac{\pi}{3}$，可得 $C=4$，应选（A）。

（二）齐次方程

形如 $y'=\varphi\left(\frac{y}{x}\right)$ 的方程叫作齐次方程。

解法：变量替换，令 $u=\frac{y}{x}$ 或 $u=\frac{x}{y}$，$(y'=u+xu')$ 化为可分离变量的一阶方程。

例 1-81 微分方程 $y\mathrm{d}x+(x-y)\mathrm{d}y=0$ 的通解是（　　）。

(A) $\left(x-\frac{y}{2}\right)y=C$　(B) $xy=C\left(x-\frac{y}{2}\right)$　(C) $xy=C$　(D) $y=\frac{C}{\ln\left(x-\frac{y}{2}\right)}$

解：将方程化为$\frac{\mathrm{d}x}{\mathrm{d}y}=1-\frac{x}{y}$，这是一阶齐次方程，令 $u=\frac{x}{y}$，原方程化为 $u+y\frac{\mathrm{d}u}{\mathrm{d}y}=1-u$，分离变量得 $\int\frac{1}{1-2u}\mathrm{d}u=\int\frac{1}{y}\mathrm{d}y$，两边积分得 $y^2(1-2u)=C$，将 $u=\frac{x}{y}$ 代入，整理可得 $\left(x-\frac{y}{2}\right)y=C$。故应选（A）。

三、一阶线性微分方程

(1) 定义：形如 $y'+P(x)y=Q(x)$ 的方程叫作一阶线性方程，若 $Q(x)=0$，叫作一阶齐次线性方程；若 $Q(x)\neq 0$，叫作一阶非齐次线性方程。

(2) 通解结构：$y=y^*$（非齐次特解）$+\bar{y}$（对应齐次通解）。

(3) 求解方法。

1）公式法：$y=\mathrm{e}^{-\int p(x)\mathrm{d}x}\left[\int Q(x)\mathrm{e}^{\int p(x)\mathrm{d}x}\mathrm{d}x+C\right]$。

2）常数变易法：先用分离变量法求出相应线性齐次方程 $y'+P(x)y=0$ 的通解 $\bar{y}$，再用常数变易法求非齐次方程的特解 y^*。

例 1-82 微分方程 $(x+1)y'=x\mathrm{e}^{-x}-y$ 的通解为（　　）。

(A) $y=\frac{1}{x+1}-\mathrm{e}^{-x}$　　(B) $y=C(x+1)-\mathrm{e}^{-x}$

(C) $y=\frac{C}{x+1}-\mathrm{e}^{-x}$　　(D) $y=(x+1)-\mathrm{e}^{-x}$

解：方法 1，由于 $y'+\frac{1}{x+1}y=\frac{x+1}{x}\mathrm{e}^{x}$，这是一阶线性微分方程，利用公式

$$y=\mathrm{e}^{-\ln|x+1|}\left(\int\frac{x}{x+1}\mathrm{e}^{-x}\mathrm{e}^{\ln|x+1|}\mathrm{d}x+C\right)=\frac{1}{x+1}\left(\int\frac{x}{x+1}\mathrm{e}^{-x}(x+1)\mathrm{d}x+C\right)$$

$$y=\frac{1}{x+1}[C-e^{-x}(x+1)]=\frac{C}{x+1}-e^{-x}$$

方法2，由于选项（A）、（D）中不含任意常数，故不可能是通解，将选项（B）和选项（C）代入方程检验即可。正确答案为（C）。

四、全微分方程

一阶微分方程 $P(x,y)\mathrm{d}x+Q(x,y)\mathrm{d}y=0$

如果 $P(x,y)$、$Q(x,y)$ 在单连通区域 G 内具有一阶连续偏导数，且 $\frac{\partial P}{\partial y}=\frac{\partial Q}{\partial x}$，则该微分方程为全微分方程，并且其通解为

$$u(x,y)\equiv\int_{(x_0,y_0)}^{(x,y)}P(x,y)\mathrm{d}x+Q(x,y)\mathrm{d}y=0$$

其中 $M_0(x_0,y_0)$ 是在区域 G 内适当选定的点。

五、可降阶微分方程

（一）$y^{(n)}=f(x)$ 型

解法：积分 n 次，每次积分加一个任意常数。

（二）$y''=f(x,y')$ 型

解法：变量替换，令 $P(x)=y'$，则 $y''=\frac{\mathrm{d}P}{\mathrm{d}x}$，化为一阶微分方程。

（三）$y''=f(y,y')$ 型

解法：变量替换，令 $P(y)=y'$，则 $y''=P\frac{\mathrm{d}P}{\mathrm{d}y}$，化为一阶微分方程。

例 1-83 微分方程 $y''=x+\sin x$ 的通解是（　　）（C_1、C_2 为任意常数）。

（A）$\frac{1}{3}x^3+\sin x+C_1x+C_2$　　（B）$\frac{1}{6}x^3-\sin x+C_1x+C_2$

（C）$\frac{1}{2}x^2-\cos x+C_1x-C_2$　　（D）$\frac{1}{2}x^2+\sin x-C_1x+C_2$

解：对 $y''=x+\sin x$ 积分两次，可得 $y=\frac{1}{6}x^3-\sin x+C_1x+C_2$，故应选（B）。

六、二阶线性微分方程

形如 $y''+P(x)y'+Q(x)y=f(x)$ 的方程叫作二阶线性方程。当 $f(x)=0$ 时，$y''+P(x)y'+Q(x)y=0$ 叫作二阶齐次线性方程；当 $f(x)\neq0$ 时，叫作二阶非齐次线性方程。

（一）二阶线性微分方程解的性质

（1）若 y_1、y_2 为齐次方程的解，则 $y=C_1y_1+C_2y_2$（C_1、C_2 为任意常数）也是齐次方程的解。

（2）若 y_1、y_2 为非齐次方程的解，则 y_1-y_2 是对应齐次方程的解。

（3）若 y_1、y_2 为非齐次方程的解，则当 $C_1+C_2=1$ 时，$y=C_1y_1+C_2y_2$ 也是非齐次方程的解。

（二）二阶线性微分方程解的结构

（1）二阶齐次线性方程通解结构：若 y_1、y_2 是齐次方程的两个线性无关特解，则齐次线性方程的通解为

$$\bar{y}=C_1y_1+C_2y_2(C_1、C_2\text{为任意常数})$$

（2）二阶非齐次线性方程的通解结构：若 y^* 是非齐次方程的一个特解，$\bar{y}$ 是对应齐

次方程的通解，则非齐次线性方程的通解为

$$y = y^* + \bar{y}$$

例 1-84 已知 y_0 是微分方程 $y''+py'+qy=0$ 的解，y_1 是微分方程 $y''+py'+qy=f(x)(f(x)\neq 0)$ 的解，则下列函数中的微分方程 $y''+py'+qy=f(x)$ 的解是（　　）。

(A) $y=y_0+C_1y_1$（C_1 是任意常数）

(B) $y=C_1y_1+C_2y_2$（C_1、C_2 是任意常数）

(C) $y=y_0+y_1$　　　　(D) $y=2y_1+3y_0$

解：因齐次方程的解 y_0 加上非齐次方程的解 y_1 仍是非齐次方程的解，选项（C）是非齐次方程 $y''+py'+qy=f(x)$ 的解。由于齐次方程解的倍数仍是该齐次方程的解，但非齐次方程解的倍数不一定是该非齐次方程的解，故其余三个选项不一定正确，应选(C)。

（三）二阶常系数齐次线性方程解的求法

二阶常系数齐次线性方程 $y''+py'+qy=0$（p、q 为任意常数）的特征方程为

$$r^2+pr+q=0$$

求解特征方程得两个根 r_1、r_2，则微分方程通解为：

(1) 特征方程有不相等两个实根 r_1、r_2，则

$$y=C_1e^{r_1x}+C_2e^{r_2x}$$

(2) 特征方程有相等两个实根 r，则

$$y=(C_1+C_2x)e^{rx}$$

(3) 特征方程有共轭复根 $\alpha\pm i\beta$，则

$$y=e^{\alpha x}(C_1\cos\beta x+C_2\sin\beta x)$$

例 1-85 在下列微分方程中，以函数 $y=C_1e^{-x}+C_2e^{4x}$（C_1、C_2 为任意常数）为通解的微分方程是（　　）。

(A) $y''+3y'-4y=0$　　　　(B) $y''-3y'-4y=0$

(C) $y''+3y'+4y=0$　　　　(D) $y''+y'-4y=0$

解：由于方程的通解为 $y=C_1e^{-x}+C_2e^{4x}$，故特征根为 $r_1=-1, r_2=4$，特征方程为 $(r+1)(r-4)=0$，即 $r^2-3r-4=0$，故微分方程应为 $y''-3y'-4y=0$，故应选（B）。

（四）二阶常系数非齐次线性方程解的求法

由于非齐次方程 $y''+py'+qy=f(x)$ 的通解等于对应齐次方程 $y''+py'+qy=0$ 的通解加上非齐次的一个特解，故求非齐次通解的关键是能否求出它的一个特解。对于方程右端的不同的函数 $f(x)$，求特解的方法是不同的，这里重点介绍当 $f(x)=P_n(x)e^{\lambda x}$［$P_n(x)$ 是 n 次多项式］时，非齐次方程特解的求法。

第一步：求特征方程 $r^2+pr+q=0$ 的根，得 r_1、r_2。

第二步：写出特解 y^* 的形式。如果 λ 不是特征方程的根，则 $y^*=Q_n(x)e^{\lambda x}$［$Q_n(x)$ 是系数待定的 n 次多项式］；如果 λ 是特征方程的单根，则 $y^*=xQ_n(x)e^{\lambda x}$；如果 λ 是特征方程的重根，则 $y^*=x^2Q_n(x)e^{\lambda x}$。

第三步：将 y^* 的形式代入方程 $y''+py'+qy=f(x)$，要求两边相等，确定 $Q_n(x)$ 的系数，从而得到特解。

例 1-86 微分方程 $y''-4y=4$ 的通解是（　　）（C_1、C_2 为任意常数）。

(A) $C_1e^{2x}+C_2e^{-2x}+1$　　　　(B) $C_1e^{2x}+C_2e^{-2x}-1$

(C) $e^{2x}-e^{-2x}+1$ (D) $C_1e^{2x}+C_2e^{-2x}-2$

解：显然（C）选项不是通解；对应齐次方程的通解为 $C_1e^{2x}+C_2e^{-2x}$，经检验 $y=-1$ 是一个特解，故应选（B）。

例 1-87 微分方程 $y''-3y'+2y=xe^x$ 的待定特解的形式是（　　）。

(A) $y=(Ax^2+Bx)e^x$ (B) $y=(Ax+B)e^x$

(C) $y=Ax^2e^x$ (D) $y=Axe^x$

解：特征方程为 $r^2-3r+2=0$，解得特征根为 $r_1=1$ 和 $r_2=2$。由于方程右端中 $\lambda=1$ 是特征方程的单根，而 $P(x)=x$ 是一次多项式，故所给微分方程的待定特解的形式应为 $x(Ax+B)e^x=(Ax^2+Bx)e^x$，应选（A）。

第六节　线　性　代　数

一、矩阵和方阵的行列式

（一）矩阵及有关概念

1. 定义

$m\times n$ 个数排成的 m 行 n 列的数表

$$\begin{pmatrix} a_{11} & a_{12} & \cdots & a_{1n} \\ a_{21} & a_{22} & \cdots & a_{2n} \\ & & \vdots & \\ a_{m1} & a_{m2} & \cdots & a_{mn} \end{pmatrix}$$

称为是一个 $m\times n$ 矩阵，记为 $\boldsymbol{A}=(a_{ij})_{m\times n}$ 。数 a_{ij} 称为矩阵 $\boldsymbol{A}$ 的第 i 行第 j 列元素。当 $m=n$ 时，称 $\boldsymbol{A}$ 为 n 阶方阵，称 $-\boldsymbol{A}=(-a_{ij})_{m\times n}$ 为 $\boldsymbol{A}$ 的负矩阵。

2. 矩阵的相等

两个矩阵 $\boldsymbol{A}=(a_{ij})_{m\times n},\boldsymbol{B}=(b_{ij})_{s\times t}$ ，如果 $m=s,n=t$ ，则称 $\boldsymbol{A}$ 与 $\boldsymbol{B}$ 是同型矩阵。两个同型矩阵 $\boldsymbol{A}=(a_{ij})_{m\times n},\boldsymbol{B}=(b_{ij})_{s\times t}$ 的对应元素都相等，即 $a_{ij}=b_{ij}(i=1,2,\cdots,n)$ ，则称 $\boldsymbol{A}$ 与 $\boldsymbol{B}$ 相等，记为 $\boldsymbol{A}=\boldsymbol{B}$。

3. 几种特殊矩阵

（1）零矩阵：元素都是 0 的矩阵称为零矩阵，记为 $\boldsymbol{O}$。

（2）只有一行的矩阵称为行矩阵（行向量），只有一列的矩阵称为列矩阵（列向量）。

注意

向量是特殊的矩阵。

（3）形如 $\begin{pmatrix} a_{11} & a_{12} & \cdots & a_{1n} \\ 0 & a_{22} & \cdots & a_{2n} \\ & & \ddots & \vdots \\ 0 & 0 & \cdots & a_{nn} \end{pmatrix}$ 的矩阵称为上三角阵，形如 $\begin{pmatrix} a_{11} & 0 & \cdots & 0 \\ 0 & a_{22} & \cdots & 0 \\ & & \ddots & \vdots \\ 0 & 0 & \cdots & a_{nn} \end{pmatrix}$ 的矩阵称为对角阵，特别地，$\begin{pmatrix} 1 & 0 & \cdots & 0 \\ 0 & 1 & \cdots & 0 \\ & & \ddots & \vdots \\ 0 & 0 & \cdots & 1 \end{pmatrix}$ 是单位阵。

(4) 对于矩阵 $\boldsymbol{A}=(a_{ij})_{m\times n}$，如果 $a_{ij}=a_{ji}(i=1,2,\cdots,n,j=1,2,\cdots,n)$，称 $\boldsymbol{A}$ 为对称阵。对称阵关于主对角线对称位置元素相等。

（二）矩阵的运算

1. 矩阵线性运算

(1) 加法运算：设 $\boldsymbol{A}=(a_{ij})_{m\times n},\boldsymbol{B}=(b_{ij})_{m\times n}$，则 $\boldsymbol{A}$ 与 $\boldsymbol{B}$ 的和 $\boldsymbol{A}+\boldsymbol{B}=(a_{ij}+b_{ij})_{m\times n}$。

(2) 数乘运算：设 $\boldsymbol{A}=(a_{ij})_{m\times n}$，$k$ 是一个常数，数 k 与 $\boldsymbol{A}$ 的数乘 $k\boldsymbol{A}=(ka_{ij})_{m\times n}$。

数乘和加法运算统称为线性运算。

(3) 运算规律。

1) 交换律：$\boldsymbol{A}+\boldsymbol{B}=\boldsymbol{B}+\boldsymbol{A}$

结合律：$(\boldsymbol{A}+\boldsymbol{B})+\boldsymbol{C}=\boldsymbol{A}+(\boldsymbol{B}+\boldsymbol{C})$

2) 结合律：$k(l\boldsymbol{A})=(kl)\boldsymbol{A}$

分配律：$(k+l)\boldsymbol{A}=k\boldsymbol{A}+l\boldsymbol{A},k(\boldsymbol{A}+\boldsymbol{B})=k\boldsymbol{A}+k\boldsymbol{B}$

2. 矩阵乘法

(1) 定义：设 $\boldsymbol{A}=(a_{ij})_{m\times k},\boldsymbol{B}=(b_{ij})_{k\times n},\boldsymbol{A}$ 与 $\boldsymbol{B}$ 的乘积 $\boldsymbol{AB}=(c_{ij})_{m\times n}$，其中

$$c_{ij}=a_{i1}b_{1j}+a_{i2}b_{2j}+\cdots+a_{is}b_{sj}=\sum_{k=1}a_{ik}b_{kj}$$

(2) 运算规律：由定义知矩阵的乘法不满足交换律 $\boldsymbol{AB}\neq\boldsymbol{BA}$，但满足

结合律：$(\boldsymbol{AB})\boldsymbol{C}=\boldsymbol{A}(\boldsymbol{BC})$

分配律：$\boldsymbol{A}(\boldsymbol{B}+\boldsymbol{C})=\boldsymbol{AB}+\boldsymbol{AC},(\boldsymbol{B}+\boldsymbol{C})\boldsymbol{A}=\boldsymbol{BA}+\boldsymbol{CA}$

其他运算性质：$(k\boldsymbol{A})(l\boldsymbol{B})=(kl)\boldsymbol{AB},\boldsymbol{AE}=\boldsymbol{A},\boldsymbol{EA}=\boldsymbol{A},\boldsymbol{AO}=\boldsymbol{O}$

(3) 方阵的幂：$\boldsymbol{A}$ 为 n 阶方阵，称 $\boldsymbol{A}^n=\overbrace{\boldsymbol{A}\cdot\boldsymbol{A}\cdots\cdots\boldsymbol{A}}^{n个}$ 为 $\boldsymbol{A}$ 的 n 次幂，且有

$$\boldsymbol{A}^k\boldsymbol{A}^l=\boldsymbol{A}^{k+l},(\boldsymbol{A}^k)^l=\boldsymbol{A}^{kl},(\boldsymbol{A}^k)^{\mathrm{T}}=(\boldsymbol{A}^{\mathrm{T}})^k,(l\boldsymbol{A})^k=l^k\boldsymbol{A}^k$$

(4) 矩阵的转置：设 $\boldsymbol{A}=(a_{ij})_{m\times n}$，称矩阵 $(a_{ji})_{n\times m}$ 为矩阵 $\boldsymbol{A}$ 的转置矩阵，记为 $\boldsymbol{A}^{\mathrm{T}}=(a_{ji})_{n\times m}$。转置矩阵有如下性质

$$(\boldsymbol{A}^{\mathrm{T}})^{\mathrm{T}}=\boldsymbol{A},(k\boldsymbol{A})^{\mathrm{T}}=k\boldsymbol{A}^{\mathrm{T}},(\boldsymbol{A}+\boldsymbol{B})^{\mathrm{T}}=\boldsymbol{A}^{\mathrm{T}}+\boldsymbol{B}^{\mathrm{T}},(\boldsymbol{AB})^{\mathrm{T}}=\boldsymbol{B}^{\mathrm{T}}\boldsymbol{A}^{\mathrm{T}}$$

（三）矩阵的初等变换

(1) 交换矩阵两行（列）。

(2) 以数 $k(\neq 0)$ 乘矩阵某一行（列）的所有元素。

(3) 矩阵某一行（列）的所有元素加上另一行（列）对应元素的 k 倍。

以上三种变换称为矩阵的初等行（列）变换。初等行（列）变换统称为初等变换。初等变换的逆变换是同类型的初等变换。

例 1-88 设 $\boldsymbol{A}$ 是 3 阶矩阵，矩阵 $\boldsymbol{A}$ 的第 1 行的 2 倍加到第 2 行，得矩阵 $\boldsymbol{B}$，则以下选项中成立的是（　　）。

(A) $\boldsymbol{B}$ 的第 1 行的 -2 倍加到第 2 行得 $\boldsymbol{A}$

(B) $\boldsymbol{B}$ 的第 1 列的 -2 倍加到第 2 列得 $\boldsymbol{A}$

(C) $\boldsymbol{B}$ 的第 2 行的 -2 倍加到第 1 行得 $\boldsymbol{A}$

(D) $\boldsymbol{B}$ 的第 2 列的 -2 倍加到第 1 列得 $\boldsymbol{A}$

解： 由于矩阵 $\boldsymbol{B}$ 是将矩阵 $\boldsymbol{A}$ 的第 1 行的 2 倍加到第 2 行而得到，即矩阵 $\boldsymbol{B}$ 是由矩阵 $\boldsymbol{A}$ 经过一次初等行变换而得到，要由矩阵 $\boldsymbol{B}$ 得到矩阵 $\boldsymbol{A}$，只要对 $\boldsymbol{B}$ 作上述变换的逆变换则可，即将 $\boldsymbol{B}$ 的第 1 行的 -2 倍加到第 2 行可得 $\boldsymbol{A}$，故应选（A）。

（四）方阵的行列式

(1) 定义：设 $\boldsymbol{A}=(a_{ij})_{n\times n}$ 是 n 阶方阵，称数

$$\begin{vmatrix} a_{11} & a_{12} & \cdots & a_{1n} \\ a_{21} & a_{22} & \cdots & a_{2n} \\ & & \vdots & \\ a_{n1} & a_{n2} & \cdots & a_{nn} \end{vmatrix} = \sum_{p_1p_2\dots p_n}(-1)^{n(p_1p_2\dots p_n)}a_{1p_1}a_{2p_2}\cdots a_{np_n}$$

为方阵 $\boldsymbol{A}$ 的行列式，记为 $|\boldsymbol{A}|$。例如，对于二阶、三阶行列式，有

$$\begin{vmatrix} a_{11} & a_{12} \\ a_{21} & a_{22} \end{vmatrix} = a_{11}a_{22}-a_{12}a_{21}$$

$$\begin{vmatrix} a_{11} & a_{12} & a_{13} \\ a_{21} & a_{22} & a_{23} \\ a_{31} & a_{32} & a_{33} \end{vmatrix} = a_{11}a_{22}a_{33}+a_{12}a_{23}a_{31}+a_{13}a_{21}a_{32}-a_{13}a_{22}a_{31}-a_{12}a_{21}a_{33}-a_{11}a_{23}a_{32}$$

(2) 转置行列式：矩阵 $\boldsymbol{A}$ 的转置矩阵 $\boldsymbol{A}^{\mathrm{T}}$ 的行列式

$$|\boldsymbol{A}^{\mathrm{T}}| = \begin{vmatrix} a_{11} & a_{21} & \cdots & a_{n1} \\ a_{12} & a_{22} & \cdots & a_{n2} \\ & & \vdots & \\ a_{1n} & a_{2n} & \cdots & a_{nn} \end{vmatrix}$$

称为 $|\boldsymbol{A}|$ 的转置行列式。

（五）行列式的性质

性质 1：$|\boldsymbol{A}|=|\boldsymbol{A}^{\mathrm{T}}|$，即行列式与其转置行列式的值相等。

性质 2：两行（列）互换位置，行列式的值变号。推论得到若两行（列）元素相同，行列式的值为零。

性质 3：某行（列）的公因子 k 可提到行列式符号外。推论得到若某行（列）元素全为零，行列式的值为零。

性质 4：两行（列）对应元素成比例，行列式的值为零。

性质 5：某行（列）各元素的 k 倍加到另一行（列）的对应元素上，行列式的值不变。

例 1-89 设 $\boldsymbol{A}$ 为 n 阶方阵，$\boldsymbol{B}$ 是只对调 $\boldsymbol{A}$ 的一、二列所得矩阵，若 $|\boldsymbol{A}|\neq|\boldsymbol{B}|$，则下面结论中一定成立的是（　　）。

(A) $|\boldsymbol{A}|$ 可能为零　　(B) $|\boldsymbol{A}|\neq 0$

(C) $|\boldsymbol{A}+\boldsymbol{B}|\neq 0$　　(D) $|\boldsymbol{A}-\boldsymbol{B}|\neq 0$

解：因方阵 $\boldsymbol{B}$ 是对调方阵 $\boldsymbol{A}$ 的一、二列所得，所以 $|\boldsymbol{B}|=-|\boldsymbol{A}|$，再由 $|\boldsymbol{A}|\neq|\boldsymbol{B}|$，有 $-|\boldsymbol{A}|\neq|\boldsymbol{A}|$，所以 $|\boldsymbol{A}|\neq 0$，应选 (B)。

例 1-90 设 a_1,a_2,a_3 是三维列向量，$|\boldsymbol{A}|=|a_1,a_2,a_3|$，则与 $|\boldsymbol{A}|$ 相等的是（　　）。

(A) $|a_2,a_1,a_3|$　　(B) $|-a_2,-a_3,-a_1|$

(C) $|a_1+a_2,a_2+a_3,a_3+a_1|$　　(D) $|a_1,a_1+a_2,a_1+a_2+a_3|$

解：将 $|a_1,a_1+a_2,a_1+a_2+a_3|$ 第一列的 -1 倍加到第二列和第三列，得 $|a_1,a_2,a_2+a_3|$，再将所得行列式第二列的 -1 倍加到第三列，$|a_1,a_2,a_2+a_3|=|a_1,a_2,a_3|$。其他三个选项中的行列式都不能等于 $|a_1,a_2,a_3|$，故选 (D)。

（六）与行列式有关的重要结论

（1）上三角行列式的值等于对角线上元素的乘积，即

$$\begin{vmatrix} a_{11} & a_{12} & \cdots & a_{1n} \\ & a_{22} & \cdots & a_{2n} \\ & & \vdots & \\ & & & a_{nn} \end{vmatrix} = a_{11}a_{22}\cdots a_{nn}$$

（2）设 $\boldsymbol{A}$ 是 n 阶方阵，则 $|k\boldsymbol{A}|=k^n|\boldsymbol{A}|$。

（3）设 $\boldsymbol{A}$，$\boldsymbol{B}$ 都是 n 阶方阵，则 $|\boldsymbol{AB}|=|\boldsymbol{A}||\boldsymbol{B}|$，由该公式可推得 $|\boldsymbol{A}^k|=|\boldsymbol{A}|^k$，及 $|\boldsymbol{AB}|=|\boldsymbol{BA}|$。

注意

$|\boldsymbol{A}+\boldsymbol{B}|\neq|\boldsymbol{A}|+|\boldsymbol{B}|$。

（4）形如 $\begin{pmatrix} A_1 & & \\ & A_2 & \\ & & \ddots \\ & & & A_s \end{pmatrix}$ ［其中 $A_i(i=1,\cdots,s)$ 都是方阵］的矩阵称为分块对角阵，

对于分块对角阵，有 $\begin{vmatrix} A_1 & & \\ & A_2 & \\ & & \ddots \\ & & & A_s \end{vmatrix}=|A_1||A_2|\cdots|A_s|$。

例 1-91 设 $\boldsymbol{A}$ 是 m 阶矩阵，$\boldsymbol{B}$ 是 n 阶矩阵，行列式 $\begin{vmatrix} 0 & \boldsymbol{A} \\ \boldsymbol{B} & 0 \end{vmatrix}$ 等于（　　）。

（A）$-|\boldsymbol{A}||\boldsymbol{B}|$　　（B）$|\boldsymbol{A}||\boldsymbol{B}|$

（C）$(-1)^{m+n}|\boldsymbol{A}||\boldsymbol{B}|$　　（D）$(-1)^{mn}|\boldsymbol{A}||\boldsymbol{B}|$

解： 从第 m 行开始，将行列式 $\begin{vmatrix} 0 & \boldsymbol{A} \\ \boldsymbol{B} & 0 \end{vmatrix}$ 的前 m 行逐次与后 n 行交换，共交换 mn 次可得 $\begin{vmatrix} 0 & \boldsymbol{A} \\ \boldsymbol{B} & 0 \end{vmatrix}=(-1)^{mn}\begin{vmatrix} \boldsymbol{B} & 0 \\ 0 & \boldsymbol{A} \end{vmatrix}=(-1)^{mn}|\boldsymbol{A}||\boldsymbol{B}|$，故选（D）。

（七）行列式展开

（1）余子式与代数余子式：将 n 阶行列式中元素 a_{ij} 所在的第 i 行和第 j 列的元素划掉，剩余的元素按原位置次序所构成的 $n-1$ 阶行列式，称为元素 a_{ij} 的余子式，记为 $\boldsymbol{M}_{ij}$，即

$$\boldsymbol{M}_{ij}=\begin{vmatrix} a_{11} & \cdots & a_{1,j-1} & a_{1,j+1} & \cdots & a_{1n} \\ & & \vdots & & & \\ a_{i-1,j-1} & \cdots & a_{i-1,j-1} & a_{i-1,j+1} & \cdots & a_{i-1,n} \\ a_{i+1,1} & \cdots & a_{i+1,j-1} & a_{i+1,j+1} & \cdots & a_{i+1,n} \\ & & \vdots & & & \\ a_{n1} & \cdots & a_{n,j-1} & a_{n,j+1} & \cdots & a_{nn} \end{vmatrix}$$

而 $A_{ij}=(-1)^{i+j}\boldsymbol{M}_{ij}$ 称为元素 a_{ij} 的代数余子式。

（2）行列式展开定理：设 $\boldsymbol{A}=(a_{ij})_{n\times n}$，$A_{ij}$ 为 a_{ij} 的代数余子式，则有

$$|\boldsymbol{A}| = a_{i1}A_{i1} + a_{i2}A_{i2} + \cdots + a_{in}A_{in} (i = 1,2,\cdots,n)$$
$$|\boldsymbol{A}| = a_{1j}A_{1j} + a_{2j}A_{2j} + \cdots + a_{nj}A_{nj} (j = 1,2,\cdots,n)$$

例 1-92 设行列式 $\begin{vmatrix} 2 & 1 & 3 & 4 \\ 1 & 0 & 2 & 0 \\ 1 & 5 & 2 & 1 \\ -1 & 1 & 5 & 2 \end{vmatrix}$，$A_{ij}$ 表示行列式元素 a_{ij} 的代数余子式，则 $A_{13} + 4A_{33} + A_{43}$ 等于（　　）。

(A) -2　　(B) 2　　(C) -1　　(D) 1

解：由代数余子式定义，$A_{13} = \begin{vmatrix} 1 & 0 & 0 \\ 1 & 5 & 1 \\ -1 & 1 & 2 \end{vmatrix}$，对这个三阶行列式按第一行展开，有 $A_{13} = 1 \cdot \begin{vmatrix} 5 & 1 \\ 1 & 2 \end{vmatrix} = 9$；同理可得 $A_{33} = \begin{vmatrix} 2 & 1 & 4 \\ 1 & 0 & 0 \\ -1 & 1 & 2 \end{vmatrix} = 2, A_{43} = -\begin{vmatrix} 2 & 1 & 4 \\ 1 & 0 & 0 \\ 1 & 5 & 1 \end{vmatrix} = -19$，故 $A_{13} + 4A_{33} + A_{43} = 9 + 4 \times 2 - 19 = -2$，应选（A）。

（八）行列式的计算

（1）行列式计算的第一个思路是：利用行列式的性质，将行列式化为上三角行列式，再对角线上元素相乘，从而得到结果。这种方法常用于行列式中元素排列比较有规律的情形。

例 1-93 行列式 $\begin{vmatrix} 1 & 2 & 3 & 4 \\ -1 & 0 & 3 & 4 \\ -1 & -2 & 0 & 4 \\ -1 & -2 & -3 & 4 \end{vmatrix}$ 的值是（　　）。

(A) 12　　(B) 24　　(C) 48　　(D) 36

解：由行列式的性质，将第一行分别加到第二、三、四行，得

$$\begin{vmatrix} 1 & 2 & 3 & 4 \\ -1 & 0 & 3 & 4 \\ -1 & -2 & 0 & 4 \\ -1 & -2 & -3 & 4 \end{vmatrix} = \begin{vmatrix} 1 & 2 & 3 & 4 \\ 0 & 2 & 6 & 8 \\ 0 & 0 & 3 & 8 \\ 0 & 0 & 0 & 8 \end{vmatrix} = 2 \times 3 \times 8 = 48$$

故选（C）。

（2）行列式计算的第二个思路是：利用行列式的性质，将行列式的某一行（列）化为只有一个元素不为零，再按这一行（列）展开，达到将行列式降低一阶的目的，最后降到二阶行列式，计算可得结果。

（九）逆矩阵

（1）伴随矩阵。设 $\boldsymbol{A} = (a_{ij})_{n\times n}$，由 $\boldsymbol{A}$ 的行列式 $|\boldsymbol{A}|$ 的代数余子式构成的矩阵

$$\begin{bmatrix} A_{11} & A_{21} & \cdots & A_{n1} \\ A_{12} & A_{22} & \cdots & A_{n2} \\ \vdots & \vdots & & \vdots \\ A_{1n} & A_{2n} & \cdots & A_{nn} \end{bmatrix}$$

称为 $\boldsymbol{A}$ 的伴随矩阵，记为 $\boldsymbol{A}^*$。

(2) 可逆矩阵与逆矩阵。

1) 定义：设 $\boldsymbol{A}$ 是 n 阶方阵，如果存在 n 阶方阵 $\boldsymbol{B}$，使 $\boldsymbol{AB}=\boldsymbol{BA}=\boldsymbol{E}$，则称 $\boldsymbol{A}$ 是可逆矩阵，$\boldsymbol{B}$ 是 $\boldsymbol{A}$ 的逆矩阵。$\boldsymbol{A}$ 的逆矩阵唯一，记为 $\boldsymbol{A}^{-1}$。

2) 矩阵可逆的充分必要条件。定理：设 $\boldsymbol{A}$ 为 n 阶方阵，则 $\boldsymbol{A}$ 可逆的充分必要条件为 $|\boldsymbol{A}|\neq 0$，且 $\boldsymbol{A}^{-1}=\frac{1}{|\boldsymbol{A}|}\boldsymbol{A}^*$。

例 1-94 设 $\boldsymbol{A},\boldsymbol{B}$ 均为 n 阶矩阵，下列结论中正确的是（　　）。

(A) 若 $\boldsymbol{A},\boldsymbol{B}$ 均可逆，则 $\boldsymbol{A}+\boldsymbol{B}$ 可逆

(B) 若 $\boldsymbol{A},\boldsymbol{B}$ 均可逆，则 $\boldsymbol{AB}$ 可逆

(C) 若 $\boldsymbol{A}+\boldsymbol{B}$ 可逆，则 $\boldsymbol{A}-\boldsymbol{B}$ 可逆

(D) 若 $\boldsymbol{A}+\boldsymbol{B}$ 可逆，则 $\boldsymbol{A}$，$\boldsymbol{B}$ 均可逆

解： 由 $\boldsymbol{A},\boldsymbol{B}$ 均可逆，有 $|\boldsymbol{A}|\neq 0$ 和 $|\boldsymbol{B}|\neq 0$，所以 $|\boldsymbol{AB}|=|\boldsymbol{A}||\boldsymbol{B}|\neq 0$，故 $\boldsymbol{AB}$ 可逆，应选 (B)。

3) 逆矩阵的性质。

a. $(\boldsymbol{A}^{-1})^{-1}=\boldsymbol{A}$。

b. $(k\boldsymbol{A})^{-1}=\frac{1}{k}\boldsymbol{A}^{-1}$ $(k\neq 0)$。

c. $(\boldsymbol{AB})^{-1}=\boldsymbol{B}^{-1}\boldsymbol{A}^{-1}$。

d. $(\boldsymbol{A}^k)^{-1}=(\boldsymbol{A}^{-1})^k$ $(\boldsymbol{A}^{\mathrm{T}})^{-1}=(\boldsymbol{A}^{-1})^{\mathrm{T}}$。

e. $|\boldsymbol{A}^{-1}|=\frac{1}{|\boldsymbol{A}|}$。

4) 求逆矩阵的方法。对矩阵 $(\boldsymbol{A} : \boldsymbol{E})$ 做初等行变换，目标是将 $\boldsymbol{A}$ 化为单位阵 $\boldsymbol{E}$，这时右边的单位阵也在做同样的初等变换，并且 $\boldsymbol{E}$ 同时化为 $\boldsymbol{A}$ 的逆矩阵，即 $(\boldsymbol{A} : \boldsymbol{E})\xrightarrow{\text{初等行变换}}(\boldsymbol{E} : \boldsymbol{A}^{-1})$。

例 1-95 设 $\boldsymbol{A}=\begin{pmatrix}1&0&1\\0&1&2\\-2&0&-3\end{pmatrix}$，则 $\boldsymbol{A}^{-1}=$（　　）。

(A) $\begin{pmatrix}3&0&1\\4&1&2\\2&0&1\end{pmatrix}$　　(B) $\begin{pmatrix}3&0&1\\4&1&2\\-2&0&-1\end{pmatrix}$

(C) $\begin{pmatrix}-3&0&-1\\4&1&2\\-2&0&-1\end{pmatrix}$　　(D) $\begin{pmatrix}3&0&1\\-4&-1&-2\\2&0&1\end{pmatrix}$

解： $\begin{pmatrix}1&0&1&1&0&0\\0&1&2&0&1&0\\-2&0&-3&0&0&1\end{pmatrix}\sim\begin{pmatrix}1&0&1&1&0&0\\0&1&2&0&1&0\\0&0&-1&2&0&1\end{pmatrix}\sim\begin{pmatrix}1&0&0&3&0&1\\0&1&0&4&1&2\\0&0&1&-2&0&-1\end{pmatrix}$，

所以 $\boldsymbol{A}^{-1}=\begin{pmatrix}3&0&1\\4&1&2\\-2&0&-1\end{pmatrix}$。

也可以用验证的方法，因 $\begin{pmatrix}1&0&1\\0&1&2\\-2&0&-3\end{pmatrix}\cdot\begin{pmatrix}3&0&1\\4&1&2\\-2&0&-1\end{pmatrix}=\begin{pmatrix}1&0&0\\0&1&0\\0&0&1\end{pmatrix}$，故选 (B)。

（十）矩阵的秩

（1）有关概念。

1）矩阵的子式：从 $m\times n$ 矩阵 $\boldsymbol{A}$ 中任取 k 行 k 列（$k\leqslant \min\{m,n\}$），由位于这些行、列交叉处的 k^2 个元素按原顺序构成的 k 阶行列式称为 $\boldsymbol{A}$ 的 k 阶子式。位于矩阵左上角的子式，称为主子式。

注意

$m\times n$ 矩阵 $\boldsymbol{A}$ 最高阶子式的阶数不超过 $\min\{m,n\}$，方阵的最高阶子式就是它的行列式。

2）矩阵的秩：矩阵 $\boldsymbol{A}$ 的非零子式的最高阶数称为 $\boldsymbol{A}$ 的秩，记为 $r(\boldsymbol{A})$ 或 $R(\boldsymbol{A})$。零矩阵的秩规定为 0，非零矩阵的秩至少是 1。

例 1-96 已知矩阵 $\boldsymbol{A}=\begin{pmatrix}1&0&0\\0&1&2\\0&2&4\end{pmatrix}$，则 $\boldsymbol{A}$ 的秩 $r(\boldsymbol{A})$ 等于（　　）。

(A) 0　　(B) 1　　(C) 2　　(D) 3

解：$|\boldsymbol{A}|=0$，但矩阵 $\boldsymbol{A}$ 的二阶主子式不为零，故 $r(\boldsymbol{A})=2$，应选 (C)。

3）满秩矩阵：设 $\boldsymbol{A}$ 是 $m\times n$ 矩阵，若 $r(\boldsymbol{A})=m$，称 $\boldsymbol{A}$ 为行满秩矩阵；若 $r(\boldsymbol{A})=n$，称 $\boldsymbol{A}$ 为列满秩矩阵。若 $\boldsymbol{A}$ 是 n 阶方阵，且 $r(\boldsymbol{A})=n$（或 $|\boldsymbol{A}|\neq 0$），称 $\boldsymbol{A}$ 为满秩矩阵。当 $\boldsymbol{A}$ 是方阵时满秩与可逆是等价的。

（2）与矩阵的秩有关的结论。

1）$r(\boldsymbol{A})=r(\boldsymbol{A}^{\mathrm{T}})$，$r(\boldsymbol{A}\pm\boldsymbol{B})\leqslant r(\boldsymbol{A})+r(\boldsymbol{B})$，$r(\boldsymbol{AB})\leqslant\min\{r(\boldsymbol{A}),r(\boldsymbol{B})\}$。

2）若 $\boldsymbol{A}$ 可逆，则 $r(\boldsymbol{AB})=r(\boldsymbol{B})$；若 $\boldsymbol{B}$ 可逆，则 $r(\boldsymbol{AB})=r(\boldsymbol{A})$。

例 1-97 设 $\boldsymbol{A}=\begin{pmatrix}1&-1&2\\2&1&1\\-1&1&-2\end{pmatrix}$，$\boldsymbol{B}=\begin{pmatrix}2&a&1\\0&3&a\\0&0&-1\end{pmatrix}$，则秩 $r(\boldsymbol{AB}-\boldsymbol{A})$ 等于（　　）。

(A) 1　　(B) 2　　(C) 3　　(D) 与 a 的取值有关

解：$\boldsymbol{AB}-\boldsymbol{A}=\boldsymbol{A}(\boldsymbol{B}-\boldsymbol{E})$，$\boldsymbol{B}-\boldsymbol{E}=\begin{pmatrix}1&a&1\\0&2&a\\0&0&-2\end{pmatrix}$ 的行列式不为零，秩为 3。而 $\boldsymbol{A}=\begin{pmatrix}1&-1&2\\2&1&1\\-1&1&-2\end{pmatrix}$ 的第 1 行和第 3 行成比例，行列式为零，但 2 阶主子式不为零，秩为 2。所以 $r(\boldsymbol{AB}-\boldsymbol{A})=2$，答案 (B)。

（3）求矩阵秩的方法：

1）利用定义，见例 1-96。

2）用初等行（列）变换把矩阵 $\boldsymbol{A}$ 变成行阶梯形矩阵，这个行阶梯形矩阵中非零的行的行数就是原矩阵 $\boldsymbol{A}$ 的秩。

例 1-98 设 $\boldsymbol{A}=\begin{pmatrix}a_1b_1&a_1b_2&\cdots&a_1b_n\\a_2b_1&a_2b_2&\cdots&a_2b_n\\\cdots&\cdots&\cdots&\cdots\\a_nb_1&a_nb_2&\cdots&a_nb_n\end{pmatrix}$，其中 $a_i\neq 0,b_i\neq 0(i=1,2,\cdots,n)$，则矩阵 $\boldsymbol{A}$ 的秩等于（　　）。

(A) n　　　　(B) 0　　　　(C) 1　　　　(D) 2

解： 由于矩阵 $\boldsymbol{A}$ 的所有行都与第一行成比例，将第一行的 $\left(-\frac{a_i}{a_1}\right)$ 倍加到第 $i(i=2,\cdots,n)$ 行，可将矩阵的第二至第 n 行都化为零，故秩等于 1，应选（C）。

二、n 维向量组

（一）基本概念

（1）向量组的定义：n 个有次序的数 $a_1,a_2,\cdots,a_n$ 构成的数组称为 n 维向量，这 n 个数称为该向量的 n 个分量，第 i 个数 a_i 称为第 i 个分量，记作 $\boldsymbol{\alpha}^{\mathrm{T}}=(a_1,a_2,\cdots,a_n)$。若干个同维数的列（行）向量所组成的集合叫作列（行）向量组，简称向量组。

注意

向量是特殊的矩阵，所以前述有关矩阵的运算规则，对向量都成立。

（2）向量组的线性组合。由 s 个 n 维向量 $\boldsymbol{\alpha}_1,\boldsymbol{\alpha}_2,\cdots,\boldsymbol{\alpha}_s$ 及 s 个数 $k_1,k_2,\cdots,k_s$ 构成的向量

$$k_1\alpha_1+k_2\alpha_2+\cdots+k_s\alpha_s$$

称为向量组 $\boldsymbol{\alpha}_1,\boldsymbol{\alpha}_2,\cdots,\boldsymbol{\alpha}_s$ 的一个线性组合，数 $k_1,k_2,\cdots,k_s$ 称为组合系数。

（3）一个向量由一个向量组线性表出。如果 n 维向量 $\boldsymbol{\beta}$ 能表示成向量组 $\boldsymbol{\alpha}_1,\boldsymbol{\alpha}_2,\cdots,\boldsymbol{\alpha}_s$ 的线性组合，即

$$\boldsymbol{\beta}=k_1\boldsymbol{\alpha}_1+k_2\boldsymbol{\alpha}_2+\cdots+k_s\boldsymbol{\alpha}_s$$

则称 $\boldsymbol{\beta}$ 可以由 $\boldsymbol{\alpha}_1,\boldsymbol{\alpha}_2,\cdots,\boldsymbol{\alpha}_s$ 线性表示，或称 $\boldsymbol{\beta}$ 是 $\boldsymbol{\alpha}_1,\boldsymbol{\alpha}_2,\cdots,\boldsymbol{\alpha}_s$ 的线性组合。

（4）称向量组 $\boldsymbol{\varepsilon}_1^{\mathrm{T}}=(1,0,\cdots,0)$，$\boldsymbol{\varepsilon}_2^{\mathrm{T}}=(0,1,\cdots,0)$，$\cdots$，$\boldsymbol{\varepsilon}_n^{\mathrm{T}}=(0,0,\cdots,1)$ 为 n 维基本单位向量组。任一 n 维向量 $\boldsymbol{\alpha}^{\mathrm{T}}=(a_1,a_2,\cdots a_n)$ 都是 n 维基本单位向量组的线性组合，且

$$\boldsymbol{\alpha}=a_1\boldsymbol{\varepsilon}_1+a_2\boldsymbol{\varepsilon}_2+\cdots+a_n\boldsymbol{\varepsilon}_n$$

（5）向量组的线性相关、线性无关。对于 n 维向量组 $\boldsymbol{\alpha}_1,\boldsymbol{\alpha}_2,\cdots,\boldsymbol{\alpha}_s$，如果存在一组不全为零的数 $k_1,k_2,\cdots,k_s$，使得 $k_1\boldsymbol{\alpha}_1+k_2\boldsymbol{\alpha}_2+\cdots+k_s\boldsymbol{\alpha}_s=0$，则称 $\boldsymbol{\alpha}_1,\boldsymbol{\alpha}_2,\cdots,\boldsymbol{\alpha}_s$ 线性相关；如果仅当 $k_1=k_2=\cdots=k_s=0$ 时，才有 $k_1\boldsymbol{\alpha}_1+k_2\boldsymbol{\alpha}_2+\cdots+k_s\boldsymbol{\alpha}_s=0$，则称 $\boldsymbol{\alpha}_1,\boldsymbol{\alpha}_2,\cdots,\boldsymbol{\alpha}_s$ 线性无关。

两个向量线性相关的充分必要条件是对应分量成比例。

（6）向量组的极大无关组。设有向量组 $\boldsymbol{A}$，如果 $\boldsymbol{A}$ 中存在 r 个向量 $\boldsymbol{\alpha}_1,\boldsymbol{\alpha}_2,\cdots,\boldsymbol{\alpha}_r$，满足：① $\boldsymbol{\alpha}_1,\boldsymbol{\alpha}_2,\cdots,\boldsymbol{\alpha}_r$ 线性无关；② $\boldsymbol{A}$ 中任一个向量都可由 $\boldsymbol{\alpha}_1,\boldsymbol{\alpha}_2,\cdots,\boldsymbol{\alpha}_r$ 线性表示；则称 $\boldsymbol{\alpha}_1,\boldsymbol{\alpha}_2,\cdots,\boldsymbol{\alpha}_r$ 是向量组 $\boldsymbol{A}$ 的极大无关组。一般一个向量组的极大无关组是不唯一的，但极大无关组所含向量的个数 r 是固定的，并且向量组 $\boldsymbol{A}$ 中任意 r 个线性无关的向量都可构成一个极大无关组。

例 1-99　已知向量组 $\boldsymbol{\alpha}_1=(3,2,-5)^{\mathrm{T}}$，$\boldsymbol{\alpha}_2=(3,-1,3)^{\mathrm{T}}$，$\boldsymbol{\alpha}_3=\left(1,-\frac{1}{3},1\right)^{\mathrm{T}}$，$\boldsymbol{\alpha}_4=(6,-2,6)^{\mathrm{T}}$，则该向量组的一个极大无关组是（　　）。

(A) $\boldsymbol{\alpha}_2,\boldsymbol{\alpha}_4$　　　　(B) $\boldsymbol{\alpha}_3,\boldsymbol{\alpha}_4$

(C) $\boldsymbol{\alpha}_1,\boldsymbol{\alpha}_2$　　　　(D) $\boldsymbol{\alpha}_2,\boldsymbol{\alpha}_3$

解： 由于 $\boldsymbol{\alpha}_2=(3,-1,3)^{\mathrm{T}}$，$\boldsymbol{\alpha}_3=\left(1,-\frac{1}{3},1\right)^{\mathrm{T}}$，$\boldsymbol{\alpha}_4=(6,-2,6)^{\mathrm{T}}$ 对应坐标成比例，故任三个向量都是线性相关的，所以极大无关组含两个向量。显然 $\boldsymbol{\alpha}_1,\boldsymbol{\alpha}_2$ 对应分量不成比例，故线性无关，所以 $\boldsymbol{\alpha}_1,\boldsymbol{\alpha}_2$ 是一个极大无关组，答案（C）。

（7）向量组的秩。

1）定义：向量组 $\boldsymbol{A}$ 的极大无关组所含向量的个数 r 就是该向量组的秩。一个矩阵的列（行）向量组的秩称为该矩阵的列（行）秩。

2）结论：矩阵的秩＝矩阵的列秩＝矩阵的行秩。

3）求向量组秩的方法：

a. 求出该向量组的极大无关组，极大无关组所含向量个数就是秩。

b. 将该向量组按列排成一个矩阵，对该矩阵做初等行变换化成行阶梯形，该行阶梯形矩阵非零行的行数就是所求向量组的秩。

（二）重要结论

（1）如果向量组 $\boldsymbol{A}$ 的一个部分组 $\boldsymbol{\alpha}_1,\boldsymbol{\alpha}_2,\cdots,\boldsymbol{\alpha}_s$ 线性相关，则向量组 $\boldsymbol{A}$ 一定线性相关。

（2）向量组 $\boldsymbol{\alpha}_1,\boldsymbol{\alpha}_2,\cdots,\boldsymbol{\alpha}_m(m\geqslant 2)$ 线性相关的充分必要条件是其中至少有一个向量可由其余 $m-1$ 个向量线性表示。

（3）如果向量组 $\boldsymbol{\alpha}_1,\boldsymbol{\alpha}_2,\cdots,\boldsymbol{\alpha}_m$ 线性无关，而向量组 $\boldsymbol{\alpha}_1,\boldsymbol{\alpha}_2,\cdots,\boldsymbol{\alpha}_m,\boldsymbol{\beta}$ 线性相关，则 $\boldsymbol{\beta}$ 必可由 $\boldsymbol{\alpha}_1,\boldsymbol{\alpha}_2,\cdots,\boldsymbol{\alpha}_m$ 线性表示，且表示式唯一。

（4）如果向量组 $\boldsymbol{\alpha}_1,\boldsymbol{\alpha}_2,\cdots,\boldsymbol{\alpha}_s$ 可由向量组 $\boldsymbol{\beta}_1,\boldsymbol{\beta}_2,\cdots,\boldsymbol{\beta}_t$ 线性表示，而且 $s>t$，则 $\boldsymbol{\alpha}_1,\boldsymbol{\alpha}_2,\cdots,\boldsymbol{\alpha}_s$ 线性相关。

（三）向量组线性相关与线性无关的判别

（1）利用定理：n 维向量组 $\boldsymbol{\alpha}_1,\boldsymbol{\alpha}_2,\cdots,\boldsymbol{\alpha}_m$ 线性相关的充分必要条件是以 $\boldsymbol{\alpha}_1,\boldsymbol{\alpha}_2,\cdots,\boldsymbol{\alpha}_m$ 为列向量组的矩阵 $A=(\boldsymbol{\alpha}_1,\boldsymbol{\alpha}_2,\cdots,\boldsymbol{\alpha}_m)$ 的秩 $R(\boldsymbol{A})<m$。

设 $\boldsymbol{\alpha}_1,\boldsymbol{\alpha}_2,\cdots,\boldsymbol{\alpha}_m$ 是一个 n 维列向量组，构造 $n\times m$ 矩阵 $\boldsymbol{A}=(\boldsymbol{\alpha}_1,\boldsymbol{\alpha}_2,\cdots,\boldsymbol{\alpha}_m)$，若 $R(\boldsymbol{A})<m$，向量组 $\boldsymbol{\alpha}_1,\boldsymbol{\alpha}_2,\cdots,\boldsymbol{\alpha}_m$ 线性相关；若 $R(\boldsymbol{A})=m$，向量组 $\boldsymbol{\alpha}_1,\boldsymbol{\alpha}_2,\cdots,\boldsymbol{\alpha}_m$ 线性无关。特别地，当 $m=n$ 时，若 $|\boldsymbol{A}|=0$，向量组 $\boldsymbol{\alpha}_1,\boldsymbol{\alpha}_2,\cdots,\boldsymbol{\alpha}_m$ 线性相关；若 $|\boldsymbol{A}|\neq 0$ 向量组 $\boldsymbol{\alpha}_1,\boldsymbol{\alpha}_2,\cdots,\boldsymbol{\alpha}_m$ 线性无关。

例 1-100 若使向量组 $\boldsymbol{\alpha}_1=(6,t,7)^{\mathrm{T}}$，$\boldsymbol{\alpha}_2=(4,2,2)^{\mathrm{T}}$，$\boldsymbol{\alpha}_3=(4,1,0)^{\mathrm{T}}$ 线性相关，则 t 等于（　　）。

（A）-5　　（B）5　　（C）-2　　（D）2

解： 若要 $\boldsymbol{\alpha}_1,\boldsymbol{\alpha}_2,\boldsymbol{\alpha}_3$ 线性相关，则行列式 $|\boldsymbol{\alpha}_1\boldsymbol{\alpha}_2\boldsymbol{\alpha}_3|=\begin{vmatrix}6&4&4\\t&2&1\\7&2&0\end{vmatrix}=2(2t-10)=0$，得 $t=5$，应选（B）。

（2）利用向量组线性相关性定义：设有数 $k_1,k_2,\cdots,k_s$，使得

$$k_1\boldsymbol{\alpha}_1+k_2\boldsymbol{\alpha}_2+\cdots+k_s\boldsymbol{\alpha}_s=0$$

根据题目给定的条件，若能推出 $k_1,k_2,\cdots,k_s$ 至少有一个不为零，则 $\boldsymbol{\alpha}_1,\boldsymbol{\alpha}_2,\cdots,\boldsymbol{\alpha}_s$ 线性相关；若能推出 $k_1,k_2,\cdots,k_s$ 全为零，则 $\boldsymbol{\alpha}_1,\boldsymbol{\alpha}_2,\cdots,\boldsymbol{\alpha}_s$ 线性无关。

三、线性方程组

（一）线性方程组有关概念

（1）含有 n 个未知数 $x_1,x_2,\cdots,x_n$ 的 m 个一次方程的方程组

$$\begin{cases}a_{11}x_1+a_{12}x_2+\cdots+a_{1n}x_n=b_1\\a_{21}x_1+a_{22}x_2+\cdots+a_{2n}x_n=b_2\\\qquad\vdots\\a_{m1}x_1+a_{m2}x_2+\cdots+a_{mn}x_n=b_m\end{cases}\tag{1-1}$$

称为 n 个未知数 m 个方程的线性方程组，简称线性方程组。如果 $b_1,b_2,\cdots,b_m$ 不全为零，则为非齐次线性方程组；如果 $b_1=b_2=\cdots=b_m=0$，即

$$\begin{cases}a_{11}x_1+a_{12}x_2+\cdots+a_{1n}x_n=0\\a_{21}x_1+a_{22}x_2+\cdots+a_{2n}x_n=0\\\qquad\vdots\\a_{m1}x_1+a_{m2}x_2+\cdots+a_{mn}x_n=0\end{cases}\tag{1-2}$$

则称为齐次线性方程组。

（2）线性方程组的矩阵形式：记 $\boldsymbol{A}=\begin{pmatrix}a_{11}&a_{12}&\cdots&a_{1n}\\a_{21}&a_{22}&\cdots&a_{2n}\\\vdots&\vdots&\ddots&\vdots\\a_{m1}&a_{m2}&\cdots&a_{mn}\end{pmatrix},\boldsymbol{x}=\begin{pmatrix}x_1\\x_2\\\vdots\\x_n\end{pmatrix},\boldsymbol{b}=\begin{pmatrix}b_1\\b_2\\\vdots\\b_m\end{pmatrix}$

则方程组（1-1）和方程组（1-2）可分别表示为 $\boldsymbol{Ax}=\boldsymbol{b}$ 和 $\boldsymbol{Ax}=0$，并称 $\boldsymbol{A}$ 为方程组的系数矩阵，$\overline{\boldsymbol{A}}=(\boldsymbol{Ab})$ 为方程组的增广矩阵。

（二）线性方程组有解判定条件

（1）齐次线性方程组 $\boldsymbol{Ax}=0$ 有非零解（这时必有无穷多解）的充要条件是其系数矩阵的秩 $r(\boldsymbol{A})<n$。当 $\boldsymbol{A}$ 为方阵时，齐次线性方程组 $\boldsymbol{Ax}=0$ 有非零解的充要条件是 $|\boldsymbol{A}|=0$。

例 1-101 要使齐次方程组 $\begin{cases}ax_1+x_2+x_3=0\\x_1+ax_2+x_3=0\\x_1+x_2+ax_3=0\end{cases}$ 有非零解，则 a 应满足（　　）。

(A) $-2<a<1$　　(B) $a=1$ 或 $a=-2$

(C) $a\neq-1$ 且 $a\neq-2$　　(D) $a>1$

解： $\begin{vmatrix}a&1&1\\1&a&1\\1&1&a\end{vmatrix}=\begin{vmatrix}a+2&1&1\\a+2&a&1\\a+2&1&a\end{vmatrix}=(a+2)\begin{vmatrix}1&1&1\\1&a&1\\1&1&a\end{vmatrix}=(a+2)\begin{vmatrix}1&1&1\\0&a-1&0\\0&0&a-1\end{vmatrix}=$

$(a+2)(a-1)^2=0$

求解得 $a=1$ 或 $a=-2$，应选（B）。

例 1-102 设 $\boldsymbol{A}$ 为 $m\times n$ 矩阵，则齐次线性方程组 $\boldsymbol{Ax}=0$ 有非零解的充分必要条件是（　　）。

(A) 矩阵 $\boldsymbol{A}$ 的任意两个列向量线性相关

(B) 矩阵 $\boldsymbol{A}$ 的任意两个列向量线性无关

(C) 矩阵 $\boldsymbol{A}$ 的任一列向量是其余列向量的线性组合

(D) 矩阵 $\boldsymbol{A}$ 必有一个列向量是其余列向量的线性组合

解： 因齐次线性方程组有非零解的充分必要条件是系数矩阵的秩小于未知量的个数，即小于列向量的个数。由于系数矩阵的秩等于列向量组的秩，所以列向量组线性相关，线性相关向量组中必有一个向量能由其余向量线性表示，应选（D）。

（2）非齐次线性方程组 $\boldsymbol{Ax}=\boldsymbol{b}$ 有解的充要条件是 $r(\boldsymbol{A})=r(\overline{\boldsymbol{A}})$；当 $r(\boldsymbol{A})=r(\overline{\boldsymbol{A}})<n$ 时，$\boldsymbol{Ax}=\boldsymbol{b}$ 有无穷多解，当 $r(\boldsymbol{A})=r(\overline{\boldsymbol{A}})=n$ 时，$\boldsymbol{Ax}=\boldsymbol{b}$ 有唯一解。当 $\boldsymbol{A}$ 为方阵时，即 $\boldsymbol{Ax}=\boldsymbol{b}$ 有唯一解的充分必要条件为 $|\boldsymbol{A}|\neq0$（即 $\boldsymbol{A}$ 可逆），这时解为 $\boldsymbol{x}=\boldsymbol{A}^{-1}\boldsymbol{b}$。

（三）线性方程组解的性质

（1）若 $\boldsymbol{\xi}_1$，$\boldsymbol{\xi}_2$ 均为齐次线性方程组 $\boldsymbol{Ax}=0$ 的解（向量），则 $k_1\boldsymbol{\xi}_1+k_2\boldsymbol{\xi}_2$ 仍然是 $\boldsymbol{Ax}=0$

的解。

（2）若 $\boldsymbol{\xi}_1$，$\boldsymbol{\xi}_2$ 均为非齐次线性方程组 $\boldsymbol{Ax}=\boldsymbol{b}$ 的解（向量），则 $\boldsymbol{\xi}_1-\boldsymbol{\xi}_2$ 为对应的齐次线性方程组 $\boldsymbol{Ax}=0$ 的解。

（3）若 η^* 为非齐次线性方程组 $\boldsymbol{Ax}=\boldsymbol{b}$ 的一个解，$\boldsymbol{\xi}$ 为对应的齐次线性方程组 $\boldsymbol{Ax}=0$ 的解，则 $\boldsymbol{\xi}+\eta^*$ 是非齐次线性方程组 $\boldsymbol{Ax}=\boldsymbol{b}$ 的解。

（4）若 $\eta_1,\eta_2,\cdots,\eta_s$ 是非齐次线性方程组 $\boldsymbol{Ax}=\boldsymbol{b}$ 的解，$k_1,k_2,\cdots,k_s$ 为常数，且 $k_1+k_2+\cdots+k_s=1$，则 $k_1\eta_1+k_2\eta_2+\cdots+k_s\eta_s$ 仍是 $\boldsymbol{Ax}=\boldsymbol{b}$ 的解。

（四）线性方程组解的结构

（1）齐次线性方程组的基础解系：若 $\boldsymbol{\xi}_1,\boldsymbol{\xi}_2,\cdots,\boldsymbol{\xi}_r$ 是齐次线性方程组 $\boldsymbol{Ax}=0$ 的线性无关的解，并且 $\boldsymbol{Ax}=0$ 的任一解向量均可被 $\boldsymbol{\xi}_1,\boldsymbol{\xi}_2,\cdots,\boldsymbol{\xi}_r$ 线性表出，则称 $\boldsymbol{\xi}_1,\boldsymbol{\xi}_2,\cdots,\boldsymbol{\xi}_r$ 为 $\boldsymbol{Ax}=0$ 的一组基础解系。齐次线性方程组的基础解系不唯一，但基础解系所含解向量的个数是固定的。

（2）齐次线性方程组通解的结构：如果 n 个未知量的齐次线性方程组 $\boldsymbol{Ax}=0$ 的系数矩阵的秩为 $r<n$，则它的基础解系含 $n-r$ 个解向量，且通解为

$$x=k_1\boldsymbol{\xi}_1+k_2\boldsymbol{\xi}_2+\cdots+k_{n-r}\boldsymbol{\xi}_{n-r}$$

其中 $\boldsymbol{\xi}_1,\boldsymbol{\xi}_2,\cdots,\boldsymbol{\xi}_{n-r}$ 为 $\boldsymbol{Ax}=0$ 的一组基础解系，$k_1,k_2\cdots,k_{n-r}$ 为任意常数。并且 $\boldsymbol{Ax}=0$ 的任意 $n-r$ 个线性无关的解向量都能构成它的一组基础解系。

例 1-103 设 $\boldsymbol{A}$ 为非零矩阵，$\boldsymbol{\alpha}_1=\begin{pmatrix}1\\0\\2\end{pmatrix},\boldsymbol{\alpha}_2=\begin{pmatrix}0\\1\\-1\end{pmatrix}$ 都是齐次线性方程组 $\boldsymbol{Ax}=0$ 的解，则矩阵 $\boldsymbol{A}$ 为（ ）。

(A) $\begin{pmatrix}0&1&-1\\4&-2&-2\\0&1&1\end{pmatrix}$ (B) $\begin{pmatrix}2&0&-1\\0&1&1\end{pmatrix}$

(C) $\begin{pmatrix}-1&0&2\\0&1&-1\end{pmatrix}$ (D) $(-2\quad 1\quad 1)$

解：由于 $\boldsymbol{\alpha}_1=\begin{pmatrix}1\\0\\2\end{pmatrix},\boldsymbol{\alpha}_2=\begin{pmatrix}0\\1\\-1\end{pmatrix}$ 线性无关，知三元方程组 $\boldsymbol{Ax}=0$ 的基础解系含两个向量，故有 $R(\boldsymbol{A})=1$，显然选项（A）中矩阵秩为 3，选项（B）和（C）中矩阵秩都为 2，应选（D）。

（3）非齐次线性方程组通解的结构：非齐次线性方程组 $\boldsymbol{Ax}=\boldsymbol{b}$ 的任一解，均可表示为 $\boldsymbol{Ax}=\boldsymbol{b}$ 的一个特解与对应的齐次线性方程组 $\boldsymbol{Ax}=0$ 的某个解之和。若 $\boldsymbol{\xi}_1,\boldsymbol{\xi}_2,\cdots,\boldsymbol{\xi}_{n-r}$ 为 $\boldsymbol{Ax}=0$ 的一组基础解系，则其通解为

$$\boldsymbol{x}=\eta^*+k_1\boldsymbol{\xi}_1+k_2\boldsymbol{\xi}_2+\cdots+k_{n-r}\boldsymbol{\xi}_{n-r}$$

其中 $k_1,k_2,\cdots,k_{n-r}$ 为任意常数。

例 1-104 设 $\boldsymbol{\beta}_1,\boldsymbol{\beta}_2$ 是线性方程组 $\boldsymbol{Ax}=\boldsymbol{b}$ 的两个不同的解，$\boldsymbol{\alpha}_1,\boldsymbol{\alpha}_2$ 是导出组 $\boldsymbol{Ax}=0$ 的基础解系，k_1,k_2 是任意常数，则 $\boldsymbol{Ax}=\boldsymbol{b}$ 的通解是（ ）。

(A) $\dfrac{\boldsymbol{\beta}_1-\boldsymbol{\beta}_2}{2}+k_1\boldsymbol{\alpha}_1+k_2(\boldsymbol{\alpha}_1-\boldsymbol{\alpha}_2)$

(B) $\boldsymbol{\alpha}_1+k_1(\boldsymbol{\beta}_1-\boldsymbol{\beta}_2)+k_2(\boldsymbol{\alpha}_1-\boldsymbol{\alpha}_2)$

(C) $\dfrac{\boldsymbol{\beta}_1+\boldsymbol{\beta}_2}{2}+k_1\boldsymbol{\alpha}_1+k_2(\boldsymbol{\alpha}_1-\boldsymbol{\alpha}_2)$

(D) $\dfrac{\boldsymbol{\beta}_1+\boldsymbol{\beta}_2}{2}+k_1\boldsymbol{\alpha}_1+k_2(\boldsymbol{\beta}_1-\boldsymbol{\beta}_2)$

解： 首先 $\boldsymbol{Ax}=\boldsymbol{b}$ 的通解是其导出组 $\boldsymbol{Ax}=0$ 的通解加上 $\boldsymbol{Ax}=\boldsymbol{b}$ 的一个特解，由 $\boldsymbol{\alpha}_1,\boldsymbol{\alpha}_2$ 是导出组 $\boldsymbol{Ax}=0$ 的基础解系，知 $\boldsymbol{Ax}=0$ 的基础解系含两个解向量，又可证明 $\boldsymbol{\alpha}_1$ 和$(\boldsymbol{\alpha}_1-\boldsymbol{\alpha}_2)$ 是 $\boldsymbol{Ax}=0$ 的两个线性无关的解，故 $k_1\boldsymbol{\alpha}_1+k_2(\boldsymbol{\alpha}_1-\boldsymbol{\alpha}_2)$ 构成 $\boldsymbol{Ax}=0$ 的通解；再由 $\boldsymbol{\beta}_1,\boldsymbol{\beta}_2$ 是线性方程组 $\boldsymbol{Ax}=\boldsymbol{b}$ 的两个不同的解，利用非齐次方程组解的性质知，$\dfrac{\boldsymbol{\beta}_1+\boldsymbol{\beta}_2}{2}$ 仍是 $\boldsymbol{Ax}=\boldsymbol{b}$ 的特解，从而 $\dfrac{\boldsymbol{\beta}_1+\boldsymbol{\beta}_2}{2}+k_1\boldsymbol{\alpha}_1+k_2(\boldsymbol{\alpha}_1-\boldsymbol{\alpha}_2)$ 是 $\boldsymbol{Ax}=\boldsymbol{b}$ 的通解，应选（C）。

（五）线性方程组求解的方法

例 1-105 齐次线性方程组 $\begin{cases}x_1-x_2+x_4=0\\x_1-x_3+x_4=0\end{cases}$ 的基础解系为（ ）。

(A) $\boldsymbol{\alpha}_1=(1,1,1,0)^{\mathrm{T}},\boldsymbol{\alpha}_2=(-1,-1,1,0)^{\mathrm{T}}$

(B) $\boldsymbol{\alpha}_1=(2,1,0,1)^{\mathrm{T}},\boldsymbol{\alpha}_2=(-1,-1,1,0)^{\mathrm{T}}$

(C) $\boldsymbol{\alpha}_1=(1,1,1,0)^{\mathrm{T}},\boldsymbol{\alpha}_2=(-1,0,0,1)^{\mathrm{T}}$

(D) $\boldsymbol{\alpha}_1=(2,1,0,1)^{\mathrm{T}},\boldsymbol{\alpha}_2=(-2,-1,0,1)^{\mathrm{T}}$

解： 方法一：方程组系数矩阵 $\boldsymbol{A}=\begin{pmatrix}1&-1&0&1\\1&0&-1&1\end{pmatrix}$ 的秩为 2，方程组有非零解。并且其基础解系含有 $4-2=2$ 个解向量，经验证 $\boldsymbol{\alpha}_1=(1,1,1,0)^{\mathrm{T}}$ 和 $\boldsymbol{\alpha}_2=(-1,0,0,1)^{\mathrm{T}}$ 是方程组的解，并且线性无关，所以是方程组的基础解系。

方法二：对方程组的系数矩阵 $\boldsymbol{A}$ 做初等行变换化为行最简型，即

$$\begin{pmatrix}1&-1&0&1\\1&0&-1&1\end{pmatrix}\sim\begin{pmatrix}1&-1&0&1\\0&1&-1&0\end{pmatrix}\sim\begin{pmatrix}1&0&-1&1\\0&1&-1&0\end{pmatrix}$$

得同解方程 $\begin{cases}x_1=x_3-x_4\\x_2=x_3\end{cases}$，令 $\begin{cases}x_3=C_1\\x_4=C_2\end{cases}$，写成向量形式则有 $\begin{pmatrix}x_1\\x_2\\x_3\\x_4\end{pmatrix}=C_1\begin{pmatrix}1\\1\\1\\0\end{pmatrix}+C_2\begin{pmatrix}-1\\0\\0\\1\end{pmatrix}$，所以 $\boldsymbol{\alpha}_1=(1,1,1,0)^{\mathrm{T}}$ 和 $\boldsymbol{\alpha}_2=(-1,0,0,1)^{\mathrm{T}}$ 构成基础解系，应选（C）。

四、矩阵的特征值与特征向量

（一）特征值与特征向量有关概念

设 $\boldsymbol{A}$ 是 n 阶方阵，如果存在数 λ 和 n 维非零向量 $\boldsymbol{x}$，使得 $\boldsymbol{Ax}=\lambda\boldsymbol{x}$ 成立，则称 λ 为 $\boldsymbol{A}$ 的特征值，$\boldsymbol{x}$ 是 $\boldsymbol{A}$ 对应特征值 λ 的特征向量。

称行列式 $|\boldsymbol{A}-\lambda\boldsymbol{I}|$ 为 $\boldsymbol{A}$ 的特征多项式，称 $|\boldsymbol{A}-\lambda\boldsymbol{I}|=0$ 为 $\boldsymbol{A}$ 的特征方程，特征方程的根就是方阵 $\boldsymbol{A}$ 的特征值。

注意

1. 要求 $\boldsymbol{A}$ 的特征值，需先计算行列式 $|\boldsymbol{A}-\lambda\boldsymbol{I}|$，得一个关于 λ 的 n 次多项式，再解一元 n 次方程 $|\boldsymbol{A}-\lambda\boldsymbol{I}|=0$，该方程的 n 个根，就是 $\boldsymbol{A}$ 的全部特征值 λ_1，λ_2，…，λ_n。

2. 对 $\boldsymbol{A}$ 的每一个特征值 λ_i，矩阵 $\boldsymbol{A}-\lambda_i\boldsymbol{I}$ 为 $\boldsymbol{A}$ 的特征矩阵，以它为系数矩阵的齐次线性方程组 $(\boldsymbol{A}-\lambda_i\boldsymbol{I})=0$ 一定有非零解，它的解就是 $\boldsymbol{A}$ 对应特征值 λ_i 的特征向量。

例 1-106 已知 3 维列向量 $\boldsymbol{\alpha},\boldsymbol{\beta}$ 满足 $\boldsymbol{\alpha}^{\mathrm{T}}\boldsymbol{\beta}=3$，设 3 阶矩阵 $\boldsymbol{A}=\boldsymbol{\beta}\boldsymbol{\alpha}^{\mathrm{T}}$，则（　　）。

(A) $\boldsymbol{\beta}$ 是 $\boldsymbol{A}$ 的属于特征值 0 的特征向量

(B) $\boldsymbol{\alpha}$ 是 $\boldsymbol{A}$ 的属于特征值 0 的特征向量

(C) $\boldsymbol{\beta}$ 是 $\boldsymbol{A}$ 的属于特征值 3 的特征向量

(D) $\boldsymbol{\alpha}$ 是 $\boldsymbol{A}$ 的属于特征值 3 的特征向量

解： 因 $\boldsymbol{A\beta}=\boldsymbol{\beta\alpha}^{\mathrm{T}}\boldsymbol{\beta}=3\boldsymbol{\beta}$，由特征值、特征向量的定义，$\boldsymbol{\beta}$ 是 $\boldsymbol{A}$ 的属于特征值 3 的特征向量，故应选（C）。

例 1-107 设 $\boldsymbol{A}$ 是 3 阶实对称矩阵，$\boldsymbol{P}$ 是 3 阶可逆矩阵，$\boldsymbol{B}=\boldsymbol{P}^{-1}\boldsymbol{AP}$，已知 $\boldsymbol{\alpha}$ 是 $\boldsymbol{A}$ 的属于特征值 λ 的特征向量，则 $\boldsymbol{B}$ 的属于特征值 λ 的特征向量是（　　）。

(A) $\boldsymbol{P\alpha}$　　(B) $\boldsymbol{P}^{-1}\boldsymbol{\alpha}$　　(C) $\boldsymbol{P}^{\mathrm{T}}\boldsymbol{\alpha}$　　(D) $(\boldsymbol{P}^{-1})^{\mathrm{T}}\boldsymbol{\alpha}$

解： 由于 $\boldsymbol{\alpha}$ 是 $\boldsymbol{A}$ 的属于特征值 λ 的特征向量，有 $\boldsymbol{A\alpha}=\lambda\boldsymbol{\alpha}$，而

$$\boldsymbol{BP}^{-1}\boldsymbol{\alpha}=\boldsymbol{P}^{-1}\boldsymbol{APP}^{-1}\boldsymbol{\alpha}=\boldsymbol{P}^{-1}\boldsymbol{APP}^{-1}\boldsymbol{\alpha}=\boldsymbol{P}^{-1}\boldsymbol{A\alpha}=\lambda\boldsymbol{P}^{-1}\boldsymbol{\alpha}$$

所以向量 $\boldsymbol{P}^{-1}\boldsymbol{\alpha}$ 是矩阵 $\boldsymbol{B}$ 的属于特征值 λ 的特征向量，应选（B）。

（二）重要结论

(1) 设 λ 为 $\boldsymbol{A}$ 的特征值，$\boldsymbol{x}$ 是属于特征值 λ 的特征向量，则矩阵 $k\boldsymbol{A}$、$a\boldsymbol{A}+b\boldsymbol{E}$、$\boldsymbol{A}^2$、$\boldsymbol{A}^m$、$\boldsymbol{A}^{-1}$、$\boldsymbol{A}^*$ 的特征值分别为 $k\lambda$、$a\lambda+b$、λ^2、λ^m、$\dfrac{1}{\lambda}$、$\dfrac{|\boldsymbol{A}|}{\lambda}$，且特征向量都是 $\boldsymbol{x}$。

(2) 如果 $\lambda_1,\lambda_2,\cdots,\lambda_t$ 是矩阵 $\boldsymbol{A}$ 的互不相同的特征值，则其对应的特征向量 $x_1,x_2,\cdots,x_t$ 一定是线性无关的。特别地，当 $\boldsymbol{A}$ 是对称阵时，特征向量 $x_1,x_2,\cdots,x_t$ 是正交的。

(3) 设 $\boldsymbol{A}=(a_{ij})_{n\times n}$ 的 n 个特征值为 $\lambda_1,\lambda_2,\cdots,\lambda_n$，则有

$$\lambda_1+\lambda_2+\cdots+\lambda_n=a_{11}+a_{22}+\cdots+a_{nn},\lambda_1\lambda_2\cdots\lambda_n=|\boldsymbol{A}|$$

例 1-108 已知 n 阶可逆矩阵 $\boldsymbol{A}$ 的特征值为 λ_0，则矩阵 $(2\boldsymbol{A})^{-1}$ 的特征值是（　　）。

(A) $\dfrac{2}{\lambda_0}$　　(B) $\dfrac{\lambda_0}{2}$　　(C) $\dfrac{1}{2\lambda_0}$　　(D) $2\lambda_0$

解： 由矩阵特征值的性质，$2\boldsymbol{A}$ 的特征值为 $2\lambda_0$，$(2\boldsymbol{A})^{-1}$ 的特征值为 $\dfrac{1}{2\lambda_0}$，应选（C）。

例 1-109 已知二阶实对称矩阵 $\boldsymbol{A}$ 的一个特征值为 1，而 $\boldsymbol{A}$ 对应于该特征值的特征向量为 $\begin{pmatrix}1\\-1\end{pmatrix}$。若 $|\boldsymbol{A}|=-1$，则 $\boldsymbol{A}$ 的另一个特征值及其对应的特征向量是（　　）。

(A) $\begin{cases}\lambda=1\\x=(1,1)^{\mathrm{T}}\end{cases}$　　(B) $\begin{cases}\lambda=-1\\x=(1,1)^{\mathrm{T}}\end{cases}$

(C) $\begin{cases}\lambda=-1\\x=(-1,1)^{\mathrm{T}}\end{cases}$　　(D) $\begin{cases}\lambda=1\\x=(1,-1)^{\mathrm{T}}\end{cases}$

解： $\boldsymbol{A}$ 的特征值的乘积等于 $\boldsymbol{A}$ 的行列式，故 $\boldsymbol{A}$ 的另一个特征值为 -1，于是排除 A 和 D 选项，又根据实对称阵不同特征值对应的特征向量正交，排除 C 选项，应选（B）。

五、相似矩阵及矩阵的对角化

（一）相似矩阵的概念与性质

(1) 定义：设 $\boldsymbol{A}$、$\boldsymbol{B}$ 为两个 n 阶方阵，如果存在一个可逆矩阵 $\boldsymbol{P}$ 使得

$$P^{-1}AP = B$$

成立，则称矩阵 A 与 B 相似，记为 $A \sim B$。并称可逆矩阵 P 为将 A 变为 B 的相似变换阵。

（2）性质：如果 $A \sim B$，则有：

1）$A^{T} \sim B^{T}, A^{-1} \sim B^{-1}, A^{k} \sim B^{k}$（$k$ 为正整数）。

2）$|\lambda E - A| = |\lambda E - B|$，即相似矩阵有相同的特征多项式，从而有相同的特征值。

3）$|A| = |B|$，即相似矩阵行列式的值相等，从而相似矩阵同时可逆或不可逆。

4）相似矩阵有相同的秩。

例 1-110 已知矩阵 $A=\begin{pmatrix}1 & -1 & 1\\ 2 & 4 & -2\\ -3 & -3 & 5\end{pmatrix}$ 与 $B=\begin{pmatrix}\lambda & 0 & 0\\ 0 & 2 & 0\\ 0 & 0 & 2\end{pmatrix}$ 相似，则 λ 等于（　　）。

(A) 6　　(B) 5　　(C) 4　　(D) 14

解： 矩阵 A 和 B 相似，则有相同的行列式，即 $|A| = |B| = 4\lambda$，所以 $\lambda = \frac{|A|}{4}$，而

$$|A| = \begin{vmatrix}1 & -1 & 1\\ 2 & 4 & -2\\ -3 & -3 & 5\end{vmatrix} = \begin{vmatrix}1 & -1 & 1\\ 0 & 6 & -4\\ 0 & -6 & 8\end{vmatrix} = \begin{vmatrix}1 & -1 & 1\\ 0 & 6 & -4\\ 0 & 0 & 4\end{vmatrix} = 24$$，所以 $\lambda=6$，应选（A）。

（二）矩阵的相似对角化

（1）定义：设 A 是 n 阶方阵，若 A 与对角阵 $\Lambda = \begin{pmatrix}\lambda_1 & & & \\ & \lambda_2 & & \\ & & \ddots & \\ & & & \lambda\end{pmatrix}$ 相似，则称 A 可以相似对角化。这时对角阵 Λ 中对角线上的元素就是 A 的特征值，而相似变换阵 $P = (\alpha_1, \alpha_2, \cdots, \alpha_n)$ 的列向量就是 A 的属于对应特征值的特征向量，即有

$$A\alpha_1 = \lambda_1\alpha_1, A\alpha_2 = \lambda_2\alpha_2, \cdots, A\alpha_n = \lambda_n\alpha_n$$

（2）重要结论。

1）n 阶矩阵 A 可相似对角化的充分必要条件是 A 有 n 个线性无关的特征向量。

2）若 A 有 n 个互不相同的特征值，则 A 可相似对角化。反之不成立。

3）如果 n 阶矩阵 A 有 n 个线性无关的特征向量，则其特征值都是实数，且：

a. A 有 n 个互不相同的特征值。

b. 如果有多重特征值，则每个 k 重特征值一定有 k 个线性无关特征向量。

例 1-111 设三阶方阵 A 的特征值为 1，2，-2，它们所对应的特征向量分别为 α_1，α_2，α_3，令 $P = (\alpha_1, \alpha_2, \alpha_3)$，则 $P^{-1}AP =$（　　）。

(A) $\begin{pmatrix}1 & & \\ & 2 & \\ & & -2\end{pmatrix}$　　(B) $\begin{pmatrix}2 & & \\ & 1 & \\ & & -2\end{pmatrix}$

(C) $\begin{pmatrix}-1 & & \\ & -2 & \\ & & 2\end{pmatrix}$　　(D) $\begin{pmatrix}-2 & & \\ & 1 & \\ & & 2\end{pmatrix}$

解： 方阵 A 有三个互不相同的特征值，故能与对角阵相似。$P = (\alpha_1, \alpha_2; \alpha_3)$ 为相似变换阵，与 A 相似的对角阵的对角线元素就是 A 的特征值 1，2，-2，其排列顺序与特征向

量在 $\boldsymbol{P}=(\boldsymbol{\alpha}_1,\boldsymbol{\alpha}_2,\boldsymbol{\alpha}_3)$ 中的顺序相同，故选（A）。

例 1-112 已知矩阵 $\boldsymbol{A}=\begin{pmatrix}0&0&1\\x&1&y\\1&0&0\end{pmatrix}$ 有三个线性无关的特征向量，则下列关系式正确的是（　　）。

（A）$x+y=0$　　（B）$x+y\neq0$

（C）$x+y=1$　　（D）$x=y=1$

解： 先求矩阵 $\boldsymbol{A}=\begin{pmatrix}0&0&1\\x&1&y\\1&0&0\end{pmatrix}$ 的特征值，因 $|\boldsymbol{A}-\lambda\boldsymbol{I}|=\begin{vmatrix}-\lambda&0&1\\x&1-\lambda&y\\1&0&-\lambda\end{vmatrix}=-(1-\lambda)^2(1+\lambda)$，由 $-(1-\lambda)^2(1+\lambda)=0$，解得 $\lambda_1=\lambda_2=1,\lambda_3=-1$，知矩阵有三个实特征值，其中 $\lambda=1$ 是二重特征值，因其有两个线性无关特征向量，故齐次方程组 $(\boldsymbol{A}-\boldsymbol{I})x=0$ 有两个线性无关的解，于是有 $R(\boldsymbol{A}-\boldsymbol{I})=1$，对 $(\boldsymbol{A}-\boldsymbol{I})$ 作初等行变换，得

$$(\boldsymbol{A}-\boldsymbol{I})=\begin{pmatrix}-1&0&1\\x&0&y\\1&0&-1\end{pmatrix}\sim\begin{pmatrix}-1&0&1\\x&0&y\\0&0&0\end{pmatrix}\sim\begin{pmatrix}-1&0&1\\0&0&y+x\\0&0&0\end{pmatrix}$$

由 $R(\boldsymbol{A}-\boldsymbol{I})=1$，知 $x+y=0$，应选（A）。

六、二次型

（一）基本概念

（1）定义：含有 n 个变量 $x_1,x_2,\cdots,x_n$ 的二次齐次函数（即每项都是二次的多项式）

$$f(x_1,x_2,\cdots,x_n)=a_{11}x_1^2+2a_{12}x_1x_2+2a_{12}x_1x_3+\cdots+2a_{1n}x_1x_n+a_{22}x_2^2+2a_{23}x_2x_3 \\ +\cdots+2a_{2n}x_2x_n+\cdots+a_{nn}x_n^2$$

称为二次型。

（2）二次型的矩阵表示：如果取 $a_{ji}=a_{ij}$，则 $2a_{ij}x_ix_j=a_{ij}x_ix_j+a_{ji}x_jx_i$，于是二次型可表为 $f=\sum\limits_{i,j=1}^{n}a_{ij}x_ix_j$。如果记 $\boldsymbol{A}=(a_{ij})_{n\times n}$，$\boldsymbol{x}=(x_1,x_2,\cdots,x_n)^{\mathrm{T}}$，则有 $f=\boldsymbol{x}^{\mathrm{T}}\boldsymbol{A}\boldsymbol{x}$，称该式为二次型的矩阵表示。这里有 $\boldsymbol{A}^{\mathrm{T}}=\boldsymbol{A}$，即 $\boldsymbol{A}$ 为对称矩阵，称 $\boldsymbol{A}$ 为二次型 f 的矩阵，称矩阵 $\boldsymbol{A}$ 的秩 $r(\boldsymbol{A})$ 为二次型 f 的秩，记为 $r(f)$。

例如，二次型 $f=x^2-3z^2-4xy+2yz$ 的矩阵 $\boldsymbol{A}=\begin{pmatrix}1&-2&0\\-2&0&1\\0&1&-3\end{pmatrix}$。

例 1-113 设二次型 $f(x_1,x_2,x_3,x_4)=x_1^2+tx_2^2+3x_3^2+2x_1x_2$，要使 f 的秩为 2，则参数 t 的值等于（　　）。

（A）3　　（B）2　　（C）1　　（D）0

解： 二次型的矩阵为 $\boldsymbol{A}=\begin{pmatrix}1&1&0\\1&t&0\\0&0&3\end{pmatrix}$，由于二次型的秩为 2，即矩阵 $\boldsymbol{A}$ 的秩为 2，所以 $|\boldsymbol{A}|=3(t-1)=0$，得 $t=1$，应选（C）。

（二）二次型的标准形和规范形

定义：如果二次型中只含有变量的平方项，所有混合项 $x_ix_j(i\neq j)$ 的系数全是零，

即

$$f=\boldsymbol{x}^{\mathrm{T}}\boldsymbol{A}\boldsymbol{x}=d_1x_1^2+d_2x_2^2+\cdots+d_nx_n^2$$

这样的二次型称为标准形，二次型可通过配方法化为标准型。特别地，形如 $f=\boldsymbol{x}^{\mathrm{T}}\boldsymbol{A}\boldsymbol{x}=x_1^2+x_2^2+\cdots+x_p^2-x_{p+1}^2-\cdots-x_r^2$ 的标准型，称为二次型的规范形。其中 r 为 $\boldsymbol{A}$ 的秩，p 为正惯性指数，$r-p$ 为负惯性指数。

例 1-114 矩阵 $\boldsymbol{A}=\begin{pmatrix}1&-1&0\\-1&3&0\\0&0&0\end{pmatrix}$ 所对应的二次型的标准型是（　　）。

(A) $f=y_1^2-3y_2^2$　　(B) $f=y_1^2-2y_2^2$

(C) $f=y_1^2+2y_2^2$　　(D) $f=y_1^2-y_2^2$

解： 矩阵 $\boldsymbol{A}$ 对应的二次型为 $f=x_1^2-2x_1x_2+3x_2^2$，配方可得

$$f=x_1^2-2x_1x_2+3x_2^2=(x_1-x_2)^2+2x_2^2$$

令 $y_1=x_1-x_2$，$y_2=x_2$，则 $f=y_1^2+2y_2^2$ 为矩阵 $\boldsymbol{A}$ 对应的二次型的标准型，应选（C）。

（三）二次型的正定性及正定矩阵

(1) 定义：如果实二次型 $f=x^{\mathrm{T}}\boldsymbol{A}x$ 对任意一组不全为零的实数 $x=(x_1,\cdots,x_n)^{\mathrm{T}}$，都有 $f=\boldsymbol{x}^{\mathrm{T}}\boldsymbol{A}\boldsymbol{x}>0$，则称该二次型为正定二次型，正定二次型的矩阵 $\boldsymbol{A}$ 称为正定矩阵。

(2) 重要结论：

1) 合同变换不改变二次型的正定性。

2) 二次型 $f=\boldsymbol{x}^{\mathrm{T}}\boldsymbol{A}\boldsymbol{x}$ 是正定二次型的充分必要条件是：正惯性指数为 n，或 $\boldsymbol{A}$ 的特征值都大于零，或 $\boldsymbol{A}$ 的各阶顺序主子式大于零。

例 1-115 要使得二次型 $f(x_1,x_2,x_3)=x_1^2+2tx_1x_2+x_2^2-2x_1x_3+2x_2x_3+2x_3^2$ 为正定的，则 t 的取值条件是（　　）。

(A) $-1<t<1$　(B) $-1<t<0$　(C) $t>0$　(D) $t<-1$

解： 二次型的矩阵为 $\boldsymbol{A}=\begin{pmatrix}1&t&-1\\t&1&1\\-1&1&2\end{pmatrix}$，若二次型为正定，则 $|\boldsymbol{A}|$ 各阶顺序主子式必须大于零，由 $\begin{vmatrix}1&t&-1\\t&1&1\\-1&1&2\end{vmatrix}>0$，得 $-1<t<0$；再由 $\begin{vmatrix}1&t\\t&1\end{vmatrix}>0$，有 $1-t^2>0$，即 $-1<t<1$。综上所述，$-1<t<0$，应选（B）。

第七节　概率与数理统计

一、随机事件的概率

（一）随机事件

1. 随机试验和样本空间

(1) 随机试验：具有以下三个特点实验。

1) 可重复性：原则上可在相同条件下重复进行。

2) 可观察性：试验结果是可观察的，并且能明确全部可能结果。

3) 随机性：进行试验前不能确定哪一个结果会出现。

（2）样本空间：随机试验可能出现的每一个结果称为样本点（基本事件），样本点的全体构成的集合称为该试验的样本空间，通常记为Ω。

2. 随机事件

样本空间的任一子集$A\subset\Omega$称为随机事件，常用字母A，B，…表示。只含单个样本点的集合称为基本事件，空集Φ为不可能事件，Ω为必然事件。

3. 随机事件间的关系

事件的包含：若事件A发生必然导致事件B发生，则称事件B包含事件A，记作$A\subset B$或$B\supset A$。

事件相等：若事件A和事件B相互包含，即$A\supset B$，$B\supset A$，则称这两个事件相等，记作$A=B$。

互不相容（或互斥）事件：若两个事件（事件A与事件B）不可能同时发生，即满足$AB=\Phi$，则称事件A与B互不相容（或互斥）；若事件组A_1，A_2，…，A_n中任意两个都是互不相容（或互斥）的，则称该事件组为互不相容（或互斥）事件组。

对立事件：“事件A不发生”的事件称为事件A的对立事件（或逆事件），记为$\overline{A}$。具备两个性质：

（1）$\overline{A}=\Omega-A$。

（2）$\overline{A}A=\Phi$。

注意

对立事件一定是互不相容的，但互不相容事件不一定是对立事件。

4. 随机事件的运算

事件的和（并）：称“两个事件A与B中至少有一个发生”这一事件C为事件A与事件B的和（或并），记作$C=A\cup B$(或$C=A+B$)。

性质：

(1) $A\subset A\cup B,B\subset A\cup B$。

(2) $A\cap(A\cup B)=A,B\cap(A\cup B)=B$。

（3）$A\cup A=A$。

事件的积（交）：称“两个事件A与B同时发生”这一事件D为事件A和事件B的积（交），记作$D=A\cap B$(或$D=AB$)。

性质：

(1) $A\cap B\subset A,A\cap B\subset B$。

(2) $(A\cap B)\cup A=A,(A\cap B)\cup B=B$。

（3）$A\cap A=A$。

事件的差：称“事件A发生而事件B不发生”这一事件E为事件A和事件B的差，记作$E=A-B$。

性质：

（1）$A-B\subset A$。

(2) $(A-B)\cup A=A,(A-B)\cup B=A\cup B$。

(3) $(A-B)\cap A=A-B,(A-B)\cap B=\Phi$。

（4）$A-B=A\overline{B}$。

5. 运算律

(1) 交换律：

$A\cup B=B\cup A$；$A\cap B=B\cap A$。

(2) 结合律：

$A\cup B(B\cup C)=(A\cup B)\cup C$；

$A\cap(B\cap C)=(A\cap B)\cap C$。

(3) 分配律：

$A\cap(B\cup C)=(A\cap B)\cup(A\cap C)$；

$A\cap(B\cap C)=(A\cup B)\cap(A\cup C)$。

(4) 对偶原理：

$\overline{A\cup B}=\overline{A}\cap\overline{B}$；$\overline{A\cap B}=\overline{A}\cup\overline{B}$（这个结论可推广到任意有限个事件的情形）。

注意

在实际中，经常利用简单事件的运算和关系表达复杂事件，这部分是概率论的基础。

例 1-116 重复进行一项试验，事件 A 表示“第一次失败且第二次成功”，则事件 $\overline{A}$ 表示（　　）。

(A) 两次均失败　　(B) 第一次成功且第二次失败

(C) 第一次成功或第二次失败　　(D) 两次均失败

解：用 $B_i(i=1,2)$ 表示第 i 次成功，则 $A=\overline{B_1}B_2$，利用德摩根定律，$\overline{A}=\overline{\overline{B_1}B_2}=\overline{\overline{B_1}}\cup\overline{B_2}=B_1\cup\overline{B_2}$，故应选（C）。

例 1-117 设 A、B、C 是三个事件，与事件 A 互斥的事件是（　　）。

(A) $\overline{B\cup C}$　　(B) $\overline{A\cup B\cup C}$

(C) $\overline{A}B+A\overline{C}$　　(D) $A(B+C)$

解：因为 $A\overline{A\cup B\cup C}=A(\overline{A}\overline{B}\overline{C})=(A\overline{A})(\overline{B}\overline{C})=\Phi$，所以与事件 A 互斥的事件是$\overline{A\cup B\cup C}$，应选（B）。

(二) 随机事件的概率

1. 概率定义

设 Ω 是随机试验 E 的样本空间，对于 E 的每一事件 A 赋予一个实数 $P(A)$，如果 $P(A)$ 满足下列条件：

(1) 对于任一事件 A，有 $0\leqslant P(A)\leqslant 1$。

(2) 对于 Ω，有 $P(\Omega)=1$。

(3) 对于两两互不相容事件 A_1，A_2，…，有可加性，即 $P(A_1\cup A_2\cup\cdots)=P(A_1)+P(A_2)+\cdots$,则称 $P(A)$ 为事件 A 的概率。

2. 概率的基本性质

(1) $P(\Omega)=1,P(\Phi)=0$，对任一事件 A, $P(A)<1$。

(2) 若 $A_iA_j=\Phi(i\neq j,i,j=1,2,\cdots,n)$，则

$P(A_1\cup A_2\cup\cdots\cup A_n)=P(A_1)+P(A_2)+\cdots+P(A_n)$。

(3) $P(A\cup B)=P(A)+P(B)-P(AB)$，若 $B\subseteq A$，则 $P(A-B)=P(A)-P(B)$。

(4) $P(\overline{A})=1-P(A)$。

3. 古典概型（等可能概型）

(1) 古典概型的定义。若随机试验 E 具有以下特点：

1）试验的样本空间 S 只有有限个（n 个）元素；

2）试验中每个基本事件发生的可能性相同。

则称试验 E 为等可能概型，也称为古典概型。

（2）计算公式：若 Ω 是试验 E 的样本空间，含有 n 个元素，A 为 E 的事件，且包含 m 个元素，则事件 A 的概率 $P(A)$ 为

$$P(A) = m/n$$

注意

要求一个古典概型随机事件的概率，关键是求出样本空间所含基本事件（元素）个数和该事件所含基本事件（元素）个数，这里经常用到排列组合的知识。

例 1-118 若 $P(A)=0.8, P(A\overline{B})=0.2$，则 $P(\overline{A}\cup\overline{B})$ 等于（　　）。

(A) 0.4　　(B) 0.6　　(C) 0.5　　(D) 0.3

解： 因为 $P(A\overline{B})=P(A-B)=P(A)-P(AB)$，所以 $P(AB)=P(A)-P(A\overline{B})=0.8-0.2=0.6$，$P(\overline{A}\cup\overline{B})=P(\overline{AB})=1-P(AB)=1-0.6=0.4$，应选（A）。

例 1-119 将 3 个球随机地放入 4 个杯子中，则杯中球的最大个数为 2 的概率是（　　）。

(A) $\frac{1}{16}$　　(B) $\frac{3}{16}$　　(C) $\frac{9}{16}$　　(D) $\frac{4}{27}$

解： 将 3 个球随机地放入 4 个杯子中，各种不同的放法有 4^3 种，杯中球的最大个数为 2 的不同放法有 $4\times3\times3=36$ 种，则杯中球的最大个数为 2 的概率是 $\frac{36}{4^3}=\frac{9}{16}$，故应选（C）。

（三）条件概率

1. 条件概率

对 A、B 两个事件，$P(A)>0$，在事件 A 发生的条件下事件 B 发生的概率称为条件概率，记为 $P(B|A)$，且有 $P(B|A)=\dfrac{P(AB)}{P(A)}$。

2. 乘法定理

设 $P(A)>0$，则有 $P(AB)=P(A)P(B|A)$，或 $P(AB)=P(B)P(A|B), P(B)>0$。乘法定理通常用于求积事件的概率。

（四）事件的独立性

设 A、B 是试验 E 的二事件，$P(A)>0$，一般有 $P(B|A)\neq P(B)$，但当 $P(B|A)=P(B)$ 时，说明事件 A 的发生对事件 B 发生的概率没有影响，这时称事件 B 与事件 A 独立。由 $P(B|A)=P(B)$，可得 $P(AB)=P(A)P(B)$，于是有如下定义和性质。

（1）定义：设 A、B 为随机试验 E 的两个事件，如果 $P(AB)=P(A)P(B)$ 成立，则称事件 A 与事件 B 相互独立。一般的，设 A_1，A_2，…，A_n 是随机试验 E 的 n 个事件，如果满足等式

$$P(A_iA_j)=P(A_i)P(A_j)(1\leqslant i\leqslant j\leqslant n)$$

$$P(A_iA_jA_k)=P(A_i)P(A_j)P(A_k)(1\leqslant i<j<k\leqslant n)$$

$$\vdots$$

$$P(A_1A_2\cdots A_n)=P(A_1)P(A_2)\cdots P(A_n)$$

则称 A_1，A_2，…，A_n 相互独立。

（2）性质。

1）若事件 A 与事件 B 相互独立，则 A 与 $\overline{B}$、$\overline{A}$ 与 B、$\overline{A}$ 与 $\overline{B}$ 也分别相互独立。一般的，如果 n 个事件 A_1，A_2，…，A_n 相互独立，则将其中任何 $m(1 \leqslant m \leqslant n)$ 个事件改为相应的对立事件，形成的新的 n 个事件仍然相互独立。

2）如果 n 个事件 $A_1, A_2, \cdots, A_n$ 相互独立，则有

$$P(\bigcup_{i=1}^{n} A_i) = 1 - \prod_{i=1}^{n} P(\overline{A_i}) = 1 - \prod_{i=1}^{n} [1 - P(A_i)]$$

例 1-120 三个人独立地去破译一份密码，每人能独立译出这份密码的概率分别为 $\frac{1}{5}, \frac{1}{3}, \frac{1}{4}$，则这份密码被译出的概率为（　　）。

(A) $\frac{1}{3}$　　(B) $\frac{1}{2}$　　(C) $\frac{2}{5}$　　(D) $\frac{3}{5}$

解：设第 i 人译出密码的事件为 $A_i(i = 1,2,3)$，则这份密码被译出的事件为 $A_1 + A_2 + A_3$，再由 A_1，A_2，A_3 相互独立，故

$$\begin{aligned} P(A_1 + A_2 + A_3) &= 1 - P(\overline{A_1 + A_2 + A_3}) = 1 - P(\overline{A_1})P(\overline{A_2})P(\overline{A_3}) \\ &= 1 - \left(1 - \frac{1}{5}\right)\left(1 - \frac{1}{3}\right)\left(1 - \frac{1}{4}\right) \\ &= 1 - \frac{2}{5} = \frac{3}{5} \end{aligned}$$

应选（D）。

例 1-121 设事件 A 与 B 相互独立，且 $P(A) = \frac{1}{2}, P(B) = \frac{1}{3}$，则 $P(B|A \cup \overline{B})$ 等于（　　）。

(A) $\frac{5}{6}$　　(B) $\frac{1}{6}$　　(C) $\frac{1}{3}$　　(D) $\frac{1}{5}$

解：由条件概率定义，$P(B|A \cup \overline{B}) = \frac{P[(A \cup \overline{B})B]}{P(A \cup \overline{B})} = \frac{P(AB)}{P(A) + P(\overline{B}) - P(A\overline{B})}$，

又由 A 与 B 相互独立，知 A 与 $\overline{B}$ 相互独立，则 $P(AB) = P(A)P(B) = \frac{1}{2} \times \frac{1}{3} = \frac{1}{6}$，

$P(A\overline{B}) = P(A)P(\overline{B}) = \frac{1}{2} \times \left(1 - \frac{1}{3}\right) = \frac{1}{3}$，所以 $P(B|A \cup \overline{B}) = \frac{\frac{1}{6}}{\frac{1}{2} + \frac{2}{3} - \frac{1}{3}} = \frac{1}{5}$。

故应选（D）。

（五）伯努利概型

(1) 独立试验序列：称多个或无穷多个试验为一个试验序列，如果其中各试验的结果是相互独立的，则称为独立试验序列。

(2) 伯努利试验：如果一个试验只有两种可能结果，则称该试验为伯努利试验。

(3) n 重伯努利试验：由一个伯努利试验独立重复 n 次形成的试验序列称为 n 重伯努利试验。

(4) 伯努利定理：在一次试验中，事件 A 发生的概率为 $p(0 < p < 1)$，则在 n 重伯努利试验中，事件 A 发生 k 次的概率为

$$b(k;n,p) = C_n^k p^k q^{n-k}$$

其中 $q=1-p$。

定理：在伯努利试验序列中，设每次试验中事件 A 发生的概率为 p，“事件 A 在第 k 次试验中才首次发生”（$k\geqslant1$）这一事件的概率为

$$g(k,p)=q^{k-1}p$$

例 1-122 10 张奖券中含有 2 张中奖的奖券，每人购买一张，则前 4 个购买者中恰有 1 人中奖的概率是（　　）。

(A) 0.8^4　　(B) 0.1

(C) $C_{10}^{4}0.2\times0.8^3$　　(D) $0.8^3\times0.2$

解：中奖的概率 $p=0.2$，该问题是 4 重贝努利试验，前 4 个购买者中恰有 1 人中奖的概率为 $C_4^1 0.2\times0.8^3=4\times0.2\times0.8^3=0.8^4$，故应选（A）。

二、随机变量分布及数字特征

（一）一维随机变量概念

1. 随机变量定义

定义在样本空间 S 上的实值单值函数 $X=X(e)$ 称为随机变量。随机变量的取值随试验的结果而定，而试验的各个结果出现有一定概率，因而随机变量依一定的概率取值。

2. 分布函数

事件“$X\leqslant x$”的概率与 x 有关，将它作为 x 的函数，即

$$P\{X\leqslant x\}=F(x)(-\infty<x<+\infty)$$

称为随机变量 X 的分布函数。

3. 分布函数的性质

(1) $0\leqslant F(x)\leqslant1$。

(2) 对于任意 $x_1<x_2$，有 $F(x_1)\leqslant F(x_2)$。

(3) $\lim\limits_{x\to-\infty}F(x)=0$，$\lim\limits_{x\to+\infty}F(x)=1$。

(4) $P\{x_1<X\leqslant x_2\}=F(x_2)-F(x_1)$。

(5) 右连续 $F(x_0+0)=\lim\limits_{x\to x_0+0}F(x)=F(x_0)$。

例 1-123 下列函数中，可以作为连续型随机变量分布函数的是（　　）。

(A) $\Phi(x)=\begin{cases}0 & x<0\\ 1-e^x & x\geqslant0\end{cases}$　　(B) $F(x)=\begin{cases}e^x & x<0\\ 1 & x\geqslant0\end{cases}$

(C) $G(x)=\begin{cases}e^{-x} & x<0\\ 1 & x\geqslant0\end{cases}$　　(D) $H(x)=\begin{cases}0 & x<0\\ 1+e^{-x} & x\geqslant0\end{cases}$

解：首先 $F(x)$ 是非负的，又 $\lim\limits_{x\to-\infty}F(x)=0$，$\lim\limits_{x\to+\infty}F(x)=1$，再有 $F(x)$ 处处连续，故是右连续的，满足分布函数的三条性质。而其余三个选项中的函数都不能满足这三条，应选（B）。

（二）离散型随机变量

1. 定义

若随机变量 X 的全部可能取到的值为有限个或可数个，则称 X 为离散型随机变量。

2. 离散型随机变量的概率分布

由于随机变量依一定的概率取值，故列出离散型随机变量的取值以及取每个值的概率，就能完整地表达这个随机变量。

(1) 称 $P\{X=x_k\}=p_k$，$k=1,2,\cdots$ 为离散型随机变量 X 的概率分布（分布律），概

率分布也常用 x_k 与 p_k 对应表 1-1 给出。

表 1-1　　x_k 与 p_k 对应表

X	x_1	x_2	…	x_n	…
$P\{X=x_k\}$	p_1	p_2	…	p_n	…

(2) 概率分布有以下性质：

1) $p_1+p_2+\cdots p_n+\cdots=1$。

2) $p_i>0(i=1,2,\cdots)$。

3. 二项分布

在 n 重伯努利试验中，每次试验事件 A 发生的概率为 $p(0<p<1)$，记 X 为 n 次试验中，事件 A 发生的次数，则 X 的概率分布为

$$P\{X=k\}=C_n^k p^k(1-p)^{n-k}(k=0,1,\cdots,n,0<p<1)$$

随机变量 X 服从二项分布，记为 $X\sim B(n,p)$。特别地，当 n=1 时，有分布律

$$P\{X=k\}=p^k(1-p)^{1-k}(k=0,1,\ 0<p<1)$$

称为 0—1 分布，记为 $X\sim(0-1)$。

4. 泊松分布

泊松分布记为 $X\sim\pi(\lambda)$，分布律为

$$P\{X=k\}=\frac{\lambda^k e^{-\lambda}}{k!}(k=0,1,\cdots,\lambda>0)$$

(三) 连续型随机变量

1. 定义

设 X 是随机变量，它的分布函数为 $F(x)=P\{X\leqslant x\}$，若存在一非负函数 $f(x)$，使对于任意实数 x 都有

$$F(x)=\int_{-\infty}^{x}f(t)\mathrm{d}t$$

则称 X 为连续型随机变量，并称 $f(x)$ 为随机变量 X 的概率密度（或称分布密度或密度函数）。

2. 概率密度函数 $f(x)$ 的性质

(1) $f(x)\geqslant 0$。

(2) $\int_{-\infty}^{+\infty}f(x)\mathrm{d}x=1$。

(3) $P\{a<X\leqslant b\}=F(b)-F(a)=\int_a^b f(x)\mathrm{d}x$。

(4) $F(x)=\int_{-\infty}^{x}f(t)\mathrm{d}t$ 是 x 的连续函数，在 $f(x)$ 的连续点处 $F'(x)=f(x)$。

例 1-124　设随机变量 X 的概率密度为 $f(x)=\begin{cases}\frac{1}{x^2},x\geqslant 1\\0\text{，其他}\end{cases}$，则 $P(0\leqslant X\leqslant 3)$ 等于（　　）。

(A) $\frac{1}{3}$　　(B) $\frac{2}{3}$　　(C) $\frac{1}{2}$　　(D) $\frac{1}{4}$

解： $P(0\leqslant X\leqslant 3)=\int_0^3 f(x)\mathrm{d}x=\int_1^3\frac{1}{x^2}\mathrm{d}x=\frac{2}{3}$，故选 (B)。

3. 正态分布

（1）定义：若连续型随机变量 X 的概率密度为

$$f(x)=\frac{1}{\sqrt{2\pi}}e^{-\frac{(x-\mu)^2}{2\sigma^2}}\ (-\infty<x<+\infty)$$

其中 μ、σ 为常数且 $\sigma>0$，则称 X 服从参数为 μ 和 σ^2 的正态分布，记为 $X\sim N(\mu,\sigma^2)$，正态分布的分布函数为 $F(x)=\frac{1}{\sqrt{2\pi}\sigma}\int_{-\infty}^{x}e^{-\frac{(x-\mu)^2}{2\sigma^2}}dt$。

（2）标准正态分布：$\mu=0,\sigma=1$ 时，即 $X\sim N(0,1)$ 时，称 X 服从标准正态分布。这时密度函数 $\varphi(x)=\frac{1}{\sqrt{2\pi}}e^{-\frac{x^2}{2}}$，分布函数 $\Phi(x)=\frac{1}{\sqrt{2\pi}}\int_{-\infty}^{x}e^{-\frac{t^2}{2}}dt$。并且分布函数具有性质 $\Phi(-x)=1-\Phi(x)$。当 $x>0$ 时，分布函数 $\Phi(x)$ 的值可查表得到。

（3）正态分布的性质：

1）设 $X\sim N(\mu,\sigma^2)$，$Y=aX+b,a,b$ 为常数，且 $a\neq0$，则 $Y\sim N(a\mu+b,a^2\sigma^2)$。

2）设 $X\sim N(\mu,\sigma^2)$，则 X 的分布函数 $F(x)$ 与标准正态分布的分布函数有关系 $F(x)=\Phi\left(\frac{x-\mu}{\sigma}\right)$。利用这个关系，一般正态分布的问题都可化为标准正态分布，再通过查表来计算。

例 1-125 设随机变量 $X\sim N(0,\sigma^2)$，则对任何实数 λ 都有（　　）。

(A) $P(X\leqslant\lambda)=P(X\geqslant\lambda)$　　(B) $P(X\geqslant\lambda)=P(X\leqslant-\lambda)$

(C) $\lambda X\sim N(0,\lambda\sigma^2)$　　(D) $X-\lambda\sim N(\lambda,\sigma^2-\lambda^2)$

解：当 $X\sim N(\mu,\sigma^2)$，有 $aX+b\sim N[a\mu+b,(a\sigma)^2]$；故由 $X\sim N(0,\sigma^2)$，有 $\lambda X\sim N(0,\lambda^2\sigma^2)$，$X-\lambda\sim N(-\lambda,\sigma^2)$，所以（C）、（D）选项不正确；再因标准正态分布密度函数关于 y 轴对称，显然（A）项不成立，故选（B）。

4. 其他常见的连续型随机变量的分布

（1）均匀分布，记为 $X\sim U(a,b)$，概率密度为

$$f(x)=\begin{cases}\frac{1}{b-a},\ a\leqslant x\leqslant b\\0,\ 其他\end{cases}$$

分布函数为

$$F(x)=\begin{cases}0,\ x<a\\\frac{x-a}{b-a},\ a\leqslant x\leqslant b\\1,\ x>b\end{cases}$$

（2）指数分布，记为 $X\sim E(\theta)$，概率密度为

$$f(x)=\begin{cases}\frac{1}{\theta}e^{-\frac{x}{\theta}},\ x\geqslant0,\\0,\ 其他\end{cases}$$

分布函数为

$$F(x)=\begin{cases}1-e^{-x},\ x\geqslant0\\0,\ 其他\end{cases}$$

称随机变量 X 服从参数为 θ 的指数分布。

(四) 二维随机变量及分布

1. 二维随机变量的概念

(1) 定义：设 E 是一个随机试验，X 和是 Y 定义在样本空间 $S=\{e\}$ 上的随机变量，称向量 (X,Y) 为二维随机变量。

(2) 二维随机变量的分布函数：设 (X,Y) 是二维随机变量，对于任意实数 x，y，二元函数 $F(x,y)=P\{(X\leqslant x)\cap(Y\leqslant y)\}\overset{\text{记成}}{=}P(X\leqslant x,Y\leqslant y)$ 称为二维随机变量 (X,Y) 的分布函数，或称为随机变量 X 和 Y 的联合分布函数。

2. 二维离散型随机变量及分布律

(1) 若二维随机变量 (X,Y) 全部可能取到的不相同的值为有限对或可数无限多对，则称 (X,Y) 为离散型随机变量。

(2) 若二维离散型随机变量 (X,Y) 所有可能取的值为 $(x_i,y_i)(i,j=1,2,\cdots)$，取每对值的概率为 $p_{ij}(i,j=1,2,\cdots)$ 则称

$P\{X=x_i,Y=y_j\}=p_{ij}(i,j=1,2,\cdots)$ 为随机变量 (X,Y) 的分布律，或称为随机变量 X 和 Y 的联合分布律。其中 $p_{ij}\geqslant 0$ 且 $\sum\limits_{i=1}^{\infty}\sum\limits_{j=1}^{\infty}p_{ij}=1$。经常用表 1-2 表示 X 和 Y 的联合分布律。

表 1-2　　X 和 Y 的联合分布律

Y \ X	x_1	x_2	…	x_i	…
y_1	p_{11}	p_{21}	…	p_{i1}	…
y_2	p_{12}	p_{22}	…	p_{i2}	…
…	…	…		…	
y_j	p_{1j}	p_{2j}	…	p_{ij}	
…	…	…			

3. 二维连续型随机变量及概率密度

(1) 如果对于二维随机变量 (X,Y) 的分布函数为 $F(x,y)$，存在非负函数 $f(x,y)$，使对于任意实数 x,y 有

$$F(x,y)=\int_{-\infty}^{y}\int_{-\infty}^{x}f(u,v)\mathrm{d}u\mathrm{d}v$$

则称 (X,Y) 为连续型的二维随机变量，其中 $f(x,y)$ 为二维随机变量 (X,Y) 的概率密度函数，或称为随机变量 X 和 Y 的联合概率密度。

(2) 概率密度函数 $f(x,y)$ 的性质：

1) $f(x,y)\geqslant 0$

2) $\int_{-\infty}^{+\infty}\int_{-\infty}^{+\infty}f(x,y)\mathrm{d}x\mathrm{d}y=1$

3) 设 G 是平面 xOy 上的区域，点 (X,Y) 落在 G 内的概率为

$$P\{(X,Y)\in G\}=\iint\limits_{G}f(x,y)\mathrm{d}x\mathrm{d}y$$

4) 若 $f(x,y)$ 在点 (x,y) 连续，则有

$$\frac{\partial^2F(x,y)}{\partial x\partial y}=f(x,y)$$

例 1-126　设二维随机变量 (X,Y) 的概率密度为 $f(x,y)=\begin{cases}e^{-2ax+by},x>0,y>0\\0,\text{其他}\end{cases}$，则常数

a、b 应满足的条件是（　　）。

(A) $ab=-\frac{1}{2}$，且 $a>0$，$b<0$　　(B) $ab=\frac{1}{2}$，且 $a>0$，$b>0$

(C) $ab=-\frac{1}{2}$，且 $a<0$，$b>0$　　(D) $ab=\frac{1}{2}$，且 $a<0$，$b<0$

解： 由概率密度的性质 $\int_{-\infty}^{\infty}\int_{-\infty}^{\infty} f(x,y)\mathrm{d}x\mathrm{d}y=1$，而

$$\int_{-\infty}^{\infty}\int_{-\infty}^{\infty} f(x,y)\mathrm{d}x\mathrm{d}y=\int_{0}^{\infty}\int_{0}^{\infty}\mathrm{e}^{-2ax+by}\mathrm{d}x\mathrm{d}y=\int_{0}^{\infty}\mathrm{e}^{-2ax}\mathrm{d}x\int_{0}^{\infty}\mathrm{e}^{by}\mathrm{d}y=-\frac{1}{2ab}(a>0,b<0)$$

于是有 $-\frac{1}{2ab}=1(a>0,b<0)$，即 $ab=-\frac{1}{2}$，且 $a>0,b<0$，故应选 A。

4. 边缘分布

二维随机变量 (X,Y) 作为一个整体，具有分布函数 $F(x,y)$，而 X 和 Y 都是随机变量，各自也有分布函数，分别记为 $F_X(x)$，$F_Y(y)$，称为二维随机变量 (X,Y) 关于 X 和关于 Y 的边缘分布函数，并且有

$$F_X(x)=F(x,\infty),F_Y(y)=F(\infty,y)$$

当 (X,Y) 是离散型随机变量时，称 X 的分布律

$$P\{X=x_i\}=\sum_{j=1}^{\infty}p_{ij}\overset{\text{记成}}{=}p_{i\cdot}\ i=1,2,\cdots$$

为 (X,Y) 关于 X 的边缘分布律，称 Y 的分布律

$$P\{Y=y_j\}=\sum_{i=1}^{\infty}p_{ij}\overset{\text{记成}}{=}p_{\cdot j}\ j=1,2,\cdots$$

为 (X,Y) 关于 Y 的边缘分布律。

当 (X,Y) 是连续型随机变量时，其概率密度为 $f(x,y)$，这时 X 和 Y 都是连续性随机变量，概率密度分别为

$$f_X(x)=\int_{-\infty}^{+\infty}f(x,y)\mathrm{d}y$$

$$f_Y(y)=\int_{-\infty}^{+\infty}f(x,y)\mathrm{d}x$$

分别称 $f_X(x)$，$f_Y(y)$ 为 (X,Y) 关于 X 和关于 Y 的边缘概率密度。

5. 相互独立的随机变量

设 $F(x,y)$ 及 $F_X(x)$、$F_Y(y)$ 分别是二维随机变量 (X,Y) 的分布函数及边缘分布函数，若对于所有 x，y 有

$$F(x,y)=F_X(x)F_Y(y)$$

则称随机变量 X 和 Y 是相互独立的。

当 (X,Y) 是连续型随机变量时，X 和 Y 相互独立的充要条件是等式

$$f(x,y)=f_X(x)f_Y(y)$$

几乎处处成立。

当 (X,Y) 是离散型随机变量时，X 和 Y 相互独立的充要条件是对于 (X,Y) 的所有可能取的值 (x_i,y_j) 有

$$P\{X=x_i,Y=y_j\}=P\{X=x_i\}P\{Y=y_j\}$$

例 1-127 若二维随机变量 (X,Y) 的分布规律为

$y \backslash x$	1	2	3
1	$\frac{1}{6}$	$\frac{1}{9}$	$\frac{1}{18}$
2	$\frac{1}{3}$	β	α

；且 X 与 Y 相互独立，则 α、β 取值为（　　）。

(A) $\alpha=\frac{1}{6},\beta=\frac{1}{6}$　　(B) $\alpha=0,\beta=\frac{1}{3}$　　(C) $\alpha=\frac{2}{9},\beta=\frac{1}{9}$　　(D) $\alpha=\frac{1}{9},\beta=\frac{2}{9}$

解: $P\{Y=1\}=\frac{1}{6}+\frac{1}{9}+\frac{1}{18}=\frac{1}{3},P\{X=2\}=\frac{1}{9}+\beta,P\{X=3\}=\frac{1}{18}+\alpha$

因 X 与 Y 相互独立，有 $P\{X=2,Y=1\}=P\{X=2\}\cdot P\{Y=1\}$，即 $\frac{1}{9}=\frac{1}{3}\times\left(\frac{1}{9}+\beta\right)$，得 $\beta=\frac{2}{9}$；再由 $P\{X=3,Y=1\}=P\{X=3\}\cdot P\{Y=1\}$，即 $\frac{1}{18}=\frac{1}{3}\times\left(\frac{1}{18}+\alpha\right)$，得 $\alpha=\frac{1}{9}$。

答案选（B)。

（五）随机变量的数字特征

1. 数学期望

(1) 设离散型随机变量 X 的分布律为

$$P\{X=x_k\}=p_k(k=1,2,\cdots)$$

则称和式

$$\sum_k x_k p_k = x_1p_1+x_2p_2+\cdots+x_np_n$$

或 $\sum_k x_k p_k = x_1p_1+x_2p_2+\cdots+x_kp_k+\cdots$（要求级数绝对收敛）

为随机变量 X 的数学期望（简称期望），记作 $E(X)$。

(2) 设连续型随机变量 X 的概率密度为 $f(x)$，若积分

$$\int_{-\infty}^{+\infty} xf(x)\mathrm{d}x$$

绝对收敛，则称积分 $\int_{-\infty}^{+\infty} xf(x)\mathrm{d}x$ 的值为随机变量 X 的数学期望，记作 $E(X)$。

注意

数学期望反映了随机变量取值的平均值，表现为具体问题中的平均长度、平均时间、平均成绩、期望利润、期望成本等。

(3) 数学期望的性质：$E(C)=C$（C 为常数），$E(CX)=CE(X)$，$E(X+Y)=E(X)+E(Y)$，$E(XY)=E(X)E(Y)$（要求 X、Y 相互独立）。

例 1-128 X 的分布函数 $F(x)$，而 $F(x)=\begin{cases}0,x<0\\x^3,0\leqslant x<1\\1,x\geqslant 1\end{cases}$ 则 $E(X)$ 等于（　　）。

(A) 0.7　　(B) 0.75　　(C) 0.6　　(D) 0.8

解: 因分布函数的导数是密度函数，对 $F(x)$ 求导，X 的密度函数 $f(x)=$

$\begin{cases}3x^2, 0<x<1 \\ 0, 其他\end{cases}$，$E(X)=\int_{-\infty}^{+\infty} xf(x)\mathrm{d}x=\int_0^1 3x^3\mathrm{d}x=\frac{3}{4}$，故选（B）。

2. 随机变量函数的数学期望

设 X 是一个随机变量，$g(x)$ 是任意实函数，则 $Y=g(X)$ 也是一个随机变量，称为随机变量 X 的函数。

（1）若 X 为离散型随机变量，概率分布为

$$P\{X=x_k\}=p_k(k=1,2,\cdots)$$

且级数 $\sum_{k=1}^{\infty} g(x_k)p_k$ 绝对收敛，则 $Y=g(X)$ 的数学期望存在，有

$$E(Y)=Eg(X)=\sum_{k=1}^{\infty} g(x_k)p_k$$

（2）若 X 为连续型随机变量，密度函数为 $f(x)$，且广义积分 $\int_{-\infty}^{+\infty} f(x)g(x)\mathrm{d}x$ 绝对收敛，则 $Y=g(X)$ 的数学期望存在，有

$$E(Y)=Eg(X)=\int_{-\infty}^{+\infty} f(x)g(x)\mathrm{d}x$$

例 1-129 设随机变量 X 的概率密度为 $f(x)=\begin{cases}\frac{1}{4}x^3, 0<x<2 \\ 0, 其他\end{cases}$，则 $Y=\frac{1}{X^2}$ 的数学期望值是（　　）。

（A）1　　（B）$\frac{1}{2}$　　（C）2　　（D）$\frac{1}{4}$

解：$E(Y)=\int_{-\infty}^{+\infty}\frac{1}{x^2}f(x)\mathrm{d}x=\frac{1}{4}\int_0^2 x\mathrm{d}x=\frac{1}{2}$，故选（B）。

3. 方差

随机变量 $Y=[X-E(X)]^2$ 的数学期望 $E(Y)=E\{[X-E(X)]^2\}$ 称为随机变量 X 的方差，记为

$$D(X)=E\{[X-E(X)]^2\}$$

方差 $D(X)$ 也记作 σ^2，并称 σ 为标准差。

注意

方差反映了随机变量取值的波动程度。

（1）方差的计算。

1）若 X 为离散型随机变量，分布律为 $P\{X=x_k\}=p_k, E(X)=a$，则

$$D(X)=\sum_{k}^{\infty}(x_l-a)^2 p_k \quad （当 k 为无限时，要求级数收敛）$$

2）若 X 为连续型随机变量，概率密度为 $p(x), E(X)=a$，则

$$D(X)=\int_{-\infty}^{+\infty}(x-a)^2 p(x)\mathrm{d}x（要求广义积分收敛）$$

3）$D(X)=E(X^2)-[E(X)]^2$。

（2）方差的性质：$D(C)=0$，$D(CX)=C^2D(X)$。若 X、Y 相互独立，则有 $D(X+Y)=D(X)+D(Y)$。

例 1-130 设随机变量 X 与 Y 相互独立，方差 $D(X)=1$，$D(Y)=3$，方差 $D(2X-Y)$ 等于（　）。

(A) 7　　(B) -1　　(C) 1　　(D) 4

解： 因 X 与 Y 相互独立，由方差的性质

$$\begin{aligned}D(2X-Y)&=D(2X)+D(-Y)=2^2D(X)+(-1)^2D(Y)\\&=4D(X)+D(Y)=4+3=7\end{aligned}$$

故应选（A）

4. 矩

(1) 设 X 是随机变量，则 $\alpha_k=E(X^k)(k=1,2,\cdots)$ 称为 X 的 k 阶原点矩。

(2) 如果 $E(X)$ 存在，则 $\mu_k=E\{[X-E(X)]^k\}(k=1,2,\cdots)$ 称为 X 的 k 阶中心矩。

（六）几种常见分布的数学期望与方差

(1)（0－1）分布：$X\sim(0-1),E(X)=p,D(X)=p(1-p)$。

(2) 二项分布：$X\sim B(n,p),E(X)=np,D(X)=np(1-p)$。

(3) 泊松分布：$X\sim p(\lambda),E(X)=\lambda,D(X)=\lambda$。

(4) 均匀分布：$X\sim U(a,b),E(X)=(a+b)/2,D(X)=(b-a)^2/12$。

(5) 指数分布：$X\sim E(\theta),E(X)=\theta,D(X)=\theta^2$。

(6) 正态分布：$X\sim N(\mu,\sigma^2),E(X)=\mu,D(X)=\sigma^2$。

三、数理统计的基本概念

（一）基本概念

(1) 总体和个体：具有一定的共同属性的研究对象全体称为总体，总体的每一个成员称为个体。如果选定总体的某项数量指标 X，则数量指标 X 的分布称为总体的分布。

(2) 简单随机样本：在相同的条件下，对总体 X 进行 n 次重复的、独立的观察，得到 n 个结果 $X_1,X_2,\cdots,X_n$，称随机变量 $X_1,X_2,\cdots,X_n$ 为来自总体 X 的简单随机样本，它具有两条性质：① $X_1,X_2,\cdots,X_n$ 都与总体具有相同的分布；② $X_1,X_2,\cdots,X_n$ 相互独立。

(3) 统计量：设 $X_1,X_2,\cdots,X_n$ 为总体 X 的样本，$g(x_1,x_2,\cdots,x_n)$ 是连续函数且其中不含任何未知参数，则称 $g(X_1,X_2,\cdots,X_n)$ 为统计量。统计量是进行统计推断的工具。

(4) 常用统计量：设 $X_1,X_2,\cdots,X_n$ 是取自总体 X 的一个样本，则

1) 样本均值 $\overline{X}=\dfrac{1}{n}\sum\limits_{i=1}^{n}X_i$；

2) 样本方差 $S^2=\dfrac{1}{n-1}\sum\limits_{i=1}^{n}(X_i-\overline{X})^2=\dfrac{1}{n-1}\left[\sum\limits_{i=1}^{n}X_i^2-n(\overline{X})^2\right]$；

3) 样本标准差 $S=\sqrt{\dfrac{1}{n-1}\sum\limits_{i=1}^{n}(X_i-\overline{X})^2}$；

4) 样本 k 阶（原点）矩 $A_k=\dfrac{1}{n}\sum\limits_{i=1}^{n}X_i^k(k=1,2,\cdots)$；

5) 样本 k 阶中心距 $B_k=\dfrac{1}{n}\sum\limits_{i=1}^{n}(X_i-\overline{X})^k(k=1,2,\cdots)$。

（二）几种常用的统计分布

(1) χ^2 分布：设 $X_1,X_2,\cdots,X_n$ 是来自总体 $N(0,1)$ 的样本，则称统计量 $\chi^2=X_1^2+X_2^2+\cdots+X_n^2$ 服从自由度为 n 的 χ^2 分布，记为 $\chi^2\sim\chi^2(n)$。

$\chi^2(n)$ 分布的数学期望与方差分别为 $E[\chi^2(n)]=n$ 和 $D[\chi^2(n)]=2n$。

$\chi^2(n)$ 分布具有可加性，若 $\chi_i^2\sim\chi^2(n_i)(i=1,2,\cdots k)$ 且相互独立，则

$$\chi^2=\sum_{i=1}^{k}\chi_i^2\sim\chi^2\left(\sum_{i=1}^{k}n_i\right)$$

（2）t 分布：设 $X\sim N(0,1)$，$Y\sim\chi^2(n)$，且 X、Y 独立，则称随机变量 $t=X\Big/\sqrt{\dfrac{Y}{n}}$ 服从自由度为 n 的 t 分布，记为 $t\sim t(n)$。

（3）F 分布：设 $X\sim\chi^2(n_1)$，$Y\sim\chi^2(n_2)$ 且 X 与 Y 相互独立，则称随机变量 $F=\dfrac{X/n_1}{Y/n_2}$ 服从第一自由度 n_1、第二自由度 n_2 的 F 分布，记为 $F\sim F(n_1,n_2)$。

若 $F\sim F(n_1,n_2)$，则 $\dfrac{1}{F}\sim F(n_2,n_1)$，由此可得 $F_{1-\alpha}(n_1,n_2)=\dfrac{1}{F_\alpha(n_2,n_1)}$。

例 1-131 设随机变量 X 和 Y 都服从 $N(0,1)$ 分布，则下列叙述中正确的是（　　）。

(A) $X+Y$ 服从正态分布　　(B) $X^2+Y^2\sim\chi^2$ 分布

(C) X^2 和 Y^2 都 $\sim\chi^2$ 分布　　(D) $\dfrac{X^2}{Y^2}\sim F$ 分布

解： 当 $X\sim N(0,1)$ 时，有 $X^2\sim\chi^2$，故（C）选项正确；由于题中没有给出 X 和 Y 相互独立，选项（B）不一定成立，应选（C）。

（三）正态总体样本均值和样本方差的分布

设 $(X_1,X_2,\cdots,X_n)$ 是取自正态总体 $N(\mu,\sigma^2)$ 的样本，$\overline{X}$ 与 S^2 分别为样本均值与样本方差，则有 $\overline{X}\sim N\left(\mu,\dfrac{\sigma^2}{n}\right)$，或 $\dfrac{\overline{X}-\mu}{\sigma/\sqrt{n}}\sim N(0,1)$，$\dfrac{(n-1)S^2}{\sigma^2}\sim\chi^2(n-1)$。

$\overline{X}$ 与 S^2 相互独立，$\dfrac{\overline{X}-\mu}{S/\sqrt{n}}\sim t(n-1)$。

例 1-132 设 $X_1,X_2,\cdots X_n$ 是来自总体 $N(\mu,\sigma^2)$ 的样本，$\overline{X}$ 是 $X_1,X_2,\cdots X_n$ 的样本均值，则 $\sum\limits_{i=1}^{n}\dfrac{(X_i-\overline{X})^2}{\sigma^2}$ 服从的分布是（　　）。

(A) $F(n)$　　(B) $t(n)$　　(C) $\chi^2(n)$　　(D) $\chi^2(n-1)$

解： 因 $\sum\limits_{i=1}^{n}\dfrac{(X_i-\overline{X})^2}{\sigma^2}=\dfrac{(n-1)S^2}{\sigma^2}\sim\chi^2(n-1)$，应选（D）。

四、参数估计

设总体 X 的分布函数（或密度函数或分布律）中含有未知参数 θ，抽取总体 X 的一个样本 $X_1,X_2,\cdots,X_n$，并进行 n 次观察得到观察值 $x_1,x_2,\cdots,x_n$，构造一个适当的统计量 $\hat{\theta}(X_1,X_2,\cdots,X_n)$，用 $\hat{\theta}(X_1,X_2,\cdots,X_n)$ 作为参数 θ 的估计量，$\hat{\theta}(x_1,x_2,\cdots,x_n)$ 称为估计值。这种方法叫作点估计法，点估计又分为矩估计和极大似然估计两种。

1. 矩估计法

用样本的矩代替相应总体的矩，用样本矩的函数代替相应总体矩的同一函数而求得未知参数的一种估计方法。下面以总体 X 包含 1 个未知参数 θ 的情形为例，说明矩估计法的计算步骤。

第一步：求出总体的矩 $E(X)$

第二步：列矩估计方程 $E(X)=\frac{1}{n}\sum_{j=1}^{n}x_j=\overline{X}$

第三步：解上述方程，得 $\theta=\theta(X_1,X_2,\cdots,X_n)$，则 θ 的矩估计量为

$$\hat{\theta}(X_1,X_2,\cdots,X_n)$$

第四步：如果有样本观察值 $x_1,x_2,\cdots,x_n$，则 θ 的矩估计值为

$$\hat{\theta}(x_1,x_2,\cdots,x_n)$$

例 1-133 设总体 $X\sim N(0,\sigma^2)$，$X_1,X_2,\cdots,X_n$ 是来自总体的样本，则 σ^2 的矩估计是(　　)。

(A) $\frac{1}{n}\sum_{i=1}^{n}X_i$　　(B) $n\sum_{i=1}^{n}X_i$　　(C) $\frac{1}{n^2}\sum_{i=1}^{n}X_i^2$　　(D) $\frac{1}{n}\sum_{i=1}^{n}X_i^2$

解： 因为 $E(X)=\mu=0$，$E(X^2)=D(X)-[E(X)]^2=\sigma^2-0=\sigma^2$，所以 $\hat{\sigma}^2=\frac{1}{n}\sum_{i=1}^{n}X_i^2$，应选 (D)。

例 1-134 设总体 X 的概率分布见表 1-3，其中 $\theta\left(0<\theta<\frac{1}{2}\right)$ 是未知参数，利用样本值 3，1，3，0，3，1，2，3，所得 θ 的矩估计值是（　　）。

表 1-3　　总体 X 的概率分布

X	0	1	2	3
P	θ^2	$2\theta(1-\theta)$	θ^2	$1-2\theta$

(A) $\frac{1}{4}$　　(B) $\frac{7-\sqrt{13}}{12}$　　(C) $\frac{7+\sqrt{13}}{12}$　　(D) 0

解： $E(X)=0\times\theta^2+1\times2\theta(1-\theta)+2\times\theta^2+3\times(1-2\theta)=3-4\theta$，由 $3-4\theta=\overline{X}$ 解得 θ 的矩估计量为 $\hat{\theta}=\frac{3-\overline{X}}{4}$，再利用样本值 $\overline{X}=\frac{1}{8}\sum_{i=1}^{8}x_i=2$，代入 $\hat{\theta}=\frac{3-\overline{X}}{4}$，得矩估计值 $\theta=\frac{1}{4}$，故应选 (A)。

2. 极大似然估计法

已知总体 X 概率分布，但其中参数 θ 是未知的，$X_1,X_2,\cdots,X_n$ 是取自总体 X 的样本，$x_1,x_2,\cdots,x_n$ 为一组样本观测值，则事件 $\{X_1=x_1,X_2=x_2,\cdots,X_n=x_n\}$ 发生的概率为

$$L(\theta)=L(x_1,x_2,\cdots,x_n;\theta)=\prod_{i=1}^{n}P(x_i;\theta)\theta\in\Theta$$

它是 θ 的函数，称为样本的似然函数，若能求得 $\hat{\theta}$，使

$$L(x_1,x_2,\cdots,x_n;\hat{\theta})=\max_{\theta\in\Theta}L(x_1,x_2,\cdots,x_n;\theta)$$

则称 $\hat{\theta}(x_1,x_2,\cdots,x_n)$ 为 θ 的极大似然估计值，称 $\hat{\theta}(X_1,X_2,\cdots,X_n)$ 为 θ 的极大似然估计量。

极大似然估计的解题步骤。

第一步：写出似然函数 $L(\theta)=\prod_{i=1}^{n}P(x_i;\theta)\theta\in\Theta$，并对似然函数取对数，得

$$\ln L=\sum_{i=1}^{n}\ln p(x_i,\theta)$$

第二步：要求$\frac{\mathrm{d}\ln L}{\mathrm{d}\theta}=0$，解得似然函数 L 的极大点 $\hat{\theta}$，则 $\hat{\theta}(x_1,x_2,\cdots,x_n)$ 是极大似然估计值，$\hat{\theta}(X_1,X_2,\cdots,X_n)$ 是极大似然估计量。

例 1-135 设总体 X 的概率密度为 $f(x;\theta)=\begin{cases}\mathrm{e}^{-(x-\theta)}, & x\geqslant\theta\\ 0, & x<\theta\end{cases}$，$X_1,X_2,\cdots,X_n$ 是来自总体 X 的样本，则参数 θ 的最大似然估计量是（　　）。

(A) $n\overline{X}$　　(B) $\min(X_1,X_2,\cdots,X_n)$

(C) $\max(X_1,X_2,\cdots,X_n)$　　(D) $\overline{X}-1$

解：似然函数为 $L(\theta)=\prod_{i=1}^{n}\mathrm{e}^{-(x_i-\theta)}=\mathrm{e}^{n\theta-\sum_{i=1}^{n}x_i}, x_i\geqslant\theta$，$\ln L=n\theta-\sum_{i=1}^{n}x_i$，由于似然方程 $\frac{d\ln L}{d\theta}=n=0$ 无解，而 $\ln L=n\theta-\sum_{i=1}^{n}x_i$ 关于 θ 单调递增，要使 $\ln L$ 达到最大，θ 应最大，$\theta\leqslant x_i(i=1,2,\cdots,n)$，故 θ 的最大值为 $\min(X_1,X_2,\cdots,X_n)$，故应选（B）。

3. 估计量的评选标准

（1）无偏性。设 $\hat{\theta}=\hat{\theta}(X_1,X_2,\cdots,X_n)$，$E(\hat{\theta})$ 存在，且 $E(\hat{\theta})=\theta$，则称值 $\hat{\theta}$ 是θ 的无偏估计量，否则称为有偏估计量。

（2）有效性。设 $\hat{\theta}_1$ 和 $\hat{\theta}_2$ 均为参数 θ 的无偏估计量，如果 $D(\hat{\theta}_1)<D(\hat{\theta}_2)$，则称估计量 $\hat{\theta}_1$ 比 $\hat{\theta}_2$ 有效。

（3）一致性（相合性）。设 $\hat{\theta}$ 为 θ 的估计量，$\hat{\theta}$ 与样本容量 n 有关，记为 $\hat{\theta}=\hat{\theta}_n$，对于任意给定的 $\varepsilon>0$，都有 $\lim_{n\to\infty}P\{|\hat{\theta}_n-\theta|<\varepsilon\}=1$，则称 $\hat{\theta}$ 为参数θ 的一致估计量。

例 1-136 设总体 $X\sim N(0,\sigma^2)$，$X_1,X_2,\cdots,X_n$ 是来自总体的样本，$\hat{\sigma}^2=\frac{1}{n}\sum_{i=1}^{n}X_i^2$ 则下面结论中正确的是（　　）。

(A) $\hat{\sigma}^2$ 不是 σ^2 的无偏估计量　　(B) $\hat{\sigma}^2$ 是 σ^2 的无偏估计量

(C) $\hat{\sigma}^2$ 不一定是 σ^2 的无偏估计量　　(D) $\hat{\sigma}^2$ 不是 σ^2 的估计量

解：当 $X_1,X_2,\cdots,X_n$ 是来自总体 $N(0,\sigma^2)$ 的样本时，有 $E(X_i)=0,D(X_i)=\sigma^2$，故 $E(\hat{\sigma}^2)=E(\frac{1}{n}\sum_{i=1}^{n}X_i^2)=\frac{1}{n}\sum_{i=1}^{n}E(X_i^2)=\frac{1}{n}\sum_{i=1}^{n}\{D(X_i)+[E(X_i)]^2\}=\frac{1}{n}\sum_{i=1}^{n}[\sigma^2+0]=\sigma^2$，说明 $\hat{\sigma}^2$ 是 σ^2 的无偏估计量，应选（B）。

例 1-137 设 $\hat{\theta}$ 是参数 θ 的一个无偏估计量，方程 $D(\hat{\theta})>0$，下面结论正确的是（　　）。

(A) $(\hat{\theta})^2$ 是 θ^2 的无偏估计量

(B) $(\hat{\theta})^2$ 不是 θ^2 的无偏估计量

(C) 不能确定 $(\hat{\theta})^2$ 是不是 θ^2 的无偏估计量

(D) $(\hat{\theta})^2$ 不是 θ^2 的估计量

解：因 $\hat{\theta}$ 是参数θ 的一个无偏估计量，故 $E(\hat{\theta})=\theta$，而 $E[(\hat{\theta})^2]=D(\hat{\theta})+[E(\hat{\theta})^2]=D(\hat{\theta})+\theta^2$，又 $D(\hat{\theta})>0$，故 $E[(\hat{\theta})^2]>\theta^2$，所以 $(\hat{\theta})^2$ 不是 θ^2 的无偏估计量，应选（B）。

第二章　普　通　物　理

第一节　热　　学

一、基本概念和公式

（一）气体状态参量

对于一定量气体，其宏观状态可用气体的体积 V、压强 p 和热力学温度 T 来描述，叫作气体的状态参量。分述如下：

（1）体积（V）是指气体所占的体积，即气体所能达到的空间。在密闭容器中，气体的体积就是容器的容积。体积的单位为米^3（m^3），有时也用升（L，立方分米），$1L=10^{-3}m^3$。

（2）压强（p）是指气体作用在容器器壁单位面积上的正压力，是大量气体分子不断碰撞器壁的宏观表现。压强的单位为帕斯卡（Pa），即牛顿/米^2（N/m^2）。压强的另一个常用单位为大气压，$1atm=1.013\times10^5Pa$。

（3）温度（T）是指表征物体冷热程度的物理量。温度的数值表示法叫温标，常用的有热力学温标和摄氏温标两种。热力学温标的单位为开尔文（K），摄氏温标的单位为摄氏度（℃）。两种温标确定的热力学温度 T 与摄氏温度 t 的关系为

$$T=273.15+t \text{ 或 } T\approx 273+t$$

（二）平衡态

平衡态是指系统的状态参量不随时间变化的状态。

准静态过程是指过程中的每一状态都可看作近似平衡态的过程。

（三）理想气体状态方程

严格遵守玻意耳定律、盖·吕萨克定律、查理定律和阿伏伽德罗定律的气体称为理想气体。理想气体的三个状态参量 p、V、T 之间的关系即为理想气体状态方程，它有以下三种表达形式

$$\left.\begin{aligned}\frac{pV}{T}&=\text{恒量}\\ pV&=\frac{m}{M}RT\\ p&=nkT\end{aligned}\right\}\tag{2-1}$$

式中　m——气体的质量；

M——气体的摩尔质量；

R——摩尔气体恒量，且 $R=8.31J/(mol\cdot K)$；

n——单位体积内的分子数，称为分子数密度；

k——玻尔兹曼常数，$k=1.38\times10^{-23}J/K$。

（四）理想气体的压强和温度的统计解释

（1）压强的统计解释。理想气体对容器壁产生的压强，是大量分子不断撞击容器器壁

的结果。其计算公式为

$$p=\frac{2}{3}n\bar{\omega} \tag{2-2}$$

式中 $\bar{\omega}$——分子的平均平动动能，$\bar{\omega}=\left(\frac{1}{2}m'v_1^2+\frac{1}{2}m'v_2^2+\cdots+\frac{1}{2}m'v_N^2\right)\Big/N=\frac{1}{2}m'\overline{v^2}$

它等于全部分子的平动动能之和除以分子总数；

m'——气体分子的质量。

(2) 温度的统计解释。理想气体分子的平均平动动能与温度的关系式为

$$\bar{\omega}=\frac{3}{2}kT \tag{2-3}$$

这表明：气体的温度越高，分子的平均平动动能越大，分子热运动的程度越剧烈。也可以说，温度是表征大量分子热运动剧烈程度的宏观物理量。

（五）能量按自由度均分定理

(1) 气体分子的自由度。决定某一物体在空间的位置所需的独立坐标数称为该物体的自由度，通常把构成气体分子的每一个原子看成一质点，且各原子之间的距离固定不变（称刚性分子，即视为刚体）。

单原子分子可视为自由质点，只有平动，其自由度 $i=3$。

刚性双原子分子具有 3 个平动自由度，2 个转动自由度，总自由度 $i=5$。

刚性三原子以上分子（含三原子）有 3 个平动自由度、3 个转动自由度，总自由度 $i=6$。

(2) 能量按自由度均分定理。气体处于平衡态时，分子任何一个自由度的平均能量都相等，均为$\frac{1}{2}kT$，这就是能量按自由度均分定理。

据此，单原子分子的平均动能（平均平动动能+平均转动动能）为

$$\bar{\varepsilon}=3\times\frac{1}{2}kT$$

刚性双原子分子的平均动能为

$$\bar{\varepsilon}=\frac{3}{2}kT+kT=\frac{5}{2}kT$$

刚性多原子分子（含三原子分子）的平均动能为

$$\bar{\varepsilon}=\frac{3}{2}kT+\frac{3}{2}kT=3kT$$

若分子的自由度为 i，则其平均动能为

$$\bar{\varepsilon}=\frac{i}{2}kT$$

（六）理想气体内能

理想气体内能是指气体内所有分子的动能之和。1mol 理想气体的内能为

$$E=\frac{i}{2}kTN_A=\frac{i}{2}RT$$

$$kN_A=R$$

式中 N_A——阿伏伽德罗常数，$N_A=6.02\times10^{23}/\text{mol}$。

质量为 m（kg）的理想气体的内能为

$$E = \frac{m}{M}\frac{i}{2}RT \tag{2-4}$$

式（2-4）表明：对于给定的理想气体，其内能取决于气体的热力学温度 T，即理想气体的内能仅是温度的单值函数。

（七）平均碰撞频率和平均自由程

一个气体分子在连续两次碰撞间所可能经历的各段自由程的平均值叫平均自由程，用 $\bar{\lambda}$ 表示；单位时间内分子通过的平均路程叫平均速率，用 $\bar{v}$ 表示；单位时间内分子所受到的平均碰撞次数叫平均碰撞频率，用 $\bar{Z}$ 表示。

对于平均碰撞频率和平均自由程，有

$$\bar{v} = \bar{Z}\bar{\lambda}, \quad \bar{Z} = \sqrt{2}\pi d^2 n\bar{v}, \bar{\lambda} = \frac{\bar{v}}{\bar{Z}} = \frac{kT}{\sqrt{2}\pi d^2 p} \tag{2-5}$$

式中　n——单位体积中的分子数；

d——分子的有效直径。

（八）麦克斯韦速率分布律

1. 定义

处于平衡状态下的气体，个别分子的运动完全是偶然的，然而对大量分子的整体，在平衡态下，分子的速率分布服从确定的统计规律——麦克斯韦速率分布定律，其数学表达式为

$$\frac{\mathrm{d}N}{N\mathrm{d}v} = f(v) = 4\pi\left(\frac{m'}{2\pi kT}\right)^{3/2} \mathrm{e}^{-\frac{m'v^2}{2kT}} v^2 \tag{2-6}$$

其中 N 为气体的总分子数，$\mathrm{d}N$ 为在速率区间 $v \sim v+\mathrm{d}v$ 内的分子数，则 $\frac{\mathrm{d}N}{N}$ 就是在这一区间内的分子数占总分子数的百分率，$\frac{\mathrm{d}N}{N\mathrm{d}v}$ 为在某单位速率区间（指速率在 v 值附近的单位区间）内的分子数占总分子数的百分率。

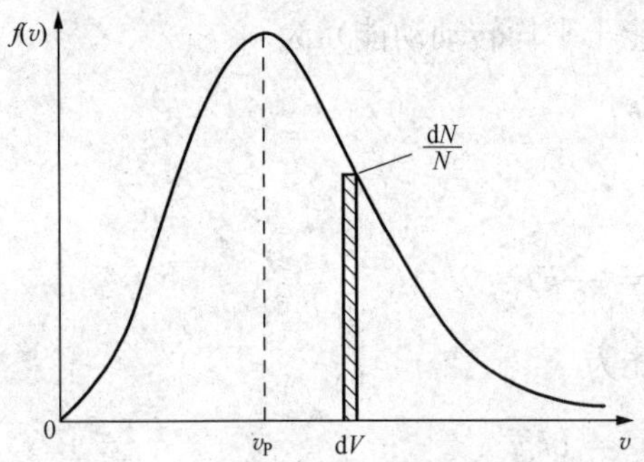

图 2-1　麦克斯韦速率分布曲线

2. 麦克斯韦速率分布曲线

图 2-1 中小矩形面积（以斜线表示）的意义。小矩形面积为 $f(v)\mathrm{d}v = \frac{\mathrm{d}N}{N\mathrm{d}v}\mathrm{d}v = \frac{\mathrm{d}N}{N}$，表示分布在 $v \to v+\mathrm{d}v$ 区间内分子数占总分子数的百分率。

整个曲线下的面积意义

$$\int_0^\infty f(v)\mathrm{d}v = \int_0^N \frac{\mathrm{d}N}{N} = \frac{1}{N}\int_0^N \mathrm{d}N = \frac{N}{N} = 1 \tag{2-7}$$

速率在 $0 \to \infty$ 之间气体的分子总数与总分子数之比为 1，称归一化条件。

3. 速率的三个统计平均值

（1）最概然速率是指 $f(v)$ 曲线极大值处相对应的速率值 v_P，它说明在一定温度下，速率与 v_p 相近的气体分子的百分率最大。所以，v_p 表示在相同的速率区间内，气体分子速率在 v_p 附近的概率最大。其计算公式为

$$v_p = \sqrt{\frac{2kT}{m'}} \approx 1.41\sqrt{\frac{RT}{M}}$$（m' 为气体分子的质量，M 为气体的摩尔质量）

（2）平均速率是指一定量气体的分子数为 N，则所有分子速率的算术平均值为

$$\bar{v}=\sqrt{\frac{8kT}{\pi m'}}\approx 1.60\sqrt{\frac{RT}{M}}$$

（3）方均根速率是指一定量气体的分子速率二次方的平均值的平方根为

$$\sqrt{\overline{v^2}}=\sqrt{\frac{3kT}{m'}}\approx 1.73\sqrt{\frac{RT}{M}}$$

注意

最概然速率、平均速率、方均根速率都与$\sqrt{T}$成正比，与$\sqrt{M}$成反比。

（九）内能

内能是指热力学系统在一定状态下具有一定的能量。对于理想气体，其内能只是系统中所有分子热运动的各种动能之和，内能完全决定于气体的热力学温度 T，其计算公式为

$$E=\frac{m}{M}\frac{i}{2}RT$$

当它的温度从 T_1 变到 T_2 时，其内能的增量为

$$\Delta E=\frac{m}{M}\frac{i}{2}R(T_2-T_1)=\frac{m}{M}\frac{i}{2}R\Delta T$$

上式表明：对于给定的理想气体，内能的增量只与系统的起始和终了状态有关，与系统所经历的过程无关。

（十）功

在热力学系统中，功与理想气体的体积变化有关，若体积变化微元为 $\mathrm{d}V$，所做元功 $\mathrm{d}A=p\mathrm{d}V$，则理想气体功的定义为

$$A=\int_{V_1}^{V_2}p\mathrm{d}V \qquad (2\text{-}8)$$

当过程用 p—V 图上一条曲线表示时（见图 2-2），功 A 即表示曲边梯形的面积。可见，若以不同的曲线（代表不同的变化过程）连接相同的初态（V_1）、终态（V_2），功 A 不同。这就是说，功与所经历的过程有关。注意，若 $V_2>V_1$，气体体积随过程膨胀，气体对外做正功（$A>0$）；反之，若 $V_2<V_1$，气体被压缩，气体对外做负功；$\Delta V=0$，气体不做功。

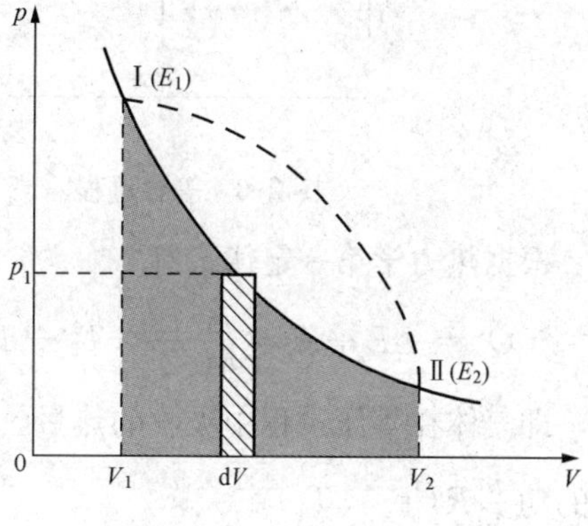

图 2-2　p—V 图

注意

功 A 的表达式只对准静态过程成立，对非准静态过程不成立，如气体向真空膨胀，对外不做功$A=0$。

（十一）热量

热量是指当热力学系统与外界接触时，将通过分子间的相互作用来传递能量。传热过程中传递能量的多少称为热量。系统吸入或放出的热量一般也因过程的不同而异，即热量与所经历的过程有关。

（十二）热力学第一定律

热力学第一定律是包括热现象在内的能量守恒和转换定律。热力学第一定律说明：外界对系统传递的热量，一部分使系统的内能增加，一部分用于系统对外做功，其数学表达式为

$$Q = E_2 - E_1 + A = \Delta E + A \qquad (2\text{-}9\text{-}1)$$

系统从外界吸及热量时 Q 为正，向外界放出热量时 Q 为负；系统对外界做功时 A 为正，外界对系统做功时 A 为负；系统内能增加时（E_2-E_1）为正，内能减少时（E_2-E_1）为负。

对于状态微小变化过程，热力学第一定律的数学表达式为

$$\mathrm{d}Q = \mathrm{d}E + \mathrm{d}A \qquad (2\text{-}9\text{-}2)$$

（十三）热力学第一定律对理想气体等值过程和绝热过程的应用

设系统从状态Ⅰ（p_1，V_1，T_1）变到状态Ⅱ（p_2，V_2，T_2），下面应用热力学第一定律，分别讨论等容过程、等压过程、等温过程以及绝热过程中的功、热量和内能。

1. 等容过程（图 2-3）

等容过程的特征是气体的容积保持不变，即 V 为恒量，$\mathrm{d}V=0$。气体对外不做功。根据热力学第一定律，气体吸收的热量全部用于改变系统的内能，即

$$Q_V = \Delta E = \frac{m}{M}\frac{i}{2}R(T_2 - T_1) \qquad (2\text{-}10)$$

2. 等压过程（图 2-4）

等压过程的特征是气体压强保持不变，即 p 为恒量，$\mathrm{d}p=0$。

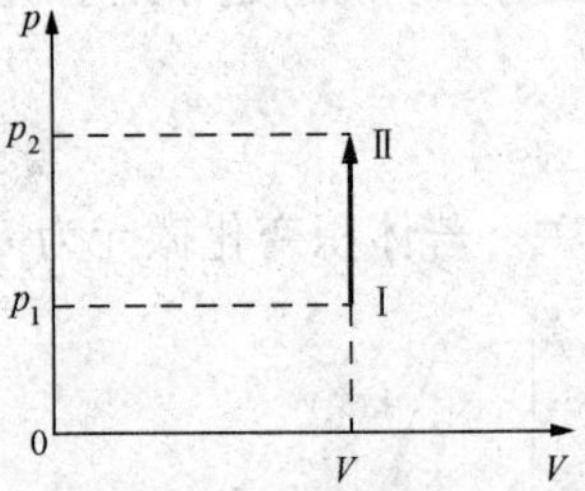

图 2-3　等容过程

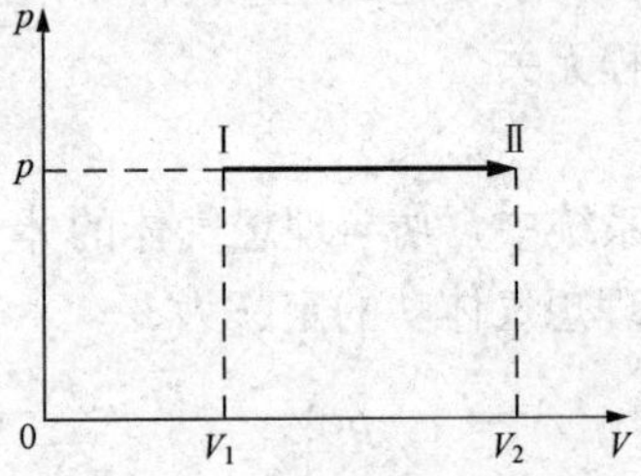

图 2-4　等压过程

根据热力学第一定律，有

$$Q_p = \Delta E + A = \frac{m}{M}\frac{i}{2}R(T_2 - T_1) + P(V_2 - V_1) = \frac{m}{M}\left(\frac{i}{2} + 1\right)R(T_2 - T_1) \qquad (2\text{-}11)$$

即气体在等压过程中吸收的热量，一部分转化为内能的增量 ΔE，一部分转化为对外作的功 $\frac{m}{M}R(T_2 - T_1)$。

3. 等温过程（图 2-5）

等温过程的特征是系统保持温度不变，即 T 为恒量，$\mathrm{d}T=0$，系统内能不变。根据热力学第一定律，系统吸收的热量全部用于对外界做功，即

$$Q_T = \frac{m}{M}RT\ln\frac{V_2}{V_1} \qquad (2\text{-}12)$$

4. 绝热过程

绝热过程的特征是系统在整个过程中与外界无热量交换，即 $\mathrm{d}Q=0$。由热力学第一律可得

$$A = -\Delta E = -\frac{i}{2}\frac{m}{M}R(T_2 - T_1) \qquad (2\text{-}13)$$

根据热力学第一定律和理想气体状态方程，可推导出以下绝热过程方程

$$\begin{cases} pV^{\gamma} = \text{恒量} \\ V^{\gamma-1}T = \text{恒量} \\ p^{\gamma-1}T^{-\gamma} = \text{恒量} \end{cases}$$

式中 γ——比热容。

绝热过程在 p—V 图上的过程曲线为绝热线，它比等温线更陡，如图 2-6 所示。

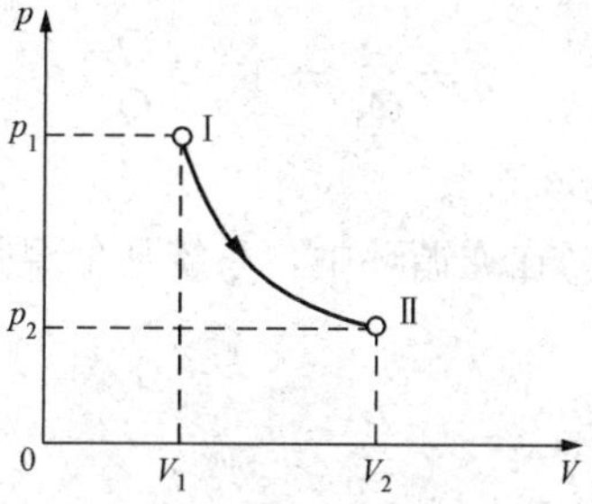

图 2-5 等温过程

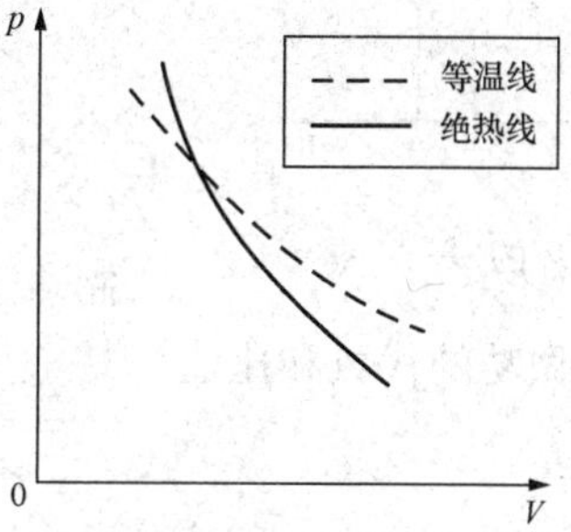

图 2-6 绝热过程

（十四）气体的摩尔热容

1. 热容量定义

一系统每升高单位温度所吸收的热量，称为系统的热容量，即

$$C = \mathrm{d}Q/\mathrm{d}T$$

当系统为 1mol 时，它的热容量称摩尔热容量，单位为 J/(mol·K)。

2. 定容摩尔热容量 C_V 与定压摩尔热容量 C_p

1mol 系统在等容过程中，每升高单位温度所吸收的热量，称定容摩尔热容量 C_V。1mol 系统在等压过程中，每升高单位温度所吸收的热量，称定压摩尔热容量 C_p，即

$$C_V = \left.\frac{\mathrm{d}Q}{\mathrm{d}T}\right|_{V=\text{恒量}},\quad C_p = \left.\frac{\mathrm{d}Q}{\mathrm{d}T}\right|_{p=\text{恒量}}$$

对于 1mol 理想气体，由 $Q_V = \frac{m}{M}\frac{i}{2}R(T_2 - T_1)$ 及 $Q_p = \frac{m}{M}\left(\frac{i}{2}+1\right)R(T_2 - T_1)$ 可得

$$C_V = \frac{i}{2}R, C_p = \left(\frac{i}{2}+1\right)R \tag{2-14}$$

由此可知

$$C_p = C_V + R \tag{2-15}$$

3. 比热容

定压摩尔热容 C_p 与定容摩尔热容 C_V 的比值叫比热容，记为 γ，有

$$\gamma = \frac{C_p}{C_V} = \frac{i+2}{i} \tag{2-16}$$

（十五）循环过程

物质系统经历一系列的变化过程又回到初始状态，这样周而复始的变化过程称为循环过程，简称循环。循环过程在图中可用一条闭合曲线来表示。循环的重要特征是：经历一个循环后，系统内能不变。系统变化依闭合曲线顺时针方向进行的循环称为正循环，沿逆时针方向进行的循环称为逆循环。热机循环都是正循环，制冷机是逆循环。

图 2-7 所示的正循环，可以看作为由 ABC 过程与 CDA 过程组成。在 ABC 过程中，系统对外做正功 A_1；在 CDA 过程中，系统对外做负功 A_2。

净功为整个循环过程功的代数和 $A = A_1 - A_2$，即闭合环曲线所围的面积。由于经历一

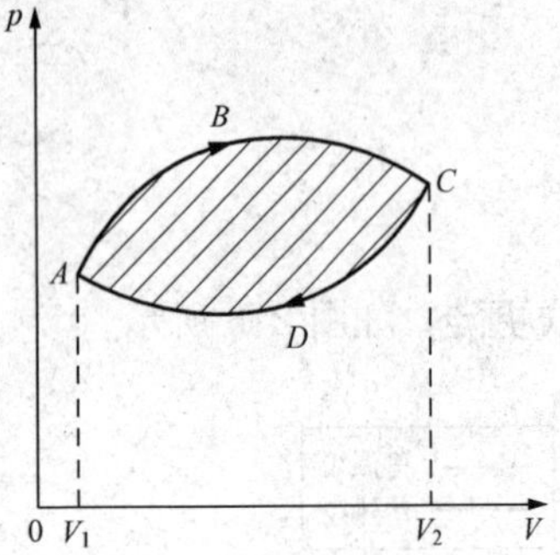

图 2-7　正循环的 p—V 图

个循环后，系统内能不变，所以净功也等于系统净吸收的热量，即 $A=Q_1-|Q_2|$（Q_1 为吸收的热量，Q_2 为释放的热量）。

（十六）热机效率

热机效率是指衡量热机将吸收的热量转化为有用功的能力。热机效率的计算公式为

$$\eta=\frac{A}{Q_1}=1-\frac{|Q_2|}{Q_1} \tag{2-17}$$

（十七）制冷系数

制冷系数为在逆循环中，系统从低温热源吸取的热量与外界对系统所做功的代数和比值

$$e=\frac{Q_2}{A} \tag{2-18}$$

（十八）卡诺循环

卡诺循环是在两个温度恒定的热源（一个高温热源 T_1 和一个低温热源 T_2）之间工作的循环过程，由两个等温过程和两个绝热过程组成，卡诺热机循环如图 2-8 所示。

可以证明卡诺循环的热机效率为

$$\eta=1-\frac{|Q_2|}{Q_1}=1-\frac{T_2}{T_1} \tag{2-19}$$

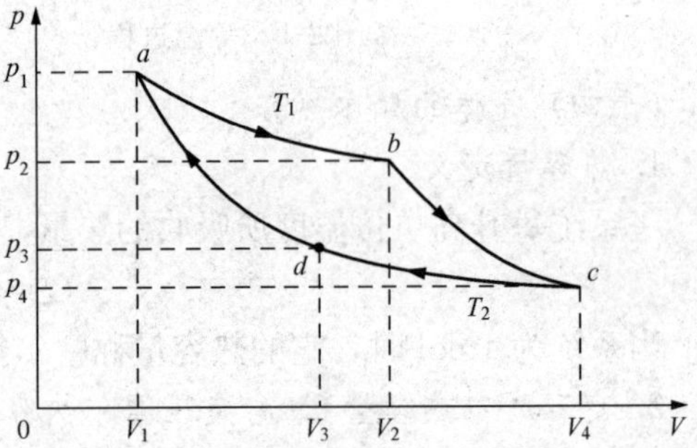

图 2-8　卡诺热机循环

式（2-19）表示，以理想气体为工质的卡诺循环的效率只由两热源的温度 T_1 和 T_2 决定。卡诺逆循环的制冷系数为

$$e=\frac{T_2}{T_1-T_2} \tag{2-20}$$

（十九）热力学第二定律及其统计意义

热力学第二定律有开尔文和克劳修斯两种典型表述。

1. 开尔文表述

不可能制成一种循环动作的热机，只从一个热源吸取热量，使之完全变为有用功，而其他物体不发生任何变化。

2. 克劳修斯表述

热量不能自动地从低温物体传向高温物体。

仅从一个热源吸热并使之全部变成功的热机，叫作第二类永动机。这种永动机不违背热力学第一定律，但违背热力学第二定律，故终不能制成。

应当指出，热力学第二定律的开尔文表述中指的是“循环工作的热机”，如果工作物质进行的不是循环过程，而是像等温过程这样的单一过程，那是可以把从一个热源吸收的热量全部用来做功的。同样的，克劳修斯表述中指的是“不能自动的”，依靠外界做功是可以使热量由低温物体传递到高温物体的，如制冷机。

开尔文表述的是关于热功转换过程中的不可逆性，克劳修斯表述则指出热传导过程中的不可逆性。热力学第二定律指出自然界中的过程是有方向性的。

热力学第二定律的统计意义在于：它揭示了孤立系统中发生的过程总是由包含微观状

态数目少的宏观态向包含微观状态数目多的宏观态进行，由概率小的宏观态向概率大的宏观态进行。一切实际过程总是向无序性增大的方向进行。

（二十）可逆过程和不可逆过程

在系统状态变化过程中，如果逆过程能重复正过程的每一状态，而且不引起其他变化，这样的过程叫作可逆过程；反之，在不引起其他变化的条件下，不能使逆过程重复正过程的每一状态，或者虽然能重复正过程的每一状态但必然引起其他变化，这样的过程叫作不可逆过程。

热功转换过程是不可逆的：功可以完全变成热，但在不引起其他任何变化和不产生其他影响的条件下，热不能完全变成功。热传递过程是不可逆的：热量可以自动地从高温物体传到低温物体，但在不引起其他任何变化和不产生其他任何影响的条件下，热量是不可以自动地从低温物体传到高温物体的。

在热力学中，过程的可逆与否和系统所经历的中间状态是否平衡密切相关。只有过程进行得无限缓慢，没有摩擦等引起的机械能耗散，由一系列无限接近平衡态的中间状态所组成的准静态过程，才是可逆过程。

二、典型例题及解析

例 2-1 已知某理想气体的压强为 p，体积为 V，温度为 T，气体的摩尔质量为 M，k 为玻尔兹曼常量，R 为摩尔气体常量，则该理想气体的密度为（　　）。

(A) M/V　　(B) $pM/(RT)$　　(C) $pM/(kT)$　　(D) $p/(RT)$

解：由理想气体状态方程　$pV=\frac{m}{M}RT$

理想气体的密度　$\rho=\frac{m}{V}=\frac{pM}{RT}$

故正确的答案是（B）。

例 2-2 有两种理想气体，第一种的压强为 P_1，体积为 V_1，温度为 T_1，总质量为 M_1，摩尔质量为 μ_1；第二种的压强为 P_2，体积为 V_2，温度为 T_2，总质量为 M_2，摩尔质量为 μ_2。当 $V_1=V_2$，$T_1=T_2$，$M_1=M_2$ 时，则 $\frac{\mu_1}{\mu_2}=$（　　）。

(A) $\sqrt{\frac{p_1}{p_2}}$　　(B) $\frac{p_1}{p_2}$　　(C) $\sqrt{\frac{p_2}{p_1}}$　　(D) $\frac{p_2}{p_1}$

解：理想气体状态方程 $PV=\frac{M}{\mu}RT$，因为 $V_1=V_2$，$T_1=T_2$，$M_1=M_2$，所以 $\frac{\mu_1}{\mu_2}=\frac{p_2}{p_1}$

故正确答案是（D）。

例 2-3 两种理想气体的温度相等，则它们的：①分子的平均动能相等，②分子的平均转动动能相等，③分子的平均平动动能相等，④内能相等。以上论断中，正确的是（　　）。

(A) ①②③④　　(B) ①②④

(C) ①④　　(D) ③

解：题中两种理想气体未说明气体分子的构成。由平均动能 $=\frac{i}{2}kT$ 知①②不正确，由平动动能 $\bar{\omega}=\frac{3}{2}kT$ 知③正确，由 $E=\frac{m}{M}\frac{i}{2}RT$ 知④不正确，故正确的答案是（D）。

注意

分子的平均动能包括分子的平均平动动能和平均转动动能两部分。平均平动动能仅取决于温度，平均转动动能取决于温度及其转动自由度，单原子分子转动自由度为零，双原子分子转动自由度为 2，多原子分子［3 原子分子以上（含 3 原子分子）］转动自由度为 3。

例 2-4 压强为 p、体积为 V 的氦气（He，视为理想气体）的内能为（　　）。

(A) $\frac{3}{2}pV$　　(B) $\frac{5}{2}pV$　　(C) $\frac{1}{2}pV$　　(D) $3pV$

解： $E=\frac{m}{M}\frac{i}{2}RT=\frac{i}{2}PV$，故正确的答案是（A）。

例 2-5 关于温度的意义，有下列几种说法：

(1) 气体的温度是分子平均平动动能的量度；

(2) 气体的温度是大量气体分子热运动的集体体现，具有统计意义；

(3) 温度的高低反映物质内部分子运动剧烈程度的不同；

(4) 从微观上看，气体的温度表示每个分子的冷热程度。

这些说法中正确的是（　　）。

(A) (1)、(2)、(4)　　(B) (1)、(2)、(3)

(C) (2)、(3)、(4)　　(D) (1)、(3)、(4)

解： 温度的统计意义告诉我们，气体的温度是分子平均平动动能的量度，气体的温度是大量气体分子热运动的集体体现，具有统计意义，温度的高低反映物质内部分子运动剧烈程度的不同，正是因为它的统计意义，单独说某个分子的温度是没有意义的，应选（B）。

例 2-6 1mol 理想气体（刚性双原子分子），当温度为 T 时，每个分子的平均平动动能为（　　）。

(A) $\frac{3}{2}RT$　　(B) $\frac{5}{2}RT$　　(C) $\frac{3}{2}kT$　　(D) $\frac{5}{2}kT$

解： 分子的平均平动动能公式 $\bar{\omega}=\frac{3}{2}kT$，分子的平均动能公式 $\bar{\varepsilon}=\frac{i}{2}kT$，刚性双原子分子自由度 $i=5$，但此题问的是每个分子的平均平动动能而不是平均动能，应选（C）。

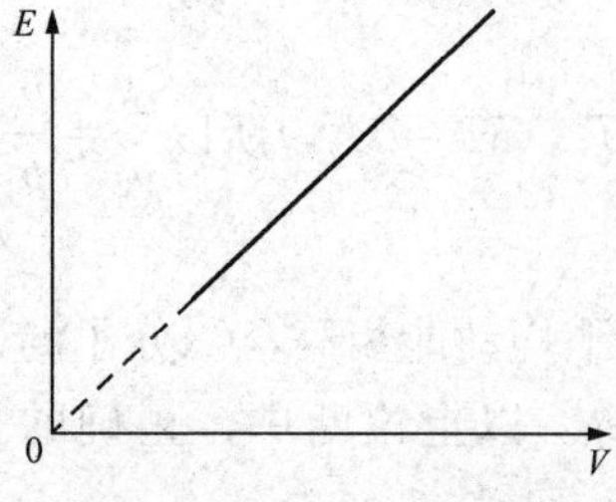

图 2-9　E—V 关系图

例 2-7 图 2-9 所示为一定质量的理想气体的内能 E 随体积 V 的变化关系为一直线（其延长线过 E—V 图的原点），则表示的过程为（　　）。

(A) 等温过程　　(B) 等压过程

(C) 等体过程　　(D) 绝热过程

解： $E=\frac{i}{2}\frac{m}{M}RT=\frac{i}{2}pV$，故正确的答案是（B）。

例 2-8 速率分布函数 $f(v)$ 的物理意义为（　　）。

(A) 具有速率 v 的分子占总分子数的百分比

(B) 速率分布在 v 附近的单位速率间隔中的分子数占总分子数的百分比

(C) 具有速率 v 的分子数

(D) 速率分布在 v 附近的单位速率间隔中的分子数

解： 麦克斯韦速率分布律定义式为 $f(v)\mathrm{d}v = \dfrac{\mathrm{d}N}{N}$，速率大小在 v 附近的单位速率区间内的分子数占总分子数的百分比，故正确的答案是（B）。

例 2-9 麦克斯韦速率分布曲线如图 2-10 所示，图中 A、B 两部分面积相等，则该图表示的是（　　）。

(A) V_0 为最概然速率　　(B) V_0 为平均速率

(C) V_0 为方均根速率　　(D) 速率大于和小于 V_0 的分子数各占一半

解： 曲线下面积为该速率区间分子数占总分子数的百分比，由归一化条件 $\int_0^{\infty} f(V)\mathrm{d}V = 1 =$ 曲线下总面积知，A、B 两部分面积相等各占 50%，故正确的答案是（D）。

例 2-10 如图 2-11 所示给出温度为 T_1 与 T_2 的某气体分子的麦克斯韦速率分布曲线，则（　　）。

(A) $T_1 = T_2$　　(B) $T_1 = \frac{1}{2}T_2$　　(C) $T_1 = 2T_2$　　(D) $T_1 = \frac{1}{4}T_2$

解： 由 $V_p \propto \sqrt{\dfrac{RT}{M}}$ 得 $\dfrac{\sqrt{T_1}}{\sqrt{T_2}} = \dfrac{400}{800}$，即 $\dfrac{T_1}{T_2} = \dfrac{1}{4}$，故正确的答案是（D）。

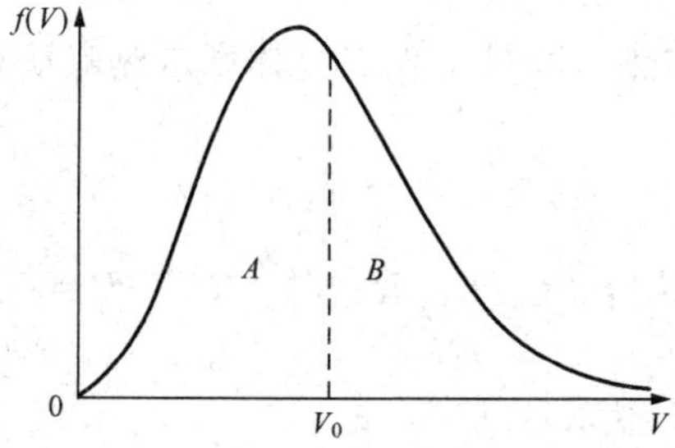

图 2-10　例 2-9 图

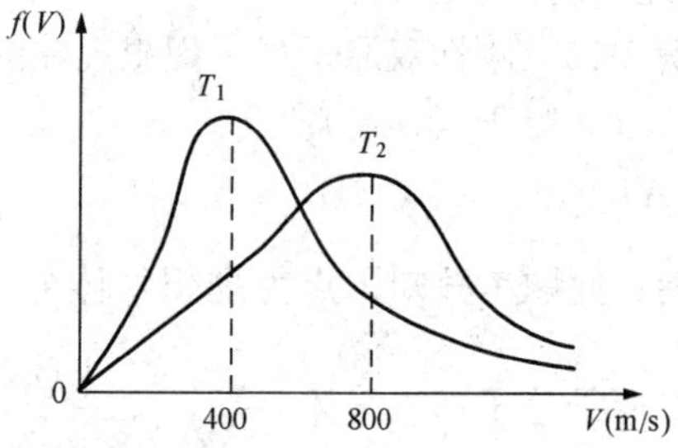

图 2-11　例 2-10 图

例 2-11 三个容器 A、B、C 中装有同种理想气体，其分子数密度 n 相同，而方均根速率之比为 $\sqrt{\overline{v_A^2}} : \sqrt{\overline{v_B^2}} : \sqrt{\overline{v_C^2}} = 1:2:4$，则其压强之比 $p_A : p_B : p_C$ 为（　　）。

(A) 1∶2∶4　　(B) 4∶2∶1　　(C) 1∶4∶16　　(D) 1∶4∶8

解： 由 $\sqrt{\overline{v^2}} \propto \sqrt{\dfrac{RT}{M}}$ 知 $T_A : T_B : T_C = 1:4:16$，又 $P = nkT$，所以 $p_A : p_B : p_C = 1:4:16$，故正确答案是（C）。

例 2-12 设 $\bar{v}$ 代表气体分子运动的平均速率，v_P 代表气体分子运动的最概然速率，$(\overline{v^2})^{\frac{1}{2}}$ 代表气体分子运动的方均根速率，处于平衡状态下的理想气体，三种速率关系为（　　）。

(A) $(\overline{v^2})^{\frac{1}{2}} = \bar{v} = v_P$　　(B) $\bar{v} = v_P < (\overline{v^2})^{\frac{1}{2}}$

(C) $v_P < \bar{v} < (\overline{v^2})^{\frac{1}{2}}$　　(D) $v_P > \bar{v} > (\overline{v^2})^{\frac{1}{2}}$

解： 气体分子运动的三种速率：$v_P = \sqrt{\dfrac{2kT}{m}} \approx 1.41\sqrt{\dfrac{RT}{M}}$，$\bar{v} = \sqrt{\dfrac{8kT}{\pi m}} \approx 1.60\sqrt{\dfrac{RT}{M}}$，$\sqrt{\overline{v^2}} = \sqrt{\dfrac{3kT}{m}} \approx 1.73\sqrt{\dfrac{RT}{M}}$，故正确答案是（C）。

例 2-13　一密闭容器中盛有 1mol 氦气（视为理想气体），容器中分子无规则运动的平均自由程仅决定于（　　）。

(A) 压强 P　　(B) 体积 V

(C) 温度 T　　(D) 平均碰撞频率 $\bar{Z}$

解：分子无规则运动的平均自由程公式 $\lambda=\frac{\bar{v}}{\bar{Z}}=\frac{1}{\sqrt{2}\pi d^2 n}$，气体定了，$d$ 就定了，所以容器中分子无规则运动的平均自由程仅决定于 n，即单位体积的分子数，此题给定 1mol 氦气，分子总数定了，故取决于体积，故正确答案是（B）。

例 2-14　在恒定不变的压强下，气体分子的平均碰撞频率 $\bar{Z}$ 与温度 T 的关系是（　　）。

(A) $\bar{Z}$ 与 T 无关　　(B) $\bar{Z}$ 与$\sqrt{T}$无关

(C) $\bar{Z}$ 与$\sqrt{T}$成反比　　(D) $\bar{Z}$ 与$\sqrt{T}$成正比

解：气体分子的平均碰撞频率：$\bar{Z}=\sqrt{2}n\pi d^2\bar{v}$，$\bar{v}=1.6\sqrt{\frac{RT}{M}}$，$p=nkT$，则

$$\bar{Z}=\sqrt{2}n\pi d^2\bar{v}=\sqrt{2}\,\frac{p}{kT}\pi d^2 1.6\sqrt{\frac{RT}{M}}\propto\frac{1}{\sqrt{T}}$$

故正确答案是（C）。

例 2-15　刚性双原子分子理想气体的定压摩尔热容量 C_P，与其定体摩尔热容量 C_V 之比，C_P/C_V 等于（　　）。

(A) 5/3　　(B) 3/5　　(C) 7/5　　(D) 5/7

解：此题考核知识点为理想气体分子的摩尔热容。$C_V=\frac{i}{2}R$　$C_P=C_V+R=\frac{i+2}{2}R$，刚性双原子分子理想气体 $i=5$，$\frac{C_P}{C_V}=\frac{7}{5}$，故正确的答案是（C）。

例 2-16　一定量的理想气体，由一平衡态 (p_1, V_1, T_1) 变化到另一平衡态 (p_2, V_2, T_2)，若 $V_2>V_1$，但 $T_2=T_1$，无论气体经历怎样的过程（　　）。

(A) 气体对外做的功一定为正值　　(B) 气体对外做的功一定为负值

(C) 气体的内能一定增加　　(D) 气体的内能保持不变

解：理想气体的功和热量是过程量，内能是状态量，内能是温度的单值函数。此题给出 $T_2=T_1$，无论气体经历怎样的过程，气体的内能保持不变。而因为不知气体变化过程，故无法判断功的正负，应选（D）。

例 2-17　有两个相同的容器，一个盛有氦气，另一个盛有氧气（视为刚性分子），开始它们的压强和温度都相同，现将 9J 的热量传给氦气，使之升高一定温度，如果使氧气也升高同样的温度，则应向氧气传递热量是（　　）。

(A) 9J　　(B) 15J　　(C) 18J　　(D) 6J

解：分析题意知“9J 的热量传给氦气”是等容过程。

于是

$$9=\frac{m}{M}\frac{3}{2}R\Delta T$$

即

$$\frac{m}{M}R\Delta T=6$$

又 $Q(O_2)=\frac{m}{M}\frac{5}{2}R\Delta T=15\text{J}$，故正确答案是（B）。

注意

热量 Q 和功 A 都与所经过程有关，解题前应首先弄清气体经历的是什么过程。

例 2-18 对于室温条件下的单原子分子气体，在等压膨胀的情况下，系统对外所作之功与从外界吸收的热量之比 A/Q 等于（　　）。

(A) 1/3　　(B) 1/4　　(C) 2/5　　(D) 2/7

解：因为 $Q_p=\frac{m}{M}\left(\frac{i}{2}+1\right)R\Delta T=\left(\frac{i}{2}+1\right)P\Delta V$、$A_p=P\Delta V$，单原子分子气体的 $i=3$，所以 $\frac{A_p}{Q_p}=\frac{1}{\left(\frac{i}{2}+1\right)}=\frac{2}{5}$，故正确答案是 (C)。

例 2-19 1mol 氧气和 1mol 水蒸气（均视为刚性分子理想气体），在体积不变的情况下吸收相等的热量，则它们的（　　）。

(A) 温度升高相同，压强增加相同　　(B) 温度升高不同，压强增加不同

(C) 温度升高相同，压强增加不同　　(D) 温度升高不同，压强增加相同

解：$Q_V=\frac{m}{M}\frac{i}{2}R\Delta T=\frac{i}{2}V\Delta P$，吸收热量相等，摩尔数相同，自由度不同，故正确答案是 (B)。

例 2-20 一定量的理想气体对外作了 500J 的功，如果过程是绝热的，气体内能的增量为（　　）J。

(A) 0　　(B) 500　　(C) -500　　(D) 250

解：由热力学第一定律 $Q=A+\Delta E$，绝热过程作功等于内能增量的负值，$\Delta E=-A=-500\text{J}$，应选 (C)。

例 2-21 如图 2-12 所示，一定量的理想气体经历 acb 过程时吸热 500J，则经历 $acbda$ 过程时，吸热为（　　）。

(A) -1600J　　(B) -1200J　　(C) -900J　　(D) -700J

解：因为 $Q_{acbda}=A_{acbda}=A_{acb}+A_{da}$，又 $E_b=E_a$，故 $Q_{acb}=E_b-E_a+A_{acb}=A_{acb}=500\text{J}$，$A_{da}=-1200\text{J}$，故正确答案是 (D)。

例 2-22 一定量的理想气体，由初态 a 经历 acb 过程到达终态 b（如图 2-13 所示），已知 a、b 两状态处于同一条绝热线上，则（　　）。

(A) 内能增量为正，对外做功为正，系统吸热为正

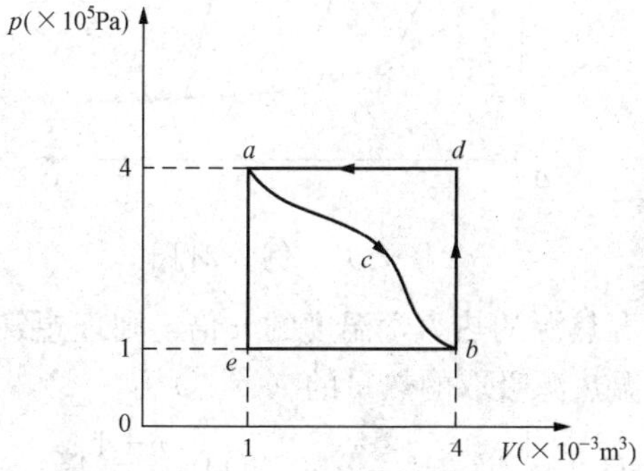

图 2-12　例 2-21 图

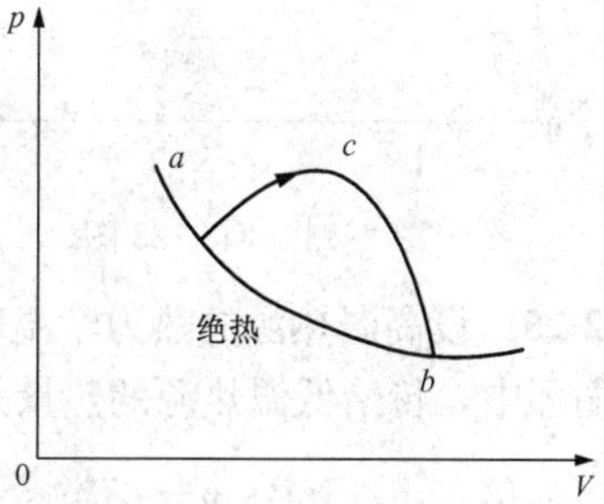

图 2-13　例 2-22 图

(B) 内能增量为负，对外做功为正，系统吸热为正

(C) 内能增量为负，对外做功为正，系统吸热为负

(D) 不能判断

解：$Q_{acb}=E_b-E_a+A_{acb}$，其中 $A_{acb}>0$，而 $E_b-E_a=-|A_{ab绝热}|<0$，比较 acb 曲线下面积 S_{acb} 与 ab 绝热曲线下面积 S_{ab} 知 $S_{acb}>S_{ab}$。

所以 $Q_{acb}=E_b-E_a+A_{acb}>0$，故正确答案是 (B)。

例 2-23 如图 2-14 所示，一定量的理想气体沿 $a\to b\to c$ 变化时作功 $A_{abc}=610\text{J}$，气体在 a、c 两状态的内能差 $E_a-E_c=500\text{J}$。设气体循环一周所作净功为 $|A|$，bc 过程向外放热为 Q，则（　　）。

(A) $|A|=110\text{J},Q=-500\text{J}$　　(B) $|A|=500\text{J},Q=110\text{J}$

(C) $|A|=610\text{J},Q=-500\text{J}$　　(D) $|A|=110\text{J},Q=0$

解：因为 $|A|=A_{abca}=A_{abc}+A_{ca}$　又 $A_{ca}=E_c-E_a$

故 $|A|=A_{abc}+A_{ca}=610-500$

$Q_V=Q_{bc}=E_c-E_b=E_c-E_a=-500$

故正确答案是 (A)。

例 2-24 两个卡诺热机的循环曲线如图 2-15 所示，一个工作在温度为 T_1 与 T_3 的两个热源之间，另一个工作在温度为 T_2 与 T_3 的两个热源之间，已知这两个循环曲线所包围的面积相等，由此可知（　　）。

(A) 两个热机的效率一定相等

(B) 两个热机从高温热源所吸收的热量一定相等

(C) 两个热机向低温热源所放出的热量一定相等

(D) 两个热机吸收的热量与放出的热量（绝对值）的差值一定相等

解：此题考核知识点为卡诺循环。卡诺循环的热机效率为：$\eta=1-\dfrac{T_2}{T_1}$，T_1 与 T_2 不同，所以效率不同。两个循环曲线所包围的面积相等，净功相等，$W=Q_1-Q_2$，即两个热机吸收的热量与放出的热量（绝对值）的差值一定相等，应选 (D)。

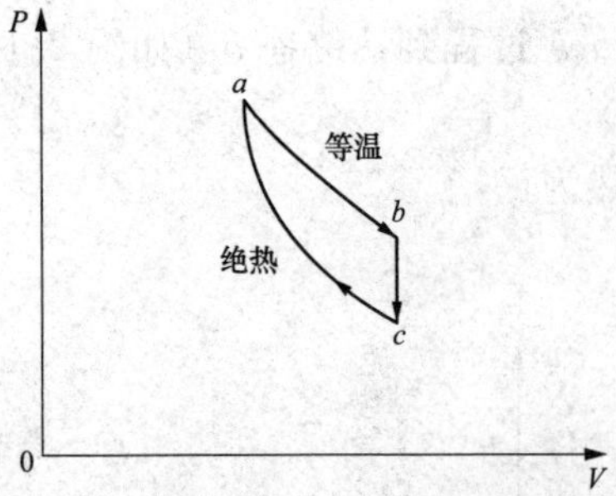

图 2-14　例 2-23 图

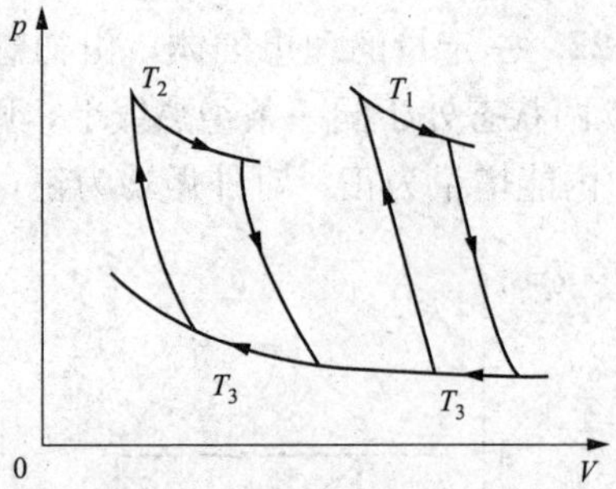

图 2-15　例 2-24 图

例 2-25 设高温热源的热力学温度是低温热源的热力学温度的 n 倍，则理想气体在一次卡诺循环中，传给低温热源的热量是从高温热源吸取的热量的（　　）。

(A) n 倍　　(B) $n-1$ 倍　　(C) $\dfrac{1}{n}$倍　　(D) $\dfrac{n+1}{n}$倍

解：卡诺循环：$\eta=1-Q_2/Q_1=1-T_2/T_1$，正确答案是 (C)。

例 2-26 在温度分别为 327℃和 27℃的高温热源和低温热源之间工作的热机，理论上的最大效率为（　　）。

(A) 25% (B) 50% (C) 75% (D) 91.74%

解： 卡诺循环 $\eta=\left(1-\frac{T_2}{T_1}\right)\times100\%=\left(1-\frac{300}{600}\right)\times100\%=50\%$，正确答案是（B）。

注意

摄氏温度一定要换算成热力学温度（K）计算。

例 2-27 理想气体向真空作绝热膨胀（　　）。

(A) 膨胀后，温度不变，压强减小

(B) 膨胀后，温度降低，压强减小

(C) 膨胀后，温度升高，压强减小

(D) 膨胀后，温度不变，压强不变

解： 理想气体向真空作绝热膨胀，注意真空和绝热，由热力学第一定律 $Q=\Delta E+W$ 可知，理想气体向真空作绝热膨胀不做功，不吸热，故内能变化为零，温度不变，但膨胀致体积增大，单位体积分子数 n 减少，$p=nkT$，故压强减小，应选（A）。

例 2-28 热力学第二定律的开尔文表述和克劳修斯表述中（　　）。

(A) 开尔文表述指出了功热转换的过程是不可逆的

(B) 开尔文表述指出了热量由高温物体传到低温物体的过程是不可逆的

(C) 克劳修斯表述指出通过摩擦而作功变成热的过程是不可逆的

(D) 克劳修斯表述指出气体的自由膨胀过程是不可逆的

解： 此题考核知识点为对热力学第二定律与可逆过程概念的理解。开尔文表述的是关于热功转换过程中的不可逆性，克劳修斯表述则指出热传导过程中的不可逆性，应选（A）。

第二节 波 动 学

一、基本概念和公式

（一）机械波的产生与传播及描述波的特征量

1. 机械波的产生

机械振动在介质中的传播过程称为机械波。产生机械波有以下两个条件：①要有做机械振动的波源（振源）；②要有传播机械振动的介质。横波和纵波是弹性介质内波的两种基本形式。

2. 描述波的物理量及其相互联系

(1) 波长（λ）。波线上振动状态（相位）完全相同的相邻两点之间的距离。

(2) 周期（T）。一个完整波形通过波线上一点所需的时间。显然，也就是该点完成一次全振动的时间，所以波的周期等于振动周期。

(3) 频率（ν）。单位时间通过波线上一点的完整波形的数目，即 $\nu=1/T$，所以波的频率等于振动的频率。也就是说，波的频率由波源决定，与介质无关。

(4) 波速（u）。振动状态在介质中的传播速度，或者说，波形在介质中的移动速度。波速取决于介质的性质。

(5) 波速、波长、周期、频率满足 $u=\frac{\lambda}{T}=\lambda\nu$。

3. 波阵面、波前及波线

在波的传播过程中，任一时刻媒质中各振动相位相同的点连接成的面叫波阵面（也称波面或同相面），波传播到达的最前面的波阵面称为波前，沿波的传播方向做一些带箭头的线称为波射线，简称波线。

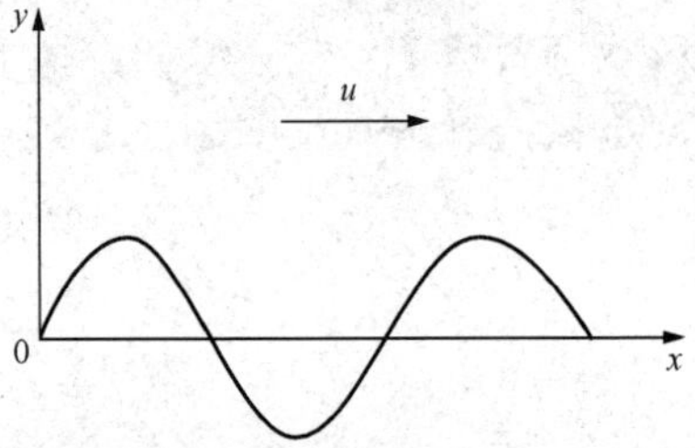

图 2-16　平面简谐波

（二）简谐波表达式

简谐振动在弹性介质中的传播形成简谐波，如图 2-16 所示。坐标原点处的质点的振动方程为

$$y_0 = A\cos(\omega t + \phi_0)$$

其波沿 x 轴正向传播的波动方程表达式为

$$y = A\cos\left[\omega\left(t - \frac{x}{u}\right) + \phi_0\right] \tag{2-21}$$

式中　ω——角频率；

ϕ_0——波源初相位；

u——波速。

由于 $\omega=2\pi\nu$、$\nu=\frac{1}{T}$、$u=\frac{\lambda}{T}$，上述波动方程也可写成下面的形式

$$y = A\cos\left[2\pi\left(\nu t - \frac{x}{\lambda}\right) + \phi_0\right]$$

$$y = A\cos\left[2\pi\left(\frac{t}{T} - \frac{x}{\lambda}\right) + \phi_0\right]$$

$$y = A\cos\left(\omega t - \frac{2\pi x}{\lambda} + \phi_0\right)$$

若平面简谐波沿 x 轴负向以波速 u 传播，则波动方程为

$$y = A\cos\left[\omega\left(t + \frac{x}{u}\right) + \phi_0\right]$$

横波有峰有谷，y 等于 A 对应波峰位置，y 等于 $-A$ 对应波谷位置。

波程差与相位差关系

$$\Delta\varphi = \phi_{02} - \phi_{01} - \frac{2\pi}{\lambda}(x_2 - x_1) \tag{2-22}$$

（三）波的能量

1. 波动能量

波动能量是指波动传播时，介质由近及远的一层接着一层地振动，即能量是逐层地传播出来的。波动的传播过程就是能量的传播过程，这是波动的一个重要特征。

波线上体积元 ΔV 的动能 W_K 为

$$W_K = \frac{1}{2}\Delta m\nu^2 = \frac{1}{2}\rho\Delta V\left(\frac{\partial y}{\partial t}\right)^2 = \frac{1}{2}\rho A^2\omega^2\sin^2\left[\omega\left(t - \frac{x}{u}\right)\right]\Delta V$$

其体积元的弹性形变势能 $W_P=W_K$，所以在质元（或体元）内总机械能 W 为

$$W = W_K + W_P = \rho A^2\omega^2\sin^2\left[\omega\left(t - \frac{x}{u}\right)\right]\Delta V$$

需要注意以下三点：

（1）由于 $\sin^2\left[\omega\left(t-\frac{x}{u}\right)\right]=\sin^2\left[\frac{2\pi}{T}\left(t-\frac{x}{u}\right)\right]$随时间 t 在 0～1 变化。当 ΔV 中机械能增加时，说明上一个邻近体积元传给它能量；当 ΔV 中机械能减少时，说明它的能量传给下一个邻近体积元，这正符合能量传播图景。

（2）当体积元处在平衡位置时（$y=0$），体积元 ΔV 中动能与势能同时达到最大值；当体积元处在最大位移时（$y=A$），体积元 ΔV 中动能与势能同时达到最小值。

（3）波的能量变化周期为波动周期的一半。

总之，波动的能量与简谐振动的能量有显著的不同，在简谐振动系统中，动能和势能互相转化，系统的总机械能守恒，但在波动中，动能和势能是同相位的，同时达到最大值，又同时达到最小值。对任意体积元来说，机械能不守恒，沿着波传播方向，该体积元不断地从后面的介质获得能量，又不断地把能量传给前面的介质，能量随着波动行进，从介质的这一部分传向另一部分。所以，波动是能量传递的一种形式。

2. 能量密度

能量密度是指介质中单位体积的波动能量，称为波的能量密度 w，有

$$w=\frac{W}{\Delta V}=\rho A^2\omega^2\sin^2\omega\left(t-\frac{x}{u}\right)$$

3. 平均能量密度

能量密度在一个周期内的平均值，称为波的平均能量密度 $\bar{w}$，有

$$\bar{w}=\frac{1}{2}\rho A^2\omega^2 \tag{2-23}$$

4. 能流

单位时间内通过介质中某面积的能量，称为通过该面积的能流。设在介质中垂直于波速 u 取面积 S，则平均能流为

$$\bar{P}=\bar{w}uS \tag{2-24}$$

5. 能流密度

通过垂直于波动传播方向的单位面积的平均能流，称为能流密度或波的强度，记为 I，有

$$I=\frac{1}{2}\rho uA^2\omega^2 \tag{2-25}$$

（四）波的衍射、干涉和驻波

1. 波的衍射

波在前进中遇到障碍物时，波的传播方向发生改变，并能够绕过障碍物的边缘前进的现象称为波的衍射。

2. 波的干涉

两列频率相同、振动方向相同、相位差恒定的波叫相干波，满足上述条件的波源叫相干波源。在相干波相遇叠加的区域内，有些点振动始终加强，有些点振动始终减弱或完全抵消。这种现象称为波的干涉现象。

设两相干波源 S_1 及 S_2 的振动方程为

$$y_1=A_1\cos(\omega t+\phi_{01})$$
$$y_2=A_2\cos(\omega t+\phi_{02})$$

由两波源发出的两列平面简谐波在介质中经 r_1、r_2 的波程分别传到 P 点相遇（见图 2-17）。在 P 点引起的分振动分别为

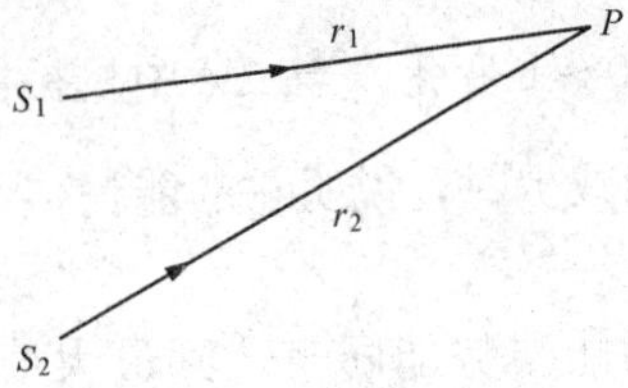

图 2-17 波的干涉

$$y_{1P}=A_1\cos\left(\omega t-\frac{2\pi r_1}{\lambda}+\phi_{01}\right)$$

$$y_{2P}=A_2\cos\left(\omega t-\frac{2\pi r_2}{\lambda}+\phi_{02}\right)$$

P 点的合振动方程为

$$y_P=y_{1P}+y_{2P}=A\cos(\omega t+\varphi)$$

其中
$$A=\sqrt{A_1^2+A_2^2+2A_1A_2\cos\left[\phi_{02}-\phi_{01}-\frac{2\pi(r_2-r_1)}{\lambda}\right]} \quad (2\text{-}26)$$

由式（2-26）知：当两分振动在 P 点的相位差 $\Delta\phi=\phi_{02}-\phi_{01}-2\pi(r_2-r_1)/\lambda$ 为 2π 的整数倍时，合振幅最大，$A=A_1+A_2$；当 $\Delta\varphi$ 为 π 的奇数倍时，合振幅最小，$A=|A_1-A_2|$，即 $\Delta\varphi=\pm 2k\pi(k=0,1,2,\cdots)$ 时，为干涉加强条件；$\Delta\varphi=\pm(2k+1)\pi(k=0,1,2,\cdots)$ 时，为干涉减弱条件。

3. 驻波

两列振幅相同的相干波，在同一直线上沿相反方向传播，叠加的结果即为驻波。叠加后形成的驻波的波动方程为

$$y=y_1+y_2=\left(2A\cos 2\pi\frac{x}{\lambda}\right)\cos 2\pi\nu t$$

在 $x=k\frac{\lambda}{2}$（k 为整数）处的各质点，有最大振幅 $2A$，这些点称为驻波的波腹；在 $x=(2k+1)\frac{\lambda}{4}$（$k$ 为整数）处的各质点，振幅为零，即始终静止不动，这些点称为驻波的波节。

驻波被波节分成若干长度为 $\frac{\lambda}{2}$ 的小段，每小段上的各质点的相位相同，相邻两段上的各质点的相位相反，即各质点的振动状态（相位）不是逐点传播的，所以这种波称为驻波。相邻两波节（波腹）之间的距离为半个波长（$\lambda/2$）。

4. 自由端反射与固定端反射

在驻波试验中，如果反射端是固定不动的，则在该处产生波节，此时的反射波出现相位 π 的突变（半波损失）；如果反射端是自由的，则没有相位突变，形成驻波时，在自由端形成波腹，称为自由端反射。

（五）声波、声强级

1. 声波

在弹性介质中，如果波源所激起的纵波频率为 20～20 000Hz，就能引起人的听觉。在这一频率范围内的振动称为声振动，由声振动所激起的纵波称为声波。频率高于 20 000Hz的机械波称为超声波，频率低于 20Hz 的机械波称为次声波。

2. 声强级

声强就是声波的平均能流密度，根据式（2-25），声强为

$$I=\frac{1}{2}\rho u A^2\omega^2$$

由此式可知，声强与频率的平方、振幅的平方成正比。

引起人的听觉的声波，不仅有一定的频率范围，还有一定的声强范围，能够引起人的听觉的声强范围为 10^{-12}～1W/m^2。声强太小，不能引起听觉；声强太大，将引起痛觉。

由于可闻声强的数量级相差悬殊，通常用声强级来描述声波的强弱，规定声强，$I_0=10^{-12}\text{W/m}^2$作为测定声强的标准，某一声强I的声强级用L表示

$$L=\lg\frac{I}{I_0} \tag{2-27}$$

声强级L的单位名称为贝［尔］，符号为B。通常用分贝（dB）为单位，1B=10dB。这样式（2-27）可表示为

$$L=10\lg\frac{I}{I_0}(\text{dB}) \tag{2-28}$$

（六）多普勒效应

如果声源或观察者相对传播的介质运动，或两者均相对介质运动时，观察者接收到的频率和声源的频率就不同了，这种现象称为多普勒效应。

设声源和观察者在同一直线上运动，声源的频率为ν，声源相对于介质的运动速度为V_S，观察者相对于介质的运动速度为V_0，声在介质中的传播速度为u，则观察者接收到的频率ν'为

$$\nu'=\frac{u\pm V_0}{u\mp V_S}\nu \tag{2-29}$$

式（2-29）中：当观察者向着波源运动时，V_0前取正号，远离时取负号；当波源向着观察者运动时，V_S前取负号，远离时取正号。

总之，不论是波源运动，还是观察者运动，或者两者同时运动，只要两者互相接近，接收到的频率就高于原来波源的频率；两者互相远离，接收到的频率就低于原来波源的频率。

二、典型例题及解析

例 2-29 对平面简谐波而言，波长λ反映（　　）。

（A）波在时间上的周期性

（B）波在空间上的周期性

（C）波中质元振动位移的周期性

（D）波中质元振动速度的周期性

解：波长λ反映的是波在空间上的周期性，故正确答案是（B）。

例 2-30 在波的传播方向上，有相距为3m的两质元，两者的相位差为$\frac{\pi}{6}$，若波的周期为4s，则此波的波长和波速分别为（　　）。

（A）36m和6m/s　（B）36m和9m/s　（C）12m和6m/s　（D）12m和9m/s

解：由描述波动的基本物理量之间关系得

$$\frac{\lambda}{3}=\frac{2\pi}{\pi/6}\text{，则}\lambda=36(\text{m}),u=\frac{\lambda}{T}=\frac{36}{4}=9(\text{m/s})$$

故应选（B）。

例 2-31 一横波沿绳子传播时，波的表达式为$y=0.05\cos(4\pi x-10\pi t)(\text{SI})$，则（　　）。

（A）其波长为0.5m　（B）波速为5m/s

（C）波速为25m/s　（D）频率为2Hz

解：将波动方程化为标准式：$y=0.05\cos(4\pi x-10\pi t)=0.05\cos10\pi\left(t-\frac{x}{2.5}\right)$，

$u=2.5\text{m/s}$，$\omega=2\pi\nu=10\pi$，$\nu=5\text{Hz}$，$\lambda=u/\nu=\frac{2.5}{5}=0.5\text{m}$，故正确的答案是（A）。

例 2-32 已知平面简谐波的方程为 $y=A\cos(Bt-Cx)$，式中 A、B、C 为正常数，此波的波长和波速分别为（　　）。

（A）$\frac{B}{C}$，$\frac{2\pi}{C}$　　（B）$\frac{2\pi}{C}$，$\frac{B}{C}$

（C）$\frac{\pi}{C}$，$\frac{2B}{C}$　　（D）$\frac{2\pi}{C}$，$\frac{C}{B}$

解：$y=A\cos(Bt-Cx)=A\cos B\left(t-\frac{x}{B/C}\right)$，$\lambda=uT=\frac{B}{C}\times\frac{2\pi}{B}=\frac{2\pi}{C}$，故正确答案是（B）。

例 2-33 有两列频率不同的声波在空气中传播，已知频率 $\nu_1=500\text{Hz}$ 的声波在其传播方向相距为 l 的两点的振动相位差为 π，那么频率 $\nu_2=1000\text{Hz}$ 的声波在其传播方向相距为 $l/2$ 的两点的相位差为（　　）。

（A）$\pi/2$　　（B）π　　（C）$3\pi/4$　　（D）$3\pi/2$

解：此题考核知识点为描述机械波物理量的基本关系。两列频率不同的声波在空气中传播的速率是相同的。因 $\Delta\varphi=\frac{2\pi}{\lambda}\Delta x=\frac{2\pi\nu}{u}\Delta x$，故 $\frac{\Delta\varphi_2}{\Delta\varphi_1}=\frac{\nu_2\Delta x_2}{\nu_1\Delta x_1}=\frac{1000\cdot l/2}{500\cdot l}=1$，所以 $\Delta\varphi_2=\pi$。

正确答案选（B）。

例 2-34 一平面简谐横波的波动表达式为 $y=0.002\cos(400\pi t-200\pi x)(SI)$。取 $k=0,\pm1,\pm2\cdots$，则 $t=1\text{s}$ 时各波谷所在处的位置为（　　）。

（A）$\frac{400-2k}{20}$　　（B）$\frac{400+k}{20}$　　（C）$\frac{399-2k}{20}$　　（D）$\frac{399+k}{20}$

解：此题考核知识点为机械波波峰、波谷的定义。

波谷位置 $y=0.002\cos(400\pi t-200\pi x)=-0.002$，$\cos(400\pi t-20\pi x)=-1$，则 $400\pi t-20\pi x=(2k+1)\pi$，$t=1\text{s}$ 时各波谷所在处的位置为$\frac{399-2k}{20}$。

正确答案选（C）。

例 2-35 一平面简谐波在弹性媒质中传播，在某一瞬时，某质元正处于其平衡位置，此时它的（　　）。

（A）动能为零，势能最大　　（B）动能为零，势能为零

（C）动能最大，势能最大　　（D）动能最大，势能为零

解：机械波任一质元中 $W_p=W_k$，平衡位置动能最大，势能也最大。正确答案选（C）。

例 2-36 当机械波在媒质中传播，一媒质质元的最大形变量发生在（　　）。

（A）媒质质元离开其平衡位置的最大位移处

（B）媒质质元离开其平衡位置的$\frac{\sqrt{2}}{2}A$处（A 为振幅）

（C）媒质质元离开其平衡位置的$\frac{A}{2}$处

（D）媒质质元在其平衡位置处

解：机械波在媒质中传播，一媒质质元的最大形变量发生在平衡位置，此位置动能最大，势能也最大，总机械能亦最大，应选（D）。

例 2-37 一平面简谐机械波在媒质中传播时，若一媒质质元在 t 时刻的总机械能是 12J，则在 $\left(t+\dfrac{T}{2}\right)$（$T$ 为波的周期）时刻该媒质质元的振动动能是（　　）。

（A）18J　　（B）12J　　（C）6J　　（D）0

解：波的能量周期为波动（波源振动）周期的一半，又 $W_p=W_k$，故正确答案是（C）。

例 2-38 两列相干波，其表达式 $y_1=A\cos2\pi\left(\nu t-\dfrac{x}{\lambda}\right)$ 和 $y_2=A\cos2\pi\left(\nu t+\dfrac{x}{\lambda}\right)$，在叠加后形成的驻波中，波腹处质元振幅为（　　）。

（A）A　　（B）$-A$　　（C）$2A$　　（D）$-2A$

解：两列振幅相同的相干波，在同一直线上沿相反方向传播，叠加的结果即为驻波。叠加后形成的驻波的波动方程为 $y=y_1+y_2=\left(2A\cos2\pi\dfrac{x}{\lambda}\right)\cos2\pi\nu t$，驻波的振幅是随位置变化的，$A'=2A\cos2\pi\dfrac{x}{\lambda}$，波腹处有最大振幅 $2A$，故正确答案是（C）。

例 2-39 在波的传播过程中，若保持其他条件不变，仅使振幅增加一倍，则波的强度增加到（　　）。

（A）1 倍　　（B）2 倍　　（C）3 倍　　（D）4 倍

解：此题考核知识点为波的强度公式。$I=\dfrac{1}{2}\rho uA^2\omega^2$，保持其他条件不变，仅使振幅增加一倍，则波的强度增加到原来的 4 倍，故正确的答案是（D）。

例 2-40 两人轻声谈话的声强级为 40dB，热闹市场上噪声的声强级为 80dB，市场上声强与轻声谈话的声强之比为（　　）。

（A）2　　（B）20　　（C）10^2　　（D）10^4

解：声强级为 $L_1=\lg\dfrac{I}{I_0}$，其中 $I_0=10^{-12}\mathrm{W\cdot m^{-2}}$ 为测定基准，L_1 的单位为 B（贝尔），轻声谈话的声强级为 40dB（分贝），dB 为 B（贝尔）的十分之一，即为 4B（贝尔），$4=\lg\dfrac{I_1}{I_0}$，得 $I_1=I_0\times10^4\mathrm{W\cdot m^{-2}}$，同理可得热闹市场上声强 $I_2=I_0\times10^8\mathrm{W\cdot m^{-2}}$，可知市场上声强声与轻声谈话的声强之比 $\dfrac{I_2}{I_1}=\dfrac{I_0\times10^8}{I_0\times10^4}=10^4$。正确答案是（D）。

例 2-41 火车疾驰而来时，人们听到的汽笛音调，与火车远离而去时人们听到的汽笛音调比较，音调（　　）。

（A）由高变低　　（B）由低变高

（C）不变　　（D）变高，还是变低不能确定

解：此题考核知识点为声波的多普勒效应。题干有些绕口。仔细读题，题目讨论的过程是火车疾驰而来时的过程与火车远离而去时人们听到的汽笛音调比较，火车疾驰而来时音调即频率：$\nu'=\dfrac{u}{u-V_s}\nu$，火车远离而去时的音调：$\nu'=\dfrac{u}{u+V_s}\nu$，u 为声速，V_s 为火车相对地的速度，ν 为火车发出笛声的原频率，这两个过程相比人们听到的汽笛音调应是由高变低的，应选（A）。

第三节　光　　学

一、基本概念和公式

（一）相干光的获得

相干光是指频率相同、光振动的方向相同、相遇点相位差恒定的两束光。相干光获得的基本思想：将一束光分成两束光，让它们经过不同路径相遇，这样分出的两束光频率相同、振动方向相同、相位差恒定，满足相干光的条件。

（二）光程与光程差

光程是指光波在介质中所经历的几何路程 r 与介质的折射率 n 的乘积。

光程差为两相干光分别在折射率为 n_1、n_2 的介质中传播几何路程为 r_1、r_2 的光程之差，计算公式是

$$\delta = n_1 r_1 - n_2 r_2 \tag{2-30}$$

（三）杨氏双缝干涉

杨氏双缝干涉实验是最早利用单一光源形成两束相干光，从而获得干涉现象的典型试验（分波阵面法），见图 2-18(a)。

图 2-18(b) 为双缝干涉条纹计算示意图，设从双缝 S_1 和 S_2 发出的两列波分别经 r_1 和 r_2 传到前方屏幕上 P 点相遇，则 P 点产生干涉条纹的明暗条件由光程差决定

$$\delta = r_1 - r_2 = \begin{cases} k\lambda\text{，明纹} \\ (2k+1)\dfrac{\lambda}{2}\text{，暗纹} \end{cases} \quad (k = 0, \pm 1, \pm 2, \cdots) \tag{2-31}$$

双缝 S_1、S_2 之间的距离为 d，双缝至前方屏幕的距离为 D，因 $d \ll D$，所以有

$$\delta = r_1 - r_2 \approx d\sin\theta$$

又

$$\sin\theta \approx \tan\theta = \frac{x}{D}$$

根据光程差决定的条纹明暗条件，可得到

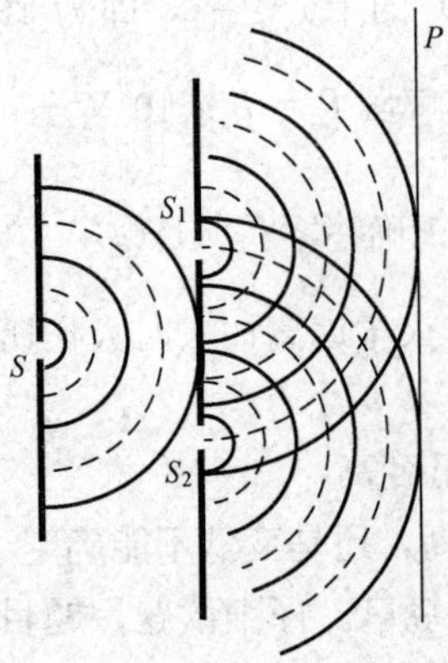

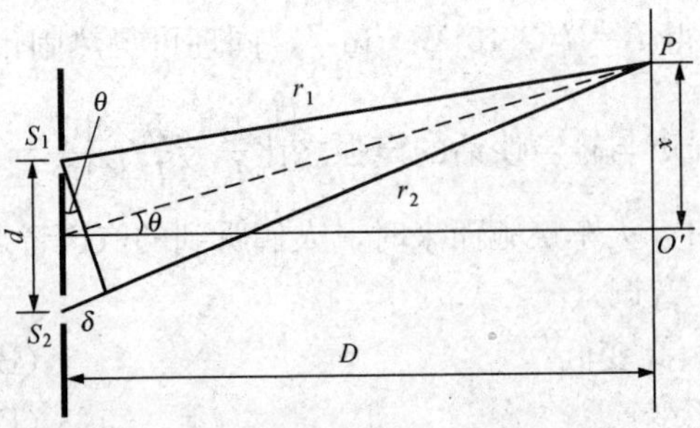

图 2-18　双缝干涉及其条纹的计算

(a) 双缝干涉；(b) 双缝干涉条纹的计算

明纹中心位置　　$x = k\lambda \dfrac{D}{d} (k = 0, \pm 1, \pm 2, \cdots)$　　(2-32)

暗纹中心位置 $$x=(2k+1)\frac{\lambda}{2}\frac{D}{d}(k=0,\pm 1,\pm 2,\cdots) \tag{2-33}$$

明纹中 $k=0$ 对应于 O 点处的为中央明纹，相邻明纹（暗纹）的间距为

$$\Delta x=\frac{D}{d}\lambda \tag{2-34}$$

（四）薄膜干涉

1. 半波损失

光从光疏介质（折射率小）射向光密介质（折射率大）而在界面上反射时，反射光存在着相位的突变，这相当于增加（或减少）半个波长的附加光程差，称为半波损失。

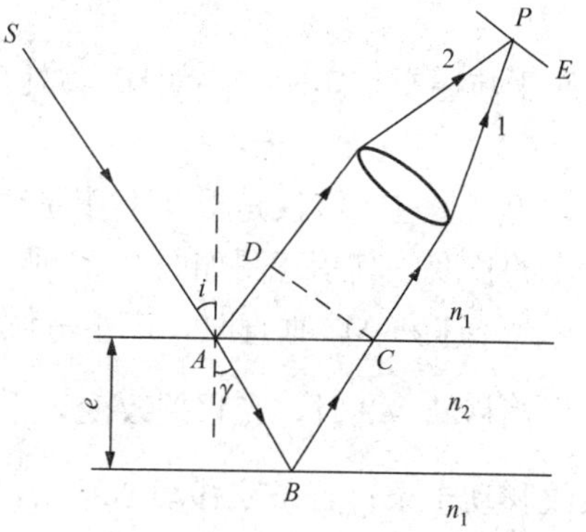

图 2-19　薄膜干涉示意图

2. 厚度均匀的薄膜干涉（等倾干涉）

扩展光源照射到肥皂膜、油膜上，薄膜表面呈现彩色条纹，这就是扩展光源（如阳光）所产生的干涉现象。

图 2-19 为厚度均匀、折射率为 n_2 的薄膜，置于折射率为 n_1 的介质中，一单色光经薄膜上下表面 r 反射后得到 1、2 两条光线，它们相互平行，并且是相干的。由反射、折射定律和半波损失理论可得到两光束的光程差为

$$\delta=2n_2 e\cos\gamma+\frac{\lambda}{2}$$

当光垂直入射时，$i=0$，$\gamma=0$，有

$$\delta=2n_2 e+\frac{\lambda}{2}=\begin{cases}2k\dfrac{\lambda}{2}(k=1,2,\cdots) & \text{干涉相长(明纹)}\\(2k+1)\dfrac{\lambda}{2}(k=0,1,2,\cdots) & \text{干涉相消(暗纹)}\end{cases} \tag{2-35}$$

3. 劈尖干涉（等厚干涉）

图 2-20 所示为两块平玻璃片，一端互相叠合，另一端夹一直径很小的细丝。这样，两玻璃片之间形成劈尖状的空气薄膜，称为空气劈尖。两玻璃的交线称为棱边。单色光源发出的光经透镜折射后形成平行光束垂直入射到空气劈尖上，自劈尖上、下表面反射的光相互干涉，其光程差为

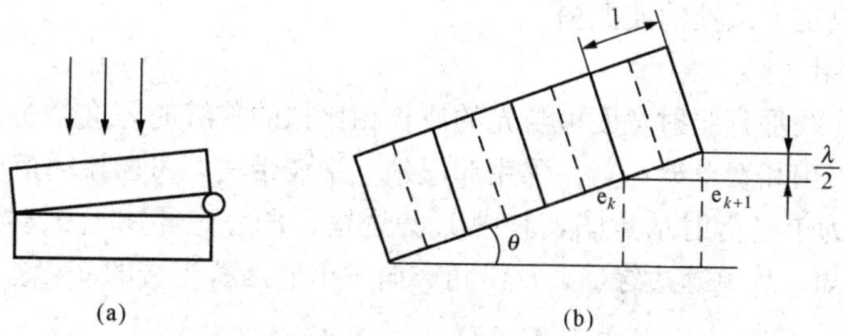

图 2-20　劈尖干涉及其计算

(a) 劈尖干涉装置图；(b) 劈尖干涉示意图

$$\delta=2ne+\frac{\lambda}{2}$$

相邻两明（暗）纹对应的空气层厚度（空气 $n\approx1$）为

$$e_{k+1}-e_k=\frac{\lambda}{2} \tag{2-36}$$

设劈尖的夹角为 θ，则相邻两明（暗）纹之间距 l 应满足关系式

$$l=\frac{\lambda}{2\sin\theta}\approx\frac{\lambda}{2\theta} \tag{2-37}$$

等厚干涉还有一实例（牛顿环），处理方法与劈尖干涉类似。

（五）迈克尔逊干涉仪

迈克尔逊干涉仪是根据干涉原理制成的近代精密仪器，可用来测量谱线的波长和其他微小的长度，其示意图如图 2-21 所示。

当 M1 和 M2 垂直时，产生等倾干涉纹；当 M1 和 M2 不垂直时，产生等厚干涉纹。

当移动 M2 时，光程差改变，干涉条纹也移动。若 M2 移动$\frac{\lambda}{2}$的距离，则会看到干涉条纹移动 1 条；若条纹移动 ΔN 条，则 M2 移动的距离为

$$\Delta d=\Delta N\frac{\lambda}{2} \tag{2-38}$$

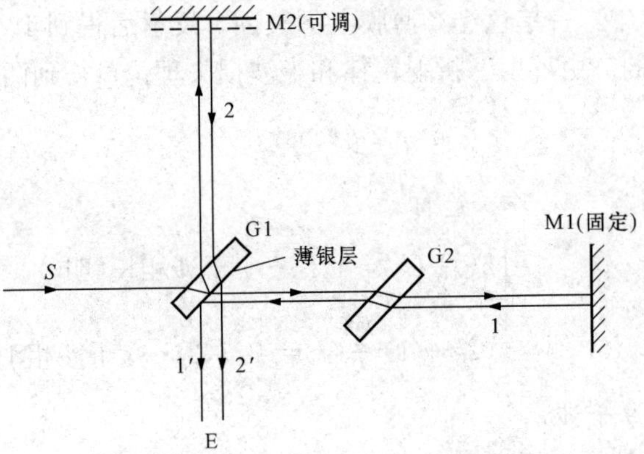

图 2-21　迈克尔逊干涉仪示意图

（六）惠更斯—菲涅尔原理

从同一波阵面上各点所发出的子波是相干波，在传播到空间某一点时，各子波进行相干叠加的结果，决定了该处的波振幅。

（七）单缝衍射

当一束平行光线垂直照射宽度可与光的波长相比拟的狭缝时，会绕过缝的边缘向阴影处衍射的现象叫夫琅和费单缝衍射。采用菲涅尔“半波带法”可以说明衍射图样的形成。

图 2-22(a) 为单缝衍射示意图，其中 L 为透镜，E 为光屏，a 为缝宽，φ 为衍射角。由图 2-22(b) 可知，从单缝边缘 A、B 沿角方向发出的两条光线的光程差为

$$\delta=BC=a\sin\varphi$$

若 BC 为半波长的偶数倍，即对应于某给定角度 φ，单缝处波阵面可分成偶数个半波带时，所有波带的作用成对地相互抵消，则 P 点处是暗点；若 BC 为半波长的奇数倍，即单缝处波阵面可分成奇数个半波带时，相互抵消的结果是只留下一个半波带的作用，则 P 处为亮点。上述结论可用数学方式表述如下

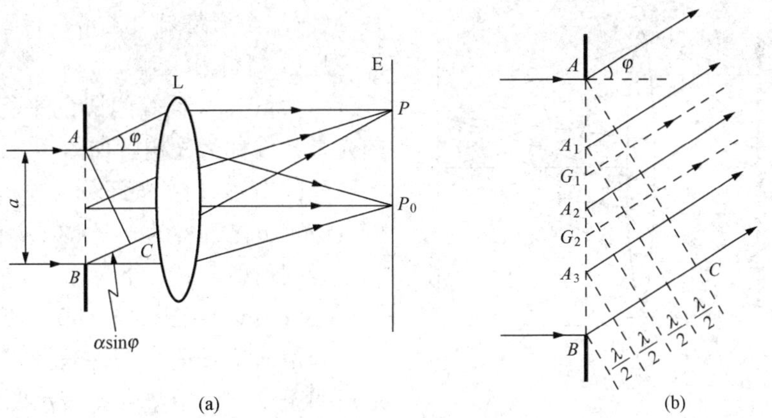

图 2-22　单缝衍射

(a) 单缝衍射示意图；(b) 半波带法分析图

$$a\sin\varphi=\begin{cases}\pm k\lambda，暗纹\\ \pm(2k+1)\dfrac{\lambda}{2}，明纹\end{cases}\quad(k=1,2,3,\cdots)\qquad(2\text{-}39)$$

单缝衍射中央明纹宽度

$$l=\frac{\lambda}{2n\theta}\qquad(2\text{-}40)$$

(八) 光学仪器分辨本领

单色平行光垂直入射在小圆孔上，会产生衍射现象，经凸透镜会聚，在位于透镜焦平面的屏幕上出现明暗交替的环纹，中心光斑称为爱里斑，如图 2-23(a) 所示。

对一个光学仪器来说，如果一个点光源的衍射图样的中央最亮处（爱里斑中心）恰好与另一个点光源的衍射图样的第一个最暗处相重合［见图 2-23(b)］，则两个点光源恰好能被仪器分辨（该条件称瑞利准则）。此时，两个点光源的衍射图样的中央最亮处（两个爱里斑的中心）之间的距离为爱里斑的半径，两个点光源对透镜光心的张角为 δ_φ

$$\delta_\varphi=1.22\frac{\lambda}{D}$$

式中　δ_φ——最小分辨角。

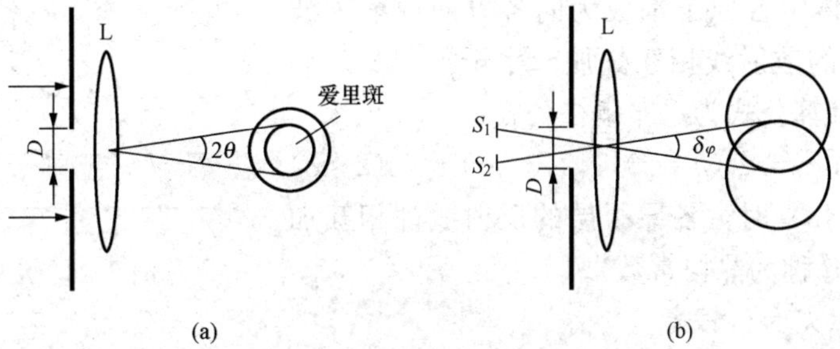

图 2-23　光学仪器分辨率

(a) 爱里斑示意图；(b) 最小分辨角

分辨角 δ_φ 越小，说明光学仪器的分辨率越高，常取 $1/\delta_\varphi$ 表示光学仪器的分辨本领 R

$$R=D/1.22\lambda\qquad(2\text{-}41)$$

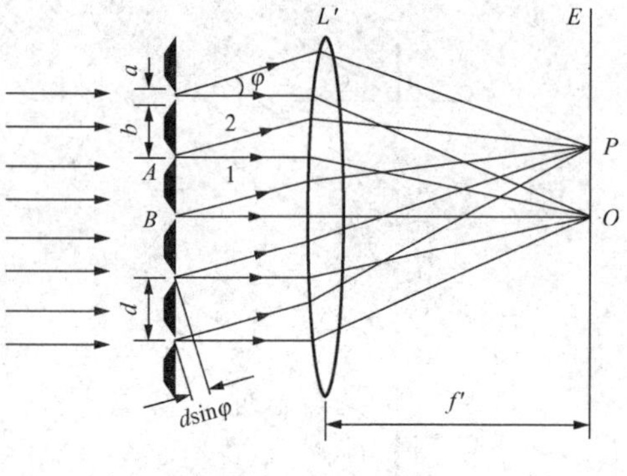

图 2-24 光栅衍射

（九）光栅衍射与光谱分析

1. 光栅衍射

由大量等宽且等间隔的平行狭缝所构成的光学元件称为光栅，如图 2-24 所示。

缝的宽度（透光部分）a 和刻痕的宽度（不透光）b 之和称为光栅常数 d，即 $d=a+b$。

光栅衍射公式如下

$$d\sin\varphi = \pm k\lambda (k = 0,1,2,\cdots) \quad (2\text{-}42)$$

当衍射角 φ 适合条件满足式（2-42）时，形成明条纹。其中整数 k 表示明条纹的级数，该式称为光栅公式。

2. 光谱分析

由光栅公式 $d\sin\varphi=\pm k\lambda$ 可知，在给定光栅常数情况下，衍射角 ϕ 的大小和入射光的波长有关，白光通过光栅后，各单色光将产生相应的各自分开的条纹，形成光栅的衍射光谱。中央明纹（零级）仍为白色，而在中央条纹两侧，对称地排列着第一级、第二级等光谱，对同一级谱线来说，靠近中央明纹的是紫光，远离中央明纹的是红光，如图 2-25 所示，第二级谱线和第三级谱线会有部分重叠。由于不同元素（或化合物）各有自己特定的光谱，所以由谱线的成分可以分析出发光物质所含的元素和化合物，还可以从谱线的强度定量地分析出元素的含量，这种分析方法叫作光谱分析。

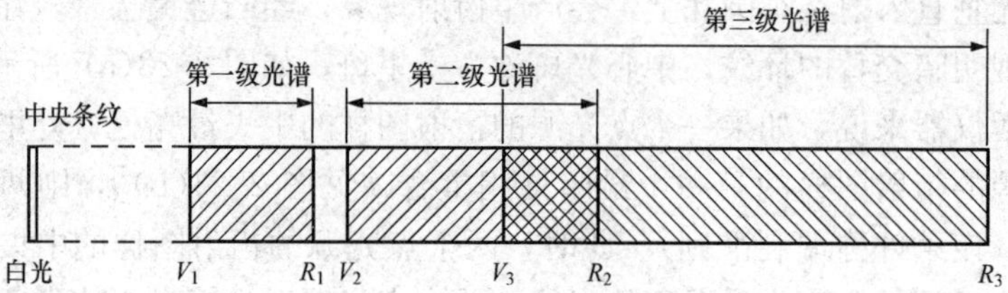

图 2-25 衍射光谱

（十）X 射线衍射

X 射线衍射是指一束平行单色 X 射线，以掠射角 φ 射向晶体，晶体中各原子都成为向各方向散射子波的波源，各层间的散射线相互叠加产生干涉现象，如图 2-26 所示。计算公式为（布喇格公式）

$$2d\sin\varphi = k\lambda (k = 0,1,2,3,\cdots) \quad (2\text{-}43)$$

满足式（2-43）时，各原子层的反射线都相互加强，光强极大（d 称为晶格常数）。

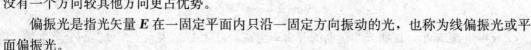

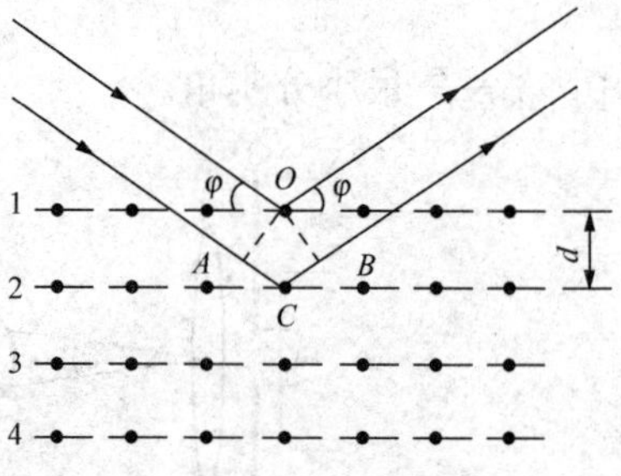

图 2-26 X 射线衍射

（十一）自然光和偏振光

自然光是指光矢量 $\boldsymbol{E}$ 在与传播方向垂直的平面上，没有一个方向较其他方向更占优势。

偏振光是指光矢量 $\boldsymbol{E}$ 在一固定平面内只沿一固定方向振动的光，也称为线偏振光或平面偏振光。

部分偏振光是指光矢量 $\boldsymbol{E}$ 可取任意方向，但在各方向上的振幅不同。

（十二）布儒斯特定律

当自然光入射到折射率分别为 n_1 和 n_2 的两种介质的分界面上时，反射光和折射光都是部分偏振光。如图 2-27(a) 所示，i 为入射角，γ 为折射角。在分界面上反射的反射光为垂直于入射面的光振动较强的部分偏振光，折射光为平行于入射面的光振动较强的部分偏振光。入射角 i 改变时，反射光的偏振化程度也随之改变，当入射角增大至某一特定 i_0 值时，反射光为垂直入射面振动的线偏振光，折射光仍为部分偏振光，见图 2-27(b)。i_0 称为布儒斯特角。

布儒斯特定律的数学表达式为

$$i_0 = \arctan\frac{n_2}{n_1} \tag{2-44}$$

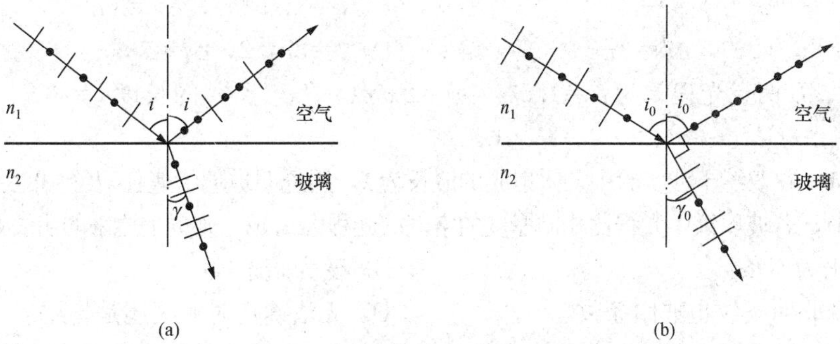

图 2-27　反射和折射时的偏振现象

(a) 自然光经反射和折射后产生部分偏振光；(b) 入射角为布儒斯特角时反射光为线偏振光

根据折射定律，入射角 i_0 与折射角 γ_0 的关系为

$$i_0 + \gamma_0 = \frac{\pi}{2}$$

（十三）马吕斯定律

若入射线偏振光的光强为 I_0，线偏振光振动方向与检偏器偏振化方向之间的夹角为 α，透过检偏器后，透射光强（不计检偏器对光的吸收）I 满足马吕斯定律，为

$$I = I_0\cos^2\alpha \tag{2-45}$$

当 $\alpha=0°$ 或 $\alpha=180°$ 时，$I=I_0$，透射光强最大；当 $\alpha=90°$ 或 $\alpha=270°$ 时，$I=0$，透射光强最小。注意，自然光通过偏振片后光强减小为原来的一半。

（十四）双折射现象

双折射现象是指一束光线进入各向异性的晶体后，沿不同方向折射而分裂成两束光线的现象。其中一束遵守光的折射光律，称为寻常光线，通常用 o 表示，简称 o 光，另一束不遵守光的折射定律，称为非常光线，通常用 e 表示，简称 e 光。o 光和 e 光为振动方向相互垂直的线偏振光。有些材料自身无双折射现象，但在外界（包括力的、电场的、磁场的等）作用下，它们能变成各向异性的双折射材料。这类在外界作用下产生的双折射现象称为人工双折射，如光弹性效应、电光效应等。

二、典型例题及解析

例 2-42　两光源发出的光波产生相干的必要条件是：两光源（　　）。

(A) 频率相同、振动方向相同、相位差恒定

（B）频率相同、振幅相同、相位差恒定

（C）发出的光波传播方向相同、振动方向相同、振幅相同

（D）发出的光波传播方向相同、频率相同、相位差恒定

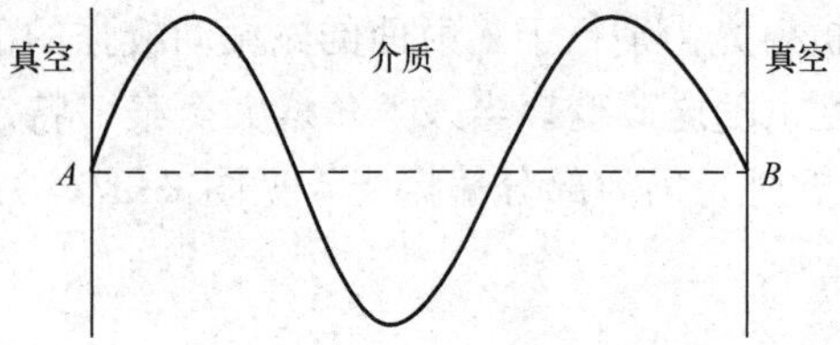

图 2-28　例 2-43 图

解：根据相干光条件，正确答案是（A）。

例 2-43　在真空中波长为 λ 的单色光，在折射率为 n 的均匀透明介质中，从 A 点沿某一路径传播到 B 点，见图 2-28，设路径的长度为 l，A、B 两点光振动相位差记为 $\Delta\phi$，则（　　）。

（A）$l=3\lambda/2$，$\Delta\phi=3\pi$　　（B）$l=3\lambda/(2n)$，$\Delta\phi=3n\pi$

（C）$l=3\lambda/(2n)$，$\Delta\phi=3\pi$　　（D）$l=3n\lambda/2$，$\Delta\phi=3n\pi$

解：A、B 两点光程差为 $\delta=1.5\lambda$、$\Delta\phi=2\pi\delta/\lambda=3\pi$，路径的长度 $l=\delta/n=3\lambda/(2n)$，故正确答案是（C）。

例 2-44　在双缝干涉实验中，入射光的波长为 λ，用透明玻璃纸遮住双缝中的一条缝（靠近屏的一侧），若玻璃纸中光程比相同厚度的空气的光程大 2.5λ，则屏上原来的明纹处（　　）。

（A）仍为明条纹　　（B）变为暗条纹

（C）既非明条纹也非暗条纹　　（D）无法确定时明纹还是暗纹

解：光的干涉，光程差变化为半波长的奇数倍时，原明纹处变为暗条纹，应选（B）。

例 2-45　双缝干涉实验中，若在两缝后（靠近屏一侧）各覆盖一块厚度均为 d，但折射率分别为 n_1 和 n_2（$n_2>n_1$）的透明薄片，则从两缝发出的光在原来中央明纹初相遇时，光程差为（　　）。

（A）$d(n_2-n_1)$　　（B）$2d(n_2-n_1)$　　（C）$d(n_2-1)$　　（D）$d(n_1-1)$

解：如图 2-29 所示，上下缝各覆盖一块厚度为 d 的透明薄片，则从两缝发出的光在原来中央明纹初相遇时，光程差为：$\delta=r-d+n_2d-(r-d+n_1d)=d(n_2-n_1)$，应选（A）。

例 2-46　在双缝干涉实验中，光的波长 600nm，双缝间距 2mm，双缝与屏的间距为 300cm，则屏上形成的干涉图样的相邻明条纹间距为（　　）。

（A）0.45mm　　（B）0.9mm

（C）9mm　　（D）4.5mm

解：由双缝干涉条纹间距公式

$$\Delta x=\frac{D}{d}\lambda=\frac{3000}{2}\times600\times10^{-6}=0.9(\text{mm})$$

故正确的答案是（B）。

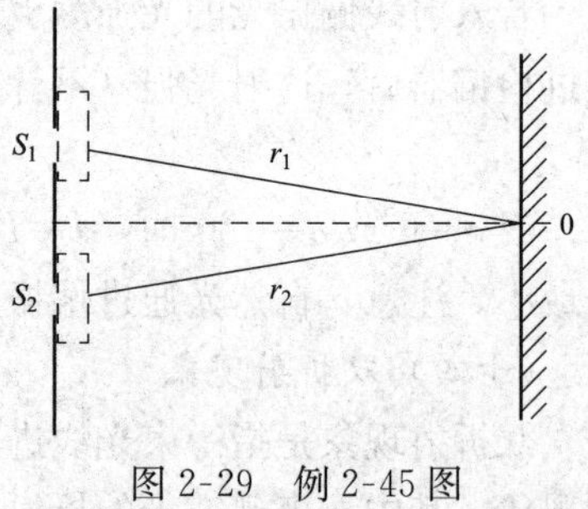

图 2-29　例 2-45 图

例 2-47　有一玻璃劈尖，置于空气中，劈尖角 $\theta=8\times10^{-5}$ rad（弧度），用波长 $\lambda=589$nm 的单色光垂直照射此劈尖，测得相邻干涉条纹间距 $l=2.4$mm，此玻璃的折射率为（　　）。

（A）2.86　　（B）1.53　　（C）15.3　　（D）28.6

解：玻璃劈尖相邻干涉条纹间距公式：$l=\dfrac{\lambda}{2n\theta}$，此玻璃的折射率为 $n=\dfrac{\lambda}{2l\theta}=1.53$，应

选（B）。

例 2-48 若在迈克尔干涉仪的可动反射镜 M 移动 0.620mm 过程中，观察到干涉条纹移动了 2300 条，则所用光的波长为（ ）。

（A）269nm （B）539nm （C）2690nm （D）5390nm

解：因为 $\Delta d=\Delta k\dfrac{\lambda}{2}$，即 $0.62\times10^{6}=2300\times\dfrac{\lambda}{2}$，所以 $\lambda=539\text{nm}$，故正确答案是（B）。

例 2-49 在单缝夫琅禾费衍射试验中，波长为 λ 的单色光垂直入射在宽度为 3λ 的单缝上，对应于衍射角为 30°的方向，单缝处波振面可分成的半波带数目为（ ）。

（A）2 个 （B）3 个 （C）4 个 （D）6 个

解：由 $a\sin\varphi=3\lambda\times\dfrac{1}{2}=3\times\dfrac{\lambda}{2}$，单缝分成 3 个半波带。故正确答案是（B）。

例 2-50 在单缝夫琅禾费衍射试验中，观察屏上某处出现第三级暗纹。若将缝宽 a 缩小到原来的 $a/3$，其他条件不变，则在原来第三级暗纹处将出现（ ）。

（A）第一级暗纹 （B）第一级明纹 （C）第二级暗纹 （D）第二级明纹

解：单缝衍射第三级暗纹满足 $a\sin\varphi=2\times3\dfrac{\lambda}{2}$缝宽缩小到原来的 1/3，则$\dfrac{1}{3}a\sin\varphi=\dfrac{2}{3}\times3\dfrac{\lambda}{2}=2\times\dfrac{\lambda}{2}$，为第一级暗纹，故正确答案是（A）。

例 2-51 若用衍射光栅准确测定一单色可见光的波长，在下列各种光栅常数的光栅中，选用（ ）mm 最好。

（A）2.0×10^{-1} （B）5.0×10^{-1}

（C）1.0×10^{-2} （D）1.0×10^{-3}

解：光栅公式 $d\sin\theta=k\lambda$，对同级条纹，光栅常数小，衍射角大，选光栅常数小的，故正确的答案是（D）。

例 2-52 用每厘米有 5000 条栅纹的衍射光栅，观察钠光谱线（$\lambda=590\text{nm}$），当光线垂直入射时，可能观察到光谱线的最高级次为（ ）。

（A）1 （B）2 （C）3 （D）4

解：由光栅公式 $d\sin\varphi=\pm k\lambda$，得 $k=\dfrac{d}{\lambda}\sin\varphi$，每厘米即有 5000 条栅纹，所以栅纹间隔即光栅常数为

$$d=\frac{1\times10^{-2}}{5000}\text{m}=2\times10^{-6}\text{m}$$

将上两值及 $\lambda=590\text{nm}=5.9\times10^{-7}\text{m}$ 代入，并由题意"最多能看到"取 $\sin90°=1$，则 $k=\dfrac{2\times10^{-6}}{5.9\times10^{-7}}=3.4$（注意：$k$ 只能取整数），故正确答案是（C）。

例 2-53 波长为 0.168nm（$1\text{nm}=10^{-9}\text{m}$）的 X 射线以掠射角 θ 射向某晶体表面时，在反射方向出现第一级极大，已知晶体的晶格常数为 0.168nm，则 θ 角为（ ）。

（A）30° （B）45° （C）60° （D）90°

解：由布喇格公式 $2d\sin\theta=k\lambda(k=0,1,2,3,\cdots)$，得 $\sin\theta=1/2$，故正确答案是（A）。

例 2-54 如果两个偏振片堆叠在一起，且偏振化方向之间夹角为 60°，假设两者对光无吸收，光强为 I_0 的自然光垂直入射在偏振片上，则出射光强为（ ）。

（A）$I_0/8$ （B）$I_0/4$ （C）$3I_0/4$ （D）$3I_0/8$

解：自然光 I_0 穿过第一个偏振片后成为偏振光，光强减半，为$\frac{1}{2}I_0$。

穿过第二个偏振片后的光强用马吕斯定律计算：$I=\frac{1}{2}I_0\cos^2 60=\frac{1}{2}I_0\ \frac{1}{4}=\frac{1}{8}I_0$，故正确答案为（A）。

值得注意的是：马吕斯定律 $I=I_0\cos^2\alpha$（I_0 是指偏振光的光强）。

例 2-55　一束自然光通过两块叠放在一起的偏振片，若两偏振片的偏振化方向间夹角由 α_1 转到 α_2，则 α_1 转到 α_2 前后透射光强度之比为（　　）。

（A）$\frac{\cos^2\alpha_2}{\cos^2\alpha_1}$　　（B）$\frac{\cos\alpha_2}{\cos\alpha_1}$　　（C）$\frac{\cos^2\alpha_1}{\cos^2\alpha_2}$　　（D）$\frac{\cos\alpha_1}{\cos\alpha_2}$

解：此题考核知识点为马吕斯定律。$I=I_0\cos^2\alpha$，光强为 I_0 的自然光通过第一个偏振片光强为入射光强的一半，通过第二个偏振片光强为 $I=\frac{I_0}{2}\cos^2\alpha$。所以

$$\frac{I_1}{I_2}=\frac{\frac{1}{2}I_0\cos^2\alpha_1}{\frac{1}{2}I_0\cos^2\alpha_2}=\frac{\cos^2\alpha_1}{\cos^2\alpha_2}$$

故正确答案为（C）。

例 2-56　一束自然光从空气投射到玻璃板表面上，当折射角为 30°时，反射光为完全偏振光，则此玻璃的折射率为（　　）。

（A）2　　（B）3　　（C）$\sqrt{2}$　　（D）$\sqrt{3}$

解：由布儒斯特定律折射角为 30°时，入射角为 60°时，$\tan 60°=\frac{n_2}{n_1}=\sqrt{3}$，应选（D）。

第三章　普　通　化　学

第一节　物质的结构与状态

一、原子结构的近代概念

1. 核外电子的运动特性

量子力学认为核外电子的运动具有量子化和波粒二象性。

（1）能量的量子化：原子的能量只能处于一些不连续的能量状态中，原子吸收和辐射的能量是一份一份的，不连续的，因此原子光谱是不连续的线状光谱。

（2）波粒二象性。电子具有粒子性，因为电子具有质量和动量。电子的衍射试验证明微观粒子的波动性，且电子等微观粒子波是一种具有统计性的概率波。

2. 核外电子的运动规律的描述

（1）波函数 Ψ：用空间坐标来描述波的数学函数式，表示为 $\Psi(x,y,z)$ 或 $\Psi(r,\theta,\phi)$，以表征原子中核外电子的运动状态。一个确定的波函数 Ψ，称为一个原子轨道。

（2）四个量子数：指 n、l、m、m_s 四个量子数。具体含义和取值为：

1）主量子数 n，意义：①表示电子离核的远近；②电子能量的高低。n 越大，表示电子能量越高，电子离核越远。

n 的取值：$n=1$，2，3，4，…，∞，对应电子层：K，L，M，N，…

2）角量子数 l，意义：①表示亚层，在同一个电子层内，随着 l 值增大，亚层能量升高；②确定原子轨道的形状。

l 的取值：$l=0$，1，2，…，$n-1$（共 n 个）。

l 的取值：	0，	1，	2，	3，	…
电子亚层：	s，	p，	d，	f，	…
轨道形状：	球形，	纺锤形，	梅花形，	复杂，	…

3）磁量子数 m，意义：①确定原子轨道的空间取向；②确定亚层中原子轨道的数目。

m 的取值：$m=0$，±1，±2，…，$\pm l$（共 $2l+1$ 个）。

$l=0$，$m=0$，s 轨道空间取向为 1，

$l=1$，$m=0$，±1，p 轨道空间取向为 3，

$l=2$，$m=0$，±1，±2，d 轨道空间取向为 5，…

能量相同、方向不同的轨道，称作等价轨道。p 轨道有 3 个等价轨道；d 轨道有 5 个等价轨道。合理取值的 n、l、m，确定一个原子轨道，表示为 Ψ（n、l、m）。每一层波函数 Ψ 的数目为 n^2。

4）自旋量子数 m_s 意义：表示电子自旋方向。

m_s 的取值：$m_s=\begin{cases}+\dfrac{1}{2}\\-\dfrac{1}{2}\end{cases}$

四个量子数取值一定，确定电子的一个完整的运动状态，以 Ψ（n，l，m，m_s）表示。

（3）电子云：电子云是概率密度的形象化描述，用黑点的疏密形象描述原子核外电子出现的概率密度（Ψ^2）分布规律。概率密度表示电子在核外空间某单位体积内出现的概率大小。概率密度大，表示单位体积内电子出现的机会较多。

3. 原子核外电子分布三原则

（1）泡利不相容原理：一个原子中不可能有四个量子数完全相同的两个电子，即一个原子轨道中最多能容纳自旋方向相反的两个电子。

s 轨道最多容纳 2 电子，表示为 s^2；p 轨道最多容纳 6 电子，表示为 p^6；d 轨道最多容纳 10 电子，表示为 d^{10}；根据每层有 n^2 个轨道，每个轨道最多能容纳两个电子，由此可得出每一电子层最大容量为 $2n^2$ 个电子。

（2）最低能量原理：电子总是尽先占据能量最低的轨道。原子轨道能级高低顺序为：

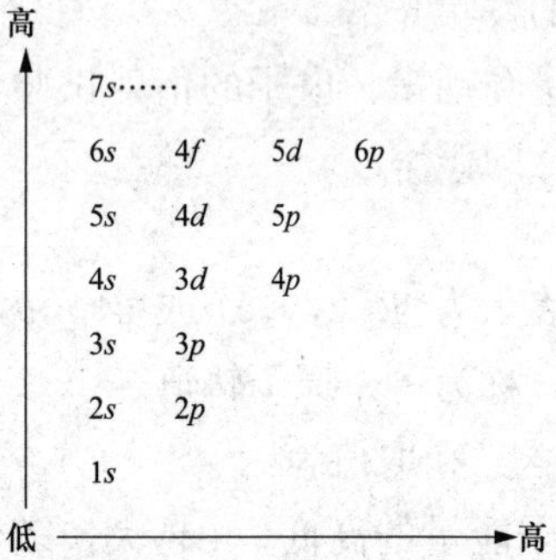

故电子的填充顺序为 $1s\to2s\to2p\to3s\to3p\to4s\to3d\to4p\to5s\to4d\to5p\cdots$

（3）洪特规则：在 n 和 l 值相同的等价轨道中，电子总是尽可能分占各个轨道且自旋平行。如 $2P^4$，其排布方式为：| ↑↓ | ↑ | ↑ |。

洪特规则特例：当电子的分布处于全充满、半充满或全空时，比较稳定。

全充满：p^6 或 d^{10} 或 f^{14}；半充满：p^3 或 d^5 或 f^7；全空：p^0 或 d^0 或 f^0。

半充满比较稳定的元素：$_{24}$Cr、$_{42}$Mo；全充满比较稳定的元素：$_{29}$Cu、$_{47}$Ag、$_{79}$Au。

4. 核外电子分布式

一些典型化学元素的核外电子分布式见表 3-1。

表 3-1 核外电子分布式

原子的核外电子分布式	原子的外层电子分布式（价电子构型）	离子的核外电子分布式	离子的外层电子分布式
$_{11}$Na：$1s^22s^22p^63s^1$	$3s^1$	Na^+：$1s^22s^22p^6$	$2s^22p^6$
$_{16}$S：$1s^22s^22p^63s^23p^4$	$3s^23p^4$	S^{2-}：$1s^22s^22p^63s^23p^6$	$3s^23p^6$
$_{26}$Fe：$1s^22s^22p^63s^23p^63d^64s^2$	$3d^64s^2$	Fe^{3+}：$1s^22s^22p^63s^23p^63d^5$	$3s^23p^63d^5$
$_{24}$Cr：$1s^22s^22p^63s^23p^63d^54s^1$	$3d^54s^1$	$_{24}Cr^{3+}$：$1s^22s^22p^63s^23p^63d^3$	$3s^23p^63d^3$
$_{29}$Cu：$1s^22s^22p^63s^23p^63d^{10}4s^1$	$3d^{10}4s^1$	$_{29}Cu^{2+}$：$1s^22s^22p^63s^23p^63d^9$	$3s^23p^63d^9$

二、原子结构和元素周期律

1. 元素周期表

元素周期表是元素周期律的体现，周期表是由周期和族组成。

（1）元素周期数＝元素电子层数 n：根据元素的核外电子分布式，其电子层数即等于该元素的周期号数。

（2）族数。

1）主族：族号等于最外层电子数，价电子结构 $ns^{1\sim2}$；$ns^2np^{1\sim5}$；

2）ⅠB，ⅡB元素：族号等于 ns 电子数，价电子结构 $(n-1)d^{10}ns^{1\sim2}$；

3）ⅢB～ⅦB族元素：族数＝$ns+(n-1)$ d 电子数，价电子结构 $(n-1)d^{1\sim5}ns^2$；

4）Ⅷ族元素：$ns+(n-1)d$ 电子数＝8，9，10；

5）零族元素：最外层电子数＝2或8，价电子结构 ns^2 或 ns^2np^6。

按照以上规律，根据元素的外层电子构型（价电子构型）即可判断元素在周期表中的位置；同样根据元素在周期表中的位置（哪一周期、哪一族）就可写出元素的电子分布式和外层电子分布式。

（3）元素在周期表中的分区。根据原子的外层电子构型可将元素分成5个区，见表3-2。

表3-2　元素在周期表中的分区

族　数	ⅠA，ⅡA	ⅢB～ⅦB，Ⅷ	ⅠB，ⅡB	ⅢA～ⅦA	0族
外层电子构型	$ns^{1\sim2}$	$(n-1)d^{1\sim8}ns^2$	$(n-1)d^{10}ns^{1\sim2}$	$ns^2np^{1\sim5}$	ns^2 或 ns^2np^6
分区	s 区	d 区	ds 区	p 区	p 区
族	主族	副族＋Ⅷ＝过渡元素		主族	零族

注　f 区＝镧系＋锕系元素。

2. 元素性质的周期性递变

（1）原子半径递变规律。

1）同一周期：从左到右，原子半径逐渐减少，非金属性增强。

2）主族元素：同一主族元素，从上到下，原子半径逐渐增大，金属性增强；同一副族元素，从上到下，原子半径变化幅度小。第五、六周期元素，由于镧系收缩，原子半径比较接近，元素性质比较相似。

（2）元素的第一电离能递变规律。

1）第一电离能：基态的气态原子失去一个电子形成＋1价气态离子时所吸收的能量。第一电离能越大，原子越难失去电子；数值越小，原子越易失去电子。

2）递变规律：同一周期，从左到右，非金属性增强，第一电离能增大；同一族，自上而下，第一电离能逐渐减少。

（3）元素的电子亲合能递变规律。

1）电子亲合能：基态的气态原子获得一个电子形成－1价气态离子时所放出的能量。电子亲合能越大，原子越容易获得电子，元素的非金属性越强。

2）递变规律：同一周期，从左到右，非金属性增强，电子亲合能增大；同一族，自上而下，电子亲合能逐渐减少。

（4）元素电负性递变规律。

1）电负性：用于衡量原子在分子中吸引电子的能力。电负性越大，吸引电子的能力大，元素的非金属性越强；电负性越小，元素的金属性越强。

2）递变规律：同一周期，自左向右，电负性值增大，非金属性增强，金属性减弱；同一族，自上向下电负性逐渐减少，金属性增强。

（5）元素的氧化数。主族元素和绝大部分副族元素（Ⅷ族除外），最高氧化数等于价电子数，等于该元素所属的族号数。副族元素除了最外层电子，次外层的 d 电子也参加化学反应，因此常有变价。

（6）氧化物及其水合物的酸碱性一般规律。

1）同周期元素最高价态的氧化物及其水合物，从左到右酸性递增，碱性递减。

以三周期为例：

Na_2O，	MgO，	Al_2O_3，	SiO_2，	P_2O_5，	SO_3，	Cl_2O_7
$NaOH$，	$Mg(OH)_2$，	$Al(OH)_3$，	H_2SiO_3，	H_3PO_4，	H_2SO_4，	$HClO_4$
强碱，	中强碱，	两性，	弱酸，	中强酸，	强酸，	最强酸

→ 酸性增强，碱性减弱

2）同族元素相同价态的氧化物及其水化物，自上而下酸性减弱，碱性增强。

N_2O_3	HNO_2	中强酸
P_2O_3	H_3PO_3	中强酸
As_2O_3	H_3AsO_3	两性偏酸
Sb_2O_3	$Sb(OH)_3$	两性偏碱
Bi_2O_3	$Bi(OH)_3$	碱性

↓ 酸性减弱，碱性增强

3）同一元素，不同价态的氧化物及其水合物，高价态的酸性比低价态的酸性强，如：

CrO	Cr_2O_3	CrO_3
$Cr(OH)_2$	$Cr(OH)_3$	H_2CrO_4
碱性	两性	酸性

→ 酸性增强

三、化学键和分子结构

1. 化学键

分子或晶体中相邻的原子（离子）之间强烈的相互作用。化学键一般分为金属键、离子键和共价键。

（1）金属键：金属的电离能较小，最外层的价电子容易脱离原子的束缚而形成自由电子。金属离子紧密堆积。所有自由电子在整个堆积体间自由运动，形成金属键。

金属键的本质：金属离子与自由电子之间的库仑引力。

（2）离子键：电负性很小的金属原子和电负性很大的非金属原子相互靠近时，金属原子失去电子形成正离子，非金属原子得到电子形成负离子，由正、负离子靠静电引力形成的化学键。

（3）共价键：分子内原子间通过共用电子对（电子云重叠）所形成的化学键。

（4）价键理论：价键理论认为典型的共价键是在非金属单质或电负性相差不大的原子之间通过电子的相互配对而形成。原子中一个未成对电子只能和另一个原子中自旋相反的一个电子配对成键，且成键时原子轨道要对称性匹配，并实现最大限度的重叠。

1）σ 键：原子轨道沿两核连线，以“头碰头”方式重叠。

2）π键：原子轨道沿两核连线，以“肩并肩”方式进行重叠。如

单键：σ　　Cl_2　　$P_x-P_x\sigma$ 键。

双键：σ+π　　—C═C—：　　$P_x-P_x\sigma$ 键；$P_y-P_y\pi$ 键。

三键：σ+π+π　　N_2 中 N≡N：　　$P_x-P_x\sigma$ 键；$P_y-P_y\pi$ 键；$P_z-P_z\pi$ 键。

2. 分子的极性

（1）极性分子：正负电荷中心不重合的分子，其电偶极矩大于零，即 $\mu>0$。

（2）非极性分子：正负电荷中心重合的分子，其电偶极矩等于零，即 $\mu=0$。

（3）电偶极矩 μ：分子中正负电荷中心之间的距离 l 与电荷中心电量 q 的乘积，$\mu=|q|l$。

对于双原子分子，键是极性的，分子是极性的；键是非极性的，分子是非极性的。对于多原子分子，还要看分子的空间结构。有些分子键是极性的，但分子结构是对称的，则分子是非极性的，如 $BeCl_2$、BCl_3、CH_4 为非极性分子。

3. 分子空间构型和杂化轨道理论

杂化轨道类型及典型分子空间构型见表 3-3。

表 3-3　　杂化轨道类型及典型分子空间构型

杂化轨道类型	*sp* 杂化	sp^2 杂化	（等性）sp^3 杂化	（不等性）sp^3 杂化	
空间构型	直线形	平面正三角形	正四面体	三角锥形	V 字形
典型实例	$BeCl_2$，BeH_2，$HgCl_2$，$ZnCl_2$，$CdCl_2$，CO_2(O═C═O)，CS_2，C_2H_2	BCl_3，BF_3（B、Al、Ga 等ⅢA 元素的卤化物），C_2H_4	CH_4、SiH_4、CCl_4、$SiCl_4$	NH_3、NF_3、PH_3、PCl_3、AsH_3、SbH_3	H_2O、H_2S、OF_2
分子的极性	非极性	非极性	非极性	极性	极性

4. 分子间力与氢键

（1）分子间力：分子与分子之间的作用力，有色散力、诱导力、取向力三种类型。

1）非极性分子与非极性分子间之间：只有色散力。

2）非极性分子与极性分子之间：具有色散力和诱导力。

3）极性分子与极性分子之间：具有色散力、诱导力和取向力。

同类型分子中，可近似认为分子间力与摩尔质量成正比。

（2）氢键：氢原子除能和电负性较大、半径较小的 X 原子（如 F、O、N）形成强的极性共价键外，还能吸引另一个电负性较大、半径较小的 Y 原子（如 F、O、N）中的孤电子云对形成氢键。

X—H…Y，X、Y 为电负性较大的原子，如 F、O、N。

分子中有 F—H 键、O—H 键或 N—H 键的分子能形成氢键，如 HF、H_2O、NH_3、无机含氧酸（HNO_3、H_2SO_4、H_3BO_3 等）、有机羧酸（—COOH）、醇（—OH）、胺（NH_2）、蛋白质等分子之间都存在氢键。而乙醛（CH_3—CHO）和丙酮（CH_3—CO—CH_3）等醛、酮及醚等分子之间则不能形成氢键，但与水分子之间能形成氢键。

（3）分子间力对物质性质的影响。物质的熔点和沸点：同类型的单质和化合物，其熔点和沸点一般随摩尔质量的增加而增大。因为分子间的色散力随摩尔质量的增加而增大。因氢键的形成能加强分子间的作用力，因此含有氢键的物质比不含氢键的物质熔点和沸点要高，例如，

	HF、	HCl、	HBr、	HI
沸点（℃）：	20、	−85、	−57、	−36

因 HF 分子间存在氢键，其熔点和沸点比同类型的氢化物要高，出现反常现象。同理 H_2O、NH_3 在同族氢化物中，沸点也出现反常现象。

物质的溶解性："相似者相溶"即极性溶质易溶于极性溶剂，非极性（或弱极性）溶质易溶于非极性（或弱极性）溶剂。溶质和溶剂的极性越相近，越易互溶，如碘易溶于苯或四氯化碳，而难溶于水。

四、晶体结构和性质

1. 晶体的基本类型和性质

(1) 离子晶体：结点上正负离子以离子键结合。在相同类型的典型离子晶体中，离子的电荷越多，半径越小，离子键键能越大，晶体的熔点越高，硬度越大。

1) 离子电荷与半径的规律如下。

a. 在同一周期中，自左而右随着正离子电荷数的增多，离子半径逐渐减少，如半径 $Na^+ > Mg^{2+}$；$K^+ > Ca^{2+} > Sc^{3+}$。

b. 在同一族中，自上而下离子半径逐渐增大，如半径：$I^- > Br^- > Cl^- > F^-$。

c. 同一元素，随着正离子电荷数的增多，离子半径减少，如半径：$Fe^{2+} > Fe^{3+}$。

2) 离子的电子构型。

a. 2 电子构型：ns^2，如 Li^+、Be^{2+}；

b. 8 电子构型：ns^2np^6，如 Na^+、Ca^{2+}、Al^{3+}；

c. 9～17 电子构型：$ns^2np^6nd^{1\sim9}$，如 Fe^{3+}、Cu^{2+}、Cr^{3+}；

d. 18 电子构型：$ns^2np^6nd^{10}$，如 Ag^+、Zn^{2+}；

e. 18+2 电子构型：$(n-1)s^2(n-1)p^6(n-1)d^{10}ns^2$，如 Sn^{2+}、Pb^{2+}。

3) 离子的极化。离子使异号离子极化而变形的作用称为该离子的极化作用。影响离子极化能力的因素：

a. 离子的半径：电子构型相同，电荷相同，半径越小，离子极化作用越强。

b. 离子的电荷：电子构型相同，半径接近，电荷越高离子极化作用越强。

c. 离子的电子构型：当电荷相同，半径接近，电子构型 18+2 或 18>9～17>8。

(2) 原子晶体：结点上原子以共价键结合。熔点高、硬度大是电的绝缘体或半导体。常见的原子晶体有金刚石（C）和可作半导体材料的单晶硅（Si）、锗（Ge）、砷化镓（GaAs）以及碳化硅（SiC）和方石英（SiO_2）。

(3) 分子晶体：结点上的微粒是极性分子或非极性分子，以分子间力（还有氢键）结合。分子晶体熔点低、硬度小。分子间力越小，分子晶体硬度越小，熔点越低。

(4) 金属晶体：结点上原子或正离子以金属键结合。

2. 过渡型的晶体

(1) 链状结构晶体，如石棉，链与链之间的作用力为弱的静电引力；链内的作用力为强的共价键，有纤维性。

(2) 层状结构晶体，如石墨，层与层之间的作用力是弱的分子间力，层内的作用力为 $sp^2—sp^2$ σ 键及离域大 π 键，是热和电的良导体，可作润滑剂。

五、物质状态

(1) 理想气体状态方程为

$$pV=nRT$$

式中 p——压力，Pa；

V——体积，m^3；

T——绝对温度，K；

n——物质量，mol；

R——气体常数，$R=8.314J/(K \cdot mol)$。

（2）分压定律。

1）气体混合物总压力 p 等于混合物中各组分气体分压的总和，即

$$p = p_A + p_B + \cdots$$

2）混合气体中某组分气体的分压等于总压力 P 乘以该组分气体的摩尔分数，即

$$p_i = \frac{n_i}{n}P = x_i P$$

式中 x_i——摩尔分数。

分压定律可用来计算混合气体中组分气体的分压、摩尔数或在给定条件下的体积。

例 3-1 原子序数为 19 的元素，最外层电子的量子数为（　　）。

（A）（4.0，1，+1/2）　　　（B）（4，1，0，−1/2）

（C）（4.0，0，+1/2）　　　（D）（4，1，1，−1/2）

解：原子序数为 19 的元素核外电子分布式为 $1s^2 2s^2 2p^6 3s^2 3p^6 4s^1$，最外层 $4s^1$ 的电子四个量子数为 $n=4$，$l=0$，$m=0$，故正确答案为（C）。

例 3-2 某原子序数为 15 的元素，其基态原子的核外电子分布中，未成对电子数为（　　）。

（A）0　　（B）1　　（C）2　　（D）3

解：原子序数为 15 的元素核外电子分布式为：$1s^2 2s^2 2p^6 3s^2 3p^3$，根据洪特规则，$3p^3$ 上的电子分布为

↑	↑	↑

因此，有 3 个未成对电子，应选（D）。

例 3-3 某元素正二价离子（M^{2+}）的电子构型是 $3s^2 3p^6$，该元素在周期表中的位置是（　　）。

（A）第三周期，Ⅷ族　　　（B）第三周期，ⅥA 族

（C）第四周期，ⅡA 族　　　（D）第四周期，Ⅷ族

解：某元素正二价离子（M^{2+}）的电子构型是 $3s^2 3p^6$，则该元素原子的价电子构型是 $4s^2$。故该元素应该是第四周期，ⅡA 族元素，故正确答案为（C）。

例 3-4 某第 4 周期元素，当该元素原子失去一个电子成为正 1 价离子时，该离子的价层电子排布式为 $3d^{10}$，则该元素的原子序数为（　　）。

（A）19　　（B）24　　（C）29　　（D）36

解：元素原子失去一个电子成为正 1 价离子时，该离子的价层电子排布式为 $3d^{10}$，说明其原子的外层电子排布式为：$3d^{10} 4s^1$，故为第四周期ⅠB 的 29 号 Cu，故正确答案为（C）。

例 3-5 下列各组元素原子半径由小到大排序错误的是（　　）。

（A）Li＜Na＜K　　　（B）Al＜Mg＜Na

（C）C＜Si＜Al　　　（D）P＜As＜Se

解： 在元素周期表中，同一周期自左向右原子半径逐渐减小，同一主族自上向下原子半径逐渐增大，根据各元素在周期表位置，原子半径排序（A）、（B）、（C）均正确，（D）中，Se 位于 As 右边，原子半径应为 Se＜As，故正确答案为（D）。

例 3-6 下列各系列中，按电离能增加的顺序排列的是（　　）。

（A）Li、Na、K　　（B）B、Be、Li

（C）O、F、Ne　　（D）C、P、As

解： 根据第一电离能的变化规律，元素周期表中元素自左向右增加，主族元素自上而下减少，因此 Li、Na、K 依次减少，B、Be、Li 依次减少，O、F、Ne 依次增加，C、P、As 依次减少，故正确答案为（C）。

例 3-7 在 NaCl、$MgCl_2$、$AlCl_3$、$SiCl_4$ 四种物质中，离子极化作用最强的是（　　）。

（A）NaCl　（B）$MgCl_2$　（C）$AlCl_3$　（D）$SiCl_4$

解： 影响离子极化作用的主要因素有离子的构型、离子的电荷、离子的半径。当离子壳层的电子构型相同、半径相近，电荷高的阳离子有较强的极化作用；当电荷离子的构型相同、电荷相等，半径越小，离子的极化作用越大。Na^+、Mg^{2+}、Al^{3+}、Si^{4+} 四种离子均为 8 电子构型，且半径依次减小，电荷越高，半径越小，离子极化作用越强，因此离子极化作用大小顺序为 $Si^{4+}>Al^{3+}>Mg^{2+}>Na^+$，故正确答案为（D）。

例 3-8 在 CO 和 N_2 分子之间存在的分子间力有（　　）。

（A）取向力、诱导力和色散力（B）氢键

（C）色散力　　（D）色散力、诱导力

解： CO 是极性分子，N_2 是非极性分子，极性分子与非极性分子之间有色散力、诱导力，故正确答案为（D）。

例 3-9 $H_2C{=}HC{-}CH{=}CH_2$ 分子中所含化学键共有（　　）。

（A）4 个 σ 键，2 个 π 键　　（B）9 个 σ 键，2 个 π 键

（C）7 个 σ 键，4 个 π 键　　（D）5 个 σ 键，4 个 π 键

解： $H_2C{=}HC{-}CH{=}CH_2$ 为 1，3 丁二烯，其结构式为：

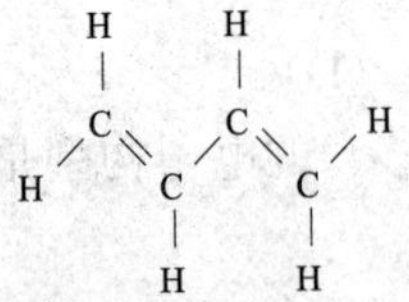

分子中有 7 个单键，2 个双键，单键都是 σ 键，双键中有一个是 σ 键，另一个是 π 键，因此该有机化合物中共有 9 个 σ 键，2 个 π 键，应选（B）。

例 3-10 下列各物质的化学键中，只存在 σ 键的是（　　）。

（A）C_2H_2　（B）H_2O　（C）CO_2　（D）CH_3COOH

解： C_2H_2 分子中含有叁键，CO_2、CH_3COOH 分子中均含有双键，叁键与双键中含有 π 键，H_2O 分子中只含有单键即只含有 σ 键，故正确答案为（B）。

第二节　溶　　液

一、溶液浓度

（1）质量分数(%)$=\frac{溶质的质量(g)}{溶液的质量(g)}\times100\%$

（2）物质的量浓度$(C)=\dfrac{\text{溶质的物质的量(mol)}}{\text{溶液的体积}(dm^3)}$，mol/dm³ 或 mol/L

（3）质量摩尔浓度$(m)=\dfrac{\text{溶质的物质的量(mol)}}{\text{溶剂的质量(kg)}}$，mol/kg

（4）摩尔分数$(x)=\dfrac{\text{溶质（或溶剂）的物质的量(mol)}}{\text{溶质的物质的量(mol)}+\text{溶剂的物质的量(mol)}}$

二、稀溶液的通性

（1）溶液的蒸汽压下降：难挥发的非电解质稀溶液的蒸汽压总是低于纯溶剂的蒸汽压，其差值称为溶液的蒸汽压下降（Δp）。

拉乌尔定律：在一定温度下，难挥发的非电解质稀溶液的蒸汽压下降（Δp）和溶质（B）的摩尔分数成正比，与溶质的本性无关，即

$$\Delta p = \frac{n_B}{n_A + n_B}P^0$$

式中 n_A——溶剂摩尔数；

n_B——溶质摩尔数；

P^0——溶剂的蒸汽压。

（2）溶液的沸点上升和凝固点下降：溶液的沸点总是高于纯溶剂的沸点；溶液的凝固点总是低于纯溶剂的凝固点。

拉乌尔定律：难挥发非电解质稀溶液的沸点上升值（ΔT_b）和凝固点下降值（ΔT_f）与溶液的质量摩尔浓度（m）成正比，与溶质的本性无关，即

$$\Delta T_b = K_b m, \quad \Delta T_f = K_f m$$

式中 K_b——溶剂的摩尔沸点上升常数，(K·kg)/mol；

K_f——溶剂的摩尔凝固点下降常数，(K·kg)/mol。

（3）渗透压（π）：为维持被半透膜所隔开的溶液与纯溶剂之间的渗透平衡而需要的额外压力。

渗透压的规律：当温度一定时，稀溶液的渗透压和溶液的摩尔浓度 c 成正比；当浓度一定时，稀溶液的渗透压 π 和温度 T 成正比，即

$$\pi = cRT, \quad \pi V = nRT$$

溶液的蒸汽压下降、沸点上升、凝固点下降和渗透压这些性质，与溶质的本性无关，只与溶液中溶质的粒子数有关，称为溶液的依数性。

（4）溶液蒸汽压、沸点、凝固点、渗透压大小的比较。

1）对同浓度的溶液来说，沸点高低或渗透压大小顺序为：

A_2B 或 AB_2 型强电解质溶液＞AB 型强电解质溶液＞弱电解质溶液＞非电解质溶液。

2）对同浓度的溶液来说，蒸汽压或凝固点的高低顺序正好相反：

A_2B 或 AB_2 型强电解质溶液＜AB 型强电解质溶液＜弱电解质溶液＜非电解质溶液。

三、弱电解质溶液的解离平衡

1. 水的电离平衡

（1）水的离子积：$K_W^\ominus = C(H^+)\cdot C(OH^-)$，25℃时 $K_W^\ominus=1.0\times10^{-14}$。

（2）pH 值：$pH=-\lg\{C(H^+)\}$，$pOH=-\lg\{C(OH^-)\}$，pH+pOH=14。

2. 酸碱质子理论

（1）酸：凡能给出 H^+ 的物质称为酸。

（2）碱：凡能接受 H^+ 的物质称为碱。

（3）共轭酸碱对：一个酸给出质子变为其共轭碱，一个碱得到质子变为其共轭酸，即

$$\underset{\text{共轭酸}}{HA} \rightleftharpoons H^+ + \underset{\text{共轭碱}}{A^-}$$

如 HAc—NaAc、HF—NH_4F、NH_4Cl—NH_3、H_2CO_3—HCO_3^-、HCO_3^-—CO_3^{2-}、$H_2PO_4^-$—HPO_4^{2-} 等均为共轭酸碱对。

3. 一元弱酸的解离平衡

一元弱酸的解离平衡，如 $HA(aq) \rightleftharpoons H^+(aq) + A^-(aq)$。弱酸的解离常数

$$K_a^\ominus = \frac{C^{eq}(H^+)C^{eq}(A^-)}{C^{eq}(HA)}$$

$K_a^\ominus$ 越大则酸性越强。$K_a^\ominus$ 只与温度有关，在一定温度下，$K_a^\ominus$ 为一常数，$K_a^\ominus$ 不随浓度变化而变化。

若弱酸比较弱，$K_a^\ominus < 10^{-4}$，则

$$C^{eq}(H^+) = \sqrt{K_a^\ominus C_a}$$

式中　C_a——酸的物质的量浓度。

$$\text{解离度}\,\alpha = \frac{\text{已解离的溶质量}}{\text{解离前溶质的总量}} \times 100\%$$

解离常数 $K_a^\ominus$、解离度 a 及起始浓度的关系式为

$$a = \sqrt{\frac{K_a^\ominus}{C_a}}$$

可见酸的浓度越低，其解离度越大。

4. 一元弱碱的解离平衡

一元弱碱的解离平衡，如 $NH_3(aq) + H_2O(l) \rightleftharpoons NH_4^+(aq) + OH^-(aq)$。弱碱的解离常数

$$K_b^\ominus = \frac{C^{eq}(NH_4^+)C^{eq}(OH^-)}{C^{eq}(NH_3)}$$

$K_b^\ominus$ 只与温度有关，在一定温度下，$K_b^\ominus$ 为一常数。$K_b^\ominus$ 越大，说明碱性越强。

若弱碱比较弱，$K_b^\ominus < 10^{-4}$，则

$$C^{eq}(OH^-) \approx \sqrt{K_b^\ominus C_b} \quad C^{eq}(H^+) = \frac{K_W^\ominus}{C^{eq}(OH^-)}$$

式中　C_b——碱的物质的量浓度。

5. 多元弱酸解离平衡

多元弱酸碱二级解离往往比一级解离弱得多，可近似按一级解离处理，如

$$H_2S(aq) \rightleftharpoons H^+(aq) + HS^-(aq), \quad K_{a1}^\ominus = 9.1 \times 10^{-8}$$

$$HS^-(aq) \rightleftharpoons H^+(aq) + S^{2-}(aq), \quad K_{a2}^\ominus = 1.1 \times 10^{-12}$$

$K_{a1}^\ominus \gg K_{a2}^\ominus$，忽略二级解离，按一级解离处理：$C^{eq}(H^+) \approx \sqrt{K_{a1}^\ominus C_a}$。

6. 共轭酸碱对的解离常数的关系

$$K_a^\ominus K_b^\ominus = K_W^\ominus, pK_a^\ominus + pK_b^\ominus = 14$$

$$pK_a^\ominus = -\lg K_a^\ominus; pK_b^\ominus = -\lg K_b^\ominus$$

7. 盐类水解平衡及溶液的酸碱性

（1）强碱弱酸盐的水解：强碱弱酸盐水解生成弱酸和强碱，溶液呈碱性。

例如 NaAc 水解：$Ac^- + H_2O \longrightarrow HAc + OH^-$

水解常数为

$$K_h^\ominus = \frac{K_W^\ominus}{K_a^\ominus}$$

（2）强酸弱碱盐的水解：强酸弱碱盐水解生成弱碱和强酸，溶液呈酸性。

例如 NH_4Cl 水解：　$NH_4{}^+ + H_2O \longrightarrow NH_3 \cdot H_2O + H^+$

水解常数为

$$K_h^\ominus = \frac{K_W^\ominus}{K_b^\ominus}$$

（3）弱酸弱碱盐水解：水解生成弱酸和弱碱，溶液酸碱性视弱酸 K_a 和弱碱 K_b 相对强弱大小而定。

例如 NH_4Ac 水解溶液呈中性：$NH_4Ac + H_2O \rightleftharpoons NH_3 \cdot H_2O + HAc$

（4）强酸强碱盐水解：溶液呈中性，如 NaCl 溶液，pH＝7。

8. 同离子效应

在弱电解质溶液中，加入与弱电解质具有相同离子的强电解质，使弱电解质的解离度降低，这种现象叫作同离子效应。

例如，在 HAc 溶液中加入 NaAc，使 HAc 解离平衡向左移动，即

$$HAc(aq) \rightleftharpoons H^+(aq) + Ac^-(aq)$$

加入 NaAc，Ac^- 浓度增大，平衡左移，从而使醋酸解离度降低（解离常数 K_a 不变）。H^+ 浓度降低，溶液的 pH 值升高。

9. 缓冲溶液

由弱酸及其共轭碱（如弱酸与弱酸盐）或弱碱及其共轭酸（如弱碱与弱碱盐）所组成的溶液，能抵抗外加少量强酸、强碱或稍加稀释而使本身溶液 pH 值基本保持不变，这种对酸和碱具有缓冲作用的溶液称缓冲溶液。缓冲溶液分类如下。

（1）弱酸—弱酸盐：如 HAc—NaAc、HF—NH_4F；过量的弱酸和强碱组成的溶液，如过量的 HAc 和 NaOH 混合，反应后，过剩的 HAc 和生成的 NaAc 组成缓冲溶液。

（2）弱碱—弱碱盐：如 NH_3—NH_4Cl；过量的弱碱和强酸，如过量的 $NH_3 \cdot H_2O$ 和 HCl 混合，反应后，过剩的 NH_3 和生成的 NH_4Cl 组成缓冲溶液。

（3）多元酸—酸式盐：多元酸的两种不同的酸式盐，如 H_2CO_3—$NaHCO_3$、$NaHCO_3$—Na_2CO_3、NaH_2PO_4—Na_2HPO_4。

弱酸—弱酸盐缓冲溶液的缓冲溶液 pH 值计算公式

$$C^{eq}(H^+) = K_a^\ominus \frac{C(\text{共轭酸})}{C(\text{共轭碱})} = K_a^\ominus \frac{C_a}{C_b}$$

$$pH = pK_a^\ominus - \lg \frac{C_a}{C_b}$$

$$pK_a^\ominus = -\lg K_a^\ominus$$

例如 HA_c—NaAc 缓冲溶液

$$C(H^+) = K_a^\ominus \cdot \frac{C_{HAc}}{C_{NaAc}}$$

$$pH = pK_a^\ominus - \lg \frac{C_{HAc}}{C_{NaAc}}$$

弱碱—弱碱盐缓冲溶液的 pH 值计算公式

$$C^{eq}(OH^-) = K_b^{\ominus} \frac{C(\text{共轭碱})}{C(\text{共轭酸})} = K_b^{\ominus} \frac{C_b}{C_a}$$

$$pOH = pK_b^{\ominus} - \lg \frac{C_b}{C_a}$$

$$pK_b^{\ominus} = -\lg K_b^{\ominus}$$

例如 NH_3—NH_4Cl 缓冲溶液

$$C(OH^-) = K_b^{\ominus} \cdot \frac{C_{NH_3}}{C_{NH_4Cl}}$$

$$pOH = pK_b^{\ominus} - \lg \frac{C_{NH_3}}{C_{NH_4Cl}}$$

(4) 选择缓冲溶液的原则：配制一定 pH 的缓冲溶液，选择缓冲对时，应使共轭酸的 $pK_a^{\ominus}$ 与配制溶液的 pH 值相等或接近，即 $pH = pK_a^{\ominus}$。

例如，配制 pH＝5 左右的缓冲溶液，可选 HAc—NaAc 混合溶液（$pK_{HAc}^{\ominus}=4.74$）；

配制 pH＝9 左右的缓冲溶液，可选 NH_3—NH_4Cl 混合溶液（$pK_{NH_4^+}^{\ominus}=9.26$）；

配制 pH＝7 左右的缓冲溶液，可选 NaH_2PO_4—Na_2HPO_4 混合溶液（$pKa_2=7.20$）。

四、难溶电解质的多相解离平衡

1. 溶度积常数

(1) 沉淀溶解平衡：$A_nB_m(s) \rightleftharpoons nA^{m+}(aq) + mB^{n-}(aq)$。

(2) 溶度积（常数）：$K_S^{\ominus}(A_nB_m) = \{C^{eq}(A^{m+})\}^n\{C^{eq}(B^{n-})\}^m$。

$C^{eq}(A^{m+})$ 为 A^{m+} 的平衡浓度，$C^{eq}(B^{n-})$ 为 B^{n-} 的平衡浓度。

溶度积 $K_S^{\ominus}$ 在一定温度下为一常数。

如 $Mg(OH)_2$ 的溶度积常数 K_S 表达式为

$$K_S^{\ominus}[Mg(OH)_2] = C(Mg^{2+})[C(OH^-)]^2$$

2. 溶解度 S（mol/dm^3）与溶度积 $K_S^{\ominus}$ 的关系

(1) 对于 AB 型沉淀，如 AgCl、AgBr、AgI、$CaCO_3$、$CaSO_4$ 等，$S=\sqrt{K_S^{\ominus}}$。

(2) 对于 A_2B 或 AB_2 型沉淀，如 Ag_2CrO_4，$Mg(OH)_2$ 等，$S=\sqrt[3]{\frac{K_S^{\ominus}}{4}}$。

3. 溶度积规则

溶液中，离子浓度的乘积：$Q = \{C(A^{m+})\}^n\{C(B^{n-})\}^m$。

溶度积：$K_S^{\ominus}(A_nB_m) = \{C^{eq}(A^{m+})\}^n\{C^{eq}(B^{n-})\}^m$。

若 $Q<K_S^{\ominus}$，则为不饱和溶液，无沉淀析出或沉淀将溶解；若 $Q=K_S^{\ominus}$，则为饱和溶液，沉淀和溶解达到平衡；若 $Q>K_S^{\ominus}$，则为过饱和溶液，有沉淀析出。

溶度积规则可用于判断沉淀的生成和溶解。

4. 同离子效应

在难溶电解质溶液中，加入与难溶电解质具有相同离子的易溶电解质，可使难溶电解质溶解度降低，这种现象叫作同离子效应，如在 AgCl 溶液中，加入 NaCl，使 AgCl 溶解度下降。

例 3-11 已知 $K_b^{\ominus}(NH_3)=1.77\times10^{-5}$，$0.1mol/m^3$ 氨水溶液的 pH 值约是（　　）。

(A) 2.87　　(B) 11.13　　(C) 2.37　　(D) 11.63

解：0.1mol/m³ 氨水溶液，$C(OH^-)\approx\sqrt{K_b^\ominus C_b}=\sqrt{1.77\times10^{-5}\times0.1}$

$$=1.33\times10^{-3}(mol/m^3)$$

pOH＝2.87，pH＝14－pOH＝11.13，所以正确答案是（B）。

例 3-12 下列溶液混合，属于缓冲溶液的是（ ）。

（A）50mL、0.2mol/L CH_3COOH 和 50mL、0.1mol/L NaOH 混合

（B）50mL、0.1mol/L CH_3COOH 和 50mL、0.1mol/L NaOH 混合

（C）50mL、0.1mol/L CH_3COOH 和 50mL、0.2mol/L NaOH 混合

（D）50mL、0.2mol/L HCl 和 50mL、0.1mol/L NH_3H_2O 混合

解：缓冲溶液是由共轭酸碱对（缓冲对）组成，CH_3COOH 和 NaOH 混合发生反应，选项（A）溶液反应后实际由剩余 CH_3COOH 和生成的 CH_3COONa 组成，CH_3COOH 与 CH_3COONa 是一对缓冲对，组成缓冲溶液，故正确；选项（B）中 CH_3COOH 和 NaOH 完全反应全部生成 CH_3COONa，故错误；选项（C）中 CH_3COOH 和 NaOH 完全反应后 NaOH 过量，反应后实际为生成 CH_3COONa 和剩的 NaOH，CH_3COONa 和 NaOH 非缓冲对，故错误；选项（D）中 HCl 和 NH_3H_2O 混合反应后，溶液实际由过剩的 HCl 和生成的 NH_4Cl 组成，HCl 和 NH_4Cl 非缓冲对，故错误。正确答案是（A）。

例 3-13 将浓度为 0.1mol/L 的 HAc 溶液冲稀一倍，下列叙述正确的是（ ）。

（A）HAc 解离度增大　　（B）溶液中有关离子浓度增大

（C）HAc 解离常数增大　　（D）溶液的 pH 值降低

解：根据解离度公式 $\alpha=\sqrt{\dfrac{K_a^\ominus}{C}}$，其中，温度不变，酸的解离常数 K_a 不变，因此随着酸的浓度的降低，酸的解离度增大，由于浓度减少，溶液中有关离子浓度减少，氢离子浓度也减少，溶液 pH 值升高，应选（A）。

例 3-14 已知 $K_b^\ominus(NH_3)=1.77\times10^{-5}$，将 0.2mol/L 的 $NH_3\cdot H_2O$ 溶液和 0.2mol/L 的 HCl 溶液等体积混合，其混合溶液的 pH 值为（ ）。

（A）5.12　　（B）8.87　　（C）1.63　　（D）9.73

解：$NH_3\cdot H_2O+HCl=\!=\!=NH_4Cl+H_2O$，0.2mol/L 的 $NH_3\cdot H_2O$ 溶液和 0.2mol/L 的 HCl 溶液等体积混合后，$NH_3\cdot H_2O$ 与 HCl 完全反应，生成的 NH_4Cl 浓度为 0.1mol/L，NH_4Cl 解离出的氢离子浓度为 $C(H^+)\approx\sqrt{K_a^\ominus C}$

其中，$K_a^\ominus=\dfrac{K_W^\ominus}{K_b^\ominus}=\dfrac{1.0\times10^{-14}}{1.77\times10^{-5}}=5.65\times10^{-10}$，$C=0.1mol/L$，则 $C(H^+)\approx\sqrt{K_a^\ominus C}=\sqrt{5.65\times10^{-10}\times0.1}=7.52\times10^{-6}$，所以pH＝5.12，应选（A）。

例 3-15 $K_s^\ominus[Mg(OH)_2]=5.6\times10^{-12}$，则 $Mg(OH)_2$ 在 0.01mol/L NaOH 溶液中的溶解度为（ ）。

（A）5.6×10^{-9}mol/L　　（B）5.6×10^{-10}mol/L

（C）5.6×10^{-8}mol/L　　（D）5.6×10^{-5}mol/L

解：$K_s^\ominus[Mg(OH)_2]=C(Mg^{2+})[C(OH^-)]^2$

$$C(Mg^{2+})=\frac{K_s^\ominus}{[C(OH^-)]^2}=\frac{5.6\times10^{-12}}{0.01^2}=5.6\times10^{-8}(mol/L)$$

正确答案是（C）。

例 3-16 浓度均为0.1mol/L的NH_4Cl、NaCl、NaAc、Na_3PO_4，其pH值由小到大的顺序为（　　）。

(A) NH_4Cl、NaCl、NaAc、Na_3PO_4

(B) Na_3PO_4、NaAc、NaCl、NH_4Cl

(C) NH_4Cl、NaCl、Na_3PO_4、NaAc

(D) NaAc、Na_3PO_4、NaCl、NH_4Cl

解： NaAc、Na_3PO_4是强碱弱酸盐，其溶液呈碱性；且其共轭酸醋酸HAc（$K_a^\ominus = 1.76\times10^{-5}$）酸性比磷酸氢根$HPO_4^{2-}$（$K_{a3}^\ominus = 2.2\times10^{-13}$）强，因此碱性$Na_3PO_4$比NaAc强，NaCl是强碱强酸盐，其溶液呈中性，NH_4Cl是强酸弱碱盐，其溶液呈酸性，因此这四种物质酸性由强到弱的顺序是NH_4Cl、NaCl、NaAc、Na_3PO_4，故其pH由小到大的顺序也为NH_4Cl、NaCl、NaAc、Na_3PO_4，应选（A）。

第三节　化学反应速率及化学平衡

一、反应热与热化学方程式

1. 反应热

在不做体积功的条件下，化学反应的生成物与反应物温度相同时，反应过程中吸收或放出的热量，简称反应热，用符号q表示。$q<0$表示放热；$q>0$表示吸热。

(1) 等容反应热（q_V）：在不做非体积功的条件下，反应中系统热力学能（内能）的变化量（ΔU）在数值上等于等容热效应q_V，即$\Delta U = q_V$。

(2) 等压反应热（q_p）：在不做非体积功的条件下，反应的焓变ΔH在数值上等于其等压热效应，即$\Delta H = q_p$。常压条件下讨论反应的热效应，可用焓变表示反应热。$\Delta H<0$时放热，$\Delta H>0$时吸热。

2. 反应热效应的理论计算

(1) 盖斯（Hess）定律：在恒容或恒压条件下，化学反应的反应热只与反应的始态和终态有关，而与变化的途径无关。

推论：热化学方程式相加减，相应的反应热随之相加减。

若反应(3)=反应(1)±反应(2)，则$\Delta H_3 = \Delta H_1 \pm \Delta H_2$。

(2) 标准条件。

1) 气态物质：指气体混合物中，各气态物质的分压均为标准压力$P^\ominus$时的状态，$P^\ominus = 100kPa$。

2) 溶液中水合离子或水合分子：指水合离子或水合分子的质量摩尔浓度为1mol/kg时的状态。常温常压下近似用摩尔浓度表示，即标准浓度$c^\ominus = 1mol/m^3$。

3) 液体或固体：指在标准压力下的纯液体或纯固体。

(3) 物质的标准摩尔生成焓：在标准状态下由指定单质生成单位物质量（1mol）的纯物质时反应的焓变称该物质标准摩尔生成焓，用$\Delta_f H_m^\ominus(298.15K)$表示，单位kJ/mol。

规定：指定单质标准摩尔生成焓为零，即$\Delta_f H_m^\ominus$(单质,298.15K) = 0。

指定单质：单质最稳定态，如碳的最稳定态为石墨（s）；磷的最稳定态为白磷（s），如$\Delta_f H_m^\ominus(O_2, g, 298.15K) = 0$，$\Delta_f H_m^\ominus(CO_2, g, 298.15K) = -393.15kJ/mol$。

(4) 反应的标准摩尔焓变$\Delta r H_m^\ominus$的计算。

对于反应：$aA+bB=gG+dD$

$\Delta rH_m^{\ominus}(298.15\mathrm{K}) = \{g\Delta_f H_m^{\ominus}(G,298.15\mathrm{K}) + d\Delta_f H_m^{\ominus}(D,298.15\mathrm{K})\} - \{a\Delta_f H_m^{\ominus}(A,298.15\mathrm{K}) + b\Delta_f H_m^{\ominus}(B,298.15\mathrm{K})\}$，单位 kJ/mol。

说明

反应的焓变基本不随温度而变，即

$\Delta H^{\ominus}(T) \approx \Delta H^{\ominus}(298.15\mathrm{K})$，如 $\Delta H^{\ominus}(500\mathrm{K}) \approx \Delta H^{\ominus}(298.15\mathrm{K})$。

二、化学反应速率

1. 化学反应速率的表示

化学反应速率（反应速率）υ 表示为

$$\upsilon = \nu_B^{-1} \frac{\mathrm{d}c(B)}{\mathrm{d}t}$$

式中 ν_B——物质 B 的化学计量数，反应物取负值，生成物取正值。

对于反应 $aA+bB=gG+dD$

$$\text{反应速率}\ \upsilon = -\frac{1}{a}\frac{\mathrm{d}c(A)}{\mathrm{d}t} = -\frac{1}{b}\frac{\mathrm{d}c(B)}{\mathrm{d}t} = +\frac{1}{g}\frac{\mathrm{d}c(G)}{\mathrm{d}t} = +\frac{1}{d}\frac{\mathrm{d}c(D)}{\mathrm{d}t}$$

2. 浓度对反应速率的影响

（1）质量作用定律：在一定温度下，对于基元反应（一步完成的简单反应），反应速率与反应物浓度（以反应方程式中相应物质的化学计量数为指数）的乘积成正比。

（2）反应速率方程式。基元反应：$aA+bB=gG+dD$ 的速率方程式

$$\upsilon = k\{c(A)\}^a\{c(B)\}^b$$

其中

$$n=a+b$$

式中 k——速率常数，在一定温度和催化剂下，为一常数，k 值越大，反应速率越大，对同一反应，k 与浓度或压力无关，只随反应的温度和催化剂而变；

n——反应级数。

（3）非元反应：即两个或两个以上基元反应构成。基元反应 $aA+bB=gG+dD$ 的速率方程式为

$$\upsilon = k\{c(A)\}^x\{c(B)\}^y$$

式中反应级数 $n=x+y$，但 x、y 由试验来确定。液态和固态纯物质的浓度作为常数“1”。

3. 温度对反应速率的影响

温度升高 $T\uparrow$，速率常数升高 $k\uparrow$（$k_{正}\uparrow$，$k_{逆}\uparrow$），反应速率升高 $\upsilon\uparrow$。

4. 活化能与催化剂

（1）活化能对反应速率的影响：活化能越低 $Ea\downarrow$，速率常数越高 $k\uparrow$，反应速率越高 $\upsilon\uparrow$。

（2）活化能（Ea）：活化络合物（或活化分子，即能发生反应的分子）的平均能量与反应物分子平均能量之差，即反应发生所必需的最低能量。活化能越低，速率常数越大，反应速率越大。

（3）活化能与反应热效应的关系

$$Ea_1 - Ea_2 \approx \Delta H$$

式中 Ea_1——正反应活化能；

Ea_2——逆反应活化能。

若 $Ea_1>Ea_2$，$\Delta H>0$，反应吸热；若 $Ea_1<Ea_2$，$\Delta H<0$，反应放热。

(4) 催化剂：改变反应历程，降低反应活化能，加快反应速率，而本身组成、质量及化学性质在反应前后保持不变。

5. 从活化分子、活化能的观点解释加快反应速率的方法

活化分子数＝分子总数×活化分子百分数

(1) 增大浓度：活化分子百分数一定，浓度增大，增加单位体积内分子总数，增加活化分子总数，从而加快反应速率。

(2) 升高温度：分子总数不变，升高温度使更多分子获得能量而成为活化分子，活化分子百分数显著增加，增加活化分子总数，从而加快反应速率。

(3) 催化剂：降低反应的活化能，使更多分子成为活化分子，活化分子百分数显著增加，增加活化分子总数，从而加快反应速率（$\upsilon_{正}\uparrow$，$\upsilon_{逆}\uparrow$）。

三、化学反应的方向

1. 熵及反应的熵变

(1) 熵是系统内物质微观粒子的混乱度（或无序度）的量度，符号 S。熵是状态函数，熵值越大，系统混乱度越大。

(2) 热力学第三定律：在绝对零度时，一切纯物质的完美晶体的熵值为零，即 $S(0K)=0$。

(3) 物质的标准摩尔熵：单位物质量的纯物质在标准状态下的规定熵叫作该物质的标准摩尔熵，以 $S_m^\ominus$表示，单位 J/(mol·K)。

(4) 物质熵值的大小，有如下规律：

1) 对同一物质而言，气态时的熵 S_g 大于液态时的熵 S_l，而液态时的熵又大于固态时的熵 S_s，即 $S_g>S_l>S_s$，如 $S_m^\ominus(H_2O, g, 298.15K)>S_m^\ominus(H_2O, l, 298.15K)$。

2) 同一物质，聚集状态相同时，熵值随温度升高而增大，即 $S_h>S_l$，如 $S_m^\ominus(Fe, s, 500K)>S_m^\ominus(Fe, s, 298.15K)$。

3) 当温度和聚集状态相同时，结构较复杂（内部微观粒子较多）的物质的熵值 S_F 大于结构简单的熵 S_j，即 $S_F>S_j$，如 $S_m^\ominus(C_2H_6, g, 298.15K)>S_m^\ominus(CH_4, g, 298.15K)$。

(5) 反应的标准摩尔熵变 $\Delta_r S_m^\ominus$的计算。对于反应 $aA+bB=gG+dD$，则

$\Delta_r S_m^\ominus(298.15K)=\{gS_m^\ominus(G, 298.15K)+dS_m^\ominus(D, 298.15K)\}-\{aS_m^\ominus(A, 298.15K)+bS_m^\ominus(B, 298.15K)\}$，单位 J/(K·mol)。

说明

反应的熵变基本不随温度而变，即 $\Delta S^\ominus(T)\approx\Delta S^\ominus(298.15K)$。

2. 化学反应方向（自发性）的判断

(1) 吉布斯函数：$G=H-TS$，为一复合状态函数。

(2) 吉布斯函数变：$\Delta G=\Delta H-T\Delta S$，该式称为吉布斯等温方程式。

(3) 反应方向（自发性）的判断。对于恒温、恒压不做非体积功的一般反应，其自发性的判断标准为：$\Delta G<0$ 时反应正向自发；$\Delta G=0$ 时平衡状态；$\Delta G>0$ 时反应逆向自发，正向非自发。

考虑 ΔH 和 ΔS 两个因素的影响，分为以下四种情况：

1) $\Delta H<0$，$\Delta S>0$，$\Delta G<0$，正向自发；

2) $\Delta H>0$，$\Delta S<0$，$\Delta G>0$，正向非自发；

3）$\Delta H>0$，$\Delta S>0$，高温正向自发，低温正向非自发；

4）$\Delta H<0$，$\Delta S<0$，低温正向自发，高温正向非自发。

3. 利用反应商判断反应移动的方向

（1）反应商：反应在任意状态（或起始状态）时，生成物相对浓度（或相对压力）以计量系数为指数的乘积与反应物相对浓度（或相对压力）以计量系数为指数的乘积的比值称为反应商，用 Q 表示。

对于气体反应：$aA(g)+bB(g)=gG(g)+dD(g)$

$Q_P=\dfrac{\{p(G)/p^{\ominus}\}^g\{p(D)/p^{\ominus}\}^d}{\{p(A)/p^{\ominus}\}^a\{p(B)/p^{\ominus}\}^b}$，称为压力商；

对于溶液中的反应：$aA(aq)+bB(aq)=gG(aq)+dD(aq)$

$Q_C=\dfrac{\{C(G)/C^{\ominus}\}^g\{C(D)/C^{\ominus}\}^d}{\{C(A)/C^{\ominus}\}^a\{C(B)/C^{\ominus}\}^b}$，称为浓度商。

（2）反应方向（即平衡移动）判断：

1）若 $Q<K^{\ominus}$，则 $\Delta G<0$，反应正向自发进行（平衡向正反应方向移动）；

2）若 $Q=K^{\ominus}$，则 $\Delta G=0$，平衡状态（反应不移动）；

3）若 $Q>K^{\ominus}$，则 $\Delta G>0$，反应逆向自发进行（平衡向逆反应方向移动）。

四、化学平衡

1. 化学平衡的特征

（1）当正、逆两方向反应速率 ν_1、ν_2 相等时，系统达到平衡状态。

（2）生成物和反应物的浓度（或压力）不再随时间变化。

（3）化学平衡是有条件的、相对的、暂时的动态平衡。条件改变，平衡会发生移动。

2. 标准平衡常数 $K^{\ominus}$

（1）当反应达到平衡时，生成物相对浓度（或相对压力）以计量系数为指数的乘积与反应物相对浓度（或相对压力）以计量系数为指数的乘积的比值为一常数，此常数称为该反应在该温度下的标准平衡常数，以 $K^{\ominus}$ 表示。$K^{\ominus}$ 代表反应进行的程度，$K^{\ominus}$ 越大，表示反应进行得越彻底。

（2）$K^{\ominus}$ 的表达式。对于气体反应　$aA(g)+bB(g)\rightleftharpoons gG(g)+dD(g)$

$$K^{\ominus}=\frac{\{p^{eq}(G)/p^{\ominus}\}^g\{p^{eq}(D)/p^{\ominus}\}^d}{\{p^{eq}(A)/p^{\ominus}\}^a\{p^{eq}(B)/p^{\ominus}\}^b}$$

对于溶液中的反应：$aA(aq)+bB(aq)=\!=\!=gG(aq)+dD(aq)$

$$K^{\ominus}=\frac{\{C^{eq}(G)/C^{\ominus}\}^g\{C^{eq}(D)/C^{\ominus}\}^d}{\{C^{eq}(A)/C^{\ominus}\}^a\{C^{eq}(B)/C^{\ominus}\}^b}$$

其中　$p^{\ominus}=100\text{kPa}$　$C^{\ominus}=1\text{mol/m}^3$。

说明

1. 对于一个确定的反应，$K^{\ominus}$ 只是温度的函数。温度一定，$K^{\ominus}$ 为一常数，不随浓度或压力而变。

2. 化学反应中的液态和固态纯物质，作为常数“1”不代入平衡常数表达式。

3. $K^{\ominus}$ 表达式与化学方程式的书写方式有关，如 $N_2+3H_2=2NH_3$，$K_1^{\ominus}$；

$\frac{1}{2}N_2+\frac{3}{2}H_2=NH_3$，$K_2^{\ominus}$；$2NH_3=N_2+3H_2$，$K_3^{\ominus}$；$K_1^{\ominus}=\{K_2^{\ominus}\}^2=\dfrac{1}{K_3^{\ominus}}$。

3. 多重平衡规则

如果某个反应可以表示为两个或更多个反应的总和，则总反应的平衡常数等于各反应平衡常数的乘积，可表示为

反应（3）＝反应（1）＋反应（2），$K_3^{\ominus}=K_1^{\ominus}\cdot K_2^{\ominus}$

反应（3）＝反应（1）－反应（2），$K_3^{\ominus}=K_1^{\ominus}/K_2^{\ominus}$

4. 温度对标准平衡常数的影响

$$\ln K^{\ominus}=\frac{-\Delta_r G_m^{\ominus}}{RT}=\frac{-\Delta_r H_m^{\ominus}}{RT}+\frac{\Delta_r S_m^{\ominus}}{R}$$

（1）对于吸热反应，$\Delta H>0$，随温度升高，平衡常数增大，即 $T\uparrow$，$K^{\ominus}\uparrow$。

（2）对于放热反应，$\Delta H<0$，随温度升高，平衡常数减少，即 $T\uparrow$，$K^{\ominus}\downarrow$。

5. 化学平衡的移动

吕·查德里原理：假如改变平衡系统的条件之一，平衡就向能减弱这个改变的方向进行。

（1）浓度对化学平衡的影响：在其他条件不变的情况下，增大反应物的浓度或减少生成物的浓度，都可以使平衡向正反应的方向移动；增大生成物的浓度或减少反应物的浓度，都可以使平衡向逆反应的方向移动。

（2）压力对化学平衡的影响：在其他条件不变的情况下，增大总压力（或减少反应容器的体积）会使化学平衡向着气体分子数减小的方向移动；减小总压力（或增大反应容器的体积），会使平衡向着气体分子数增大的方向移动。若反应前后，气体分子数相等，则压力的变化对平衡的移动没有影响。如反应 $CO(g)+H_2O(g)=H_2(g)+CO_2(g)$，增大或减少总压力，平衡不发生移动。

（3）温度对化学平衡的影响：在其他条件不变的情况下，升高温度，会使化学平衡向着吸热反应的方向移动；降低温度，会使化学平衡向着放热反应的方向移动。

例 3-17 某化学反应在任何温度下都可以自发进行，反应需要满足的条件是（　　）。

（A）$\Delta_r H_m<0$，$\Delta_r S_m>0$　　（B）$\Delta_r H_m>0$，$\Delta_r S_m<0$

（C）$\Delta_r H_m<0$，$\Delta_r S_m<0$　　（D）$\Delta_r H_m>0$，$\Delta_r S_m>0$

解：根据吉布斯等温方程式 $\Delta_r G_m=\Delta_r H_m-T\Delta_r S_m$，当 $\Delta_r H_m<0$，$\Delta_r S_m>0$，在任何温度下，$\Delta G<0$，都可以正向自发进行，正确答案是（A）。

例 3-18 下列反应中 $\Delta_r S_m^{\ominus}>0$ 的是（　　）。

（A）$2H_2(g)+O_2(g)=\!=\!=H_2O(g)$

（B）$N_2(g)+3H_2(g)=\!=\!=2NH_3(g)$

（C）$NH_4Cl(s)=\!=\!=NH_3(g)+HCl(g)$

（D）$CO_2(g)+2NaOH(aq)=\!=\!=Na_2CO_3(aq)+H_2O(l)$

解：$\Delta_r S_m^{\ominus}>0$ 的反应，是正向混乱度增大的反应，选项（A）、（B）的反应正向气体分子数减少，混乱度也减少，$\Delta_r S_m^{\ominus}<0$；选项（C）的反应正向由固体生成气体，混乱度增大，$\Delta_r S_m^{\ominus}>0$；选项（D）反应正向由气体生成液体，混乱度也减少，$\Delta_r S_m^{\ominus}<0$；因此只有选项（C）的反应正向混乱度增加。

例 3-19 通常情况下，$K_a^{\ominus}$、$K_b^{\ominus}$、$K^{\ominus}$、$K_s^{\ominus}$ 它们的共同特性是（　　）。

（A）与有关气体分压有关　　（B）与温度有关

（C）与催化剂种类有关　　（D）与反应物浓度有关

解：$K^\ominus$为化学反应的平衡常数，只是温度的函数，在一定温度下为一常数。$K_a^\ominus$ 为酸的解离常数；$K_b^\ominus$ 为碱的解离常数；$K_s^\ominus$ 为难溶电解质的溶度积常数；$K_a^\ominus$、$K_b^\ominus$、$K_s^\ominus$ 都是平衡常数，故都与温度有关，所以正确答案是（B）。

例 3-20 已知反应

(1) $H_2(g) + S(s) \rightleftharpoons H_2S(g)$，其平衡常数为 $K_1^\ominus$，

(2) $O_2(g) + S(s) \rightleftharpoons SO_2(g)$，其平衡常数为 $K_2^\ominus$，

则反应 (3) $H_2(g) + SO_2(g) \rightleftharpoons O_2(g) + H_2S(g)$ 的平衡常数为 $K_3^\ominus$ 为（　　）。

（A）$K_1^\ominus + K_2^\ominus$　　（B）$K_1^\ominus K_2^\ominus$　　（C）$K_1^\ominus - K_2^\ominus$　　（D）$K_1^\ominus / K_2^\ominus$

解：(3)＝(1)－(2)；

因此　$K_3^\ominus = K_1^\ominus / K_2^\ominus$，因此正确答案是（D）。

例 3-21 已知反应 $C_2H_2(g) + 2H_2(g) \rightleftharpoons C_2H_6(g)$ 的 $\Delta_r H_m < 0$，当反应达到平衡后，欲使反应向右进行，可采取的方法是（　　）。

（A）升温，升压　（B）升温，减压　（C）降温，升压　（D）降温，减压

解：在有气体参加且反应前后气体分子数变化的反应中，在其他条件不变时，增大压力，平衡向气体分子数减小方向移动；减小压力，平衡向气体分子数增大的方向移动。该反应正向为气体分子数减少的方向，故平衡向右移动应该升高压力；当其他条件不变时，升高温度平衡向吸热反应方向移动，降低温度平衡向放热方向移动，该反应正向为放热反应，故应降低温度，因此正确答案是（C）。

例 3-22 反应 $PCl_3(g) + Cl_2(g) \rightleftharpoons PCl_5(g)$，在 298K 时，$K^\ominus = 0.767$，此温度下平衡时，如 $p(PCl_5) = p(PCl_3)$，则 $p(Cl_2)$等于（　　）kPa。

（A）130.38　　（B）0.767　　（C）7607　　（D）7.67×10^{-3}

解：根据平衡常数的表达式，反应 $PCl_3(g) + Cl_2(g) \rightleftharpoons PCl_5(g)$ 的平衡常数为：

$$K^\ominus = \frac{P^{eq}(PCl_5)/P^\ominus}{P^{eq}(PCl_3)/P^\ominus \; P^{eq}(Cl_2)/P^\ominus} = \frac{P^{eq}(PCl_5)P^\ominus}{P^{eq}(PCl_3)P^{eq}(Cl_2)} = \frac{P^\ominus}{P^{eq}(Cl_2)}$$

$$P^{eq}(Cl_2) = \frac{P^\ominus}{K^\ominus} = \frac{100}{0.767}(\text{kPa}) = 130.38\text{kPa}$$

正确答案是（A）。

例 3-23 已知反应 $N_2(g) + 3H_2(g) \rightarrow 2NH_3(g)$，的 $\Delta_r H_m^\ominus < 0$，$\Delta_r S_m^\ominus < 0$，则该反应为（　　）。

（A）低温易自发，高温不易自发

（B）高温易自发，低温不易自发

（C）任何温度都易自发

（D）任何温度都不易自发

解：根据 $\Delta_r G_m^\ominus = \Delta_r H_m^\ominus - T\Delta_r S_m^\ominus$，当 $\Delta_r H_m^\ominus < 0$，$\Delta_r S_m^\ominus < 0$，低温趋向于 $\Delta_r G_m^\ominus < 0$，反应正向自发；高温趋向于 $\Delta_r G_m^\ominus > 0$，反应正向非自发。因此当 $\Delta_r H_m^\ominus < 0$，$\Delta_r S_m^\ominus < 0$，低温易自发，高温不易自发，应选（A）。

例 3-24 在一个容器中，反应 $2NO_2(g) \rightleftharpoons 2NO(g) + O_2(g)$，恒温条件下达到平衡后，若加入一定的 Ar 气体保持总压力不变，平衡将会（　　）。

（A）向正反应方向移动　　（B）向逆反应方向移动

（C）没有变化　　（D）不能判断

解：平衡系统中加入一定的 Ar 气体而保持总压力不变，Ar 是惰性气体，不参加反应，但平衡系统的总物质量 n 增大，根据分压定律，$P_i=\frac{n_i}{n}P$，反应方程式中各物质的分压减少，因此平衡向着气体分子数增大的方向（正向）移动，正确答案是（A）。

例 3-25 某温度下，密闭容器进行如下反应，$2A(g)+B(g)\rightleftharpoons 2C(g)$；开始时 $p(A)=p(B)=300\text{kPa}$，$p(C)=0\text{kPa}$，平衡时 $p(C)=100\text{kPa}$；在此温度下反应的标准平衡常数是（　　）。

(A) 0.1　　(B) 0.4　　(C) 0.001　　(D) 0.002

解：　$2A(g)+B(g)\rightleftharpoons 2C(g)$，

开始：　300　300　0

平衡：　200　250　100

标准平衡常数为

$$K^{\ominus}=\frac{[p(C)/P^{\ominus}]^2}{[p(A)/P^{\ominus}]^2\cdot[p(B)/P^{\ominus}]}=\frac{(100/100)^2}{(200/100)^2\times(250/100)}=0.1$$

故答案选（A）。

例 3-26 金属钠在氯气中燃烧生成氯化钠晶体，其反应的熵是（　　）。

(A) 增大　　(B) 减少　　(C) 不变　　(D) 无法判断

解：$2Na(s)+Cl_2(g)=2NaCl(s)$，反应物有气体，生成物没有气体只有固体，可见反应正向混乱度减少，反应的熵值减少，熵变为负值，应选（B）。

第四节　氧化还原反应与电化学

一、氧化还原反应的基本概念

（1）氧化还原反应：有电子转移即元素化合价有变化的反应，如 $Zn+Cu^{2+}=Zn^{2+}+Cu$。氧化还原反应是由氧化和还原两个半反应组成。

（2）氧化反应：物质失去电子的反应称氧化反应，即化合价升高的过程，如

$$Zn-2e^{-1}=Zn^{2+}$$

（3）还原反应：物质得到电子的反应称还原反应，即化合价降低的过程，如

$$Cu^{2+}+2e^{-1}=Cu$$

（4）氧化还原电对：氧化态/还原态，如 Zn^{2+}/Zn、Cu^{2+}/Cu。

（5）氧化剂：得到电子（化合价降低）的物质是氧化剂，如 Cu^{2+}。

（6）还原剂：失去电子（化合价升高）的物质是还原剂，如 Zn。

（7）歧化反应：在同一反应中，同一物质，既可作为氧化剂（元素化合价降低），又可作为还原剂（元素化合价升高），此反应称为歧化反应，如反应 $3I_2+6OH^-=IO_3^-+5I^-+3H_2O$ 中，单质 I_2 既是氧化剂又是还原剂。

二、氧化还原反应方程式的配平

（1）用离子式写出参加氧化还原反应的反应物和产物，如

$$MnO_4^-+Fe^{2+}=Mn^{2+}+Fe^{3+}$$

（2）写出氧化还原反应的两个半反应。

还原反应：$MnO_4^-\longrightarrow Mn^{2+}$。

氧化反应：$Fe^{2+}\longrightarrow Fe^{3+}$。

（3）配平半反应：使两边的各种元素原子总数和电荷总数均相等，如

$$MnO_4^- + 8H^+ + 5e^{-1} = Mn^{2+} + 4H_2O，Fe^{2+} - e^{-1} = Fe^{3+}$$

（4）根据氧化剂和还原剂得失电子总数相等的原则，确定各半反应式的系数并合并

$$MnO_4^- + 5Fe^{2+} + 8H^+ = Mn^{2+} + 5Fe^{3+} + 4H_2O$$

三、原电池

1. 原电池的组成及电极反应

（1）原电池：将化学能转化为电能的装置。

（2）原电池的电极反应。

1）负极发生氧化反应：$Zn - 2e^{-1} = Zn^{2+}$。

2）正极发生还原反应：$Cu^{2+} + 2e^{-1} = Cu$。

3）原电池的总反应：$Zn + Cu^{2+} = Zn^{2+} + Cu$。

（3）原电池的图式：$(-)B|B^+(c_1) \parallel A^+(c_2)|A(+)$。其中“（−）”代表负极，习惯上写在左边；“（+）”代表正极，习惯上写在右边；“|”代表相界面，如固、液两相之间，气、液两相之间，气、固两相之间；“¦¦”代表盐桥。

盐桥作用：补充电荷，维持电荷平衡，保持两边溶液的电中性，沟通线路。

如铜锌原电池图式为

$(-)Zn|Zn^{2+}(c_1) \parallel Cu^{2+}(c_2)|Cu\quad(+)$

对于非金属电极、氧化还原电极及难溶盐电极，需要外加铂（Pt）或石墨导电体材料做辅助电极，如

$(-)Pt|H_2(P)|H^+(c_1) \parallel Fe^{3+}(c_2),Fe^{2+}(c_3)|Pt(+)$

2. 电极电势

金属（或非金属）与溶液中自身离子达到平衡时产生的电势称电极的电极电势，用 φ 表示。

（1）标准氢电极：规定在任何温度下标准氢电极的电极电势为零，即

$$\varphi^{\ominus}(H^+/H_2) = 0.000\,0V$$

标准氢电极为：$Pt|H_2(100kPa)|H^+(1mol/m^3)$。

氢电极的电极反应为：$H_2(g) - 2e^{-1} = 2H^+(aq)$。

（2）标准电极电势 $\varphi^{\ominus}$：在标准条件下，相对于标准氢电极的电极电势。将待测电极与标准氢电极组成原电池，可求待测电极的标准电极电势。$\varphi^{\ominus}$ 在一定温度下为一常数，代表氧化还原点对得失电子的能力，有以下性质：

1）标准电极电势在一定温度下为一常数，与电极反应方向无关，如

$Cu^{2+} + 2e^{-1} = Cu$，$\varphi^{\ominus}(Cu^{2+}/Cu) = +0.34V$；

$Cu - 2e^{-1} = Cu^{2+}$，$\varphi^{\ominus}(Cu^{2+}/Cu) = +0.34V$。

2）电极电势不随电极反应计量系数的改变而变化，如

电极反应：$2Cu = 2Cu^{2+} + 4e^{-1}$，$\varphi^{\ominus}(Cu^{2+}/Cu) = +0.34V$

（3）原电池电动势：$E = \varphi_{(+)} - \varphi_{(-)}$；原电池标准电动势：$E^{\ominus} = \varphi^{\ominus}_{(+)} - \varphi^{\ominus}_{(-)}$。

电极电势 φ 高的电极作正极，电极电势 φ 低的电极作负极，电动势 $E>0$，原电池正常工作，电流从正极流向负极。

3. 电极电势的计算——能斯特方程

对任意给定的电极：a(氧化态)$+ne^{-1}=b$(还原态)，当 298K 时

$$\varphi=\varphi^{\ominus}+\frac{0.05917}{n}\lg\frac{\{C(\text{氧化态})/C^{\ominus}\}^{a}}{\{C(\text{还原态})/C^{\ominus}\}^{b}}$$，其中 $C^{\ominus}=1\text{mol/m}^3$，可省略。

使用能斯特方程应注意：

(1) 参加电极反应的物质若是纯物质或纯液体，则该物质的浓度作为常数 1。

(2) 若电极反应中某物质是气体，则用相对分压 $\frac{p}{p^{\ominus}}$ 代替相对浓度 $\frac{C}{C^{\ominus}}$。

(3) 对于有 H^+ 或 OH^- 参加的电极反应，其浓度及其计量系数也应写入能斯特方程。

如电极反应 $MnO_4^- + 8H^+ + 5e^{-1} = Mn^{2+} + 4H_2O$，其能斯特方程为

$$\varphi(MnO_4^-/Mn^{2+})=\varphi^{\ominus}(MnO_4^-/Mn^{2+})+\frac{0.05917}{5}\lg\frac{\{C(MnO_4^-)\}\{C(H^+)\}^8}{C(Mn^{2+})}$$

可见，溶液 pH 值对含氧酸盐的电极电位影响很大。

4. 电极电势的应用

(1) 比较氧化剂、还原剂的相对强弱：电极电势代数值越大，表明电对中氧化态物质氧化性越强，对应还原态物质还原性越弱；电极电势代数值越小，表明电对中还原态物质还原性越强，对应氧化态物质氧化性越弱。

(2) 判断氧化还原反应进行的方向：$E>0$ 反应正向进行；$E=0$ 反应处于平衡；$E<0$ 反应逆向进行。电极电势代数值大的电对中氧化态物质作氧化剂，可以和电极电势代数值小的电对中还原态物质作还原剂，反应自发进行。

(3) 计算氧化还原反应进行的程度：氧化还原反应进行的程度可用标准平衡常数 $K^{\ominus}$ 来表示。298.15k 时，$\lg K^{\ominus}=\frac{nE^{\ominus}}{0.05917}$，$E^{\ominus}=\varphi^{\ominus}_{(+)}-\varphi^{\ominus}_{(-)}$。

四、电解

1. 电解

将电流通过电解液，在阴极和阳极上引起氧化还原反应的过程。

2. 电解产物的一般规律

(1) 阴极：电极电势代数值大的氧化态物质首先在阴极得电子而放电。电极电势比 Al 大的金属离子首先得电子放电，电极、电势比 Al（包括 Al）小的金属（Li、Na、K、Ca、Mg）离子不放电，而是 H^+ 离子放电得到 H_2。

如　电解 $CuSO_4$ 溶液，阴极：$Cu^{2+}+2e^{-1}=Cu$

电解 NaOH 溶液，阴极：$2H^+ + 2e^{-1} = H_2$

(2) 阳极：电极电势代数值小的还原态物质首先在阳极失去电子而放电。

1) 金属作阳极：金属阳极（除 Pt、Au 外）首先失电子被氧化成金属离子溶解，如

$$M - ne^{-1} = M^{n+}$$

如以金属镍作电极，电解 $NiSO_4$ 溶液，阳极：$Ni - 2e^{-1} = Ni^{2+}$；

2) 若石墨或铂作阳极：

a. 电解 S^{2-}、Br^-、Cl^- 等简单负离子的盐溶液时，阳极优先析出 S、Br_2、Cl_2，如电解 $CuCl_2$，阳极：$2Cl^- - 2e^{-1} = Cl_2$。

b. 电解含氧酸（盐）溶液时，在阳极上 OH^- 首先被氧化析出氧，如电解 $NiSO_4$，阳极：$4OH^- - 2e^{-1} = O_2 + 2H_2O$。

五、元素电势图及应用

(1) 标准电势图：将元素的各种氧化态按氧化数由高到低，从左到右依次排列，每两

种氧化态之间标出相应电对的标准电极电势，所构成的图形

$$\underbrace{A \xrightarrow[n_1]{\varphi_1^{\ominus}} B \xrightarrow[n_2]{\varphi_2^{\ominus}} C}_{\varphi^{\ominus}(A/C)}$$

（2）标准电势图应用。

1）利用元素电势图，求未知电对的标准电极电势

$$\varphi^{\ominus}(A/C)=\frac{n_1\varphi_1^{\ominus}+n_2\varphi_2^{\ominus}}{n_1+n_2}$$

2）判断歧化反应能否发生。

a. 若 $\varphi^{\ominus}$(右) $>$ $\varphi^{\ominus}$(左)，则可发生歧化反应：$B=A+C$。

b. 若 $\varphi^{\ominus}$(左) $>$ $\varphi^{\ominus}$(右)，则可发生逆歧化反应：$A+C=B$。

六、金属的腐蚀及防护

1. 金属腐蚀的分类

（1）化学腐蚀：金属与干燥的腐蚀性气体或有机物发生的化学反应引起的腐蚀称化学腐蚀。化学腐蚀发生在非电解质溶液中或干燥的气体中，在腐蚀过程中不产生电流。

（2）电化学腐蚀：由电化学作用（形成腐蚀电池）而引起的腐蚀叫做电化学腐蚀。在腐蚀电池中，发生氧化反应的负极习惯上称为阳极，发生还原反应的正极习惯上称为阴极。金属作为腐蚀电池的阳极而被氧化腐蚀。

2. 电化学腐蚀的分类

（1）析氢腐蚀：在酸性较强的溶液中，阴极反应主要以 H^+ 离子得电子还原成 H_2 而引起的腐蚀称析氢腐蚀。电极反应为：阳极　$Fe-2e^{-1}=Fe^{2+}$，阴极　$2H^++2e^{-1}=H_2\uparrow$。

（2）吸氧腐蚀：在弱酸性或中性条件下，阴极以 O_2 得电子生成 OH^- 离子所引起的腐蚀。电极反应为：阳极　$Fe-2e^{-1}=Fe^{2+}$，阴极 $O_2+2H_2O+4e^{-1}=4OH^-$。吸氧腐蚀比析氢腐蚀更为普遍。一般金属在大气中甚至在中性或酸性不太强的水膜中的腐蚀主要是吸氧腐蚀。

（3）差异充气腐蚀：金属表面因氧气浓度分布不均匀而引起的电化学腐蚀称差异充气腐蚀，是吸氧腐蚀的一种。例如，埋入地下的管道、船在海水表面的腐蚀都是由于面上、面下氧气浓度分布不均匀而引起的差异充气腐蚀。

阳极（Fe）：$Fe-2e^{-1}=Fe^{2+}$（氧气浓度较小的部分）表示腐蚀电池的负极。

阴极（Fe）：$O_2+2H_2O+4e^{-1}=4OH^-$（氧气浓度较大的部分）表示腐蚀电池的正极。

3. 金属腐蚀的防止

（1）改变金属的内部结构，如把铬、镍加入普通钢中制成不锈钢。

（2）保护层法，如在金属表面涂漆、电镀或用化学方法形成致密而耐腐蚀的氧化膜等，如白口铁（镀锌铁）、马口铁（镀锡铁）。

（3）缓蚀剂法：在腐蚀介质中，加入能防止或延缓腐蚀过程的物质即缓蚀剂。

（4）阴极保护法：将被保护的金属作为腐蚀电池阴极而不受腐蚀的方法称阴极保护法。

1）牺牲阳极保护法：将较活泼金属如（Zn、Al）或其合金连接在被保护的金属上，较活泼金属作为腐蚀电池的阳极而被腐蚀，被保护的金属作为阴极而达到保护的目的。一

般常用的牺牲阳极材料有铝、镁、锌及其合金等，常用于保护海轮外壳、锅炉和海底设备的防腐蚀。

2）外加电流法：在外加直流电的作用下，用废钢或石墨等作为阳极，将被保护的金属与外接电源负极相连作为电解池的阴极而被保护。常用于土壤及水中金属设备的防腐蚀。

例 3-27 在酸性介质中，反应 $MnO_4^- + SO_3^{2-} + H^+ \longrightarrow Mn^{2+} + SO_4^{2-}$；配平后 H^+ 的系数为（ ）。

（A）8 （B）6 （C）0 （D）5

解：反应配平后有 $2MnO_4^- + 5SO_3^{2-} + 6H^+ = 2Mn^{2+} + 5SO_4^{2-} + 3H_2O$，配平后 H^+ 的系数为 6，应选（B）。

例 3-28 已知下列电对的标准电极电位 $E^\ominus(ClO_4^-/Cl^-) = 1.39V$；$E^\ominus(ClO_3^-/Cl^-) = 1.45V$；$E^\ominus(HClO/Cl^-) = 1.49V$；$E^\ominus(Cl_2/Cl^-) = 1.36V$；则下列物质中，氧化性最高的是（ ）。

（A）ClO_4^- （B）ClO_3^- （C）HClO （D）Cl_2

解：电极电势代数值越大，其氧化态氧化性越强，对应还原态的还原性越弱；电极电势代数值越小，其还原态的还原性越强，对应氧化态的氧化性越弱。电极电位高低顺序为

$$E^\ominus(HClO/Cl^-) > E^\ominus(ClO_3^-/Cl^-) > E^\ominus(ClO_4^-/Cl^-) > E^\ominus(Cl_2/Cl^-)$$

因此氧化性最强的物质是 HClO，应选（C）。

例 3-29 两个电极组成原电池，下列叙述正确的是（ ）。

（A）做正电极的电极电势 $E_{(+)}$ 值必须大于 0

（B）做负电极的电极电势 $E_{(+)}$ 值必须小于 0

（C）必须是 $E^\ominus_{(+)} > E^\ominus_{(-)}$

（D）电极电势 E 值大的是正极，E 值小的是负极

解：一个正常工作的原电池，其电动势一定要大于零，因此电极电势 E 值大的做正极，E 值小的做负极，才能保证原电池电动势是正值，答案为（D）。

例 3-30 有原电池 $(-)Zn|ZnSO_4(c_1) \| CuSO_4(c_2)|Cu(+)$，如向铜半电池中通入硫化氢，则原电池的电动势变化趋势为（ ）。

（A）变大 （B）变小 （C）不变 （D）无法判断

解：对于这个原电池，锌半电池作为原电池负极，铜半电池作为原电池正极。

铜半电池电极反应为：$Cu^{2+} + 2e^{-1} \xlongequal{} Cu(s)$

其电极电势为：

$$\varphi_{(+)} = \varphi^\ominus + \frac{0.059\ 17}{2}\lg C(Cu^{2+})$$

当铜半电池中通入硫化氢后，发生如下反应 $Cu^{2+} + H_2S \xlongequal{} CuS(s) + 2H^+$，由于 Cu^{2+} 生成 CuS 沉淀，Cu^{2+} 浓度降低，因此正极电极电势减少，此时原电池电动势随之减少。正确答案是（B）。

例 3-31 向原电池 $(-)Ag, AgCl | Cl^- \| Ag^+ | Ag(+)$ 的负极中加入 NaCl，则原电池电动势变化是（ ）。

（A）变大 （B）变小 （C）不变 （D）不能确定

解：氯化银电极反应：

$$AgCl(s) + e^{-1} \longrightarrow Ag(s) + Cl^-(aq)$$

氯化银电极能斯特方程为：

$$\varphi_{(-)} = \varphi^\ominus(AgCl/Ag) - 0.059\lg C(Cl^-)$$

当往负极氯化银电极中加入 NaCl 时，随着 Cl^- 离子浓度的增大，负极电极电势减少，而原电池的电动势

$$E = \varphi_{(+)} - \varphi_{(-)}$$

随着负极电极电势减少，电动势则增大，正确答案是（A）。

例 3-32 已知电对的标准电极大小顺序为：$E(F_2/F^-) > E(Fe^{3+}/Fe^{2+}) > E(Mg^{2+}/Mg) > E(Na^+/Na)$，则下列离子最强的还原剂为（　　）。

（A）F^-　　（B）Fe^{2+}　　（C）Na^+　　（D）Mg^{2+}

解： 根据电极电位的高低顺序可得出：

氧化剂的氧化性由强到弱的顺序为：$F_2 > Fe^{3+} > Mg^{2+} > Na^+$

还原剂的还原性性由强到弱的顺序为：$Na > Mg > Fe^{2+} > F^-$

因此在题中给出的几种离子中，Fe^{2+} 还原性最强，正确答案是（B）。

例 3-33 已知氯电极的标准电极电势为 1.358V，当氯离子浓度为 0.1mol/L，氯气浓度为 0.1×100kPa 时，该电极的电极电势为（　　）。

（A）1.358V　　（B）1.328V　　（C）1.388V　　（D）1.417V

解： 氯电极的电极反应，$Cl_2 + 2e \longrightarrow 2Cl^-$，根据能斯特方程

$$\varphi = \varphi^\ominus + \frac{0.059}{2}\lg\frac{p_{Cl_2}/p^\ominus}{[C(Cl^-)]^2} = 1.358 + \frac{0.059}{2}\lg\frac{0.1\times100/100}{0.1^2} = 1.388(V)$$

正确答案是（C）。

例 3-34 电解 Na_2SO_4 溶液时，阳极上放电的离子是（　　）。

（A）H^+　　（B）OH^-　　（C）Na^+　　（D）SO_4^{2-}

解： 电解氧酸盐溶液时，在阳极上 OH^- 首先被氧化析出氧。因此电解 Na_2SO_4 溶液时，阳极上首先放电的是 OH^- 离子，所以答案是（B）。

例 3-35 电解 NaCl 溶液时，阴极上放电的离子是（　　）。

（A）H^+　　（B）OH^-　　（C）Na^+　　（D）Cl^-

解： 盐类溶液的水解时，阳离子在阴极放电析出，由于 Na^+/Na 电极电势很小，Na^+ 离子在阴极不易被还原，而是 H^+ 被还原析出 H_2，因此在阴极放电的是 H^+，因此正确答案是（A）。

第五节　有　机　化　学

一、有机物的特点、分类

1. 有机物的特点

有机物一般是含碳的化合物，除了碳外，最多的元素是氢，其次是氧、氮、硫、磷和卤素，因此有机物被称为碳氢化合物及其衍生物。

2. 有机化合物的分类

按碳架分类：

（1）链状化合物，如丁烷 $CH_3-CH_2-CH_2-CH_3$、丙烯 $CH_3-CH=CH_2$。

（2）碳环化合物，碳环化合物可分为脂环族化合物和芳香族化合物。

（3）杂环化合物，如吡啶。

二、烃及烃的衍生物的分类及结构特征

（1）烃：分子中只含有碳和氢两种元素的有机物即碳氢化合物。

（2）烃的分类及结构特征见表 3-4。

表 3-4　　烃的分类及结构特征

类　别		通式及例子	结构特征
链烃	烷烃	通式 C_nH_{2n+2}，甲烷 CH_4	$-\overset{\vert}{\underset{\vert}{C}}-$
链烃	烯烃	通式 C_nH_{2n}，乙烯 C_2H_4	$\rangle C=C\langle$
	炔烃	通式 C_nH_{2n-2}，乙炔 C_2H_2	$-C\equiv C-$
环烃	环烷	通式 C_nH_{2n}，环丙烷 C_3H_6	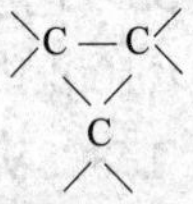
	苯	苯 C_6H_6	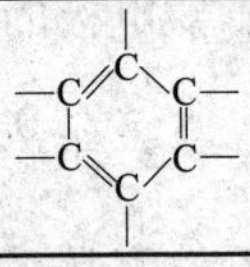

（3）烃的衍生物的分类及结构特征见表 3-5。

表 3-5　　烃的衍生物的分类及结构特征

类　别	举　例		官 能 团
卤代烃	一卤甲烷	CH_3X	$-X$（F、Cl、Br、I）
醇	乙醇	C_2H_5OH	$-OH$
酚	苯酚	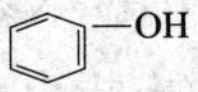	$-OH$
醛	甲醛	HCHO	$-\overset{O}{\overset{\Vert}{C}}-H$
酮	丙酮	CH_3COCH_3	$-\overset{O}{\overset{\Vert}{C}}-$
羧酸	乙酸	CH_3COOH	$-\overset{O}{\overset{\Vert}{C}}-OH$
醚	二乙醚	$C_2H_5OC_2H_5$	$-\overset{\vert}{\underset{\vert}{C}}-O-\overset{\vert}{\underset{\vert}{C}}-$
酯	乙酸乙酯	$CH_3COOC_2H_5$	$-\overset{O}{\overset{\Vert}{C}}-O-$
胺	乙胺	$C_2H_5NH_2$	$-NH_2$
腈	乙腈	CH_3CN	$-CN$

三、有机化合物的命名

1. 链烃及其衍生物的命名原则

（1）选择主链。

1）饱和烃：选最长的碳链为主链。

2）不饱和烃：选含有不饱和键的最长碳链为主链。

3）链烃衍生物：选含有官能团的最长的碳链为主链。

主链碳原子数目用甲、乙、丙、丁、戊、己、庚、辛、壬、癸、……表示，称某烷、某烯、某醇、某醛、某酸等；支链、卤原子、硝基则视为取代基。

（2）主链编号：从距官能团、不饱和键、取代基和支链最近的一端C原子开始，用1，2，3，…编号。

（3）写出全称：将取代基的位置编号、数目、名称写在前面，以主链为母体，母体化合物的名称写在后面。有 n 个取代基时，简单的写在前，复杂的写在后。相同的取代基和官能团的数目用二、三、…表示，如

$$C^1H_3-C^2H_2-C^3H-C^4H-C^5H_2-C^6H_2-C^7H_3$$
$$\qquad\qquad\quad | \qquad\; |$$
$$\qquad\qquad\; CH_3\;\; CH_3$$
$$\qquad\qquad\quad |$$
$$\qquad\qquad\; CH_3$$

$$C^7H_3-C^6H_2-C^5H-C^4H=C^3-CH_3$$
$$\qquad\qquad\qquad\; | \qquad\qquad |$$
$$\qquad\qquad\quad\; CH_3 \qquad\; C^2H_2-C^1H_3$$

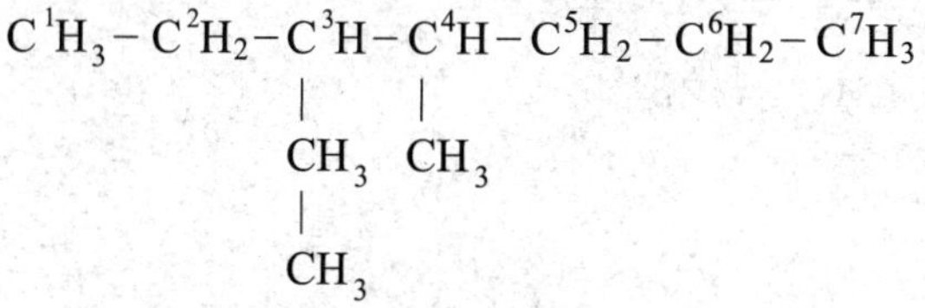

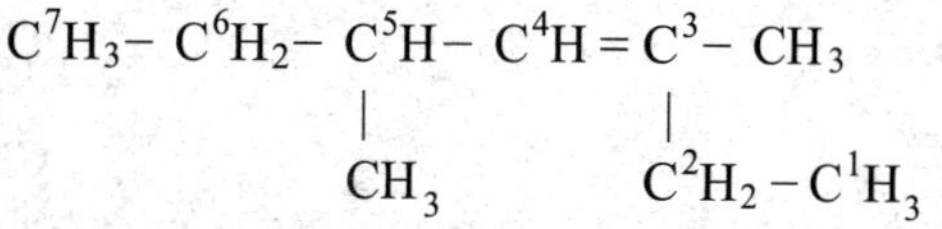

4－甲基－3-乙基庚烷　　　　　　3，5－二甲基－3-庚烯

2. 芳烃及其衍生物的命名原则

（1）苯环上连接简单的烃基、硝基（—NO_2）、卤素（—X）时，以苯环为母体，即词头（取代基）＋词尾（母体化合物）。例如

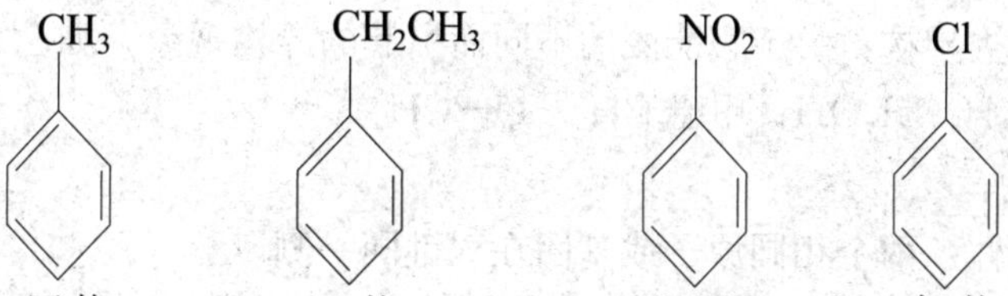

甲苯　　　　乙苯　　　　硝基苯　　　　氯苯

（2）苯环上两个相同取代基的位置可用"邻""间""对"表示，如

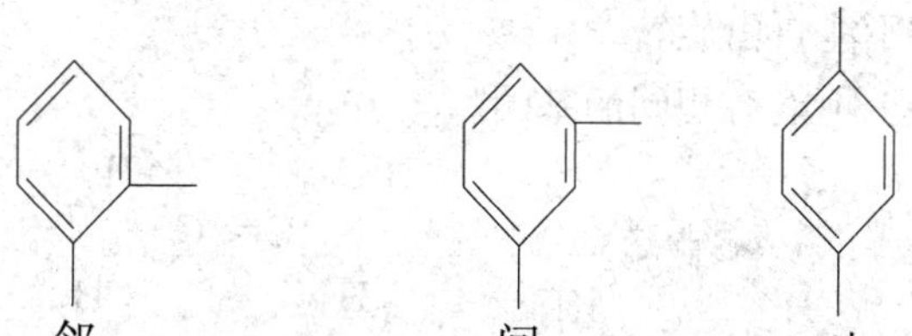

邻　　　　　　间　　　　　　对

（3）苯环上三个相同的取代基的位置可用"连""偏""均"表示，如

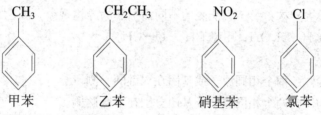

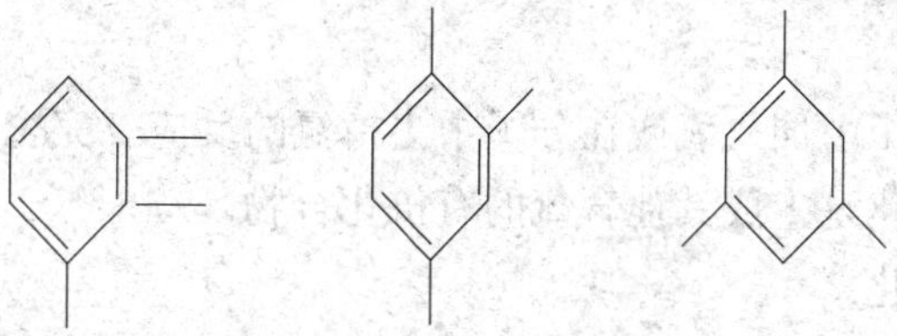

连　　　　　　偏　　　　　　均

（4）苯环上连接复杂烃基、不饱和烃基、氨基（—NH$_2$）、羟基（—OH）、醛基（—CHO）、羧基（—COOH）、磺酸基（—SO$_3$H）时，以苯基为取代基，例如

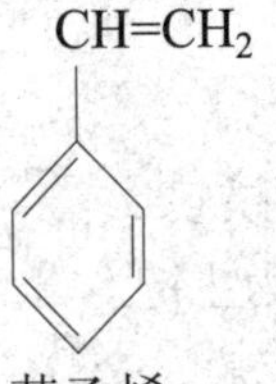

四、同分异构体与顺、反异构体

1. 同分异构体

具有相同分子式而结构不同的化合物互为同分异构体，可以分为以下三种情况。

（1）碳链异构：含有相同的官能团的同类物质，由于碳原子的连接方式不同而引起的异构现象，如 C$_5$H$_{12}$ 有三种同分异构体

CH$_3$—CH$_2$—CH$_2$—CH$_2$—CH$_3$　正戊烷

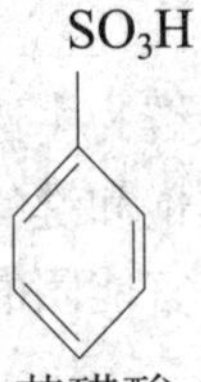

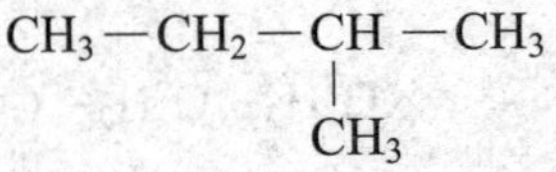

CH$_3$—CH$_2$—CH—CH$_3$　异戊烷
　　　　　　　|
　　　　　　CH$_3$

　　　　　CH$_3$
　　　　　|
CH$_3$—C—CH$_3$　新戊烷
　　　　　|
　　　　　CH$_3$

（2）官能团位置异构：由于官能团的位置不同而引起的异构现象，如 CH$_3$CH$_2$CH=CH$_2$ 和 CH$_3$CH=CHCH$_3$。

（3）官能团异类异构：由于官能团的不同而引起的异构现象，如乙醇和甲醚分子式都是 C$_2$H$_6$O，乙醇 CH$_3$CH$_2$OH；甲醚 CH$_3$—O—CH$_3$。

2. 顺、反异构体

（1）顺式异构体：两个相同原子或基团在双键同一侧。

（2）反式异构体：两个相同原子或基团分别在双键两侧。

顺反异构体产生的条件：

（1）分子由于双键不能自由旋转。

（2）双键上同一碳上不能有相同的基团。

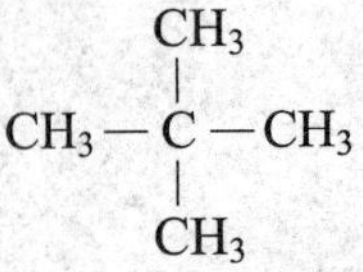

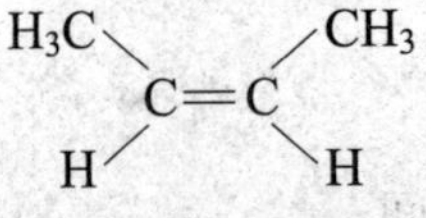

$$\underset{\text{顺—2—丁烯}}{\overset{H_3C\;\;\;\;\;CH_3}{\underset{H\;\;\;\;\;\;H}{C=C}}} \quad \underset{\text{反—2—丁烯}}{\overset{H_3C\;\;\;\;\;H}{\underset{H\;\;\;\;\;\;CH_3}{C=C}}}$$

五、有机物的重要化学反应

1. 氧化反应

氧化反应是指在分子中加入氧或在分子中去掉氢的反应。完全氧化是完全燃烧生成二氧化碳和水等。部分氧化是生成其他含氧的有机化合物。

（1）双键的部分氧化。

1）在一般氧化剂（O$_2$ 或冷稀碱性 KMnO$_4$ 溶液）作用下可使 C—C π 键断裂，例如

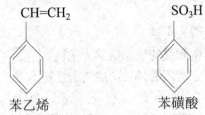

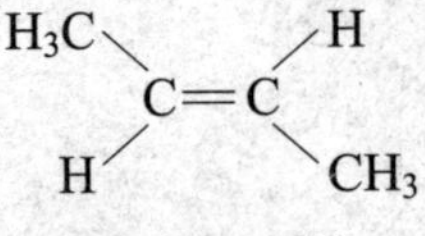

$$CH_2=CH_2+O_2 \xrightarrow[220\sim280℃]{Ag} \underset{O}{CH_2-CH_2}$$

$$CH_2=CH_2+KMnO_4 \xrightarrow[碱性溶液]{室温} \underset{OH\ \ \ OH}{CH_2-CH_2} +MnO_2$$

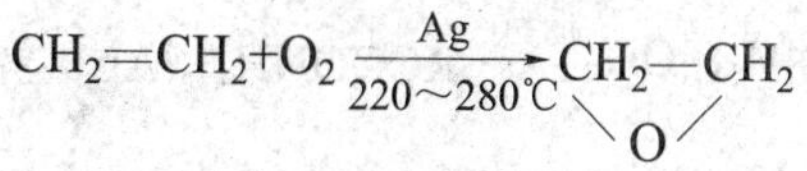

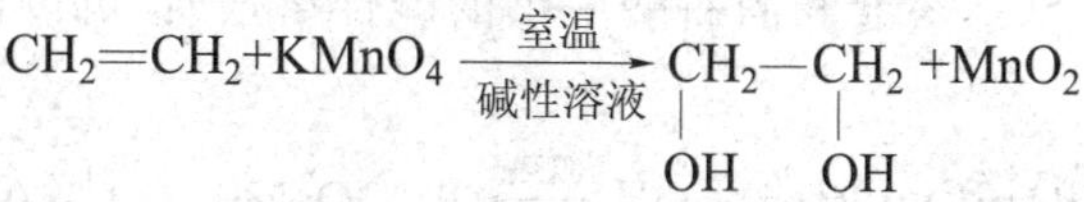

2) 在强氧化剂（酸性 $KMnO_4$ 溶液或酸性 $K_2Cr_2O_7$ 溶液）作用下可使 C—C 键中 σ 键及 π 键均断裂，如

$$R-CH=CH_2 \xrightarrow[酸性溶液]{KMnO_4} RCOOH+HCOOH \xrightarrow{[O]} CO_2+H_2O$$

$$R-CH=C\underset{R''}{\overset{R'}{<}} \xrightarrow[酸性溶液]{KMnO_4} RCOOH+\underset{R''}{\overset{R'}{>}}C=O$$

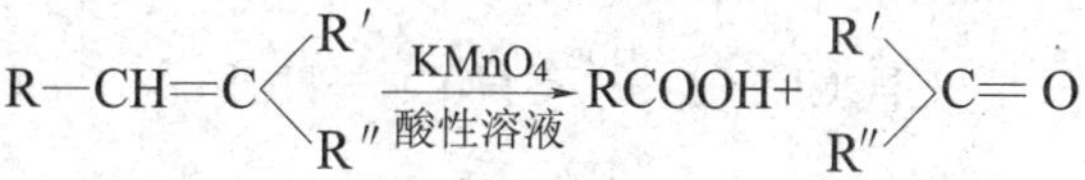

（2）叁键的部分氧化：一般 σ 键及 π 键均断裂，例如

$$R-C≡C-R' \xrightarrow[碱性溶液]{KMnO_4} RCOOH+R'COOH$$

（3）芳烃的氧化。苯环不易被氧化，被氧化的是烷基取代基，不论烷基长短，一般都被氧化成羧基，如

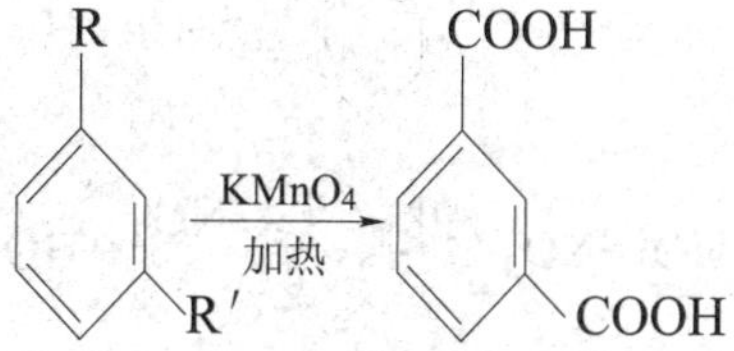

（4）醇的氧化。不同的醇其被氧化能力和产物不同，被氧化的能力：伯醇＞仲醇＞叔醇。

1）伯醇被氧化生成醛，进一步氧化生成羧酸，即

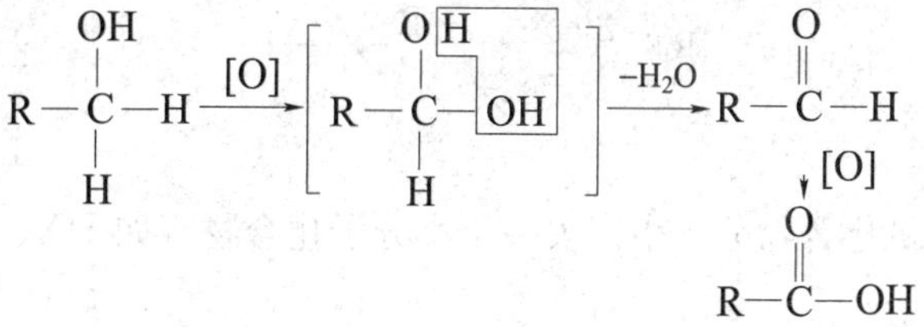

2）仲醇被氧化生成酮，即

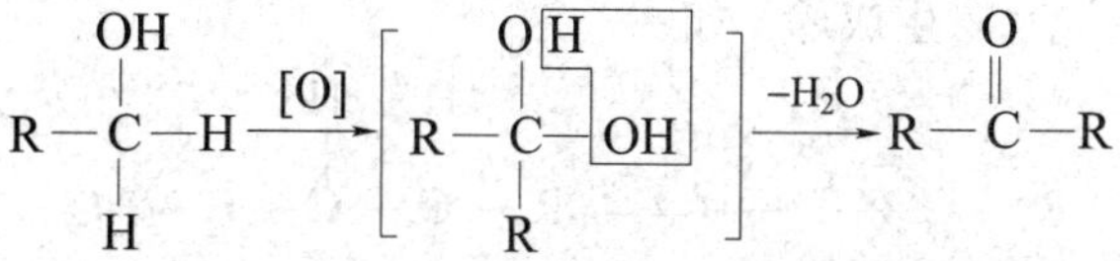

3）叔醇不易被氧化。

（5）醛的氧化。醛易被氧化，可被一些弱氧化剂氧化成羧酸。被氧化的能力：醛＞酮，可用这一性质鉴别醛、酮。

鉴别反应：

1）多伦试剂（$AgNO_3$ 的氨水溶液）：可以被醛还原产生黑色 Ag 的沉淀，即银镜反应

$$RCHO + 2[Ag(NH_3)_2]OH \xrightarrow{加热} RCOONH_4 + 2Ag\downarrow_{黑} + 3NH_3 + H_2O$$

2）裴林试剂（$CuSO_4$ 溶液和酒石酸甲钠的碱性溶液）：可以被醛还原产生红色的 Cu_2O 沉淀

$$RCHO + 2Cu(OH)_2 + NaOH \xrightarrow{加热} RCOONa + Cu_2O\downarrow_{红} + 3H_2O$$

2. 取代反应

取代反应：有机化合物中氢原子被其他原子或原子团代替的化学反应。烷烃和芳烃在光、热或催化剂的作用下易发生取代反应。

（1）烷烃的取代反应，例如

$$CH_4 + Cl_2 \xrightarrow{日光} CH_3Cl + HCl$$

$$CH_3Cl + Cl_2 \xrightarrow{日光} CH_2Cl_2 + HCl$$

$$CH_2Cl_2 + Cl_2 \xrightarrow{日光} CHCl_3 + HCl$$

$$CHCl_3 + Cl_2 \xrightarrow{日光} CCl_4 + HCl$$

（2）芳烃的取代反应。苯可发生氯化、硝化、磺化、烷基化等取代反应，分别生成氯苯、硝基苯、苯磺酸、烷基苯，如

$$C_6H_6 + Cl-Cl \xrightarrow{氯化} C_6H_5-Cl + Cl-H$$

$$C_6H_6 + HO-NO_2 \xrightarrow{硝化} C_6H_5-NO_2 + HO-H$$

$$C_6H_6 + HO-SO_3H \xrightarrow{磺化} C_6H_5-SO_3H + HO-H$$

$$C_6H_6 + X-R \xrightarrow{烷基化} C_6H_5-R + X-H$$

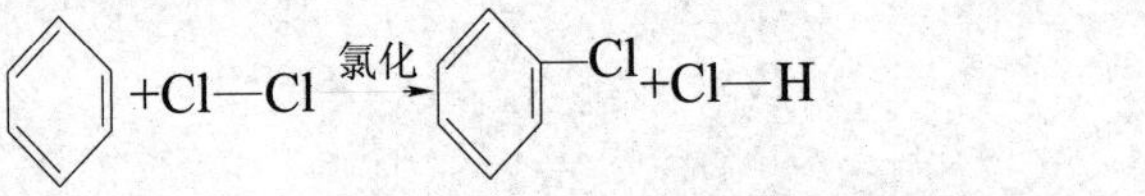

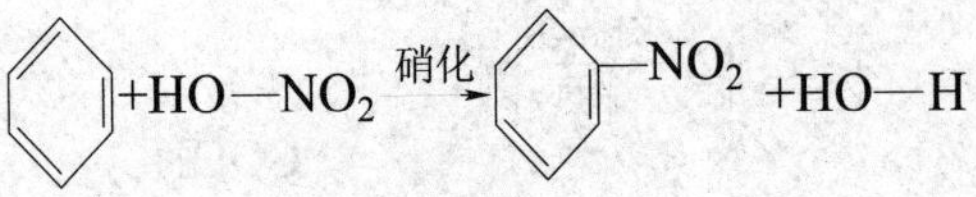

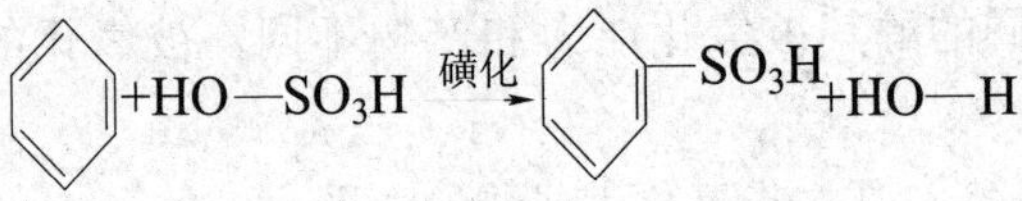

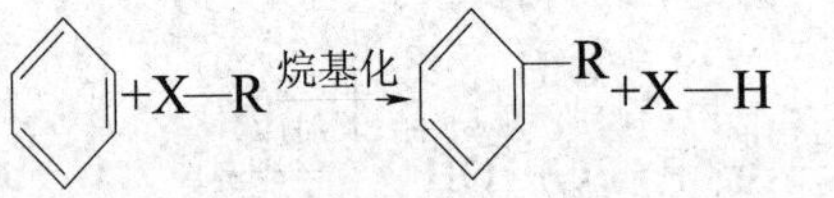

3. 消去反应

消去反应：从有机化合物分子中消去一个小分子化合物（如 HX、H_2O 等）的反应称为消去反应。

（1）醇的消去反应。

1）醇发生分子内脱水，生成烯，如

$$R-\overset{H}{\underset{\underline{H}}{C}}-\overset{H}{\underset{\underline{OH}}{C}}-H \longrightarrow R-\overset{H}{C}=\overset{H}{C}-H + H_2O$$

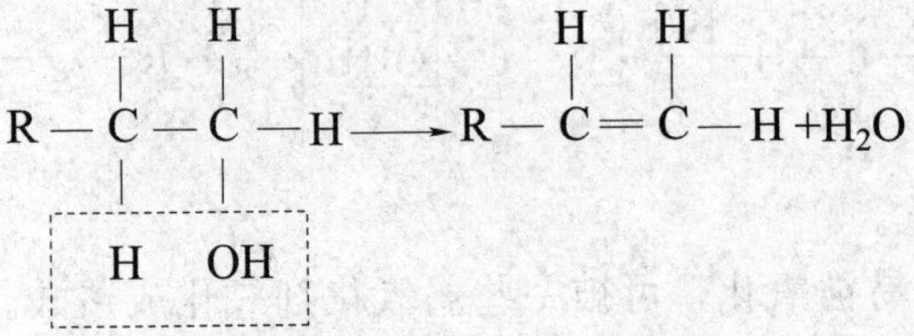

2）醇与 HX 发生分子间脱水生成卤代烃，如

$$R-OH + HX \longrightarrow R-X + H_2O$$

3）两种醇之间发生分子间脱水生成醚，如

$$R\!-\!\boxed{OH+H}\!-\!OR \longrightarrow R\!-\!O\!-\!R+H_2O$$

(2) 卤代烃的消去反应。卤代烃与 KOH（或 NaOH）的乙醇溶液共热发生消去反应，如

$$R-\overset{H}{\underset{\boxed{H}}{C}}-\overset{H}{\underset{\boxed{Cl}}{C}}-H \longrightarrow R-\overset{H}{C}=\overset{H}{C}-H+HCl$$

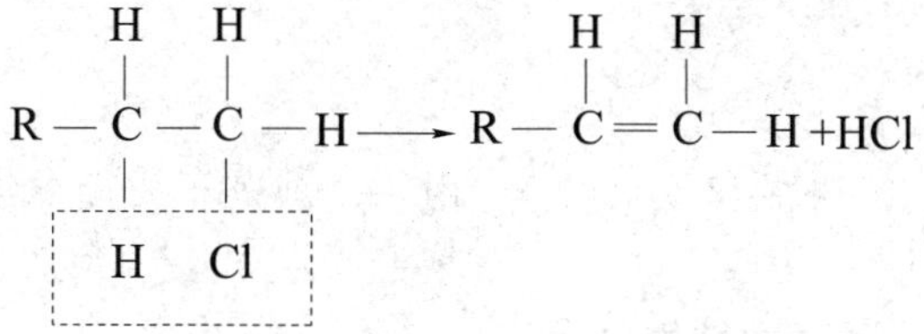

(3) 羧酸的脱水反应。羧酸分子与醇分子之间脱水生成羧酸酯，如

$$R-\overset{O}{\overset{\|}{C}}\boxed{-OH\;+\;H}-O-R' \xrightarrow{\text{浓}H_2SO_4} R-\overset{O}{\overset{\|}{C}}-O-R'+H_2O$$

4. 加成反应

加成反应：不饱和键的 π 键断裂，两个一价的原子或原子团加到不饱和键的两个碳原子上的反应。

(1) 烯烃的加成。

1) 结构对称烯烃和结构对称的化合物加成，如

$$R-CH_2=CH_2+Br_2 \longrightarrow R-CH_2-CH_2$$
$$\qquad\qquad\qquad\qquad\qquad\qquad | \quad |$$
$$\qquad\qquad\qquad\qquad\qquad\qquad Br \quad Br$$

$$R-CH_2=CH_2+H_2 \longrightarrow R-CH_2-CH_2$$
$$\qquad\qquad\qquad\qquad\qquad\qquad | \quad |$$
$$\qquad\qquad\qquad\qquad\qquad\qquad H \quad H$$

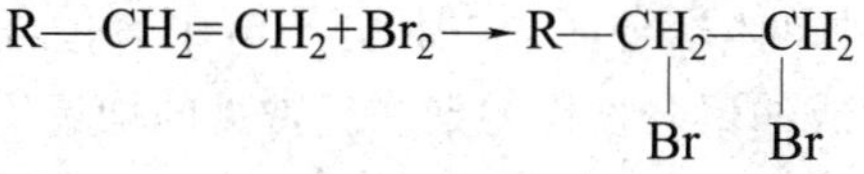

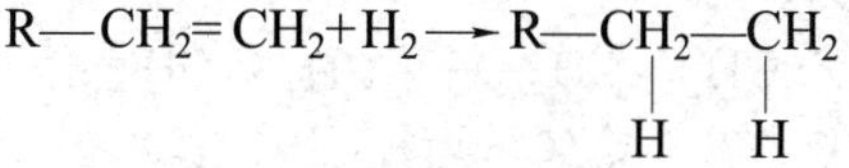

2) 结构不对称烯烃和结构不对称的化合物（如水、氯化氢等）加成时，后者带正电的部分（如氢原子）主要加到含氢较多的碳原子上（马氏规律），如

$$CH_2-CH=CH_2+H-OH \longrightarrow CH_3-\underset{OH}{CH}-CH_3$$

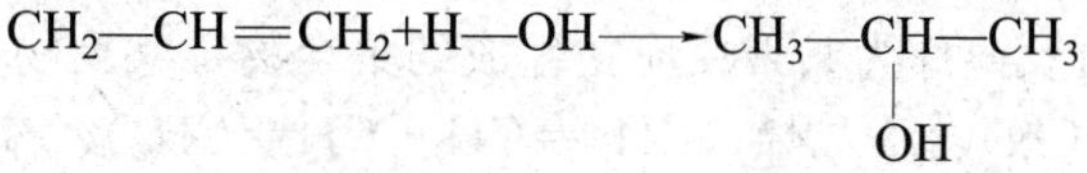

(2) 炔烃的加成，如

$$H-C\equiv C-H+H-OH \longrightarrow CH_3CHO$$

(3) 羰基的加成。醛和酮中的羰基（$\rangle C=O$）中的 π 键易断裂，发生加成反应，如

$$\overset{R}{\underset{H}{\rangle}}C=O+H_2 \longrightarrow RCH_2OH$$

$$\overset{R}{\underset{R'}{\rangle}}C=O+H_2 \longrightarrow \overset{R}{\underset{R'}{\rangle}}CHOH$$

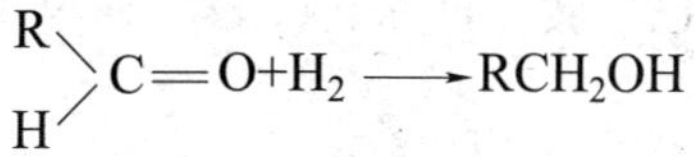

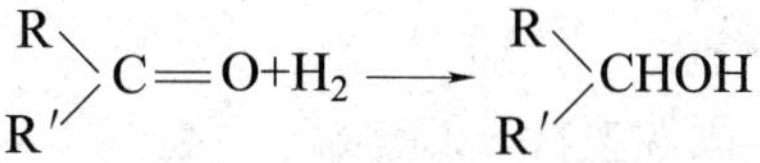

5. 催化加氢

(1) 在催化剂的作用下，不饱和化合物与还原剂氢的加成反应。常用催化剂钯、铂、镍等。

$$CH_2=CH_2 \xrightarrow[\text{催化剂}]{H_2} CH_3-CH_3$$

(2) 芳香族化合物催化加氢生成饱和的脂肪族环状化合物

$$\text{CH}_3\text{-C}_6\text{H}_5 + 3\text{H}_2 \xrightarrow{\text{Ni}} \text{CH}_3\text{-C}_6\text{H}_{11}$$

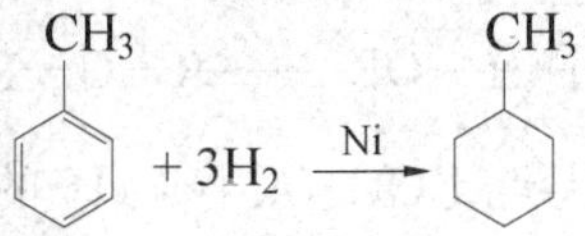

六、聚合反应

1. 高分子化合物

相对分子质量较大（一般在1万以上），由一个或若干个简单结构单元重复连接而成的聚合物（也称高聚物）。

(1) 链节：聚合物中重复的结构单元。

(2) 聚合度：分子中所含的链节数。

(3) 单体：产生高分子化合物结构单元的低分子化合物，如氯乙烯是聚氯乙烯的单体。

2. 聚合反应

由低分子有机物（单体）相互连接形成高分子化合物的过程。聚合反应分为加聚反应和缩聚反应。

(1) 加聚反应：由一种或多种含不饱和键的单体通过加成反应，相互结合成高分子化合物的反应。它分为均聚反应和共聚反应。

1) 均聚反应：仅由一种单体聚合而成，其分子链中只包含一种单体构成的链节，这种聚合反应称均聚反应，生成的聚合物称均聚物。常见的均聚反应是由乙烯类单体变为乙烯类高分子化合物，其通式为

$$n\text{CH}_2=\underset{X}{\text{CH}} \longrightarrow \text{\textendash}[\text{CH}_2-\underset{X}{\text{CH}}]_n\text{\textendash}$$

如聚乙烯、聚氯乙烯、聚苯乙烯等聚合物的制得。

2) 共聚反应：由两种或两种以上单体同时进行聚合，则生成的聚合物含有多种单体构成的链节，这种聚合反应称为共聚反应，生成的聚合物称共聚物，如 ABS 工程塑料由丙烯腈（$\text{CH}_2=\text{CH}-\text{CN}$）、丁二烯（$\text{CH}_2=\text{CH}-\text{CH}=\text{CH}_2$）、苯乙烯（$\text{C}_6\text{H}_6-\text{CH}=\text{CH}_2$）三种不同单体共聚而成。

(2) 缩聚反应：由具有两个或两个以上官能团的一种或多种单体相互缩合生成高聚物，同时有低分子物质（如水、卤化氢、氨、醇等）析出的反应，如尼龙-66：由己二酸 [$\text{HCOO}-(\text{CH}_2)_4-\text{COOH}$] 和己二胺 [$\text{H}_2\text{N}-(\text{CH}_2)_6-\text{NH}_2$] 两种单体缩合而成。尼龙-66易溶于甲酸等极性溶剂。

七、高分子材料

1. 塑料

塑料分为热塑性塑料和热固性塑料。

(1) 热塑性塑料：线性结构，受热时会软化，熔融，具有热塑性，可以反复加热成各种形状，也能溶于适当的有机溶剂。

(2) 热固性塑料：体型结构，具有热固性，一旦成形后不再溶于溶剂，加热也不再软化、熔融，只能一次性加热成型，不能反复加热塑造成型。

2. 橡胶

橡胶分为天然橡胶和合成橡胶。

(1) 天然橡胶：主要取自热带的橡胶树，其主要成分为聚异戊二烯，有顺式与反式两

种构型。其中顺式－1，4-聚异戊二烯在天然橡胶中占98％。

（2）合成橡胶：合成橡胶是由1，3-丁二烯及其衍生物加聚而成，如丁苯橡胶：由1，3-丁二烯和苯乙烯共聚而成；顺丁橡胶：由1，3-丁二烯加聚生成顺式－1，4-聚丁二烯；丁腈橡胶：由1，3-丁二烯和丙烯腈共聚而成。

3. 纤维

纤维分为天然纤维和化学纤维。常用的化学合成纤维，如尼龙—6（单体：己内酰胺）、尼龙—66、聚氯乙烯纤维、聚丙烯纤维等、涤纶（PET）。

八、掌握典型有机物分子式性质及用途

甲烷、乙炔、苯、甲苯、乙醇、酚、乙醛、乙酸、乙酯、乙胺、苯胺的性质及用途。

例3-36 下列有机物中，对于可能处于同一平面上的最多原子数目的判断，正确的是（　　）。

（A）丙烷最多有6个原子处在同一个平面上

（B）丙烯最多有9个原子处在同一个平面上

（C）苯乙烯（$C_6H_5—CH═CH_2$）最多有16个原子处在同一个平面上

（D）$CH_3—CH═CH—C≡C—CH_3$ 最多有12个原子处在同一个平面上

解：选项（A）中丙烷 $CH_3CH_2CH_3$ 的每一个C原子，采取 sp^3 杂化成键，因此不可能有6个原子在同一个平面。选项（B）中丙烯 $CH_3CH═CH_2$ 中双键碳，采取 sp^2 杂化轨道成键，键角120°，但3号碳，采取 sp^3 杂化成键，因此不可能有9个原子在同一平面。选项（C）中苯乙烯（$C_6H_5—CH═CH_2$）中苯环6个碳原子的电子都以 sp^2 杂化轨道成键，键角120°，又各以1个 sp^2 杂化轨道分别跟氢原子的1s轨道进行重叠，形成6个碳氢的σ键，所有6个碳原子和6个氢原子都是在同一个平面上相互连接起来，另外苯环上的取代基也是双键，采取 sp^2 杂化轨道成键，键角120°，因此苯乙烯中所有16个原子都有可能处在同一个平面上。选项（D）中 $CH_3—CH═CH—C≡C—CH_3$ 中两端的碳，采取 sp^3 杂化成键，不可能有12个碳在同一个平面，因此正确答案是（C）。

例3-37 下列物质中，不属于醇类的物质是（　　）。

（A）C_4H_9OH　　（B）甘油　　（C）$C_6H_5CH_2OH$　（D）C_6H_5OH

解：（A）是丁醇，（C）是苯甲醇，（B）甘油化学名称丙三醇，（D）是苯酚，只有（D）不是醇类物质，其他均是醇类物质，因此正确答案是（D）。

例3-38 下列物质中与乙醇互为同系物的是（　　）。

（A）$CH_2═CHCH_2OH$

（B）甘油

（C）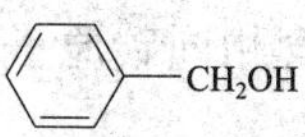

（D）$CH_3CH_2CH_2CH_2OH$

解：同系物指结构相似，分子组成上相差一个或若干个“CH_2”原子团的一系列化合物，（A）为乙烯醇，（B）甘油为丙三醇，（C）为苯甲醇，（D）为丁醇，丁醇与乙醇均为烷基醇，相差两个“CH_2”原子团，应选（D）。

例3-39 下述化合物中，没有顺、反异构体的是（　　）。

（A）$CHCl═CHCl$　　（B）$CH_3CH═CHCH_2Cl$

（C）$CH_2═CHCH_2CH_3$　　（D）$CHF═CClBr$

解：顺式异构体：两个相同原子或基团在双键同一侧的为顺式异构体。

反式异构体：两个相同原子或基团分别在双键两侧的为反式异构体。

顺反异构体产生的条件：①分子由于双键不能自由旋转；②双键上同一碳上不能有相同的基团；由此可见只有（C）不符合条件②。正确答案是（C）。

例 3-40 按系统命名法，下列有机化合物命名正确的是（　　）。

(A) 2—乙基丁烷　　　　　　　　(B) 2，2—二甲基丁烷

(C) 3，3—二甲基丁烷　　　　　　(D) 2，3，3—三甲基丁烷

解：根据有机化合物的命名原则，2—乙基丁烷的正确名称为3—甲基戊烷；3，3—二甲基丁烷正确名称为2，2—二甲基丁烷；2，3，3—三甲基丁烷正确名称为2，2，3—三甲基丁烷。只有（B）的命名是正确的。因此正确答案是（B）。

例 3-41 下列有机化合物的名称为（　　）。

$$H_3C-CH-CH-CH_2-CH_3$$
$$\quad\quad\quad |\quad\quad |$$
$$\quad\quad CH_3\quad CH_3$$

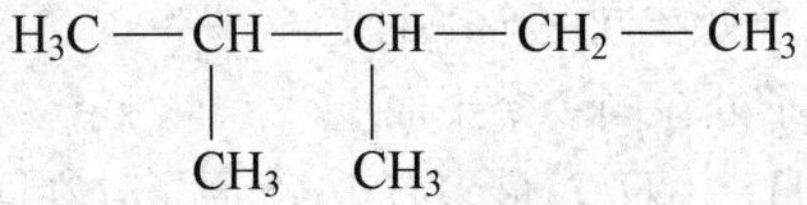

(A) 2—甲基—3—乙基丁烷　　　　(B) 3，4—二甲基戊烷

(C) 2—乙基—3—甲基丁烷　　　　(D) 2，3—二甲基戊烷

解：根据有机化合物命名原则，该化合物名称为2，3—二甲基戊烷，因此正确答案是（D）。

例 3-42 下列有机物中，既能发生加成反应和酯化反应，又能发生氧化反应的化合物（　　）。

(A) $CH_3-CH=CHCOOH$　　　　(B) $CH_3-CH=CHCOOC_2H_5$

(C) $CH_3CH_2CH_2CH_2OH$　　　　(D) $HOCH_2CH_2CH_2OH$

解：$CH_3-CH=CHCOOH$ 中含有双键，可发生加成和氧化反应，含有羧基—COOH，可发生酯化反应，选项（C）、（D）可发生酯化反应，但不能发生加成反应，而选项（B）可发生加成反应，但不能发生酯化反应，因此正确答案是（A）。

例 3-43 下列各组物质在一定条件下反应，可以制得较纯净1，2—二氯乙烷的是（　　）。

(A) 乙烯通入浓盐酸中　　　　　　(B) 乙烷与氯气混合

(C) 乙烯与氯气混合　　　　　　　(D) 乙烯与氯化氢气体混合

解：乙烯与氯气发生加成反应，生成1，2—二氯乙烷。且是唯一产物，因此正确答案是（C）。

例 3-44 以下是分子式为 $C_5H_{12}O$ 的有机物，其中能被氧化为含相同碳原子数的醛的化合物是（　　）。

① $CH_2CH_2CH_2CH_2CH_3$
　　|
　　OH

② $CH_3CHCH_2CH_2CH_3$
　　　|
　　　OH

③ $CH_3CH_2CHCH_2CH_3$
　　　　|
　　　　OH

④ $CH_3CHCH_2CH_3$
　　　|
　　　CH_2OH

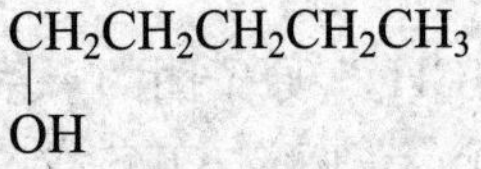

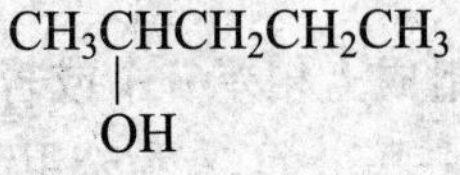

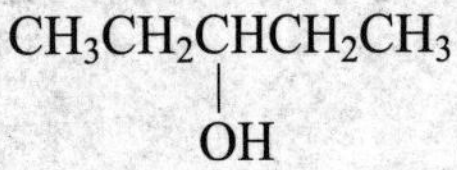

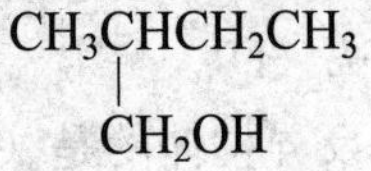

(A) ①②　　(B) ③④　　(C) ①④　　(D) 只有①

解：同一个碳原子连有氢原子和氢氧根，且碳原子在链首或链尾的醇可以被氧化成

醛，因此①④可以氧化成醛，答案为（C）。

例 3-45 下列物质在一定条件下不能发生银镜反应的是（　　）。

（A）甲醛　　（B）丁醛　　（C）甲酸甲酯　　（D）乙酸乙酯

解： 银镜反应是醛基的特定反应，甲醛、丁醛肯定能发生银镜反应，甲酸甲酯结构式为 $HCOOCH_3$，虽然是酯类化合物，但分子中含有一个隐形的醛基，因此也能发生银镜反应，但乙酸乙酯不含醛基，因此不能发生银镜反应，应选（D）。

例 3-46 昆虫能分泌信息素。下列是一种信息素的结构简式

$$CH_3(CH_2)_5CH{=}CH(CH_2)_9CHO$$

下列说法正确的是（　　）。

（A）这种信息素不可以与溴发生加成反应

（B）它可以发生银镜反应

（C）它只能与 1mol H_2 发生反应

（D）它是乙烯的同系物

解： 该有机物由于它含有不饱和键，可以使溴水褪色；它含有醛基，因此可以发生银镜反应；它含有两个双键，因此可以和 2mol H_2 发生反应；它是醛类物质，不是乙烯的同系物，因此正确答案是（B）。

例 3-47 下列物质使溴水褪色的是（　　）。

（A）乙醇　　（B）硬脂酸甘油酯

（C）溴乙烷　　（D）乙烯

解： 含有不饱和键的有机物可以和溴水发生反应使溴水褪色，因此乙烯可使溴水褪色，乙醇、硬脂酸甘油酯、溴乙烷这三种物质，不含不饱和键，不能使溴水褪色，因此正确答案是（D）。

例 3-48 受热一定程度就能软化的高聚物是（　　）。

（A）分子结构复杂的高聚物　　（B）相对摩尔质量较大的高聚物

（C）线性结构的高聚物　　（D）体型结构的高聚物

解： 塑料分为热塑性塑料和热固性塑料。

热塑性塑料为线性结构，受热时会软化，熔融，具有热塑性，可以反复加热成各种形状，也能溶于适当的有机溶剂。

热固性塑料为体型结构，具有热固性，一旦成型后不再溶于溶剂，加热也不再软化、熔融，只能一次性加热成型，不能反复加热塑造成型。

因此受热一定程度就能软化的高聚物是线性结构的高聚物，正确答案是（C）。

例 3-49 人造羊毛的结构简式为：

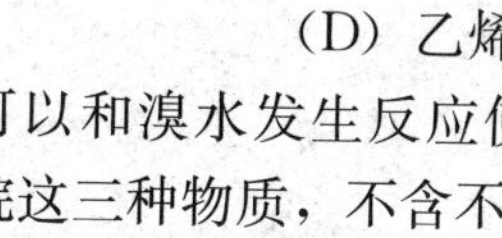

它属于（　　）。

①共价化合物，②无机化合物，③有机物，④高分子化合物，⑤离子化合物

（A）②④⑤　　（B）①④⑤　　（C）①③④　　（D）③④⑤

解： 该物质为聚丙烯腈，属于共价化合物、有机物、高分子化合物，正确答案是（C）。

例 3-50 下列各化合物结构式不正确的是（　　）。

(A) 聚乙烯$\left[CH_2—CH_2 \right]_n$　　　　(B) 聚氯乙烯$\left[CH_2—\underset{\displaystyle Cl}{\underset{|}{CH}} \right]_n$

(C) 聚丙烯$\left[CH_2—CH_2—CH_2 \right]_n$　　　　(D) 聚 1—丁烯$\left[CH_2—CH—(C_2H_5) \right]_n$

解：聚丙烯的正确结构式为$\left[\overset{\displaystyle CH_3}{\overset{|}{CH}}—CH_2 \right]_n$，故（C）的表达不正确，其他物质结构式均正确。因此正确答案是（C）。

第四章　理　论　力　学

理论力学是研究物体机械运动规律的科学，其内容由静力学、运动学和动力学三部分组成。

第一节　静　力　学

静力学研究物体在力作用下的平衡规律，主要包括物体的受力分析、力系的等效简化、力系的平衡条件及其应用。

一、静力学基本知识

（一）静力学的基本概念

1. 力的概念

力是物体间相互的机械作用，这种作用将使物体的运动状态发生变化——运动效应，或使物体的形状发生变化——变形效应。力的量纲为牛顿（N）。力的作用效果取决于力的三要素：力的大小、方向和作用点。力是矢量，满足矢量的运算法则。当求共点二力之合力时，采用力的平行四边形法则：其合力可由两个共点力为边构成的平行四边形的对角线确定，见图 4-1(a)。或者说，合力矢等于此二力的几何和，即

$$\boldsymbol{F}_{\mathbf{R}} = \boldsymbol{F}_1 + \boldsymbol{F}_2 \tag{4-1}$$

显然，求 $\boldsymbol{F}_{\mathbf{R}}$ 时，只需画出平行四边形的一半就够了，即以力矢 $\boldsymbol{F}_1$ 的尾端 B 作为力矢 $\boldsymbol{F}_2$ 的起点，连接 AC 所得矢量即为合力 $\boldsymbol{F}_{\mathbf{R}}$。图 4-1(b) 所示三角形 ABC 称为力三角形。这种求合力的方法称为力的三角形法则。它可以很容易地扩展成求多个共点力之合力的力的多边形法则。

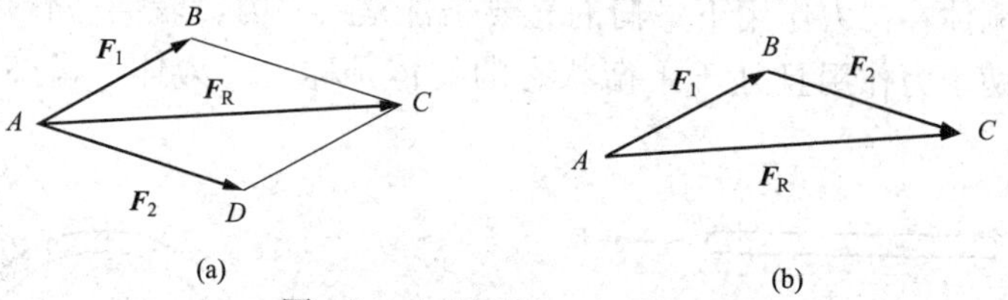

图 4-1　力的平行四边形法则

(a) 力的平行四边形；(b) 力的三角形

设一平面汇交力系 $\boldsymbol{F}_1$，$\boldsymbol{F}_2$，$\boldsymbol{F}_3$，$\boldsymbol{F}_4$，各力作用线汇交于点 A，如图 4-2(a) 所示。

为合成此力系，可根据力的平行四边形法则，逐步两两合成各力，最后求得一个通过汇交点 A 的合力 $\boldsymbol{F}_{\mathbf{R}}$；还可以用更简便的方法求此合力 $\boldsymbol{F}_{\mathbf{R}}$ 的大小与方向。任取一点 a 将各分力的矢量依次首尾相连，由此组成一个不封闭的力多边形 $abcde$，如图 4-2(b) 所示。此多边形的封闭边 ae 即为合力 $\boldsymbol{F}_{\mathbf{R}}$ 的大小和方向。

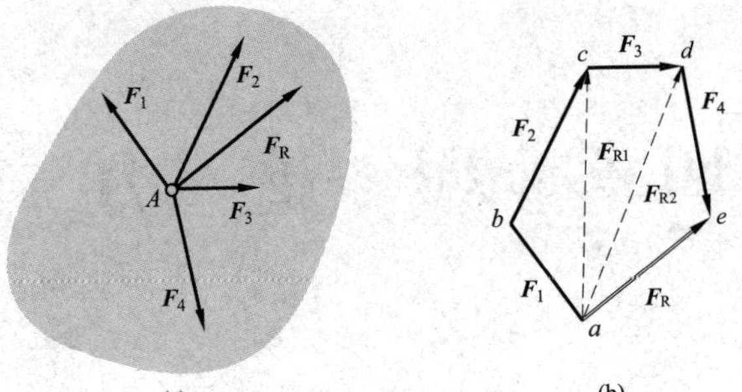

(a)　　　　(b)

图 4-2　力的多边形法则

(a) 平面汇交力系；(b) 力的多边形

例 4-1　(2005 年) 平面汇交力系（$\boldsymbol{F}_1$、$\boldsymbol{F}_2$、$\boldsymbol{F}_3$、$\boldsymbol{F}_4$、$\boldsymbol{F}_5$）的力多边形如图 4-3 所示，该力系的合力等于（　　）。

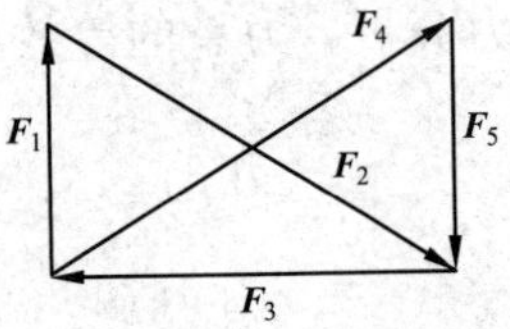

图 4-3　例 4-1 图

(A) $\boldsymbol{F}_3$　　(B) $-\boldsymbol{F}_3$

(C) $\boldsymbol{F}_2$　　(D) $\boldsymbol{F}_5$

解： 根据力的多边形法则可知，$\boldsymbol{F}_1$、$\boldsymbol{F}_2$ 和 $\boldsymbol{F}_3$ 首尾顺序连接而成的力矢三角形自行封闭，封闭边为零，故 $\boldsymbol{F}_1$、$\boldsymbol{F}_2$ 和 $\boldsymbol{F}_3$ 的合力为零。剩余的二力 $\boldsymbol{F}_4$ 和 $\boldsymbol{F}_5$ 首尾顺序连接，其合力应是从 $\boldsymbol{F}_4$ 的起点指向 $\boldsymbol{F}_5$ 的终点，即 $-\boldsymbol{F}_3$ 的方向。故正确答案是 (B)。

2. 刚体的概念

在物体受力以后的变形对其运动和平衡的影响小到可以忽略不计的情况下，便可把物体抽象成为不变形的力学模型——刚体。

3. 力系的概念

同时作用在刚体上的一群力，称为力系。

4. 平衡的概念

平衡是指物体相对惯性参考系静止或做匀速直线平行移动的状态。

(二) 静力学的基本原理

1. 二力平衡原理

不计自重的刚体在二力作用下平衡的充要条件是：二力沿着同一作用线，大小相等，方向相反。仅受两个力作用且处于平衡状态的物体，称为二力体，又称二力构件、二力杆，见图 4-4。

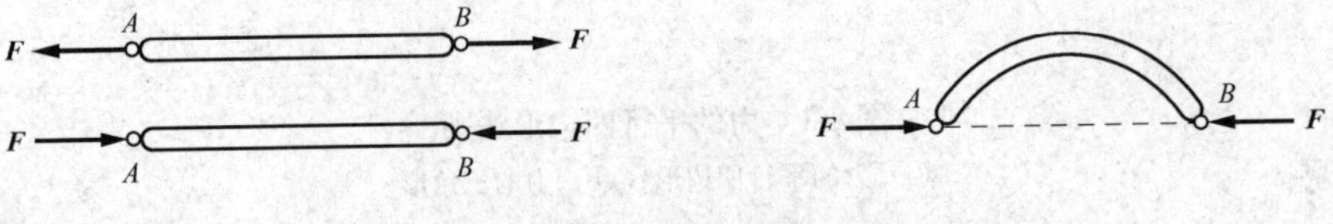

(a)　　　　(b)

图 4-4　二力平衡必共线

(a) 直杆；(b) 曲杆

2. 加减平衡力系原理

在作用于刚体的力系中，加上或减去任意一个平衡力系，不改变原力系对刚体的作用效应。

推论Ⅰ：力的可传性。作用于刚体上的力可沿其作用线滑移至刚体内任意点而不改变力对刚体的作用效应。由此可见，对刚体而言，力的三要素应为：力的大小、方向和作用线。

推论Ⅱ：三力平衡汇交定理。作用于刚体上三个相互平衡的力，若其中两个力的作用线汇交于一点，则此三力必在同一平面内，且第三个力的作用线通过汇交点，如图 4-5 所示。

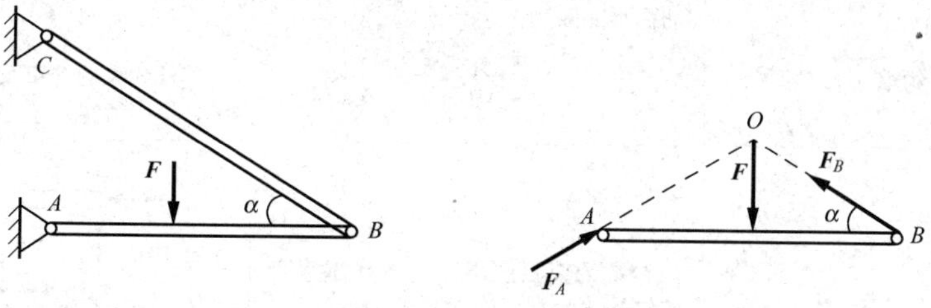

(a) (b)

图 4-5 三力平衡必汇交

（a）三角形支架；（b）AB 杆受力图

（三）约束与约束力（约束反力）

阻碍物体运动的限制条件称为约束，约束对被约束物体的机械作用称为约束力（或约束反力）。**约束反力的方向永远与主动力的运动趋势相反。**

工程中常见的几种典型类型约束的性质及相应约束力的确定方法见表 4-1。

表 4-1 几种典型约束的性质及相应约束力的确定方法

约束的类型	约束的性质	约束力的确定
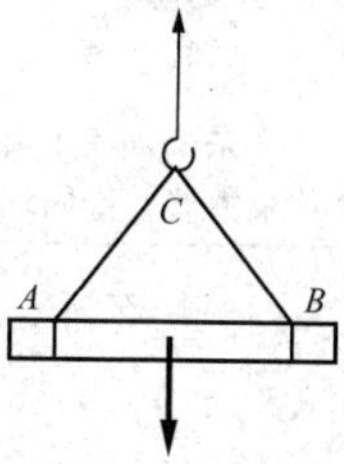 柔体约束，如绳索、胶带、链条等	柔体约束只能限制物体沿着柔体的中心线伸长方向的运动，而不能限制物体沿其他方向的运动	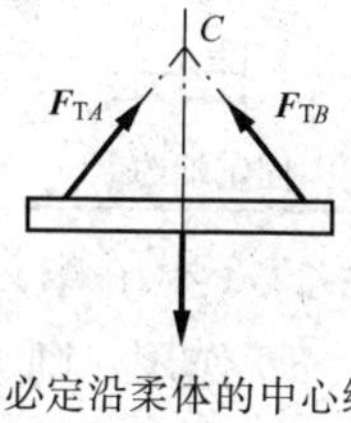 约束力必定沿柔体的中心线，且背离被约束的物体
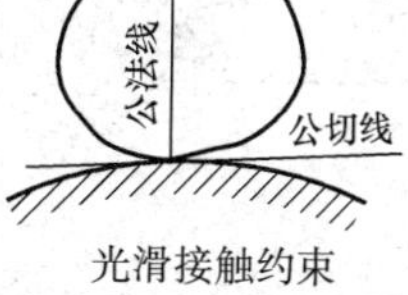 光滑接触约束	光滑接触约束只能限制物体沿接触面的公法线指向支撑面的运动，而不能限制物体沿接触面或离开支撑面的运动	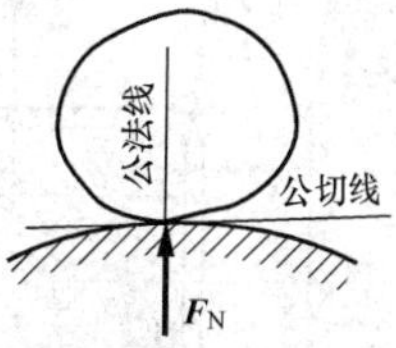 光滑接触面的约束力通过接触点，沿接触面的公法线并指向被约束的物体
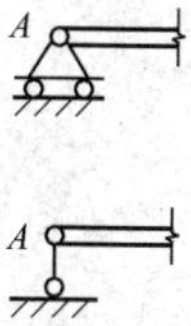 可动铰支座（辊轴支座）	可动铰支座不能限制物体绕销钉的转动和沿支撑面的运动，而只能限制物体在支撑面垂直方向的运动	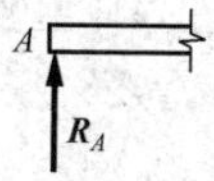 可动铰支座的约束反力通过销钉中心且垂直于支撑面，指向待定

约束的类型	约束的性质	约束力的确定
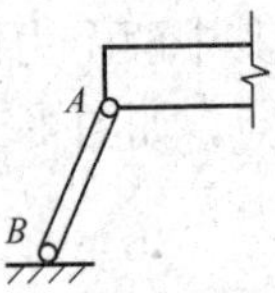 链杆约束	链杆约束只能限制物体沿链杆中心线方向的运动，而其他方向的运动都不能限制	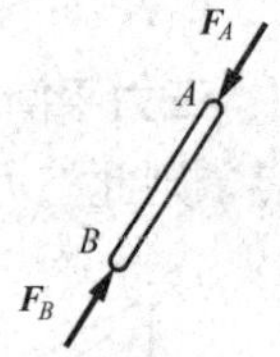 链杆约束的约束反力沿着链杆中心线，指向待定
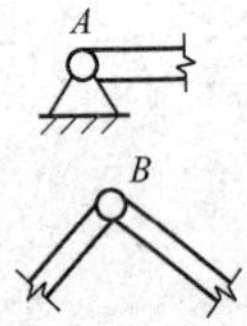 圆柱铰链与固定铰链支座	铰链约束只能限制物体在垂直于销钉轴线的平面内任意方向的运动，而不能限制物体绕销钉的转动	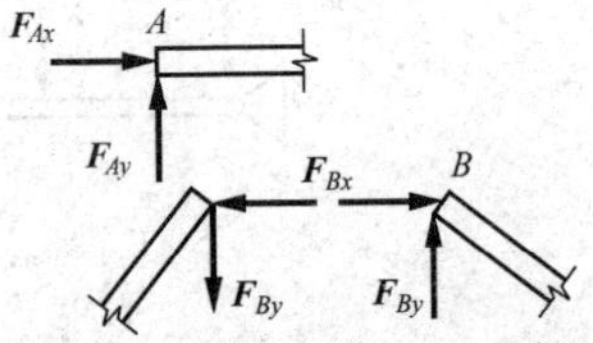 约束反力作用在垂直于销钉轴线的平面内，通过销钉中心，而方向待定
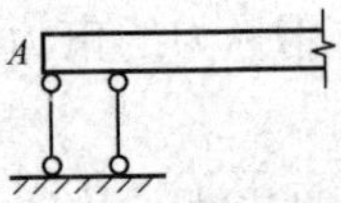 定向支座	定向支座只能限制物体沿支座链杆方向的运动和物体绕支座的转动，而不能限制物体沿支撑面的运动	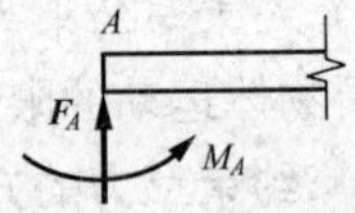 约束力可表示为一个垂直于支撑面的力和一个约束力偶，指向与主动力相反
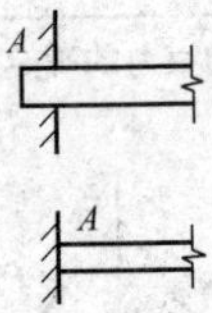 固定端约束	固定端约束既能限制物体移动，又能限制物体绕固定端转动	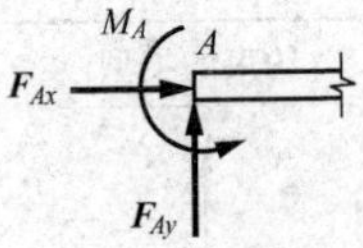 约束反力可表示为两个互相垂直的分力和一个约束力偶，指向均待定

例 4-2 （2016 年）结构由直杆 AC、DE 和直角弯杆 BCD 所组成，自重不计，受荷载 F 与 $M=Fa$ 作用，则 A 处约束力的作用线与 x 轴正向所成的夹角为（　　）。

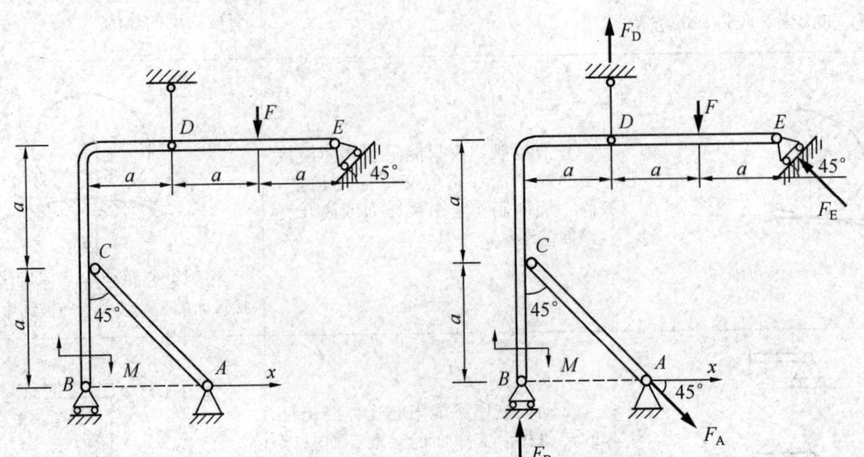

图 4-6　例 4-2 图

（a）原题图；（b）解图

(A) 135° (B) 90° (C) 0° (D) 45°

解：此结构的整体受力图如图 4-6(b) 所示。由主动力 F 的方向，可以判断出 F_B、F_D、F_E 的方向，而 F_A 的方向则与 F_E 的方向相反，向右下方，与 x 轴正向夹角为 45°。

故正确答案是 (D)。

（四）力在坐标轴上的投影

过力矢 $\boldsymbol{F}$ 的两端 A、B，向坐标轴作垂线，在坐标轴上得到垂足 a、b，线段 ab，再冠之以正负号，便称为力 $\boldsymbol{F}$ 在坐标轴上的投影。图 4-7 中所示的 $\boldsymbol{F}_x$、$\boldsymbol{F}_y$ 即为力 $\boldsymbol{F}$ 分别在 x 轴与 y 轴上的投影，其值为力 $\boldsymbol{F}$ 的模乘以力与投影轴正向间夹角的余弦，即

$$\boldsymbol{F}_x = |\boldsymbol{F}|\cos\alpha$$
$$\boldsymbol{F}_y = |\boldsymbol{F}|\cos\beta = |F|\sin\alpha \tag{4-2}$$

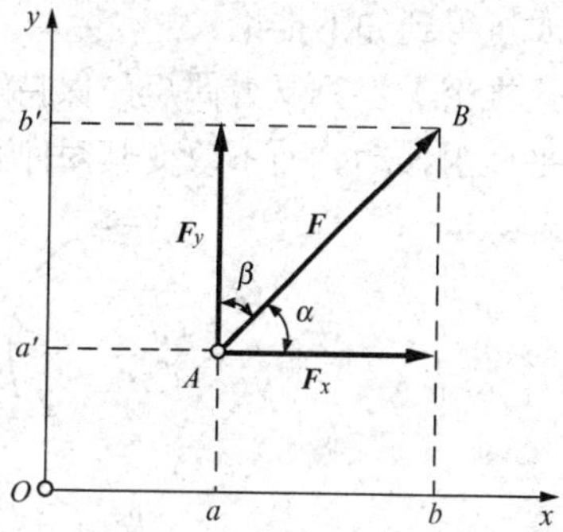

图 4-7 力在直角坐标轴上的投影

合力投影定理：平面汇交力系的合力在某坐标轴上的投影等于其各分力在同一坐标轴上的投影的代数和，即

$$\boldsymbol{F}_x = \sum_{i=1}^{n}\boldsymbol{F}_{xi} \quad \boldsymbol{F}_y = \sum_{i=1}^{n}\boldsymbol{F}_{yi} \tag{4-3}$$

（五）力矩及其性质

1. 力对点之矩

力使物体绕某支点（或矩心）转动的效果可用力对点之矩度量。

在平面问题中，如图 4-8 所示，力对点之矩为代数量，表示为

$$M_O(\boldsymbol{F}) = \pm \boldsymbol{F}d \tag{4-4}$$

式 (4-4) 中 d 为力到矩心 O 的垂直距离，称为力臂，习惯上，力使物体绕矩心逆时针转动时，式 (4-4) 取正号，反之取负号。

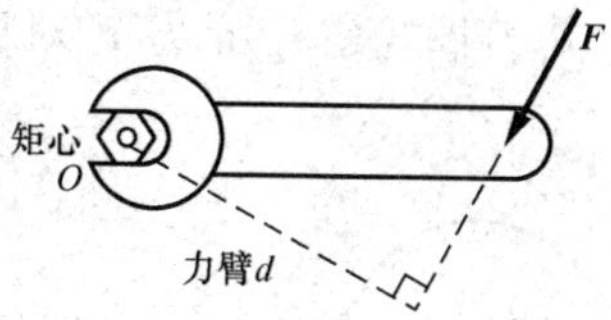

图 4-8 平面力系中的力对点之矩

2. 力矩的性质

(1) 力对点之矩，不仅取决于力的大小，同时还取决于矩心的位置，故不明确矩心位置的力矩是无意义的。

(2) 力的数值为零，或力的作用线通过矩心时，力矩为零。

(3) 合力矩定理：合力对一点之矩等于各分力对同一点之矩的代数和，即

$$M_O(\boldsymbol{R}) = M_O(\boldsymbol{F}_1) + M_O(\boldsymbol{F}_2) + \cdots + M_O(\boldsymbol{F}_n) = \sum M_O(\boldsymbol{F}) \tag{4-5}$$

（六）力偶、力偶矩

1. 力偶

大小相等、方向相反、作用线平行但不重合的两个力组成的力系，称为力偶。用符号（$\boldsymbol{F}$，$\boldsymbol{F}'$）表示，如图 4-9 所示，图中的 L 平面为力偶作用平面，d 为两力之间的距离，称为力偶臂。

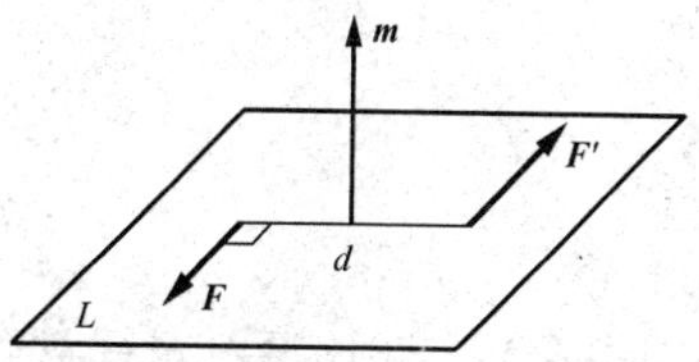

图 4-9 力偶与力偶矩矢量

2. 力偶的性质

(1) 力偶无合力，即不能简化为一个力，或者说不能与一个力等效，故力偶对刚体只产生转动效应而不产生移动效应。

（2）力偶对刚体的转动效应用力偶矩度量。在空间问题中，力偶矩为矢量，其方向由右手定则确定，如图 4-9 所示。

在平面问题中，力偶矩为代数量，表示为

$$m = \pm Fd \tag{4-6}$$

通常取逆时针转向的力偶矩为正，反之为负。

（3）作用在刚体上的两个力偶，其等效的充要条件是此二力偶的力偶矩矢相等。由此性质可得到如下推论：

推论Ⅰ 只要力偶矩矢保持不变，力偶可在其作用面内任意移动和转动，也可在其平行平面内移动，而不改变其对刚体的作用效果。因此，力偶矩矢为自由矢量。

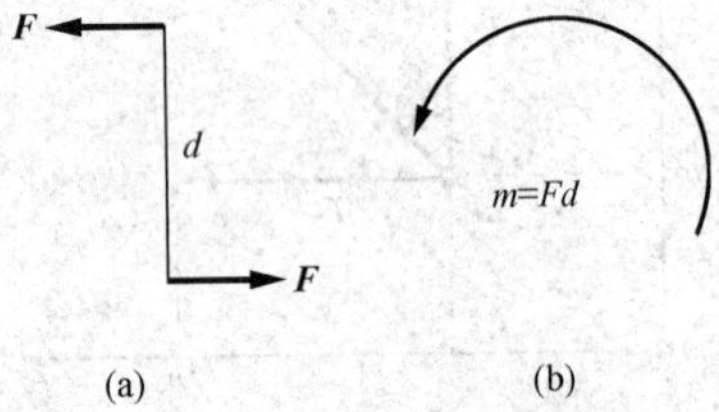

图 4-10　平面力偶的图示

（a）示例一；（b）示例二

推论Ⅱ 只要力偶矩矢保持不变，力偶中的两个力及力偶臂均可改变，而不改变其对刚体的作用效果。

由力偶的上述性质可知，力偶对刚体的作用效果取决于力偶的三要素，即力偶矩的大小、力偶作用平面的方位及力偶在其作用面内的转向。

图 4-10(a)、(b) 表示的为同一个力偶，其力偶矩为 $m=Fd$。在平面力系中，力偶对平面内任一点的力偶矩都相同，与点的位置无关。

（七）力的平移定理

显然，力可沿作用线移动，而不改变其对刚体的作用效果，现在要来研究如何将力的作用线进行平移。

在图 4-11 中，在 B 点加一对与力 $\boldsymbol{F}$ 等值、平行的平衡力，并使 $\boldsymbol{F}=\boldsymbol{F}'=-\boldsymbol{F}''$，其中 $\boldsymbol{F}$ 与 $\boldsymbol{F}''$ 构成一力偶，称为附加力偶，其力偶矩 $m=\boldsymbol{F}d=m_B(\boldsymbol{F})$。这样，作用于 A 点的力 $\boldsymbol{F}$ 与作用于 B 点的力 $\boldsymbol{F}''$ 等效于一个力偶矩为 m 的附加力偶。由此得出结论：作用于刚体上的力 $\boldsymbol{F}$ 可平移至体内任一指定点，但同时必须附加一力偶，其力偶矩等于原力 $\boldsymbol{F}$ 对于新作用点 B 之矩，这就是力的平移定理。

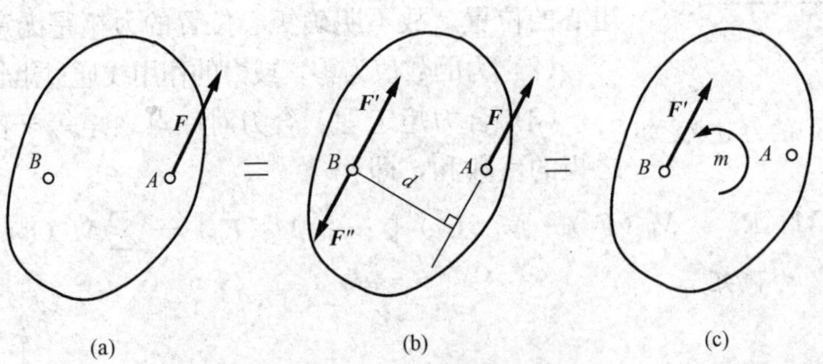

图 4-11　力的平移定理

（a）平移前；（b）等效代换；（c）平移后

例 4-3　（2012 年）一绞盘有三个等长为 l 的柄，三个柄均在水平面内，其间夹角都是 120°。如在水平面内，每个柄端分别作用一垂直于柄的力 $\boldsymbol{F}_1$、$\boldsymbol{F}_2$、$\boldsymbol{F}_3$，且有 $F_1=F_2=F_3=F$，该力系向 O 点简化后的主矢及主矩应为（　　）。

（A）$F_R=0$，$M_O=3Fl$　（↷）

（B）$F_R=0$，$M_O=3Fl$　（↶）

(C) $F_R = 2F$, (水平向右), $M_O = 3Fl$ (↷)

(D) $F_R = 2F$, (水平向左), $M_O = 3Fl$ (↶)

解: 把 F_1、F_2、F_3 分别向 O 点平移，根据力的平移定理，得到一个平面汇交力系和一个力偶系，如图 4-12(b) 所示。显然平面汇交力系的合力为零，而平面力偶系的合力偶矩为 $3Fl$，方向为逆时针。故正确答案是 (B)。

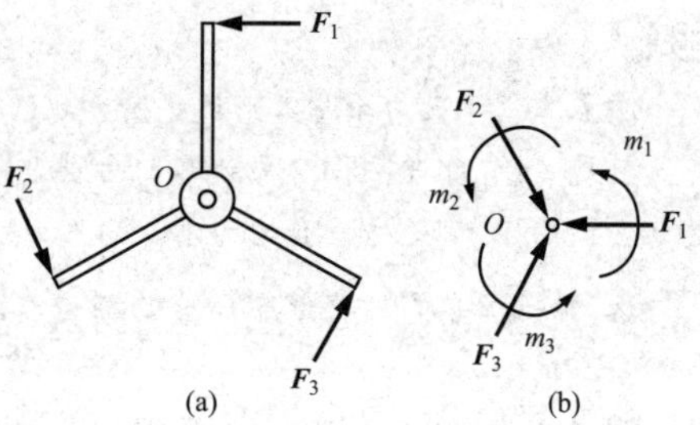

图 4-12 例 4-3 图

(a) 原题图；(b) 解答图

(八) 任意力系的简化结果

任意力系简化结果见表 4-2。

表 4-2 任意力系简化结果

F'_R(主矢)	M_O(主矩)		最后结果	说明
$F'_R \neq 0$	$M_O \neq 0$	$F'_R \perp M_O$	合力	合力作用线到简化中心 O 的距离为 $d=\frac{\mid M_O \mid}{F'_R}$
		$F'_R \parallel M_O$	力螺旋	力螺旋的中心轴通过简化中心
$F'_R \neq 0$	$M_O \neq 0$	F'_R 与 M_O 成 φ 角	力螺旋	力螺旋的中心轴离简化中心 O 的距离为 $d=\frac{\mid M_O \mid \sin\varphi}{F'_R}$
	$M_O = 0$		合力	合力作用线通过简化中心
$F'_R = 0$	$M_O \neq 0$		合力偶	此时主矩与简化中心无关
	$M_O = 0$		平衡	

二、静力学基本方法

(1) 选取适当的研究对象。对于两个或几个物体组成的物体系统，可以选取整体，也可以选取某一部分。选取的原则是能够通过已知力求得未知力。

(2) 画出研究对象的受力图。一般先画已知的主动力，后画未知的约束反力。约束反力的方向永远与主动力的运动趋势相反。只画研究对象的外力，不画其内力。作用力与反作用力大小相等、方向相反，作用在一条直线上，作用在两个物体上。

(3) 列出平衡方程求未知力。物体系统整体平衡，各个部分也平衡。各种平面力系的平衡方程见表 4-3。

表 4-3 平面力系的平衡方程

力 系	平面任意力系	平面汇交力系	平面平行力系 (取 y 轴与各力作用线平行)	平面力偶系
平衡条件	主矢、主矩同时为零 $F'_R=0$，$M_O=0$	合力为零 $F_R=0$	主矢、主矩同时为零 $F'_R=0$ $M_O=0$	合力偶矩为零 $M=0$
基本形式平衡方程	$\sum F_x=0$ $\sum F_y=0$ $\sum m_O(F)=0$	$\sum F_x=0$ $\sum F_y=0$	$\sum F_y=0$ $\sum m_O(F)=0$	$\sum m=0$

注意

重点掌握平面力系基本形式平衡方程的本质，就是要使物体保持静止不动：

$\sum F_x=0$，水平方向合力为零，向左力=向右力，左右不能动；

$\sum F_y=0$，铅垂方向合力为零，向上力=向下力，上下不能动；

$\sum M_O(\vec{F})=0$，对任选点 O 合力矩为零，顺时针力矩=逆时针力矩，不能转动。

例 4-4 （2008 年）水平梁 CD 的支承与载荷均已知，其中 $F_P=aq$，$M=a^2q$，如图 4-13(a) 所示。支座 A、B 的约束力分别为（　　）。

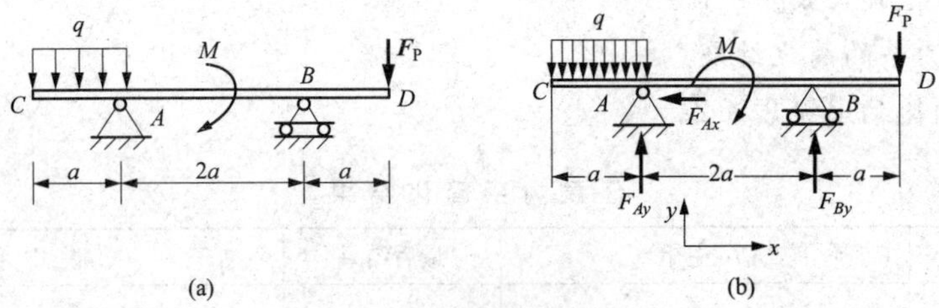

图 4-13　例 4-4 图

(a) 原题图；(b) 解答图

(A) $F_{Ax}=0, F_{Ay}=aq(\uparrow), F_{By}=\dfrac{3}{2}aq(\uparrow)$

(B) $F_{Ax}=0, F_{Ay}=\dfrac{3}{4}aq(\uparrow), F_{By}=\dfrac{5}{4}aq(\uparrow)$

(C) $F_{Ax}=0, F_{Ay}=\dfrac{1}{2}aq(\uparrow), F_{By}=\dfrac{5}{2}aq(\uparrow)$

(D) $F_{Ax}=0, F_{Ay}=\dfrac{1}{4}aq(\uparrow), F_{By}=\dfrac{7}{4}aq(\uparrow)$

解： 取梁 CD 为研究对象，画出受力图。

$$\Sigma M_A=0: F_{By}\cdot 2a+qa\cdot\frac{a}{2}=M+qa\cdot 3a$$

可得到

$$F_{By}=\frac{7}{4}qa(\uparrow)$$

$$\Sigma F_y=0: F_{Ay}+F_{By}=qa+qa$$

可得到

$$F_{Ay}=\frac{1}{4}qa(\uparrow)$$

$$\Sigma F_x=0: F_{Ax}=0$$

故正确答案是 (D)。

例 4-5 （2007 年）水平梁 AB 由铰 A 与杆 BD 支撑［见图 4-14(a)］。在梁上 O 处用小轴安装滑轮。轮上跨过软绳。绳一端水平地系于墙上，另端悬挂重 W 的物块。构件均不计自重。铰 A 的约束力大小为（　　）。

(A) $F_{Ax}=\dfrac{5}{4}W$，$F_{Ay}=\dfrac{3}{4}W$　　(B) $F_{Ax}=W$，$F_{Ay}=\dfrac{1}{2}W$

(C) $F_{Ax}=\dfrac{3}{4}W$，$F_{Ay}=\dfrac{1}{4}W$　　(D) $F_{Ax}=\dfrac{1}{2}W$，$F_{Ay}=W$

解： 取 AB 杆连同滑轮和物块为研究对象，画出其受力图，如图 4-19(b) 所示。列平衡方程，$\Sigma M_A=0$：$F_B\cos45°4a+Tr-W(a+r)=0$，其中绳子拉力 $T=W$，r 为滑轮半径。可得 $F_B\cos45°=\dfrac{W}{4}$。

$$\Sigma F_x=0：F_{Ax}-T-F_B\sin45°=0，得\ F_{Ax}=\frac{5}{4}W；$$

$$\Sigma F_y=0：F_{Ay}-W+F_B\cos45°=0，得\ F_{Ay}=\frac{3}{4}W。$$

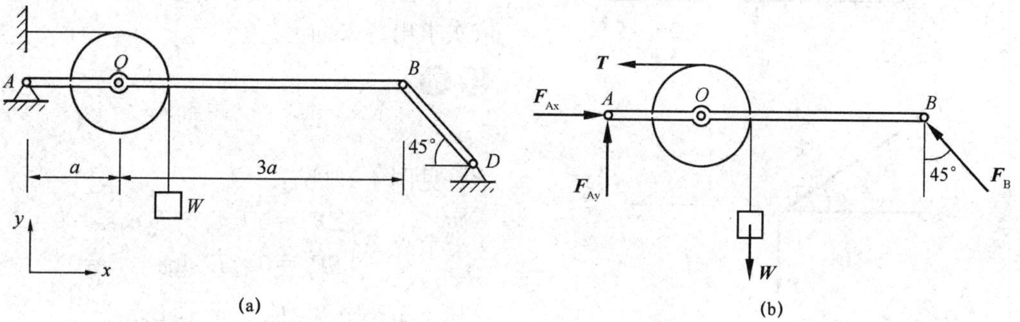

图 4-14 例 4-5 图

(a) 原题图；(b) 解答图

故正确答案是 (A)。

注意

在应用力矩方程时，选未知力的交点（往往是支点）为矩心，计算是最简单、最方便的。

例 4-6 (2010 年) 简支梁受分布荷载作用如图 4-15(a) 所示。支座 A、B 的约束力为 ( )。

(A) $F_A=0$，$F_B=0$　　(B) $F_A=\frac{1}{2}qa(\uparrow)$，$F_B=\frac{1}{2}qa(\uparrow)$

(C) $F_A=\frac{1}{2}qa(\uparrow)$，$F_B=\frac{1}{2}qa(\downarrow)$　　(D) $F_A=\frac{1}{2}qa(\downarrow)$，$F_B=\frac{1}{2}qa(\uparrow)$

解：取 AB 梁为研究对象，画其受力图如图 4-15(b) 所示。其中均布荷载可以简化为集中力 qa，并组成一个力偶。支座反力 F_A、F_B 组成一个方向相反的力偶。列平衡方程，$\Sigma M=0$：$qa\cdot a=F_A\cdot 2a$，故 $F_A=\frac{1}{2}qa(\uparrow)$，$F_B=\frac{1}{2}qa(\downarrow)$。

答案：C

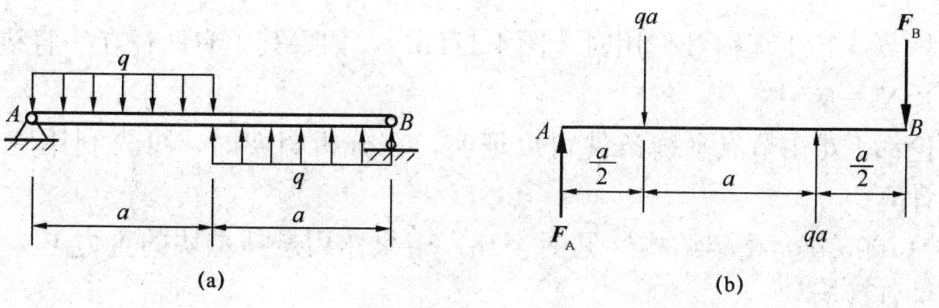

图 4-15 例 4-6 图

(a) 原题图；(b) 解答图

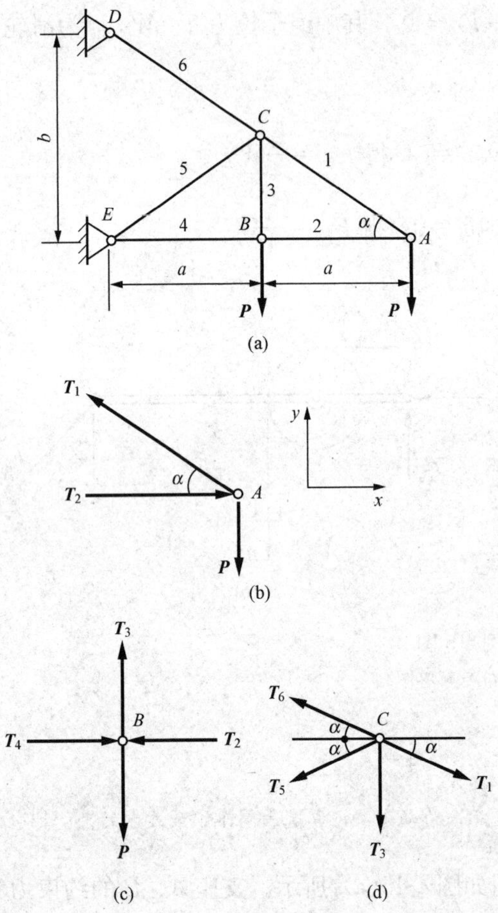

图 4-16　例 4-7 图

（a）简单桁架；（b）节点 A 受力图；

（c）节点 B 受力图；（d）节点 C 受力图

例 4-7　节点法解简单桁架，如图 4-16（a）所示。

解： 桁架特点如下：

（1）荷载作用于节点（铰链）处。

（2）各杆自重不计，是二力杆（受拉或受压）。

节点法：以节点为研究对象，由已知力依次求出各未知力。

注意

所选节点，其未知力不能超过两个。

见图 4-16(b)：

节点 $A\begin{cases}\Sigma \boldsymbol{F}_x=0: T_2-T_1\cos\alpha=0\\ \Sigma \boldsymbol{F}_y=0: T_1\sin\alpha-P=0\end{cases}$

求出：$T_1=\dfrac{P}{\sin\alpha}$，$T_2=P\cot\alpha$

见图 4-16(c)：

节点 B　$\begin{cases}T_4=T_2=P\cot\alpha\\ T_3=P\end{cases}$

见图 4-16(d)：

节点 C

$$\begin{cases}T_1\cos\alpha=T_5\cos\alpha+T_6\cos\alpha\\ T_6\sin\alpha=T_5\sin\alpha+T_1\sin\alpha+T_3\end{cases}$$

求出 $T_6=\dfrac{3P}{2\sin\alpha}$，$T_5=-\dfrac{P}{2\sin\alpha}$（与所设方向相反）。

注意

零杆的判断。

在桁架的计算中，有时会遇到某些杆件内力为零的情况。这些内力为零的杆件称为零杆。出现零杆的情况可归结如下：

（1）两杆节点 A 上无荷载作用时［图 4-17(a)］，则该两杆的内力都等于零，$N_1=N_2=0$。

（2）三杆节点 B 上无荷载作用时［图 4-17(b)］，如果其中有两杆在一直线上，则另一杆必为零杆，$N_3=0$。

上述结论都不难由节点平衡条件得以证实，在分析桁架时，可先利用它们判断出零杆，以简化计算。

例 4-8　（2006 年）桁架结构（见图 4-18）中只作用悬挂重块的重力 W，此桁架中杆件内力为零的杆数为（　　）根。

（A）2　　（B）3

（C）4　　（D）5

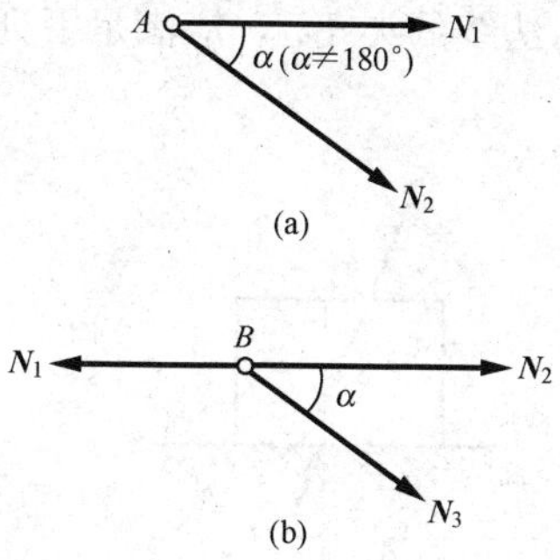

图 4-17　零杆判别法

（a）两杆节点；（b）三杆节点

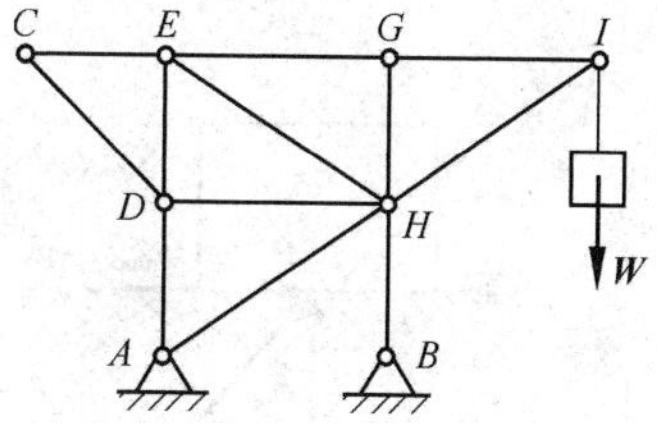

图 4-18　例 4-8 图

解： 根据零杆判别法，由节点 C 的平衡可知杆 CD、CE 为零杆，由节点 D 和 G 的平衡可知杆 DH、GH 也为零杆。再由整体受力分析可知杆 BH 相当于一个链杆支座，只有一个垂直反力 $\boldsymbol{F}_3$，因而铰链 A 处的支反力也必定只有一个垂直反力 $\boldsymbol{F}_{\mathrm{A}}$。由节点 A 的平衡（可看作三力节点）可知杆 AH 也是零杆。

答案： D

三、滑动摩擦

在主动力的作用下，当两物体接触处有相对滑动或有相对滑动趋势时，在接触处的公切面内将受到一定的阻力阻碍其相对滑动，这种现象称为滑动摩擦。

1. 滑动摩擦力

（1）静滑动摩擦力：在主动力的作用下，物体具有滑动趋势但仍处于静止状态时的摩擦力，称为静滑动摩擦力。此力的方向与物体相对滑动趋势的方向相反，其值随主动力在 $0 \leqslant \boldsymbol{F} \leqslant \boldsymbol{F}_{\max}$ 变化，大小由平衡方程确定。

（2）临界静滑动摩擦力 $\boldsymbol{F}_{\max}$：物体处于将动未动状态，静摩擦力达到最大值时的摩擦力，称为临界静滑动摩擦力。此力的方向与物体相对滑动趋势的方向相反，大小由库仑摩擦定律确定，即

$$\boldsymbol{F}_{\max} = fN \tag{4-7}$$

式中　f——静滑动摩擦系数；

N——接触处的正压力，即法向反力。

2. 摩擦角与自锁

静摩擦力 $\boldsymbol{F}$ 与法向反力 $\boldsymbol{N}$ 的合力 $\boldsymbol{R}$ 称为全约束反力，它与支撑面法线的夹角用 φ 表示。临界状态时，摩擦力达到最大值 $\boldsymbol{F}_{\max}$，这时的全约束反力与法线的夹角 φ_{m} 称为摩擦角（见图 4-19），且

$$\tan\varphi_{\mathrm{m}} = \frac{\boldsymbol{F}_{\max}}{N} = f \tag{4-8}$$

即摩擦角的正切等于静滑动摩擦系数。

因静摩擦力总是小于或等于最大静摩擦力，所以全反力与支承面法线的夹角 φ 总是小于或等于摩擦角 φ_{m}，其变化范围为

$$0 \leqslant \varphi \leqslant \varphi_{\mathrm{m}} \tag{4-9}$$

设作用于物体上主动力的合力 $\boldsymbol{Q}$ 与接触面法线的夹角为 $\boldsymbol{\alpha}$，全约束反力 $\boldsymbol{R}$ 与接触面法线的夹角为 φ，物体受 $\boldsymbol{Q}$ 与 $\boldsymbol{R}$ 二力作用而平衡，可见 $\boldsymbol{Q}$ 与 $\boldsymbol{R}$ 一定等值、反向、共线，于是

有 $\alpha=\varphi$（见图 4-20）。当物体平衡时，主动力 Q 与法线的夹角 α，应满足下列条件

$$\alpha \leqslant \varphi_m \tag{4-10}$$

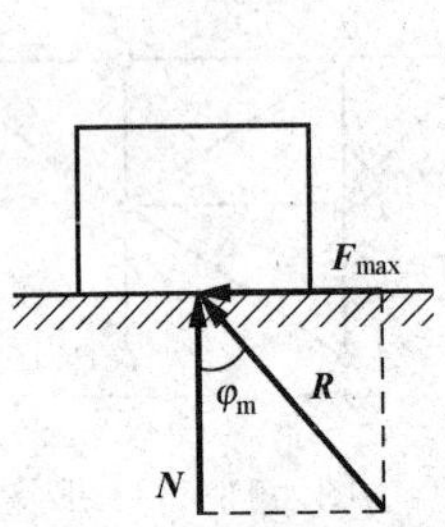

图 4-19　摩擦角示意图

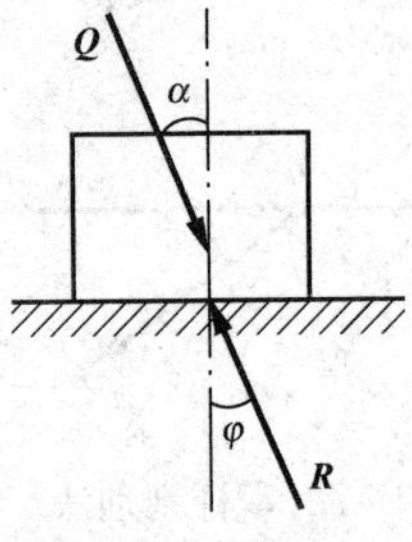

图 4-20　自锁条件

式（4-10）表明：当作用于物体上的主动力的合力 $\boldsymbol{Q}$ 与接触面法线的夹角 α 小于摩擦角 φ_m 时，则无论主动力有多大，物体必定处于静止状态。这种现象称为自锁，式（4-10）称为自锁条件。

反之，当主动力的合力作用线与接触面法线的夹角 α 大于摩擦角 φ_m，则无论此力多么小，物体都一定会滑动。

3. 考虑滑动摩擦时物体系统的平衡问题

考虑摩擦时平衡问题的特点是：在受力分析时必须考虑摩擦力。摩擦力的方向与物体相对滑动趋势的方向相反。摩擦力必须同时满足力系的平衡条件和物理条件 $\boldsymbol{F} \leqslant \boldsymbol{F}_{max}=fN$。由于静摩擦力的大小有个范围，$0 \leqslant \boldsymbol{F} \leqslant \boldsymbol{F}_{max}$，因而物体的平衡位置和所需的平衡力也有一个范围。

例 4-9　（2016 年）重 W 的物块自由地放在倾角为 α 的斜面上如图 4-21(a) 所示，且 $\sin\alpha=\frac{3}{5}$，$\cos\alpha=\frac{4}{5}$，物块上作用一水平力 F，且 $F=W$，若物块与斜面间的静摩擦系数 $\mu=0.2$，则该物块的状态为（　）。

（A）静止不动　　（B）沿斜面向上　　（C）沿斜面向下　　（D）无法判断

解： 取物块为研究对象，画出物块的受力图。取坐标 x 沿斜面向上，坐标 y 与斜面垂直向上，如图 4-21(b) 所示。

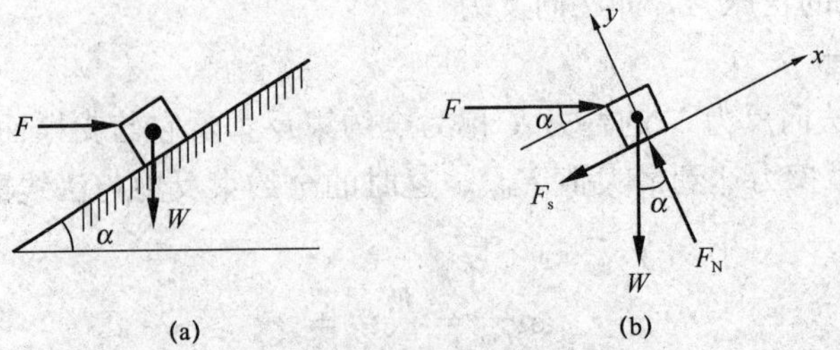

(a)　(b)

图 4-21　例 4-9 图

(a) 原题图；(b) 受力图

由 $\sum F_y=0$，得

$$F_N = F\sin\alpha + W\cos\alpha = \frac{7}{5}W$$

$$F_{smax} = \mu F_N = 0.2 \times \frac{7}{5}W = 0.28W$$

而沿 x 轴向上的力为 $F\cos\alpha - W\sin\alpha = \frac{1}{5}W = 0.20W$

显然，沿 x 轴向上的力小于 F_{smax}，故此时物块处于静止状态。

故正确答案是（A）。

第二节　运　动　学

运动学是从几何的观点来研究物体运动的规律，即物体运动的轨迹、速度、加速度等，而不研究引起运动的原因。

一、点的运动学

点的运动学是研究一般物体运动的基础，本节将研究点相对于某一参考系的几何位置随时间变化的规律，包括点的运动方程、运动轨迹、速度和加速度等。

（1）点的运动方程：动点在空间的几何位置随时间的变化规律。一个点相对于同一个参考体，若采用不同的坐标系，将会有不同形式的运动方程。

矢量形式

$$\boldsymbol{r} = \boldsymbol{r}(t) \tag{4-11}$$

直角坐标形式

$$\left.\begin{aligned} x &= f_1(t) \\ y &= f_2(t) \\ z &= f_3(t) \end{aligned}\right\} \tag{4-12}$$

弧坐标形式

$$s = f(t) \tag{4-13}$$

（2）轨迹：动点在空间运动时所经过的一条连续曲线。轨迹方程可由运动方程消去时间 t 得到。

（3）速度和加速度：点的速度是个矢量，它的方向表明点的运动方向，其大小表明点运动的快慢。点的加速度也是个矢量，它等于速度矢量对时间的导数。

矢量形式

$$\boldsymbol{v} = \frac{\mathrm{d}\boldsymbol{r}}{\mathrm{d}t} = \dot{r} \tag{4-14}$$

$$\boldsymbol{a} = \frac{\mathrm{d}\boldsymbol{v}}{\mathrm{d}t} = \frac{\mathrm{d}^2\boldsymbol{r}}{\mathrm{d}t^2} = \dot{v} = \ddot{r} \tag{4-15}$$

分量形式：以直角坐标轴上的分量表示

$$\boldsymbol{v} = \frac{\mathrm{d}\boldsymbol{r}}{\mathrm{d}t} = v_x\mathbf{i} + v_y\mathbf{j} + v_z\mathbf{k} \tag{4-16}$$

$$\left.\begin{aligned} v_x &= \frac{\mathrm{d}x}{\mathrm{d}t} = \dot{x} \\ v_y &= \frac{\mathrm{d}y}{\mathrm{d}t} = \dot{y} \\ v_z &= \frac{\mathrm{d}z}{\mathrm{d}t} = \dot{z} \end{aligned}\right\} \tag{4-17}$$

因此，速度在各直角坐标轴上的投影等于动点的各对应坐标对时间的一阶导数

$$a = \frac{\mathrm{d}v}{\mathrm{d}t} = \frac{\mathrm{d}v_x}{\mathrm{d}t}\mathbf{i} + \frac{\mathrm{d}v_y}{\mathrm{d}t}\mathbf{j} + \frac{\mathrm{d}v_z}{\mathrm{d}t}\mathbf{k} = a_x\mathbf{i} + a_y\mathbf{j} + a_z\mathbf{k} \tag{4-18}$$

$$
\left.\begin{aligned}
a_x &= \frac{\mathrm{d}v_x}{\mathrm{d}t} = \frac{\mathrm{d}^2 x}{\mathrm{d}t} = \ddot{x} \\
a_y &= \frac{\mathrm{d}v_y}{\mathrm{d}t} = \frac{\mathrm{d}^2 y}{\mathrm{d}t} = \ddot{y} \\
a_z &= \frac{\mathrm{d}v_z}{\mathrm{d}t} = \frac{\mathrm{d}^2 z}{\mathrm{d}t} = \ddot{z}
\end{aligned}\right\} \tag{4-19}
$$

因此，加速度在各直角坐标轴上的投影等于动点的各对应坐标对时间的二阶导数，以自然坐标轴的分量表示

$$
\boldsymbol{v} = v\boldsymbol{\tau} = \frac{\mathrm{d}s}{\mathrm{d}t}\boldsymbol{\tau} \tag{4-20}
$$

$$
\boldsymbol{a} = \boldsymbol{a}_{\tau +} \boldsymbol{a}_n = a_\tau \boldsymbol{\tau} + a_n \boldsymbol{n} \tag{4-21}
$$

其中

$$
\left.\begin{aligned}
&\text{切向加速度 } a_\tau = \frac{\mathrm{d}v}{\mathrm{d}t} = \ddot{s} \\
&\text{法向加速度 } a_n = \frac{v^2}{\rho}
\end{aligned}\right\} \tag{4-22}
$$

式中 ρ——运动轨迹的曲率半径，m。

$$
\left.\begin{aligned}
&\text{全加速度大小} \quad a = \sqrt{a_\tau^2 + a_n^2} = \sqrt{(\ddot{s})^2 + \left(\frac{\dot{s}^2}{\rho}\right)^2} \\
&\text{全加速度与法线夹角} \quad \tan\theta = \frac{|a_\tau|}{a_n}
\end{aligned}\right\} \tag{4-23}
$$

例 4-10 （2010 年）已知质点沿半径为 40cm 的圆周运动，其运动规律为：$s=20t$（s 以 cm 计，t 以 s 计）。若 $t=1$s，则点的速度与加速度的大小为（　　）。

(A) 20cm/s，$10\sqrt{2}$cm/s^2　　(B) 20cm/s，10cm/s^2

(C) 20cm/s，20cm/s^2　　(D) 40cm/s，10cm/s^2

解： $v=\frac{\mathrm{d}s}{\mathrm{d}t}=20$cm/s 为常数，故为匀速圆周运动。$a_\tau=\frac{\mathrm{d}v}{\mathrm{d}t}=0$，$a_n=\frac{v^2}{r}=\frac{20^2}{40}=10$cm/s^2。

故正确答案是（B）。

二、刚体的基本运动

刚体的基本运动形式有两种：①平行移动（平动）；②绕定轴转动（转动）。研究刚体的这两种基本运动形式，即可解决工程中的一些实际问题，同时为研究刚体复杂运动打下基础。

1. 刚体的平动

刚体运动时，若体内任一直线始终保持与其初始位置平行，则这种运动称为刚体的平行移动，简称平动。图 4-22 所示为摆式筛砂机筛子 AB 的运动。

刚体平动时，如果体内各点的轨迹是直线称为直线平动；如果体内各点的轨迹是曲线称为曲线平动。

刚体平动时，其上所有各点的轨迹形状相同；在每一瞬时，各点的速度相同，加速度也相同。因此，刚体上任一点的运动就可以代表整个刚体的运动，即刚体的平动可以归结为一个点的运动来研究。

2. 定轴转动刚体上各点的速度和加速度

(1) 刚体的定轴转动定义。刚体运动时，若其上有一条直线始终保持不动，则这种运动称为刚体的定轴转动，简称转动。而固定不动的直线称为刚体的转轴，它可以是刚体自

身上的一条直线，也可以是其延伸部分的一条直线。电机的转子、机床的主轴、卷扬机的鼓轮、变速箱的齿轮和定滑轮等都是定轴转动物体的实例。

（2）转动方程。设有一刚体绕定轴 z 轴动，如图 4-23 所示，为确定刚体在任一瞬时的位置，可通过转轴 z 作两个平面：平面Ⅰ是固定不动的，平面Ⅱ与刚体固连、随刚体一起转动。这样，任一瞬时刚体的位置，可以用动平面Ⅱ与定平面Ⅰ的夹角 φ 来确定。角 φ 称为转角，单位是弧度。它是一个代数量，其正负号的规定如下：从转轴的正向向负向看，逆时针方向为正，反之为负。当刚体转动时，转角 φ 随时间 t 变化，它是时间的单值连续函数，即

$$\varphi = f(t) \tag{4-24}$$

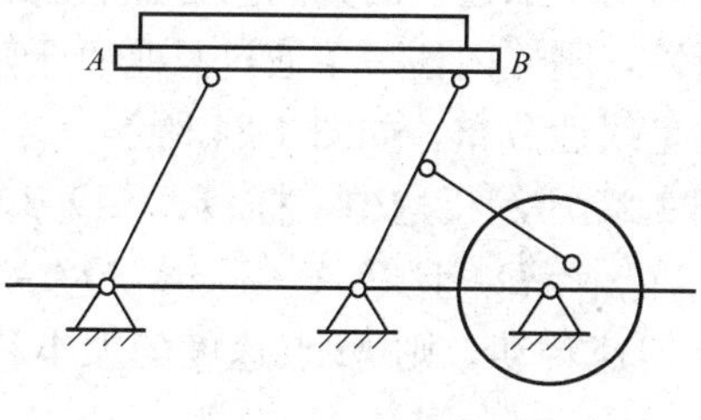

图 4-22　摆式筛砂机筛子 AB 的运动

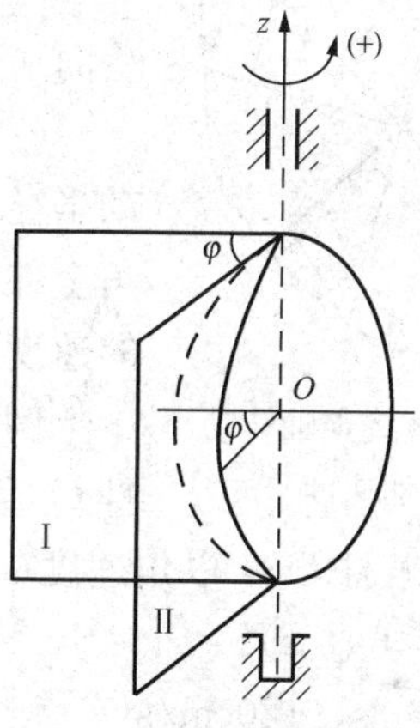

图 4-23　刚体绕定轴转动

式(4-24)称为刚体的转动方程，它反映了刚体绕定轴转动的规律，如果已知函数 $f(t)$，则刚体任一瞬时的位置就可以确定。

（3）角速度和角加速度。角速度 ω 表示刚体的快慢程度和转向，是代数量，计算式如下

$$\omega = \frac{\mathrm{d}\varphi}{\mathrm{d}t} \tag{4-25}$$

角加速度 α 表示角速度随时间 t 的变化率，是代数量，计算式如下

$$\alpha = \frac{\mathrm{d}\omega}{\mathrm{d}t} = \frac{\mathrm{d}^2\varphi}{\mathrm{d}^2 t} \tag{4-26}$$

当 ω 与 α 同号时，刚体做加速运动；当 ω 与 α 异号时，刚体做减速运动。

（4）绕定轴转动刚体上速度、加速度与角速度、角加速度的关系。点 M 速度的大小为

$$v = \frac{\mathrm{d}s}{\mathrm{d}t} = \frac{\mathrm{d}}{\mathrm{d}t}(r\varphi) = r\frac{\mathrm{d}\varphi}{\mathrm{d}t} = r\omega \tag{4-27}$$

即某瞬时转动刚体内任一点的速度大小等于该点的转动半径与该瞬时刚体角速度的乘积，速度方向沿着圆周的切线方向，指向与刚体的转动方向相同。

M 点的切向加速度和法向加速度分别为

$$\left.\begin{aligned} a_\tau &= \frac{\mathrm{d}v}{\mathrm{d}t} = \frac{\mathrm{d}}{\mathrm{d}t}(r\omega) = r\frac{\mathrm{d}\omega}{\mathrm{d}t} = r\alpha \\ a_n &= \frac{v^2}{r} = \frac{(r\omega)^2}{r} = r\omega^2 \end{aligned}\right\} \tag{4-28}$$

由式（4-28）可知，转动刚体上任一点切向加速度的大小，等于该点的转动半径与该瞬时刚体角加速度的乘积，方向与转动半径垂直，指向与角加速度的转向一致；法向加速度的大小等于该点的转动半径与该瞬间刚体角速度平方的乘积，方向指向转动中心。

所以刚体上任一M点的加速度为

$$\left.\begin{aligned} a &= \sqrt{a_\tau^2 + a_n^2} = r\sqrt{\alpha^2 + \omega^4} \\ \tan\theta &= \frac{|a_\tau|}{a_n} = \frac{|\alpha|}{\omega^2} \end{aligned}\right\} \tag{4-29}$$

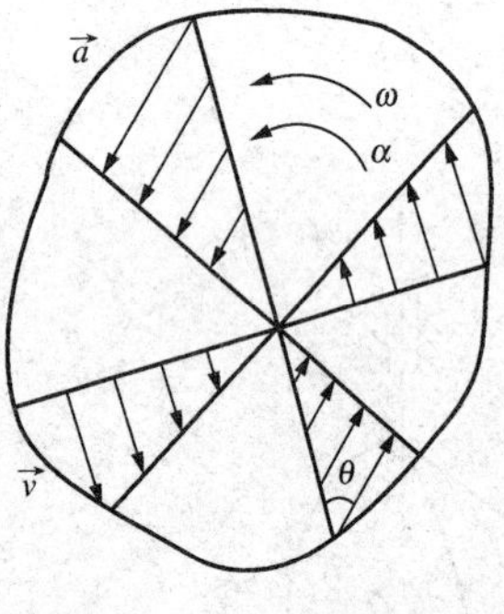

图 4-24　刚体绕定轴转动速度与加速度

式中　θ——加速度与法向加速度的夹角。

由式（4-27）～式（4-29）可归结出以下结论：

（1）在任意瞬时，转动刚体内各点的速度、切向加速度、法向加速度和全加速度的大小与各点的转动半径成正比。

（2）在任意瞬时，转动刚体内各点的速度方向与各点的转动半径垂直；各点的全加速度的方向与各点转动半径所成的夹角全部相同。所以，刚体内任一条通过且垂直于轴的直线上点的速度和加速度呈线性分布，如图 4-24 所示。

例 4-11　图 4-25 所示机构中，杆$O_1A=O_2B$，$O_1A/\!/O_2B$，杆$O_2C=O_3D$，$O_2C/\!/O_3D$，且$O_1A=20$cm，$O_2C=40$cm，$CM=MD=30$cm，若杆O_1A以角速度$\omega=3$rad/s 匀速转动，则M点速度的大小和B点加速度的大小分别为（　　）。

（A）60cm/s，120cm/s^2

（B）120cm/s，150cm/s^2

（C）60cm/s，360cm/s^2

（D）120cm/s，180cm/s^2

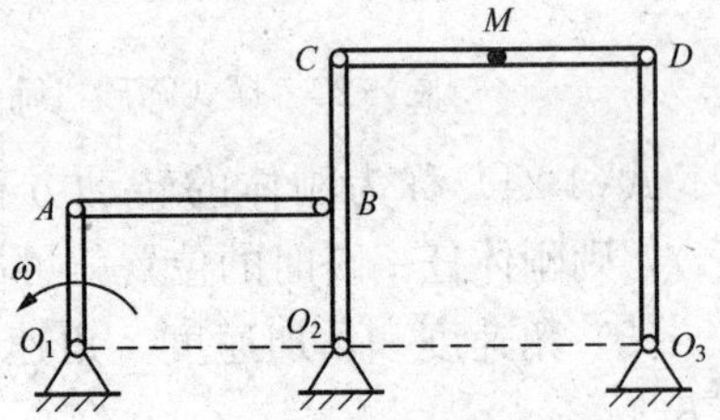

图 4-25　例 4-11 图

解：图 4-25 所示机构中O_1A、O_2C、O_3D做匀速定轴转动，角加速度为零。

AB杆和CD杆做曲线平动。M点速度大小与C点相同。B点加速度大小与A点相同。故有：$v_M=v_C=\omega\overline{O_2C}=3\times40=120$（cm/s）

$a_B=a_A=\overline{O_1A}\omega^2=20\times3^2=180$（cm/s^2），故正确答案是（D）。

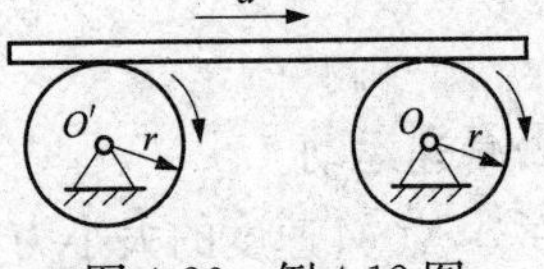

图 4-26　例 4-12 图

例 4-12　（2012 年）一木板放在两个半径$r=0.25$m 的传输鼓轮上面。在图 4-26 所示，木板具有不变的加速度$a=0.5$m/s^2，方向向右。同时，鼓轮边缘上的点具有一大小为 3m/s^2 的全加速度。如果木板在鼓轮上无滑动，则此木板的速度为（　　）。

（A）0.86m/s　　（B）3m/s　　（C）0.5m/s　　（D）1.67m/s

解：木板做平动，鼓轮做定轴转动。鼓轮边缘上的点和木板接触，故$a_\tau=a=0.5$（m/s^2）

因为　$a_{全}=\sqrt{a_\tau^2+a_n^2}=3$（m/s^2）

故　$a_n=\sqrt{3^2-0.5^2}=2.958$（m/s^2）

又　$a_n=r\omega^2$　　所以　$\omega=\sqrt{\dfrac{a_n}{r}}=3.4398$（1/s）

所以 $v=r\omega=0.86\text{m/s}$，故正确答案是（A）。

例 4-13 （2009年、2016年）杆 OA 绕固定轴 O 转动，长为 l，某瞬时杆端 A 点的加速度 a 如图 4-27 所示，则该瞬时 OA 的角速度及角加速度 ε 为（　　）。

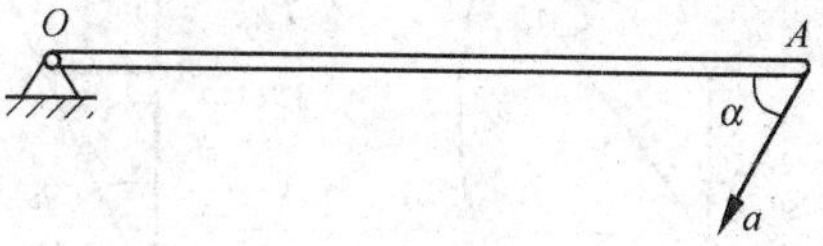

图 4-27　例 4-13 图

(A) 0，$\dfrac{a}{l}$　　(B) $\sqrt{\dfrac{a\cos\alpha}{l}}$，$\dfrac{a\sin\alpha}{l}$

(C) $\sqrt{\dfrac{a}{l}}$，0　　(D) 0，$\sqrt{\dfrac{a}{l}}$

解：把全加速度向法线方向和切线方向分解，即 $a_n=a\cos\alpha=l\omega^2$，$a_\tau=a\sin\alpha=l\varepsilon$，可得 $\omega=\sqrt{\dfrac{a\cos\alpha}{l}}$，$\varepsilon=\dfrac{a\sin\alpha}{l}$。

故正确答案是（B）。

三、刚体的平面运动

1. 平面运动的定义

刚体运动时，体内各点至某一固定平面的距离始终保持不变，这种运动称为平面运动，例如沿直线轨道滚动的车轮的运动、曲柄连杆机构中连杆的运动等都是。根据这种运动的特点，不难理解，刚体平面运动可被简化为平面图形在其自身平面内的运动来研究。

2. 平面运动分解为平动和转动

平面运动既有位置的移动，又有转动。为了研究的方便，我们可以把它分解成两个简单的运动，即平动和定轴转动。为此，可在平面图形内任选一点 O'，称为基点，并建立随 O' 点一起运动的平动坐标系 $x'O'y'$（见图 4-28）。于是，就很容易看出，平面图形的运动是随动参考系 $x'O'y'$ 一起平动的牵连运动与绕基点 O' 转动的相对运动两者的合成。

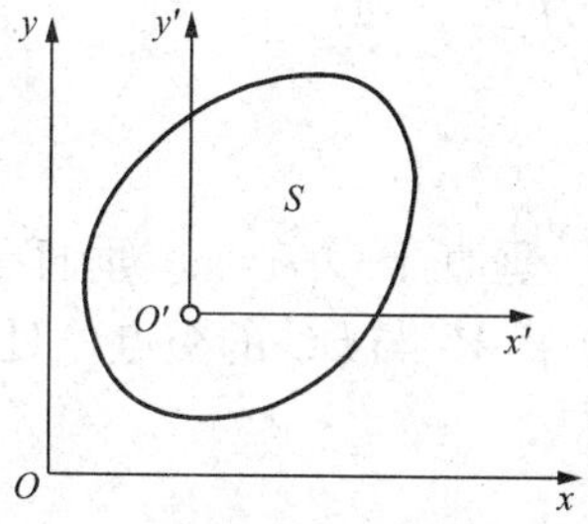

图 4-28　平动坐标系

基点是可以任意选择的，而图形内不同点的运动是不同的，因此，图形的牵连运动将随基点选择的不同而异；但相对基点转动的角速度与角加速度则与基点的选择无关，即在同一瞬间，无论选取哪一点为基点，图形绕基点转动的角速度和角加速度都相同。

3. 平面图形内各点的速度分析——瞬心法

速度瞬心。平面图形上某瞬时速度等于零的这一点，称为瞬时转动中心，简称速度瞬心。显然，只要图形的角速度不等于零，就一定存在一个且仅一个速度瞬心。若以速度瞬心为基点，图形上任一点在该瞬时的速度，就等于绕瞬心转动的速度（见图 4-29）。

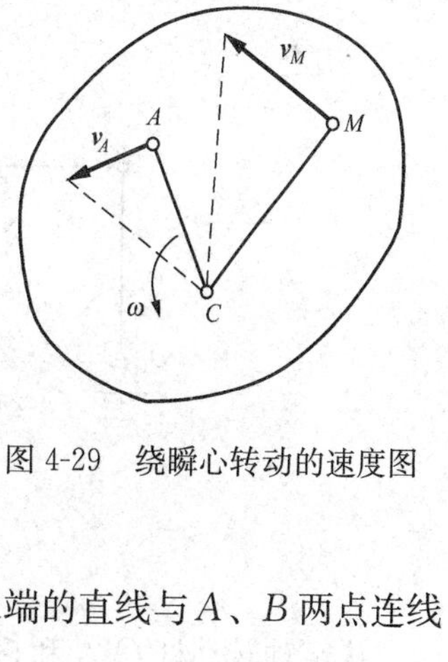

图 4-29　绕瞬心转动的速度图

图 4-30 表示确定速度瞬心位置的几种方法：

1）已知图形上两点速度 $\boldsymbol{v}_A$ 与 $\boldsymbol{v}_B$ 的方向，且 $\boldsymbol{v}_A$、$\boldsymbol{v}_B$ 不平行的情形。过 A、B 两点作分别垂直于 $\boldsymbol{v}_A$ 与 $\boldsymbol{v}_B$ 的直线，两直线交点即为速度瞬心 C［图 4-30(a)］。

2）已知 $\boldsymbol{v}_A /\!/ \boldsymbol{v}_B$，但 $\boldsymbol{v}_A \neq \boldsymbol{v}_B$ 的情形。连接 $\boldsymbol{v}_A$、$\boldsymbol{v}_B$ 两矢量末端的直线与 A、B 两点连线的交点，即为速度瞬心 C［图 4-30(b)、(c)］。

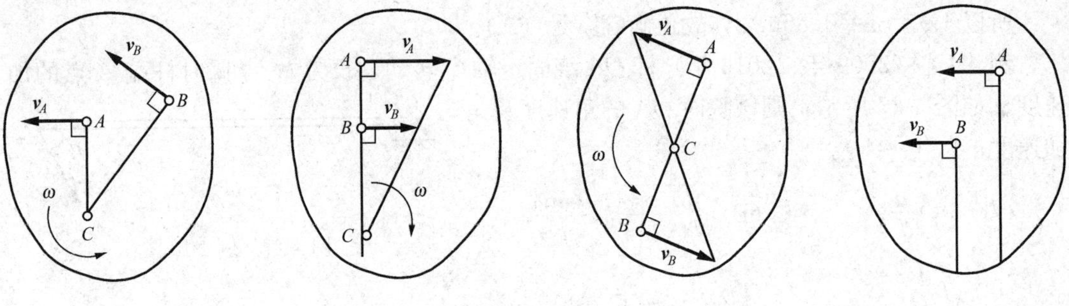

(a) (b) (c) (d)

图 4-30 确定速度瞬心位置方法

(a) v_A、v_B 不平行的情形；(b) $v_A /\!/ v_B$ 且同向但 $v_A \neq v_B$ 的情形；

(c) v_A 与 v_B 反向平行但 $v_A \neq v_B$ 的情形；(d) $v_A /\!/ v_B$ 且 $v_A = v_B$ 的情形

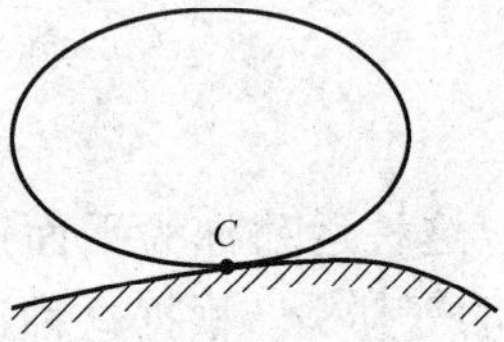

图 4-31 平面图形纯滚动时的瞬心位置

3）已知 $v_A /\!/ v_B$，且 $v_A = v_B$。此时速度瞬心在无穷远处。图形在此瞬时的运动，称为瞬时平动。该瞬时图形的角速度为零，其上各点速度均相同［图 4-30(d)］。

另外，当平面图形在另一固定面上滚动而无滑动时，与固定面接触的点，即为速度瞬心 C 如图 4-31 所示。

最后再强调一句：图形在不同的瞬时，有不同的速度瞬心。

例 4-14 （2005 年）四连杆机构运动到图 4-32(a) 所示位置时，$AB /\!/ O_1O_2$，O_1A 杆的角速度为 ω_1，则 O_2B 杆的角速度 ω_2 为（　　）。

(A) $\omega_2 = 0$　　(B) $\omega_2 < \omega_1$

(C) $\omega_2 > \omega_1$　　(D) $\omega_2 = \omega_1$

解： 首先进行运动分析。O_1A 杆和 O_2B 杆做定轴转动，v_A 垂直于 O_1A，v_B 垂直于 O_2B，方向如图 4-32(b) 所示。连杆 AB 做平面运动，其瞬心位于 AC 与 BC 的交点 C 处，设连杆 AB 的平面运动的角速度为 ω，如图 4-32(b) 所示。

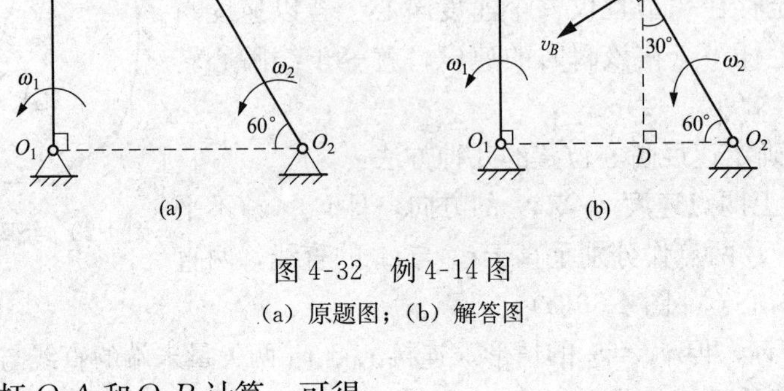

(a) (b)

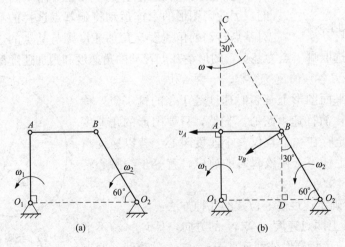

图 4-32 例 4-14 图

(a) 原题图；(b) 解答图

从定轴转动杆 O_1A 和 O_2B 计算，可得

$$\frac{v_A}{v_B}=\frac{O_1A\cdot\omega_1}{O_2B\cdot\omega_2}=\frac{\omega_1}{\omega_2}\cos30°\text{(a)}$$

从平面运动的连杆 AB 计算，可得

$$\frac{v_A}{v_B}=\frac{CA\cdot\omega}{CB\cdot\omega}=\frac{CA}{CB}=\cos30°\text{(b)}$$

显然式（a）应等于式（b），$\omega_1=\omega_2$。故正确答案是（D）。

第三节　动　力　学

动力学所研究的是物体的运动与其所受力之间的关系。

一、动力学基本定律及质点运动微分方程

1. 动力学基本定律

动力学的全部理论都是建立在动力学基本定律基础之上的，而动力学基本定律就是牛顿运动定律，或称为牛顿三定律。其中最重要的是牛顿第二定律，即质量为 m 的质点在合力 F_R 的作用下所产生的加速度 $\boldsymbol{a}$ 满足下列关系式

$$\boldsymbol{F}_R=m\boldsymbol{a} \tag{4-30}$$

式（4-30）称为动力学基本方程。

2. 质点运动微分方程

若将式（4-30）中的加速度表示为矢径对时间的二阶导数，便得质点运动微分方程为

$$m\frac{d^2\boldsymbol{r}}{dt^2}=\boldsymbol{F}_R\text{ 或 }m\ddot{\boldsymbol{r}}=\boldsymbol{F}_R \tag{4-31}$$

将式（4-31）投影到固定的直角坐标轴上，得到直角坐标形式的质点运动微分方程

$$m\ddot{x}=\boldsymbol{F}_{Rx},\quad m\ddot{y}=\boldsymbol{F}_{Ry},\quad m\ddot{z}=\boldsymbol{F}_{Rz} \tag{4-32}$$

将式（4-32）投影到质点轨迹的自然轴系上，得到质点自然形式的运动微分方程

$$m\ddot{s}=\boldsymbol{F}_{Rt},\quad m\frac{\dot{s}^2}{\rho}=\boldsymbol{F}_{Rn},\quad 0=\boldsymbol{F}_{Rb} \tag{4-33}$$

例 4-15　（2016 年）质量为 m 的物体 M 在地面附近自由降落，它所受的空气阻力 $F_R=Kv^2$，其中 K 为阻力系数，v 为物体速度，该物体所能达到的最大速度为（　　）。

（A）$v=\sqrt{\frac{mg}{K}}$　　（B）$v=\sqrt{mgK}$

（C）$v=\sqrt{\frac{g}{K}}$　　（D）$v=\sqrt{gK}$

解： 取物体 M 为研究对象，画出受力图见图 4-33。取坐标 y 为速度 v 的方向，如右图所示。由 $\sum F_y=ma$ 得 $mg-F_R=ma$，即 $mg-kv^2=m\frac{dv}{dt}$。

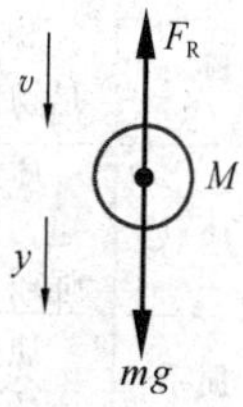

图 4-33　例 4-15 图

当 v 最大时，$\frac{dv}{dt}=0$。故有 $mg-kv^2=0$，$v=\sqrt{\frac{mg}{K}}$。

故正确答案是（A）。

二、动力学普遍定理

由有限个或无限个质点通过约束联系在一起的系统，称为质点系。工程实际中的机械

和结构物以及刚体均为质点系。对于质点系，没有必要研究其中每个质点的运动。

动力学普遍定理（包括动量定理、动量矩定理、动能定理）建立了表明质点系整体运动的物理量（如动量、动量矩、动能）与表明力作用效果的量（如力、力矩、力的功）之间的关系。应用动力学普遍定理能够有效地解决质点系的动力学问题。

1. 动力学普遍定理中各物理量的概念及定义

（1）质心。质心为质点系的质量中心。

（2）转动惯量。转动惯量的定义、计算公式及常用简单均质物体的转动惯量、回转半径见表 4-4 和表 4-5。

（3）动力学普遍定理中各基本物理量（如动量、动量矩、动能、冲量、功、势能等）的概念、定义及表达式见表 4-6。

表 4-4　　转动惯量的定义及计算公式

名　称	定　义	计算公式
转动惯量	刚体内各质点的质量与质点到轴的垂直距离二次方的乘积之和，是刚体转动惯性的度量	$J_z=\sum_{i=1}^{n}m_ir_i^2$
	刚体的质量与回转半径二次方的乘积	$J_z=m\rho_z^2$
平行移轴定理	刚体对任一轴的转动惯量等于其对通过质心并与该轴平行的轴的转动惯量，加上刚体质量与两轴间距离平方的乘积	$J_z=J_{Cz}+md^2$

表 4-5　　常用简单均质物体的转动惯量及回转半径

物体形状	简　图	转动惯量	回转半径
细直杆	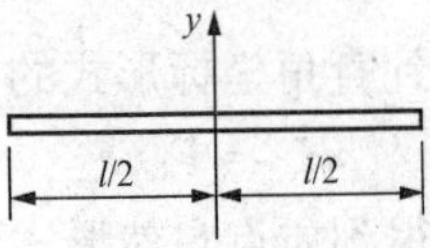	$J_y=\frac{1}{12}ml^2$	$\rho_y=\frac{1}{\sqrt{12}}l$
薄圆盘	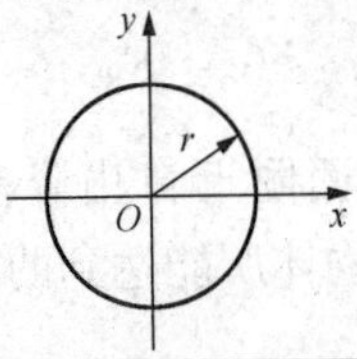	$J_x=J_y=\frac{1}{4}mr^2$ $J_z=J_0=\frac{1}{2}mr^2$	$\rho_x=\rho_y=\frac{1}{2}r$ $\rho_z=\frac{1}{\sqrt{2}}r$

表 4-6　　动力学普遍定理中各基本物理量的概念、定义及表达式

物理量		概念及定义	表达式（质点）	表达式（质点系）	量纲及单位
动量		物体的质量与其速度的乘积，是物体机械运动强弱的一种度量	$m\boldsymbol{v}$	$\boldsymbol{p}=\sum m_iv_i=m\boldsymbol{v}_C$	$[M][L][T]^{-1}$ kg·m/s
动量矩	质点	质点的动量对任选固定点 O 之矩，用以度量质点绕该点运动的强弱	$M_O(m\boldsymbol{v})=r\times m\boldsymbol{v}$ $[M_O(m\boldsymbol{v})]_z=M_z(m\boldsymbol{v})$		$[M][L]^2[T]^{-1}$ kg·m²/s 或 N·m·s
	质系	质点系中所有各质点的动量对于任选固定点 O 之矩的矢量和	$L_O=\sum \boldsymbol{M}_O(m_i\boldsymbol{v}_i)=\sum \boldsymbol{r}\times m_i\boldsymbol{v}_i$		
	平移刚体	刚体的动量对于任选固定点 O 之矩	$L_O=M_O(m\boldsymbol{v}_C)=r_C\times m\boldsymbol{v}_C$		
	转动刚体	刚体的转动惯量与角速度的乘积	$L_z=J_z\omega$		

续表

物理量		概念及定义	表达式		量纲及单位
			质点	质点系	
动能	质点	质点的质量与速度二次方的乘积之半，是由于物体的运动而具有的能量	$T=\frac{1}{2}mv^2$		$[M][L]^2[T]^{-2}$ J 或 N · m 或 kg · m²/s²
	质系	质点系中所有各质点动能之和	$T=\sum\frac{1}{2}m_iv_i^2$		
	平移刚体	刚体的质量与质心速度的二次方的乘积之半	$T=\frac{1}{2}mv_C^2$		
	转动刚体	刚体的转动惯量与角速度的二次方的乘积之半	$T=\frac{1}{2}J_z\omega^2$		
	平面运动刚体	随质心平移的动能与绕质心转动的动能之和	$T=\frac{1}{2}mv_C^2+\frac{1}{2}J_C\omega^2$		
功		力在其作用点的运动路程中对物体作用的累积效应，功是能量变化的度量	$W_{12}=\int_{M_1}^{M_2}F\mathrm{d}r=\int_{M_1}^{M_2}(F_x\mathrm{d}x+F_y\mathrm{d}y+F_z\mathrm{d}z)$		$[M][L]^2[T]^{-2}$ J 或 N · m 或 kg · m²/s
		重力的功只与质点起、止位置有关	$W_{12}=mg(z_1-z_2)$		
		弹性力的功只与质点起、止位置的变形量有关	$W_{12}=\frac{k}{2}(\delta_1^2-\delta_2^2)$		
		定轴转动刚体上作用力的功，若 $m_z(\boldsymbol{F})$=常量，则	$W_{12}=\int_{\varphi_1}^{\varphi_2}m_z(\boldsymbol{F})\mathrm{d}\varphi$ $W_{12}=m_z(\boldsymbol{F})(\varphi_2-\varphi_1)$		

例 4-16 （2005 年）均质细直杆 OA 长为 l，质量为 m，A 端固结一质量为 m 的小球（不计尺寸），如图 4-34 所示。当 OA 杆以匀角速度 ω 绕 O 轴转动时，该系统对 O 轴的动量矩为（　　）。

(A) $\frac{1}{3}ml^2\omega$　　(B) $\frac{2}{3}ml^2\omega$

(C) $ml^2\omega$　　(D) $\frac{4}{3}ml^2\omega$

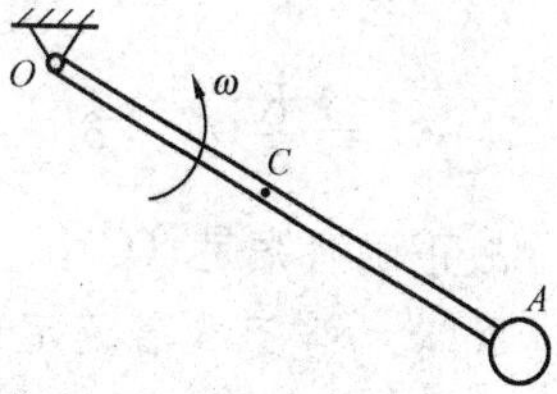

图 4-34　例 4-16 图

解： 该系统对 O 轴的动量矩由小球的动量矩和均质杆的动量矩两部分组成。其中小球 A 对 O 轴的动量矩 $L_A=mv_Al=ml^2\omega$，设均质杆 OA 的质心为 C，则 $J_O=J_C+md^2=\frac{ml^2}{12}+m\left(\frac{l}{2}\right)^2=\frac{ml^2}{3}$。

则有 OA 杆对 O 轴的动量矩 $L_{AO}=J_O\omega=\frac{ml^2}{3}\omega$

该系统对 O 轴的动量矩 $L_O=L_A+L_{AO}=\frac{4}{3}ml^2\omega$

故正确答案是 (D)。

例 4-17 （2010 年）如图 4-35 所示，两重物 M_1 和 M_2 的质量分别为 m_1 和 m_2，两重物系在不计质量的软绳上，绳绕过均质定滑轮，滑轮半径为 r，质量为 M，则此滑轮系统

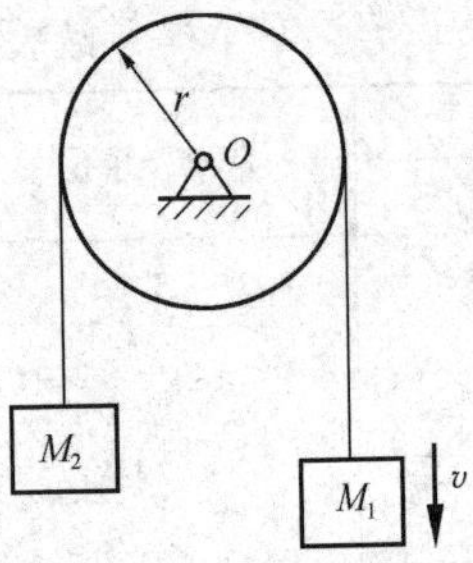

图 4-35　例 4-17 图

对转轴 O 之动量矩为（　　）。

（A）$L_O=\left(m_1+m_2-\frac{1}{2}M\right)rv$（↷）

（B）$L_O=\left(m_1-m_2-\frac{1}{2}M\right)rv$（↷）

（C）$L_O=\left(m_1+m_2+\frac{1}{2}M\right)rv$（↷）

（D）$L_O=\left(m_1+m_2+\frac{1}{2}M\right)rv$（↶）

解：此滑轮系统对转轴 O 之动量矩应为两重物 M_1 和 M_2 的动量矩 m_1vr+m_2vr 与均质定滑轮的动量矩 $J_O\omega=\frac{1}{2}Mr^2\cdot\frac{v}{r}=\frac{1}{2}Mrv$ 之和，方向应为速度 v 绕 O 轴的顺时针方向。

故正确答案是（C）。

例 4-18　（2016 年）质点受弹簧力作用而运动，图 4-36 中 l_0 为弹簧自然长度，k 为弹簧刚度系数，质点由位置 1 到位置 2 和由位置 3 到位置 2 弹簧力所做的功为（　　）。

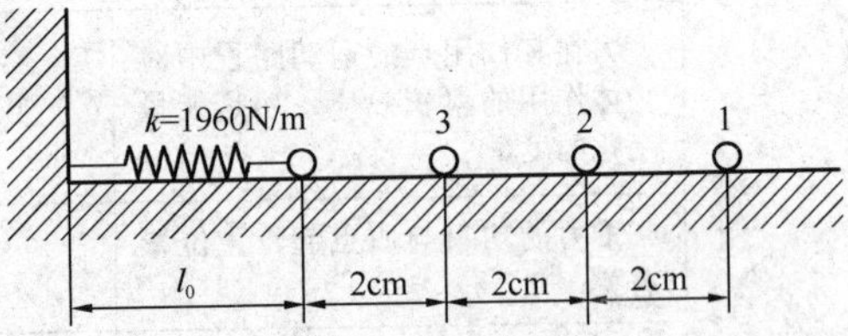

图 4-36　例 4-18 图

（A）$W_{12}=-1.96\text{J}$，$W_{32}=1.176\text{J}$

（B）$W_{12}=1.96\text{J}$，$W_{32}=1.176\text{J}$

（C）$W_{12}=1.96\text{J}$，$W_{32}=-1.176\text{J}$

（D）$W_{12}=-1.96\text{J}$，$W_{32}=-1.176\text{J}$

解：变形 $\delta_1=0.06\text{m}$，$\delta_2=0.04\text{m}$，$\delta_3=0.02\text{m}$

$$W_{12}=\frac{K}{2}(\delta_1^2-\delta_2^2)=\frac{1960}{2}\times(0.06^2-0.04^2)=1.96(\text{N}\cdot\text{m})=1.96\text{J}$$

$$W_{32}=\frac{K}{2}(\delta_3^2-\delta_2^2)=\frac{1960}{2}\times(0.02^2-0.04^2)=-1.176(\text{N}\cdot\text{m})=-1.176\text{J}$$

故正确答案是（C）。

2. 动力学三大普遍定理

动力学普遍定理（包括动量定理、质心运动定理，对固定点和相对质心的动量矩定理、动能定理）及相应的守恒定理的表达式、适用范围见表 4-7。

表 4-7　　**动力学普遍定理的表达式及适用范围**

定理	表达式		守恒情况	说明
动量定理	质点	$\frac{\mathrm{d}}{\mathrm{d}t}(m\boldsymbol{v})=\boldsymbol{F}$	若 $\sum\boldsymbol{F}^{(e)}=0$，则 $\boldsymbol{p}=$恒量； 若 $\sum F_x^{(e)}=0$，则 $p_x=$恒量	主要阐明了刚体做平移或质系随质心平移部分的运动规律。常用于研究平移部分、质心的运动及约束力的求解
	质系	$\frac{\mathrm{d}}{\mathrm{d}t}\boldsymbol{p}=\sum\boldsymbol{F}^{(e)}$	若 $\sum\boldsymbol{F}^{(e)}=0$，则 $\boldsymbol{v}_C=$恒量；当 $\boldsymbol{v}_{C0}=0$ 时，$\boldsymbol{r}_x=$恒量，即质心位置不变； 若 $\sum F_x^{(e)}=0$，则 $v_{Cx}=$恒量；当 $v_{Cx0}=0$ 时，$x_C=$恒量，即质心 x 坐标不变	
	质心运动定理	$m\boldsymbol{a}_C=\sum\boldsymbol{F}^{(e)}$		

续表

<table>
<tr><th>定 理</th><th colspan="3">表 达 式</th><th>守 恒 情 况</th><th>说 明</th></tr>
<tr><td rowspan="4">动量矩定理</td><td>质点</td><td colspan="2">$\frac{\mathrm{d}}{\mathrm{d}t}\boldsymbol{M}_O(m\boldsymbol{v})=\boldsymbol{M}_O(\boldsymbol{F})$
$\frac{\mathrm{d}}{\mathrm{d}t}M_z(m\boldsymbol{v})=M_z(\boldsymbol{F})$</td><td>若 $\boldsymbol{M}_O(\boldsymbol{F})=0$，则 $\boldsymbol{M}_O(m\boldsymbol{v})=$ 恒量；
若 $\boldsymbol{M}_z(\boldsymbol{F})=0$，则 $M_z(m\boldsymbol{v})=$ 恒量</td><td rowspan="4">主要阐明了刚体做定轴转动或质系绕质心转动部分的运动规律。常用于研究定轴转动及绕质心的转动部分的运动</td></tr>
<tr><td>质系</td><td colspan="2">$\frac{\mathrm{d}\boldsymbol{L}_O}{\mathrm{d}t}=\boldsymbol{M}_O^{(e)}=\sum\boldsymbol{M}_O[\boldsymbol{F}^{(e)}]$
$\frac{\mathrm{d}L_z}{\mathrm{d}t}=M_z^{(e)}=\sum M_z[\boldsymbol{F}^{(e)}]$
注　矩心 O 可以是任意固定点，也可是质心</td><td>若 $\sum\boldsymbol{M}_O[\boldsymbol{F}^{(e)}]=0$，则 $\boldsymbol{L}_O=$ 恒量；
若 $\sum M_z[\boldsymbol{F}^{(e)}]=0$，则 $L_z=$ 恒量</td></tr>
<tr><td>定轴转动刚体</td><td colspan="2">$J_z\alpha=\sum M_z[\boldsymbol{F}^{(e)}]$</td><td rowspan="2">若 $\sum M_z[\boldsymbol{F}^{(e)}]=0$，则 $\alpha=0$；$\omega=$ 恒量，刚体绕 z 轴做匀角速度转动；
若 $\sum M_z[\boldsymbol{F}^{(e)}]=$ 恒量，则 $\alpha=$ 恒量，刚体绕 z 轴做匀变速转动</td></tr>
<tr><td>平面运动刚体</td><td colspan="2">$m\boldsymbol{a}_C=\sum\boldsymbol{F}^{(e)}$
$J_C\alpha=\sum M_C[\boldsymbol{F}^{(e)}]$</td></tr>
<tr><td rowspan="3">动能定理</td><td></td><td>微分形式</td><td>积分形式</td><td rowspan="3">若质点或质系只在有势力作用下运动，则机械能守恒：$E=T+V=$ 常值</td><td rowspan="3">由于能量的概念更为广泛，所以此定理能阐明平移、转动、平面运动等运动规律，故常用于解各物体有关的运动量（v、a、ω、α）</td></tr>
<tr><td>质点</td><td>$\mathrm{d}\left(\frac{1}{2}mv^2\right)=\delta W$</td><td>$\frac{1}{2}mv_2^2-\frac{1}{2}mv_1^2=W_{12}$</td></tr>
<tr><td>质系</td><td>$\mathrm{d}T=\sum\delta W_i$</td><td>$T_2-T_1=\sum W_{12i}$</td></tr>
</table>

例 4-19（2018 年）质量 m_1 与半径 r 均相同的三个均质滑轮，在绳端作用有力或挂有重物，如图 4-37 所示。已知均质滑轮的质量为 $m_1=2\text{kN}$，重物的质量分别为 $m_2=0.2\text{kN}$，$m_3=0.1\text{kN}$，重力加速度按 $g=10\text{m/s}^2$ 计算，则各轮转动的角加速度 α 间的关系是（　　）。

(A) $\alpha_1=\alpha_3>\alpha_2$　　(B) $\alpha_1<\alpha_2<\alpha_3$

(C) $\alpha_1>\alpha_3>\alpha_2$　　(D) $\alpha_1\neq\alpha_2=\alpha_3$

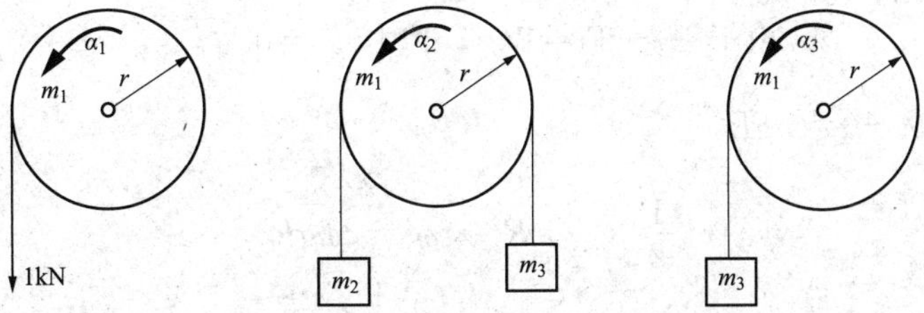

图 4-37　例 4-19 图

解：根据动量矩定理，第一个轮子

$$J_0\alpha_1=M_1=1\times r,\quad \alpha_1=\frac{1\times r}{J_0}$$

第 2 个轮子：$(J_0+m_2r^2+m_3r^2)\alpha_2=M_2=2\times1-1\times1=1\times r$

$$\alpha_2=\frac{1\times r}{J_0+m_2r^2+m_3r^2}$$

第 3 个轮子：$(J_0+m_3r^2)\alpha_3=M_3=1\times r$

$$\alpha_3=\frac{1\times r}{J_0+m_3r^2}$$

显然有 $\alpha_1>\alpha_3>\alpha_2$

答案应选（C）。

例 4-20　（2009 年）质量为 m，长为 $2l$ 的均质细杆初始位于水平位置，如图 4-38 所示。A 端脱落后，杆绕轴 B 转动，当杆转到铅垂位置时，AB 杆角加速度的大小为（　　）。

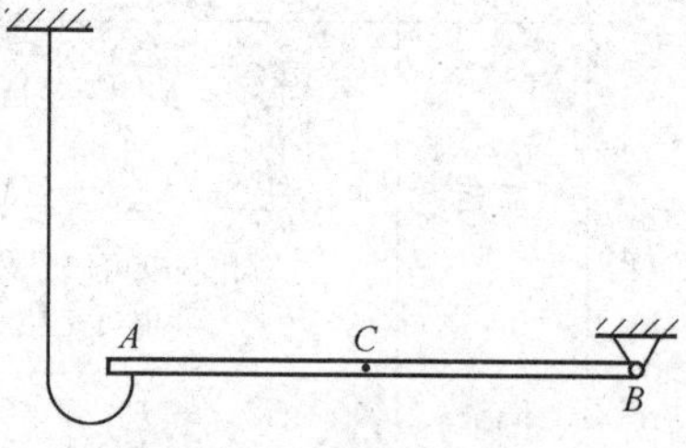

图 4-38　例 4-20 图

(A) 0　　(B) $\frac{3g}{4l}$　　(C) $\frac{3g}{2l}$　　(D) $\frac{6g}{l}$

解：由动能定理 $T_2-T_1=W_{12}$，其中 $T_1=0$，$T_2=\frac{1}{2}J_B\omega^2=\frac{1}{2}\frac{m}{3}(2l)^2\omega^2=\frac{2}{3}ml^2\omega^2$，$W_{12}=mgl$。

代入动能定理，得到$\frac{2}{3}ml^2\omega^2=mgl$，即 $\omega^2=\frac{3g}{2l}$，$\omega=\sqrt{\frac{3g}{2l}}=$常数。$AB$ 杆角加速度 $\alpha=\frac{\mathrm{d}\omega}{\mathrm{d}t}=0$。

故正确答案是（A）。

例 4-21　（2014 年）均质圆柱体半径为 R，质量为 m，绕关于对纸面垂直的固定水平轴自由转动，初瞬时静止（G 在 O 轴的铅垂线上），如图 4-39 所示，则圆柱体在位置 $\theta=90°$时的角速度是（　　）。

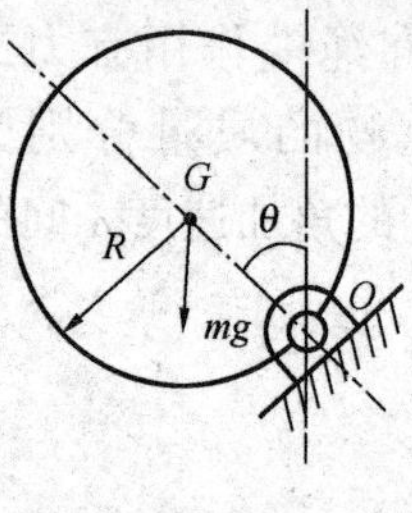

图 4-39　例 4-21 图

(A) $\sqrt{\frac{g}{3R}}$　　(B) $\sqrt{\frac{2g}{3R}}$

(C) $\sqrt{\frac{4g}{3R}}$　　(D) $\sqrt{\frac{g}{2R}}$

解：由于此题给出了两个状态，故要用动能定理。

其中 $J_O=J_G+mR^2=\frac{1}{2}mR^2+mR^2=\frac{3}{2}mR^2$

由于 $T_2-T_1=W_{12}$，其中 $T_1=0$

因此，$\frac{1}{2}J_Ow^2-0=mgR$

$$\frac{1}{2}\times\frac{3}{2}mR^2\times\omega^2=mgR$$

$$\omega^2=\frac{4g}{3R}\text{ 即 }\omega=\sqrt{\frac{4g}{3R}}$$

故正确答案是（C）。

三、达朗贝尔原理——动静法

达朗贝尔原理提供了研究非自由质点系动力学问题的一种普遍方法，即通过引入惯性力，将动力学问题在形式上转化为静力学问题，用静力学中求解平衡问题的方法求解动力学问题，故也称动静法。

1. 惯性力的概念

当质点受到力的作用而要改变其运动状态时，由于质点具有保持原有运动状态不变的惯性，将会体现出一种抵抗能力，这种抵抗力就是质点给予施力物体的反作用力，而这个反作用力称为惯性力，用 $\boldsymbol{F}_{\mathrm{I}}$ 表示。质点惯性力的大小等于质点的质量与加速度的乘积，方向与质点加速度方向相反，即

$$\boldsymbol{F}_{\mathrm{I}} = -m\boldsymbol{a} \tag{4-34}$$

需要特别指出的是，质点的惯性力是质点对改变其运动状态的一种抵抗，它并不作用于质点上，而是作用在使质点改变运动状态的施力物体上，但由于惯性力反映了质点本身的惯性特征，所以其大小、方向又由质点的质量和加速度来度量。

2. 刚体惯性力系的简化

对于刚体，可以将其细分而作为无穷多个质点的集合。如果研究刚体整体的运动，可以运用静力学中所述力系简化的方法，将刚体无穷多质点上虚加的惯性力向一点简化，并利用简化的结果来等效原来的惯性力系，其简化结果见表 4-8。

表 4-8　　刚体惯性力系的简化结果

刚体的运动形式	表达式	备注	
平移刚体	$\boldsymbol{F}_{\mathrm{I}}=-m\boldsymbol{a}_C$　$M_{\mathrm{IC}}=0$	惯性力合力的作用点在质心，适用于任意形状的刚体	
定轴转动刚体	$\boldsymbol{F}_{\mathrm{I}}=-m\boldsymbol{a}_C$　$M_O=-J_O\alpha$	惯性力的作用点在转动轴 O 处	只适用于转动轴垂直于质量对称平面的刚体
	$\boldsymbol{F}_{\mathrm{I}}=-m\boldsymbol{a}_C$　$M_{\mathrm{IC}}=-J_C\alpha$	惯性力的作用点在质心 C 处	
平面运动刚体	$\boldsymbol{F}_I=-m\boldsymbol{a}_C$　$M_{\mathrm{IC}}=-J_C\alpha$	惯性力的作用点在质心 C 处	

3. 达朗贝尔原理

当质点（系）上施加了恰当的惯性力后，从形式上看，质点（系）运动的任一瞬时，作用于质点上的主动力、约束力以及质点的惯性力构成一平衡力系。这就是质点（系）的达朗贝尔原理。应用该原理求解动力学问题的方法，称为动静法。达朗贝尔原理基本方程见表 4-9。

表 4-9　　达朗贝尔原理基本方程

方　法	方　程	备　注
质点的达朗贝尔原理	$\boldsymbol{F}+\boldsymbol{F}_{\mathrm{N}}+\boldsymbol{F}_{\mathrm{I}}=0$	由牛顿第二定律推出，只具有平衡方程的形式，而没有平衡的实质。特别适用于已知质点（系）的运动求约束力的情形。对质点系的动静法，只需考虑外力的作用
质点系的达朗贝尔原理	$\sum\limits_{i=1}^{n}\boldsymbol{F}_i+\sum\limits_{i=1}^{n}\boldsymbol{F}_{\mathrm{N}i}+\sum\limits_{i=1}^{n}\boldsymbol{F}_{\mathrm{I}i}=0$ $\sum\limits_{i=1}^{n}\boldsymbol{M}_O(\boldsymbol{F}_i)+\sum\limits_{i=1}^{n}\boldsymbol{M}_O(\boldsymbol{F}_{\mathrm{N}i})+\sum\limits_{i=1}^{n}\boldsymbol{M}_O(\boldsymbol{F}_{\mathrm{I}i})=0$	

例 4-22　（2014 年）质量不计的水平细杆 AB 长为 L，在铅垂图面内绕 A 轴转动，其另一端固连质量为 m 的质点 B，在图 4-40 所示水平位置静止释放。则此瞬时质点 B 的惯性力为（　　）。

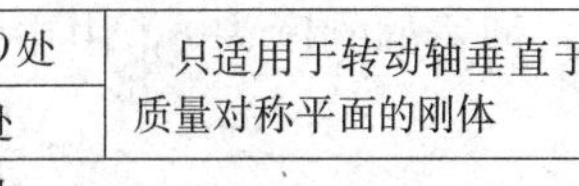

图 4-40　例 4-22 图

(A) $F_g=mg$　　(B) $F_g=\sqrt{2}mg$　　(C) 0　　(D) $F_g=\frac{\sqrt{2}}{2}mg$

解： 质点 B 在铅垂图面内绕 A 点作圆周运动，由于在水平位置静止释放，故角速度 $\omega=0$，法向加速度 $a_n=L\omega^2=0$，但是切向加速度 $a_\tau=g$，质点 B 的加速度就是 $a=a_\tau=g$，故惯性力为 mg。

故正确答案是 (A)。

例 4-23 （2011 年、2013 年）质量为 m，半径为 R 的均质圆盘，绕垂直于图面的水平轴 O 转动，其角速度为 ω。在图 4-41 所示瞬时，角加速度为 0，盘心 C 在其最低位置，此时将圆盘的惯性力系向 O 点简化，其惯性力主矢和惯性力主矩的大小分别为（　　）。

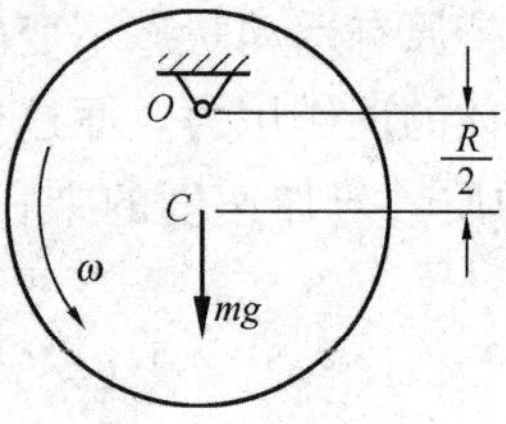

图 4-41　例 4-23 图

(A) $m\dfrac{R}{2}\omega^2$；0　　(B) $mR\omega^2$；0

(C) 0；0　　(D) 0；$\dfrac{1}{2}mR^2\omega^2$

解：$F_I = ma_C = ma_{C_n} = m\dfrac{R}{2}\omega^2$，$M_O = J_O\alpha = 0$。

故正确答案是 (A)。

四、质点的直线振动

物体在某一位置附近做往复运动，这种运动称为振动。常见的振动有钟摆的运动、汽缸中活塞的运动等。

1. 自由振动微分方程

质量块受初始扰动，仅在恢复力作用下产生的振动称为自由振动。考察图 4-42 所示的弹簧振子，设物块的质量为 m，弹簧的刚度为 k，由牛顿定律

$$m\frac{d^2x}{dt^2} = -kx$$

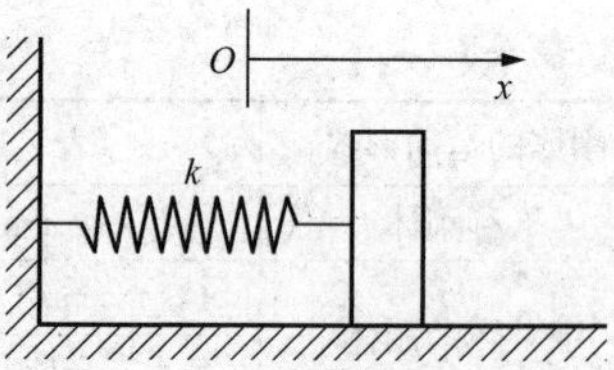

图 4-42　单自由度系统自由振动模型

令 $\omega_0^2 = \dfrac{k}{m}$，则有

$$\frac{d^2x}{dt^2} + \omega_0^2 x = 0 \tag{4-35}$$

此式称为无阻尼自由振动微分方程的标准形式，其解为

$$x = A\sin(\omega_0 t + \varphi) \tag{4-36}$$

2. 振动周期、固有频率和振幅

若初始 $t=0$ 时，$x=x_0$，$v=v_0$，则式 (4-36) 中各参数的物理意义及计算公式列于表 4-10 中。

表 4-10　　自由振动的参数

项目	振　幅	初相角	固有圆频率	周　期
公式	$A=\sqrt{x_0^2+\dfrac{v_0^2}{\omega_0^2}}$	$\varphi=\arctan\dfrac{\omega_0 x_0}{v_0}$	$\omega_0=\sqrt{\dfrac{k}{m}}$	$T=\dfrac{2\pi}{\omega_0}$
定义	相对于振动中心的最大位移	初相角决定质点运动的起始位置	2π 秒内的振动次数	振动一次所需要的时间

3. 求固有频率的方法

(1) 列微分方程。化振动微分方程为式 (4-35) 后，取位移坐标 x 前的系数，即为固有频率 ω_0 的二次方。

(2) 利用弹簧的静变形 δ_{st}。在静平衡位置，刚度为 k 的弹簧产生的弹性力与物块的重力 mg 相等，即 $k\delta_{st}=mg$，将其代入表 4-12 中固有圆频率的表达式，有

$$\omega_0=\sqrt{\frac{k}{m}}=\sqrt{\frac{mg}{m\delta_{\mathrm{st}}}}=\sqrt{\frac{g}{\delta_{\mathrm{st}}}} \tag{4-37}$$

（3）等效弹簧刚度。图 4-43(a) 为两个弹簧并联的模型；图 4-43(b) 为两个弹簧串联模型，这两种模型均可简化为图 4-43(c) 所示弹簧—质量系统。

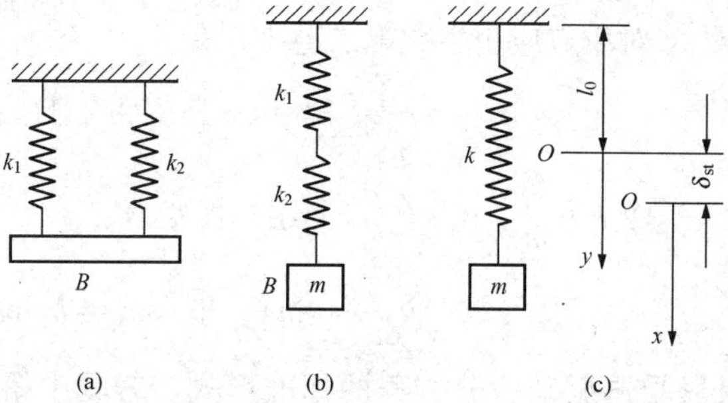

图 4-43　弹簧的并联和串联模型

（a）两个弹簧并联的模型；（b）两个弹簧串联的模型；（c）弹簧—质量系统

弹簧并联
$$k=k_1+k_2 \tag{4-38}$$

系统的固有频率为
$$\omega_0=\sqrt{\frac{k}{m}}=\sqrt{\frac{k_1+k_2}{m}}$$

弹簧串联
$$k=\frac{k_1k_2}{k_1+k_2}\text{或}\frac{1}{k}=\frac{1}{k_1}+\frac{1}{k_2} \tag{4-39}$$

系统的固有频率为

$$\omega_0=\sqrt{\frac{k}{m}}=\sqrt{\frac{k_1k_2}{m(k_1+k_2)}}$$

应用式（4-38）时要注意弹簧并联的特点是：两弹簧变形相同，应用式（4-39）时要注意弹簧串联的特点是：两弹簧受力相同。

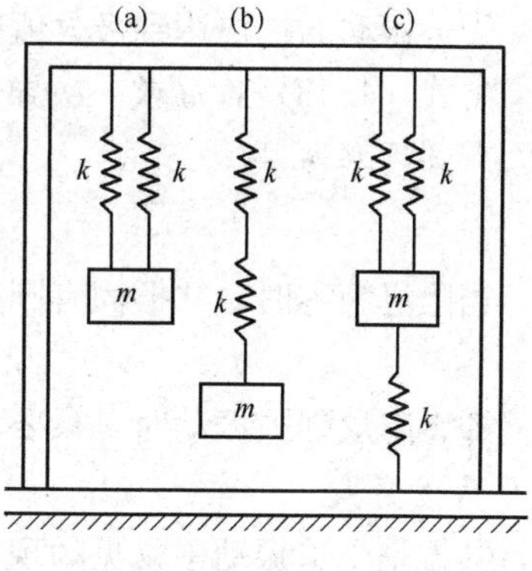

图 4-44　例 4-24 图

例 4-24　（2011 年）图 4-44 所示装置中，已知质量 $m=200\text{kg}$，弹簧刚度 $k=100\text{N/cm}$，则图中各装置的振动周期为（　　）。

（A）图（a）装置振动周期最大

（B）图（b）装置振动周期最大

（C）图（c）装置振动周期最大

（D）三种装置振动周期相等

解：图（a）并联 $k_a=k+k=2k$。

图（b）串联 $k_b=\dfrac{kk}{k+k}=\dfrac{k}{2}=$最小。

图（c）并联 $k_c=(k+k)+k=3k$ 最大。

周期 $T=\dfrac{2\pi}{\omega_0}=\dfrac{2\pi}{\sqrt{\dfrac{k}{m}}}$与 k 成反比，故图（b）周期最大。

故正确答案是（B）。

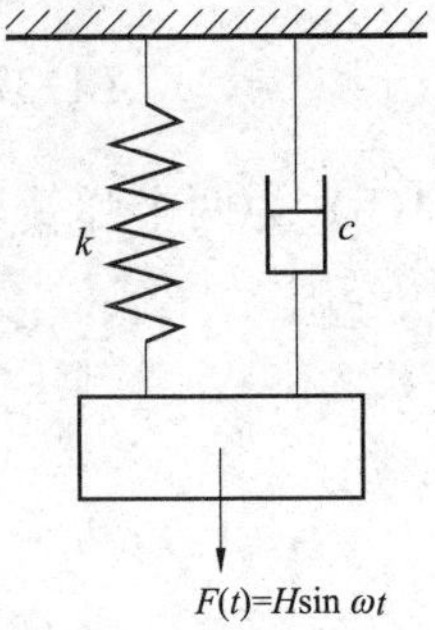

图 4-45 弹簧振子的强迫振动模型

4. 受迫振动

受迫振动是系统在外界激励下所产生的振动，如图 4-45 所示为强迫振动的力学模型，系统在激振力 F 作用下发生振动。

外激振力一般为时间的函数，最简单的形式是简谐激振力

$$F = H\sin\omega t \tag{4-40}$$

对质点应用牛顿第二定律，有

$$m\frac{\mathrm{d}^2x}{\mathrm{d}t^2} = -kx - c\frac{\mathrm{d}x}{\mathrm{d}t} + H\sin\omega t$$

令 $h=\dfrac{H}{m}$，$n=\dfrac{c}{2m}$，上述方程变为

$$\frac{\mathrm{d}^2x}{\mathrm{d}t} + 2n\frac{\mathrm{d}x}{\mathrm{d}t} + \omega_0^2x = h\sin\omega t \tag{4-41}$$

这一方程称为有阻尼受迫振动微分方程的标准形式，若其中第二项（即阻尼项）为零，则为无阻尼受迫振动。方程（4-41）的通解为

$$x = A\mathrm{e}^{-nt}\sin(\sqrt{\omega_0^2 - n^2}t + \varphi) + B\sin(\omega t - \varepsilon) \tag{4-42}$$

其中 A 和 φ 为积分常数，由运动初始条件确定；B 为受迫振动的振幅，ε 为受迫振动的相位差，可由下列公式表示

$$B = \frac{h}{\sqrt{(\omega_0^2 - \omega^2)^2 + 4n^2\omega^2}} \tag{4-43}$$

$$\tan\varepsilon = \frac{2n\omega}{\omega_0^2 - \omega^2} \tag{4-44}$$

可见有阻尼受迫振动的解由两部分组成，第一部分是衰减振动，第二部分是受迫振动。通常将第一部分称为瞬态过程，第二部分称为稳态过程，稳态过程是研究的重点。

受迫振动的振幅达到极大值的现象称为共振。

将式（4-43）对 ω 求一次导数并令其等于零，可以发现，此时振幅 B 有极大值，即共振固有圆频率 ω_r 为

$$\omega_r = \sqrt{\omega_0^2 - 2n^2} \tag{4-45}$$

当阻尼为零时，共振固有圆频率为

$$\omega_r = \omega_0 \tag{4-46}$$

即无阻尼强迫振动时，只要激励力频率与自由振动频率相等，便发生共振，此时的振幅 B 为无穷大。

共振是受迫振动中常见的现象，共振时，振幅随时间的增加不断增大，有时会引起系统的破坏，应设法避免；利用共振也可制造各种设备，如超声波发生器、核磁共振仪等，造福于人类。实际问题中，由于阻尼的存在，振幅不会无限增大。

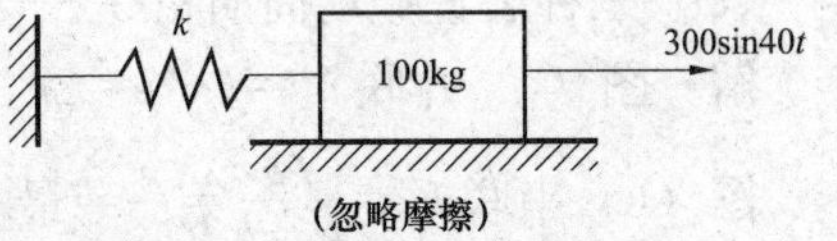

图 4-46 无阻尼受迫振动模型

例 4-25 如图 4-46 所示系统中，当物体振动的频率比为 1.27 时，k 的值是（　　）。

(A) 1×10^5 N/m　　(B) 2×10^5 N/m

(C) 1×10^4 N/m　　(D) 1.5×10^4 N/m

解： 图 4-46 所示系统是一个无阻尼受迫振动模型。由外激振力函数 $F=300\sin40t$ 可

知，其圆频率 $\omega=40$。

因为频率比$\frac{\omega}{\omega_0}=1.27$，故 $\omega_0=\frac{\omega}{1.27}=\frac{40}{1.27}=31.50$。

因为固有频率 $\omega_0^2=\frac{k}{m}$，所以 $k=m\omega_0^2=100\times31.5^2=0.992\times10^5\approx1\times10^5(\text{N/m})$。

故正确答案是（A）。

第五章 材 料 力 学

第一节 概 论

材料力学是研究各种类型构件（主要是杆）的强度、刚度和稳定性的学科，它提供了有关的基本理论、计算方法和试验技术，使我们能合理地确定构件的材料、尺寸和形状，以达到安全与经济的设计要求。

一、杆的四种基本变形

杆的四种基本变形如表 5-1 所列。

表 5-1　　　　杆的四种基本变形

类型	轴向拉伸（压缩）	剪　切	扭　转	平面弯曲	
外力特点	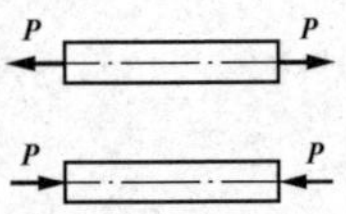	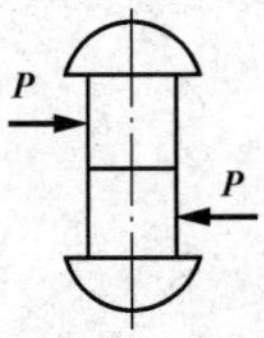	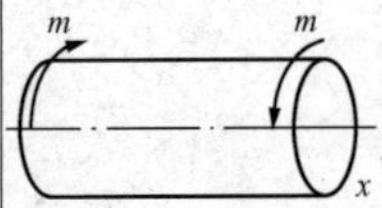	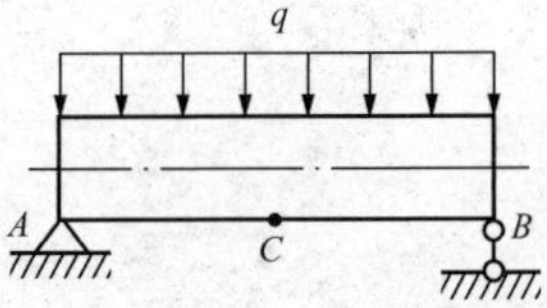	
横截面内力	轴力 N 等于截面一侧所有轴向外力代数和	剪力 Q 等于 P	扭矩 T 等于截面一侧对 x 轴外力偶矩代数和	弯矩 M 等于截面一侧外力对截面形心力矩代数和	剪力 Q 等于截面一侧所有竖向外力代数和
应力分布情况	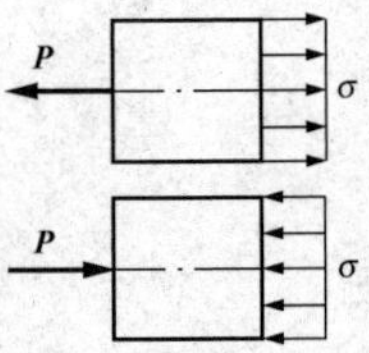 均布	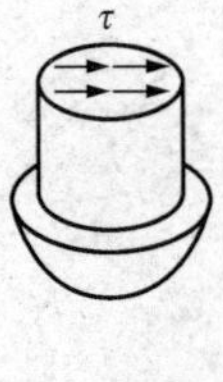 假设均布	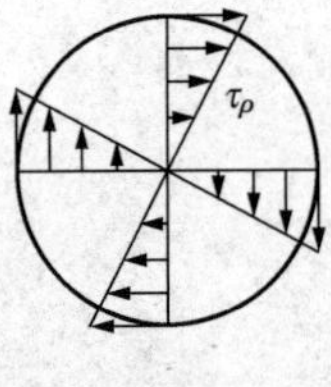 线性分布	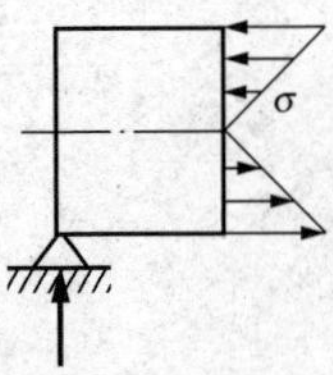 线性分布	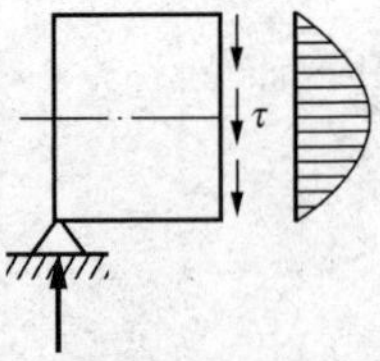 抛物线分布
应力公式	$\sigma=\dfrac{N}{A}$	$\tau=\dfrac{Q}{A_s}$ $\sigma_{bs}=\dfrac{P_{bs}}{A_{bs}}$	$\tau_\rho=\dfrac{T}{I_p}\rho$	$\sigma=\dfrac{M}{I_z}y$	$\tau=\dfrac{QS_z^*}{bI_z}$
强度条件	$\sigma_{max}=\dfrac{N_{max}}{A}\leqslant[\sigma]$	$\tau=\dfrac{Q}{A_s}\leqslant[\tau]$ $\sigma_{bs}=\dfrac{P_{bs}}{A_{bs}}\leqslant[\sigma_{bs}]$	$\tau_{max}=\dfrac{T_{max}}{W_p}\leqslant[\tau]$	$\sigma_{max}=\dfrac{M_{max}}{W_z}\leqslant[\sigma]$	$\tau_{max}=\dfrac{Q_{max}S_{zmax}^*}{bI_z}\leqslant[\tau]$

续表

类型	轴向拉伸（压缩）	剪　切	扭　转	平　面　弯　曲	
变形公式	$\Delta l=\dfrac{Nl}{EA}$		$\Phi=\dfrac{Tl}{GI_p}$	$f_c=\dfrac{5ql^4}{384EI_z}$	$\theta_A=\dfrac{ql^3}{24EI_z}$
刚度条件			$\varphi_{max}=\dfrac{T_{max}}{GI_p}\leqslant[\varphi]$	$\dfrac{f_{max}}{l}\leqslant[\dfrac{f}{l}]$	$\theta_{max}\leqslant[\theta]$

二、材料的力学性质

在表 5-1 所列的强度条件中，为确保构件不致因强度不足而破坏，应使其最大工作应力 σ_{max} 不超过材料的某个限值。显然，该限值应小于材料的极限应力 σ_u，可规定为极限应力 σ_u 的若干分之一，并称为材料的许用应力，以 $[\sigma]$ 或 $[\tau]$ 表示，即

$$[\sigma]=\frac{\sigma_u}{n} \tag{5-1}$$

式中 n 是一个大于 1 的系数，称为安全系数，其数值通常由设计规范规定；而极限应力 σ_u 则要通过材料的力学性能试验才能确定。这里主要介绍典型的塑料性材料低碳钢和典型的脆性材料铸铁在常温、静载下的力学性能。

（一）低碳钢材料拉伸和压缩时的力学性质

低碳钢（通常将含碳量在 0.3%以下的钢称为低碳钢，也叫软钢）材料拉伸和压缩时的 σ—ε 曲线如图 5-1 所示。

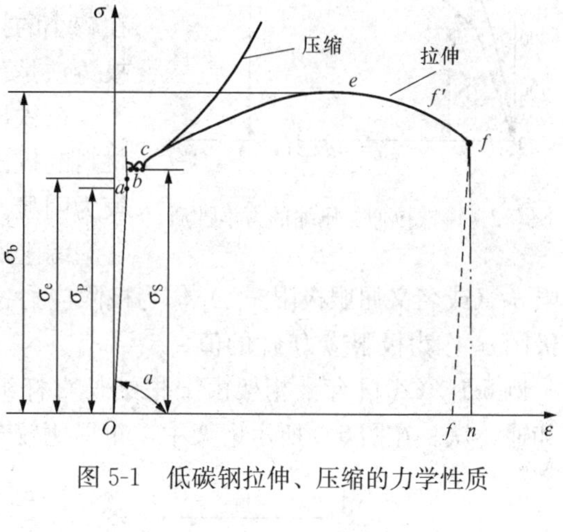

图 5-1　低碳钢拉伸、压缩的力学性质

从图 5-1 中拉伸时的 σ—ε 曲线可看出，整个拉伸过程可分为以下四个阶段。

1. 弹性阶段（Ob 段）

在该段中的直线段（Oa）称线弹性段，其斜率即为弹性模量 E，对应的最高应力值 σ_P 为比例极限。在该段应力范围内，即 $\sigma\leqslant\sigma_P$，虎克定律 $\sigma=E\varepsilon$ 成立。而 ab 段，即为非线性弹性段，在该段内所产生的应变仍是弹性的，但它与应力已不成正比。b 点相对应的应力 σ_e 称为弹性极限。

2. 屈服阶段（bc 段）

该段内应力基本上不变，但应变却在迅速增长，而且在该段内所产生的应变成分，除弹性应变外，还包含了明显的塑性变形，该段的应力最低点 σ_S 称为屈服极限。对于塑性材料来说，由于屈服时所产生的显著的塑性变形将会严重地影响其正常工作，故 σ_S 是衡量塑性材料强度的一个重要指标。

3. 强化阶段（ce 段）

在该段，应力又随应变增大而增大，故称强化。该段中的最高点 e 所对应的应力乃材料所能承受的最大应力 σ_b，称为强度极限，它是衡量材料强度（特别是脆性材料）的另一重要指标。在强化阶段中，绝大部分的变形是塑性变形，并发生“冷作硬化”的现象。

4. 局部变形阶段（ef 段）

在应力到达 e 点之前，试件标距内的变形是均匀的；但当到达 e 点后，试件的变形就开始集中于某一较弱的局部范围内进行，该处截面纵向急剧伸长，横向显著收缩，形成“颈缩”；最后至 f 点试件被拉断。

延伸率

$$\delta=\frac{l_1-l_0}{l_0}\times 100\% \tag{5-2}$$

式中 l_0——试件原长；

l_1——拉断后的长度。

工程上规定，$\delta \geqslant 5\%$的材料称为塑性材料，$\delta < 5\%$的称为脆性材料。

低碳钢压缩时的 $\sigma—\varepsilon$ 曲线与拉伸时对比可知，低碳钢压缩时的弹性模量 E、比例极限 σ_P 和屈服极限 σ_S 与拉伸时大致相同。

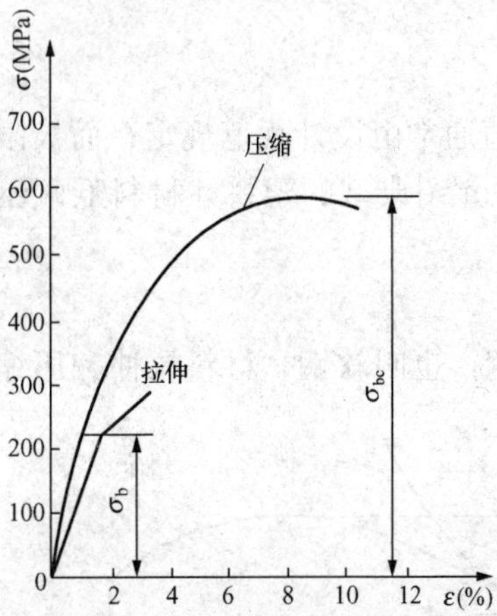

图 5-2 铸铁拉伸、压缩的力学性质

（二）铸铁拉伸与压缩时的力学性质

铸铁拉伸与压缩时的 $\sigma—\varepsilon$ 曲线如图 5-2 所示。

从铸铁拉伸时的 $\sigma—\varepsilon$ 曲线中可以看出，它没有明显的直线部分。因其拉断前的应变很小，因此工程上通常取其 $\sigma—\varepsilon$ 曲线的一条割线的斜率，作为其弹性模量。它没有屈服阶段，也没有颈缩现象（故衡量铸铁拉伸强度的唯一指标就是它被拉断时的最大应力 σ_b），在较小的拉应力作用下即被拉断，且其延伸率很小，故铸铁是一种典型的脆性材料。

铸铁压缩时的 $\sigma—\varepsilon$ 曲线与拉伸相比，可看出这类材料的抗压能力要比抗拉能力强得多，其塑性变形也较为明显。

综上所述，对于塑性材料制成的杆，通常取屈服极限 σ_S（或名义屈服极限 $\sigma_{0.2}$）作为极限应力 σ_u 的值；而对脆性材料制成的杆，应该取强度极限 σ_b 作为极限应力 σ_u 的值。

例 5-1 （2014 年）桁架由 2 根细长直杆组成，杆的截面尺寸相同，材料分别是结构钢和通铸铁。在图 5-3 所示桁架中，布局比较合理的是（ ）。

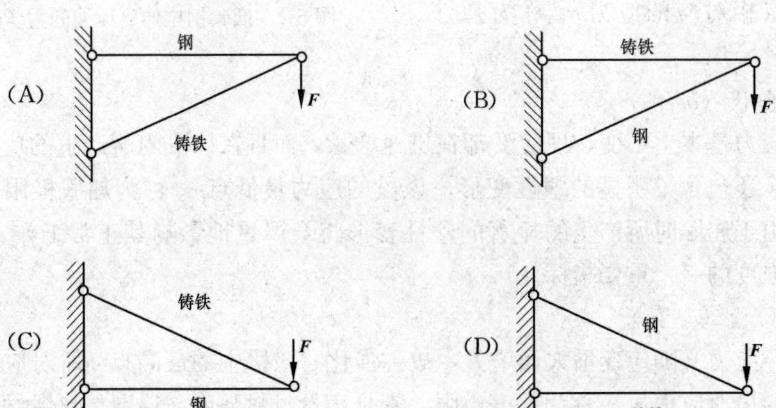

图 5-3 例 5-1 图

解：（A）图、（B）图中节点的受力图如图 5-4(a) 所示。

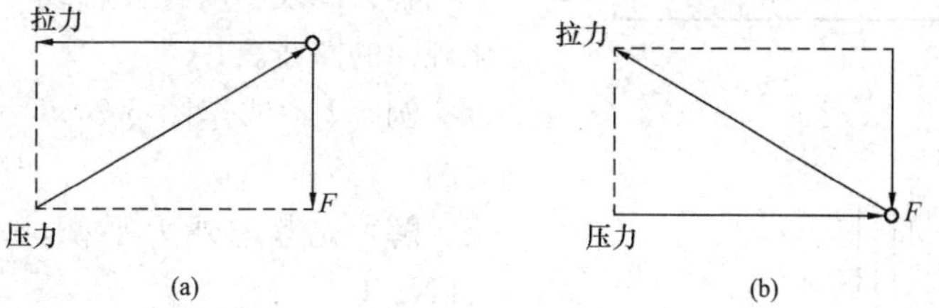

图 5-4　例 5-1 解图

（C）图、（D）图中节点的受力图如图 5-4(b) 所示。

为了充分利用铸铁抗压性能好的特点，应该让铸铁承受更大的压力，显然（A）图布比较合理。

故正确答案是（A）。

第二节　轴向拉伸与压缩

一、轴向拉伸与压缩的概念

（一）力学模型

轴向拉压杆的力学模型如图 5-5 所示。

（二）受力特征

作用于杆两端外力的合力，大小相等、方向相反，并沿杆件轴线作用。

（三）变形特征

杆件主要产生轴线方向的均匀伸长（缩短）。

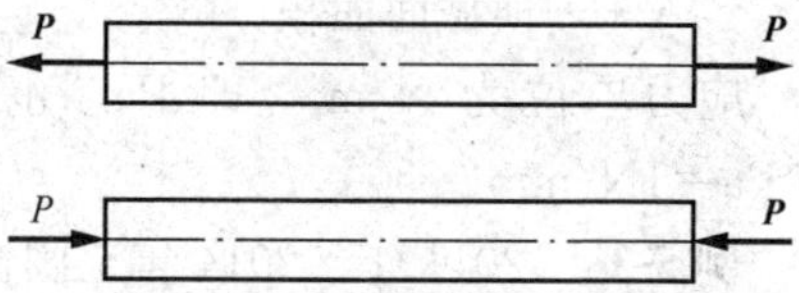

图 5-5　轴向拉压杆的力学模型

P—轴向拉力或压力

二、轴向拉伸（压缩）杆横截面上的内力

（一）内力

由外力作用而引起的构件内部各部分之间的相互作用力。

（二）截面法

截面法是求内力的一般方法，用截面法求内力的步骤如下。

（1）截开。在需求内力的截面处，假想地沿该截面将构件截分为二。

（2）代替。任取一部分为研究对象，称为脱离体。用内力代替弃去部分对脱离体的作用。

（3）平衡。对脱离体列写平衡条件，求解未知内力。

截面法的示意图如图 5-6 所示。

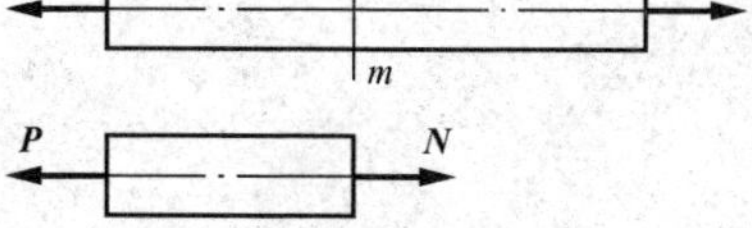

图 5-6　截面法的示意图

（三）轴力、直接法

轴向拉压杆横截面上的内力，其作用线必定与杆轴线相重合，称为轴力，以 N 表示。轴力 N 规定以拉力为正，压力为负。

求轴力的直接法：轴力 N 等于截面一侧所有轴向外力的代数和。

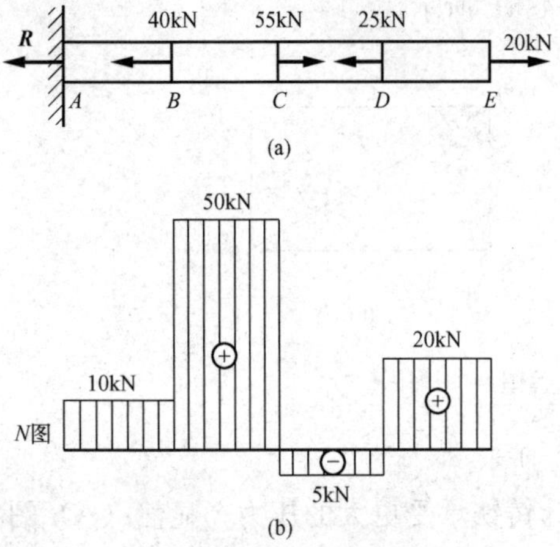

图 5-7 例 5-2 图

（a）外力图；（b）轴力图

（四）轴力图

轴力图表示沿杆件轴线各横截面上轴力变化规律的图线。

例 5-2 试作图 5-7（a）所示等直杆的轴力图。

解：先考虑外力平衡，求出支反力 $R=10\text{kN}$。

显然，$N_{AB}=10\text{kN}$，$N_{BC}=50\text{kN}$，$N_{CD}=-5\text{kN}$，$N_{DE}=20\text{kN}$。

由图 5-7（b）可见，某截面上外力的大小等于该截面两侧内力的变化。

三、轴向拉压杆横截面上的应力

分布规律：轴向拉压杆横截面上的应力垂直于截面，为正应力，且正应力在整个横截面上均匀分布，如图 5-8 所示。

正应力公式

$$\sigma=\frac{N}{A} \tag{5-3}$$

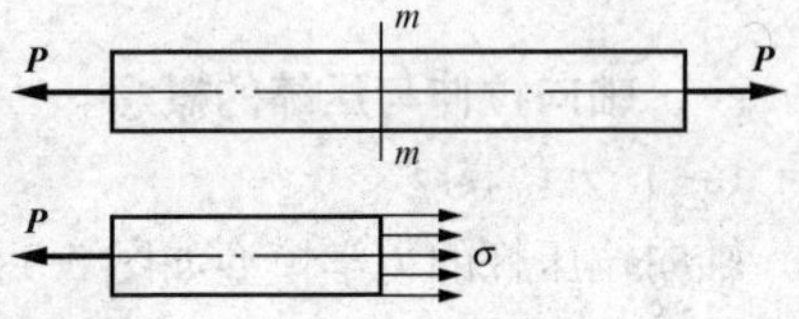

图 5-8 正应力在整个横截面上均匀分布

式中 N——轴力，N；

A——横截面面积，m^2。

应力单位为 N/m^2，即 Pa，也常用 $1\text{MPa}=10^6\text{Pa}=1\text{N/mm}^2$。

例 5-3 （2011 年、2014 年）圆截面杆 ABC 轴向受力如图 5-9 所示，已知 BC 杆的直径 $d=100\text{mm}$，AB 杆的直径为 $2d$。杆的最大的拉应力是（　　）。

（A）40MPa　　（B）30MPa　　（C）80MPa　　（D）120MPa

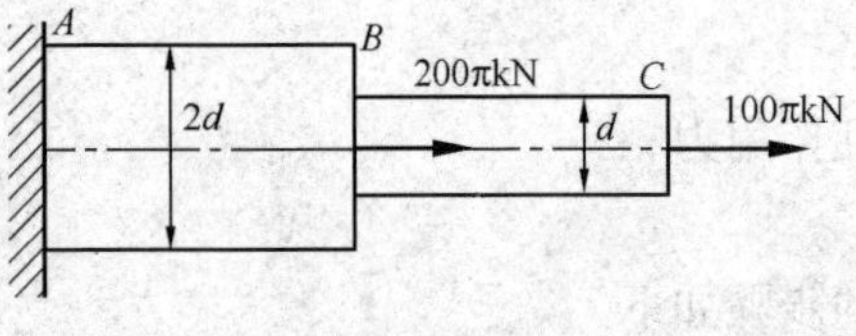

图 5-9 例 5-3 图

解：$\sigma_{AB}=\dfrac{F_{NAB}}{A_{AB}}=\dfrac{300\pi\times10^3\text{N}}{\dfrac{\pi}{4}\times200^2\text{mm}^2}=30\text{MPa}$

$$\sigma_{BC}=\frac{F_{NBC}}{A_{BC}}=\frac{100\pi\times10^3\text{N}}{\dfrac{\pi}{4}\times100^2\text{mm}^2}=40\text{MPa}$$

显然杆的最大拉应力是 40MPa。

故正确答案是（A）。

四、强度条件

（一）许用应力

材料正常工作容许采用的最高应力，由极限应力除以安全系数求得。

塑性材料

$$[\sigma]=\frac{\sigma_S}{n_S} \tag{5-4}$$

脆性材料

$$[\sigma]=\frac{\sigma_b}{n_b} \tag{5-5}$$

式中　σ_S——屈服极限；

σ_b——抗拉强度；

n_S、n_b——安全系数。

（二）强度条件

构件的最大工作应力不得超过材料的许用应力。轴向拉压杆的强度条件为

$$\sigma_{max}=\frac{N_{max}}{A}\leqslant[\sigma] \tag{5-6}$$

强度计算的三类问题：

（1）强度校核

$$\sigma_{max}=\frac{N_{max}}{A}\leqslant[\sigma]$$

（2）截面设计

$$A\geqslant\frac{N_{max}}{[\sigma]}$$

（3）确定许可荷载 $N_{max}\leqslant[\sigma]A$，再根据平衡条件，由 N_{max} 计算［P］。

例 5-4　（2013 年）图 5-10 所示结构的两杆许用应力均为［σ］，杆 1 的面积为 A，杆 2 的面积为 $2A$，则该结构的许用荷载是（　　）。

（A）$[F]=A[\sigma]$　　（B）$[F]=2A[\sigma]$

（C）$[F]=3A[\sigma]$　　（D）$[F]=4A[\sigma]$

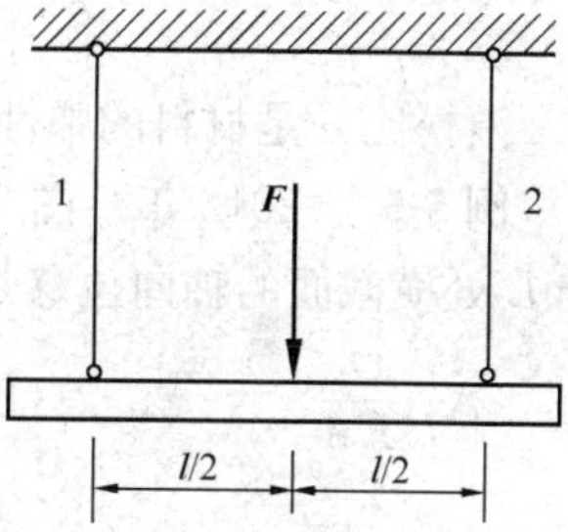

图 5-10　例 5-4 图

解：此题受力是对称的，故 $F_1=F_2=\frac{F}{2}$。

由杆 1 得 $\sigma_1=\frac{F_1}{A_1}=\frac{\frac{F}{2}}{A}=\frac{F}{2A}\leqslant[\sigma]$，故 $F\leqslant 2A[\sigma]$；

由杆 2 得 $\sigma_2=\frac{F_2}{A_2}=\frac{\frac{F}{2}}{2A}=\frac{F}{4A}\leqslant[\sigma]$，故 $F\leqslant 4A[\sigma]$。

从两者取最小的，所以 $[F]=2A[\sigma]$。

故正确答案是（B）。

五、轴向拉压杆的变形　虎克定律

（一）轴向拉压杆的变形

杆件在轴向拉伸时，轴向伸长，横向缩短，见图 5-11；而在轴向压缩时，轴向缩短，横向伸长。

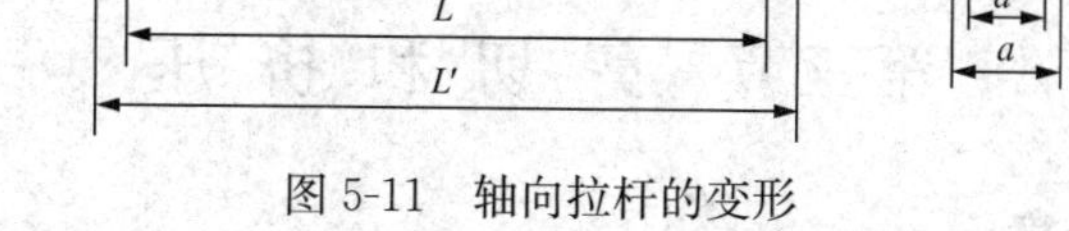

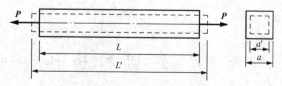

图 5-11　轴向拉杆的变形

轴向变形

$$\Delta L=L'-L \tag{5-7}$$

轴向线应变

$$\varepsilon=\frac{\Delta L}{L} \tag{5-8}$$

横向变形

$$\Delta a = a' - a \tag{5-9}$$

横向线应变

$$\varepsilon' = \frac{\Delta a}{a} \tag{5-10}$$

（二）虎克定律

当应力不超过材料比例极限时，应力与应变成正比，即

$$\sigma = E\varepsilon \tag{5-11}$$

式中　E——材料的弹性模量。

或用轴力及杆件变形量表示为

$$\Delta L = \frac{NL}{EA} \tag{5-12}$$

式中　EA——杆的抗拉（压）刚度，表示杆件抵抗拉、压弹性变形的能力。

（三）泊松比

当应力不超过材料的比例极限时，横向线应变 ε' 与纵向线应变 ε 之比的绝对值为一常数，即

$$\mu = \left|\frac{\varepsilon'}{\varepsilon}\right| = -\frac{\varepsilon'}{\varepsilon} \tag{5-13}$$

泊松比 μ 是材料的弹性常数之一，无量纲。

例 5-5　（2012 年）图 5-12 所示等截面直杆，材料的抗压刚度为 EA，杆中距离 A 端 1.5L 处横截面的轴向位移是（　　）。

(A) $\frac{4Fl}{EA}$　　(B) $\frac{3Fl}{EA}$　　(C) $\frac{2Fl}{EA}$　　(D) $\frac{Fl}{EA}$

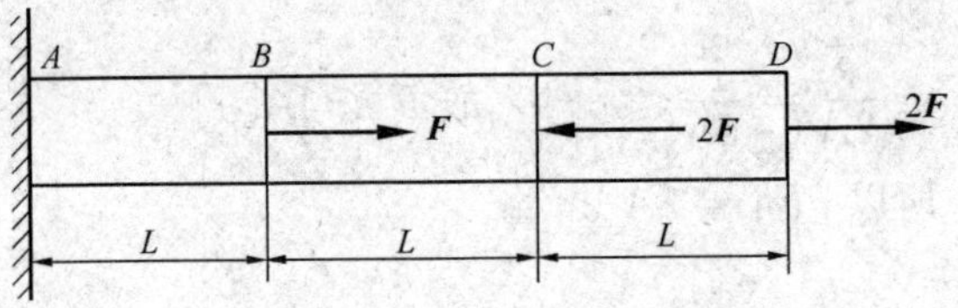

图 5-12　例 5-5 图

解：根据求轴力的直接法可得 AB 段轴力 $F_{N1}=F$，BC 段轴力 $F_{N2}=0$，CD 段轴力 $F_{N3}=2F$，故所求横截面的轴向位移就等于 AB 段的伸长量 $\Delta L=\frac{Fl}{EA}$。

故正确答案是 (D)。

第三节　剪 切 和 挤 压

一、剪切的实用计算

（一）剪切的概念

力学模型如图 5-13 所示。

(1) 受力特征。构件上受到一对大小相等、方向相反，作用线相距很近，且与构件轴线垂直的力作用。

(2) 变形特征。构件沿两力的分界面有发生相对错动的趋势。

(3) 剪切面。构件将发生相对错动的面。

(4) 剪力 Q。剪切面上的内力，其作用线与剪切面平行。

(二) 剪切实用计算

(1) 名义剪应力。假定剪应力沿剪切面是均匀分布的，若 A_Q 为剪切面面积，Q 为剪力，则

$$\tau=\frac{Q}{A_Q} \tag{5-14}$$

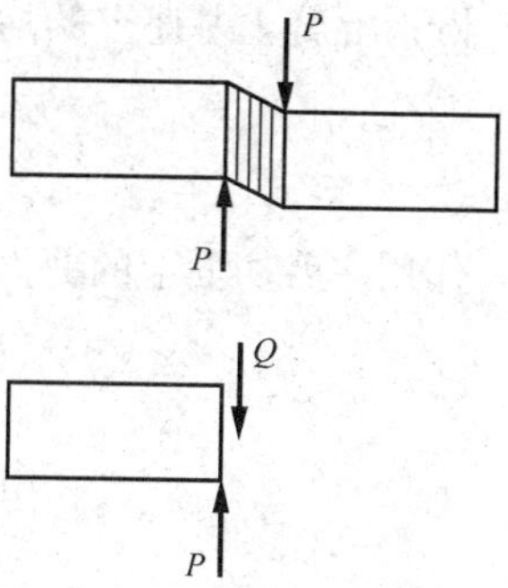

图 5-13　剪切的力学模型

(2) 许用剪应力。按实际构件的受力方式，用试验的方法求得名义剪切极限应力 τ^0，再除以安全系数 n。

(3) 剪切强度条件。剪切面上的工作剪应力不得超过材料的许用剪应力计算式为

$$\tau=\frac{Q}{A_Q}\leqslant[\tau] \tag{5-15}$$

二、挤压的实用计算

(一) 挤压的概念

(1) 挤压。两构件相互接触的局部承压作用。

(2) 挤压面。两构件间相互接触的面。

(3) 挤压力 P_{bs}。承压接触面上的总压力。

(二) 挤压实用计算

(1) 名义挤压应力。假设挤压力在名义挤压面上均匀分布，即

$$\sigma_{bs}=\frac{P_{bs}}{A_{bs}} \tag{5-16}$$

式中　A_{bs}——名义挤压面面积。

当挤压面为平面时，名义挤压面面积等于实际的承压接触面面积；当挤压面为曲面时，则名义挤压面面积取为实际承压接触面在垂直挤压力方向的投影面积。

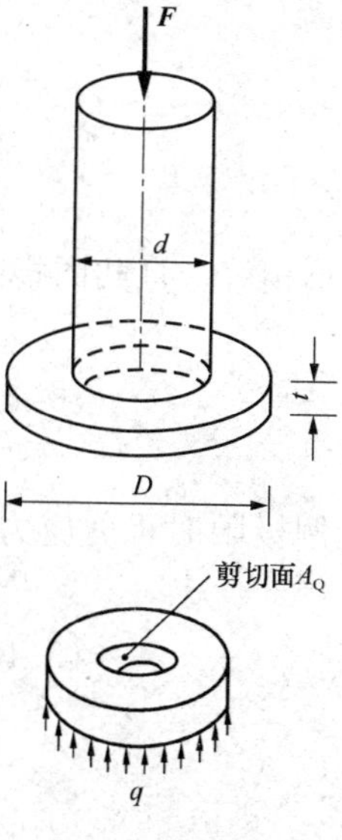

图 5-14　例 5-6 图

(2) 许用挤压应力。根据直接试验结果，按照名义挤压应力公式计算名义极限挤压应力，再除以安全系数。

(3) 挤压强度条件。挤压面上的工作挤压应力不得超过材料的许用挤压应力，即

$$\sigma_{bs}=\frac{P_{bs}}{A_{bs}}\leqslant[\sigma_{bs}] \tag{5-17}$$

例 5-6　(2018 年) 直径 $d=0.5$m 的圆截面立柱，固定在直径 $D=1$m 的圆形混凝土基座上，圆柱的轴向压力 $F=1000$kN，混凝土的许用应力 $[\tau]=1.5$MPa。假设地基对混凝土板的支反力均匀分布，为使混凝土基座不被立柱压穿，混凝土基座所需的最小厚度 t 应是（　　）mm。

(A) 159　　(B) 212　　(C) 318　　(D) 424

解：混凝土基座与圆截面立柱的交接面，即圆环形基座板的内圆柱面即为剪切面（如图 5-14 所示）

$$A_Q=\pi dt$$

圆形混凝土基座上的均布压力（面荷载）为

$$q=\frac{1000\times10^3\text{N}}{\frac{\pi}{4}\times1000^2\text{mm}^2}=\frac{4}{\pi}(\text{MPa})$$

作用在剪切面上的剪力为

$$Q=q\frac{\pi}{4}(1000^2-500^2)=750(\text{KN})$$

由剪切强度条件 $\tau=\frac{Q}{A_Q}=\frac{Q}{\pi dt}\leqslant[\tau]$

可得 $t\geqslant\frac{Q}{\pi d[\tau]}=\frac{750\times10^3\text{N}}{\pi\times500\text{mm}\times1.5\text{MPa}}=318.3(\text{mm})$

答案应选（C）。

例 5-7 （2012 年）图 5-15 所示两根木杆连接结构，已知木材的许用切应力为 $[\tau]$，许用挤压应力为 $[\sigma_{bs}]$，则 a 与 h 的合理比值是（　　）。

(A) $\frac{h}{a}=\frac{[\tau]}{[\sigma_{bs}]}$　　(B) $\frac{h}{a}=\frac{[\sigma_{bs}]}{[\tau]}$

(C) $\frac{h}{a}=\frac{[\tau]a}{[\sigma_{bs}]}$　　(D) $\frac{h}{a}=\frac{[\sigma_{bs}]a}{[\tau]}$

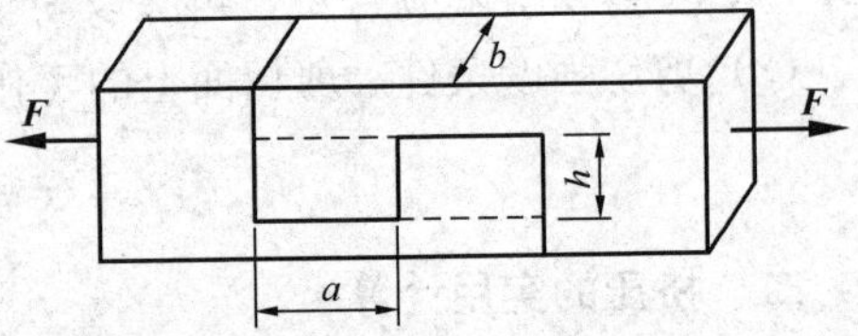

图 5-15　例 5-7 图

解：取一根木杆为研究对象，可看出剪切面面积 $A_s=ab$，挤压面面积 $A_{bs}=hb$。

由

$$\tau=\frac{F_s}{A_s}=\frac{F}{ab}=[\tau]$$

$$\sigma_{bs}=\frac{F_{bs}}{A_{bs}}=\frac{F}{hb}=[\sigma_{bs}]$$

两式相除，得到 $\frac{h}{a}=\frac{[\tau]}{[\sigma_{bs}]}$。

故正确答案是（A）。

三、剪应力互等定理与剪切虎克定律

（一）纯剪切

若单元体各个侧面上只有剪应力而无正应力，称为纯剪切。

纯剪切引起剪应变 γ，即相互垂直的两线段间角度的改变。

（二）剪应力互等定理

在互相垂直的两个平面上，垂直于两平面交线的剪应力，总是大小相等，且共同指向或背离这一交线（见图 5-16），即

$$\tau=-\tau' \tag{5-18}$$

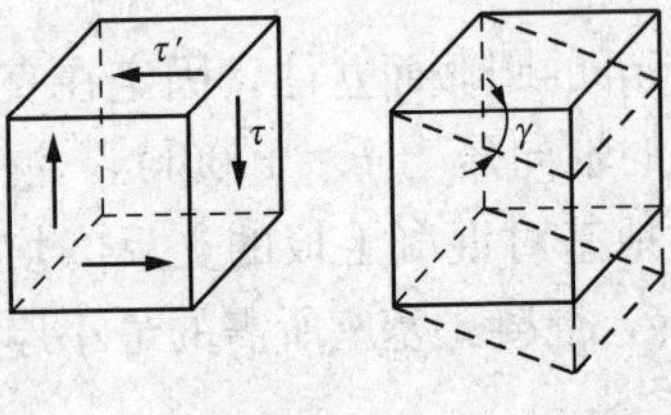

图 5-16　纯剪切单元体

（三）剪切虎克定律

当剪应力不超过材料的剪切比例极限时，剪应力 τ 与剪应变 γ 成正比，即

$$\tau=G\gamma \tag{5-19}$$

式中　G——材料的剪切弹性模量。

对各向同性材料，E、G、μ 间只有两个独立常数，即

$$G=\frac{E}{2(1+\mu)} \tag{5-20}$$

第四节　扭　　转

一、扭转的概念

（一）扭转的力学模型

扭转的力学模型，如图 5-17 所示。

（1）受力特征。杆两端受到一对力偶矩相等，转向相反，作用平面与杆件轴线相垂直的外力偶作用。

（2）变形特征。杆件表面纵向线变成螺旋线，即杆件任意两横截面绕杆件轴线发生相对转动。

（3）扭转角 φ。杆件任意两横截面间相对转动的角度。

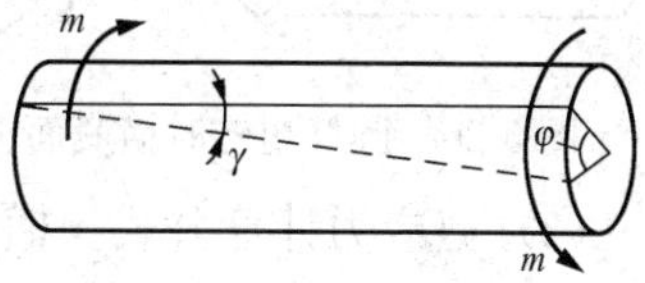

图 5-17　扭转的力学模型

（二）外力偶矩的计算

轴所传递的功率、转速与外力偶矩间有以下关系

$$m = 9.55\frac{P}{n} \tag{5-21}$$

式中　m——外力偶矩，kN·m；

P——传递功率，kW；

n——转速，r/min。

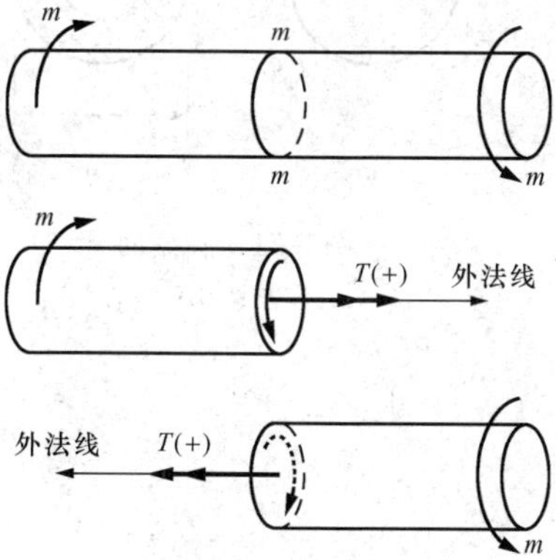

图 5-18　扭矩及其正负号规定

二、扭矩和扭矩图

（1）扭矩。受扭杆件横截面上的内力是一个在截面平面内的力偶，其力偶矩称为扭矩，用 T 表示，见图 5-18，其值用截面法求得。

求扭矩的直接法：扭矩 T 等于截面一侧对 X 轴外力偶矩的代数和。

（2）扭矩符号。扭矩 T 的正负号规定，以右手法则表示扭矩矢量，若矢量的指向与截面外向法线的指向一致时扭矩为正，反之为负。图 5-18 中所示扭矩均为正号。

（3）扭矩图。表示沿杆件轴线各横截面上扭矩变化规律的图线。

例 5-8　（2012 年）圆轴受力如图 5-19 所示，下面 4 个扭矩图中正确的是（　　）。

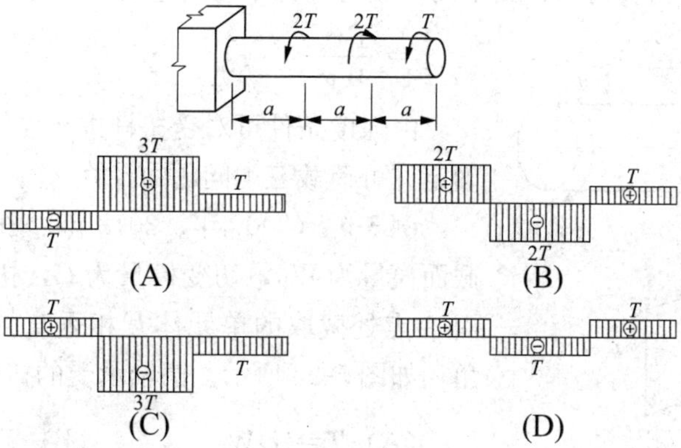

图 5-19　例 5-8 图

解：由外力平衡可知左端的反力偶为 T，方向是由外向内转。再由各段扭矩计算可知：左段扭矩为 $T(+)$，中段扭矩为 $T(-)$，右段扭矩为 $T(+)$。

故正确答案是（D）。

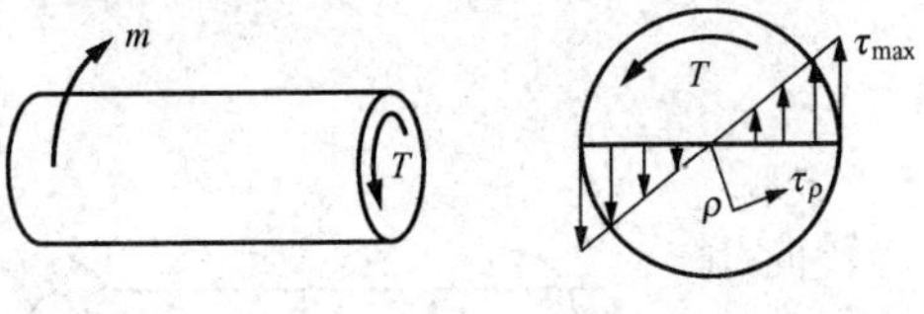

图 5-20　圆杆扭转时横截面上的剪应力

三、圆杆扭转时的剪应力与强度条件

（一）横截面上的剪应力

（1）剪应力分布规律。横截面上任一点的剪应力，其方向垂直于该点所在的半径，其值与该点到圆心的距离成正比，见图 5-20。

（2）剪应力计算公式。横截面上距圆心为 ρ 的任一点的剪应力 τ_ρ 为

$$\tau_\rho = \frac{T}{I_P}\rho \tag{5-22}$$

横截面上的最大剪应力发生在横截面周边各点处，其值为

$$\tau_{\max} = \frac{T}{I_P}R = \frac{T}{W_P} \tag{5-23}$$

（3）剪应力公式的讨论：

1）公式适用于线弹性范围（$\tau_{\max} \leqslant \tau_p$），小变形条件下的等截面实心或空心圆直杆。

2）T 为所求截面上的扭矩。

3）I_P 称为极惯性矩，W_P 称为抗扭截面系数，其值与截面尺寸有关，实心圆截面［图 5-21(a)］计算式为

$$\left.\begin{aligned} I_P &= \frac{\pi d^4}{32} \\ W_P &= \frac{\pi d^3}{16} \end{aligned}\right\} \tag{5-24}$$

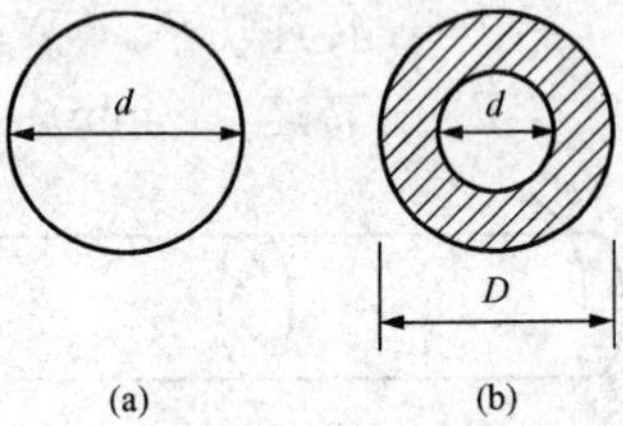

图 5-21　圆截面

(a) 实心；(b) 空心

空心圆截面［图 5-21(b)］计算式为

$$\left.\begin{aligned} I_P &= \frac{\pi D^4}{32}(1-\alpha^4) \\ W_P &= \frac{\pi D^3}{16}(1-\alpha^4) \end{aligned}\right\} \tag{5-25}$$

其中

$$\alpha = \frac{d}{D}$$

（二）圆杆扭转时的强度条件

强度条件：圆杆扭转时横截面上的最大剪应力不得超过材料的许用剪应力，即

$$\tau_{\max} = \frac{T_{\max}}{W_P} \leqslant [\tau] \tag{5-26}$$

由强度条件可对受扭杆进行强度校核、截面设计和确定许可荷载三类问题的计算。

例 5-9　（2009 年、2018 年）图 5-22 所示圆轴抗扭截面模量为 W_P，切变模量为 G，扭转变形后，圆轴表面 A 点处截取的单元体互相垂直的相邻边线改变了 γ 角，如图 5-22 所示。圆轴承受的扭矩 T 为（　　）。

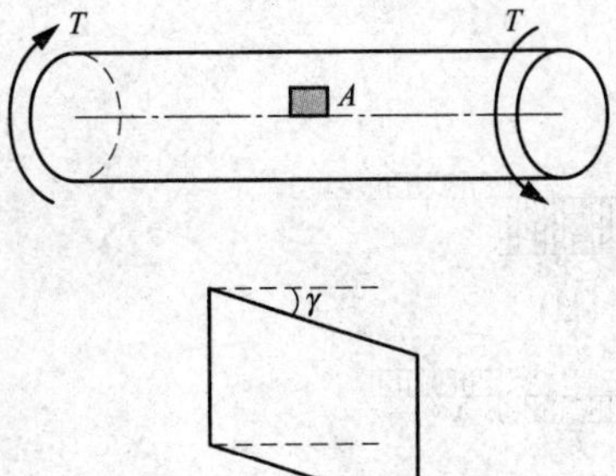

图 5-22　例 5-9 图

（A）$T=G\gamma W_P$　　　（B）$T=\dfrac{G\gamma}{W_P}$

(C) $T=\frac{\gamma}{G}W_P$　　(D) $T=\frac{W_P}{G\gamma}$

解：根据剪应力计算公式 $\tau=\frac{T}{W_P}$，可得 $T=\tau W_P$。

又有剪切虎克定律 $\tau=G\gamma$，代入上式，即有 $T=G\gamma W_P$。

故正确答案是（A）。

四、圆杆扭转时的变形　刚度条件

（一）圆杆的扭转变形计算

单位长度扭转角 θ(rad/m) 计算式为

$$\theta=\frac{d\varphi}{dx}=\frac{T}{GI_P} \tag{5-27}$$

扭转角 φ(rad)

$$\varphi=\int_L \frac{T}{GI_P}dx \tag{5-28}$$

若在长度 L 内，T、G、I_P 均为常量时

$$\varphi=\frac{TL}{GI_P} \tag{5-29}$$

式（5-29）适用于线弹性范围，小变形下的等直圆杆。GI_P 表示圆杆抵抗扭转弹性变形的能力，称为抗扭刚度。

（二）圆杆扭转时的刚度条件

刚度条件：圆杆扭转时的最大单位长度扭转角不得超过规定的许可值 $[\theta]$（°/m），即

$$\theta_{max}=\frac{T_{max}}{GI_P}\times\frac{180°}{\pi}\leqslant[\theta] \tag{5-30}$$

由刚度条件，同样可对受扭圆杆进行刚度校核、截面设计和确定许可荷载三类问题的计算。

例 5-10　（2013 年、2010 年）圆轴直径为 d，切变模量为 G，在外力作用下发生扭转变形，现测得单位长度扭转角为 θ，圆轴的最大切应力是（　　）。

(A) $\tau_{max}=\frac{16\theta G}{\pi d^3}$　(B) $\tau_{max}=\theta G\frac{\pi d^3}{16}$　(C) $\tau_{max}=\theta Gd$　(D) $\tau_{max}=\frac{\theta Gd}{2}$

解：圆轴的最大切应力 $\tau_{max}=\frac{T}{I_P}\cdot\frac{d}{2}$，圆轴的单位长度扭转角 $\theta=\frac{T}{GI_p}$，故 $\frac{T}{I_P}=\theta G$，代入 $\tau_{max}=\theta G\frac{d}{2}$。故正确答案是（D）

第五节　截面图形的几何性质

一、静矩与形心

对图 5-24 所示截面，则

$$\left.\begin{aligned} S_z&=\int_A y\,dA \\ S_y&=\int_A z\,dA \end{aligned}\right\} \tag{5-31}$$

静矩的量纲为长度的三次方。

对于由几个简单图形组成的组合截面，则

$$\left.\begin{aligned}S_z = A_1y_1 + A_2y_2 + A_3y_3 + \cdots = A \cdot y_c\\S_y = A_1z_1 + A_2z_2 + A_3z_3 + \cdots = A \cdot z_c\end{aligned}\right\} \tag{5-32}$$

形心坐标为

$$\left.\begin{aligned}y_c = \frac{A_1y_1 + A_2y_2 + A_3y_3 + \cdots}{A_1 + A_2 + A_3 + \cdots} = \frac{S_z}{A}\\z_c = \frac{A_1z_1 + A_2z_2 + A_3z_3 + \cdots}{A_1 + A_2 + A_3 + \cdots} = \frac{S_y}{A}\end{aligned}\right\} \tag{5-33}$$

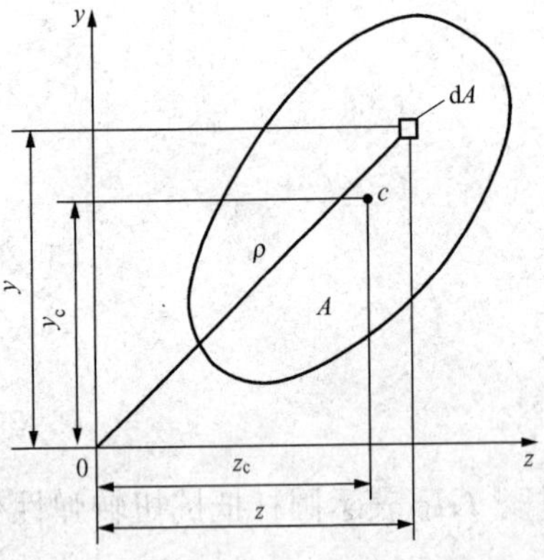

图 5-23 截面图形

显然，若 z 轴过形心，$y_c=0$，则有 $S_z=0$，反之亦然；若 y 轴过形心，$z_c=0$，则有 $S_y=0$，反之亦然。

二、惯性矩、惯性半径、极惯性矩、惯性积

对图 5-23 所示截面，对 z 轴和 y 轴的惯性矩为

$$\left.\begin{aligned}I_z = \int_A y^2\mathrm{d}A\\I_y = \int_A z^2\mathrm{d}A\end{aligned}\right\} \tag{5-34}$$

惯性矩总是正值，其量纲为长度的四次方，也可写成

$$\left.\begin{aligned}I_z = Ai_z^2\\I_y = Ai_y^2\end{aligned}\right\} \tag{5-35}$$

$$\left.\begin{aligned}i_z = \sqrt{\frac{I_z}{A}}\\i_y = \sqrt{\frac{I_y}{A}}\end{aligned}\right\} \tag{5-36}$$

i_z、i_y 称为截面对 z、y 轴的惯性半径，其量纲为长度的一次方。

截面对 0 点的极惯性矩为

$$I_P = \int_A \rho^2\mathrm{d}A \tag{5-37}$$

因 $\rho^2=y^2+z^2$，故有 $I_P=I_z+I_y$，显然 I_P 也恒为正值，其量纲为长度的四次方。

截面对 y、z 轴的惯性积为

$$I_{yz} = \int_A yz\mathrm{d}A \tag{5-38}$$

I_{yz} 可以为正值，也可以为负值，也可以是零，其量纲为长度的四次方。若 y、z 两坐标轴中有一个为截面的对称轴，则其惯性积 I_{yz} 恒等于零。

例 5-11 （2016 年）面积相同的三个截面如图 5-24 所示，对各自水平形心轴 z 的惯性矩之间的关系为（　　）。

(A) $I_{za}>I_{zb}>I_{zc}$　　(B) $I_{za}<I_{zb}<I_{zc}$

(C) $I_{za}<I_{zb}>I_{zc}$　　(D) $I_{za}=I_{zb}>I_{zc}$

解：图 5-24(a) 与 (b) 面积相同，面积分布的位置到 z 轴的距离也相同，故惯性矩 $I_{za}=I_{zb}$，而图 5-24(c) 虽然面积与图 5-24(a)、(b) 相同，但是其面积分布的位置到 z 轴的距离小，所以惯性矩 I_{zc} 也小。

故正确答案是（D）。

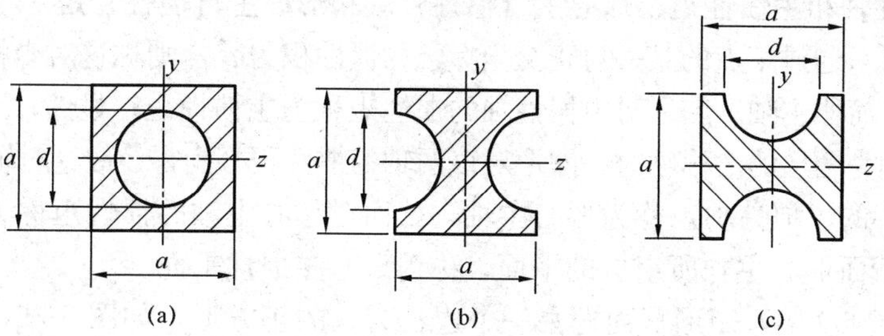

图 5-24　例 5-11 图

（a）截面一；（b）截面二；（c）截面三

常用截面的几何性质见表 5-2。

表 5-2　　　　　　　　　　　　常用截面的几何性质

项目	矩　形	圆　形	空心圆	箱　形
截面图形	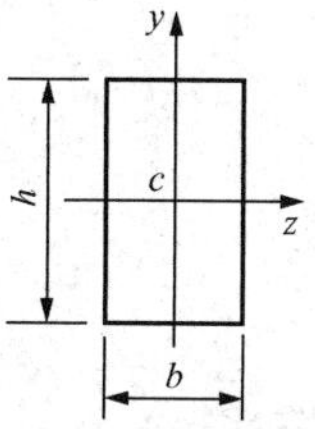	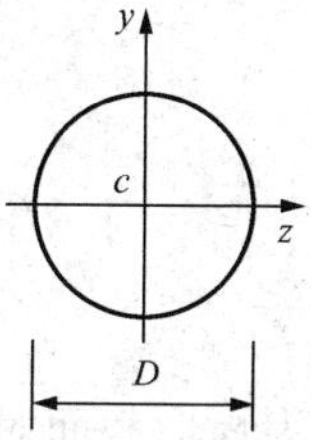	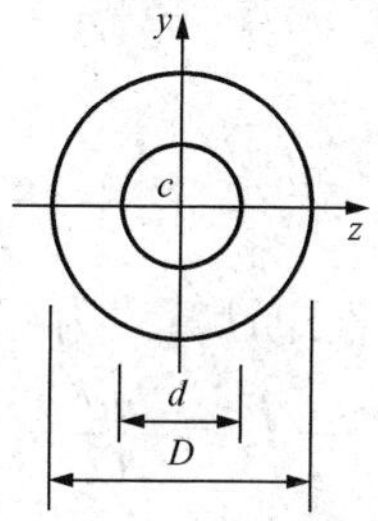	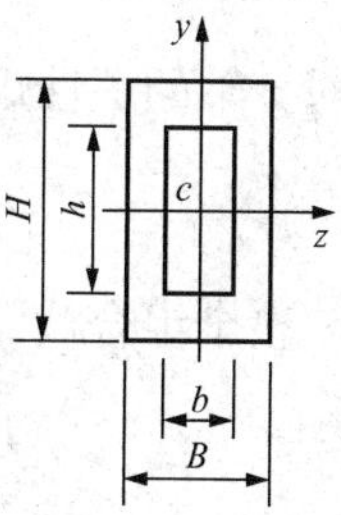
截面的几何性质	$A=bh$ $I_z=\frac{bh^3}{12}$ $I_y=\frac{hb^3}{12}$ $I_{yz}=0$ $i_z=\frac{h}{2\sqrt{3}}$ $i_y=\frac{b}{2\sqrt{3}}$ $W_z=\frac{bh^2}{6},W_y=\frac{hb^2}{6}$	$A=\frac{\pi}{4}D^2$ $I_z=I_y=\frac{\pi}{64}D^4$ $I_P=\frac{\pi}{32}D^4$ $I_{yz}=0$ $i_z=i_y=\frac{D}{4}$ $W_z=W_y=\frac{\pi}{32}D^3$ $W_P=\frac{\pi}{16}D^3$	$A=\frac{\pi}{4}D^2(1-\alpha^2)$ $I_z=I_y=\frac{\pi}{64}D^4(1-\alpha^4)$ $I_P=\frac{\pi}{32}D^4(1-\alpha^4)$ $I_{yz}=0,\alpha=\frac{d}{D}$ $i_z=i_y=\frac{\sqrt{D^2+d^2}}{4}$ $W_z=W_y=\frac{\pi}{32}D^3(1-\alpha^4)$ $W_P=\frac{\pi}{16}D^3(1-\alpha^4)$	$A=BH-bh$ $I_z=\frac{BH^3-bh^3}{12}$ $I_y=\frac{HB^3-hb^3}{12}$ $I_{yz}=0$

注　图形中的 c 为截面形心；公式中 W_z、W_y 为抗弯截面系数，W_P 为抗扭截面系数。

三、平行移轴公式

若已知任一截面图形（见图 5-25）形心为 c，面积为 A，对形心轴 z_c 和 y_c 的惯性矩为 I_{zc} 和 I_{yc}、惯性积为 I_{yczc}，则该图形对于与 z_c 轴平行且相距为 a 的 z 轴及与 y_c 轴平行且相距为 b 的 y 轴的惯性矩和惯性积分别为

$$\left.\begin{aligned}I_z&=I_{zc}+a^2A\\I_y&=I_{yc}+b^2A\\I_{yz}&=I_{yczc}+abA\end{aligned}\right\}\qquad(5\text{-}39)$$

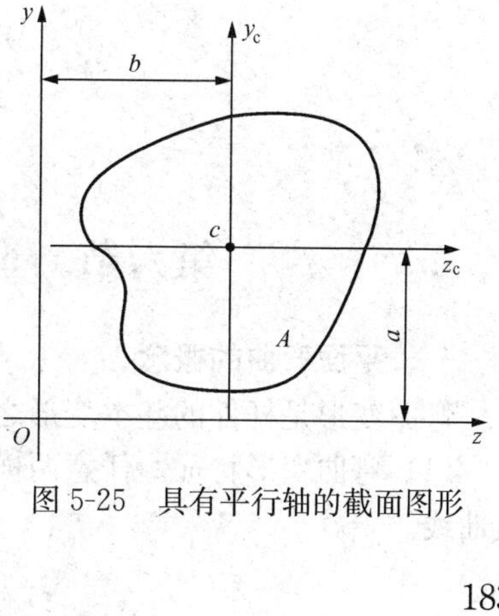

图 5-25　具有平行轴的截面图形

显然，在图形对所有互相平行的轴的惯性矩中，以形心轴的惯性矩为最小。

四、主惯性轴和主惯性矩、形心主（惯性）轴和形心主（惯性）矩

若截面图形对通过某点的某一对正交坐标轴的惯性积为零，则称这对坐标轴为图形在该点的主惯性轴，简称主轴。图形对主惯性轴的惯性矩称为主惯性矩。显然，当任意一对正交坐标轴中之一轴为图形的对称轴时，图形对该两轴的惯性积必为零，故这对轴必为主轴。

过截面形心的主惯性轴，称为形心主轴。截面对形心主轴的惯性矩称为形心主矩。杆件的轴线与横截面形心主轴所组成的平面，称为形心主惯性平面。

例 5-12 （2009 年）矩形截面挖去一个边长为 a 的正方形，如图 5-26(a) 所示，该截面对 z 轴的惯性矩 I_z 为（　　）。

(A) $I_z=\dfrac{bh^3}{12}-\dfrac{a^4}{12}$　　(B) $I_z=\dfrac{bh^3}{12}-\dfrac{13a^4}{12}$

(C) $I_z=\dfrac{bh^2}{12}-\dfrac{a^4}{3}$　　(D) $I_z=\dfrac{bh^3}{12}-\dfrac{7a^4}{12}$

解： 正方形的形心轴距 z 轴的距离是 $\dfrac{a}{2}$，如图 5-26(b) 所示。用移轴定理得正方形截面对 z 轴的惯性矩 I'_z

$$I'_z = I_{zc}+\left(\frac{a}{2}\right)^2 A = \frac{a^4}{12}+\frac{a^2}{4}\cdot a^2 = \frac{a^4}{3}$$

整个组合截面的惯性矩计算式为

$$I_z = I''_z - I'_z = \frac{bh^3}{12}-\frac{a^4}{3}（I''_z\text{ 为矩形截面对 } z \text{ 轴的惯性矩}）$$

故正确答案是（C）。

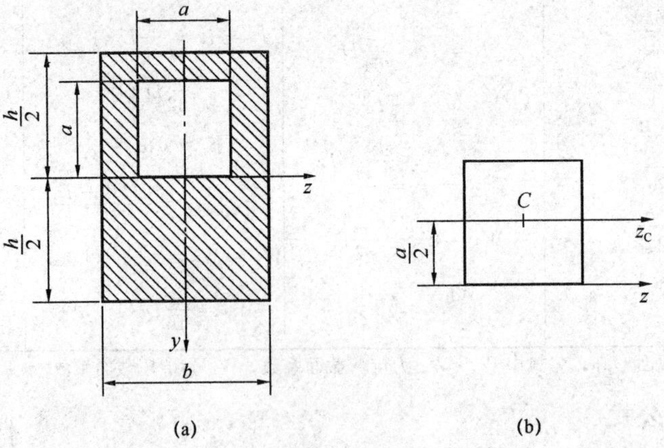

图 5-26　例 5-12 图

(a) 原题图；(b) 解图

第六节　弯曲梁的内力、应力和变形

一、平面弯曲的概念

弯曲变形是杆件的基本变形之一。以弯曲为主要变形的杆件通常称为梁。

(1) 弯曲变形特征。任意两横截面绕垂直杆轴线的轴做相对转动，同时杆的轴线也弯成曲线。

（2）平面弯曲。荷载作用面（外力偶作用面或横向力与梁轴线组成的平面）与弯曲平面（即梁轴线弯曲后所在平面）相平行或重合的弯曲。

产生平面弯曲的条件：

1）梁具有纵对称面时，只要外力（横向力或外力偶）都作用在此纵对称面内。

2）非对称截面梁。

纯弯曲时，只要外力偶作用在与梁的形心主惯性平面（即梁的轴线与其横截面的形心主惯性轴所构成的平面）平行的平面内。

横力弯曲时，横向力必须通过横截面的弯曲中心，并在与梁的形心主惯性平面平行的平面内。

二、梁横截面上的内力分量——剪力与弯矩

（一）剪力与弯矩

（1）剪力。梁横截面上切向分布内力的合力，称为剪力，以 Q 表示。

（2）弯矩。梁横截面上法向分布内力形成的合力偶矩，称为弯矩，以 M 表示。

（3）剪力与弯矩的符号。考虑梁微段 $\mathrm{d}x$，使右侧截面对左侧截面产生向下相对错动的剪力为正，反之为负；使微段产生凹向上的弯曲变形的弯矩为正，反之为负，如图 5-27 所示。

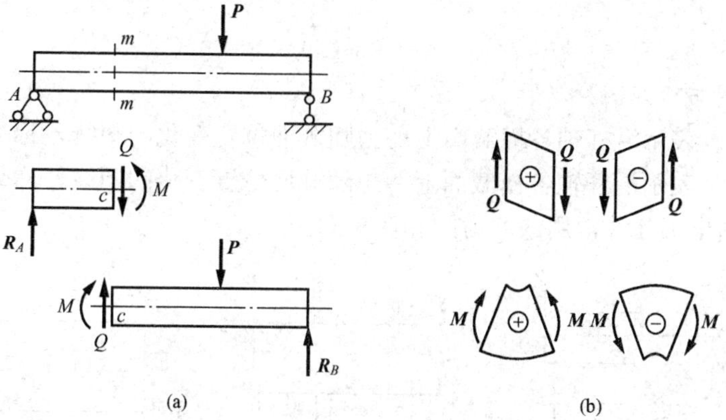

图 5-27 梁的内力

（a）截面法求梁的内力；（b）剪力和弯矩正负号的规定

（4）剪力与弯矩的计算。由截面法可知，梁的内力可用直接法求出：

1）横截面上的剪力，其值等于该截面左侧（或右侧）梁上所有外力在横截面方向的投影代数和，且左侧梁上向上的外力或右侧梁上向下的外力引起正剪力，反之则引起负剪力。

2）横截面上的弯矩，其值等于该截面左侧（或右侧）梁上所有外力对该截面形心的力矩代数和，且向上外力均引起正弯矩，左侧梁上顺时针转向的外力偶及右侧梁上逆时针转向的外力偶引起正弯矩，反之则产生负弯矩，如图 5-28 所示。

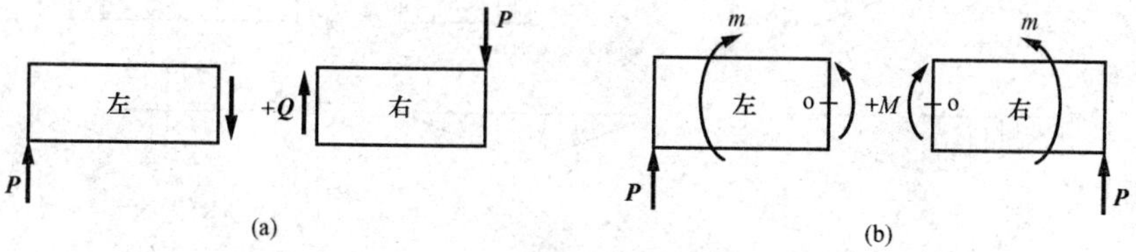

图 5-28 直接法求梁的内力

（a）产生正号剪力的外力；（b）产生正号弯矩的外力和外力矩

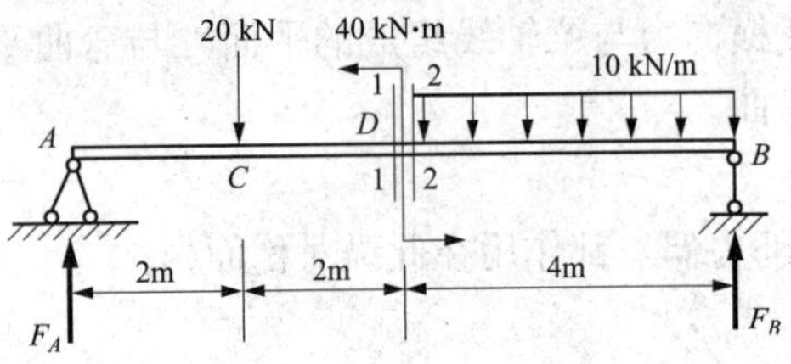

图 5-29　例 5-13 图

例 5-13　如图 5-29 所示，求 1-1 截面和 2-2 截面的内力。

解： 先求支反力，$\sum M_B=0$，

$F_A\times(2+2+4)=20\times6+40+(10\times4)\times2$

$F_A=30(\text{kN})$

$\sum F_y=0, F_A+F_B=20+10\times4$

$F_B=30(\text{kN})$

直接法求内力，$Q_1 = F_A - 20 = 30 - 20 = 10(\text{kN})$

$$M_1 = F_A \times 4 - 20 \times 2 = 30 \times 4 - 40 = 80(\text{kN}\cdot\text{m})$$

$$Q_2 = 10 \times 4 - F_B = 40 - 30 = 10(\text{kN})$$

$$M_2 = F_B \times 4 - (10 \times 4) \times 2 = 30 \times 4 - 80 = 40(\text{kN}\cdot\text{m})$$

（二）内力方程——剪力方程与弯矩方程

(1) 剪力方程。表示沿杆轴各横截面上剪力随截面位置变化的函数，称为剪力方程，表示为

$$Q = Q(x)$$

(2) 弯矩方程。表示沿杆轴各横截面上弯矩随截面位置变化的函数，称为弯矩方程，表示为

$$M = M(x)$$

（三）剪力图与弯矩图

(1) 剪力图。表示沿杆轴各横截面上剪力随截面位置变化的图线，称为剪力图。

(2) 弯矩图。表示沿杆轴各横截面上弯矩随截面位置变化的图线，称为弯矩图。

图 5-30 中列出了几种常用的剪力图和弯矩图。

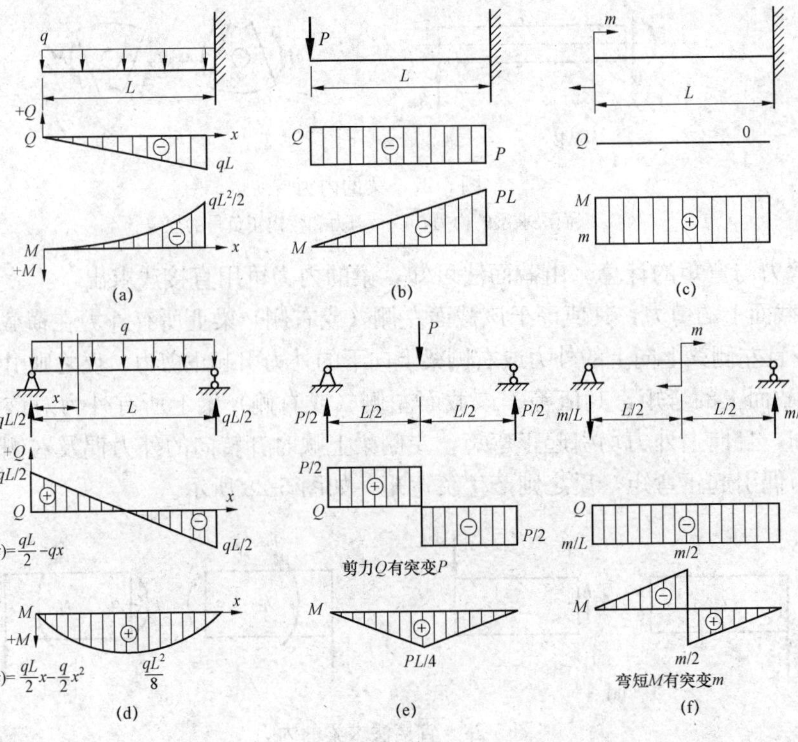

图 5-30　常用的梁的剪力图和弯矩图

三、荷载集度与剪力、弯矩间的关系及应用

（一）微分关系

若规定荷载集度 q 向上为正，则梁任一横截面上的剪力、弯矩与荷载集度间的微分关系

$$\left.\begin{aligned}\frac{\mathrm{d}Q}{\mathrm{d}x}=q\\ \frac{\mathrm{d}M}{\mathrm{d}x}=Q\\ \frac{\mathrm{d}^2M}{\mathrm{d}x^2}=q\end{aligned}\right\} \tag{5-40}$$

当以梁的左端为 x 轴原点，且以向右为 x 正轴，并规定剪力图以向上为正轴，而弯矩图则取向下为正轴时，可将工程上常见的外力与剪力图和弯矩图之间的关系列在表 5-3 中。

表 5-3　　几种常见外力与剪力图和弯矩图间的关系

梁上外力情况	$q=0$（无外力段）	q=常量<0 水平直线	q=常量>0 水平直线	集中力 P	集中力偶 m	特殊点
剪力图 Q	Q=常量 水平直线	下斜直线 $Q=0$	上斜直线 $Q=0$	在集中力作用处发生突变，突变方向、大小与 P 相同	无影响	无集中力作用的端点 $Q=0$
弯矩图 M	斜直线	M_{max} 抛物线	M_{min} 抛物线	在集中力作用处发生转折（斜率改变）	在 m 作用处发生突变，突变大小与 m 相同	无集中力偶作用的简支端、自由端、中间铰 $M=0$

利用表 5-3 可以快速地做出剪力图和弯矩图。

（二）快速作图法

（1）求支反力，并校核。

（2）根据外力不连续点分段。

（3）定形：根据各段梁上的外力，确定其 Q、M 图的形状。

（4）定量：用直接法计算各分段点、极值点的 Q、M 值。

例 5-14　（2016 年）简支梁的弯矩如图 5-31(a) 所示，根据弯矩图推得梁上的荷载应为（　　）。

（A）$F=10\text{kN}$，$m=10\text{kN}\cdot\text{m}$　　（B）$F=5\text{kN}$，$m=10\text{kN}\cdot\text{m}$

（C）$F=10\text{kN}$，$m=5\text{kN}\cdot\text{m}$　　（D）$F=5\text{kN}$，$m=5\text{kN}\cdot\text{m}$

解：由于 C 端的弯矩就等于外力偶矩，所以 $m=10\text{kN}\cdot\text{m}$，又因为 BC 段弯矩图是水平线，属于纯弯曲，剪力为零，所以 C 点支反力为零。

由梁的整体受力图 5-31(b) 可知 $F_A=F$，所以 B 点的弯矩 $M_B=F_A\times2=10\text{kN}\cdot\text{m}$，即 $F_A=5\text{kN}$。

故正确答案是（B）。

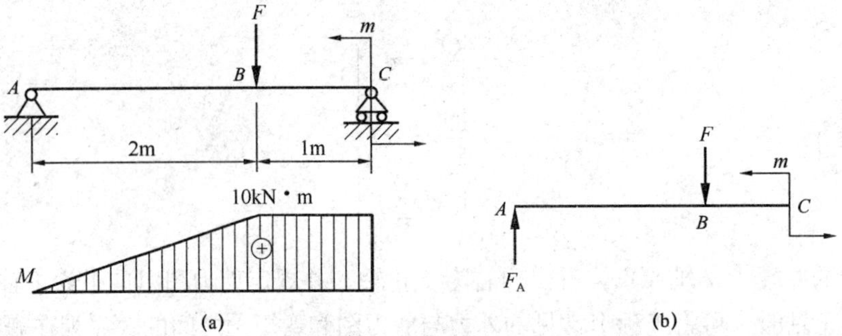

图 5-31　例 5-14 图

（a）原题图；（b）梁的受力图

例 5-15　（2016 年）简支梁 AB 的剪力图和弯矩图如图 5-32 所示，该梁正确的受力图是（　　）。

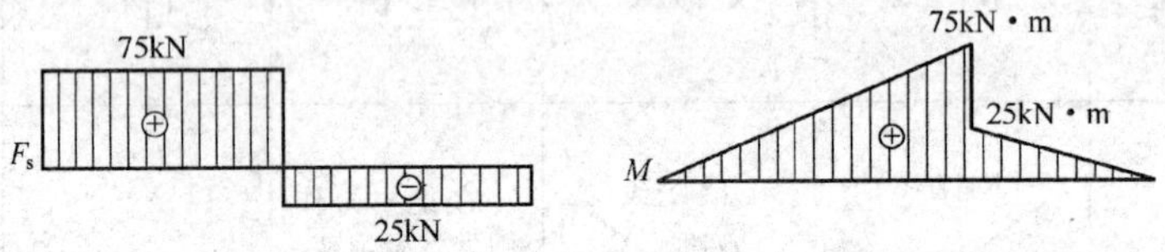

图 5-32　例 5-15 图

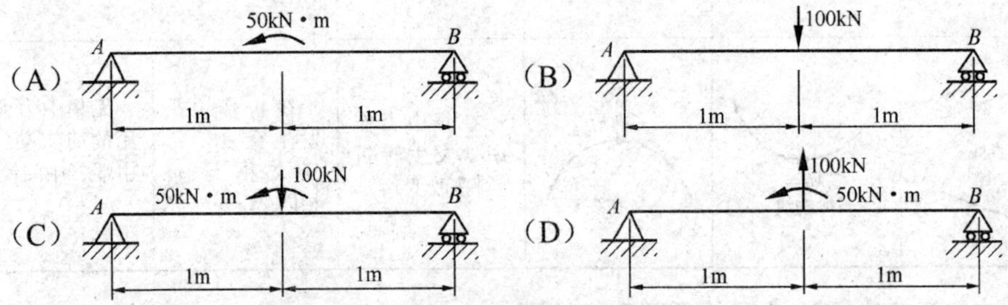

解：从剪力图看梁跨中有一个向下的突变，对应于一个向下的集中力，其值等于突变值 100kN；从弯矩图看梁的跨中有一个突变值 50kN・m，对应于一个外力偶矩 50kN・m，所以只能选（C）。

四、弯曲正应力　正应力强度条件

（一）纯弯曲

梁的横截面上只有弯矩而无剪力时的弯曲，称为纯弯曲。

（二）中性层与中性轴

（1）中性层。杆件弯曲变形时既不伸长也不缩短的一层。

（2）中性轴。中性层与横截面的交线，即横截面上正应力为零的各点的连线。

（3）中性轴位置。当杆件发生平面弯曲，且处于线弹性范围时，中性轴通过横截面形心，且垂直于荷载作用平面。

（4）中性层的曲率。杆件发生平面弯曲时，中性层（或杆轴）的曲率与弯矩间的关系为

$$\frac{1}{\rho}=\frac{M}{EI_z} \tag{5-41}$$

式中 ρ——变形后中性层（或杆轴）的曲率半径；

EI_z——杆的抗弯刚度，轴 z 为横截面的中性轴。

（三）平面弯曲杆件横截面上的正应力

分布规律：正应力的大小与该点至中性轴的垂直距离成正比，中性轴一侧为拉应力，另一侧为压应力，如图 5-33 所示。

计算公式如下，任一点应力

$$\sigma=\frac{M}{I_z}y \tag{5-42}$$

最大应力

$$\sigma_{\max}=\frac{M}{I_z}y_{\max}=\frac{M}{W_z} \tag{5-43}$$

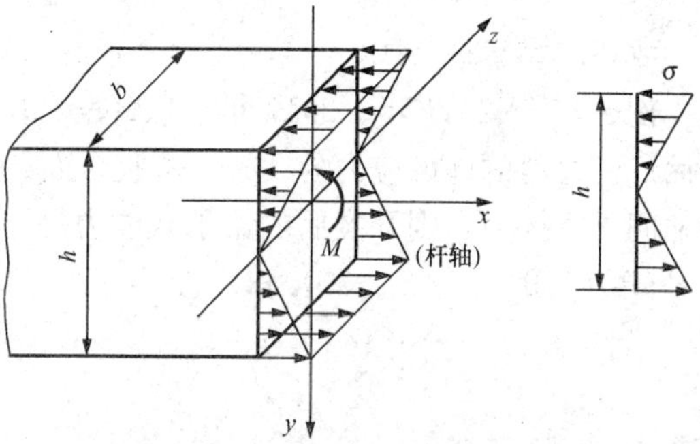

图 5-33 弯曲梁横截面上正应力分布

其中
$$W_z=\frac{I_z}{y_{\max}} \tag{5-44}$$

式中 M——截面上的弯矩；

I_z——截面对其中性轴的惯性矩；

W_z——抗弯截面系数，其量纲为长度的三次方，常用截面 W_z 的计算公式，见表 5-2；

y——计算点与中性轴间的距离。

（四）梁的正应力强度条件

在危险截面上梁的应力计算式为

$$\sigma_{\max}=\frac{M}{W_z}\leqslant[\sigma] \tag{5-45}$$

或
$$\left.\begin{aligned}\sigma_{\max}^{+}&=\frac{M}{I_z}y_{\max}^{+}\leqslant[\sigma_t]\\ \sigma_{\max}^{-}&=\frac{M}{I_z}y_{\max}^{-}\leqslant[\sigma_c]\end{aligned}\right\} \tag{5-46}$$

式中 $[\sigma]$——材料的许用弯曲正应力；

$[\sigma_t]$——材料的许用拉应力；

$[\sigma_c]$——材料的许用压应力；

$y_{\max}^{+}$、$y_{\max}^{-}$——最大拉应力 $\sigma_{\max}^{+}$ 和最大压应力 $\sigma_{\max}^{-}$ 所在的截面边缘到中性轴 z 的距离。

例 5-16 （2016 年）矩形截面简支梁中点承受集中力 $F=100\text{kN}$，若 $h=200\text{mm}$，$b=100\text{mm}$，梁的最大弯曲正应力是（　　）。

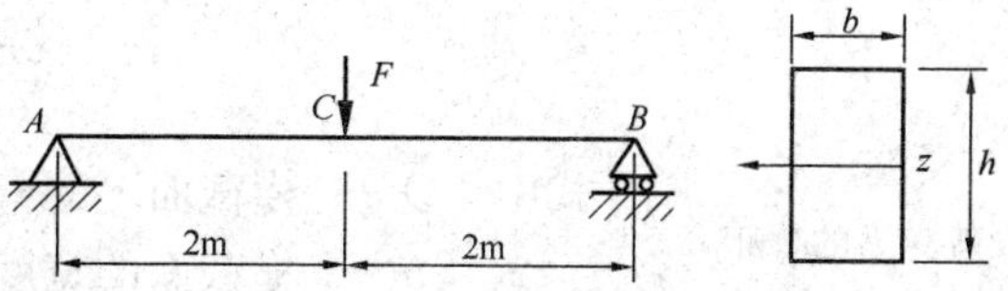

图 5-34 例 5-16 图

（A）75MPa　　（B）150MPa　　（C）300MPa　　（D）50MPa

解： 图 5-34 中梁两端的支座反力为$\frac{F}{2}=50\text{kN}$，梁中点最大弯矩 $M_{\max}=50\times2=100(\text{kN}\cdot\text{m})$，最大弯曲正应力 $\sigma_{\max}=\frac{M_{\max}}{W_z}=\frac{M_{\max}}{\frac{bh^2}{6}}=\frac{100\times10^6\,\text{N}\cdot\text{mm}}{\frac{1}{6}\times100\times200^2\,\text{mm}^3}=150\text{MPa}$

故正确答案是（B）。

例 5-17 （2011 年、2017 年）悬臂梁 AB（见图 5-35）由三根相同的矩形截面直杆胶合而成，材料的许可应力为［σ］，若胶合面开裂，假设开裂后三根杆的挠曲线相同，接触面之间无摩擦力，则开裂后的梁承载能力是原来的（　　）。

（A）1/9　　（B）1/3　　（C）两者相同　　（D）3 倍

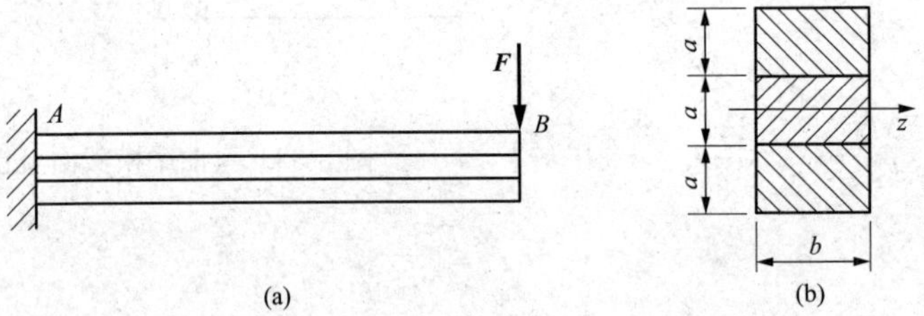

图 5-35　例 5-17 图

（a）悬臂梁；（b）梁的截面

解： 开裂前三根杆是一个整体，共同承载 M，则 $\sigma_{\max}=\frac{M}{W_z}=\frac{M}{\frac{b}{6}(3a)^2}=\frac{2M}{3ba^2}\leqslant[\sigma]$，可得 $M\leqslant\frac{3}{2}ba^2[\sigma]$。

开裂后每根杆独自承载$\frac{M_1}{3}$的 $\sigma_{1\max}=\frac{\frac{M_1}{3}}{W_{z1}}=\frac{\frac{M_1}{3}}{\frac{ba^2}{6}}=\frac{2M_1}{ba^2}\leqslant[\sigma]$，得到 $M_1\leqslant\frac{1}{2}ba^2[\sigma]$。

可见梁的承载能力是原来的$\frac{1}{3}$。故正确答案是（B）。

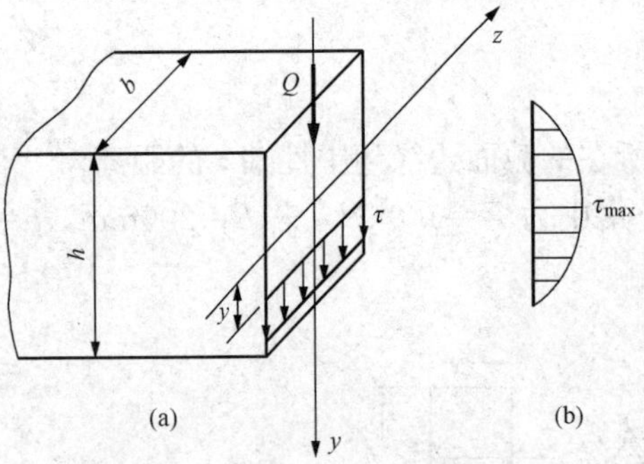

图 5-36　矩形截面梁剪应力的分布

（a）沿截面宽度剪应力均匀分布；

（b）沿截面高度剪应力抛物线分布

五、弯曲剪应力与剪应力强度条件

（一）矩形截面梁的剪应力

两个假设：

（1）剪应力方向与截面的侧边平行。

（2）沿截面宽度剪应力均匀分布（见图 5-36）。

计算公式

$$\tau=\frac{QS_z^*}{bI_z}\tag{5-47}$$

式中　Q——横截面上的剪力；

b——横截面的宽度；

I_z——整个横截面对中性轴的惯性矩；

S_z^*——横截面上距中性轴为 y 处横线一侧的部分截面对中性轴的静矩。

最大剪应力发生在中性轴处计算式为

$$\tau_{\max} = \frac{3}{2}\frac{Q}{bh} = \frac{3}{2}\frac{Q}{A} \tag{5-48}$$

（二）剪应力强度条件

梁的最大工作剪应力不得超过材料的许用剪应力，即

$$\tau_{\max} = \frac{Q_{\max} S_{z\max}^{*}}{bI_z} \leqslant [\tau] \tag{5-49}$$

式中　$Q_{\max}$——全梁的最大剪力；

$S_{z\max}^{*}$——中性轴一边的横截面面积对中性轴的静矩；

b——横截面在中性轴处的宽度；

I_z——整个横截面对中性轴的惯性矩。

六、弯曲中心的概念

在横向力作用下，梁分别在两个形心主惯性平面 xy 和 xz 内弯曲时，横截面上剪力 Q_y 和 Q_z 作用线的交点，称为截面的弯曲中心，也称为剪切中心。

当梁上的横向力不能过截面的弯曲中心时，梁除了发生弯曲变形外还要发生扭转变形。几种薄壁截面的弯心位置见表 5-4。

表 5-4　几种薄壁截面的弯心位置

项次	1	2	3	4	5	6	7
截面形状	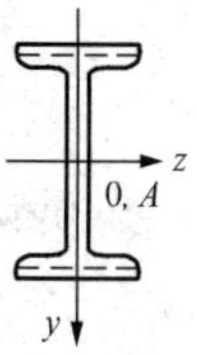	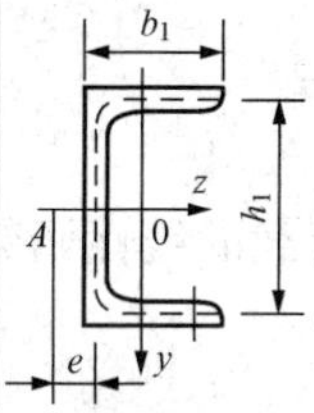	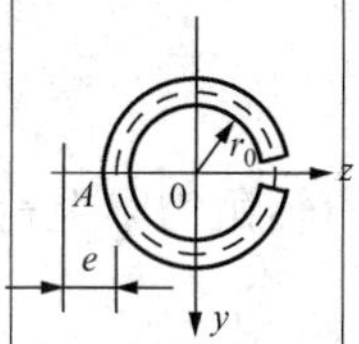	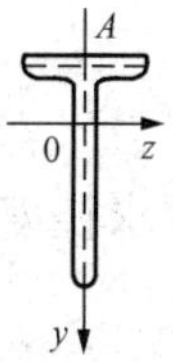	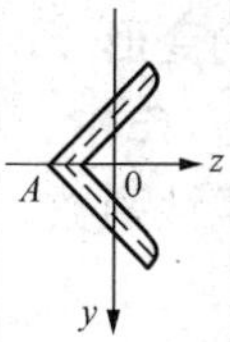	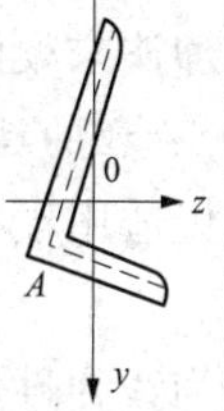	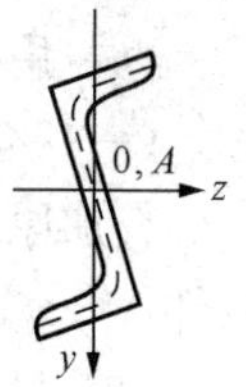
弯心 A 的位置	与形心重合	$e=\frac{b_1^2 h_1^2 2t}{4I_z}$	$e=r_0$	在两个狭长矩形中线的交点			与形心重合

七、梁的变形——挠度与转角

（一）挠曲线

在外力作用下，梁的轴线由直线变为光滑的弹性曲线，梁弯曲后的轴线称为挠曲线。在平面弯曲下，挠曲线为梁形心主惯性平面内的一条平面曲线 $v = f(x)$，见图 5-37。

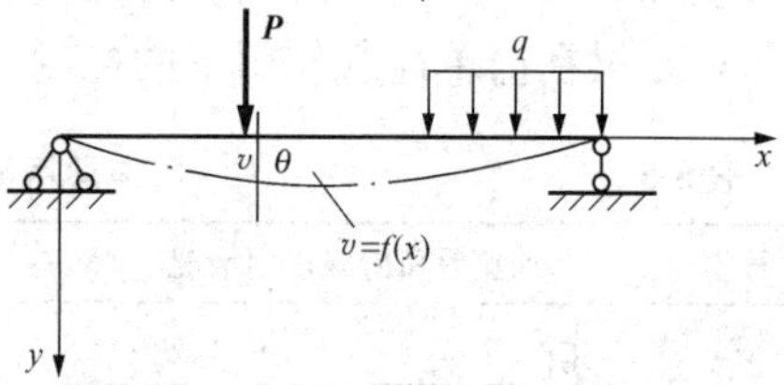

图 5-37　梁的挠度与转角

（二）挠度与转角

梁弯曲变形后，梁的每一个横截面都要产生位移，它包括挠度和转角两部分。

（1）挠度。梁横截面形心在垂直于轴线方向的线位移，称为挠度，记作 v。沿梁轴各横截面挠度的变化规律，即为梁的挠曲线方程，即

$$v = f(x) \tag{5-50}$$

(2) 转角。横截面相对原来位置绕中性轴所转过的角度，称为转角，记作 θ。小变形情况下

$$\theta \approx \tan\theta = \frac{\mathrm{d}v}{\mathrm{d}x} = v' \tag{5-51}$$

此外，横截面形心沿梁轴线方向的位移，小变形条件下可忽略不计。

（三）挠曲线近似微分方程

在线弹性范围、小变形条件下，挠曲线近似微分方程为

$$\frac{\mathrm{d}^2 v}{\mathrm{d}x^2} = -\frac{M(x)}{EI_z} \tag{5-52}$$

式（5-52）是在图 5-37 所示坐标系下建立的。挠度 v 向下为正，转角 θ 顺时针转为正。

八、积分法计算梁的变形

根据挠曲线近似微分方程（5-52），积分两次，即得梁的转角方程和挠度方程

$$\theta = \frac{\mathrm{d}v}{\mathrm{d}x} = -\int \frac{M(x)}{EI_i}\mathrm{d}x + C \tag{5-53}$$

$$v = -\iint \frac{M(x)}{EI_z}\mathrm{d}x\mathrm{d}x + Cx + D \tag{5-54}$$

其中，积分常数 C、D 可由梁的边界条件来确定。当梁的弯矩方程需分段列出时，挠曲线微分方程也需分段建立、分段积分。于是全梁的积分常数数目将为分段数目的两倍。为了确定全部积分常数，除利用边界条件外，还需利用分段处挠曲线的连续条件（在分界点处左、右两段梁的转角和挠度均应相等）。

九、用叠加法求梁的变形

（一）叠加原理的适用条件

叠加原理仅适用于线性函数。要求挠度、转角为梁上荷载的线性函数，必须满足以下条件：

（1）材料为线弹性材料。

（2）梁的变形为小变形。

（3）结构为几何线性。

（二）叠加法的特征

（1）各荷载同时作用下的挠度、转角等于各荷载单独作用下挠度、转角的总和，应该是几何和，同一方向的几何和即为代数和。

（2）梁在简单荷载作用下的挠度、转角应为已知或可查手册，参见表 5-5。

表 5-5　　几种常用梁在简单荷载作用下的变形

序号	支承和荷载作用情况	梁端转角	最大挠度
1	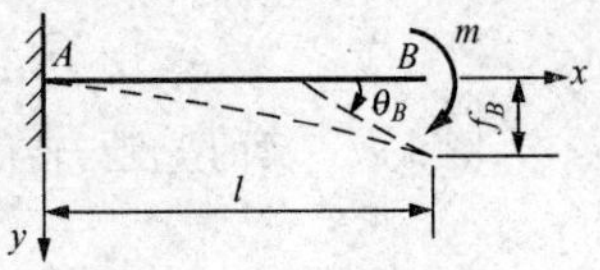	$\theta_B = \frac{ml}{EI}$	$f_B = \frac{ml^2}{2EI}$
2	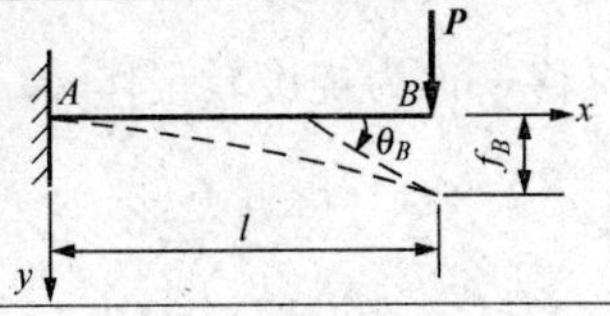	$\theta_B = \frac{Pl^2}{2EI}$	$f_B = \frac{Pl^3}{3EI}$

续表

序号	支承和荷载作用情况	梁端转角	最大挠度
3	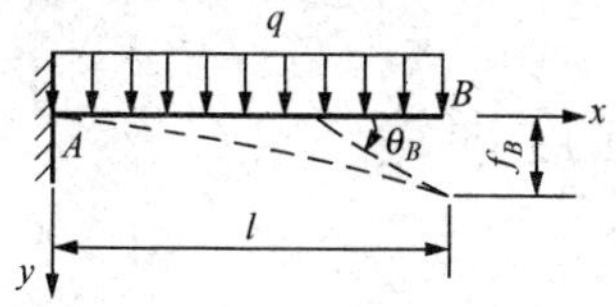	$\theta_B=\frac{ql^3}{6EI}$	$f_B=\frac{ql^4}{8EI}$
4	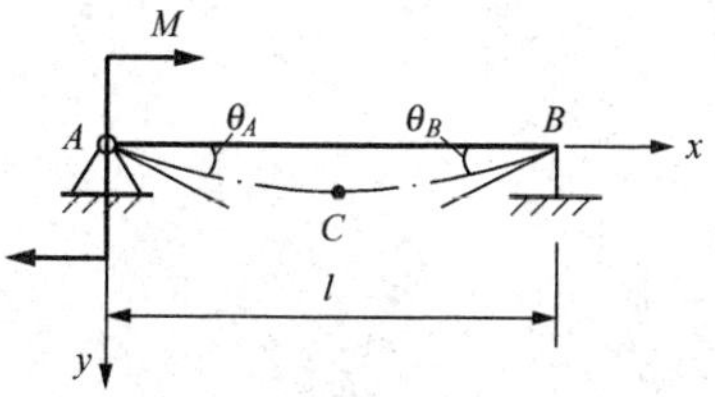	$\theta_A=\frac{Ml}{3EI}$ $\theta_B=-\frac{Ml}{6EI}$	$x=\frac{l}{2}$处 $f_C=\frac{Ml^2}{16EI}$
5	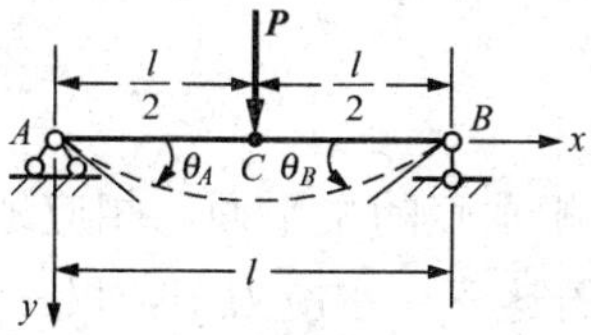	$\theta_A=-\theta_B=\frac{Pl^2}{16EI}$	$x=\frac{l}{2}$处 $f_C=\frac{Pl^3}{48EI}$
6	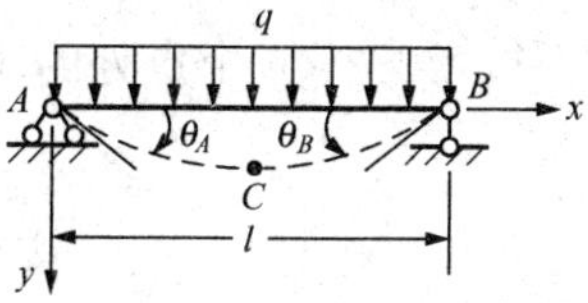	$\theta_A=-\theta_B=\frac{ql^3}{24EI}$	$x=\frac{l}{2}$处 $f_C=\frac{5ql^4}{384EI}$

（3）叠加法适宜于求梁某一指定截面的挠度和转角。

例 5-18 （2012 年）两根矩形截面悬臂梁，弹性模量均为 E，横截面尺寸如图 5-38 所示，两梁的载荷均为作用在自由端的集中力偶，已知两梁的最大挠度相同，则集中力偶 M_{z2}是 M_{z1}的（　　）$\left(\text{悬臂梁受自由端集中力偶} M \text{作用，自由端挠度为}\frac{Ml^2}{2EI}\right)$。

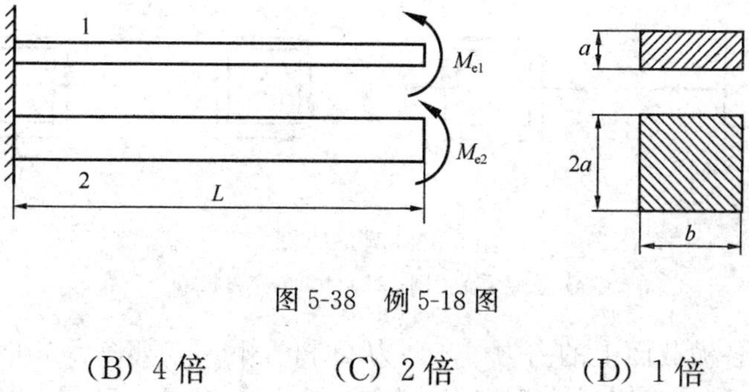

图 5-38　例 5-18 图

（A）8 倍　　（B）4 倍　　（C）2 倍　　（D）1 倍

解： 因为 $I_2=\frac{b(2a)^3}{12}=8\frac{ba^3}{12}=8I_1$，又 $f_1=f_2$ 即$\frac{M_1L^2}{2EI_1}=\frac{M_2L^2}{2EI_2}$。

故$\frac{M_2}{M_1}=\frac{I_2}{I_1}=8$。

故正确答案是（A）。

第七节　应力状态与强度理论

一、点的应力状态及其分类

（1）定义：受力后构件上任一点沿各个不同方向上应力情况的集合，称为一点的应力状态。

（2）单元体选取方法：

1）分析构件的外力和支座反力；

2）过研究点取横截面，分析其内力；

3）确定横截面上该点的σ、τ的大小和方向。

（3）主平面：过某点的无数多个截面中，最大（或最小）正应力所在的平面称为主平面，主平面上剪应力必为零。

（4）主应力：主平面上的最大（或最小）正应力。

（5）点的应力状态分类：对任一点总可找到三对互相垂直的主平面，相应地存在三个互相垂直的主应力，按代数值大小排列为$\sigma_1 \geqslant \sigma_2 \geqslant \sigma_3$。若这三个主应力中，仅一个不为零，则该应力状态称为单向应力状态；如有两个不为零，称为二向应力状态；当三个主应力均不为零时，称为三向应力状态。

例 5-19　（2006 年）图 5-39(a) 所示悬臂梁，给出了 1、2、3、4 个点处的应力状态如图 5-39(b) 所示，其中应力状态错误的位置点是（　　）。

（A）1 点　　（B）2 点

（C）3 点　　（D）4 点

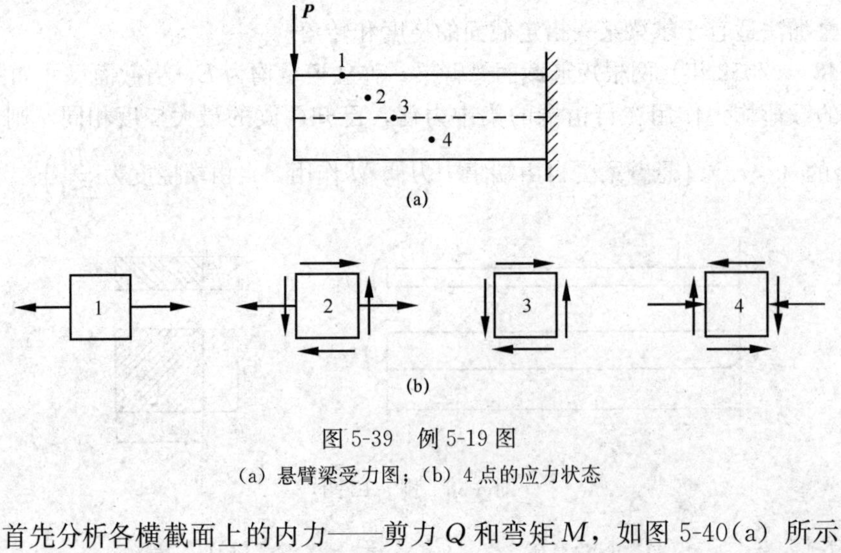

图 5-39　例 5-19 图

(a) 悬臂梁受力图；(b) 4 点的应力状态

解： 首先分析各横截面上的内力——剪力 Q 和弯矩 M，如图 5-40(a) 所示。再分析各横截面上的正应力 σ 和剪应力 τ 沿高度的分布，如图 5-40(b) 和图 5-40(c) 所示。可见 4 个点的剪应力方向不对。

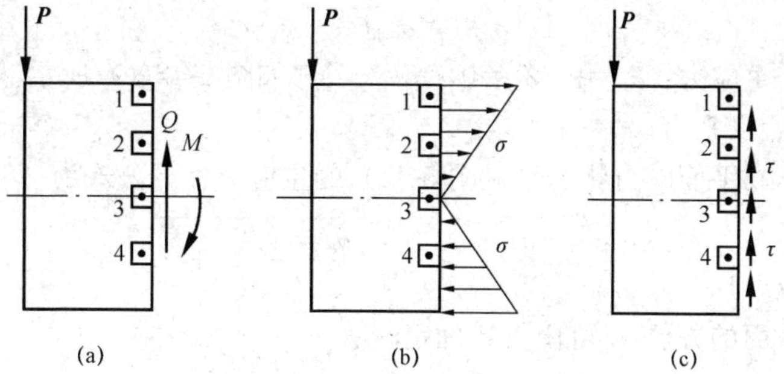

图 5-40　例 5-19 解图

故正确答案是（D）。

二、二向应力状态

（一）斜截面上的应力

平面应力状态如图 5-41 所示，设其 σ_x、σ_y、τ_x 为已知，则任意斜截面（其外法线 n 与 x 轴夹角为 α）上的正应力和剪应力分别为

$$\left.\begin{aligned}\sigma_\alpha &= \frac{\sigma_x+\sigma_y}{2}+\frac{\sigma_x-\sigma_y}{2}\cos2\alpha-\tau_x\sin2\alpha\\ \tau_\alpha &= \frac{\sigma_x-\sigma_y}{2}\sin2\alpha+\tau_x\cos2\alpha\end{aligned}\right\}\quad(5\text{-}55)$$

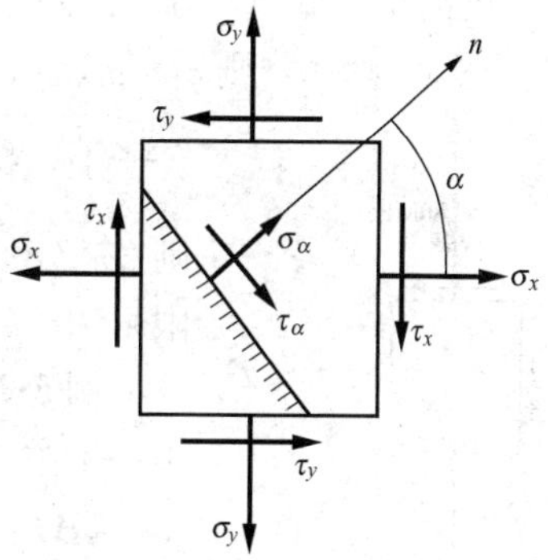

图 5-41　平面应力状态单元体

式（5-55）中应力的符号规定为：正应力以拉应力为正，压应力为负；剪应力对单元体内任意点的矩为顺时针者为正，反之为负；α 的符号规定为由 x 轴转到外法线 n 为逆时针者为正，反之为负。

例 5-20　求图 5-42(a) 所示纯剪切应力状态下 ±45°截面上的正应力和剪应力。

解： 把 $\sigma_x=0$、$\sigma_y=0$、$\tau_x=\tau$ 代入式（5-55）即得到

$$\sigma_\alpha = -\tau\sin2\alpha \quad (a)$$

$$\tau_\alpha = \tau\cos2\alpha \quad (b)$$

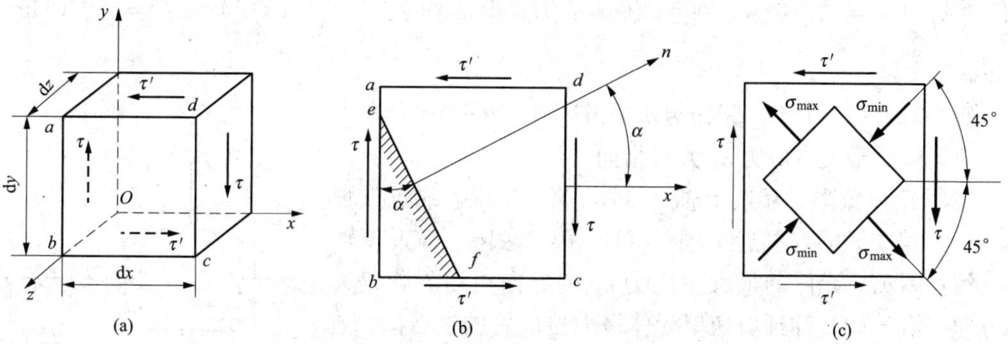

图 5-42　例 5-20 图

（a）纯剪切；（b）斜截面 α；（c）主应力

由式（b）可知，在 $\alpha=\pm45°$两斜截面上剪应力为零，而由式（a）得到这两个截面上的正应力分别为

$$\sigma_{-45°} = \sigma_{max} = +\tau$$

$$\sigma_{45^\circ}=\sigma_{\min}=-\tau$$

从而得到三个主应力：$\sigma_1=\tau$，$\sigma_2=0$，$\sigma_3=-\tau$，如图 5-42(c) 所示。

（二）主应力、主平面

根据理论推导，平面应力状态（见图 5-41）的主应力计算公式为

$$\left.\begin{matrix}\sigma_{\max}\\ \sigma_{\min}\end{matrix}\right\}=\frac{\sigma_x+\sigma_y}{2}\pm\sqrt{\left(\frac{\sigma_x-\sigma_y}{2}\right)^2+\tau_x^2} \tag{5-56}$$

主平面所在截面的方位 α_0 可由下式确定

$$\tan 2\alpha_0=\frac{-2\tau_x}{\sigma_x-\sigma_y} \tag{5-57}$$

同时满足式（5-57）的两个角度 α_1 和 α_3 相差 90°，其中 α_1 和 α_3 分别对应于主应力 σ_1 和 σ_3（设 $\sigma_2=0$，则 $\sigma_1=\sigma_{\max}$，$\sigma_3=\sigma_{\min}$，否则按代数值排列）。若式（5-57）中的负号放在分子上，按 $\tan 2\alpha_0$ 的定义确定 $2\alpha_0$ 的象限，即设 $\theta=\arctan\left(\frac{-2\tau_x}{\sigma_x-\sigma_y}\right)$，则 $2\alpha_0$ 分别为 θ（第Ⅰ象限），$180^\circ-\theta$（第Ⅱ象限），$180^\circ+\theta$（第Ⅲ象限）和 $-\theta$（第Ⅳ象限），这样得到的 α_0 即为 α_1 的值。

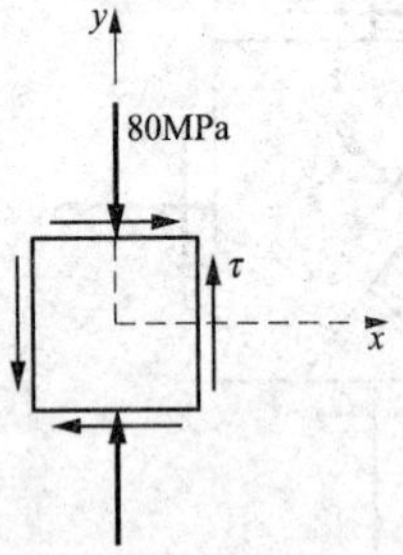

图 5-43　例 5-21 图

例 5-21　（2007 年）单元体的应力状态如图 5-43 所示，若已知其中一个主应力为 5MPa，则另一个主应力为（　　）MPa。

（A）−85　　（B）85　　（C）−75　　（D）75

解： 图示单元体应力状态类同于梁的应力状态：$\sigma_2=0$ 且 $\sigma_x=0$（或 $\sigma_y=0$），故其主应力的特点与梁相同，即有如下规律

$$\sigma_1=\frac{\sigma}{2}+\sqrt{\left(\frac{\sigma}{2}\right)^2+\tau^2}>0$$

$$\sigma_3=\frac{\sigma}{2}-\sqrt{\left(\frac{\sigma}{2}\right)^2+\tau^2}<0$$

已知其中一个主应力为 5MPa>0，即 $\sigma_1=\frac{-80}{2}+\sqrt{\left(\frac{-80}{2}\right)^2+\tau^2}=5(\text{MPa})$，所以 $\sqrt{\left(\frac{-80}{2}\right)^2+\tau^2}=45(\text{MPa})$，则另一个主应力必为 $\sigma_3=\frac{-80}{2}-\sqrt{\left(\frac{-80}{2}\right)^2+\tau^2}=-85(\text{MPa})$。故正确答案是（A）。

例 5-22　（2011 年、2016 年）在图 5-44 所示 xy 坐标系下，单元体的最大主应力 σ_1 大致指向（　　）。

（A）第一象限，靠近 x 轴　（B）第一象限，靠近 y 轴

（C）第二象限，靠近 x 轴　（D）第二象限，靠近 y 轴

解： 图示单元体的最大主应力 σ_1 的方向可以看作是 σ_x 的方向（沿 x 轴）和纯剪切单元体最大拉应力的主方向（在第一象限沿 45°向上）叠加后的合应力的指向，故正确答案是（A）。

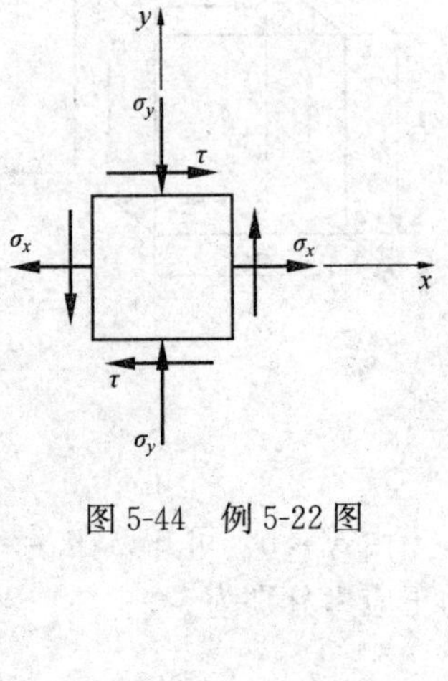

图 5-44　例 5-22 图

（三）最大（最小）剪应力

$$\left.\begin{matrix}\tau_{\max}\\ \tau_{\min}\end{matrix}\right\}=\pm\sqrt{\left(\frac{\sigma_x-\sigma_y}{2}\right)^2+\tau_x^2}=\pm\frac{\sigma_{\max}-\sigma_{\min}}{2} \tag{5-58}$$

最大（最小）剪应力所在平面与主平面夹角为 45°。最大剪应力的大小等于应力圆的半径。

三、三向应力状态

理论分析证明了在三向应力状态中，最大剪应力的作用面与最大主应力 σ_1 和最小主应力 σ_3 所在平面成 45°，而与 σ_2 所在平面垂直，其值为

$$\tau_{\max} = \frac{\sigma_1 - \sigma_3}{2} \tag{5-59}$$

四、强度理论

强度理论实质上是利用简单拉压的试验结果，建立复杂应力状态下的强度条件的一些假说。这些假说认为，复杂应力状态下的危险准则，是某种决定因素达到单向拉伸时同一因素的极限值。强度理论分为两类：一类是解释材料发生脆性断裂破坏原因的，例如，最大拉应力理论（第一强度理论）和最大伸长线应变理论（第二强度理论）；另一类是解释塑性屈服破坏原因的，例如，最大剪应力理论（第三强度理论）和最大形状改变比能理论（第四强度理论）。这四种常用的强度理论的强度条件为

$$\sigma_{r1} = \sigma_1 \leqslant [\sigma] \tag{5-60}$$

$$\sigma_{r2} = \sigma_1 - \mu(\sigma_2 + \sigma_3) \leqslant [\sigma] \tag{5-61}$$

$$\sigma_{r3} = \sigma_1 - \sigma_3 \leqslant [\sigma] \tag{5-62}$$

$$\sigma_{r4} = \sqrt{\sigma_1^2 + \sigma_2^2 + \sigma_3^2 - \sigma_1\sigma_2 - \sigma_2\sigma_3 - \sigma_3\sigma_1} \leqslant [\sigma] \tag{5-63}$$

式中 σ_{ri} $(i=1,2,3,4)$——相当应力；

σ_1、σ_2、σ_3——分别为复杂应力状态下的主应力；

$[\sigma]$——材料单向拉伸的许用应力。

在平面应力状态下（如 $\sigma_2=0$），第四强度理论可简化为

$$\sigma_{r4} = \sqrt{\sigma_1^2 + \sigma_3^2 - \sigma_1\sigma_3} \leqslant [\sigma] \tag{5-64}$$

若平面应力状态如图 5-45 所示，即 $\sigma_x=\sigma$，$\sigma_y=0$，$\tau_x=\tau_y=\tau$ 时

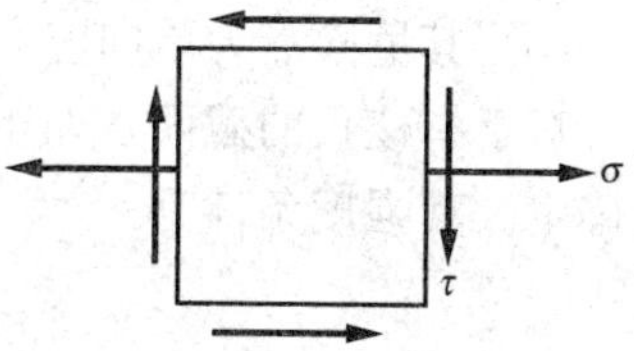

图 5-45　$\sigma_y=0$ 时的平面应力状态

$$\sigma_{r3} = \sqrt{\sigma^2 + 4\tau^2} \leqslant [\sigma] \tag{5-65}$$

$$\sigma_{r4} = \sqrt{\sigma^2 + 3\tau^2} \leqslant [\sigma] \tag{5-66}$$

梁中任一点的应力状态，以及弯扭组合或拉扭组合变形时危险点的应力状态都可以归结为上述情况。

例 5-23　（2014 年）按照第三强度理论，图 5-46 所示两种应力状态的危险程度是（　　）。

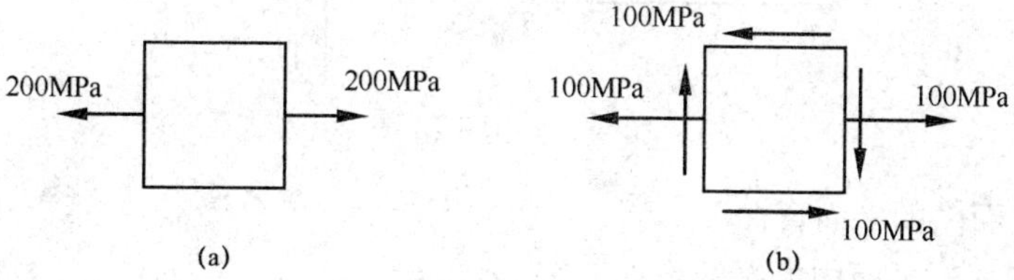

图 5-46　例 5-23 图

(a) 应力状态一；(b) 应力状态二

(A) 无法判断　　(B) 两者相同　　(C) (a) 更危险　　(D) (b) 更危险

解：图 5-46(a) 中 $\sigma_1=200\text{MPa}$，$\sigma_2=0$，$\sigma_3=0$，$\sigma_{r3}^{a}=\sigma_1-\sigma_3=200\text{MPa}$

图 5-46(b) 中 $\sigma_1=\frac{100}{2}+\sqrt{\left(\frac{100}{2}\right)^2+100^2}=161.8(\text{MPa})$

$$\sigma_2=0$$

$$\sigma_3=\frac{100}{2}-\sqrt{\left(\frac{100}{2}\right)^2+100^2}=-61.8(\text{MPa})$$

$$\sigma_{r3}^{b}=\sigma_1-\sigma_3=223.6\text{MPa}$$

故图 (b) 更危险。

故正确答案是 (D)。

第八节　组　合　变　形

在小变形和材料服从虎克定律的前提下，组合变形问题的解法思路如下：

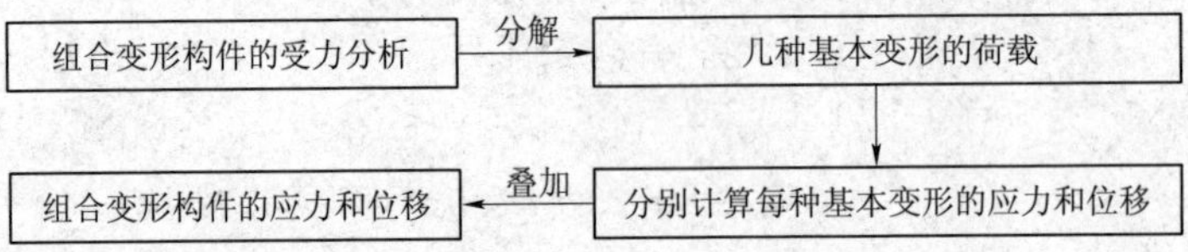

一、斜弯曲

当梁上的横向荷载与形心主惯性平面不平行时，梁将发生斜弯曲，其特点为：

(1) 斜弯曲可看作两个相互垂直平面内的平面弯曲的叠加。

(2) 斜弯曲后，梁的挠曲线所在平面不再与荷载所在平面相重合。

(3) 其危险点为单向应力状态，最大正应力为两个方向平面弯曲正应力的代数和。

对于有棱角的截面，如矩形、工字形、槽形等，危险点在凸角处，具体位置可用观察法确定。其强度条件为

$$\sigma_{max}=\frac{M_{ymax}}{W_y}+\frac{M_{zmax}}{W_z}\leqslant[\sigma] \tag{5-67}$$

式中　M_{ymax}、M_{zmax}——分别为危险截面上两个形心主惯性平面内的弯矩；

W_y、W_z——分别为截面对 y 轴、z 轴的抗弯截面模量。

例 5-24　(2012 年) 图 5-47 所示等边角钢制成的悬臂梁 AB，c 点为截面形心，x'为该梁轴线，$y'z'$为形心主轴，集中力 F 竖直向下，作用线过角钢两个狭长矩形边中线的交点，梁将发生以下变形 (　　)。

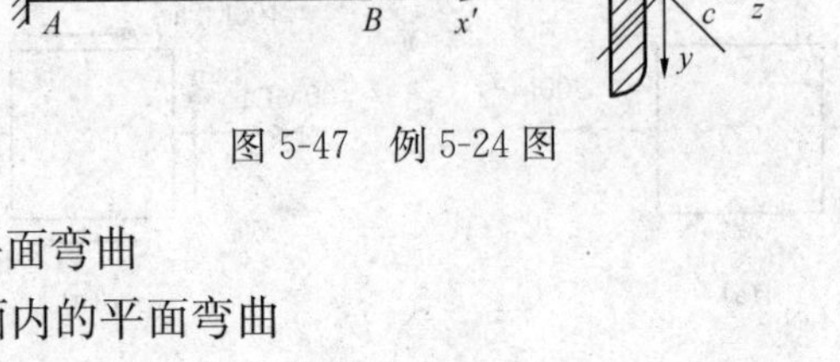

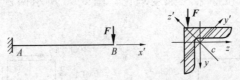

图 5-47　例 5-24 图

(A) $x'z'$平面内的平面弯曲

(B) 扭转和 $x'z'$平面内的平面弯曲

(C) $x'y'$平面和 $x'z'$平面内的双向弯曲

(D) 扭转和 $x'y'$平面、$x'z'$平面内的双向弯曲

解：图示截面的弯曲中心是两个狭长矩形边的中线交点，形心主轴是 y' 和 z'。故无扭转，而有沿两个形心主轴 y'、z' 方向的双向弯曲。

故正确答案是（C）。

二、拉（压）弯组合变形

当构件同时受到轴向力和横向力作用，或构件上仅作用有轴向力，但其作用线未与轴线重合，即偏心拉伸（压缩）时，都会产生拉（压）弯组合变形。其强度条件都可用下式表示

$$\begin{matrix}\sigma_{tmax}\\ \sigma_{cmax}\end{matrix} = \frac{N}{A} \pm \frac{M_y}{W_y} \pm \frac{M_z}{W_z} \leqslant \begin{matrix}[\sigma_t]\\ [\sigma_c]\end{matrix} \tag{5-68}$$

式中　N、M_y、M_z——分别为危险截面上的轴力、弯矩；

$[\sigma_t]$、$[\sigma_c]$——分别为材料的许用拉应力、许用压应力。

其危险点在危险截面的上、下边缘，为单向应力状态，最大拉应力和最大压应力为轴向拉压正应力和两个方向平面弯曲正应力的代数和。式（5-68）中各项的正负号可由观察法确定。

例 5-25　（2014 年）图 5-48 所示矩形截面受压杆，杆的中间段右侧有一槽，如图 5-48（a）所示。若在杆的左侧，即槽的对称位置也挖出同样的槽［如图 5-48(b) 所示］，则图（b）杆的最大压应力是图 5-48(a) 最大压应力的（　　）。

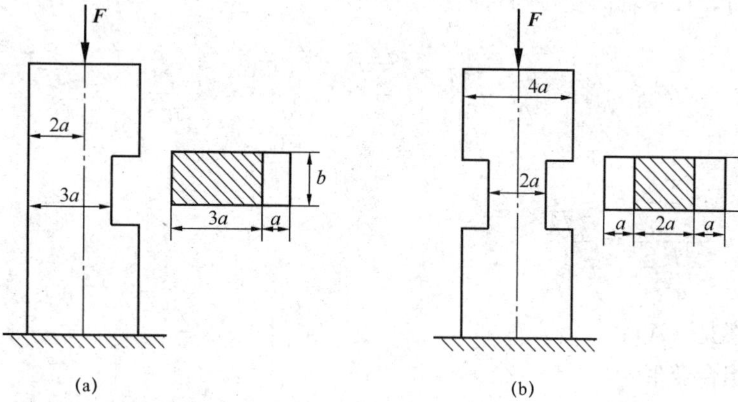

图 5-48　例 5-25 图

（a）杆一；（b）杆二

（A）3/4　　（B）4/3　　（C）3/2　　（D）2/3

解：图 5-48(a) 是偏心受压，在中间段危险截面上，外力作用点 O 与被削弱的截面形心 C 之间的偏心距 $e=\frac{a}{2}$，如图 5-49 所示，产生的附加弯矩 $M_z=F\ \frac{a}{2}$，故图 5-48(a) 中的最大压应力 $\sigma_a=\frac{F_N}{A_a}-\frac{M_z}{W_z}=-\frac{F}{3ab}-\frac{F\frac{a}{2}}{\frac{b}{6}(3a)^2}=-\frac{2F}{3ab}$。图 5-48(b) 虽然截面面积小，但却是轴向压缩，其最大压应力 $\sigma_b=-\frac{F_N}{A_b}=-\frac{F}{2ab}$，故 $\frac{\sigma_b}{\sigma_a}=\frac{3}{4}$。

故正确答案是（A）。

例 5-26 （2014 年）如图 5-50 所示正方形截面杆 AB，力 F 作用在 xoy 平面内，与 x 轴夹角 α。杆距离 B 端为 a 的横截面上最大正应力在 $\alpha=45°$ 时的值是 $\alpha=0°$ 时值的（　　）。

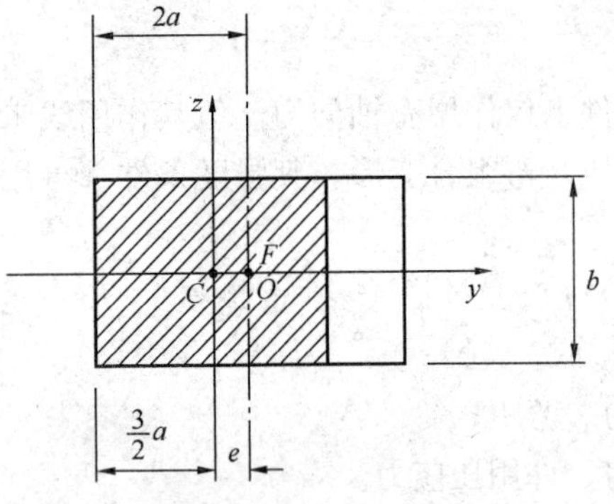

图 5-49　例 5-25 解图

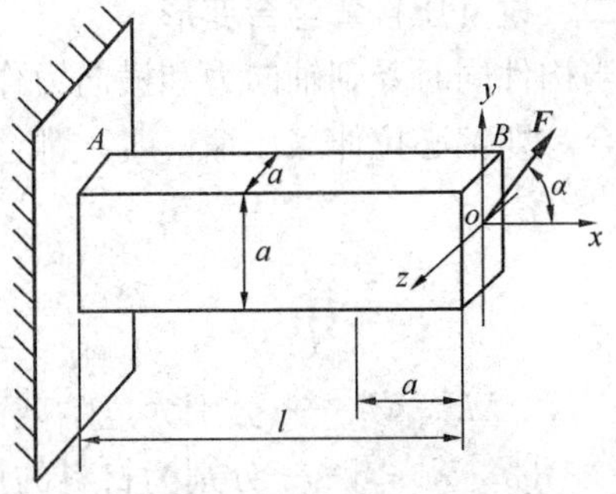

图 5-50　例 5-26 图

（A）$\frac{7\sqrt{2}}{2}$倍　　（B）$3\sqrt{2}$倍　　（C）$\frac{5\sqrt{2}}{2}$倍　　（D）$\sqrt{2}$倍

解： 当 $\alpha=0°$ 时，杆是轴向受拉

$$\sigma_{\max}^{0}=\frac{F_{\mathrm{N}}}{A}=\frac{F}{a^{2}}$$

当 $\alpha=45°$ 时，杆是轴向受拉与弯曲组合变形

$$\sigma_{\max}^{45°}=\frac{F_{\mathrm{N}}}{A}+\frac{M_{z}}{W_{z}}=\frac{\frac{\sqrt{2}}{2}F}{a^{2}}+\frac{\frac{\sqrt{2}}{2}Fa}{\frac{a^{3}}{6}}=\frac{7\sqrt{2}F}{2a^{2}}$$

可得 $\dfrac{\sigma_{\max}^{45°}}{\sigma_{\max}^{0}}=\dfrac{\frac{7\sqrt{2}}{2}\frac{F}{a^{2}}}{\frac{F}{a^{2}}}=\dfrac{7\sqrt{2}}{2}$。

故正确答案是（A）。

三、弯扭组合变形

弯扭组合变形（或拉压、弯、扭组合变形）时的危险截面是最大弯矩 $M_{\max}$（或最大轴力 $N_{\max}$）与最大扭矩同时作用的截面，危险点是 $\sigma_{\max}$（弯曲正应力或拉压正应力）和 $\tau_{\max}$（扭转剪应力）同时作用的点。该点属复杂应力状态，因此其第三和第四强度理论的强度条件仍可由式（5-65）、式（5-66）来表示，但此时 σ、τ 分别为危险点处的最大弯曲（或拉压）正应力、最大扭转剪应力。

对于圆截面杆，在弯扭组合变形时，可以用下式计算

$$\sigma_{r3}=\frac{\sqrt{M^{2}+T^{2}}}{W}\leqslant[\sigma] \tag{5-69}$$

其中　$W=\dfrac{\pi d^{3}}{32}$　$\sigma_{r4}=\dfrac{\sqrt{M^{2}+0.75T^{2}}}{W}\leqslant[\sigma]$　　(5-70)

式中　M——危险截面上的弯矩或合成弯矩，$M=\sqrt{M_{y}^{2}+M_{z}^{2}}$；

T——危险截面上的扭矩；

W——抗弯截面系数。

例 5-27 （2009 年）图 5-51 所示圆轴，在自由端圆周边界承受竖直向下的集中力 $\boldsymbol{F}$，按第三强度理论，危险截面的相当应力 σ_{r3} 为（　　）。

(A) $\sigma_{r3}=\dfrac{16}{\pi d^3}\sqrt{(FL)^2+4\left(\dfrac{Fd}{2}\right)^2}$

(B) $\sigma_{r3}=\dfrac{16}{\pi d^3}\sqrt{(FL)^2+\left(\dfrac{Fd}{2}\right)^2}$

(C) $\sigma_{r3}=\dfrac{32}{\pi d^3}\sqrt{(FL)^2+4\left(\dfrac{Fd}{2}\right)^2}$

(D) $\sigma_{r3}=\dfrac{32}{\pi d^3}\sqrt{(FL)^2+\left(\dfrac{Fd}{2}\right)^2}$

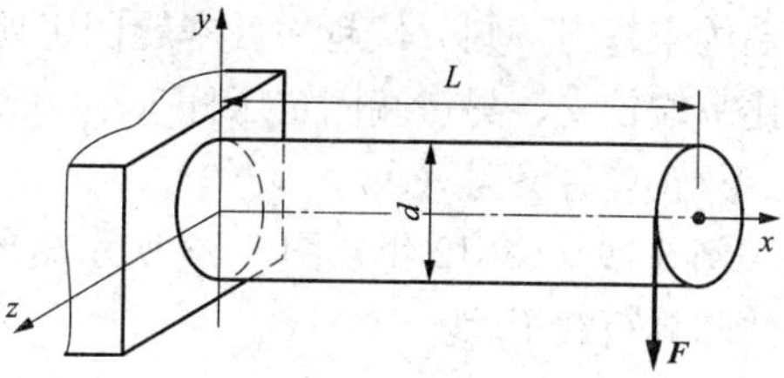

图 5-51　例 5-27 图

解： 把 F 力向轴线 x 平移并加一个附加力偶，则使圆轴产生弯曲和扭转组合变形。最大弯矩 $M=FL$，最大扭矩 $T=F\dfrac{d}{2}$。

由公式 $\sigma_{r3}=\dfrac{\sqrt{M^2+T^2}}{W_z}=\dfrac{\sqrt{(FL)^2+\left(\dfrac{Fd}{2}\right)^2}}{\dfrac{\pi}{32}d^3}$，可知正确答案是（D）。

第九节　压　杆　稳　定

细长压杆的临界力——欧拉公式

欧拉公式如下

$$P_{cr}=\frac{\pi^2 EI}{(\mu l)^2} \tag{5-71}$$

式中　E——压杆材料的弹性模量；

I——截面的主惯性矩；

μ——长度系数；

μl——压杆失稳时挠曲线中一个“半波正弦曲线”的长度，称为相当长度，此相当长度等于压杆失稳时挠曲线上两个弯矩零点之间的长度。

常用的四种杆端约束压杆的长度系数 μ：

(1) 一端固定、一端自由，$\mu=2$；

(2) 两端铰支，$\mu=1$；

(3) 一端固定、另一端铰支，$\mu=0.7$；

(4) 两端固定，$\mu=0.5$。

工程实际中压杆的杆端约束往往比较复杂，不能简单地将它归于哪一类，要对其作具体分析，从而定出与实际较接近的 μ 值。

例 5-28 （2016 年）两端铰支细长（大柔度）压杆，在下端铰链处增加一个扭簧弹性约束，如图 5-52 所示。该压杆的长度系数 μ 的取值范围是（　　）。

(A) $0.7<\mu<1$　　(B) $2<\mu<1$　　(C) $0.5<\mu<0.7$　　(D) $\mu<0.5$

解： 从常用的四种杆端约束的长度系数 μ 的值可看出，杆端约束越强，μ 值越小，而杆端约束越弱，则 μ 值越大。本题图中所示压杆的杆端约束比两端铰支压杆（$\mu=1$）强，又比一端铰支、另一端固定压杆（$\mu=0.7$）弱，故 $0.7<\mu<1$，即为（A）的范围。

故正确答案是（A）。

例 5-29 （2012 年）图 5-53 所示矩形截面细长（大柔度）压杆，弹性模量为 E，该压杆的临界荷载 F_{cr} 为（　　）。

(A) $F_{cr}=\frac{\pi^3 E}{l^2}\left(\frac{bh^3}{12}\right)$　　(B) $F_{cr}=\frac{\pi^2 E}{l^2}\left(\frac{bh^3}{12}\right)$

(C) $F_{cr}=\frac{\pi^3 E}{(2l)^2}\left(\frac{bh^3}{12}\right)$　　(D) $F_{cr}=\frac{\pi^2 E}{(2l)^2}\left(\frac{hb^3}{12}\right)$

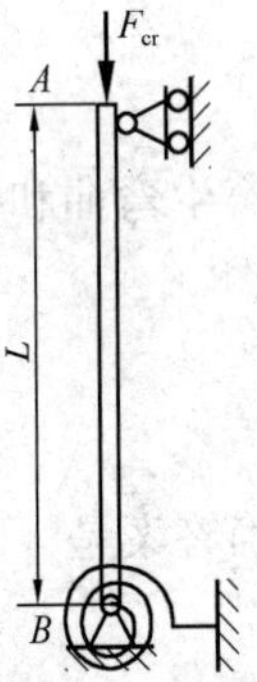

图 5-52　例 5-28 图

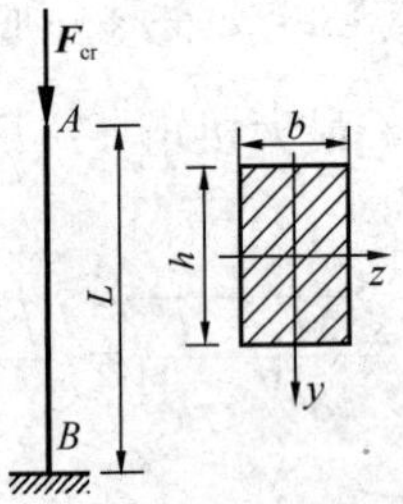

图 5-53　例 5-29 图

解：图示细长压杆

$$\mu=2,\quad I_{\min}=I_y=\frac{hb^3}{12}$$

$$F_{cr}=\frac{\pi^2 EI_{\min}}{(uL)^2}=\frac{\pi^2 E}{(2L)^2}\left(\frac{hb^3}{12}\right)$$

故正确答案是（D）。

第六章　流　体　力　学

第一节　流体的主要物理性质及力学模型

一、易流动性

固体在静止时，可以承受切应力。流体在静止时不能承受切应力，只要在微小切应力作用下，就发生流动而变形。流体在静止时不能承受切应力、抵抗剪切变形的性质称为易流动性。这是因为流体分子之间距离远大于固体的。流体也被认为不能承受拉力，而只能承受压力。

二、质量、密度

物体中所含物质数量，称为质量。单位体积流体中所含流体的质量称为密度，以 ρ 表示。对于均质流体，设体积为 V 的流体具有的质量为 m，则其密度 ρ 为

$$\rho = \frac{m}{V} \tag{6-1}$$

密度的单位在国际单位制中用 kg/m^3。

流体密度随温度与压强而变，但变化甚微，对液体和低流速气体，可认为密度是一个常数。4℃左右水的密度 $\rho=1000kg/m^3$，可以作为标准状态下的水的密度，一般的冷水也可采用此值，但温度较高的热水要考虑密度的变化。

三、黏性

流体在运动时，具有抵抗剪切变形的性质，称为黏性。它是由于流体内部分子的内聚力及分子运动的动量输运所引起。当某流层对其邻流层发生相对位移而引起剪切变形时，在流层间产生的切力（即流层间内摩擦力）就是黏性的表现。由实验知，在二维平行直线流动中，流层间切力（即内摩擦力）T 的大小与流体的黏性有关，并与速度梯度 $\frac{du}{dy}$（即剪切变形速度）和接触面积 A 成正比，而与接触面上压力无关，即

$$T = \mu A \frac{du}{dy} \tag{6-2}$$

单位面积上的切力称为切应力，以 τ 表示，有

$$\tau = \mu \frac{du}{dy} \tag{6-3}$$

式（6-3）为牛顿内摩擦定律的表达式，μ 称为动力黏度（或动力黏滞系数），单位为 Pa · s（帕 · 秒）或 $\frac{N \cdot s}{m^2}$，动力黏度与密度的比值称为运动黏度，以 ν 表示

$$\nu = \frac{\mu}{\rho} \tag{6-4}$$

ν 的单位为 m^2/s 或 cm^2/s。动力黏度 μ 与运动黏度 ν 的值均随温度 t 和流体种类而变，水的黏度随温度升高而降低，而空气则相反。

四、压缩性与热胀性

当作用在流体上的压力增大时，体积减小，压力减小时，体积增大的性质称为流体的压缩性。

液体的压缩性一般以体积压缩系数 β 或弹性系数 K 来量度，设液体体积为 V，压强增加 $\mathrm{d}p$ 后，体积减小 $\mathrm{d}V$，则压缩系数 β 为

$$\beta = -\frac{\frac{\mathrm{d}V}{V}}{\mathrm{d}p} \tag{6-5}$$

式中负号表示压强增大，体积减小。β 的单位为 m^2/N。

压缩系数的倒数称为弹性系数 K，即

$$K = \frac{1}{\beta} = -V\frac{\mathrm{d}p}{\mathrm{d}V} \tag{6-6}$$

弹性系数的单位为 N/m^2 或 Pa。不同的液体有不同的 β 及 K 值，水的体积弹性系数 K 可近似的取 2×10^9 Pa。若压强增量 $\mathrm{d}p$ 为一个大气压，则体积的相对变化 $\frac{\Delta V}{V}$ 约为二万分之一，因此在 $\mathrm{d}p$ 不大时，水的体积压缩性可忽略不计，此种液体称为不可压缩流体。

气体的压缩性较大，对于理想气体体积与压强、温度的关系，一般遵循理想气体的状态方程式

$$\frac{p}{\rho} = RT \tag{6-7}$$

式中 p——压强；

ρ——密度；

T——流体温度（K 氏温标）；

R——气体常数[m·N/(kg·K)]与气体的分子量有关，对空气 R=287m·N/(kg·K)。

当气体的流速小于 50m/s 时，密度变化为 1%，可作为未压缩气体来处理。

流体温度升高、体积膨胀的性质称为热胀性，可用热胀系数 α 来量度，$\alpha=\frac{\mathrm{d}V}{V\mathrm{d}T}$。

五、流体的力学模型

（一）连续介质模型

流体是由大量的分子所组成，分子间具有一定的空隙，每个分子都在不断地做不规则运动。因此流体的微观结构和运动，在空间和时间上都是不连续的。由于流体力学是研究流体的宏观运动，没有必要对流体进行以分子为单元的微观研究，因而假设流体为连续介质，即认为流体是由微观上充分大而宏观上充分小的质点所组成，质点之间没有空隙，连续地充满流体所占有的空间。将流体运动作为由无数个流体质点所组成的连续介质的运动，它们的物理量在空间和时间上都是连续的。这样就可以摆脱研究分子运动的复杂性，运用数学分析中的连续函数这一有力工具。根据连续介质假设所得的理论结果，在很多情况下与相应的实验结果很符合，因此这一假设已普遍地被采用，只是在某些特殊情况，例如高空的稀薄气体不能作为连续介质来处理。此外，在深入探讨流体黏滞性产生机理时，仍不能不考虑到流体实际存在着分子运动。

（二）理想流体模型

理想流体为假设的无黏性（$\mu=0$）的流体。理想流体运动时无阻力、无能量损失。

第二节 流 体 静 力 学

一、作用在流体上的力

作用在流体上的力可分为质量力和表面力两大类。

（一）质量力

作用于每一个流体质点上与流体质量成正比的力，称质量力；在均质流体中它与体积成正比，又称为体积力。常见的质量力有重力和惯性力，重力等于质量 m 与重力加速度 g 的乘积，惯性力则等于质量与加速度的乘积，方向与加速度方向相反。在分析流体运动时，常引用单位质量流体所受质量力，称为单位质量力，以$\frac{\boldsymbol{F}}{m}$表示，具有加速度 a 的量纲。设单位质量在直角坐标系三个轴上的分量，以 $\boldsymbol{X}$、$\boldsymbol{Y}$、$\boldsymbol{Z}$ 表示，则仅受重力作用的流体，其单位质量力在三个轴上的分量分别为 $\boldsymbol{X}=0$、$\boldsymbol{Y}=0$、$\boldsymbol{Z}=-g$。

（二）表面力

作用于流体的表面，与作用的面积成比例的力称表面力。表面力又可以分为垂直于作用面的压力和沿作用面切线方向的切力；表面力既可以是作用于流体边界面上的压力、切力，例如大气压力、活塞压力，也可以是一部分流体质点作用于另一部分流体质点上的压力和切力；表面力的单位为 N。

二、流体静压强及其特性

在静止流体中，作用在微元面积 ΔA 上的压力 Δp，则流体静压强 p(Pa)可用下式表示

$$p=\lim_{\Delta A\to 0}\frac{\Delta p}{\Delta A} \tag{6-8}$$

在静止流体中，没有切应力，只有压强。静水压强有两个特性，即垂直于作用面，且同一点上的静水压强在各个方向上相等，与作用面的方位无关。

三、仅受重力作用时静水压强基本方程

将欧拉平衡微分方程对仅受重力作用的静水积分即可得静水压强基本方程

$$p=p_0+\rho gh \tag{6-9}$$

式（6-9）可用来计算液面下某一水深处 h 的流体静压强 p。

式中表面压强 p_0 在敞口容器中为大气压强 p_a，大气压强 p_a 的值与海拔标高有关，通常海拔不大处，一般采用 $p_a=98$kPa，即为一个工程大气压（用 at 表示），1at=98kPa。这不同于海平面处的标准大气压，一个标准大气压为 101.325kPa（以 atm 表示）。

式（6-9）表明水下任一点静压强由表面压强 p_0 与水柱重力所构成的压强 ρgh 两部分构成，且水面压强 p_0 均匀传播到水中所有各点，与水深无关，这正是读者熟知的帕斯卡原理。

四、压强的两种基准和三种表示方法

（一）两种基准

压强的基准是指压强的起算点，如以绝对真空为零点起算的压强称为绝对压强 p'。绝

对压强最小为零，无负压强。

如以当地大气压为零起算则称为相对压强 p，它与绝对压强 p' 只相差一当地大气压 p_a，即

$$p = p' - p_a \tag{6-10}$$

相对压强可正可负。当相对压强小于当地大气压时则出现负压，此时称为出现部分真空现象，真空值用 p_V 表示，其大小可用下式求出

$$p_V = p_a - p' \tag{6-11}$$

或

$$p_V = -p \tag{6-12}$$

真空值所对应的液柱高度为 h_V，称真空度

$$h_V = \frac{p_V}{\rho g} \tag{6-13}$$

（二）压强的三种表示方法

第一种表示压强的方法是从压强的基本定义出发，以单位面积上的压力来表示，在国际单位制中为 N/m^2 或 Pa（$1N/m^2=1Pa$）。第二种表示方法是用工程大气压的倍数表示，$1at=9.8\times10^4Pa=98kPa$。第三种表示方法是用液柱高度 h 来表示，常用水柱高度或水银柱高度来表示，其单位是 mH_2O 或 mmHg。与压强 p 的关系可用 $h=\frac{p}{\rho g}$ 确定。例如一个工程大气压所对应的水柱高度 h 应为

$$h = \frac{p}{\rho g} = \frac{9.8\times10^4}{9.8\times10^3} = 10mH_2O$$

记住下面一组数据，有助于以心算法进行压强单位的换算，即 $1mH_2O=0.1$ 个工程大气压$=9.8kPa$。

五、静水压强基本方程又可表示为

$$z + \frac{p}{\rho g} = C \tag{6-14}$$

（一）几何意义

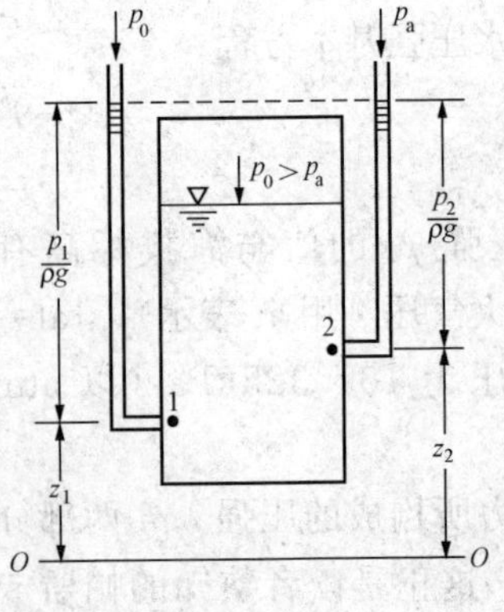

图 6-1　测压管水头图

z——位置高度，即计算点距基准面的铅直高度，以 m 计。

$\frac{p}{\rho g}$——压强高度或测压管高度，即计算点至测压管中液面的铅直高度，以 m 计，见图 6-1。

$z+\frac{p}{\rho g}$——测压管水头，即从基准面到测压管中液面的高度，以 m 计。在静止液体中 $z+\frac{p}{\rho g}=C$，即静水中各点的测压管水头相等，各点测压管水头上端构成的线或面称为测压管水头线（或面）。静水中测压管水头线是一水平线。

（二）能量意义

z——单位重量流体的位能。因为 $z=\frac{mgz}{mg}$，简称单位位能。

$\frac{p}{\rho g}$——单位重量流体的压能，简称单位压能。因为$\frac{p}{\rho g}=\frac{mg\frac{p}{\rho g}}{mg}$。

$z+\frac{p}{\rho g}$——单位重量液体的势能，简称单位势能。在静水中 $z+\frac{p}{\rho g}=C$，表明静水中各点单位势能相等，为能量守恒定律一种反映。

此外，在水力学中习惯上将高度称为水头，所以 z 又可称为位置水头，$\frac{p}{\rho g}$称为压强水头。

六、压强分布图

在实际工程中常把静水压强的分布用作图法表示出来，便于形象直观的分析问题。从静水压强基本方程 $p=p_0+\rho gh$ 可知：当容器为敞口时，表面压强 $p_0=p_a$，容器外壁同时作用着大气压强 p_a，两者抵消后，容器所受到的有效压强为相对压强。此时 $p=\rho gh$，即与水深 h 为一线性关系，所以压强沿水深的变化为一直线，在液面处 $\rho gh=0$，在水深 H 处为ρgH，此两点连一直线，即为压强分布图。作图时应注意力矢的方向要与作用面成直角，因为静水压强的特性之一是与作用的面垂直。各种情况下的压强分布如图 6-2 所示。如在密闭容器中 $p_0\neq p_a$ 时，则要计及 p_0 的作用，但因 p_0 在传递时是等值的，与 h 无关，所以只要几何地叠加即可。

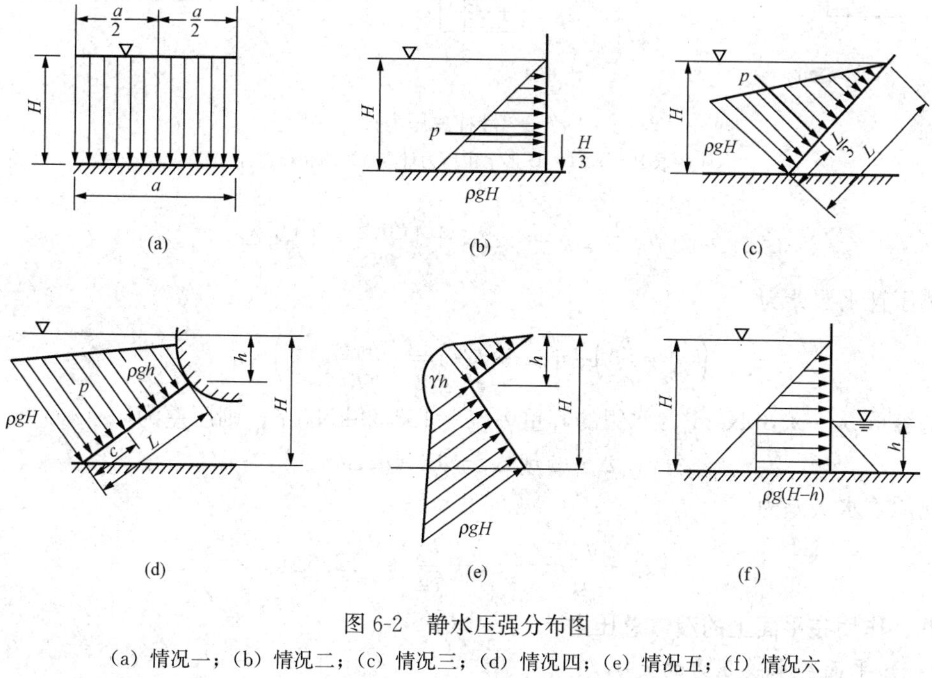

图 6-2　静水压强分布图

(a) 情况一；(b) 情况二；(c) 情况三；(d) 情况四；(e) 情况五；(f) 情况六

七、测压计

测量流体静压强的方法、仪器种类很多，并日趋现代化。下面介绍常用的液柱式测压计及其原理。

（一）玻璃测压管

测压管是一根两端开口的玻璃管，一端与所测流体连通，另一端与大气连通，管内液体在压强作用下上升至某一高度 h_A，见图 6-3(a)。则被测点流体压强 $p_A=\rho g h_A$。当压强较大时，测压管太长，使用不便，可采用 U 形水银压力计测压。

（二）U 形水银压力计

此种压力计如图 6-3(b) 所示，在 U 形玻璃管中盛以与水不相混掺的某种液体，如水银。在测量气体压强时，可盛水或酒精。被测点压强 $p_A=\rho_{Hg} g h_p-\rho g h_2$。液面压强 $p_0=\rho_{Hg} g h_p-\rho g(h_1+h_2)$。

（三）压差计

水银压差计如图 6-3(c) 所示。可测出液体中两点的压差 Δp 或两点测压管水头差。利用等压面原理可导出图中 A、B 两点压差。在仅受重力作用的静水中，等压面为水平面。

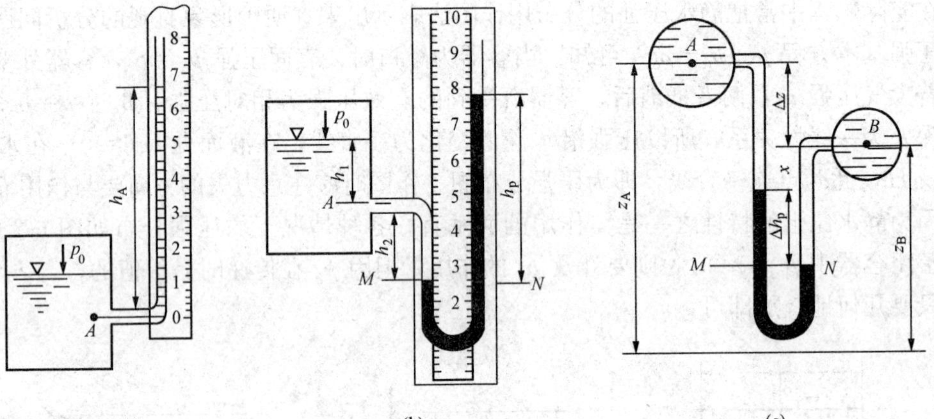

图 6-3　液柱式压力计

(a) 测压管；(b) U 形水银压力计；(c) 水银压差计

$$p_B-p_A=\Delta p=\rho g\Delta z+\left(\frac{\rho_{Hg} g}{\rho g}-1\right)\rho g\Delta h_p$$

两点测压管水头差为

$$\left(z_B+\frac{p_B}{\rho g}\right)-\left(z_A+\frac{p_A}{\rho g}\right)=\left(\frac{\rho_{Hg} g}{\rho g}-1\right)\Delta h_p$$

若水的容重 $\rho g=9.8\text{kN/m}^3$，水银的容重 $\rho_{Hg} g=133.28\text{kN/m}^3$，则压差为

$$\Delta p=\rho g\Delta z+12.6\rho g\Delta h_p$$

两点测压管水头差为

$$\left(z_B+\frac{p_B}{\rho g}\right)-\left(z_A+\frac{p_A}{\rho g}\right)=12.6\Delta h_p$$

八、作用在平面上的液体总压力

（一）平面静水总压力的大小

图 6-4 所示一倾斜置于水下的任意形状平面，总面积为 A，与水平线的交角为 α，围绕面上 M 点取一微小面积 dA，淹没深度为 h，作用在 dA 上的静水总压力为 dp，则

$$dp=p\,dA=\rho g h\,dA$$

而全面积 A 上的静水总压为 p 则

$$p=\int_A dp=\int_A \rho g h\,dA$$

$$= \int_A \rho g y \sin\alpha \mathrm{d}A = \rho g \sin\alpha \int_A y \mathrm{d}A$$

$$= \rho g \sin\alpha y_C A = \rho g h_C A = p_C A$$

即

$$p = \rho g h_C A = p_C A \tag{6-15}$$

式中 h_C——面积 A 形心点 C 处的水深；

p_C——形心点 C 处的静压强。

式（6-15）表明平面总压力的大小等于形心点压强乘以平面受压面积。

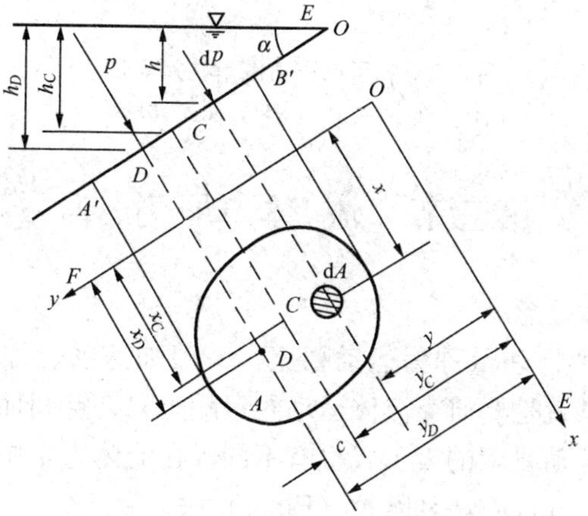

图 6-4　平面静水总压力分析图

（二）平面总压力的方向和作用点

由静水压强特性知，总压力垂直于受压平面。总压力作用点可根据合力对某一轴的力矩等于各分力对同一轴力矩之和求得。设总压力对 x 轴的力矩为 py_D（y_D 为总压力作用点 D 至 x 轴的距离)，则有

$$py_D = \int y \mathrm{d}P = \int y \rho g y \sin\alpha \mathrm{d}A = \rho g \sin\alpha \int_A y^2 \mathrm{d}A$$

$$= \rho g \sin\alpha J_x = \rho g \sin\alpha (J_C + y_C^2 A)$$

又因为 $p = \rho g y \sin\alpha A$，代入上式后求得 y_D

$$y_D = y_C + \frac{J_C}{y_C A} \tag{6-16}$$

式中 y_C——面积形心 C 点至 x 轴距离；

J_C——过形心 C 轴的受压面积 A 的惯性矩，可查有关表格，例如矩形面积 $J_C = \frac{bh^3}{12}$，圆形面积 $J_C = \frac{\pi r^4}{4}$。

（三）平面总压力的图解法

如图 6-5(a) 所示，作用在矩形平面上的液体总压力 p 的大小为静压强分布图的体积，即 ABC 的面积 Ω 与矩形平面顶宽 b 的相乘积

$$p = \Omega b = \frac{1}{2}\rho g H H b = \frac{1}{2}\rho g H^2 b \tag{6-17}$$

液体总压力中心 D 距自由表面的位置 $h_D = \frac{2}{3}H$。

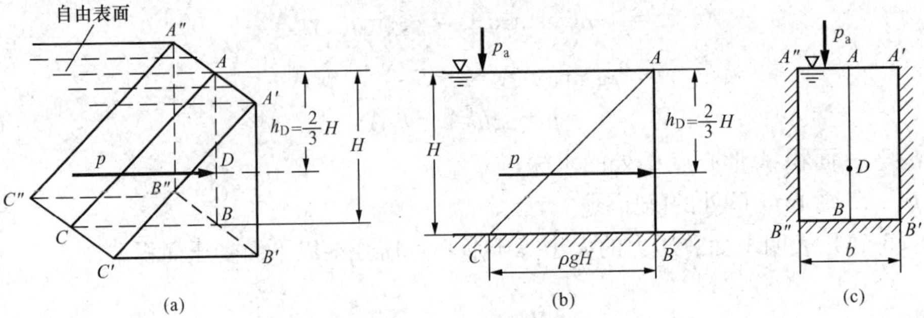

图 6-5　平面总压力图解法示意图

(a) 步骤一；(b) 步骤二；(c) 步骤三

第三节　流 体 动 力 学

一、流体运动学基本概念

表征流体运动的各种物理量称为运动要素，一般如速度、加速度、压强、密度、动量、能量等。流体运动学就是要研究流体运动要素随时间、空间而变化的规律。由于描述流体运动的方法不同，运动要素的表示式也有不同。在流体力学中，有两种描述流体运动方法，即拉格朗日（Largange）法和欧拉（Euler）法。

拉格朗日法是从分析流体质点的运动着手，设法描述出每一个流体质点自始至终的运动过程，即它们的位置随时间变化的规律。如所有流体质点的运动轨迹均知道了，则整个流体运动的状况也就清楚了。

欧拉法是从分析通过流场中某固定空间点上流体质点的运动着手，设法描述出每一个空间点上流体质点的运动随时间变化的规律。如果知道了所有空间点上质点的运动规律，那么整个流动情况也就清楚了。

现讨论流体质点加速度。从欧拉法的观点来看，在流动中不仅处于不同空间点上的质点可以具有不同的速度，就是同一空间点上的质点，也因时间先后的不同可以有不同的速度。所以流体质点的加速度由两部分组成：一是由于时间过程而使空间点上的质点速度发生变化的加速度，称当地加速度（或时变加速度）；二是流动中质点位置移动而引起的速度变化所形成的加速度，称为迁移加速度（或位变加速度）。

二、迹线、流线、元流、总流等基本概念

（一）迹线

迹线是一个流体质点在一段连续时间内在空间运动的轨迹线。它是拉格朗日法研究流体的几何表示。

（二）流线

对于某一固定时刻而言，曲线上任一点的速度方向与曲线在该点的切线方向重合，此曲线即为流线。流线描绘出同一时刻不同位置上流体质点的速度方向。可以把流体运动想象为流线族构成的几何图像，如图 6-6 所示。这是欧拉法研究流体运动的几何表示方式。

由流线的定义可知，流线有这样一些性质：过空间某点在同一时刻只能作一根流线；流线不能转折，因为折点处会有两个流速向量，流线只能是光滑的连续曲线；对流速不随

时间变化的恒定流动，流线形状不随时间改变，与迹线重合，对非恒定流流线形状随时间而改变；流线密处流速快，流线疏处流速慢。

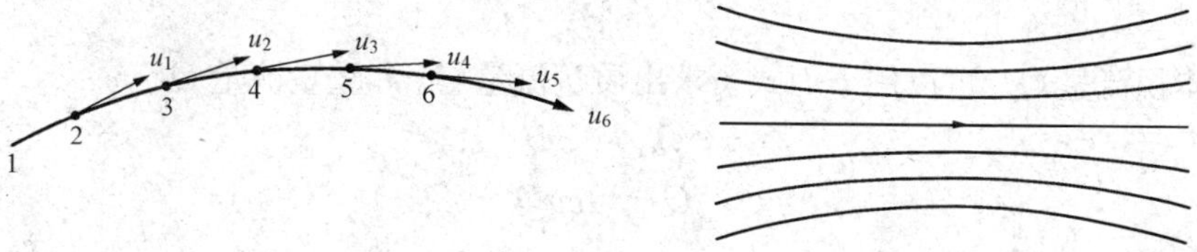

图 6-6　流线示意图

（三）流管、流束、过流断面、元流、总流

在流场中，任意取一非流线且不自相交的封闭曲线，从这封闭曲线上各点绘出流线，组成管状曲面，称为流管，如图 6-7 中的虚线所示流管内的流体称为流束。在流束上取一横断面，使它与流线正交，这一断面称为过流断面，当流体为水时称为过水断面。过流断面为无限小的流束称为元流，元流同一断面上各点的运动要素如流速、压强等可以认为是相等的。过流断面面积有一定大小的流束称为总流，总流可以看成是由无限多个元流所组成，总流断面上各点的流速、压强不一定相等。

（四）流量、断面平均流速

单位时间内流过过流断面的流体数量称为流量。它可以用体积流量 Q、质量流量 Q_m、重量流量 Q_G 表示，单位分别为 m^3/s、kg/s、N/s 等。对不可压缩流体，一般均用体积流量 Q 表示。对于元流而言，流速为 u，断面上各点相等，断面积为 dA，则体积流量 dQ 为

$$dQ = u dA \tag{6-18}$$

对于总流而言，通过断面积为 A 的体积流量 Q 为

$$Q = \int_A dQ = \int_A u dA \tag{6-19}$$

当点流速 u 在断面上的分布函数已知时，可用式（6-19）直接积分求出流量。当总流断面各点流速 u 的变化未知时，需利用断面平均流速 v 来计算总流量。断面平均流速 v 是假想的，在断面上均匀分布的流速，以此流速计算的流量，应与各点以实际流速通过的流量相等，如图 6-8 所示。

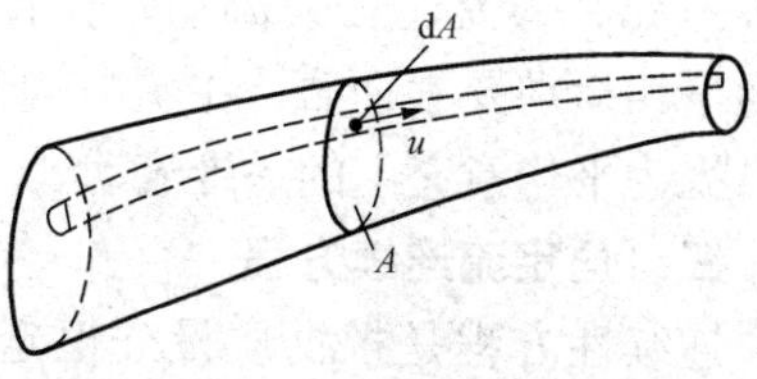

图 6-7　流管示意图

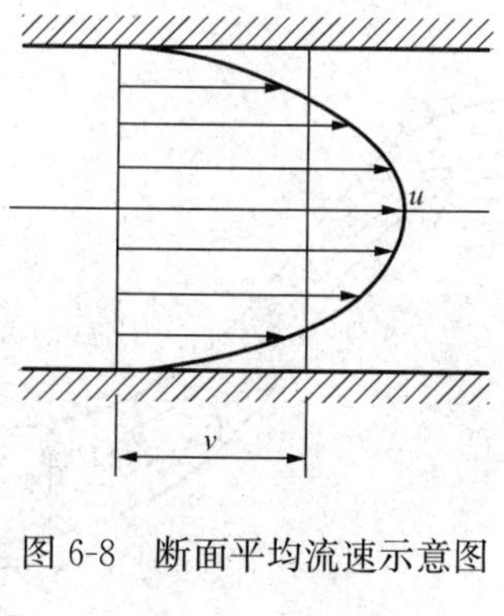

图 6-8　断面平均流速示意图

将平均流速代入式（6-19）中可求得总流的流量 Q

$$Q = \int_A dQ = \int_A u dA = \int_A v dA = v\int_A dA = vA$$

即

$$Q = vA \tag{6-20}$$

或

$$v=\frac{Q}{A} \tag{6-21}$$

已知体积流量 Q，可以用下面式子求出质量流量 Q_m 和重量流量 Q_G

$$Q_m = \rho Q \tag{6-22}$$

$$Q_G = \rho g Q \tag{6-23}$$

式中 ρ——流体的密度。

（五）流体运动的分类

按各点运动要素（流速、压强等）是否随时间而变化，可将流体运动分为恒定流和非恒定流。各点运动要素不随时间而变化的流体运动称为恒定流，例如常水头孔口出流即是恒定流的一种。各点运动要素随时间而变化的流体运动称为非恒定流，变水头孔口出流即是一例。

按各点运动要素是否随位置而变化，可将流体运动分成均匀流和非均匀流。在给定的某一时刻，各点流速都不随位置而变的流动称为均匀流。反之，则称为非均匀流。按此严格定义的均匀流，工程上甚少出现。在经常使用的管道渠道中，一般定义均匀流是按各断面相应点流速相等或流线为平行直线的流动，例如直径不变的长直管道内离进口较远处的流动，即是实际均匀流的一种。反之如流线不平行或相应点流速不相等的流动为非均匀流。

按流线是否接近于平行直线，又可将非均匀流分成渐变流和急变流。各流线之间的夹角很小，即各流线几乎是平行的，且各流线曲率半径很大，即各流线几乎是直线的流体运动称为渐变流。反之，则称为急变流。顶角很小的渐变圆锥形管道中的流动，可视为渐变流。

按限制总流的边界情况，可将流体运动分为有压流、无压流和射流。边界全部为固体所限没有自由液面的流动称为有压流，如水泵的压水管道中的流动。边界部分为固体、部分为大气，具有自由液面的流体运动称为无压流，如河流、引水明渠中的流动。流体经由孔口或管嘴喷射到某一空间，在充满气体或其他流体的空间继续喷射流动，其边界不受固体限制而与其他流体接触，这种流动称为射流，例如消防水枪的喷射流动即是射流的一种。

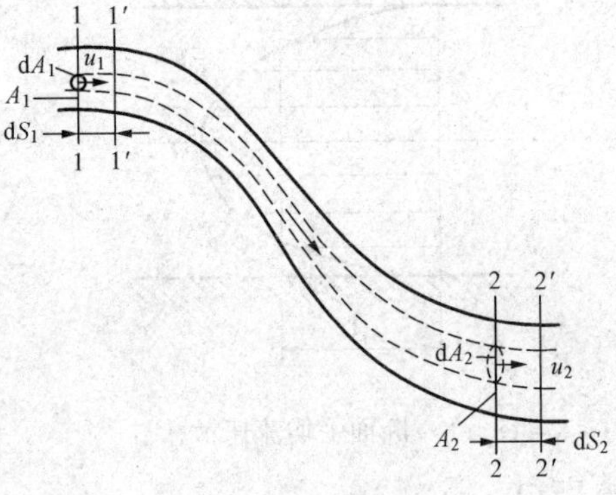

图 6-9 连续性方程分析图

按决定流体的运动要素所需空间坐标的维数，可将流动分为一维、二维、三维流动，或称一元、二元、三元流动。长管、明渠以断面平均运动要素而言，主流方向只有一个，故可视为平均意义上的一维流动。

三、恒定流连续方程

连续性方程是根据质量守恒定理与连续介质假设推导而得。一元流如图 6-9 所示，设为恒定流，流管形状不变。在 dt 时间内由 dA_1 流入的质量为 $\rho_1 u_1 dA_1 dt$，从 dA_2 流出的质量为 $\rho_2 u_2 dA_2 dt$，由于流体为连续介质，流

管内充满无空隙的流体，根据质量守恒原理，流入的质量必与流出的质量相等，可得

$$\rho_1 u_1 \mathrm{d}A_1 \mathrm{d}t = \rho_2 u_2 \mathrm{d}A_2 \mathrm{d}t$$

消去 $\mathrm{d}t$ 得

$$\rho_1 u_1 \mathrm{d}A_1 = \rho_2 u_2 \mathrm{d}A_2 \tag{6-24}$$

对于不可压缩流体 $\rho_1=\rho_2=\rho$，有

$$u_1 \mathrm{d}A_1 = u_2 \mathrm{d}A_2 \tag{6-25}$$

式（6-24）、式（6-25）为元流连续性方程，将式（6-25）积分可得不可压缩流体总流连续性方程

$$\int_{A_1} u_1 \mathrm{d}A_1 = \int_{A_2} u_2 \mathrm{d}A_2$$

$$Q_1 = Q_2$$

$$v_1 A_1 = v_2 A_2 \tag{6-26}$$

由式（6-24）对总流积分可得

$$\rho_1 v_1 A_1 = \rho_2 v_2 A_2 \tag{6-27}$$

由式（6-26）可写出

$$\frac{v_1}{v_2} = \frac{A_2}{A_1}$$

上式表明在同一总流上，各断面的断面平均流速 v 与断面面积成反比，即断面增大时流速减少，反之亦然。

四、恒定流能量方程（或伯诺里方程）

1938 年伯诺里根据动能定律导出了能量方程。

（一）理想流体元流的能量方程

$$z_1 + \frac{p_1}{\rho g} + \frac{u_1^2}{2g} = z_2 + \frac{p_2}{\rho g} + \frac{u_2^2}{2g} \tag{6-28}$$

（二）理想流体元流能量方程的物理意义

z_1、z_2——第一、第二断面位置高度或位置水头，单位位能。

$\frac{p_1}{\rho g}$、$\frac{p_2}{\rho g}$——第一、第二断面压强高度或压强水头，单位压能。

$\frac{u^2}{2g}$——流速水头，单位动能。因为单位动能等于动能 $\frac{1}{2}mu^2$ 除以流体重力 mg。

即单位动能$=\frac{\frac{1}{2}mu^2}{mg}=\frac{u^2}{2g}$。

$z+\frac{p}{\rho g}$——测压管水头，单位势能，各断面测压管水头的连线称测管水头线，如图 6-10 所示，测压管水头线沿流向可升、可降、可水平。

$z+\frac{p}{\rho g}+\frac{u^2}{2g}$——总水头，单位重力流体的总机械能，简称单位能，沿流各断面总水头的连线为总水头线，理想流体的总水头线是一水平线，反映了理想流体运动时各断面单位能守恒，是能量守恒定律在流体运动中的一种体现。因任一断面三种单位能之和为一常数，如果其中某一种单位能发生变化，则另两种必定也会跟着变化。例如对一水平管道，单位位能 z 各断面相同，当管道

断面变小处，该处流速加快（连续性方程），单位动能$\frac{u^2}{2g}$加大，则该处压强水头或单位压能$\frac{p'}{\rho g}$必然降低，当动能加大到一定程度，该处将出现负压，可将气体或其他流体吸入，这就是喷射器（或射流泵）能抽水的原因。这也表明流体运动过程中，不仅遵循能量守恒原理，同时能量也可从一种形式转化为另一种形式，体现了能量转化原理。

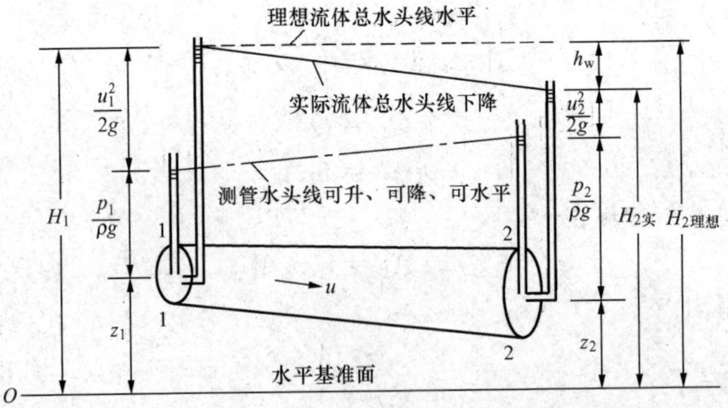

图 6-10　能量方程的几何图示

人们利用元流能量方程原理，制造出简便的测量流体某处流速 u 的仪器，这就是工程上常用的毕托（Pitot）管，毕托管构造示意图见图 6-11。毕托管是一有 90°弯曲的细管，其顶端开孔截面正对迎面液流，放在测定点 A 处，在来流势能、动能共同作用下，流体沿弯管上升至一定高度$\frac{p'}{\rho g}$后保持稳定，此时 A 点的运动质点由于受到测速管的阻滞，流速变为零。测压管置于和 A 同一断面的壁上，其液柱高度为$\frac{p}{\rho g}$。未放测速毕托管前 A 处的总单位能为 $z+\frac{p}{\rho g}+\frac{u^2}{2g}$，放入测速毕托管后，动能全部转化为压能，故总单位能为 $z+\frac{p'}{\rho g}$。

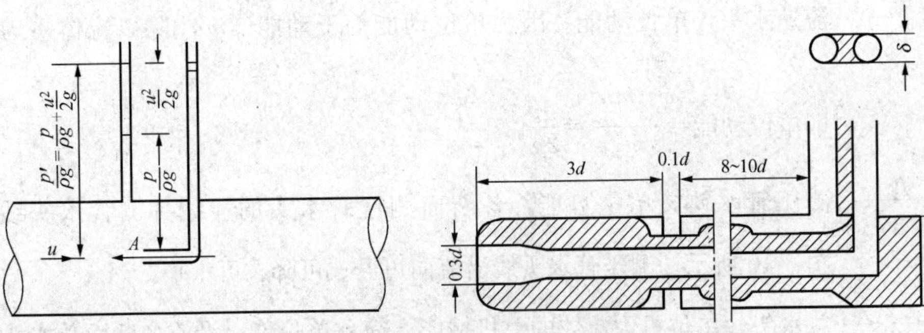

图 6-11　毕托管构造示意图

对于恒定流，当测管很少影响流场时，A 点的单位能应保持不变，故

$$z+\frac{p}{\rho g}+\frac{u^2}{2g}=z+\frac{p'}{\rho g}\text{或}\frac{u^2}{2g}=\frac{p'}{\rho g}-\frac{p}{\rho g}=h_u$$

式中 h_u 为测速管与测压管二者水头差，反映了被测点的流速水头大小，而流速 u 可按下式求得

$$u=\sqrt{2gh_u}=\sqrt{2g\left(\frac{p'-p}{\rho g}\right)} \tag{6-29}$$

毕托管细部构造亦示意于图 6-11 中，由于放入毕托管后流场受到干扰，而实际流体的黏性也有影响，所以使用式（6-29）时需加一修正系数 C，称毕托管修正系数，由实验确定，$C=1\sim1.04$，近似可取 $C=1.0$。此时流速为

$$u=C\sqrt{2g\left(\frac{p'-p}{\rho g}\right)} \tag{6-30}$$

（三）实际流体元流能量方程

对于实际流体，黏性切应力阻碍流体运动，为克服阻力将损失机械能，单位重量流体损失的机械能称为单位能损失，所对应的水柱高度称为水头损失。令元流断面 1 至断面 2 的水头损失为 $h'_{w_{1-2}}$，则实际流体元流的能量方程为

$$z_1+\frac{p_1}{\rho g}+\frac{u^2}{2g}=z_2+\frac{p_2}{\rho g}+\frac{u^2}{2g}+h'_{w_{1-2}} \tag{6-31}$$

实际流体元流的总水头线是一条沿流下降的斜坡线，又称为水力坡度线。总水头线的坡度称为水力坡度 J，水力坡度可用单位长度上的水头损失计算，对线性变化的水力坡度

$$J=\frac{h'_w}{L} \tag{6-32}$$

L 为发生水头损失流段的流长，当非线性变化时，水力坡度为

$$J=\frac{dh'_w}{dL} \tag{6-33}$$

（四）实际流体总流的能量方程

根据实际流体元流的能量方程（6-31）对总流过水断面积分，即可得到实际流体总流的能量方程。在积分时需作一些假设，除了要满足伯诺里积分时的四个假设之外，还需满足无能量输入或输出总流之中和所取过水断面处满足渐变流条件。

在上述条件下积分后得到以单位重量流体表示的总流能量方程

$$z_1+\frac{p_1}{\rho g}+\frac{\alpha_1 v_1^2}{2g}=z_2+\frac{p_2}{\rho g}+\frac{\alpha_2 v_2^2}{2g}+h_{w1-2} \tag{6-34}$$

与元流能量方程比较可见，以平均流速水头与动能改正系数乘积 $\frac{\alpha v^2}{2g}$ 代替了 $\frac{u^2}{2g}$，又以总流的水头损失 h_w 代替了元流的水头损失 h'_w，其余各项不变。

（五）总流能量方程的应用范围和应用举例

由能量方程推导过程可知，能量方程必须满足这些条件方可应用，即恒定流、不可压缩流体、仅受重力作用、所取断面必须是渐变流、两断面间无机械能的输入或输出、也无流量的汇入或分出。

如果欲用于有机械能的输入或输出，则可修正如下

$$z_1+\frac{p_1}{\rho g}+\frac{\alpha_1 v_1^2}{2g}\pm H=z_2+\frac{p_2}{\rho g}+\frac{\alpha_2 v_2^2}{2g}+h_w \tag{6-35}$$

式（6-35）中 H 为输入或输出的单位机械能以液柱高度表示的水头。输入时用正号，

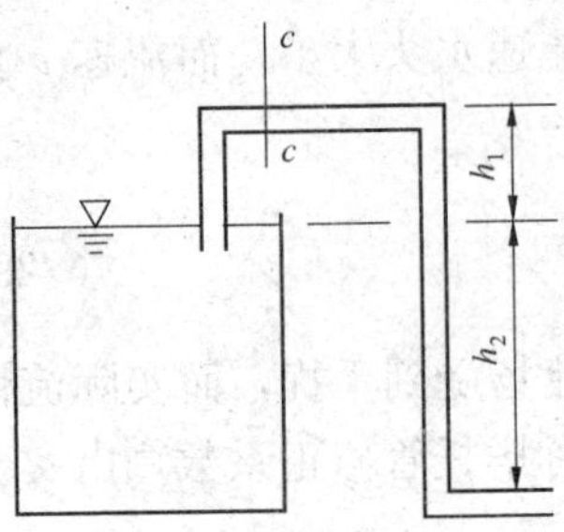

图 6-12　例 6-1 图

输出时用负号。

例 6-1　(2006 年) 有一引水虹吸管，出口通大气（见图 6-12）。已知 $h_1=1.5$mm，$h_2=3$m，不计水头损失，取动能修正系数 $\alpha=1$。则断面 c—c 中心处的压强 p_c 为（　　）kPa。

(A) 14.7　　(B) −14.7

(C) 44.1　　(D) −44.1

解：对断面 c—c 及出口断面写能量方程

$$h_1+h_2+\frac{p_c}{\rho g}+\frac{v_c^2}{2g}=0+0+\frac{v_2^2}{2g} \tag{6-36}$$

因出口断面面积未变，所以有

$$\frac{v_c^2}{2g}=\frac{v_2^2}{2g} \tag{6-37}$$

将式（6-37）代入式（6-36），化简后得

$$p_c=-\rho g(h_1+h_2)=-9.8(1.5+3)=-44\text{kPa}$$

故正确答案为（D）。

五、恒定流动量方程

流体像其他物体一些，遵循动量定律，即动量对于时间的变化率$\dfrac{dk}{dt}$等于作用于物体上各外力的合力 F。据此，可导出恒定流动量方程如下

$$\sum \boldsymbol{F}=\rho Q(\alpha_{02}\boldsymbol{v}_2-\alpha_{01}\boldsymbol{v}_1) \tag{6-38}$$

式中　α_0——动量改正系数，由实验确定，$\alpha_0=1.0\sim1.05$，一般可取 1.0。

式(6-38)即为以向量形式表示的动量方程，如果投影到三个坐标轴上分别计算则有

$$\left.\begin{aligned}\sum F_x&=\rho Q(\alpha_{02}v_{2x}-\alpha_{01}v_{1x})\\ \sum F_y&=\rho Q(\alpha_{02}v_{2y}-\alpha_{01}v_{1y})\\ \sum F_z&=\rho Q(\alpha_{02}v_{2z}-\alpha_{01}v_{1z})\end{aligned}\right\} \tag{6-39}$$

动量方程中的力 $\boldsymbol{F}$ 和速度 $\boldsymbol{v}$ 均是向量，即应用式（6-38），应注意方向和正负号。并且牢记脚标“2”代表流出控制体的断面，脚标“1”代表流入控制体的断面，且动量的增量要用“2”减去“1”，次序不能颠倒。

动量方程主要用于求流体与固体边界的相互作用力。

例 6-2　(2013 年) 水由喷嘴水平喷出，冲击在光滑平板上，如图 6-13 所示，已知出口流速为 50m/s，喷射流量为 0.2m³/s，不计阻力，求平板受到的冲击力（　　）。

(A) 5kN　(B) 10kN　(C) 20kN　(D) 40kN

解：由动量方程可得 $\sum F=\rho Qv=1000\text{kg/m}^3\times0.2\text{m}^2/\text{s}\times 50\text{m/s}=10(\text{kN})$。

故正确答案为（B）。

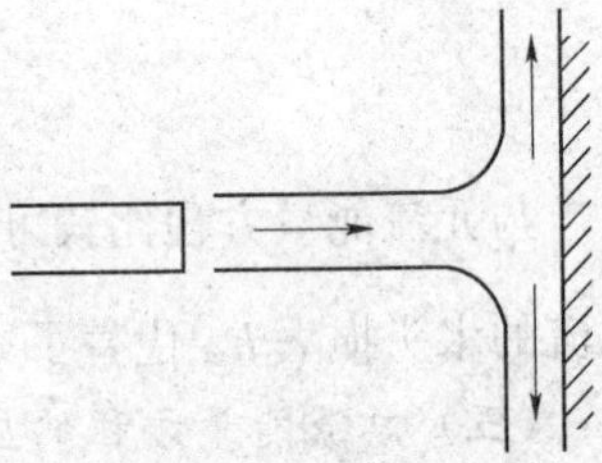
图 6-13　例 6-2 图

第四节　流动阻力和能量损失

本节主要研究由于流体黏性的作用而产生的流动阻力和由于克服阻力而消耗的能量损失。对于液体，常用单位重力液体的能量损失即水头损失 h_w 表示。对于气体，常用单位

体积的能量损失即压强损失 $p_w = \rho g h_w$ 来表示。

水头损失可分为沿程水头损失和局部水头损失两种类型。当流体作流线平行的均匀流动时，水流阻力只有沿程不变的切应力，称为沿程阻力，由于克服沿程阻力消耗能量而产生的水头损失称为沿程水头损失 h_f，如图 6-14 所示；当限制流体的固体边界急剧改变，从而引起流体流速分布、内部结构变化、形成漩涡等一系列现象，因此产生的阻力称为局部阻力，由于克服局部阻力消耗能量而产生的水头损失称为局部水头损失 h_m，如图 6-14 中流经“弯头”、“缩小”、“放大”及“闸门”等处的水头损失即为局部损失。

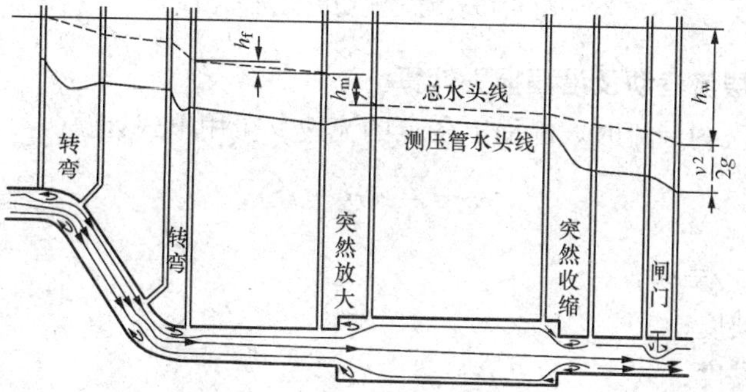

图 6-14　水头损失分析图

图 6-14 流段两断面间的全部水头损失 h_w 可以表示为两断面间所有沿程损失和所有局部损失的总和

$$h_w = \sum h_f + \sum h_m$$

一、两种流态——层流和紊流

1883 年英国物理学家奥斯本·雷诺（Osborne Reynotds）经实验研究发现，水头损失和流体流动状态有关，而流动状态又可分为层流和紊流两种类型。

（一）层流

流体呈层状流动，各层的质点互不混掺；层流时水头损失 h_f 与平均流速的一次方成比例，即 $h_f = k_1 v$；层流一般发生在低流速、细管径、高黏性的流体流动中。

（二）紊流

流体的质点互相混掺，迹线紊乱的流动；紊流时水头损失与平均流速的 1.75～2 次方成比例，即 $h_f = k_2 v^{1.75\sim2}$；紊流发生在流速较快、断面较大、黏性小的流体流动中。

（三）层流与紊流的判别标准

雷诺经大量实验研究后提出用一个无量纲数$\frac{vd}{\upsilon}$来区别流态。后人为纪念他，称之为下临界雷诺数，并以雷诺名字的头两个字母表示，即

$$Re = \frac{vd}{\upsilon} = 2300 \tag{6-40}$$

若管道中实际的雷诺数 $Re = \frac{vd}{\upsilon} < 2300$ 为层流，$Re > 2300$ 为紊流。

二、均匀流基本方程

在均匀流条件下可导出切应力 τ 与水力坡度 J 的关系式

$$\tau = \rho g R J = \rho g \frac{r}{2} J$$

上述表明圆管中切应力与半径 r 成正比，为线性分布，如图 6-15(a) 所示。

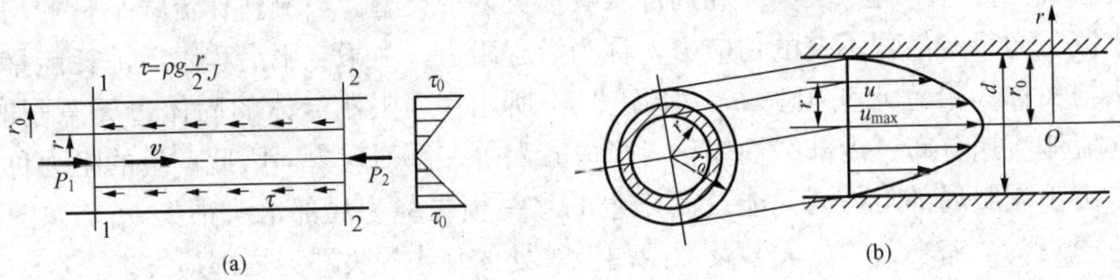

图 6-15　均匀流切应力分布图

三、圆管中的层流运动及沿程损失计算

当圆管中的流态为层流时，断面上各点的流速 u 可用下式计算

$$u=\frac{\gamma J}{4\mu}(r_0^2-r^2) \tag{6-41}$$

式中　γ——容重，$\gamma=\rho g$；

J——水力坡度；

μ——动力黏度；

r_0——水管内半径；

r——断面上任一点半径。

由式（6-41）可知，层流时圆管断面流速分布为二次抛物线如图 6-15(b) 所示。最大流速 $u_{\max}$ 发生在 $r=0$ 的管轴心处，$u_{\max}=\frac{\gamma J}{4\mu}r_0^2$；断面平均流速 $v=\frac{Q}{A}=\frac{\int_A u\mathrm{d}A}{A}$ 经积分计算后可得 $v=\frac{\gamma J}{8\mu}r_0^2$，所以 $v=\frac{1}{2}u_{\max}$，即平均流速是最大流速的一半。而动能改正系数 $\alpha=2$，动量改正系数 $\alpha_0=1.33$。

若以 $u_{\mathrm{m}}=\frac{\gamma J}{4\mu}r_0^2$ 代入式（6-41）中可得：$u=u_{\mathrm{m}}\left[1-\left(\frac{r}{r_0}\right)^2\right]$。

圆管层流时水头损失 h_{f} 的计算公式可导出为

$$h_{\mathrm{f}}=\lambda\frac{L}{d}\frac{v^2}{2g} \tag{6-42}$$

式（6-42）称达西－魏斯巴赫（Darcy－Weisbach）公式，且 L 为流长，d 为管内径，v 为断面平均流速，g 为重力加速度，λ 为沿程阻力系数，在圆管层流时可按下式计算

$$\lambda=\frac{64}{Re} \tag{6-43}$$

上式只能在 $Re<2300$ 时应用。

对于非圆断面的管道，可以用水力半径 R 来代替式中的管径 d，水力半径为断面面积 A 与湿周 χ 之比，即

$$R=\frac{A}{\chi} \tag{6-44}$$

将此关系代入式（6-42）可得

$$h_{\mathrm{f}}=\lambda\frac{L}{4R}\frac{v^2}{2g} \tag{6-45}$$

四、紊流运动及沿程损失计算

（一）紊流的脉动现象

在紊流中由于质点的混掺及漩涡的转移，使紊流中某点的流速、压强均随时间 t 而围绕某一时间平均值上下跳动，此现象称为脉动现象。图 6-16(a) 表示紊流流速 u_x 随时间 t 而脉动的情况，由于紊流脉动是一个随机过程，从瞬时来看没有规律，给研究带来困难。但从较长的时间过程来看，它又有一定规律，它可以看成是一个时间平均流动和脉动的叠加，而时均流动是恒定的。例如时均流速 $\bar{u}_x=\dfrac{1}{T}\int u_x\mathrm{d}t$，在图 6-16(a) 中 $\bar{u}_x$ 是一条水平线。

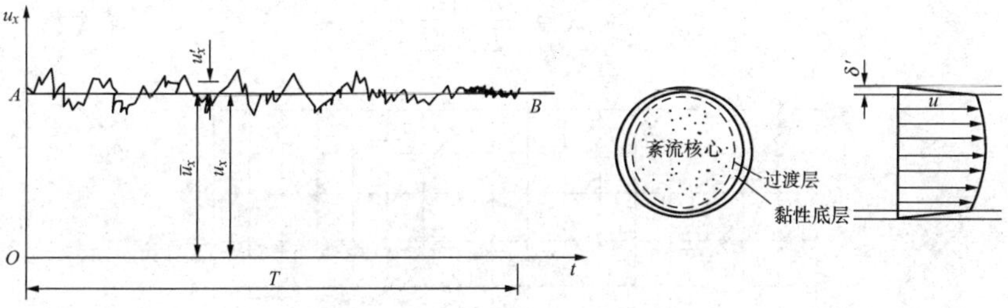

(a)　　(b)

图 6-16　紊流流速脉动现象及流速分布图

(a) 脉动现象；(b) 分布图

（二）紊流的阻力

紊流除由于黏性而产生的黏性切应力之外，更主要的是由于质点混掺、动量交换而形成的惯性切应力 $\bar{\tau}_2=-\rho\overline{u'_x u'_y}$。根据普朗德（Prandtl）混掺长度半经验理论，惯性切应力

$$\tau_2=\rho l^2\left(\frac{\mathrm{d}u_x}{\mathrm{d}y}\right)^2 \tag{6-46}$$

式中　l——混掺长度。

据卡门（Kazman）的研究：$l=ky(k=0.36\sim0.435)$，平均值取 $k=0.4$。所以紊流阻力由两部分叠加，得

$$\tau=\mu\frac{\mathrm{d}u_x}{\mathrm{d}y}+\rho l^2\left(\frac{\mathrm{d}u_x}{\mathrm{d}y}\right)^2$$

根据上述紊流阻力公式，可导出紊流核心区紊流速分布公式为

$$u=\frac{1}{k}v_*\ln y+C \tag{6-47}$$

式中　v_*——切应力流速；

y——距壁面的距离。

由上式知紊流核心区流速分布为对数分布，较远层流均匀，如图 6-16(b) 所示。式中积分常数与固壁壁面的粗糙度 Δ 高低有关，所以紊流的阻力、流速分布、水头损失，不仅与黏性有关，与雷诺数 Re 有关，而且还与边壁粗糙度 Δ 和相对粗糙度 $\dfrac{\Delta}{d}$ 有关。

在壁面附近的黏性底层中，紊流流速分布为直线分布。

（三）紊流的沿程阻力系数

紊流与层流一样，计算沿程损失的公式仍可用达西公式（6-42）或式（6-45），但沿程阻力系数随流态不同及所在流区不同而用不同公式计算。根据尼柯拉兹（Nikuradse）在人工粗糙（黏沙粒）管中的试验，流区可划分如下。

1. 层流区

$Re<2300$，$\lambda=\dfrac{64}{Re}$，参见图 6-17。

2. 紊流光滑区

$4000<Re<10^5$，管壁绝对粗糙度 $\Delta<0.4\delta$，而黏性底层厚度 $\delta=\dfrac{32.8d}{Re\sqrt{\lambda}}$，此时黏性底层厚度遮盖了边壁粗糙度，沿程阻力系数仅随雷诺数而变，$\lambda=\lambda(Re)$，可用伯拉休斯（Blasince）公式计算

$$\lambda=\frac{0.3164}{Re^{0.25}} \tag{6-48}$$

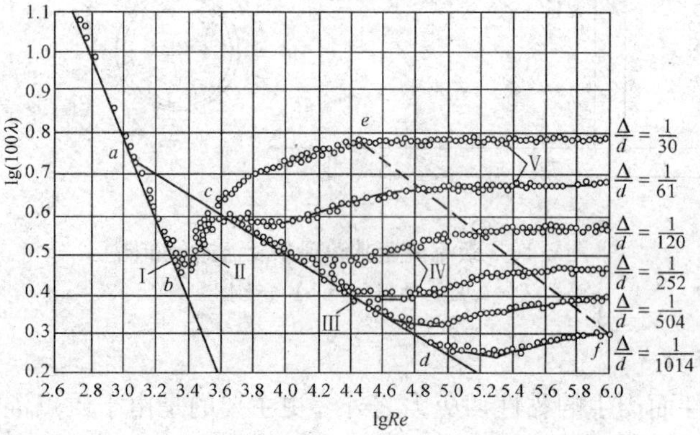

图 6-17 尼柯拉兹阻力曲线图

也可用尼柯拉兹光滑管公式计算

$$\frac{1}{\sqrt{\lambda}}=2\lg(Re\sqrt{\lambda})-0.8 \tag{6-49}$$

3. 紊流过渡区

由水力光滑区向水力粗糙区的过渡。此时 $0.4\delta<\Delta<6\delta$，沿程阻力系数 λ 按柯列布洛克（Colebrook）公式计算，此时 λ 与 Re、$\dfrac{\Delta}{d}$ 均有关

$$\frac{1}{\sqrt{\lambda}}=-2\lg\left(\frac{\Delta}{3.7d}+\frac{2.51}{Re\sqrt{\lambda}}\right) \tag{6-50}$$

4. 紊流粗糙区（或称阻力平方区）

因为此时阻力系数 λ 只与相对粗糙度 $\dfrac{\Delta}{d}$ 有关，与 Re 无关，h_f 与 v^2 成正比。阻力系数有多种计算公式，最著名的有尼柯拉兹粗糙区公式和谢才（Chezy）公式。尼氏公式如下

$$\lambda=\frac{1}{\left(2\lg 3.7\dfrac{d}{\Delta}\right)^2} \tag{6-51}$$

应用范围为 $\Delta>6\delta$。

谢才公式如下

$$v=C\sqrt{RJ} \tag{6-52}$$

$$J=h_f/L \text{ 或者 } h_f=LJ$$

式中　v——平均流速；

　　C——谢才系数；

　　R——水力半径，$R=\dfrac{A}{\chi}$；

　　L——流路的长度；

　　J——水力坡度。

谢才系数有多种计算公式，其中工程上常用的有曼宁（Manning）公式

$$C=\frac{1}{n}R^{\frac{1}{6}} \tag{6-53}$$

式中　n——边壁粗糙系数。

比较达西公式与谢才公式，可得

$$\left.\begin{aligned} C&=\sqrt{\frac{8g}{\lambda}} \\ \lambda&=\frac{8g}{C^2} \end{aligned}\right\} \tag{6-54}$$

谢才公式对水力粗糙区的明渠、管道均可用，对明渠应用尤为方便。

5. 第一过渡区（流态过渡区）

由层流向紊流过渡，该区域很窄，且 λ 无定量公式。

此后，柯列布洛克（Co Lebrook）等人，对工业上实用管道进行研究，得出了计算紊流过渡区的阻力系数公式［式（6-50）］，式中 Δ 为实用管道的当量粗糙度，所谓当量粗糙度，就是指和实用管道紊流粗糙区 λ 值相等的、管径相同的尼古拉兹人工粗糙管的砂粒粒径高度。1944 年莫迪（Moody L. F）在式（6-50）的基础上绘制了实用管道的 λ 与 Re、$\dfrac{\Delta}{d}$之间关系图，称莫迪图，如图 6-18 所示。根据已知的 Re 与$\dfrac{\Delta}{d}$可由莫迪图查出沿程阻力系数 λ 值。

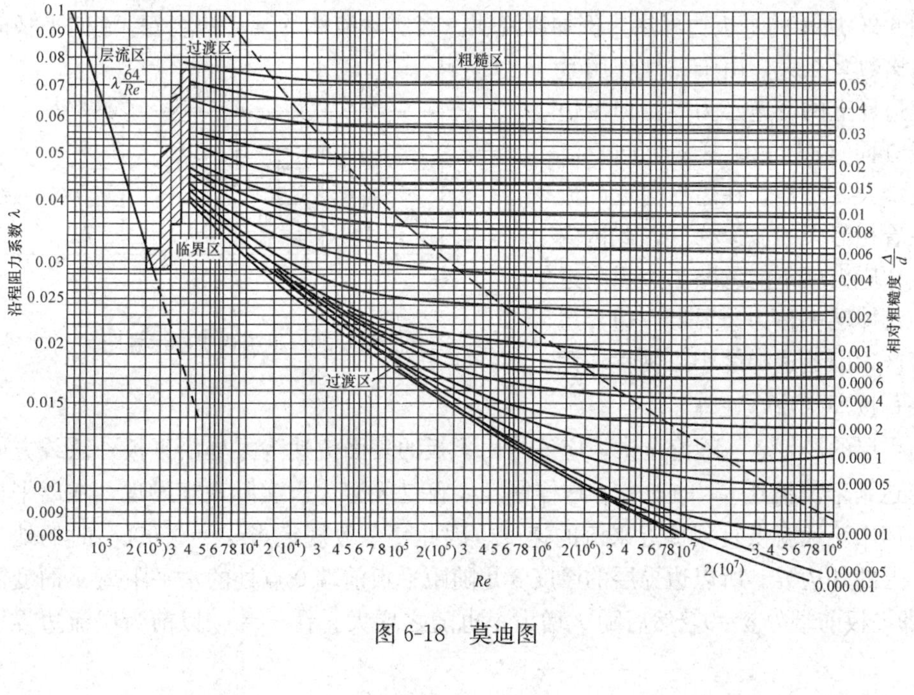

图 6-18　莫迪图

五、局部水头损失

局部水头损失计算的普遍公式为

$$h_{\mathrm{m}}=\zeta\frac{v^2}{2g} \tag{6-55}$$

式中 ζ——局部阻力系数，视局部阻力形式而定，其数值由实验确定，可查局部阻力系数图表。

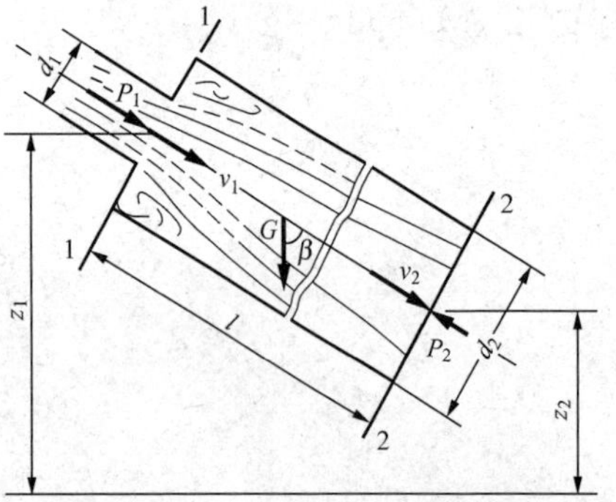

图 6-19　管道突然放大示意图

但对突然放大的局部损失（见图 6-19），可用理论导出局部阻力系数。相应于放大前流速 v_1

$$\zeta_1=\left(1-\frac{A_1}{A_2}\right)^2$$

相应于放大后流速 v_2

$$\zeta_2=\left(\frac{A_2}{A_1}-1\right)^2$$

例 6-3　一直径为 50mm 的圆管，运动黏滞系数 $v=0.18\mathrm{cm^2/s}$、密度 $\rho=0.85\mathrm{g/cm^3}$ 的油管内以 $v=10\mathrm{cm/s}$ 的速度做层流运动，则沿程损失系数是（　　）。

(A) 0.18　　(B) 0.23　　(C) 0.20　　(D) 0.26

解： 层流沿程损失系数 $\lambda=\frac{64}{Re}$，而雷诺数 $Re=\frac{vd}{v}$，代入题设数据得 $Re=\frac{10\times5}{0.18}=248$

沿程损失系数 $\lambda=\frac{64}{278}=0.23$。

故正确答案为 (B)。

六、边界层基本概念和线流阻力

（一）边界层的定义和分类

普朗德（L. Prandtl）提出了边界层理论，为解决实际流体的流动开拓了新的境界。现以图 6-20 所示的平板边界层为例加以说明。当实际流体的某一速度 U_0 流向平板时，不论其雷诺数多么大，由于黏性作用紧贴固定边界上的流速必为零，但沿边界法线方向（图 6-20 中 y 方向）流速迅速增大，这样，在边界附近的流区存在着相当大的流速梯度，此区内的黏性切应力就不能忽略，边界附近的这一流体层就称为边界层。边界层外的流区，因流速梯度小，黏性作用可略去，按理想流体处理。

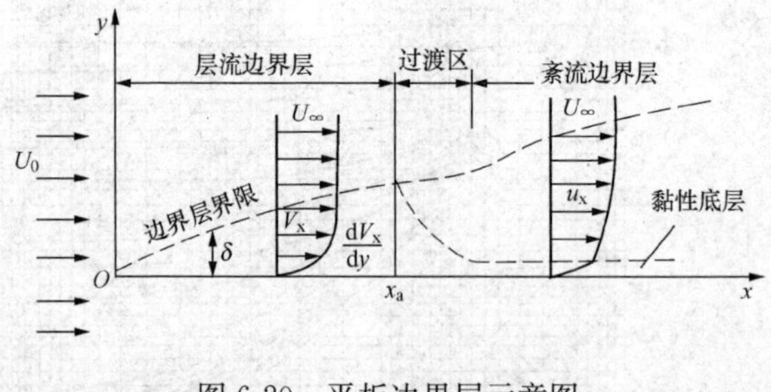

图 6-20　平板边界层示意图

边界层的厚度 δ 从理论上讲，应该是由平板的表面流速为零处沿平板外法线方向一直到流速达到来流流速 U_0 的地方。这样厚度 δ 将是无穷大。实际观察发现，在离平板法向很小距离内流速就恢复到接近来流的速度。因此，一般规定当 $u_x=0.99U_0$ 时的地方，即是边界层的外边界。所以边界层的厚度 δ 是随距平板前端 0 点处的水平距离 x 而变的。在 $x=0$ 即平板前端处 $\delta=0$，然后随 x 增大 δ 也随之增大。在 $x=x_k$ 以前为层流边界层，在

$x>x_k$ 以后经一很短的过渡段就发展为紊流边界层。层流边界层转变为紊流边界层的转变点称为转捩点。转捩点的雷诺数为 $Re_k=U_0x_k/v$。对于光滑平板 Re_k 的范围为 $3\times10^5<Re_k<3\times10^6$。在紊流边界层内紧靠壁面处，流速较小，黏性仍起作用，近于层流运动，这一极薄层称为黏性底层（或近壁层流层）。

（二）边界层的分离现象

当流体不是流经平板，而是流向曲面物体时，可能产生边界层分离现象。现以圆柱绕流为例加以分析。图 6-21(a) 所示一圆柱绕流的平面图。流体由 A 至 B 流动时，断面收缩，流速加快，压强减少$\left(\frac{\partial P}{\partial x}<0\right)$是加速减压段，此顺流的压差足以克服边界层内的阻力和主流动能的增加，边界层内流速不会减至零。但在流过 B 点以后，由于断面扩大，流体处于减速增压段$\left(\frac{\partial P}{\partial x}>0\right)$，这时动能部分恢复为压能，为克服边界层内的阻力，也消耗了动能，此双重原因，使边界层内质点流速迅速降低，到一定地点，如图 6-21(b) 所示的贴近柱面的 C 点流速降到了零，流体质点将在 C 点停滞下来，继续流来的流体质点被迫脱离原来的流线，沿 CE 方向流去，从而使边界层脱离了柱面，这种现象即为边界层分离现象。C 点称为分离点，它不是指柱面上流速为零的点而是指贴近柱面流速为零的点。由于分离点下游的逆流向压差，使边界层分离后的液体反向回流，形成漩涡区。绕流物体边界层分离后的漩涡区称为绕流物体的尾流区。尾流区是充斥漩涡体的负压力区，这使绕流体上下游形成“压差阻力”。尾流区的大小取决于边界层分离点的位置，而分离点的位置又取决于绕流物体的形状、粗糙度、雷诺数等。如流体遇到绕流体的锐缘时，分离点就在锐缘，如遇到流线形状的绕流体，则尾流区大大减小。所以，“压差阻力”又称为“形状阻力”。

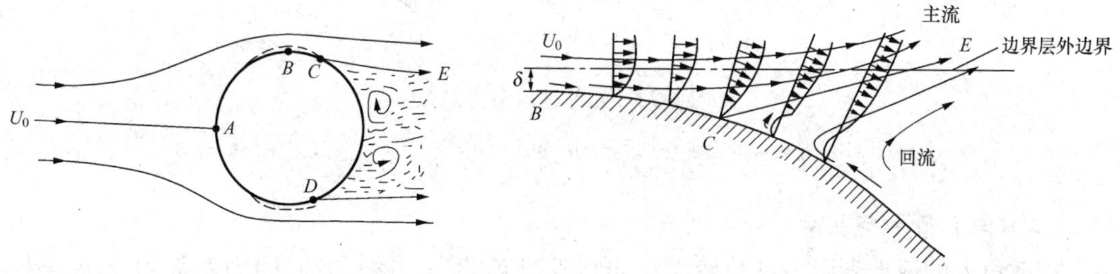

图 6-21　圆柱绕流

(a) 平面图；(b) 边界层分离现象

（三）绕流阻力

绕流阻力是指物体受到的绕其流过的流体所给予的阻力。绕流阻力由摩擦阻力和压差阻力（或称形状阻力）两部分所组成。1726 年牛顿提出绕流阻力计算公式为

$$D=C_DA\frac{\rho U_0^2}{2} \tag{6-56}$$

式中　D——绕流阻力；

ρ——流体密度；

U_0——来流流体未受物体影响前相对于物体的流速；

A——绕流物体与流体流向正交的断面投影面积；

C_D——绕流阻力系数，主要取决于雷诺数、物面粗糙度及来流紊流强度，依靠实验来确定。

七、减小阻力的措施

减小管中流体运动的阻力有两条完全不同的途径：一是改进流体外部的边界，改善边壁对流动的影响；二是在流体内部投加极少量的添加剂，使其影响流体运动的内部结构来实现减阻。

添加剂减阻是近20年来才迅速发展起来的减阻技术。虽然到目前为止，它在工业技术中还没有得到广泛的应用，但就当前了解的试验研究成果和少数生产使用情况来看，它的减阻效果是很突出的。下面介绍改善边壁的减阻措施。

要降低粗糙区或过渡区内的紊流沿程阻力，最容易想到的减阻措施是减小管壁的粗糙度。此外，用柔性边壁代替刚性边壁也可能减少沿程阻力。水槽中的拖曳试验表明，高雷诺数下的柔性平板的摩擦阻力比刚性平板小50%。对安放在另一管道中间的弹性软管进行过阻力试验，两管间的环形空间充满液体，结果比同样条件的刚性管道的沿程阻力小35%。环形空间内液体的黏性越大，软管的管壁越薄，减阻效果越好。

减小紊流局部阻力的着眼点在于防止或推迟流体与壁面的分离，避免漩涡区的产生或减小漩涡区的大小或强度。下面选几种典型的常用配件为例为说明这个问题。

（一）管道进口

图6-22表明，平顺的管道进口可以减小局部损失系数90%以上。

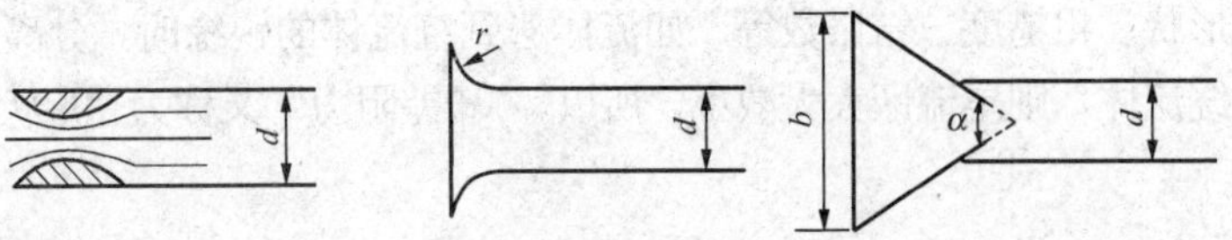

图6-22　几种进口阻力系数

(a) $\xi=1$；(b) $\frac{r}{d}=0.2$，$\xi=0.03$；(c) $\alpha=40°\sim80°$，$\frac{b}{d}=0.25\sim1.0$，$\xi=0.1\sim0.2$

（二）渐扩管和突扩管

扩散角大的渐扩管阻力系数较大，如制成图6-23(a)的形式，阻力系数约减小一半。突扩管如制成图6-23(b)的台阶式，阻力系数也可能有所减小。

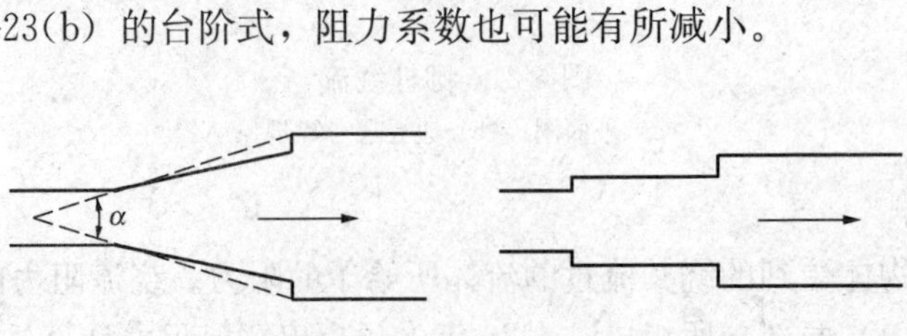

图6-23　复合式渐扩管和台阶式突扩管

(a) 形式一；(b) 形式二

（三）弯管

弯管的阻力系数在一定范围内随曲率半径 R 的增大而减小。表6-1给出了90°弯管在不同 R/d 时的 ξ 值。

表 6-1　　不同 R/d 时 90°弯管的 ξ 值（$Re=10^6$）

R/d	0	0.5	1	2	3	4	6	10
ξ	1.14	1.00	0.246	0.159	0.145	0.167	0.20	0.24

由表 6-1 可知，如 $R/d<1$，ξ 值随 R/d 的减小而急剧增加，这与漩涡区的出现和增大有关。如 $R/d>3$，ξ 值又随 R/d 的加大而增加，这是由于弯管加长后，摩阻增大造成的。因此弯管的 R 最好在（1～4）d 的范围内。

断面大的弯管，往往只能采用较小的 R/d，可在弯管内部布置一组导流叶片，以减小漩涡区和二次流，降低弯管的阻力系数。越接近内侧，导流叶片应布置得越密些。如图 6-24 所示的弯管，装上圆弧形导流叶片后，阻力系数由 1.0 减小到 0.3 左右。

（四）三通

尽可能地减小支管与合流管之间的夹角，或将支管与合流管连接处的折角改缓，都能改进三通的工作，减小局部阻力系数。例如将 90°T 形三通的折角切割成如图 6-25 所示的 45°斜角，则合流时的 ξ_{1-3} 和 ξ_{2-3} 减小 30%～50%，分流时的 ξ_{1-3} 减小 20%～30%。但对分流的 ξ_{3-2} 影响不大。如将切割的三角形加大，阻力系数还能显著下降。

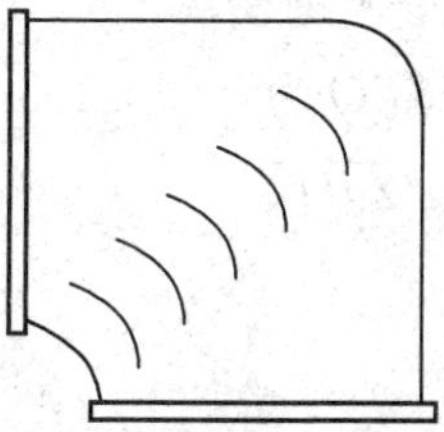

图 6-24　装有导叶的弯管

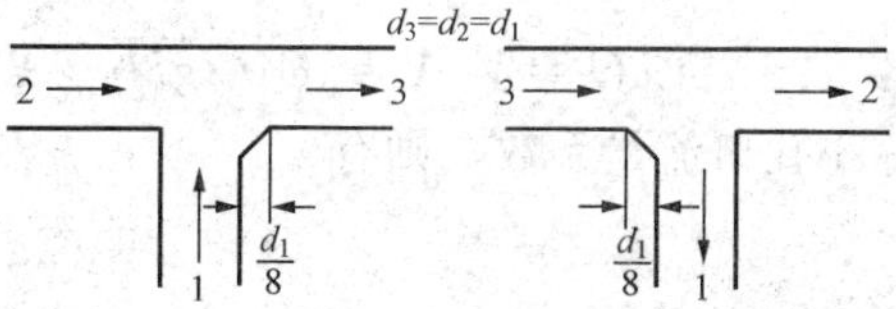

图 6-25　切割折角的 T 形三通

配件之间的不合理衔接，也会使局部阻力加大。例如在既要转 90°又要扩大断面的流动中，如均选用 $R/d=1$ 的弯管和 $A_2/A_1=2.28$、$l_d/r_1=4.1$ 的渐扩管，在直接连接（$l_s=0$）的情况下，先弯后扩的水头损失为先扩后弯的水头损失的 4 倍。即使中间都插入一段 $l_0=4d$ 的短管，也仍然大 2.4 倍。因此，如果没有其他原因，先弯后扩是不合理的。

第五节　孔口、管嘴及有压管流

一、孔口出流

（一）孔口出流的分类

容器壁上开一孔口有液体流出称孔口出流。如壁厚对出流现象无影响，孔壁与液流仅在一条周线上接触，这种孔口称为薄壁孔口，反之称为非薄壁孔口。当孔口高度 $e<\frac{H}{10}$ 时称为小孔口（H 为孔口形心上的水头，小孔口断面上各点水头近似相等可用形心点水头代表）；若孔口高度 $e\geq\frac{H}{10}$ 就称为大孔口。孔口前水头 H 恒定不变时，称为常水头孔口；如孔口前水头随时间而改变时称为变水头孔口出流。液体经孔口流入大气称自由出流孔口，液体经孔口流入液面以下称为淹没出流孔口。

（二）常水头薄壁小孔口自由出流

如图 6-26 所示，取基准面 $O—O$ 过孔口中心，并取上游自由液面为断面 1—1，孔口

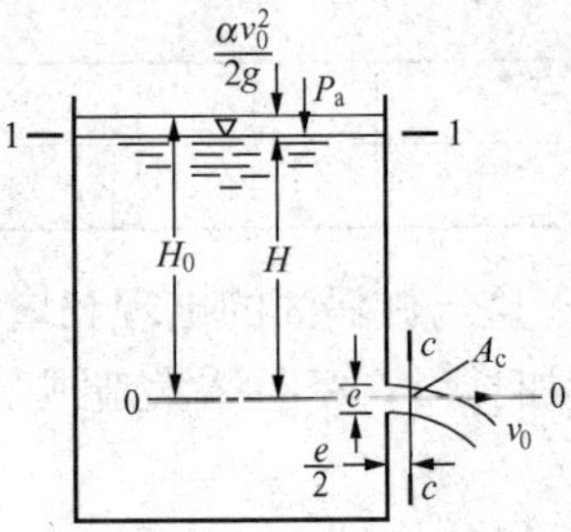

图 6-26　孔口自由出流

外收缩断面（距壁 $e/2$ 处）$c—c$ 为下游断面，写能量方程

$$H+0+\frac{\alpha_1 v_0^2}{2g}=0+0+\frac{\alpha_2 v_c^2}{2g}+h_w$$

令 $H_0=H+\frac{\alpha_1 v_0^2}{2g}$，$v_0$ 为上游水面流速，H_0 称自由出流小孔口水头。当 v_0 很小时 $H_0\approx H$，孔口水头损失 $h_w=\xi_c\frac{v_c^2}{2g}$（$\xi_c$ 为小孔口阻力系数，由实验确定）。代入上式后得 $H=(\alpha c+\xi_c)\frac{v_c^2}{2g}$，故收缩断面平均流速 v_c 为

$$v_c=\frac{1}{\sqrt{\alpha c+\xi_c}}\sqrt{2gH_0}=\varphi\sqrt{2gH_0} \tag{6-57}$$

式中　$\varphi=\frac{1}{\sqrt{\alpha c+\xi_c}}$ 为小孔口流速系数，可由实验确定。据前人研究可得 $\varphi=0.97$，$\xi_c=0.06$，$\alpha c=1.0$。

设收缩断面面积与孔口断面面积比值为 $\varepsilon=\frac{A_c}{A}$，称为收缩系数，小孔口的收缩系数 $\varepsilon=0.64$（当收缩为充分、完善圆形时）。故小孔口的出流流量 Q 为

$$Q=V_cA_c=\varphi\sqrt{2gH_0}\times\varepsilon A=\varepsilon\varphi A\sqrt{2gH_0}$$

令 $\mu=\varepsilon\varphi$，称小孔口流量系数，则有

$$Q=\mu A\sqrt{2gH_0} \tag{6-58}$$

对充分收缩的图形小孔口，$\mu=0.97\times0.64\approx0.62$，收缩是否充分和完善与孔口至容器壁的距离有关，当孔口距壁的距离大于相应的孔口的边长 3 倍时，为充分完善收缩，否则为不充分完善收缩。

（三）常水头薄壁小孔口淹没出流

如图 6-27 所示，小孔口淹没出流的计算公式与小孔口自由出流形式完全相同，但应注意孔口的水头 H_0 的意义有所不同，此处的 H_0 是孔口上下游断面总水头之差，当上下游断面流速水头可不计时，即为上下游液面高差 z。

二、管嘴出流

管嘴出流是在孔口处连接长为三至四倍孔口直径［即 $L=(3\sim4)d$］的短管后形成的液体出流。与孔口类似可以分为常水头、变水头、自由出流、淹没出流等，并根据外形可以将管嘴分为如图 6-28 所示的圆柱形、圆锥形和流线型管嘴等类型。

管嘴出流很多地方与孔口类似，故流速流量公式可应用与孔口相同的公式。但流速系数 φ 与流量系数 μ 与孔口不同，现以圆柱形外管嘴为例加以说明。圆柱形管嘴进口处先收缩，形成一收缩断面，收缩断面后流线扩张至出口处充满断面，无收缩，故出口断面的收缩系数 $\varepsilon=1$，流速系数 φ 与流量系数相等，其值为 $\varphi=\mu=0.82$，远大于小孔口的流量系数。与相同直径、水头的小孔口相比较，其出流量约为小孔口的 $\frac{0.82}{0.62}=1.32$ 倍。流量增加的原因是在收缩断面处存在真空，其真空度 $\frac{p_v}{\rho g}=0.75H_0$，这就使管嘴比孔口的作用总水头加大，从而加大了出流量。真空度 $\frac{p_v}{\rho g}$ 应小于 7m 水柱，以免气化，所以 $H_0<9$m 水柱。

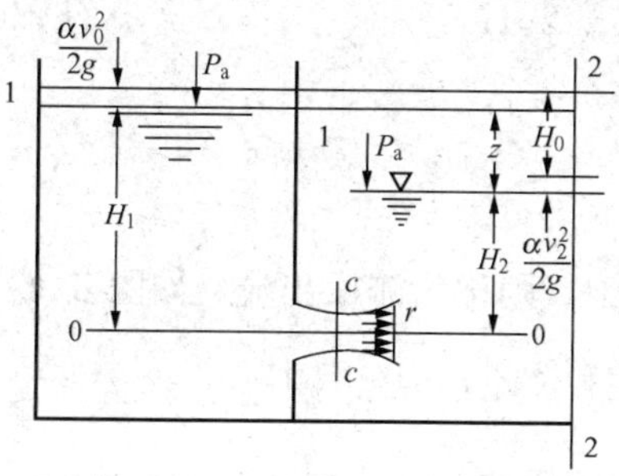

图 6-27　孔口淹没出流

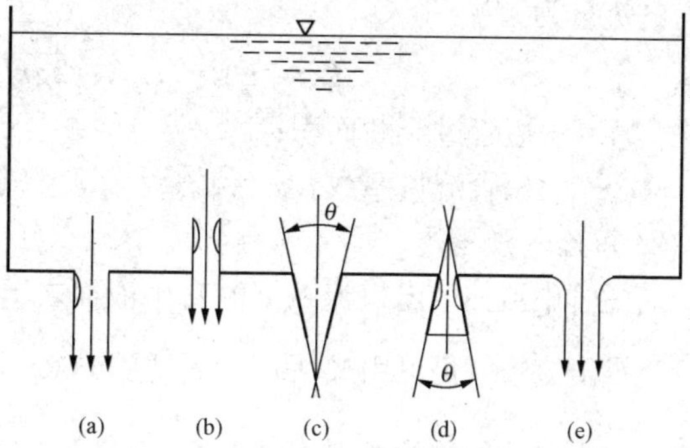

图 6-28　管嘴出流类型

(a) 形式一；(b) 形式二；(c) 形式三；(d) 形式四；(e) 形式五

其余各种管嘴的 φ、μ、ε 值均可查有关水力计算手册确定。

三、有压管流

（一）有压管流的分类及简单短管水力计算

按水头损失所占比例不同可将有压管分为长管和短管。长管是指该管流中的能量损失以沿程损失为主，局部损失和流速水头所占比重很小，可以忽略不计的管道。短管是指局部损失和流速水头所占比重较大，计算时不能忽略的管道。根据管道布置与连接情况又可将有压管道分为简单管道与复杂管道两类，前者指没有分支的等直径管道，后者指由两条以上的管道组成的管系。复杂管又可分为串联、并联管道和枝状、环状管网。

1. 短管自由出流

若短管中的液体经出口流入大气中，称为自由出流，如图 6-29 所示。

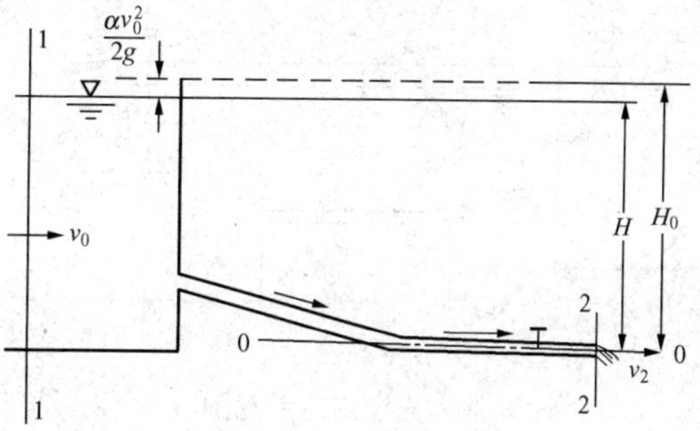

图 6-29　自由出流示意图

选上游过流断面 1－1 和管道出口过流断面 2－2 写能量方程

$$H+0+\frac{\alpha_1 v_0^2}{2g}=0+0+\frac{\alpha_2 v_0^2}{2g}+h_{w_{1-2}}$$

令 $H_0=H+\frac{\alpha_1 v_0^2}{2g}$，称作用水头，则

$$H_0=\frac{\alpha v^2}{2g}+h_w$$

水头损失 $h_w=\sum h_f+\sum h_m=\sum\lambda\frac{L}{d}\frac{v^2}{2g}+\sum\xi\frac{v^2}{2g}=\xi_c\frac{v^2}{2g}$，$\xi_c=\sum\lambda\frac{L}{d}+\sum\xi$ 为短管的总阻力系数。代入式 (6-57) 中，得

$$H_0=(\alpha+\xi_c)\frac{v^2}{2g}$$

取 $\alpha=1$ 得

$$v=\frac{1}{\sqrt{1+\xi_c}}\sqrt{2gH_0}=\varphi_c\sqrt{2gH_0} \tag{6-59}$$

其中，$\varphi_c=\frac{1}{\sqrt{1+\xi_c}}$称为短管的流速系数。

短管的流量为

$$Q = vA = \varphi_c A\sqrt{2gH_0} = \mu_c A\sqrt{2gH_0} \tag{6-60}$$

式中　A——短管过流断面积；

φ_c——短管流量系数，$\varphi_c=\mu_c$。

2. 短管淹没出流

若短管中流体经出口流入下游自由液面之下的液体中，则称为淹没出流，如图 6-30 所示。淹没出流短管仍可用式（6-59）、式（6-60）计算流速和流量，但公式中 $\mu_c=\varphi_c=\frac{1}{\sqrt{\xi_c}}$。比较与自由出流短管的差别主要在于总水头不同，淹没出流用的是水头差。当上下游水面流速很小时，$H_0=z$，即可用液面高差代替总水头之差。列能量方程后可得 $H_0=z=hw$。

（二）有压长管中的恒定流

1. 简单长管

由于不考虑流速水头，总水头线与测管水头线重合。又因不计局部损失，对图 6-31 中断面 1－1 及 2－2 写能量方程可得

$$H = h_f = \lambda\frac{L}{d}\frac{v^2}{2g} = \lambda\frac{L}{d}\frac{\left(\frac{4Q}{\pi d^2}\right)^2}{2g} = \frac{8\lambda}{\pi^2 g d^5}LQ^2$$

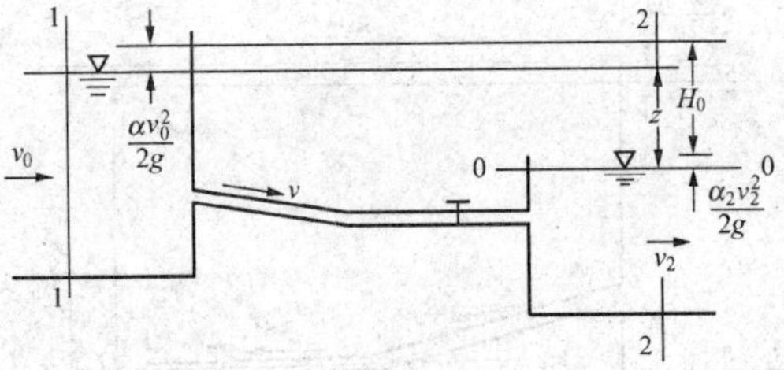

图 6-30　淹没出流示意图

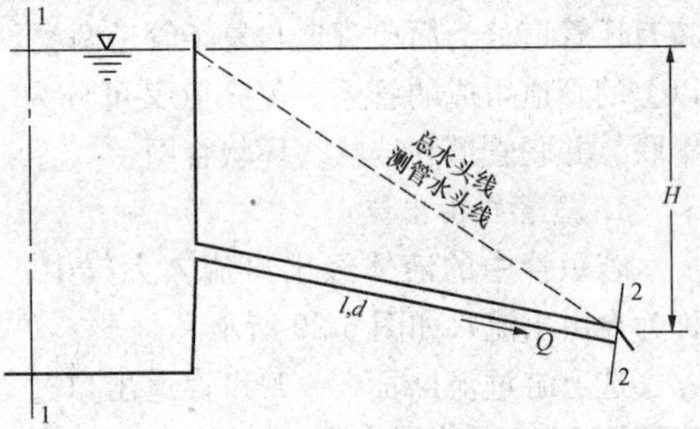

图 6-31　简单长管示意图

令 $S_0=\frac{8\lambda}{\pi^2 g d^5}$，称为管道的比阻，为单位流量通过单位长度管道所损失的水头。$S_0=f(\lambda, d)$，当管壁性质已知时，S_0 仅与 d 有关，可制成表格备查。将比阻代入长管公式可得

$$H = h_f = S_0 LQ^2 = SQ^2 \tag{6-61}$$

上式即为简单长管的基本公式。式中 $S=S_0L$，称管道阻抗，它可解 Q、H、d 各类问题。

2. 串联管道

由不同直径的管段顺次连接而成的管道系统称为串联管系，如图 6-32 所示。

各管段流量关系，由连续性方程可得

$$Q_i = Q_{i+1} + q_i \tag{6-62}$$

总水头 H 为

$$H = \sum h_f = \sum_{i=1}^{n} S_i Q_i^2 \tag{6-63}$$

将上两式联立可解 Q、H、d 等问题。

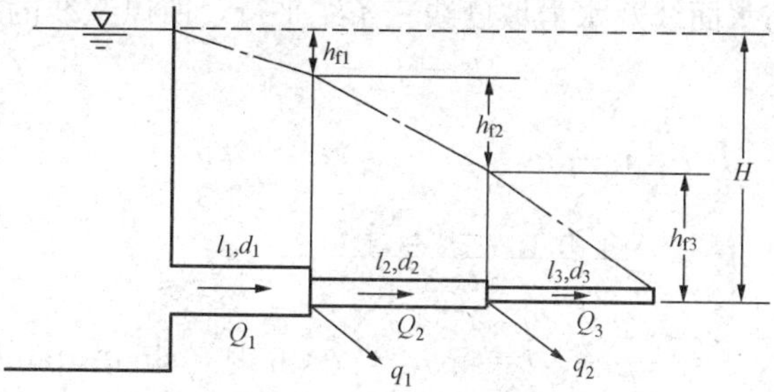

图 6-32　串联管道示意图

3. 并联管道

两条以上的管道在一处分流，以后又在另一处汇流，这样组成的管系称为并联管系如图 6-33 所示。

并联管道分流点与汇流点之间各管段水头损失皆相等，即

$$h_{f1}=h_{f2}=h_{f3}=\cdots=h_f$$

或

$$S_1Q_1^2=S_2Q_2^2=S_3Q_3^2=\cdots=S_iQ_i^2 \tag{6-64}$$

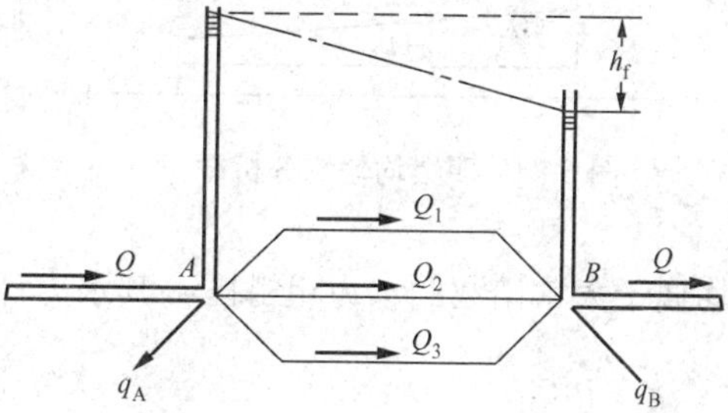

图 6-33　并联管道示意图

而每一并联管段中的流量为 Q_i

$$Q_i=\sqrt{\frac{h_f}{S_i}} \tag{6-65}$$

分流点 A 之前的总流量为 Q

$$Q=Q_1+Q_2+Q_3+\cdots+Q_n+q_A$$

或

$$Q=\sum_{i=1}^{n}Q_i+q_A \tag{6-66}$$

当已知总流量 Q 欲求各并联管流量时可用下式

$$Q_i=(Q-q_A)\sqrt{\frac{S_p}{S_i}} \tag{6-67}$$

式中 S_p 可按下式求解

$$\frac{1}{\sqrt{S_p}}=\frac{1}{\sqrt{S_1}}+\frac{1}{\sqrt{S_2}}+\cdots+\frac{1}{\sqrt{S_n}}$$

由式（6-64）可看出任二分路流量之比，等于该二管段阻抗反比的平方根，即

$$\frac{Q_1}{Q_2}=\sqrt{\frac{S_2}{S_1}}$$

第六节　明 渠 恒 定 流

一、明渠均匀流特性及其发生条件

明渠均匀流是水深、断面平均流速、断面流速分布均沿流程不变的具有自由液面的明渠流，如图 6-34 所示。

由于河底坡度线与水面线及水力坡度线三条线平行，所以三线的坡度相等

$$J = J_Z = i \tag{6-68}$$

式中　J——水力坡度，$J=\frac{h_f}{L}$；

J_Z——水面坡度，$J_Z = \frac{(z_1+h_1)-(z_2+h_2)}{L}$；

i——河底坡度，$i=\frac{z_1-z_2}{L}$，$i=\sin\theta$，当 $\theta<6°$时，$\sin\theta\approx\tan\theta$，$i=\frac{\Delta z}{L_x}$。

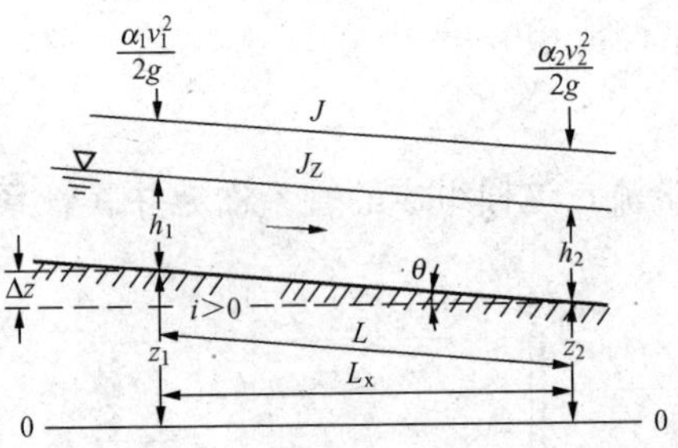

图 6-34　明渠均匀流分析图

水力坡度＝水面坡度＝河底坡度是明渠均匀流的特性。产生明渠均匀流必须满足以下这些条件：渠中流量保持不变；渠道为长直棱柱体；顺坡渠道（即河底高程沿水流方向降低）；渠壁粗糙系数及渠道底坡沿程不变，没有局部损失等。所以均匀流多在人工明渠中产生，天然河流的顺直渠段，可近似作为均匀流来处理。

二、明渠均匀流基本公式及断面水力要素

明渠流断面尺寸大、流速快、壁面粗糙，一般均属于大雷诺数的水力粗糙区，其水力计算的基本公式用谢才公式

$$\nu = C\sqrt{RJ}$$

式中　R——水力半径。

但在均匀流时由明渠均匀流特性知 $J=i$，可用渠底坡度 i 代替 J，应用更加方便，此时

$$\left.\begin{aligned} v &= C\sqrt{Ri} \\ Q &= CA\sqrt{Ri} = K\sqrt{i} \\ K &= CA\sqrt{R} \end{aligned}\right\} \tag{6-69}$$

K 称为流量模数，单位为 m^3/s，与流量同。为了使用谢才公式，必须配合断面水力要素的计算公式和谢才系数 C 的计算公式，例如 $C=\frac{1}{n}R^{\frac{1}{6}}$ 的曼宁公式。

断面水力要素的计算公式常用的有矩形、梯形和未充满的圆形断面以及复式断面几种，如图 6-35 所示。现分别介绍。

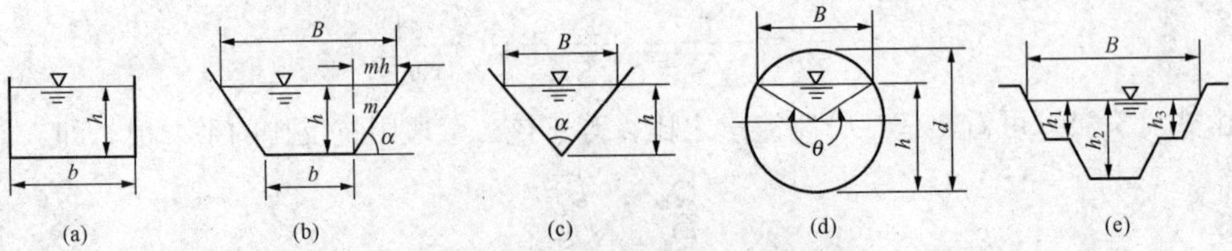

图 6-35　明渠过流断面类型图

(a) 矩形；(b) 梯形；(c) 三角形断面；(d) 未充满的圆形断面；(e) 复式断面

(1) 矩形断面水力要素

$$\left.\begin{aligned} A &= bh \\ \chi &= b+2h \\ R &= A/\chi \end{aligned}\right\} \tag{6-70}$$

(2) 梯形断面水力要素

$$\left.\begin{aligned}A&=(b+mh)h\\\chi&=b+2h\sqrt{1+m^2}\\R&=A/\chi\\B&=b+2mh\end{aligned}\right\}\tag{6-71}$$

式（6-71）中 $m=\cot\alpha$，称为边坡系数，α 为边坡角，见图 6-35(b)，当 $\alpha=90°$时，$m=0$，梯形变为矩形，式（6-70）是式（6-71）的一个特例。

(3) 未充满的圆形断面水力要素

$$\left.\begin{aligned}A&=\frac{d^2}{8}(\theta-\sin\theta)\\\chi&=\frac{d}{2}\theta\\R&=\frac{d}{4}\left(1-\frac{\sin\theta}{\theta}\right)\\B&=d\sin\frac{\theta}{2}\end{aligned}\right\}\tag{6-72}$$

式（6-72）中 θ 为圆心角，与管内液体的充满度 $\frac{h}{d}$ 有关，h 为充水深度，见图 6-35(d)。

$$\frac{h}{d}=\sin^2\frac{\theta}{4}\tag{6-73}$$

当已知充满度 h/d 后可用式（6-73）求出 θ，再由直径 d 和 θ 用式（6-72）求各种水力要素。

(4) 复式断面水力要素：可将其分解为几个简单的几何图形叠加求解。注意湿周只计入固体与液体接触的边长，液体与液体接触部分不计入。断面各部分水力坡度 J 不变。$Q=(K_1+K_2+\cdots)\sqrt{J}$。

三、明渠的水力最佳断面和允许流速

（一）水力最佳断面

当过水断面积 A、粗糙系数 n、底坡 i 一定时，通过流量 Q 或过水能力最大时的断面形状，称为水力最佳断面。由谢才公式和曼宁公式可得

$$\beta=\frac{b}{h}=2(\sqrt{1+m^2}-m)\tag{6-74}$$

$\beta=\frac{b}{h}$ 为水力最佳宽深比。将式（6-74）依次代入 A 及 χ 公式，最后求得水力最佳的水力半径为

$$R=\frac{h}{2}\tag{6-75}$$

对于矩形断面 $m=0$，代入式（6-74）得水力最佳矩形断面宽深比为 $\beta=2$，即 $b=2h$ 的扁矩形。对于小型土渠，工程造价主要取决于土方量，因此水力最佳断面，可能是经济实用的。对于大型渠道，按水力最佳梯形决定的断面，往往是太过窄而深，深挖高填式施工，未必是经济合理的，就不一定采用水力最佳断面。

（二）明渠的允许流速

明渠中流速过大会引起渠道的冲刷，过小又会导致水中悬浮泥沙在渠中淤积，且易使

河滩上滋生杂草，从而影响渠道的输水能力。因此，在设计渠道时，应使其断面平均流速 v 在允许范围内，即

$$v_{\max} > v > v_{\min}$$

式中 $v_{\max}$——渠道最大不冲刷流速或最大允许流速；

$v_{\min}$——渠道最小不淤积流速或最小允许流速。

最大允许流速取决于渠道土壤或加固材料性质，最小允许流速取决于悬浮泥沙颗粒大小，可查有关手册或用经验公式计算。

四、明渠均匀流水力计算的几类问题

（一）已知 b、h、m、n、i 要求渠道的通过流量 Q

这类问题往往是对已建成渠道进行的校核验算，可直接代入谢才公式求解。

（二）已知 Q、b、h、m、i，求粗糙系数 n

可联合用谢才、曼宁两式解出 n

$$n = \frac{A}{Q}R^{2/3}i^{1/2}$$

直接代入数据即可。

（三）已知 Q、b、h、m、n，设计渠道底坡 i

先求出流量模数 $K = AC\sqrt{R}$，之后再代入谢才公式求底坡 $i = \frac{Q^2}{K^2}$。在实际工程中，由此计算而得的底坡数值，只是一个参考值，还要综合考虑地形、地质、施工等因素后才能确定。

（四）已知 Q、m、n、i，设计渠道过水断面的尺寸 b 和 h

此时，在基本公式中出现两个未知数，解答不确定。为了使问题有唯一确定的解，须结合工程要求和经济条件，先定出其中的一个 b 或 h 值，或是宽深比 β 值，再行设计。

（五）根据最大允许流速设计断面

$$\text{面积}\,A = \frac{Q}{v_{\max}},\text{水力半径}\,R = \left(\frac{nv_{\max}}{i^{1/2}}\right)^{3/2}$$

五、明渠非均匀流基本概念

（一）明渠非均匀流发生条件

无论是天然河流或人工渠道，由于地形、地质情况复杂多变，河槽本身的边界条件是不断变化的，而且在河渠上往往有各种形式的水工建筑物，如闸、坝、跌水、桥、涵等。在河槽边界发生变化的地方和有水工建筑物的地方，破坏了均匀流形成的条件，就会产生非均匀流的水流现象，如闸、坝挡水后使上游水位壅高、水深增加、流速变小；而在陡坡或跌水的上游则水位降低，水深逐渐减小，流速变大。

对非均匀流现象进行研究具有重要的实际意义，如计算壅水曲线，可正确估计闸、坝壅水对上游淹没影响的范围；对水跃现象的研究，有助于正确设计下游消能防冲措施。

（二）明渠非均匀流的特点和几类现象

明渠非均匀流的特点是水深、流速不断地沿程变化，而在此变化中又可分为渐变流和急变流。属于渐变流的有这两类水力现象。

1. 壅水现象

如在河流或渠道中的水流遇到闸、坝等挡水建筑物时，上游水位壅高，水深沿流增加，流速逐渐减少，这种现象称为壅水现象，其水面曲线称为壅水曲线，如图 6-36 所示。

2. 降水现象

如在河底坡度突然变陡的陡坡上游或河底标高突然下降的跌水上游，水深沿流不断减小，水面高程逐渐下降的现象称为降水现象，其水面曲线，如图 6-37 所示。

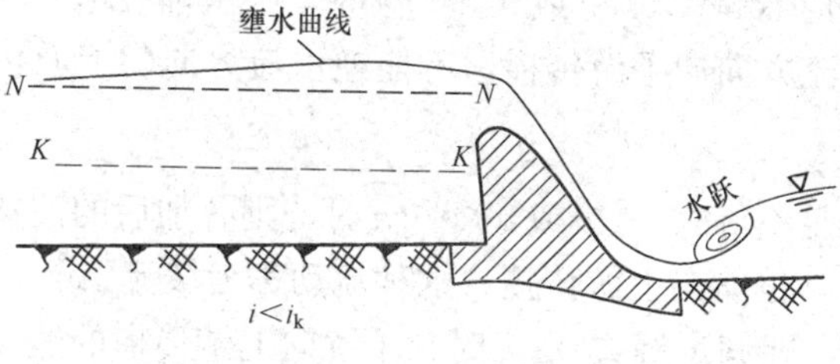

图 6-36　壅水曲线

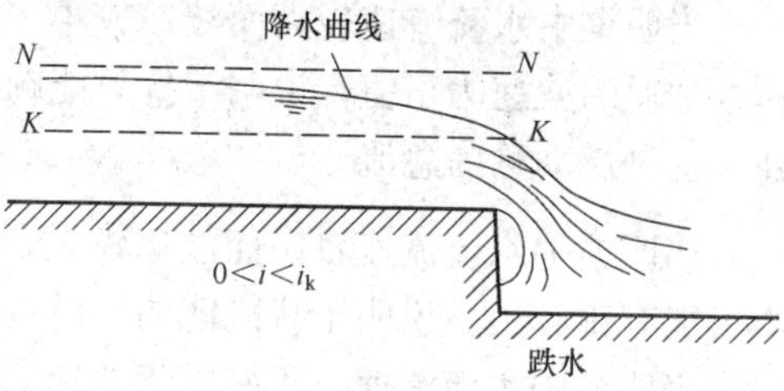

图 6-37　降水曲线与跌水

属于急变流的有这样两类水力现象：

(1) 水跃现象：当水流由水深小、流速大的急流状态急剧转变为水深大、流速小的缓流时，将发生强烈的旋滚和消耗巨大的能量，这就是水跃现象，如图 6-38 所示。

(2) 跌水现象：在底坡突然下降或由缓坡变陡处，水面骤然下降，流速剧增的现象称为跌水现象，如图 6-37 所示。

(三) 明渠非均匀流的流动状态（急流、缓流、临界流）

本段所讨论的是以微弱扰动波在水中传播的速度为判别标准的一种流动分类。这种流态的划分，对明渠非均匀流运动规律的分析，很有帮助。

1. 明渠中弱扰动波传播速度

由于明渠的自由液面没有固体边界的限制，受扰动后可改变水面标高以适应扰动，因而能在水面形成一微微隆起的波（简称微幅波），此波形成后将以某一速度向四周传播，称为微幅波的传播波速 c，它的快慢与水流深度有关。现在我们对矩形断面渠道中静止水中的波速 c 的计算方法进行分析（见图 6-39）。

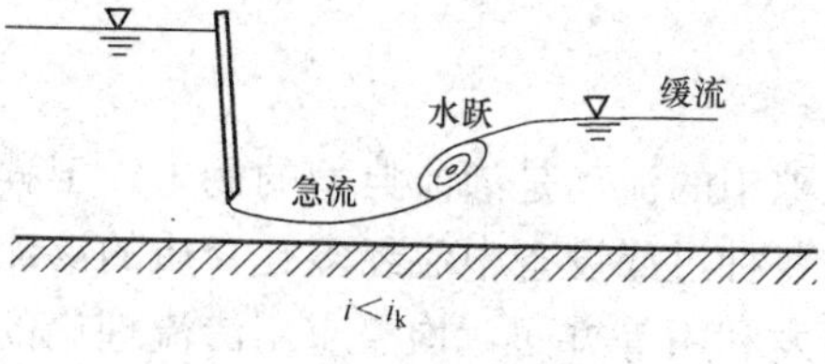

图 6-38　水跃现象

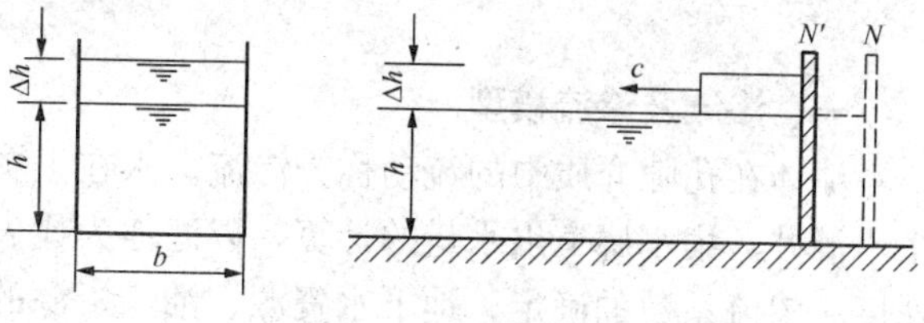

图 6-39　微幅波的传播

将平板 N 向左拨动到 N' 时，水面将产生一隆起的微幅波，并以波速 c 向左传播。设波高 Δh 很小，与水深相比可以忽略不计，波移动时的摩擦阻力也可忽略不计，呈非恒定流。现取移动坐标，以速度 c 与波一起向左移动，此时波就固定不动，而渠中的水则有了向右的速度 c，呈恒定流。由伯诺里方程推导后可得

$$c=\pm\sqrt{g\bar{h}}$$

式中　$\bar{h}$——断面平均水深。

如果在明渠流中，水流流速为 v，则波的传递速度与水流流速叠加后即为波的实际传播速度 c'，即

$$c'=v\pm\sqrt{g\bar{h}}$$

当微波顺水流方向传播时，上式右端第二项取正号；逆水流方向传播时，取负号。

2. 急流、缓流、临界流

我们以波速 c 与流速 v 的相互关系来区分明渠中水流的缓急。

当明渠中水流流速较大而波速较小，满足不等式 $v>c$ 或 $v>\sqrt{g\bar{h}}$ 时，则微幅波速与流速叠加后的波速为正值，说明干扰只能顺水流方向向下游传播，不能逆水流方向朝上游传播，这种流动称为急流。

当明渠中水流流速较小而波速较大，满足不等式 $v<c$ 或 $v<\sqrt{g\bar{h}}$ 时，则叠加后的波速值可能有正有负。说明干扰既能向下游传播，也能向上游传播，这种流动称为缓流。

当明渠中水流流速 v 正好等于波速 c 时，即满足等式 $v=c$ 时，干扰向上游传播的速度为零，正是急流与缓流的分界，称为临界流。此时的水流流速称为临界流速 $v_c=\sqrt{g\bar{h}}$，可用来判别流态的缓急。$v>v_c$ 为急流，$v<v_c$ 为缓流，$v=v_c$ 为临界流。

3. 弗劳德数

如果把流态判别式的等号两边都除以 $\sqrt{g\bar{h}}$ 可得

$$\left.\begin{aligned}&\frac{v}{\sqrt{g\bar{h}}}>1 \quad \text{急流}\\&\frac{v}{\sqrt{g\bar{h}}}=1 \quad \text{临界流}\\&\frac{v}{\sqrt{g\bar{h}}}<1 \quad \text{缓流}\end{aligned}\right\} \tag{6-76}$$

等号左边为无量纲数，称为弗劳德数，以符号 Fr 表示，Fr 可作为判断流态缓急的判别准则。

第七节　渗流、井和集水廊道

一、渗流及渗流模型

流体在孔隙介质中的流动称为渗流。水在土壤孔隙中的流动是渗流典型的例子。工程中水源井、集水廊道出水量的计算，以滤池为代表的各种过滤设备中流经多孔介质的渗流速度、渗流系数的确定，地下水资源、油气资源的开发利用等方面，均需应用渗流理论的有关知识。

渗流模型是设想流体作为连续介质连续地充满渗流区的全部空间，包括土壤颗粒骨架所占据的空间；渗流的运动要素可作为渗流区全部空间的连续函数来研究。以渗流模型取代实际渗流，必须要遵循这样的原则：即通过渗流模型某一断面的流量、压强、阻力必须与实际渗流通过该断面的流量、压强、阻力相等。

二、渗流基本定律——达西定律

1852～1855 年，达西对均质沙土中的渗流，做了大量的实验研究，总结得出了渗流能量损失与渗流流速、流量之间的关系式为

$$Q=KAJ \tag{6-77}$$

其中

$$J=\frac{h_w}{L}\approx\frac{H_1-H_2}{L}$$

式中　Q——渗流流量；

K——渗流系数，表示土壤在透水方面的物理性质，具有速度的量纲，由实验确定；

J——水力坡度；

L——渗流流路长度；

H_1、H_2——渗流上下游断面的测压管水头。

因渗流速极小，流速水头可忽略不计，测压管水头差就可代替总水头差。$J=-\dfrac{\mathrm{d}H}{\mathrm{d}L}$，所以用负号是因 H 沿 L 减少。

渗流断面平均流速为

$$v=\frac{Q}{A}=KJ \tag{6-78}$$

式（6-78）表明渗流速度与水力坡度一次方成正比，亦即与水头损失一次方成正比，并与土壤的透水性有关。由此得知渗流遵循层流运动的规律，所以达西渗流定律也称为渗流线性定律。

对于均质土壤试样，其中产生的是均匀渗流，可认为各点的流动状态相同，点流速 u 与断面平均流速 v 相同，所以达西定律也可写为

$$u=KJ \tag{6-79}$$

对于渐变渗流，裘皮幼（Dupuit）认为流线曲率很小，两断面间任一流线长度近似相等，水力坡度相同，断面上各点流速均匀分布，即

$$u=v=KJ=-K\frac{\mathrm{d}H}{\mathrm{d}S}$$

也可以应用达西定律。

达西定律的适用范围为线性渗流，其雷诺数 $Re=\dfrac{vd}{v}<1\sim10$，式中 d 为土壤颗粒有效粒径，可用 d_{10} 代表。d_{10} 表示筛分后，占 10%质量的土粒所能通过的筛孔直径。

三、集水廊道

集水廊道既是采集地下水作水源的给水建筑物，又是排泄地下水降低附近地下水位的排水建筑物，见图 6-40。

集水廊道主要解决两类问题：一类是求出每一侧面单位长度的出流量 q、总流量 Q；另一类是求出地下水降落曲面的坐标 x 及 z 的关系式，以便确定取水后各处的水位 z 值。x 为距廊道侧壁的水平距离，z 为从廊道底部算起的水面铅垂高度，即地下水水位。设 h 为廊道内水深。根据达西定律，$Q=KAJ$，单长流量 q

$$q=\frac{K(H^2-h^2)}{2L} \tag{6-80}$$

式中　L——集水廊道的影响长度（沿 x 方向），即在 L 之外水面不再降落，恢复天然地下水位，不受取水的影响。

集水廊道两侧的总流量为 Q，则

$$Q=2qL_0 \tag{6-81}$$

式中　L_0——垂直于纸面的廊道纵向长度。

四、管井涌水量的计算

（一）潜水井

具有自由液面的无压地下水称潜水。潜水井用来汲取无压地下水。井的断面通常为圆

形，水由透水的井壁渗入井中。潜水井又可分为完全井与不完全井两类，井底深达不透水层的称为完全井，如图 6-41 所示，按达西定律其流量 Q 为

$$Q = KAJ = K2\pi rz\frac{\mathrm{d}z}{\mathrm{d}r}$$

分离变量后积分上式得

$$Q = 1.366\frac{K(H^2 - h^2)}{\lg\dfrac{R}{r_0}} \tag{6-82}$$

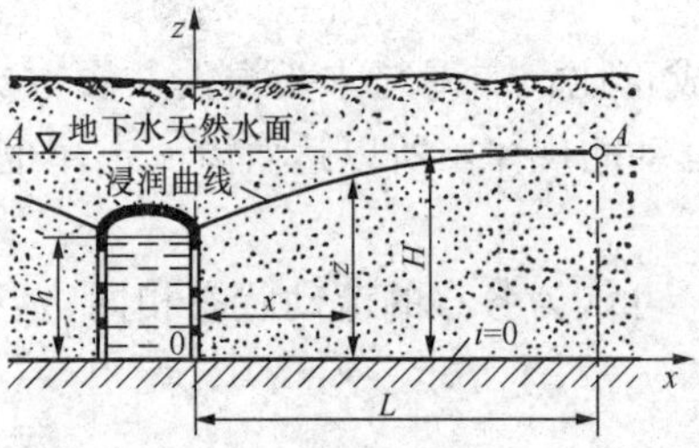

图 6-40　水平底的集水廊道

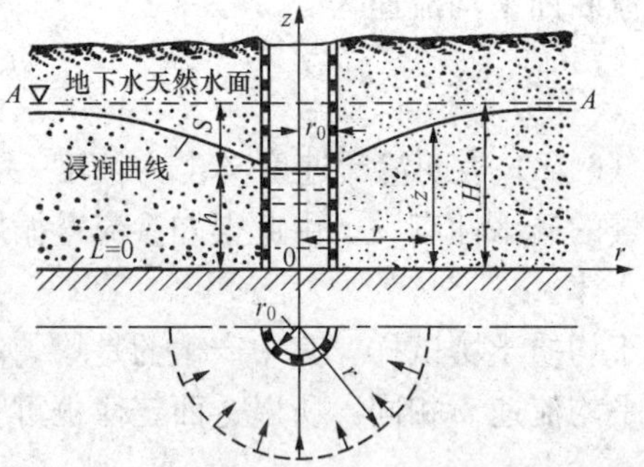

图 6-41　完全井示意图

式中的影响半径 R 可用实验方法求得，当无实验资料，初步计算时可用经验公式估算

$$R = 3000S\sqrt{K} \tag{6-83}$$

式中 $S=H-h$，为抽水稳定后，井中水面降落深度以米（m）计。

（二）自流井（又称承压井）

如含水层位于两不透水层之间，其中渗流所受的压强大于大气压强，这样的含水层称为自流层，由自流层供水的井为自流井。设一井底直至不透水层的完全自流井如图 6-42 所示。在未抽水时，井中水位将升高至 H 高度处，此 H 值即为天然状态下含水层的测压管水头，它大于含水层的厚度 t，有时甚至高出地面，使水从井口中自动流出。当抽水经过相当长的时间后，井四周的测管水头线，将形成一稳定的轴对称的漏斗状曲线，如图6-42所示。取距井中心轴为 r 处的渗流过水断面，该面面积 $A=2\pi rt$，它与测管水头无关，该处水力坡度 $J=\dfrac{\mathrm{d}z}{\mathrm{d}r}$，为该处测管水头线的坡度，

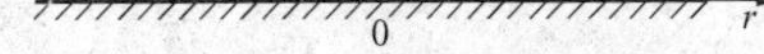

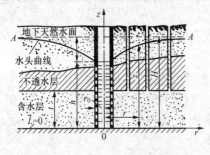

图 6-42　完全自流井示意图

则该断面渗流流量 Q 按达西公式

$$Q = K2\pi rt\frac{\mathrm{d}z}{\mathrm{d}r}$$

分离变量并积分得

$$z = \frac{Q}{2\pi Kt}\ln r + c$$

式中　c——积分常数，由边界条件确定。

当 $r=r_0$ 时，$z=h$，代入上式得 $c = h - \dfrac{Q}{2\pi Kt}\ln r_0$ 将 c 代入原式有

$$z-h=\frac{Q}{2\pi Kt}\ln\frac{r}{r_0} \tag{6-84}$$

或转换成常用对数

$$z-h=0.366\frac{Q}{Kt}\lg\frac{r}{r_0} \tag{6-85}$$

此即自流井水头曲线方程。引入井的影响半径概念，令式（6-85）中的 $r=R$、$z=H$，就可得到自流井的涌水量公式

$$Q=2.73\frac{Kt(H-h)}{\lg\frac{R}{r_0}} \tag{6-86}$$

井中水面降落深度 $S=H-h$，式（6-86）可写成

$$Q=2.73\frac{KtS}{\lg\frac{R}{r_0}} \tag{6-87}$$

第八节　量纲分析和相似原理

一、量纲分析

（一）量纲和单位

描述流体运动的物理量如长度、时间、质量、速度、加速度等，都可按其性质不同而加以分类。表征各种物理量性质和类别的标志称为物理量的量纲（或因次）。例如长度、时间、质量是三个性质完全不同的物理量，因而具有三种不同的量纲。我们注意到这三种量纲是互不依赖的，即其中任一量纲，不能从其他两个推导出来，这种互不依赖、互相独立的量纲称为基本量纲。通常表示量纲的符号用方括号将字母括起来，这三个基本量纲可分别表示为：长度 $[L]$、时间 $[t]$、质量 $[m]$。其他物理量的量纲，均可用基本量纲推导出来，称为导出量纲。例如速度量纲就是导出量纲，$[v]=\frac{[L]}{[t]}$。各种导出量纲，一般可用基本量纲指数乘积的形式来表示，$[v]=[Lt^{-1}]$。如以 $[x]$ 表任一物理量的导出量纲，则

$$[x]=[L^a t^b m^c]$$

例如力 F 的量纲为导出量纲 $[F]=[Lt^{-2}m]$，则其量纲指数 $a=1$，$b=-2$，$c=1$。又如前面导出的速度量纲，其量纲指数 $a=1$，$b=-1$，$c=0$。导出量纲按照其基本量纲的指数可分成以下三类：

（1）如果 $a\neq 0$，$b=0$，$c=0$ 为几何学的量；

（2）如果 $a\neq 0$，$b\neq 0$，$c=0$ 为运动学的量；

（3）如果 $c\neq 0$ 为动力学的量。

为了比较同一类物理量的大小，可以选择与其同类的标准量加以比较，此标准量称为单位。例如要比较长度的大小，可以选择 m、cm 或市尺为单位。但由于选择的单位不同，同一长度可以用不同的数值表示，可以是 1（以 m 为单位），也可以是 100（以 cm 为单位），也可以是 3（以市尺为单位）。可见有量纲量的数值大小是不确定的，随所选用单位不同而变化。当基本量纲指数 $a=b=c=0$ 时，则

$$[x]=[L^0 t^0 m^0]=[1]$$

$[x]$ 为无量纲纯数，它的数值大小与所选用单位无关。使实验成果无量纲化，往往更具普遍意义。例如要反映沿程机械能减少情况，用水力坡度 $J=hw/L$ 这一无量纲值（$[J]=[LL^{-1}]=[1]$）要比用水头损失值更能反映其普遍性。因为后者随所选单位不同而变化，而前者不论所选择的是何种长度单位，只要形成该水力坡度的物理条件不变，则 J 的值也不会变。又如判别流态的雷诺数 $Re=\dfrac{vd}{v}$，其量纲式为

$$[Re]=\frac{[Lt^{-1}][L]}{[L^2t^{-1}]}=[L^0t^0m^0]=[1]$$

为无量纲量。无量纲量又称为量纲为 1 的量，量纲符号现在用 dim 代替方括号。

前已指出下临界雷诺数 $Re_k=2300$，就是判别流态的普适性常数，不论单位是英制还是国际单位制 $Re_k=2300$ 不变，均是判别流态是层流还是紊流的标准数值。

（二）量纲和谐原理

一个正确的、完整的反映客观规律的物理方程式中，各项的量纲是一致的，这就是量纲一致性原理，或称量纲和谐原理。

量纲和谐原理用途广泛，是量纲分析的基础。它首先可以判断物理方程是否正确。人们熟知水动力学三大方程是正确的，这三个方程的量纲每一个均是和谐的。连续方程等号前后是流量的量纲，能量方程每一项皆为长度量纲，动量方程每一项皆为力的量纲。

量纲和谐原理还可用来确定方程式中系数的量纲以及分析经验公式的结构是否合理。

量纲和谐原理还表明，量纲相同的量才可以相加减。量纲不同的量不能相加减，也不能相等，但可以相乘除。通过乘除可组合成无量纲量或量纲为 1 的量。

量纲和谐原理最主要的用途还在于将各有关的物理量的函数关系，以各物理量指数乘积的形式表达出来，并确定其指数，以便将实验结果，建立起一个结构合理、正确反映客观规律的力学方程式或物理方程式。此种分析方法称为量纲分析法。

二、流动相似的概念

为了能用模型试验的结果去预测原型流将要发生的情况，必须使模型流动与原型流动满足力学相似条件，所谓力学相似包括几何相似、运动相似、动力相似和边界条件、初始条件相似几个方面。在下面的讨论中，原型中的物理量标以下标 p，模型中的物理量标以下标 m。

（一）几何相似

几何相似是指两个流动的对应的线段长度成比例，对应角度相等，对应的边界性质相同或边界条件相似（指固体边界的粗糙度和自由液面等），亦即原型和模型两个流动的几何形状相似。两个流动的长度比尺、面积比尺、体积比尺可分别表示为

$$\left.\begin{aligned}\lambda_L&=\frac{L_p}{L_m}\\ \lambda_A&=\frac{A_p}{A_m}=\lambda_L^2\\ \lambda_V&=\frac{V_p}{V_m}=\lambda_L^3\end{aligned}\right\}\tag{6-88}$$

长度比尺视实验场地大小、实验要求不同而取不同的值，通常水工模型 $\lambda_L=10\sim100$。当长、宽、高三个方向长度比尺相同时称为正态模型，否则称为变态模型。几何相似是力学相似的前提。

（二）运动相似

运动相似是指两个流场对应点上同名的运动学的量成比例，主要是流速场、加速度场相似。时间比尺、速度比尺、加速度比尺可分别表示为

$$\left.\begin{aligned}\lambda_t &= \frac{t_p}{t_m}\\ \lambda_v &= \frac{v_p}{v_m}\\ \lambda_a &= \frac{a_p}{a_m}\end{aligned}\right\} \tag{6-89}$$

作为特例，重力加速度比尺 $\lambda_g=\frac{g_p}{g_m}$，如果原型与模型均在同一星球上，$\lambda_g \approx 1$。

（三）动力相似

动力相似是指两个流场对应点上同名的动力学的量成比例，即力场相似。密度比尺、动力黏度比尺、作用力比尺可分别表示为

$$\left.\begin{aligned}\lambda_\rho &= \frac{\rho_p}{\rho_m}\\ \lambda_\mu &= \frac{\mu_p}{\mu_m}\\ \lambda_F &= \frac{F_p}{F_m}\end{aligned}\right\} \tag{6-90}$$

作用在流体上的外力通常有重力 G、黏性切力 T、压力 P、弹性力 E、表面张力 S 等，其比尺为

$$\lambda_F = \frac{G_p}{G_m} = \frac{T_p}{T_m} = \frac{P_p}{P_m} = \frac{E_p}{E_m} = \frac{S_p}{S_m}$$

对非恒定流还应满足初始条件相似。

三、相似准则

设作用在流体上的外力合力 F，使流体产生的加速度为 a，流体的质量为 m，则由牛顿第二定律 $F=ma$ 可知，力的比尺 λ_F 也可表示为

$$\lambda_F = \frac{F_p}{F_m} = \frac{M_p a_p}{M_m a_m} = \frac{\rho_p L_p^2 v_p^2}{\rho_m L_m v_m^2} \tag{6-91}$$

在某一具体流动中，占主导地位的作用力往往只有一种，因此在做模型试验时，只要让主要作用力满足相似条件即可。下面介绍只考虑一种主要作用力的相似准则。

（一）重力相似准则

当外力只有重力 G 时，外力合力 $F=G$，考虑式（6-91）有

$$\lambda_F = \frac{G_p}{G_m} = \frac{\rho_p L_p^3 g_p}{\rho_m L_m^3 g_m} = \frac{\rho_p L_p^2 v_p^2}{\rho_m L_m^2 v_m^2}$$

化简后得

$$\frac{v_p^2}{g_p L_p} = \frac{v_m^2}{g_m L_m} \tag{6-92}$$

式（6-92）中$\frac{v^2}{gL}$为一无量纲数，称为弗劳德（Fraude）数，以 Fr 表示，则重力相似，归结为弗劳德数相等，即

$$(Fr)_p=(Fr)_m \tag{6-93}$$

以相似比尺表示

$$\frac{\lambda_V^2}{\lambda_g\lambda_L}=1 \tag{6-94}$$

一般 $\lambda_g=1$，所以在重力相似时，流速比尺与长度比尺的关系为

$$\lambda_V=\lambda_L^{\frac{1}{2}} \tag{6-95}$$

据此，可推得流量比尺 λ_Q

$$\lambda_Q=\lambda_L^{5/2} \tag{6-96}$$

重力相似准则多用于明渠重力流中。

（二）黏性切力相似准则

黏性切力相似准则，归结为雷诺数相等，即

$$(Re)_p=(Re)_m \tag{6-97}$$

以黏度比尺表示为

$$\frac{\lambda_V\lambda_L}{\lambda_\nu}=1 \tag{6-98}$$

如原型与模型均用同一种流体且温度也相近，则黏度比尺 $\lambda_\nu=1$，所以黏性力相似时，速度比尺与长度比尺有以下关系

$$\left.\begin{aligned}\lambda_V&=\frac{1}{\lambda_L}\\ \lambda_Q&=\lambda_L\\ \lambda_t&=\lambda_L^2\end{aligned}\right\} \tag{6-99}$$

一般来说，当影响流速的主要因素是黏滞力时，就可用雷诺准则设计模型，例如有压管流，当其阻力处于层流区、水力光滑区，主要考虑使原型与模型的雷诺数相等，在紊流过渡区，既要雷诺数相等，又要相对粗糙度$\frac{\Delta}{d}$相似。但在紊流粗糙区或称阻力平方区时，阻力主要取决于相对粗糙度$\frac{\Delta}{d}$，而与黏性关系很少，故只要保持原型与模型几何相似、相对糙度相似即可达到力学相似，而不需要雷诺数相等。这一区域称为自动模型区。在阻力平方区的明渠也只要考虑重力相似准则和几何相似，而不必考虑雷诺准则。

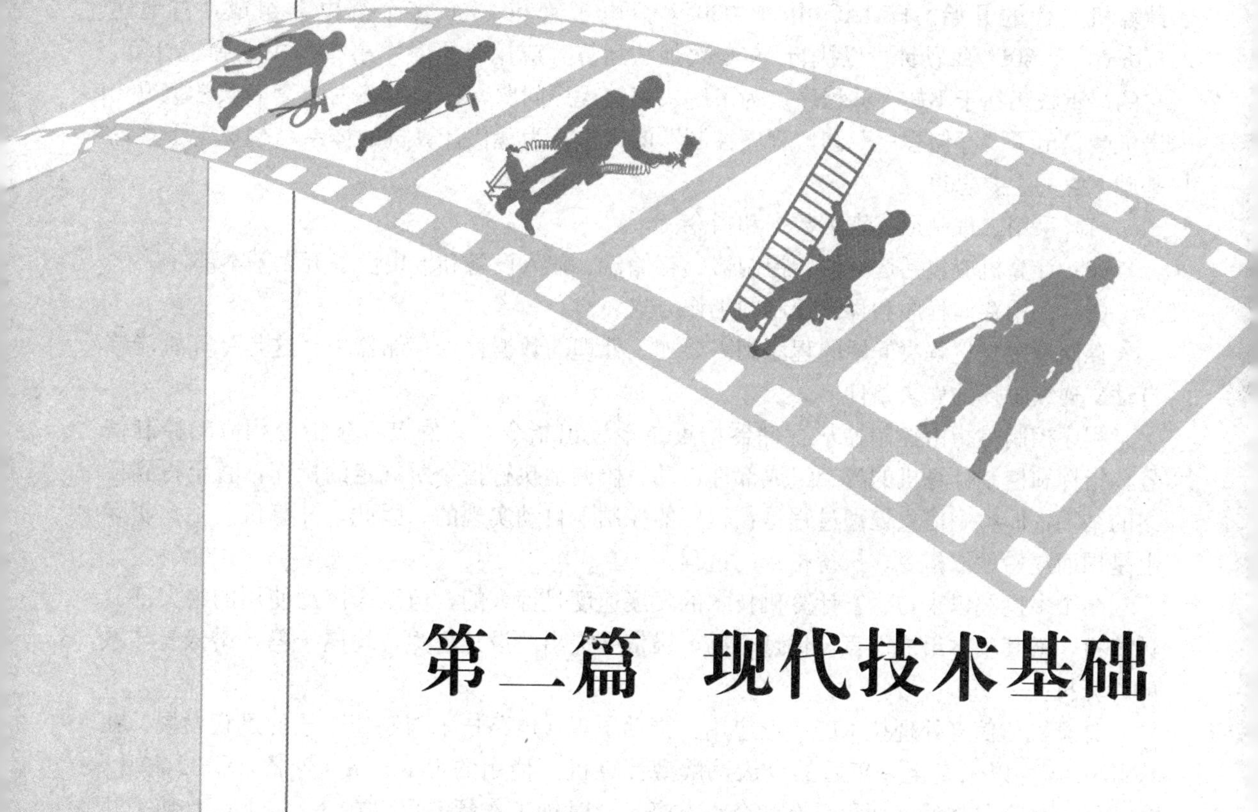

第二篇　现代技术基础

第七章 计算机应用基础

第一节 计算机系统

一、计算机的发展

1946年2月，人类历史上第一台数字电子计算机ENIAC诞生了，它标志着人类社会计算机时代的开始。ENIAC由18 000多只电子管和1500多个继电器组成，占地达170m²，重30t，每秒钟可以执行5000次加法运算，应用于当时军事指挥中的弹道计算。它的严重缺陷在于不能存储程序。为了解决存储程序问题，1946年6月，著名数学家冯·诺依曼提出了“存储程序”和“程序控制”的概念，为现代计算机的体系结构奠定了理论基础。它的主要思想是：

（1）采用二进制形式表示数据和指令。

（2）计算机应包括运算器、控制器、存储器、输入设备和输出设备五大基本部件。

（3）采用存储程序和程序控制的工作方式。

存储程序是把解决问题的程序和需要加工处理的数据存入存储器中，这是计算机能够自动、连续工作的先决条件。

程序控制是指由控制器从存储器中逐条地读出指令，并发出各条指令相应的控制信号，指挥和控制计算机的各个组成部件自动、协调地执行指令所规定的操作，直至得到最终的结果，即整个信息处理过程是在程序的控制下自动实现的。因此，计算机的工作实际上是周而复始地取指令、执行指令的过程。

半个多世纪以来，尽管计算机技术的发展速度是惊人的，但至今广泛使用的绝大部分计算机，就其基本组成而言，仍遵循冯·诺依曼提出的设计思想，均属于冯·诺依曼体系的计算机。

计算机与信息处理技术的广泛应用，推动了集成电路技术与制造工艺的迅猛发展，在ENIAC诞生以来直至多年后的今天，微型计算机上使用的Pentium（奔腾）CPU芯片，集成了上亿个晶体管，面积只有几个平方毫米，时钟工作频率可以在3G以上，总功率几十瓦。1981年美国IBM公司推出的个人计算机（Personal Computer，PC），最终导致了计算机应用的社会化与家庭化。

二、现代计算机的分类

（一）按照年代分类

（1）大型主机阶段：20世纪四五十年代，是第一代电子管计算机。经历了电子管数字计算机、晶体管数字计算机、集成电路数字计算机和大规模集成电路数字计算机的发展历程，计算机技术逐渐走向成熟。

（2）小型计算机阶段：20世纪六七十年代，是对大型主机进行的第一次“缩小化”，可以满足中小企业事业单位的信息处理要求，成本较低，价格可被接受。

（3）微型计算机阶段：20 世纪七八十年代，是对大型主机进行的第二次“缩小化”，1976 年美国苹果公司成立，1977 年就推出了 AppleⅡ计算机，大获成功。1981 年 IBM 推出 IBM-PC，此后它经历了若干代的演进，占领了个人计算机市场，使得个人计算机得到了普及。

（4）客户机/服务器阶段：即 C/S 阶段。随着 1964 年 IBM 与美国航空公司建立了第一个全球联机订票系统，把美国当时 2000 多个订票的终端用电话线连接在了一起，标志着计算机进入了客户机/服务器阶段，这种模式至今仍在大量使用。在客户机/服务器网络中，服务器是网络的核心，而客户机是网络的基础，客户机依靠服务器获得所需要的网络资源，而服务器为客户机提供网络必需的资源。C/S 结构的优点是能充分发挥客户端 PC 的处理能力，很多工作可以在客户端处理后再提交给服务器，大大减轻了服务器的压力。

（5）Internet 阶段：也称互联网、因特网、网际网阶段。互联网即广域网、局域网及单机按照一定的通信协议组成的国际计算机网络。互联网始于 1969 年，是在 ARPA（美国国防部研究计划署）制定的协定下将美国西南部的大学［UCLA（加利福尼亚大学洛杉矶分校）、Stanford Unirersity Research Institute（斯坦福大学研究学院）、UCSB（加利福尼亚大学）和 University of Utah（犹他州大学）］的 4 台主要的计算机连接起来。此后经历了文本到图片，到现在语音、视频等阶段，带宽越来越快，功能越来越强。互联网的特征：全球性、交互性、成长性、即时性、多媒体性。

（6）云计算时代：从 2008 年起，云计算（Cloud Computing）概念逐渐流行起来，它正在成为一个通俗和大众化（Popular）的词语。云计算被视为“革命性的计算模型”，因为它使得超级计算能力通过互联网自由流通成为可能。企业与个人用户无需再投入昂贵的硬件购置成本，只需要通过互联网来购买租赁计算力，用户只用为自己需要的功能付钱，同时消除传统软件在硬件、软件、专业技能方面的花费。云计算让用户脱离技术与部署上的复杂性而获得应用。云计算囊括了开发、架构、负载平衡和商业模式等，是软件业的未来模式。它基于 Web 的服务，以互联网为中心。

（二）按计算机所处理的量值分类

（1）模拟计算机。参与运算的数值由不间断的连续量表示，其运算过程是连续的。

（2）数字计算机。参与运算的数值用连续的数字量表示，其运算过程按数字位进行计算，目前通常所说的计算机指的是数字计算机。

（三）按计算机的用途分类

（1）专用计算机。为解决某种特殊问题而设计的计算机。

（2）通用计算机。应用范围广泛，用于科学计算、数据处理和实时控制等领域。

三、计算机系统特点及组成（硬件和软件部分）

（一）计算机系统特点

（1）使用单一的处理部件来完成计算、存储以及通信的工作。

（2）存储单元是定长的线性组织。

（3）存储空间的单元是直接寻址的。

（4）使用低级机器语言，指令通过操作码来完成简单的操作。

（5）对计算进行集中的顺序控制。

（6）计算机硬件系统由运算器、存储器、控制器、输入设备、输出设备 5 大部件组成。

(7) 采用二进制形式表示数据和指令。

(8) 在执行程序和处理数据时必须将程序和数据从外存储器装入主存储器中，然后才能使计算机在工作时能够自动地从存储器中取出指令并加以执行。

(二) 计算机系统的组成

计算机系统由硬件和软件两大部分组成。其中硬件是指构成计算机系统的物理实体（或物理装置），例如主板、机箱、键盘、显示器和打印机等。软件是指为运行、维护、管理和应用计算机所编制的所有程序的集合。图7-1给出了计算机硬件系统组成框图。

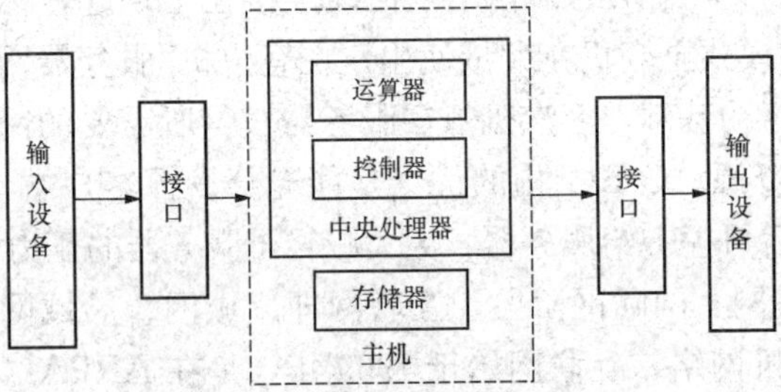

图7-1 计算机硬件系统组成

1. 硬件部分

(1) 输入装置：将程序和数据的信息转换成相应的电信号，让计算机能接收的装置，如键盘、鼠标、光笔、扫描仪、图形板、外存储器等。

(2) 输出装置：能将计算机内部处理后的信息传递出来的设备，如显示器、打印机、绘图仪、外存储器等。

(3) 存储器：计算机在处理数据的过程中或在处理数据之后把程序和数据存储起来的装置。存储器分为主存储器和辅助存储器。主存储器与中央处理器组装在一起构成主机，直接受CPU控制，因此也被称为内存储器，简称内存。存储器由内存、高速缓存、外存和管理这些存储器的软件组成，以字节为单位，是用来存放正在执行的程序、待处理数据及运算结果的部件。内存分为只读存储器（ROM）、随机存储器（RAM）、高速缓冲存储器（Cache）。

1) 只读存储器（ROM）：是一种只能读不能写入的存储器，最大特点是电源断电后信息不会丢失，经常用来存放监控和诊断程序。

2) 随机存储器（RAM）：可随机读出和写入信息用来存放用户的程序和数据，关机后RAM中的内容自动消失，并不可恢复。

3) 高速缓冲存储器（Cache）：在逻辑上位于CPU和内存之间，其运算速度高于内存而低于CPU，其作用是减少CPU的等待时间，提高CPU的读写速度，而不会改变内存的容量。辅助存储器也称外存储器，存储容量大，外存储器分为磁表面存储器和光存储器两大类。

(4) 运算器：它是计算机的核心部件，对信息或数据进行加工和处理，它主要由逻辑运算单元（ALU）组成，在控制器的指挥下可以完成各种算术运算、逻辑运算和其他操作。

(5) 控制器：它是计算机的神经中枢和指挥中心，计算机的硬件系统由控制器控制其全部动作。运算器和控制器一起称为中央处理器。主存、运算器和控制器统称为主机。输入装置和输出装置统称为输入、输出装置。通常把输入、输出装置和外存一起称为外围设备。外存既是输入设备又是输出设备。

(6) 中央处理器（CPU）：CPU主要由运算器、控制器、寄存器等组成。运算器按控制器发出的命令来完成各种操作。控制器是规定计算机执行指令的顺序，并根据指令的信息控制计算机各部分协同动作。

例 7-1 计算机的新体系结构思想，是在一个芯片上集成（　　）。

(A) 多个控制器　　(B) 多个微处理器

(C) 高速缓冲存储器　　(D) 多个存储器

解：计算机新的体系结构思想是在单芯片上集成多个微处理器，把主存储器和微处理器做成片上系统（System On Chip），以存储器为中心设计系统等，这是今后的发展方向应选（B）。

2. 软件部分（见图 7-2）

（1）系统软件：系统软件是生成、准备和执行其他软件所需要的一组程序，通常负责管理、监督和维护计算机各种软硬件资源。给用户提供一个友好的操作界面。

系统软件主要有操作系统（Windows、UNIX、LINUX 操作系统）、程序设计语言［机器语言、汇编语言、高级语言、非过程语言（不必关心问题的解法和处理过程的描述，只要说明所要完成的加工和条件，指明输入数据以及输出形式，就能得到所要的结果，如 Visual C++、Java 语言等）］、智能性语言（应用于抽象问题求解、数据逻辑、公式处理、自然语言理解、专家系统和人工智能的许多领域）。

（2）应用软件：应用软件是用户为了解决某些特定具体问题而开发或外购的各种程序，如 Word、Excel 等。

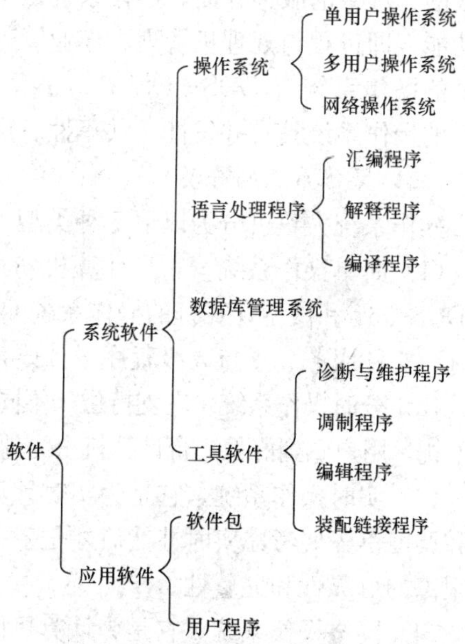

图 7-2 软件的组成

四、计算机总线

总线是一种内部结构，它是 CPU、内存、输入设备、输出设备传递信息的公用通道，主机的各个部件通过总线相连接，外部设备通过相应的接口电路再与总线相连接，从而形成了计算机硬件系统。在计算机系统中，各个部件之间传送信息的公共通路叫总线，微型计算机是以总线结构来连接各个功能部件的。总线分为主板总线、硬盘总线及其他总线。

例 7-2 计算机的三类总线中，不包括（　　）。

(A) 控制总线　　(B) 地址总线　　(C) 传输总线　　(D) 数据总线

解：总线分为数据总线，用于传送数据信息。地址总线，是专门用来传送地址的。控制总线用于控制、时序和中断信号线。故正确答案为（C）。

五、数模/模数转换

数模转换器是将数字信号转换为模拟信号的系统，一般用低通滤波即可以实现。

模数转换器是将模拟信号转换成数字信号的系统，是一个滤波、采样保持和编码的过程。模拟信号经带限滤波，采样保持电路，变为阶梯形状信号，然后通过编码器，使得阶梯状信号中的各个电平变为二进制码。

六、操作系统

（一）定义

操作系统是控制其他程序运行，管理系统资源并为用户提供操作界面的系统软件的集合。

（二）操作系统功能及特征

操作系统（Operating System，OS）是一管理电脑硬件与软件资源的程序，同时也是计算机系统的内核与基石。操作系统身负诸如管理与配置内存、决定系统资源供需的优先次序、控制输入与输出设备、操作网络与管理文件系统等基本事务。操作系统是管理计算机系统的全部硬件资源包括软件资源及数据资源、控制程序运行、改善人机界面、为其他应用软件提供支持等，使计算机系统所有资源最大限度地发挥作用。为用户提供方便的、有效的、友善的服务界面。操作系统是一个庞大的管理控制程序，大致包括5个方面的管理功能，即进程与处理机管理、作业管理、存储管理、设备管理、文件管理。目前微机上常见的操作系统有DOS、OS/2、UNIX、XENIX、LINUX、Windows、Netware等。但所有的操作系统具有并发性、共享性、虚拟性和不确定性4个基本特征。

（三）操作系统的分类

操作系统大致可分为以下5种类型。

（1）简单操作系统。它是计算机初期所配置的操作系统，如IBM公司的磁盘操作系统DOS/360和微型计算机的操作系统CP/M等。这类操作系统的功能主要是操作命令的执行、文件服务、支持高级程序设计语言编译程序和控制外部设备等。

（2）分时操作系统。它支持位于不同终端的多个用户同时使用一台计算机，彼此独立互不干扰，用户感到好像一台计算机全为他所用。该系统具有同时性、交互性和独占性特点。

（3）实时操作系统。它是为实时计算机系统配置的操作系统。其主要特点是资源的分配和调度首先要考虑实时性然后才是效率。此外，实时操作系统应有较强的容错能力，具有很高的可靠性和完整性。

（4）网络操作系统。它是为计算机网络配置的操作系统。在其支持下，网络中的各台计算机能互相通信和共享资源。对网络操作系统的要求是保证信息传输的准确性、安全性和保密性。其主要特点是与网络的硬件相结合来完成网络的通信任务。

（5）分布操作系统。它是为分布计算系统配置的操作系统。它在资源管理、通信控制和操作系统的结构等方面都与其他操作系统有较大的区别。由于分布计算机系统的资源分布于系统的不同计算机上，操作系统对用户的资源需求不能像一般的操作系统那样等待有资源时直接分配的简单做法，而是要在系统的各台计算机上搜索，找到所需资源后才可进行分配。对于有些资源，如具有多个副本的文件，还必须考虑一致性。所谓一致性是指若干个用户对同一个文件所同时读出的数据是一致的。为了保证一致性，操作系统需控制文件的读、写、操作，使得多个用户可同时读一个文件，而任一时刻最多只能有一个用户在修改文件。分布操作系统的通信功能类似于网络操作系统。由于分布计算机系统不像网络分布得很广，同时分布操作系统还要支持并行处理，因此它提供的通信机制和网络操作系统提供的有所不同，它要求通信速度高。分布操作系统的结构也不同于其他操作系统，它分布于系统的各台计算机上，能并行地处理用户的各种需求，有较强的容错能力。其特征是统一性、共享性、透明性和自治性。

例7-3 操作系统中的文件管理，是对计算机系统中的（　　）。

（A）永久程序文件的管理　　（B）记录数据文件的管理

（C）用户临时文件的管理　　（D）系统软件资源的管理

解： 文件管理的主要任务是向计算机用户提供一种简便、统一的管理和使用文件的界面，提供对文件的操作命令，实现按名存取文件，是对系统软件资源的管理，应选（D）。

第二节　计算机程序设计语言

一、计算机语言

计算机语言（Computer Language）指用于人与计算机之间通信的语言。计算机语言是人与计算机之间传递信息的媒介。计算机系统最大特征是指令通过一种语言传达给机器。为了使电子计算机进行各种工作，就需要有一套用以编写计算机程序的数字、字符和语法规则，由这些字符和语法规则组成计算机各种指令（或各种语句），就是计算机能接受的语言。

（一）计算机语言的分类

计算机语言的种类非常的多，总的来说可以分成机器语言、汇编语言、高级语言三大类。

（1）机器语言。机器语言是用二进制代码表示的计算机能直接识别和执行的一种机器指令的集合。它是计算机的设计者通过计算机的硬件结构赋予计算机的操作功能。机器语言具有灵活、直接执行和速度快等特点。

用机器语言编写程序，编程人员要首先熟记所用计算机的全部指令代码和代码的含义。手编程序时，程序员得自己处理每条指令和每一数据的存储分配和输入输出，还得记住编程过程中每步所使用的工作单元处在何种状态。这是一件十分繁琐的工作，编写程序花费的时间往往是实际运行时间的几十倍或几百倍。而且，编出的程序全是些0和1的指令代码。直观性差，还容易出错。除了计算机生产厂家的专业人员外，绝大多数程序员已经不再去学习机器语言了。

（2）汇编语言。为了克服机器语言难读、难编、难记和易出错的缺点，人们就用与代码指令实际含义相近的英文缩写词、字母和数字等符号来取代指令代码（如用ADD表示运算符号“+”的机器代码），于是就产生了汇编语言。所以说，汇编语言是一种用助记符表示的仍然面向机器的计算机语言。汇编语言也称符号语言。汇编语言由于是采用了助记符号来编写程序，比用机器语言的二进制代码编程要方便些，在一定程度上简化了编程过程。汇编语言的特点是用符号代替了机器指令代码，而且助记符与指令代码一一对应，基本保留了机器语言的灵活性。使用汇编语言能面向机器并较好地发挥机器的特性，得到质量较高的程序。

汇编语言中由于使用了助记符号，用汇编语言编制的程序送入计算机，计算机不能像用机器语言编写的程序一样直接识别和执行，必须通过预先放入计算机的“汇编程序”的加工和翻译，才能变成能够被计算机识别和处理的二进制代码程序。用汇编语言等非机器语言书写好的符号程序称源程序，运行时汇编程序要将源程序翻译成目标程序。目标程序是机器语言程序，它一经被安置在内存的预定位置上，就能被计算机的CPU处理和执行。

汇编语言像机器指令一样，是硬件操作的控制信息，因而仍然是面向机器的语言，使用起来还是比较繁琐费时，通用性也差。汇编语言是低级语言，但是，汇编语言用来编制系统软件和过程控制软件，其目标程序占用内存空间少，运行速度快，有着高级语言不可替代的用途。

（3）高级语言。不论是机器语言还是汇编语言都是面向硬件具体操作的，语言对机器过分依赖，要求使用者必须对硬件结构及其工作原理都十分熟悉，这对非计算机专业人员是难以做到的，对于计算机的推广应用是不利的。计算机事业的发展，促使人们去寻求一些与人类自然语言相接近且能为计算机所接受的语意确定、规则明确、自然直观和通用易学的计算机语言。这种与自然语言相近并为计算机所接受和执行的计算机语言称高级语言。高级语言是面向用户的语言。无论何种机型的计算机，只要配备上相应的高级语言的编译或解释程序，则用该高级语言编写的程序就可以通用。如今被广泛使用的高级语言有BASIC、PASCAL、C、COBOL、FORTRAN、LOGO以及VC、VB等。这些语言都属于系统软件。

计算机并不能直接地接受和执行用高级语言编写的源程序，源程序在输入计算机时，通过“翻译程序”翻译成机器语言形式的目标程序，计算机才能识别和执行。这种“翻译”通常有两种方式，即编译方式和解释方式。编译方式是：事先编好一个称为编译程序的机器语言程序，作为系统软件存放在计算机内，当用户由高级语言编写的源程序输入计算机后，编译程序便把源程序整个地翻译成用机器语言表示的与之等价的目标程序，然后计算机再执行该目标程序，以完成源程序要处理的运算并取得结果。解释方式是：源程序进入计算机时，解释程序边扫描边解释并逐句输入逐句翻译，计算机一句句执行，并不产生目标程序。PASCAL、FORTRAN、COBOL等高级语言执行编译方式；BASIC语言则以执行解释方式为主；PASCAL、C语言是能书写编译程序的高级程序设计语言。

（二）计算机语言的发展趋势

面向对象程序设计以及数据抽象在现代程序设计思想中占有很重要的地位，未来语言的发展将不再是一种单纯的语言标准，将会以一种完全面向对象，更易表达现实世界，更易为人编写，其使用将不再只是专业的编程人员，人们完全可以用订制真实生活中一项工作流程的简单方式来完成编程。

二、计算机程序设计语言

（1）C语言。C语言是Dennis Ritchie在20世纪70年代创建的，它功能更强大且与ALGOL保持更连续的继承性，而ALGOL则是COBOL和FORTRAN的结构化继承者。C语言被设计成一个比它的前辈更精巧、更简单的版本，它适于编写系统级的程序，比如操作系统。在此之前，操作系统是使用汇编语言编写的，而且不可移植。C语言是第一个使得系统级代码移植成为可能的编程语言。

（2）C＋＋语言。C＋＋语言是具有面向对象特性的C语言的继承者。面向对象编程，或称OOP（Object Oriented Programming）是结构化编程的下一步。OOP程序由对象组成，其中的对象是数据和函数离散集合。有许多可用的对象库存在，这使得编程简单得只需要将一些程序堆在一起。比如说，有很多的GUI（Graphical User Interface）和数据库的库实现为对象的集合。

（3）汇编语言。汇编是第一个计算机语言。汇编语言实际上是你计算机处理器实际运行的指令的命令形式表示法。这意味着你将与处理器的底层打交道，比如寄存器和堆栈。

（4）Pascal语言。Pascal语言是由Nicolas Wirth在20世纪70年代早期设计的，Pascal被设计来强行使用结构化编程。最初的Pascal被严格设计成教学之用，最终，大量的拥护者促使它闯入了商业编程中。当Borland发布IBMPC上的Turbo Pascal时，Pascal辉煌一时。集成的编辑器，闪电般的编译器加上低廉的价格使之变得不可抵抗，Pascal编程成为MS—DOS编写小程序的首选语言。然而时日不久，C编译器变得更快，并具有优秀的内置编辑器和调试器。Pascal在1990年Windows开始流行时走到了尽头，Borland放弃了Pascal而把目光转向了为 Windows 编写程序的 C++。Turbo Pascal 很快被人遗忘。

（5）Java 语言。Java 语言是由 Sun 最初设计用于嵌入程序的可移植性“小 C++”。在网页上运行小程序的想法着实吸引了不少人的目光，于是，这门语言迅速崛起。事实证明，Java 语言不仅适于在网页上内嵌动画，而且它还是一门极好的完全的软件编程的小语言。“虚拟机”机制、垃圾回收以及没有指针等使它很容易成为不易崩溃且不会泄露资源的可靠程序。

虽然不是 C++语言的正式续篇，但 Java 语言从 C++语言中借用了大量的语法。它丢弃了很多 C++语言的复杂功能，从而形成一门紧凑而易学的语言。不像 C++语言，Java 强制面向对象编程，要在 Java 语言里写非面向对象的程序就像要在 Pascal 里写“空心粉式代码”一样困难。

（6）C#语言。C#语言是一种精确、简单、类型安全、面向对象的语言。其是 .Net 的代表性语言。什么是 .Net 呢？微软总裁兼首席执行官 Steve Ballmer 把它定义为：.Net 代表一个集合，一个环境，它可以作为平台支持下一代 Internet 的可编程结构。

（7）FORTRAN 语言。FORTRAN 语言是世界上第一个被正式推广使用的高级语言。它是 1954 年被提出来的，1956 年开始正式使用，至今已有五十多年的历史，但仍历久不衰，它始终是数值计算领域所使用的主要语言。FORTRAN 语言是 Formula Translation 的缩写，意为“公式翻译”。它是为科学、工程问题或企事业管理中的那些能够用数学公式表达的问题而设计的，其数值计算的功能较强。

例 7-4 根据计算机语言的发展过程，它们出现的顺序为（　　）。

（A）机器语言、汇编语言、高级语言　　（B）汇编语言、机器语言、高级语言

（C）高级语言、汇编语言、机器语言　　（D）机器语言、高级语言、汇编语言

解： 计算机语言发展经历了由最初的机器语言发展到使用符号表示的汇编语言，继而开发出人们使用方便的高级语言。故正确答案为（A）。

第三节　信　息　表　示

一、计算机中的信息表示方法

计算机采用二进制：用 0 和 1 存储信息。

计算机最小的存储单位为“位”（bit）。1 个 bit 可以有两种状态：0 或 1。

8 个 bit 组成 1 个字节（Byte），字节是存储器的基本计算单位。以一个字节表示的信息称为一个字符。

由若干个字节组成一个存储单元，称为“字”（Word）。一个存储单元中存放一条指令或一个数据。

数据的存储单位有位、字节和字等。

位：比特，记为 bit，是最小的信息单位，是用 0 或 1 来表示的一个二进制位数。

字节：拜特，记为 Byte，是数据存储中最常用的基本单位。8 位二进制构成一个字节，从最小的 00000000 到最大的 11111111，一个英文字符占一个字节的位置，一个中文占两个字节的位置。

二、信息的表示及存储

信息是人们表示一定意义的符号的集合，可以是数字、文字、图形、图像、动画、声

音等。数据是信息在计算机内部的表现形式。数据本身就是一种信息。

（一）数制

（1）数制的定义：用一种固定的数字（数码符号）和一套统一的规则来表示数值的方法。

数制的种类分为十进制、二进制、八进制、十六进制、六十进制、十二进制等。

数制的规则为 R 进制的规则是逢 R 进 1。

（2）权：是指指数位上的数字乘上一个固定的数值。

（3）基数：十进制基数是十、二进制基数是二、八进制基数是八。

进位计数制中的三个要素，即数位（数字在一个数中所处的位置）、权、基数。

（4）二进制数：二进制是“逢二进一”的计数方法，计算机中的数据如文字、数字、声音、图像、动画、色彩等信息都是用二进制数来表示的。

采用二进制记数的原因：主要是由二进制数在技术操作上的可行性、可靠性及逻辑性所决定的。

1）可行性：二进制数只有 0、1 两个数码，要表示这两个状态，在物理技术上很容易实现，如电灯的亮和灭、晶体管门电路的导通和截止等。

2）可靠性：因为二进制只有两个状态，数字转移和处理抗干扰能力强，不易出错。

3）简易性：二进制数的运算法则简单，使计算机运算器结构大大简化。

4）通用性：因为二进制数只有 0、1 两个数码，与逻辑代数中的“真”和“假”两个值对应，从而为计算机实现逻辑运算和逻辑判断提供了方便。

（二）数制的转换

1. 十进制数转换二进制数

十进制数转换二进制数步骤：

（1）将十进制整数转换为二进制整数。

（2）将十进制小数转换为二进制小数。

（3）合成一个二进制数。

例 7-5 把十进制数 29.125 转换为二进制数。

解：（1）先将十进制整数 29 转换成二进制数（除 2 取余数法）。

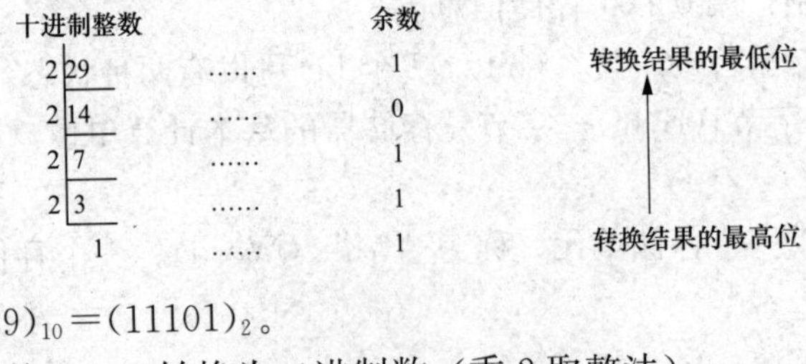
十进制整数
余数
2 29 …… 1
2 14 …… 0
2 7 …… 1
2 3 …… 1
1 …… 1
转换结果的最低位
转换结果的最高位

转换后结果：$(29)_{10}=(11101)_2$。

（2）把十进制小数 0.125 转换为二进制数（乘 2 取整法）。

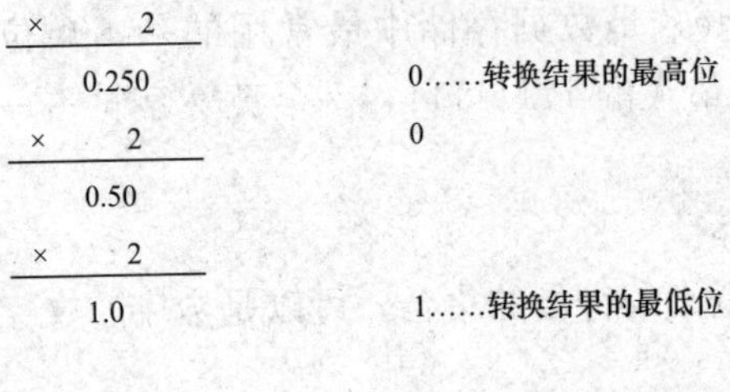
0.125
取整数部分
× 2
0.250
0……转换结果的最高位
× 2
0
0.50
× 2
1.0
1……转换结果的最低位

转换后结果：$(0.125)_{10}=(0.001)_2$。

(3) 将整数部分与小数部分合在一起。

$(29)_{10}+(0.125)_{10}=(11101)_2+(0.001)_2$

$(29.125)_{10}=(11101.001)_2$

2. 二进制数转换成十进制

例 7-6 将二进制数 $(11101.001)_2$ 转换成十进制数（按权展开法）。

$$\begin{aligned}(11101.001)_2 &= 1\times2^4+1\times2^3+1\times2^2+0\times2^1+1\times2^0+0\times2^{-1}+0\times2^{-2}+1\times2^{-3}\\ &= 16+8+4+0+1+0.0+0.0+0.125\\ &= (29.125)_{10}\end{aligned}$$

3. 八进制数与十六进制数

计算机中经常使用八进制数与十六进制数，因为二进制数写起来太长，不便于比较和记忆。二进制与八进制数、十六进制数与二进制数有简单的对应规则，可方便地写成二进制数的形式。它们的对应关系见表 7-1～表 7-3。

表 7-1　十六进制与二进制数对应关系

十六进制	0	1	2	3	…	8	9	A	B	…	E	F
二进制	0000	0001	0010	0011	…	1000	1001	1010	1011	…	1110	1111

表 7-2　八进制与二进制数对应关系

八进制	0	1	2	3	4	5	6	7
二进制	000	001	010	011	100	101	110	111

表 7-3　八进制、二进制与十六进制数对应关系

八进制	531	5	3	1
二进制	101011001	101	011	001
十六进制	159	1	5	9

（三）非数值数据在计算机内的表示

计算机中数据的概念是广义的，除了有数值的信息之外，还有数字、字母、通用符号、控制符号等字符信息以及逻辑信息、图形、图像、语音等信息，这些信息进入计算机都转变成 0、1 表示的编码，所以称为非数值数据。

(1) 字符的表示方法。字符主要是指数字、字母、通用符号等，在计算机内它们都被转换成计算机能够识别的二进制编码形式。这些字符编码方式有很多种，国际上广泛采用的是美国国家信息交换标准代码（American Standard Code for Information Interchange），简称 ASCII 码。

(2) 汉字编码。

我国制定了 GB 2312—1980《信息交换用汉字编码字符集　基本集》，这种编码称为国标码。在国标码的字符集中共收录了汉字和图形符 7445 个，其中一级汉字 3755 个、二级汉字 3008 个，图形符号 682 个。

例 7-7 目前，微机系统中普遍使用的字符信息编码是（　　）。

(A) BCD 编码　　(B) ASCII 编码　　(C) EBCDIC 编码　　(D) 汉字字型码

解： ASCⅡ码是“美国信息交换标准代码”的简称，是目前国际上最为流行的字符信息编码方案。在这种编码中每个字符用 7 个二进制位表示。这样，从 000000 到 111111 可以给出 128 种编码，可以用来表示 128 个不同的字符，其中包括 10 个数字、大、小写字母各 26 个、算术运算符、标点符号及专用符号等。

故正确答案为（B）。

（四）多媒体数据在计算机内的表示

1. 多媒体技术

多媒体信息都是以数字形式而不是以模拟信号的形式存储和传输的。传播信息媒体的种类很多，如文字、声音、图形、图像、动画等。多媒体技术是指能对多种载体（媒介）的信息和多种存储体（媒质）上的信息进行处理的技术，是一种将文字、图形、图像、视频、动画和声音等表现信息的媒体结合在一起，并通过计算机进行综合处理和控制，将多媒体各个要素进行有机组合，完成一系列随机性交互式操作的技术。

2. 媒体的分类

按照国际电联的定义，媒体分为五类：

（1）感觉媒体，如图形、图像、语言、音乐等。

（2）表示媒体，如图像编码、声音编码、电报码、条形码等。

（3）显示媒体，如显示器、打印机、鼠标、摄像机等。

（4）存储媒体，如软盘、硬盘、光盘等。

（5）传输媒体，如同轴电缆、光纤、无线链路等。

3. 多媒体的特性

（1）多样性。多媒体强调的是信息媒体的多样化和媒体处理方式的多样化，它将文字、声音、图形、图像甚至视频集成进入了计算机，使得信息的表现有声有色，图文并茂。

（2）交互性。指任何计算机能对话，以便进行人工干预控制。交互性是多媒体技术的关键特征，也就是可与使用者作交互性沟通的特征，这也正是它与传统媒体的最大不同。

（3）集成性。将计算机、声像、通信技术合为一体。把多种媒体如文本、声音、图形、图像、视频等信息有机地组织在一起，共同表达一个完整的多媒体信息。

（4）数字化。指多媒体中各个多媒体信息都以数字形式存放在计算机中。

（5）实时性。声音、图像是与时间密切相关的，这就决定了多媒体技术必须要支持实时处理。

例 7-8 多媒体计算机是指（　　）。

（A）具有多种外部设备的计算机　　（B）能与多种电器连接的计算机

（C）能处理多种媒体的计算机　　（D）借助多种媒体操作的计算机

解： 多媒体计算机是能够对声音、图像、视频等多媒体信息进行综合处理的计算机。故正确答案为（C）。

第四节　常用操作系统

操作系统就是管理电脑硬件与软件的程序，所有的软件都是基于操作系统程序的基础上去开发的。其实操作系统种类是很多的，有工业用的，商业用的，个人用的，涉及的范围很广，电脑常用的操作系统有以下几种。

一、常用操作系统

（一）Windows 操作系统

Windows 操作系统是由微软公司开发，大多数用于平时的台式电脑和笔记本电脑。Windows 操作系统有着良好的用户界面和简单的操作。我们最熟悉的莫过于 Windows XP 和现在很流行的 Windows 7，还有比较新的 Windows 8。Windows 操作系统之所以取得成功，主要在于它具有以下优点：直观、高效的面向对象的图形用户界面，易学易用。Windows 操作系统是一个多任务的操作环境，它允许用户同时运行多个应用程序，或在一个程序中同时做几件事情。每个程序在屏幕上占据一块矩形区域，这个区域称为窗口，窗口是可以重叠的。用户可以移动这些窗口，或在不同的应用程序之间进行切换，并可以在程序之间进行手工和自动的数据交换和通信。虽然同一时刻计算机可以运行多个应用程序，但仅有一个是处于活动状态的，其标题栏呈现高亮颜色。一个活动的程序是指当前能够接收用户键盘输入的程序。

（二）UNIX 操作系统

UNIX 操作系统是一个强大的多用户、多任务操作系统，支持多种处理器架构，最早由 Ken Thompson、Dennis Ritchie 和 Douglas McIlroy 于 1969 年在 AT&T 的贝尔实验室开发。经过长期的发展和完善，目前已成长为一种主流的操作系统技术和基于这种技术的产品大家族。由于 UNIX 操作系统具有技术成熟、可靠性高、网络和数据库功能强、伸缩性突出和开放性好等特色，可满足各行各业的实际需要，特别能满足企业重要业务的需要，已经成为主要的工作站平台和重要的企业操作平台。

（三）LINUX 操作系统

LINUX 操作系统继承了 UNIX 操作系统的许多特性，还加入自己的一些新的功能。Linux 是开放源代码的，免费的。谁都可以拿去做修改，然后开发出有自己特色的操作系统。做得比较好的有红旗、Ubuntu、Fedora、Debian 等。这些都可以装在台式机或笔记本上。

（四）苹果操作系统（Mac OS X 操作系统）

Mac OS X 操作系统是全球领先的操作系统。基于坚如磐石的 UNIX 基础，设计简单直观，让处处创新的 Mac 安全易用，兼容 Mac 软件不支持其他软件，出类拔萃。Mac OS X 操作系统以稳定可靠著称。由于系统不兼容任何非 Mac 软件，因此在开发 Snow Leopard 的过程中，苹果工程师们只能开发 Mac 系列软件。所以他们可以不断寻找可供完善、优化和提速的地方，即从简单的卸载外部驱动到安装操作系统。只专注一样，所以超凡品质如今更上一层楼。

二、操作系统管理

（一）进程和处理器管理

进程和处理器管理或称处理器调度，是操作系统资源管理功能的另一个重要内容。在一个允许多道程序同时执行的系统里，操作系统会根据一定的策略将处理器交替地分配给系统内等待运行的程序。一道等待运行的程序只有在获得了处理器后才能运行。另一道程序在运行中若遇到某个事件，例如启动外部设备而暂时不能继续运行下去，或一个外部事件的发生等，操作系统就要来处理相应的事件，然后将处理器重新分配。

（二）存储管理

系统的设备资源和信息资源都是操作系统根据用户需求按一定的策略来进行分配和调

度的。操作系统的存储管理就负责把内存单元分配给需要内存的程序以便让它执行，在程序执行结束后将它占用的内存单元收回以便再使用。对于提供虚拟存储的计算机系统，操作系统还要与硬件配合做好页面调度工作，根据执行程序的要求分配页面，在执行中将页面调入和调出内存以及回收页面等。

（三）文件管理

文件管理是操作系统的一个重要的功能，主要是向用户提供一个文件系统。一般来说，一个文件系统向用户提供创建文件、撤销文件、读写文件、打开和关闭文件等功能。有了文件系统后，用户可按文件名存取数据而无需知道这些数据存放在哪里。这种做法不仅便于用户使用，而且还有利于用户共享公共数据。此外，由于文件建立时允许创建者规定使用权限，这就可以保证数据的安全性。

（四）输入/输出管理

操作系统的人机交互功能是决定计算机系统“友善性”的一个重要因素。人机交互功能主要靠可输入、输出的外部设备和相应的软件来完成。可供人机交互使用的设备主要有键盘显示、鼠标、各种模式识别设备等。与这些设备相应的软件就是操作系统提供人机交互功能的部分。人机交互部分的主要作用是控制有关设备的运行和理解，并执行通过人机交互设备传来的有关的各种命令和要求。早期的人机交互设施是键盘显示器。操作员通过键盘输入命令，操作系统接到命令后立即执行并将结果通过显示器显示。输入的命令可以有不同方式，但每一条命令的解释是清楚的、唯一的。随着计算机技术的发展，操作命令也越来越多，功能也越来越强。随着模式识别，如语音识别、汉字识别等输入设备的发展，操作员和计算机在类似于自然语言或受限制的自然语言这一级上进行交互成为可能。此外，通过图形进行人机交互也吸引着人们去进行研究。这些人机交互可称为智能化的人机交互。

（五）设备管理

操作系统的设备管理功能主要是分配和回收外部设备以及控制外部设备按用户程序的要求进行操作等。对于非存储型外部设备，如打印机、显示器等，它们可以直接作为一个设备分配给一个用户程序，在使用完毕后回收以便给另一个需求的用户使用。对于存储型的外部设备，如磁盘、磁带等，则是提供存储空间给用户，用来存放文件和数据。存储性外部设备的管理与信息管理是密切结合的。

（六）网络服务

网络服务（Web Services）是指一些在网络上运行的、面向服务的、基于分布式程序的软件模块，网络服务采用 HTTP 和 XML 等互联网通用标准，使人们可以在不同的地方通过不同的终端设备访问 Web 上的数据，如网上订票、查看订座情况。网络服务在电子商务、电子政务、公司业务流程电子化等应用领域有广泛的应用。

例 7-9 下面列出有关操作系统的描述中错误的是（　　）。

（A）具有文件处理的功能

（B）使计算机系统用起来更方便

（C）具有对计算机资源管理的功能

（D）具有处理硬件故障的功能

解：操作系统主要有两个作用。一是资源管理，操作系统要对系统中的各种资源实施管理，其中包括对硬件及软件资源的管理。二是为用户提供友好的界面，计算机系统主要是为用户服务的，即使用户对计算机的硬件系统或软件系统的技术问题不精通，也照样可以方便地使用计算机。但操作系统不具有处理硬件故障的功能，应选（D）。

第五节 计 算 机 网 络

一、网络的概念

计算机发展到现在，已经不再是单机使用，而是进入了计算机网络时代。数据通信就是将数据从某端传送到另一端，达到信息交换的目的。从计算机与计算机之间的数据传送，乃至于无线广播、卫星通信等，均属于数据通信的范畴。利用通信设备连接多台计算机及外设而成的系统，就称为计算机网络（Computer network）。

二、计算机网络的功能

（1）硬件资源共享：可以在全网范围内提供对处理资源、存储资源、输入输出资源等设备的共享，使用户节省投资，也便于集中管理和均衡分担负荷。

（2）软件资源共享：允许互联网上的用户远程访问数据库，可以得到网络文件传送服务、远程管理服务和远程文件访问服务，从而避免软件研制上的重复劳动以及数据资源的重复存储，也便于集中管理。

（3）用户间信息交换：计算机网络为分布在各地的用户提供了强有力的通信手段。用户可以通过计算机网络传送电子邮件、发布新闻消息和进行电子商务活动。

三、计算机网络的组成及分类

计算机网络通俗地讲就是将分散的多台计算机、终端和外部设备用通信线路互联起来，彼此间实现互相通信。总的来说计算机网络的组成基本上包括计算机、网络操作系统、传输介质以及相应的应用软件 4 部分。按照地理范围划分可以把各种网络类型划分为局域网、城域网、广域网和互联网 4 种。下面简要介绍这几种计算机网络。

（一）*局域网*（LAN）

局域网（LAN）是最常见、应用最广的一种网络。随着整个计算机网络技术的发展和提高，局域网得到充分的应用和普及，几乎每个单位都有自己的局域网，有的甚至家庭中都有自己的小型局域网。所谓局域网，就是在局部地区范围内的网络，它所覆盖的地区范围较小。局域网在计算机数量配置上没有太多的限制，少的可以只有两台，多的可达几百台。一般来说在企业局域网中，工作站的数量在几十到两百台左右。在网络所涉及的地理距离上一般来说可以是几米至 10km 以内。局域网一般位于一个建筑物或一个单位内，不存在寻径问题，不包括网络层的应用。这种网络的特点就是：连接范围窄、用户数少、配置容易、连接速率高。目前局域网最快的速率要算现今的 10G 以太网了。IEEE 的 802 标准委员会定义了多种主要的 LAN 网，如以太网（Ethernet）、令牌环网（Token Ring）、光纤分布式接口网络（FDDI）、异步传输模式网（ATM）以及最新的无线局域网（WLAN）。

（二）*城域网*（MAN）

这种网络一般来说是在一个城市，这种网络的连接距离可以在十公里至上百公里，它采用的是 IEEE 802.6 标准。MAN 与 LAN 相比扩展的距离更长，连接的计算机数量更多，在地理范围上可以说是 LAN 网络的延伸。在一个大型城市或都市地区，一个 MAN 网络通常连接着多个 LAN 网，如连接政府机构的 LAN、医院的 LAN、电信的 LAN、公司企业的 LAN 等。由于光纤连接的引入，使 MAN 中高速的 LAN 互联成为可能。

城域网多采用 ATM 技术做骨干网。ATM 是一个用于数据、语音、视频以及多媒体应用程序的高速网络传输方法。ATM 包括一个接口和一个协议，该协议能够在一个常规的传输信道上，在比特率不变及变化的通信量之间进行切换。ATM 也包括硬件、软件以及与 ATM 协议标准一致的介质。ATM 提供一个可伸缩的主干基础设施，以便能够适应不同规模、速度以及寻址技术的网络。ATM 的最大缺点就是成本太高，所以一般在政府城域网中应用，如邮政、银行、医院等。

（三）广域网（WAN）

这种网络也称为远程网，所覆盖的范围比城域网（MAN）更广，它一般是在不同城市之间的 LAN 或者 MAN 网络互联，地理范围可从几百公里到几千公里。因为距离较远，信息衰减比较严重，所以这种网络一般是要租用专线，通过 IMP（接口信息处理）协议和线路连接起来，构成网状结构，解决循径问题。这种城域网因为所连接的用户多，总出口带宽有限，所以用户的终端连接速率一般较低，通常为 9.6kbit/s～45Mbit/s，如邮电部的 CHINANET、CHINAPAC 和 CHINADDN 网。

四、互联网（Internet）

互联网又称为因特网。在互联网应用如此发展的今天，它已是我们每天都要打交道的一种网络，无论从地理范围，还是从网络规模来讲它都是最大的一种网络，就是我们常说的 Web、WWW 和万维网。从地理范围来说，它可以是全球计算机的互联，这种网络最大的特点就是不定性，整个网络的计算机每时每刻随着人们网络的接入在不变的变化。当你联在互联网上的时候，你的计算机可以算是互联网的一部分，但一旦断开互联网的连接时，你的计算机就不属于互联网了。它的优点是信息量大、传播广，无论你身处何地，只要联上互联网就可以对任何可以联网用户发出你的信息。

五、TCP/IP 协议

TCP/IP 是由美国国防部所制定的通信协议，它包括传输控制协议（Transmission Control Protocol，TCP）和网际协议（Internet Protocol，IP）。这种协议使得不同品牌、规格的计算机系统可以在互联网上正确地传送信息。这种协议几乎成为互联网上的通信标准，只要遵循 TCP/IP 的规范，便能在互联网上通行无阻。目前大部分具有网络功能的计算机系统都支持 TCP/IP 协议。TCP/IP 的核心思想就是“网络互联”，将使用不同低层协议的异构网络，在传输层、网络层建立一个统一的虚拟逻辑网络，以此来屏蔽所有物理网络的硬件差异，从而实现网络的互联。

TCP/IP 协议分为以下 4 层。

（1）网络接口层：负责接收从互联网层提交来的数据包并将数据包通过物理网络发送出去，或者从物理网络上接受物理帧，抽出数据包，提交给互联网层。

（2）互联网层：负责相邻结点之间的数据传送。其主要功能是：处理来自传输层的数据发送请求；处理输入数据包；处理网络的路由选择、流量控制和拥塞控制。

（3）传输层：建立、维护和拆除传输层连接，为会话层服务提供端到端的差错恢复和流量控制。传输层将信息按网络层的通信要求对信息分段，利用网络层进行报文分组无差错、不丢失、不重复及顺序传输，信息传输到目标端后，由传输层使用分组同步机制对收到的分组重新排序组装成原信息。

（4）应用层：提供诸如文件传输、电子邮件等应用程序，它包括所有的高层协议。

六、URL

URL（Uniform Resource Locator）用来指示某一项资源（或信息）的所在位置及访问方法，URL的格式为

访问方法：//主机地址/路经文件名

例如，http://www.bta.net.cn/index.htm。

（1）访问方法：用来表示该URL所链接的网络服务性质，如“http”为WWW的访问方式，“ftp”为文件传输服务的访问方式等。

（2）主机地址：该项资源所在服务器主机的域名，如 www.bta.net.cn 及 www.sohu.com等。

（3）路经文件名：该项资源所在服务器主机中的路经及文件名，如index.htm。

七、网络安全技术

目前计算机病毒及各类“黑客”软件多如牛毛，一台没有进行任何安全设置的Windows系统（不安装各种系统补丁、不安装病毒防火墙），在Internet中很快就会被攻陷，因而人们在使用网络提供的各种高效工作方式的同时，不得不时刻提防来自计算机病毒、黑客等诸多方面的潜在威胁。各种用于网络安全防范的设置方法和工具软件，可以在很大程度上帮助用户提高计算机抵抗外来侵害的能力，能方便地检查和堵塞可能存在的各种安全漏洞。美国微软公司的Windows系列操作系统以其简便、易用的特点占据了较大的市场份额，自然也成为被攻击的主要对象。

（一）启用Windows防火墙

所谓防火墙指的是由软件和硬件设备组合而成、在内部网和外部网之间、专用网与公共网之间的界面上构造的保护屏障。

防火墙是一种保护计算机网络安全的技术性措施，它通过在网络边界上建立相应的网络通信监控系统来隔离内部和外部网络，以阻挡来自外部的网络入侵。

（二）使用安全系数高的密码

提高安全性的最简单有效的方法之一就是使用一个不会轻易被暴力攻击所猜到的密码。使用包含特殊字符和空格，同时使用大小写字母，避免使用从字典中能找到的单词。每使你的密码长度增加一位，就会以倍数级别增加由你的密码字符所构成的组合。一般来说，小于8个字符的密码被认为是很容易被破解的。可以用10个、12个字符作为密码，16个当然更好了。在不会因为过长而难于键入的情况下，让你的密码尽可能地更长会更加安全。

（三）升级软件

在很多情况下，在安装部署生产性应用软件之前，对系统进行补丁测试工作是至关重要的，最终安全补丁必须安装到你的系统中。如果很长时间没有进行安全升级，可能会导致你使用的计算机非常容易成为不道德黑客的攻击目标。因此，不要把软件安装在长期没有进行安全补丁更新的计算机上。同样的情况也适用于任何基于特征码的恶意软件保护工具，诸如防病毒应用程序，如果它不进行及时的更新，从而不能得到当前的恶意软件特征定义，防护效果会大打折扣。

（四）使用数据加密

对于那些有安全意识的计算机用户或系统管理员来说，有不同级别的数据加密范围可以使用，根据需要选择正确级别的加密通常是根据具体情况来决定的。数据加密的范围很广，从使用密码工具来逐一对文件进行加密，到文件系统加密，最后到整个磁盘加密。

（五）使用数字签名

数字签名技术即进行身份认证的技术。在数字化文档上的数字签名类似于纸张上的手写签名，是不可伪造的。接收者能够验证文档确实来自签名者，并且签名后文档没有被修改过，从而保证信息的真实性和完整性。在指挥自动化系统中，数字签名技术可用于安全地传送作战指挥命令和文件。完善的签名应满足以下三个条件：

(1) 签名者事后不能抵赖自己的签名。

(2) 任何其他访问控制技术，指防止对任何资源进行未授权的访问，从而使计算机系统在合法的范围内使用。意指用户身份及其所归属的某项定义组来限制用户对某些信息项的访问，或限制对某些控制功能的使用的一种技术，如 UniNAC 网络准入控制系统的原理就是基于此技术之上。访问控制通常用于系统管理员控制用户对服务器、目录、文件等网络资源的访问。人不能伪造签名。

(3) 如果当事人双方关于签名的真伪发生争执，能够在公正的仲裁者面前通过验证签名来确认其真伪。

（六）访问控制

通过设置适当的用户账户，禁止不必要的用户账户访问来加强 Windows 的安全性。访问控制技术是防止对任何资源进行未授权的访问，从而使计算机系统在合法的范围内使用。访问控制通常用于系统管理员控制用户对服务器、目录、文件等网络资源的访问。

（七）通过备份保护数据

备份数据可以保护自己在面对灾难的时候把损失降到最低的重要方法之一。数据冗余策略既可以包括简单、基本的定期拷贝数据到 CD 上，也包括复杂的定期自动备份到一个服务器上。

例 7-10 我们通常所说的“网络黑客”，他的行为主要是（　　）。

(A) 在网上发布不健康信息　　(B) 制造并传播病毒

(C) 攻击并破坏 Web 网站　　(D) 收看不健康信息

解：黑客，通常就是指一些有一定编程技术的人，有能力修改或增强其功能甚至自制病毒程序的人，黑客有很多种，一种是破坏别人电脑系统的。另一种是窃取别人账号的，例如网络游戏账号。故正确答案为 (C)。

第八章 电 气 与 信 息

本部分内容分为电路分析、电机及拖动、电子技术与信息技术四部分。学习中应注意找出电路特点，根据问题的不同找出合适的解题方法；在学习电子技术时要注意处理好定性分析与定量估计的关系，定量估计的目的是辅助定性概念的建立。目前信息技术发展很快，根据考试大纲的要求，本教材仅涉及信息技术的主要概念，希望学员们予以重视。

第一节 电 场 与 磁 场

一、库仑定律

库仑定律研究两个静止的点电荷在真空中相互作用规律。

内容：在真空中两个静止点电荷间的相互作用力的方向沿两个点电荷的连线，同种电荷相斥，异种电荷相吸；大小正比于两点电荷所带电量的乘积，反比于两点电荷间距离的平方。用矢量公式表示为

$$\boldsymbol{F}_{21}=-\boldsymbol{F}_{12}=\frac{1}{4\pi\varepsilon_0}\times\frac{q_1q_2}{r_{12}^3}\boldsymbol{r}_{12} \tag{8-1}$$

式中 $\boldsymbol{F}_{12}$——点电荷 2 作用于点电荷 1 上的力，N；

$\boldsymbol{F}_{21}$——点电荷 1 作用于点电荷 2 上的力，N；

r_{12}——点电荷 1 和 2 之间的距离，m；

$\boldsymbol{r}_{12}$——点电荷 1 指向点电荷 2 的矢量，m；

q_1、q_2——分别为点电荷 1 和 2 的电量，含正负，C；

ε_0——真空介电常数，大小为 $8.85\times10^{-12}\mathrm{C}^2/(\mathrm{N}\cdot\mathrm{m}^2)$。

二、电场强度

传递电力的中介物质是电场。置于电场中某点的试验电荷 q_0 将受到源电荷作用的力 $\boldsymbol{F}$，定义该点电场强度（简称场强）作为描写电场的场量，即

$$\boldsymbol{E}=\frac{\boldsymbol{F}}{q_0}(\mathrm{N/C}) \tag{8-2}$$

$\boldsymbol{E}$ 是矢量，可以叠加。

若场源是电量为 q（含正负）的点电荷，由计算可知，在观察点 P 的电场强度为

$$\boldsymbol{E}=\frac{q}{4\pi\varepsilon_0 r^3}\boldsymbol{r} \tag{8-3}$$

式中 $\boldsymbol{E}$——点电荷 q 产生的电场强度，N/C；

r——点电荷 q 至观察点 P 的距离，m；

$\boldsymbol{r}$——点电荷 q 指向 P 的矢径，m。

三、电场的高斯定理

高斯定理指出电场强度的分布与场源之间的关系：静电场对任意封闭曲面的电通量只

取决于被包围在该曲面内部的电量，等于被包围在该曲面内的电量代数和除以 ε_0，即

$$\varphi_e = \oint_A \boldsymbol{E} \cdot d\boldsymbol{A} = \frac{1}{\varepsilon_0}\sum q \tag{8-4}$$

式中 $\boldsymbol{E}$——电场强度，N/C；

$d\boldsymbol{A}$——面积元矢量，大小等于 dA（A 为封闭曲面），方向是 dA 的正法线方向（由内指向外）；

ε_0——真空介电常数，$C^2/(N \cdot m^2)$；

$\sum q$——封闭曲面内电量代数和，C。

四、电场力做功

电荷从 a 点移至 b 点，电场力做功

$$A_{ab} = \int_a^b \boldsymbol{F} \cdot d\boldsymbol{l} \tag{8-5}$$

式中 $\boldsymbol{F}$——电场对电荷的作用力。

可以证明，A_{ab} 的大小仅与试验电荷电量以及 a、b 点的位置有关，与路径无关，即静电场力是保守力。

基于这一点，可以定义电场空间位置的标量函数，即电动势，其量值等于单位正电荷从该点经任意路径到无穷远处时电场力所做的功，单位为伏特（V）。静电场中，任意两点 a 和 b 的电动势之差叫电动势差，也叫电压。

五、磁感应强度、磁场强度、磁通

静止的电荷产生静电场，而运动电荷周围不仅存在电场，也存在磁场。对于电场曾以作用在试验电荷上的电力定义场强 $\boldsymbol{E}$。同样的，研究作用在运动电荷上的磁力引力来描写磁场的物理量，即磁感应强度（又称磁通密度）$\boldsymbol{B}$，单位为特斯拉（T）。在磁介质中，再定义辅助量磁场强度 $\boldsymbol{H}$ 计算式为

$$\boldsymbol{H} = \frac{\boldsymbol{B}}{\mu}(A/m) \tag{8-6}$$

式中 μ——磁介质的相对磁导率，在空气中 $\mu=\mu_0=4\pi\times10^{-7}$ H/m。

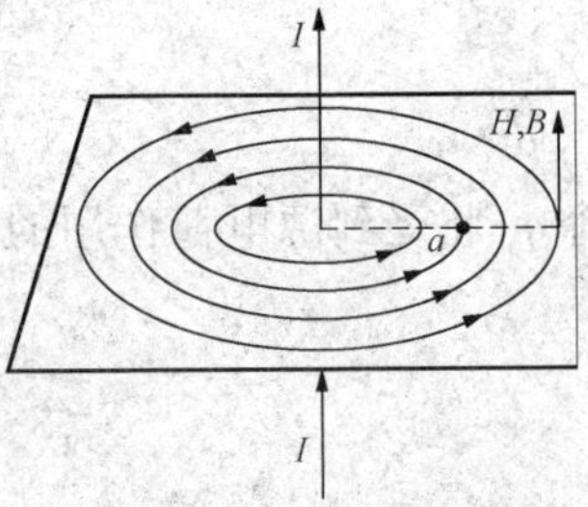

图 8-1 无限长直导线的磁感应强度与磁场强度

例如，如图 8-1 所示无限长直导线电流强度大小为 I，方向向上，则距导线 a 处磁感应强度 $B=\frac{I\mu}{2\pi a}$，磁场强度 $H=\frac{I}{2\pi a}$，两者方向皆垂直于半径方向，与电流方向符合右手螺旋定则。

定义 通过有限曲面 S 的磁通量为

$$\phi_m = \int_S \boldsymbol{B} \cdot d\boldsymbol{S}(Wb) \tag{8-7}$$

六、安培力

磁场中的载流导体会受到磁场力的作用，称为安培力，

考察电流元所受安培力，有

$$d\boldsymbol{F} = Id\boldsymbol{l} \times \boldsymbol{B} \tag{8-8}$$

式中 $Id\boldsymbol{l}$——电流元；

$\boldsymbol{B}$——磁感应强度。

任意形状载流导体在磁场中所受安培力应等于各电流元所受安培力之和（矢量和），即

$$\boldsymbol{F}=\int_L \mathrm{d}\boldsymbol{F}=\int I\mathrm{d}\boldsymbol{l}\times\boldsymbol{B} \tag{8-9}$$

显然，长为 $\boldsymbol{l}$ 的直线电流在匀强磁场 $\boldsymbol{B}$ 中所受安培力为

$$\boldsymbol{F}=I\boldsymbol{l}\times\boldsymbol{B} \tag{8-10}$$

例 8-1 一载流直导线 AB 如图 8-2 所示方式放置，电流大小为 i_0，方向为 A 至 B，磁感应强度 $\boldsymbol{B}_0$ 的方向沿 x 轴正向，大小为 B_0，求 $\overline{AB}$ 导线的受力。

解：$\overline{AB}$ 导线的受力为

$$\boldsymbol{F}=i_0\,\overline{AB}\times\boldsymbol{B}_0$$

$\boldsymbol{F}$ 的方向为垂直纸面向内。

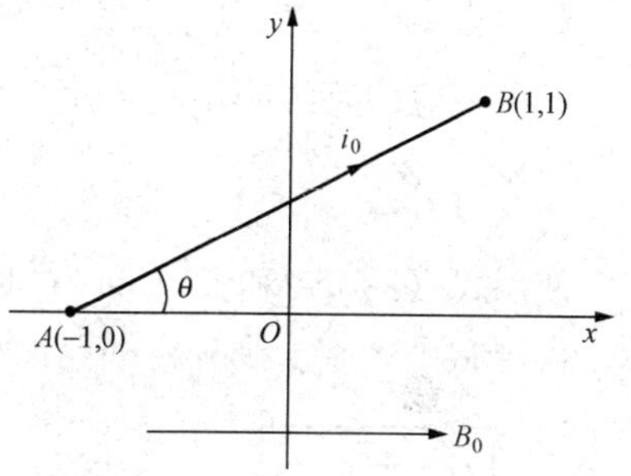

图 8-2 例 8-1 图

七、安培环路定理

在稳恒电流产生的磁场中，不管载流回路形状如何，对任意闭合路径，磁感应强度的线积分（即环流）仅决定于被闭合路径所包围的电流的代数和，即

$$\oint_L \boldsymbol{B}\cdot\mathrm{d}\boldsymbol{l}=\mu_0\sum i \tag{8-11}$$

式中 $\boldsymbol{B}$——磁感应强度，T；

μ_0——真空磁导率，H/m；

$\sum i$——被闭合路径包围的电流代数和，A。

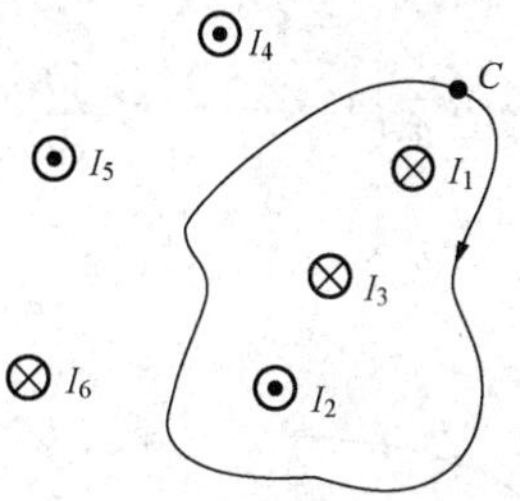

图 8-3 例 8-2 图

亦可表示成

$$\oint_L \boldsymbol{H}\cdot\mathrm{d}\boldsymbol{l}=\sum i \tag{8-12}$$

式中 $\boldsymbol{H}$——磁场强度。

电流的正负由积分时在闭合曲线上所取绕行方向（按右手螺旋法则）决定。

例 8-2 磁场由若干互相平行的无限长载流直导线产生，各导线电流分别记为 I_1、I_2、I_3、I_4、I_5、I_6，方向如图 8-3 所示，求磁感应强度 $\boldsymbol{B}$ 对闭合回路 C 的线积分，绕行方向见图 8-3。

解：根据安培环路定理，有

$$\oint_C \boldsymbol{B}\cdot\mathrm{d}\boldsymbol{l}=\mu_0(i_1-i_2+i_3)$$

例 8-3 （2018 年）图 8-4 所示为环线半径为 r 的铁芯环路，绕有匝数为 N 的线圈，线圈中通有直流电流 I，磁路上的磁场强度 H 处处均匀，则 H 值为（ ）。

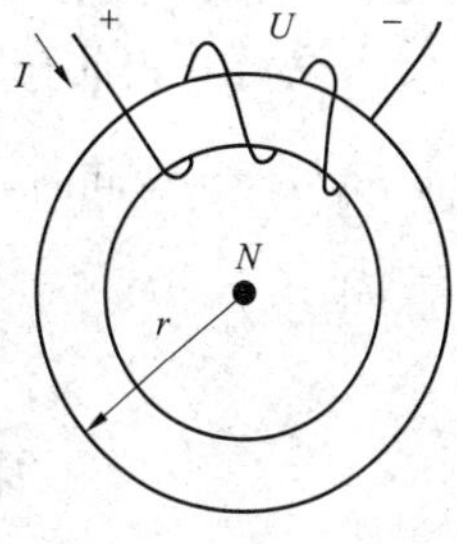

图 8-4 例 8-3 图

(A) $\dfrac{NI}{r}$，顺时针方向　　(B) $\dfrac{NI}{2\pi r}$，顺时针方向

(C) $\dfrac{NI}{r}$，逆时针方向　　(D) $\dfrac{NI}{2\pi r}$，逆时针方向

解：根据恒定磁路的安培环路定律：$\sum HL=\sum NI$ 得

$$H=\frac{NI}{L}=\frac{NI}{2\pi r}$$

磁场方向按右手螺旋法则判断为顺时针方向。

故正确答案为（B）。

八、电磁感应定律

当空间磁场随时间发生变化时，在周围空间产生感应电场，这个感应电场作用于导体回路，在导体回路中产生感应电动势，并形成感应电流。

法拉第电磁感应定律指出：不论任何原因，通过回路面积的磁通量发生变化时，回路中产生的感应电动势与磁通量对时间的变化率成正比，即

$$\varepsilon=-\frac{\mathrm{d}\Phi}{\mathrm{d}t} \tag{8-13}$$

如果感应回路线圈不止 1 匝，而是 N 匝，则有

$$\varepsilon=-N\frac{\mathrm{d}\Phi}{\mathrm{d}t} \tag{8-14}$$

使用式（8-13）和式（8-14）时，要先在回路上任意规定一个绕行方向作为回路正方向，再用右手螺旋法则确定回路面积正法线方向。

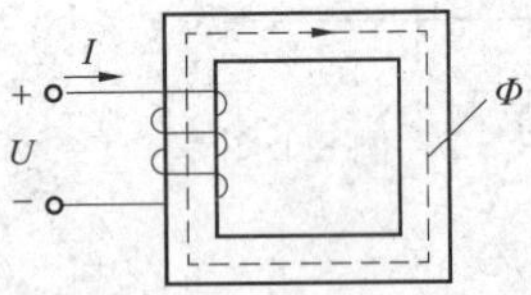

图 8-5　例 8-4 图

例 8-4　（2019 年）图 8-5 所示铁芯线圈通以直流电流 I，并在铁芯中产生磁通 Φ，线圈的电阻为 R，那么线圈两端的电压为（　　）。

(A) $U=IR$　　(B) $U=N\frac{\mathrm{d}\Phi}{\mathrm{d}t}$

(C) $U=-N\frac{\mathrm{d}\Phi}{\mathrm{d}t}$　　(D) $U=0$

解： 线圈中通入直流电流 I，磁路中磁通 Φ 为常量，根据电磁感应定律：$e=-N\frac{\mathrm{d}\Phi}{\mathrm{d}t}=0$，本题中电压—电流关系仅受线圈的电阻 R 影响，所以 $U=IR$。

故正确答案为（A）。

例 8-5　（2010 年）在图 8-6 中，线圈 a 的电阻为 R_a，线圈 b 的电阻为 R_b，两者彼此靠近如图所示，若外加激励 $u=U_m\sin\omega t$，则（　　）。

(A) $i_a=\frac{u}{R_a}, i_b=0$　　(B) $i_a\neq\frac{u}{R_a}, i_b\neq 0$

(C) $i_a=\frac{u}{R_a}, i_b\neq 0$　　(D) $i_a\neq\frac{u}{R_a}, i_b=0$

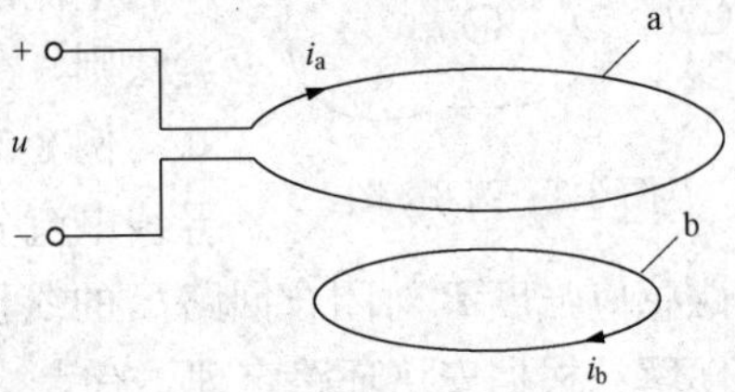

图 8-6　例 8-5 图

解： 线圈 a 的作用电源 u 是变化量，则电流 i_a 就会产生变化的磁通，该磁通同时与线圈 a、b 交链，由此在线圈 b 中产生感应电动势，且线圈 b 构成的是闭合回路，由此产生电流 i_b，$i_b\neq 0$；同时，产生的感应电动势也会影响线圈 a 中的电流，故 $i_a\neq\frac{u}{R_a}$。故正确答案是（B）。

第二节　电路的基本概念和基本定律

一、基本电路元件

电路中的元件要正确反映电路的两种性质，即电源性质和负载性质。

（一）电源元件

电源的作用是满足负载要求的电压、电流和功率。实际电源的物理结构可以不同，但对外电路的作用都可以用电压源模型或电流源模型来表示。

（1）电压源模型。实际电压源模型如图 8-7(a) 所示，电压源端电压可用下式计算

$$U = U_S - R_0 I \tag{8-15}$$

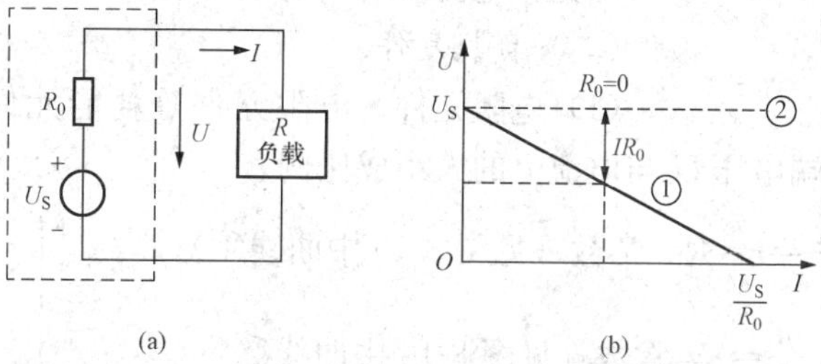

图 8-7　电压源模型与伏安特性

（a）实际电压源模型；（b）伏安特性

由图 8-7(b) 中曲线①所示的“伏安特性”可见，电源端电压 U 随电流 I 的增加而减少，电压减少的程度与电源内阻 R_0 的大小有关。为减少电源内部的能量消耗，R_0 越小越好。

$R_0=0$ 的电压源称为理想电压源，如图 8-7(b) 曲线②所示，理想电压源的特点是：端电压 $U=U_S=$常数，与负载电流 I 无关，电流为 $I=U_S/R$。

（2）电流源模型。实际电流源模型由电流源 I_S 与内阻 R_0 并联组成，如图 8-8(a) 所示，输出电流可以用下式表示

$$I = I_S - \frac{U}{R_0} \tag{8-16}$$

“伏安特性”如图 8-8(b) 中曲线①所示，可见电流 I 随负载电压 U 的增加而减少，为减少电流源内部损耗，希望电流源内阻 R_0 越大越好。

$R_0 \Rightarrow \infty$的电流源称为理想电流源，如图 8-8(b) 曲线②所示。理想电流源的特点是$I=I_S=$常数，电流源的端电压大小由负载电阻决定，即$U=RI_S$。

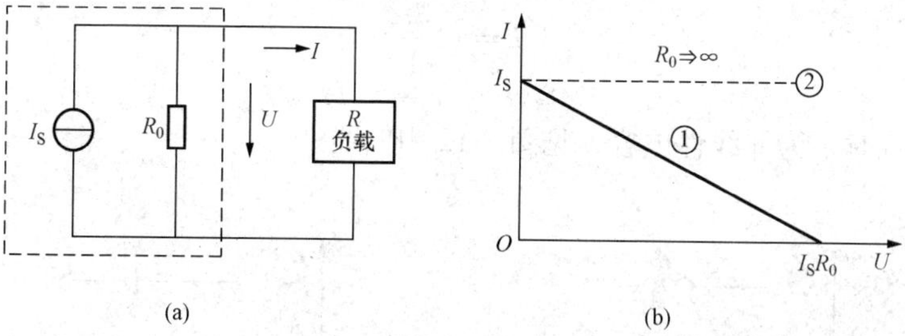

图 8-8　电流源模型与伏安特性

（a）电流源模型；（b）伏安特性

（3）电源等效变换。用电压源或电流源符号表示电源对外作用没有本质的区别，电压源与电流源模型对于外电路可以等效变换：电压源和电流源中内阻 R_0 的数值相同，结构不同，且 $U_S = R_0 I_S$ 。

式（8-15）可改写为与式（8-16）一致。

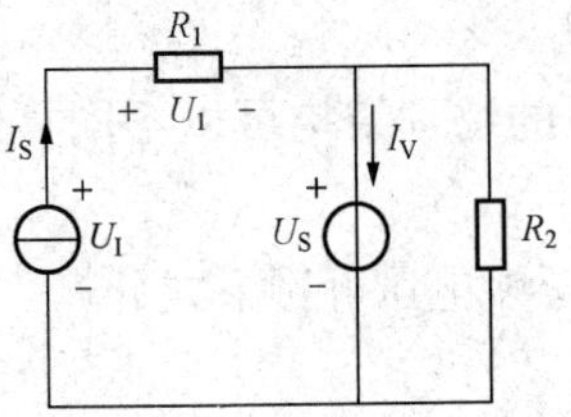

图 8-9　例 8-6 图

例 8-6　电路如图 8-9 所示，其中 I_S、U_S、R_1 和 R_2 已知，试写出电流源的端电压 U_I 和流过电压源的电流 I_V 的表达式。

解： $I_V = I_S - \dfrac{U_S}{R_2}$

$$U_I = I_S R_1 + U_S$$

可见，电流源的端电压与 U_1 和 U_S 有关，与 R_2 无关。

（二）负载元件

（1）电阻元件。电阻元件是耗能元件，是反映电路消耗电能多少的元件，其端电压 U 与电流 I 的大小成比例。

1）线性电阻　$\dfrac{u}{i}=r=R=$常数（见图 8-10 中曲线①）；

2）非线性电阻　$\dfrac{u}{i}=r\neq$常数（见图 8-10 中曲线②）。

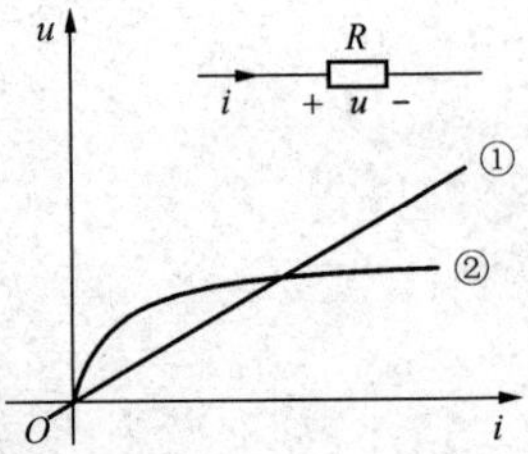

图 8-10　电阻元件曲线

（2）电感元件。电感元件是储能元件，是反映电路储存磁场能量多少的元件，由物理学中电磁感应定律定义，有

$$e_1 = -\frac{\mathrm{d}\Psi}{\mathrm{d}t} = -\frac{\mathrm{d}\Psi}{\mathrm{d}i}\frac{\mathrm{d}i}{\mathrm{d}t} \tag{8-17}$$

当$\dfrac{\mathrm{d}\Psi}{\mathrm{d}i}=$常数$=L$，称为线性电感（见图 8-11 中曲线①），电压、电流关系式为

$$u = -e = L\frac{\mathrm{d}i}{\mathrm{d}t}\left(\text{或 } i = \frac{1}{L}\int u\mathrm{d}t\right) \tag{8-18}$$

当$\dfrac{\mathrm{d}\Psi}{\mathrm{d}i}\neq$常数，称为非线性电感（见图 8-11 中曲线②）。

（3）电容元件。电容元件是储能元件，是反映电路储存电场能量多少的元件

$$i = \frac{\mathrm{d}q}{\mathrm{d}t} = \frac{\mathrm{d}q}{\mathrm{d}u}\frac{\mathrm{d}u}{\mathrm{d}t}$$

当$\dfrac{\mathrm{d}q}{\mathrm{d}u}=$常数$=C$ 时，为线性电容，见图 8-12 中曲线①，即

$$i = C\frac{\mathrm{d}u}{\mathrm{d}t} \tag{8-19}$$

当$\dfrac{\mathrm{d}q}{\mathrm{d}u}\neq$常数时，为非线性电容，见图 8-12 中曲线②。

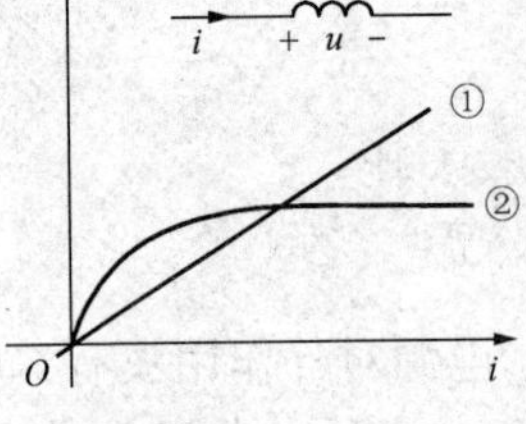

图 8-11　电感元件曲线

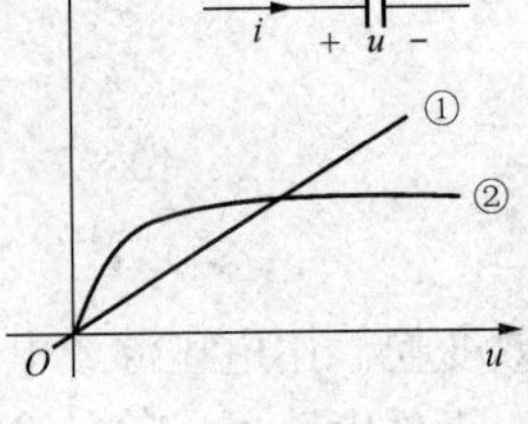

图 8-12　电容元件曲线

本电路分析的内容仅讨论线性元件电路。

二、电路基本定律

(一) 基尔霍夫电流定律 (KCL)

定义 任一电路，任何时刻，节点电流的代数和为 0，即

$$\sum i(t)=0 \tag{8-20}$$

假设流入节点电流为正，流出节点电流为负。

如图 8-13 所示电路中，节点 a 的电流关系为

$$I_1+I_2-I_3=0$$

(二) 基尔霍夫电压定律 (KVL)

定义 任一电路，任何时刻，回路电压降的代数和为 0，即

$$\sum u(t)=0 \tag{8-21}$$

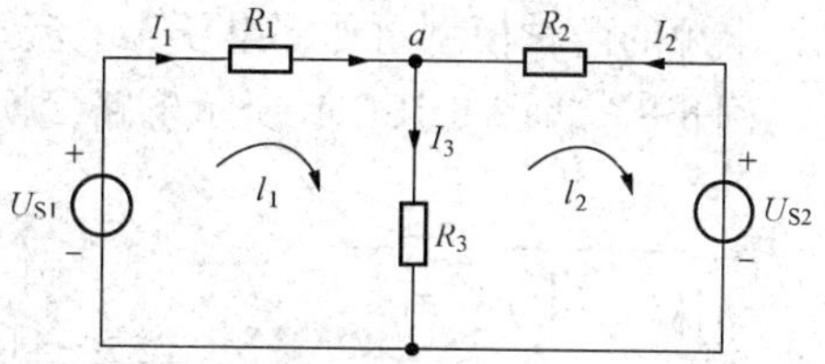

图 8-13 基尔霍夫电流、电压定律

如图 8-13 所示电路，l_1、l_2 回路（取顺时针方向），有：

l_1 回路 $-U_{S1}+I_1R_1+I_3R_3=0$

l_2 回路 $-I_3R_3-I_2R_2+U_{S2}=0$

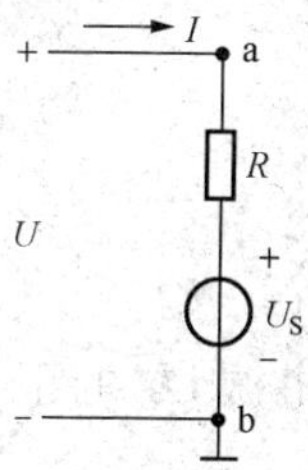

图 8-14 例 8-7 图

例 8-7 (2005 年) 图 8-14 所示电路，$U=12\text{V}$、$U_S=10\text{V}$，$R=0.4\text{k}\Omega$，则电流 I 等于 ( ) A。

(A) 0.055 (B) 0.03

(C) 0.025 (D) 0.005

解： 设参考点为 b 点，如图 8-14 所示。

$$I=\frac{U-U_S}{R}=\frac{12-10}{400}=0.005(\text{A})$$

故正确答案是 (D)。

第三节 电路的基本分析方法

电路分析的目的是计算电路中电压、电流和功率的大小，用于确定电路的能量分配关系或进行信号处理。

一、直流电路的分析

本部分根据大纲的要求，归纳了最常用的电路分析方法，即支路电流法、电源等效变换法、叠加原理和戴维南定理。

(一) 支路电流法

支路电流法是最基本的电路分析方法，应用基尔霍夫电流定律和基尔霍夫电压定律分别对节点和回路列出所需要的方程组，然后解出各未知支路电流。

解题步骤如下：

(1) 选定支路并标出各支路电流的参考方向，对选定的回路标出回路循行方向。

(2) 应用 KCL 列出 ($n-1$) 个独立节点电流方程 (n 为节点数)。

(3) 应用 KVL 列出 $b-(n-1)$ 个独立的回路电压方程。

(4) 联立求解 b 个方程 (b 为支路数)，求出各支路电流。

以图 8-13 所示电路为例说明支路电流法的应用。本电路支路数 $b=3$，节点数 $n=2$，

共要列出 3 个独立方程，即

$$\left.\begin{aligned} I_1+I_2-I_3&=0\\ U_{S1}&=I_1R_1+I_3R_3\\ U_{S2}&=I_2R_2+I_3R_3 \end{aligned}\right\} \tag{8-22}$$

然后对 3 个方程联立求解，就可以得出各支路电流 I_1、I_2、I_3。

（二）电源等效变换法

由上节电源元件的介绍得知电压源模型的外特性和电流源模型的外特性是相同的。因此，电源的两种模型对外部电压、电流互相等效，可以进行等效变换。

例 8-8 将图 8-15(a) 所示电路变换成电压源。

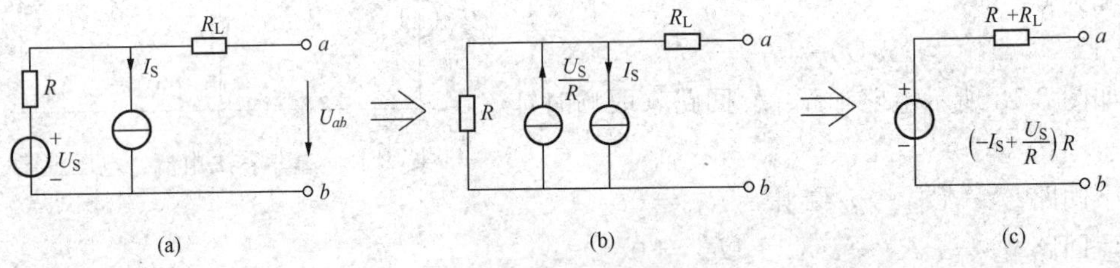

图 8-15　例 8-8 图

应注意的是：

(1) 理想电压源与理想电流源不能等效变换。

(2) 等效变换是指对端电压 U、电流 I 等效，对内部电路不等效。

(3) 为保证外电路的电压、电流方向不变，变换后电流源 I_S 正方向与电源 U_S 的正方向相反。

（三）叠加原理

(1) 内容：在有多个电源共同作用的线性电路中，各支路电流（或元件端电压）等于各个电源单独作用时，在该支路中产生电流（或电压）的代数和（见图 8-16）。

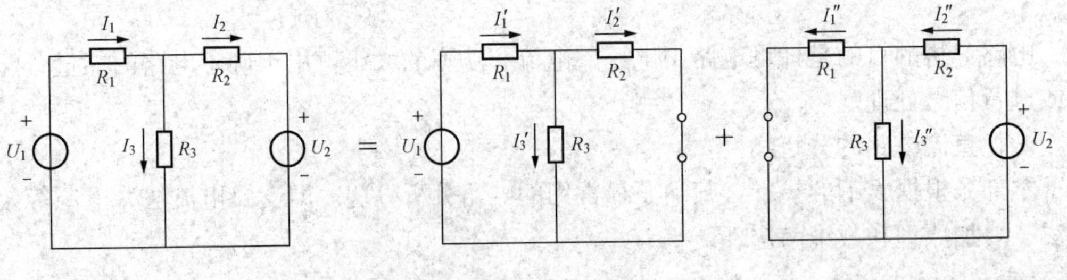

图 8-16　叠加原理

(2) 方法：当一个电源单独作用时，其他不作用的电源令其数值为 0，即不作用的电压源电压 $U_S=0$（短路），不作用的电流源 $I_S=0$（断路），在电路其他部分结构参数不变的情况下求响应。还要注意对电路的响应求代数和［电源单独作用时支路电流（或电压）的方向与原图一致时取“+”号，相反时取“−”号］。

例 8-9 求图 8-17(a) 所示电路中，电压源 U_{S2} 单独作用时电流源两端的电压分量 U'_{IS}。

解： 电压源 U_{S2} 单独作用时的等效电路如图 8-17(b) 所示（电压源 U_{S1} 短路，电流源

I_S 断路)，与电流源串联的电阻，R_2 中无电流，电压也为 0。由此得出

$$U'_{IS}=U_{S2}$$

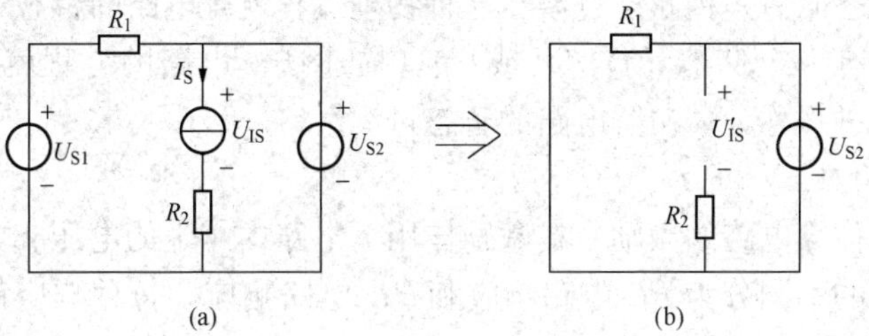

图 8-17　例 8-9 图

（四）戴维南定理

内容：任何一个线性有源二端网络，对外部电路来说可以用一个电压为 U_S 的理想电压源和电阻 R_0 串联的电路替代，如图 8-18 所示。

理想电压源的电压 U_S 为网络的开路电压，电阻 R_0 的数值是由电路的开口端向电路内部看过去的除源（内部的电压源短路，电流源断路）电阻。

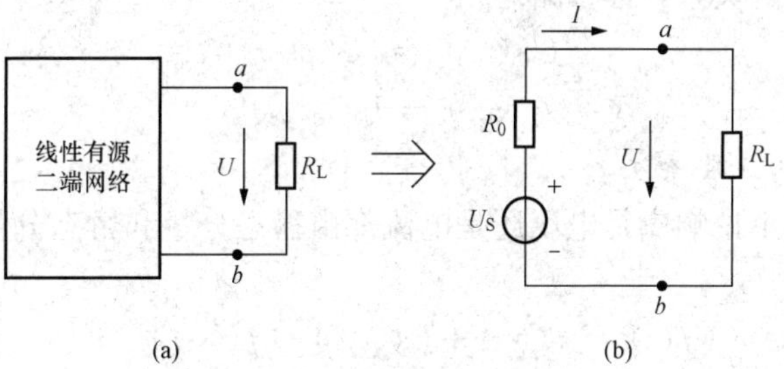

图 8-18　戴维南定理

(a) 线性电路；(b) 等效模型

例 8-10　(2011 年) 图 8-19 所示两电路相互等效，由图 8-19(b) 可知，流经 10Ω 电阻的电流 $I_R=1A$，由此可求得流经图 8-19(a) 电路中 10Ω 电阻的电流 I 等于（　　）。

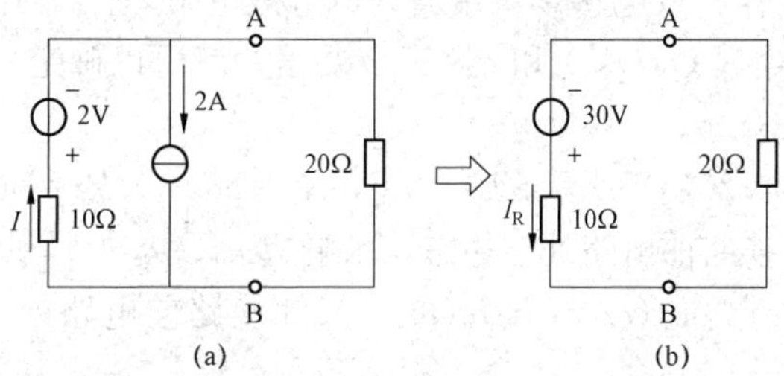

图 8-19　例 8-10 图

(A) 1A　　(B) －1A　　(C) －3A　　(D) 3A

解：根据线性电路的戴维南定理，图 8-19(a) 和图 8-19(b) 电路等效指的是对外电路电压和电流相同，即电路中 20Ω 电阻中的电流均为 1A；然后利用节点电流关系可知流过图 8-19(a) 电路 10Ω 电阻中的电流是 1A。

故正确答案为 (A)。

二、电路的暂态过程分析

在含有储能元件（L、C）的电路中，当电路的结构发生变化（如开关动作等）时，电路就要从一种状态向另一种状态过渡。这种物理过程就是电路的暂态过程。

如果电路中只有一个储能元件（L 或 C），描述这一电路的方程就是一阶微分方程，将这种电路的暂态过程称为“一阶电路的暂态过程”。

（一）电路的响应

电路中的电源称为电路的激励，在激励作用下电路中产生的电压和电流称为电路的响应。根据电路元件的不同分为 RC 电路响应和 RL 电路响应，每种响应都可以分为以下三种基本形式。

（1）零输入响应：电路换路以后，无外加激励，响应过程仅由初始能量产生。

（2）零状态响应：电路的初始能量为零，响应由外加激励产生。

（3）全响应：电路的响应由储能元件（L、C）的初始能量和外加激励共同产生。

（二）换路定则

换路定则用来确定电路暂态过程的电压、电流的初始值。根据能量不跃变原则，能量的积累和衰减都要经过一段时间，否则相应的电功率就趋向无限大。因此储能元件在换路前后的电压符合下面的关系，即换路定则

$$\left.\begin{aligned}U_{\mathrm{C}}(t_{0+})&=U_{\mathrm{C}}(t_{0-})\\I_L(t_{0+})&=I_L(t_{0-})\end{aligned}\right\}\tag{8-23}$$

（三）一阶电路的三要素法

对于一阶电路，不论响应是电压还是电流都由稳态分量和暂态分量两部分合成，任意时刻的相应关系为

$$f(t)=f(\infty)+[f(t_{0+})-f(\infty)]\mathrm{e}^{-t/\tau}\tag{8-24}$$

式中　$f(t)$——全响应；

$f(\infty)$——稳态分量；

$[f(t_{0+})-f(\infty)]\mathrm{e}^{-t/\tau}$——暂态分量；

τ——暂态过程的时间常数，对于 RC 电路 $\tau=RC$，RL 电路 $\tau=\dfrac{L}{R}$。

注　此处 R 是由电容 C 或电感 L 两端看入的等效电阻。

可见，只要知道 $f(\infty)$、$f(t_{0+})$ 和 t 这三个要素，就可以确定一阶暂态过程中的电压或电流响应。

例 8-11　电路如图 8-20(a) 所示，$U_{\mathrm{i}}=1\mathrm{V}$，$R_1=500\Omega$，$R_2=500\Omega$，$L=1\mathrm{H}$，电路激励如图 8-20(b) 所示，换路前电路处于稳态，求响应 $u_0(t)$。

解：用三要素法，有　$u_0(t)=R_2i_L(t)$，又知换路前电路处于稳态，由图（b）可知，$U_{\mathrm{i}}(0-)=0$，$I_L(0-)=0$，

写出：$i_L(t)=I_L(\infty)+[I_L(0+)-I_L(\infty)]\mathrm{e}^{-t/\tau}$

$$\tau=\frac{L}{R_1+R_2}=1\mathrm{ms},\quad I(\infty)=\frac{U_{\mathrm{i}}}{R_1+R_2}=1\mathrm{mA}$$

$$I_L(0+)=I_L(0-)=0$$

分析可知　$u_0(t)=500\times(1-\mathrm{e}^{-t/0.001})\mathrm{V}$。

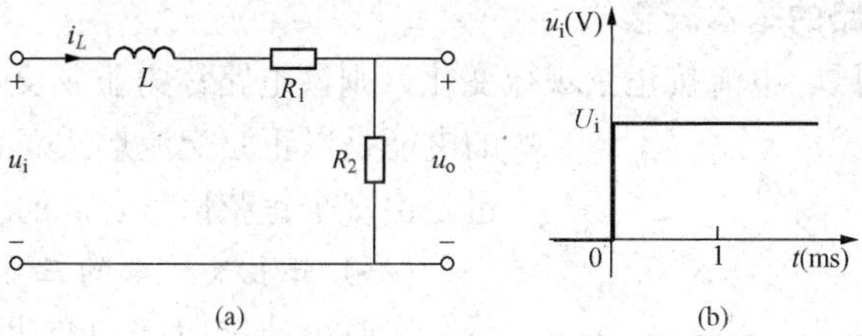

图 8-20　例 8-11 图

例 8-12　（2014 年）已知电路如图 8-21 所示，设开关在 $t=0$ 时刻断开，那么，如下表述中正确的是（　　）。

（A）电路的左右两侧均进入暂态过程

（B）电流 i_1 立即等于 i_S，电流 i_2 立即等于 0

（C）电流 i_2 由 $\frac{1}{2}i_S$ 逐步衰减到 0

（D）在 $t=0$ 时刻，电流 i_2 发生了突变

解：开关打开后电路如图 8-22 所示，左边电路中无储能元件，无暂态过程，右边电路中出现暂态过程，变化为

$$I_{2(0+)}=\frac{U_{C(0+)}}{\boldsymbol{R}}=\frac{U_{C(0-)}}{\boldsymbol{R}}\neq 0$$

$$I_{2(\infty)}=\frac{U_{C(\infty)}}{\boldsymbol{R}}=0$$

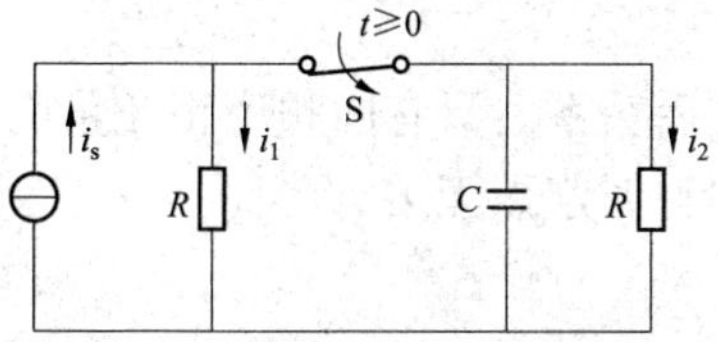

图 8-21　例 8-12 图

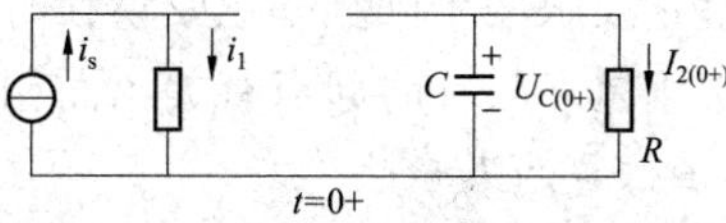

图 8-22　开关打开后电路图

故正确答案为（C）。

例 8-13　（2019 年）图 8-23 所示电路中，电感及电容元件上没有初始储能，开关 S 在 $t=0$ 时刻闭合，那么，在开关闭合瞬间（$t=0$），电路中取值为 10V 的电压是（　　）。

（A）u_L　　　　（B）u_C

（C）$u_{R1}+u_{R2}$　　　　（D）u_{R2}

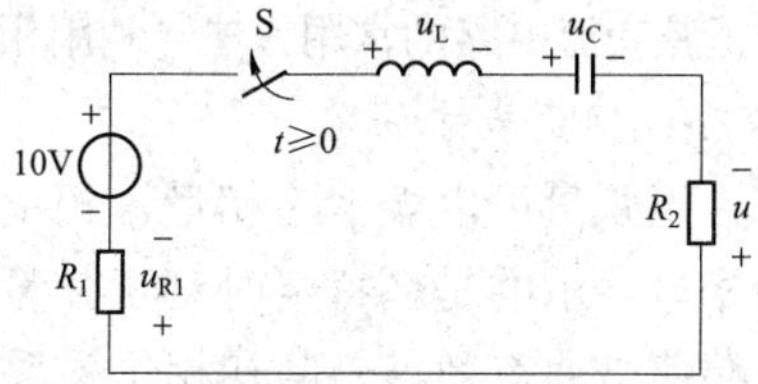

图 8-23　例 8-13 图

解：在图 8-23 所示开关 S 闭合时刻

$$U_{C(0+)}=0V,\quad I_{L(0+)}=0A$$

则

$$U_{R_1(0+)}=U_{R_2(0+)}=0V$$

根据电路的回路电压关系：$\sum U_{(0+)}=-10+U_{L(0+)}+U_{C(0+)}+U_{R_1(0+)}+U_{R_2(0+)}=0$ 代入数值，得 $U_{L(0+)}=10V$

故正确答案为（A）。

三、正弦交流电路的基本概念

如果电路中的电压、电流按正弦规律变化，则该电路称为正弦交流电路。电网上输送的电能是以正弦交流形式工作的，许多电子信号也是由多个正弦信号合成的。

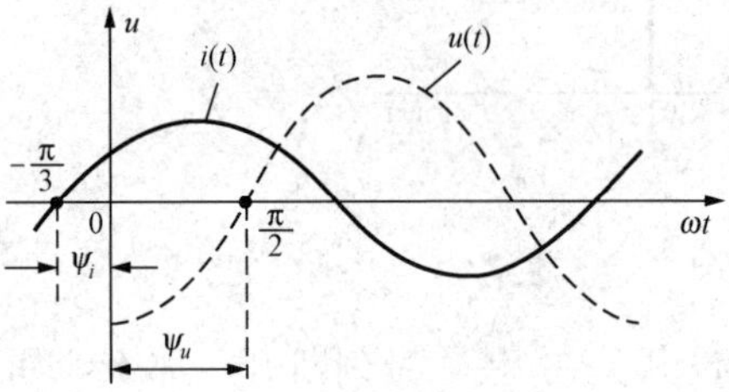

图 8-24 正弦电流电压随时间变化规律

（一）正弦交流电的三要素

正弦电流随时间的变化规律如图 8-24 所示，写成瞬时值表达式为

$$i(t)=I_{\mathrm{m}}\sin(\omega t+\psi_i)\mathrm{A}$$

其中幅值 I_{m}、角频率 ω 和初相位 ψ_i 称为正弦交流电的三要素。

（1）幅值 I_{m} 表示正弦量在变化的过程中可能出现的最高峰值。通常用有效值 I 表示正弦量的大小，二者之间关系为

$$I=\sqrt{\frac{1}{T}\int_0^T i^2(t)\mathrm{d}t}=\frac{I_{\mathrm{m}}}{\sqrt{2}} \tag{8-25}$$

（2）角频率 ω 表示正弦量的变化速度，正弦量的频率 f、周期 T 反映正弦量变化一次所用的时间（s），即

$$\left.\begin{aligned}\omega&=2\pi f\\ T&=1/f\end{aligned}\right\} \tag{8-26}$$

（3）相位和相位差。ψ 称为正弦量的初相位（当时间 $t=0$ 时正弦量的相位），相位差为

$$\varphi=\psi_u-\psi_i \tag{8-27}$$

相位差 φ 反映两个同频率正弦量在时间上的先后关系。只有同频率正弦量的相位差才有意义，初相位 ψ 与计时起点有关，而相位差 φ 与计时起点无关。

（二）正弦量的表示法

正弦量的表示法有：①三角函数，即 $i(t)=I_{\mathrm{m}}\sin(\omega t+\psi_i)$；②波形图，如图 8-24 所示；③相量表示法；④复数表示法。

①、②直观地表示了正弦量的三要素，但是在进行电路定量分析时并不方便，③、④是分析正弦交流电路的常用方法，利用相量法求解正弦交流电路将使问题简化，也是学习的重点。

1. 相量表示法

正弦量可以表示为相量，相量与空间矢量不同的是相量表示的是在特定时刻正弦量的大小和位置，以及幅值（或有效值）与初相位关系。

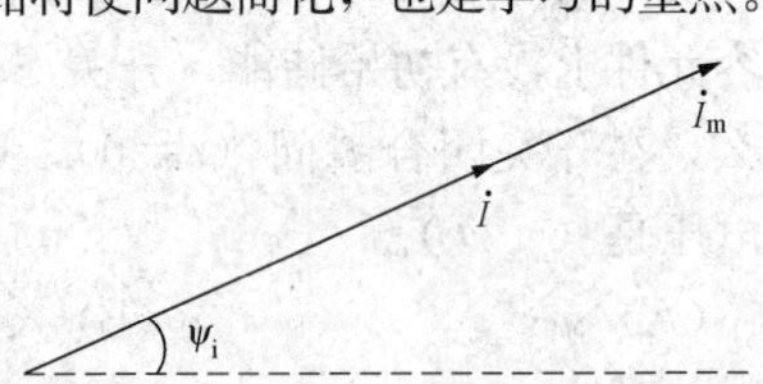

图 8-25 相量图

假设 $t=0$ 时 $i(t)=I_{\mathrm{m}}\sin(\omega t+\psi_i)$

写成相量式为 $\dot{I}_{\mathrm{m}}=I_{\mathrm{m}}\underline{/\psi_i}$（或 $\dot{I}=I\underline{/\psi_i}$）

相量图如图 8-25 所示。

频率相同的正弦量可以画在同一张相量图上，可直观地反映多个正弦量之间的大小及相位关系。

2. 复数表示法

对于如图 8-25 所示的电流相量用复数坐标表示时，可以写成三种复数表达式，即

代数式 $$\dot{I}_{\mathrm{m}} = a + \mathrm{j}b \tag{8-28}$$

极坐标式 $$\dot{I}_{\mathrm{m}} = I_{\mathrm{m}} \angle \psi_i \tag{8-29}$$

指数式 $$\dot{I}_{\mathrm{m}} = I_{\mathrm{m}} \mathrm{e}^{\mathrm{j}\psi_i} \tag{8-30}$$

三种形式的转换关系如下

$$\left.\begin{aligned} I_{\mathrm{m}} &= \sqrt{a^2 + b^2} \\ \psi_i &= \arctan \frac{b}{a} \end{aligned}\right\}$$

$$\left.\begin{aligned} a &= I_{\mathrm{m}} \cos\psi_i \\ b &= I_{\mathrm{m}} \sin\psi_i \end{aligned}\right\}$$

四、正弦交流电路的分析方法

交流电路电压、电流随时间变化，电路中储存的电磁场能量也都是随时间变化的，因此交流电路分析时不仅要分析电阻元件的消耗电能情况，还要注意电感元件和电容元件对电磁场储能的变化情况。

（一）单一参数正弦交流电路的基本关系

表 8-1 总结了单一元件（R、L、C）的电压电流瞬时值、有效值的大小和相位关系及基本表达式。

表 8-1　　正弦交流电路中单一参数基本关系表

电路参数	电路图（参考方向）	基本关系	阻抗	电压、电流关系			
				瞬时值	有效值	相量图	相量式
R	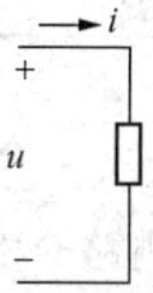	$u=iR$	R	$i=\sqrt{2}I\sin\omega t$ $u=\sqrt{2}U\sin\omega t$	$U=IR$	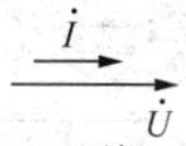 u,i 同相	$\dot{U}=\dot{I}R$
L	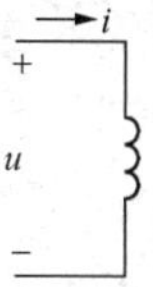	$u=L\dfrac{\mathrm{d}i}{\mathrm{d}t}$	$\mathrm{j}X_L$	$i=\sqrt{2}I\sin\omega t$ $u=\sqrt{2}I\omega L$ $\sin(\omega t+90°)$	$U=IX_L$ $X_L=\omega L$	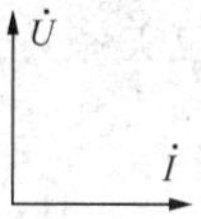 u 领先 i 90°	$\dot{U}=\mathrm{j}\dot{I}X_L$
C	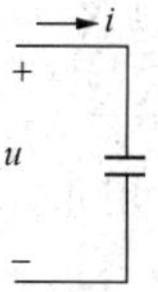	$i=C\dfrac{\mathrm{d}u}{\mathrm{d}t}$	$-\mathrm{j}X_C$	$i=\sqrt{2}I\sin\omega t$ $u=\sqrt{2}I\dfrac{1}{\omega C}$ $\sin(\omega t-90°)$	$U=IX_C$ $X_C=1/\omega C$	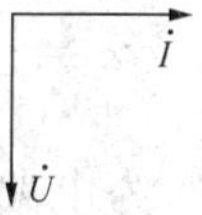 u 落后 i 90°	$\dot{U}=-\mathrm{j}\dot{I}X_C$

例 8-14　（2016 年）已知有效值为 10V 的正弦交流电压的相量图如图 8-26 所示，则它的时间函数形式是（　　）。

（A）$u(t)=10\sqrt{2}\sin(\omega t-30°)\mathrm{V}$

（B）$u(t)=10\sin(\omega t-30°)\mathrm{V}$

（C）$u(t)=10\sqrt{2}\sin(-30°)\mathrm{V}$

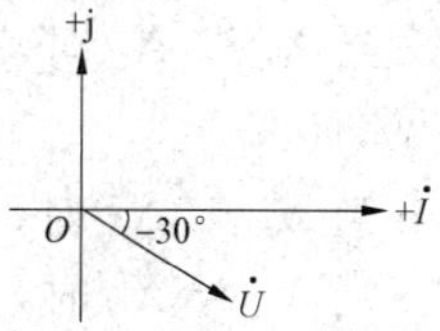

图 8-26　例 8-14 图

(D) $u(t)=10\cos(-30°)+j10\sin(-30°)$V

解: 本题注意正弦交流电的三个特征（大小、相位、速度）和描述法。由相量图可分析，电压最大值为 $10\sqrt{2}$V，初相位为 $-30°$，角频率用 ω 表示，正确描述为

$$u(t)=10\sqrt{2}\sin(\omega t-30°)\text{V}$$

故正确答案为（A）。

（二）*RLC* 串联正弦交流电路

RLC 串联电路如图 8-27 所示，下面分析基本关系。

（1）u-i 关系。

假设 $$i(t)=I_{\mathrm{m}}\sin\omega t$$

由基尔霍夫电压定律可知

$$u(t)=u_R(t)+u_L(t)+u_C(t)$$

相量关系
$$\begin{aligned}\dot{U}&=\dot{U}_R+\dot{U}_L+\dot{U}_C\\&=R\dot{I}+jX_L\dot{I}-jX_C\dot{I}\\&=[R+j(X_L-X_C)]\dot{I}=Z\dot{I}\end{aligned}\tag{8-31}$$

$$Z=R+j(X_L-X_C)$$

当 $X_L>X_C$ 时，做出相量图如图 8-28 所示。

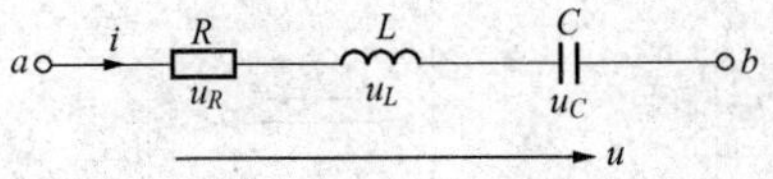

图 8-27 *RLC* 串联电路图

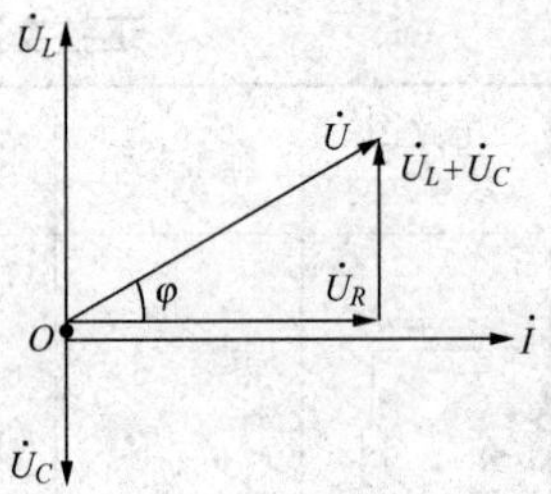

图 8-28 *RLC* 串联电路的相量图

可见，$\dot{U}$、$\dot{U}_R$、$\dot{U}_L+\dot{U}_C$ 组成直角三角形（称为电压三角形），它可以清楚地说明各个电压的大小和相位关系，即

$$\begin{aligned}U&=\sqrt{U_R^2+(U_L-U_C)^2}\\&=I\sqrt{R^2+(X_L-X_C)^2}\end{aligned}$$

电路参数 X_L、X_C 和 R 确定以后，即可完全确定总电压和电流的大小和相位关系，即

$$\frac{\dot{U}}{\dot{I}}=Z=|Z|\angle\varphi=\sqrt{R^2+(X_L-X_C)^2}\angle\arctan\frac{X_L-X_C}{R}\tag{8-32}$$

$Z=|Z|\angle\varphi$ 为电路的复阻抗，由此做出的三角形称为阻抗三角形，如图 8-29(a) 所示。

其中 $\varphi=\psi_u-\psi_i$ 表示电压超前电流的角度。

当 $X_L>X_C$ 时，$\varphi>0°$ 电压超前于电流，该电路具有感性性质，称为感性电路（相量图见图 8-28）。

当 $X_L<X_C$ 时，$\varphi<0°$ 电压滞后于电流，该电路具有容性性质，称为容性电路。

当 $X_L=X_C$ 时，$\varphi=0°$ 电压与电流同相位，该电路具有阻性性质，称为阻性电路，此时电路处于“谐振”状态。

交流电路中欧姆定律的复数表达式为

$$\dot{U} = Z\dot{I} \tag{8-33}$$

（2）功率关系。在 RLC 串联的正弦交流电路中，不仅有耗能元件 R 又有储能元件 L 和 C，即在消耗能量的过程中又与电源不断进行能量交换，既有有功功率 P［反映电路消耗的平均功率，单位为瓦特（W）］，又有无功功率 Q［反映电路进行能量交换的规模，单位是乏（var）］。

计算关系如下：

$$\left.\begin{array}{ll}\text{有功功率} & P = U_R I = UI\cos\varphi(\text{W}) \\ \text{无功功率} & Q = (U_L - U_C)I = UI\sin\varphi(\text{var}) \\ \text{视在功率} & S = UI(\text{VA})\end{array}\right\} \tag{8-34}$$

交流电路各种功率关系也可以用功率三角形表示，如图 8-29(b) 所示，其中视在功率 S 表示电源做功的能力，消耗的有功功率 $P=UI\cos\varphi$，这里 $\cos\varphi$ 称为电路的功率因数，用来反映交流电路中电源的容量与负载消耗的能量关系。交流电路的阻抗关系和功率关系也可以用三角形表示［分别见图 8-29(a) 和图 8-29(b)］，注意这两个三角形是标量三角形，各边不是有方向的（不能画箭头），在 RLC 串联电路中这两个三角形与电压三角形相似。

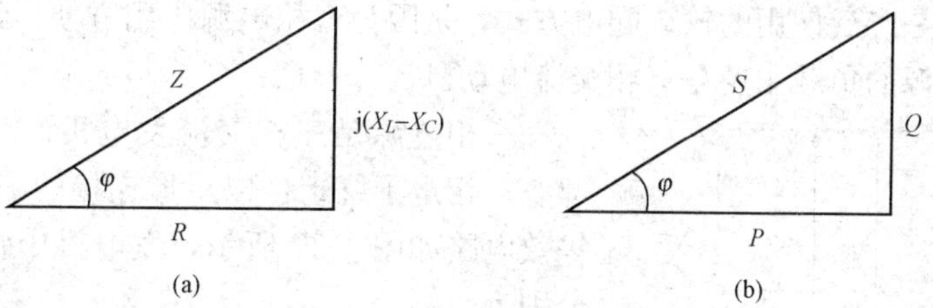

图 8-29　交流电路的阻抗关系和功率关系三角形

(a) 阻抗三角形；(b) 功率三角形

（3）正弦交流电路计算。计算交流电路的方法与直流电路的计算方法相同，但是由于交流电路中电压、电流相位不同，不仅要注意电压、电流的大小关系，也要注意相位关系，所以交流电路的计算是采用相量图和复数运算相结合的办法。

简单地说，进行交流电路分析时只要把直流电路中的 R、U、I、P 参数分别改写成相应的复数形式 Z、$\dot{U}$、$\dot{I}$ 和 S，进行复数运算即可。交流电路的基本定律如下：

欧姆定律　$\dot{U}=Z\dot{I}$　（8-35）

基尔霍夫电流定律　$\sum\dot{I}=0$　（8-36）

基尔霍夫电压定律　$\sum\dot{U}=0$　（8-37）

例 8-15　（2016 年）在图 8-30 所示电路中，开关 S 闭合后（　　）。

（A）电路的功率因数一定变大

（B）总电流减小时，电路的功率因数变大

（C）总电流减小时，感性负载的功率因数变大

（D）总电流减小时，一定出现过补偿现象

解：电路中 R-L 串联支路为电感性质，右支路电容为功率因数补偿所设。画相量图如右图 8-31 所示。

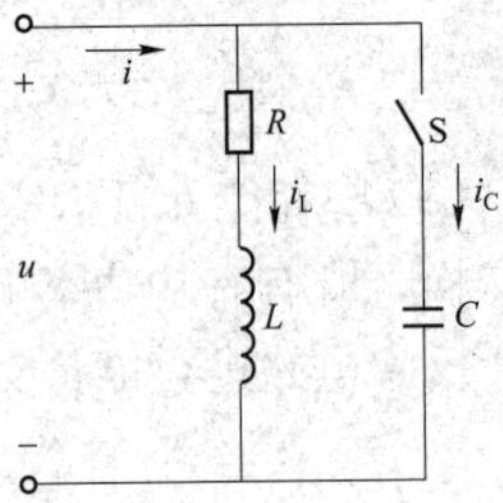

图 8-30　例 8-15 图

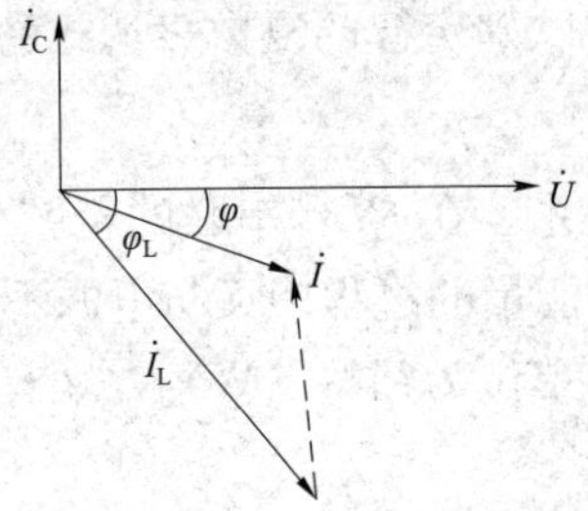

图 8-31　例 8-15 相量图

如图 8-31 所示，当电容量适当增加时电路功率因数提高，可以达到 $\varphi=0°$，$\cos\varphi=1$，功率因数最大，总电流 I 达到最小值。如果出现过补偿（即电流 $\dot{I}$ 超前于电压 $\dot{U}$ 时），$\varphi<0°$，会使电路的功率因数降低，总电流 I 增加。电容参数 C 改变时，感性电路的功率因数 $\cos\varphi_L$ 不变，总电流 I 与电容支路电流 I_C 变化。通常，进行功率因数补偿时不出现 $\varphi<0°$ 情况。故正确答案是（B）。

五、三相交流电路分析

（一）三相电源

三相交流电是广泛使用的输、配电方式，是因为三相电源应用方便、经济性能好。在用电方面三相电源的负载主要是三相交流电动机。

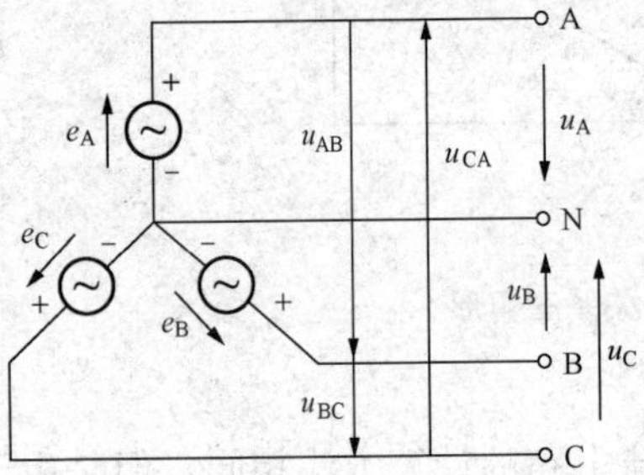

图 8-32　三相电源的电压关系

三相电源是三相交流发电机产生的，发电机内部有三相定子绕组，以星形连接的三相发电机为例，等效电路如图 8-32 所示，发电机中每套绕组电动势分别为

$$\left.\begin{aligned} e_A &= E_m\sin\omega t \\ e_B &= E_m\sin(\omega t-120°) \\ e_C &= E_m\sin(\omega t+120°) \end{aligned}\right\} \tag{8-38}$$

有效值相等、频率相等、相位上互差 120°的三相电动势称为对称三相电动势，即三相电源。三相电源有两种端线，分别输出两种端电压。

（1）两种端线。

1）相线。相线是各电动势的正向（绕组首端）引出线（A、B、C）；

2）中线。中线是各相电动势的尾端公共线（N）。

（2）两种端电压。

1）相电压。相电压是相线与中线之间的电压 u_A、u_B、u_C，相电压的有效值记为 U_p；

2）线电压。线电压是相线与相线间的电压 u_{AB}、u_{BC}、u_{CA}，线电压有效值记为 U_l。

通常，三相交流电器的电压标称值是线电压 U_l。

$$\left.\begin{aligned} &\dot{U}_A=\dot{E}_A=U_p\angle 0°;\dot{U}_B=U_p\angle -120°;\dot{U}_C=U_p\angle +120° \\ &\dot{U}_{AB}=\dot{U}_A-\dot{U}_B=\sqrt{3}U_A\angle 30°;\dot{U}_{BC}=(\sqrt{3}\angle 30°)\dot{U}_B;\dot{U}_{CA}=(\sqrt{3}\angle 30°)\dot{U}_C \end{aligned}\right\} \tag{8-39}$$

（二）三相负载

负载与电源的接线原则是负载上得到其额定电压。

具体接法分为两种，即星形连接（负载上得到电源的相电压，见图 8-33）、三角形连接（负载上得到电源的线电压，见图 8-34）。负载又分为对称性负载（$Z_A=Z_B=Z_C$）和不对称负载（不符合对称关系的负载）。

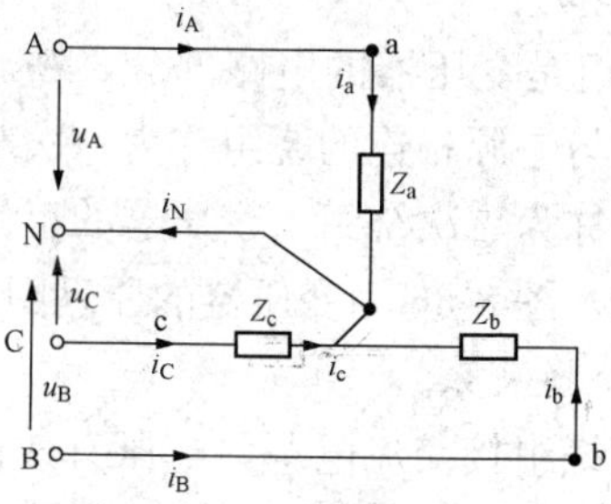

图 8-33　星形连接

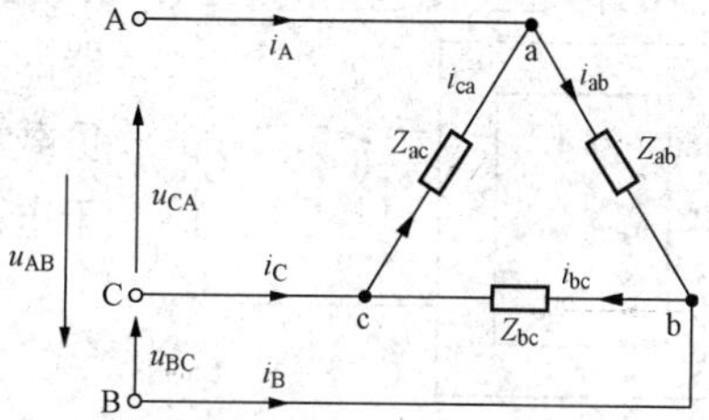

图 8-34　三角形连接

（1）负载的星形连接。由图 8-33 可知，星形连接时负载上得到的电压是电源的相电压 $U_L=U_p$，流过负载的电流 I_a、I_b、I_c 称为相电流，用 I_p 表示相电流的有效值。在输电线流过的电流 I_A、I_B、I_C 称为线电流，用 I_l 表示线电流的有效值。

负载为星形连接的三相电路中，各个相电流与线电流相等，线电压是相电压的$\sqrt{3}$倍。即

$$I_p = I_l, U_l = \sqrt{3}U_p$$

三相四线制（星形连接有中线）的三相对称性负载，中线电流 $I_N=0$；在中线断开时负载的相电压仍旧保持三相对称关系，因此星形连接的对称性三相电路可以采用三相三线制（无中线）供电体系。三相不对称性负载为了保证负载的电压对称，中线不允许断开，必须采用三相四线制。因此不对称负载、星形连接的三相电路中，中线上不许接熔断器或刀闸开关，并且中线应选用强度较好的钢线。

（2）负载的三角形连接。当三相负载采用三角形接法时，负载上得到的电压是电源的线电压 $U_L=U_l$。如果负载是对称的，三角形连接的线电流是相电流的$\sqrt{3}$倍，而线电压与相电压相同，即

$$I_l = \sqrt{3}I_p, U_l = U_p$$

例 8-16　（2008 年）有三个 100Ω 的线性电阻接成三角形三相对称负载，然后挂接在电压为 220V 的三相对称电源上，这时供电线路上的电流应为（　　）A。

（A）6.6　　（B）3.8　　（C）2.2　　（D）1.3

解：供电线路电流称为线电流，用 I_l 表示，负载中的电流为相电流，用 I_p 表示。根据题意可画出三相电路图（见图 8-35），是个三角形接法的对称电路，各线电流 I_A、I_B、I_C 相同，即

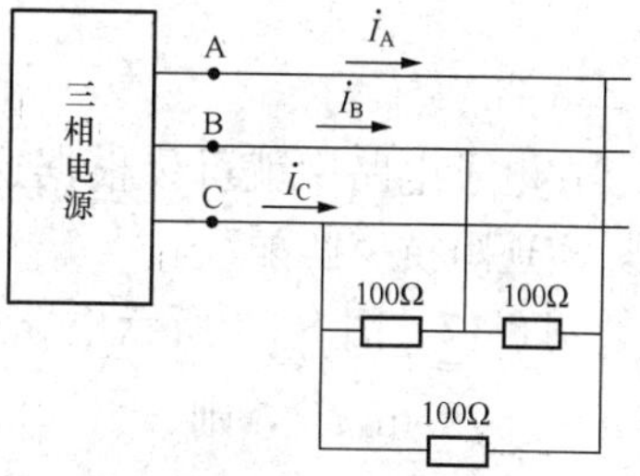

图 8-35　例 8-16 图

$$I_A = I_B = I_C = I_l = \sqrt{3}I_p$$

$$I_p = \frac{U_p}{R} = \frac{220}{100} = 2.2(\text{A})$$

$$I_l = \sqrt{3} \times 2.2 = 3.8(\text{A})$$

故正确答案是（B）。

第四节 电动机及继电接触控制

一、变压器

变压器的构造主要包括闭合铁芯和绕组部分，绕组是变压器的电路部分，铁芯是变压器的磁路部分。与电源相连的绕组称为一次绕组，与负载相连的绕组称为二次绕组。变压器的工作原理基于电磁感应原理，图 8-36 为变压器的原理图。

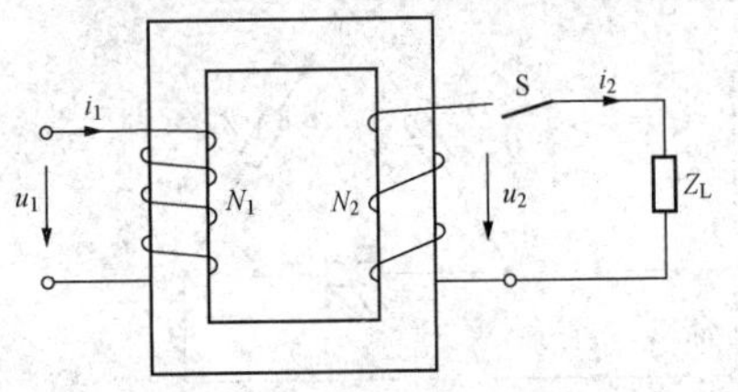

图 8-36 变压器原理图

（一）电压变换关系

变压器一次绕组接交流电源，电压有效值为 U_1，二次绕组空载电压为 U_{20}，则变压器的电压关系是

$$\frac{U_1}{U_{20}}=\frac{N_1}{N_2}=K \tag{8-40}$$

式中 K——变压器的变比；

N_1——一次绕组匝数；

N_2——二次绕组匝数。

当电源电压 U_1 一定时，只要改变绕组匝数比，就可以得到不同的输出电压。当变压器有载工作时，负载电压 U_2 与空载电压 U_{20} 近似相等。

（二）电流变换关系

变压器在额定工作状态时，一次绕组的电流为 I_1，二次绕组的额定电流为 I_2，则变压器的电流关系是

$$\frac{I_1}{I_2}=\frac{N_2}{N_1}=\frac{1}{K} \tag{8-41}$$

式（8-41）说明，变压器一次、二次绕组电流有效值之比近似等于它们匝数比的倒数。

（三）阻抗变换关系

阻抗为 Z_L 的负载接到变压器二次侧时，对电源来说，等效的负载阻抗为

$$|Z_L'|=\frac{U_1}{I_1}=\frac{KU_2}{I_2K}=K^2\frac{U_2}{I_2}=K^2|Z_L| \tag{8-42}$$

在电子电路中就可以根据这一功能调节电源的等效阻抗，实现阻抗“匹配”。

例 8-17 图 8-37 所示电路中，设变压器为理想器件，若 $u=10\sqrt{2}\sin\omega t\,\mathrm{V}$，则（ ）。

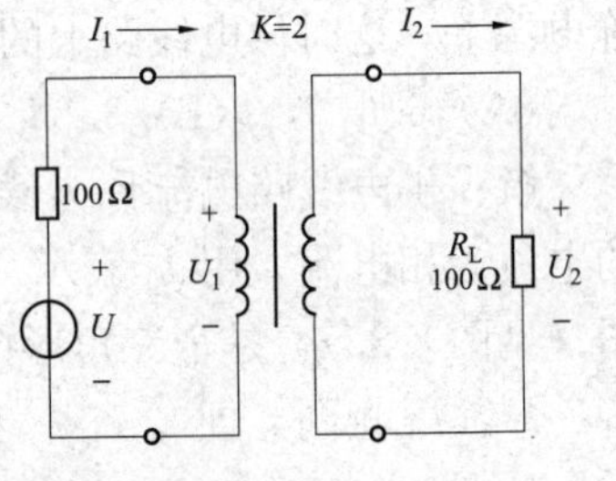

图 8-37 例 8-17 图

(A) $U_1=\frac{1}{2}U$，$U_2=\frac{1}{4}U$

(B) $I_1=0.01U$，$I_2=0$

(C) $I_1=0.002U$，$I_2=0.004U$

(D) $U_1=0$，$U_2=0$

解： 理解变压器的三个变比关系的正确应用 $\frac{U_1}{U_2}=\frac{N_1}{N_2}=K$；$\frac{I_1}{I_2}=\frac{1}{K}$；$\frac{Z_1}{Z_2}=K^2$ 在变压器的一次回路中电源内阻与变压器的折合阻抗 R_L' 串联，则

$$U = 10\text{V}$$
$$R'_L = K^2 R_L = 2^2 \times 100 = 400(\Omega)$$
$$U_1 = \frac{R'_L}{R'_L + 100} U = \frac{400}{400 + 100} \times 10 = 8(\text{V})$$
$$U_2 = U_1 / K = 8/2 = 4(\text{V})$$
$$I_2 = \frac{U_2}{100} = 0.04(\text{A}) = 0.004U$$
$$I_1 = I_2 / K = 0.02(\text{A}) = 0.002U$$

故正确答案是（C）。

二、电动机

电动机是将电能转化为机械能的旋转机械装置，电动机按照供电电源的种类不同，可分为交流电动机和直流电动机。交流电动机又分为异步电动机和同步电动机。异步电动机按结构又分为鼠笼式电动机和绕线式电动机。本部分主要是讨论三相交流异步电动机。

（一）三相异步电动机基本关系

1. 转速和转向

异步电动机的转速 n 是转子转速，转动方向取决于定子绕组通入三相交流电流的相序。电动机旋转磁场的转速 n_0 可用下式计算

$$n_0 = \frac{60 f_1}{p} (\text{r/min}) \tag{8-43}$$

式中 f_1——电源频率；

p——电动机的磁极对数。

异步电动机的转速 $n < n_0$，通常是用转差率 s 来表示 n 与 n_0 相差程度，即

$$s = \frac{n_0 - n}{n_0} \tag{8-44}$$

异步电动机在额定负载时的转差率 s 为 1%～9%，而在启动瞬间由于 $n=0$，$s=1$，表 8-2 为三相交流异步电动机的电源频率为 50Hz，转差率 $s=3\%$时磁极对数 p 与同步转速 n_0 以及电动机转速 n 间的数量关系。

表 8-2　三相交流异步电动机旋转磁场与转速关系

p	1	2	3	4	5	6
n_0(rad/min)	3000	1500	1000	750	600	500
n(rad/min)	2910	1455	970	728	582	485

三相异步电动机的型号中，最后一位数字表示磁极数，例如 Y132－4 表示该电动机为 4 极（即磁极对数 $p=2$）电动机。根据这个数字就可以判断电动机的转速，反过来也可以根据转速确定磁极数。

三相异步电动机的转向与旋转磁场的转向相同。要改变电动机转向，只要任意对调两根定子绕组连接电源的导线即可。

2. 机械特性曲线和电磁转矩

（1）机械特性曲线。在一定的电源电压和转子电阻下，转速与电磁转矩的关系曲线 $n=f(T)$ 称为电动机的机械特性曲线，如图 8-38 所示。

机械特性曲线上的 AB 段为电动机的稳定工作区，在这段当负载波动时，电动机可以

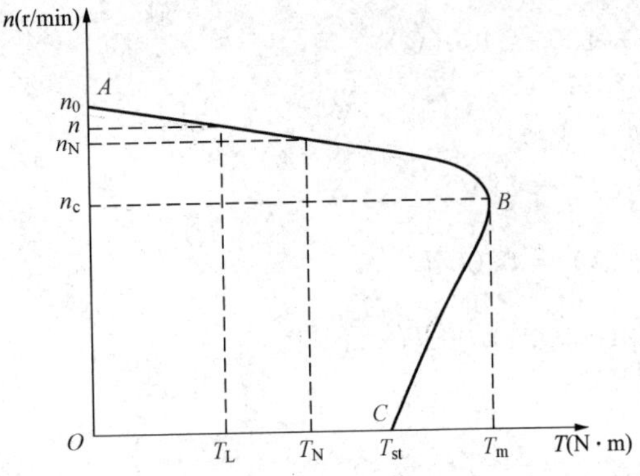

图 8-38　电动机的机械特性曲线

自动调节转速和转矩来适应负载变化。BC 段是电动机的不稳定工作区，当负载超过电动机的最大转矩 T_m 时电动机的转速会下降到临界转速 n_c 以下，于是电动机的输出力矩 T 也减小直到电动机堵转（闷车），长时间堵转会使电动机烧坏。

（2）电磁转矩。异步电动机的电磁转矩由旋转磁场与转子电流互相作用产生。转矩与定子电压的平方成正比，并与转子回路的阻抗、转差率以及电动机的结构有关。

1）额定转矩 T_N。电动机在额定负载时的转矩为

$$T_N = 9550\frac{P_{2N}}{n_N}(\mathrm{N\cdot m}) \tag{8-45}$$

式中　P_{2N}——电动机的额定输出功率，kW；

n_N——电动机的额定转速，r/min。

2）负载转矩 T_L。电动机在实际负载下的转矩为

$$T_L = 9550\frac{P_2}{n}(\mathrm{N\cdot m}) \tag{8-46}$$

式中　P_2——电动机的实际输出功率，kW；

n——电动机的实际转速，r/min。

3）最大转矩 T_m。电动机能发出的最大转矩为

$$T_m = \lambda T_N \tag{8-47}$$

式中　λ——电动机的过载系数，一般为 1.8～2.2。

4）启动转矩 T_{st}。电动机刚启动时发出的转矩，一般为

$$T_{st} = (1.0 \sim 2.2)T_N \tag{8-48}$$

（二）三相异步电动机应用

1. 启动

将三相异步电动机接到三相电源上，它的转速从零开始上升直到匀速转动的过程为启动。电动机启动转矩的大小与定子电压 U_1 和转子电阻 R_2 有关。

三相异步电动机启动时定子边的启动电流为额定电流的 5～7 倍，但启动转矩却较小。因此，为了减小异步电动机的启动电流（有时也为了提高启动转矩）必须采用适当的启动方法。

（1）直接启动。直接启动是指启动时电动机直接接额定电压。这种启动方法最为简单经济，一般 30kW 以下的异步电动机都可以直接启动。

（2）降压启动。

1）星—三角形换接启动。正常工作时采用三角形接法的异步电动机，启动时先接成星形，待转速上升到接近额定转速时，再换接成三角形接法。

由于电动机的转矩与电压的平方成正比，采用星—角换接启动时，电动机的定子电压降低到额定电压的$\frac{1}{\sqrt{3}}$，启动电流、启动转矩都减小到直接启动时的 $(1/\sqrt{3})^2=\frac{1}{3}$，因此

星—角换接启动只适应于正常工作时三角形接法的空载或轻载启动的电动机。

2）自耦变压器降压启动。对于容量较大，且正常运行时星形连接的笼型异步电动机，可利用自耦变压器降压启动。由于启动设备较笨重且费用高，故这种方法仅适用于较大容量的笼型异步电动机，以及启动不频繁的场合。自耦变压器启动时电动机启动电流和启动转矩均为直接启动时的 $1/K^2$（其中 K 为自耦变压器的变比）。

3）转子串电阻启动。绕线式异步电动机启动时，可在转子电路中串入附加电阻，待启动完毕后，将附加电阻短接。这种方法不仅可以减小启动电流，还可以使启动转矩提高，因此，广泛应用于要求启动转矩较大的生产机械装置。

2. 调速

根据电动机的转速关系［见式（8-43）和式（8-44）］，改变电动机的转速有三种可能，即改变电源的频率、改变电动机极对数，以及改变电动机转差率调速，前两者是笼型异步电动机的调速方法，后者是绕线式异步电动机的调速方法。

3. 制动

因为电动机的转动部分有惯性，所以电源被切断后，电动机还会继续转动一定时间。为了提高生产机械的生产率，并为安全起见，要求电动机迅速停车，这就需要对电动机制动。

电动机制动，也就是要求它产生一个与转子转动指向相反的制动转矩，异步电动机的制动常用以下几种方法：

（1）能耗制动。这种制动方法就是在切断三相电源的同时，接通直流电源，使直流电流通入定子绕组，从而生产制动转矩。

这种方法是用消耗转子的动能来进行制动的，所以称为能耗制动。这种制动能量消耗小，制动平稳，但需要直流电源。

（2）反接制动。在电动机停车时，将定子绕组接到电源的三根导线中的任意两根对调位置，从而产生制动转矩的制动方法。这种制动比较简单，效果较好，但能量消耗较大，且当转速接近零时，应利用某种控制电器将电源自动切断，否则电动机将反转。

（3）发电反馈制动。当转子的转速超过旋转磁场的转速时，这时电动机的转矩也是制动的（例如，当起重机快速下放重物）。实际上这时电动机已转入发电机运行，将重物的位能转换为电能而反馈到电网中去，同时电动机产生制动力，所以称为发电反馈制动。

例 8-18 （2007 年）有一台 6kW 的三相异步电动机，其额定运行转速为 1480r/min，额定电压为 380V，全压启动转矩是额定运行转矩的 1.2 倍，现采用△—Y启动以降低其启动电流，此时的启动转矩为（　　）N·m。

（A）15.49　　（B）26.82　　（C）38.7　　（D）46.44

解： 电动机采用△—Y启动时，电动机的启动转矩是额定力矩的 1/3，则三角形接法时额定转矩和全压启动转矩分别是

$$T_{N\triangle}=9550\times\frac{P_N}{n_N}=9550\times\frac{6}{1480}=38.72(\mathrm{N\cdot m})$$

$$T_{N\triangle st}=1.2T_{N\triangle}=46.46(\mathrm{N\cdot m})$$

当采用△—Y启动时，启动转矩为全压启动转矩的$\frac{1}{3}$，则

$$T_{NYst}=\frac{1}{3}T_{N\triangle st}=\frac{46.46}{3}=15.49(\mathrm{N\cdot m})$$

故正确答案是（A）。

三、电动机的继电接触器控制

采用继电器、接触器及按钮等控制电器来实现对电动机的自动控制，称为电动机的继电器接触器控制。

（一）常用控制电器

常用控制电器的控制符号图标见表 8-3。

表 8-3　　常用控制电器的控制符号

名称	符号	名称			符号
三相笼型异步电动机	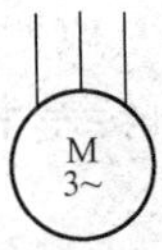	按钮触点	动合		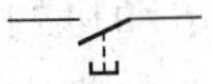
			动断		
三相绕线转子异步电动机	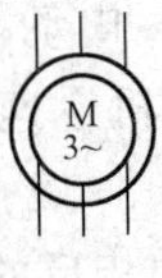	接触器吸引线圈 继电器吸引线圈			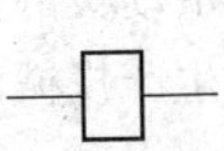
直流电动机	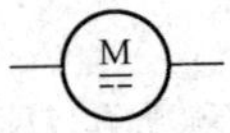	接触器触点	主触点		
			辅助触点	动合	
				动断	

1. 组合开关

组合开关有单极、双极、三极和四极，额定持续电流有 10、25、60、100A 等多种。可以用作电源的引入开关，也可以用它来直接启动和停止小容量的电动机或使电动机正反转等。

2. 按钮

按钮通常用来接通或断开控制电路，从而控制电动机的运行。

3. 行程开关

行程开关（即限位开关）是利用生产机械装置的某些运动部件碰撞而使其动作，从而接通或断开控制电路的一种电器。

4. 交流接触器

交流接触器是利用电磁吸力来工作的，主要由电磁铁和触点两部分组成，常用来接通或断开电动机的主电路。交流接触器的线圈和触点符号见表 8-3。

5. 热继电器

热继电器是用于电动机过载保护的一种电器，它的动作原理基于电流的热效应，发热元件串接在电动机的主电路中，当电动机长期过载时，发热元件通过电流大于容许值，其热量使动断触点断开，切断电路达到保护电器的目的。由于热惯性，热继电器不能立即动作，因此不能作短路保护。

6. 熔断器

熔断器（常说的保险丝）是最常用的保护电器，熔断器的熔体用电阻率较高的易熔合金制成。

（二）三相异步电动机的基本控制电路

这里主要分析的是笼型电动机的控制电路。在读电气控制原理图时，要分清主电路和控制电路。主电路是电路从电源到电动机的部分，其中接有开关、熔断器、接触器的主触头、热继电器的发热元件等；控制电路中接有按钮、接触器的线圈和辅助触头（如自锁和互锁触头）、热继电器的动断触头和其他控制电器的触头和线圈。

在电气原理图中各种电器都有规定的符号（见表 8-3）。为读图方便，同一电器的线圈和触点按需要分画在电路的不同部分（主电路和辅电路），但必须用同一符号；各种触点的状态全表示在电器未通电的状态。

1. 直接启动控制电路

直接启动控制电路的控制原理图如图 8-39 所示。

电路的工作过程：先将组合开关 Q 闭合，为电动机启动做准备。当按下启动按钮 SB2 时，交流接触器 KM 的线圈得电，动铁芯被吸合而将三个主触点闭合，电动机 M 启动。当松开 SB2 时，启动按钮复位，但是由于与启动按钮并联的辅助触点和主触点同时闭合，因此接触器线圈的电路仍然接通，而使接触器触点保持在闭合的位置，这个辅助触点称为自锁触点。如将停止按钮 SB1 按下，则将线圈的电路切断，动铁芯和触点恢复到断开的位置而使电动机停机。上述控制线路中，熔断器 FU 起短路保护作用，热继电器 KH 起过载保护作用，交流接触器 KM 起零压和失压保护作用。

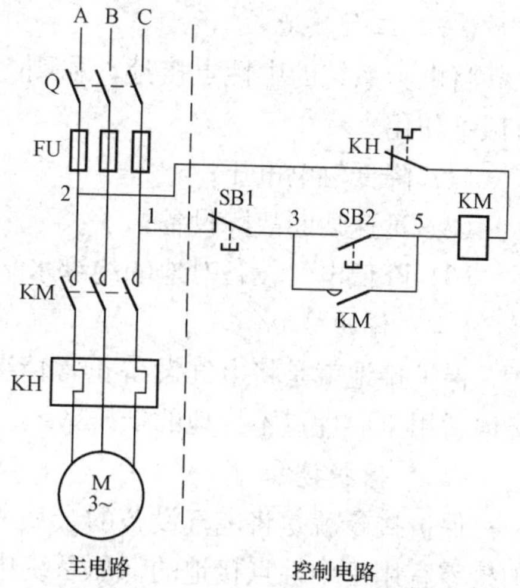

图 8-39 直接启动控制电路的控制原理图

2. 正反转控制电路

三相异步电动机正反转控制电路图如图 8-40 所示。

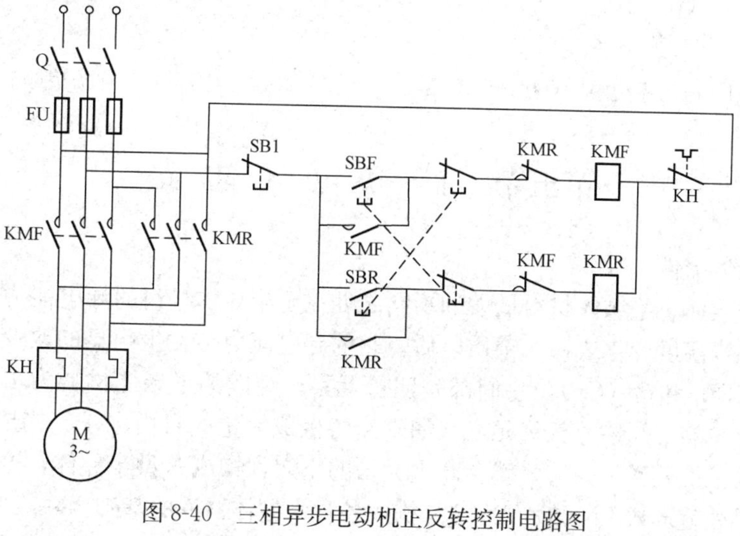

图 8-40 三相异步电动机正反转控制电路图

按下正转启动按钮 SBF，正转接触器 KMF 通电，电动机 M 正转；按下反转启动按钮 SBR，反转接触器 KMR 通电，电动机 M 反转。按下停机按钮 SB1，正反转接触器 KMF 和 KMR 均失电，电动机停止运行。上述控制电路中，正转接触器 KMF 的一个动断辅助触点串接在反转接触器 KMR 的线圈电路中，而反转接触器的一个动断辅助触点 KMR 串接在正转接触器的线圈电路中，这两个动断触点称为联锁触点。联锁触点可防止正反转两个接触器同时闭合，以免造成电源短路。

四、安全用电

为了人身安全和电力系统工作的需要，要求电气设备采取接地措施。

（一）工作接地

将电力系统的中性点接地，如图 8-41 所示，这种接地方式称为工作接地。工作接地有以下作用。

（1）降低触电电压；

（2）迅速切断故障设备；

（3）降低电气设备对地的绝缘水平。

（二）保护接地

保护接地就是将电气设备正常情况下不带电的金属外壳接地，如图 8-42 所示，保护接地适用于中性点不接地的低压系统。

（三）保护接零

保护接零就是将电气设备的金属外壳接到零线（或称中线）上，如图 8-41 所示，保护接零宜用于中性点接地的低压系统中。

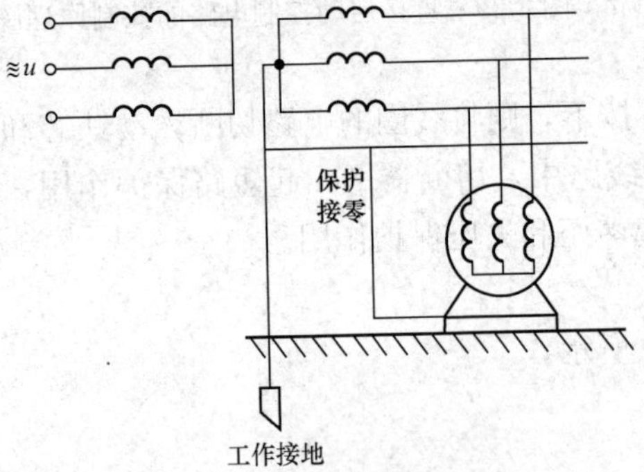

图 8-41　电力系统中性点接地

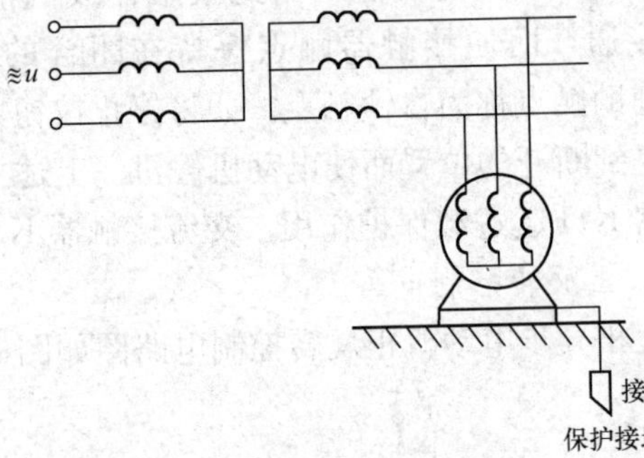

图 8-42　保护接地

第五节　模拟电子电路

一、半导体器件

半导体与导体、绝缘体材料最大的不同之处在于半导体材料的导电能力在一定条件下可以转化，如当温度变化或掺入杂质以后，它的导电能力会发生明显的改变。常用的半导体材料是硅（Si）和锗（Ge），它们都是四价元素，纯净的半导体材料为本征半导体。如果在本征半导体的一侧掺入五价元素（如磷）将生成大量的自由电子，构成 N 型半导体；在另一侧掺入三价元素（如磷）就会产生大量的空穴，构成 P 型半导体，这样在 P 型区和 N 型区的交界处就形成 PN 结，PN 结是构成各种半导体器件的基础。

（一）二极管

二极管的核心是 PN 结，由 P 型区引出的电极叫阳极，N 型区引出的电极叫阴极。阳极电位高于阴极电位的情况称为正向偏置状态，简称正偏。阳极电位低于阴极电位的状态叫作反向偏置状态。当二极管加正偏电压时，半导体的导电能力增加，外部产生较大的正向电流 I_F。当二极管反向偏置时，半导体的导电能力削弱，产生的反向电流 I_R 远小于正向电流 I_F，即二极管具有单向导电性。

二极管符号和伏安特性如图 8-43 所示。

由图 8-43 可见，当二极管正向电压很低时，正向电流几乎为零，在正向电压超过一定数值后，电流增长很快，这个数值的正向电压称为死区电压 U_{on}。通常，硅管的死区电压约为 0.5V，锗管约为 0.2V。二极管正常工作电压 U_F 也与材料有关，硅管为 0.6～1V，锗管为 0.2～0.3V。在反向电压不超过某一范围时电流基本恒定，称这个稳定电流为反向饱和电流 I_S，当外加反向电压过高时，反向电流将突然增加，二极管失去单向导电性，这种现象称为击穿，二极管被击穿后，一般不能恢复原来的性能而损坏。

（二）稳压管

稳压管是一种特殊的面接触型二极管，由于它在电路中与电阻配合后能起稳定电压的作用，故称为稳压管。稳压管符号和伏安特性曲线如图 8-44 所示。正向特性与普通二极管相同，差异是稳压管的反向特性曲线比较陡，且电压较低。

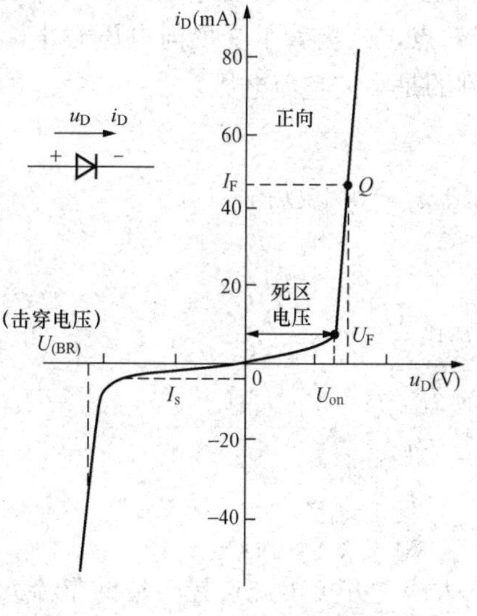

图 8-43　二极管符号和伏安特性

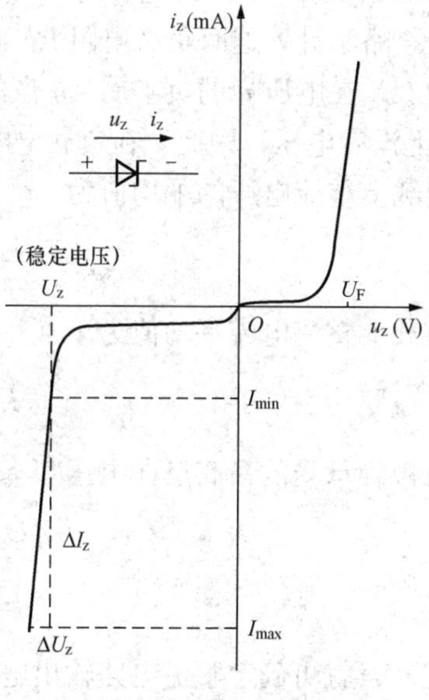

图 8-44　稳压管符号和伏安特性

稳压管工作于反向击穿区时，虽然电流大范围变化，但稳压管两端的电压数值较小（一般是几伏），并且电压变化很小，重复击穿时稳压管不会被损坏，即反向击穿是可逆的，去掉反向电压后，稳压管可恢复正常。稳压管的稳定电压用 U_z 表示，使用稳压管时流过稳压管的电流 i_z 应控制在 I_{zmin} 和 I_{zmax} 以内。

（三）二极管应用

1. 半波整流电路

整流电路的作用是将交流电变为直流电，目前普遍采用的是二极管单相半波整流电路，如图 8-45 和图 8-46 所示。主要由整流变压器、整流元件（二极管）及负载电阻 R_L 组成。

设整流变压器二次侧的电压为

$$u=\sqrt{2}U\sin\omega t$$

根据二极管的单向导电性，只有当阳极电位高于阴极电位时才能导通。在变压器二次

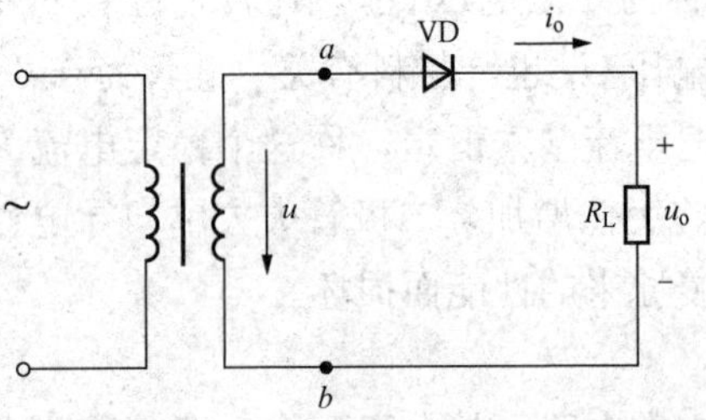

图 8-45　单相半波整流电路

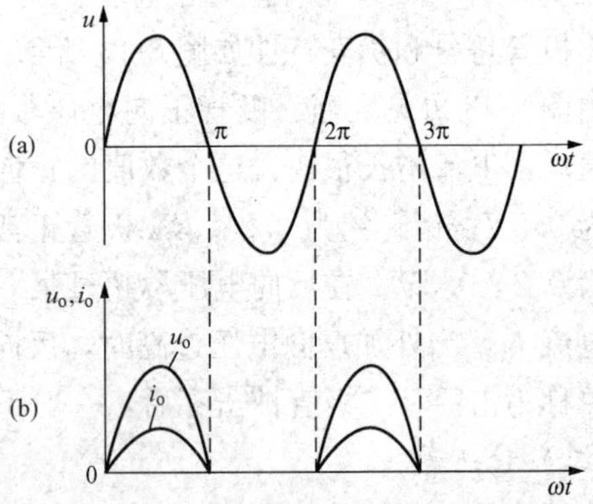

图 8-46　单相半波整流电路的电压电流波形

(a) 电源波形；(b) 负载电压、电流波形

电压 u 的正半周，a 点的电位高于 b 点，二极管承受正向电压导通，理想二极管的正向压降可以忽略不计，这时负载电阻 R_L 上的电压 u_o 的正半周和 u 的正半周是相同的，通过的电流为 i_o；在电压 u 的负半周，a 点的电位低于 b 点，二极管承受反向电压截止，负载电阻 R_L 上没有电压；因此，在负载电阻 R_L 上得到的是半波整流电压。

负载上整流电压的平均值为

$$U_o=\frac{1}{2\pi}\int_0^{\pi}\sqrt{2}U\sin\omega t\,d\omega t=0.45U \tag{8-49}$$

负载上整流电流平均值为

$$I_o=\frac{U_o}{R_L}=0.45\frac{U}{R_L} \tag{8-50}$$

二极管承受的最高反向电压 U_{DRM} 和平均电流 I_D 为

$$\left.\begin{aligned}U_{DRM}&=U_m=\sqrt{2}U\\I_D&=I_o=0.45\frac{U}{R_L}\end{aligned}\right\} \tag{8-51}$$

这样，就可确定整流电路输出电压、电流的大小，并可由此选择合适的整流元件，这里 U 是变压器二次电压的有效值。

2. 全波整流电路

全波整流电路如图 8-47 所示。在变压器二次电压 u 的正半周 a 点的电位高于 b 点电位，二极管 VD1 和 VD3 导通，VD2 和 VD4 截止；在电压 u 的负半周，b 点的电位高于 a 点，VD1 和 VD3 截止，VD2 和 VD4 导通，负载电阻 R_L 上得到全波电压。单相桥式整流电路的电压与电流的波形如图 8-48 所示。

单相桥式整流电路的整流电压的平均值 U_0 比半波整流时增加了 1 倍，即

$$U_0=2\times(0.45U)=0.9U \tag{8-52}$$

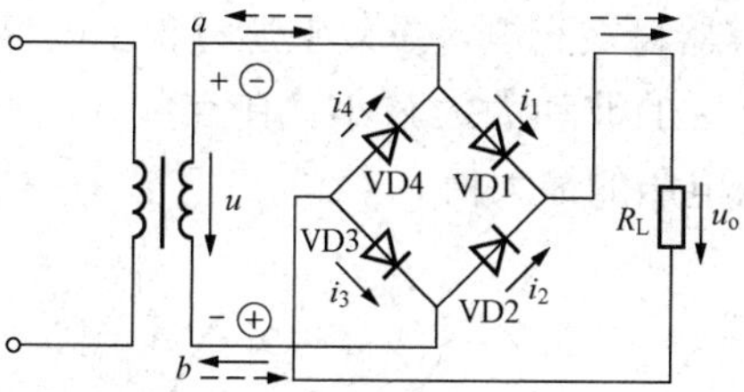

图 8-47　全波整流电路

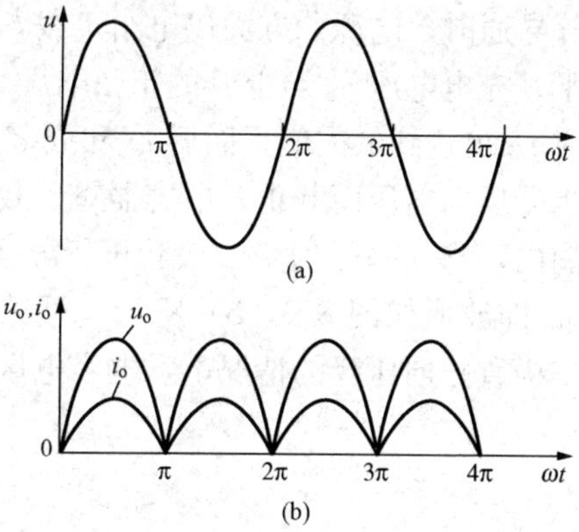

图 8-48　单相桥式整流电路的电压与电流波形图

（a）输入电压波形图；（b）输入电压、电流波形图

负载中的直流电流为

$$I_0 = \frac{U_0}{R_L} = 0.9\frac{U}{R_L} \tag{8-53}$$

由于四个二极管是两两一组交替导通的，故每个二极管中流过的平均电流只有负载电流的一半，即

$$I_D = \frac{1}{2}I_0 = 0.45\frac{U}{R_L} \tag{8-54}$$

二极管截止时所承受的最高反向电压就是电源电压的最大值，即

$$U_{DRM} = \sqrt{2}U \tag{8-55}$$

例 8-19　二极管应用电路如图 8-49 所示，设二极管 VD 为理想器件，$u_i = 10\sin\omega t$ V，则输出电压 u_o 的波形为（　　）。

(A)

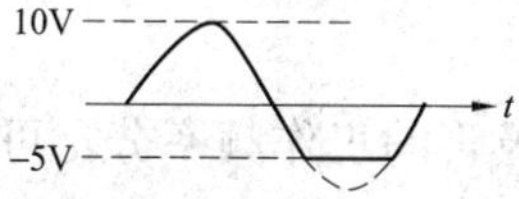

(B)

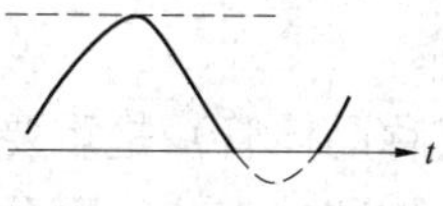

(C)

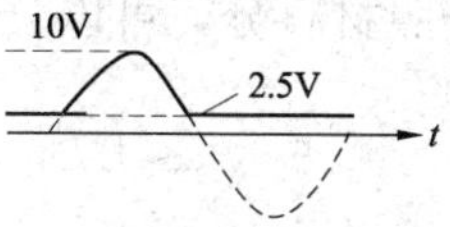

(D)

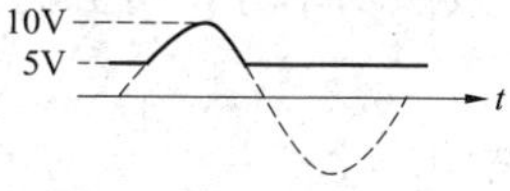

解： 此题为二极管限幅电路，分析二极管电路首先要将电路模型线性化，即将二极管断开后分析极性（对于理想二极管，如果是正向偏置将二极管短路，否则将二极管断路），最后按照线性电路理论确定输入和输出信号关系。

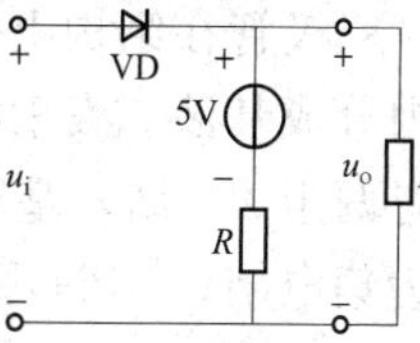

图 8-49　例 8-19 图

设二极管截止，$u_o' = 2.5$V 当 $u_i > 2.5$V 时二极管导通 $u_o = u_i$；如果 $u_i < 2.5$V，二极管截止 $u_o = u_o' = 2.5$V。故正确答案是（C）。

3. 滤波电路

整流电路虽然可以把交流电转换为直流电，但是所得到的输出电压是单向脉动电压，在大多数电子设备中，整流电路要加接滤波器，以改善输出电压的脉动程度。电容滤波器是非常重要的一种。一个全波整流电容滤波电路如图 8-50(a) 所示。

电路中如果不接电容滤波器，输出电压的波形如图 8-50(b) 中曲线①所示，接入电容滤波器之后，输出电压的波形就变成图 8-50(b) 中曲线②所示。电路的基本工作原理为：

在二极管导通时，电源一方面供电给负载，同时对电容器 C 充电。在忽略二极管正向压降的情况下，充电电压 u_o 与上升的正弦电压 u_i 一致，见图 8-50(b) 曲线②，电源电压达到最大值时 u_o 也达到最大值。而后 u_i 和 u_o 都开始下降，u_i 按正弦规律下降。如果 $u_i < u_o$，二极管承受反向电压而截止，电容器对负载电阻 R_L 放电，使负载电压下降。在 u_i 的下一个正半周内，当 $u_i > u_o$ 时，二极管再行导通，电容器再被充电，重复上述过程。电容器两端电压 u_o 即波形如图 8-50(b) 所示，可见输出电压的波动大为减小。在空载（$R_L = \infty$）和忽略二极管正向压降的情况下，电容电压是输入电压的最大值。

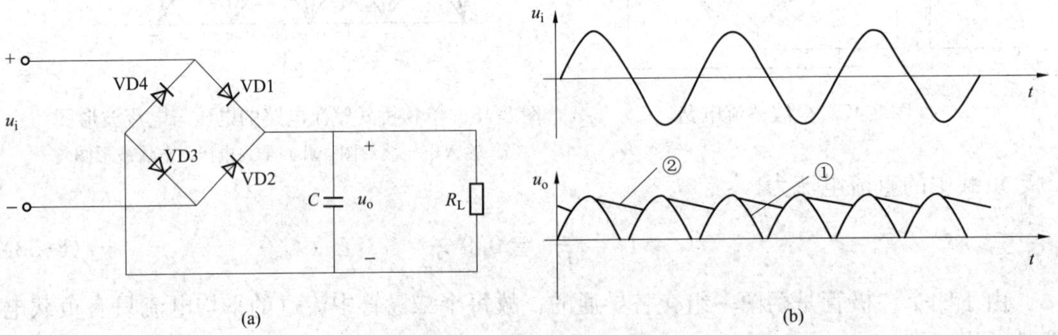

图 8-50　全波整流电容滤波电路图及波形图

可由分析知：随着负载的增加（R_L 数值减小），放电时间常数减小，放电加快，u_o 也就下降。与无电容滤波时比较，输出电压随负载电阻的变化有较大的变化。

通常，输出电压的数值取经验公式：$u_o = u_i$（半波）；$u_o = 1.2u_i$（全波）。

总之，电容滤波电路简单，输出电压 u_o 较高，脉动较小，但是外特性较差。因此，电容滤波器一般用于要求输出电压较高，负载电流较小并且变化也较小的场合。

（四）三极管

三极管（又称晶体管）是重要的半导体器件。按照三极管的工作频率分，可以分为高频管和低频管；按照功率分，可分为大功率管和小功率管；按照材料分，可以分为硅管和锗管。

1. 三极管结构

三极管在结构上可以分为 NPN 型和 PNP 型，其示意图和符号如图 8-51 所示。三极管内分成基区、发射区和集电区，并引出电极，即基极 B、发射极 E 和集电极 C；其内部有两个 PN 结，基区和发射区之间的 PN 结称为发射结，基区和集电区之间的 PN 结称为集电结。NPN 型三极管符号如图 8-51(a) 所示，PNP 型三极管符号如图 8-51(b) 所示。

2. 三极管特性

三极管特性曲线反映了三极管各电极上的电压和电流关系。常用共发射极接法的三极管特性曲线表示，分为输入特性曲线和输出特性曲线。NPN 型三极管的实验电路及输入/输出特性曲线如图 8-52 所示。

(1) 输入特性曲线。输入特性曲线是指当集—射极电压 u_{CE} 为常数时，输入电路中基极电流 i_B 与基—射极电压 u_{BE} 之间的关系，即

$$i_B = f(u_{BE})\big|_{u_{CE}=\text{常数}} \tag{8-56}$$

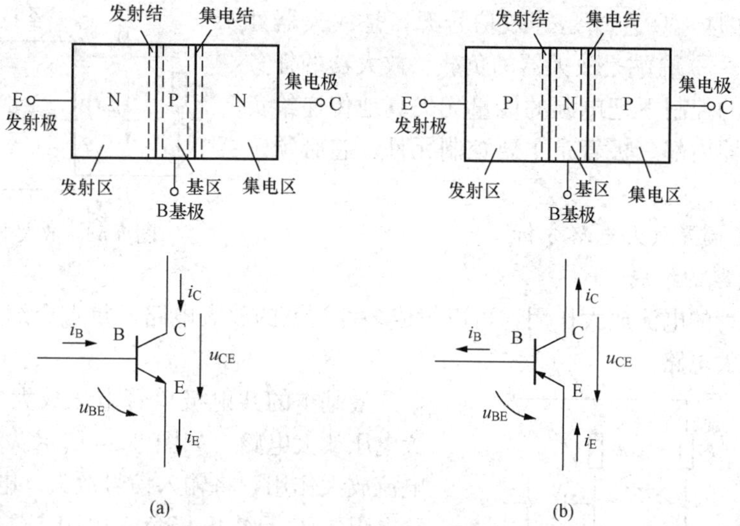

图 8-51　三极管的结构示意图和表示符号

（a）NPN 型晶体管；（b）PNP 型晶体管

从图 8-52 可见三极管输入特性曲线与二极管的伏安特性一样。

（2）输出特性曲线。输出特性曲线是指基极电流 i_B 不变时，集电极电流 i_C 与集—射极电压 u_{CE}间的关系曲线，其表达式为

$$i_C = f(u_{CE})\big|_{i_B=\text{常数}} \tag{8-57}$$

如图 8-52(c) 所示，输出特性曲线随 i_B 的变化而不同，三极管的输出特性曲线是一族曲线。

通常把三极管的输出特性曲线分为三个工作区，截止区、放大区和饱和区。在模拟电路中利用三极管的放大区特性构成放大电路，而数字逻辑电路中利用三极管的饱和区和截止区工作。

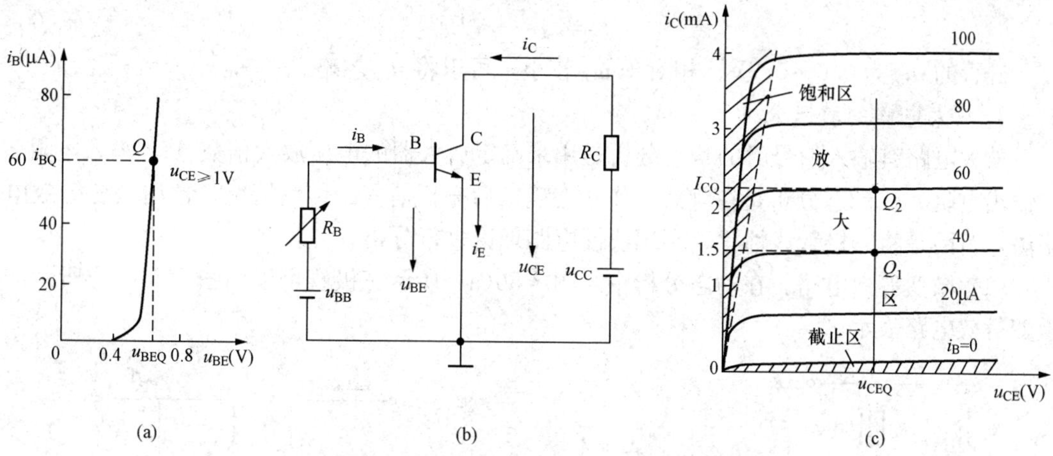

图 8-52　三极管电路及输入/输出特性曲线

（a）输入特性；（b）实验电路；（c）输出特性

二、基本放大电路

三极管放大电路是放大模拟信号的电路系统，对放大电路的基本要求是有足够大的放大倍数，在传输信号过程中减少信号损失，并且不允许失真。放大电路的框图如图 8-53 所示。

图 8-53 中①～①′左端是等效信号源，是放大器处理的对象，②～②′右端是放大器的负载。放大器的任务是在输入信号的控制下把电源的能量无失真地传递给负载，在此放大器内部三极管是主要控制元件，它必须工作在放大状态。

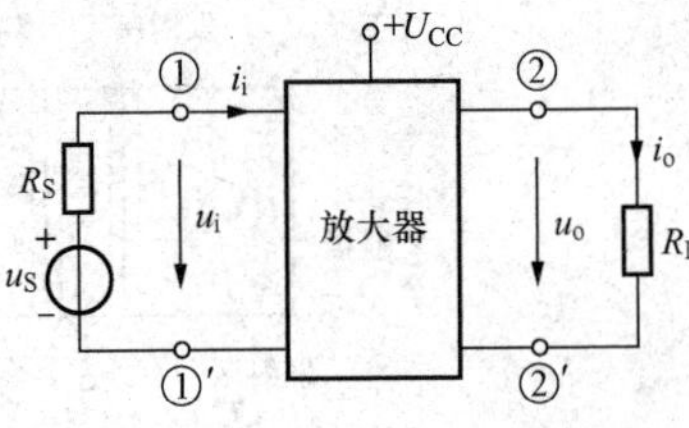

图 8-53　放大电路框图

（一）固定偏置放大电路分析

1. 放大电路的组成

利用三极管的电流放大作用，可以组成多种类型的放大电路，重点介绍共射极单管中频信号电压放大电路。

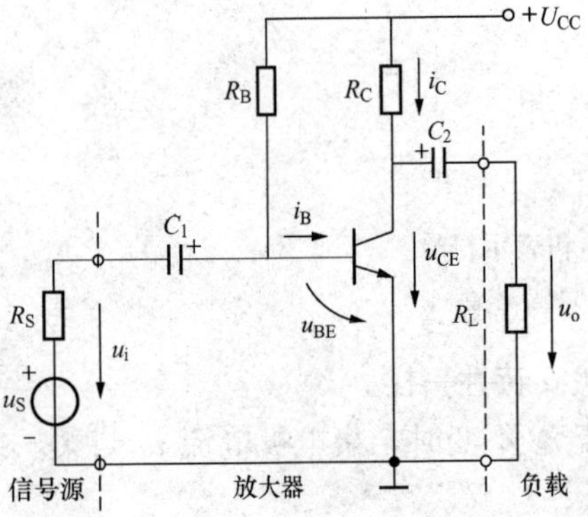

图 8-54　固定偏置电压放大电路

最基本的共射极单管电压放大电路是固定偏置电压放大电路，如图 8-54 所示。利用晶体管的电流放大作用，将输入信号放大。电路中 R_B 是偏置电阻，R_C 是集电极负载电阻，C_1 和 C_2 是耦合电容，在电路中起隔离直流传送交流信号的作用。

2. 放大电路的静态分析

静态是指放大电路输入信号为零时的工作状态。静态分析是确定放大电路的静态值 i_B、i_C、u_{BE} 和 u_{CE}，保证三极管工作在放大区。

静态值用放大电路的直流通路分析，绘制放大电路直流通路的原则是将电容开路，图 8-55 是固定偏置放大电路的直流通路。

可得出静态电流电压分别为

$$i_B = \frac{u_{CC} - u_{BE}}{R_B} \approx \frac{u_{CC}}{R_B} \tag{8-58}$$

$$i_C = \beta i_B \tag{8-59}$$

$$u_{CE} = u_{CC} - i_C R_C \tag{8-60}$$

硅管的 u_{BE} 为 0.6～0.7V，相对于 u_{CC} 较小，可以将 u_{BE} 忽略。

3. 放大电路的动态分析

放大电路有输入信号时的状态分析是用来确定放大器的电压放大倍数 A_u、输入电阻 r_i 和输出电阻 r_o。动态分析是在静态工作状态确定后分析信号的传输情况，常用微变等效电路法，目的是将三极管线性化，利用线性电路理论进行分析。

（1）微变等效电路。在动态分析中，图 8-56(a) 所示三极管可以用图 8-56(b) 所示的微变等效电路表示。

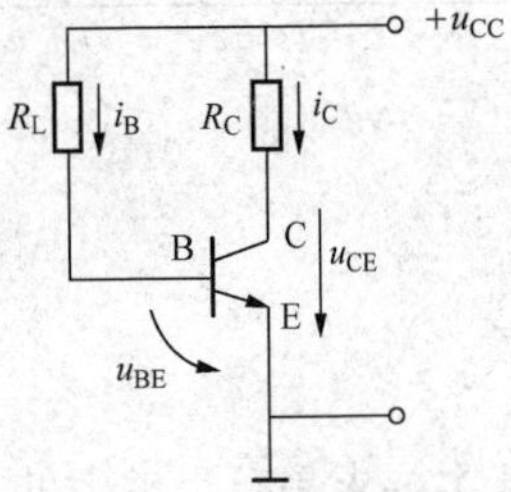

图 8-55　固定偏置放大电路的直流通路

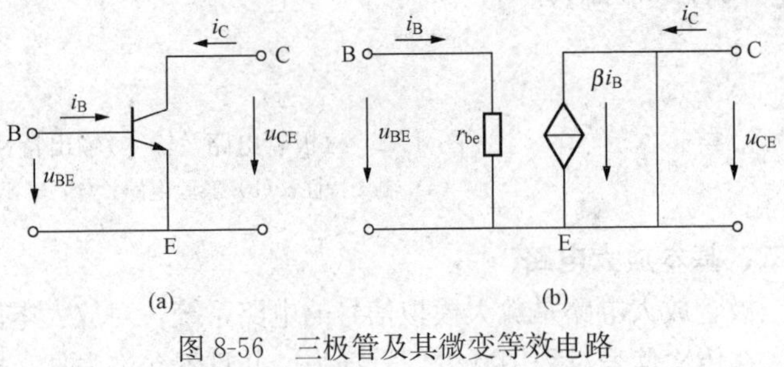

图 8-56　三极管及其微变等效电路

（a）三极管符号；（b）微变等效电路

将三极管用微变等效电路代替后可得出放大电路的微变等效电路，放大器的微变等效电路图中要把电容和直流电源短路。固定偏置电压放大电路的微变等效电路如图 8-57 所示。

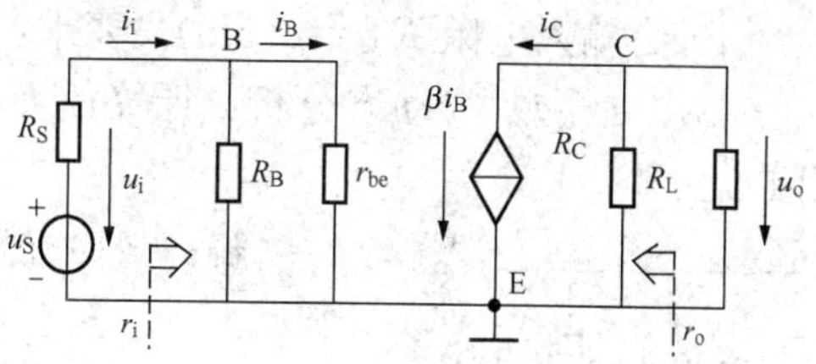

图 8-57 固定偏置电压放大电路的微变等效电路

(2) 电压放大倍数 A_u。当放大电路输入正弦交流信号时，将电压、电流用相量表示后输出电压和输入电压为

$$\dot{u}_i = \dot{i}_B r_{be}$$

$$\dot{u}_o = -\dot{i}_C R'_L = -\beta \dot{i}_B R'_L$$

其中

$$R'_L = R_C // R_L$$

整理后可知放大电路的电压放大倍数为

$$A_u = \frac{\dot{u}_o}{\dot{u}_i} = -\beta \frac{R'_L}{r_{be}} \tag{8-61}$$

(3) 输入电阻 r_i。放大电路的输入电阻 r_i 是从信号源向放大器看进去的电阻，定义为

$$r_i = \frac{\dot{u}_i}{\dot{i}_i} = R_B // r_{be} \approx r_{be} \tag{8-62}$$

通常放大器的基极电阻 R_B 远大于三极管输入电阻 r_{be}，分析时可认为放大器的输入电阻就是三极管的输入电阻 r_{be}。

r_i 是动态电阻，通常希望电压放大电路的输入电阻能高一些。

(4) 输出电阻 r_o。放大电路的输出电阻是电路输出端向放大器内部看的等效电阻，即

$$r_o = R_C \tag{8-63}$$

通常，希望电压放大电路的输出电阻 r_o 越小越好。

(二) 静态工作点稳定的分压偏置放大电路

固定偏置电路虽然简单并容易调整，但在外部因素的影响下，将引起静态工作点的变动，严重时使放大电路不能正常工作，造成信号失真，其中影响最大的是温度变化。

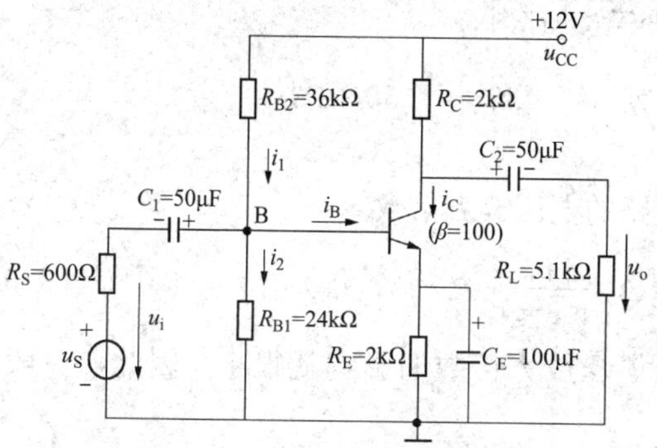

图 8-58 分压偏置放大电路

为使静态工作点稳定，常采用图 8-58 所示的分压偏置式放大电路，电路参数满足两个关系 $i_1 \approx i_2 \gg i_B$ 和 $u_B \gg u_{BE}$，在输入端用 R_{B1}、R_{B2} 两分压电阻使 B 端电位 V_B 不变，当温度变化使 V_E 电位变化时，u_{BE} 电压变化，调节 i_B 后使集电极电流 i_C 稳定。分压偏置电路稳定静态工作点的物理过程如下

$$T(℃)\uparrow \longrightarrow i_C\uparrow \longrightarrow i_E\uparrow \xrightarrow{R_E} u_E\uparrow \xrightarrow{u_B\text{不变}} u_{BE}(=u_B - u_E\uparrow)\downarrow$$

$$(\text{使 } i_C \text{ 更加稳定}) \leftarrow i_C\downarrow \leftarrow i_B\downarrow$$

下面，以一个实际的分压偏置放大器为例，进行静态和动态分析。

例 8-20 分压偏置放大电路如图 8-58 所示。电路参数如图 8-58 所示。三极管放大倍

数 $\beta=100$，输入电阻 $R_{BE}=1.5\text{k}\Omega$，要求：①静态分析：计算放大电路的静态工作点 Q（i_{BQ}、i_{CQ}、u_{CEQ}）；②动态分析：计算放大电路的电压放大倍数 A_u、输入电阻 r_i 和输出电阻 r_o。

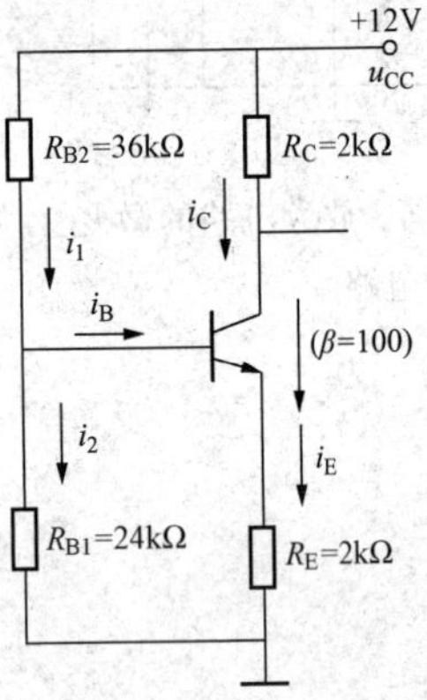

图 8-59　放大电路的直流通路

解：（1）静态分析。画出放大电路的直流通路如图 8-59 所示。

基极偏置电流为

$$u_B \approx \frac{R_{B1}}{R_{B1}+R_{B2}}u_{CC}=4.8\text{V}$$

集电极电流为

$$i_C \approx i_E = \frac{u_B-u_{BE}}{R_E}=\frac{4.8-0.7}{2}\approx 2(\text{mA})$$

集电极和发射极之间的电压为

$$\begin{aligned}u_{CE}&=u_{CC}-i_CR_C-i_ER_E\\&\approx u_{CC}-i_C(R_C+R_E)\\&=12-2\times(2+2)\\&=4(\text{V})\end{aligned}$$

（2）动态分析。画出微变等效电路如图 8-60 所示。

$$电压放大倍数\ A_u=\frac{-\beta(R_C\ /\!/\ R_L)}{r_{be}}=\frac{-100\times(2\ /\!/\ 5.1)}{r_{be}}=-96(倍)$$

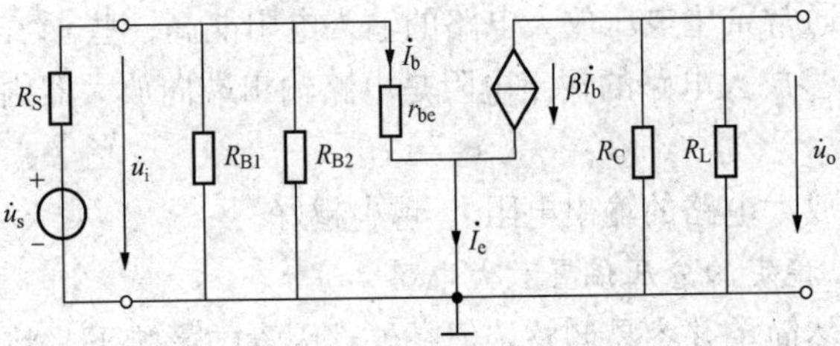

图 8-60　微变等效电路图

输入电阻为 $r_i=r_{be}\ /\!/\ R_{B1}\ /\!/\ R_{B2}=1.5\ /\!/\ 24\ /\!/\ 36=1.36(\text{k}\Omega)$

输出电阻为 $r_o=R_C=2\text{k}\Omega$

如果考虑信号源内阻 R_S 的影响，放大电路的电压放大倍数应该是

$$A_{uS}=\frac{\dot{u}_o}{u_S}=\frac{\dot{u}_o}{\dot{u}_i}\times\frac{\dot{u}_i}{u_S}=A_u\frac{r_i}{R_S+r_i}=-67(倍) \tag{8-64}$$

从式（8-64）可见，当 $r_i \gg R_S$ 时，R_S 对电压放大倍数的影响就很小。因此，一般要求电压放大电路的输入电阻 r_i 值越大越好。

例 8-21　（2010 年）某晶体管放大电路的空载放大倍数 $A_k=-80$、输入电阻 $r_i=1\text{k}\Omega$ 和输出电阻 $r_0=3\text{k}\Omega$，将信号源（$u_S=10\sin\omega t\,\text{mV}$，$R_S=1\text{k}\Omega$）和负载（$R_L=5\text{k}\Omega$）接于该放大电路之后（见图 8-61），负载电压 u_0 将为（　　）V。

（A）$-0.8\sin\omega t$　　（B）$-0.5\sin\omega t$

（C）$-0.4\sin\omega t$　　（D）$-0.25\sin\omega t$

解：考虑放大电路输入、输出电阻的影响时可将原图绘制为图 8-62。

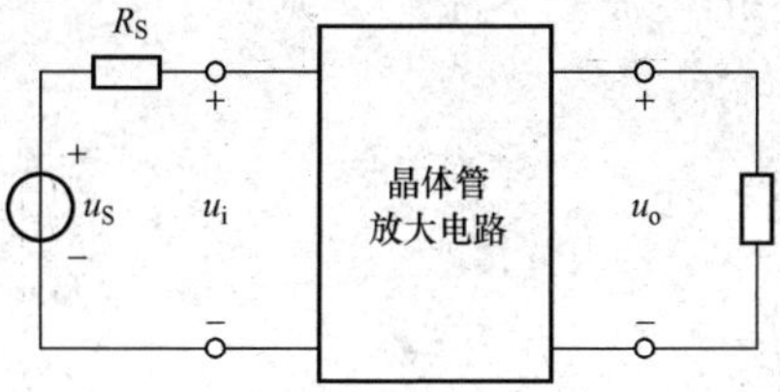

图 8-61 例 8-21 图 1

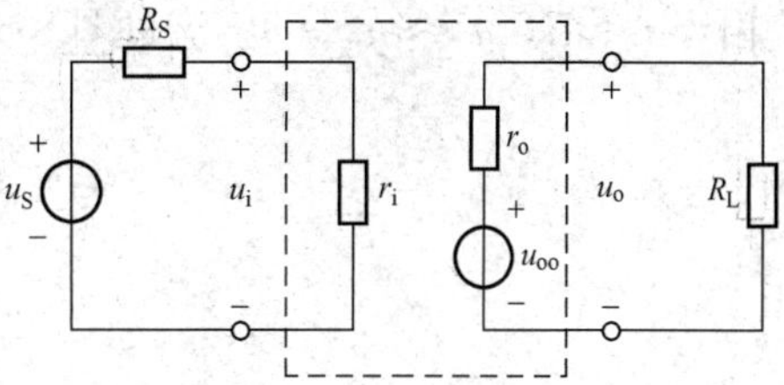

图 8-62 例 8-21 图 2

$$u_i=\frac{r_i}{r_i+R_S}u_S=\frac{1}{2}u_S=5\sin\omega t(\mathrm{mV})$$

$$u_{oo}=A_k\times u_i=-80\times 5\sin\omega t=-400\sin\omega t(\mathrm{mV})$$

$$u_o=\frac{R_L}{r_o+R_L}u_{oo}=\frac{5}{3+5}(-400\sin\omega t)=-250\sin\omega t(\mathrm{mV})=-0.25\sin\omega t(\mathrm{V})$$

故正确答案是（D）。

三、集成运算放大器

集成运算放大器是具有高开环放大倍数并带有深度负反馈的多级直接耦合放大电路，它不仅可以放大直流信号，也可以放大交流信号。集成运算放大器还具有开环放大倍数高、输入电阻高、输出电阻低、可靠性高、体积小等特点。为了使集成运算放大器电路分析简化，将实际运算放大器理想化，理想化的条件如下：

开环电压放大倍数　$A_u\to\infty$

输入电阻　$r_i\to\infty$

输出电阻　$r_o\to 0$

图 8-63 所示为理想运算放大器的图形符号，它有两个输入端（u_-、u_+）和一个输出端 u_o。反相输入信号 u_- 的电位变化极性与输出信号 u_o 的极性相反；同相输入信号 u_+ 的电位变化极性与输出信号 u_o 的极性相同。当运算放大器工作在线性区时，u_o、u_+ 和 u_- 之间关系为

$$u_o=A_u(u_+-u_-)\tag{8-65}$$

由于运算放大器的输入电阻 $r_i=\infty$，可认为两个输入端的输入电流为零；由于运算放大器的开环电压放大倍数 $A_u\to\infty$，而输出电压 u_o 是一个有限值，则 $(u_+-u_-)=\frac{u_o}{A_u}\Rightarrow 0$。

（一）基本运算电路

下文以反相比例运算电路说明电路的分析方法。反相比例运算电路如图 8-64 所示，输入信号从反相输入端引入。

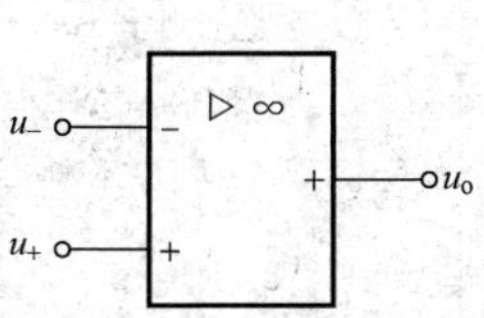

图 8-63 运算放大器符号

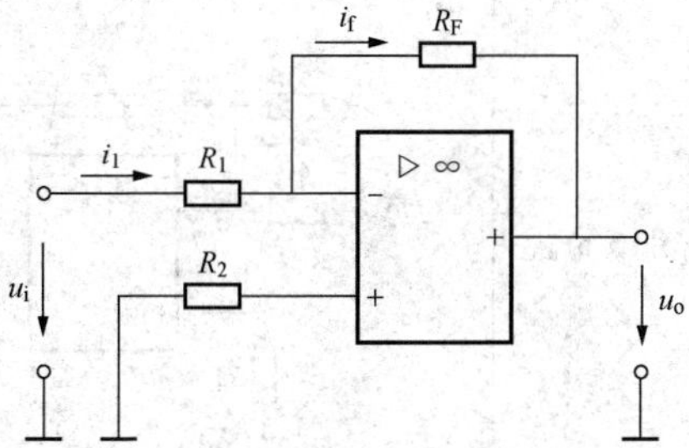

图 8-64 反相比例运算电路

由于 $i_1 \approx i_f$，$u_- \approx u_+ = 0$（流过图 8-64 中电阻 R_2 的电流基本为 0），则

$$u_+ = 0$$

$$i_1 = \frac{u_i - u_-}{R_1} = \frac{u_i}{R_1}$$

$$i_f = \frac{u_- - u_o}{R_F} = -\frac{u_o}{R_F}$$

由此得出，反相比例运算电路的输出电压 u_o 与输入信号电压关系为

$$u_o = -\frac{R_F}{R_1} u_i$$

闭环电压放大倍数为

$$A_{uf} = \frac{u_o}{u_i} = -\frac{R_F}{R_1} \tag{8-66}$$

运算放大器同相输入端的电阻 R_2 是电路的静态平衡电阻，数值为

$$R_2 = R_1 // R_F \tag{8-67}$$

表 8-4 为典型运算电路的基本公式。

表 8-4　　典型运算电路的基本公式

序号	类别	电路图	基本公式
1	反相比例运算电路	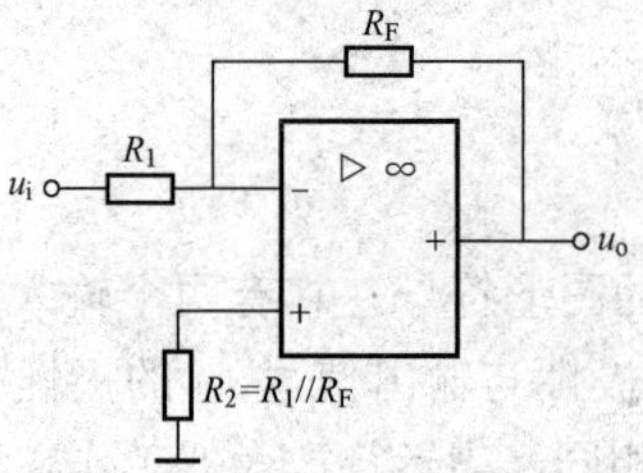	$u_o = -\frac{R_F}{R_1} u_i$
2	同相比例运算电路	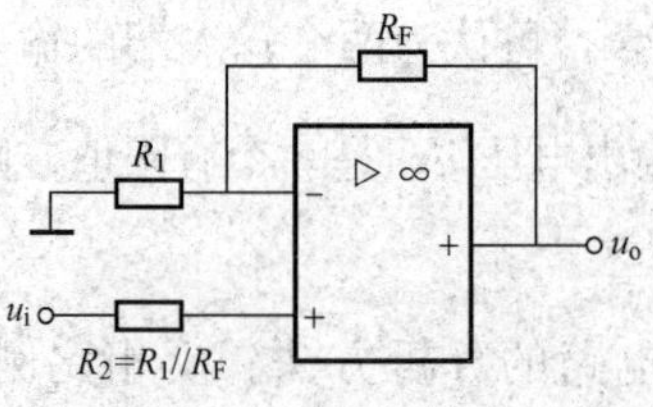	$u_o = \left(1 + \frac{R_F}{R_1}\right) u_i$
3	反相求和运算电路	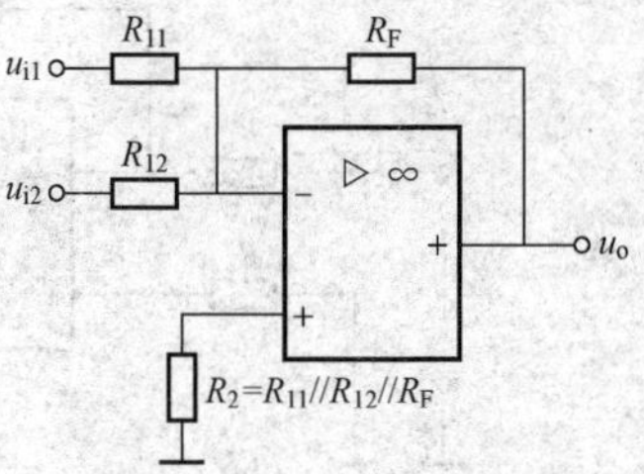	$u_o = -\left(\frac{R_F}{R_{11}} u_{i1} + \frac{R_F}{R_{12}} u_{i2}\right)$ 当 $R_F = R_{11} = R_{12}$ 时 $u_o = -(u_{i1} + u_{i2})$

续表

序号	类别	电路图	基本公式
4	减法运算电路	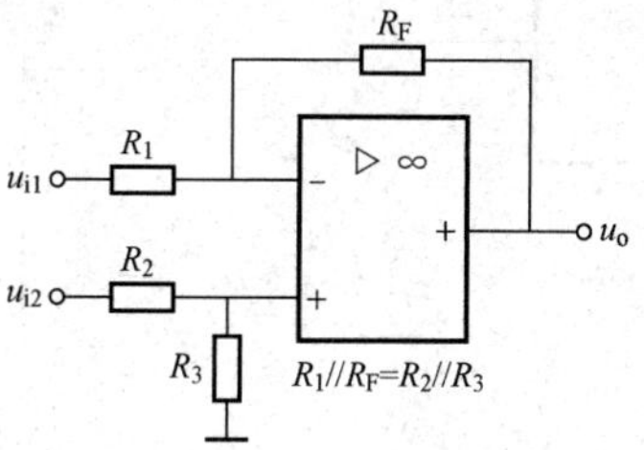	$u_o=\left(1+\frac{R_F}{R_1}\right)u_{i2}\frac{R_3}{R_2+R_3}-\frac{R_F}{R_1}u_{i1}$ 当 $R_1=R_2$，$R_3=R_F$ 时 $u_o=\frac{R_F}{R_1}(u_{i2}-u_{i1})$
5	积分运算电路	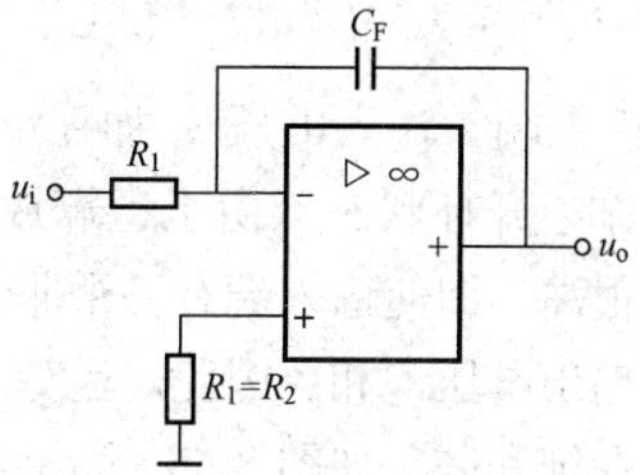	$u_o=-\frac{1}{R_1C_F}\int u_i\mathrm{d}t$
6	微分运算电路	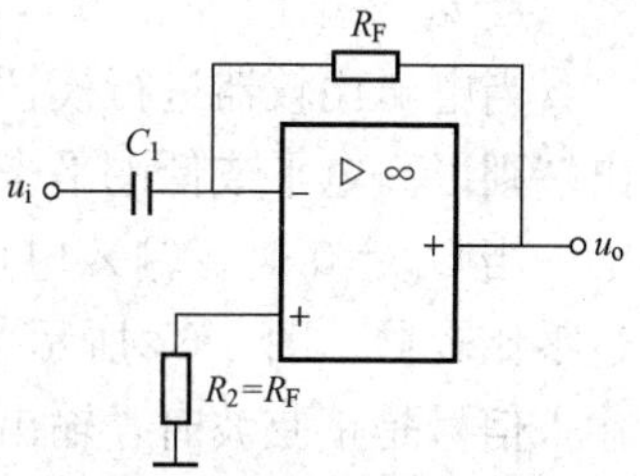	$u_o=-R_FC_1\frac{\mathrm{d}u_i}{\mathrm{d}t}$

例 8-22 图 8-65 所示电路，输出电压、输入电压的关系式为（　　）。

(A) $\frac{R_F}{R_f}(u_{i1}+u_{i2})$　　(B) $\left(1+\frac{R_F}{R_f}\right)(u_{i1}+u_{i2})$

(C) $\frac{R_F}{2R_f}(u_{i1}+u_{i2})$　　(D) $\frac{1}{2}\left(1+\frac{R_F}{R_f}\right)(u_{i1}+u_{i2})$

解：该电路为同相求和运算电路

因为 $u_o=\left(1+\frac{R_F}{R_f}\right)u_+$

$u_+=\frac{1}{2}(u_{i1}+u_{i2})$

所以 $u_o=\frac{1}{2}\left(1+\frac{R_F}{R_f}\right)(u_{i1}+u_{i2})$

故正确答案是（D）。

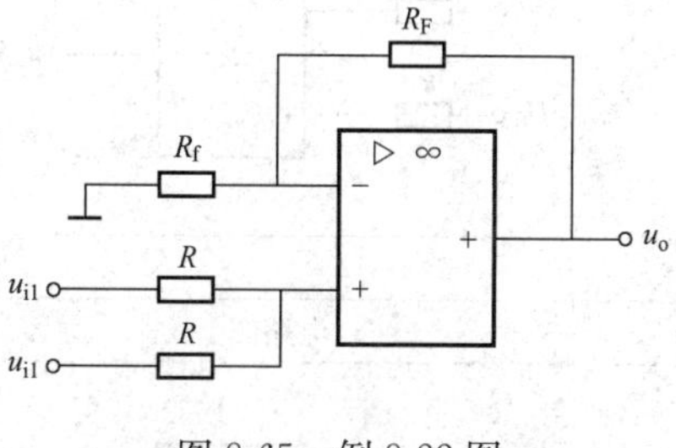

图 8-65　例 8-22 图

（二）电压比较器

电压比较器是用来比较输入电压 u_i 和基准电压 U_R 的偏差来控制电路的输出电压 u_o。图8-66(a) 和图 8-66(b) 所示为电压比较器电路和电压传输特性。

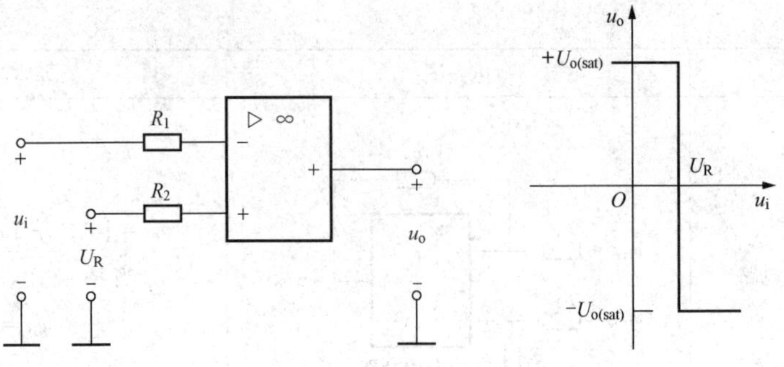

(a)　　　　(b)

图 8-66　电压比较器电路和电压传输特性

（a）电压比较器电路；（b）电压传输特性

该电路的基准电压 U_R 加在同相输入端，输入电压 u_i 加在反相输入端，运算放大器工作于开环状态。由于运算放大器的开环电压放大倍数很高，即使输入端有一个非常微小的差值信号，也会使输出电压饱和。因此，运算放大器用作比较器时，工作在饱和区。如图 8-66 所示的电路中 $u_- = u_i$，$u_+ = U_R$。

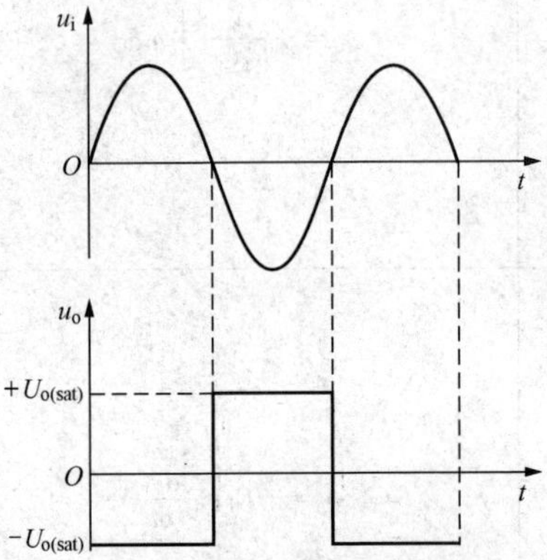

图 8-67　过零比较器电压波形

当 $u_i < U_R$ 时 $u_- < u_+$，$u_o = +U_{o(sat)}$

当 $u_i > U_R$ 时 $u_- > u_+$，$u_o = -U_{o(sat)}$

当电压比较器进行模拟信号大小的比较时，在输出端则以高电平或低电平来反映比较结果。

当 $U_R = 0$ 时，输入电压 u_i 与零电平比较，成为过零比较器。图 8-67 所示为过零比较器的电压波形，输入信号是正弦波时，输出转变为方波电压信号。

表 8-5 为常用电压比较器电路图和电压传输特性。

表 8-5　　常用电压比较器电路图和电压传输特性

反向输入的电压比较器	
电路图	电压传输特性
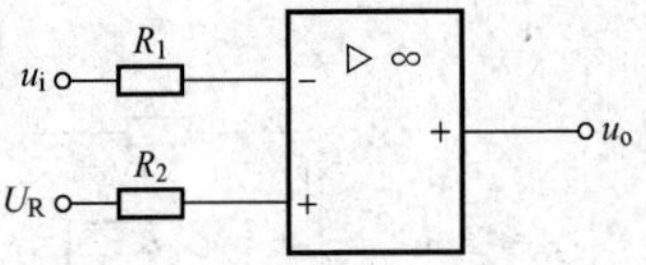	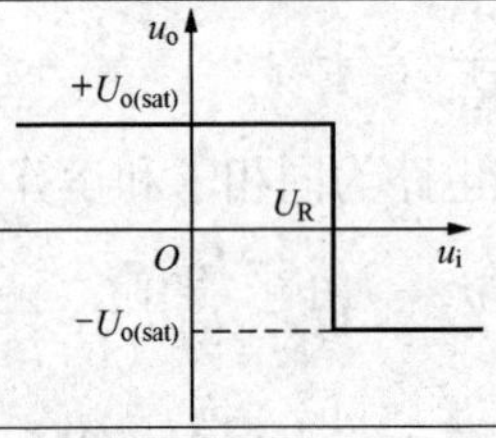
同向输入的电压比较器	
电路图	电压传输特性
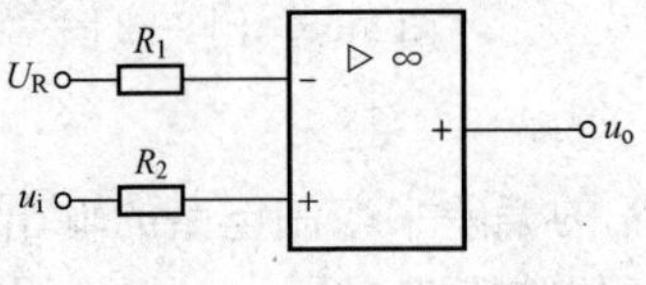	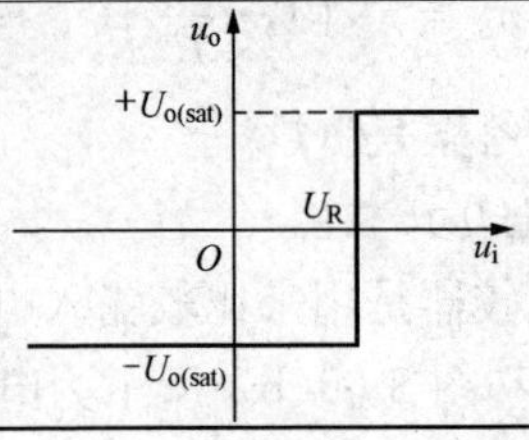

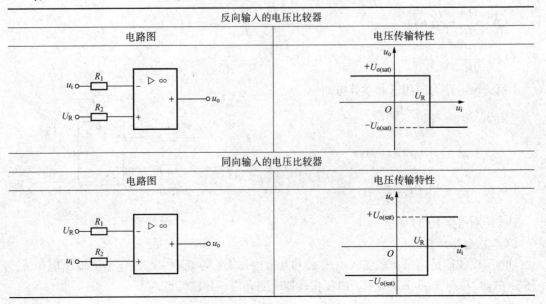

例 8-23 （2017 年）图 8-68(a) 所示电路中，运算放大器输出电压的极限值为$\pm U_{cM}$，当输入电压$u_{i1}=1$V，$u_{i2}=2\sin at$V 时，输出电压波形如图 8-68(b) 所示，那么，如果将u_{i1}从 1V 调到 1.5V，将会使输出电压的（　　）。

(A) 频率发生改变　　(B) 幅度发生改变

(C) 平均值升高　　(D) 平均值降低

解：图 8-68 所示为用运算放大器构成的电压比较电路，如$u_{i1}<u_{i2}$时，$u_o=+U_{oM}$；如$u_{i1}>u_{i2}$时，$u_o=-U_{oM}$。

当u_{i1}升高到 1.5V 时，u_o波形的正向面积减少，反向面积增加，电压平均值降低（如图 8-69 中虚线波形所示）。故正确答案是 (D)。

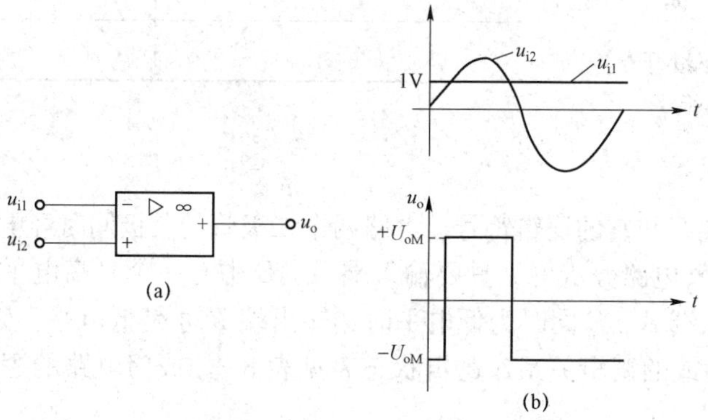

图 8-68　例 8-23 图

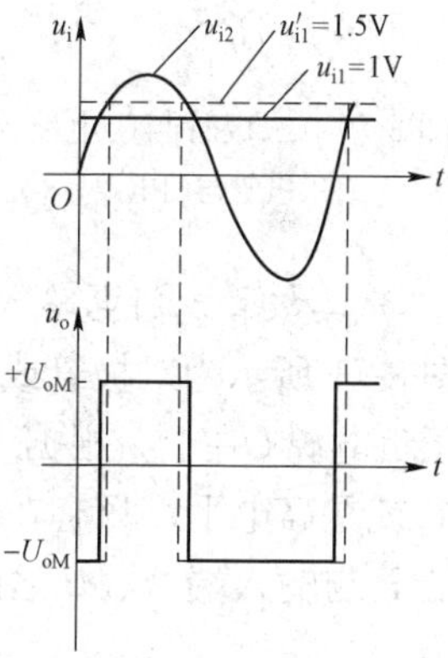

图 8-69　例 8-23 解析图

第六节　数 字 电 子 电 路

数字电路处理的信号在时间和数值上都不是连续变化的信号（称作脉冲信号），数字电路是当前电子技术的重要内容。数字电路的广泛应用和高度发展标志着现代电子技术的发展水准，电子计算机、数字仪表、数字通信等都是以数字电路为基础的。

数字电路分为组合逻辑电路和时序电路两部分。组合逻辑电路是以基本门电路为基础，时序电路则以各种触发器为基础。数字电路从结构上分为两种，即 TTL 逻辑电路和 MOS 逻辑电路。电路的输出状态仅有两种，即“0”状态和“1”状态；当某点的电位高于 2.4V 时定义为逻辑“1”状态，电位低于 0.4V 时定义为逻辑“0”状态。

一、基本门电路

门电路是组合逻辑电路的基本元件。所谓“门”就是一个开关，条件满足时允许信号通过，条件不满足，信号就通不过。门电路的输入信号与输出信号之间存在一定的逻辑关系，所以又称为逻辑门电路。基本逻辑门电路有与门、或门、非门电路和异或门电路等。

（一）二极管与门电路

图 8-70 所示为二极管与门电路及其逻辑符号，其中A、B端为输入逻辑变量，F端为输出的逻辑结果。分析时设二极管VD_A、VD_B为理想元件，即导通时二极管的端电压为 0。可见，在A、B端只要有一个输入为低电平时，输出端F就是低电平，只有当A、B端全为高电平时，F端才有可能出现高电平。现在把高电平定义为逻辑“1”，低电平定义

为逻辑“0”，则输出端F与输入端A、B的逻辑关系符合表8-6所列出的与逻辑关系。进行逻辑电路的分析时，一般只关心输出和输入之间的逻辑关系，而不关心其内部结构，因此可以把与门用图8-70(b) 的逻辑符号表示。与门电路的逻辑表达式为

$$F = AB \tag{8-68}$$

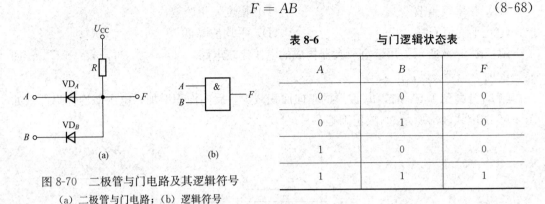

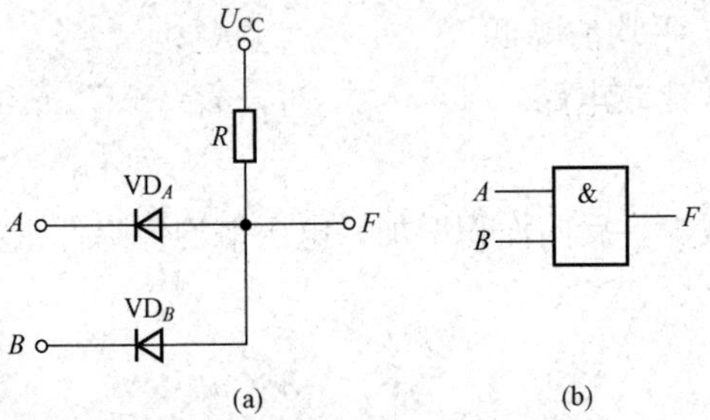

图8-70 二极管与门电路及其逻辑符号

(a) 二极管与门电路；(b) 逻辑符号

表8-6 与门逻辑状态表

A	B	F
0	0	0
0	1	0
1	0	0
1	1	1

（二）二极管或门电路

图8-71所示为二极管或门电路和它的逻辑符号。电路两个二极管的负极同时经电阻R接到了负电源U_{EE}上，根据二极管电路分析可见只要输入端A、B中有一个是高电平；输出端F就是高电平；只有在输入端A、B同时为低电平时，输出端F才是低电平。因此，输出端F与输入端A、B之间为或的逻辑关系，逻辑状态表见表8-7。或门电路的逻辑表达式为

$$F = A + B \tag{8-69}$$

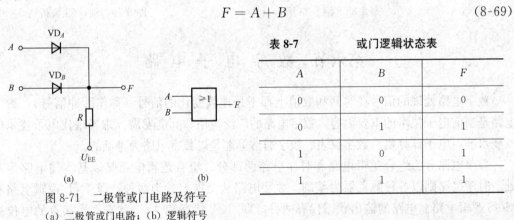

图8-71 二极管或门电路及符号

(a) 二极管或门电路；(b) 逻辑符号

表8-7 或门逻辑状态表

A	B	F
0	0	0
0	1	1
1	0	1
1	1	1

（三）三极管非门电路

(1) 三极管开关状态。三极管有截止、饱和、放大三个工作区，数字电路中三极管只能工作在饱和区和截止区。

三极管在截止状态的特点是基极电流$I_B=0A$，集电极电流$I_C=0A$，这时输出电压$u_o \approx U_{CC}$，所以此时三极管的集射极之间的状态可以等效为一个断开的开关。三极管在饱和区的工作特点是C−E间的饱和压降$U_{CE} \approx 0$，此时三极管C−E间如同开关短路一样。三极管非门电路和等效的开关电路模型如图8-72所示。

(2) 非门。由三极管开关特性可以发现，当输入信号u_i为低电平时，输出u_o为高电平；而输入u_i为高电平时，输出u_o为低电平，因此输入与输出之间具有反相关系，可以把它当作非门使用。

在实用的非门电路中，为保证输入为低电平时三极管可靠截止，通常将电路接成如图 8-73(a) 所示的形式。由于增加了电阻 R 和电源 $-U_{EE}$，当输入低电平信号为 0V 时三极管的基极电位为负电位，发射结处于反向偏置，从而可以保证三极管可靠截止。图 8-73(b) 所示为三极管逻辑符号，其中 F 与 A 的逻辑关系式为

$$F=\overline{A} \tag{8-70}$$

以上三种是基本逻辑门电路，有时还可以把它们组合成为组合门电路，以丰富逻辑功能。

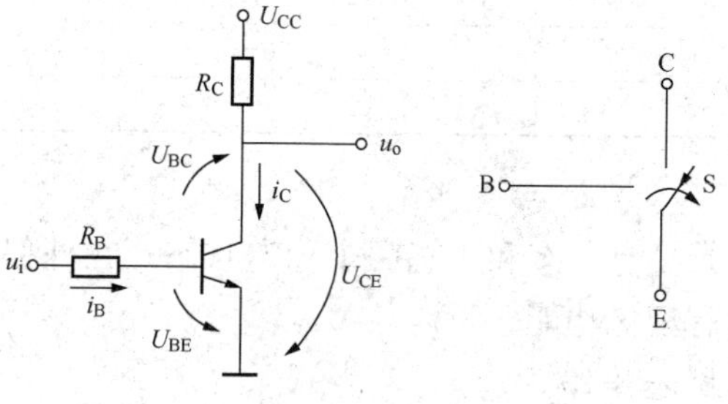

图 8-72　三极管非门电路和等效的开关电路模型

(a) 三极管非门电路；(b) 等效的开关电路模型

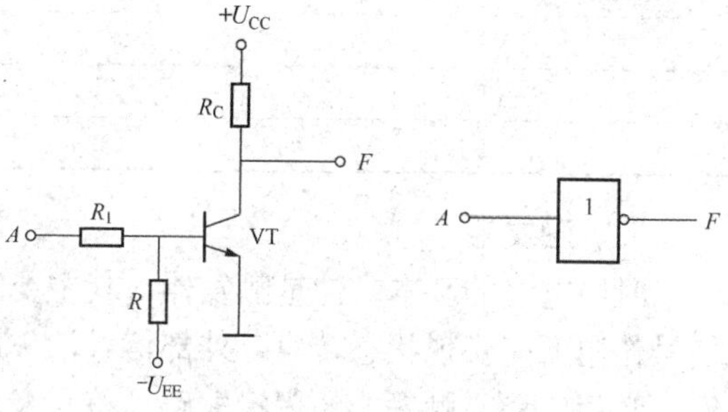

图 8-73　三极管非门电路和逻辑符号

(a) 三极管非门电路；

(b) 逻辑符号

表 8-8 给出了基本门电路的逻辑符号和表达式，它们是分析组合逻辑电路的基础。

表 8-8　　**基本门电路的逻辑符号及逻辑表达式**

名　称	逻　辑　符　号	逻辑表达式	名　称	逻　辑　符　号	逻辑表达式
与门	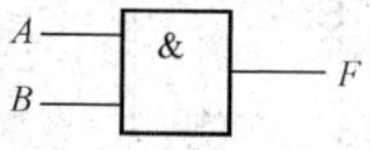	$F=AB$	或非门	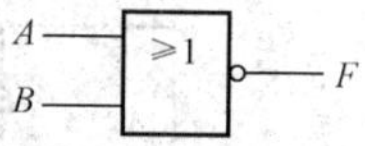	$F=\overline{A+B}$
或门	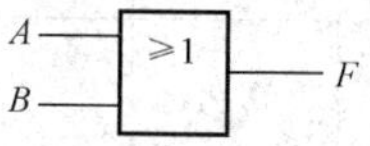	$F=A+B$	异或门	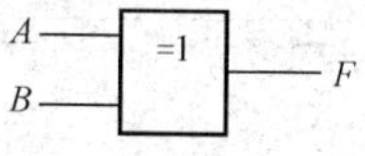	$F=A\overline{B}+\overline{A}B$ $=A\oplus B$
非门	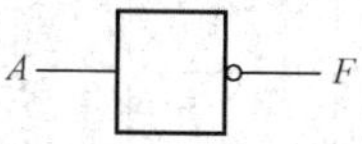	$F=\overline{A}$	同或门	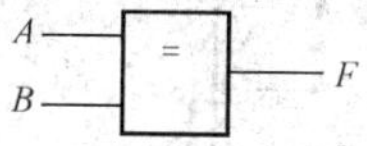	$F=AB+\overline{A}\overline{B}$ $=A\odot B$
与非门	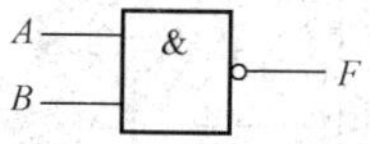	$F=\overline{AB}$			

例 8-24　(2010 年) 由图 8-74 所示数字逻辑信号的波形可知，三者的函数关系是（　　）。

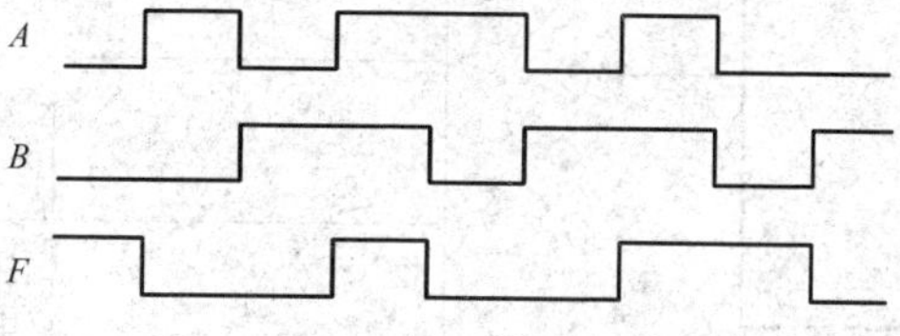

图 8-74　例 8-24 图

(A) $F=\overline{AB}$　　(B) $F=\overline{A+B}$　　(C) $F=AB+\overline{AB}$　　(D) $F=A\overline{B}+\overline{A}B$

解：根据给定波形 A、B，可写出输入与输出的真值表（见表 8-9），然后根据逻辑表写出 F 的最小项表达式：$F=\overline{AB}+AB$，可见该电路有同或门逻辑。答案（C）符合条件。

表 8-9　　给定波形 A、B 的输入与输出的真值表

A	B	F
0	0	1
0	1	0
1	0	0
1	1	1

二、触发器

时序电路的基本元件是触发器，其主要特点是具有 0 态和 1 态两个稳定状态；在外部信号作用下能实现状态转换，外部信号消失时具有记忆功能。

常用双稳态触发器的逻辑电路、符号及功能见表 8-10。

表 8-10　　常用双稳态触发器的逻辑电路、符号及功能

名称	逻辑图	功能表			状态方程
基本 RS 触发器	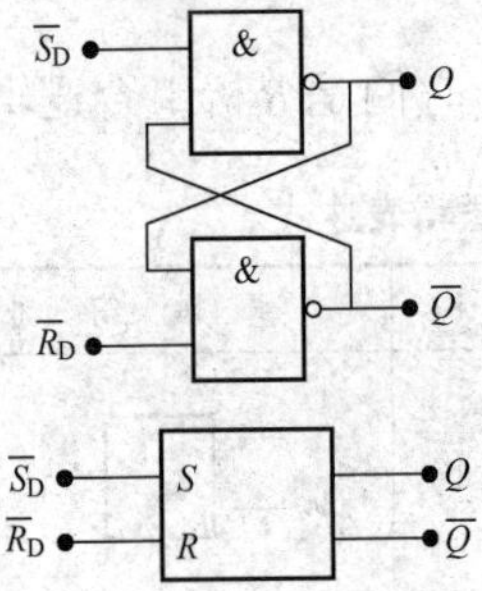	$\overline{S}_D$	$\overline{R}_D$	Q	$Q_{n+1}=\overline{S}+RQ_n$ $\overline{S}=\overline{R}=0$
		0	1	1	
		1	0	0	
		1	1	不变	
		0	0	不定	
可控 RS 触发器	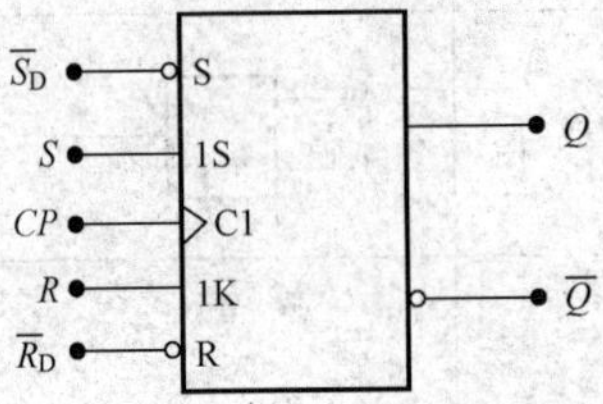	S	R	Q_{n+1}	$\overline{S}_D=\overline{R}_D=1$ $Q_{n+1}=S+\overline{R}Q_n$ $SR=0$(约束条件)
		0	0	Q_n	
		0	1	0	
		1	0	1	
		1	1	不定	
D 触发器	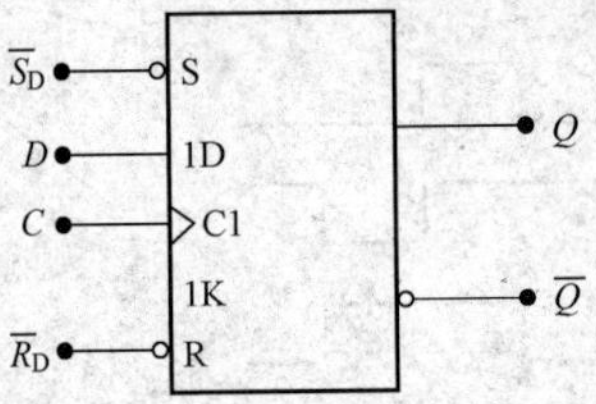	D		Q_{n+1}	$\overline{S}_D=\overline{R}_D=1$ $Q_{n+1}=D$ C 脉冲上升沿翻转
		0		0	
		1		1	

续表

名称	逻辑图	功能表			状态方程
JK 触发器	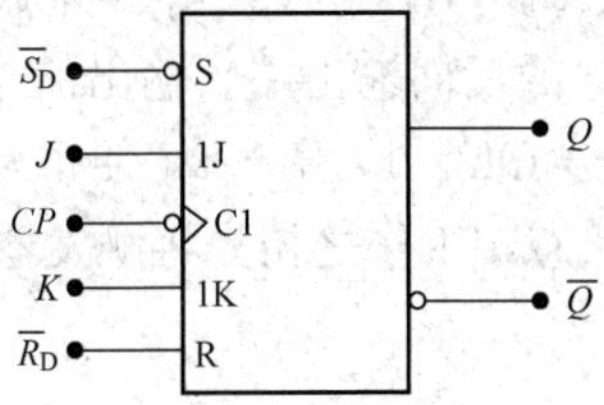	J	K	Q_{n+1}	$\overline{S}_D=\overline{R}_D=1$ $Q_{n+1}=J\overline{Q}_n+\overline{K}Q_n$ CP 脉冲下降沿翻转
		0	0	Q_n	
		0	1	0	
		1	0	1	
		1	1	$\overline{Q}_n$ 计数	
T 触发器	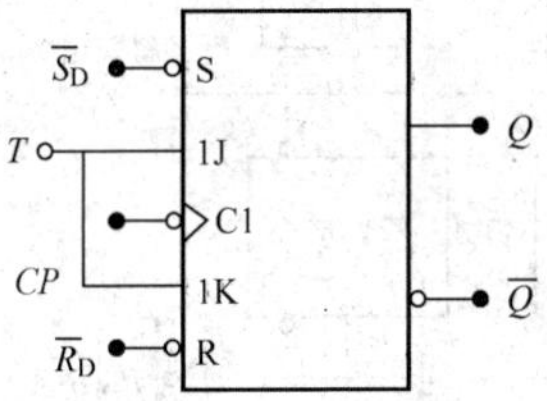	T		Q_{n+1}	$\overline{S}_D=\overline{R}_D=1$ $Q_{n+1}=T\overline{Q}_n+\overline{T}Q_n$
		0		Q_n	
		1		$\overline{Q}_n$	

例 8-25 JK 触发器及其输入信号波形如图 8-75 所示，那么，在 $t=t_0$ 和 $t=t_1$ 时刻，输出 Q 分别为（　　）。

(A) $Q(t_0)=1$, $Q(t_1)=0$　　(B) $Q(t_0)=0$, $Q(t_1)=1$

(C) $Q(t_0)=0$, $Q(t_1)=0$　　(D) $Q(t_0)=1$, $Q(t_1)=1$

解： 图 8-75 所示电路是下降沿触发的 JK 触发器，$\overline{R}_D$ 是触发器的清零端，$\overline{S}_D$ 是置 1 端。正确是答案是（B）。

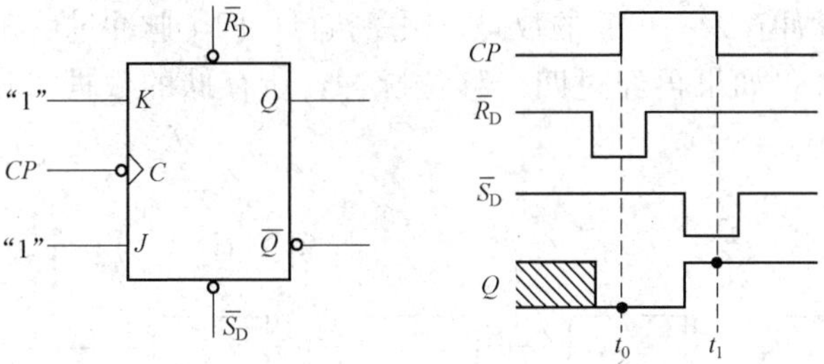

图 8-75　例 8-25 图

三、寄存器与计数器

触发器具有时序逻辑的特征，可以由它组成各种时序逻辑电路。其中寄存器和计数器是最典型的时序逻辑电路。

（一）寄存器

寄存器是用来暂时存放运算数据的时序电路。一个触发器能够寄存一位二进制数，要存多位数时就得用多个触发器，常用的有四位、八位、十六位寄存器。

寄存器存放数码的方式有并行和串行两种。并行方式就是数码从各对应位输入端同时输入到寄存器中；串行方式就是数码从一个输入端逐位输入到寄存器中。从寄存器取出数码的方式也有并行和串行两种。在并行方式中，被取出的数码同时出现在对应于各位触发器的输出端；而在串行方式中，被取出的数码在一个输出端逐位出现。

寄存器又可以分为数码寄存器和移位寄存器两种，其区别在于有无移位的功能。图8-76是一种四位数码寄存器，输入端是四个与门，如果要输入四位二进制数 $d_3 \sim d_0$ 时，可使与门的输入控制信号 $IE=1$，把与门打开使 $d_3 \sim d_0$ 输入。当时钟脉冲 $CP=1$ 时，$d_3 \sim d_0$ 以反量形式寄存在四个D触发器 $FF_3 \sim FF_0$ 的反向输出端。输出信号取自四个三态非门。如果要取出时，可使三态门的输出控制信号 $OE=1$，$d_3 \sim d_0$ 便可从 $Q_3 \sim Q_0$ 端输出。注意，有高电平、低电平外，还有一个阻断状态，工作之初先将触发器清零。

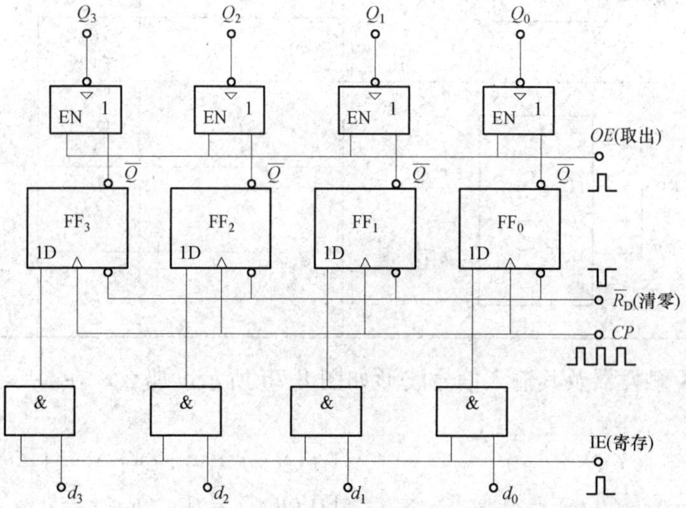

图8-76　四位数码寄存器

图8-77是由JK触发器组成的四位移位寄存器，数码在 CP 脉冲作用下由D端依次输入。输入一个 CP 脉冲存入一个新的数码，顺序执行，四个脉冲过后在四个 Q 端得到并行的数码输出 $Q_3 \sim Q_0$。如果再经过四个移位脉冲，所存储的数据可以在 Q_3 端依次串行输出。

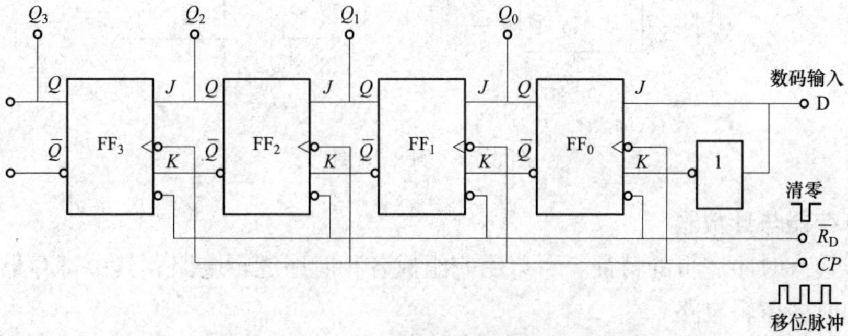

图8-77　四位移位寄存器

例8-26　(2008年) 如图8-78所示电路，Q_1、Q_0 的原始状态为“1 1”，当送入两个脉冲后的新状态为（　　）。

(A)“0 0”　　(B)“0 1”　　(C)“1 1”　　(D)“1 0”

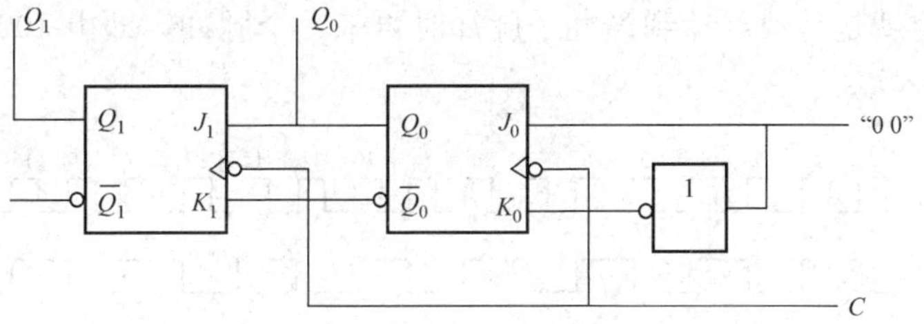

图 8-78　例 8-26 图

解： 该电路为时序逻辑电路，两个 JK 触发器的接法使其具有 D 触发器的功能。电路具有移位、存储作用，两个脉冲过后输出状态为 $Q_1Q_0=00$。故正确答案是（A）。

（二）计数器

计数器是累计输入脉冲个数的时序逻辑电路，以触发器为基础器件。计数器可以进行加法或减法计数，有些还可以进行两者兼有的可逆计数。若从进位制来分，有二进制计数器、十进制计数器和任意进制的计数器。

（1）二进制计数器。二进制只有 0 和 1 两个数码，进位规则"逢二进一"。由于触发器有 1 和 0 两个状态，因此一个触发器可以表示一位二制数。如果要表示 n 位二进制数，就得用 n 个触发器。

图 8-79 和图 8-80 给出了由 JK 触发器组成的四位二进制异步加法计数器的电路图和波形图。分析可见，该电路每来一个计数脉冲，最低位触发器翻转一次；而高位触发器是在相邻的低位触发器从 1 变为 0 进位时翻转。因此，可用四个主从型触发器（下降沿触发）来组成四位异步二进制加法计数器。如图 8-79 每个 JK 触发端悬空相当于 1，故具有计数功能。触发器的进位脉冲从 Q 端输出送到高一位触发器的 CP 端，这符合主从型触发器输入正脉冲的下降沿触发。又从图 8-80 四位二进制加法计数器波形图观察可见，每对应一个时钟脉冲的信号周期，输出信号 $Q_3 \sim Q_0$ 增一，计数范围是 0～15，共 16 个状态周期，符合二进制加法计数的规律。

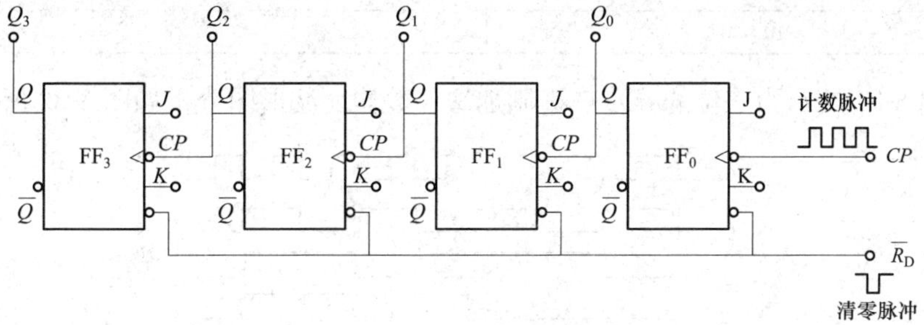

图 8-79　JK 触发器组成的四位二进制异步加法计数器

由于计数脉冲不是同时加到各位触发器的 CP 端，而只加到最低位触发器，其他各位触发器则由相邻低位触发器输出的进位脉冲来触发，因此输出 Q 端状态的变换有先有后，是异步的。如果输出端状态同时变化叫作同步计数器。同步计数器的计数速度较异步为快。

（2）十进制计数器。十进制计数器是在二进制计数器的基础上得出的，用四位二进制数来代表十进制的每一位数，所以也称为二—十进制计数器。最常用的是 8421 编码方式：取四位二进制数前面的 0000～1001B 来表示十进制的 0～9 十个数码，而去掉后面的 1010～

1111B 六个数。也就是计数器计到第九个脉冲时再来一个脉冲，即由 1001 变为 0000。经过十个脉冲循环一次。

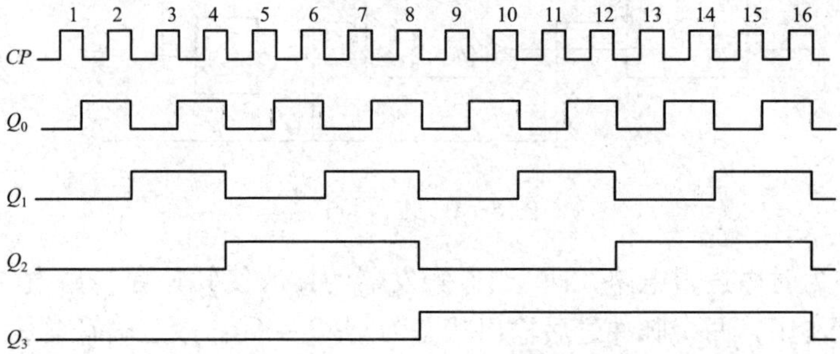

图 8-80　四位二进制加法计数器波形图

二进制和十进制计数器是目前常用的计数器，当需要任意进制计数器时可以根据要求调整设计。

例 8-27　(2017 年) 图 8-81 所示时序逻辑电路是一个（　　）。

(A) 左移寄存器　　　　　　　　　　(B) 右移寄存器

(C) 异步三位二进制加法计数器　　　(D) 同步六进制计数器

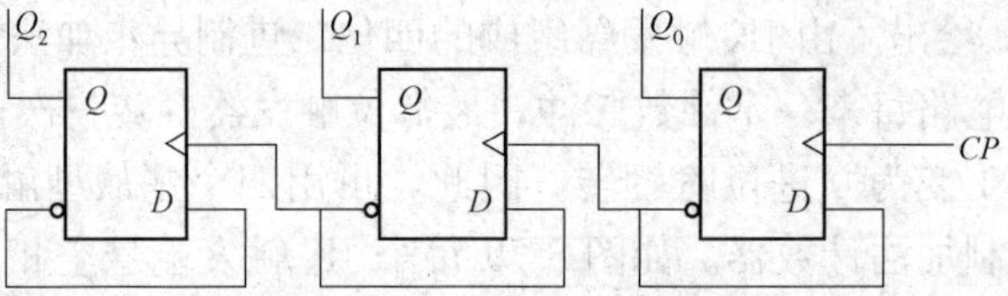

图 8-81　例 8-27 图

附：触发器的逻辑状态表如下：

D	Q_{n+1}
0	0
1	1

解：图 8-81 所示为三位的异步二进制加法计数器。波形图分析如图 8-82 所示。

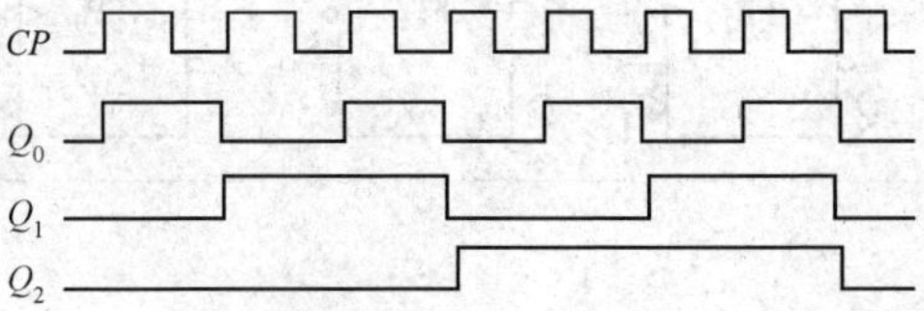

图 8-82　波形图

故正确答案为 (C)。

第七节　信号与信息技术

一、基本概念

(一) 信息、消息与信号

信息、消息和信号三者的关系是借助于某种信号形式传送消息，使受信者从所得到的消息中获取信息。具体可以定义为：

(1) 信息 (Information) ——受信者预先不知道的新内容。一般是指人的大脑通过感官直接或间接接收的关于客观事物存在形式或变化情况。

(2) 消息 (Message) ——信息的物理形式（例如声音、文字、图像等），一般消息是指传递信息的媒体。

(3) 信号 (Signal) ——消息的表现形式。信号是运载消息的工具，是可以直接观测或感觉到的物理现象（例如电、光、声、电磁波等）。通常说“信号是信息的表现形式”。

在现代技术中信息表现为有特点的数据。数据是一种符号代码，用来描述信息。广义地讲，数据包括一切可以用来描述信息的符号体系，如文字、数字、图表、曲线等。在信息工程中，数据是一种以二进制数字“0”和“1”为代码的符号体系。应指出，任何符号本身都不具有特定的含义，只有当它们按照确定的编码规则，被用来表示特定的信息时才可以称为数据，由此在信息技术中通常认为数据就是信息。信号是具体的，可以对它进行加工、处理和传输；信息和数据都是抽象的，它们都必须借助信号才能得以加工、处理和传送。有些教材中把信息、消息和信号比喻成货物、道路（媒体）和交通工具（车）的关系，即信息是货，媒体是路，信号是车。“货”是利用“车”通过“路”来传送的。

（二）时间信号的分类

直接观测对象获取的信号是在现实世界的时间域里进行的，是随时间变化的，称为时间信号；人为生成并按照既定的编码规则对信息进行编码的信号是代码信号。时间信号可以用时间函数、时间曲线或时间序列来描述。但是代码信号与时间信号不同，只能用它的序列式波形图或自身所代表的符号代码序列表示。

由于文字、图像、语言、数据等消息的复杂性，传送的信号也是多种多样的，但无论信号多么复杂，终归可以表示成时间的函数，因此“信号”与“函数”常常相互通用。随时间变化的信号是多种多样的，定义如下：

(1) 确定信号和随机信号。按信号是否可以预知划分，可以将信号分为确定性信号和随机信号。

1) 确定性信号是可以表示成确定时间函数的信号，对于给定的时刻，信号都有一个确定的函数值与之对应，如 $f(t) = 2\cos 2\pi t$ 等。

2) 随机信号是只能知道在某时刻取某一数值的概率，不能表示成确定时间函数的信号。由于随机信号带有“不确定性”和“不可预知性”，通常使用概率统计的方法进行研究。例如电力系统的运行中难免受到其他信号的干扰，这些干扰信号是不可预知的，是随机出现的，那么该系统中负荷变化的信号属于随机信号。严格来讲，除了实验室专用设备发出的有规律的信号外，电子信息系统中传输的信号都是随机信号。

(2) 连续信号和离散信号。按信号是否是时间连续的函数划分，可以将信号分为连续时间信号和离散时间信号，简称连续信号和离散信号。

1) 连续信号是指在某一时间范围内，对于一切时间除了有限个间断点外都有确定函数值的信号 $f(t)$ 。连续时间信号的时间一定是连续的，但是幅值不一定是连续的。连续信号与通常所说的模拟信号不同。模拟信号是幅值随时间连续变化的连续时间信号。直接对事物观测得到的原始时间信号（光的、热的、机械的、化学的等）都必须转换成电信号（电压或电流信号）之后才能加以处理。通常，由原始时间信号转换而来的电信号是就称为模拟信号。

为了保证模拟转换不丢信息，模拟信号的变化规律必须与原始信号相同；而为了便于处理，模拟信号的幅值变化区间又必须控制在一定的范围之内，在电气与信息工程中，模拟信号的幅值范围为 0～5V（电压信号）或 0～20mA（电流信号）。

2）离散信号是指在某些不连续时间（也称离散时刻）定义函数值的信号，在离散时刻以外的时间信号是无定义的。离散信号的时间不连续、幅值可连续也可不连续。在离散信号中相邻离散时刻的间隔可以是相等的也可以是不相等的。

为了方便研究或处理信号，人们常常将连续信号进行采样，即只取有代表性的离散时刻的信号数值，抽样后得到离散的采样信号。将幅值量化后并以二进制代码表示的离散信号（也就是时间和幅值均离散的信号）称为数字信号。

数字信号通常是指以二进制数字符号“0”和“1”为代码对信息进行编码的信号。在实际应用中，数字信号是一种电压信号，它通常取 0V 和 +5V 两个离散值，这两个具体的离散值分别用来表示两个抽象的代码“0”和“1”。一个数字信号序列表示一串代码，只要确定某种编码规则，这种数字代码串就可以用来对任何信息进行编码。

模拟信号具体、直观，便于人的理解和运用；数字信号则便于计算机处理。所以，在实际应用中经常将两者互相转换，以发挥各自的优点。

模拟信号数字化的过程如图 8-83 所示。时间、幅值均连续的模拟信号如图 8-83(a) 所示，经过等间距采样变成时间离散、幅值连续的抽样信号如图 8-83(b) 所示，再经过量化后的量化信号如图 8-83(c) 所示，以二进制对量化的幅度编码得到的数字信号如图 8-83(d) 所示。

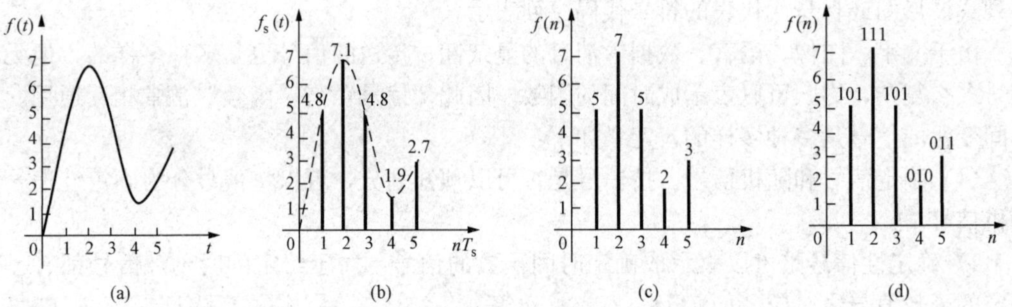

图 8-83　模拟信号数字化的过程

(a) 模拟信号；(b) 抽样信号；(c) 量化信号；(d) 数字信号

(3) 周期信号和非周期信号。按信号是否具有重复性，可以将信号划分为周期信号和非周期信号。

1）周期信号是按一定时间间隔 T 或 N 重复着某一变化规律的连续或离散信号。最典型的连续周期信号是正弦函数的信号。除正弦函数信号以外的连续周期函数信号称为非正弦周期信号。

连续周期信号 $f(t)$ 满足　$f(t)=f(t+mT);m=0,\pm 1,\pm 2,\cdots$　(8-71)

时间间隔 T 称为最小正周期，简称连续周期信号的周期。

离散周期信号 $f(k)$ 满足　$f(k)=f(k+mN);m=0,\pm 1,\pm 2,\cdots$　(8-72)

时间间隔 N 称为最小正周期，简称离散周期信号的周期。

2）非周期信号是不满足周期信号特性的、不具有重复性的连续或离散信号。当周期信号的周期为无穷大时，周期信号就变成了非周期信号。

例 8-28 （2019 年）模拟信号 $u_1(t)$ 和 $u_2(t)$ 的幅值频谱如图 8-84 所示，则在时域中（　　）。

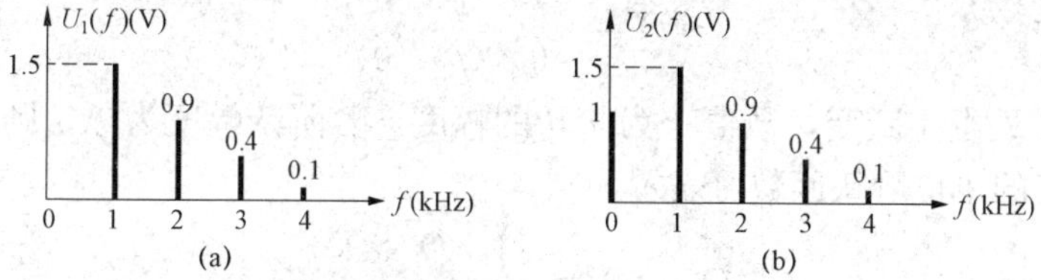

图 8-84　例 8-28 图

(A) $u_1(t)$ 和 $u_2(t)$ 是同一个函数

(B) $u_1(t)$ 和 $u_2(t)$ 都是离散时间函数

(C) $u_1(t)$ 和 $u_2(t)$ 都是周期性连续时间函数

(D) $u_1(t)$ 是非周期性时间函数，$u_2(t)$ 是周期性时间函数

解： 周期信号的频谱是离散的，各谐波信号的幅值随频率的升高而减小。信号 $u_1(t)$ 和 $u_2(t)$ 的幅值频谱均符合连续周期性函数的特征，图（a）、图（b）的区别在于图（a）函数不存在 $f=0$ 的直流分量。

故正确答案为（C）。

二、模拟信号

（一）模拟信号与信息

模拟信号是通过观测，直接从对象获取的信号。在时间域里，它的瞬间量值表示对象状态信息，随时间变化的情况提供对象的过程信息，比如对象中的温度或压力是增加还是减小，它们以什么样的规律变化等。通过时间函数的描述，可以借助相关的数学运算对模拟信号进行各种处理和变换，实现信息分析、综合、评价等各种复杂的处理。

在频率域里，模拟信号是由诸多频率不同、大小不同、相位不同的信号叠加组成的，具有自身特定的频谱结构。所以从频域的角度看，信息被装载于模拟信号的频谱结构之中，通过频域分析可以从中提取更丰富、更细微的信息，进行简洁精细的信息分析和处理。

在信号分析中常用一些基本函数表示复杂信号。下面分别说明典型信号的时间描述。

（1）直流信号。直流信号定义为

$$f(t) = A, (-\infty < t < \infty) \tag{8-73}$$

即在全时间域上等于恒值的信号，直流信号波形如图 8-85 所示。

（2）正弦信号。图 8-86 所示为大家所熟知的正弦信号，表示为

$$f(t) = A\sin(\omega t + \psi) \tag{8-74}$$

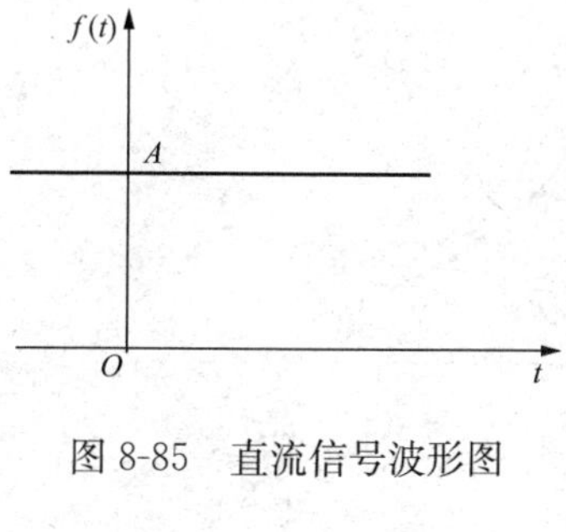

图 8-85　直流信号波形图

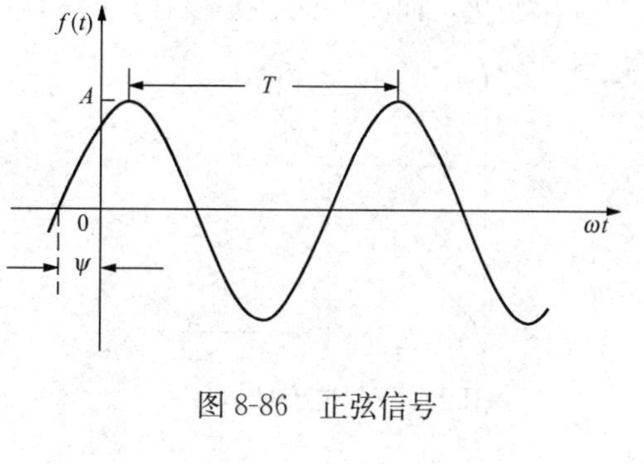

图 8-86　正弦信号

通常，关心信号的三个要素，即最大值 A、频率 ω 和初相位 ψ。

(3) 单位阶跃信号。单位阶跃信号用 $\varepsilon(t)$ 表示，定义为

$$\varepsilon(t)=\begin{cases}1 & (t>0)\\0 & (t<0)\end{cases} \tag{8-75}$$

函数在 $t=0$ 处发生跃变，数值 1 为阶跃的幅度，若阶跃幅度为 A，则可记为 $A\varepsilon(t)$。延迟 t_0 发生跃变的单位阶跃函数可表示为

$$\varepsilon(t-t_0)=\begin{cases}1 & (t>t_0)\\0 & (t<t_0)\end{cases} \tag{8-76}$$

在负时间域幅值恒定为 1 而在 $t=0$ 跃变到零的阶跃信号可表示为

$$\varepsilon(-t)=\begin{cases}1 & (t<0)\\0 & (t>0)\end{cases} \tag{8-77}$$

$\varepsilon(t)$、$\varepsilon(t-t_0)$ 和 $\varepsilon(-t)$ 的波形如图 8-87 所示。

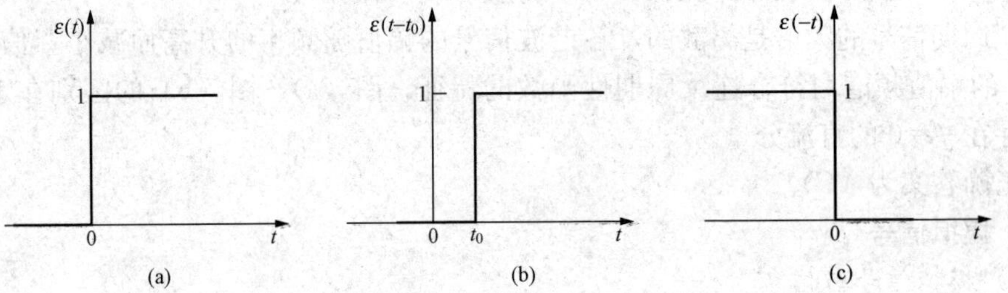

图 8-87　单位阶跃信号

(a) $\varepsilon(t)$；(b) $\varepsilon(t-t_0)$；(c) $\varepsilon(-t)$

(4) 斜坡信号。斜坡信号常用 $r(t)$ 表示，定义为

$$r(t)=\begin{cases}t & (t\geqslant 0)\\0 & (t<0)\end{cases} \tag{8-78}$$

也可以借助阶跃信号简洁地表示为

$$r(t)=t\varepsilon(t) \tag{8-79}$$

斜坡信号 $r(t)$ 如图 8-88 所示。

(5) 指数信号。

1) 实指数信号。常用的实指数信号是单边的，定义为

$$f(t)=Ae^{-\alpha t}\quad(\alpha>0,t>0) \tag{8-80}$$

实指数信号如图 8-89 所示。注意的是，引入单位阶跃函数后，信号 $f(t)$ 和 $f(t)\varepsilon(t)$ 的波形不同。信号 e^{-t} 和 $e^{-t}\varepsilon(t)$ 的波形如图 8-90 所示，图 8-90(a) 所示为在整个时间域均按 e^{-t} 规律变化，而图 8-90(b) 仅在正时间域按规律 e^{-t} 变化，它在负时间域全为零。

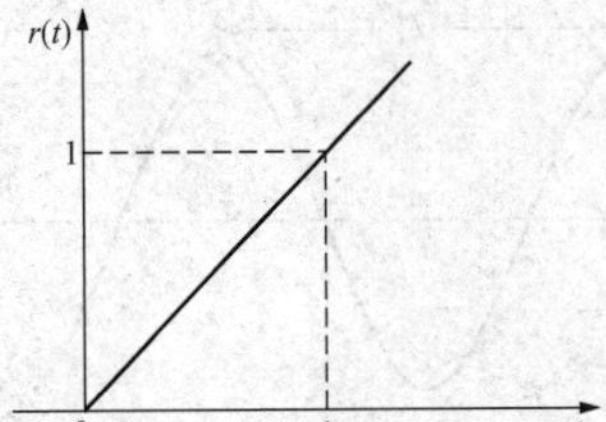

图 8-88　斜坡信号 $r(t)$

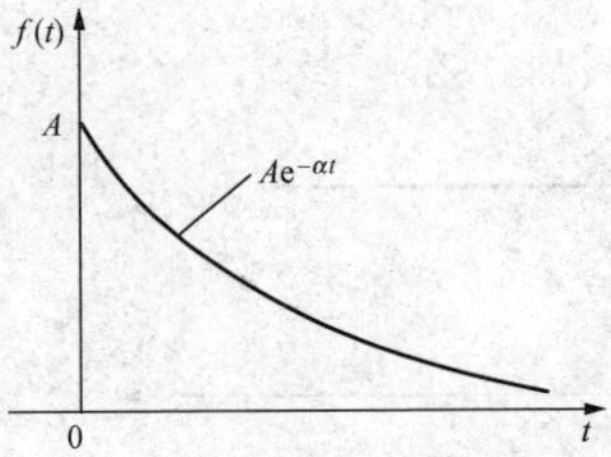

图 8-89　实指数信号

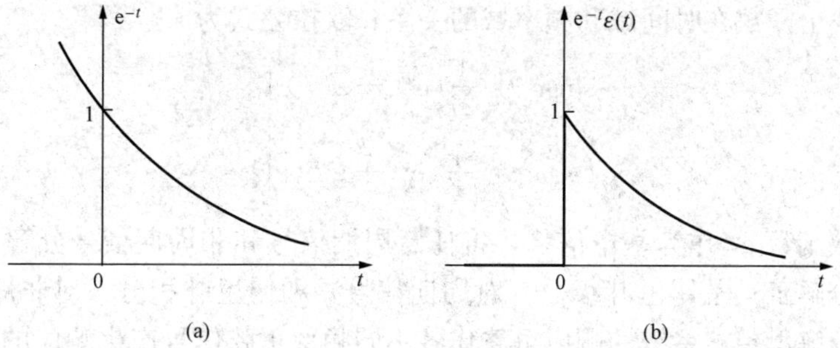

图 8-90　e^{-t} 和 $e^{-t}\varepsilon(t)$ 的波形

2）复指数信号。设 α 为任意实数，则复指数信号可表示为

$$f(t)=Ae^{(\alpha+j\omega)t} \tag{8-81}$$

其中，若 $\alpha=0$，则 $f(t)$ 成为虚指数信号；若 $\omega=0$，则 $f(t)$ 成为实指数信号。根据数学欧拉公式，复指数信号可以表示为

$$f(t)=Ae^{\alpha t}(\cos\omega t+\mathrm{j}\sin\omega t) \tag{8-82}$$

$t\geqslant 0$ 时实部和虚部如图 8-91 所示。

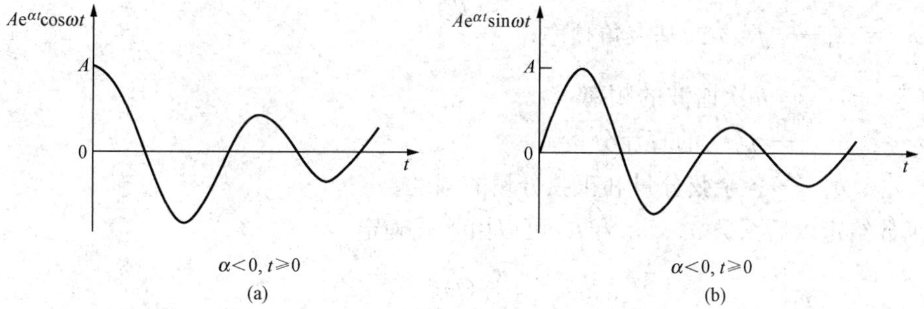

图 8-91　复指数信号

（a）复信号的实部；（b）复信号的虚部

（二）模拟信号的运算关系

在信号的时域分析中，复杂信号可以通过对上述典型信号进行加（减）、延时、反转、尺度展缩、微分、积分等运算获得。

例 8-29　图 8-92 所示非周期信号 $u(t)$ 的时域描述形式是（　　）[注：$1(t)$ 是单位阶跃函数]。

(A) $u(t)=\begin{cases}1\text{V}, & t\leqslant 2\\ -1\text{V}, & t>2\end{cases}$

(B) $u(t)=-1(t-1)+2\times 1(t-2)-1(t-3)\text{V}$

(C) $u(t)=1(t-1)-1(t-2)\text{V}$

(D) $u(t)=-1(t+1)+1(t+2)-1(t+3)\text{V}$

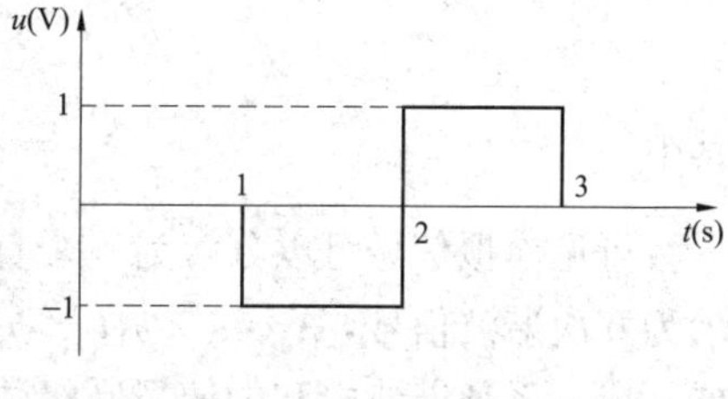

图 8-92　例 8-29 图

解： 信号可以用函数来描述，此信号波形是伴有延时阶跃信号的叠加构成。故正确答案是（B）。

（三）模拟信号的频谱

本部分以正弦函数为基本信号，分析常用周期和非周期信号的一些基本特性。由数学

欧拉公式可以找出函数在时间域和频率域的关系。欧拉公式为

$$\left.\begin{aligned}\sin\omega t &= \frac{1}{2j}(e^{j\omega t}-e^{-j\omega t})\\ \cos\omega t &= \frac{1}{2}(e^{j\omega t}+e^{-j\omega t})\end{aligned}\right\} \tag{8-83}$$

可把虚指数函数 $e^{j\omega t}$ 作为基本信号，将任意周期信号和非周期信号分解为一系列虚指数函数的和。分解工具是傅里叶级数（对周期信号）和傅里叶积分（对非周期信号）。利用信号的正弦分解思想，系统的响应可看作各不同频率正弦信号产生响应的叠加。由于在信号分析中所用的独立变量是频率，故称为频域分析。

1. 周期信号的频谱

周期信号是定义在（$-\infty$，∞）区间内，每隔一定周期 T 按相同规律重复变化的信号，它们可一般的表示为

$$f(t)=f(t+mT)\quad m=0,\pm1,\pm2,\cdots \tag{8-84}$$

当周期信号 $f(t)$ 满足狄里赫利条件时，可用傅里叶级数表示为三角函数

$$f(t)=a_0+\sum_{n=1}^{\infty}(a_n\cos n\omega_1 t+b_n\sin n\omega_1 t) \tag{8-85}$$

式中　$\omega_1=\frac{2\pi}{T}$——$f(t)$ 的基波角频率；

$n\omega_1$——n 次谐波的频率；

a_0——$f(t)$ 的直流分量；

a_n、b_n——各余弦分量和正弦分量的幅度。

当函数给定以后系数 a_0、a_n 和 b_n 可以由下式确定

$$\left.\begin{aligned}a_0 &= \frac{1}{T}\int_0^T f(t)\mathrm{d}t\\ a_n &= \frac{2}{T}\int_0^T f(t)\cos n\omega t\,\mathrm{d}t\\ b_n &= \frac{2}{T}\int_0^T f(t)\sin n\omega t\,\mathrm{d}t\end{aligned}\right\} \tag{8-86}$$

傅里叶级数还可以写成

$$f(t)=A_0+\sum_{n=1}^{\infty}A_n\cos(n\omega_1 t+\psi_n) \tag{8-87}$$

其中

$$A_n=\sqrt{a_n^2+b_n^2},\psi_n=\arctan\frac{b_n}{a_n} \tag{8-88}$$

可见模拟信号可以分解为一个直流信号和一系列正弦信号的叠加。由于直流信号可表示为 0 次谐波信号，$A_n\cos(n\omega_1 t+\psi_n)$ 称为函数 $f(t)$ 的第 n 次谐波分量，这种将周期函数展开成一系列谐波之和的傅里叶级数的方法称为谐波分析。在谐波分析中认为模拟信号是由一系列谐波信号叠加而成的。不同周期信号的谐波构成情况不同，如图 8-93 所示。

周期信号经过傅里叶级数分解后的谐波分量描述分别为

$$u_1(t)=\frac{4U_{1m}}{\pi}\left(\frac{1}{2}-\frac{1}{3}\cos2\omega t-\frac{1}{15}\cos4\omega t-\cdots\right) \tag{8-89}$$

$$u_2(t)=\frac{4U_{2m}}{\pi}\left(\sin\omega t+\frac{1}{3}\sin3\omega t+\frac{1}{5}\sin5\omega t+\cdots\right) \tag{8-90}$$

$$u_3(t) = U_{3m}\left[\frac{1}{2} - \frac{1}{\pi}\left(\sin\omega t + \frac{1}{2}\sin 2\omega t + \frac{1}{3}\sin 3\omega t + \cdots\right)\right] \tag{8-91}$$

显然，周期信号的波形不同，谐波组成的成分也不同。信号的谐波组成情况通常用频谱的形式来表示。

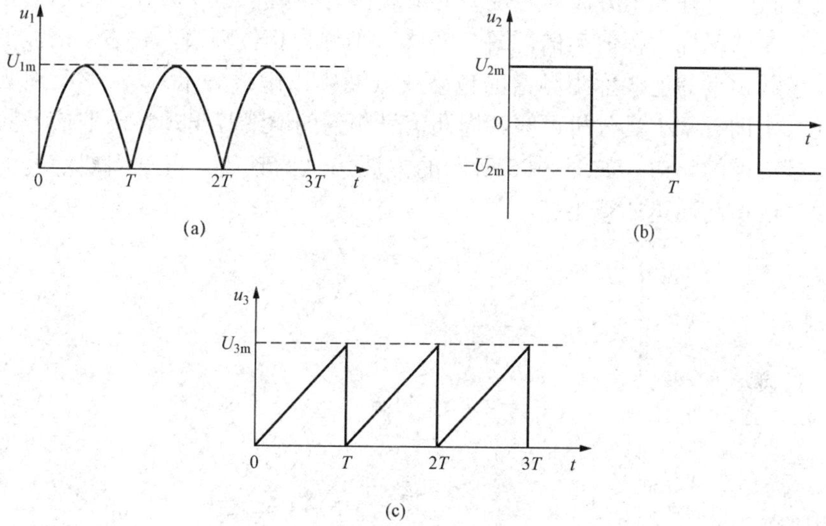

图 8-93　典型非正弦信号的时域波形图

(a) 全波整流波形；(b) 方波；(c) 矩齿波

图 8-94(a) 所示为图 8-93(b) 信号谐波叠加的情况，它的谐波组成见式 (8-90)。其中，图 8-94(b) 表示的是 1、3 次谐波叠加的波形与原始方波波形的比较；图 8-94(c) 表示的是 1、3、5 次谐波叠加后的波形与原始方波的比较。不难看出，随着更多谐波成分的加入，叠加后的波形将越来越趋近于原始的方波波形。

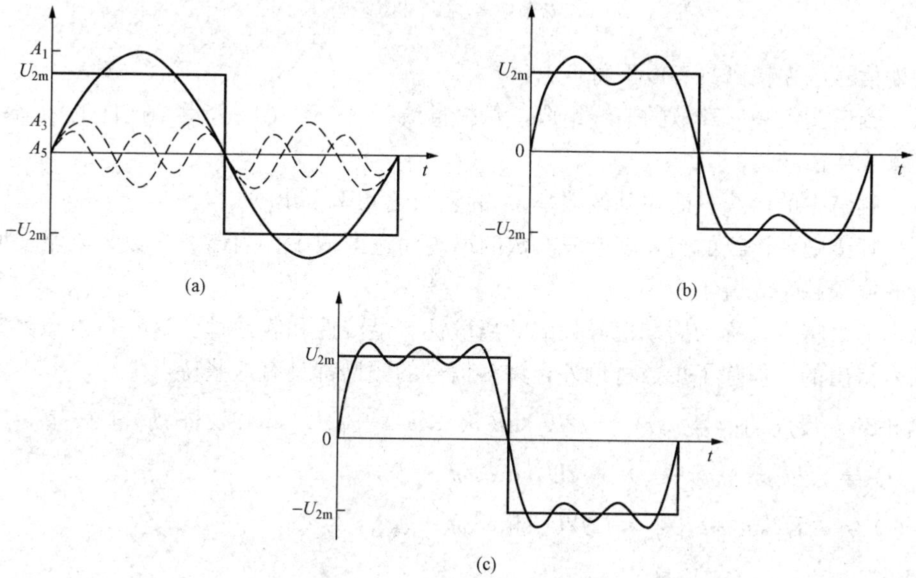

图 8-94　方波信号的谐波叠加

(a) 谐波合成图；(b) 基波与 3 次谐波；(c) 基波与 3 次和 5 次谐波的合成

仔细考察式（8-90）可以发现：随着谐波次数 k 的增加，方波信号各个谐波的幅值按照$\frac{4}{k\pi}$的规律衰减（其中 $k=1$，3，5，7，…），而它们的初相位却保持在 0 点不变。将方波信号谐波成分的这种特性用图形的形式表达出来，就形成了如图 8-95(a）和图 8-95(b）所示的谱线形式。这种表示方波信号性质的谱线称为频谱。图 8-95(a）所示的谐波幅值谱线随频率的分布状况称为幅值频谱；图 8-95(b）则称为相位频谱，它表示谐波的初相与频率的关系。谱线顶点的连线称为频谱的包络线（图中以虚线表示），它形象地表示了频谱的分布状况。借助数学工具分析可知：周期信号频谱的谱线只出现在周期信号频率 ω 整数倍的地方，是离散的频谱。如图 8-95 所示的方波信号的频谱，可见周期信号的幅度频谱随着谐波次数的增高而迅速减小。

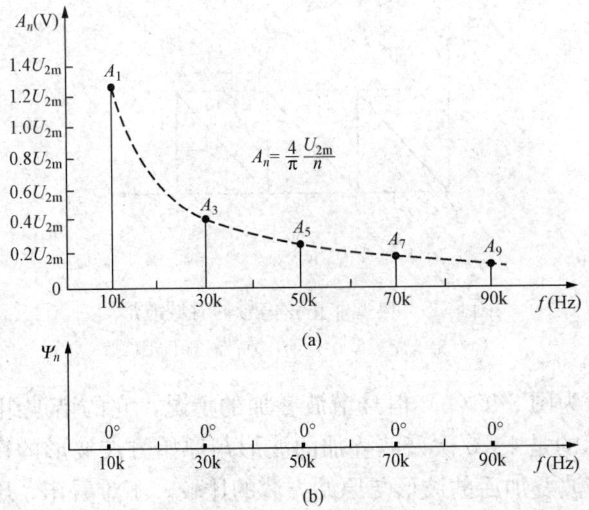

图 8-95 方波信号的频谱

(a）幅值频谱；(b）相位频谱

周期信号的振幅谱具有以下特点：

(1）频谱图由频率离散的谱线组成，每根谱线代表一个谐波分量。这样的频谱称为不连续频谱或离散频谱。

(2）频谱中的谱线只能在基波频率 ω_1 的整数倍频率上出现。

(3）频谱中各谱线的高度随谐波次数的增高而逐渐减小。当谐波次数无限增多时，谐波分量的振幅趋于无穷小。

以上三个特点，称为周期信号频谱的离散性、谐波性和收敛性。这些特点虽然是从具体的信号得出的，但除了少数特例外，许多信号的频谱都具有这些特点。

例 8-30 设周期信号 $u(t)=\sqrt{2}U_1\sin(\omega t+\psi_1)+\sqrt{2}U_3\sin(3\omega t+\psi_3)+\cdots$

$u_1(t)=\sqrt{2}U_1\sin(\omega t+\psi_1)+\sqrt{2}U_3\sin(3\omega t+\psi_3)$

$u_2(t)=\sqrt{2}U_1\sin(\omega t+\psi_1)+\sqrt{2}U_5\sin(5\omega t+\psi_5)$

则（　　）。

(A) $u_1(t)$ 较 $u_2(t)$ 更接近 $u(t)$　　(B) $u_2(t)$ 较 $u_1(t)$ 更接近 $u(t)$

(C) $u_1(t)$ 与 $u_2(t)$ 接近 $u(t)$ 的程度相同　(D）无法做出三个电压之间的比较

解： 题中给出非正弦周期信号的傅里叶级数展开式。信号中各次谐波的幅值是随着频率的增加而减少的，$u_1(t)$ 和 $u_2(t)$ 表达式中第一项相同，分析第二项的区别。$u_1(t)$ 中包含的 3 次谐波的幅值大于 $u_2(t)$ 所包含的 5 次谐波的幅值。因此 $u_1(t)$ 比 $u_2(t)$ 更接近 $u(t)$ 。故正确答案是（A)。

2. 非周期信号的频谱

非周期信号是模拟信号的普遍形式。

从直观的角度看，非周期信号可以定义为周期 $T\to\infty$（或频率 $f=0$）的周期信号，当周期信号的周期 T 趋向无穷大时，这个周期信号就转化成了非周期信号，信号的频谱也从离散形式变成了连续形式。因此在非周期信号的分析中，可以先把这种非周期函数仍看作一种周期函数，在周期趋于无限大的条件下，求出其极限形式的傅里叶级数展开式，就得到非周期函数的傅里叶积分公式，即

$$f(t)=\sum_{k=-\infty}^{\infty}c_k\mathrm{e}^{\mathrm{j}k\omega_1 t} \tag{8-92}$$

其中

$$c_k=\frac{1}{T}\int_{-\frac{T}{2}}^{\frac{T}{2}}f(t)\mathrm{e}^{-\mathrm{j}k\omega_1 t}\mathrm{d}t\quad(k=0,\pm1,\pm2,\cdots) \tag{8-93}$$

c_k 的频谱是 $k\omega_1$ 的函数，且为线状的，其相邻间隔（频率差）为

$$\Delta\omega_k=(k+1)\omega_1-k\omega_1=\omega_1=\frac{2\pi}{T}$$

当 T 越来越大时，c_k 的值及相邻谱线的间隔就越来越小，当 $T\to\infty$时，谱线就变成连续的，而其幅度 $|k\omega_1|$ 将趋于无限小，这样可以定义一个新的函数

$$F(\mathrm{j}k\omega_1)=Tc_k=\frac{2\pi c_k}{\Delta\omega_k}=\int_{-\frac{T}{2}}^{\frac{T}{2}}f(t)\mathrm{e}^{-\mathrm{j}k\omega_1 t}\mathrm{d}t \tag{8-94}$$

当 $T\to\infty$时，$\omega_1=\dfrac{2\pi}{T}\to\mathrm{d}\omega$，而相邻谐波之间的频率差也越来越小，这时可以把 $k\omega_1$ 看做是一个连续变量 ω 并取极限时，式（8-94）可以写成

$$F(\mathrm{j}\omega)=\int_{-\infty}^{\infty}f(t)\mathrm{e}^{-\mathrm{j}k\omega t}\mathrm{d}t \tag{8-95}$$

式（8-95）称为傅里叶积分或傅里叶变换。它把一个时间函数变成了一个频率函数。另外，从式（8-93）有

$$c_k=\frac{F(\mathrm{j}k\omega_1)}{T}=\frac{\Delta\omega_k F(\mathrm{j}k\omega_1)}{2\pi} \tag{8-96}$$

将 c_k 代入式（8-92)，当 $T\to\infty$时，式（8-96）的求和变成积分，可以将式（8-92）改写成

$$f(t)=\frac{1}{2\pi}\int_{-\infty}^{\infty}F(\mathrm{j}\omega)\mathrm{e}^{\mathrm{j}k\omega t}\mathrm{d}\omega \tag{8-97}$$

式（8-97）称为傅里叶反变换。频谱函数 $F(\mathrm{j}\omega)$ 一般为 ω 的复函数，有时把 $F(\mathrm{j}\omega)$ 简记为 $F(\omega)$ 。将非周期信号的频谱表示为傅里叶积分。当然，时域信号 $f(t)$ 要满足绝对可积。凡满足绝对可积条件的信号，它的变换 $F(\omega)$ 必然存在。对非周期函数进行傅里叶变换就可以得到非周期函数的频谱。

非周期信号频谱的特点：

(1) 非周期信号的频谱是连续频谱。

(2) 若信号在时域中持续时间有限，其频谱在频域将延伸到无限。

(3) 信号的脉冲宽度越窄，则信号的频带宽度越宽。

频谱分析是模拟信号分析的重要方法，也是模拟信号处理的基础，在工程上有着重要的应用。这种分析方法实质上是对信号特征更为细致的提取，在信号处理中，根据频谱的特征可以进行信号的识别和信息的提取。

(四) 模拟信号的处理

信号是信息的载体。在电子系统中，信号的处理服从于信息处理的需要，如信号的放大处理为的是信息的增强；信号之间的算术运算、微分积分运算等是信息的变换；信号的滤波、整形等通常目的在于信息的识别和提取。

1. 模拟信号增强

将微弱的信号放大到可以方便观测和利用是模拟信号最基本的一种处理方式。信号的放大包含信号幅度的放大和信号带载能力的增强两个目标，前者称为电压放大，后者称为功率放大，这是模拟电子电路的重点内容。实际上，电压放大和功率放大都涉及信号本身能量的增强，所以，信号的放大过程可以理解为一种能量转换过程，电子电路的放大理论就是在较微弱的信号控制下把电源的能量转换成具有较大能量的信号。模拟信号放大的核心问题是保证放大前后的信号是同一个信号，即经过放大处理后的信号不能失真、信号的形状或频谱结构保持不变，即信号所携带的信息保持不变。

针对这些基本要求，电子电路中所要处理的问题主要有：

(1) 非线性问题。电子器件本身的非线性特性无法严格保持信号放大过程的线性变换关系，这导致信号放大之后出现波形的畸变。

(2) 频率特性问题。由于电路中储能元件（电容、电感）的影响，电子电路不能保证信号中的各次谐波成分获得同等比例的放大效果，这导致放大后信号的谐波组分或频谱结构发生改变。

(3) 噪声与干扰问题。放大电路内部的电子噪声和外部的干扰信号导致放大后的信号中夹杂着其他的信号，在情况严重时，这些夹杂信号会淹没放大信号本身，导致无法对信号进行识别和应用。

2. 模拟信号滤波

从信号中滤除部分谐波信号称为滤波。滤波是从模拟信号中去除伪信息，提取有用信息的一种重要技术手段。

滤波电路通常是按照滤波电路的工作频带命名的。分为低通滤波器（LPF）、高通滤波器（HPF）、带通滤波器（BPF）、带阻滤波器（BEF）等。

各种滤波器的理想幅频特性如图 8-96 所示。允许通过的频段称为通带，将信号的幅值衰减到零的频段称为阻带。

幅频特性通常用来描述放大器的电压放大倍数与频率变化之间的关系，图 8-96 描述了典型滤波器的幅频特性。在图 8-96(a) 中，设截止频率为 f_P，低于频率 f_P 的信号可以通过，高于频率 f_P 的信号被衰减的滤波电路称为低通滤波器；反之，频率高于 f_P 的信号可以通过，而频率低于 f_P 的信号被衰减的滤波电路称为高通滤波器。低通滤波器和高通滤波器的理想频率特性分别如图 8-96(a) 和 (b) 所示。

对于带通电路，设低频段的截止频率为 f_{P1}，高频段的截止频率为 f_{P2}，频率在 $f_{P1} \sim f_{P2}$之间的信号可以通过，低于 f_{P1}或高于 f_{P2}的信号被衰减的滤波电路称为带通滤波器，如图 8-96(c) 所示；对于频率低于 f_{P1}和高于 f_{P2}的信号可以通过，频率是 $f_{P1} \sim f_{P2}$之间的信号被衰减的滤波电路称为带阻滤波器，如图 8-96(d) 所示。

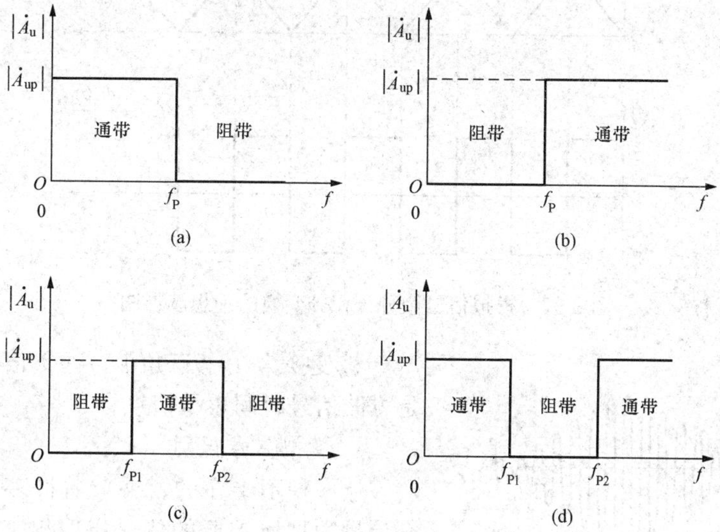

图 8-96　理想滤波电路的幅频特性

(a) LPF；(b) HPF；(c) BPF；(d) BEF

滤波是模拟信号处理的一项核心的技术，在信号识别和信息提取中有着重要应用，通常信号在传输和处理过程中会受到干扰信号的影响，干扰信号的谐波与有用信号的谐波往往分布在频谱不同的频段上，所以通常采用滤波手段来排除或削弱干扰信号。例如，在观测到的大型汽轮发电机组的振动信号中，包含有正常运转的振动信号和因机械故障所引起的附加振动信号，这通常由用信号和干扰信号谐波组分分布在频谱中的不同区间里，利用适当的滤波手段即可从总的振动信号中识别出故障信号，借以判断系统有无故障、故障类型及故障程度等信息。

3. 模拟信号变换

将一种信号变换为另一种信号是模拟信号处理的一项主要内容。在模拟系统中，信号的相加、相减、比例、微分及积分变换是常见的信号变换方法。从信息处理的角度看，信号变换是从信号中提取信息的重要手段，例如通过信号相加提取求和信息、从相减提取差异信息，通过比例变换提取增强后的信息，从微分变换提取信号时间变化率信息，从积分变换提取信号对时间的累积信息等。

信号变换的主要问题是：由于难以找到一种理想的运算装置，信号变换都只能近似地实现，为信息的提取带来不便。实际上，在模拟系统中，为了准确提取信息，往往还要增加许多额外的处理过程，例如反馈技术。

图 8-97 给出一个模拟信号微分—积分变换的理想波形图。从图中可知，一个三角波模拟信号描述函数为 $f_1(t)$，经过微分变换

$$f_2(t)=\frac{\mathrm{d}f_1(t)}{\mathrm{d}t}$$

被变换为一个方波信号 $f_2(t)$，这个方波信号承载的是三角波信号的时间变化率信息；反之，一个方波信号 $f_2(t)$ 经过积分变换

$$f_1(t)=\int f_2(t)\mathrm{d}t \tag{8-98}$$

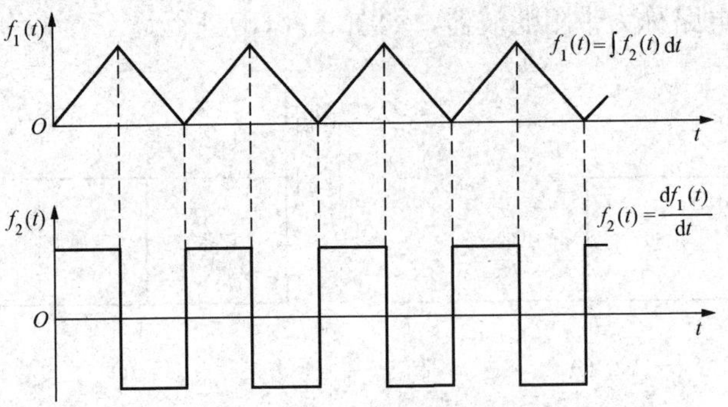

图 8-97　模拟信号微分—积分变换的理想波形图

被变换为一个三角波 $f_1(t)$ 信号，它承载的是方波信号时间累积信息。

4. 模拟信号识别

从一种不干净的、夹杂着许多无用信号的混合信号中把所需要的信号提取出来，这是信号识别问题。从信息的角度讲，信号识别是信息提取的一种前期处理过程，它剔除夹杂在信号中的各种伪信息，并保留原来的信息。利用频率的差异，采用滤波器滤除夹杂信号是信号识别的主要方法，如图 8-98 所示为从调制信号中识别出一个正弦波信号的过程。但是，由于各种滤波器的特性都是非理想的，对于与信号频率相近的夹杂信号，滤波方法是无能为力的。增强有用信号自身的强度，也是一种信号识别的常用方法。对于微弱信号，由于电子噪声信号也随着信号的增强而增强，这种方法的效果是有限的。

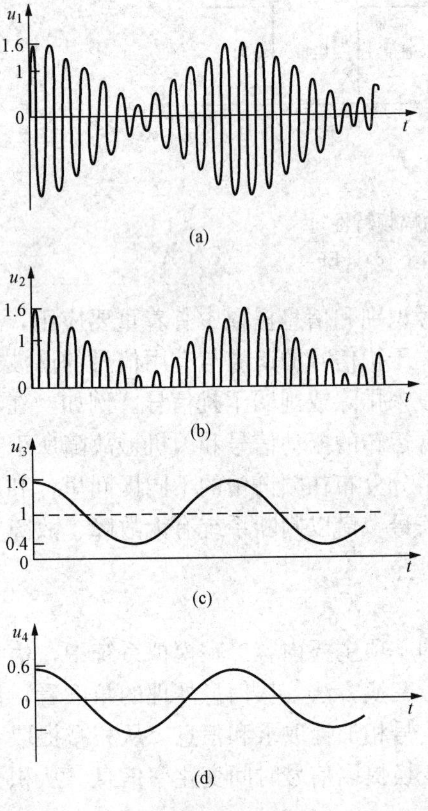

图 8-98　从调制信号中识别出一个正弦波信号的过程

(a) 原始的调幅信号 $u_1(t)$；
(b) 经过单向导电器件处理后的调幅信号 $u_2(t)$；
(c) 采用滤波管滤除高频载波信号后的信号 $u_3(t)$；
(d) 滤除直流信号后所提取出来的真实信号 $u_4(t)$

三、数字信号与信息

针对数字信号与模拟信号的不同特点有不同的处理方式。数字电路的工作信号是二值信号，采取二进制形式表示。在电子电路中，信号往往表现为突变的电压或电流，并且只有两个可能的状态，二极管和三极管工作在开关状态表示不同的数字信息。由于一个 n 位的二进制数字代码序列可以有多种不同的排列方式，数字代码具有极强的表达能力。采用适当长度的数字脉冲序列，数字信号就可以用来对各种复杂信息进行编码，借助数字计算机的强大处理能力实现信息的处理，这就是数字信号得以广泛应用的根本所在。

（一）数制和代码

1. 常用数制

(1) 十进制。十进制用 0～9 十个数字符号，按照一定的规律排列起来，表示数值的大小。

例如　　$123.45=1\times10^2+2\times10^1+3\times10^0+4\times10^{-1}+5\times10^{-2}$

十进制的基数是10，其中低位和相邻高位之间的关系是“逢十进一”，故称为十进制。任意一个十进制数D均可展开为

$$D=\sum k_i\times10^i \tag{8-99}$$

式中　k_i——第i位的系数，它可以是0～9这十个数码中的任何一个。

若整数部分的位数是n，小数部分的位数是m，则i包含从$n-1$～0的所有正整数和从-1～$-m$的所有负整数。

若以N取代式（8-99）中的10，即可得到任意进制（N进制）数展开式

$$D=\sum k_i\times N^i \tag{8-100}$$

式中i的取值与式（8-99）的规定相同，N称为计数的基数，k_i为第i位的系数，N^i称为第i位的权。

（2）二进制。目前在数字电路中应用最广的是二进制。在二进制数中，每一位仅有0和1两个可能的数字符号，所以计数的基数为2。低位和相邻高位间的进位关系是“逢二进一”，故称为二进制。

根据式（8-100），任何一个二进制数均可展开为

$$D=\sum k_i\times2^i \tag{8-101}$$

并由此计可算出它表示的十进制数的数值。

例如　$(101.11)_2=1\times2^2+0\times2^1+1\times2^0+1\times2^{-1}+1\times2^{-2}=(5.75)_{10}$

上式中分别使用下脚注的2和10表示括号里的数是二进制和十进制数。有时也用B（Binary）和D（Decimal）代替2和10这两个脚注。

（3）十六进制。十六进制数用0～9、A、B、C、D、E、F 16个符号表示。任意一个十六进制数均可表示为

$$D=\sum k_i\times16^i \tag{8-102}$$

例如　$(2B.6F)_{16}=2\times16^1+11\times16^0+6\times16^{-1}+15\times16^{-2}=(43.433\,59)_{10}$

式中的下脚注16表示括号里的数是十六进制，有时也用H（Hexadecimal）标注。

由于目前在微型计算机中普遍采用8位、16位和32位二进制并行运算，而8位、16位和32位的二进制数可以用2位、4位和8位的十六进制数表示。为了应用方便，通常用十六进制符号书写程序。

2. 数制转换

（1）二—十转换。把二进制数转换为等值的十进制数时，只要将二进制数按式(8-101)展开，然后把所有各项的数值按十进制数相加，就可以得到等值的十进制数了。例如

$$(1101.01)_2=1\times2^3+1\times2^2+0\times2^1+1\times2^0+0\times2^{-1}+1\times2^{-2}=(13.25)_{10}$$

把十进制数转换为二进制数，整数部分用“除2取余法”，小数部分用“乘2取整法”。

（2）二—十六转换。由于4位二进制数恰好有16个状态，而把这4位二进制数看作一个整体时，它的进位输出又正好是逢十六进一，所以只要从低位到高位将每4位二进制数分为一组，并代之以等值的十六进制数，即可得到对应的十六进制数。

例如：将$(01101010.11010010)_2$化为十六进制数时可得

$$(0110,\ 1010.1101,\ 0010)_2$$
$$=(6\quad A\quad \cdot\quad D\quad 2)_{16}$$

把十六进制数转换成的二进制数时只需将十六进制数的每一位用等值的 4 位二进制数代替就行了。

例如：将 $(8FB.C5)_{16}$

$$(8\ F\quad B\quad \cdot C\quad 5)_{16}$$
$$=(1000\ 1111\quad 1011.1100\ 0101)_2$$

(3) 十六—十转换。将十六进制数转换为十进制数时，可根据式（8-100）将各位数按权展开后相加求得。将十进制数转换为十六进制数时，还可以先转换成二进制数，然后再将得到的二进制数转换为等值的十六进制数，这种转换方法比较简单实用。

3. 代码

不同的数码不仅可以表示不同的数量大小，而且还能用来表示不同的事物。在后一种情况下，这些数码已没有数量大小的含义，只是不同事物的代号而已，这些数码称为代码。为了便于记忆和处理，在编制代码时总要遵循一定的规则，这些规则就叫作码制。

例如：在用 4 位二进制数码表示 1 位十进制数的 0～9 这十个状态时，就有多种不同的码制。通常将这些代码称为二—十进制代码，简称 BCD（Binary Coded Decimal）代码。表 8-11 列出了几种常见的 BCD 代码，它们的码制规则各不相同。

表 8-11　　几种常见的 BCD 代码

十进制数	编码种类				
	8421 码	余 3 码	2421 码	5211 码	余 3 循环码
0	0000	0011	0000	0000	0010
1	0001	0100	0001	0001	0110
2	0010	0101	0010	0100	0111
3	0011	0110	0011	0101	0101
4	0100	0111	0100	0111	0100
5	0101	1000	1011	1000	1100
6	0110	1001	1100	1001	1101
7	0111	1010	1101	1100	1111
8	1000	1011	1110	1101	1110
9	1001	1100	1111	1111	1010
权	8421		2421	5211	

不同码制的特点：

(1) 8421 码是 BCD 代码中最常用的一种。在这种编码方式中，每一位二值代码的 1 都代表一个固定的数值，把每一位的 1 代表的十进制数加起来，得到的结果就是它所代表的十进制数码。由于代码中从左到右每一位的 1 分别表示 8、4、2、1，把这种代码称为 8421 码。每一位的 1 代表的十进制数称为这一位的权。8421 码中每一位的权是固定不变的，它属于恒权代码。

(2) 余 3 码的编码规则与 8421 码不同，如果把每一个余 3 码看作 4 位二进制数，则它的数值要比它所表示的十进制数码多 3，故而将这种代码称为余 3 码。

如果将 2 个余 3 码相加，所得的和将比十进制数和所对应的二进制数多 6。因此，在用余 3 码作十进制加法运算时，若两数之和为 10，则余 3 码正好等于二进制数的 16，便从高位自动产生进位信号。

此外，从表 8-11 中还可以看出，0 和 9，1 和 8，2 和 7，3 和 6，4 和 5 的余 3 码互为反码，这对于求取对 10 的补码是很方便的。

余 3 码不是恒权代码。如果试图把每个代码视为二进制数，并使它所等效的十进制数与所表示的代码相等，那么代码中每一位的 1 所代表的十进制数在各个代码中不是固定的。

(3) 2421 码是一种恒权代码。它的 0 和 9，1 和 8，2 和 7，3 和 6，4 和 5 也互为反码，这个特点和余 3 码相仿。

(4) 5211 码是另一种恒权代码。学了计数器的分频作用后可以发现，如果按 8421 码接成十进制计数器，则连续输入计数脉冲的 4 个触发器输出脉冲对于计数脉冲的分频比从低位到高位依次为 5∶2∶1∶1。可见，5211 码每一位的权正好与 8421 码十进制计数器 4 个触发器输出脉冲的分频比相对应。这种对应关系在构成某些数字系统时很有用。

(5) 余 3 循环码是一种变权码，每一位的 1 在不同代码中并不代表固定的数值。它的主要特点是相邻的两个代码之间仅有一位的状态不同。因此，按余 3 循环码接成计数器时，每次状态转换过程中只有一个触发器翻转，译码时不会发生竞争冒险现象。

实际上，包括文字在内的任何抽象的符号，以及诸如图像、语音等任何具体的物理符号都可以用“0”和“1”代码进行编码，并以数字信号的形式进行信息的传输和处理。为此，诞生了许多国际通用的编码标准或协议，以便于信息的交流和应用。通用的符号为美国标准信息代码（America Standard Code for Information Interchange，ASCII）的一些基本的示例，它规范了全球抽象符号的编码形式。相应的，还有图像编码标准、语音编码标准等。按照这些标准进行编码的信息都可以用数字信号来描述，从而可以实现诸如文字信息、图像信息、语音信息等复杂的数字处理，并且可以在世界范围内自由地通信和交流。

例 8-31　十进制数 65 的 8 位二进制代码是（　　）。

(A) 01100101　　(B) 01000001　　(C) 10000000　　(D) 10000001

解：根据二进制数规则，十进制数 65 需要用 7 位二进制数表示，最高位的权重是 $2^6=64$，习惯上可以用 8 位二进制数表示，根据式（8-99），可将十进制数 65 写成 $64+1=2^6+2^0$，所以它的二进制代码是 01000001，故正确答案是（B）。

例 8-32　十进制数 65 的 BCD 码是（　　）。

(A) 01100101　　(B) 01000001　　(C) 10000000　　(D) 10000001

解：BCD 码用 4 位二进制代码表示十进制数的 1 个位，所以 BCD 码是 $6_{10}=0110_2$ 和 $5_{10}=0101_2$ 的组合，即 $(65)_{10}=(0110101)_2$，故正确答案是（A）。

（二）逻辑运算

当 2 个二进制数码表示不同的逻辑状态时，它们之间可以按照指定的某种因果关系进行逻辑运算。这种逻辑运算和算术运算有着本质的不同。下面介绍逻辑运算的规律。

为了描述事物两种对立的逻辑状态，采用的是仅有 2 个取值的变量，这种变量称为逻辑变量。和普通代数变量一样，逻辑变量都是用字母表示。但是，它又和普通代数变量有着本质区别，研究的逻辑变量的取值只有 0 和 1 两种可能，而且这里的 0 和 1 不是表示数值大小，而是代表逻辑变量的两种对立状态。

如果以逻辑变量作为输入，以运算结果作为输出，那么当输入变量的取值确定之后，输出的取值便随之而定。因此，输出与输入之间是一种函数关系，这种函数关系称为逻辑函数。下面就逻辑代数体系简要介绍。

（1）符号。

1）变量：逻辑变量用大写英文字母表示。

2）数值："0"和"1"表示逻辑变量的取值，"0"表示"假"（F），"1"表示"真"（T）。

3）运算符："＋""·"分别表示由逻辑连接词"或"和"与"所定义的逻辑"或"和逻辑"与"运算，称为逻辑"加"和逻辑"乘"；逻辑求反运算用变量上方加一横杆表示，如$\overline{A}$、$\overline{B}$等。符号"＝"是逻辑演绎推理的演算符。和代数运算一样，逻辑"乘"运算符"·"通常不写出来。

（2）函数（表达式）。如前所述，逻辑变量表示事物或事件的状态，逻辑函数或逻辑表达式表示事物或事件之间的关系，即事物运动演化的规律性描述。逻辑函数是由逻辑变量符和运算符组成，它表述变量之间的逻辑关系，例如$C=A+B$、$D=(A+B)+AB$等。

（3）逻辑函数转换。直接由逻辑变量写出的逻辑函数表达式往往不是简洁的表达式，简化处理后能凸显其内在的逻辑关系。表 8-12 中列出了逻辑代数运算中的基本公式。

表 8-12　逻辑代数运算中的基本公式

范　围	名　称	逻　辑　与	逻　辑　或
变量与常量的关系	01 律	（1）$A\cdot 1=A$ （2）$A\cdot 0=0$	（3）$A+0=A$ （4）$A+1=1$
和普通代数相似的定律	交换律结合律分配律	（5）$A\cdot B=B\cdot A$ （6）$A\cdot(B\cdot C)=(A\cdot B)\cdot C$ （7）$A\cdot(B+C)=A\cdot B+A\cdot C$	（8）$A+B=B+A$ （9）$A+(B+C)=(A+B)+C$ （10）$A+(B\cdot C)=(A+B)\cdot(A+C)$
逻辑代数特殊规律	互补律重叠律反演律（摩根定理）对合律	（11）$A\cdot\overline{A}=0$ （12）$A\cdot A=A$ （13）$\overline{A\cdot B}=\overline{A}+\overline{B}$ （14）$\overline{\overline{A}}=A$	（15）$A+\overline{A}=1$ （16）$A+A=A$ （17）$\overline{A+B}=\overline{A}\cdot\overline{B}$

例 8-33　证明：$\overline{AB+\bar{A}\bar{B}}=A\bar{B}+\bar{A}B$。

解：因为

$$\overline{AB+\bar{A}\bar{B}}=\overline{AB}\cdot\overline{\bar{A}\bar{B}}=(\bar{A}+\bar{B})\cdot(A+B)$$

$$=\bar{A}\cdot A+\bar{B}A+\bar{A}\cdot B+\bar{B}B$$

$$=A\bar{B}+\bar{A}B$$

例 8-34　（2019 年）逻辑函数 $F=f(A,B,C)$ 的真值表如下所示，由此可知（　　）。

(A) $F=\overline{AB}C+B\bar{C}$　　(B) $F=\bar{A}\bar{B}C+\bar{A}B\bar{C}$

(C) $F=\overline{ABC}+\bar{A}BC$　　(D) $F=A\overline{BC}+ABC$

A	B	C	F
0	0	0	0
0	0	1	1
0	1	0	1
0	1	1	0

续表

A	B	C	F
1	0	0	0
1	0	1	0
1	1	0	0
1	1	1	0

解：从真值表到逻辑表达式的方法：首先在真值表中 $F=1$ 的项组用“或”组合；然后每个 $F=1$ 的输入变量取值，对应项为“与”逻辑，其中输入变量取值为 1 的写原变量，取值为 0 的写反变量；最后将输出函数 F 或用逻辑“合成”。

根据真值表可以写出逻辑表达式为：$F=\bar{A}\bar{B}C+\bar{A}B\bar{C}$。

故正确答案为（B）。

逻辑函数的运算是借助数字逻辑系统完成的。逻辑器件按照逻辑表达式的要求组合起来构成数字逻辑系统，因此，逻辑表达式的简化形式还需要考虑数字逻辑系统组建的技术因素，这种化简并不意味着“越简越好”。经验丰富的电气工程师能够恰当地处理这个问题。

（4）数字信号的逻辑演算。用数字信号表示逻辑变量的取值情况时，逻辑函数的演算即可以用数字信号处理的方法来实现。

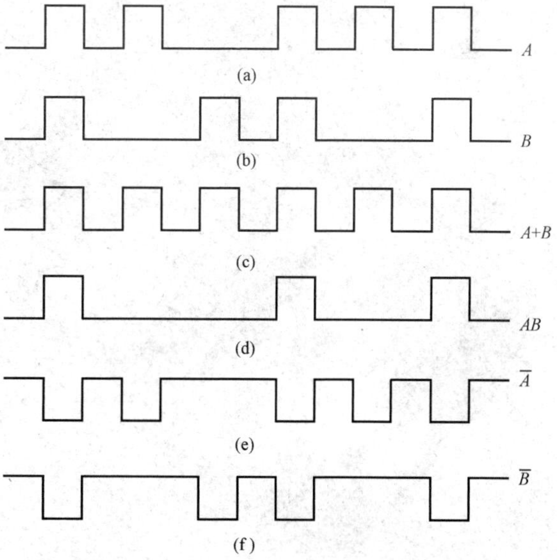

图 8-99　数字信号的基本逻辑运算

图 8-99 说明用数字信号表示逻辑变量、逻辑函数以及实现基本逻辑演算的情况。其中图 8-99(a) 和 (b) 所示数字信号分别表示逻辑变量 A 和 B 的输入情况，信号中的高电位（5V）代表“真”（逻辑“1”状态），低电位（0V）代表“假”（逻辑“0”状态）；而图 8-99(c)～(f) 所示数字信号分别表示 $A+B$、AB、$\bar{A}$、$\bar{B}$ 表示“或”“与”“非”三种简单逻辑函数的演算结果。

在数字系统中使用专门制作的各种逻辑门电路来自动、快速地完成数字信号之间按位的逻辑“与”“或”“非”演算操作，将这些基本的演算逻辑门电路组合起来组成所谓的组合逻辑系统，可以完成任意复杂的逻辑函数的演算。

第三篇　工程管理基础

第九章　工　程　经　济

第一节　资金的时间价值

一、资金时间价值的概念

随着时间的推移，资金的价值是会发生变化的。通过资金运动可以使资金增值。不同时间发生的等额资金在价值上的差别称为资金的时间价值，也称为货币的时间价值。

二、利息与利率

（一）利息的计算

利息是在一定时期内占用资金所付出的代价。用下式表示

利息 = 目前应付(收)总金额 − 原来借(贷)款金额

原来的借（贷）款金额称为本金。计算利息的时间单位称为计息周期，通常为年、季、月、周或日。

利率是一个计息周期中单位资金所产生的利息，即单位时间里所得到利息额与本金之比，通常用百分数表示，即

$$i = I/P \times 100\% \tag{9-1}$$

式中　i——利率；

P——本金；

I——单位时间所得利息。

计算利息有单利计息和复利计息两种方法。

1. 单利计息

这种计息方法是指计算利息时，只考虑本金计算利息，而利息本身不再另外计算利息。

单利计息的计算公式为

$$I = P \cdot i \cdot n \tag{9-2}$$

$$F = P(1 + i \cdot n) \tag{9-3}$$

式中　I——利息；

P——本金；

i——利率；

n——计息周期；

F——本金与利息之和，简称本利和。

由于单利计息没有考虑利息本身的时间价值，在工程经济分析中应用较少，一般只适合于不超过一年的短期投资或短期贷款。

2. 复利计息

复利计息是指在计算利息时，将上一计息期产生的利息，累加到本金中去，以本利和的总额进行计息。即不仅本金要计算利息，而且上一期利息在下一计息期中仍然要计算利息。复利计息公式为

$$F = P(1 + i)^n \tag{9-4}$$

式中符号含义同前。应该注意，式（9-4）中 i 和 n 所反映的时段应该是一致的，如 i 为年利率，则 n 为计息年数；如 i 为月利率，则 n 为计息月数。

（二）实际利率与名义利率

计息期通常是一年为计算单位的，但有时借贷双方也可以商定每年分几次按复利计息，这时候计息周期短于一年，例如按月、按季或按半年计息等。比如，设月度为计息期，每月利率为 1%，则一年要计息 12 次，1%×12=12%称为名义利率，即名义利率是周期利率与每年计息周期数的乘积。这种计息方式习惯上表述为“年利率为 12%，按月计息”。

需要注意的是，名义利率为 12%时的实际利息额比年利率为 12%时的利息额要高，比如借款 1000 元，年利率 12%，按月计息，则第 1 年年末的本利和为

$$F = 1000 \times (1 + 12\%/12)^{12} = 1126.83(\text{元})$$

若按年利率 12%复利计息，则第 1 年年末本利和为

$$F = 1000 \times (1 + 12\%) = 1120(\text{元})$$

由此可见，一年内复利计息次数不同，其年末的本利和也不同，对于相同的名义利率，如果一年内计息次数增加，则年末的本利和也会增加。

实际利息多少可以用实际利率计算。为了避免不同语言表述方式不同可能造成的混乱，1973 年通过的国际“借贷真实性法”规定：实际利率是一年利息额与本金之比。

例如上面的例子，年名义利率都是 12%，计息期不同，则按年计息的实际利率为

$$\text{实际利率} = (F - P)/P = (1120 - 1000)/1000 \times 100\% = 12\%$$

按月计息的实际利率为

$$\text{实际利率} = (F - P)/P = (1126.83 - 1000)/1000 \times 100\% = 12.68\%$$

这意味着“名义利率 12%，按月计息”与按年利率 12.68%计息，两者是一致的。

设名义利率为 r，一年中的计息周期数为 m，则一个计息周期的利率为 r/m，根据复利计息公式，由名义利率求实际利率的公式为

$$i = (1 + r/m)^m - 1 \tag{9-5}$$

对于相同的名义利率，如果一年内计息次数增加，则年末的本利和增加，年实际利率增大。

例 9-1 某项目向银行借款，按半年复利计息，年实际利率为 8.6%，则年名义利率为（　　）。

（A）8%　　（B）8.16%　　（C）8.24%　　（D）8.42%

解：根据题意，按半年复利计息，则一年计息周期数 $m=2$，年实际利率 $i=8.6\%$，由名义利率 r 求年实际利率 i 的公式为

$$i = \left(1 + \frac{r}{m}\right)^m - 1$$

则 $8.6\% = (1+r/2)^2 - 1$，名义利率 $r=8.42\%$，应选（D）。

三、现金流量及现金流量图

一个投资建设项目在其整个计算期内各个时间点上有货币的收入和支出，其中货币收入称现金流入（CI），记为“+”；货币支出称现金流出（CO），记为“−”。现金流入和现金流出统称为现金流量。现金流入与现金流出之差称为净现金流量，记为 NCF 或（$CI-CO$），即

$$净现金流量 = 现金流入 - 现金流出$$

现金流量有三个要素，即流向、大小、时间。现金流量可以用表格或图形表示。在工程经济分析中经常用图形表示现金流量。用于表示现金流量与时间对应关系的图形称为现金流量图，如图 9-1 所示。

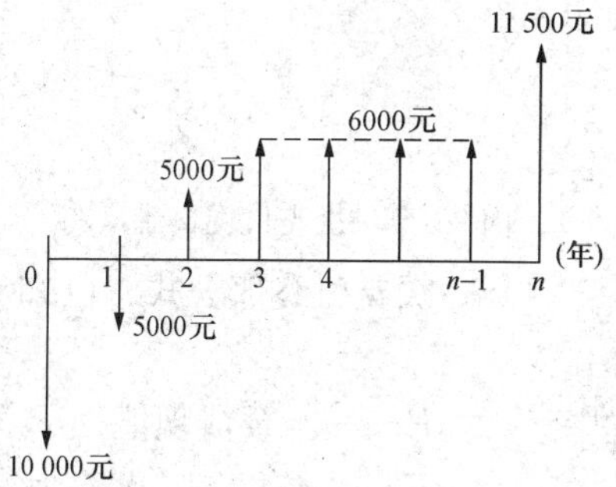

图 9-1　现金流量图

在现金流量图中，横轴是时间标度，每一格代表一个时间单位（如年、季、月等），即一期。0 点为计算期的起始时刻，也称为零期。横轴上任意一时点 t 表示第 t 期期末，同时也是第 $t+1$ 期的期初。

各时间点上箭头向上表示现金流入，向下表示现金流出，其箭线的长短与现金流入和现金流出的大小成比例，箭头处一般要标注出现金流量的数值。

在工程经济分析中，对投资与收益发生的时间点有两种处理方法：①年初投资年末收益法，即将投资计入发生年的年初，收益计入发生年的年末；②年（期）末习惯法，即将投资和收益均计入发生年的年（期）末。两种处理方法的计算结果稍有差别，但一般不会引起本质的变化。当实际问题的现金流量的发生时点未说明是期末还是期初时，一般可将投资画在期初，经营费用和销售收入画在期末。

借方的现金流量就是贷方的现金流出，对于借贷双方，其财务活动的现金流量图正好相反。例如，张某现在从银行贷款 10 000 元，3 年后需还本付息共 11 500 元，其现金流量图如图 9-2(a) 所示，而对于银行，该项财务活动的现金流量图如图 9-2(b) 所示。

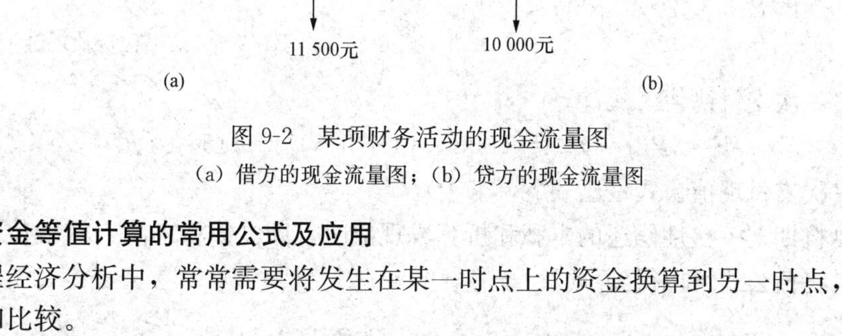

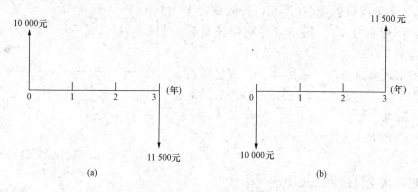

图 9-2　某项财务活动的现金流量图

（a）借方的现金流量图；（b）贷方的现金流量图

四、资金等值计算的常用公式及应用

在工程经济分析中，常常需要将发生在某一时点上的资金换算到另一时点，以便进行计算分析和比较。

在不同时点上发生的资金，其绝对数额不等但价值可能相等。如果考虑反映资金时间

价值的尺度复利率 i，将某一时点发生的资金按利率 i 换算到另一时点，则二者绝对数额不等，但它们的价值相等，这就是资金的等值。这种资金金额的换算称为资金等值计算。

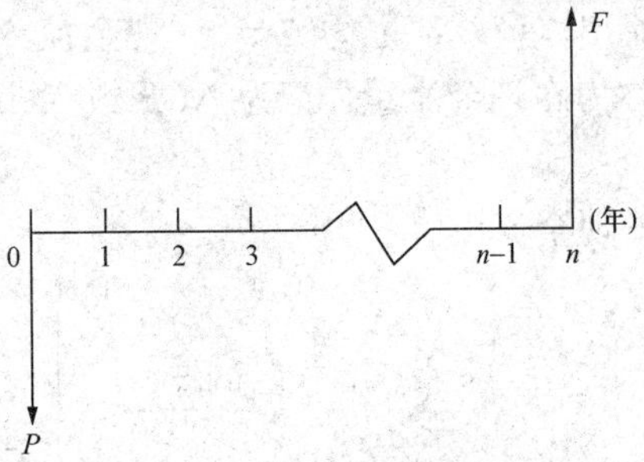

图 9-3　一次支付现金流量图

若把将来某一时点的资金金额换算成该时点之前某一时点的等值金额，称之为贴现或折现，计算中所采用的反映资金时间价值尺度的参数 i 称为贴现率或折现率，折现率一般采用银行利率。

1. 一次支付系列

一次支付系列是指在期初借款 P，当借款到期时，将本利和 F 一次还清。一次支付的现金流量图如图 9-3 所示。

(1) 一次支付终值公式（已知 P，求 F）。一次支付终值公式为

$$F = P(1+i)^n \tag{9-6}$$

式中　P——本金或现值；

F——本利和，也称为终值或将来值；

i——利率；

n——计息期数；

$(1+i)^n$——一次支付终值系数（一次支付终值因子），可用（F/P，i，n）表示，含义为利率 i、计息期数 n，已知 P，求 F。

式（9-6）称为一次支付终值公式。可写成

$$F = P(1+i)^n = P(F/P,i,n) \tag{9-7}$$

为计算方便，可将（F/P，i，n）按不同的利率 i 和不同的计息期数 n 制成复利系数表格以便于应用。

应用式（9-7）时应注意，期数为 n 时，P 发生在第一个计息期的期初，F 发生在第 n 期的期末。图 9-2 中，借款 10 000 元发生在第 1 年年初（0 年末），还款 11 500 元发生在第 3 年年末。

例 9-2　某工程贷款 1000 万元，合同规定 3 年后偿还，年利率为 5%，问 3 年后应偿还贷款的本利和是多少？

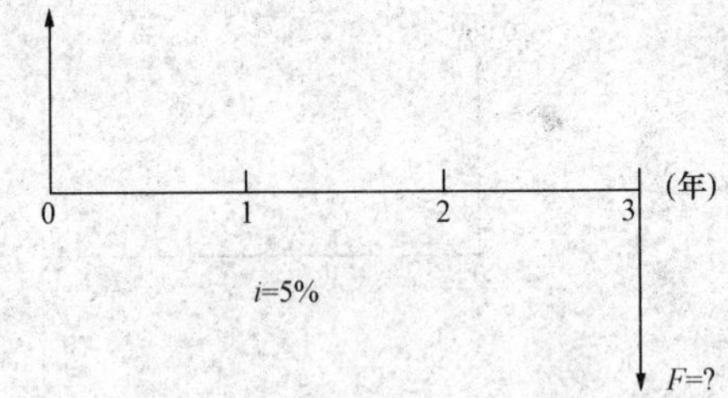

图 9-4　某工程贷款现金流量图

解：绘出现金流量图（见图 9-4）。查复利系数表（见表 9-1）可得（F/P，5%，3）=1.158，3 年后本利和为

$$F = P(F/P,5\%,3) = 1000 \times 1.158$$
$$= 1158(\text{万元})$$

也可按一次支付终值公式计算

$$F = P(1+i)^n = 1000 \times (1+5\%)^3 = 1158(\text{万元})$$

(2) 一次支付现值公式（已知 F，求 P）。

当需要将期末一次性偿还的本利和折算成现值时，即已知将来值 F 求现值 P，可由公式一次支付终值公式可以得到

$$P = \frac{F}{(1+i)^n} = F(P/F,i,n)$$

式中 $\frac{1}{(1+i)^n}$——一次支付现值系数，记为 $(P/F,i,n)$。

例 9-3 为了5年后得到500万元，年利率为8%，问现在应投资多少?

解：绘出现金流量图，如图9-5所示。

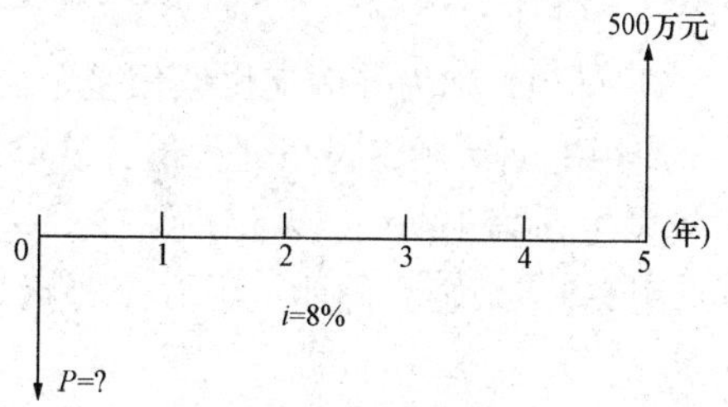

图 9-5 现金流量图

查复利系数表（见表9-1），可得 $(P/F, 8\%,5)=0.6806$，现在应投资额为

$$P= F(P/F,8\%,5) = 500 \times 0.6806 = 340.3(万元)$$

或

$$P = F/(1+i)^n = 500/(1+8\%)^5 = 340.3(万元)$$

2. 等额多次支付系列

等额多次支付是指所分析系统中的现金流入或现金流出在多个时点上发生，其现金流量每期均发生，且数额相等。等额多次支付情况下，共有4个参数，即 i、n、A，再加上 F 或 P。等额多次支付有4个等值计算公式，在各个计算公式中，i、n 均为已知。

（1）等额支付终值公式（已知 A，求 F）。假设某人连续每期期末从银行贷款，数额均为 A，连续贷款 n 期，则 n 期后应一次还贷多少？该问题的现金流量图如图9-6所示。等额资金为 A，利率 i，计息期数 n，将来值为 F，计算公式为

$$F = A\left[\frac{(1+i)^n - 1}{i}\right] = A(F/A,i,n) \tag{9-8}$$

式中 $\left[\frac{(1+i)^n-1}{i}\right]$——等额支付终值系数，记为 $(F/A, i, n)$。

式（9-8）称为等额支付终值公式。

例 9-4 若连续6年每年年末投资1000元，年复利利率 $i=5\%$，问6年后可得本利和多少?

解：绘出现金流量图，如图9-7所示。

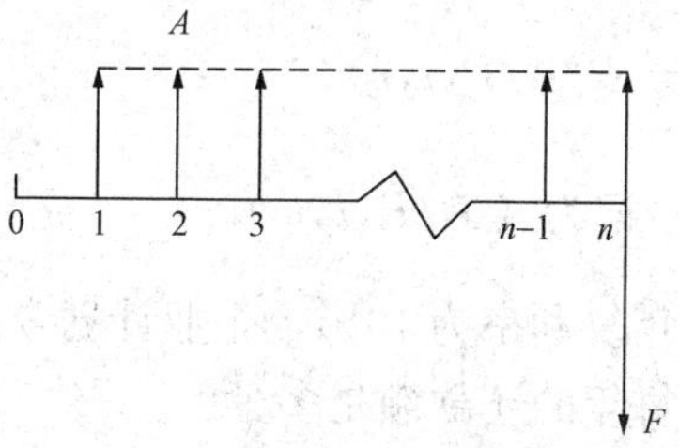

图 9-6 等额多次支付现金流量图

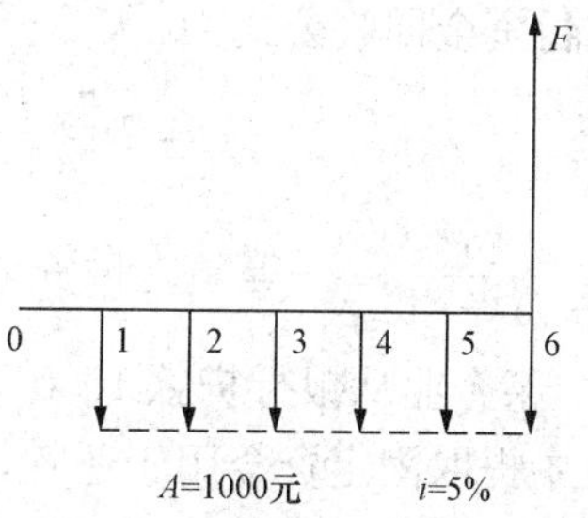

图 9-7 等额投资现金流量图

根据式（9-8），可得

$$F = A\left[\frac{(1+i)^n - 1}{i}\right] = 1000 \times \left[\frac{(1+5\%)^6 - 1}{5\%}\right] = 6802(元)$$

或利用复利系数表，有 $F = A(F/A,i,n) = 1000 \times 6.802 = 6802$（元）。

（2）等额支付偿债基金公式（已知 F，求 A）。等额支付偿债基金是指为了未来偿还一笔债务 F，每期期末预先准备的年金。

由等额支付终值公式可得

$$A=F\left[\frac{i}{(1+i)^{n}-1}\right]=F(A/F,i,n) \tag{9-9}$$

式中 $\left[\frac{i}{(1+i)^{n}-1}\right]$ ——等额支付偿债基金系数，记为（$A/F,i,n$）。

式（9-9）称为等额支付偿债基金公式。

应用上面等额支付系列终值公式和等额支付偿债基金公式时应注意，等额支付的第一个 A 发生在第 1 期期末，最后一个 A 与 F 同时发生在第 n 期期末。

例 9-5 某企业预计 4 年后需要资金 100 万元，$i=5\%$，复利计息，问每年年末应存款多少?

解：绘出现金流量图，如图 9-8 所示。

根据式（9-9），可得

$$A=F\left[\frac{i}{(1+i)^{n}-1}\right]=100\times\left[\frac{5\%}{(1+5\%)^{4}-1}\right]=23.20(\text{万元})$$

或利用复利系数表，有 $A=F(A/F,i,n)=100\times 0.232\,01=23.20$（万元）。

（3）等额支付资金回收公式（已知 P，求 A）。等额支付资金回收是指以利率 i 投入一笔资金，希望今后 n 期内以每期等额 A 的方式回收，其 A 值应为多少? 这类问题的现金流量图如图 9-9 所示。

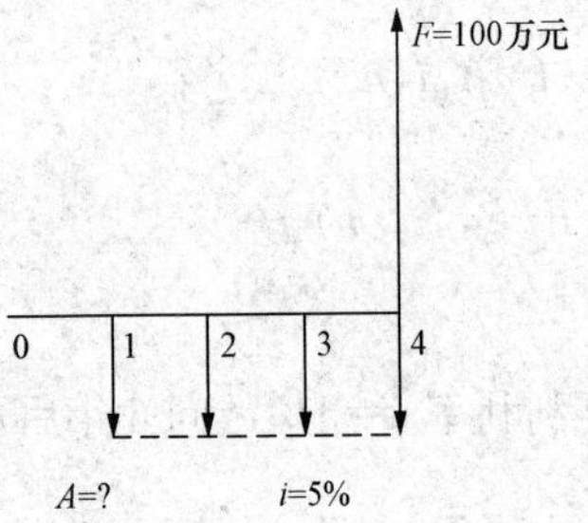

图 9-8 某企业等额投资现金流量图

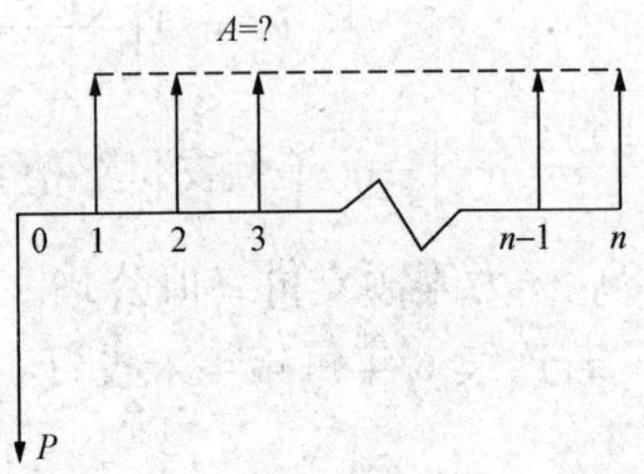

图 9-9 等额支付资金回收现金流量图

等额支付资金回收公式为

$$A=P\left[\frac{i(1+i)^{n}}{(1+i)^{n}-1}\right]=P(A/P,i,n) \tag{9-10}$$

式中 $\frac{i(1+i)^{n}}{(1+i)^{n}-1}$ ——等额支付资金回收系数，记为（$A/P,i,n$）。

例 9-6 某企业从银行贷款 1000 万元，贷款年复利率为 10%，企业计划今后 5 年每年从年终收入中提取固定资金用于还款，问该企业每年的还款额是多少?

解：绘出现金流量图，如图 9-10 所示。

根据等额支付资金回收公式可得

$$A=1000\times\left[\frac{10\%(1+10\%)^{5}}{(1+10\%)^{5}-1}\right]=263.8(\text{万元})$$

或利用表 9-1，有 $A=P(A/P,i,n)=1000\times 0.263\,80=263.8$(万元)。

（4）等额支付现值公式（已知 A，求 P）。每年收益（或支付）等额年金，求其现值，现金流量图如图 9-11 所示。

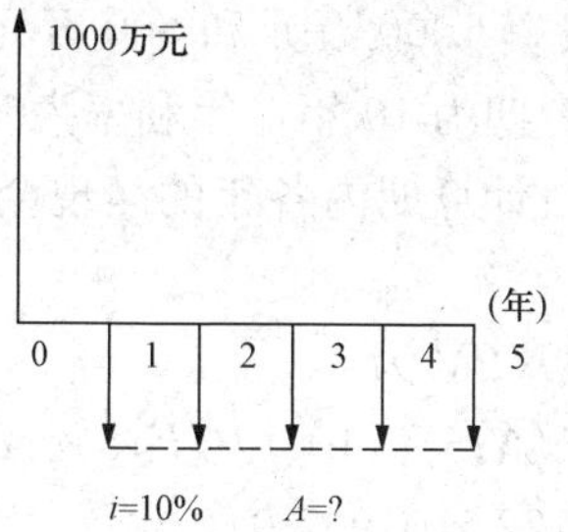

图 9-10　某企业等额还款现金流量图

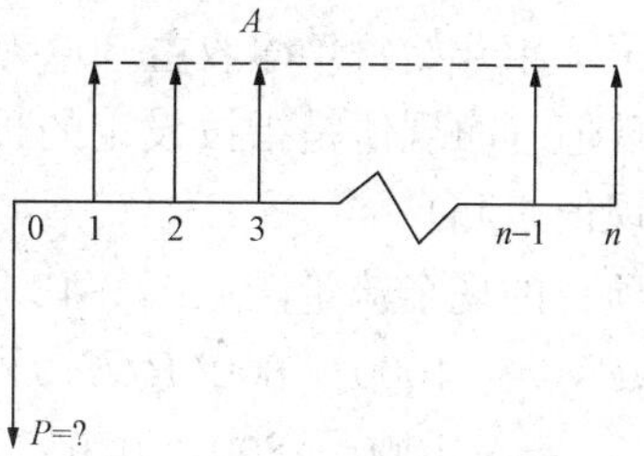

图 9-11　等额支付现值现金流量图

等额支付现值现值公式为

$$P=A\left[\frac{(1+i)^{n}-1}{i(1+i)^{n}}\right]=A(P/A,i,n) \tag{9-11}$$

式中　$\frac{(1+i)^{n}-1}{i(1+i)^{n}}$——等额支付现值系数，记为（$P/A,i,n$）。

应用等额支付资金回收公式和等额支付现值公式时应注意，P 发生在第 0 年年末，即第 1 期期初，A 发生在各期期末，P 和 A 不在同一时间发生。

例 9-7　某企业利用银行贷款建设，年复利率 8%，当年建成并投产，预计每年可获得净利润 100 万元，要求 10 年内收回全部贷款，问投资额应控制在多少以内？

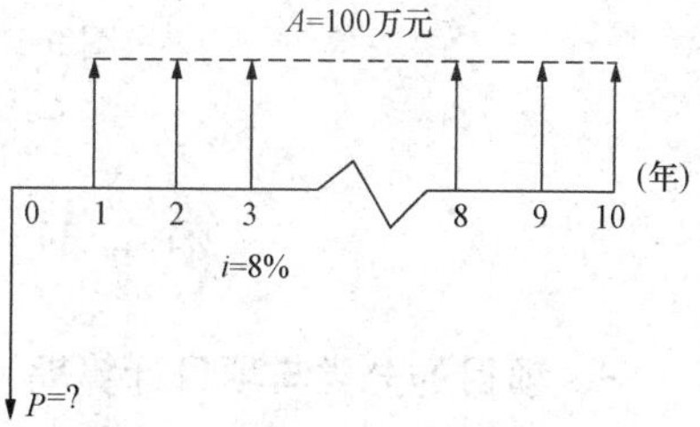

图 9-12　等额支付现金流量图

解：绘出现金流量图，如图 9-12 所示。

根据式（9-11），可得

$$P=A\left[\frac{(1+i)^{n}-1}{i(1+i)^{n}}\right]=100\times\left[\frac{(1+8\%)^{10}-1}{8\%\times(1+8\%)^{10}}\right]=671.0(\text{万元})$$

或利用表 9-1，有 $P=A(P/A,i,n)=100\times 6.710=671.0(\text{万元})$。

五、复利系数表的应用

资金等值计算时，可以利用相应的公式计算，也可以应用复利系数表进行计算。

表 9-1 是利率为 5%的复利系数表。

表 9-1　　　**复利系数表（5%）**

年份 n	一次支付		等额支付			
	终值系数 $(1+i)^{n}$ $(F/P,i,n)$	现值系数 $\frac{1}{(1+i)^{n}}$ $(P/F,i,n)$	终值系数 $\frac{(1+i)^{n}-1}{i}$ $(F/A,i,n)$	偿债基金系数 $\frac{i}{(1+i)^{n}-1}$ $(A/F,i,n)$	资金回收系数 $\frac{i(1+i)^{n}}{(1+i)^{n}-1}$ $(A/P,i,n)$	现值系数 $\frac{(1+i)^{n}-1}{i(1+i)^{n}}$ $(P/A,i,n)$
1	1.050	0.952 4	1.000	1.000 00	1.050 00	0.952
2	1.103	0.907 0	2.050	0.487 80	0.537 80	1.859
3	1.158	0.868 8	3.153	0.317 21	0.367 21	2.723
4	1.216	0.827 7	4.310	0.232 01	0.282 01	3.546
5	1.276	0.783 5	5.526	0.180 97	0.230 97	4.329
⋮	⋮	⋮	⋮	⋮	⋮	⋮
10	1.629	0.613 9	12.578	0.079 50	0.129 50	7.722

例 9-8 某项目建设期为 2 年，前 2 年年初分别投资 1000 万元和 800 万元，2 年建成并投产，从第 3 年开始每年净收益 300 万元，项目生产期为 10 年，年利率为 5%，试计算该项目的净现值（净现值是指按设定的折现率，将项目计算期内各年的净现金流量折现到建设期初的现值之和）。

解： 该项目的现金流量图如图 9-13 所示，净现值 NPV 为

$$
\begin{aligned}
NPV &= -1000 - 800(P/F,5\%,1) + 300(P/A,5\%,10)(P/F,5\%,2) \\
&= -1000 - 800 \times 0.9524 + 300 \times 7.722 \times 0.9070 \\
&= 339.24(\text{万元})
\end{aligned}
$$

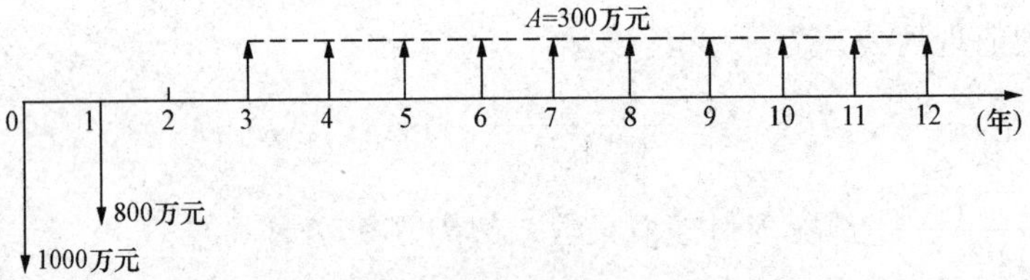

图 9-13 某投资项目的现金流量图

第二节 财务效益与费用估算

一、项目的分类与项目计算期

对建设项目可以从不同的角度进行分类：按项目的目标可分为经营性项目和非经营性项目；按项目的产出属性（产品或服务）可分为公共项目和非公共项目；按项目的投资管理形式可分为政府投资项目和企业投资项目；按项目与企业原有资产的关系可分为新建项目和改扩建项目；按项目的融资主体可分为新设法人项目和既有法人项目。

一个建设项目要经历若干个不同的阶段。在进行建设项目经济评价时，项目计算期是指经济评价中为进行动态分析所设定的期限，包括建设期和运营期。建设期是指项目资金正式投入开始到项目建成投产为止所需要的时间，一般按合理工期或预定的建设进度确定；运营期又分为投产期和达产期两个阶段。投产期是指项目投入生产，但生产能力尚未达到设计能力时的过渡阶段。达产期是指生产运营达到设计预期水平后的时间。运营期的长短一般取决于主要设备经济寿命。项目计算期的长短与行业特点、主要设备经济寿命等有关。

二、财务效益与费用

财务效益与费用是对项目进行财务分析的基础，这里的财务效益与费用是指项目实施后所获得的收入和费用支出。项目的收入包括营业收入和补贴收入。建设项目所支出的费用主要包括投资、成本费用和税金等。

（一）收入

1. 营业收入

营业收入指销售产品或提供服务获得的收入。对于生产销售产品的项目，营业收入就是销售收入。销售收入是指企业向社会出售商品或提供劳务的货币收入，计算公式为

$$销售收入=产品销售量\times产品单价$$

2. 补贴收入

补贴收入是企业从政府或某些国际组织得到的补贴。对于适用增值税的经营性项目，除营业收入外，可得到的增值税返还也作为补贴收入计入财务效益。

3. 利润

利润是企业在一定期间的经营成果

$$利润总额 = 营业利润 + 营业外收入 - 营业外支出$$

$$净利润 = 利润总额 - 所得税费用 = 利润总额 \times (1 - 所得税率)$$

（二）项目的费用支出

1. 建设投资

建设投资是指项目筹建和建设期间所需的建设费用。建设投资由工程费用（包括建筑工程费、设备购置费、安装工程费），工程建设其他费用和预备费（包括基本预备费和涨价预备费）所组成。

其中工程建设其他费用是指建设投资中除建筑工程费、设备购置费和安装工程费之外，为保证项目顺利建成并交付使用的各项费用。包括建设用地费用、与项目建设有关的费用（如建设管理费、可行性研究费、勘察设计费等）和与项目运营有关的费用（如专利使用费、联合试运转费、生产准备费等）。

建设项目的总投资包括建设投资、建设期利息和流动资金之和。建设期利息包括银行借款和其他债务资金的利息，以及其他融资费用。流动资金是指项目运营期内长期占用并周转使用的营运资金。建设项目投资构成如图 9-14 所示。

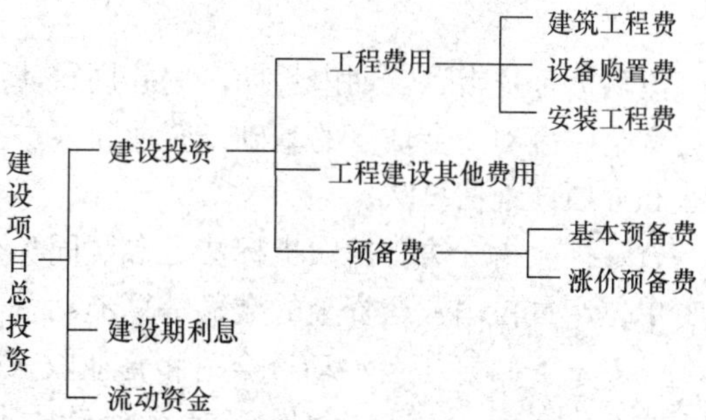

图 9-14　建设项目投资构成

2. 建设期利息

建设期利息是指为建设项目所筹措的债务资金在建设期内发生并按规定允许在投产后计入固定资产原值的利息，即资本化利息。估算建设期利息一般按年计算。

根据借款是在建设期各年年初发生还是在各年年内均衡发生，估算建设期利息应采用不同的计算公式。

（1）借款在建设期各年年初发生，建设期利息为

$$Q = \sum [(P_{t-1} + A_t)i] \tag{9-12}$$

式中　Q——建设期利息；

P_{t-1}——按单利计算为建设期第 $t-1$ 年年末借款累计，按复利计息时为建设期第 $t-1$ 年年末借款本息累计；

A_t——建设期第 t 年借款额；

i——借款年利率；

t——年份。

（2）借款在建设期各年年内均衡发生，建设期利息为

$$Q = \sum \left[\left(P_{t-1} + \frac{A_t}{2} \right) i \right] \tag{9-13}$$

例 9-9 某新建项目，建设期为 3 年，第 1 年年初借款 500 万元，第 2 年年初借款 800 万元，第 3 年年初借款 400 万元，借款年利率 8%，按年计息，建设期内不支付利息。该项目的建设期利息是多少？

解：第 1 年借款利息为 $Q_1=(P_{1-1}+A_1)i=500\times8\%=40$（万元）

第 2 年借款利息为 $Q_2=(P_{2-1}+A_2)i=(540+800)\times8\%=107.2$（万元）

第 3 年借款利息为 $Q_3=(P_{3-1}+A_3)i=(540+907.2+400)\times8\%=147.78$（万元）

建设期利息为 $Q=Q_1+Q_2+Q_3=40+107.2+147.78=294.98$（万元）

例 9-10 某新建项目，建设期为 3 年，第 1 年借款 500 万元，第 2 年借款 800 万元，第 3 年借款 400 万元，各年借款均在年内均衡发生，借款年利率 8%，每年计息一次，建设期内按期支付利息。该项目的建设期利息是多少？

解：第 1 年借款利息为 $Q_1=(P_{1-1}+A_1/2)i=(500/2)\times8\%=20$（万元）

第 2 年借款利息为 $Q_2=(P_{2-1}+A_2/2)i=(500+800/2)\times8\%=72$（万元）

第 3 年借款利息为 $Q_3=(P_{3-1}+A_3/2)i=(500+800+400/2)\times8\%=120$（万元）

建设期利息为 $Q=Q_1+Q_2+Q_3=20+72+120=212$（万元）

3. 流动资金

流动资金是指运营期内长期占用并周转使用的营运资金，不包括运营中需要的临时性营运资金。流动资金估算的基础是营业收入、经营成本和商业信用等。估算方法有扩大指标法和分项详细估算法。

(1) 扩大指标法。扩大指标法是参照同类企业流动资金占营业收入、经营成本的比例或者单位产量占用营运资金的数额估算流动资金。计算公式如下

$$\text{流动资金}=\text{年营业收入额}\times\text{营业收入资金率}$$

或

$$\text{流动资金}=\text{年经营成本}\times\text{经营成本资金率}$$

或

$$\text{流动资金}=\text{单位产品占用流动资金额}\times\text{年产量}$$

(2) 分项详细估算法。分项详细估算法是利用流动资产与流动负债估算项目占用的流动资金。流动资产的构成要素一般包括存货、库存现金、应收账款和预付账款；流动负债的构成要素一般只考虑应付账款和预收账款。计算公式如下

$$\text{流动资金}=\text{流动资产}-\text{流动负债}$$

$$\text{流动资产}=\text{存货}+\text{现金}+\text{应收账款}+\text{预付账款}$$

$$\text{流动负债}=\text{应付账款}+\text{预收账款}$$

$$\text{流动资金本年增加额}=\text{本年流动资金}-\text{上年流动资金}$$

4. 总成本费用

费用是指企业在日常活动中发生的、会导致所有者权益减少的、与向所有者分配利润无关的经济利益的总流出。成本通常是指企业为生产产品或提供服务所进行经营活动的耗费。

总成本费用是指在运营期内为生产产品或提供服务所发生的全部费用，等于经营成本与折旧费、摊销费和财务费用之和。

总成本费用可按以下两种方法计算：

(1) 生产成本加期间费用估算法。计算公式为

$$\text{总成本费用}=\text{生产成本}+\text{期间费用}$$

其中

$$\text{生产成本}=\text{直接材料费}+\text{直接燃料和动力费}+\text{直接工资}+\text{其他直接支出}+\text{制造费用}$$

$$\text{期间费用}=\text{管理费用}+\text{营业费用}+\text{财务费用}$$

生产成本是企业为生产产品或提供服务而发生的各项生产费用，包括各项直接支出和制造费用。其中直接支出包括直接材料、直接燃料和动力、直接工资、其他直接支出（如福利费）；制造费用是指企业内的车间为组织和管理生产所发生的各项费用，包括车间管理人员工资、折旧费、修理费及其他制造费用（办公费、差旅费、劳保费等）。

管理费用是指企业行政管理部门为组织和管理生产经营活动而发生的各项费用，包括企业管理人员的工资和福利费、公司一级的折旧费、修理费、无形资产摊销费、长期待摊费用及其他管理费用（如办公费、差旅费、技术转让费、咨询费等）。

营业费用是指企业在销售产品等经营过程中发生的各项费用以及专设销售机构的各项经费。

财务费用是指企业在生产经营过程中为筹集资金而发生的各项费用。包括企业生产经营期间发生的利息支出、汇兑净损失、金融机构手续费等。在项目评价中一般只考虑其中的利息支出。

（2）生产要素估算法。计算公式为

总成本费用＝外购原材料、燃料和动力费＋工资及福利费＋折旧费＋摊销费＋修理费＋财务费用（利息支出）＋其他费用

5. 固定资产折旧

固定资产是指使用期限超过一年，单位价值在规定标准以上，并在使用过程中保持原有物质形态的资产。固定资产在使用过程中，其价值量会不断变化。

建设项目建成或者设备购置投入使用时发生并核定的固定资产完全原始价值总量，称为固定资产原值。固定资产在使用过程中会发生损耗，这种损耗称为固定资产损耗，产生的损耗，包括有形损耗和无形损耗。有形损耗也称为物理损耗，是由于使用或者自然力的作用而引起的固定资产物质上的损耗。无形损耗也称为精神损耗，是由于科学技术进步、社会劳动生产率提高而引起原来的固定资产贬值。

固定资产原值或者重置价值减去累计折旧额后的余额称为固定资产净值，它反映了固定资产现存的价值。固定资产达到规定的使用期限或者报废清理时可以回收的价值称为固定资产残值。

固定资产折旧简称折旧，是指固定资产在使用过程中由于逐渐磨损和贬值而转移到产品中去的那部分价值。固定资产在使用过程中，由于磨损和贬值其价值会发生变化。折旧是固定资产价值补偿的一种方式，通过从销售收入中提取折旧费对固定资产进行价值形态的补偿，提取的折旧费积累起来可以用作固定资产的更新。

在项目投产前一次性支付的无形资产的费用，如技术转让费（包括专利费、许可证费等），在项目投产后分次摊入成本的金额，称为摊销费。摊销费是无形资产转移到成本的那部分价值。同样也在销售收入中回收。其性质与折旧费类似，所以也可以把它列入计算折旧的栏目中，一并计算现金流量。

折旧常用方法有年限平均法、工作量法、双倍余额递减法、年数总和法等。其中双倍余额递减属于加速折旧法，对企业较为有利，一方面可以避免承担固定资产无形损耗带来的风险，另一方面可以冲减企业的利润，减少同期的纳税额。各种折旧方法计算公式如下：

（1）年限平均法。计算公式为

$$\text{年折旧额}=\frac{\text{固定资产原值}-\text{残值}}{\text{折旧年限}} \tag{9-14}$$

残值与固定资产原值之比称为净残值率，将式（9-14）两边同除以固定资产原值，可以得到年折旧率，所以年折旧额也可以按以下两式计算

$$年折旧率=\frac{1-预计净残值率}{折旧年限}\times 100\% \tag{9-15}$$

$$年折旧额=固定资产原值\times 年折旧率 \tag{9-16}$$

按这种折旧方法计算，折旧率不变，每年折旧额也相等。

例 9-11 某企业以 15 万元购入一种测试仪器，按规定使用年限为 10 年，残值率为 3%，求各年的折旧额。

解：根据式（9-15）和式（9-16），可知

$$年折旧率=\frac{1-3\%}{10}=9.7\%,年折旧额=15\times 9.7\%=1.455(万元)$$

（2）工作量法。工作量方法根据固定资产实际完成的工作量计算折旧额。一些专业设备，如汽车、机床等一般用这种方法计提折旧。工作量法分为两种：①按照行驶里程计算折旧；②按照工作小时计算折旧。

按行驶里程计算折旧的公式如下

$$单位里程折旧额=\frac{原值\times(1-预计净产值率)}{总行驶里程} \tag{9-17}$$

$$年折旧额=单位里程折旧额\times 年行驶里程$$

按照工作小时计算折旧的公式为

$$每工作小时折旧额=\frac{原值\times(1-预计净产值率)}{总工作小时} \tag{9-18}$$

$$年折旧额=每工作小时折旧额\times 年工作小时$$

采用工作量法折旧，若每年的工作量不同，则每年的折旧额不等。

例 9-12 同例 9-11，各年该测试仪器工作小时见表 9-2，用工作量法计算各年的折旧额。

表 9-2 某测试仪器各年的工作小时

年 份	1	2	3	4	5	6	7	8	9	10	合计
工作小时（h）	420	450	460	500	510	500	530	550	540	540	5000

解：根据式（9-18），可知

$$第1年折旧额=(15-15\times 3\%)\times\frac{420}{5000}=1.222(万元)$$

$$第2年折旧额=(15-15\times 3\%)\times\frac{450}{5000}=1.310(万元)$$

同理，可求得其余各年折旧额。

（3）双倍余额递减法。双倍余额递减法属于加速折旧法，是一种加快回收折旧金额的方法。此法初始年折旧额大，随着固定资产使用年数增加，年折旧额逐年降低，但每年的折旧率是相同的，即

$$年折旧率=\frac{2}{折旧年限}\times 100\% \tag{9-19}$$

$$第 n 年折旧额=第 n 年固定资产净值\times 年折旧率 \tag{9-20}$$

采用此法计算折旧额，应在固定资产折旧年限到期的前两年内，将固定资产净值扣除预计残值后的净额平均摊销。

（4）年数总和法。计算公式为

$$年折旧率=\frac{折旧年限-已使用年限}{折旧年限\times(折旧年限+1)/2}\times100\% \tag{9-21}$$

$$年折旧额=(固定资产原值-残值)\times年折旧率 \tag{9-22}$$

前几种方法每年的折旧率是不变的，采用这种方法折旧，折旧额和折旧率都是逐年减小的。

各年折旧额累计之和应等于固定资产原值减去残值。

6. 经营成本

经营成本是指建设项目总成本费用扣除折旧费、摊销费和财务费用以后的全部费用。

经营成本是项目评价中所使用的特定概念，是从投资方案本身考察的，在一定期间（一般为一年）内由于生产和销售产品或提供服务而实际发生的现金支出。经营成本不包括虽已经计入产品成本费用中但实际没有发生现金支出的费用项目。经营成本与项目的融资方案无关，在完成建设投资和营业收入的估算后就可以估算经营成本，为项目融资之前的现金流量分析提供依据。

经营成本按下式计算

经营成本＝外购原材料、燃料和动力费＋工资及福利费＋修理费＋其他费用

经营成本与总成本费用之间的关系是

经营成本＝总成本费用－折旧费－摊销费－财务费用

例 9-13 某项目投资中有部分资金来源于银行贷款，该贷款在整个项目期间将等额偿还本息。项目预计年经营成本为 5000 万元，年折旧费和摊销费为 2000 万元，则该项目的年总成本费用应（　　）。

（A）等于 5000 万元　　（B）等于 7000 万元

（C）大于 7000 万元　　（D）在 5000 万元与 7000 万元之间

解： 经营成本是指项目总成本费用扣除固定资产折旧费、摊销费和利息支出以后的全部费用。即经营成本＝总成本费用－折旧费－摊销费－利息支出

本题经营成本与折旧费、摊销费之和为 7000 万元，再加上利息支出，则该项目的年总成本费用大于 7000 万元。

故正确答案为（C）。

7. 固定成本和可变成本

总成本费用按成本与产量的关系可分为固定成本和可变成本。

固定成本是指产品总成本中，在一定产量范围内不随产量变动而变动的费用，如固定资产折旧费、管理费用等。固定成本一般包括折旧费、摊销费、修理费、工资及福利费（计件工资除外）和其他费用等。通常把运营期间发生的全部利息也作为固定成本。

可变成本也称为变动成本，是指产品总成本中随产量变动而变动的费用，如产品外购原材料、燃料及动力费、计件工资等。固定成本总额在一定时期和一定业务范围内不随产量的增加而变动。但在单位产品成本中，固定成本部分与产量的增加成反比。即产量增加，单位产品的固定成本减少。

变动成本总额随产量增加而增加，但单位产品成本中，产量增加，单位可变成本不变。

8. 机会成本和沉没成本

机会成本是指将有限资源投入某种经济活动时所放弃的投入其他经济活动所能带来的

最高收益。

沉没成本是指过去已经支出而现在已无法得到补偿的成本。

（三）项目评价涉及的税费

项目评价涉及的税费主要包括关税、增值税、营业税、消费税、所得税、资源税、城市维护建设税和教育费附加等。有的行业还涉及土地增值税。

其中项目评价所涉及的主要税费有：从销售收入中扣除的增值税、营业税及附加；计入总成本费用的房产税、土地使用税、车船使用税、印花税等；计入建设投资的引进技术、设备材料的关税和固定资产投资方向调节税等；以及从利润中扣除的所得税等。以下简述几种主要的税种。

（1）增值税。增值税是就商品生产、商品流通和劳务服务各个环节的增值额征收的一种流转税（流转税是指以商品生产、商品流通和劳务服务的流转额为征税对象的各种税，包括增值税、消费税和营业税）。增值税设基本税率、低税率和零税率三挡。计税公式为

应纳税额＝当期销项税额－当期进项税额

其中　销项税额＝销售额×适用增值税率

财务分析应按税法规定计算增值税。当采用含（增值）税价格计算销售收入和原材料、燃料动力成本时，利润和利润分配表以及现金流量表中应单列增值税科目；采用不含（增值）税价格计算时，利润表和利润分配表以及现金流量表中不包括增值税科目。

（2）营业税。营业税是对在我国境内提供应税劳务、转让无形资产、销售不动产的单位和个人，就其营业额征收的一种税。凡在我国境内从事交通运输、建筑业、金融保险业、邮电通信业、文化体育业、娱乐业、服务业、转让无形资产、销售不动产等业务，都属于营业税的征收范围。计算公式为

应纳营业税税额＝营业额×适用税率

营业税是价内税，包含在营业收入之内。

（3）资源税。对在我国境内从事开采特定矿产品和生产盐的单位和个人征收的税种。通常按矿产的产量计征。

（4）消费税。消费税是以特定消费品为纳税对象的税种。

（5）关税。关税是以进出口应税货物为纳税对象的税种。

（6）土地增值税。土地增值税是按照转让房地产所取得的增值额征收的一种税。房地产开发项目应按规定计算土地增值税。

（7）城乡维护建设税。城乡维护建设税是对一切有经营收入的单位和个人，就其经营收入征收的一种税。城市维护建设税是一种地方附加税，目前以流转税额（包括增值税、营业税和消费税）为计税依据。

（8）教育费附加。教育费附加是向缴纳增值税、消费税、营业税的单位和个人征收的一种专项费用。

（9）企业所得税。企业所得税是企业应纳税所得额征收的税种。其计算公式为

应纳所得税额＝应纳税所得额×所得税税率

应纳税所得额＝利润总额±税收项目调整项目金额

利润总额＝产品销售利润＋其他业务利润＋投资净收益＋营业外收入－营业外支出

（10）固定资产投资方向调节税。按国家规定，目前暂停征收固定资产投资方向调节税。

财务现金流量表中所列的“营业税及附加”是指在项目运营期内各年销售产品或提供服务所发生的应从营业收入中缴纳的税金，包括营业税、资源税、消费税、土地增值税、城市维护建设税和教育费附加。

（四）总投资形成的资产

建设项目评价中的总投资是指项目建设和投入运营所需要的全部投资，为建设投资、建设期利息和流动资金之和。应注意项目评价中的总投资区别于目前国家考核建设规模的总投资，后者包括建设投资和30％的流动资金（又称铺底流动资金）。

按现行财务会计制度的规定，固定资产是指为生产商品、提供劳务、出租或经营管理而持有的，使用寿命超过一个会计年度的有形资产。无形资产是指企业拥有或控制的没有实物形态的可辨认非货币性资产。

其他资产，原称递延资产，是指除流动资产、长期投资、固定资产、无形资产以外的其他资产，如长期待摊费用。

项目评价中总投资形成的资产可划分为固定资产、无形资产和其他资产。

（1）固定资产，构成固定资产原值的费用包括以下项目。

1）工程费用，即建筑工程费、设备购置费和安装工程费；

2）工程建设其他费用；

3）预备费，可含基本预备费和涨价预备费；

4）建设期利息。

（2）无形资产，构成无形资产原值的费用主要包括技术转让费或技术使用费（含专利权和非专利技术）、商标权和商誉等。

（3）其他资产，构成其他资产原值的费用主要包括生产准备费、开办费、出国人员费、来华人员费、图纸资料翻译复制费、样品样机购置费和农业开荒费等。

建设项目经济评价中应按有关规定将建设投资中的各分项分别形成固定资产原值、无形资产原值和其他资产原值。形成的固定资产原值可用于计算折旧费，形成的无形资产原值和其他资产原值可用于计算摊销费。建设期利息应计入固定资产原值。总投资中的流动资金与流动负债共同构成流动资产。

第三节　资金来源与融资方案

一、资金筹措的主要方式

资金筹措方式是指项目获得资金的具体方式。按照融资主体不同，可分为既有法人融资和新设法人融资；按融资的性质可以分为权益融资和债务融资。权益融资形成项目的资本金，债务融资形成项目的债务资金。

1．资本金筹措

项目资本金是指在建设项目总投资中，由投资者认缴的出资额，对项目来说是非债务资金，投资者按出资比例依法享有所有者权益，可转让其出资，但不得抽回。项目法人不承担资本金的任何利息和债务，项目法人的财务负担较小。项目资本金（即项目权益资金）的来源和筹措方式根据融资主体特点有不同筹措方式。

既有法人融资项目新增资本金可通过原有股东增资扩股、吸收新股东投资、发行股票、政府投资等方式筹措；新设法人融资项目的资本金可通过股东直接投资、发行股票、政府投资等方式筹措。

2. 债务资金筹措

债务资金是项目投资中以负债方式从金融机构、证券市场等资本市场取得的资金。其特点是：使用上有时间性限制，到期必须偿还；不管企业经营好坏，均得按期还本付息，形成企业的财务负担；资金成本一般比权益资金低；不会分散投资者对企业的控制权。

目前我国项目债务资金的来源和筹措方式有以下几种。

（1）商业银行贷款。国内商业银行贷款手续简单、成本较低，适用于有偿债能力的项目。

（2）政策性银行贷款。一般期限较长，利率较低。

（3）外国政府贷款。在经济上有援助性质，期限长、利率低。

（4）国际金融组织贷款。如国际货币基金组织、世界银行等国际金融组织的贷款。

（5）出口信贷。出口信贷是设备出口国政府为促进本国设备出口，鼓励本国银行向本国出口商或外国进口商（或进口方银行）提供的贷款。

（6）银团贷款。银团贷款是指多家银行组成一个集团，由一家或几家银行牵头，采用同一贷款协议，按照共同约定的贷款计划，向借款人提供贷款的贷款方式。主要适用于资金需要量大、偿债能力较强的项目。

（7）企业债券。企业债券是企业以自身的财务状况和信用条件为基础，按有关法律法规规定的条件和程序发行的、约定在一定期限内还本付息的债券。企业债券的特点是筹资对象广，但发债条件严格、手续复杂，企业债券的利率虽低于贷款利率但发行费用较高。适用于资金需求量大、偿债能力较强的项目。

（8）国际债券。国际债券是在国际金融市场上发行的、以外国货币为面值的债券。

（9）融资租赁。租赁筹资是指出租人以租赁方式将出租物租给承租人，承租人以交纳租金的方式取得租赁物的使用权，在租赁期间出租人仍保持出租物的所有权，并于租赁期满收回出租物的一种经济行为。

企业筹集资金除了受到宏观经济、法律、政策及行业特点等因素制约外，还受到企业或项目自身因素的影响，包括拟建项目的规模、拟建项目的速度、控制权、资金结构、资金成本等因素的影响。

3. 准股本资金筹措

准股本资金是一种既有资本金性质，又具有债务资金性质的资金。主要包括优先股（项目评价中应视为项目资本金）和可转换债券（项目评价中应视为项目债务资金）。

二、资金成本

资金成本是企业为筹措资金和使用资金而付出的代价，由资金筹集费和资金占用费所组成。资金筹集费是筹集资金过程中发生的费用，如律师费、证券印刷费、发行手续费、资信评估费等；资金占用费是使用资金过程中向提供资金者所支付的费用，如借款利息、债券利息、优先股股息、普通股股息等。

资金成本一般用资金成本率表示。资金成本率是指筹集的资金与筹资发生的各种费用等值时的贴现率。考虑了资金时间价值的资金成本率的一般计算公式为

$$\sum_{t=0}^{n} \frac{F_t - C_t}{(1+K)^n} = 0 \tag{9-23}$$

式中 F_t——各年实际筹措资金流入额；

C_t——各年实际资金筹集费和资金占用费；

K——资金成本率；

n——资金占用期限。

若不考虑资金的时间价值，资金成本可按下式计算

$$K=\frac{D}{P-C}=\frac{D}{P(1-f)} \tag{9-24}$$

式中 K——资金成本；

D——资金占用费；

P——筹集资金总额；

C——资金筹集费；

f——筹资费率。

（一）各种资金来源的资金成本

1. 银行借款成本

借贷、债券等的融资费用和利息支出均在缴纳所得税之前支付，因此作为股权投资者可以获得所得税抵减的好处，所得税后资金成本可根据下式计算

所得税后资金成本＝所得税前资金成本×(1－所得税税率)

借款成本主要是利息支出，在筹资的时候也有一些费用，但这些费用一般较少，进行财务评价时可以忽略不计。考虑到利息在所得税前支付，可少交一部分所得税。其资金成本计算公式为

$$K_e=R_e(1-T) \tag{9-25}$$

式中 K_e——借款成本；

R_e——借款利率；

T——所得税税率。

如果考虑筹资费用，计算公式为

$$K_e=R_e(1-T)/(1-f) \tag{9-26}$$

式中 f——筹资费率。

例 9-14 某项目从银行贷款 500 万元，年利率为 8%，在借款期间每年支付利息 2 次，所得税税率为 25%，手续费忽略不计，问该借款的资金成本是多少？

解：先将名义利率折算为实际利率，即

$$R_e=\left(1+\frac{r}{m}\right)^m-1=\left(1+\frac{8\%}{2}\right)^2-1=8.16\%$$

借款资金成本为 $K_e=R_e(1-T)=8.16\%(1-25\%)=6.12\%$

2. 债券成本

与借款类似，企业发行债券筹集成本所支付的利息计入税前成本费用，同样可以少交一部分所得税。企业发行债券的筹资费用较高，计算其资金成本时应予以考虑。债券成本的计算公式为

$$K_b=R_b(1-T)/[B(1-f_b)] \tag{9-27}$$

式中 K_b——债券成本；

R_b——债券每年实际利息；

B——债券每年发行总额；

f_b——债券筹资费用率。

3. 优先股资金成本

优先股是一种兼有资本金和债务资金特点的融资方式，优先股股东不参与公司经营管理，对公司无控制权。发行优先股通常不需要还本，但需要支付固定股息，股息一般高于银行贷款利息。从债权人的立场看，优先股可视为资本金，从普通股股东的立场看，优先股可视为一种负债。在项目评价中优先股股票应视为资本金。优先股资金成本的计算公式为

$$优先股资金成本 = 优先股股息 /（优先股发行价格 - 发行成本）$$

例 9-15　某优先股面值 100 元，发行价格 99 元，发行成本为面值的 3%，每年支付利息 1 次，固定股息率为 8%，问该优先股的资金成本是多少？

解：该优先股的资金成本=8/(99-3)×100%=8.33%。

4. 普通股资金成本

普通股资金成本属于权益资金成本。其计算方法有资本资产定价模型法、税前债务成本加风险溢价法、股利增长模型法等。

(1) 资本资产定价模型法。资本资产定价模型法的计算公式为

$$K_c = R_f + \beta(R_m - R_f) \tag{9-28}$$

式中　K_c——普通股资金成本；

R_m——市场投资组合预期收益率；

R_f——无风险投资收益率；

β——项目的投资风险系数。

(2) 股利增长模型法。股利增长模型法是一种假定股票投资收益以固定的增长率递增的计算股票资金成本的方法，计算公式为

$$K_s = \frac{D_i}{P_0(1-f)} + g \tag{9-29}$$

式中　K_s——普通股资金成本；

D_i——第 i 期支付的股利；

P_0——普通股现值；

f——筹资费率；

g——股利增长率。

例 9-16　某企业计划发行普通股筹资 10000 万元，筹资费率为 3%，第一年股利率为 10%，以后每年增长 6%，所得税率为 25%，计算该企业普通股的资金成本。

解：采用股利增长模型法计算普通股资金成本。由于股利必须在企业税后利润中支付，因而不能抵减所得税的缴纳。

根据式 (9-29)，普通股资金成本为

$$K_S = \frac{10\,000 \times 10\%}{10\,000 \times (1-3\%)} + 6\% = 16.31\%$$

5. 保留盈余资金成本

保留盈余又称留存收益，是指企业从历年实现的利润中提取或形成的留存于企业内部的积累。包括盈余公积和未分配利润。由于企业保留盈余资金不仅可以用来追加本企业的

投资，也可把资金放入银行或者投入到别的企业进行投资。因此，使用保留盈余资金意味着要承受机会成本。

（二）扣除通货膨胀影响的资金成本

借贷资金利息等通常包含通货膨胀因素的影响，扣除通货膨胀影响的资金成本计算公式为

$$\text{扣除通货膨胀因素影响的资金成本}=\frac{1+\text{未扣除通货膨胀影响的资金成本}}{1+\text{通货膨胀率}}-1 \tag{9-30}$$

如果需要计算扣除所得税和扣除通货膨胀影响的资金成本，应当先计算扣除所得税影响的资金成本，然后再计算扣除通货膨胀影响的资金成本。

例 9-17 如果通货膨胀率为 2%，试计算例 9-15 的借款资金成本。

解： 例 9-15 的计算结果已扣除了所得税的影响，扣除通货膨胀因素影响的借款资金成本为

$$(1+6.12\%)/(1+2\%)-1=4.04\%$$

（三）加权平均资金成本

项目的资金有不同来源，其成本一般是不同的对项目进行评价时，需要计算整个融资方案的综合资金成本，一般是以各种资金所占全部资金的比重为权重，对个别资金成本进行加权计算，即加权平均资金成本，其计算公式为

$$K_{\mathrm{w}}=\sum_{t=1}^{n}K_tW_t$$

式中 K_{w}——加权平均资金成本；

K_t——第 t 种融资的资金成本；

W_t——第 t 种融资金额占总融资金额的比重，有 $\sum W_t=1$。

例 9-18 某项目资金来源包括普通股、长期借款和短期借款，其融资金额分别为 500 万元、400 万元和 200 万元，资金成本分别为 15%、6%和 8%。试计算该项目融资的加权平均资金成本。

解： 该项目融资总金额 500+400+200=1100（万元），其加权平均资金成本为

$$\frac{500}{1100}\times15\%+\frac{400}{1100}\times6\%+\frac{200}{1100}\times8\%=10.45\%$$

三、债务偿还的主要方式

（1）等额利息法。等额利息法指每期付息额相等，期中不还本金，最后一期归还本金和当期利息。

（2）等额本金法。等额本金法指每期偿还相等的本金和相应的利息。

假定每年还款，等额本金法的计算公式为

$$A_t=\frac{I_{\mathrm{c}}}{n}+I_{\mathrm{c}}\left(1-\frac{t-1}{n}\right)i \tag{9-31}$$

式中 A_t——第 t 期的还本付息额；

I_{c}——还款开始的期初借款余额；

$\frac{I_{\mathrm{c}}}{n}$——每年偿还的本金；

n——约定的还款期；

i——借款的年利率。

例 9-19 某公司向银行借款 2400 万元，期限为 6 年，年利率为 8%，每年年末付息一次，每年等额还本，到第 6 年末还完本息。计算该公司第 4 年年末应还的本息和。

解： 该公司借款偿还方式为等额本金法。

每年应偿还的本金均为 2400/6=400（万元）

前 3 年已经偿还本金 400×3=1200（万元）

尚未还款本金 2400－1200=1200（万元）

第 4 年末应还利息为 $I_4=1200\times 8\%=96$（万元）

应还本息和为 $A_4=400+96=496$（万元）

或按等额本金法公式计算

$$A_t=\frac{I_c}{n}+I_c\left(1-\frac{t-1}{n}\right)i=\frac{2400}{6}+2400\times\left(1-\frac{4-1}{6}\right)\times 8\%=496(\text{万元})$$

（3）等额本息法。等额本息法指每期偿还本利额相等。可利用等额支付资金回收式（9-10）计算。

（4）“气球法”（任意法）。“气球法”指期中任意偿还本利，到期末全部还清。

（5）一次偿付法。一次偿付法指最后一期偿还本利。

（6）偿债基金法。偿债基金法指每期偿还贷款利息，同时向银行存入一笔等额现金，到期末存款正好偿付贷款本金。

第四节 财 务 分 析

建设项目经济评价包括财务评价（也称财务分析）和国民经济评价（也称经济分析）。财务评价（财务分析）是从项目的角度进行经济分析，评价项目的盈利能力和借款偿还能力，评价项目在财务上的可行性。对于经营性项目，应分析项目的盈利能力、偿债能力和财务生存能力，判断项目的财务可接受性；对于非经营性项目，财务分析主要分析项目的财务生存能力。

一、财务评价的内容

（1）根据项目的性质和目标选择适当的方法。

（2）收集、预测财务分析的数据，进行财务效益和费用的估算。

（3）进行财务分析。通过编制财务报表，计算财务指标，分析项目的盈利能力、偿债能力和财务生存能力。

（4）进行不确定性分析，估计项目可能承担的风险。

二、盈利能力分析

财务分析可分为融资前分析和融资后分析。融资前分析应以动态分析为主，静态分析为辅。融资前动态分析，不考虑债务融资方案，通过编制项目投资现金流量表，计算项目投资内部收益率和净现值等指标，从项目投资总获利能力的角度，考察项目方案的合理性。根据分析的角度不同，融资前分析可选择计算所得税前指标和（或）所得税后指标。融资前分析也可计算静态投资回收期指标以反映收回项目投资所需要的时间。

融资后的盈利能力分析包括动态分析和静态分析，其中动态分析包括项目资本金现金流量分析和投资各方现金流量分析。项目资本金现金流量分析考虑了融资方案的影响，通过编制项目资本金现金流量表，计算项目资本金财务内部收益率，考察项目资本金的收益水平。投资各方现金流量分析通过编制投资各方现金流量表，计算投资各方的财务内部收益率指标，考察投资各方的收益水平。静态分析不考虑资金的时间价值，依据利润和利润分配表计算项目资本金净利润率和总投资收益率指标。

项目经济评价指标有不同的分类，按是否考虑资金的时间价值，可分为静态评价指标和动态评价指标；按指标的性质可分为时间性指标、价值性指标和比率性指标；按分析的角度不同，将项目经济评价分为财务分析和经济分析，对应的指标为财务分析指标和经济分析指标。以下介绍常用的评价指标。

1. 净现值

净现值是指按行业的基准收益率或设定的折现率，将项目计算期内各年的净现金流量折现到建设期初的现值之和。基准收益率也称基准折现率，是企业或行业或投资者以动态的观点所确定的、可接受的投资项目最低标准的受益水平。净现值的计算公式为

$$NPV=\sum_{t=0}^{n}(CI-CO)_t(1+i_c)^{-t} \tag{9-32}$$

式中 NPV——净现值；

CI——现金流入量；

CO——现金流出量；

$(CI-CO)_t$——第 t 年的净现金流量；

n——项目计算期；

i_c——基准收益率（折现率）。

确定基准收益率应考虑年资金费用率、机会成本投资风险和通货膨胀等因素，一般按下式确定

$$i_c=(1+i_1)(1+i_2)(1+i_3)\approx i_1+i_2+i_3$$

式中 i_1——资金费用率与机会成本中较高者；

i_2——风险贴补率；

i_3——通货膨胀率。

利用净现值指标时，首先确定一个基准收益率 i_c，然后确定计算现值的基准年，计算时将各年发生的净现金流量等值换算到基准年，最后根据计算结果进行评价。

根据净现值的计算结果进行评价，当 $NPV\geqslant 0$，表示项目的投资方案可以接受。

例 9-20 某项目寿命期为 5 年，各年投资额及收支情况见表 9-3，基准投资收益率为 10%，试用净现值指标判断该项目财务上的可行性。

表 9-3 **某项目的现金流量表** （万元）

项目	年末					
	0	1	2	3	4	5
投资支出	40	20				
收入			30	45	45	45
经营成本			15	20	20	20
净现金流量	−40	−20	15	25	25	25

解： 绘出该项目的现金流量图，如图 9-15 所示。

项目方案的净现值为

$$NPV=-40-20(P/F,10\%,1)+[15+25(P/A,10\%,3)]\times(P/F,10\%,2)$$

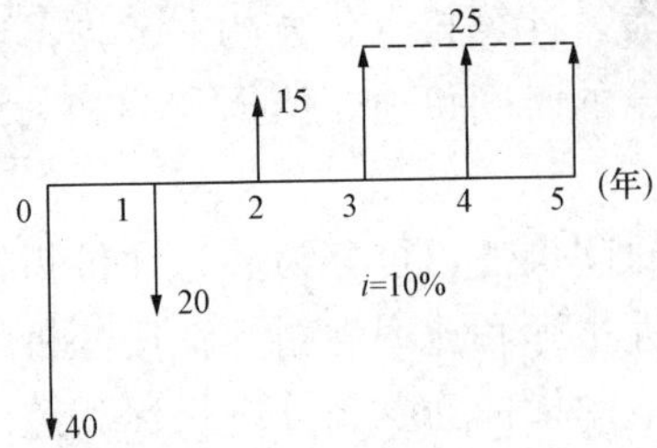

图 9-15 某项目的现金流量图

$=-40-20\times0.9091+(15+25\times2.4869)\times0.8264$
$=5.59$(万元)

由于 $NPV>0$，故从盈利的角度上看，该项目可取。

净现值指标是最常用的动态指标之一，其优点是只要设定了收益率，可以根据 NPV 是否大于零判断方案财务上的可行性。对于单方案的经济评价，可以直接采用净现值指标进行评价。缺点是在多方案比较时：①该指标有利于投资额大的方案；②有利于寿命期长的方案。

净现值用于项目的财务分析时，计算时采用设定的折现率一般为基准收益率，其结果称为财务净现值，记为 $FNPV$；净现值用于项目的经济分析时，设定的折现率为社会折现率，其结果称为经济净现值，记为 $ENPV$。

2. 净年度等值（净年值）

净年度等值也称为净年值 NAV、等额年值 AW。它是通过资金的等值计算，将项目净现值分摊到寿命期内各年年末的等额年值。其计算公式为

$$NAV=NPV(A/P,i_c,n)=\sum_{t=0}^{n}(CI-CO)_t(1+i_c)^{-t}(A/P,i_c,n) \tag{9-33}$$

式中 NPV——净现值；

$(A/P,i_c,n)$——等额支付资金回收系数。

对于单一方案，$NAV\geqslant0$ 时，表示方案在经济上可行。从等值计算公式可知，由于等额支付资金回收系数（$A/P,i,n$）为正数，因此 NAV 与 NPV 符号相同，即若 $NPV\geqslant0$，则 NAV 也一定不小于 0，采用 NPV 指标和 NAV 指标评价同一方案的经济性时，得出的结论是一致的。

在项目投资方案比选时，常用净年值指标作为净现值指标的补充。比如对一些寿命期不等的方案比选，可采用净年值指标进行项目方案的经济评价，净年值大的方案较优。

当方案的收益相同或者收益难以直接计算时（如教育、环保、国防等项目），进行方案比较也可以用年度费用等值 AC（费用年值）指标，其计算公式为

$$AC=NPV(A/P,i_c,n)=\sum_{t=0}^{n}CO_t(1+i_c)^{-t}(A/P,i_c,n) \tag{9-34}$$

采用年度费用等值指标进行方案比选时，年度费用等值小的方案较优。

如果采用基准收益率计算费用的净现值，称为费用现值。费用现值小的方案较优。

例 9-21 某项目净现金流量见表 9-4，已知折现率为 10%，试用净年值指标评价方案的可行性。

表 9-4 **某项目的净现金流量** (万元)

年 末	0	1～10
净现金流量	−400	80

解：该项目的净年度等值为

$NAV=-400(A/P,10\%,10)+80=-400\times0.1627+80=14.92$(万元)

由于 $NAV>0$，故该项目经济上可行。

3. 内部收益率 *IRR*

内部收益率也是考察项目在计算期内盈利能力的主要动态评价指标。内部收益率是使项目净现值为零时的折现率。其表达式为

$$\sum_{t=0}^{n}(CI-CO)_t(1+IRR)^{-t}=0 \tag{9-35}$$

式中　*IRR*——内部收益率。

前面介绍净现值指标时，需要事先给出基准收益率或者设定一个折现率 i，对于一个具体的项目，采用不同的折现率 i 计算净现值 *NPV*，可以得出不同的 *NPV* 值。*NPV* 与 i 之间的函数关系称为净现值函数。图 9-16 为某项目的净现值函数，图中净现值曲线与横坐标的交点所对应的利率就是内部收益率 *IRR*。

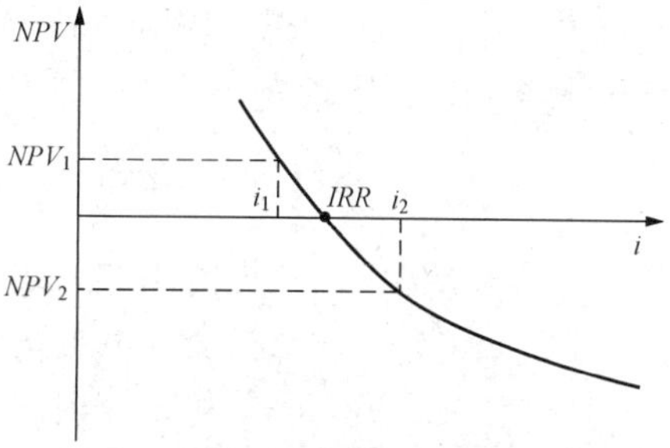

图 9-16　某项目的净现值函数

内部收益率的经济含义可以这样理解：资金投入项目后，通过项目各年的净收益回收投资，各年尚未回收的资金以内部收益率 *IRR* 为利率增值，则到项目寿命期末时，正好可以全部收回投资。

采用内部收益率指标评价项目方案时，其判定准则为：设基准收益率为 i_c，若 $IRR \geqslant i_c$，则方案在经济效果上可以接受，反之则不能接受。内部收益率用于财务分析时称为财务内部收益率，记为 *FIRR*；用于经济分析时称为经济内部收益率，记为 *EIRR*。

可采用线性插值试算法求得 *IRR* 的近似解。其计算公式为

$$IRR=i_1+\frac{NPV_1}{NPV_1+|NPV_2|}(i_2-i_1) \tag{9-36}$$

式中　i_1——试算较小的收益率；

i_2——试算较大的收益率；

NPV_1——用 i_1 计算的净现值，$NPV_1>0$；

NPV_2——用 i_2 计算的净现值，$NPV_2<0$。

例 9-22　某项目 A 的现金流量见表 9-5，已知基准收益率 $i_c=15\%$，试用内部收益率指标判断该项目的经济性。

表 9-5　　**某项目 A 的现金流量表**　　（万元）

年　份	0	1	2	3	4	5
净现金流量	−120	30	40	40	40	40

解：项目 A 的净现值计算公式为

$$NPV=-120+30(P/F,i,1)+40(P/A,i,4)(P/F,i,1)$$

现在分别设 $i_1=15\%$，$i_2=18\%$，计算相应的净现值 NPV_1 和 NPV_2：

$$NPV_1=-120+30\times0.8696+40\times2.8550\times0.8696=5.3963(\text{万元})$$

$$NPV_2=-120+30\times0.8475+40\times2.6901\times0.8475=-3.3806(\text{万元})$$

利用式（9-36）可求得 *IRR* 的近似解

$$IRR=i_1+\frac{NPV_1}{NPV_1+|NPV_2|}(i_2-i_1)$$

$$= 15\% + \frac{5.3963}{5.3963 + 3.3806} \times (18\% - 15\%) = 16.8\%$$

因为该项目 $IRR = 16.8\% > i_c = 15\%$，所以该项目在经济效果上可以接受。

4. 差额内部收益率

由于 IRR 并不是初始投资的收益率，实际上是未收回投资的增值率，在互斥方案比较排序时，不能用 IRR 进行排序和选优，而应该采用差额投资内部收益率（增量投资内部收益率）指标。差额投资内部收益率是两个方案各年净现金流量差额的现值之和等于零时的折现率。其表达式为

$$\sum_{t=0}^{n}[(CI-CO)_2-(CI-CO)_1]_t(1+\Delta IRR)^{-t}=0 \tag{9-37}$$

式中 $(CI-CO)_1$——投资小的方案的年净现金流量；

$(CI-CO)_2$——投资大的方案的年净现金流量；

ΔIRR——差额投资内部收益率；

n——计算期。

采用 ΔIRR 进行方案比较时，应将 ΔIRR 与基准收益率 i_c 比较，其评价准则是：若 $\Delta IRR > i_c$，投资大的方案为优；若 $\Delta IRR < i_c$，投资小的方案为优。

5. 静态投资回收期

静态投资回收期指在不考虑资金时间价值的条件下，以项目的净收益（包括利润和折旧）回收全部投资所需要的时间。投资回收期通常以“年”为单位，一般从建设年开始计算。其表达式为

$$\sum_{t=0}^{P_t}(CI-CO)_t=0 \tag{9-38}$$

式中 CI——现金流入量；

CO——现金流出量；

$(CI-CO)_t$——第 t 年的净现金流量；

P_t——投资回收期。

通常按下式计算

$$P_t=\left(\begin{matrix}\text{累计净现金流量开始}\\\text{出现正值的年份数}\end{matrix}\right)-1+\left(\frac{\text{上年累计净现金流量的绝对值}}{\text{当年净现金流量}}\right) \tag{9-39}$$

计算出投资回收期 P_t 后，应与部门或行业的基准投资回收期 P_c 进行比较，当 $P_t \leqslant P_c$ 时，表明项目投资在规定的时间内可以回收，该项目在投资回收能力上是可以考虑接受的。

例 9-23 某建设项目 A 的各年净现金流量见表 9-6，项目计算期 10 年，基准投资回收期 P_c 为 6 年。使用投资回收期法评价项目经济上的可行性。

表 9-6 **项目 A 的投资及各年纯收入表** （万元）

年　份	0	1	2	3	4～10
净现金流量	−100	−200	−500	175	275

解：该项目的累计现金流量见表 9-7。

根据表 9-7 和式（9-39）可得该项目的投资回收期 $P_t = 6-1+|-75|/275=5.3$（年）

由于 $P_t < P_c$，所以该项目的投资方案可以接受。

表 9-7　　　　　　　　　　**项目 A 的累计净现金流量**　　　　　　　　　　（万元）

年　份	0	1	2	3	4	5	6	7	8	9	10
净现金流量	−100	−200	−500	175	275	275	275	275	275	275	275
累计净现金流量	−100	−300	−800	−625	−350	−75	200	475	750	1025	1300

6. 总投资收益率（*ROI*）

总投资收益率表示总投资的盈利水平，是指项目达到设计能力后，正常年份的年息税前利润或运营期内年平均息税前利润（*EBIT*）与项目总投资（*TI*）的比率。其计算公式为

$$总投资收益率=\frac{正常年份的年息税前利润或运营期内年平均息税前利润}{项目总投资}\times 100\%$$

息税前利润是指企业支付利息和缴纳所得税之前的利润。

总投资收益率高于同行业的收益率参考值，说明用总投资收益率表示的盈利能力满足要求。

7. 项目资本金利润率

项目运营期内年平均净利润与项目资本金之比称为项目资本金利润率，用以表示项目资本金的盈利能力。

项目资本金利润率表示项目资本金的盈利水平，是指项目达到设计能力后，正常年份的年净利润或运营期内年平均净利润与项目资本金的比率。其计算公式为

$$项目资本金利润率=\frac{正常年份的年净利润或运营期内年平均净利润}{项目资本金}\times 100\% \tag{9-40}$$

如果项目资本金利润率高于同行业的资本金利润率参考值，说明用项目资本金利润率表示的盈利能力满足要求。

例 9-24　某新建项目的资本金为 2000 万元，建设投资为 4000 万元，需要投入流动资金 700 万元，项目建设获得银行贷款 3000 万元，年利率为 10%。项目一年建成并投产，预计达产期年利润总额为 800 万元，正常运营期每年支付银行利息 100 万元，所得税率为 25%，试计算该项目的总投资收益率和项目资本金净利润率。

解：该项目的总投资为

$$总投资=建设投资+建设期利息+流动资金=4000+3000\times 10\%+700=5000(万元)$$

$$息税前利润=利润总额+利息支出=800+100=900(万元)$$

$$总投资收益率=900/5000\times 100\%=18\%$$

$$年净利润=利润总额\times(1-所得税率)=800\times(1-25\%)=600(万元)$$

$$项目资本金净利润率=600/2000\times 100\%=30\%$$

三、偿债能力分析和财务生存能力分析

（一）偿债能力分析

偿债能力分析是通过编制相关报表，计算利息备付率、偿债备付率和资产负债率等指标，考察财务主体的偿债能力。

（1）利息备付率。利息备付率是指在借款偿还期内的息税前利润与应付利息的比值。该指标从付息资金来源的充裕性角度，反映偿付债务利息的保障程度和支付能力。计算公式为

$$利息备付率=\frac{息税前利润}{应付利息} \tag{9-41}$$

利息备付率应分年计算。利息备付率越高，利息偿付的保障程度越高，利息备付率应

大于 1，一般不宜低于 2，并结合债权人的要求确定。

（2）偿债备付率。偿债备付率是指在借款偿还期内，用于计算还本付息的资金与应还本付息金额之比。该指标从还本付息资金来源的充裕性角度，反映偿付债务本息的保障程度和支付能力。计算公式为

$$偿债备付率 = \frac{用于计算还本付息的资金}{应还本付息金额} \tag{9-42}$$

式中用于还本付息的资金按下式计算

用于计算还本付息的资金＝息税前利润＋折旧和摊销－所得税

偿债备付率应分年计算。偿债备付率越高，可用于还本付息的资金保障程度越高，当偿债备付率小于 1 时，表示企业当年资金来源不足以偿付当期债务，需要通过短期借款偿付已到期债务。偿债备付率一般应大于 1，一般不宜低于 1.3，并结合债权人的要求确定。

（3）资产负债率。资产负债率是指各期末负债总额同资产总额的比率，按下式计算

$$资产负债率 = \frac{期末负债总额}{期末资产总额} \tag{9-43}$$

适度的资产负债率，表明企业经营安全、有较强的筹资能力，企业和债权人的风险较小。

例 9-25 某企业去年利润总额 300 万元，上缴所得税 75 万元，在成本中列支的利息 100 万元，折旧和摊销费 30 万元，还本金额 120 万元，计算该企业去年的利息备付率和偿债备付率。

解： 息税前利润为 300＋100＝400（万元）

利息备付率为

利息备付率＝400/100＝4

偿债备付率为

用于计算还本付息的资金＝息税前利润＋折旧和摊销－所得税＝(300＋100＋30－75)＝355(万元)

偿债备付率＝355/(120＋100)＝1.61。

（二）财务生存能力分析

财务生存能力分析是通过编制财务计划现金流量表，计算项目在计算期内的净现金流量和累计盈余资金，分析项目是否有足够的净现金流量维持正常经营，实现财务的可持续性，从而判断项目在财务上的生存能力。

通过两个方面具体判断项目的财务生存能力：①拥有足够的经营净现金流量是财务可持续性的基本条件；②各年累计盈余资金不出现负值是财务生存的必要条件。

四、财务分析报表

进行财务分析需要编制相关的财务分析报表。财务分析报表主要包括项目投资现金流量表、项目资本金现金流量表、投资各方现金流量表、利润与利润分配表、财务计划现金流量表、资产负债表和借款还本付息计划表等。

（一）项目投资现金流量表

现金流量表是反映项目计算期内各年现金收支的报表，用以计算各项静态和动态指标，进行项目的财务盈利能力分析。

项目投资现金流量表原称为全部投资现金流量表，是以项目建设所需总投资为计算基础，不考虑融资方案的影响，反映计算期内各年的现金流入和流出的财务报表。该表用于

项目投资现金流量分析，通过计算项目投资内部收益率和净现值等指标来评价项目在财务上的可行性。项目投资现金流量分析属于融资前分析，排除了融资方案的影响，从项目投资总的获利能力的角度，考察项目方案设计本身的合理性。项目投资现金流量表的构成见表9-8。

表9-8　　项目投资现金流量表　　（万元）

序号	项　目	合　计	计　算　期				
			1	2	3	…	n
1	现金流入						
1.1	营业收入						
1.2	补贴收入						
1.3	回收固定资产余值						
1.4	回收流动资金						
2	现金流出						
2.1	建设投资						
2.2	流动资金						
2.3	经营成本						
2.4	营业税金及附加						
2.5	维持运营投资						
3	所得税前净现金流量（1-2）						
4	累计所得税前净现金流量						
5	调整所得税						
6	所得税后净现金流量（3-5）						
7	累计所得税后净现金流量						

计算指标：项目投资财务内部收益率（%）（所得税前）；项目投资财务内部收益率（%）（所得税后）；
项目投资财务净现值（所得税前）（i_c=%）；项目投资财务净现值（所得税后）（i_c=%）；
项目投资回收期（所得税前）；项目投资回收期（所得税后）

注　表中的调整所得税为以息税前利润为基数计算的所得税。

（二）项目资本金现金流量表

项目资本金现金流量表从项目资本金出资者整体的角度，以项目资本金为计算的基础，根据拟订的融资方案和项目其他数据，确定项目各年的现金流入和现金流出，用于进行项目资本金现金流量分析。项目资本金现金流量表考虑了融资，属于融资后分析。根据项目资本金现金流量表计算的指标，可以反映项目权益投资者整体在该投资项目上的盈利能力。项目资本金现金流量表见表9-9。

表9-9　　项目资本金现金流量表　　（万元）

序号	项　目	合　计	计　算　期				
			1	2	3	…	n
1	现金流入						
1.1	营业收入						
1.2	补贴收入						
1.3	回收固定资产余值						
1.4	回收流动资金						
2	现金流出						
2.1	项目资本金						

续表

序号	项　　目	合　计	计　算　期				
			1	2	3	…	n
2.2	借款本金偿还						
2.3	借款利息支付						
2.4	经营成本						
2.5	营业税金及附加						
2.6	所得税						
2.7	维持运营投资						
3	净现金流量（1-2）						
计算指标：项目财务内部收益率（%）							

项目资本金现金流量分析考察的是项目资本金整体的获利能力，有时为了考察投资各方的收益，还需要编制投资各方现金流量表。

（三）利润与利润分配表

利润与利润分配表反映项目计算期内各年利润总额、所得税及税后利润的分配情况，用以计算投资利润率、投资利税率和资本金利润率等指标。

（四）财务计划现金流量表

财务计划现金流量表反映项目计算期内各年经营活动、投资活动和筹资活动的现金流入和流出，用于计算各年的累计盈余资金，分析项目是否有足够的净现金流量维持正常运营，即项目的财务生存能力。

（五）资产负债表

资产负债表反映项目计算期内各年年末资产、负债和所有者权益的增减变化及对应关系，用以考察项目的资产、负债、所有者权益的结构是否合理，通过计算资产负债率，进行偿债能力分析。

（六）借款还本付息计划表

借款还本付息计划表用于计算利息备付率和偿债备付率指标，用于偿债能力分析。

第五节　经济费用效益分析

经济费用效益分析是在合理配置社会资源的前提下，分析项目投资的经济效益和对社会福利所做出的贡献，评价项目的经济合理性。经济费用效益分析强调从资源配置效率的角度分析项目的外部效果，考察项目对国民经济的贡献。

对于以下类型的项目应做经济费用效益分析：①有垄断特征的项目；②产出有公共产品特征的项目；③外部效果显著的项目；④资源开发项目；⑤涉及国家经济安全的项目；⑥受过度行政干预的项目。

一、经济费用效益分析参数

进行项目的经济费用效益分析首先需要对项目的经济效益和费用进行识别。项目对提高社会福利和社会经济所做的贡献都记为项目的经济效益，包括项目的直接效益和间接效益；整个社会为项目所付出的代价记为项目的经济费用。计算经济费用效益指标采用的参数有社会折现率、影子价格、影子汇率和影子工资等。

1. 社会折现率

社会折现率是社会对资金时间价值的估量，是从整个国民经济角度所要求的资金投资收益率标准。社会折现率代表社会投资所应获得的最低收益率水平，在建设项目国民经济评价中是衡量经济内部收益率的基准值，也是计算项目经济净现值的折现率。

2. 影子价格

影子价格是计算经济费用效益分析中投入物或产出物所使用的计算价格，是社会处于某种最优状态下，能够反映社会劳动消耗、资源稀缺程度和最终产品需求状况的一种计算价格。影子价格应是能够反映项目投入物和产出物的真实经济价值。

3. 影子汇率

影子汇率是指单位外汇的经济价值，是能正确反映国家外汇经济价值的汇率，即外汇的影子价格。建设项目国民经济评价中，项目的进口投入物、出口产出物均应采用影子汇率以正确反映外汇的真实经济价值。影子汇率换算系数是影子汇率与外汇牌价的比值。影子汇率按下式计算

影子汇率＝外汇牌价×影子汇率换算系数

4. 影子工资

影子工资是指建设项目使用劳动力资源而使社会付出的代价。按下式计算

影子工资＝劳动力机会成本×新增资源消耗

式中　劳动力机会成本——劳动力在本单位使用，而不能在其他项目中使用而被迫放弃的劳动收益；

新增资源消耗——劳动力在本项目新就业或由其他就业岗位转移来本项目而发生的社会资源消耗，影子工资与财务分析中的劳动力工资之间的比值称为影子工资换算系数，影子工资可按下式计算

影子工资＝财务工资×影子工资换算系数

二、经济费用效益指标

1. 经济净现值

经济净现值是指按社会折现率将项目计算期内各年的经济净效益折现到建设期初的现值之和。按下式计算

$$ENPV=\sum_{t=1}^{n}(B-C)_t(1+i_s)^{-t} \tag{9-44}$$

式中　$ENPV$——经济净现值；

B——经济效益流量；

C——经济费用流量；

$(B-C)_t$——第 t 年的经济净效益流量；

n——项目计算期；

i_s——社会折现率。

经济净现值是反映项目对社会经济贡献的绝对值，是经济效益分析的主要指标。如果经济净现值等于或大于 0，则表明项目可达到符合社会折现率的效率水平，从经济资源配置的角度可以接受该项目。

2. 经济内部收益率

经济内部收益率是指项目在计算期内经济净效益流量的现值累计等于 0 时的折现率。

其表达式为

$$\sum_{t=1}^{n}(B-C)_t(1+EIRR)^{-t}=0 \tag{9-45}$$

式中 $EIRR$——经济内部收益率。

经济内部收益率是经济费用效益分析的辅助评价指标，如果经济内部收益率等于或者大于社会折现率，则表明项目资源配置的效率达到了可以被接受的水平。

3. 效益费用比

效益费用比是指项目在计算期内效益流量的现值与费用流量的现值之比。计算公式为

$$R_{BC}=\frac{\sum_{t=1}^{n}B_t(1+i_s)^{-t}}{\sum_{t=1}^{n}C_t(1+i_s)^{-t}} \tag{9-46}$$

式中 R_{BC}——效益费用比；

B_t——第 t 期的经济效益；

C_t——第 t 期的经济费用。

效益费用比也是经济费用效益分析的辅助评价指标，如果效益费用比大于1，说明项目资源配置的经济效益达到了可以被接受的水平。

第六节　不确定性分析

不确定性分析是对影响项目的不确定性因素进行分析，测算不确定性因素变化对经济评价指标的影响程度，判断项目可能承担的风险，为投资决策提供依据。不确定分析方法有盈亏平衡分析、敏感性分析等。

一、盈亏平衡分析

通过分析产品产量、成本和盈利之间的关系，找出项目方案在产量、单价、成本等方面的临界点，进而判断不确定因素对方案经济效果的影响程度。这个临界点称为盈亏平衡点（BEP）。盈亏平衡点是企业盈利与亏损的转折点，在该点上销售收入（扣除销售税金及附加）正好等于总成本费用，达到盈亏平衡。盈亏平衡分析只用于财务分析。

盈亏平衡分析可分为线性盈亏平衡分析和非线性盈亏平衡分析，对建设项目评价仅进行线性盈亏平衡分析。线性盈亏平衡分析基本假定是：产量等于销售量、总成本费用是产量的线性函数；销售收入是产量的线性函数；按单一产品计算。

如果销售收入和成本费用都是按含税价格计算的，还应减去增值税。

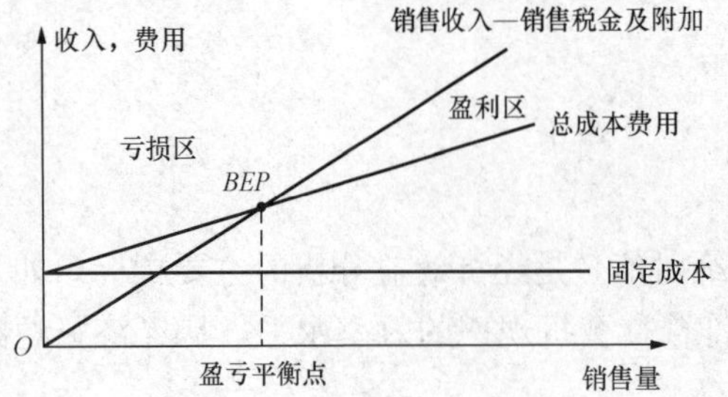

图 9-17　盈亏平衡分析图

为了便于进行盈亏平衡分析，可将项目投产后的总成本费用分为固定成本和可变成本（变动成本）两部分。固定成本指在一定生产规模限度内不随产量变动而变动的费用；可变成本是指随产品产量变动而变动的费用。总成本费用是固定成本与可变成本之和。对于线性盈亏平衡分析，收入与销售量、费用与销售量的关系可以在同一坐标图上表示出来，即盈亏平衡分析图，如图 9-17 所示。

图 9-17 中纵坐标为销售收入和成本费用，横坐标为产品销售量。销售收入线与总成本费用线的交点称作盈亏平衡点（BEP），该点是项目盈利与亏损的临界点。在 BEP 右边，销售收入大于总成本费用，项目盈利；在 BEP 左边，销售收入小于总成本费用，项目亏损；在 BEP 上，销售收入等于总成本费用，项目不盈不亏。盈亏平衡点对应的产量称为盈亏平衡产量。盈亏平衡点可以用产量、生产能力利用率或产品售价等表示。盈亏平衡点可采用以下公式计算

$$
\begin{aligned}
BEP_{\text{产量}} &= \frac{\text{年固定总成本}}{\text{单位产品销售价格}-\text{单位产品可变成本}-\text{单位产品销售税金及附加}} \\
&= BEP_{\text{生产能力利用率}} \times \text{设计生产能力}
\end{aligned}
\tag{9-47}
$$

在其他条件不变的前提下，盈亏平衡产量与年固定总成本成正比。

生产能力利用率是盈亏平衡产量与设计生产能力的比率，计算公式为

$$BEP_{\text{生产能力利用率}} = \frac{\text{年固定总成本}}{\text{年销售收入}-\text{年可变成本}-\text{年销售税金及附加}} \times 100\% \tag{9-48}$$

$$BEP_{\text{单位产品售价}} = \frac{\text{年固定总成本}}{\text{设计生产能力}} + \text{单位产品可变成本} + \text{单位产品销售税金及附加} \tag{9-49}$$

盈亏平衡点越低，项目盈利的可能性越大，抗风险能力越强。

例 9-26 某工业项目生产的产品年设计生产能力为 200t，达产第一年销售收入为 4000 万元，销售税金及附加为 240 万元，固定成本 1300 万元，可变成本 1200 万元。销售收入和成本费用均以不含税价格表示，求以生产能力利用率、产量及销售价格表示的盈亏平衡点。

解：

$$BEP_{\text{生产能力利用率}} = 1300/(4000-1200-240) \times 100\% = 50.78\%$$

$$BEP_{\text{产量}} = 1300/(4000/200-1200/200-240/200) = 101.56(\text{t})$$

或

$$BEP_{\text{产量}} = 200 \times 50.78\% = 101.56(\text{t})$$

$$BEP_{\text{产品售价}} = 1300/200+1200/200+240/200 = 13.7(\text{万元})$$

计算结果表明，该项目的生产负荷达到设计能力的 50.78%即可实现盈亏平衡，产量达到 101.56t 则可实现盈亏平衡，产品售价最低降至 13.7 万元/t 即可维持盈亏平衡。

二、敏感性分析

敏感性分析是通过测定一个或者多个不确定因素的变化所导致财务或经济评价指标的变化幅度，了解各种因素变化对实现预期目标的影响程度，从而对外部因素发生变化时项目投资方案的承受能力做出判断。单因素敏感性分析在计算敏感因素对经济效果指标影响时，假定只有一个因素变动，其他因素不变。通常只进行单因素敏感性分析。

（一）单因素敏感性分析的步骤和内容

（1）选择需要分析的不确定性因素，并设定这些因素的变动范围。对于一般工业投资项目，常从以下因素中选取需要作为敏感性分析的因素：①投资额，包括固定资产投资和流动资金占用；②项目建设期限、投产期限、投产时产出能力及达到设计能力所需时间；③产品产量及销售量；④产品价格；⑤经营成本，特别是其中的变动成本；⑥项目寿命期；⑦项目寿命期的资产残值；⑧折现率；⑨外汇汇率。

选择需要分析的不确定因素时，应根据实际情况设定其可能的变动范围，一般选择不确定性因素变化的百分率为±5%、±10%、±15%、±20%等。

（2）确定分析指标。敏感性分析可选用前述各种评价指标，如内部收益率、净现值、投资回收期等。一般进行敏感性分析的指标应与确定性分析采用的指标一致。通常敏感性分析必选的指标是项目投资财务内部收益率。

（3）计算各不确定性因素在不同幅度变化下，所导致的评价指标变动结果。建立起一一对应关系，一般用图或表的形式表示。

（4）确定敏感因素，对方案的风险情况做出判断。通过计算敏感度系数和临界点，找出敏感因素，可粗略预测项目可能承担的风险。

敏感因素是指其数值变动能显著影响方案经济效果的因素。

（二）敏感性指标的计算

1. 敏感度系数

敏感度系数是指项目评价指标变化的百分比与不确定性因素变化的百分率之比。敏感度系数高，表示项目效益对该不确定性因素敏感程度高。敏感度系数的计算公式为

$$S_{AF}=\frac{\Delta A/A}{\Delta F/F} \tag{9-50}$$

式中 S_{AF}——评价指标 A 对于不确定性因素 F 的敏感度系数；

$\Delta F/F$——不确定性因素 F 的变化率；

$\Delta A/A$——不确定性因素 F 发生 ΔF 变化率时，评价指标 A 的相应变化率。

$S_{AF}>0$，表示评价指标与不确定性因素同方向变化；$S_{AF}<0$，表示评价指标与不确定性因素反方向变化。S_{AF} 绝对值较大者敏感度系数高，$|S_{AF}|$ 越大，说明评价指标 A 对不确定性因素 F 越敏感。

2. 临界点（转换值）

临界点是指不确定性因素的变化使项目由可行变为不可行的临界数值。即当不确定性因素达到某一变化率时，正好使内部收益率等于基准收益率（或者使净现值等于零），该变化率就是临界点。

临界点的高低与计算临界点的指标的初始值有关，如果选取基准收益率为计算临界点的指标，则对于同一个项目，随着设定的基准收益率的提高，临界点就会变低；而在一定的基准收益率下，临界点越低，说明该因素对项目评价指标的影响就越大，项目就对该因素越敏感。敏感性分析的结果通常采用敏感性分析表和敏感性分析图表示。

例 9-27 某项目以内部收益率作为项目评价指标，选取投资额、产品价格和主要原材料成本作为敏感性因素对项目进行敏感性分析，计算基本方案的内部收益率为 17.5%，当投资额增加 10%时，内部收益率降为 14.5%，试计算其敏感度系数。

解： 投资额增加 10%时，内部收益率的变化率为

$\Delta A=(14.5\%-17.5\%)/17.5\%=-0.171$

敏感度系数为 $S_{AF}=-0.171/0.1=1.71$

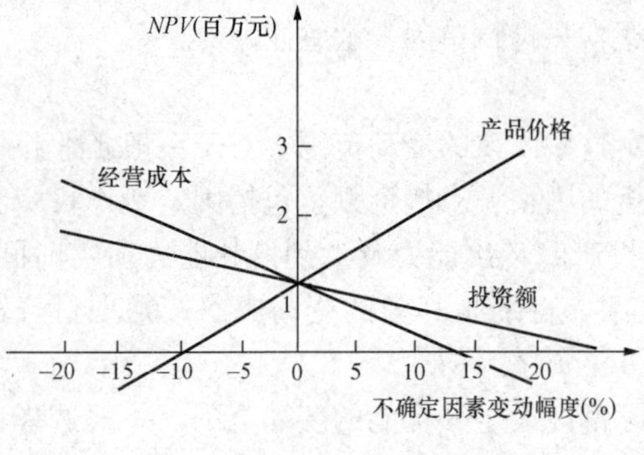

图 9-18 单因素敏感性分析图

图 9-18 所示为单因素敏感性分析的一个例子，该例选取的分析指标为净现值 NPV，考虑投资额、产品价格、经营成本的变动（按一定百分比变动）对净现值指标的影响。

由图 9-18 可以看出，本方案的净现值对产品价格最敏感，不确定性因素产品价格的临界点约为 10%，产品价格降低 10%左右，净现值将为 0，项目对 3 个不确定性因素的敏感程度由高到低依次为产品价格、经营成本、投资额。图 9-18 不确定因素中，斜率的绝对值越大，项目的临界点越低，说明项目对该因素越敏感。

第七节　方案经济比选

方案经济比选是对不同的项目方案从技术和经济相结合的角度进行多方面分析论证，比较、择优的过程。

一、方案比选的类型

对项目方案的经济评价中除了要计算各种评价指标，分析指标是否达到了标准的要求（如 $P_t \leqslant P_c$，$NPV \geqslant 0$，$IRR \geqslant i_c$ 等），往往还需要对多个方案进行比选，进而从中选择较优方案。项目的备选方案根据其相互之间的关系可分为三种类型：

（1）独立型。独立型是指各个方案的现金流量是独立的，不具有相关性，任一方案的采用与否不影响是否采用其他方案的决策。其特点是具有可加性。方案采用与否取决于方案自身的经济性。

（2）互斥型。互斥型是指方案具有排他性，选择了一个方案，就不能选择另外的方案。只能在不同方案中选择其一。对于同一地域土地的利用方案、厂址选择方案、建设规模方案等都是互斥方案。

（3）混合型。混合型是指独立方案和互斥方案混合的情况。

二、方案经济比选的方法

独立方案的采用与否取决于方案自身的经济性。可用净现值、净年值、或内部收益率作为方案的评价指标。当净现值 $NPV \geqslant 0$，或净年值 $NAW \geqslant 0$，或内部收益率 $IRR \geqslant i_c$ 时，则方案在财务上是可行的。

对于互斥型方案，在多个方案进行比较选择时，有方案的计算期相等和计算期不等两种情况。

（一）计算期相等的方案比较

方案比选可以采用效益比选法、费用比选法和最低价格法。

1. 效益比选法

比较备选方案的效益，从中择优。具体方法有净现值法、净年值法、差额内部收益率法等。

（1）净现值法。分别计算各方案的净现值，以净现值较大的方案为优。

（2）净年值法。比较各方案的净收益的等额年值，以净年值较大的方案为优。

（3）差额内部收益率法。对于若干个互斥型方案，可两两比较，分别计算两个方案的差额内部收益率 ΔIRR_{A-B}，若差额内部收益率 ΔIRR_{A-B} 大于基准收益率 i_c，则投资大的方案较优。

差额内部收益率只反映两方案增量现金流的经济性（相对经济性），不能反映各方案自身的经济效果。

注意

互斥型方案的比较，不能直接用内部收益率 IRR 进行比较。

如果选取相同的基准收益率，对于计算期相同的互斥方案，采用净现值法或差额内部收益率法，其评价结果是一致的。

2. 费用比选法

通过比较备选方案的费用现值或年值，从中择优。费用比选法包括费用现值法和费用年值法。

（1）费用现值法。计算备选方案的费用现值并进行比较，费用现值较低的方案较优。

（2）费用年值法。计算备选方案的费用年值并进行比较，费用年值较低的方案较优。

3. 最低价格（服务收费标准）法

最低价格法是在相同产品方案比选中，按净现值为 0 推算备选方案的产品价格，以最低产品价格较低的方案为优。

（二）计算期不同的互斥方案的比选

当方案的计算期不同时，不能直接采用净现值法、净现值率法、差额内部收益率等方法进行方案比较，可采用年值法、最小公倍数法或研究期法等进行方案比较。

1. 年值法

计算备选方案的等额年值。以等额年值不小于 0 且等额年值最大者为最优方案由此可见，年值法既可用于寿命期相等的方案比较，也可用于寿命期不等的方案比较。

2. 最小公倍数法

这种方法是先求出两个方案计算期的最小公倍数，然后以最小公倍数作为方案比较的计算期（寿命期），即假定方案重复实施，将计算期不等的方案转化为计算期相等的方案，然后可采用上述计算期相等的方案比较方法进行指标计算，从中择优。

3. 研究期法

研究期法是通过研究分析，直接选取一个适当的计算期作为备选方案共同的计算期，计算各个方案在该计算期内的净现值，以净现值较大的为优。通常选取各方案中最短的计算期作为共同的计算期。

第八节　改扩建项目的经济评价特点

改扩建项目是在企业原有基础上建设的。对于新建项目，所发生的费用和收益都可归于项目；而改扩建和技改项目的费用和收益既涉及新投资部分，又涉及原有基础部分，因此对项目经济效果的评价与新建项目有所不同。

一、改扩建项目的主要特点

（1）项目的活动与既有企业有联系但在一定程度上又有区别；

（2）项目的融资主体和还款主体都是既有企业；

（3）项目一般要利用既有企业的部分或全部资产、资源，但不发生产权转移；

（4）建设期内企业生产经营与项目建设一般同时进行。

二、改扩建项目的经济评价特点

由于改扩建项目的特点，其经济评价往往比较复杂。改扩建项目经济评价主要有以下特点：

（1）需要正确识别和估算“有项目”“无项目”“现状”“新增”“增量”5种状态（5套数据）下的资产、资源、效益和费用，“无项目”和“有项目”的计算口径和范围要一致。

（2）应明确界定项目的效益和费用范围。

（3）财务分析采用一般建设项目财务分析的基本原理和分析指标。一般要按项目和企业两个层次进行财务分析。

（4）应分析项目对既有企业的贡献。

（5）改扩建项目的经济费用效益分析采用一般建设项目的经济费用效益分析原理。

（6）需要根据项目目的、项目和企业两个层次的财务分析结果和经济费用效益分析结果，结合不确定性分析、风险分析结果等进行多指标投融资决策。

（7）需要合理确定计算期、原有资产利用、停产损失和沉没成本等问题。

第九节　价　值　工　程

一、价值工程的基本概念

（一）价值、功能和寿命周期成本

（1）功能。功能是指产品或作业的功用和效能。它实质上也是产品或作业的使用价值。

（2）寿命周期成本。寿命周期成本是指产品或服务在寿命期内所花费的全部费用。其费用不仅包括产品生产工程中的费用，也包括使用过程中的费用和残值。

（3）价值。价值工程中的“价值”，是指产品或作业的功能与实现其功能的总成本的比值。它是对所研究的对象的功能和成本的综合评价。其表达式为

$$价值(V)=\frac{功能(F)}{成本(C)} \tag{9-51}$$

这里的成本是指实现产品或作业的寿命周期成本。

（二）价值工程的定义

价值工程，也可称为价值分析，是指以产品或作业的功能分析为核心，以提高产品或作业的价值为目的，力求以最低寿命周期成本实现产品或作业使用所要求的必要功能的一项有组织的创造性活动。

价值工程是一种以提高产品和作业价值为目标的管理技术。其主要特点是：

（1）价值工程着眼于寿命周期成本，把研究的重点放在对产品的功能研究上，核心是功能分析。

（2）价值工程将保证产品功能降低成本作为一个整体考虑。

（3）价值工程强调创新。

（4）价值工程要求将功能定量化。

（5）价值工程是一种有计划、有组织的活动。

（三）提高价值的途径

从上面价值的表达式可知，在成本不变的情况下，价值与功能成正比；功能不变的情况下，价值与成本成反比。由此可以得出提高产品或作业的5种主要途径：

（1）成本不变，提高功能。

（2）功能不变，降低成本。

（3）成本略有增加，功能较大幅度提高。

（4）功能略有下降，成本大幅度降低。

（5）成本降低，功能提高，则价值更高。

二、价值工程的实施步骤

价值工程活动过程一般包括准备阶段（包括对象选择、组成价值工程工作小组、制订工作计划）、功能分析阶段（包括收集整理信息资料、功能系统分析、功能评价）、创新阶段（包括方案创新、方案评价、提案编写）和实施阶段（包括审批、实施与检查、成果鉴定）。

三、价值工程研究对象的选择

（一）选择对象的原则

研究对象的选择，应选择对国计民生影响大的、需要量大的、正在研制准备投放市场的、质量功能急需改进的、市场竞争激烈的、成本高利润低的、需提高市场占有率的、改善价值有较大潜力的产品等。

（二）选择对象的方法

常用方法有ABC分析法、价值系数法、百分比法、最合适区域法等。

（1）ABC分析法。应用数理统计分析的方法选择对象。按产品零部件成本大小由高到低排列，绘出费用累计曲线，一般规律是：A类部件占部件的5%～10%，占总成本的70%～75%（数量较少，但占总成本比重较大）；B类部件占部件的20%左右，占总成本的20%左右；C类部件占部件的70%～75%，占总成本的5%～10%（数量较多，但占总成本比重不大）。通常可以把A类部件作为分析对象。

（2）价值系数法。价值系数法的步骤：

1）用01评分法（强制确定法）或其他评分法计算功能系数。即将零件排列起来，一一进行重要性对比，重要的得1分，不重要的得0分，求出各零件得分累计分数，其功能系数按下式计算

$$\text{功能系数}(f_i)=\frac{\text{零件得分累计}}{\text{总分}} \tag{9-52}$$

2）求出每一零件成本与各零件成本总和之比，即成本系数

$$\text{成本系数}(C_i)=\frac{\text{零部件成本}}{\text{各零部件成本总和}} \tag{9-53}$$

3）求出各零件的价值系数

$$\text{价值系数}(V_i)=\frac{\text{功能系数}}{\text{成本系数}} \tag{9-54}$$

计算结果存在三种情况：

1）价值系数小于1，表明该零件相对不重要且费用偏高，应作为价值分析的对象；

2）价值系数大于1，即功能系数大于成本系数，表明该零件较重要而成本偏低，是否需要提高费用视具体情况而定；

3）价值系数等于1，表明该零件重要性与成本适应，较为合理。

表9-10给出了价值系数计算的例子，显然，该表中D零件的价值系数远小于1，为0.463，可考虑作为价值分析的对象。

四、功能分析

功能分析是价值工程的核心。功能是某个产品或零件在整体中所担负的职能或所起的作用。功能分析的目的是用最小的成本实现同一功能。

表 9-10　　价值系数计算表

零部件代号	一对一比较结果				积分	成本（元）	功能系数 f_i	成本系数 C_i	价值系数 V_i
	A	B	C	D					
A	×	1	0	1	2	115	0.333	0.319	1.044
B	0	×	0	1	1	50	0.167	0.139	1.201
C	1	1	×	0	2	65	0.333	0.181	1.840
D	0	0	1	×	1	130	0.167	0.361	0.463
小　计					6	360	1	1	

（一）功能定义

功能定义就是用简明准确的语言表达功能的本质内容。根据功能的不同特性，功能可以按以下标志分类：

（1）按功能的重要程度分为基本功能和辅助功能。基本功能是必不可少的功能，辅助功能属于次要功能。

（2）按功能的性质可分为使用功能和美学功能。

（3）按目的和手段功能可分为上位功能和下位功能。上位功能是目的性功能，下位功能是实现上位功能的手段性功能。这种上位与下位、目的与手段是相对的。

（4）按总体和局部功能可分为总体功能和局部功能。总体功能体现出整体性的特征，是以局部功能为基础的。

（5）按功能的有用性可分为必要功能和不必要功能。使用功能、美学功能、基本功能、辅助功能等都是必要功能。多余功能、过剩功能都属于不必要功能。

（二）功能整理

功能整理就是要明确功能之间的逻辑关系，确定必要功能，剔除不必要功能。

功能整理有功能分析系统技术和功能卡片排列法两种方法。

（三）功能评价

功能评价主要解决功能的定量化问题，以便进行比较分析。功能评价的方法有 01 评分法、04 评分法、DARE 法等。

第十章 法 律 法 规

第一节 我国法规的基本体系

按现行立法权限，我国的法规可分为五个层次，即全国人大及其常委会通过的法律；国务院发布的行政规定；国务院各部委发布的规章制度；地方人大制定的地方法律；地方行政部门制定并发布的地方规章制度。

举例如下：

1. 法律

《中华人民共和国建筑法》（中华人民共和国主席令第 91 号）1998 年 3 月 1 日起实施，2011 年 4 月 22 日修改，2019 年 4 月 23 日又对第八条做了修改。

《中华人民共和国安全生产法》（中华人民共和国主席令第 13 号）2002 年 11 月 1 日起实施，2009 年第一次修订，2014 年第二次修订，2021 年第三次修订。

《中华人民共和国招标投标法》（中华人民共和国主席令第 21 号）2000 年 1 月 1 日起实施，2017 年修订。

《中华人民共和国民法典》2021 年 1 月 1 日起实施。

《中华人民共和国行政许可法》（中华人民共和国主席令第 7 号）2004 年 7 月 1 日起实施，2019 年 4 月 23 日修订。

《中华人民共和国节约能源法》（中华人民共和国主席令第 77 号）1997 年颁布，2007 年修订，2008 年 4 月 1 日起实施修订版。

《中华人民共和国环境保护法》（中华人民共和国主席令第 22 号）1989 年 12 月 26 日起实施，2015 年 1 月 1 日实施修订版。

2. 行政规定

《建设工程勘察设计管理条例》（中华人民共和国国务院令第 293 号）2000 年 9 月 20 日起实施，2017 年修订。

《建设工程质量管理条例》（中华人民共和国国务院令第 279 号）2000 年 1 月 30 日起实施，2017 年修订，2019 年 4 月又修改了第十三条。

《建设工程安全生产管理条例》（中华人民共和国国务院令第 393 号）2004 年 2 月 1 日起实施。

3. 部门规章

《住房和城乡建设部关于修改〈房屋建筑和市政基础设施工程施工图设计文件审查管理办法〉的决定》（中华人民共和国住房和城乡建设部令第 46 号）。

《住房城乡建设部关于修改〈房屋建筑和市政基础设施工程施工招标投标管理办法〉的决定》（中华人民共和国住房和城乡建设部令第 43 号）。

《建设工程监理规范》(GB/T 50319—2013)

地方法律、规章不再举例。

第二节　中华人民共和国建筑法　(摘要)

第二章　建　筑　许　可

第一节　建筑工程施工许可

第七条　建筑工程开工前，建设单位应当按照国家有关规定向工程所在地县级以上人民政府建设行政主管部门申请领取施工许可证；但是，国务院建设行政主管部门确定的限额以下的小型工程除外。

第八条　申请领取施工许可证，应当具备下列条件：

(一) 已经办理该建筑工程用地批准手续；

(二) 依法应当办理建筑工程规划许可证的，已经取得规划许可证；

(三) 需要拆迁的，其拆迁进度符合施工要求；

(四) 已经确定建筑施工企业；

(五) 有满足施工需要的资金安排、施工图纸及技术资料；

(六) 有保证工程质量和安全的具体措施。

建设行政主管部门应当自收到申请之日起七日内，对符合条件的申请颁发施工许可证。

第九条　建设单位应当自领取施工许可证之日起三个月内开工。因故不能按期开工的，应当向发证机关申请延期；延期以两次为限，每次不超过三个月。既不开工又不申请延期或者超过延期时限的，施工许可证自行废止。

第十条　在建的建筑工程因故中止施工的，建设单位应当自中止施工之日起一个月内，向发证机关报告，并按照规定做好建筑工程的维护管理工作。建筑工程恢复施工时，应当向发证机关报告；中止施工满一年的工程恢复施工前，建设单位应当报发证机关核验施工许可证。

第十一条　按照国务院有关规定批准开工报告的建筑工程，因故不能按期开工或者中止施工的，应当及时向批准机关报告情况。因故不能按期开工超过六个月的，应当重新办理开工报告的批准手续。

第二节　从　业　资　格

第十三条　从事建筑活动的建筑施工企业、勘察单位、设计单位和工程监理单位，按照其拥有的注册资本、专业技术人员、技术装备和已完成的建筑工程业绩等资质条件，划分为不同的资质等级，经资质审查合格，取得相应等级的资质证书后，方可在其资质等级许可的范围内从事建筑活动。

第十四条　从事建筑活动的专业技术人员，应当依法取得相应的执业资格证书，并在执业资格证书许可的范围内从事建筑活动。

第三章　建筑工程发包与承包

第一节　一　般　规　定

第十五条　建筑工程的发包单位与承包单位应当依法订立书面合同，明确双方的权利和义务。

发包单位和承包单位应当全面履行合同约定的义务。不按照合同约定履行义务的，依法承担违约责任。

第十六条　建筑工程发包与承包的招标投标活动，应当遵循公开、公正、平等竞争的原则，择优选择承包单位。

建筑工程的招标投标，本法没有规定的，适用有关招标投标法律的规定。

第二节　发　　包

第二十一条　建筑工程招标的开标、评标、定标由建设单位依法组织实施，并接受有关行政主管部门的监督。

第二十二条　建筑工程实行招标发包的，发包单位应当将建筑工程发包给依法中标的承包单位。建筑工程实行直接发包的，发包单位应当将建筑工程发包给具有相应资质条件的承包单位。

第二十四条　提倡对建筑工程实行总承包，禁止将建筑工程肢解发包。

建筑工程的发包单位可以将建筑工程的勘察、设计、施工、设备采购一并发包给一个工程总承包单位，也可以将建筑工程勘察、设计、施工、设备采购的一项或者多项发包给一个工程总承包单位；但是，不得将应当由一个承包单位完成的建筑工程肢解成若干部分发包给几个承包单位。

第二十五条　按照合同约定，建筑材料、建筑构配件和设备由工程承包单位采购的，发包单位不得指定承包单位购入用于工程的建筑材料、建筑构配件和设备或者指定生产厂、供应商。

第三节　承　　包

第二十六条　承包建筑工程的单位应当持有依法取得的资质证书，并在其资质等级许可的业务范围内承揽工程。

禁止建筑施工企业超越本企业资质等级许可的业务范围或者以任何形式用其他建筑施工企业的名义承揽工程。禁止建筑施工企业以任何形式允许其他单位或者个人使用本企业的资质证书、营业执照，以本企业的名义承揽工程。

第二十七条　大型建筑工程或者结构复杂的建筑工程，可以由两个以上的承包单位联合共同承包。共同承包的各方对承包合同的履行承担连带责任。

两个以上不同资质等级的单位实行联合共同承包的，应当按照资质等级低的单位的业务许可范围承揽工程。

第二十九条　建筑工程总承包单位可以将承包工程中的部分工程发包给具有相应资质条件的分包单位；但是，除总承包合同中约定的分包外，必须经建设单位认可。施工总承包的，建筑工程主体结构的施工必须由总承包单位自行完成。

建筑工程总承包单位按照总承包合同的约定对建设单位负责；分包单位按照分包合同的约定对总承包单位负责。总承包单位和分包单位就分包工程对建设单位承担连带责任。

禁止总承包单位将工程分包给不具备相应资质条件的单位。禁止分包单位将其承包的工程再分包。

第四章 建筑工程监理

第三十二条 建筑工程监理应当依照法律、行政法规及有关的技术标准、设计文件和建筑工程承包合同，对承包单位在施工质量、建设工期和建设资金使用等方面，代表建设单位实施监督。

工程监理人员认为工程施工不符合工程设计要求、施工技术标准和合同约定的，有权要求建筑施工企业改正。

工程监理人员发现工程设计不符合建筑工程质量标准或者合同约定的质量要求的，应当报告建设单位要求设计单位改正。

第三十四条 工程监理单位应当在其资质等级许可的监理范围内，承担工程监理业务。

工程监理单位应当根据建设单位的委托，客观、公正地执行监理任务。

工程监理单位与被监理工程的承包单位以及建筑材料、建筑构配件和设备供应单位不得有隶属关系或者其他利害关系。

工程监理单位不得转让工程监理业务。

第三十五条 工程监理单位不按照委托监理合同的约定履行监理义务，对应当监督检查的项目不检查或者不按照规定检查，给建设单位造成损失的，应当承担相应的赔偿责任。

工程监理单位与承包单位串通，为承包单位谋取非法利益，给建设单位造成损失的，应当与承包单位承担连带赔偿责任。

第六章 建筑工程质量管理

第五十四条 建设单位不得以任何理由，要求建筑设计单位或者建筑施工企业在工程设计或者施工作业中，违反法律、行政法规和建筑工程质量、安全标准，降低工程质量。

建筑设计单位和建筑施工企业对建设单位违反前款规定提出的降低工程质量的要求，应当予以拒绝。

第五十五条 建筑工程实行总承包的，工程质量由工程总承包单位负责，总承包单位将建筑工程分包给其他单位的，应当对分包工程的质量与分包单位承担连带责任。分包单位应当接受总承包单位的质量管理。

第五十六条 建筑工程的勘察、设计单位必须对其勘察、设计的质量负责。勘察、设计文件应当符合有关法律、行政法规的规定和建筑工程质量、安全标准、建筑工程勘察、设计技术规范以及合同的约定。设计文件选用的建筑材料、建筑构配件和设备，应当注明其规格、型号、性能等技术指标，其质量要求必须符合国家规定的标准。

第五十七条 建筑设计单位对设计文件选用的建筑材料、建筑构配件和设备，不得指定生产厂、供应商。

第五十八条 建筑施工企业对工程的施工质量负责。

建筑施工企业必须按照工程设计图纸和施工技术标准施工，不得偷工减料。工程设计的修改由原设计单位负责，建筑施工企业不得擅自修改工程设计。

第七章 法 律 责 任

第七十三条 建筑设计单位不按照建筑工程质量、安全标准进行设计的，责令改正，处以罚款；造成工程质量事故的，责令停业整顿，降低资质等级或者吊销资质证书，没收违法所得，并处罚款；造成损失的，承担赔偿责任；构成犯罪的，依法追究刑事责任。

第七十七条 违反本法规定，对不具备相应资质等级条件的单位颁发该等级资质证书的，由其上级机关责令收回所发的资质证书，对直接负责的主管人员和其他直接责任人员给予行政处分；构成犯罪的，依法追究刑事责任。

第八十条 在建筑物的合理使用寿命内，因建筑工程质量不合格受到损害的，有权向责任者要求赔偿。

第三节 中华人民共和国安全生产法（摘要）

第一章 总 则

第二条 在中华人民共和国领域内从事生产经营活动的单位（以下统称生产经营单位）的安全生产，适用本法；有关法律、行政法规对消防安全和道路交通安全、铁路交通安全、水上交通安全、民用航空安全以及核与辐射安全、特种设备安全另有规定的，适用其规定。

第三条 安全生产工作应当以人为本，坚持安全发展，坚持安全第一、预防为主、综合治理的方针，强化和落实生产经营单位的主体责任，建立生产经营单位负责、职工参与、政府监管、行业自律和社会监督的机制。

第四条 生产经营单位必须遵守本法和其他有关安全生产的法律、法规，加强安全生产管理，建立、健全安全生产责任制和安全生产规章制度，改善安全生产条件，推进安全生产标准化建设，提高安全生产水平，确保安全生产。

第五条 生产经营单位的主要负责人对本单位的安全生产工作全面负责。

第十五条 依法设立的为安全生产提供技术、管理服务的机构，依照法律、行政法规和执业准则，接受生产经营单位的委托为其安全生产工作提供技术、管理服务。

生产经营单位委托前款规定的机构提供安全生产技术、管理服务的，保证安全生产的责任仍由本单位负责。

第十六条 国家实行生产安全事故责任追究制度，依照本法和有关法律、法规的规定，追究生产安全事故责任人员的法律责任。

第二章　生产经营单位的安全生产保障

第二十条　生产经营单位应当具备本法和有关法律、行政法规和国家标准或者行业标准规定的安全生产条件；不具备安全生产条件的，不得从事生产经营活动。

第二十一条　生产经营单位的主要负责人对本单位安全生产工作负有下列职责：

（一）建立健全并落实本单位全员安全生产责任制，加强安全生产标准化建设；

（二）组织制定并实施本单位安全生产规章制度和操作规程；

（三）组织制定并实施本单位安全生产教育和培训计划；

（四）保证本单位安全生产投入的有效实施；

（五）组织建立并落实安全风险分级管控和隐患排查治理双重预防工作机制，督促、检查本单位的安全生产工作，及时消除生产安全事故隐患；

（六）组织制定并实施本单位的生产安全事故应急救援预案；

（七）及时、如实报告生产安全事故。

第二十二条　生产经营单位的全员安全生产责任制应当明确各岗位的责任人员、责任范围和考核标准等内容。

生产经营单位应当建立相应的机制，加强对全员安全生产责任制落实情况的监督考核，保证全员安全生产责任制的落实。

第二十三条　生产经营单位应当具备的安全生产条件所必需的资金投入，由生产经营单位的决策机构、主要负责人或者个人经营的投资人予以保证，并对由于安全生产所必需的资金投入不足导致的后果承担责任。

有关生产经营单位应当按照规定提取和使用安全生产费用，专门用于改善安全生产条件。安全生产费用在成本中据实列支。安全生产费用提取、使用和监督管理的具体办法由国务院财政部门会同国务院应急管理部门征求国务院有关部门意见后制定。

第二十四条　矿山、金属冶炼、建筑施工、运输单位和危险物品的生产、经营、储存、装卸单位，应当设置安全生产管理机构或者配备专职安全生产管理人员。

前款规定以外的其他生产经营单位，从业人员超过一百人的，应当设置安全生产管理机构或者配备专职安全生产管理人员；从业人员在一百人以下的，应当配备专职或者兼职的安全生产管理人员。

第二十五条　生产经营单位的安全生产管理机构以及安全生产管理人员履行下列职责：

（一）组织或者参与拟订本单位安全生产规章制度、操作规程和生产安全事故应急救援预案；

（二）组织或者参与本单位安全生产教育和培训，如实记录安全生产教育和培训情况；

（三）组织开展危险源辨识和评估，督促落实本单位重大危险源的安全管理措施；

（四）组织或者参与本单位应急救援演练；

（五）检查本单位的安全生产状况，及时排查生产安全事故隐患，提出改进安全生产管理的建议；

（六）制止和纠正违章指挥、强令冒险作业、违反操作规程的行为；

（七）督促落实本单位安全生产整改措施。

生产经营单位可以设置专职安全生产分管负责人，协助本单位主要负责人履行安全生产管理职责。

第二十七条 生产经营单位的主要负责人和安全生产管理人员必须具备与本单位所从事的生产经营活动相应的安全生产知识和管理能力。

危险物品的生产、经营、储存、装卸单位以及矿山、金属冶炼、建筑施工、运输单位的主要负责人和安全生产管理人员，应当由主管的负有安全生产监督管理职责的部门对其安全生产知识和管理能力考核合格。考核不得收费。

危险物品的生产、储存、装卸单位以及矿山、金属冶炼单位应当有注册安全工程师从事安全生产管理工作。鼓励其他生产经营单位聘用注册安全工程师从事安全生产管理工作。注册安全工程师按专业分类管理，具体办法由国务院人力资源和社会保障部门、国务院应急管理部门会同国务院有关部门制定。

第二十八条 生产经营单位应当对从业人员进行安全生产教育和培训，保证从业人员具备必要的安全生产知识，熟悉有关的安全生产规章制度和安全操作规程，掌握本岗位的安全操作技能，了解事故应急处理措施，知悉自身在安全生产方面的权利和义务。未经安全生产教育和培训合格的从业人员，不得上岗作业。

生产经营单位使用被派遣劳动者的，应当将被派遣劳动者纳入本单位从业人员统一管理，对被派遣劳动者进行岗位安全操作规程和安全操作技能的教育和培训。劳务派遣单位应当对被派遣劳动者进行必要的安全生产教育和培训。

生产经营单位接收中等职业学校、高等学校学生实习的，应当对实习学生进行相应的安全生产教育和培训，提供必要的劳动防护用品。学校应当协助生产经营单位对实习学生进行安全生产教育和培训。

生产经营单位应当建立安全生产教育和培训档案，如实记录安全生产教育和培训的时间、内容、参加人员以及考核结果等情况。

第二十九条 生产经营单位采用新工艺、新技术、新材料或者使用新设备，必须了解、掌握其安全技术特性，采取有效的安全防护措施，并对从业人员进行专门的安全生产教育和培训。

第三十条 生产经营单位的特种作业人员必须按照国家有关规定经专门的安全作业培训，取得相应资格，方可上岗作业。

第三十一条 生产经营单位新建、改建、扩建工程项目（以下统称建设项目）的安全设施，必须与主体工程同时设计、同时施工、同时投入生产和使用。安全设施投资应当纳入建设项目概算。

第三十三条 建设项目安全设施的设计人、设计单位应当对安全设施设计负责。

矿山、金属冶炼建设项目和用于生产、储存、装卸危险物品的建设项目的安全设施设计应当按照国家有关规定报经有关部门审查，审查部门及其负责审查的人员对审查结果负责。

第三十五条 生产经营单位应当在有较大危险因素的生产经营场所和有关设施、设备上，设置明显的安全警示标志。

第三十六条 安全设备的设计、制造、安装、使用、检测、维修、改造和报废，应当符合国家标准或者行业标准。

生产经营单位必须对安全设备进行经常性维护、保养，并定期检测，保证正常运转。维护、保养、检测应当作好记录，并由有关人员签字。

生产经营单位不得关闭、破坏直接关系生产安全的监控、报警、防护、救生设备、设施，或者篡改、隐瞒、销毁其相关数据、信息。

餐饮等行业的生产经营单位使用燃气的，应当安装可燃气体报警装置，并保障其正常使用。

第四十条 生产经营单位对重大危险源应当登记建档，进行定期检测、评估、监控，并制定应急预案，告知从业人员和相关人员在紧急情况下应当采取的应急措施。

生产经营单位应当按照国家有关规定将本单位重大危险源及有关安全措施、应急措施报有关地方人民政府应急管理部门和有关部门备案。有关地方人民政府应急管理部门和有关部门应当通过相关信息系统实现信息共享。

第四十一条 生产经营单位应当建立安全风险分级管控制度，按照安全风险分级采取相应的管控措施。

生产经营单位应当建立健全并落实生产安全事故隐患排查治理制度，采取技术、管理措施，及时发现并消除事故隐患。事故隐患排查治理情况应当如实记录，并通过职工大会或者职工代表大会、信息公示栏等方式向从业人员通报。其中，重大事故隐患排查治理情况应当及时向负有安全生产监督管理职责的部门和职工大会或者职工代表大会报告。

县级以上地方各级人民政府负有安全生产监督管理职责的部门应当将重大事故隐患纳入相关信息系统，建立健全重大事故隐患治理督办制度，督促生产经营单位消除重大事故隐患。

第四章　安全生产的监督管理

第六十二条 县级以上地方各级人民政府应当根据本行政区域内的安全生产状况，组织有关部门按照职责分工，对本行政区域内容易发生重大生产安全事故的生产经营单位进行严格检查。

应急管理部门应当按照分类分级监督管理的要求，制定安全生产年度监督检查计划，并按照年度监督检查计划进行监督检查，发现事故隐患，应当及时处理。

第六十五条 应急管理部门和其他负有安全生产监督管理职责的部门依法开展安全生产行政执法工作，对生产经营单位执行有关安全生产的法律、法规和国家标准或者行业标准的情况进行监督检查，行使以下职权：

（一）进入生产经营单位进行检查，调阅有关资料，向有关单位和人员了解情况；

（二）对检查中发现的安全生产违法行为，当场予以纠正或者要求限期改正；对依法应当给予行政处罚的行为，依照本法和其他有关法律、行政法规的规定作出行政处罚决定；

（三）对检查中发现的事故隐患，应当责令立即排除；重大事故隐患排除前或者排除过程中无法保证安全的，应当责令从危险区域内撤出作业人员，责令暂时停产停业或者停止使用相关设施、设备；重大事故隐患排除后，经审查同意，方可恢复生产经营和使用；

（四）对有根据认为不符合保障安全生产的国家标准或者行业标准的设施、设备、器材以及违法生产、储存、使用、经营、运输的危险物品予以查封或者扣押，对违法生产、储存、使用、经营危险物品的作业场所予以查封，并依法作出处理决定。

监督检查不得影响被检查单位的正常生产经营活动。

第六十六条 生产经营单位对负有安全生产监督管理职责的部门的监督检查人员（以下统称安全生产监督检查人员）依法履行监督检查职责，应当予以配合，不得拒绝、阻挠。

第七十四条 任何单位或者个人对事故隐患或者安全生产违法行为，均有权向负有安全生产监督管理职责的部门报告或者举报。

因安全生产违法行为造成重大事故隐患或者导致重大事故，致使国家利益或者社会公共利益受到侵害的，人民检察院可以根据民事诉讼法、行政诉讼法的相关规定提起公益诉讼。

第五章 生产安全事故的应急救援与调查处理

第八十三条 生产经营单位发生生产安全事故后，事故现场有关人员应当立即报告本单位负责人。

单位负责人接到事故报告后，应当迅速采取有效措施，组织抢救，防止事故扩大，减少人员伤亡和财产损失，并按照国家有关规定立即如实报告当地负有安全生产监督管理职责的部门，不得隐瞒不报、谎报或者迟报，不得故意破坏事故现场、毁灭有关证据。

第八十四条 负有安全生产监督管理职责的部门接到事故报告后，应当立即按照国家有关规定上报事故情况。负有安全生产监督管理职责的部门和有关地方人民政府对事故情况不得隐瞒不报、谎报或者迟报。

第六章 法 律 责 任

第九十条 负有安全生产监督管理职责的部门的工作人员，有下列行为之一的，给予降级或者撤职的处分；构成犯罪的，依照刑法有关规定追究刑事责任：

（一）对不符合法定安全生产条件的涉及安全生产的事项予以批准或者验收通过的；

（二）发现未依法取得批准、验收的单位擅自从事有关活动或者接到举报后不予取缔或者不依法予以处理的；

（三）对已经依法取得批准的单位不履行监督管理职责，发现其不再具备安全生产条件而不撤销原批准或者发现安全生产违法行为不予查处的；

（四）在监督检查中发现重大事故隐患，不依法及时处理的。

负有安全生产监督管理职责的部门的工作人员有前款规定以外的滥用职权、玩忽职守、徇私舞弊行为的，依法给予处分；构成犯罪的，依照刑法有关规定追究刑事责任。

第九十三条 生产经营单位的决策机构、主要负责人或者个人经营的投资人不依照本法规定保证安全生产所必需的资金投入，致使生产经营单位不具备安全生产条件的，责令限期改正，提供必需的资金；逾期未改正的，责令生产经营单位停产停业整顿。

有前款违法行为，导致发生生产安全事故的，对生产经营单位的主要负责人给予撤职处分，对个人经营的投资人处二万元以上二十万元以下的罚款；构成犯罪的，依照刑法有关规定追究刑事责任。

第九十四条 生产经营单位的主要负责人未履行本法规定的安全生产管理职责的，责令限期改正；逾期未改正的，处二万元以上五万元以下的罚款，责令生产经营单位停产停业整顿。

生产经营单位的主要负责人有前款违法行为，导致发生生产安全事故的，给予撤职处分；构成犯罪的，依照刑法有关规定追究刑事责任。

生产经营单位的主要负责人依照前款规定受刑事处罚或者撤职处分的，自刑罚执行完毕或者受处分之日起，五年内不得担任任何生产经营单位的主要负责人；对重大、特别重大生产安全事故负有责任的，终身不得担任本行业生产经营单位的主要负责人。

第四节 中华人民共和国招标投标法（摘要）

第一章 总 则

第三条 在中华人民共和国境内进行下列工程建设项目包括项目的勘察、设计、施工、监理以及与工程建设有关的重要设备、材料等的采购，必须进行招标：

（一）大型基础设施、公用事业等关系社会公共利益、公众安全的项目；

（二）全部或者部分使用国有资金投资或者国家融资的项目；

（三）使用国际组织或者外国政府贷款、援助资金的项目。

前款所列项目的具体范围和规模标准，由国务院发展计划部门会同国务院有关部门制订，报国务院批准。

法律或者国务院对必须进行招标的其他项目的范围有规定的，依照其规定。

第四条 任何单位和个人不得将依法必须进行招标的项目化整为零或者以其他任何方式规避招标。

第五条 招标投标活动应当遵循公开、公平、公正和诚实信用的原则。

第六条 依法必须进行招标的项目，其招标投标活动不受地区或者部门的限制。任何单位和个人不得违法限制或者排斥本地区、本系统以外的法人或者其他组织参加投标，不得以任何方式非法干涉招标投标活动。

第二章 招 标

第八条 招标人是依照本法规定提出招标项目、进行招标的法人或者其他组织。

第十条 招标分为公开招标和邀请招标。

公开招标，是指招标人以招标公告的方式邀请不特定的法人或者其他组织投标。

邀请招标，是指招标人以投标邀请书的方式邀请特定的法人或者其他组织投标。

第十二条 招标人有权自行选择招标代理机构，委托其办理招标事宜。任何单位和个人不得以任何方式为招标人指定招标代理机构。

招标人具有编制招标文件和组织评标能力的，可以自行办理招标事宜。任何单位和个人不得强制其委托招标代理机构办理招标事宜。依法必须进行招标的项目，招标人自行办理招标事宜的，应当向有关行政监督部门备案。

第十三条 招标代理机构是依法设立、从事招标代理业务并提供相关服务的社会中介组织。

招标代理机构应当具备下列条件：

（一）有从事招标代理业务的营业场所和相应资金；

（二）有能够编制招标文件和组织评标的相应专业力量。

第十四条 招标代理机构与行政机关和其他国家机关不得存在隶属关系或者其他利益关系。

第十六条 招标人采用公开招标方式的，应当发布招标公告。依法必须进行招标的项目的招标公告，应当通过国家指定的报刊、信息网络或者其他媒介发布。

招标公告应当载明招标人的名称和地址、招标项目的性质、数量、实施地点和时间以及获取招标文件的办法等事项。

第十七条 招标人采用邀请招标方式的，应当向三个以上具备承担招标项目的能力、资信良好的特定的法人或者其他组织发出投标邀请书。

投标邀请书应当载明本法第十六条第二款规定的事项。

第十八条 招标人可以根据招标项目本身的要求，在招标公告或者投标邀请书中，要求潜在投标人提供有关资质证明文件和业绩情况，并对潜在投标人进行资格审查；国家对投标人的资格条件有规定的，依照其规定。

招标人不得以不合理的条件限制或者排斥潜在投标人，不得对潜在投标人实行歧视待遇。

第十九条 招标人应当根据招标项目的特点和需要编制招标文件。招标文件应当包括招标项目的技术要求、对投标人资格审查的标准、投标报价要求和评标标准等所有实质性要求和条件以及拟签订合同的主要条款。

国家对招标项目的技术、标准有规定的，招标人应当按照其规定在招标文件中提出相应要求。

招标项目需要划分标段、确定工期的，招标人应当合理划分标段、确定工期，并在招标文件中载明。

第二十条 招标文件不得要求或者标明特定的生产供应者以及含有倾向或者排斥潜在投标人的其他内容。

第二十一条 招标人根据招标项目的具体情况，可以组织潜在投标人踏勘项目现场。

第二十二条 招标人不得向他人透露已获取招标文件的潜在投标人的名称、数量以及可能影响公平竞争的有关招标投标的其他情况。

招标人设有标底的，标底必须保密。

第二十三条 招标人对已发出的招标文件进行必要的澄清或者修改的，应当在招标文件要求提交投标文件截止时间至少十五日前，以书面形式通知所有招标文件收受人。该澄清或者修改的内容为招标文件的组成部分。

第二十四条 招标人应当确定投标人编制投标文件所需要的合理时间；但是，依法必须进行招标的项目，自招标文件开始发出之日起至投标人提交投标文件截止之日止，最短不得少于二十日。

第三章 投　　标

第二十七条 投标人应当按照招标文件的要求编制投标文件。投标文件应当对招标文件提出的实质性要求和条件作出响应。

招标项目属于建设施工的，投标文件的内容应当包括拟派出的项目负责人与主要技术人员的简历、业绩和拟用于完成招标项目的机械设备等。

第二十八条 投标人应当在招标文件要求提交投标文件的截止时间前，将投标文件送达投标地点。招标人收到投标文件后，应当签收保存，不得开启。投标人少于三个的，招标人应当依照本法重新招标。

在招标文件要求提交投标文件的截止时间后送达的投标文件，招标人应当拒收。

第二十九条 投标人在招标文件要求提交投标文件的截止时间前，可以补充、修改或者撤回已提交的投标文件，并书面通知招标人。补充、修改的内容为投标文件的组成部分。

第三十条 投标人根据招标文件载明的项目实际情况，拟在中标后将中标项目的部分非主体、非关键性工作进行分包的，应当在投标文件中载明。

第三十一条 两个以上法人或者其他组织可以组成一个联合体，以一个投标人的身份共同投标。

联合体各方均应当具备承担招标项目的相应能力；国家有关规定或者招标文件对投标人资格条件有规定的，联合体各方均应当具备规定的相应资格条件。由同一专业的单位组成的联合体，按照资质等级较低的单位确定资质等级。

联合体各方应当签订共同投标协议，明确约定各方拟承担的工作和责任，并将共同投标协议连同投标文件一并提交招标人。联合体中标的，联合体各方应当共同与招标人签订合同，就中标项目向招标人承担连带责任。

招标人不得强制投标人组成联合体共同投标，不得限制投标人之间的竞争。

第三十三条 投标人不得以低于成本的报价竞标，也不得以他人名义投标或者以其他方式弄虚作假，骗取中标。

第四章 开标、评标和中标

第三十四条 开标应当在招标文件确定的提交投标文件截止时间的同一时间公开进行；开标地点应当为招标文件中预先确定的地点。

第三十五条 开标由招标人主持，邀请所有投标人参加。

第三十六条 开标时，由投标人或者其推选的代表检查投标文件的密封情况，也可以由招标人委托的公证机构检查并公证；经确认无误后，由工作人员当众拆封，宣读投标人名称、投标价格和投标文件的其他主要内容。

招标人在招标文件要求提交投标文件的截止时间前收到的所有投标文件，开标时都应当当众予以拆封、宣读。

开标过程应当记录，并存档备查。

第三十七条 评标由招标人依法组建的评标委员会负责。

依法必须进行招标的项目，其评标委员会由招标人的代表和有关技术、经济等方面的专家组成，成员人数为五人以上单数，其中技术、经济等方面的专家不得少于成员总数的三分之二。

前款专家应当从事相关领域工作满八年并具有高级职称或者具有同等专业水平，由招标人从国务院有关部门或者省、自治区、直辖市人民政府有关部门提供的专家名册或者招标代理机构的专家库内的相关专业的专家名单中确定；一般招标项目可以采取随机抽取方式，特殊招标项目可以由招标人直接确定。

与投标人有利害关系的人不得进入相关项目的评标委员会；已经进入的应当更换。

评标委员会成员的名单在中标结果确定前应当保密。

第三十八条 招标人应当采取必要的措施，保证评标在严格保密的情况下进行。

任何单位和个人不得非法干预、影响评标的过程和结果。

第四十一条 中标人的投标应当符合下列条件之一：

（一）能够最大限度地满足招标文件中规定的各项综合评价标准；

（二）能够满足招标文件的实质性要求，并且经评审的投标价格最低；但是投标价格低于成本的除外。

第四十二条 评标委员会经评审，认为所有投标都不符合招标文件要求的，可以否决所有投标。

依法必须进行招标的项目的所有投标被否决的，招标人应当依照本法重新招标。

第四十三条 在确定中标人前，招标人不得与投标人就投标价格、投标方案等实质性内容进行谈判。

第四十六条 招标人和中标人应当自中标通知书发出之日起三十日内，按照招标文件和中标人的投标文件订立书面合同。招标人和中标人不得再行订立背离合同实质性内容的其他协议。

招标文件要求中标人提交履约保证金的，中标人应当提交。

第四十七条 依法必须进行招标的项目，招标人应当自确定中标人之日起十五日内，向有关行政监督部门提交招标投标情况的书面报告。

第四十八条 中标人应当按照合同约定履行义务，完成中标项目。中标人不得向他人转让中标项目，也不得将中标项目肢解后分别向他人转让。

中标人按照合同约定或者经招标人同意，可以将中标项目的部分非主体、非关键性工作分包给他人完成。接受分包的人应当具备相应的资格条件，并不得再次分包。

中标人应当就分包项目向招标人负责，接受分包的人就分包项目承担连带责任。

第五章 法律责任

第四十九条 违反本法规定，必须进行招标的项目而不招标的，将必须进行招标的项目化整为零或者以其他任何方式规避招标的，责令限期改正，可以处项目合同金额千分之五以上千分之十以下的罚款；对全部或者部分使用国有资金的项目，可以暂停项目执行或者暂停资金拨付；对单位直接负责的主管人员和其他直接责任人员依法给予处分。

第五十五条 依法必须进行招标的项目，招标人违反本法规定，与投标人就投标价格、投标方案等实质性内容进行谈判的，给予警告，对单位直接负责的主管人员和其他直接责任人员依法给予处分。

前款所列行为影响中标结果的，中标无效。

第五十八条 中标人将中标项目转让给他人的，将中标项目肢解后分别转让给他人的，违反本法规定将中标项目的部分主体、关键性工作分包给他人的，或者分包人再次分包的，转让、分包无效，处转让、分包项目金额千分之五以上千分之十以下的罚款；有违法所得的，并处没收违法所得；可以责令停业整顿；情节严重的，由工商行政管理机关吊销营业执照。

第五十九条 招标人与中标人不按照招标文件和中标人的投标文件订立合同的，或者招标人、中标人订立背离合同实质性内容的协议的，责令改正；可以处中标项目金额千分之五以上千分之十以下的罚款。

第六十条 中标人不履行与招标人订立的合同的，履约保证金不予退还，给招标人造成的损失超过履约保证金数额的，还应当对超过部分予以赔偿；没有提交履约保证金的，应当对招标人的损失承担赔偿责任。

中标人不按照与招标人订立的合同履行义务，情节严重的，取消其二年至五年内参加依法必须进行招标的项目的投标资格并予以公告，直至由工商行政管理机关吊销营业执照。

因不可抗力不能履行合同的，不适用前两款规定。

第六十二条 任何单位违反本法规定，限制或者排斥本地区、本系统以外的法人或者其他组织参加投标的，为招标人指定招标代理机构的，强制招标人委托招标代理机构办理招标事宜的，或者以其他方式干涉招标投标活动的，责令改正；对单位直接负责的主管人员和其他直接责任人员依法给予警告、记过、记大过的处分，情节较重的，依法给予降级、撤职、开除的处分。

第六十六条 涉及国家安全、国家秘密、抢险救灾或者属于利用扶贫资金实行以工代赈、需要使用农民工等特殊情况，不适宜进行招标的项目，按照国家有关规定可以不进行招标。

第六十七条 使用国际组织或者外国政府贷款、援助资金的项目进行招标，贷款方、资金提供方对招标投标的具体条件和程序有不同规定的，可以适用其规定，但违背中华人民共和国的社会公共利益的除外。

第五节 中华人民共和国合同法 （摘要）

第一章 一 般 规 定

第四百六十四条 合同是民事主体之间设立、变更、终止民事法律关系的协议。

第四百六十六条 当事人对合同条款的理解有争议的，应当依据本法第一百四十二条第一款的规定，确定争议条款的含义。

合同文本采用两种以上文字订立并约定具有同等效力的，对各文本使用的词句推定具有相同含义。各文本使用的词句不一致的，应当根据合同的相关条款、性质、目的以及诚信原则等予以解释。

第二章 合 同 的 订 立

第四百六十九条 当事人订立合同，可以采用书面形式、口头形式或者其他形式。书面形式是合同书、信件、电报、电传、传真等可以有形地表现所载内容的形式。以电子数据交换、电子邮件等方式能够有形地表现所载内容，并可以随时调取查用的数据电文，视为书面形式。

第四百七十条 合同的内容由当事人约定，一般包括下列条款：

（一）当事人的姓名或者名称和住所；

（二）标的；

（三）数量；

（四）质量；

（五）价款或者报酬；

（六）履行期限、地点和方式；

（七）违约责任；

（八）解决争议的方法。

当事人可以参照各类合同的示范文本订立合同。

第四百七十一条 当事人订立合同，可以采取要约、承诺方式或者其他方式。

第四百七十二条 要约是希望与他人订立合同的意思表示，该意思表示应当符合下列条件：

（一）内容具体确定；

（二）表明经受要约人承诺，要约人即受该意思表示约束。

第四百七十三条 要约邀请是希望他人向自己发出要约的表示。拍卖公告、招标公告、招股说明书、债券募集办法、基金招募说明书、商业广告和宣传、寄送的价目表等为要约邀请。商业广告和宣传的内容符合要约条件的，构成要约。

第四百七十四条 要约生效的时间。以对话方式作出的意思表示，相对人知道其内容时生效。

以非对话方式作出的意思表示，到达相对人时生效。以非对话方式作出的采用数据电文形式的意思表示，相对人指定特定系统接收数据电文的，该数据电文进入该特定系统时生效；未指定特定系统的，相对人知道或者应当知道该数据电文进入其系统时生效。当事人对采用数据电文形式的意思表示的生效时间另有约定的，按照其约定。

第四百七十五条 要约可以撤回。行为人可以撤回意思表示。撤回意思表示的通知应当在意思表示到达相对人前或者与意思表示同时到达相对人。

第四百七十六条 要约可以撤销，但是有下列情形之一的除外：

（一）要约人以确定承诺期限或者其他形式明示要约不可撤销；

（二）受要约人有理由认为要约是不可撤销的，并已经为履行合同做了合理准备工作。

第四百七十七条 撤销要约的意思表示以对话方式作出的，该意思表示的内容应当在受要约人作出承诺之前为受要约人所知道；撤销要约的意思表示以非对话方式作出的，应当在受要约人作出承诺之前到达受要约人。

第四百七十八条 有下列情形之一的，要约失效：

（一）要约被拒绝；

（二）要约被依法撤销；

（三）承诺期限届满，受要约人未作出承诺；

（四）受要约人对要约的内容作出实质性变更。

第四百七十九条 承诺是受要约人同意要约的意思表示。

第四百八十条 承诺应当以通知的方式作出；但是，根据交易习惯或者要约表明可以通过行为作出承诺的除外。

第四百八十一条 承诺应当在要约确定的期限内到达要约人。

要约没有确定承诺期限的，承诺应当依照下列规定到达：

（一）要约以对话方式作出的，应当即时作出承诺；

（二）要约以非对话方式作出的，承诺应当在合理期限内到达。

第四百八十二条 要约以信件或者电报作出的，承诺期限自信件载明的日期或者电报交发之日开始计算。信件未载明日期的，自投寄该信件的邮戳日期开始计算。要约以电话、传真、电子邮件等快速通讯方式作出的，承诺期限自要约到达受要约人时开始计算。

第四百八十三条 承诺生效时合同成立，但是法律另有规定或者当事人另有约定的除外。

第四百八十四条 以通知方式作出的承诺，生效时间的规定。以对话方式作出的意思表示，相对人知道其内容时生效。

以非对话方式作出的意思表示，到达相对人时生效。以非对话方式作出的采用数据电文形式的意思表示，相对人指定特定系统接收数据电文的，该数据电文进入该特定系统时生效；未指定特定系统的，相对人知道或者应当知道该数据电文进入其系统时生效。当事人对采用数据电文形式的意思表示的生效时间另有约定的，按照其约定。

承诺不需要通知的，根据交易习惯或者要约的要求作出承诺的行为时生效。

第四百八十五条 承诺可以撤回。行为人可以撤回意思表示。撤回意思表示的通知应当在意思表示到达相对人前或者与意思表示同时到达相对人。

第四百八十六条 受要约人超过承诺期限发出承诺，或者在承诺期限内发出承诺，按照通常情形不能及时到达要约人的，为新要约；但是，要约人及时通知受要约人该承诺有效的除外。

第四百八十七条 受要约人在承诺期限内发出承诺，按照通常情形能够及时到达要约人，但是因其他原因致使承诺到达要约人时超过承诺期限的，除要约人及时通知受要约人因承诺超过期限不接受该承诺外，该承诺有效。

第四百八十八条 承诺的内容应当与要约的内容一致。受要约人对要约的内容作出实质性变更的，为新要约。有关合同标的、数量、质量、价款或者报酬、履行期限、履行地点和方式、违约责任和解决争议方法等的变更，是对要约内容的实质性变更。

第四百八十九条 承诺对要约的内容作出非实质性变更的，除要约人及时表示反对或者要约表明承诺不得对要约的内容作出任何变更外，该承诺有效，合同的内容以承诺的内容为准。

第四百九十条 当事人采用合同书形式订立合同的，自当事人均签名、盖章或者按指印时合同成立。在签名、盖章或者按指印之前，当事人一方已经履行主要义务，对方接受时，该合同成立。

法律、行政法规规定或者当事人约定合同应当采用书面形式订立，当事人未采用书面形式但是一方已经履行主要义务，对方接受时，该合同成立。

第四百九十一条 当事人采用信件、数据电文等形式订立合同要求签订确认书的，签订确认书时合同成立。

当事人一方通过互联网等信息网络发布的商品或者服务信息符合要约条件的，对方选择该商品或者服务并提交订单成功时合同成立，但是当事人另有约定的除外。

第四百九十二条 承诺生效的地点为合同成立的地点。

采用数据电文形式订立合同的，收件人的主营业地为合同成立的地点；没有主营业地的，其住所地为合同成立的地点。当事人另有约定的，按照其约定。

第四百九十三条 当事人采用合同书形式订立合同的，最后签名、盖章或者按指印的地点为合同成立的地点，但是当事人另有约定的除外。

第四百九十四条 国家根据抢险救灾、疫情防控或者其他需要下达国家订货任务、指令性任务的，有关民事主体之间应当依照有关法律、行政法规规定的权利和义务订立合同。

依照法律、行政法规的规定负有发出要约义务的当事人，应当及时发出合理的要约。

依照法律、行政法规的规定负有作出承诺义务的当事人，不得拒绝对方合理的订立合同要求。

第四百九十五条 当事人约定在将来一定期限内订立合同的认购书、订购书、预订书等，构成预约合同。

当事人一方不履行预约合同约定的订立合同义务的，对方可以请求其承担预约合同的违约责任。

第四百九十六条 格式条款是当事人为了重复使用而预先拟定，并在订立合同时未与对方协商的条款。

采用格式条款订立合同的，提供格式条款的一方应当遵循公平原则确定当事人之间的权利和义务，并采取合理的方式提示对方注意免除或者减轻其责任等与对方有重大利害关系的条款，按照对方的要求，对该条款予以说明。提供格式条款的一方未履行提示或者说明义务，致使对方没有注意或者理解与其有重大利害关系的条款的，对方可以主张该条款不成为合同的内容。

第四百九十七条 有下列情形之一的，该格式条款无效：

（一）具有本法第一编第六章第三节和本法第五百零六条规定的无效情形；

（二）提供格式条款一方不合理地免除或者减轻其责任、加重对方责任、限制对方主要权利；

（三）提供格式条款一方排除对方主要权利。

第四百九十八条 对格式条款的理解发生争议的，应当按照通常理解予以解释。对格式条款有两种以上解释的，应当作出不利于提供格式条款一方的解释。格式条款和非格式条款不一致的，应当采用非格式条款。

第四百九十九条 悬赏人以公开方式声明对完成特定行为的人支付报酬的，完成该行为的人可以请求其支付。

第五百条 当事人在订立合同过程中有下列情形之一，造成对方损失的，应当承担赔偿责任：

（一）假借订立合同，恶意进行磋商；

（二）故意隐瞒与订立合同有关的重要事实或者提供虚假情况；

（三）有其他违背诚信原则的行为。

第五百零一条 当事人在订立合同过程中知悉的商业秘密或者其他应当保密的信息，无论合同是否成立，不得泄露或者不正当地使用；泄露、不正当地使用该商业秘密或者信息，造成对方损失的，应当承担赔偿责任。

第三章 合同的效力

第五百零二条 依法成立的合同，自成立时生效，但是法律另有规定或者当事人另有约定的除外。

依照法律、行政法规的规定，合同应当办理批准等手续的，依照其规定。未办理批准等手续影响合同生效的，不影响合同中履行报批等义务条款以及相关条款的效力。应当办理申请批准等手续的当事人未履行义务的，对方可以请求其承担违反该义务的责任。

依照法律、行政法规的规定，合同的变更、转让、解除等情形应当办理批准等手续的，适用前款规定。

第五百零三条 无权代理人以被代理人的名义订立合同，被代理人已经开始履行合同义务或者接受相对人履行的，视为对合同的追认。

第五百零四条 法人的法定代表人或者非法人组织的负责人超越权限订立的合同，除相对人知道或者应当知道其超越权限外，该代表行为有效，订立的合同对法人或者非法人组织发生效力。

第五百零五条 当事人超越经营范围订立的合同的效力，应当依照本法第一编第六章第三节和本编的有关规定确定，不得仅以超越经营范围确认合同无效。

第五百零六条 合同中的下列免责条款无效：

（一）造成对方人身损害的；

（二）因故意或者重大过失造成对方财产损失的。

第五百零七条 合同不生效、无效、被撤销或者终止的，不影响合同中有关解决争议方法的条款的效力。

第四章 合同的履行

第五百零九条 当事人应当按照约定全面履行自己的义务。

当事人应当遵循诚信原则，根据合同的性质、目的和交易习惯履行通知、协助、保密等义务。

当事人在履行合同过程中，应当避免浪费资源、污染环境和破坏生态。

第五百一十条 合同生效后，当事人就质量、价款或者报酬、履行地点等内容没有约定或者约定不明确的，可以协议补充；不能达成补充协议的，按照合同相关条款或者交易习惯确定。

第五百一十一条 当事人就有关合同内容约定不明确，依据前条规定仍不能确定的，适用下列规定：

（一）质量要求不明确的，按照强制性国家标准履行；没有强制性国家标准的，按照推荐性国家标准履行；没有推荐性国家标准的，按照行业标准履行；没有国家标准、行业标准的，按照通常标准或者符合合同目的的特定标准履行。

（二）价款或者报酬不明确的，按照订立合同时履行地的市场价格履行；依法应当执行政府定价或者政府指导价的，依照规定履行。

（三）履行地点不明确，给付货币的，在接受货币一方所在地履行；交付不动产的，在不动产所在地履行；其他标的，在履行义务一方所在地履行。

（四）履行期限不明确的，债务人可以随时履行，债权人也可以随时请求履行，但是应当给对方必要的准备时间。

（五）履行方式不明确的，按照有利于实现合同目的的方式履行。

（六）履行费用的负担不明确的，由履行义务一方负担；因债权人原因增加的履行费用，由债权人负担。

第五百一十二条 通过互联网等信息网络订立的电子合同的标的为交付商品并采用快递物流方式交付的，收货人的签收时间为交付时间。电子合同的标的为提供服务的，生成的电子凭证或者实物凭证中载明的时间为提供服务时间；前述凭证没有载明时间或者载明时间与实际提供服务时间不一致的，以实际提供服务的时间为准。

电子合同的标的物为采用在线传输方式交付的，合同标的物进入对方当事人指定的特定系统且能够检索识别的时间为交付时间。

电子合同当事人对交付商品或者提供服务的方式、时间另有约定的，按照其约定。

第五百一十三条 执行政府定价或者政府指导价的，在合同约定的交付期限内政府价格调整时，按照交付时的价格计价。逾期交付标的物的，遇价格上涨时，按照原价格执行；价格下降时，按照新价格执行。逾期提取标的物或者逾期付款的，遇价格上涨时，按照新价格执行；价格下降时，按照原价格执行。

第五百一十五条 标的有多项而债务人只需履行其中一项的，债务人享有选择权；但是，法律另有规定、当事人另有约定或者另有交易习惯的除外。

享有选择权的当事人在约定期限内或者履行期限届满未作选择，经催告后在合理期限内仍未选择的，选择权转移至对方。

第五百一十六条 当事人行使选择权应当及时通知对方，通知到达对方时，标的确定。标的确定后不得变更，但是经对方同意的除外。

可选择的标的发生不能履行情形的，享有选择权的当事人不得选择不能履行的标的，但是该不能履行的情形是由对方造成的除外。

第五百一十七条 债权人为二人以上，标的可分，按照份额各自享有债权的，为按份债权；债务人为二人以上，标的可分，按照份额各自负担债务的，为按份债务。

按份债权人或者按份债务人的份额难以确定的，视为份额相同。

第五百一十八条 债权人为二人以上，部分或者全部债权人均可以请求债务人履行债务的，为连带债权；债务人为二人以上，债权人可以请求部分或者全部债务人履行全部债务的，为连带债务。

连带债权或者连带债务，由法律规定或者当事人约定。

第五百一十九条 连带债务人之间的份额难以确定的，视为份额相同。

实际承担债务超过自己份额的连带债务人，有权就超出部分在其他连带债务人未履行的份额范围内向其追偿，并相应地享有债权人的权利，但是不得损害债权人的利益。其他连带债务人对债权人的抗辩，可以向该债务人主张。

被追偿的连带债务人不能履行其应分担份额的，其他连带债务人应当在相应范围内按比例分担。

第五百二十条 部分连带债务人履行、抵销债务或者提存标的物的，其他债务人对债权人的债务在相应范围内消灭；该债务人可以依据前条规定向其他债务人追偿。

部分连带债务人的债务被债权人免除的，在该连带债务人应当承担的份额范围内，其他债务人对债权人的债务消灭。

部分连带债务人的债务与债权人的债权同归于一人的，在扣除该债务人应当承担的份额后，债权人对其他债务人的债权继续存在。

债权人对部分连带债务人的给付受领迟延的，对其他连带债务人发生效力。

第五百二十一条 连带债权人之间的份额难以确定的，视为份额相同。

实际受领债权的连带债权人，应当按比例向其他连带债权人返还。

第五百二十二条 当事人约定由债务人向第三人履行债务，债务人未向第三人履行债务或者履行债务不符合约定的，应当向债权人承担违约责任。

法律规定或者当事人约定第三人可以直接请求债务人向其履行债务，第三人未在合理期限内明确拒绝，债务人未向第三人履行债务或者履行债务不符合约定的，第三人可以请求债务人承担违约责任；债务人对债权人的抗辩，可以向第三人主张。

第五百二十三条 当事人约定由第三人向债权人履行债务，第三人不履行债务或者履行债务不符合约定的，债务人应当向债权人承担违约责任。

第五百二十四条 债务人不履行债务，第三人对履行该债务具有合法利益的，第三人有权向债权人代为履行；但是，根据债务性质、按照当事人约定或者依照法律规定只能由债务人履行的除外。

债权人接受第三人履行后，其对债务人的债权转让给第三人，但是债务人和第三人另有约定的除外。

第五百二十五条 当事人互负债务，没有先后履行顺序的，应当同时履行。一方在对方履行之前有权拒绝其履行请求。一方在对方履行债务不符合约定时，有权拒绝其相应的履行请求。

第五百二十六条 当事人互负债务，有先后履行顺序，应当先履行债务一方未履行的，后履行一方有权拒绝其履行请求。先履行一方履行债务不符合约定的，后履行一方有权拒绝其相应的履行请求。

第五百二十七条 应当先履行债务的当事人，有确切证据证明对方有下列情形之一的，可以中止履行：

（一）经营状况严重恶化；

（二）转移财产、抽逃资金，以逃避债务；

（三）丧失商业信誉；

（四）有丧失或者可能丧失履行债务能力的其他情形。

当事人没有确切证据中止履行的，应当承担违约责任。

第五百二十八条 当事人依据前条规定中止履行的，应当及时通知对方。对方提供适当担保的，应当恢复履行。中止履行后，对方在合理期限内未恢复履行能力且未提供适当担保的，视为以自己的行为表明不履行主要债务，中止履行的一方可以解除合同并可以请求对方承担违约责任。

第五百二十九条 债权人分立、合并或者变更住所没有通知债务人，致使履行债务发生困难的，债务人可以中止履行或者将标的物提存。

第五百三十条 债权人可以拒绝债务人提前履行债务，但是提前履行不损害债权人利益的除外。

债务人提前履行债务给债权人增加的费用，由债务人负担。

第五百三十一条 债权人可以拒绝债务人部分履行债务，但是部分履行不损害债权人利益的除外。

债务人部分履行债务给债权人增加的费用，由债务人负担。

第五百三十二条 合同生效后，当事人不得因姓名、名称的变更或者法定代表人、负责人、承办人的变动而不履行合同义务。

第五百三十三条 合同成立后，合同的基础条件发生了当事人在订立合同时无法预见的、不属于商业风险的重大变化，继续履行合同对于当事人一方明显不公平的，受不利影响的当事人可以与对方重新协商；在合理期限内协商不成的，当事人可以请求人民法院或者仲裁机构变更或者解除合同。

第五章 合同的保全

第五百三十五条 因债务人怠于行使其债权或者与该债权有关的从权利，影响债权人的到期债权实现的，债权人可以向人民法院请求以自己的名义代位行使债务人对相对人的权利，但是该权利专属于债务人自身的除外。

代位权的行使范围以债权人的到期债权为限。债权人行使代位权的必要费用，由债务人负担。

相对人对债务人的抗辩，可以向债权人主张。

第五百三十六条 债权人的债权到期前，债务人的债权或者与该债权有关的从权利存在诉讼时效期间即将届满或者未及时申报破产债权等情形，影响债权人的债权实现的，债权人可以代位向债务人的相对人请求其向债务人履行、向破产管理人申报或者作出其他必要的行为。

第五百三十七条 人民法院认定代位权成立的，由债务人的相对人向债权人履行义务，债权人接受履行后，债权人与债务人、债务人与相对人之间相应的权利义务终止。债务人对相对人的债权或者与该债权有关的从权利被采取保全、执行措施，或者债务人破产的，依照相关法律的规定处理。

第五百三十八条 债务人以放弃其债权、放弃债权担保、无偿转让财产等方式无偿处分财产权益，或者恶意延长其到期债权的履行期限，影响债权人的债权实现的，债权人可以请求人民法院撤销债务人的行为。

第五百三十九条 债务人以明显不合理的低价转让财产、以明显不合理的高价受让他人财产或者为他人的债务提供担保，影响债权人的债权实现，债务人的相对人知道或者应当知道该情形的，债权人可以请求人民法院撤销债务人的行为。

第五百四十条 撤销权的行使范围以债权人的债权为限。债权人行使撤销权的必要费用，由债务人负担。

第五百四十一条 撤销权自债权人知道或者应当知道撤销事由之日起一年内行使。自债务人的行为发生之日起五年内没有行使撤销权的，该撤销权消灭。

第五百四十二条 债务人影响债权人的债权实现的行为被撤销的，自始没有法律约束力。

第六章 合同的变更和转让

第五百四十三条 当事人协商一致，可以变更合同。

第五百四十四条 当事人对合同变更的内容约定不明确的，推定为未变更。

第五百四十五条 债权人可以将债权的全部或者部分转让给第三人，但是有下列情形之一的除外：

（一）根据债权性质不得转让；

（二）按照当事人约定不得转让；

（三）依照法律规定不得转让。

当事人约定非金钱债权不得转让的，不得对抗善意第三人。当事人约定金钱债权不得转让的，不得对抗第三人。

第五百四十六条　债权人转让债权，未通知债务人的，该转让对债务人不发生效力。

债权转让的通知不得撤销，但是经受让人同意的除外。

第五百四十七条　债权人转让债权的，受让人取得与债权有关的从权利，但是该从权利专属于债权人自身的除外。

受让人取得从权利不应该从权利未办理转移登记手续或者未转移占有而受到影响。

第五百四十八条　债务人接到债权转让通知后，债务人对让与人的抗辩，可以向受让人主张。

第五百四十九条　有下列情形之一的，债务人可以向受让人主张抵销：

（一）债务人接到债权转让通知时，债务人对让与人享有债权，且债务人的债权先于转让的债权到期或者同时到期；

（二）债务人的债权与转让的债权是基于同一合同产生。

第五百五十条　因债权转让增加的履行费用，由让与人负担。

第五百五十一条　债务人将债务的全部或者部分转移给第三人的，应当经债权人同意。

债务人或者第三人可以催告债权人在合理期限内予以同意，债权人未作表示的，视为不同意。

第五百五十二条　第三人与债务人约定加入债务并通知债权人，或者第三人向债权人表示愿意加入债务，债权人未在合理期限内明确拒绝的，债权人可以请求第三人在其愿意承担的债务范围内和债务人承担连带债务。

第五百五十三条　债务人转移债务的，新债务人可以主张原债务人对债权人的抗辩；原债务人对债权人享有债权的，新债务人不得向债权人主张抵销。

第五百五十四条　债务人转移债务的，新债务人应当承担与主债务有关的从债务，但是该从债务专属于原债务人自身的除外。

第五百五十五条　当事人一方经对方同意，可以将自己在合同中的权利和义务一并转让给第三人。

第五百五十六条　合同的权利和义务一并转让的，适用债权转让、债务转移的有关规定。

第七章　合同的权利义务终止

第五百五十七条　有下列情形之一的，债权债务终止：

（一）债务已经履行；

（二）债务相互抵销；

（三）债务人依法将标的物提存；

（四）债权人免除债务；

（五）债权债务同归于一人；

（六）法律规定或者当事人约定终止的其他情形。

合同解除的，该合同的权利义务关系终止。

第五百五十八条 债权债务终止后，当事人应当遵循诚信等原则，根据交易习惯履行通知、协助、保密、旧物回收等义务。

第五百五十九条 债权债务终止时，债权的从权利同时消灭，但是法律另有规定或者当事人另有约定的除外。

第五百六十条 债务人对同一债权人负担的数项债务种类相同，债务人的给付不足以清偿全部债务的，除当事人另有约定外，由债务人在清偿时指定其履行的债务。

债务人未作指定的，应当优先履行已经到期的债务；数项债务均到期的，优先履行对债权人缺乏担保或者担保最少的债务；均无担保或者担保相等的，优先履行债务人负担较重的债务；负担相同的，按照债务到期的先后顺序履行；到期时间相同的，按照债务比例履行。

第五百六十一条 债务人在履行主债务外还应当支付利息和实现债权的有关费用，其给付不足以清偿全部债务的，除当事人另有约定外，应当按照下列顺序履行：

（一）实现债权的有关费用；

（二）利息；

（三）主债务。

第五百六十二条 当事人协商一致，可以解除合同。

当事人可以约定一方解除合同的事由。解除合同的事由发生时，解除权人可以解除合同。

第五百六十三条 有下列情形之一的，当事人可以解除合同：

（一）因不可抗力致使不能实现合同目的；

（二）在履行期限届满前，当事人一方明确表示或者以自己的行为表明不履行主要债务；

（三）当事人一方迟延履行主要债务，经催告后在合理期限内仍未履行；

（四）当事人一方迟延履行债务或者有其他违约行为致使不能实现合同目的；

（五）法律规定的其他情形。

以持续履行的债务为内容的不定期合同，当事人可以随时解除合同，但是应当在合理期限之前通知对方。

第五百六十四条 法律规定或者当事人约定解除权行使期限，期限届满当事人不行使的，该权利消灭。

法律没有规定或者当事人没有约定解除权行使期限，自解除权人知道或者应当知道解除事由之日起一年内不行使，或者经对方催告后在合理期限内不行使的，该权利消灭。

第五百六十五条 当事人一方依法主张解除合同的，应当通知对方。合同自通知到达对方时解除；通知载明债务人在一定期限内不履行债务则合同自动解除，债务人在该期限内未履行债务的，合同自通知载明的期限届满时解除。对方对解除合同有异议的，任何一方当事人均可以请求人民法院或者仲裁机构确认解除行为的效力。

当事人一方未通知对方，直接以提起诉讼或者申请仲裁的方式依法主张解除合同，人民法院或者仲裁机构确认该主张的，合同自起诉状副本或者仲裁申请书副本送达对方时解除。

第五百六十六条 合同解除后，尚未履行的，终止履行；已经履行的，根据履行情况和合同性质，当事人可以请求恢复原状或者采取其他补救措施，并有权请求赔偿损失。

合同因违约解除的，解除权人可以请求违约方承担违约责任，但是当事人另有约定的除外。

主合同解除后，担保人对债务人应当承担的民事责任仍应当承担担保责任，但是担保合同另有约定的除外。

第五百六十七条 合同的权利义务关系终止，不影响合同中结算和清理条款的效力。

第五百六十八条 当事人互负债务，该债务的标的物种类、品质相同的，任何一方可以将自己的债务与对方的到期债务抵销；但是，根据债务性质、按照当事人约定或者依照法律规定不得抵销的除外。

当事人主张抵销的，应当通知对方。通知自到达对方时生效。抵销不得附条件或者附期限。

第五百六十九条 当事人互负债务，标的物种类、品质不相同的，经协商一致，也可以抵销。

第五百七十条 有下列情形之一，难以履行债务的，债务人可以将标的物提存：

（一）债权人无正当理由拒绝受领；

（二）债权人下落不明；

（三）债权人死亡未确定继承人、遗产管理人，或者丧失民事行为能力未确定监护人；

（四）法律规定的其他情形。

标的物不适于提存或者提存费用过高的，债务人依法可以拍卖或者变卖标的物，提存所得的价款。

第五百七十一条 债务人将标的物或者将标的物依法拍卖、变卖所得价款交付提存部门时，提存成立。

提存成立的，视为债务人在其提存范围内已经交付标的物。

第五百七十二条 标的物提存后，债务人应当及时通知债权人或者债权人的继承人、遗产管理人、监护人、财产代管人。

第五百七十三条 标的物提存后，毁损、灭失的风险由债权人承担。提存期间，标的物的孳息归债权人所有。提存费用由债权人负担。

第五百七十四条 债权人可以随时领取提存物。但是，债权人对债务人负有到期债务的，在债权人未履行债务或者提供担保之前，提存部门根据债务人的要求应当拒绝其领取提存物。

债权人领取提存物的权利，自提存之日起五年内不行使而消灭，提存物扣除提存费用后归国家所有。但是，债权人未履行对债务人的到期债务，或者债权人向提存部门书面表示放弃领取提存物权利的，债务人负担提存费用后有权取回提存物。

第五百七十五条 债权人免除债务人部分或者全部债务的，债权债务部分或者全部终止，但是债务人在合理期限内拒绝的除外。

第五百七十六条 债权和债务同归于一人的，债权债务终止，但是损害第三人利益的除外。

第八章 违 约 责 任

第五百七十七条 当事人一方不履行合同义务或者履行合同义务不符合约定的，应当承担继续履行、采取补救措施或者赔偿损失等违约责任。

第五百七十八条 当事人一方明确表示或者以自己的行为表明不履行合同义务的，对方可以在履行期限届满前请求其承担违约责任。

第五百七十九条 当事人一方未支付价款、报酬、租金、利息，或者不履行其他金钱债务的，对方可以请求其支付。

第五百八十条 当事人一方不履行非金钱债务或者履行非金钱债务不符合约定的，对方可以请求履行，但是有下列情形之一的除外：

（一）法律上或者事实上不能履行；

（二）债务的标的不适于强制履行或者履行费用过高；

（三）债权人在合理期限内未请求履行。

有前款规定的除外情形之一，致使不能实现合同目的的，人民法院或者仲裁机构可以根据当事人的请求终止合同权利义务关系，但是不影响违约责任的承担。

第五百八十一条 当事人一方不履行债务或者履行债务不符合约定，根据债务的性质不得强制履行的，对方可以请求其负担由第三人替代履行的费用。

第五百八十二条 履行不符合约定的，应当按照当事人的约定承担违约责任。对违约责任没有约定或者约定不明确，依据本法第五百一十条的规定仍不能确定的，受损害方根据标的的性质以及损失的大小，可以合理选择请求对方承担修理、重作、更换、退货、减少价款或者报酬等违约责任。

第五百八十三条 当事人一方不履行合同义务或者履行合同义务不符合约定的，在履行义务或者采取补救措施后，对方还有其他损失的，应当赔偿损失。

第五百八十四条 当事人一方不履行合同义务或者履行合同义务不符合约定，造成对方损失的，损失赔偿额应当相当于因违约所造成的损失，包括合同履行后可以获得的利益；但是，不得超过违约一方订立合同时预见到或者应当预见到的因违约可能造成的损失。

第五百八十五条 当事人可以约定一方违约时应当根据违约情况向对方支付一定数额的违约金，也可以约定因违约产生的损失赔偿额的计算方法。

约定的违约金低于造成的损失的，人民法院或者仲裁机构可以根据当事人的请求予以增加；约定的违约金过分高于造成的损失的，人民法院或者仲裁机构可以根据当事人的请求予以适当减少。

当事人就迟延履行约定违约金的，违约方支付违约金后，还应当履行债务。

第五百八十六条 当事人可以约定一方向对方给付定金作为债权的担保。定金合同自实际交付定金时成立。

定金的数额由当事人约定；但是，不得超过主合同标的额的百分之二十，超过部分不产生定金的效力。实际交付的定金数额多于或者少于约定数额的，视为变更约定的定金数额。

第五百八十七条 债务人履行债务的，定金应当抵作价款或者收回。给付定金的一方不履行债务或者履行债务不符合约定，致使不能实现合同目的的，无权请求返还定金；收受定金的一方不履行债务或者履行债务不符合约定，致使不能实现合同目的的，应当双倍返还定金。

第五百八十八条 当事人既约定违约金，又约定定金的，一方违约时，对方可以选择适用违约金或者定金条款。

定金不足以弥补一方违约造成的损失的，对方可以请求赔偿超过定金数额的损失。

第五百八十九条 债务人按照约定履行债务，债权人无正当理由拒绝受领的，债务人可以请求债权人赔偿增加的费用。

在债权人受领迟延期间，债务人无须支付利息。

第五百九十条 当事人一方因不可抗力不能履行合同的，根据不可抗力的影响，部分或者全部免除责任，但是法律另有规定的除外。因不可抗力不能履行合同的，应当及时通知对方，以减轻可能给对方造成的损失，并应当在合理期限内提供证明。

当事人迟延履行后发生不可抗力的，不免除其违约责任。

第五百九十一条 当事人一方违约后，对方应当采取适当措施防止损失的扩大；没有采取适当措施致使损失扩大的，不得就扩大的损失请求赔偿。

当事人因防止损失扩大而支出的合理费用，由违约方负担。

第五百九十二条 当事人都违反合同的，应当各自承担相应的责任。

当事人一方违约造成对方损失，对方对损失的发生有过错的，可以减少相应的损失赔偿额。

第五百九十三条 当事人一方因第三人的原因造成违约的，应当依法向对方承担违约责任。当事人一方和第三人之间的纠纷，依照法律规定或者按照约定处理。

第五百九十四条 因国际货物买卖合同和技术进出口合同争议提起诉讼或者申请仲裁的时效期间为四年。

第十八章 建设工程合同

第七百八十八条 建设工程合同是承包人进行工程建设，发包人支付价款的合同。

建设工程合同包括工程勘察、设计、施工合同。

第七百八十九条 建设工程合同应当采用书面形式。

第七百九十一条 发包人可以与总承包人订立建设工程合同，也可以分别与勘察人、设计人、施工人订立勘察、设计、施工承包合同。发包人不得将应当由一个承包人完成的建设工程支解成若干部分发包给数个承包人。

总承包人或者勘察、设计、施工承包人经发包人同意，可以将自己承包的部分工作交由第三人完成。第三人就其完成的工作成果与总承包人或者勘察、设计、施工承包人向发包人承担连带责任。承包人不得将其承包的全部建设工程转包给第三人或者将其承包的全部建设工程支解以后以分包的名义分别转包给第三人。

禁止承包人将工程分包给不具备相应资质条件的单位。禁止分包单位将其承包的工程再分包。建设工程主体结构的施工必须由承包人自行完成。

第七百九十三条 建设工程施工合同无效，但是建设工程经验收合格的，可以参照合同关于工程价款的约定折价补偿承包人。

建设工程施工合同无效，且建设工程经验收不合格的，按照以下情形处理：

（一）修复后的建设工程经验收合格的，发包人可以请求承包人承担修复费用；

（二）修复后的建设工程经验收不合格的，承包人无权请求参照合同关于工程价款的约定折价补偿。

发包人对因建设工程不合格造成的损失有过错的，应当承担相应的责任。

第七百九十四条 勘察、设计合同的内容一般包括提交有关基础资料和概预算等文件的期限、质量要求、费用以及其他协作条件等条款。

第七百九十六条 建设工程实行监理的，发包人应当与监理人采用书面形式订立委托监理合同。发包人与监理人的权利和义务以及法律责任，应当依照本编委托合同以及其他有关法律、行政法规的规定。

第七百九十七条 发包人在不妨碍承包人正常作业的情况下，可以随时对作业进度、质量进行检查。

第七百九十八条 隐蔽工程在隐蔽以前，承包人应当通知发包人检查。发包人没有及时检查的，承包人可以顺延工程日期，并有权请求赔偿停工、窝工等损失。

第七百九十九条 建设工程竣工后，发包人应当根据施工图纸及说明书、国家颁发的施工验收规范和质量检验标准及时进行验收。验收合格的，发包人应当按照约定支付价款，并接收该建设工程。

建设工程竣工经验收合格后，方可交付使用；未经验收或者验收不合格的，不得交付使用。

第八百条 勘察、设计的质量不符合要求或者未按照期限提交勘察、设计文件拖延工期，造成发包人损失的，勘察人、设计人应当继续完善勘察、设计，减收或者免收勘察、设计费并赔偿损失。

第八百零二条 因承包人的原因致使建设工程在合理使用期限内造成人身损害和财产损失的，承包人应当承担赔偿责任。

第八百零三条 发包人未按照约定的时间和要求提供原材料、设备、场地、资金、技术资料的，承包人可以顺延工程日期，并有权请求赔偿停工、窝工等损失。

第八百零四条 因发包人的原因致使工程中途停建、缓建的，发包人应当采取措施弥补或者减少损失，赔偿承包人因此造成的停工、窝工、倒运、机械设备调迁、材料和构件积压等损失和实际费用。

第八百零五条 因发包人变更计划，提供的资料不准确，或者未按照期限提供必需的勘察、设计工作条件而造成勘察、设计的返工、停工或者修改设计，发包人应当按照勘察人、设计人实际消耗的工作量增付费用。

第八百零六条 承包人将建设工程转包、违法分包的，发包人可以解除合同。

发包人提供的主要建筑材料、建筑构配件和设备不符合强制性标准或者不履行协助义务，致使承包人无法施工，经催告后在合理期限内仍未履行相应义务的，承包人可以解除合同。

合同解除后，已经完成的建设工程质量合格的，发包人应当按照约定支付相应的工程价款；已经完成的建设工程质量不合格的，参照本法第七百九十三条的规定处理。

第八百零七条 发包人未按照约定支付价款的，承包人可以催告发包人在合理期限内支付价款。发包人逾期不支付的，除根据建设工程的性质不宜折价、拍卖外，承包人可以与发包人协议将该工程折价，也可以请求人民法院将该工程依法拍卖。建设工程的价款就该工程折价或者拍卖的价款优先受偿。

第六节　中华人民共和国行政许可法（摘要）

第一章　总　　则

第二条　本法所称行政许可，是指行政机关根据公民、法人或者其他组织的申请，经依法审查，准予其从事特定活动的行为。

第三条　行政许可的设定和实施，适用本法。

有关行政机关对其他机关或者对其直接管理的事业单位的人事、财务、外事等事项的审批，不适用本法。

第五条　设定和实施行政许可，应当遵循公开、公平、公正、非歧视的原则。

有关行政许可的规定应当公布；未经公布的，不得作为实施行政许可的依据。行政许可的实施和结果，除涉及国家秘密、商业秘密或者个人隐私的外，应当公开。未经申请人同意，行政机关及其工作人员、参与专家评审等的人员不得披露申请人提交的商业秘密、未披露信息或者保密商务信息，法律另有规定或者涉及国家安全、重大社会公共利益的除外；行政机关依法公开申请人前述信息的，允许申请人在合理期限内提出异议。

符合法定条件、标准的，申请人有依法取得行政许可的平等权利，行政机关不得歧视任何人。

第七条　公民、法人或者其他组织对行政机关实施行政许可，享有陈述权、申辩权；有权依法申请行政复议或者提起行政诉讼；其合法权益因行政机关违法实施行政许可受到损害的，有权依法要求赔偿。

第八条　公民、法人或者其他组织依法取得的行政许可受法律保护，行政机关不得擅自改变已经生效的行政许可。

行政许可所依据的法律、法规、规章修改或者废止，或者准予行政许可所依据的客观情况发生重大变化的，为了公共利益的需要，行政机关可以依法变更或者撤回已经生效的行政许可。由此给公民、法人或者其他组织造成财产损失的，行政机关应当依法给予补偿。

第九条　依法取得的行政许可，除法律、法规规定依照法定条件和程序可以转让的外，不得转让。

第十条　县级以上人民政府应当建立健全对行政机关实施行政许可的监督制度，加强对行政机关实施行政许可的监督检查。

行政机关应当对公民、法人或者其他组织从事行政许可事项的活动实施有效监督。

第二章　行政许可的设定

第十一条　设定行政许可，应当遵循经济和社会发展规律，有利于发挥公民、法人或者其他组织的积极性、主动性，维护公共利益和社会秩序，促进经济、社会和生态环境协调发展。

第十二条　下列事项可以设定行政许可：

（一）直接涉及国家安全、公共安全、经济宏观调控、生态环境保护以及直接关系人身健康、生命财产安全等特定活动，需要按照法定条件予以批准的事项；

（二）有限自然资源开发利用、公共资源配置以及直接关系公共利益的特定行业的市场准入等，需要赋予特定权利的事项；

（三）提供公众服务并且直接关系公共利益的职业、行业，需要确定具备特殊信誉、特殊条件或者特殊技能等资格、资质的事项；

（四）直接关系公共安全、人身健康、生命财产安全的重要设备、设施、产品、物品，需要按照技术标准、技术规范，通过检验、检测、检疫等方式进行审定的事项；

（五）企业或者其他组织的设立等，需要确定主体资格的事项；

（六）法律、行政法规规定可以设定行政许可的其他事项。

第十三条 本法第十二条所列事项，通过下列方式能够予以规范的，可以不设行政许可：

（一）公民、法人或者其他组织能够自主决定的；

（二）市场竞争机制能够有效调节的；

（三）行业组织或者中介机构能够自律管理的；

（四）行政机关采用事后监督等其他行政管理方式能够解决的。

第十四条 本法第十二条所列事项，法律可以设定行政许可。尚未制定法律的，行政法规可以设定行政许可。

必要时，国务院可以采用发布决定的方式设定行政许可。实施后，除临时性行政许可事项外，国务院应当及时提请全国人民代表大会及其常务委员会制定法律，或者自行制定行政法规。

第十五条 本法第十二条所列事项，尚未制定法律、行政法规的，地方性法规可以设定行政许可；尚未制定法律、行政法规和地方性法规的，因行政管理的需要，确需立即实施行政许可的，省、自治区、直辖市人民政府规章可以设定临时性的行政许可。临时性的行政许可实施满一年需要继续实施的，应当提请本级人民代表大会及其常务委员会制定地方性法规。

地方性法规和省、自治区、直辖市人民政府规章，不得设定应当由国家统一确定的公民、法人或者其他组织的资格、资质的行政许可；不得设定企业或者其他组织的设立登记及其前置性行政许可。其设定的行政许可，不得限制其他地区的个人或者企业到本地区从事生产经营和提供服务，不得限制其他地区的商品进入本地区市场。

第十六条 行政法规可以在法律设定的行政许可事项范围内，对实施该行政许可作出具体规定。

地方性法规可以在法律、行政法规设定的行政许可事项范围内，对实施该行政许可作出具体规定。

规章可以在上位法设定的行政许可事项范围内，对实施该行政许可作出具体规定。

法规、规章对实施上位法设定的行政许可作出的具体规定，不得增设行政许可；对行政许可条件作出的具体规定，不得增设违反上位法的其他条件。

第十八条 设定行政许可，应当规定行政许可的实施机关、条件、程序、期限。

第十九条 起草法律草案、法规草案和省、自治区、直辖市人民政府规章草案，拟设定行政许可的，起草单位应当采取听证会、论证会等形式听取意见，并向制定机关说明设定该行政许可的必要性、对经济和社会可能产生的影响以及听取和采纳意见的情况。

第三章　行政许可的实施机关

第二十二条　行政许可由具有行政许可权的行政机关在其法定职权范围内实施。

第二十四条　行政机关在其法定职权范围内，依照法律、法规、规章的规定，可以委托其他行政机关实施行政许可。委托机关应当将受委托行政机关和受委托实施行政许可的内容予以公告。

委托行政机关对受委托行政机关实施行政许可的行为应当负责监督，并对该行为的后果承担法律责任。

受委托行政机关在委托范围内，以委托行政机关名义实施行政许可；不得再委托其他组织或者个人实施行政许可。

第二十五条　经国务院批准，省、自治区、直辖市人民政府根据精简、统一、效能的原则，可以决定一个行政机关行使有关行政机关的行政许可权。

第二十六条　行政许可需要行政机关内设的多个机构办理的，该行政机关应当确定一个机构统一受理行政许可申请，统一送达行政许可决定。

行政许可依法由地方人民政府两个以上部门分别实施的，本级人民政府可以确定一个部门受理行政许可申请并转告有关部门分别提出意见后统一办理，或者组织有关部门联合办理、集中办理。

第二十八条　对直接关系公共安全、人身健康、生命财产安全的设备、设施、产品、物品的检验、检测、检疫，除法律、行政法规规定由行政机关实施的外，应当逐步由符合法定条件的专业技术组织实施。专业技术组织及其有关人员对所实施的检验、检测、检疫结论承担法律责任。

第四章　行政许可的实施程序

第一节　申 请 与 受 理

第二十九条　公民、法人或者其他组织从事特定活动，依法需要取得行政许可的，应当向行政机关提出申请。申请书需要采用格式文本的，行政机关应当向申请人提供行政许可申请书格式文本。申请书格式文本中不得包含与申请行政许可事项没有直接关系的内容。

申请人可以委托代理人提出行政许可申请。但是，依法应当由申请人到行政机关办公场所提出行政许可申请的除外。

行政许可申请可以通过信函、电报、电传、传真、电子数据交换和电子邮件等方式提出。

第三十条　行政机关应当将法律、法规、规章规定的有关行政许可的事项、依据、条件、数量、程序、期限以及需要提交的全部材料的目录和申请书示范文本等在办公场所公示。

申请人要求行政机关对公示内容予以说明、解释的，行政机关应当说明、解释，提供准确、可靠的信息。

第三十一条 申请人申请行政许可，应当如实向行政机关提交有关材料和反映真实情况，并对其申请材料实质内容的真实性负责。行政机关不得要求申请人提交与其申请的行政许可事项无关的技术资料和其他材料。

行政机关及其工作人员不得以转让技术作为取得行政许可的条件；不得在实施行政许可的过程中，直接或者间接地要求转让技术。

第三十二条 行政机关对申请人提出的行政许可申请，应当根据下列情况分别作出处理：

（一）申请事项依法不需要取得行政许可的，应当即时告知申请人不受理；

（二）申请事项依法不属于本行政机关职权范围的，应当即时作出不予受理的决定，并告知申请人向有关行政机关申请；

（三）申请材料存在可以当场更正的错误的，应当允许申请人当场更正；

（四）申请材料不齐全或者不符合法定形式的，应当当场或者在五日内一次告知申请人需要补正的全部内容，逾期不告知的，自收到申请材料之日起即为受理；

（五）申请事项属于本行政机关职权范围，申请材料齐全、符合法定形式，或者申请人按照本行政机关的要求提交全部补正申请材料的，应当受理行政许可申请。

行政机关受理或者不予受理行政许可申请，应当出具加盖本行政机关专用印章和注明日期的书面凭证。

第三十三条 行政机关应当建立和完善有关制度，推行电子政务，在行政机关的网站上公布行政许可事项，方便申请人采取数据电文等方式提出行政许可申请；应当与其他行政机关共享有关行政许可信息，提高办事效率。

第二节 审 查 与 决 定

第三十四条 行政机关应当对申请人提交的申请材料进行审查。

申请人提交的申请材料齐全、符合法定形式，行政机关能够当场作出决定的，应当当场作出书面的行政许可决定。

根据法定条件和程序，需要对申请材料的实质内容进行核实的，行政机关应当指派两名以上工作人员进行核查。

第三十五条 依法应当先经下级行政机关审查后报上级行政机关决定的行政许可，下级行政机关应当在法定期限内将初步审查意见和全部申请材料直接报送上级行政机关。上级行政机关不得要求申请人重复提供申请材料。

第三十六条 行政机关对行政许可申请进行审查时，发现行政许可事项直接关系他人重大利益的，应当告知该利害关系人。申请人、利害关系人有权进行陈述和申辩。行政机关应当听取申请人、利害关系人的意见。

第三十七条 行政机关对行政许可申请进行审查后，除当场作出行政许可决定的外，应当在法定期限内按照规定程序作出行政许可决定。

第三十八条 申请人的申请符合法定条件、标准的，行政机关应当依法作出准予行政许可的书面决定。

行政机关依法作出不予行政许可的书面决定的，应当说明理由，并告知申请人享有依法申请行政复议或者提起行政诉讼的权利。

第三十九条 行政机关作出准予行政许可的决定，需要颁发行政许可证件的，应当向申请人颁发加盖本行政机关印章的下列行政许可证件：

（一）许可证、执照或者其他许可证书；

（二）资格证、资质证或者其他合格证书；

（三）行政机关的批准文件或者证明文件；

（四）法律、法规规定的其他行政许可证件。

行政机关实施检验、检测、检疫的，可以在检验、检测、检疫合格的设备、设施、产品、物品上加贴标签或者加盖检验、检测、检疫印章。

第四十条 行政机关作出的准予行政许可决定，应当予以公开，公众有权查阅。

第四十一条 法律、行政法规设定的行政许可，其适用范围没有地域限制的，申请人取得的行政许可在全国范围内有效。

第三节 期 限

第四十二条 除可以当场作出行政许可决定的外，行政机关应当自受理行政许可申请之日起二十日内作出行政许可决定。二十日内不能作出决定的，经本行政机关负责人批准，可以延长十日，并应当将延长期限的理由告知申请人。但是，法律、法规另有规定的，依照其规定。

依照本法第二十六条的规定，行政许可采取统一办理或者联合办理、集中办理的，办理的时间不得超过四十五日；四十五日内不能办结的，经本级人民政府负责人批准，可以延长十五日，并应当将延长期限的理由告知申请人。

第四十三条 依法应当先经下级行政机关审查后报上级行政机关决定的行政许可，下级行政机关应当自其受理行政许可申请之日起二十日内审查完毕。但是，法律、法规另有规定的，依照其规定。

第四十四条 行政机关作出准予行政许可的决定，应当自作出决定之日起十日内向申请人颁发、送达行政许可证件，或者加贴标签、加盖检验、检测、检疫印章。

第四十五条 行政机关作出行政许可决定，依法需要听证、招标、拍卖、检验、检测、检疫、鉴定和专家评审的，所需时间不计算在本节规定的期限内。行政机关应当将所需时间书面告知申请人。

第四节 听 证

第四十六条 法律、法规、规章规定实施行政许可应当听证的事项，或者行政机关认为需要听证的其他涉及公共利益的重大行政许可事项，行政机关应当向社会公告，并举行听证。

第四十七条 行政许可直接涉及申请人与他人之间重大利益关系的，行政机关在作出行政许可决定前，应当告知申请人、利害关系人享有要求听证的权利；申请人、利害关系人在被告知听证权利之日起五日内提出听证申请的，行政机关应当在二十日内组织听证。

申请人、利害关系人不承担行政机关组织听证的费用。

第四十八条 听证按照下列程序进行：

（一）行政机关应当于举行听证的七日前将举行听证的时间、地点通知申请人、利害关系人，必要时予以公告；

（二）听证应当公开举行；

（三）行政机关应当指定审查该行政许可申请的工作人员以外的人员为听证主持人，申请人、利害关系人认为主持人与该行政许可事项有直接利害关系的，有权申请回避；

（四）举行听证时，审查该行政许可申请的工作人员应当提供审查意见的证据、理由，申请人、利害关系人可以提出证据，并进行申辩和质证；

（五）听证应当制作笔录，听证笔录应当交听证参加人确认无误后签字或者盖章。

行政机关应当根据听证笔录，作出行政许可决定。

第五节　变 更 与 延 续

第四十九条　被许可人要求变更行政许可事项的，应当向作出行政许可决定的行政机关提出申请；符合法定条件、标准的，行政机关应当依法办理变更手续。

第五十条　被许可人需要延续依法取得的行政许可的有效期的，应当在该行政许可有效期届满三十日前向作出行政许可决定的行政机关提出申请。但是，法律、法规、规章另有规定的，依照其规定。

行政机关应当根据被许可人的申请，在该行政许可有效期届满前作出是否准予延续的决定；逾期未作决定的，视为准予延续。

第六节　特 别 规 定

第五十三条　实施本法第十二条第二项所列事项的行政许可的，行政机关应当通过招标、拍卖等公平竞争的方式作出决定。但是，法律、行政法规另有规定的，依照其规定。

行政机关通过招标、拍卖等方式作出行政许可决定的具体程序，依照有关法律、行政法规的规定。

行政机关按照招标、拍卖程序确定中标人、买受人后，应当作出准予行政许可的决定，并依法向中标人、买受人颁发行政许可证件。

行政机关违反本条规定，不采用招标、拍卖方式，或者违反招标、拍卖程序，损害申请人合法权益的，申请人可以依法申请行政复议或者提起行政诉讼。

第五十四条　实施本法第十二条第三项所列事项的行政许可，赋予公民特定资格，依法应当举行国家考试的，行政机关根据考试成绩和其他法定条件作出行政许可决定；赋予法人或者其他组织特定的资格、资质的，行政机关根据申请人的专业人员构成、技术条件、经营业绩和管理水平等的考核结果作出行政许可决定。但是，法律、行政法规另有规定的，依照其规定。

公民特定资格的考试依法由行政机关或者行业组织实施，公开举行。行政机关或者行业组织应当事先公布资格考试的报名条件、报考办法、考试科目以及考试大纲。但是，不得组织强制性的资格考试的考前培训，不得指定教材或者其他助考材料。

第五十五条　实施本法第十二条第四项所列事项的行政许可的，应当按照技术标准、技术规范依法进行检验、检测、检疫，行政机关根据检验、检测、检疫的结果作出行政许可决定。

行政机关实施检验、检测、检疫，应当自受理申请之日起五日内指派两名以上工作人员按照技术标准、技术规范进行检验、检测、检疫。不需要对检验、检测、检疫结果作进一步技术分析即可认定设备、设施、产品、物品是否符合技术标准、技术规范的，行政机关应当当场作出行政许可决定。

行政机关根据检验、检测、检疫结果，作出不予行政许可决定的，应当书面说明不予行政许可所依据的技术标准、技术规范。

第五十七条 有数量限制的行政许可，两个或者两个以上申请人的申请均符合法定条件、标准的，行政机关应当根据受理行政许可申请的先后顺序作出准予行政许可的决定。但是，法律、行政法规另有规定的，依照其规定。

第五章 行政许可的费用

第五十八条 行政机关实施行政许可和对行政许可事项进行监督检查，不得收取任何费用。但是，法律、行政法规另有规定的，依照其规定。

行政机关提供行政许可申请书格式文本，不得收费。

行政机关实施行政许可所需经费应当列入本行政机关的预算，由本级财政予以保障，按照批准的预算予以核拨。

第五十九条 行政机关实施行政许可，依照法律、行政法规收取费用的，应当按照公布的法定项目和标准收费；所收取的费用必须全部上缴国库，任何机关或者个人不得以任何形式截留、挪用、私分或者变相私分。财政部门不得以任何形式向行政机关返还或者变相返还实施行政许可所收取的费用。

第六章 监督检查

第六十一条 行政机关应当建立健全监督制度，通过核查反映被许可人从事行政许可事项活动情况的有关材料，履行监督责任。

行政机关依法对被许可人从事行政许可事项的活动进行监督检查时，应当将监督检查的情况和处理结果予以记录，由监督检查人员签字后归档。公众有权查阅行政机关监督检查记录。

行政机关应当创造条件，实现与被许可人、其他有关行政机关的计算机档案系统互联，核查被许可人从事行政许可事项活动情况。

第六十二条 行政机关可以对被许可人生产经营的产品依法进行抽样检查、检验、检测，对其生产经营场所依法进行实地检查。检查时，行政机关可以依法查阅或者要求被许可人报送有关材料；被许可人应当如实提供有关情况和材料。

行政机关根据法律、行政法规的规定，对直接关系公共安全、人身健康、生命财产安全的重要设备、设施进行定期检验。对检验合格的，行政机关应当发给相应的证明文件。

第六十三条 行政机关实施监督检查，不得妨碍被许可人正常的生产经营活动，不得索取或者收受被许可人的财物，不得谋取其他利益。

第六十四条 被许可人在作出行政许可决定的行政机关管辖区域外违法从事行政许可事项活动的，违法行为发生地的行政机关应当依法将被许可人的违法事实、处理结果抄告作出行政许可决定的行政机关。

第六十七条 取得直接关系公共利益的特定行业的市场准入行政许可的被许可人，应当按照国家规定的服务标准、资费标准和行政机关依法规定的条件，向用户提供安全、方便、稳定和价格合理的服务，并履行普遍服务的义务；未经作出行政许可决定的行政机关批准，不得擅自停业、歇业。

被许可人不履行前款规定的义务的，行政机关应当责令限期改正，或者依法采取有效措施督促其履行义务。

第六十八条 对直接关系公共安全、人身健康、生命财产安全的重要设备、设施，行政机关应当督促设计、建造、安装和使用单位建立相应的自检制度。

行政机关在监督检查时，发现直接关系公共安全、人身健康、生命财产安全的重要设备、设施存在安全隐患的，应当责令停止建造、安装和使用，并责令设计、建造、安装和使用单位立即改正。

第六十九条 有下列情形之一的，作出行政许可决定的行政机关或者其上级行政机关，根据利害关系人的请求或者依据职权，可以撤销行政许可：

（一）行政机关工作人员滥用职权、玩忽职守作出准予行政许可决定的；

（二）超越法定职权作出准予行政许可决定的；

（三）违反法定程序作出准予行政许可决定的；

（四）对不具备申请资格或者不符合法定条件的申请人准予行政许可的；

（五）依法可以撤销行政许可的其他情形。

被许可人以欺骗、贿赂等不正当手段取得行政许可的，应当予以撤销。

依照前两款的规定撤销行政许可，可能对公共利益造成重大损害的，不予撤销。

依照本条第一款的规定撤销行政许可，被许可人的合法权益受到损害的，行政机关应当依法给予赔偿。依照本条第二款的规定撤销行政许可的，被许可人基于行政许可取得的利益不受保护。

第七十条 有下列情形之一的，行政机关应当依法办理有关行政许可的注销手续：

（一）行政许可有效期届满未延续的；

（二）赋予公民特定资格的行政许可，该公民死亡或者丧失行为能力的；

（三）法人或者其他组织依法终止的；

（四）行政许可依法被撤销、撤回，或者行政许可证件依法被吊销的；

（五）因不可抗力导致行政许可事项无法实施的；

（六）法律、法规规定的应当注销行政许可的其他情形。

第八章　附　　则

第八十二条 本法规定的行政机关实施行政许可的期限以工作日计算，不含法定节假日。

第七节　中华人民共和国节约能源法（摘要）

第一章　总　　则

第二条 本法所称能源，是指煤炭、石油、天然气、生物质能和电力、热力以及其他直接或者通过加工、转换而取得有用能的各种资源。

第三条 本法所称节约能源（以下简称节能），是指加强用能管理，采取技术上可行、经济上合理以及环境和社会可以承受的措施，从能源生产到消费的各个环节，降低消耗、减少损失和污染物排放、制止浪费，有效、合理地利用能源。

第四条 节约资源是我国的基本国策。国家实施节约与开发并举、把节约放在首位的能源发展战略。

第七条 国家实行有利于节能和环境保护的产业政策，限制发展高耗能、高污染行业，发展节能环保型产业。

国务院和省、自治区、直辖市人民政府应当加强节能工作，合理调整产业结构、企业结构、产品结构和能源消费结构，推动企业降低单位产值能耗和单位产品能耗，淘汰落后的生产能力，改进能源的开发、加工、转换、输送、储存和供应，提高能源利用效率。

国家鼓励、支持开发和利用新能源、可再生能源。

第二章 节 能 管 理

建筑节能的国家标准、行业标准由国务院建设主管部门组织制定，并依照法定程序发布。

第十四条 省、自治区、直辖市人民政府建设主管部门可以根据本地实际情况，制定严于国家标准或者行业标准的地方建筑节能标准，并报国务院标准化主管部门和国务院建设主管部门备案。

第十五条 国家实行固定资产投资项目节能评估和审查制度。不符合强制性节能标准的项目，依法负责项目审批或者核准的机关不得批准或者核准建设；建设单位不得开工建设；已经建成的，不得投入生产、使用。具体办法由国务院管理节能工作的部门会同国务院有关部门制定。

第十六条 国家对落后的耗能过高的用能产品、设备和生产工艺实行淘汰制度。淘汰的用能产品、设备、生产工艺的目录和实施办法，由国务院管理节能工作的部门会同国务院有关部门制定并公布。

生产过程中耗能高的产品的生产单位，应当执行单位产品能耗限额标准。对超过单位产品能耗限额标准用能的生产单位，由管理节能工作的部门按照国务院规定的权限责令限期治理。

对高耗能的特种设备，按照国务院的规定实行节能审查和监管。

第十七条 禁止生产、进口、销售国家明令淘汰或者不符合强制性能源效率标准的用能产品、设备；禁止使用国家明令淘汰的用能设备、生产工艺。

第十八条 国家对家用电器等使用面广、耗能量大的用能产品，实行能源效率标识管理。实行能源效率标识管理的产品目录和实施办法，由国务院管理节能工作的部门会同国务院产品质量监督部门制定并公布。

第十九条 生产者和进口商应当对列入国家能源效率标识管理产品目录的用能产品标注能源效率标识，在产品包装物上或者说明书中予以说明，并按照规定报国务院产品质量监督部门和国务院管理节能工作的部门共同授权的机构备案。

生产者和进口商应当对其标注的能源效率标识及相关信息的准确性负责。禁止销售应当标注而未标注能源效率标识的产品。

禁止伪造、冒用能源效率标识或者利用能源效率标识进行虚假宣传。

第二十条 用能产品的生产者、销售者，可以根据自愿原则，按照国家有关节能产品认证的规定，向经国务院认证认可监督管理部门认可的从事节能产品认证的机构提出节能产品认证申请；经认证合格后，取得节能产品认证证书，可以在用能产品或者其包装物上使用节能产品认证标志。

禁止使用伪造的节能产品认证标志或者冒用节能产品认证标志。

第三章 合理使用与节约能源

第一节 一 般 规 定

第二十七条 用能单位应当加强能源计量管理，按照规定配备和使用经依法检定合格的能源计量器具。

用能单位应当建立能源消费统计和能源利用状况分析制度，对各类能源的消费实行分类计量和统计，并确保能源消费统计数据真实、完整。

第二十八条 能源生产经营单位不得向本单位职工无偿提供能源。任何单位不得对能源消费实行包费制。

第二节 工 业 节 能

第三十一条 国家鼓励工业企业采用高效、节能的电动机、锅炉、窑炉、风机、泵类等设备，采用热电联产、余热余压利用、洁净煤以及先进的用能监测和控制等技术。

第三十二条 电网企业应当按照国务院有关部门制定的节能发电调度管理的规定，安排清洁、高效和符合规定的热电联产、利用余热余压发电的机组以及其他符合资源综合利用规定的发电机组与电网并网运行，上网电价执行国家有关规定。

第三十三条 禁止新建不符合国家规定的燃煤发电机组、燃油发电机组和燃煤热电机组。

第三节 建 筑 节 能

第三十五条 建筑工程的建设、设计、施工和监理单位应当遵守建筑节能标准。

不符合建筑节能标准的建筑工程，建设主管部门不得批准开工建设；已经开工建设的，应当责令停止施工、限期改正；已经建成的，不得销售或者使用。

建设主管部门应当加强对在建建筑工程执行建筑节能标准情况的监督检查。

第三十六条 房地产开发企业在销售房屋时，应当向购买人明示所售房屋的节能措施、保温工程保修期等信息，在房屋买卖合同、质量保证书和使用说明书中载明，并对其真实性、准确性负责。

第三十七条 使用空调采暖、制冷的公共建筑应当实行室内温度控制制度。具体办法由国务院建设主管部门制定。

第三十八条 国家采取措施，对实行集中供热的建筑分步骤实行供热分户计量、按照用热量收费的制度。新建建筑或者对既有建筑进行节能改造，应当按照规定安装用热计量装置、室内温度调控装置和供热系统调控装置。具体办法由国务院建设主管部门会同国务院有关部门制定。

第三十九条 县级以上地方各级人民政府有关部门应当加强城市节约用电管理，严格控制公用设施和大型建筑物装饰性景观照明的能耗。

第四十条 国家鼓励在新建建筑和既有建筑节能改造中使用新型墙体材料等节能建筑材料和节能设备，安装和使用太阳能等可再生能源利用系统。

第四章 节能技术进步

第五十七条 县级以上各级人民政府应当把节能技术研究开发作为政府科技投入的重点领域，支持科研单位和企业开展节能技术应用研究，制定节能标准，开发节能共性和关键技术，促进节能技术创新与成果转化。

第五十八条 国务院管理节能工作的部门会同国务院有关部门制定并公布节能技术、节能产品的推广目录，引导用能单位和个人使用先进的节能技术、节能产品。

国务院管理节能工作的部门会同国务院有关部门组织实施重大节能科研项目、节能示范项目、重点节能工程。

第五十九条 县级以上各级人民政府应当按照因地制宜、多能互补、综合利用、讲求效益的原则，加强农业和农村节能工作，增加对农业和农村节能技术、节能产品推广应用的资金投入。

农业、科技等有关主管部门应当支持、推广在农业生产、农产品加工储运等方面应用节能技术和节能产品，鼓励更新和淘汰高耗能的农业机械和渔业船舶。

国家鼓励、支持在农村大力发展沼气，推广生物质能、太阳能和风能等可再生能源利用技术，按照科学规划、有序开发的原则发展小型水力发电，推广节能型的农村住宅和炉灶等，鼓励利用非耕地种植能源植物，大力发展薪炭林等能源林。

第五章 激励措施

第六十条 中央财政和省级地方财政安排节能专项资金，支持节能技术研究开发、节能技术和产品的示范与推广、重点节能工程的实施、节能宣传培训、信息服务和表彰奖励等。

第六十一条 国家对生产、使用列入本法第五十八条规定的推广目录的需要支持的节能技术、节能产品，实行税收优惠等扶持政策。

国家通过财政补贴支持节能照明器具等节能产品的推广和使用。

第六十三条 国家运用税收等政策，鼓励先进节能技术、设备的进口，控制在生产过程中耗能高、污染重的产品的出口。

第六十六条 国家实行有利于节能的价格政策，引导用能单位和个人节能。

国家运用财税、价格等政策，支持推广电力需求侧管理、合同能源管理、节能自愿协议等节能办法。

国家实行峰谷分时电价、季节性电价、可中断负荷电价制度，鼓励电力用户合理调整用电负荷；对钢铁、有色金属、建材、化工和其他主要耗能行业的企业，分淘汰、限制、允许和鼓励类实行差别电价政策。

第六十七条 各级人民政府对在节能管理、节能科学技术研究和推广应用中有显著成绩以及检举严重浪费能源行为的单位和个人，给予表彰和奖励。

第六章 法律责任

第六十八条 负责审批或者核准固定资产投资项目的机关违反本法规定，对不符合强制性节能标准的项目予以批准或者核准建设的，对直接负责的主管人员和其他直接责任人员依法给予处分。

固定资产投资项目建设单位开工建设不符合强制性节能标准的项目或者将该项目投入生产、使用的，由管理节能工作的部门责令停止建设或者停止生产、使用，限期改造；不能改造或者逾期不改造的生产性项目，由管理节能工作的部门报请本级人民政府按照国务院规定的权限责令关闭。

第七十一条 使用国家明令淘汰的用能设备或者生产工艺的，由管理节能工作的部门责令停止使用，没收国家明令淘汰的用能设备；情节严重的，可以由管理节能工作的部门提出意见，报请本级人民政府按照国务院规定的权限责令停业整顿或者关闭。

第七十九条 建设单位违反建筑节能标准的，由建设主管部门责令改正，处二十万元以上五十万元以下罚款。

设计单位、施工单位、监理单位违反建筑节能标准的，由建设主管部门责令改正，处十万元以上五十万元以下罚款；情节严重的，由颁发资质证书的部门降低资质等级或者吊销资质证书；造成损失的，依法承担赔偿责任。

第八十一条 公共机构采购用能产品、设备，未优先采购列入节能产品、设备政府采购名录中的产品、设备，或者采购国家明令淘汰的用能产品、设备的，由政府采购监督管理部门给予警告，可以并处罚款；对直接负责的主管人员和其他直接责任人员依法给予处分，并予通报。

第八节　中华人民共和国环境保护法（摘要）

第一章　总　　则

第一条 为保护和改善环境，防治污染和其他公害，保障公众健康，推进生态文明建设，促进经济社会可持续发展，制定本法。

第二条 本法所称环境，是指影响人类生存和发展的各种天然的和经过人工改造的自然因素的总体，包括大气、水、海洋、土地、矿藏、森林、草原、湿地、野生生物、自然遗迹、人文遗迹、自然保护区、风景名胜区、城市和乡村等。

第四条 保护环境是国家的基本国策。

国家采取有利于节约和循环利用资源、保护和改善环境、促进人与自然和谐的经济、技术政策和措施，使经济社会发展与环境保护相协调。

第五条 环境保护坚持保护优先、预防为主、综合治理、公众参与、损害担责的原则。

第十条 国务院环境保护主管部门，对全国环境保护工作实施统一监督管理；县级以上地方人民政府环境保护主管部门，对本行政区域环境保护工作实施统一监督管理。

第十一条 县级以上人民政府有关部门和军队环境保护部门，依照有关法律的规定对资源保护和污染防治等环境保护工作实施监督管理。

第十二条 每年6月5日为环境日。

第二章　监　督　管　理

第十三条 县级以上人民政府应当将环境保护工作纳入国民经济和社会发展规划。

国务院环境保护主管部门会同有关部门，根据国民经济和社会发展规划编制国家环境保护规划，报国务院批准并公布实施。

县级以上地方人民政府环境保护主管部门会同有关部门，根据国家环境保护规划的要求，编制本行政区域的环境保护规划，报同级人民政府批准并公布实施。

环境保护规划的内容应当包括生态保护和污染防治的目标、任务、保障措施等，并与主体功能区规划、土地利用总体规划和城乡规划等相衔接。

第十五条 国务院环境保护主管部门制定国家环境质量标准。

省、自治区、直辖市人民政府对国家环境质量标准中未作规定的项目，可以制定地方环境质量标准；对国家环境质量标准中已作规定的项目，可以制定严于国家环境质量标准的地方环境质量标准。地方环境质量标准应当报国务院环境保护主管部门备案。

国家鼓励开展环境基准研究。

第十六条 国务院环境保护主管部门根据国家环境质量标准和国家经济、技术条件，制定国家污染物排放标准。

省、自治区、直辖市人民政府对国家污染物排放标准中未作规定的项目，可以制定地方污染物排放标准；对国家污染物排放标准中已作规定的项目，可以制定严于国家污染物排放标准的地方污染物排放标准。地方污染物排放标准应当报国务院环境保护主管部门备案。

第十七条 国家建立、健全环境监测制度。国务院环境保护主管部门制定监测规范，会同有关部门组织监测网络，统一规划国家环境质量监测站（点）的设置，建立监测数据共享机制，加强对环境监测的管理。

有关行业、专业等各类环境质量监测站（点）的设置应当符合法律法规规定和监测规范的要求。

监测机构应当使用符合国家标准的监测设备，遵守监测规范。监测机构及其负责人对监测数据的真实性和准确性负责。

第十九条 编制有关开发利用规划，建设对环境有影响的项目，应当依法进行环境影响评价。

未依法进行环境影响评价的开发利用规划，不得组织实施；未依法进行环境影响评价的建设项目，不得开工建设。

第二十条 国家建立跨行政区域的重点区域、流域环境污染和生态破坏联合防治协调机制，实行统一规划、统一标准、统一监测、统一的防治措施。

前款规定以外的跨行政区域的环境污染和生态破坏的防治，由上级人民政府协调解决，或者由有关地方人民政府协商解决。

第二十四条 县级以上人民政府环境保护主管部门及其委托的环境监察机构和其他负有环境保护监督管理职责的部门，有权对排放污染物的企业事业单位和其他生产经营者进行现场检查。被检查者应当如实反映情况，提供必要的资料。实施现场检查的部门、机构及其工作人员应当为被检查者保守商业秘密。

第二十五条 企业事业单位和其他生产经营者违反法律法规规定排放污染物，造成或者可能造成严重污染的，县级以上人民政府环境保护主管部门和其他负有环境保护监督管理职责的部门，可以查封、扣押造成污染物排放的设施、设备。

第二十六条 国家实行环境保护目标责任制和考核评价制度。县级以上人民政府应当将环境保护目标完成情况纳入对本级人民政府负有环境保护监督管理职责的部门及其负责人和下级人民政府及其负责人的考核内容，作为对其考核评价的重要依据。考核结果应当向社会公开。

第三章 保护和改善环境

第二十八条 地方各级人民政府应当根据环境保护目标和治理任务，采取有效措施，改善环境质量。

未达到国家环境质量标准的重点区域、流域的有关地方人民政府，应当制定限期达标规划，并采取措施按期达标。

第三十条 开发利用自然资源，应当合理开发，保护生物多样性，保障生态安全，依法制定有关生态保护和恢复治理方案并予以实施。

引进外来物种以及研究、开发和利用生物技术，应当采取措施，防止对生物多样性的破坏。

第三十一条 国家建立、健全生态保护补偿制度。

国家加大对生态保护地区的财政转移支付力度。有关地方人民政府应当落实生态保护补偿资金，确保其用于生态保护补偿。

国家指导受益地区和生态保护地区人民政府通过协商或者按照市场规则进行生态保护补偿。

第三十二条 国家加强对大气、水、土壤等的保护，建立和完善相应的调查、监测、评估和修复制度。

第三十三条 各级人民政府应当加强对农业环境的保护，促进农业环境保护新技术的使用，加强对农业污染源的监测预警，统筹有关部门采取措施，防治土壤污染和土地沙化、盐渍化、贫瘠化、石漠化、地面沉降以及防治植被破坏、水土流失、水体富营养化、水源枯竭、种源灭绝等生态失调现象，推广植物病虫害的综合防治。

县级、乡级人民政府应当提高农村环境保护公共服务水平，推动农村环境综合整治。

第三十四条 国务院和沿海地方各级人民政府应当加强对海洋环境的保护。向海洋排放污染物、倾倒废弃物，进行海岸工程和海洋工程建设，应当符合法律法规规定和有关标准，防止和减少对海洋环境的污染损害。

第四章 防治污染和其他公害

第四十条 国家促进清洁生产和资源循环利用。

国务院有关部门和地方各级人民政府应当采取措施，推广清洁能源的生产和使用。

企业应当优先使用清洁能源，采用资源利用率高、污染物排放量少的工艺、设备以及废弃物综合利用技术和污染物无害化处理技术，减少污染物的产生。

第四十一条 建设项目中防治污染的设施，应当与主体工程同时设计、同时施工、同时投产使用。防治污染的设施应当符合经批准的环境影响评价文件的要求，不得擅自拆除或者闲置。

第四十三条 排放污染物的企业事业单位和其他生产经营者，应当按照国家有关规定缴纳排污费。排污费应当全部专项用于环境污染防治，任何单位和个人不得截留、挤占或者挪作他用。

依照法律规定征收环境保护税的，不再征收排污费。

第四十四条 国家实行重点污染物排放总量控制制度。重点污染物排放总量控制指标由国务院下达，省、自治区、直辖市人民政府分解落实。企业事业单位在执行国家和地方污染物排放标准的同时，应当遵守分解落实到本单位的重点污染物排放总量控制指标。

对超过国家重点污染物排放总量控制指标或者未完成国家确定的环境质量目标的地区，省级以上人民政府环境保护主管部门应当暂停审批其新增重点污染物排放总量的建设项目环境影响评价文件。

第四十五条 国家依照法律规定实行排污许可管理制度。

实行排污许可管理的企业事业单位和其他生产经营者应当按照排污许可证的要求排放污染物；未取得排污许可证的，不得排放污染物。

第五章 信息公开和公众参与

第五十三条 公民、法人和其他组织依法享有获取环境信息、参与和监督环境保护的权利。

各级人民政府环境保护主管部门和其他负有环境保护监督管理职责的部门，应当依法公开环境信息、完善公众参与程序，为公民、法人和其他组织参与和监督环境保护提供便利。

第五十四条 国务院环境保护主管部门统一发布国家环境质量、重点污染源监测信息及其他重大环境信息。省级以上人民政府环境保护主管部门定期发布环境状况公报。

县级以上人民政府环境保护主管部门和其他负有环境保护监督管理职责的部门，应当依法公开环境质量、环境监测、突发环境事件以及环境行政许可、行政处罚、排污费的征收和使用情况等信息。

县级以上地方人民政府环境保护主管部门和其他负有环境保护监督管理职责的部门，应当将企业事业单位和其他生产经营者的环境违法信息记入社会诚信档案，及时向社会公布违法者名单。

第五十五条 重点排污单位应当如实向社会公开其主要污染物的名称、排放方式、排放浓度和总量、超标排放情况，以及防治污染设施的建设和运行情况，接受社会监督。

第五十六条 对依法应当编制环境影响报告书的建设项目，建设单位应当在编制时向可能受影响的公众说明情况，充分征求意见。

负责审批建设项目环境影响评价文件的部门在收到建设项目环境影响报告书后，除涉及国家秘密和商业秘密的事项外，应当全文公开；发现建设项目未充分征求公众意见的，应当责成建设单位征求公众意见。

第六章 法律责任

第五十九条 企业事业单位和其他生产经营者违法排放污染物，受到罚款处罚，被责令改正，拒不改正的，依法作出处罚决定的行政机关可以自责令改正之日的次日起，按照原处罚数额按日连续处罚。

前款规定的罚款处罚，依照有关法律法规按照防治污染设施的运行成本、违法行为造成的直接损失或者违法所得等因素确定的规定执行。

地方性法规可以根据环境保护的实际需要，增加第一款规定的按日连续处罚的违法行为的种类。

第六十一条 建设单位未依法提交建设项目环境影响评价文件或者环境影响评价文件未经批准，擅自开工建设的，由负有环境保护监督管理职责的部门责令停止建设，处以罚款，并可以责令恢复原状。

第六十二条 违反本法规定，重点排污单位不公开或者不如实公开环境信息的，由县级以上地方人民政府环境保护主管部门责令公开，处以罚款，并予以公告。

第六十三条 企业事业单位和其他生产经营者有下列行为之一，尚不构成犯罪的，除依照有关法律法规规定予以处罚外，由县级以上人民政府环境保护主管部门或者其他有关部门将案件移送公安机关，对其直接负责的主管人员和其他直接责任人员，处十日以上十五日以下拘留；情节较轻的，处五日以上十日以下拘留：

（一）建设项目未依法进行环境影响评价，被责令停止建设，拒不执行的；

（二）违反法律规定，未取得排污许可证排放污染物，被责令停止排污，拒不执行的；

（三）通过暗管、渗井、渗坑、灌注或者篡改、伪造监测数据，或者不正常运行防治污染设施等逃避监管的方式违法排放污染物的；

（四）生产、使用国家明令禁止生产、使用的农药，被责令改正，拒不改正的。

第六十六条 提起环境损害赔偿诉讼的时效期间为三年，从当事人知道或者应当知道其受到损害时起计算。

第九节 建设工程勘察设计管理条例（摘要）

第一章 总 则

第三条 建设工程勘察、设计应当与社会、经济发展水平相适应，做到经济效益、社会效益和环境效益相统一。

第四条 从事建设工程勘察、设计活动，应当坚持先勘察、后设计、再施工的原则。

第五条 县级以上人民政府建设行政主管部门和交通、水利等有关部门应当依照本条例的规定，加强对建设工程勘察、设计活动的监督管理。

建设工程勘察、设计单位必须依法进行建设工程勘察、设计，严格执行工程建设强制性标准，并对建设工程勘察、设计的质量负责。

第六条 国家鼓励在建设工程勘察、设计活动中采用先进技术、先进工艺、先进设备、新型材料和现代管理方法。

第二章 资质资格管理

第八条 建设工程勘察、设计单位应当在其资质等级许可的范围内承揽建设工程勘察、设计业务。

禁止建设工程勘察、设计单位超越其资质等级许可的范围或者以其他建设工程勘察、设计单位的名义承揽建设工程勘察、设计业务。禁止建设工程勘察、设计单位允许其他单位或者个人以本单位的名义承揽建设工程勘察、设计业务。

第九条 国家对从事建设工程勘察、设计活动的专业技术人员，实行执业资格注册管理制度。

未经注册的建设工程勘察、设计人员，不得以注册执业人员的名义从事建设工程勘察、设计活动。

第十条 建设工程勘察、设计注册执业人员和其他专业技术人员只能受聘于一个建设工程勘察、设计单位；未受聘于建设工程勘察、设计单位的，不得从事建设工程的勘察、设计活动。

第十一条 建设工程勘察、设计单位资质证书和执业人员注册证书，由国务院建设行政主管部门统一制作。

第三章 建设工程勘察设计发包与承包

第十二条 建设工程勘察、设计发包依法实行招标发包或者直接发包。

第十三条 建设工程勘察、设计应当依照《中华人民共和国招标投标法》的规定，实行招标发包。

第十四条 建设工程勘察、设计方案评标，应当以投标人的业绩、信誉和勘察、设计人员的能力以及勘察、设计方案的优劣为依据，进行综合评定。

第十五条 建设工程勘察、设计的招标人应当在评标委员会推荐的候选方案中确定中标方案。但是，建设工程勘察、设计的招标人认为评标委员会推荐的候选方案不能最大限度满足招标文件规定的要求的，应当依法重新招标。

第十六条 下列建设工程的勘察、设计，经有关主管部门批准，可以直接发包：

（一）采用特定的专利或者专有技术的；

（二）建筑艺术造型有特殊要求的；

（三）国务院规定的其他建设工程的勘察、设计。

第十八条 发包方可以将整个建设工程的勘察、设计发包给一个勘察、设计单位；也可以将建设工程的勘察、设计分别发包给几个勘察、设计单位。

第十九条 除建设工程主体部分的勘察、设计外，经发包方书面同意，承包方可以将建设工程其他部分的勘察、设计再分包给其他具有相应资质等级的建设工程勘察、设计单位。

第二十条 建设工程勘察、设计单位不得将所承揽的建设工程勘察、设计转包。

第二十一条 承包方必须在建设工程勘察、设计资质证书规定的资质等级和业务范围内承揽建设工程的勘察、设计业务。

第四章 建设工程勘察设计文件的编制与实施

第二十五条 编制建设工程勘察、设计文件，应当以下列规定为依据：

（一）项目批准文件；

（二）城市规划；

（三）工程建设强制性标准；

（四）国家规定的建设工程勘察、设计深度要求。

铁路、交通、水利等专业建设工程，还应当以专业规划的要求为依据。

第二十六条 编制建设工程勘察文件，应当真实、准确，满足建设工程规划、选址、设计、岩土治理和施工的需要。

编制方案设计文件，应当满足编制初步设计文件和控制概算的需要。

编制初步设计文件，应当满足编制施工招标文件、主要设备材料订货和编制施工图设计文件的需要。

编制施工图设计文件，应当满足设备材料采购、非标准设备制作和施工的需要，并注明建设工程合理使用年限。

第二十七条 设计文件中选用的材料、构配件、设备，应当注明其规格、型号、性能等技术指标，其质量要求必须符合国家规定的标准。

除有特殊要求的建筑材料、专用设备和工艺生产线等外，设计单位不得指定生产厂、供应商。

第二十八条 建设单位、施工单位、监理单位不得修改建设工程勘察、设计文件；确需修改建设工程勘察、设计文件的，应当由原建设工程勘察、设计单位修改。经原建设工程勘察、设计单位书面同意，建设单位也可以委托其他具有相应资质的建设工程勘察、设计单位修改。修改单位对修改的勘察、设计文件承担相应责任。

施工单位、监理单位发现建设工程勘察、设计文件不符合工程建设强制性标准、合同约定的质量要求的，应当报告建设单位，建设单位有权要求建设工程勘察、设计单位对建设工程勘察、设计文件进行补充、修改。

建设工程勘察、设计文件内容需要作重大修改的，建设单位应当报经原审批机关批准后，方可修改。

第二十九条 建设工程勘察、设计文件中规定采用的新技术、新材料，可能影响建设工程质量和安全，又没有国家技术标准的，应当由国家认可的检测机构进行试验、论证，出具检测报告，并经国务院有关部门或者省、自治区、直辖市人民政府有关部门组织的建设工程技术专家委员会审定后，方可使用。

第五章 监 督 管 理

第三十二条 建设工程勘察、设计单位在建设工程勘察、设计资质证书规定的业务范围内跨部门、跨地区承揽勘察、设计业务的，有关地方人民政府及其所属部门不得设置障碍，不得违反国家规定收取任何费用。

第三十三条 施工图设计文件审查机构应当对房屋建筑工程、市政基础设施工程施工图设计文件中涉及公共利益、公众安全、工程建设强制性标准的内容进行审查。县级以上人民政府建设行政主管部门或者交通、水利等有关部门应当对施工图设计文件中涉及公共利益、公众安全、工程建设强制性标准的内容进行审查。

施工图设计文件未经审查批准的，不得使用。

第六章 罚 则

第三十五条 违反本条例第八条规定的，责令停止违法行为，处合同约定的勘察费、设计费 1 倍以上 2 倍以下的罚款，有违法所得的，予以没收；可以责令停业整顿，降低资质等级；情节严重的，吊销资质证书。

未取得资质证书承揽工程的，予以取缔，依照前款规定处以罚款；有违法所得的，予以没收。

以欺骗手段取得资质证书承揽工程的，吊销资质证书，依照本条第一款规定处以罚款；有违法所得的，予以没收。

第三十六条 违反本条例规定，未经注册，擅自以注册建设工程勘察、设计人员的名义从事建设工程勘察、设计活动的，责令停止违法行为，没收违法所得，处违法所得2倍以上5倍以下罚款；给他人造成损失的，依法承担赔偿责任。

第三十七条 违反本条例规定，建设工程勘察、设计注册执业人员和其他专业技术人员未受聘于一个建设工程勘察、设计单位或者同时受聘于两个以上建设工程勘察、设计单位，从事建设工程勘察、设计活动的，责令停止违法行为，没收违法所得，处违法所得2倍以上5倍以下的罚款；情节严重的，可以责令停止执行业务或者吊销资格证书；给他人造成损失的，依法承担赔偿责任。

第三十八条 违反本条例规定，发包方将建设工程勘察、设计业务发包给不具有相应资质等级的建设工程勘察、设计单位的，责令改正，处50万元以上100万元以下的罚款。

第三十九条 违反本条例规定，建设工程勘察、设计单位将所承揽的建设工程勘察、设计转包的，责令改正，没收违法所得，处合同约定的勘察费、设计费25%以上50%以下的罚款，可以责令停业整顿，降低资质等级；情节严重的，吊销资质证书。

第四十条 违反本条例规定，勘察、设计单位未依据项目批准文件，城乡规划及专业规划，国家规定的建设工程勘察、设计深度要求编制建设工程勘察、设计文件的，责令限期改正；逾期不改正的，处10万元以上30万元以下的罚款；造成工程质量事故或者环境污染和生态破坏的，责令停业整顿，降低资质等级；情节严重的，吊销资质证书；造成损失的，依法承担赔偿责任。

第四十一条 违反本条例规定，有下列行为之一的，依照《建设工程质量管理条例》第六十三条的规定给予处罚：

（一）勘察单位未按照工程建设强制性标准进行勘察的；

（二）设计单位未根据勘察成果文件进行工程设计的；

（三）设计单位指定建筑材料、建筑构配件的生产厂、供应商的；

（四）设计单位未按照工程建设强制性标准进行设计的。

第十节　建设工程质量管理条例　（摘要）

第一章　总　　则

第三条 建设单位、勘察单位、设计单位、施工单位、工程监理单位依法对建设工程质量负责。

第五条 从事建设工程活动，必须严格执行基本建设程序，坚持先勘察、后设计、再施工的原则。

县级以上人民政府及其有关部门不得超越权限审批建设项目或者擅自简化基本建设程序。

第二章 建设单位的质量责任和义务

第七条 建设单位应当将工程发包给具有相应资质等级的单位。

建设单位不得将建设工程肢解发包。

第八条 建设单位应当依法对工程建设项目的勘察、设计、施工、监理以及与工程建设有关的重要设备、材料等的采购进行招标。

第十条 建设工程发包单位，不得迫使承包方以低于成本的价格竞标，不得任意压缩合理工期。

建设单位不得明示或者暗示设计单位或者施工单位违反工程建设强制性标准，降低建设工程质量。

第十一条 施工图设计文件审查的具体办法，由国务院建设行政主管部门、国务院其他有关部门制定。

第十二条 实行监理的建设工程，建设单位应当委托具有相应资质等级的工程监理单位进行监理，也可以委托具有工程监理相应资质等级并与被监理工程的施工承包单位没有隶属关系或者其他利害关系的该工程的设计单位进行监理。

下列建设工程必须实行监理：

（一）国家重点建设工程；

（二）大中型公用事业工程；

（三）成片开发建设的住宅小区工程；

（四）利用外国政府或者国际组织贷款、援助资金的工程；

（五）国家规定必须实行监理的其他工程。

第十三条 建设单位在开工前，应当按照国家有关规定办理质量监督手续，工程质量监督手续可以与施工许可证或者开工报告合并办理。

第十六条 建设单位收到建设工程竣工报告后，应当组织设计、施工、工程监理等有关单位进行竣工验收。

建设工程竣工验收应当具备下列条件：

（一）完成建设工程设计和合同约定的各项内容；

（二）有完整的技术档案和施工管理资料；

（三）有工程使用的主要建筑材料、建筑构配件和设备的进场试验报告；

（四）有勘察、设计、施工、工程监理等单位分别签署的质量合格文件；

（五）有施工单位签署的工程保修书。

建设工程经验收合格的，方可交付使用。

第三章 勘察、设计单位的质量责任和义务

第十八条 从事建设工程勘察、设计的单位应当依法取得相应等级的资质证书，并在其资质等级许可的范围内承揽工程。

禁止勘察、设计单位超越其资质等级许可的范围或者以其他勘察、设计单位的名义承揽工程。禁止勘察、设计单位允许其他单位或者个人以本单位的名义承揽工程。

勘察、设计单位不得转包或者违法分包所承揽的工程。

第十九条 勘察、设计单位必须按照工程建设强制性标准进行勘察、设计，并对其勘察、设计的质量负责。

注册建筑师、注册结构工程师等注册执业人员应当在设计文件上签字，对设计文件负责。

第二十条 勘察单位提供的地质、测量、水文等勘察成果必须真实、准确。

第二十一条 设计单位应当根据勘察成果文件进行建设工程设计。

设计文件应当符合国家规定的设计深度要求，注明工程合理使用年限。

第二十二条 设计单位在设计文件中选用的建筑材料、建筑构配件和设备，应当注明规格、型号、性能等技术指标，其质量要求必须符合国家规定的标准。

除有特殊要求的建筑材料、专用设备、工艺生产线等外，设计单位不得指定生产厂、供应商。

第四章 施工单位的质量责任和义务

第二十五条 施工单位应当依法取得相应等级的资质证书，并在其资质等级许可的范围内承揽工程。

禁止施工单位超越本单位资质等级许可的业务范围或者以其他施工单位的名义承揽工程。禁止施工单位允许其他单位或者个人以本单位的名义承揽工程。

施工单位不得转包或者违法分包工程。

第二十七条 总承包单位依法将建设工程分包给其他单位的，分包单位应当按照分包合同的约定对其分包工程的质量向总承包单位负责，总承包单位与分包单位对分包工程的质量承担连带责任。

第二十八条 施工单位必须按照工程设计图纸和施工技术标准施工，不得擅自修改工程设计，不得偷工减料。

施工单位在施工过程中发现设计文件和图纸有差错的，应当及时提出意见和建议。

第三十一条 施工人员对涉及结构安全的试块、试件以及有关材料，应当在建设单位或者工程监理单位监督下现场取样，并送具有相应资质等级的质量检测单位进行检测。

第五章 工程监理单位的质量责任和义务

第三十四条 工程监理单位应当依法取得相应等级的资质证书，并在其资质等级许可的范围内承担工程监理业务。

禁止工程监理单位超越本单位资质等级许可的范围或者以其他工程监理单位的名义承担工程监理业务。禁止工程监理单位允许其他单位或者个人以本单位的名义承担工程监理业务。

工程监理单位不得转让工程监理业务。

第三十五条 工程监理单位与被监理工程的施工承包单位以及建筑材料、建筑构配件和设备供应单位不得有隶属关系或者其他利害关系的，不得承担该项建设工程的监理业务。

第三十六条 工程监理单位应当依照法律、法规以及有关技术标准、设计文件和建设工程承包合同，代表建设单位对施工质量实施监理，并对施工质量承担监理责任。

第三十七条 工程监理单位应当选派具备相应资格的总监理工程师和监理工程师进驻施工现场。

未经监理工程师签字，建筑材料、建筑构配件和设备不得在工程上使用或者安装，施工单位不得进行下一道工序的施工。未经总监理工程师签字，建设单位不拨付工程款，不进行竣工验收。

第六章 建设工程质量保修

第三十九条 建设工程实行质量保修制度。

建设工程承包单位在向建设单位提交工程竣工验收报告时，应当向建设单位出具质量保修书。质量保修书中应当明确建设工程的保修范围、保修期限和保修责任等。

第四十条 在正常使用条件下，建设工程的最低保修期限为：

（一）基础设施工程、房屋建筑的地基基础工程和主体结构工程，为设计文件规定的该工程的合理使用年限；

（二）屋面防水工程、有防水要求的卫生间、房间和外墙面的防渗漏，为5年；

（三）供热与供冷系统，为2个采暖期、供冷期；

（四）电气管线、给排水管道、设备安装和装修工程，为2年。

其他项目的保修期限由发包方与承包方约定。

建设工程的保修期，自竣工验收合格之日起计算。

第七章 监督管理

第四十三条 国家实行建设工程质量监督管理制度。

国务院建设行政主管部门对全国的建设工程质量实施统一监督管理。国务院铁路、交通、水利等有关部门按照国务院规定的职责分工，负责对全国的有关专业建设工程质量的监督管理。

县级以上地方人民政府建设行政主管部门对本行政区域内的建设工程质量实施监督管理。县级以上地方人民政府交通、水利等有关部门在各自的职责范围内，负责对本行政区域内的专业建设工程质量的监督管理。

第四十六条 建设工程质量监督管理，可以由建设行政主管部门或者其他有关部门委托的建设工程质量监督机构具体实施。

从事房屋建筑工程和市政基础设施工程质量监督的机构，必须按照国家有关规定经国务院建设行政主管部门或者省、自治区、直辖市人民政府建设行政主管部门考核；从事专业建设工程质量监督的机构，必须按照国家有关规定经国务院有关部门或者省、自治区、直辖市人民政府有关部门考核。经考核合格后，方可实施质量监督。

第四十八条 县级以上人民政府建设行政主管部门和其他有关部门履行监督检查职责时，有权采取下列措施：

（一）要求被检查的单位提供有关工程质量的文件和资料；

（二）进入被检查单位的施工现场进行检查；

（三）发现有影响工程质量的问题时，责令改正。

第四十九条 建设单位应当自建设工程竣工验收合格之日起15日内，将建设工程竣工验收报告和规划、公安消防、环保等部门出具的认可文件或者准许使用文件报建设行政主管部门或者其他有关部门备案。

建设行政主管部门或者其他有关部门发现建设单位在竣工验收过程中有违反国家有关建设工程质量管理规定行为的，责令停止使用，重新组织竣工验收。

第五十一条 供水、供电、供气、公安消防等部门或者单位不得明示或者暗示建设单位、施工单位购买其指定的生产供应单位的建筑材料、建筑构配件和设备。

第五十二条 建设工程发生质量事故，有关单位应当在24小时内向当地建设行政主管部门和其他有关部门报告。对重大质量事故，事故发生地的建设行政主管部门和其他有关部门应当按照事故类别和等级向当地人民政府和上级建设行政主管部门和其他有关部门报告。

特别重大质量事故的调查程序按照国务院有关规定办理。

第七十二条 违反本条例规定，注册建筑师、注册结构工程师、监理工程师等注册执业人员因过错造成质量事故的，责令停止执业1年；造成重大质量事故的，吊销执业资格证书，5年以内不予注册；情节特别恶劣的，终身不予注册。

第八十条 抢险救灾及其他临时性房屋建筑和农民自建低层住宅的建设活动，不适用本条例。

第十一节 建设工程安全生产管理条例（摘要）

第一章 总 则

第二条 在中华人民共和国境内从事建设工程的新建、扩建、改建和拆除等有关活动及实施对建设工程安全生产的监督管理，必须遵守本条例。

本条例所称建设工程，是指土木工程、建筑工程、线路管道和设备安装工程及装修工程。

第三条 建设工程安全生产管理，坚持安全第一、预防为主的方针。

第四条 建设单位、勘察单位、设计单位、施工单位、工程监理单位及其他与建设工程安全生产有关的单位，必须遵守安全生产法律、法规的规定，保证建设工程安全生产，依法承担建设工程安全生产责任。

第五条 国家鼓励建设工程安全生产的科学技术研究和先进技术的推广应用，推进建设工程安全生产的科学管理。

第三章 勘察、设计、工程监理及其他有关单位的安全责任

第十二条 勘察单位应当按照法律、法规和工程建设强制性标准进行勘察，提供的勘察文件应当真实、准确，满足建设工程安全生产的需要。

勘察单位在勘察作业时，应当严格执行操作规程，采取措施保证各类管线、设施和周边建筑物、构筑物的安全。

第十三条 设计单位应当按照法律、法规和工程建设强制性标准进行设计，防止因设计不合理导致生产安全事故的发生。

设计单位应当考虑施工安全操作和防护的需要，对涉及施工安全的重点部位和环节在设计文件中注明，并对防范生产安全事故提出指导意见。

采用新结构、新材料、新工艺的建设工程和特殊结构的建设工程，设计单位应当在设计中提出保障施工作业人员安全和预防生产安全事故的措施建议。

设计单位和注册建筑师等注册执业人员应当对其设计负责。

第十四条 工程监理单位应当审查施工组织设计中的安全技术措施或者专项施工方案是否符合工程建设强制性标准。

工程监理单位在实施监理过程中，发现存在安全事故隐患的，应当要求施工单位整改；情况严重的，应当要求施工单位暂时停止施工，并及时报告建设单位。施工单位拒不整改或者不停止施工的，工程监理单位应当及时向有关主管部门报告。

工程监理单位和监理工程师应当按照法律、法规和工程建设强制性标准实施监理，并对建设工程安全生产承担监理责任。

第十五条 为建设工程提供机械设备和配件的单位，应当按照安全施工的要求配备齐全有效的保险、限位等安全设施和装置。

第十六条 出租的机械设备和施工机具及配件，应当具有生产（制造）许可证、产品合格证。

出租单位应当对出租的机械设备和施工机具及配件的安全性能进行检测，在签订租赁协议时，应当出具检测合格证明。

禁止出租检测不合格的机械设备和施工机具及配件。

第四章　施工单位的安全责任

第二十条 施工单位从事建设工程的新建、扩建、改建和拆除等活动，应当具备国家规定的注册资本、专业技术人员、技术装备和安全生产等条件，依法取得相应等级的资质证书，并在其资质等级许可的范围内承揽工程。

第二十一条 施工单位主要负责人依法对本单位的安全生产工作全面负责。施工单位应当建立健全安全生产责任制度和安全生产教育培训制度，制定安全生产规章制度和操作规程，保证本单位安全生产条件所需资金的投入，对所承担的建设工程进行定期和专项安全检查，并做好安全检查记录。

施工单位的项目负责人应当由取得相应执业资格的人员担任，对建设工程项目的安全施工负责，落实安全生产责任制度、安全生产规章制度和操作规程，确保安全生产费用的有效使用，并根据工程的特点组织制定安全施工措施，消除安全事故隐患，及时、如实报告生产安全事故。

第二十二条 施工单位对列入建设工程概算的安全作业环境及安全施工措施所需费用，应当用于施工安全防护用具及设施的采购和更新、安全施工措施的落实、安全生产条件的改善，不得挪作他用。

第二十三条 施工单位应当设立安全生产管理机构，配备专职安全生产管理人员。

专职安全生产管理人员负责对安全生产进行现场监督检查。发现安全事故隐患，应当及时向项目负责人和安全生产管理机构报告；对违章指挥、违章操作的，应当立即制止。

专职安全生产管理人员的配备办法由国务院建设行政主管部门会同国务院其他有关部门制定。

第二十四条 建设工程实行施工总承包的，由总承包单位对施工现场的安全生产负总责。

总承包单位应当自行完成建设工程主体结构的施工。

总承包单位依法将建设工程分包给其他单位的，分包合同中应当明确各自的安全生产方面的权利、义务。总承包单位和分包单位对分包工程的安全生产承担连带责任。

分包单位应当服从总承包单位的安全生产管理，分包单位不服从管理导致生产安全事故的，由分包单位承担主要责任。

第二十五条 垂直运输机械作业人员、安装拆卸工、爆破作业人员、起重信号工、登高架设作业人员等特种作业人员，必须按照国家有关规定经过专门的安全作业培训，并取得特种作业操作资格证书后，方可上岗作业。

第二十六条 施工单位应当在施工组织设计中编制安全技术措施和施工现场临时用电方案，对下列达到一定规模的危险性较大的分部分项工程编制专项施工方案，并附具安全验算结果，经施工单位技术负责人、总监理工程师签字后实施，由专职安全生产管理人员进行现场监督。

第二十九条 施工单位应当将施工现场的办公、生活区与作业区分开设置，并保持安全距离；办公、生活区的选址应当符合安全性要求。职工的膳食、饮水、休息场所等应当符合卫生标准。施工单位不得在尚未竣工的建筑物内设置员工集体宿舍。

第三十条 施工单位对因建设工程施工可能造成损害的毗邻建筑物、构筑物和地下管线等，应当采取专项防护措施。

施工单位应当遵守有关环境保护法律、法规的规定，在施工现场采取措施，防止或者减少粉尘、废气、废水、固体废物、噪声、振动和施工照明对人和环境的危害和污染。

在城市市区内的建设工程，施工单位应当对施工现场实行封闭围挡。

第三十六条 施工单位的主要负责人、项目负责人、专职安全生产管理人员应当经建设行政主管部门或者其他有关部门考核合格后方可任职。

施工单位应当对管理人员和作业人员每年至少进行一次安全生产教育培训，其教育培训情况记入个人工作档案。安全生产教育培训考核不合格的人员，不得上岗。

第五章 监 督 管 理

第四十二条 建设行政主管部门在审核发放施工许可证时，应当对建设工程是否有安全施工措施进行审查，对没有安全施工措施的，不得颁发施工许可证。

第四十三条 县级以上人民政府负有建设工程安全生产监督管理职责的部门在各自的职责范围内履行安全监督检查职责时，有权采取下列措施：

（一）要求被检查单位提供有关建设工程安全生产的文件和资料；

（二）进入被检查单位施工现场进行检查；

（三）纠正施工中违反安全生产要求的行为；

（四）对检查中发现的安全事故隐患，责令立即排除；重大安全事故隐患排除前或者排除过程中无法保证安全的，责令从危险区域内撤出作业人员或者暂时停止施工。

建设行政主管部门或者其他有关部门对建设工程是否有安全施工措施进行审查时，不得收取费用。

第十二节　建设工程监理规范（摘要）

3　项目监理机构及其设施

3.1　一般规定

3.1.1　工程监理单位实施监理时，应在施工现场派驻项目监理机构。项目监理机构的组织形式和规模，可根据建设工程监理合同约定的服务内容、服务期限，以及工程特点、规模、技术复杂程度、环境等因素确定。

3.1.2　项目监理机构的监理人员应由总监理工程师、专业监理工程师和监理员组成，且专业配套、数量应满足建设工程监理工作需要，必要时可设总监理工程师代表。

3.1.3　工程监理单位在建设工程监理合同签订后，应及时将项目监理机构的组织形式、人员构成及对总监理工程师的任命书面通知建设单位。

3.1.4　工程监理单位调换总监理工程师时，应征得建设单位书面同意；调换专业监理工程师时，总监理工程师应书面通知建设单位。

3.2　监理人员职责

3.2.1　总监理工程师应履行下列职责：

1　确定项目监理机构人员及其岗位职责。

2　组织编制监理规划，审批监理实施细则。

3　根据工程进展及监理工作情况调配监理人员，检查监理人员工作。

4　组织召开监理例会。

5　组织审核分包单位资格。

6　组织审查施工组织设计、（专项）施工方案。

7　审查开复工报审表，签发工程开工令、暂停令和复工令。

8　组织检查施工单位现场质量、安全生产管理体系的建立及运行情况。

9　组织审核施工单位的付款申请，签发工程款支付证书，组织审核竣工结算。

10　组织审查和处理工程变更。

11　调解建设单位与施工单位的合同争议，处理工程索赔。

12　组织验收分部工程，组织审查单位工程质量检验资料。

13　审查施工单位的竣工申请，组织工程竣工预验收，组织编写工程质量评估报告，参与工程竣工验收。

14　参与或配合工程质量安全事故的调查和处理。

15　组织编写监理月报、监理工作总结，组织整理监理文件资料。

3.2.2　总监理工程师不得将下列工作委托给总监理工程师代表：

1　组织编制监理规划，审批监理实施细则。

2　根据工程进展及监理工作情况调配监理人员。

3　组织审查施工组织设计、（专项）施工方案。

4　签发工程开工令、暂停令和复工令。

5　签发工程款支付证书，组织审核竣工结算。

6　调解建设单位与施工单位的合同争议，处理工程索赔。

7　审查施工单位的竣工申请，组织工程竣工预验收，组织编写工程质量评估报告，参与工程竣工验收。

8　参与或配合工程质量安全事故的调查和处理。

3.2.3　专业监理工程师应履行下列职责：

1　参与编制监理规划，负责编制监理实施细则。

2　审查施工单位提交的涉及本专业的报审文件，并向总监理工程师报告。

3　参与审核分包单位资格。

4　指导、检查监理员工作，定期向总监理工程师报告本专业监理工作实施情况。

5　检查进场的工程材料、构配件、设备的质量。

6　验收检验批、隐蔽工程、分项工程，参与验收分部工程。

7　处置发现的质量问题和安全事故隐患。

8　进行工程计量。

9　参与工程变更的审查和处理。

10　组织编写监理日志，参与编写监理月报。

11　收集、汇总、参与整理监理文件资料。

12　参与工程竣工预验收和竣工验收。

3.2.4　监理员应履行下列职责：

1　检查施工单位投入工程的人力、主要设备的使用及运行状况。

2　进行见证取样。

3　复核工程计量有关数据。

4　检查工序施工结果。

5　发现施工作业中的问题，及时指出并向专业监理工程师报告。

6　工程变更、索赔及施工合同争议处理

6.1　一般规定

6.1.1　项目监理机构应依据建设工程监理合同约定进行施工合同管理，处理工程暂停及复工、工程变更、索赔及施工合同争议、解除等事宜。

6.1.2　施工合同终止时，项目监理机构应协助建设单位按施工合同约定处理施工合同终止的有关事宜。

6.2　工程暂停及复工

6.2.1　总监理工程师在签发工程暂停令时，可根据停工原因的影响范围和影响程度，确定停工范围，并应按施工合同和建设工程监理合同的约定签发工程暂停令。

6.2.2　项目监理机构发现下列情况之一时，总监理工程师应及时签发工程暂停令：

1　建设单位要求暂停施工且工程需要暂停施工的。

2　施工单位未经批准擅自施工或拒绝项目监理机构管理的。

3　施工单位未按审查通过的工程设计文件施工的。

4　施工单位未按批准的施工组织设计、（专项）施工方案施工或违反工程建设强制性标准的。

5　施工存在重大质量、安全事故隐患或发生质量、安全事故的。

6.2.3　总监理工程师签发工程暂停令应征得建设单位同意，在紧急情况下未能事先报告的，应在事后及时向建设单位作出书面报告。

6.2.4　暂停施工事件发生时，项目监理机构应如实记录所发生的情况。

6.2.5　总监理工程师应会同有关各方按施工合同约定，处理因工程暂停引起的与工期、费用有关的问题。

6.2.6　因施工单位原因暂停施工时，项目监理机构应检查、验收施工单位的停工整改过程、结果。

6.2.7　当暂停施工原因消失、具备复工条件时，施工单位提出复工申请的，项目监理机构应审查施工单位报送的复工报审表及有关材料，符合要求后，总监理工程师应及时签署审查意见，并应报建设单位批准后签发工程复工令；施工单位未提出复工申请的，总监理工程师应根据工程实际情况指令施工单位恢复施工。

附录A

勘察设计注册工程师资格考试
公共基础考试大纲（上午段）

一、工程科学基础

（一）数学

1. 空间解析几何

向量的线性运算；向量的数量积、向量积及混合积；两向量垂直、平行的条件；直线方程；平面方程；平面与平面、直线与直线、平面与直线之间的位置关系；点到平面、直线的距离；球面、母线平行于坐标轴的柱面、旋转轴为坐标轴的旋转曲面的方程；常用的二次曲面方程；空间曲线在坐标面上的投影曲线方程。

2. 微分学

函数的有界性、单调性、周期性和奇偶性；数列极限与函数极限的定义及其性质；无穷小和无穷大的概念及其关系；无穷小的性质及无穷小的比较极限的四则运算；函数连续的概念；函数间断点及其类型；导数与微分的概念；导数的几何意义和物理意义；平面曲线的切线和法线；导数和微分的四则运算；高阶导数；微分中值定理；洛必达法则；函数的切线及法平面和切平面及法线；函数单调性的判别；函数的极值；函数曲线的凹凸性、拐点；偏导数与全微分的概念；二阶偏导数；多元函数的极值和条件极值；多元函数的最大、最小值及其简单应用。

3. 积分学

原函数与不定积分的概念；不定积分的基本性质；基本积分公式；定积分的基本概念和性质（包括定积分中值定理）；积分上限的函数及其导数；牛顿一莱布尼兹公式；不定积分和定积分的换元积分法与分部积分法；有理函数、三角函数的有理式和简单无理函数的积分；广义积分；二重积分与三重积分的概念、性质、计算和应用；两类曲线积分的概念、性质和计算；求平面图形的面积、平面曲线的弧长和旋转体的体积。

4. 无穷级数

数项级数的敛散性概念；收敛级数的和；级数的基本性质与级数收敛的必要条件；几何级数与 p 级数及其收敛性；正项级数敛散性的判别法；任意项级数的绝对收敛与条件收敛；幂级数及其收敛半径、收敛区间和收敛域；幂级数的和函数；函数的泰勒级数展开；函数的傅里叶系数与傅里叶级数。

5. 常微分方程

常微分方程的基本概念；变量可分离的微分方程；齐次微分方程；一阶线性微分方程；全微分方程；可降阶的高阶微分方程；线性微分方程解的性质及解的结构定理；二阶常系数齐次线性微分方程。

6. 线性代数

行列式的性质及计算；行列式按行展开定理的应用；矩阵的运算；逆矩阵的概念、性质及求法；矩阵的初等变换和初等矩阵；矩阵的秩；等价矩阵的概念和性质；向量的线性表示；向量组的线性相关和线性无关；线性方程组有解的判定；线性方程组求解；矩阵的特征值和特征向量的概念与性质；相似矩阵的概念和性质；矩阵的相似对角化；二次型及其矩阵表示；合同矩阵的概念和性质；二次型的秩；惯性定理；二次型及其矩阵的正定性。

7. 概率与数理统计

随机事件与样本空间；事件的关系与运算；概率的基本性质；古典型概率；条件概率；概率的基本公式；事件的独立性；独立重复试验；随机变量；随机变量的分布函数；离散型随机变量的概率分布；连续型随机变量的概率密度；常见随机变量的分布；随机变量的数学期望、方差、标准差及其性质；随机变量函数的数学期望；矩、协方差、相关系数及其性质；总体；个体；简单随机样本；统计量；样本均值；样本方差和样本矩；χ^2 分布；t 分布；F 分布；点估计的概念；估计量与估计值；矩估计法；最大似然估计法；估计量的评选标准；区间估计的概念；单个正态总体的均值和方差的区间估计；两个正态总体的均值差和方差比的区间估计；显著性检验；单个正态总体的均值和方差的假设检验。

（二）物理学

1. 热学

气体状态参量；平衡态；理想气体状态方程；理想气体的压强和温度的统计解释；自由度；能量按自由度均分原理；理想气体内能；平均碰撞频率和平均自由程；麦克斯韦速率分布律；方均根速率；平均速率；最概然速率；功；热量；内能；热力学第一定律及其对理想气体等值过程的应用；绝热过程；气体的摩尔热容量；循环过程；卡诺循环；热机效率；净功；制冷系数；热力学第二定律及其统计意义；可逆过程和不可逆过程。

2. 波动学

机械波的产生和传播；一维简谐波表达式；描述波的特征量；波面，波前，波线；波的能量、能流、能流密度；波的衍射；波的干涉；驻波；自由端反射与固定端反射；声波；声强级；多普勒效应。

3. 光学

相干光的获得；杨氏双缝干涉；光程和光程差；薄膜干涉；光疏介质；光密介质；迈克尔逊干涉仪；惠更斯一菲涅尔原理；单缝衍射；光学仪器分辨本领；衍射光栅与光谱分析；X射线衍射；布拉格公式；自然光和偏振光；布儒斯特定律；马吕斯定律；双折射现象。

（三）化学

1. 物质的结构和物质状态

原子结构的近代概念；原子轨道和电子云；原子核外电子分布；原子和离子的电子结构；原子结构和元素周期律；元素周期表；周期族；元素性质及氧化物及其酸碱性。离子键的特征；共价键的特征和类型；杂化轨道与分子空间构型；分子结构式；键的极性和分子的极性；分子间力与氢键；晶体与非晶体；晶体类型与物质性质。

2. 溶液

溶液的浓度；非电解质稀溶液通性；渗透压；弱电解质溶液的解离平衡；分压定律；解离常数；同离子效应；缓冲溶液；水的离子积及溶液的 pH 值；盐类的水解及溶液的酸碱性；溶度积常数；溶度积规则。

3. 化学反应速率及化学平衡

反应热与热化学方程式；化学反应速率；温度和反应物浓度对反应速率的影响；活化能的物理意义；催化剂；化学反应方向的判断；化学平衡的特征；化学平衡移动原理。

4. 氧化还原反应与电化学

氧化还原的概念；氧化剂与还原剂；氧化还原电对；氧化还原反应方程式的配平；原电池的组成和符号；电极反应与电池反应；标准电极电动势；电极电势的影响因素及应用；金属腐蚀与防护。

5. 有机化学

有机物特点、分类及命名；官能团及分子构造式；同分异构；有机物的重要反应：加成、取代、消除、氧化、催化加氢、聚合反应、加聚与缩聚；基本有机物的结构、基本性质及用途：烷烃、烯烃、炔烃、芳烃、卤代烃、醇、苯酚、醛和酮、羧酸、酯；合成材料：高分子化合物、塑料、合成橡胶、合成纤维、工程塑料。

（四）理论力学

1. 静力学

平衡；刚体；力；约束及约束力；受力图；力矩；力偶及力偶矩；力系的等效和简化；力的平移定理；平面力系的简化；主矢；主矩；平面力系的平衡条件和平衡方程式；物体系统（含平面静定桁架）的平衡；摩擦力；摩擦定律；摩擦角；摩擦自锁。

2. 运动学

点的运动方程；轨迹；速度；加速度；切向加速度和法向加速度；平动和绕定轴转动；角速度；角加速度；刚体内任一点的速度和加速度。

3. 动力学

牛顿定律；质点的直线振动；自由振动微分方程；固有频率；周期；振幅；衰减振动；阻尼对自由振动振幅的影响——振幅衰减曲线；受迫振动；受迫振动频率；幅频特性；共振；动力学普遍定理；动量；质心；动量定理及质心运动定理；动量及质心运动守恒；动量矩；动量矩定理；动量矩守恒；刚体定轴转动微分方程；转动惯量；回转半径；平行轴定理；功；动能；势能；动能定理及机械能守恒；达朗贝尔原理；惯性力；刚体作平动和绕定轴转动（转轴垂直于刚体的对称面）时惯性力系的简化；动静法。

（五）材料力学

1. 材料在拉伸、压缩时的力学性能

低碳钢、铸铁拉伸、压缩试验的应力—应变曲线；力学性能指标。

2. 拉伸和压缩

轴力和轴力图；杆件横截面和斜截面上的应力；强度条件；虎克定律；变形计算。

3. 剪切和挤压

剪切和挤压的实用计算；剪切面；挤压面；剪切强度；挤压强度。

4. 扭转

扭矩和扭矩图；圆轴扭转切应力；切应力互等定理；剪切虎克定律；圆轴扭转的强度条件；扭转角计算及刚度条件。

5. 截面几何性质

静矩和形心；惯性矩和惯性积；平行轴公式；形心主轴及形心主惯性矩概念。

6. 弯曲

梁的内力方程；剪力图和弯矩图；分布荷载、剪力、弯矩之间的微分关系；正应力强度条件；切应力强度条件；梁的合理截面；弯曲中心概念；求梁变形的积分法、叠加法。

7. 应力状态

平面应力状态分析的解析法和应力圆法；主应力和最大切应力；广义虎克定律；四个常用的强度理论。

8. 组合变形

拉/压—弯组合、弯—扭组合情况下杆件的强度校核；斜弯曲。

9. 压杆稳定

压杆的临界荷载；欧拉公式；柔度；临界应力总图；压杆的稳定校核。

（六）流体力学

1. 流体的主要物性与流体静力学

流体的压缩性与膨胀性；流体的黏性与牛顿内摩擦定律；流体静压强及其特性；重力作用下静水压强的分布规律；作用于平面的液体总压力的计算。

2. 流体动力学基础

以流场为对象描述流动的概念；流体运动的总流分析；恒定总流连续性方程、能量方程和动量方程的运用。

3. 流动阻力和能量损失

沿程阻力损失和局部阻力损失；实际流体的两种流态——层流和紊流；圆管中层流运动；紊流运动的特征；减小阻力的措施。

4. 孔口、管嘴、管道流动

孔口自由出流、孔口淹没出流；管嘴出流；有压管道恒定流；管道的串联和并联。

5. 明渠恒定流

明渠均匀水流特性；产生均匀流的条件；明渠恒定非均匀流的流动状态；明渠恒定均匀流的水力计算。

6. 渗流、井和集水廊道

土壤的渗流特性；达西定律；井和集水廊道。

7. 相似原理和量纲分析

力学相似原理；相似准数；量纲分析法。

二、现代技术基础

1. 电磁学概念

电荷与电场；库仑定律；高斯定理；电流与磁场；安培环路定律；电磁感应定律；洛仑兹力。

2. 电路知识

电路组成；电路的基本物理过程；理想电路元件及其约束关系；电路模型；欧姆定律；基尔霍夫定律；支路电流法；等效电源定理；叠加原理；正弦交流电的时间函数描述；阻抗；正弦交流电的相量描述；复数阻抗；交流电路稳态分析的相量法；交流电路功率；功率因数；三相配电电路及用电安全；电路暂态；*RC*、*RL* 电路暂态特性；电路频率特性；*RC*、*RL* 电路频率特性。

3. 电动机与变压器

理想变压器；变压器的电压变换、电流变换和阻抗变换原理；三相异步电动机接线、启动、反转及调速方法；三相异步电动机运行特性；简单继电—接触控制电路。

4. 信号与信息

信号；信息；信号的分类；模拟信号与信息；模拟信号描述方法；模拟信号的频谱；模拟信号增强；模拟信号滤波；模拟信号变换；数字信号与信息；数字信号的逻辑编码与逻辑演算；数字信号的数值编码与数值运算。

5. 模拟电子技术

晶体二极管；极型晶体三极管；共射极放大电路；输入阻抗与输出阻抗；射极跟随器与阻抗变换；运算放大器；反相运算放大电路；同相运算放大电路；基于运算放大器的比较器电路；二极管单相半波整流电路；二极管单相桥式整流电路。

6. 数字电子技术

与、或、非门的逻辑功能；简单组合逻辑电路；D触发器；JK触发器数字寄存器；脉冲计数器。

7. 计算机系统

计算机系统组成；计算机的发展；计算机的分类；计算机系统特点；计算机硬件系统组成；CPU；存储器；输入/输出设备及控制系统；总线；数模/模数转换；计算机软件系统组成；系统软件；操作系统；操作系统定义；操作系统特征；操作系统功能；操作系统分类；支撑软件；应用软件；计算机程序设计语言。

8. 信息表示

信息在计算机内的表示；二进制编码；数据单位；计算机内数值数据的表示；计算机内非数值数据的表示；信息及其主要特征。

9. 常用操作系统

Windows发展；进程和处理器管理；存储管理；文件管理；输入/输出管理；设备管理；网络服务。

10. 计算机网络

计算机与计算机网络；网络概念；网络功能；网络组成；网络分类；局域网；广域网；因特网；网络管理；网络安全；Windows系统中的网络应用；信息安全；信息保密。

三、工程管理基础

（一）法律法规

1. 中华人民共和国建筑法

总则；建筑许可；建筑工程发包与承包；建筑工程监理；建筑安全生产管理；建筑工程质量管理；法律责任。

2. 中华人民共和国安全生产法

总则；生产经营单位的安全生产保障；从业人员的权利和义务；安全生产的监督管理；生产安全事故的应急救援与调查处理。

3. 中华人民共和国招标投标法

总则；招标；投标；开标；评标和中标；法律责任。

4. 中华人民共和国合同法

一般规定；合同的订立；合同的效力；合同的履行；合同的变更和转让；合同的权利义务终止；违约责任；其他规定。

5. 中华人民共和国行政许可法

总则；行政许可的设定；行政许可的实施机关；行政许可的实施程序；行政许可的费用。

6. 中华人民共和国节约能源法

总则；节能管理；合理使用与节约能源；节能技术进步；激励措施；法律责任。

7. 中华人民共和国环境保护法

总则；环境监督管理；保护和改善环境；防治环境污染和其他公害；法律责任。

8. 建设工程勘察设计管理条例

总则；资质资格管理；建设工程勘察设计发包与承包；建设工程勘察设计文件的编制与实施；监督管理。

9. 建设工程质量管理条例

总则；建设单位的质量责任和义务；勘察设计单位的质量责任和义务；施工单位的质量责任和义务；工程监理单位的质量责任和义务；建设工程质量保修。

10. 建设工程安全生产管理条例

总则；建设单位的安全责任；勘察设计工程监理及其他有关单位的安全责任；施工单位的安全责任；监督管理；生产安全事故的应急救援和调查处理。

（二）工程经济

1. 资金的时间价值

资金时间价值的概念；利息及计算；实际利率和名义利率；现金流量及现金流量图；资金等值计算的常用公式及应用；复利系数表的应用。

2. 财务效益与费用估算

项目的分类；项目计算期；财务效益与费用；营业收入；补贴收入；建设投资；建设期利息；流动资金；总成本费用；经营成本；项目评价涉及的税费；总投资形成的资产。

3. 资金来源与融资方案

资金筹措的主要方式；资金成本；债务偿还的主要方式。

4. 财务分析

财务评价的内容；盈利能力分析（财务净现值、财务内部收益率、项目投资回收期、总投资收益率、项目资本金净利润率）；偿债能力分析（利息备付率、偿债备付率、资产负债率）；财务生存能力分析；财务分析报表（项目投资现金流量表、项目资本金现金流量表、利润与利润分配表、财务计划现金流量表）；基准收益率。

5. 经济费用效益分析

经济费用和效益；社会折现率；影子价格；影子汇率；影子工资；经济净现值；经济内部收益率；经济效益费用比。

6. 不确定性分析

盈亏平衡分析（盈亏平衡点、盈亏平衡分析图）；敏感性分析（敏感度系数、临界点、敏感性分析图）。

7. 方案经济比选

方案比选的类型；方案经济比选的方法（效益比选法、费用比选法、最低价格法）；计算期不同的互斥方案的比选。

8. 改扩建项目经济评价特点

改扩建项目经济评价特点。

9. 价值工程

价值工程原理；实施步骤。

附录 B

勘察设计注册工程师资格考试公共基础试题（上午段）配置说明

一、工程科学基础（共 78 题）

数学基础	24 题	理论力学基础	12 题
物理基础	12 题	材料力学基础	12 题
化学基础	10 题	流体力学基础	8 题

二、现代技术基础（共 28 题）

电气技术基础	12 题	计算机基础	10 题
信号与信息基础	6 题		

三、工程管理基础（共 14 题）

工程经济基础	8 题	法律法规	6 题

注：试卷题目数量合计 120 题，每题 1 分，满分为 120 分。考试时间为 4 小时。

附录C

2020年全国勘察设计注册工程师执业资格考试公共基础考试试题

单项选择题（共120题，每题1分。每题的备选项中只有一个最符合题意。）

1. 当$x\to+\infty$时，下列函数为无穷大量的是（　　）。

(A) $\dfrac{1}{2+x}$　　(B) $x\cos x$　　(C) $e^{3x}-1$　　(D) $1-\arctan x$

2. 设函数$y=f(x)$满足$\lim\limits_{x\to x_0}f'(x)=\infty$，且曲线$y=f(x)$在$x=x_0$处有切线，则此切线（　　）。

(A) 与ox轴平行　　(B) 与oy轴平行

(C) 与直线$y=-x$平行　　(D) 与直线$y=x$平行

3. 设可微函数$y=y(x)$由方程$\sin y+e^x-xy^2=0$所确定，则微分dy等于（　　）。

(A) $\dfrac{-y^2+e^x}{\cos y-2xy}dx$　　(B) $\dfrac{y^2+e^x}{\cos y-2xy}dx$

(C) $\dfrac{y^2+e^x}{\cos y+2xy}dx$　　(D) $\dfrac{y^2-e^x}{\cos y-2xy}dx$

4. 设$f(x)$的二阶导数存在，$y=f(e^x)$，则$\dfrac{d^2y}{dx^2}$等于（　　）。

(A) $f''(e^x)e^x$　　(B) $[f''(e^x)+f'(e^x)]e^x$

(C) $f''(e^x)e^{2x}+f'(e^x)e^x$　　(D) $f''(e^x)e^x+f'(e^x)e^{2x}$

5. 下列函数在区间$[-1,1]$上满足罗尔定理条件的是（　　）。

(A) $f(x)=\sqrt[3]{x^2}$　　(B) $f(x)=\sin x^2$

(C) $f(x)=|x|$　　(D) $f(x)=\dfrac{1}{x}$

6. 曲线$f(x)=x^4+4x^3+x+1$在区间$(-\infty,+\infty)$上的拐点个数是（　　）。

(A) 0　　(B) 1　　(C) 2　　(D) 3

7. 已知函数$f(x)$的一个原函数是$1+\sin x$，则不定积分$\int xf'(x)dx$等于（　　）。

(A) $(1+\sin x)(x-1)+C$　　(B) $x\cos x-(1+\sin x)+C$

(C) $-x\cos x+(1+\sin x)+C$　　(D) $1+\sin x+C$

8. 由曲线$y=x^3$，直线$x=1$和ox轴所围成的平面图形绕ox轴旋转一周所形成的旋转的体积是（　　）。

(A) $\dfrac{\pi}{7}$　　(B) 7π　　(C) $\dfrac{\pi}{6}$　　(D) 6π

9. 设向量$\boldsymbol{\alpha}=(5,1,8)$，$\boldsymbol{\beta}=(3,2,7)$，若$\lambda\alpha+\beta$与$oz$轴垂直，则常数$\lambda$等于（　　）。

(A) $\dfrac{7}{8}$　　(B) $-\dfrac{7}{8}$　　(C) $\dfrac{8}{7}$　　(D) $-\dfrac{8}{7}$

10. 过点 $M_1(0,\ -1,\ 2)$ 和 $M_2(1,\ 0,\ 1)$ 且平行于 z 轴的平面方程是(　　)。

(A) $x-y=0$　　(B) $\frac{x}{1}=\frac{y+1}{-1}=\frac{z-2}{0}$

(C) $x+y-1=0$　　(D) $x-y-1=0$

11. 过点 (1, 2) 且切线斜率为 $2x$ 的曲线 $y=f(x)$ 应满足的关系式是(　　)。

(A) $y'=2x$　　(B) $y''=2x$

(C) $y'=2x$, $y(1)=2$　　(D) $y''=2x$, $y(1)=2$

12. 设 D 是由直线 $y=x$ 和圆 $x^2+(y-1)^2=1$ 所围成且在直线 $y=x$ 下方的平面区域，则二重积分 $\iint\limits_D x\,dx\,dy$ 等于(　　)。

(A) $\int_0^{\frac{\pi}{2}}\cos\theta d\theta\int_0^{2\cos\theta}\rho^2 d\rho$　　(B) $\int_0^{\frac{\pi}{2}}\sin\theta d\theta\int_0^{2\sin\theta}\rho^2 d\rho$

(C) $\int_0^{\frac{\pi}{4}}\sin\theta d\theta\int_0^{2\sin\theta}\rho^2 d\rho$　　(D) $\int_0^{\frac{\pi}{4}}\cos\theta d\theta\int_0^{2\sin\theta}\rho^2 d\rho$

13. 已知 y_0 是微分方程 $y''+py'+qy=0$ 的解，y_1 是微分方程 $y''+py'+qy=f(x)[f(x)\neq 0]$ 的解，则下列函数中的微分方程 $y''+py'+qy=f(x)$ 的解是(　　)。

(A) $y=y_0+C_1y_1$(C_1 是任意常数)

(B) $y=C_1y_1+C_2y_0$(C_1、C_2 是任意常数)

(C) $y=y_0+y_1$

(D) $y=2y_1+3y_0$

14. 设 $z=\frac{1}{x}e^{xy}$，则全微分 $dz\big|_{(1,-1)}$ 等于(　　)。

(A) $e^{-1}(dx+dy)$　　(B) $e^{-1}(-2dx+dy)$

(C) $e^{-1}(dx-dy)$　　(D) $e^{-1}(dx+2dy)$

15. 设 L 为从原点 O (0, 0) 到点 A (1, 2) 的有向直线段，则对坐标的曲线积分 $\int_L -y dx+x dy$ 等于(　　)。

(A) 0　　(B) 1　　(C) 2　　(D) 3

16. 下列级数发散的是(　　)。

(A) $\sum\limits_{n=1}^{\infty}\frac{n^2}{3n^4+1}$　　(B) $\sum\limits_{n=1}^{\infty}\frac{1}{\sqrt[3]{n(n-1)}}$

(C) $\sum\limits_{n=1}^{\infty}\frac{(-1)^n}{\sqrt{n}}$　　(D) $\sum\limits_{n=1}^{\infty}\frac{5}{3^n}$

17. 设函数 $z=f^2(xy)$，其中 $f(u)$ 具有二阶导数，则 $\frac{\partial^2 z}{\partial x^2}$ 等于(　　)。

(A) $2y^3f'(xy)f''(xy)$

(B) $2y^2(f'(xy)+f''(xy))$

(C) $2y((f'(xy))^2+f''(xy))$

(D) $2y^2((f'(xy))^2+f(xy)f''(xy))$

18. 若幂级数 $\sum\limits_{n=1}^{\infty}a_n(x+2)^n$ 在 $x=0$ 处收敛，在 $x=-4$ 处发散，则幂级数 $\sum\limits_{n=1}^{\infty}a_n(x-1)^n$

的收敛域是(　　)。

(A) $(-1, 3)$　　(B) $[-1, 3)$

(C) $(-1, 3]$　　(D) $[-1, 3]$

19. 设$\boldsymbol{A}$为n阶方阵，$\boldsymbol{B}$是只对调$\boldsymbol{A}$的一、二列所得的矩阵，若$|\boldsymbol{A}| \neq |\boldsymbol{B}|$，则下面结论中一定成立的是(　　)。

(A) $|\boldsymbol{A}|$可能为0　　(B) $|\boldsymbol{A}| \neq 0$

(C) $|\boldsymbol{A}+\boldsymbol{B}| \neq 0$　　(D) $|\boldsymbol{A}-\boldsymbol{B}| \neq 0$

20. 设$\boldsymbol{A}=\begin{bmatrix}1 & x & 1\\ x & 1 & y\\ 1 & y & 1\end{bmatrix}$，$\boldsymbol{B}=\begin{bmatrix}0 & 0 & 0\\ 0 & 1 & 0\\ 0 & 0 & 2\end{bmatrix}$，且$\boldsymbol{A}$与$\boldsymbol{B}$相似，则下列结论中成立的是(　　)。

(A) $x=y=0$　　(B) $x=0, y=1$

(C) $x=1, y=0$　　(D) $x=y=1$

21. 若向量组$\boldsymbol{\alpha}_1=(a, 1, 1)^{\mathrm{T}}$，$\boldsymbol{\alpha}_2=(1, a, -1)^{\mathrm{T}}$，$\boldsymbol{\alpha}_3=(1, -1, a)^{\mathrm{T}}$线性相关，则$a$的取值为(　　)。

(A) $a=1$或$a=-2$　　(B) $a=-1$或$a=2$

(C) $a>2$　　(D) $a>-1$

22. 设A、B是两事件，$P(A)=\frac{1}{4}$，$P(B \mid A)=\frac{1}{3}$，$P(A \mid B)=\frac{1}{2}$，则$P(A \cup B)$等于(　　)。

(A) $\frac{3}{4}$　　(B) $\frac{3}{5}$　　(C) $\frac{1}{2}$　　(D) $\frac{1}{3}$

23. 设随机变量x与y相互独立，方差$D(x)=1$，$D(y)=3$，则方差$D(2x-y)$等于(　　)。

(A) 7　　(B) -1　　(C) 1　　(D) 4

24. 设随机变量X与Y相互独立，且$X \sim N(\mu_1, \sigma_1^2)$，$Y \sim N(\mu_2, \sigma_2^2)$，则$Z=X+Y$服从的分布是(　　)。

(A) $N(\mu_1, \sigma_1^2+\sigma_2^2)$　　(B) $N(\mu_1+\mu_2, \sigma_1\sigma_2)$

(C) $N(\mu_1+\mu_2, \sigma_1^2\sigma_2^2)$　　(D) $N(\mu_1+\mu_2, \sigma_1^2+\sigma_2^2)$

25. 某理想气体分子在温度T_1时的方均根速率等于温度T_2时的最概然速率，则两温度之比$\frac{T_2}{T_1}$等于(　　)。

(A) $\frac{3}{2}$　　(B) $\frac{2}{3}$　　(C) $\sqrt{\frac{3}{2}}$　　(D) $\sqrt{\frac{2}{3}}$

26. 一定量的理想气体经等压膨胀后，气体的(　　)。

(A) 温度下降，做正功　　(B) 温度下降，做负功

(C) 温度升高，做正功　　(D) 温度升高，做负功

27. 一定量的理想气体从初态经一热力学过程达到末态，如初、末态均处于同一温度线上，则此过程中的内能变化ΔE和气体做功W为(　　)。

(A) $\Delta E=0$，W可正可负　　(B) $\Delta E=0$，W一定为正

(C) $\Delta E=0$，W一定为负　　(D) $\Delta E>0$，W一定为正

28. 具有相同温度的氧气和氢气的分子平均速率之比$\frac{\bar{v}_{O_2}}{\bar{v}_{H_2}}$为(　　)。

(A) 1　　(B) $\frac{1}{2}$　　(C) $\frac{1}{3}$　　(D) $\frac{1}{4}$

29. 一卡诺热机，低温热源的温度为 27℃，热机效率为 40%，其高温热源温度为(　　)。

(A) 500K　　(B) 45℃　　(C) 400K　　(D) 500℃

30. 一平面简谐波，波动方程为 $y=0.02\sin(\pi t+x)$(SI)，波动方程的余弦形式为(　　)。

(A) $y=0.02\cos\left(\pi t+x+\frac{\pi}{2}\right)$(SI)　　(B) $y=0.02\cos\left(\pi t+x-\frac{\pi}{2}\right)$(SI)

(C) $y=0.02\cos(\pi t+x+\pi)$ (SI)　　(D) $y=0.02\cos\left(\pi t+x+\frac{\pi}{4}\right)$(SI)

31. 一简谐波的频率 $v=2000\text{Hz}$，波长 $\lambda=0.20\text{m}$，则该波的周期和波速为(　　)。

(A) $\frac{1}{2000}$s，400m/s　　(B) $\frac{1}{2000}$s，40m/s

(C) 2000s，400m/s　　(D) $\frac{1}{2000}$s，20m/s

32. 两列相干波，其表达式分别为 $y_1=2A\cos2\pi\left(vt-\frac{x}{2}\right)$和 $y_2=A\cos2\pi\left(vt+\frac{x}{2}\right)$，在叠加后形成的合成波中，波中质元的振幅范围是(　　)。

(A) $A\sim0$　　(B) $3A\sim0$　　(C) $3A\sim-A$　　(D) $3A\sim A$

33. 图示为一平面简谐机械波在 t 时刻的波形曲线，若此时 A 点处媒质质元的弹性势能在减小，则(　　)。

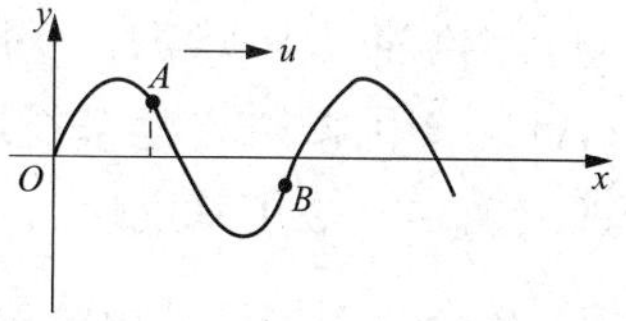

(A) A 点处质元的振动动能在减小

(B) A 点处质元的振动动能在增加

(C) B 点处质元的振动动能在增加

(D) B 点处质元在正向平衡位置处运动

34. 在双缝干涉实验中，设缝是水平的，若双缝所在的平板稍微向上平移，其他条件不变，则屏上的干涉条纹(　　)。

(A) 向下平移，且间距不变　　(B) 向上平移，且间距不变

(C) 不移动，但间距改变　　(D) 向上平移，且间距改变

35. 在空气中有一肥皂膜，厚度为 $0.32\mu\text{m}$($1\mu\text{m}=10^{-6}\text{m}$)，折射率 $n=1.33$，若用白光垂直照射，通过反射，此膜呈现的颜色大体是(　　)。

(A) 紫光 (430nm)　　(B) 蓝光 (470nm)

(C) 绿光 (566nm)　　(D) 红光 (730nm)

36. 三个偏振片 P_1、P_2 与 P_3 堆叠在一起，P_1 和 P_3 的偏振化方向相互垂直，P_2 和 P_1 的偏振化方向间的夹角为 30°，强度为 I_0 的自然光垂直入射于偏振片 P_1，并依次通过偏振片 P_1、P_2 与 P_3，则通过三个偏振片后的光强为(　　)。

(A) $I=I_0/4$　　(B) $I=I_0/8$

(C) $I=3I_0/32$　　(D) $I=3I_0/8$

37. 主量子数 $n=3$ 的原子轨道最多可容纳的电子总数是（　　）。
(A) 10　　　　(B) 8　　　　(C) 18　　　　(D) 32

38. 下列物质中，同种分子间不存在氢键的是（　　）。
(A) HI　　　　(B) HF　　　　(C) NH_3　　　　(D) C_2H_5OH

39. 已知铁的相对原子质量是56，测得100mL某溶液中含有112mg铁，则溶液中铁的浓度为（　　）。

(A) $2mol \cdot L^{-1}$　　　　(B) $0.2mol \cdot L^{-1}$

(C) $0.02mol \cdot L^{-1}$　　　　(D) $0.002mol \cdot L^{-1}$

40. 已知 $K^{\ominus}(HOAc)=1.8\times10^{-5}$，$0.1mol \cdot L^{-1}$ NaOAc 溶液的 pH 值为（　　）。
(A) 2.87　　　　(B) 11.13　　　　(C) 5.13　　　　(D) 8.88

41. 在 298K、100kPa 下，反应 $2H_2(g)+O_2(g)=\!=\!=2H_2O(l)$ 的 $\Delta_r H_m^{\ominus}=-572kJ \cdot mol^{-1}$，则 $H_2O(l)$ 的 $\Delta_f H_m^{\ominus}$ 是（　　）。

(A) $572kJ \cdot mol^{-1}$　　　　(B) $-572kJ \cdot mol^{-1}$

(C) $286kJ \cdot mol^{-1}$　　　　(D) $-286kJ \cdot mol^{-1}$

42. 已知 298K 时，反应 $N_2O_4(g) \rightleftharpoons 2NO_2(g)$ 的 $K^{\ominus}=0.1132$，在 298K 时，如 $p(N_2O_4)=p(NO_2)=100kPa$，则上述反应进行的方向是（　　）。

(A) 反应向正向进行　　　　(B) 反应向逆向进行

(C) 反应达平衡状态　　　　(D) 无法判断

43. 有原电池 $(-)Zn|ZnSO_4(C_1)\|CuSO_4(C_2)|Cu(+)$，如提高 $ZnSO_4$ 浓度 C_1 的数值，则原电池电动势（　　）。

(A) 变大　　　　(B) 变小

(C) 不变　　　　(D) 无法判断

44. 结构简式为 $(CH_3)_2CHCH(CH_3)CH_2CH_3$ 的有机物的正确命名是（　　）。

(A) 2—甲基—3—乙基戊烷　　　　(B) 2，3—二甲基戊烷

(C) 3，4—二甲基戊烷　　　　(D) 1，2—二甲基戊烷

45. 化合物对羟基苯甲酸乙酯，其结构式为 HO—⟨⟩—$COOC_2H_5$，它是一种常用的化妆品防霉剂。下列叙述正确的是（　　）。

(A) 它属于醇类化合物

(B) 它既属于醇类化合物，又属于酯类化合物

(C) 它属于醚类化合物

(D) 它属于酚类化合物，同时还属于酯类化合物

46. 某高聚物分子的一部分为：—CH_2—CH—CH_2—CH—CH_2—CH—　在下列叙述
　　　　　　　　　　　　　　|　　　　|　　　　|
　　　　　　　　　　　　　$COOCH_3$　$COOCH_3$　$COOCH_3$

中，正确的是（　　）。

(A) 它是缩聚反应的产物

(B) 它的链节为 —C—C—
　　　　　　　　　|　|
　　　　　　　CH₃ H
　　　　　　　H COOCH₃

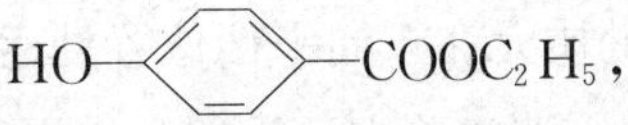

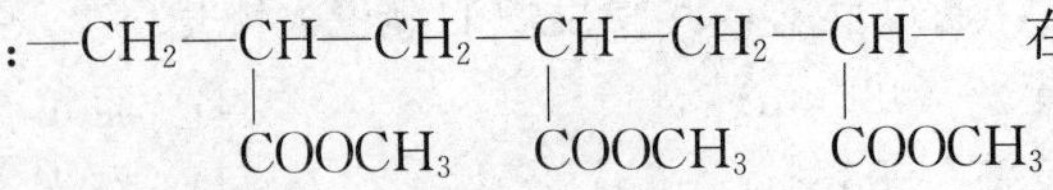

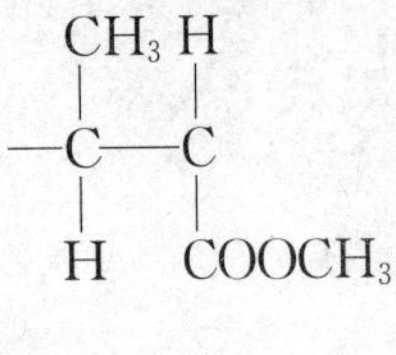

（C）它的单体为 CH_2 ═══ $CHCOOCH_3$ 和 CH_2 ═══ CH_2

（D）它的单体为 CH_2 ═══ $CHCOOCH_3$

47. 结构如图所示，杆 DE 的点 H 由水平绳拉住，其上的销钉 C 置于杆 AB 的光滑直槽中，各杆自重均不计。则销钉 C 处约束力的作用线与 x 轴正向所成的夹角为（　　）。

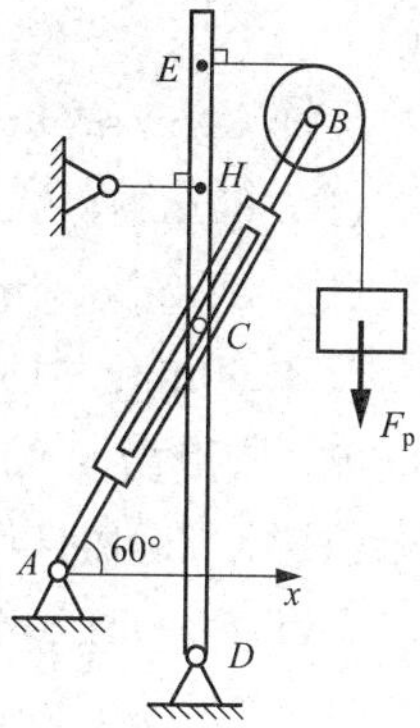

（A）0°

（B）90°

（C）60°

（D）150°

48. 直角构件受力 $F=150N$，力偶 $M=\frac{1}{2}Fa$ 作用，如图所示，$a=50cm$，$\theta=30°$，则该力系对 B 点的合力矩为（　　）。

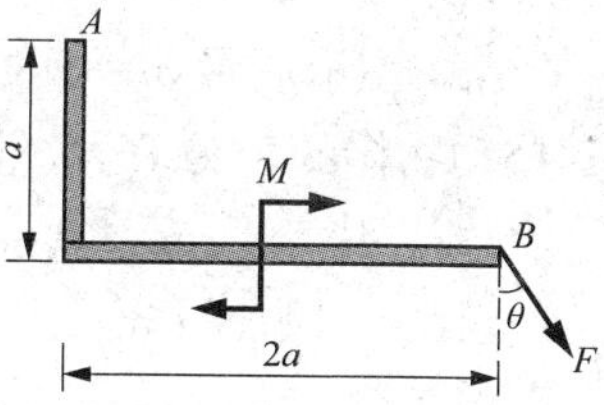

（A）$M_B=3750N\cdot cm$（顺时针）

（B）$M_B=3750N\cdot cm$（逆时针）

（C）$M_B=12990N\cdot cm$（逆时针）

（D）$M_B=12990N\cdot cm$（顺时针）

49. 图示多跨梁由 AC 和 CD 铰接而成，自重不计。已知 $q=10kN/m$，$M=40kN\cdot m$，$F=2kN$ 作用在 AB 中点，且 $\theta=45°$，$L=2m$。则支座 D 的约束力为（　　）。

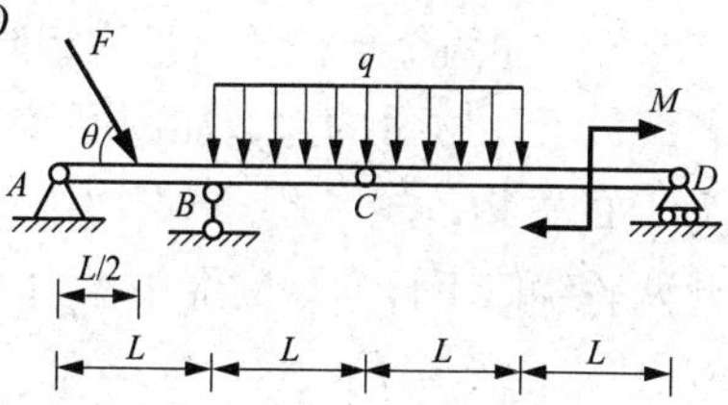

（A）$F_D=10kN$（铅垂向上）

（B）$F_D=15kN$（铅垂向上）

（C）$F_D=40.7kN$（铅垂向上）

（D）$F_D=14.3kN$（铅垂向下）

50. 图示物块重力 $F_p=100N$ 处于静止状态，接触面处的摩擦角 $\varphi_m=45°$，在水平力 $F=100N$ 的作用下，物块将（　　）。

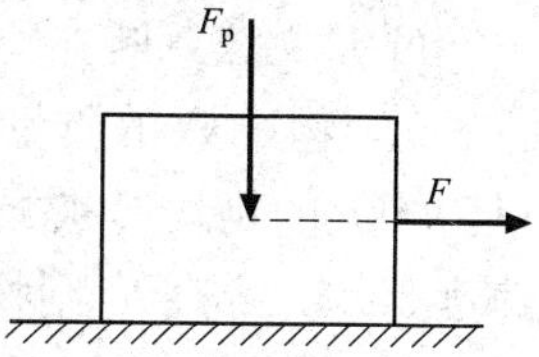

（A）向右加速滑动

（B）向右减速滑动

（C）向左加速滑动

（D）处于临界平衡状态

51. 已知动点的运动方程为 $x=t^2$，$y=2t^4$，则其轨迹方程为（　　）。

（A）$x=t^2-t$　　（B）$y=2t$

（C）$y-2x^2=0$　　（D）$y+2x^2=0$

52. 一炮弹以初速度和仰角 α 射出。对于图示直角坐标的运动方程为 $x=v_0\cos\alpha t$，$y=v_0\sin\alpha t-\frac{1}{2}gt^2$，则当 $t=0$ 时，炮弹的速度大小为（　　）。

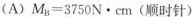

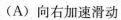

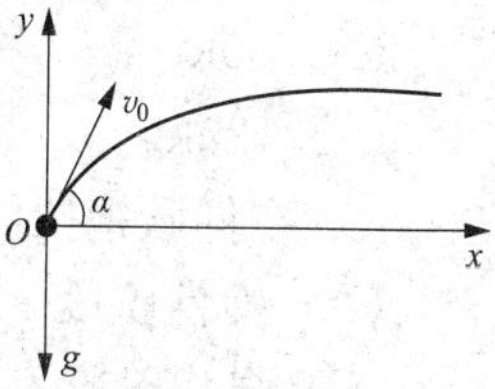

（A）$v_0\cos\alpha$　　（B）$v_0\sin\alpha$

（C）v_0　　（D）0

53. 滑轮半径 $r=50mm$，安装在发动机上旋转，其皮带的运动速度为 $20m/s$，加速度为 $6m/s^2$。扇叶半径 $R=75mm$，如图所示。则扇叶最高点 B 的速度和切向加速度分别为(　　)。

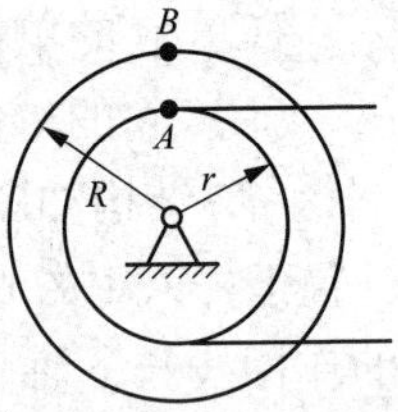

(A) 30m/s，9m/s^2

(B) 60m/s，9m/s^2

(C) 30m/s，6m/s^2

(D) 60m/s，18m/s^2

54. 质量为 m 的小球，放在倾角为 α 的光滑面上，并用平行于斜面的软绳将小球固定在图示位置，如斜面与小球均以加速度 a 向左运动，则小球受到斜面的约束力 N 应为(　　)。

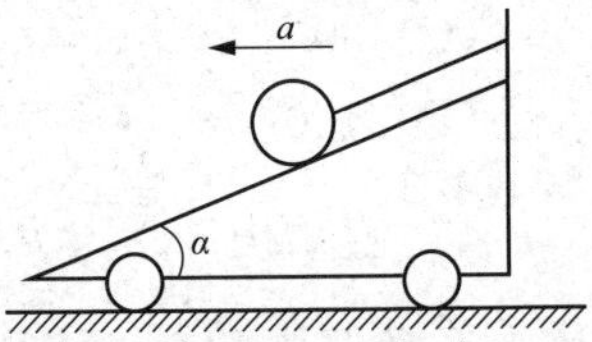

(A) $N=mg\cos\alpha-ma\sin\alpha$

(B) $N=mg\cos\alpha+ma\sin\alpha$

(C) $N=mg\cos\alpha$

(D) $N=ma\sin\alpha$

55. 图示质量 $m=5$kg 的物体受力拉动，沿与水平面 30°夹角的光滑斜平面上移动 6m，其拉动物体的力为 70N，且与斜面平行，则所有力做功之和是(　　)。

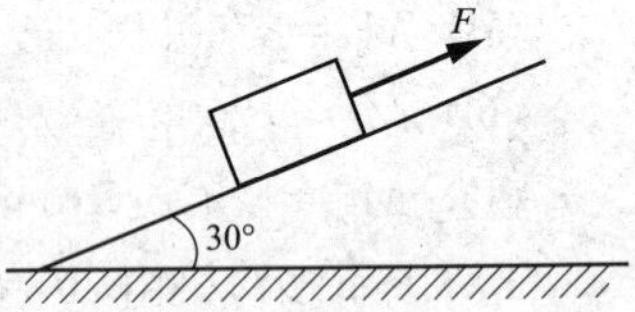

(A) 420N·m

(B) −147N·m

(C) 273N·m

(D) 567N·m

56. 在两个半径及质量均相同的均质滑轮 A 及 B 上，各绕以不计质量的绳，如图所示。轮 B 绳末端挂一重力为 P 的重物，轮 A 绳末端作用一铅垂向下的力为 P，则此两轮绕以不计质量的绳中拉力大小的关系为(　　)。

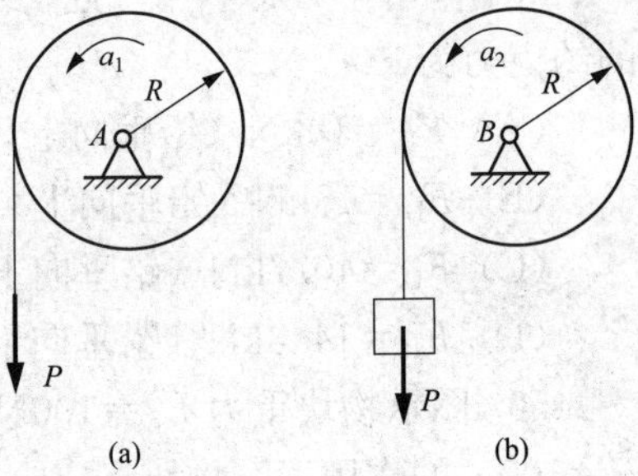

(A) $F_A<F_B$

(B) $F_A>F_B$

(C) $F_A=F_B$

(D) 无法判断

57. 物块 A 的质量为 8kg，静止放在无摩擦的水平面上。另一质量为 4kg 的物块 B 被绳系住，如图所示，滑轮无摩擦。若物块 A 的加速度 $a=3.3$m/s^2，则物块 B 的惯性力是(　　)。

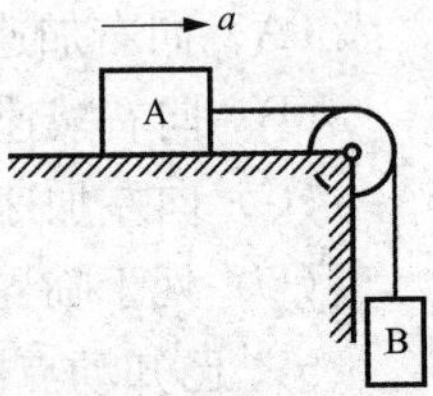

(A) 13.2N（铅垂向上）　　(B) 13.2N（铅垂向下）

(C) 26.4N（铅垂向上）　　(D) 26.4N（铅垂向下）

58. 如图所示系统中，$k_1=2\times10^5$N/m，$k_2=1\times10^5$N/m。激振力 $F=200\sin50\boldsymbol{t}$，当系统发生共振时，质量 m 是(　　)。

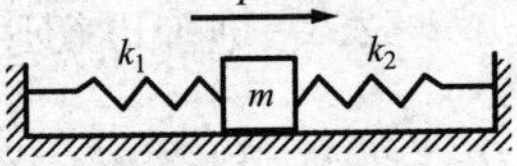

(A) 80kg　　(B) 40kg

(C) 120kg　　(D) 100kg

59. 在低碳钢拉伸试验中，冷作硬化现象发生在(　　)。

(A) 弹性阶段　　(B) 屈服阶段

(C) 强化阶段　　(D) 局部变形阶段

60. 图示等截面直杆，拉压刚度为 EA，杆的总伸长量为(　　)。

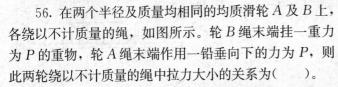

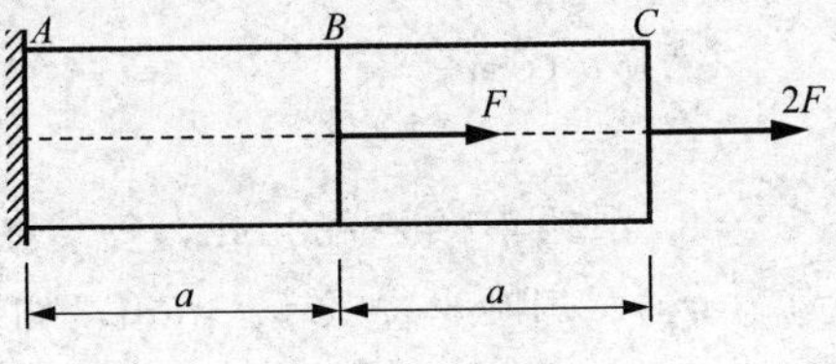

(A) $\dfrac{2Fa}{EA}$　　　　(B) $\dfrac{3Fa}{EA}$

(C) $\dfrac{4Fa}{EA}$　　　　(D) $\dfrac{5Fa}{EA}$

61. 如图所示，钢板用钢轴连接在铰支座上，下端受轴向拉力 F，已知钢板和钢轴的许用挤压应力均为 $[\sigma_{bs}]$，则钢轴的合理直径 d 是(　　)。

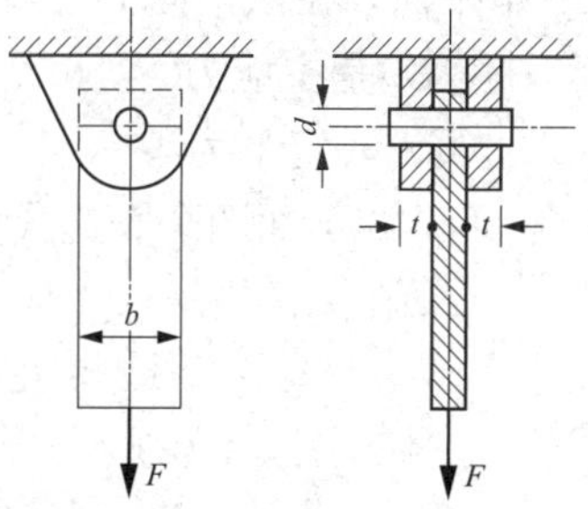

(A) $d \geqslant \dfrac{F}{t[\sigma_{bs}]}$

(B) $d \geqslant \dfrac{F}{b[\sigma_{bs}]}$

(C) $d \geqslant \dfrac{F}{2t[\sigma_{bs}]}$

(D) $d \geqslant \dfrac{F}{2b[\sigma_{bs}]}$

62. 如图所示，空心圆轴的外径为 D，内径为 d，其极惯性矩 I_p 是(　　)。

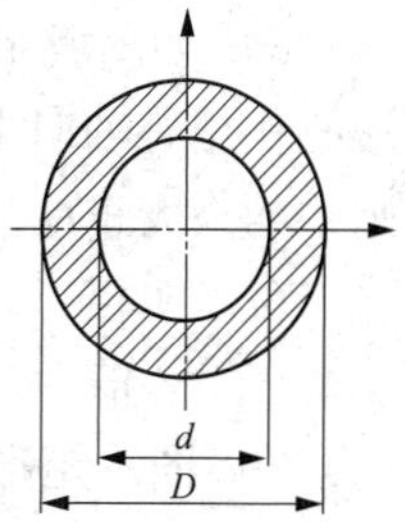

(A) $I_p = \dfrac{\pi}{16}(D^3 - d^3)$

(B) $I_p = \dfrac{\pi}{32}(D^3 - d^3)$

(C) $I_p = \dfrac{\pi}{16}(D^4 - d^4)$

(D) $I_p = \dfrac{\pi}{32}(D^4 - d^4)$

63. 在平面图形的几何性质中，数值可正、可负、也可为零的是(　　)。

(A) 静矩和惯性矩　　　　(B) 静矩和惯性积

(C) 极惯性矩和惯性矩　　(D) 惯性矩和惯性积

64. 若梁 ABC 的弯矩图如图所示，则该梁上的荷载为(　　)。

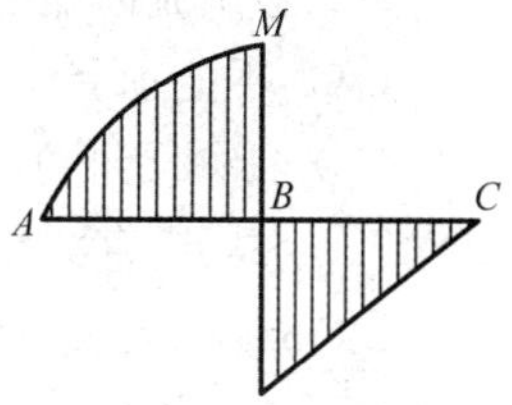

(A) AB 段有分布荷载，B 截面无集中力偶

(B) AB 段有分布荷载，B 截面有集中力偶

(C) AB 段无分布荷载，B 截面无集中力偶

(D) AB 段无分布荷载，B 截面有集中力偶

65. 承受竖直向下荷载的等截面悬臂梁，结构分别采用整块材料、两块材料并列、三块材料并列和两块材料叠合（未黏结）四种方案，对应横截面如图所示。在这四种横截面中，发生最大弯曲正应力的截面是(　　)。

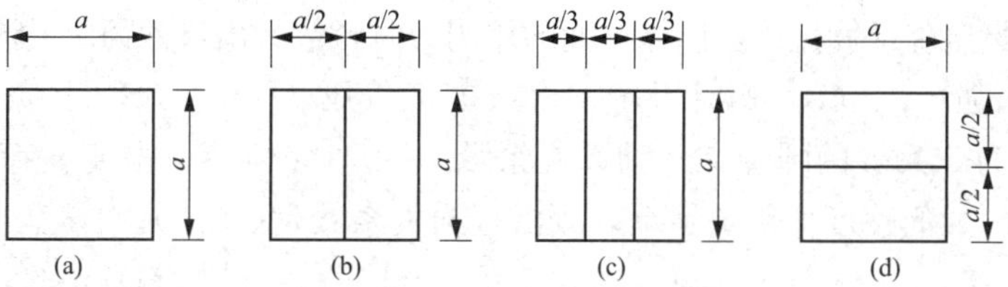

(A) 图(a)　　(B) 图(b)　　(C) 图(c)　　(D) 图(d)

66. 图示 ACB 用积分法求变形时，确定积分常数的条件是(　　)。(式中 V 为梁的挠度，θ 为梁横截面的转角，ΔL 为杆 DB 的伸长变形)

(A) $V_A=0$，$V_B=0$，$V_{C左}=V_{C右}$，$\theta_C=0$

(B) $V_A=0$，$V_B=\Delta L$，$V_{C左}=V_{C右}$，$\theta_C=0$

(C) $V_A=0$，$V_B=\Delta L$，$V_{C左}=V_{C右}$，$\theta_{C左}=\theta_{C右}$

(D) $V_A=0$，$V_B=\Delta L$，$V_C=0$，$\theta_{C左}=\theta_{C右}$

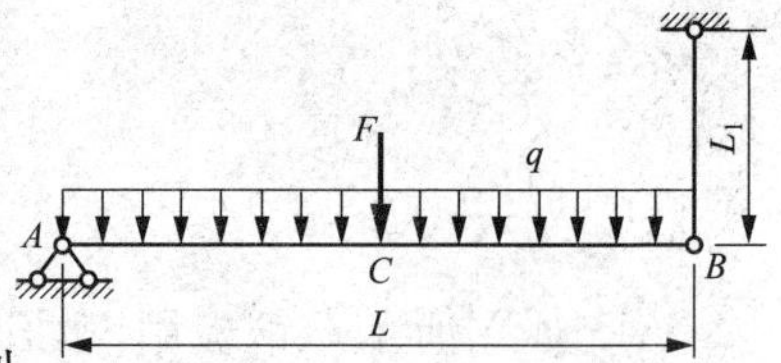

67. 分析受力物体内一点处的应力状态，如可以找到一个平面，在该平面上有最大切应力，则该平面上的正应力(　　)。

(A) 是主应力　　(B) 一定为零

(C) 一定不为零　　(D) 不属于前三种情况

68. 在下面四个表达式中，第一强度理论的强度表达式是(　　)。

(A) $\sigma_1\leqslant(\sigma)$

(B) $\sigma_1-\nu(\sigma_2+\sigma_3)\leqslant(\sigma)$

(C) $\sigma_1-\sigma_3\leqslant(\sigma)$

(D) $\sqrt{\frac{1}{2}[(\sigma_1-\sigma_2)^2+(\sigma_2-\sigma_3)^2+(\sigma_3-\sigma_1)^2]}\leqslant(\sigma)$

69. 如图所示，正方形截面悬臂梁 AB，在自由端 B 截面形心作用有轴向力 F，若将轴向力 F 平移到 B 截面下缘中点，则梁的最大正应力是原来的(　　)。

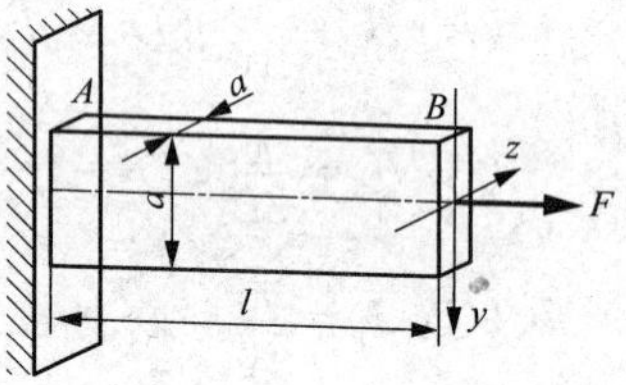

(A) 1 倍　　(B) 2 倍

(C) 3 倍　　(D) 4 倍

70. 图示矩形截面细长压杆，$h=2b$ [图 (a)]，如果将宽度 b 改为 h 后 [图 (b)，仍为细长压杆]，临界力 F_{cr} 是原来的(　　)。

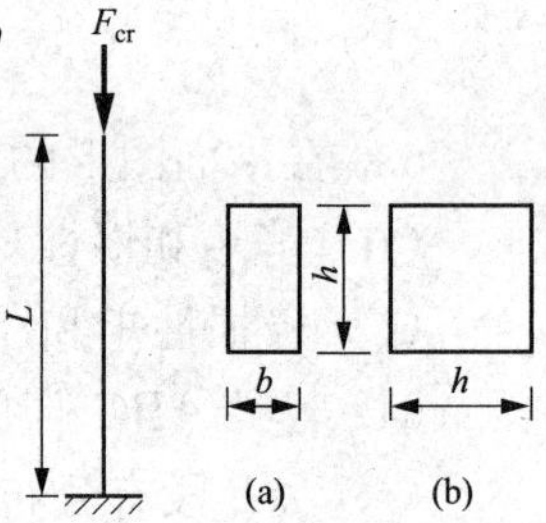

(A) 16 倍　　(B) 8 倍

(C) 4 倍　　(D) 2 倍

71. 静止流体能否承受切应力(　　)。

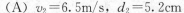

(A) 不能承受　　(B) 可以承受

(C) 能承受很小的　　(D) 具有黏性可以承受

72. 水从铅直圆管向下流出，如图所示，已知 $d_1=10$cm，管口处水流速度 $v_1=1.8$m/s，试求管口下方 $h=2$m 处的水流速度 v_2 和直径 d_2 (　　)。

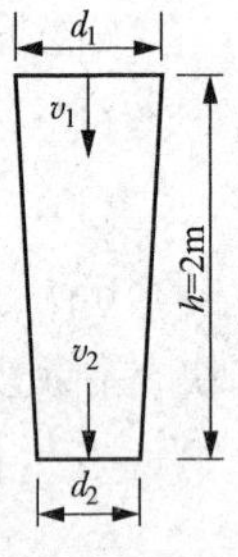

(A) $v_2=6.5$m/s，$d_2=5.2$cm

(B) $v_2=3.25$m/s，$d_2=5.2$cm

(C) $v_2=6.5$m/s，$d_2=5.2$cm

(D) $v_2=3.25$m/s，$d_2=5.2$cm

73. 利用动量定理计算流体对固体壁面的作用力时，进、出口截面上的压强应为(　　)。

(A) 绝对压强　　(B) 相对压强　　(C) 大气压　　(D) 真空度

74. 一直径为 50mm 的圆管，运动黏性系数 $v=0.18$cm^2/s、密度 $\rho=0.85$g/cm^3 的油在管内以 $v=5$cm/s 的速度作层流运动，则沿程损失系数是(　　)。

(A) 0.09　　(B) 0.461　　(C) 0.1　　(D) 0.13

75. 并联长管 1、2，两管的直径相同，沿程阻力系数相同，长度 $L_2=3L_1$，通过的流量为(　　)。

(A) $Q_1=Q_2$　　(B) $Q_1=1.5Q_2$　　(C) $Q_1=1.73Q_2$　　(D) $Q_1=3Q_2$

76. 明渠均匀流只能发生在(　　)。

(A) 平坡棱柱形渠道　　(B) 顺坡棱柱形渠道

(C) 逆坡棱柱形渠道　　(D) 不能确定

77. 均匀砂质土填装在容器中，已知水力坡度 $J=0.5$，渗透系数 $k=0.005\text{cm/s}$，则渗流速度为(　　)。

(A) 0.0025cm/s　　(B) 0.0001cm/s

(C) 0.001cm/s　　(D) 0.015cm/s

78. 进行水力模型试验，要实现有压管流的相似，应选用的相似准则是(　　)。

(A) 雷诺准则　　(B) 弗劳德准则

(C) 欧拉准则　　(D) 马赫数

79. 在图示变压器中，左侧线圈中通以直流电流 I，铁芯中产生磁通 Φ。此时，右侧线圈端口上的电压 U_2 是(　　)。

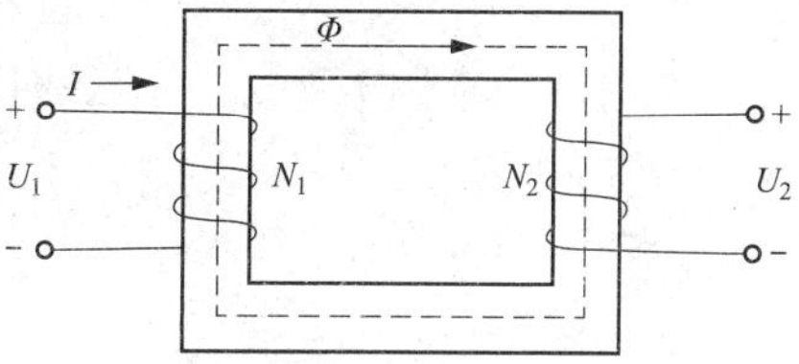

(A) 0　　(B) $\dfrac{N_2}{N_1}\dfrac{\mathrm{d}\Phi}{\mathrm{d}t}$

(C) $N_1\dfrac{\mathrm{d}\Phi}{\mathrm{d}t}$　　(D) $\dfrac{N_1}{N_2}\dfrac{\mathrm{d}\Phi}{\mathrm{d}t}$

80. 将一个直流电源通过电阻 R 接在电感线圈两端，如图所示。如果 $U=10\text{V}$，$I=1\text{A}$，那么，将直流电源换成交流电源后，该电路的等效模型为(　　)。

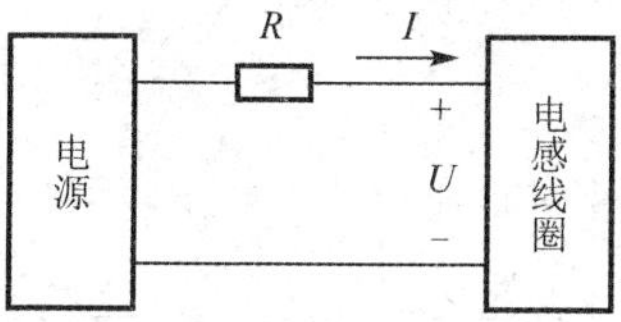

(A)
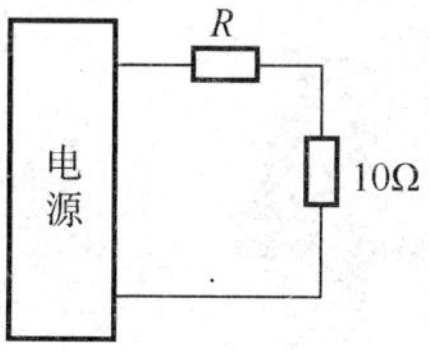

(B)
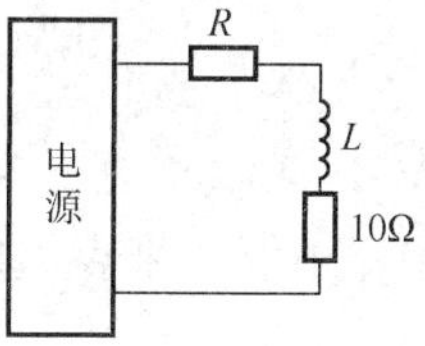

(C)
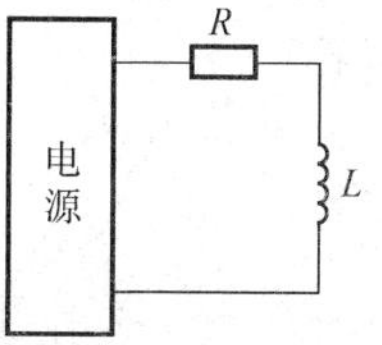

(D)
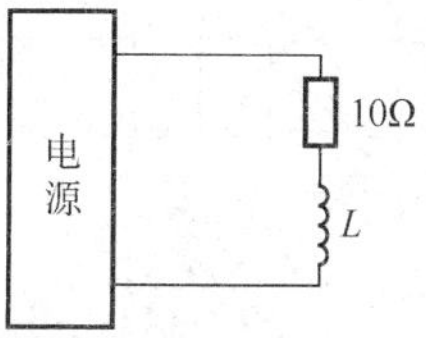

81. 图示电路中，$a-b$ 端左侧网络的等效电阻为(　　)。

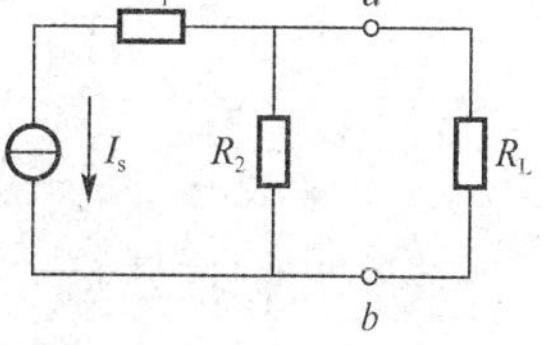

(A) R_1+R_2　　(B) $R_1 \parallel R_2$

(C) $R_1+R_2 \parallel R_L$　　(D) R_2

82. 在阻抗 $Z=10\angle 45^\circ\ \Omega$ 两端加入交流电压 $u(t)=220\sqrt{2}\sin(314t+30^\circ)V$ 后，电流 $i(t)$ 为(　　)。

(A) $22\sin(314t+75^\circ)\text{A}$　　(B) $22\sqrt{2}\sin(314t+15^\circ)\text{A}$

(C) $22\sin(314t+15^\circ)\text{A}$　　(D) $22\sqrt{2}\sin(314t-15^\circ)\text{A}$

83. 图示电路中，$Z_1=(6+\mathrm{j}8)\Omega$，$Z_2=-\mathrm{j}X_C\Omega$，为使 I 取得最大值，X_C 的数值为(　　)。

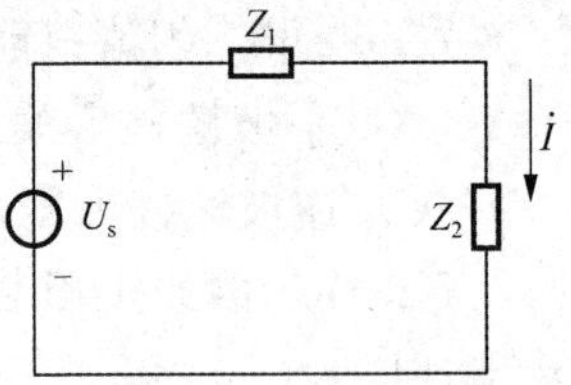

(A) 6　　(B) 8

(C) −8　　(D) 0

84. 三相电路如图所示，设电灯 D 的额定电压为三相电源的相电压，用电设备 M 的外壳线 a 及电灯 D 另一端线 b 应分别接到(　　)。

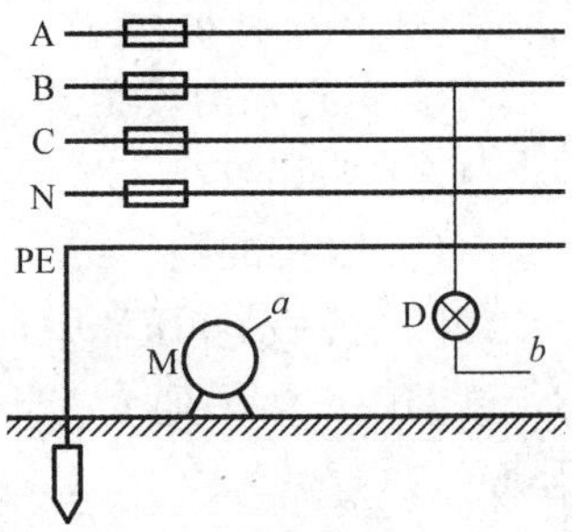

(A) PE 线和 PE 线

(B) N 线和 N 线

(C) PE 线和 N 线

(D) N 线和 PE 线

85. 设三相交流异步电动机的空载功率因数为 λ_1，20%额定负载时的功率因数为 λ_2，满载时功率因数为 λ_3，那么以下关系成立的是(　　)。

(A) $\lambda_1>\lambda_2>\lambda_3$　　(B) $\lambda_3>\lambda_2>\lambda_1$

(C) $\lambda_2>\lambda_1>\lambda_3$　　(D) $\lambda_3>\lambda_1>\lambda_2$

86. 能够实现用电设备连续工作的控制电路为(　　)。

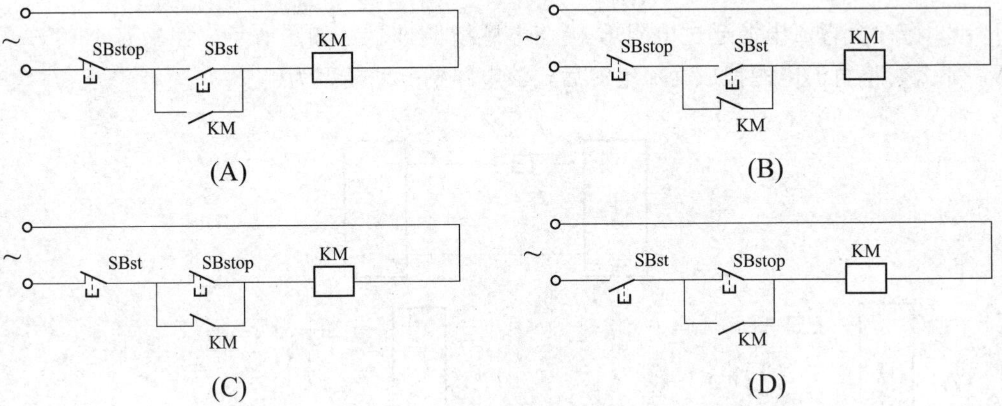

87. 下述四个信号中，不能用来表示信息代码“10101”的图是(　　)。

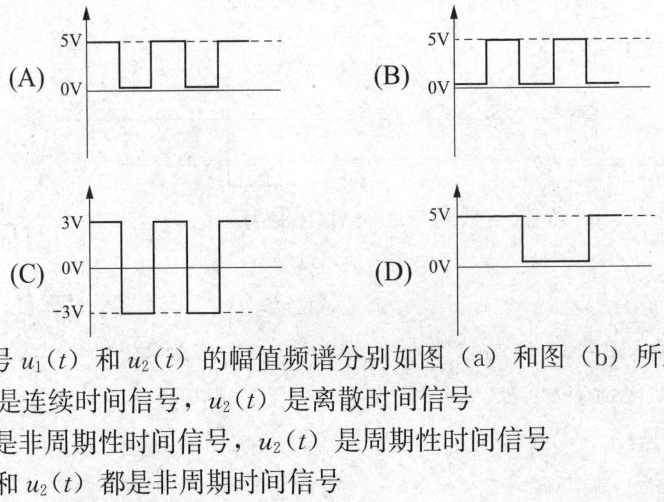

88. 模拟信号 $u_1(t)$ 和 $u_2(t)$ 的幅值频谱分别如图（a）和图（b）所示，则(　　)。

(A) $u_1(t)$ 是连续时间信号，$u_2(t)$ 是离散时间信号

(B) $u_1(t)$ 是非周期性时间信号，$u_2(t)$ 是周期性时间信号

(C) $u_1(t)$ 和 $u_2(t)$ 都是非周期时间信号

(D) $u_1(t)$ 和 $u_2(t)$ 都是周期时间信号

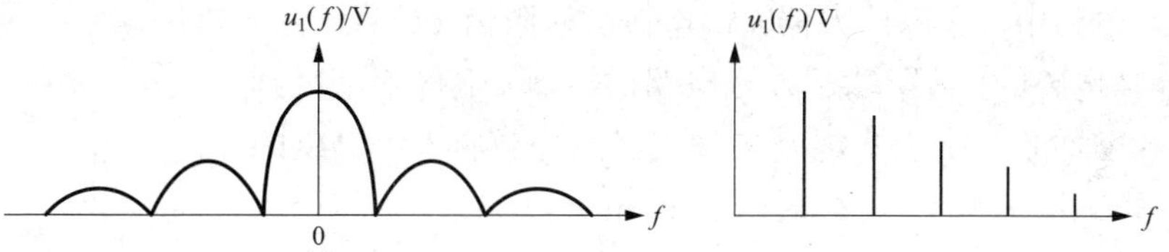

(a) (b)

89. 以下几种说法中正确的是(　　)。

(A) 滤波器会改变正弦波信号的频率

(B) 滤波器会改变正弦波信号的波形形状

(C) 滤波器会改变非正弦周期信号的频率

(D) 滤波器会改变非正弦周期信号的波形形状

90. 对逻辑表达式 $ABCD+\bar{A}+\bar{B}+\bar{C}+\bar{D}$ 的简化结果是(　　)。

(A) 0　　(B) 1　　(C) $ABCD$　　(D) $\bar{A}\bar{B}\bar{C}\bar{D}$

91. 已知数字电路输入信号 A 和信号 B 的波形如图所示，则数字输出信号 $F=\overline{AB}$的波形为(　　)。

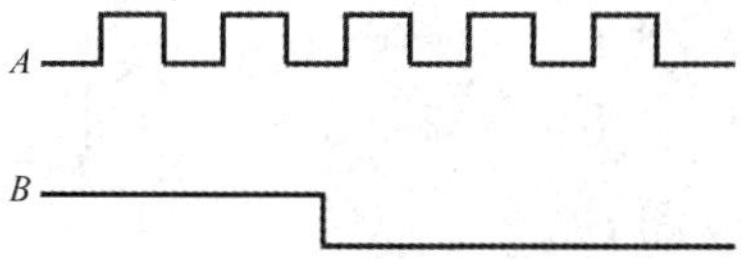

(A) 

(B) 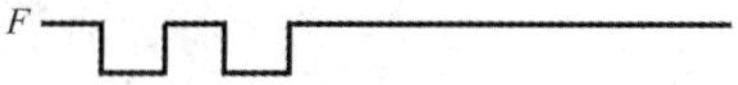

(C) 

(D) 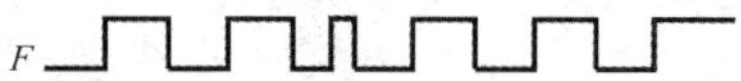

92. 逻辑函数 $F=f(A, B, C)$ 的真值表如下，由此可知(　　)。

A	B	C	F
0	0	0	0
0	0	1	0
0	1	0	0
0	1	1	1
1	0	0	0
1	0	1	0
1	1	0	1
1	1	1	1

(A) $F=BC+AB+\bar{A}\bar{B}C+B\bar{C}$　　(B) $F=\bar{A}\bar{B}\bar{C}+AB\bar{C}+AC+ABC$

(C) $F=AB+BC+AC$　　(D) $F=\bar{A}BC+AB\bar{C}+ABC$

93. 晶体三极管放大电路如图所示，在并入电容 C_E 后，下列不变的量是(　　)。

(A) 输入电阻和输出电阻

(B) 静态工作点和电压放大倍数

(C) 静态工作点和输出电阻

(D) 输入电阻和电压放大倍数

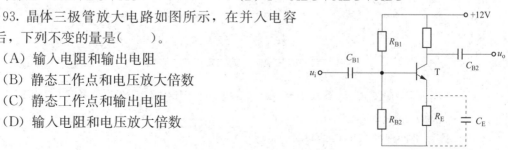

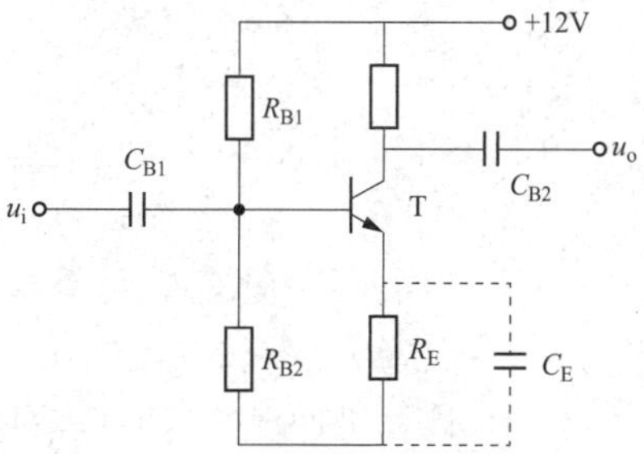

94. 图示电路中，运算放大器输出电压的极限值$\pm U_{OM}$，输入电压$u_i = U_M \sin\omega t$，现将信号电压u_i从电路的“A”端送入，电路的“B”端接地，得到输出电压u_{O1}。而将信号电压u_i从电路的“B”端输入，电路的“A”接地，得到输出电压u_{O2}。则以下正确的是(　　)。

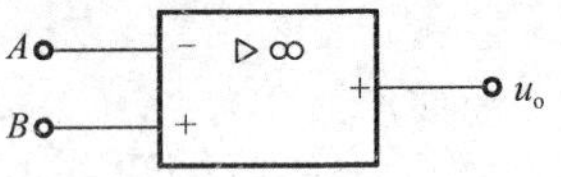

(A)

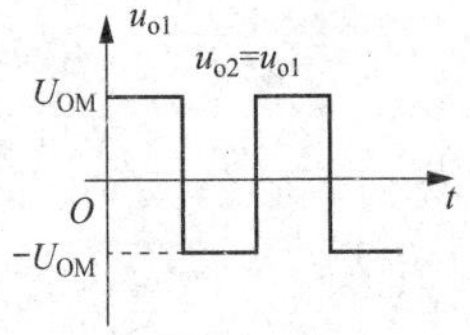

(B)

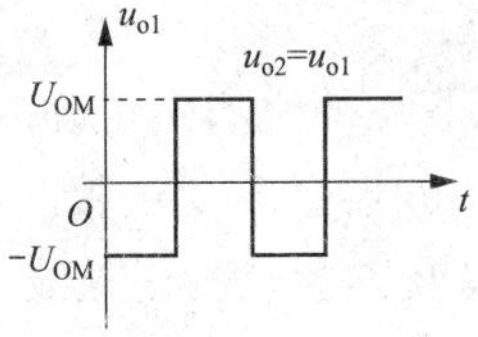

(C)

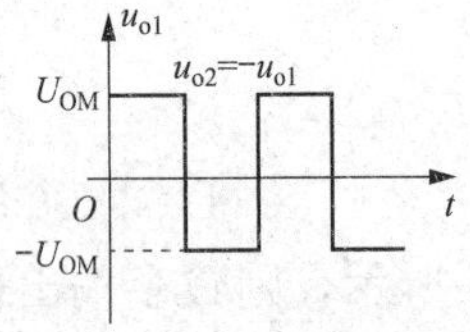

(D)

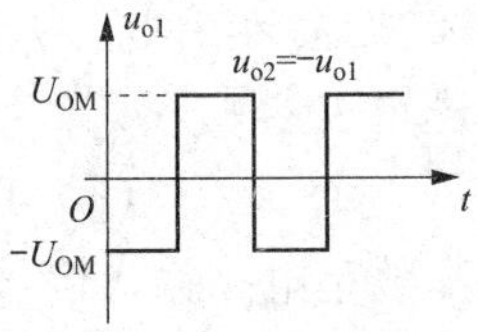

95. 图示逻辑门电路的输出F_1和F_2分别为(　　)。

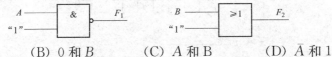

(A) A和1　　(B) 0和B　　(C) A和B　　(D) $\bar{A}$和1

96. 图(a)所示电路，加入复位信号及时钟脉冲信号如图(b)所示，经分析可知，在t_1时刻，输出Q_{JK}和Q_D分别等于(　　)。

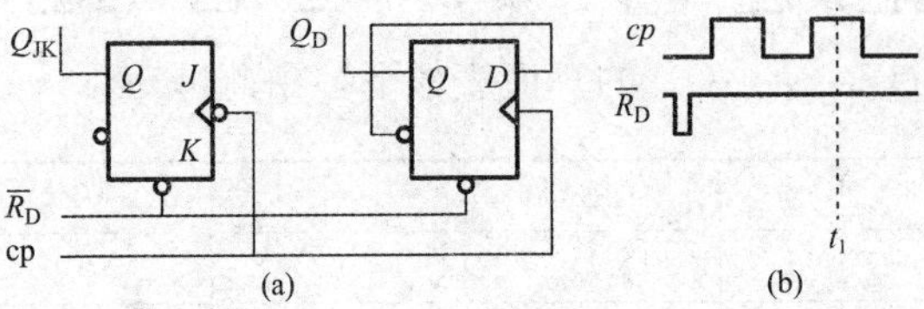

附：D触发器的逻辑状态表为

D	Q_{n+1}
0	0
1	1

JK触发器的逻辑状态表为

J	K	Q_{n+1}
0	0	Q_n
0	1	0
1	0	1
1	1	$\overline{Q}_n$

(A) 0　0　　(B) 0　1　　(C) 1　0　　(D) 1　1

97. 下面四条有关数字计算机处理信息的描述中，其中不正确的一条是(　　)。

(A) 计算机处理的是数字信息

(B) 计算机处理的是模拟信息

(C) 计算机处理的是不连续的离散（0 或 1）信息

(D) 计算机处理的是断续的数字信息

98. 程序计数器（PC）的功能是(　　)。

(A) 对指令进行译码　　(B) 统计每秒钟执行指令的数目

(C) 存放下一条指令的地址　　(D) 存放正在执行的指令地址

99. 计算机的软件系统是由(　　)。

(A) 高级语言程序、低级语言程序构成

(B) 系统软件、支撑软件、应用软件构成

(C) 操作系统、专用软件构成

(D) 应用软件和数据库管理系统构成

100. 允许多个用户以交互方式使用计算机的操作系统是(　　)。

(A) 批处理单道系统　　(B) 分时操作系统

(C) 实时操作系统　　(D) 批处理多道系统

101. 在计算机内，ASSCⅡ码是为(　　)。

(A) 数字而设置的一种编码方案　　(B) 汉字而设置的一种编码方案

(C) 英文字母而设置的一种编码方案　　(D) 常用字符而设置的一种编码方案

102. 在微机系统内，为存储器中的每一个(　　)。

(A) 字节分配一个地址　　(B) 字分配每一个地址

(C) 双字分配一个地址　　(D) 四字分配一个地址

103. 保护信息机密性的手段有两种，一是信息隐藏，二是数据加密。下面四条表述中，有错误的一条是(　　)。

(A) 数据加密的基本方法是编码，通过编码将明文变换为密文

(B) 信息隐藏是使非法者难以找到秘密信息而采用“隐藏”的手段

(C) 信息隐藏与数据加密所采用的技术手段不同

(D) 信息隐藏与数字加密所采用的技术手段是一样的

104. 下面四条有关线程的表述中，其中错误的一条是(　　)。

(A) 线程有时也称为轻量级进程

(B) 有些进程只包含一个线程

(C) 线程是所有操作系统分配 CPU 时间的基本单位

(D) 把进程再仔细分成线程的目的是为更好地实现并发处理和共享资源

105. 计算机与信息化社会的关系是(　　)。

(A) 没有信息化社会就不会有计算机

(B) 没有计算机在数值上的快速计算，就没有信息化社会

(C) 没有计算机及其与通信、网络等的综合利用，就没有信息化社会

(D) 没有网络电话就没有信息化社会

106. 域名服务器的作用是(　　)。

(A) 为连入 Internet 网的主机分配域名

(B) 为连入 Internet 网的主机分配 IP 地址

(C) 为连入 Internet 网的一个主机域名寻找所对应的 IP 地址

(D) 将主机的 IP 地址转换为域名

107. 某人预计 5 年后需要一笔 50 万元的资金，现市场上正发售期限为 5 年的电力债券，年利率为 5.06%，按年复利计息，5 年末一次还本付息，若想 5 年后拿到 50 万元的本利和，他现在应该购买电力债券(　　)。

(A) 30.52 万元　　(B) 38.18 万元

(C) 39.06 万元　　(D) 44.19 万元

108. 以下关于项目总投资中流动资金的说法正确的是(　　)。

(A) 是指工程建设其他费用和预备费之和

(B) 是指投产后形成的流动资产和流动负债之和

(C) 是指投产后形成的流动资产和流动负债的差额

(D) 是指投产后形成的流动资产占用的资金

109. 下列筹资方式中，属于项目债务资金的筹集方式是(　　)。

(A) 优先股　　(B) 政府投资

(C) 融资租赁　　(D) 可转换债券

110. 某建设项目预计生产期第三年息税前利润为 200 万元，折旧与摊销为 50 万元，所得税为 25 万元，计入总成本费用的应付利息为 100 万元，则该年的利息备付率为(　　)。

(A) 1.25　　(B) 2　　(C) 2.25　　(D) 2.5

111. 某项目方案各年的净现金流量见表（单位：万元），其静态投资回收期为(　　)。

年份	0	1	2	3	4	5
净现金流量	−100	−50	40	60	60	60

(A) 2.17 年　　(B) 3.17 年

(C) 3.83 年　　(D) 4 年

112. 某项目的产出物为可外贸货物，其离岸价格为 100 美元，影子汇率为 6 元人民币/美元，出口费用为每件 100 元人民币，则该货物的影子价格为(　　)。

(A) 500 元人民币　　(B) 600 元人民币

(C) 700 元人民币　　(D) 800 元人民币

113. 某项目有甲、乙两个建设方案，投资分别为 500 万元和 1000 万元，项目期均为 10 年，甲项目年收益为 140 万元，乙项目年收益为 250 万元。假设基准收益率为 8%。已知（P/A，8%，10)=6.7101，则下列关于该项目方案选择的说法中正确的是(　　)。

(A) 甲方案的净现值大于乙方案，故应选择甲方案

(B) 乙方案的净现值大于甲方案，故应选择乙方案

(C) 甲方案的内部收益率大于乙方案，故应选择甲方案

(D) 乙方案的内部收益率大于甲方案，故应选择乙方案

114. 用强制确定法（FD 法）选择价值工程的对象时，得出某部件的价值系数为 1.02，则下列说法正确的是(　　)。

(A) 该部件的功能重要性与成本比重相当，因此应将该部件作为价值工程对象

(B) 该部件的功能重要性与成本比重相当，因此不应将该部件作为价值工程对象

(C) 该部件功能重要性较小，而所占成本较高，因此应将该部件作为价值工程对象

(D) 该部件功能过高或成本过低，因此应将该部件作为价值工程对象

115. 某在建的建筑工程因故中止施工，建设单位的下列做法符合《中华人民共和国

建筑法》的是(　　)。

(A) 自中止施工之日起一个月内向发证机关报告

(B) 自中止施工之日起半年内报发证机关核验施工许可证

(C) 自中止施工之日起三个月内向发证机关申请延长施工许可证的有效期

(D) 自中止施工之日起满一年，向发证机关重新申请施工许可证

116. 依据《中华人民共和国安全生产法》，企业应当对职工进行安全生产教育和培训，某施工总承包单位对职工进行安全生产培训，其培训的内容不包括(　　)。

(A) 安全生产知识　　(B) 安全生产规章制度

(C) 安全生产管理能力　　(D) 本岗位安全操作技能

117. 下列说法符合《中华人民共和国招标投标法》规定的是(　　)。

(A) 招标人自行招标，应当具有编制招标文件和组织评标的能力

(B) 招标人必须自行办理招标事宜

(C) 招标人委托招标代理机构办理招标事宜，应当向有关行政监督部门备案

(D) 有关行政监督部门有权强制招标人委托招标代理机构办理招标事宜

118. 甲乙双方于4月1日约定采用数据电文的方式订立合同，但双方没有指定特定系统，乙方于4月8日下午收到甲方以电子邮件方式发出的要约，于4月9日上午又收到甲方发出同样内容的传真，甲方于4月9日下午给乙方打电话通知对方，邀约已经发出，请对方尽快做出承诺，则该要约生效的时间是(　　)。

(A) 4月8日下午　　(B) 4月9日上午

(C) 4月9日下午　　(D) 4月1日

119. 根据《中华人民共和国行政许可法》规定，行政许可采取统一办理或者联合办理的，办理的时间不得超过(　　)。

(A) 10日　　(B) 15日　　(C) 30日　　(D) 45日

120. 依据《建设工程质量管理条例》，建设单位收到施工单位提交的建设工程竣工验收报告申请后，应当组织有关单位进行竣工验收，参加验收的单位可以不包括(　　)。

(A) 施工单位　　(B) 工程监理单位

(C) 材料供应单位　　(D) 设计单位

2020 年全国勘察设计注册工程师执业资格考试
公共基础考试试题解析及答案

1. **解：**本题考查当 $x\to+\infty$ 时，无穷大量的概念。

选项（A），$\lim\limits_{x\to+\infty}\frac{1}{2+x}=0$；

选项（B），$\lim\limits_{x\to+\infty}x\cos x$ 计算结果在 $-\infty$ 到 $+\infty$ 间连续变化，不符合当 $x\to+\infty$ 函数值趋向于无穷大，且函数值越来越大的定义；

选项（D），当 $x\to+\infty$ 时，$\lim\limits_{x\to+\infty}(1-\arctan x)=1-\frac{\pi}{2}$。

故选项（A)、(B)、(D）均不成立。

选项（C），$\lim\limits_{x\to+\infty}(e^{3x}-1)=+\infty$。

答案：(C)。

2. **解：**本题考查函数 $y=f(x)$ 在 x_0 点导数的几何意义。

已知曲线 $y=f(x)$ 在 $x=x_0$ 处有切线，函数 $y=f(x)$ 在 $x=x_0$ 点导数的几何意义表示曲线 $y=f(x)$ 在 $x=x_0$ 点切线向上，方向和 x 轴正向夹角的正切即斜率 $k=\tan\alpha$，只有当 $\alpha\to\frac{\pi}{2}$时，才有 $\lim\limits_{x\to x_0}f'(x)=\lim\limits_{\alpha\to\frac{\pi}{2}}\tan\alpha=\infty$，因而在该点的切线与 oy 轴平行。

选项（A)、(C)、(D）均不成立。

答案：(B)。

3. **解：**本题考查隐函数求导方法。可利用一元隐函数求导方法或二元隐函数求导方法计算，但一般利用二元隐函数求导方法计算更简单。

方法 1：用二元隐函数方法计算。

设 $F(x, y)=\sin y+e^x-xy^2$，$F'_x=e^x-y^2$，$F'_y=\cos y-2xy$，故 $\frac{dy}{dx}=-\frac{F_x}{F_y}=-\frac{e^x-y^2}{\cos y-2xy}=\frac{y^2-e^x}{\cos y-2xy}$，$dy=\frac{y^2-e^x}{\cos y-2xy}dx$。

方法 2：用一元隐函数方法计算。

已知 $\sin y+e^x-xy^2=0$，方程两边对 x 求导，得 $\cos y\frac{dy}{dx}+e^x-\left(y^2+2xy\frac{dy}{dx}\right)=0$，

整理 $(\cos y-2xy)\frac{dy}{dx}=y^2-e^x$，$\frac{dy}{dx}=\frac{y^2-e^x}{\cos y-2xy}$，故 $dy=\frac{y^2-e^x}{\cos y-2xy}dx$。

选项（A)、(B)、(C）均不成立。

答案：(D)。

4. **解：**本题考查一元抽象复合函数高阶导数的计算，计算中注意函数的复合层次，特别是求二阶导时更应注意。

$y=f(e^x)$，$\frac{dy}{dx}=f'(e^x)\cdot e^x=e^x\cdot f'(e^x)$

$\frac{d^2y}{dx^2}=e^x\cdot f'(e^x)+e^x\cdot f''(e^x)\cdot e^x=e^x\cdot f'(e^x)+e^{2x}\cdot f''(e^x)$

选项（A）、（B）、（D）均不成立。

答案：（C）。

5. **解：** 本题考查利用罗尔定理判定4个选项中，哪一个函数满足罗尔定理条件。首先要掌握定理的条件：①函数在闭区间连续；②函数在开区间可导；③函数在区间两端的函数值相等。三条均成立才行。

选项（A），$(x^{\frac{2}{3}})'=\frac{2}{3}x^{-\frac{1}{3}}=\frac{2}{3}\frac{1}{\sqrt[3]{x}}$，在 $x=0$ 处不可导，因而在（-1，1）可导不满足。

选项（C），$f(x)=|x|=\begin{cases}x & x\geqslant 0\\ -x & x<0\end{cases}$，函数在 $x=0$ 左导数为 -1，在 $x=0$ 右导数为1，因而在 $x=0$ 处不可导，在（-1，1）可导不满足。

选项（D），$f(x)=\frac{1}{x}$，函数在 $x=0$ 处间断，因而在（-1，1）连续不成立。

选项（A）、（C）、（D）均不成立。

选项（B），$f(x)=\sin x^2$ 在（-1，1）上连续，$f'(x)=2x\cdot\cos x^2$ 在（-1，1）可导，且 $f(-1)=f(1)=\sin 1$，三条均满足。

答案：（B）

6. **解：** 本题考查曲线 $f(x)$ 求拐点的计算方法。

$f(x)=x^4+4x^3+x+1$ 的定义域为（$-\infty$，$+\infty$），$f'(x)=4x^3+12x^2+1$，$f''(x)=12x^2+24x=12x(x+2)$，令 $f''(x)=0$，即 $12x(x+2)=0$，得到 $x=0$，$x=-2$ 分定义域为（$-\infty$，-2），（-2，0），（0，$+\infty$），检验 $x=-2$ 点，在区间（$-\infty$，-2），（-2，0）上二阶导的符号：

当在（$-\infty$，-2）时，$f''(x)>0$，凹；当在（-2，0）时，$f''(x)<0$，凸。

所以 $x=-2$ 为拐点的横坐标。

检验 $x=0$ 点，在区间（-2，0），（0，$+\infty$）上二阶导的符号：

当在（-2，0）时，$f''(x)<0$，凸；当在（0，$+\infty$）时，$f''(x)>0$，凹。

所以 $x=0$ 为拐点的横坐标。

综上，函数有两个拐点。

答案：（C）。

7. **解：** 本题考查函数原函数的概念及不定积分的计算方法。

已知函数 $f(x)$ 的一个原函数是 $1+\sin x$，即 $f(x)=(1+\sin x)'=\cos x$，$f'(\mathrm{x})=-\sin x$。

方法1：

$$\int xf'(x)dx=\int x(-\sin x)dx=\int xd\cos x=x\cos x-\int\cos x dx=x\cos x-\sin x+c$$
$$=x\cos x-\sin x-1+C=x\cos x-(1+\sin x+C(\text{其中 }C=1+c)$$

方法2：

$\int xf'(x)dx=\int xdf(x)=xf(x)-\int f(x)dx$，因为 $f(x)=(1+\sin x)'=\cos x$，则

原式 $=x\cos x-\int\cos x dx=x\cos x-\sin x+c=x\cos x-(1+\sin x)+C$

答案：（B）。

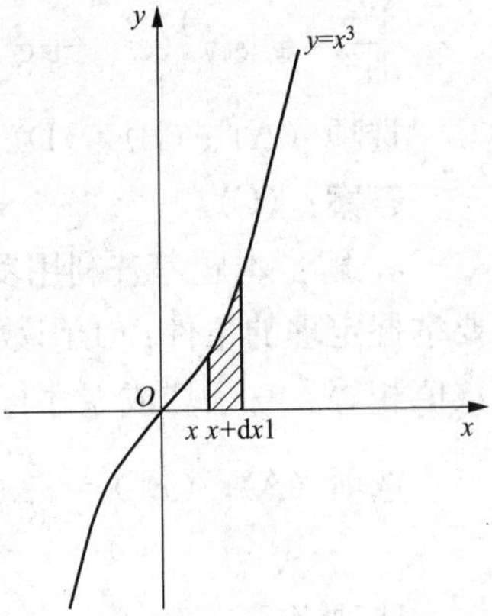

8. **解：** 本题考查平面图形绕 x 轴旋转一周所得到的旋转体体积算法，如解图所示。

x：$[0,\ 1]$

$[x,\ x+\mathrm{d}x]$：$\mathrm{d}V=\pi f^2(x)\mathrm{d}x=\pi x^6\mathrm{d}x$

$$V=\int_0^1\pi\cdot x^6\mathrm{d}x=\pi\cdot\frac{1}{7}x^7\Big|_0^1=\frac{\pi}{7}$$

答案：（A）。

9. **解：** 本题考查两向量的加法，向量与数量的乘法和运算，以及两向量垂直与坐标运算的关系。

已知 $\boldsymbol{\alpha}=(5,\ 1,\ 8)$，$\boldsymbol{\beta}=(3,\ 2,\ 7)$

$\lambda\boldsymbol{\alpha}+\boldsymbol{\beta}=\lambda(5,\ 1,\ 8)+(3,\ 2,\ 7)=(5\lambda+3,\ \lambda+2,\ 8\lambda+7)$

设 oz 轴的单位正向量为 $\boldsymbol{\tau}=(0,\ 0,\ 1)$

已知 $\lambda\boldsymbol{\alpha}+\boldsymbol{\beta}$ 与 oz 轴垂直，由两向量数量积的运算：

$\boldsymbol{a}\cdot\boldsymbol{b}=a_xb_x+a_yb_y+a_zb_z$，$\boldsymbol{a}\perp\boldsymbol{b}$，则 $\boldsymbol{a}\cdot\boldsymbol{b}=0$，即 $a_xb_x+a_yb_y+a_zb_z=0$

所以 $(\lambda\boldsymbol{\alpha}+\boldsymbol{\beta})\cdot\tau=0$，$0+0+8\lambda+7=0$，$\lambda=-\dfrac{7}{8}$

答案：（B）。

10. **解：** 本题考查直线与平面平行时，直线的方向向量和平面法向量间的关系，求出平面的法向量及所求平面方程。

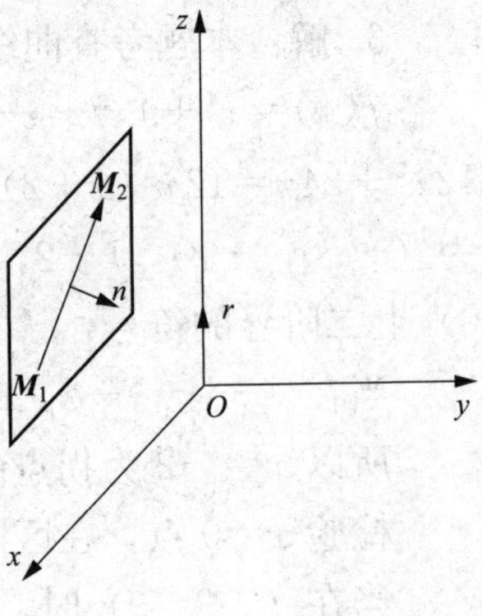

(1) 求平面的法向量。设 oz 轴的方向向量 $\boldsymbol{r}=(0,\ 0,\ 1)$，

$$\boldsymbol{M}_1\boldsymbol{M}_2=(1,\ 1,\ -1)\text{，则 }\boldsymbol{M}_1\boldsymbol{M}_2\times\boldsymbol{r}=\begin{vmatrix}\boldsymbol{i}&\boldsymbol{j}&\boldsymbol{k}\\1&1&-1\\0&0&1\end{vmatrix}=\boldsymbol{i}-\boldsymbol{j}$$

所求平面的法向量 $\boldsymbol{n}_{平面}=\boldsymbol{i}-\boldsymbol{j}=(1,\ -1,\ 0)$

(2) 写出所求平面的方程

已知 $\boldsymbol{M}_1(0,\ -1,\ 2)$，$\boldsymbol{n}_{平面}=(1,\ -1,\ 0)$，则

$1\cdot(x-0)-1\cdot(y+1)+0\cdot(z-2)=0$，即 $x-y-1=0$

答案：（D）。

11. **解：** 本题考查利用题目给出的已知条件，写出曲线微分方程。

设曲线方程为 $y=f(x)$，已知曲线的切线斜率为 $2x$，列式 $f'(x)=2x$，又知曲线 $y=f(x)$ 过 (1，2) 点，满足微分方程的初始条件 $y|_{x=1}=2$，即 $f'(x)=2x$，$y|_{x=1}=2$ 为所求。

答案：（C）。

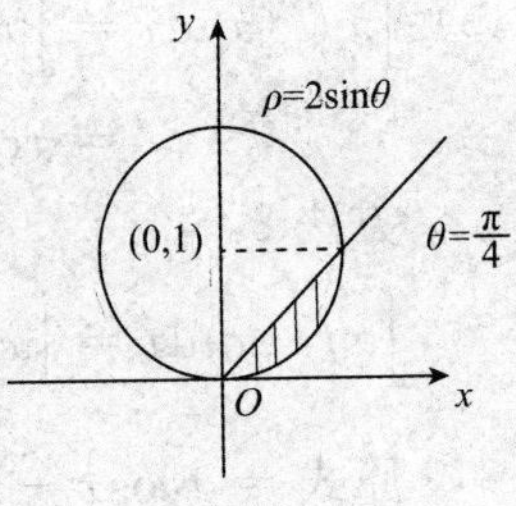

12. **解：** 平面区域 D 是直线 $y=x$ 和圆 $x^2+(y-1)^2=1$ 所围成的在直线 $y=x$ 下方的图形。如解图所示。

利用直角坐标系和极坐标的关系：$\begin{cases}x=\rho\cos\theta\\y=\rho\sin\theta\end{cases}$

得到圆的极坐标系下的方程为：$x^2+(y-1)^2=1$，即 $x^2+y^2=2y$

则 $\rho^2=2\rho\sin\theta$，即 $\rho=2\sin\theta$

直线 $y=x$ 的极坐标系下的方程为：$\theta=\frac{\pi}{4}$

所以积分区域 D 在极坐标系下为：$\begin{cases}0\leqslant\theta\leqslant\frac{\pi}{4}\\0\leqslant\rho\leqslant2\sin\theta\end{cases}$

被积函数 x 代换成 $\rho\cos\theta$，极坐标系下面积元素为 $\rho\mathrm{d}\rho\mathrm{d}\theta$，则

$$\iint_D x\mathrm{d}x\mathrm{d}y=\int_0^{\frac{\pi}{4}}\mathrm{d}\theta\int_0^{2\sin\theta}\rho\cdot\cos\theta\cdot\rho\mathrm{d}\rho=\int_0^{\frac{\pi}{4}}\cos\theta\mathrm{d}\theta\int_0^{2\sin\theta}\rho^2\mathrm{d}\rho$$

答案：(D)。

13. **解：**本题考查微分方程解的基本知识。可将选项代入微分方程，满足微分方程的才是解。

已知 y_1 是微分方程 $y''+py'+qy=f(x)$ ($f(x)\neq0$) 的解，即将 y_1 代入后，满足微分方程 $y''_1+py'_1+qy_1=f(x)$，但对任意常数 $C_1(C_1\neq0)$，C_1y_1 得到的解均不满足微分方程，验证如下：

设 $y=C_1y_1$ ($C_1\neq0$)，求导 $y'=C_1y'_1$，$y''=C_1y''_1$，$y=C_1y_1$ 代入方程得：

$$C_1y''_1+pC_1y'_1+qC_1y_1=C_1(y''_1+py'_1+qy_1)=C_1f(x)\neq f(x)$$

所以 C_1y_1 不是微分方程的解。

因而在选项 (A)、(B)、(D) 中，含有常数 C_1 ($C_1\neq0$) 乘 y_1 的形式，即 C_1y_1 这样的解均不满足方程解的条件，所以选项 (A)、(B)、(D) 均不成立。

可验证选项 (C) 成立。已知

$y=y_0+y_1$，$y'=y'_0+y'_1$，$y''=y''_0+y''_1$，代入方程，得

$(y''_0+y''_1)+p(y'_0+y'_1)+q(y_0+y_1)=y''_0+py'_0+qy_0+y''_1+py'_1+qy_1=0+f(x)=f(x)$

注意：本题只是验证选项中哪一个解是微分方程的解，不是求微分方程的通解。

答案：(C)。

14. **解：**本题考查二元函数在一点的全微分的计算方法。

先求出二元函数的全微分，然后代入点 (1，−1) 坐标，求出在该点的全微分。

$z=\frac{1}{x}\mathrm{e}^{xy}$，$\frac{\partial z}{\partial x}=\left(-\frac{1}{x^2}\right)\mathrm{e}^{xy}+\frac{1}{x}\mathrm{e}^{xy}\cdot y=-\frac{1}{x^2}\mathrm{e}^{xy}+\frac{y}{x}\mathrm{e}^{xy}=\mathrm{e}^{xy}\left(-\frac{1}{x^2}+\frac{y}{x}\right)$

$\frac{\partial z}{\partial y}=\frac{1}{x}\mathrm{e}^{xy}\cdot x=\mathrm{e}^{xy}$，$\mathrm{d}z=\left(-\frac{1}{x^2}+\frac{y}{x}\right)\mathrm{e}^{xy}\mathrm{d}x+\mathrm{e}^{xy}\mathrm{d}y$

$\mathrm{d}z|_{(1,-1)}=-2\mathrm{e}^{-1}\mathrm{d}x+\mathrm{e}^{-1}\mathrm{d}y=\mathrm{e}^{-1}(-2\mathrm{d}x+\mathrm{d}y)$

答案：(B)。

15. **解：**本题考查坐标曲线积分的计算方法。

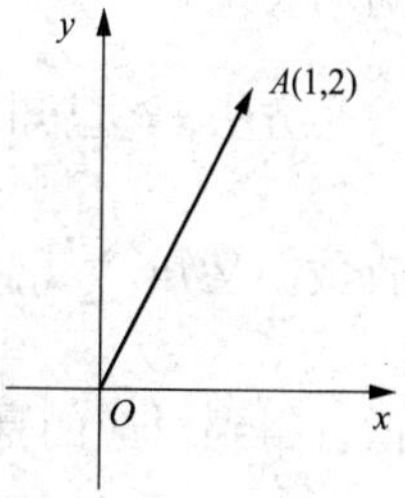

已知 $O(0, 0)$，$A(1, 2)$，过两点的直线 L 的方程为 $y=2x$，见解图。

直线 L 的参数方程 $\begin{cases}y=2x\\x=x\end{cases}$，

L 的起点 $x=0$，终点 $x=1$，x：$0\to1$，

$$\int_L -y\mathrm{d}x+x\mathrm{d}y=\int_0^1 -2x\mathrm{d}x+x\cdot2\mathrm{d}x=\int_0^1 0\mathrm{d}x=0$$

答案：（A）。

16. **解：** 本题考查正项级数、交错级数敛散性的判定。

选项（A），$\sum_{n=1}^{\infty}\frac{n^2}{3n^4+1}$，因为$\frac{n^2}{3n^4+1}<\frac{n^2}{3n^4}=\frac{1}{3n^2}$，

级数 $\sum_{n=1}^{\infty}\frac{1}{n^2}$，$P=2>1$，级数收敛，$\sum_{n=1}^{\infty}\frac{1}{3n^2}$ 收敛，

利用正项级数的比较判别法，$\sum_{n=1}^{\infty}\frac{n^2}{3n^4+1}$ 收敛。

选项（B），$\sum_{n=2}^{\infty}\frac{1}{\sqrt[3]{n(n-1)}}$，因为 $n(n-1)<n^2$，$\sqrt[3]{n(n-1)}<\sqrt[3]{n^2}$，$\frac{1}{\sqrt[3]{n(n-1)}}>$ $\frac{1}{\sqrt[3]{n^2}}=\frac{1}{n^{\frac{2}{3}}}$，级数 $\sum_{n=2}^{\infty}\frac{1}{n^{\frac{2}{3}}}$，$P<1$，级数发散，

利用正项级数的比较判别法，$\sum_{n=2}^{\infty}\frac{1}{\sqrt[3]{n(n-1)}}$ 发散。

选项（C），$\sum_{n=1}^{\infty}\frac{(-1)^n}{\sqrt{n}}$，级数为交错级数，利用莱布尼兹定理判定：

（1）因为 $n<(n+1)$，$\sqrt{n}<\sqrt{n+1}$，$\frac{1}{\sqrt{n}}>\frac{1}{\sqrt{n+1}}$，$u_n>u_{n+1}$。

（2）一般项$\lim\limits_{n\to\infty}\frac{1}{\sqrt{n}}=0$，所以交错级数收敛。

选项（D），$\sum_{n=1}^{\infty}\frac{5}{3^n}=5\sum_{n=1}^{\infty}\frac{1}{3^n}$，级数为等比级数，公比 $q=\frac{1}{3}$，$|q|<1$，级数收敛。

答案：（B）。

17. **解：** 本题为抽象函数的二元复合函数，利用复合函数的导数算法计算，注意函数复合的层次。

$$z=f^2(xy),\ \frac{\partial z}{\partial x}=2f(xy)\cdot f'(xy)\cdot y=2y\cdot f(xy)\cdot f'(xy),$$

$$\begin{aligned}\frac{\partial^2 z}{\partial x^2}&=2y[f'(xy)\cdot y\cdot f'(xy)+f(xy)\cdot f''(xy)\cdot y]\\&=2y^2[(f'(xy))^2+f(xy)\cdot f''(xy)]\end{aligned}$$

答案：（D）。

18. **解：** 本题考查幂级数 $\sum_{n=1}^{\infty}a_nx^n$ 与幂级数 $\sum_{n=1}^{\infty}a_n(x+x_0)^n$、$\sum_{n=1}^{\infty}a_n(x-x_0)^n$ 收敛域之间的关系。

方法 1：已知幂级数 $\sum_{n=1}^{\infty}a_n(x+2)^n$ 在 $x=0$ 处收敛，把 $x=0$ 代入级数，得到 $\sum_{n=1}^{\infty}a_n2^n$，收敛。又知 $\sum_{n=1}^{\infty}a_n(x+2)^n$ 在 $x=-4$ 处发散，把 $x=-4$ 代入级数，得到 $\sum_{n=1}^{\infty}a_n(-2)^n$，发散。得到对应的幂级数 $\sum_{n=1}^{\infty}a_nx^n$，在 $x=2$ 点收敛，在 $x=-2$ 点发散，由阿贝尔定理可知 $\sum_{n=1}^{\infty}a_nx^n$ 的收敛域为（-2，2]。

以选项（C）为例，验证选项（C）是幂级数 $\sum\limits_{n=1}^{\infty} a_n(x-1)^n$ 的收敛域：

选项（C），$(-1,\ 3]$，把发散点 $x=-1$，收敛点 $x=3$ 分别代入级数 $\sum\limits_{n=1}^{\infty} a_n(x-1)^n$，得到数项级数 $\sum\limits_{n=1}^{\infty} a_n(-2)^n$，$\sum\limits_{n=1}^{\infty} a_n 2^n$，由题中给出的条件可知 $\sum\limits_{n=1}^{\infty} a_n(-2)^n$ 发散，$\sum\limits_{n=1}^{\infty} a_n 2^n$ 收敛，且当级数 $\sum\limits_{n=1}^{\infty} a_n(x-1)^n$ 在收敛域 $(-1,\ 3]$ 变化时和 $\sum\limits_{n=1}^{\infty} a_n x^n$ 的收敛域 $(-2,\ 2]$ 相对应。

所以级数 $\sum\limits_{n=1}^{\infty} a_n(x-1)^n$ 的收敛域为 $(-1,\ 3]$。

可验证选项（A）、（B）、（D）均不成立。

方法 2：在方法 1 解析过程中得到 $\sum\limits_{n=1}^{\infty} a_n x^n$ 的收敛域为 $-2<x\leqslant 2$，当把级数中的 x 换成 $x-1$ 时，得到 $\sum\limits_{n=1}^{\infty} a_n(x-1)^n$ 的收敛域为 $-2<x-1\leqslant 2$，$-1<x\leqslant 3$，即 $\sum\limits_{n=1}^{\infty} a_n(x-1)^n$ 的收敛域为 $(-1,\ 3]$。

答案：（C）。

19. **解：** 由行列式性质可得 $|\boldsymbol{A}|=-|\boldsymbol{B}|$，又因 $|\boldsymbol{A}|\neq|\boldsymbol{B}|$，所以 $|\boldsymbol{A}|\neq-|\boldsymbol{A}|$，$2|\boldsymbol{A}|\neq 0$，$|\boldsymbol{A}|\neq 0$。

答案：（B）。

20. **解：** 因为 $\boldsymbol{A}$ 与 $\boldsymbol{B}$ 相似，所以 $|\boldsymbol{A}|=|\boldsymbol{B}|=0$，且 $R(\boldsymbol{A})=R(\boldsymbol{B})=2$。

方法 1：

当 $x=y=0$ 时，$|\boldsymbol{A}|=\begin{vmatrix}1&0&1\\0&1&0\\1&0&1\end{vmatrix}=0$，$\boldsymbol{A}=\begin{bmatrix}1&0&1\\0&1&0\\1&0&1\end{bmatrix}\xrightarrow{-r_1+r_3}\begin{bmatrix}1&0&1\\0&1&0\\0&0&0\end{bmatrix}$

$R(\boldsymbol{A})=R(\boldsymbol{B})=2$

方法 2：

$$|\boldsymbol{A}|=\begin{vmatrix}1&x&1\\x&1&y\\1&y&1\end{vmatrix}\xrightarrow[-r_1+r_3]{-xr_1+r_2}\begin{vmatrix}1&x&1\\0&1-x^2&y-x\\0&y-x&0\end{vmatrix}=-(y-x)^2$$

令 $|\boldsymbol{A}|=0$，得 $x=y$

当 $x=y=0$ 时，$|\boldsymbol{A}|=|\boldsymbol{B}|=0$，$R(\boldsymbol{A})=R(\boldsymbol{B})=2$；

当 $x=y=1$ 时，$|\boldsymbol{A}|=|\boldsymbol{B}|=0$，但 $R(\boldsymbol{A})=1\neq R(\boldsymbol{B})$。

答案：（A）。

21. **解：** 因为 $\boldsymbol{\alpha}_1$、$\boldsymbol{\alpha}_2$、$\boldsymbol{\alpha}_3$ 线性相关的充要条件是行列式 $|\boldsymbol{\alpha}_1,\boldsymbol{\alpha}_2,\boldsymbol{\alpha}_3|=0$，即

$$|\boldsymbol{\alpha}_1,\boldsymbol{\alpha}_2,\boldsymbol{\alpha}_3|=\begin{vmatrix}a&1&1\\1&a&-1\\1&-1&a\end{vmatrix}\xrightarrow[-r_3+r_2]{-ar_3+r_1}\begin{vmatrix}0&1+a&1-a^2\\0&a+1&-1-a\\1&-1&a\end{vmatrix}=\begin{vmatrix}1+a&1-a^2\\1+a&-1-a\end{vmatrix}$$

$$=(1+a)^2\begin{vmatrix}1&1-a\\1&-1\end{vmatrix}=(1+a)^2(a-2)=0$$

解得 $a=-1$ 或 $a=2$。

答案：(B)。

22. **解**：$P(A\cup B)=P(A)+P(B)-P(AB)$

$P(AB)=P(A)P(B\mid A)=\frac{1}{4}\times\frac{1}{3}=\frac{1}{12}$

$P(B)P(A\mid B)=P(AB)$，$\frac{1}{2}P(B)=\frac{1}{12}$，$P(B)=\frac{1}{6}$

$P(A\cup B)=\frac{1}{4}+\frac{1}{6}-\frac{1}{12}=\frac{1}{3}$

答案：(D)。

23. **解**：利用方差性质得 $D(2x-y)=D(2x)+D(y)=4D(x)+D(y)=7$。

答案：(A)。

24. **解**：$E(Z)=E(x)+E(Y)=\mu_1+\mu_2$；

$D(Z)=D(x)+D(Y)={\sigma_1}^2+\sigma_2^2$。

答案：(D)。

25. **解**：气体分子运动的最概然速率：$v_p=\sqrt{\frac{2RT}{M}}$

方均根速率：$\sqrt{\overline{v^2}}=\sqrt{\frac{3RT}{M}}$

由 $\sqrt{\frac{3RT_1}{M}}=\sqrt{\frac{2RT_2}{M}}$，可得到 $\frac{T_2}{T_1}=\frac{3}{2}$

答案：(A)。

26. **解**：一定量的理想气体经等压膨胀（注意等压和膨胀），由热力学第一定律 $Q=\Delta E+W$，体积单向膨胀做正功，内能增加，温度升高。

答案：(C)。

27. **解**：理想气体的内能是温度的单值函数，内能差仅取决于温差，此题所示热力学过程初、末态均处于同一温度线上，温度不变，故内能变化 $\Delta E=0$，但功是过程量，题目并未描述过程如何进行，故无法判定功的正负。

答案：(A)。

28. **解**：气体分子运动的平均速率：$\bar{v}=\sqrt{\frac{8RT}{\pi M}}$，氧气的摩尔质量 $M_{O_2}=32\text{g}$，氢气的摩尔质量 $M_{H_2}=2\text{g}$，故相同温度的氧气和氢气的分子平均速率之比 $\frac{\bar{v}_{O_2}}{\bar{v}_{H_2}}=\sqrt{\frac{M_{H_2}}{M_{O_2}}}=\sqrt{\frac{2}{32}}=\frac{1}{4}$。

答案：(D)。

29. **解**：卡诺循环的热机效率 $\eta=1-\frac{T_2}{T_1}=1-\frac{273+27}{T_1}=40\%$，$T_1=500\text{K}$。

此题注意开尔文温度与摄氏温度的变换。

答案：(A)。

30. **解**：由三角函数公式，将波动方程化为余弦形式

$$y=0.02\sin(\pi t+x)=0.02\cos\left(\pi t+x-\frac{\pi}{2}\right)$$

答案：(B)。

31. **解：** 此题考查波的物理量之间的基本关系。

$$T=\frac{1}{\nu}=\frac{1}{2000}\text{s},\ u=\frac{\lambda}{T}=\lambda\cdot\nu=400\text{m/s}$$

答案：(A)。

32. 解两列振幅不相同的相干波，在同一直线上沿相反方向传播，叠加的合成波振幅为

$$A^2=A_1^2+A_2^2+2A_1A_2\cos\Delta\varphi$$

当 $\cos\Delta\varphi=1$ 时，合振幅最大，$A'=A_1+A_2=3A$；

当 $\cos\Delta\varphi=-1$ 时，合振幅最小，$A'=|A_1-A_2|=A$。

此题注意振幅没有负值，要取绝对值。

答案：(D)。

33. **解：** 此题考查波的能量特征。波动的动能与势能是同相的，同时达到最大最小。若此时 A 点处媒质质元的弹性势能在减小，则其振动动能也在减小。此时 B 点正向负最大位移处运动，振动动能在减小。

答案：(A)。

34. **解：** 由双缝干涉相邻明纹（暗纹）的间距公式：$\Delta x=\frac{D}{a}\lambda$，若双缝所在的平板稍微向上平移，中央明纹与其他条纹整体向上稍作平移，其他条件不变，则屏上的干涉条纹间距不变。

答案：(B)。

35. **解：** 此题考查光的干涉。薄膜上下两束反射光的光程差：$\delta=2ne+\frac{\lambda}{2}$

反射光加强：$\delta=2ne+\frac{\lambda}{2}=k\lambda$，$\lambda=\frac{2ne}{k-\frac{1}{2}}=\frac{4ne}{2k-1}$

$$k=2\text{ 时，}\lambda=\frac{4ne}{2k-1}=\frac{4\times1.33\times0.32\times10^3}{3}=567\text{nm}$$

答案：(C)。

36. **解：** 自然光 I_0 穿过第一个偏振片后成为偏振光，光强减半，为 $I_1=\frac{1}{2}I_0$。

第一个偏振片与第二个偏振片夹角为 30°，第二个偏振片与第三个偏振片夹角为 60°，穿过第二个偏振片后的光强用马吕斯定律计算：$I_2=\frac{1}{2}I_0\cos^2 30°$。

穿过第三个偏振片后的光强为：$I_3=\frac{1}{2}I_0\cos^2 30°\cos^2 60°=\frac{3}{32}I_0$。

答案：(C)。

37. **解：** 主量子数为 n 的电子层中原子轨道数为 n^2，最多可容纳的电子总数为 $2n^2$。主量子数 $n=3$，原子轨道最多可容纳的电子总数为 $2\times3^2=18$。

答案：(C)。

38. **解：** 当分子中的氢原子与电负性大、半径小、有孤对电子的原子（如 N、O、F）形成共价键后，还能吸引另一个电负性较大原子（如 N、O、F）中的孤对电子而形成氢

键。所以分子中存在 N—H、O—H、F—H 共价键时会形成氢键。

答案：（A）。

39. 解： 112mg 铁的物质的量 $n=\dfrac{112/1000}{56}=0.002\text{mol}$

溶液中铁的浓度 $C=\dfrac{n}{V}=\dfrac{0.002}{100/1000}=0.02\text{mol}\cdot\text{L}^{-1}$

答案：（C）。

40. 解： NaOAc 为强碱弱酸盐，可以水解，水解常数 $K_h^\ominus=\dfrac{K_w^\ominus}{K_a^\ominus}$

$0.1\text{mol}\cdot\text{L}^{-1}$ NaOAc 溶液 $C_{OH^-}=\sqrt{CK_h^\ominus}=\sqrt{C\cdot\dfrac{K_w^\ominus}{K_a^\ominus}}=\sqrt{0.1\times\dfrac{1\times10^{-14}}{1.8\times10^{-5}}}\approx 7.5\times 10^{-6}\text{mol}\cdot\text{L}^{-1}$

$C_{H^+}=\dfrac{K_w^\ominus}{C_{OH^-}}=\dfrac{1\times10^{-14}}{7.5\times10^{-6}}\approx 1.3\times10^{-9}\text{mol}\cdot\text{L}^{-1}$，$\text{pH}=-\lg C_{H^+}\approx 8.88$

答案：（D）。

41. 解： 由物质的标准摩尔生成焓 $\Delta_f H_m^\ominus$ 和反应的标准摩尔反应焓变 $\Delta_r H_m^\ominus$ 的定义可知，$H_2O(l)$ 的标准摩尔生成焓 $\Delta_f H_m^\ominus$ 为反应 $H_2(g)+\dfrac{1}{2}O_2(g)=\!=\!=H_2O(l)$ 的标准摩尔反应焓变 $\Delta_r H_m^\ominus$。反应 $2H_2(g)+O_2(g)=\!=\!=2H_2O(l)$ 的标准摩尔反应焓变是反应 $H_2(g)+\dfrac{1}{2}O_2(g)=\!=\!=H_2O(l)$ 的标准摩尔反应焓变的 2 倍，即 $H_2(g)+\dfrac{1}{2}O_2(g)=\!=\!=H_2O(l)$ 的 $\Delta_f H_m^\ominus=\dfrac{1}{2}\times(-572)=-286\text{kJ}\cdot\text{mol}^{-1}$。

答案：（D）。

42. 解： $p(N_2O_4)=p(NO_2)=100\text{kPa}$ 时，$N_2O_4(g)\rightleftharpoons 2NO_2(g)$ 的反应熵 $Q=\dfrac{\left[\dfrac{p(NO_2)}{p^\ominus}\right]^2}{\dfrac{p(N_2O_4)}{p^\ominus}}=1>K^\ominus=0.1132$，根据反应熵判据，反应逆向进行。

答案：（B）。

43. 解： 原电池电动势 $E=\varphi_{正}-\varphi_{负}$，负极为 Zn^{2+}/Zn，其能斯特方程式为 $\varphi_{Zn^{2+}/Zn}=\varphi_{Zn^{2+}/Zn}^\ominus+\dfrac{0.059}{2}\lg C_{Zn^{2+}}$，$ZnSO_4$ 浓度增加，$C_{Zn^{2+}}$ 增加，负极电极电势增大，原电池电动势变小。

答案：（B）。

44. 解： $(CH_3)_2CHCH(CH_3)CH_2CH_3$ 的结构式为 $H_3C-\overset{\overset{CH_3}{|}}{CH}-\overset{\overset{CH_3}{|}}{CH}-CH_2-CH_3$，根据有机化合物命名规则，该有机物命名为 2,3-二甲基戊烷。

答案：（B）。

45. 解： 对羟基苯甲酸乙酯含有 HO—⌬— 部分，为酚类化合物；含有 —$COOC_2H_5$ 部分，为酯类化合物。

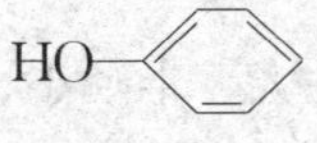

答案：(D)。

46. **解**：该高聚物的重复单元为 $-CH_2-\underset{\underset{COOCH_3}{|}}{CH}_2-$，是由单体 $CH_2=CHCOOCH_3$

通过加聚反应形成的。

答案：(D)。

47. **解**：销钉 C 处为光滑接触约束，约束力应垂直于 AB 光滑直槽，由于 F_p 的作用，直槽的左上侧与锁钉接触，故其约束力的作用线与 x 轴正向所成的夹角为 150°。

答案：(D)。(此题 2017 年考过)

48. **解**：由图可知力 F 过 B 点，故对 B 点的力矩为 0，因此该力系对 B 点的合力矩为

$$M_B=M=\frac{1}{2}Fa=\frac{1}{2}\times150\times50=3750\text{N}\cdot\text{cm}\text{（顺时针）}$$

答案：(A)。

49. **解**：以 CD 为研究对象，其受力如解图所示。

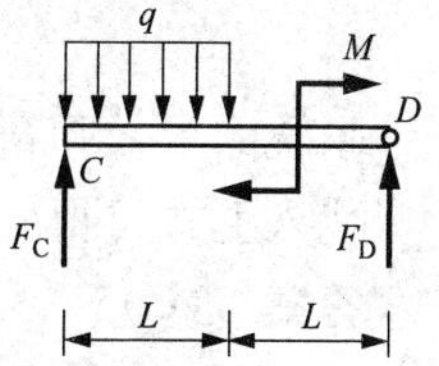

列平衡方程：$\sum M_C(F)=0$，$2L\cdot F_D-M-q\cdot L\cdot\frac{L}{2}=0$

代入数值得：$F_D=15\text{kN}$（铅垂向上）

答案：(B)。

50. **解**：由于主动力 F_p、F 大小均为 100N，故其二力合力作用线与接触面法线方向的夹角为 45°，与摩擦角相等，根据自锁条件的判断，物块处于临界平衡状态。

答案：(D)。

51. **解**：消去运动方程中的参数 t，将 $t^2=x$ 代入 y 中，有 $y=2x^2$，故 $y-2x^2=0$ 为动点的轨迹方程。

答案：(C)。

52. **解**：速度的大小为运动方程对时间的一阶导数，即

$$v_x=\frac{\mathrm{d}x}{\mathrm{d}t}=v_0\cos\alpha,\quad v_y=\frac{\mathrm{d}y}{\mathrm{d}t}=v_0\sin\alpha-gt$$

则当 $t=0$ 时，炮弹的速度大小为：$v=\sqrt{v_x^2+v_y^2}=v_0$

答案：(C)。

53. **解**：滑轮上 A 点的速度和切向加速度与皮带相应的速度和加速度相同，根据定轴转动刚体上速度、切向加速度的线性分布规律，可得 B 点的速度 $v_B=20R/r=30\text{m/s}$，切向加速度 $a_{Bt}=6R/r=9\text{m/s}^2$。

答案：(A)。

54. **解**：小球的运动及受力分析如解图所示。根据质点运动微分方程 $F=$ma，将方程沿着 N 方向投影有

$$ma\sin\alpha=N-mg\cos\alpha$$

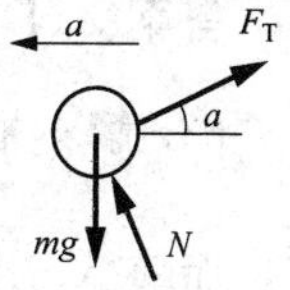

解得

$$N=mg\cos\alpha+ma\sin\alpha$$

答案：(B)。

55. **解**：物体受主动力 F、重力 mg 及斜面的约束力 F_N 作用，做功分别为

$W(F)=70\times6=420\text{N}\cdot\text{m}$，$W(mg)=-5\times9.8\times6\sin30°=-147\text{N}\cdot\text{m}$，$W(F_N)=0$

故所有力做功之和为：$W=420-147=273\text{N}\cdot\text{m}$

答案：(C)。

56. **解：** 根据动量矩定理，两轮分别有：$J\alpha_1=F_AR$，$J\alpha_2=F_BR$，对于轮 A 有 $J\alpha_1=PR$，对于图（b）系统有 $\left(J+\frac{P}{g}R^2\right)\alpha_2=PR$，所以 $\alpha_1>\alpha_2$，故有 $F_A>F_B$。

答案：(B)。

57. **解：** 根据惯性力的定义：$F_I=-ma$，物块 B 的加速度与物块 A 的加速度大小相同，且向下，故物块 B 的惯性力 $F_B=4\times3.3=13.2\text{N}$，方向与其加速度方向相反，即铅垂向上。

答案：(A)。

58. **解：** 当激振力频率与系统的固有频率相等时，系统发生共振，即

$$\omega_0=\sqrt{\frac{k}{m}}=\omega=50\text{rad/s}$$

系统的等效弹簧刚度 $k=k_1+k_2=3\times10^5\text{N/m}$

代入上式可得：$m=120\text{kg}$

答案：(C)。

59. **解：** 由低碳钢拉伸时 $\sigma-\varepsilon$ 曲线（如解图所示）可知：在加载到强化阶段后卸载，再加载时，屈服点 C' 明显提高，断裂前变形明显减少，所以“冷作硬化”现象发生在强化阶段。

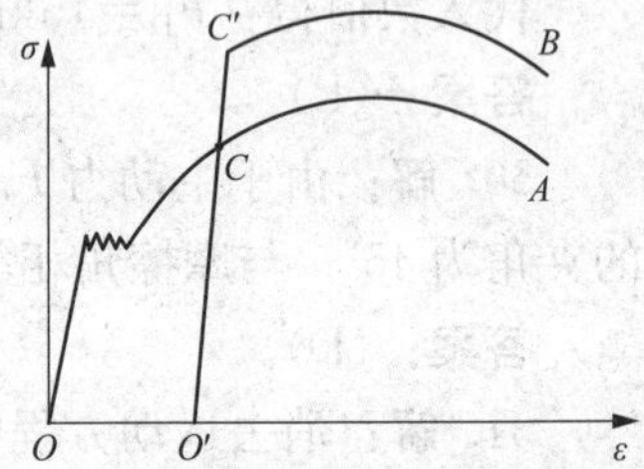

答案：(C)。

60. **解：** AB 段轴力是 $3F$，$\Delta l_{AB}=\frac{3Fa}{EA}$；$BC$ 段轴力是 $2F$，$\Delta l_{BC}=\frac{2Fa}{EA}$

杆的总伸长 $\Delta l=\Delta l_{AB}+\Delta l_{BC}=\frac{3Fa}{EA}+\frac{2Fa}{EA}=\frac{5Fa}{EA}$

答案：(D)。

61. **解：** 钢板和钢轴的计算挤压面积是 dt，由钢轴的挤压强度条件 $\sigma_{bs}=\frac{F}{dt}\leqslant[\sigma_{bs}]$，得 $d\geqslant\frac{F}{t[\sigma_{bs}]}$。

答案：(A)。

62. **解：** 根据极惯性矩 I_p 的定义：$I_p=\int_A\rho^2\text{d}A$，可知极惯性矩是一个定积分，具有可加性，所以 $I_p=\frac{\pi}{32}D^4-\frac{\pi}{32}d^4=\frac{\pi}{32}(D^4-d^4)$。

答案：(D)。

63. **解：** 根据定义，惯性矩 $I_y=\int_A z^2\text{d}A$、$I_z=\int_A y^2\text{d}A$ 和极惯性矩 $I_p=\int_A\rho^2\text{d}A$ 的值恒为正，而静矩 $S_y=\int_A z\text{d}A$、$S_z=\int_A y\text{d}A$ 和惯性积 $I_{yz}=\int_A yz\text{d}A$ 的数值可正、可负，也可为零。

答案：(B)。

64. **解：** 由“零、平、斜，平、斜、抛”的微分规律，可知 AB 段有分布荷载；B 截

面有弯矩的突变，故 B 处有集中力偶。

答案：(B)。

65. **解**：(A) 图看整体：$\sigma_{\max}=\dfrac{M}{W_z}=\dfrac{M}{\dfrac{a^3}{6}}=\dfrac{6M}{a^3}$

(B) 图看一根梁：$\sigma_{\max}=\dfrac{M}{W_z}=\dfrac{0.5M}{0.5a^3/6}=\dfrac{M}{\dfrac{a^3}{6}}=\dfrac{6M}{a^3}$

(C) 图看一根梁：$\sigma_{\max}=\dfrac{M}{W_z}=\dfrac{\dfrac{1}{3}M}{\dfrac{1}{3}a^3\Big/6}=\dfrac{M}{\dfrac{a^3}{6}}=\dfrac{6M}{a^3}$

(D) 图看一根梁：$\sigma_{\max}=\dfrac{M}{W_z}=\dfrac{0.5M}{a\times(0.5a)^2/6}=\dfrac{2M}{\dfrac{a^3}{6}}=\dfrac{12M}{a^3}$

答案：(D)。

66. **解**：A 处为固定铰链支座，挠度总是等于 0，即 $V_A=0$

B 处挠度等于 BD 杆的变形量，即 $V_B=\Delta L$

C 处有集中力 F 作用，挠度方程和转角方程将发生转折，但是满足连续光滑的要求，即 $V_{C左}=V_{C右}$，$\theta_{C左}=\theta_{C右}$。

答案：(C)。

67. **解**：最大切应力所在截面，一定不是主平面，该平面上的正应力也一定不是主应力，也不一定为零，故只能选 (D)。

答案：(D)。

68. **解**：根据第一强度理论（最大拉应力理论）可知：$\sigma_{eq1}=\sigma_1$，所以只能选 (A)。

答案：(A)。

69. **解**：移动前杆是轴向受拉：$\sigma_{\max}=\dfrac{F}{A}=\dfrac{F}{a^2}$

移动后杆是偏心受拉，属于拉伸与弯曲的组合受力与变形

$$\sigma_{\max}=\frac{F}{A}+\frac{0.5aF}{a^3/6}=\frac{F}{a^2}+\frac{3F}{a^2}=\frac{4F}{a^2}$$

答案：(D)。

70. **解**：压杆总是在惯性矩最小的方向失稳，

对图 (a)：$I_{\mathrm{a}}=\dfrac{hb^3}{12}$；对图 (b)：$I_{\mathrm{b}}=\dfrac{h^4}{12}$。则

$$F_{\mathrm{cr}}^{\mathrm{a}}=\frac{\pi^2EI_{\mathrm{a}}}{(\mu L)^2}=\frac{\pi^2E\dfrac{hb^3}{12}}{(2L)^2}=\frac{\pi^2E\dfrac{2b\times b^3}{12}}{(2L)^2}=\frac{\pi^2Eb^4}{24L^2}$$

$$F_{\mathrm{cr}}^{\mathrm{b}}=\frac{\pi^2EI_{\mathrm{b}}}{(\mu L)^2}=\frac{\pi^2E\dfrac{2b\times(2b)^3}{12}}{(2L)^2}=\frac{\pi^2Eb^4}{3L^2}=8F_{\mathrm{cr}}^{\mathrm{a}}$$

故临界力是原来的 8 倍。

答案：(B)。

71. **解**：由流体的物理性质知，流体在静止时不能承受切应力，在微小切力作用下，

就会发生显著的变形而流动。

答案：(A)。

72. **解：**由于题设条件中未给出计算水头损失的数据，现按不计水头损失的能量方程解析此题。

设基准面 0－0 与断面 2 重合，对断面 1－1 及断面 2－2 写能量方程：

$$Z_1+\frac{v_1^2}{2g}=Z_2+\frac{v_2^2}{2g}$$

代入数据 $2+\frac{1.8^2}{2g}=\frac{v_2^2}{2g}$，解得 $v_2=6.50\text{m/s}$

又由连续方程 $v_1A_1=v_2A_2$，可得 $1.8\text{m/s}\times\frac{\pi}{4}0.1^2=6.50\text{m/s}\times\frac{\pi}{4}d_2^2$

解得 $d_2=5.2\text{cm}$

答案：(A)。

73. **解：**利用动量定理计算流体对固体壁的作用力时，进出口断面上的压强应为相对压强。

答案：(B)。

74. **解：**有压圆管层流运动的沿程损失系数 $\lambda=\frac{64}{\text{Re}}$

而雷诺数 $\text{Re}=\frac{vd}{\nu}=\frac{5\times5}{0.18}=138.89$，$\lambda=\frac{64}{138.89}=0.461$

答案：(B)。

75. **解：**并联长管路的水头损失相等，即 $S_1Q_1^2=S_2Q_2^2$

式中管路阻抗 $S_1=\frac{8\lambda\frac{L_1}{d_1}}{g\pi^2d_1^4}$，$S_2=\frac{8\lambda\frac{3L_1}{d_2}}{g\pi^2d_2^4}$

又因 $d_1=d_2$，所以得：$\frac{Q_1}{Q_2}=\sqrt{\frac{S_2}{S_1}}=\sqrt{\frac{3L_1}{L_1}}=1.732$，$Q_1=1.732Q_2$

答案：(C)。

76. **解：**明渠均匀流只能发生在顺坡棱柱形渠道。

答案：(B)。

77. **解：**均匀砂质土壤适用达西渗透定律：$v=kJ$

代入题设数据，则渗流速度 $v=0.005\times0.5=0.0025\text{cm/s}$

答案：(A)。

78. **解：**压力管流的模型试验应选择雷诺准则。

答案：(A)。

79. **解：**直流电源作用下，电压 U_1、电流 I 均为恒定值，产生恒定磁通 Φ。根据电磁感应定律，线圈 N_2 中不会产生感应电动势，所以 $U_2=0$。

答案：(A)。

80. **解：**通常电感线圈的等效电路是 $R-L$ 串联电路。当线圈通入直流电时，电感线圈的感应电压为 0，可以计算线圈电阻为 $R'=\frac{U}{I}=\frac{10}{1}=10\Omega$。在交流电源作用下线圈的感应电压不为 0，要考虑线圈中感应电压的影响必须将电感线圈等效为 $R-L$ 串联电路。因此，该电路的等效模型为：10Ω 电阻与电感 L 串联后再与传输线电阻 R 串联。

答案：(B)。

81. **解：**求等效电阻时应去除电源作用（电压源短路，电流源断路），将电流源断开后 $a-b$ 端左侧网络的等效电阻为R_2。

答案：(D)。

82. **解：**首先根据给定电压函数 $u(t)$ 写出电压的相量$\boldsymbol{U}$，利用交流电路的欧姆定律计算电流相量：

$$\boldsymbol{I}=\frac{\boldsymbol{U}}{Z}=\frac{220\angle 30^\circ}{10\angle 45^\circ}=22\angle -15^\circ$$

最后写出电流 i（t）的函数表达式为 $22\sqrt{2}\sin(314t-15^\circ)$A。

答案：(D)。

83. **解：**根据电路可以分析，总阻抗 $Z=Z_1+Z_2=6+\mathrm{j}8-\mathrm{j}X_C$，当 $X_C=8$ 时，Z 有最小值，电流 I 有最大值（电路出现谐振，呈现电阻性质）。

答案：(B)。

84. **解：**用电设备 M 的外壳线 a 应接到保护地线 PE 上，电灯 D 的接线 b 应接到电源中性点 N 上，说明如下：

(1) 三相四线制：包括相线 A、B、C 和保护零线 PEN（图示的 N 线）。PEN 线上有工作电流通过，PEN 线在进入用电建筑物处要做重复接地；我国民用建筑的配电方式采用该系统。

(2) 三相五线制：包括相线 A、B、C，零线 N 和保护接地线 PE。N 线有工作电流通过，PE 线平时无电流（仅在出现对地漏电或短路时有故障电流）。

零线和地线的根本差别在于一个构成工作回路，一个起保护作用（叫做保护接地），一个回电网，一个回大地，在电子电路中这两个概念要区别开，工程中也要求这两根线分开接。

答案：(C)。

85. **解：**三相交流异步电动机的空载功率因数较小，为 0.2～0.3，随着负载的增加功率因数增加，当电机达到满载时功率因数最大，可以达到 0.9 以上。

答案：(B)。

86. **解：**控制电路图中所有控制元件均是未工作的状态，同一电器用同一符号注明。要保持电气设备连续工作必须有自锁环节（常开触点）。

图 B 的自锁环节使用了 KM 接触器的常闭触点，图 C 和图 D 中的停止按钮 SBstop 两端不能并入 KM 接触器的常闭触点或常开触点，因此图 B、C、D 都是错误的。

图 A 的电路符合设备连续工作的要求：按启动按钮 SBst（动合）后，接触器 KM 线圈通电，KM 常开触点闭合（实现自锁）；按停止按钮 SBstop（动断）后，接触器 KM 线圈断电，用电设备停止工作。可见四个选项中图 A 符合电气设备连续工作的要求。

答案：(A)。

87. **解：**表示信息的数字代码是二进制。通常用电压的高电位表示“1”，低电位表示“0”，或者反之。四个选项中的前三项都可以用来表示二进制代码“10101”，选项（D）的电位不符合“高－低－高－低－高”的规律，则不能用来表示数码“10101”。

答案：(D)。

88. **解：**根据信号的幅值频谱关系，周期信号的频谱是离散的，而非周期信号的频谱是连续的。图（a）是非周期性时间信号的频谱，图（b）是周期性时间信号的频谱。

答案：(B)。

89. **解：**滤波器是频率筛选器，通常根据信号的频率不同进行处理。它不会改变正弦波信号的形状，而是通过正弦波信号的频率来识别，保留有用信号，滤除干扰信号。而非正弦周期信号可以分解为多个不同频率正弦波信号的合成，它的频率特性是收敛的。对非正弦周期信号滤波时要保留基波和低频部分的信号，滤除高频部分的信号。这样做虽然不会改变原信号的频率，但是滤除高频分量以后会影响非正弦周期信号波形的形状。

答案：(D)。

90. **解：**根据逻辑函数的摩根定理对原式进行分析：

$$ABCD+\overline{A}+\overline{B}+\overline{C}+\overline{D}=ABCD+\overline{\overline{\overline{A}+\overline{B}+\overline{C}+\overline{D}}}=ABCD+\overline{ABCD}=1$$

答案：(B)。

91. **解：**$F=\overline{AB}$为与非门，分析波形可以用口诀："A、B"有 0，"F"为 1；"A、B"全 1，"F"为 0，波形见解图。

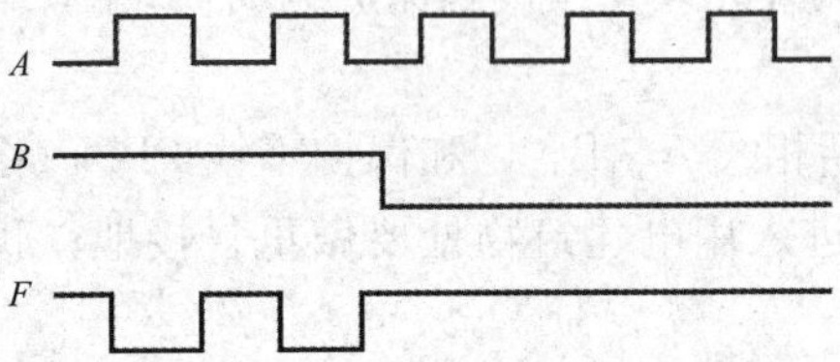

答案：(B)。

92. **解：**根据真值表写出逻辑表达式的方法是：找出真值表输出信号 $F=1$ 对应的输入变量取值组合，每组输入变量取值为一个乘积项（与），输入变量值为 1 的写原变量，输入变量值为 0 的写反变量。最后将这些变量相加（或），即可得到输出函数 F 的逻辑表达式。

根据该给定的真值表可以写出：$F=\overline{A}BC+AB\overline{C}+ABC$。

答案：(D)。

93. **解：**电压放大器的耦合电容有隔直通交的作用，因此电容 C_E 接入以后不会改变放大器的静态工作点。对于交变信号，接入电容 C_E 以后电阻 R_E 被短路，根据放大器的交流通道来分析放大器的动态参数，输入电阻 R_i、输出电阻 R_o、电压放大倍数 A_u 分别为

$$R_i=R_{B1}\|R_{B2}\|\left[r_{be}+(1+\beta)R_E\right]$$

$$R_o=R_C$$

$$A_u=\frac{-\beta R'_L}{\gamma_{be}+(1+\beta)R_E};\ (R'_L=R_C\parallel R_L)$$

可见，输出电阻 R_o 与 R_E 无关。

所以，并入电容 C_E 后不变的量是静态工作点和输出电阻 R_o。

答案：(C)。

94. **解：**本电路属于运算放大器非线性应用，是一个电压比较电路。A 点是反相输入端，B 点是同相输入端。当 B 点电位高于 A 点电位时，输出电压有正的最大值 $\boldsymbol{U}_{OM}$。当 B 点电位低于 A 点电位时，输出电压有负的最大值 $-\boldsymbol{U}_{OM}$。

解图（a）、(b) 表示输出端 $\boldsymbol{u}_{O1}$ 和 $\boldsymbol{u}_{O2}$ 的波形正确关系。

选项（D）的 $\boldsymbol{u}_{O1}$ 波形分析正确，并且 $\boldsymbol{u}_{O1}=-\boldsymbol{u}_{O2}$，符合题意。

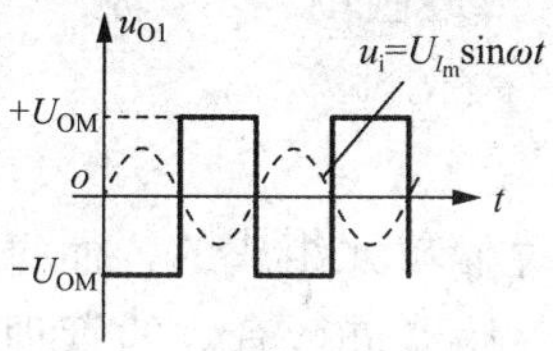

(a)

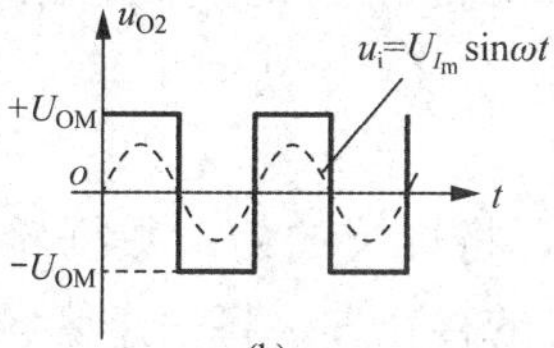

(b)

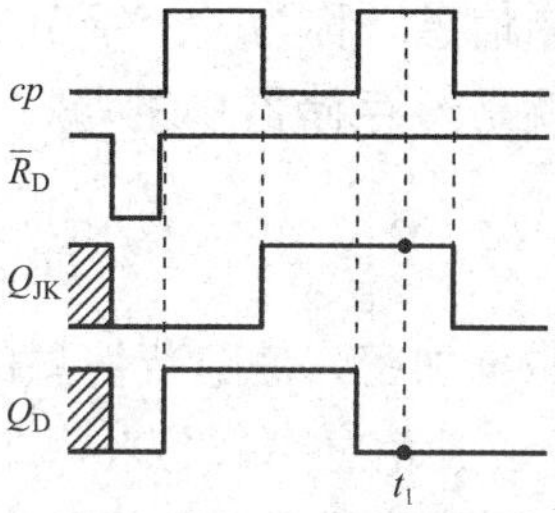

答案：（D）。

95. **解：** 利用逻辑函数分析：$F_1=\overline{A\cdot 1}=\overline{A}$；$F_2=B+1=1$。

答案：（D）。

96. **解：** 两个电路分别为 JK 触发器和 D 触发器，逻辑状态表给定，它们有同一触发脉冲和清零信号作用。但要注意到两个触发器的触发时间不同，JK 触发器为下降沿触发，D 触发器为上升沿触发。

结合逻辑表分析输出脉冲波形如解图所示。

JK 触发器：$J=K=1$，$Q_{JK}^{n+1}=\overline{Q}_{JK}^{n}$，$cp$ 下降沿触发。

D 触发器：$Q_{D}^{n+1}=D=\overline{Q}_{D}^{n}$，$cp$ 上升沿触发。

对应的 t_1 时刻两个触发器的输出分别是 $Q_{JK}=1$，$Q_D=0$，选项（C）正确。

答案：（C）。

97. **解：** 计算机处理的信号是数字信号，数字信号只有 0（低电平）和 1（高电平），是一系列高（电源电压的幅度）和低（0V）的方波序列，幅度是不变的，时间（周期）是可变的，也就是说处理的是断续的数字信息，数字信号是离散信号。

答案：（B）。

98. **解：** 程序计数器（PC）又称指令地址计数器，计算机通常是按顺序逐条执行指令的，就是靠程序计数器来实现。每当执行完一条指令，PC 就自动加 1，即形成下一条指令地址。

答案：（C）。

99. **解：** 计算机的软件系统是由系统软件、支撑软件和应用软件构成。系统软件是负责管理、控制和维护计算机软、硬件资源的一种软件，它为应用软件提供了一个运行平台。支撑软件是支持其他软件的编写制作和维护的软件。应用软件是特定应用领域专用的软件。

答案：（B）。

100. **解：** 允许多个用户以交互方式使用计算机的操作系统是分时操作系统。分时操作系统是使一台计算机同时为几个、几十个甚至几百个用户服务的一种操作系统。它将系统处理机时间与内存空间按一定的时间间隔，轮流地切换给各终端用户的。

答案：（B）。

101. **解：** ASSCⅡ码是“美国信息交换标准代码”的简称，是目前国际上最为流行的字符信息编码方案。在这种编码中每个字符用 7 个二进制位表示，从 0000000 到 1111111 可以给出 128 种编码，用来表示 128 个不同的常用字符。

答案：（D）。

102. **解：** 计算机系统内的存储器是由一个个存储单元组成的，而每一个存储单元的容量为 8 位二进制信息，称为一个字节。为了对存储器进行有效的管理，给每个单元都编上一个号，也就是给存储器中的每一个字节都分配一个地址码，俗称给存储器地址“编址”。

答案：（A）。

103. **解：** 给数据加密，是隐蔽信息的可读性，将可读的信息数据转换为不可读的信息数据，称为密文。把信息隐藏起来，即隐藏信息的存在性，将信息隐藏在一个容量更大的信息载体之中，形成隐秘载体。信息隐藏和数据加密的方法是不一样的。

答案：（D）。

104. **解：** 线程有时也称为轻量级进程，是被系统独立调度和 CPU 的基本运行单位。有些进程只包含一个线程，也可包含多个线程。线程的优点之一就是资源共享。

答案：（C）。

105. **解：** 信息化社会是以计算机信息处理技术和传输手段的广泛应用为基础和标志的新技术革命，影响和改造社会生活方式与管理方式。信息化社会指在经济生活全面信息化的进程中，人类社会生活的其他领域也逐步利用先进的信息技术建立起各种信息网络，信息技术在生产、科研教育、医疗保健、企业和政府管理以及家庭中的广泛应用对经济和社会发展产生了巨大而深刻的影响，从根本上改变了人们的生活方式、行为方式和价值观念。计算机则是实现信息社会的必备工具之一，两者相互影响、相互制约、相互推动、相互促进，是密不可分的关系。

答案：（C）。

106. **解：** 如果要寻找一个主机名所对应的 IP 地址，则需要借助域名服务器来完成。当 Internet 应用程序收到一个主机域名时，它向本地域名服务器查询该主机域名对应的 IP 地址。如果在本地域名服务器中找不到该主机域名对应的 IP 地址，则本地域名服务器向其他域名服务器发出请求，要求其他域名服务器协助查找，并将找到的 IP 地址返回给发出请求的应用程序。

答案：（C）。

107. **解：** 根据一次支付现值公式（已知 F 求 P）：

$$P=\frac{F}{(1+i)^n}=\frac{50}{(1+5.06\%)^5}=39.06\text{ 万元}$$

答案：（C）。

108. **解：** 项目总投资中的流动资金是指运营期内长期占用并周转使用的营运资金。估算流动资金的方法有扩大指标法或分项详细估算法。采用分项详细估算法估算时，流动资金是流动资产与流动负债的差额。

答案：（C）。

109. **解：** 资本金（权益资金）的筹措方式有股东直接投资、发行股票、政府投资等，债务资金的筹措方式有商业银行贷款、政策性银行贷款、外国政府贷款、国际金融组织贷款、出口信贷、银团贷款、企业债券、国际债券和融资租赁等。

优先股股票和可转换债券属于准股本资金，是一种既具有资本金性质又具有债务资金性质的资金。

答案：(C)。

110. **解**：利息备付率＝息税前利润/应付利息

其中，息税前利润＝利润总额＋利息支出

本题已经给出息税前利润，因此该年的利息备付率为：

利息备付率＝息税前利润/应付利息＝200/100＝2

答案：(B)。

111. **解**：计算各年的累计净现金流量见解表。

年份	0	1	2	3	4	5
净现金流量	−100	−50	40	60	60	60
累计净现金流量	−100	−150	−110	−50	10	70

$$静态投资回收期=累计净现金流量开始出现正值的年份数-1+\frac{上年累计净现金流量的绝对值}{当年净现金流量}$$

$$=4-1+|-50|\div 60=3.83\ 年$$

答案：(C)。

112. **解**：该货物的影子价格为：

直接出口产出物的影子价格（出厂价）＝离岸价(FOB)×影子汇率－出口费用

＝100×6－100＝500 元人民币

答案：(A)。

113. **解**：甲方案的净现值为：$NPV_{甲}=-500+140\times 6.7101=439.414$ 万元

乙方案的净现值为：$NPV_{乙}=-1000+250\times 6.7101=677.525$ 万元

$NPV_{乙}>NPV_{甲}$，故应选择乙方案

互斥方案比较不应直接用方案的内部收益率比较，可采用净现值或差额投资内部收益率进行比较。

答案：(B)。

114. **解**：用强制确定法选择价值工程的对象时，计算结果存在以下三种情况：

(1) 价值系数小于 1 较多，表明该零件相对不重要且费用偏高，应作为价值分析的对象；

(2) 价值系数大于 1 较多，即功能系数大于成本系数，表明该零件较重要而成本偏低，是否需要提高费用视具体情况而定；

(3) 价值系数接近或等于 1，表明该零件重要性与成本适应，较为合理。

本题该部件的价值系数为 1.02，接近 1，说明该部件功能重要性与成本比重相当，不应将该部件作为价值工程对象。

答案：(B)。

115. **解**：《中华人民共和国建筑法》第十条规定，在建的建筑工程因故中止施工的，建设单位应当自中止施工之日起一个月内，向发证机关报告，并按照规定做好建筑工程的维护管理工作。

答案：(A)。

116. **解**：《中华人民共和国安全生产法》第二十八条规定，生产经营单位应当对从业人员进行安全生产教育和培训，保证从业人员具备必要的安全生产知识，熟悉有关的安全生产规章制度和安全操作规程，掌握本岗位的安全操作技能，了解事故应急处理措施，知悉自身在安全生产方面的权利和义务。

答案：(C)。

117. **解**：《中华人民共和国招标投标法》第十二条规定，招标人有权自行选择招标代理机构，委托其办理招标事宜。任何单位和个人不得以任何方式为招标人指定招标代理机构。招标人具有编制招标文件和组织评标能力的，可以自行办理招标事宜。任何单位和个人不得强制其委托招标代理机构办理招标事宜。依法必须进行招标的项目，招标人自行办理招标事宜的，应当向有关行政监督部门备案。

从上述条文可以看出选项（A）正确，选项（B）错误，因为招标人可以委托代理机构办理招标事宜。选项（C）错误，招标人自行招标时才需要备案，不是委托代理人才需要备案。选项（D）明显不符合第十二条的规定。

答案：(A)。

118. **解**：《中华人民共和国民法典》第一百三十七条规定，以对话方式作出的意思表示，相对人知道其内容时生效。以非对话方式作出的意思表示，到达相对人时生效。以非对话方式作出的采用数据电文形式的意思表示，相对人指定特定系统接收数据电文的，该数据电文进入该特定系统时生效；未指定特定系统的，相对人知道或者应当知道该数据电文进入其系统时生效。当事人对采用数据电文形式的意思表示的生效时间另有约定的，按照其约定。

答案：(A)。

119. **解**：依照《中华人民共和国行政许可法》第二十六条的规定，行政许可采取统一办理或者联合办理、集中办理的，办理的时间不得超过四十五日；四十五日内不能办结的，经本级人民政府负责人批准，可以延长十五日，并应当将延长期限的理由告知申请人。

答案：(D)。

120. **解**：《建设工程质量管理条例》第十六条规定，建设单位收到建设工程竣工报告后，应当组织设计、施工、工程监理等有关单位进行竣工验收。

答案：(C)。

附录 E

2021 年全国勘察设计注册工程师执业资格考试公共基础考试试题

单项选择题（共 120 题，每题 1 分。每题的备选项中只有一个最符合题意。）

1. 下列结论正确的是(　　)。

(A) $\lim\limits_{x \to 0} e^{\frac{1}{x}}$ 存在

(B) $\lim\limits_{x \to 0^-} e^{\frac{1}{x}}$ 存在

(C) $\lim\limits_{x \to 0^+} e^{\frac{1}{x}}$ 存在

(D) $\lim\limits_{x \to 0^+} e^{\frac{1}{x}}$ 存在，$\lim\limits_{x \to 0^-} e^{\frac{1}{x}}$ 不存在，从而 $\lim\limits_{x \to 0} e^{\frac{1}{x}}$ 不存在

2. 当 $x \to 0$ 时，与 x^2 为同阶无穷小的是(　　)。

(A) $1-\cos 2x$　　(B) $x^2 \sin x$

(C) $\sqrt{1+x}-1$　　(D) $1-\cos x^2$

3. 设 $f(x)$ 在 $x=0$ 的某个邻域有定义，$f(0)=0$，且 $\lim\limits_{x \to 0} \dfrac{f(x)}{x}=1$，则在 $x=0$ 处(　　)。

(A) 不连续　　(B) 连续但不可导

(C) 可导且导数为 1　　(D) 可导且导数为 0

4. 若 $f\left(\dfrac{1}{x}\right)=\dfrac{x}{1+x}$，则 $f'(x)$ 等于(　　)。

(A) $\dfrac{1}{x+1}$　　(B) $-\dfrac{1}{x+1}$

(C) $-\dfrac{1}{(x+1)^2}$　　(D) $\dfrac{1}{(x+1)^2}$

5. 方程 $x^3+x-1=0$ (　　)。

(A) 无实根　　(B) 只有一个实根

(C) 有两个实根　　(D) 有三个实根

6. 若函数 $f(x)$ 在 $x=x_0$ 处取得极值，则下列结论成立的是(　　)。

(A) $f'(x_0)=0$　　(B) $f'(x_0)$ 不存在

(C) $f'(x_0)=0$ 或 $f'(x_0)$ 不存在　　(D) $f''(x_0)=0$

7. 若 $\int f(x)\mathrm{d}x = \int \mathrm{d}g(x)$，则下列各式中正确的是(　　)。

(A) $f(x)=g(x)$　　(B) $f(x)=g'(x)$

(C) $f'(x)=g(x)$　　(D) $f'(x)=g'(x)$

8. 定积分 $\int_{-1}^{1}(x^3+|x|)e^{x^2}\mathrm{d}x$ 的值等于(　　)。

(A) 0　　(B) e　　(C) e−1　　(D) 不存在

9. 曲面 $x^2+y^2+z^2=a^2$ 与 $x^2+y^2=2az(a>0)$ 的交线是(　　)。

(A) 双曲线　　(B) 抛物线　　(C) 圆　　(D) 不存在

10. 设有直线 L：$\begin{cases} x+3y+2z+1=0 \\ 2x-y-10z+3=0 \end{cases}$ 及平面 π：$4x-2y+z-2=0$，则直线 L(　　)。

(A) 平行 π　　(B) 垂直于 π　　(C) 在 π 上　　(D) 与 π 斜交

11. 已知函数 $f(x)$ 在 $(-\infty, +\infty)$ 内连续，并满足 $f(x)=\int_0^x f(t)\mathrm{d}t$，则 $f(x)$ 为(　　)。

(A) e^x　　(B) $-\mathrm{e}^x$　　(C) 0　　(D) e^{-x}

12. 在下列函数中，为微分方程 $y''-y'-2y=6\mathrm{e}^x$ 的特解的是(　　)。

(A) $y=3\mathrm{e}^{-x}$　　(B) $y=-3\mathrm{e}^{-x}$

(C) $y=3\mathrm{e}^x$　　(D) $y=-3\mathrm{e}^x$

13. 设函数 $f(x, y)=\begin{cases} \dfrac{1}{xy}\sin(x^2y) & xy\neq 0 \\ 0 & xy=0 \end{cases}$，则 $f'_x(0, 1)$ 等于(　　)。

(A) 0　　(B) 1　　(C) 2　　(D) -1

14. 设函数 $f(u)$ 连续，而区域 D：$x^2+y^2\leqslant 1$，且 $x\geqslant 0$，则二重积分 $\iint\limits_D f(\sqrt{x^2+y^2})\mathrm{d}x\mathrm{d}y$ 等于(　　)。

(A) $\pi\int_0^1 f(r)\mathrm{d}r$　　(B) $\pi\int_0^1 rf(r)\mathrm{d}r$

(C) $\dfrac{\pi}{2}\int_0^1 f(r)\mathrm{d}r$　　(D) $\dfrac{\pi}{2}\int_0^1 rf(r)\mathrm{d}r$

15. 设 L 是圆 $x^2+y^2=-2x$，取逆时针方向，则对坐标的曲线积分 $\int_L (x-y)\mathrm{d}x+(x+y)\mathrm{d}y$ 等于(　　)。

(A) -4π　　(B) -2π　　(C) 0　　(D) 2π

16. 设函数 $z=x^y$，则 $\dfrac{\partial^2 z}{\partial x\partial y}$ 等于(　　)。

(A) $x^y(1+\ln x)$　　(B) $x^y(1+y\ln x)$

(C) $x^{y-1}(1+y\ln x)$　　(D) $x^y(1-x\ln x)$

17. 下列级数中，收敛的级数是(　　)。

(A) $\sum\limits_{n=1}^{\infty}\dfrac{8^n}{7^n}$　　(B) $\sum\limits_{n=1}^{\infty} n\sin\dfrac{1}{n}$

(C) $\sum\limits_{n=1}^{\infty}\dfrac{1}{\sqrt{n}}$　　(D) $\sum\limits_{n=1}^{\infty}(-1)^{n-1}\dfrac{1}{\sqrt{n}}$

18. 级数 $\sum\limits_{n=1}^{\infty} n\left(\dfrac{1}{2}\right)^{n-1}$ 的和是(　　)。

(A) 1　　(B) 2　　(C) 3　　(D) 4

19. 若矩阵 $\boldsymbol{A}=\begin{bmatrix} 1 & 0 & 0 \\ 0 & -1 & -1 \\ 0 & 0 & 1 \end{bmatrix}$，$\boldsymbol{I}=\begin{bmatrix} 1 & 0 & 0 \\ 0 & 1 & 0 \\ 0 & 0 & 1 \end{bmatrix}$，则矩阵 $(\boldsymbol{A}-2\boldsymbol{I})^{-1}(\boldsymbol{A}^2-4\boldsymbol{I})$

为(　　)。

(A) $\begin{bmatrix}3&0&0\\0&1&-1\\0&0&3\end{bmatrix}$　(B) $\begin{bmatrix}3&0&0\\0&1&0\\0&0&3\end{bmatrix}$　(C) $\begin{bmatrix}3&0&0\\0&1&1\\0&0&3\end{bmatrix}$　(D) $\begin{bmatrix}2&0&0\\0&-2&-2\\0&0&2\end{bmatrix}$

20. 已知矩阵 $\boldsymbol{A}=\begin{bmatrix}0&0&1\\x&1&y\\1&0&0\end{bmatrix}$ 有三个线性无关的特征向量，则下列关系式正确的是(　　)。

(A) $x+y=0$　(B) $x+y\neq0$　(C) $x+y=1$　(D) $x=y=1$

21. 设 n 维向量组 $\boldsymbol{\alpha}_1$，$\boldsymbol{\alpha}_2$，$\boldsymbol{\alpha}_3$ 是线性方程组 $Ax=0$ 的一个基础解系，则下列向量组也是 $Ax=0$ 的基础解系的是(　　)。

(A) $\boldsymbol{\alpha}_1$，$\boldsymbol{\alpha}_2-\boldsymbol{\alpha}_3$　(B) $\boldsymbol{\alpha}_1+\boldsymbol{\alpha}_2$，$\boldsymbol{\alpha}_2+\boldsymbol{\alpha}_3$，$\boldsymbol{\alpha}_3+\boldsymbol{\alpha}_1$

(C) $\boldsymbol{\alpha}_1+\boldsymbol{\alpha}_2$，$\boldsymbol{\alpha}_2+\boldsymbol{\alpha}_3$，$\boldsymbol{\alpha}_1-\boldsymbol{\alpha}_3$　(D) $\boldsymbol{\alpha}_1$，$\boldsymbol{\alpha}_1+\boldsymbol{\alpha}_2$，$\boldsymbol{\alpha}_2+\boldsymbol{\alpha}_3$，$\boldsymbol{\alpha}_1+\boldsymbol{\alpha}_2+\boldsymbol{\alpha}_3$

22. 袋子里有 5 个白球，3 个黄球，4 个黑球，从中随机抽取 1 只，已知它不是黑球，则它是黄球的概率是(　　)。

(A) $\dfrac{1}{8}$　(B) $\dfrac{3}{8}$　(C) $\dfrac{5}{8}$　(D) $\dfrac{7}{8}$

23. 设 X 服从泊松分布 $P(3)$，则 X 的方差与数学期望之比 $\dfrac{D(X)}{E(X)}$ 等于(　　)。

(A) 3　(B) $\dfrac{1}{3}$　(C) 1　(D) 9

24. 设 X_1，X_2，…，X_n 是来自总体 $X\sim N(\mu,\sigma^2)$ 的样本，$\overline{X}$ 是 X_1，X_2，…，X_n 的样本均值，则 $\sum\limits_{i=1}^{n}\dfrac{(X_i-\overline{X})^2}{\sigma^2}$ 服从的分布是(　　)。

(A) $F(n)$　(B) $t(n)$　(C) $\chi^2(n)$　(D) $\chi^2(n-1)$

25. 在标准状态下，即压强 $p_0=1\text{atm}$，温度 $T=273.15\text{K}$，一摩尔任何理想气体的体积均为(　　)。

(A) 22.4L　(B) 2.24L　(C) 224L　(D) 0.224L

26. 理想气体经过等温膨胀过程，其平均自由程 $\bar{\lambda}$ 和平均碰撞次数 $\bar{Z}$ 的变化是(　　)。

(A) $\bar{\lambda}$ 变大，$\bar{Z}$ 变大　(B) $\bar{\lambda}$ 变大，$\bar{Z}$ 变小

(C) $\bar{\lambda}$ 变小，$\bar{Z}$ 变大　(D) $\bar{\lambda}$ 变小，$\bar{Z}$ 变小

27. 在一热力学过程中，系统内能的减少量全部成为传给外界的热量，此过程一定是(　　)。

(A) 等体升温过程　(B) 等体降温过程

(C) 等压膨胀过程　(D) 等压压缩过程

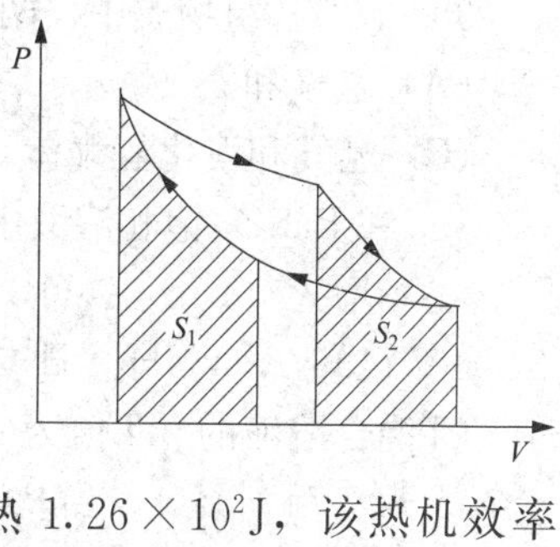

28. 理想气体卡诺循环过程的两条绝热线下的面积大小(图中阴影部分)分别为 S_1 和 S_2，则二者的大小关系是(　　)。

(A) $S_1>S_2$　(B) $S_1=S_2$

(C) $S_1<S_2$　(D) 无法确定

29. 一热机在一次循环中吸热 $1.68\times10^2\text{J}$，向冷源放热 $1.26\times10^2\text{J}$，该热机效率为(　　)。

(A) 25%　　(B) 40%　　(C) 60%　　(D) 75%

30. 若一平面简谐波的波动方程为 $y=A\cos(Bt-Cx)$，式中 A、B、C 为正值恒量，则(　　)。

(A) 波速为 C　　(B) 周期为$\frac{1}{B}$

(C) 波长为$\frac{2\pi}{C}$　　(D) 角频率为$\frac{2\pi}{B}$

31. 图示为一平面简谐机械波在 t 时刻的波形曲线，若此时 A 点处媒质质元的振动动能在增大，则(　　)。

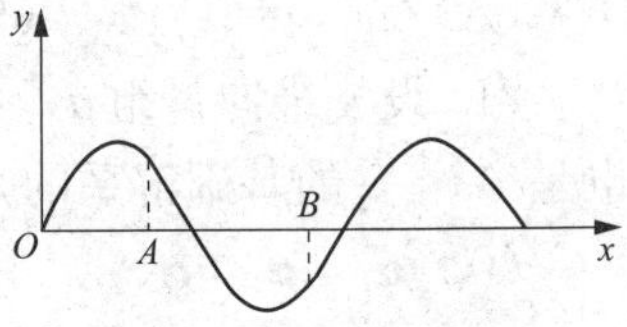

(A) A 点处质元的弹性势能在减小

(B) 波沿 x 轴负方向传播

(C) B 点处质元振动动能在减小

(D) 各点的波的能量密度都不随时间变化

32. 两个相同的喇叭接在同一播音器上，它们是相干波源，二者到 P 点的距离之差为 $\lambda/2$（λ 是声波波长），则 P 点处为(　　)。

(A) 波的相干加强点　　(B) 波的相干减弱点

(C) 合振幅随时间变化的点　　(D) 合振幅无法确定的点

33. 一声波波源相对媒质不动，发出的声波频率是 v_0。设以观察者的运动速度为波速的 1/2，当观察者远离波源运动时，他接收到的声波频率是(　　)。

(A) v_0　　(B) $2v_0$　　(C) $v_0/2$　　(D) $3v_0/2$

34. 当一束单色光通过折射率不同的两种媒质时，光的(　　)。

(A) 频率不变，波长不变　　(B) 频率不变，波长改变

(C) 频率改变，波长不变　　(D) 频率改变，波长改变

35. 在单缝衍射中，若单缝处的波面恰好被分成偶数个半波带，在相邻半波带上任何两个对应点所发出的光，在暗条纹处的相位差为(　　)。

(A) π　　(B) 2π　　(C) $\frac{\pi}{2}$　　(D) $\frac{3\pi}{2}$

36. 一束平行单色光垂直入射在光栅上，当光栅常数 $(a+b)$ 为下列哪种情况时（a 代表每条缝的宽度），$k=3$、6、9 等级次的主极大均不出现(　　)。

(A) $a+b=2a$　　(B) $a+b=3a$　　(C) $a+b=4a$　　(D) $a+b=6a$

37. 既能衡量元素金属性又能衡量元素非金属性强弱的物理量是(　　)。

(A) 电负性　　(B) 电离能　　(C) 电子亲和能　　(D) 极化力

38. 下列各组物质中，两种分子之间存在的分子间力只含有色散力的是(　　)。

(A) 氢气和氦气　　(B) 二氧化碳和二氧化硫气体

(C) 氢气和溴化氢气体　　(D) 一氧化碳和氧气

39. 在 $BaSO_4$ 饱和溶液中，加入 Na_2SO_4，溶液中 $c(Ba^{2+})$ 的变化是(　　)。

(A) 增大　　(B) 减小　　(C) 不变　　(D) 不能确定

40. 已知 $K^{\ominus}(NH_3 \cdot H_2O)=1.8\times10^{-5}$，浓度均为 $0.1mol \cdot L^{-1}$ 的 $NH_3 \cdot H_2O$ 和 NH_4Cl 混合溶液的 pH 值为(　　)。

(A) 4.74　　(B) 9.26　　(C) 5.74　　(D) 8.26

41. 已知 HCl(g) 的 $\Delta_f H_m^{\ominus}=-92kJ \cdot mol^{-1}$，则反应 $H_2(g)+Cl_2(g) = 2HCl(g)$ 的

$\Delta_r H_m^{\ominus}$ 是(　　)。

(A) $92kJ \cdot mol^{-1}$　　　　(B) $-92kJ \cdot mol^{-1}$

(C) $-184kJ \cdot mol^{-1}$　　　　(D) $46kJ \cdot mol^{-}$

42. 反应 $A(s)+B(g) \rightleftharpoons 2C(g)$ 在体系中达到平衡，如果保持温度不变，升高体系的总压（减小体积），平衡向左移动，则 $K^{\ominus}$ 的变化是(　　)。

(A) 增大　　(B) 减小　　(C) 不变　　(D) 无法判断

43. 已知 $E^{\ominus}(Fe^{3+}/Fe^{2+})=0.771V$，$E^{\ominus}(Fe^{2+}/Fe)=-0.44V$，$K_{sp}^{\ominus}(Fe(OH)_3)=2.79\times10^{-39}$，$K_{sp}^{\ominus}(Fe(OH)_2)=4.87\times10^{-17}$，有如下原电池 $(-)Fe \mid Fe^{2+}(1.0mol \cdot L^{-1}) \parallel Fe^{3+}(1.0mol \cdot L^{-1})$，$Fe^{2+}(1.0mol \cdot L^{-1}) \mid Pt(+)$，如向两个半电池中均加入 NaOH，最终均使 $C(OH^{-})=1.0mol \cdot L^{-1}$，则原电池电动势变化是(　　)。

(A) 变大　　(B) 变小　　(C) 不变　　(D) 无法判断

44. 下列各组化合物中能用溴水区别的是(　　)。

(A) 1—己烯和己烷　　　　(B) 1—己烯和1—己炔

(C) 2—己烯和1—己烯　　　　(D) 己烷和苯

45. 尼泊金丁酯是国家允许使用的食品防腐剂，它是对羟基苯甲酸与醇形成的酯类化合物。尼泊金丁酯的结构简式为(　　)。

(A) 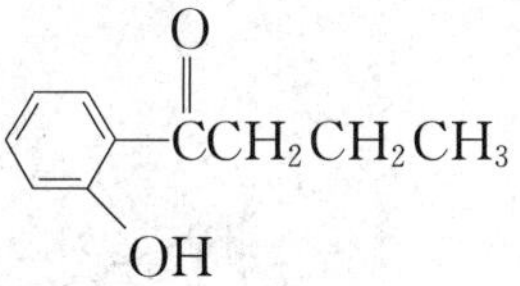

(B) 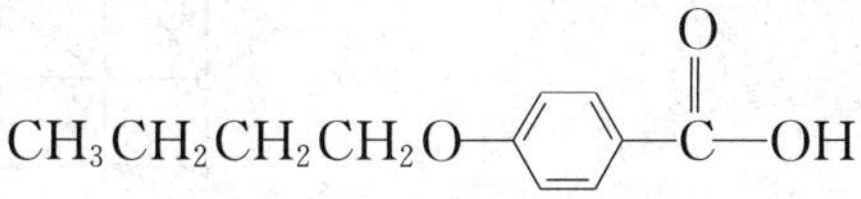

(C) 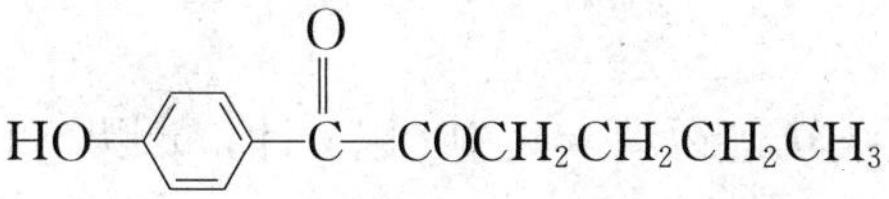

(D) 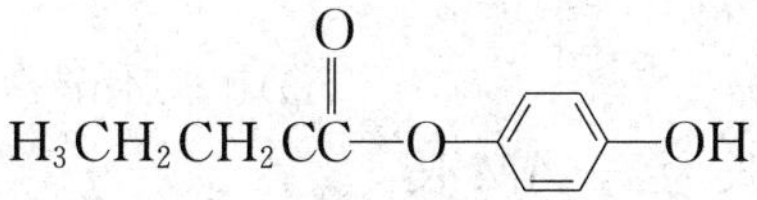

46. 某高分子化合物的结构为：

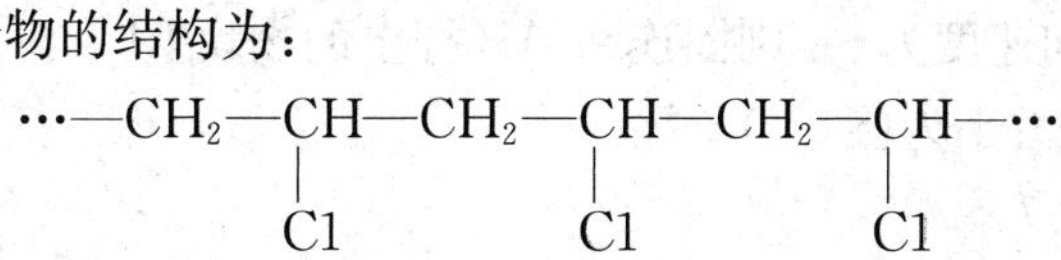

在下列叙述中，不正确的是(　　)。

(A) 它为线型高分子化合物

(B) 合成该高分子化合物的反应为缩聚反应

(C) 链节为 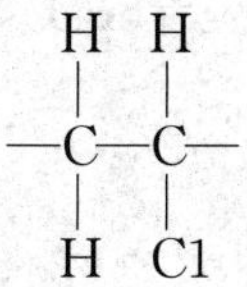

(D) 它的单体为 $CH_2{=}CHCl$

47. 三角形板 *ABC* 受平面力系作用如图所示。欲求未知力 F_{NA}、F_{NB} 和 F_{NC}，独立的平衡方程组是(　　)。

(A) $\sum M_C(F)=0$，$\sum M_D(F)=0$，$\sum M_B(F)=0$

(B) $\sum F_y=0$，$\sum M_A(F)=0$，$\sum M_B(F)=0$

(C) $\sum F_x=0$，$\sum M_A(F)=0$，$\sum M_B(F)=0$

(D) $\sum F_x=0$，$\sum M_A(F)=0$，$\sum M_C(F)=0$

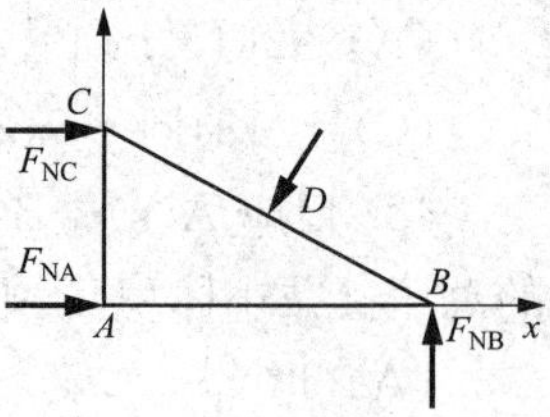

48. 图示等边三角板 ABC，边长为 a，沿其边缘作用大小均为 F 的力 $F1$、$F2$、$F3$，方向如图所示，则此力系可简化为(　　)。

(A) 平衡

(B) 一力和一力偶

(C) 一合力偶

(D) 一合力

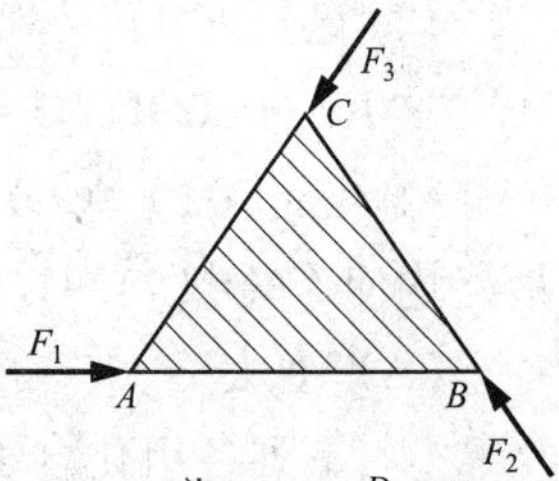

49. 三杆 AB、AC 及 DEH 用铰链连接如图所示。已知：$AD=BD=0.5\text{m}$，E 端受一力偶作用，其矩 $M=1\text{kN}\cdot\text{m}$。则支座 C 的约束力为(　　)。

(A) $F_C=0$

(B) $F_C=2\text{kN}$（水平向右）

(C) $F_C=2\text{kN}$（水平向左）

(D) $F_C=1\text{kN}$（水平向右）

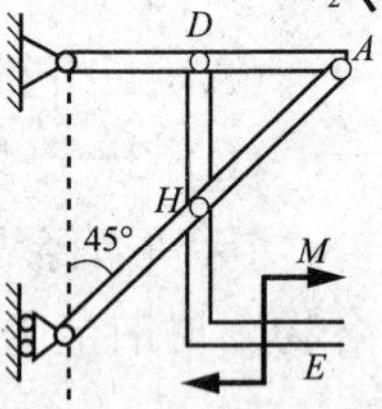

50. 图示桁架结构中，DH 杆的内力大小为(　　)。

(A) F

(B) $-F$

(C) $0.5F$

(D) 0

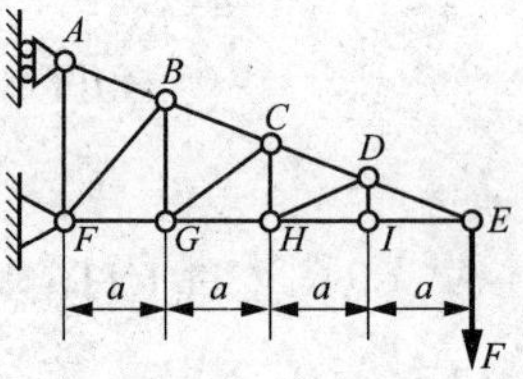

51. 某点按 $x=t^3-12t+2$ 的规律沿直线轨迹运动（其中 t 以 s 计，x 以 m 计），则 $t=3s$ 时点经过的路程为(　　)。

(A) 23m　　(B) 21m　　(C) −7m　　(D) −14m

52. 四连杆机构如图所示。已知曲柄 O_1A 长为 r，AM 长为 l，角速度为 ω、角加速度为 ε。则固连在 AB 杆上的物块 M 的速度和法向加速度的大小为(　　)。

(A) $v_M=l\omega$，$a_M^n=l\omega^2$

(B) $v_M=l\omega$，$a_M^n=r\omega^2$

(C) $v_M=r\omega$，$a_M^n=r\omega^2$

(D) $v_M=r\omega$，$a_M^n=l\omega^2$

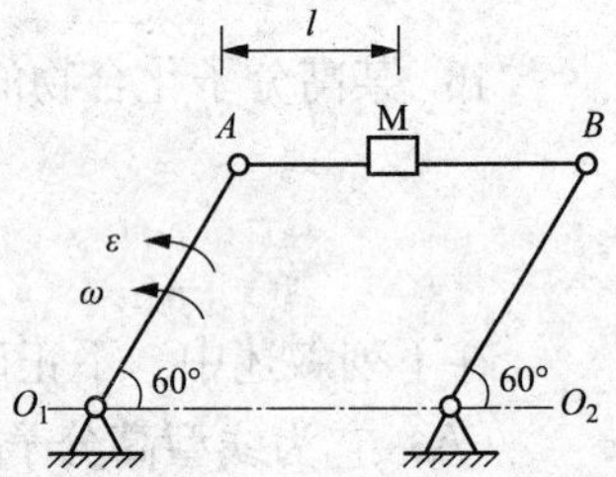

53. 直角刚杆 OAB 在图示瞬时角速度 $\omega=2\text{rad/s}$，角加速度 $\varepsilon=5\text{rad/s}^2$，若 $OA=40\text{cm}$，$AB=30\text{cm}$，则 B 点的速度大小和切向加速度的大小为(　　)。

(A) 100cm/s；250cm/s^2

(B) 80cm/s；200cm/s^2

(C) 60cm/s；150cm/s^2

(D) 100cm/s；200cm/s^2

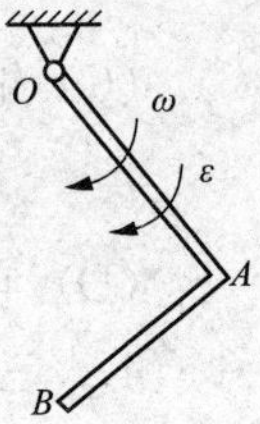

54. 设物块 A 为质点，其重力大小 $W=10N$，静止在一个可绕 y 轴转动的平面上，如图所示。绳长 $l=2\text{m}$，取重力加速度 $g=10\text{m/s}^2$。当平面与物块以常角速度 2rad/s 转动时，则绳中的张力是(　　)。

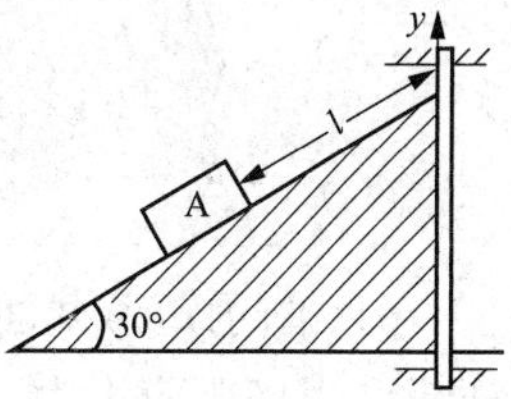

(A) 11N　　(B) 8.66N

(C) 5.00N　　(D) 9.51N

55. 图示均质细杆 OA 的质量为 m，长为 l，绕定轴 Oz 以匀角速度 ω 转动。设杆与 Oz 轴的夹角为 α，则当杆运动到 Oyz 平面内的瞬时，细杆 OA 的动量大小为(　　)。

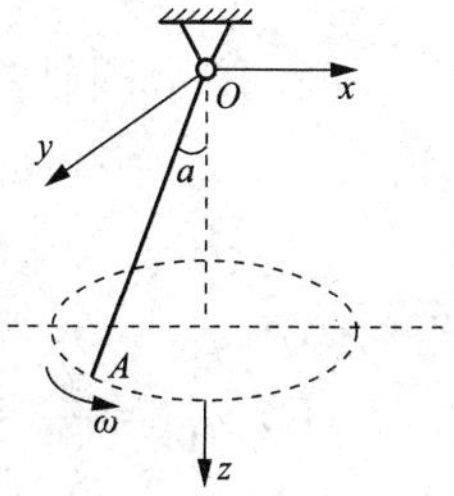

(A) $\frac{1}{2}ml\omega$

(B) $\frac{1}{2}ml\omega\sin\alpha$

(C) $ml\omega\sin\alpha$

(D) $\frac{1}{2}ml\omega\cos\alpha$

56. 均质细杆 OA，质量为 m，长为 l。在如图所示水平位置静止释放，当运动到铅直位置时，OA 杆的角速度大小为(　　)。

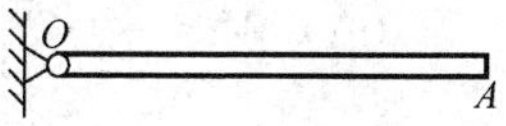

(A) 0　　(B) $\sqrt{\frac{3g}{l}}$

(C) $\sqrt{\frac{3g}{2l}}$　　(D) $\sqrt{\frac{g}{3l}}$

57. 质量为 m，半径为 R 的均质圆轮，绕垂直于图面的水平轴 O 转动，在力偶 M 的作用下，其常角速度为 ω，在图示瞬时，轮心 C 在最低位置，此时轴承 O 施加于轮的附加动反力为(　　)。

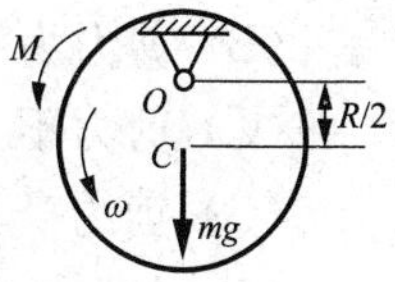

(A) $mR\omega/2$（铅垂向上）

(B) $mR\omega/2$（铅垂向下）

(C) $mR\omega^2/2$（铅垂向上）

(D) $mR\omega^2$（铅垂向上）

58. 如图所示系统中，四个弹簧均未受力，已知 $m=50\text{kg}$，$k_1=9800\text{N/m}$，$k_2=k_3=4900\text{N/m}$，$k_4=19600\text{N/m}$。则此系统的固有圆频率为(　　)。

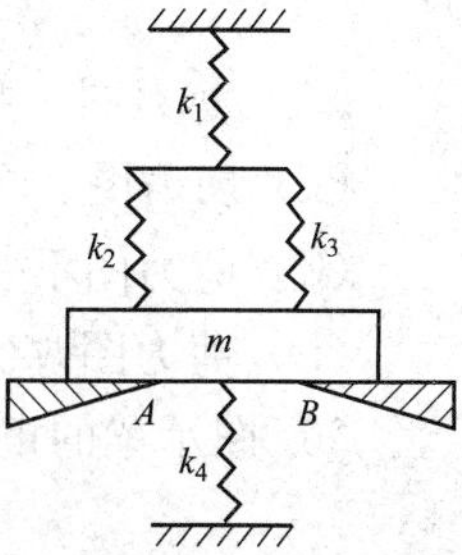

(A) 19.8rad/s

(B) 22.1rad/s

(C) 14.1rad/s

(D) 9.9rad/s

59. 关于铸铁力学性能有以下两个结论：①抗剪能力比抗拉能力差；②压缩强度比拉伸强度高。关于以上结论下列说法正确的是(　　)。

(A) ①正确，②不正确　　(B) ②正确，①不正确

(C) ①、②都正确　　(D) ①、②都不正确

60. 等截面直杆 DCB，拉压刚度为 EA，在 B 端轴向集中力 F 作用下，杆中间 C 截面的轴向位移为(　　)。

(A) $\dfrac{2Fl}{EA}$　　(B) $\dfrac{Fl}{EA}$

(C) $\dfrac{Fl}{2EA}$　　(D) $\dfrac{Fl}{4EA}$

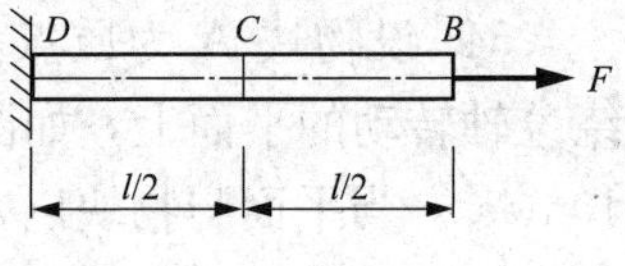

61. 图示矩形截面连杆，端部与基础通过铰链轴连接，连杆受拉力 F 作用，已知铰链轴的许用挤压应力为 $[\sigma_{bs}]$，则轴的合理直径 d 是(　　)。

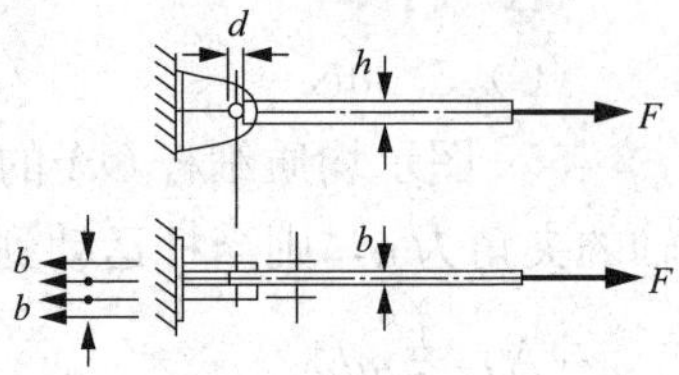

(A) $d \geqslant \dfrac{F}{b[\sigma_{bs}]}$　　(B) $d \geqslant \dfrac{F}{h[\sigma_{bs}]}$

(C) $d \geqslant \dfrac{F}{2b[\sigma_{bs}]}$　　(D) $d \geqslant \dfrac{F}{2h[\sigma_{bs}]}$

62. 图示圆轴在扭转力矩作用下发生扭转变形，该轴 A、B、C 三个截面相对于 D 截面的扭转角间满足(　　)。

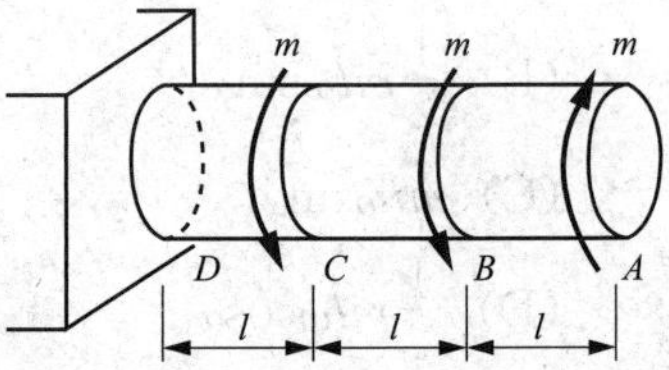

(A) $\varphi_{DA}=\varphi_{DB}=\varphi_{DC}$

(B) $\varphi_{DA}=0$，$\varphi_{DB}=\varphi_{DC}$

(C) $\varphi_{DA}=\varphi_{DB}=2\varphi_{DC}$

(D) $\varphi_{DA}=2\varphi_{DC}$，$\varphi_{DB}=0$

63. 边长为 a 的正方形，中心挖去一个直径为 d 的圆后，截面对 z 轴的抗弯截面系数是(　　)。

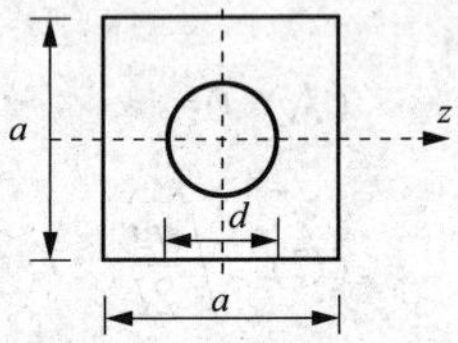

(A) $W_z=\dfrac{a^4}{12}-\dfrac{\pi d^4}{64}$　　(B) $W_z=\dfrac{a^3}{6}-\dfrac{\pi d^3}{32}$

(C) $W_z=\dfrac{a^3}{6}-\dfrac{\pi d^4}{32a}$　　(D) $W_z=\dfrac{a^3}{6}-\dfrac{\pi d^4}{16a}$

64. 如图所示，对称结构梁在反对称荷载作用下，梁中间 C 截面的弯曲内力是(　　)。

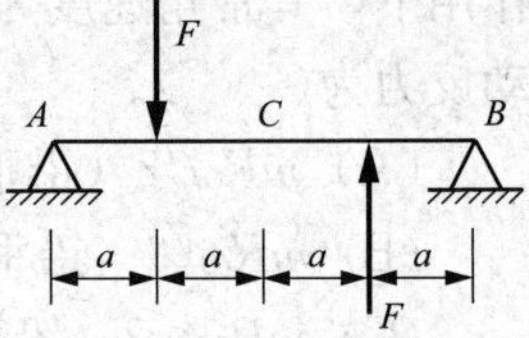

(A) 剪力、弯矩均不为零

(B) 剪力为零，弯矩不为零

(C) 剪力不为零，弯矩为零

(D) 剪力、弯矩均为零

65. 悬臂梁 ABC 的荷载如图所示，若集中力偶 m 在梁上移动，则梁的内力变化情况是(　　)。

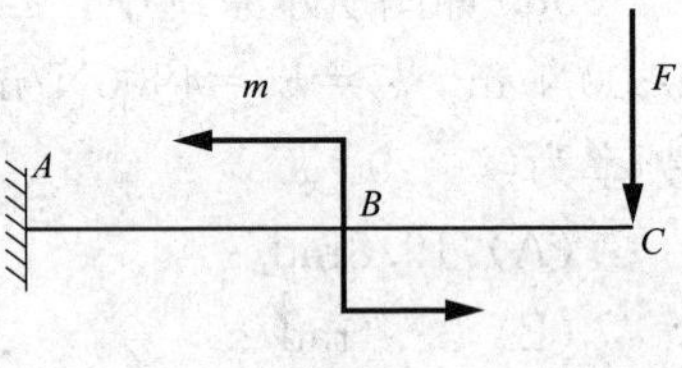

(A) 剪力图、弯矩图均不变

(B) 剪力图、弯矩图均改变

(C) 剪力图不变，弯矩图改变

(D) 剪力图改变，弯矩图不变

66. 图示梁的正确挠曲线大致形状是(　　)。

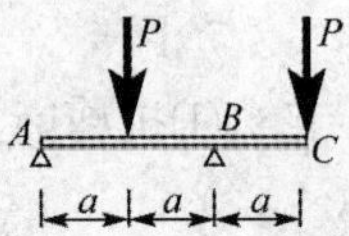

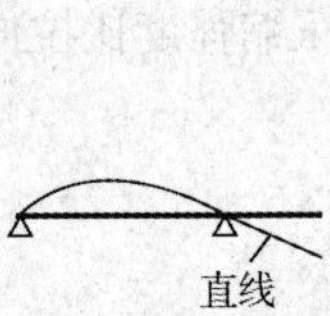

(A)

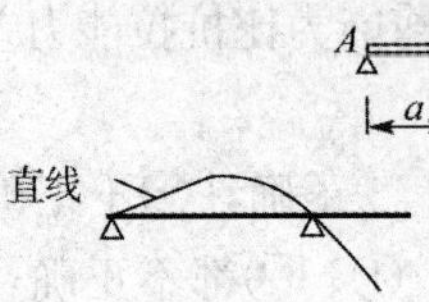

(B)

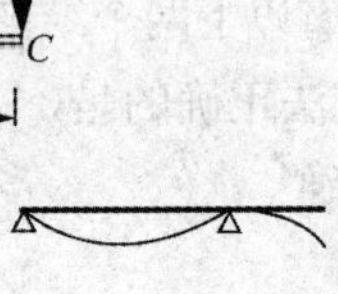

(C)

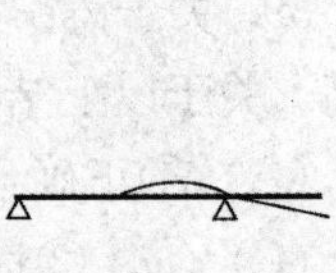

(D)

(A) 图 (A)　　(B) 图 (B)　　(C) 图 (C)　　(D) 图 (D)

67. 等截面轴向拉伸杆件上1、2、3三点的单元体如图所示，以上三点应力状态的关系是(　　)。

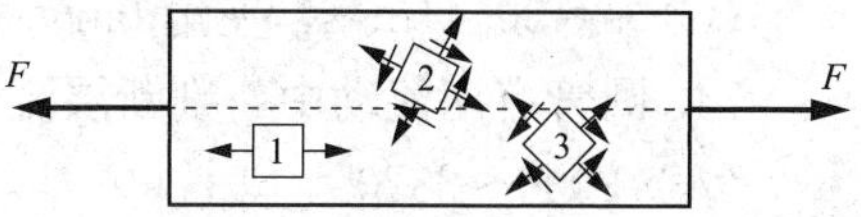

(A) 仅1、2点相同

(B) 仅2、3点相同

(C) 各点均相同

(D) 各点均不相同

68. 下面四个强度条件表达式中，对应最大拉应力强度理论的表达式是(　　)。

(A) $\sigma_1 \leqslant [\sigma]$

(B) $\sigma_1 - \nu(\sigma_2 + \sigma_3) \leqslant [\sigma]$

(C) $\sigma_1 - \sigma_3 \leqslant [\sigma]$

(D) $\sqrt{\frac{1}{2}[(\sigma_1-\sigma_2)^2+(\sigma_2-\sigma_3)^2+(\sigma_3-\sigma_1)^2]} \leqslant [\sigma]$

69. 图示正方形截面杆，上端一个角点作用偏心轴向压力 F，该杆的最大压应力是(　　)。

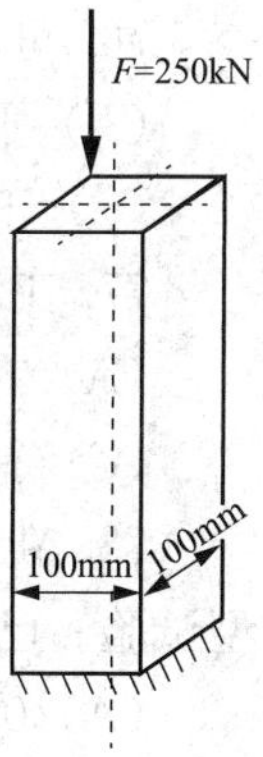

(A) 100MPa

(B) 150MPa

(C) 175MPa

(D) 25MPa

70. 图示四根细长压杆的抗弯刚度 EI 相同，临界荷载最大的是(　　)。

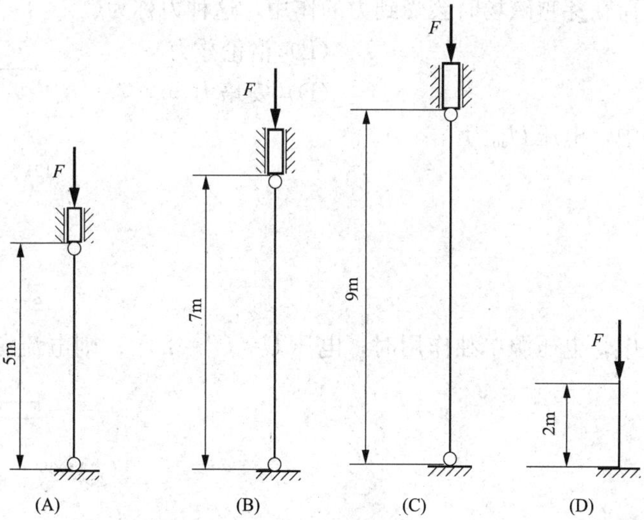

(A) 图 (A)　　(B) 图 (B)　　(C) 图 (C)　　(D) 图 (D)

71. 用一块平板挡水，其挡水面积为 A，形心斜向淹深为 h，平板的水平倾角为 θ，该平板受到的静水压力为(　　)。

(A) $\rho g h A \sin\theta$　　(B) $\rho g h A \cos\theta$　　(C) $\rho g h A \tan\theta$　　(D) $\rho g h A$

72. 流体的黏性与下列哪个因素无关(　　)。

(A) 分子之间的内聚力　　(B) 分子之间的动量交换

(C) 温度　　(D) 速度梯度

73. 二维不可压缩流场的速度（单位 m/s）为：$v_x = 5x^3$，$v_y = -15x^2 y$，试求点 $x=1$m,

$y=2m$上的速度(　　)。

(A) $v=30.41m/s$，夹角 $\tan\theta=6$　　(B) $v=25m/s$，夹角 $\tan\theta=2$

(C) $v=30.41m/s$，夹角 $\tan\theta=-6$　　(D) $v=-25m/s$，夹角 $\tan\theta=-2$

74. 圆管有压流动中，判断层流与湍流状态的临界雷诺数为(　　)。

(A) 2000～2320　　(B) 300～400

(C) 1200～1300　　(D) 50000～51000

75. A、B为并联管路1、2、3的两连接节点，则A、B两点之间的水头损失为(　　)。

(A) $h_{fAB}=h_{f1}+h_{f2}+h_{f3}$　　(B) $h_{fAB}=h_{f1}+h_{f2}$

(C) $h_{fAB}=h_{f2}+h_{f3}$　　(D) $h_{fAB}=h_{f1}=h_{f2}=h_{f3}$

76. 可能产生明渠均匀流的渠道是(　　)。

(A) 平坡棱柱形渠道　　(B) 正坡棱柱形渠道

(C) 正坡非棱柱形渠道　　(D) 逆坡棱柱形渠道

77. 工程上常见的地下水运动属于(　　)。

(A) 有压渐变渗流　　(B) 无压渐变渗流

(C) 有压急变渗流　　(D) 无压急变渗流

78. 新设计汽车的迎风面积为$1.5m^2$，最大行驶速度为108km/h，拟在风洞中进行模型试验。已知风洞试验段的最大风速为45m/s，则模型的迎风面积为(　　)。

(A) $0.67m^2$　　(B) $2.25m^2$

(C) $3.6m^2$　　(D) $1m^2$

79. 运动的电荷在穿越磁场时会受到力的作用，这种力称为(　　)。

(A) 库仑力　　(B) 洛伦兹力

(C) 电场力　　(D) 安培力

80. 图示电路中，电压U_{ab}为(　　)。

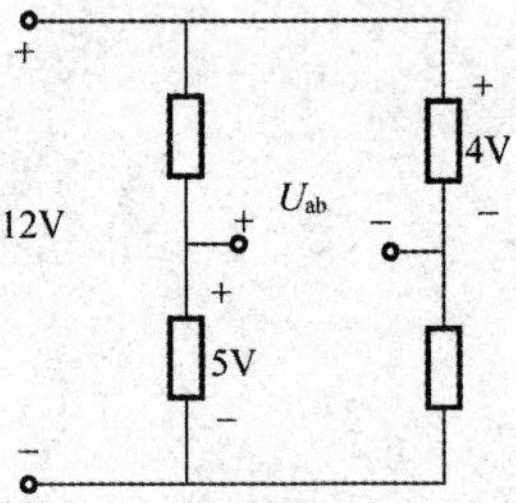

(A) 5V

(B) −4V

(C) 3V

(D) −3V

81. 图示电路中，电压源单独作用时，电压$U=U'=20V$；则电流源单独作用时，电压$U=U''$为(　　)。

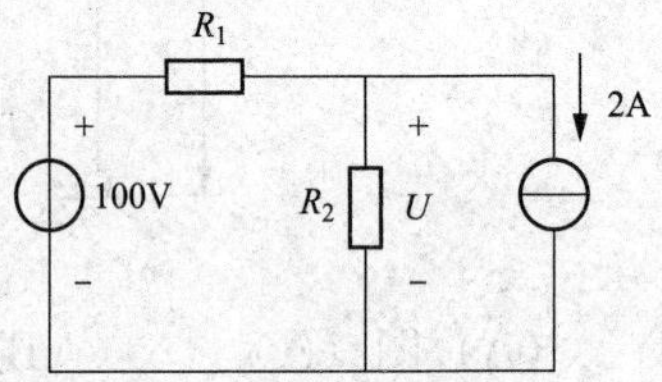

(A) $2R_1$

(B) $-2R_1$

(C) $0.4R_1$

(D) $-0.4R_1$

82. 图示电路中，若$\omega L=\frac{1}{\omega C}=R$，则(　　)。

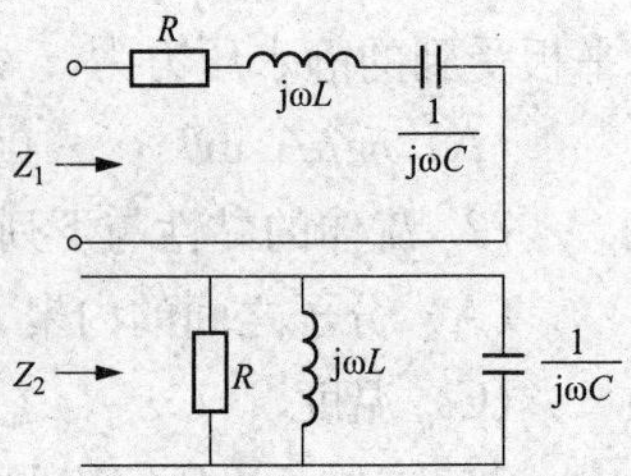

(A) $Z_1=3R$，$Z_2=\frac{1}{3}R$

(B) $Z_1=R$，$Z_2=3R$

(C) $Z_1=3R$，$Z_2=R$

(D) $Z_1=Z_2=R$

83. 某 RL 串联电路在 $u=U_m\sin\omega t$ 的激励下，等效复阻抗 $Z=100+j100\Omega$，那么，如果 $u=U_m\sin2\omega t$，电路的功率因数 λ 为(　　)。

(A) 0.707　　(B) −0.707

(C) 0.894　　(D) 0.447

84. 图示电路中，电感及电容元件上没有初始储能，开关 S 在 $t=0$ 时刻闭合，那么，在开关闭合后瞬间，电路中的电流 i_R、i_L、i_C 分别为(　　)。

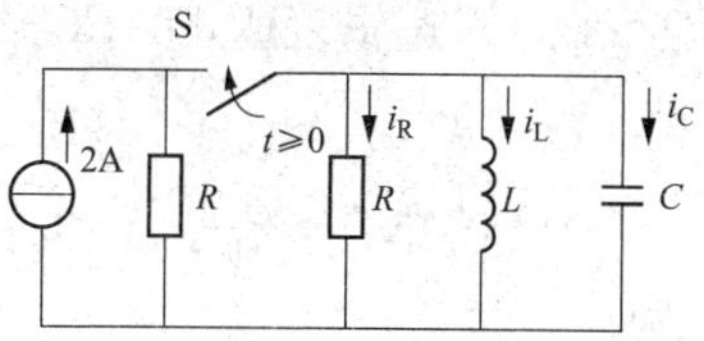

(A) 1A、1A、0A

(B) 0A、2A、0A

(C) 0A、0A、2A

(D) 2A、0A、0A

85. 设图示变压器为理想器件，且 u 为正弦电压，$R_{L1}=R_{L2}$，u_1 和 u_2 的有效值为 U_1 和 U_2，开关 S 闭合后，电路中的(　　)。

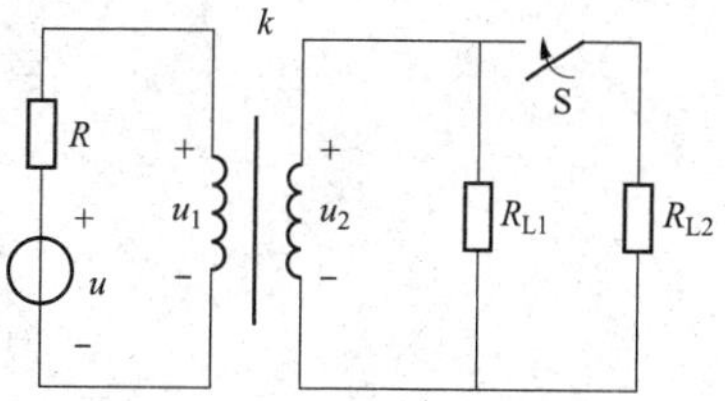

(A) U_1 不变，U_2 也不变

(B) U_1 变小，U_2 也变小

(C) U_1 变小，U_2 不变

(D) U_1 不变，U_2 变小

86. 改变三相异步电动机旋转方向的方法是(　　)。

(A) 改变三相电源的大小

(B) 改变三相异步电动机的定子绕组上电流的相序

(C) 对三相异步电动机的定子绕组接法进行Y－△转换

(D) 改变三相异步电动机转子绕组上电流的方向

87. 就数字信号而言，下列说法正确的是(　　)。

(A) 数字信号是一种离散时间信号

(B) 数字信号只能以用来表示数字

(C) 数字信号是一种代码信号

(D) 数字信号直接表示对象的原始信息

88. 模拟信号 $u_1(t)$ 和 $u_2(t)$ 的幅值频谱分别如图 (a) 和图 (b) 所示，则(　　)。

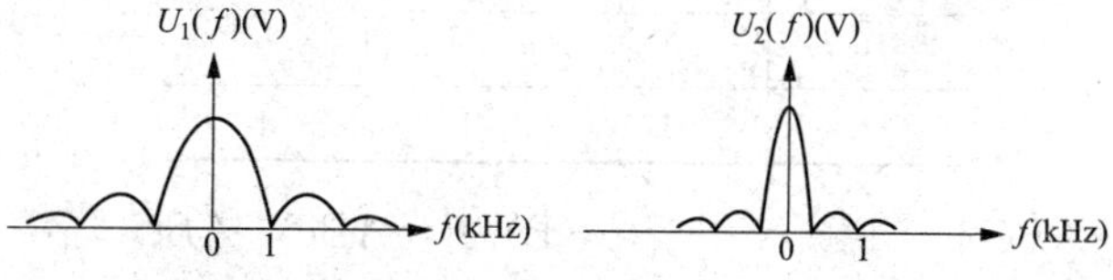

(a)　　(b)

(A) $u_1(t)$ 和 $u_2(t)$ 都是非周期性时间信号

(B) $u_1(t)$ 和 $u_2(t)$ 都是周期性时间信号

(C) $u_1(t)$ 是周期性时间信号，$u_2(t)$ 是非周期性时间信号

(D) $u_1(t)$ 是非周期性时间信号，$u_2(t)$ 是周期性时间信号

89. 某周期信号 $u(t)$ 的幅频特性如图 (a) 所示，某低通滤波器的幅频特性如图 (b) 所示，当将信号 $u(t)$ 通过该低通滤波器处理以后，则(　　)。

(A) 信号的谐波结构改变，波形改变　(B) 信号的谐波结构改变，波形不变

(C) 信号的谐波结构不变，波形不变　(D) 信号的谐波结构不变，波形改变

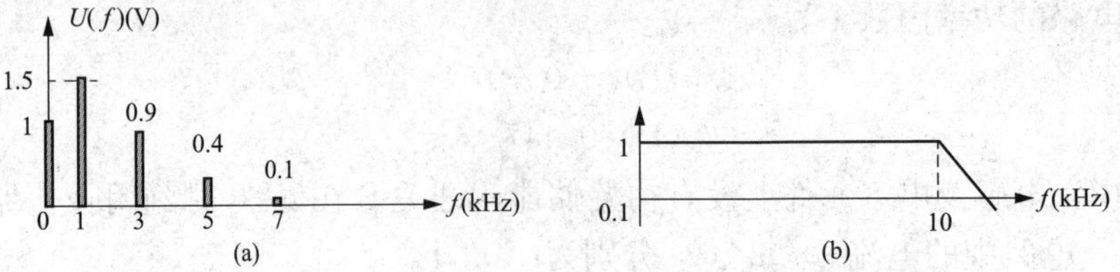

90. 对逻辑表达式 $ABC+\bar{A}D+\bar{B}D+\bar{C}D$ 的化简结果是(　　)。

(A) D　(B) $\bar{D}$　(C) $ABCD$　(D) $ABC+D$

91. 已知数字信号 A 和数字信号 B 的波形如图所示，则数字信号 $F=\bar{A}B+A\bar{B}$ 的波形为(　　)。

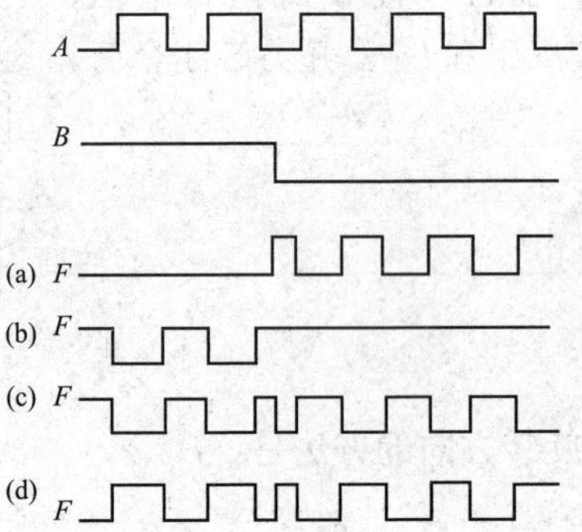

(A) 图 (a)　(B) 图 (b)　(C) 图 (c)　(D) 图 (d)

92. 逻辑函数 $F=f(A, B, C)$ 的真值表如下表所示，由此可知(　　)。

A	B	C	F
0	0	0	0
0	0	1	0
0	1	0	0
0	1	1	0
1	0	0	1
1	0	1	0
1	1	0	0
1	1	1	1

(A) $F=A\bar{B}C+AB\bar{C}$　(B) $F=\bar{A}\bar{B}C+\bar{A}B\bar{C}$

(C) $F=\bar{A}\bar{B}\bar{C}+\bar{A}BC$　(D) $F=A\bar{B}\bar{C}+ABC$

93. 二极管应用电路如图 (a) 所示，电路的激励 u_i 如图 (b) 所示，设二极管为理想器件，则电路的输出电压 u_o 的平均值 U_o 为(　　)。

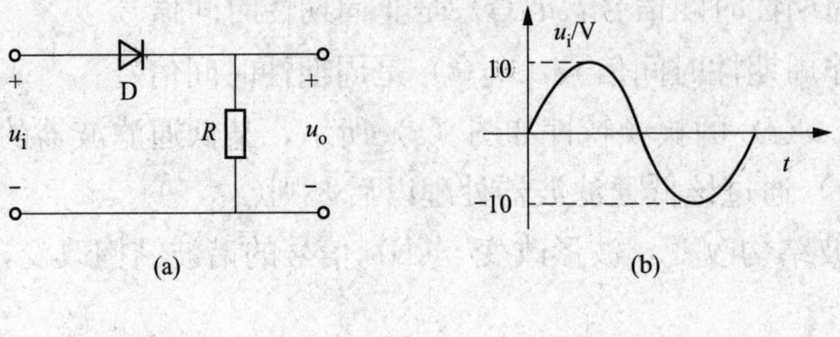

(A) 0V　　　　(B) 7.07V　　　　(C) 3.18V　　　　(D) 4.5V

94. 图示电路中，运算放大器输出电压的极限值为$\pm U_{oM}$，当输入电压$u_{i1}=1V$，$u_{i2}=2\sin\omega t$时，输出电压u_o的波形为(　　)。

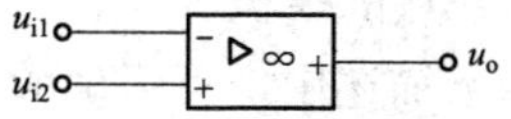

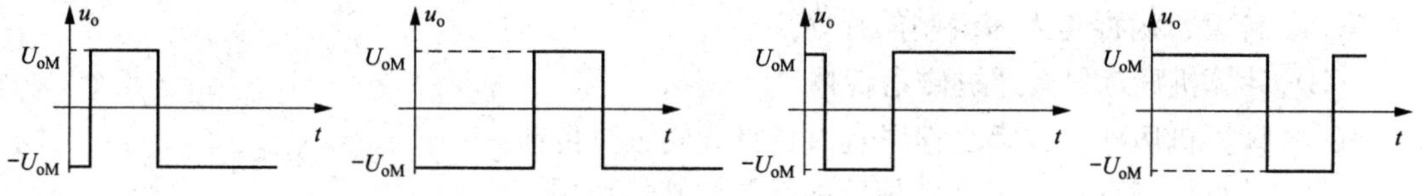

(a)　(b)　(c)　(d)

(A) 图(a)　　　　(B) 图(b)　　　　(C) 图(c)　　　　(D) 图(d)

95. 图示逻辑门的输出F_1和F_2分别为(　　)。

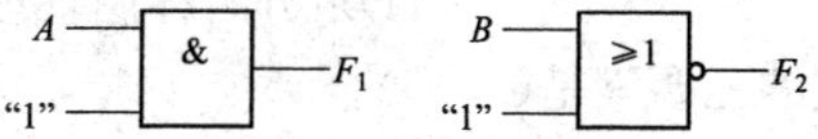

(A) A和1　　　　(B) 1和$\bar{B}$　　　　(C) A和0　　　　(D) 1和B

96. 图示时序逻辑电路是一个(　　)。

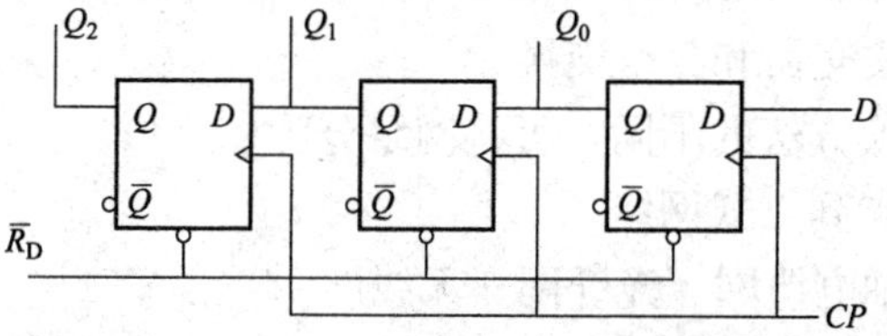

(A) 三位二进制同步计数器　　　　(B) 三位循环移位寄存器

(C) 三位左移寄存器　　　　(D) 三位右移寄存器

97. 按照目前的计算机的分类方法，现在使用的PC机是属于(　　)。

(A) 专用、中小型计算机　　　　(B) 大型计算机

(C) 微型、通用计算机　　　　(D) 单片机计算机

98. 目前，微机系统内主要的、常用的外存储器是(　　)。

(A) 硬盘存储器　　　　(B) 软盘存储器

(C) 输入用的键盘　　　　(D) 输出用的显示器

99. 根据软件的功能和特点，计算机软件一般可分为两大类，它们应该是(　　)。

(A) 系统软件和非系统软件　　　　(B) 应用软件和非应用软件

(C) 系统软件和应用软件　　　　(D) 系统软件和管理软件

100. 支撑软件是指支撑其他软件的软件，它包括(　　)。

(A) 服务程序和诊断程序　　　　(B) 接口软件、工具软件、数据库

(C) 服务程序和编辑程序　　　　(D) 诊断程序和编辑程序

101. 下面所列的四条中，不属于信息主要特征的一条是(　　)。

(A) 信息的战略地位性、信息的不可表示性

(B) 信息的可识别性、信息的可变性

(C) 信息的可流动性、信息的可处理性

(D) 信息的可再生性、信息的有效性和无效性

102. 从多媒体的角度上来看，图像分辨率(　　)。

(A) 是指显示器屏幕上的最大显示区域

(B) 是计算机多媒体系统的参数

(C) 是指显示卡支持的最大分辨率

(D) 是图像水平和垂直方向像素点的乘积

103. 以下关于计算机病毒的四条描述中，不正确的一条是(　　)。

(A) 计算机病毒是人为编制的程序

(B) 计算机病毒只有通过磁盘传播

(C) 计算机病毒通过修改程序嵌入自身代码进行传播

(D) 计算机病毒只要满足某种条件就能起破坏作用

104. 操作系统的存储管理功能不包括(　　)。

(A) 分段存储管理　　(B) 分页存储管理

(C) 虚拟存储管理　　(D) 分时存储管理

105. 网络协议主要组成的三要素是(　　)。

(A) 资源共享、数据通信和增强系统处理功能

(B) 硬件共享、软件共享和提高可靠性

(C) 语法、语义和同步（定时）

(D) 电路交换、报文交换和分组交换

106. 若按照数据交换方法的不同，可将网络分为(　　)。

(A) 广播式网络、点到点式网络

(B) 双绞线网、同轴电缆网、光纤网、无线网

(C) 基带网和宽带网

(D) 电路交换、报文交换、分组交换

107. 某企业向银行贷款1000万元，年复利率为8%，期限为5年，每年末等额偿还贷款本金和利息。则每年应偿还(　　)。

[已知 (P/A，8%，5)=3.9927]

(A) 220.63万元　　(B) 250.46万元

(C) 289.64万元　　(D) 296.87万元

108. 在项目评价中，建设期利息应列入总投资，并形成(　　)。

(A) 固定资产原值　　(B) 流动资产

(C) 无形资产　　(D) 长期待摊费用

109. 作为一种融资方式，优先股具有某些优先权利，包括(　　)。

(A) 先于普通股行使表决权

(B) 企业清算时，享有先于债权人的剩余财产的优先分配权

(C) 享受先于债权人的分红权利

(D) 先于普通股分配股利

110. 某建设项目各年的利息备付率均小于1，其含义为(　　)。

(A) 该项目利息偿付的保障程度高

(B) 当年资金来源不足以偿付当期债务，需要通过短期借款偿付已到期债务

(C) 可用于还本付息的资金保障程度较高

(D) 表示付息能力保障程度不足

111. 某建设项目第一年年初投资1000万元，此后从第一年年末开始，每年年末将有200万元的净收益，方案的运营期为10年。寿命期结束时的净残值为零，基准收益率为12%，则该项目的净年值约为(　　)。

[已知 $(P/A, 12\%, 10)=5.6502$]

(A) 12.34万元　　(B) 23.02万元

(C) 36.04万元　　(D) 64.60万元

112. 进行线性盈亏平衡分析有若干假设条件，其中包括(　　)。

(A) 只生产单一产品

(B) 单位可变成本随生产量的增加而成比例降低

(C) 单价随销售量的增加而成比例降低

(D) 销售收入是销售量的线性函数

113. 有甲、乙两个独立的投资项目，有关数据见表（项目结束时均无残值）。基准折现率为10%。以下关于项目可行性的说法中正确的是(　　)。

[已知 $(P/A, 10\%, 10)=6.1446$]

项目	投资（万元）	每年净收益（万元）	寿命期（年）
甲	300	52	10
乙	200	30	10

(A) 应只选择甲项目　　(B) 应只选择乙项目

(C) 甲项目与乙项目均可行　　(D) 甲、乙项目均不可行

114. 在价值工程的一般工作程序中，分析阶段要做的工作包括(　　)。

(A) 制订工作计划　　(B) 功能评价

(C) 方案创新　　(D) 方案评价

115. 依据《中华人民共和国建筑法》，依法取得相应执业资格证书的专业技术人员，其从事建筑活动的合法范围是(　　)。

(A) 执业资格证书许可的范围内　　(B) 企业营业执照许可的范围内

(C) 建筑工程合同的范围内　　(D) 企业资质证书许可的范围内

116. 根据《中华人民共和国安全生产法》的规定，下列有关重大危险源管理的说法正确的是(　　)。

(A) 生产经营单位对重大危险源应当登记建档，并制定应急预案

(B) 生产经营单位对重大危险源应当经常性检测评估处置

(C) 安全生产监督管理部门应当针对该企业的具体情况制定应急预案

(D) 生产经营单位应当提醒从业人员和相关人员注意安全

117. 根据《中华人民共和国招标投标法》的规定，依法必须进行招标的项目，招标公告应当载明的事项不包括(　　)。

(A) 招标人的名称和地址　　(B) 招标项目的性质

(C) 招标项目的实施地点和时间　　(D) 投标报价要求

118. 某水泥有限责任公司，向若干建筑施工单位发出邀约，以每吨400元的价格销售水泥，一周内承诺有效，其后收到若干建筑施工单位的回复，下列回复中属于承诺有效的是(　　)。

(A) 甲施工单位同意 400 元/吨购买 200 吨

(B) 乙施工单位回复不购买该公司的水泥

(C) 丙施工单位要求按照 380 元/吨购买 200 吨

(D) 丁施工单位一周后同意 400 元/吨购买 100 吨

119. 根据《中华人民共和国节约能源法》的规定，节约能源所采取的措施正确的是(　　)。

(A) 可以采取技术上可行、经济上合理以及环境和社会可以承受的措施

(B) 采取技术上先进、经济上保证以及环境和安全可以承受的措施

(C) 采取技术上可行、经济上合理以及人身和健康可以承受的措施

(D) 采取技术上先进、经济上合理以及功能和环境可以保证的措施

120. 工程施工单位完成了楼板钢筋绑扎工作，在浇筑混凝土前，需要进行隐蔽质量验收。根据《建筑工程质量管理条例》规定，施工单位在进行工程隐蔽前应当通知的单位是(　　)。

(A) 建设单位和监理单位

(B) 建设单位和建设工程质量监督机构

(C) 监理单位和设计单位

(D) 设计单位和建设工程质量监督机构

2021 年全国勘察设计注册工程师执业资格考试公共基础考试试题解析及答案

1. **解**：本题考查指数函数的极限 $\lim\limits_{x\to+\infty} e^x=+\infty$，$\lim\limits_{x\to-\infty} e^x=0$，需熟悉函数 $y=e^x$ 的图像（见解图）。

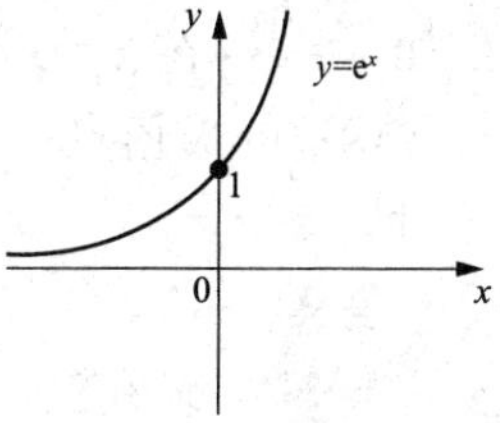

因为 $\lim\limits_{x\to0^-}\dfrac{1}{x}=-\infty$，故 $\lim\limits_{x\to0^-}e^{\frac{1}{x}}=0$，所以选项（B）正确。

而 $\lim\limits_{x\to0^+}\dfrac{1}{x}=+\infty$，则 $\lim\limits_{x\to0^+}e^{\frac{1}{x}}=+\infty$，可知选项（A）、（C）、（D）错误。

答案：(B)。

2. **解**：本题考查等价无穷小和同阶无穷小的概念及常用的等阶无穷小的计算。

当 $x\to0$ 时，$1-\cos2x\sim\dfrac{1}{2}(2x)^2=2x^2$，所以 $\lim\limits_{x\to0}\dfrac{1-\cos2x}{x^2}=2$，选项（A）正确。

当 $x\to0$ 时，$\sin x\sim x$，$\lim\limits_{x\to0}\dfrac{x^2\sin x}{x^3}=1$，所以当 $x\to0$ 时，$x^2\sin x$ 与 x^3 为同阶无穷小，选项（B）错误。

当 $x\to0$ 时，$\sqrt{1+x}-1\sim\dfrac{1}{2}x$，$\lim\limits_{x\to0}\dfrac{\sqrt{1+x}-1}{x}=\dfrac{1}{2}$，所以当 $x\to0$ 时，$\sqrt{1+x}-1$ 与 x 为同阶无穷小，选项（C）错误。

当 $x\to0$ 时，$1-\cos x^2\sim\dfrac{1}{2}x^4$，所以当 $x\to0$ 时，$1-\cos x^2$ 与 x^4 为同阶无穷小，选项（D）错误。

答案：(A)。

3. **解**：本题考查导数的定义及一元函数可导与连续的关系。

由题意 $f(0)=0$，且 $\lim\limits_{x\to0}\dfrac{f(x)}{x}=1$，得 $\lim\limits_{x\to0}\dfrac{f(x)}{x}=\lim\limits_{x\to0}\dfrac{f(x)-f(0)}{x-0}=f'(0)=1$，知选项（C）正确，选项（B）、(D) 错误。而由可导必连续，知选项（A）错误。

答案：(C)。

4. **解**：本题考查通过变量代换求函数表达式以及求导公式。

先进行倒代换，设 $t=\dfrac{1}{x}$，则 $x=\dfrac{1}{t}$，代入得 $f(t)=\dfrac{\frac{1}{t}}{1+\frac{1}{t}}=\dfrac{1}{t+1}$

即 $f(x)=\dfrac{1}{1+x}$，则 $f'(x)=-\dfrac{1}{(1+x)^2}$

答案：(C)。

5. **解**：本题考查连续函数零点定理及导数的应用。

设 $f(x)=x^3+x-1$，则 $f'(x)=3x^2+1>0$，$x\in(-\infty,+\infty)$，知 $f(x)$ 单调递增。

又采用特殊值法，有 $f(0)=-1<0$，$f(1)=1>0$，$f(x)$ 连续，根据零点定理，知 $f(x)$ 在（0，1）上存在零点，且由单调性，知 $f(x)$ 在 $x\in(-\infty,+\infty)$ 内仅有唯一零点，即方程 $x^3+x-1=0$ 只有一个实根。

答案：（B）。

6. **解**：本题考查极值的概念和极值存在的必要条件。

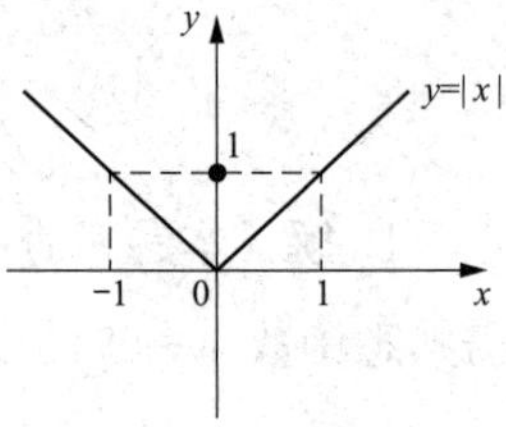

函数 $f(x)$ 在点 $x=x_0$ 处可导，则 $f'(x_0)=0$ 是 $f(x)$ 在 $x=x_0$ 取得极值的必要条件。同时，导数不存在的点也可能是极值点，例如 $y=|x|$ 在 $x=0$ 点取得极小值，但 $f'(0)$ 不存在，见解图。即可导函数的极值点一定是驻点，反之不然。极值点只能是驻点或不可导点。

答案：（C）。

7. **解**：本题考查不定积分和微分的基本性质。

由微分的基本运算 $dg(x)=g'(x)\,dx$，得：$\int f(x)dx=\int dg(x)=\int g'(x)dx$

等式两端对 x 求导，得 $f(x)=g'(x)$

答案：（B）。

8. **解**：本题考查定积分的基本运算及奇偶函数在对称区间积分的性质。

$\int_{-1}^{1}(x^3+|x|)e^{x^2}dx=\int_{-1}^{1}x^3e^{x^2}dx+\int_{-1}^{1}|x|e^{x^2}dx$，由于 x^3 是奇函数，e^{x^2} 是偶函数，故 $x^3e^{x^2}$ 是奇函数，奇函数在对称区间的定积分为 0，有 $\int_{-1}^{1}x^3e^{x^2}dx=0$，故有 $\int_{-1}^{1}(x^3+|x|)e^{x^2}dx=\int_{-1}^{1}|x|e^{x^2}dx$。

由于 $|x|$ 是偶函数，e^{x^2} 是偶函数，故 $|x|e^{x^2}$ 是偶函数，偶函数在对称区间的定积分为 2 倍半区间积分，有 $\int_{-1}^{1}|x|e^{x^2}dx=2\int_{0}^{1}|x|e^{x^2}dx$。

$x\geqslant0$，去掉绝对值符号，有

$$2\int_0^1 xe^{x^2}dx=\int_0^1 e^{x^2}dx^2=e^{x^2}\Big|_0^1=e-1$$

答案：（C）。

9. **解**：本题考查曲面交线的求法，空间曲线可看作两个空间曲面的交线。

两曲面交线为 $\begin{cases}x^2+y^2+z^2=a^2\\x^2+y^2=2az\end{cases}$，两式相减，整理可得 $z^2+2az-a^2=0$，解得 $z=(\sqrt{2}-1)a$，$z=-(\sqrt{2}+1)a$（舍去），由此可知，两曲面的交线位于 $z=(\sqrt{2}-1)a$ 这个平行于 xoy 面的平面上，再将 $z=(\sqrt{2}-1)a$ 代入两个曲面方程中的任意一个，可得两曲面交线 $\begin{cases}x^2+y^2=2(\sqrt{2}-1)a^2\\z=(\sqrt{2}-1)a\end{cases}$，由此可知选项（C）正确。

答案：（C）。

10. **解**：本题考查空间直线与平面之间的关系。

平面 $F(x,y,z)=x+3y+2z+1=0$ 的法向量为 $n_1=(F'_x,F'_y,F'_z)=(1,3,2)$；

同理，平面 $G(x,y,z)=2x-y-10z+3=0$ 的法向量为 $n_2=(G'_x,G'_y,G'_z)=$

(2，−1，−10)。

故由直线 L 的方向向量 $s=n_1\times n_2=\begin{vmatrix} i & j & k \\ 1 & 3 & 2 \\ 2 & -1 & -10 \end{vmatrix}=-28i+14j-7k$，平面 π 的法向量 $n_3=(4,\ -2,\ 1)$，可知 $s=-7n_3$，即直线 L 的方向向量与平面 π 的法向量平行，亦即垂直于 π。

答案：(B)。

11. **解**：本题考查积分上限函数的导数及一阶微分方程的求解。

对方程 $f(x)=\int_0^x f(t)\mathrm{d}t$ 两边求导，得 $f'(x)=f(x)$，这是一个变量可分离的一阶微分方程，可写成 $\dfrac{\mathrm{d}f(x)}{f(x)}=\mathrm{d}x$，两边积分 $\int\dfrac{\mathrm{d}f(x)}{f(x)}=\int\mathrm{d}x$，可得 $\ln|f(x)|=x+C_1\Rightarrow f(x)=Ce^x$，这里 $C=\pm e^{C_1}$。代入初始条件 $f(0)=0$，得 $C=0$。所以 $f(x)=0$。

注：本题可以直接观察 $f(0)=\int_0^0 f(t)\mathrm{d}t=0$，只有选项（C）满足。

答案：(C)。

12. **解**：本题考查二阶常系数线性非齐次微分方程的特解。

方法 1：将四个函数代入微分方程直接验证，可得选项（D）正确。

方法 2：二阶常系数非齐次微分方程所对应的齐次方程的特征方程为 $r^2-r-2=0$，特征根 $r_1=-1$，$r_2=2$，由右端项 $f(x)=6e^x$，可知 $\lambda=1$ 不是对应齐次方程的特征根，所以非齐次方程的特解形式为 $y=Ae^x$，A 为待定常数。

代入微分方程，得 $y''-y'-2y=(Ae^x)''-(Ae^x)'-2Ae^x=-2Ae^x=6e^x$，有 $A=-3$，所以 $y=-3e^x$ 是微分方程的特解。

答案：(D)。

13. **解**：本题考查多元函数在分段点的偏导数计算。

由偏导数的定义知

$$f'_x(0,\ 1)=\lim_{\Delta x\to 0}\frac{f(0+\Delta x,\ 1)-f(0,\ 1)}{\Delta x}=\lim_{\Delta x\to 0}\frac{\frac{1}{\Delta x}\sin(\Delta x)^2-0}{\Delta x}=\lim_{\Delta x\to 0}\frac{\sin(\Delta x)^2}{(\Delta x)^2}=1$$

答案：(B)。

14. **解**：本题考查直角坐标系下的二重积分化为极坐标系下的二次积分的方法。

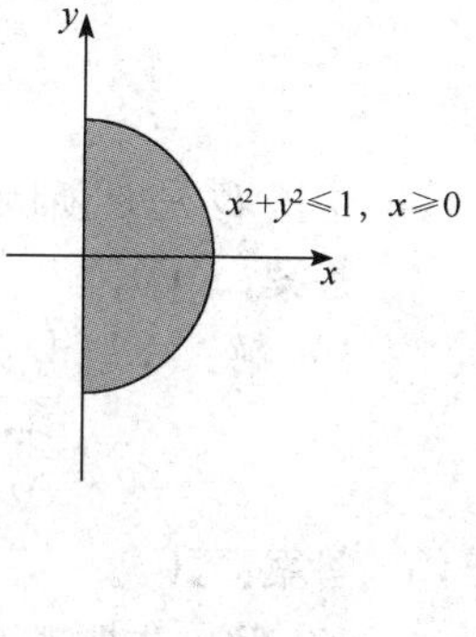

直角坐标与极坐标的关系 $\begin{cases} x=r\cos\theta \\ y=r\sin\theta \end{cases}$，由 $x^2+y^2\leqslant 1$，得 $0\leqslant r\leqslant 1$，且由 $x\geqslant 0$，可得 $-\dfrac{\pi}{2}\leqslant\theta\leqslant\dfrac{\pi}{2}$，故极坐标系下的积分区域 D：$\begin{cases} -\dfrac{\pi}{2}\leqslant\theta\leqslant\dfrac{\pi}{2} \\ 0\leqslant r\leqslant 1 \end{cases}$，如解图所示。

极坐标系的面积元素 $\mathrm{d}x\mathrm{d}y=r\mathrm{d}r\mathrm{d}\theta$，则

$$\iint_D f(\sqrt{x^2+y^2})\mathrm{d}x\mathrm{d}y=\int_{-\frac{\pi}{2}}^{\frac{\pi}{2}}\mathrm{d}\theta\int_0^1 f(r)r\mathrm{d}r=\pi\int_0^1 rf(r)\mathrm{d}r$$

答案：(B)。

15. **解**：本题考查第二类曲线积分的计算。应注意，同时采用不同参数方程计算，化为定积分的形式不同，尤其应注意积分的上下限。

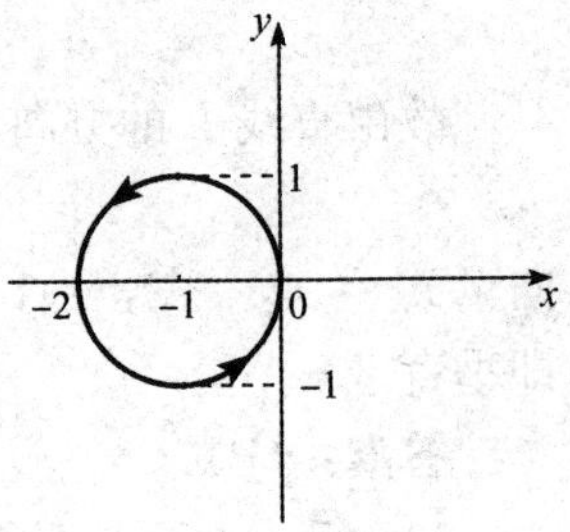

方法 1：按照对坐标的曲线积分计算，把圆 L：$x^2+y^2=-2x$ 化为参数方程。

由 $x^2+y^2=-2x$，得 $(x+1)^2+y^2=1$，如解图所示。

令 $x+1=\cos\theta$，$y=\sin\theta$，有

$$\mathrm{d}x=\mathrm{d}\cos\theta=-\sin\theta\mathrm{d}\theta$$
$$\mathrm{d}y=\mathrm{d}\sin\theta=\cos\theta\mathrm{d}\theta$$

θ 从 0 取到 2π，则

$$\int_L(x-y)\mathrm{d}x+(x+y)\mathrm{d}y=\int_0^{2\pi}(-1+\cos\theta-\sin\theta)(-\sin\theta)+(-1+\cos\theta+\sin\theta)\cos\theta\mathrm{d}\theta$$
$$=\int_0^{2\pi}(\sin\theta-\cos\theta+1)\mathrm{d}\theta=2\pi$$

方法 2：圆 L：$x^2+y^2=-2x$，化为极坐标系下的方程为 $r=-2\cos\theta$，由直角坐标和极坐标的关系，可得圆的参数方程为 $\begin{cases}x=-2\cos^2\theta\\y=-2\cos\theta\sin\theta\end{cases}$ $\left(\theta \text{ 从} \frac{\pi}{2} \text{取到} \frac{3\pi}{2}\right)$，所以

$$\int_L(x-y)\mathrm{d}x+(x+y)\mathrm{d}y$$
$$=\int_{\frac{\pi}{2}}^{\frac{3\pi}{2}}[(-2\cos^2\theta+2\cos\theta\sin\theta)(4\cos\theta\sin\theta)+(-2\cos^2\theta-2\cos\theta\sin\theta)(-2\cos^2\theta+2\sin^2\theta)]\mathrm{d}\theta$$
$$=\int_{\frac{\pi}{2}}^{\frac{3\pi}{2}}(-4\cos^3\theta\sin\theta+4\cos^2\theta\sin^2\theta+4\cos^4\theta-4\cos\theta\sin^3\theta)\mathrm{d}\theta$$
$$=\int_{\frac{\pi}{2}}^{\frac{3\pi}{2}}(4\cos^2\theta-4\cos\theta\sin\theta)\mathrm{d}\theta=\int_{\frac{\pi}{2}}^{\frac{3\pi}{2}}2(1+\cos2\theta-\sin2\theta)\mathrm{d}\theta$$
$$=2\pi+\sin2\theta\Big|_{\frac{\pi}{2}}^{\frac{3\pi}{2}}+\cos2\theta\Big|_{\frac{\pi}{2}}^{\frac{3\pi}{2}}=2\pi$$

方法 3：(不在大纲考试范围内) 利用格林公式

$$\int_L(x-y)\mathrm{d}x+(x+y)\mathrm{d}y=\iint_D 2\mathrm{d}x\mathrm{d}y=2\pi$$

这里 D 是 L 所围成的圆的内部区域：$x^2+y^2\leqslant-2x$。

答案：(D)。

16. **解**：本题考查多元函数偏导数计算。

$$\frac{\partial z}{\partial x}=yx^{y-1}，\frac{\partial^2 z}{\partial x\partial y}=x^{y-1}+yx^{y-1}\ln x=x^{y-1}(1+y\ln x)$$

答案：(C)。

17. **解**：本题考查级数收敛的必要条件，等比级数和 p 级数的敛散性以及交错级数敛散性的判断。

选项 (A)，级数是公比 $q=\frac{8}{7}>1$ 的等比级数，故该级数发散。

选项（B），$\lim\limits_{n\to\infty} n\sin\dfrac{1}{n}=\lim\limits_{n\to\infty}\dfrac{\sin\dfrac{1}{n}}{\dfrac{1}{n}}=1\neq 0$，由级数收敛的必要条件知，该级数发散。

选项（C），级数是 p 级数，$p=\dfrac{1}{2}<1$，p 级数的性质为：$p>1$ 时级数收敛，$p\leqslant 1$ 时级数发散，本选项的 $p=\dfrac{1}{2}<1$，故该级数发散。

选项（D），交错级数 $\sum\limits_{n=1}^{\infty}(-1)^{n-1}\dfrac{1}{\sqrt{n}}$，满足条件：①$\lim\limits_{n\to\infty}u_n=\lim\limits_{n\to\infty}\dfrac{1}{\sqrt{n}}=0$，②$u_n=\dfrac{1}{\sqrt{n}}>u_{n+1}=\dfrac{1}{\sqrt{n+1}}$，由莱布尼兹定理知，该级数收敛。

注：交错级数的莱布尼兹判别法为历年考查的重点，应熟练掌握它的判断依据。

答案：（D）。

18. **解**：本题考查无穷级数求和。

方法 1：考虑级数 $\sum\limits_{n=1}^{\infty}nx^{n-1}$，收敛区间（$-1$，1），则

$$S(x)=\sum_{n=1}^{\infty}nx^{n-1}=\sum_{n=1}^{\infty}(x^n)'=\left(\sum_{n=1}^{\infty}x^n\right)'=\left(\frac{x}{1-x}\right)'=\frac{1}{(1-x)^2}$$

故 $\sum\limits_{n=1}^{\infty}n\left(\dfrac{1}{2}\right)^{n-1}=S\left(\dfrac{1}{2}\right)=4$

方法 2：设级数的前 n 项部分为

$$S_n=1+2\times\frac{1}{2}+3\times\frac{1}{2^2}+4\times\frac{1}{2^3}+\cdots+(n-1)\times\frac{1}{2^{n-2}}+n\times\frac{1}{2^{n-1}} \quad ①$$

则
$$\frac{1}{2}S_n=\frac{1}{2}+2\times\frac{1}{2^2}+3\times\frac{1}{2^3}+\cdots+(n-1)\times\frac{1}{2^{n-1}}+n\times\frac{1}{2^n} \quad ②$$

式①$-$式②，得

$$\frac{1}{2}S_n=1+\frac{1}{2}+\frac{1}{2^2}+\frac{1}{2^3}+\cdots\frac{1}{2^{n-1}}-n\frac{1}{2^n}=\frac{1\times\left[1-\left(\frac{1}{2}\right)^n\right]}{1-\frac{1}{2}}-n\frac{1}{2^n}\xrightarrow{n\to\infty\text{时，有}\left(\frac{1}{2}\right)^n\to 0,\ n\frac{1}{2^n}\to 0}2$$

解得：$S=\lim\limits_{n\to\infty}S_n=4$

注：方法 2 主要利用了等比数列求和公式：$S_n=a_1+a_1q+a_1q^2+\cdots+a_1q^{n-1}=\dfrac{a_1(1-q^n)}{1-q}$以及基本的极限结果：$\lim\limits_{n\to\infty}n\dfrac{1}{2^n}=0$。本题还可以列举有限项的求和来估算，例如 $S_4=1+2\times\dfrac{1}{2}+3\times\dfrac{1}{2^2}+4\times\dfrac{1}{2^3}=3.25>3$，$\{S_n\}$ 单调递增，所以 $S>3$，故选项（A）、（B）、（C）均错误，只有选项（D）正确。

答案：（D）。

19. **解**：本题考查矩阵的基本变换与计算。

方法 1：$\boldsymbol{A}-2\boldsymbol{I}=\begin{bmatrix}-1 & 0 & 0\\ 0 & -3 & -1\\ 0 & 0 & -1\end{bmatrix}$

$$(\boldsymbol{A}-2\boldsymbol{I}\mid\boldsymbol{I})=\left[\begin{array}{ccc|ccc}-1&0&0&1&0&0\\0&-3&-1&0&1&0\\0&0&-1&0&0&1\end{array}\right]\xrightarrow{-r_1}\left[\begin{array}{ccc|ccc}1&0&0&-1&0&0\\0&-3&-1&0&1&0\\0&0&-1&0&0&1\end{array}\right]$$

$$\xrightarrow{(-1)\ r_3+r_2}\left[\begin{array}{ccc|ccc}1&0&0&-1&0&0\\0&-3&0&0&1&-1\\0&0&-1&0&0&1\end{array}\right]\xrightarrow{-\frac{1}{3}r_2}\left[\begin{array}{ccc|ccc}1&0&0&-1&0&0\\0&1&0&0&-1/3&1/3\\0&0&-1&0&0&1\end{array}\right]$$

$$\xrightarrow{-r_3}\left[\begin{array}{ccc|ccc}1&0&0&-1&0&0\\0&1&0&0&-1/3&1/3\\0&0&1&0&0&-1\end{array}\right]，可得\ (\boldsymbol{A}-2\boldsymbol{I})^{-1}=\begin{bmatrix}-1&0&0\\0&-1/3&1/3\\0&0&-1\end{bmatrix}$$

$$\boldsymbol{A}^2-4\boldsymbol{I}=\begin{bmatrix}1&0&0\\0&-1&-1\\0&0&1\end{bmatrix}\cdot\begin{bmatrix}1&0&0\\0&-1&-1\\0&0&1\end{bmatrix}-\begin{bmatrix}4&0&0\\0&4&0\\0&0&4\end{bmatrix}=\begin{bmatrix}-3&0&0\\0&-3&0\\0&0&-3\end{bmatrix}$$

$$(\boldsymbol{A}-2\boldsymbol{I})^{-1}(\boldsymbol{A}^2-4\boldsymbol{I})=\begin{bmatrix}-1&0&0\\0&-1/3&1/3\\0&0&-1\end{bmatrix}\begin{bmatrix}-3&0&0\\0&-3&0\\0&0&-3\end{bmatrix}=\begin{bmatrix}3&0&0\\0&1&-1\\0&0&3\end{bmatrix}$$

方法 2：本题按方法 1 直接计算逆矩阵会很麻烦，可考虑进行变换化简，有

$$(\boldsymbol{A}-2\boldsymbol{I})^{-1}(\boldsymbol{A}^2-4\boldsymbol{I})=(\boldsymbol{A}-2\boldsymbol{I})^{-1}\ (\boldsymbol{A}-2\boldsymbol{I})\ (\boldsymbol{A}+2\boldsymbol{I})=\boldsymbol{A}+2\boldsymbol{I}=\begin{bmatrix}3&0&0\\0&1&-1\\0&0&3\end{bmatrix}$$

答案：(A)。

20. **解**：本题考查特征值和特征向量的基本概念与性质。

求矩阵 $\boldsymbol{A}$ 的特征值

$$|\boldsymbol{A}-\lambda\boldsymbol{I}|=\begin{vmatrix}-\lambda&0&1\\x&1-\lambda&y\\1&0&-\lambda\end{vmatrix}=-\lambda\begin{vmatrix}1-\lambda&y\\0&-\lambda\end{vmatrix}-0+1\begin{vmatrix}x&1-\lambda\\1&0\end{vmatrix}$$

$$=\lambda^2\ (1-\lambda)\ -(1-\lambda)=-(1+\lambda)\ (1-\lambda)^2=0$$

解得：$\lambda_1=\lambda_2=1$，$\lambda_3=-1$。

因为属于不同特征值的特征向量必定线性无关，故只需讨论 $\lambda_1=\lambda_2=1$ 时的特征向量，有

$$\boldsymbol{A}-\boldsymbol{I}=\begin{bmatrix}-1&0&1\\x&0&y\\1&0&-1\end{bmatrix}\xrightarrow{r_1+r_3}\begin{bmatrix}1&0&-1\\x&0&y\\0&0&0\end{bmatrix}\xrightarrow{-xr_1+r_2}\begin{bmatrix}1&0&-1\\0&0&x+y\\0&0&0\end{bmatrix}$$ 的秩为 1，可得 $x+y=0$。

答案：(A)。

21. **解**：本题考查基础解系的基本性质。

$Ax=0$ 的基础解系是所有解向量的最大线性无关组。根据已知条件，$\boldsymbol{\alpha}_1$，$\boldsymbol{\alpha}_2$，$\boldsymbol{\alpha}_3$ 是线性方程组 $Ax=0$ 的一个基础解系，故 $\boldsymbol{\alpha}_1$，$\boldsymbol{\alpha}_2$，$\boldsymbol{\alpha}_3$ 线性无关，$Ax=0$ 有三个线性无关的解向量，而选项（A)、(D）分别有两个和四个解向量，故错误。

由已知 n 维向量组 $\boldsymbol{\alpha}_1$，$\boldsymbol{\alpha}_2$，$\boldsymbol{\alpha}_3$ 线性无关，易知向量组 $\boldsymbol{\alpha}_1+\boldsymbol{\alpha}_2$，$\boldsymbol{\alpha}_2+\boldsymbol{\alpha}_3$，$\boldsymbol{\alpha}_3+\boldsymbol{\alpha}_1$ 线性

无关，且每个向量 $\boldsymbol{\alpha}_1+\boldsymbol{\alpha}_2$，$\boldsymbol{\alpha}_2+\boldsymbol{\alpha}_3$，$\boldsymbol{\alpha}_3+\boldsymbol{\alpha}_1$ 均为线性方程组 $Ax=0$ 的解，选项（B）正确。

选项（C）中，因 $\boldsymbol{\alpha}_1-\boldsymbol{\alpha}_3=(\boldsymbol{\alpha}_1+\boldsymbol{\alpha}_2)-(\boldsymbol{\alpha}_2+\boldsymbol{\alpha}_3)$，所以向量组线性相关，不满足基础解系的定义，故错误。

答案：（B）。

22. **解**：本题考查古典概型的概率计算。

已知不是黑球，缩减样本空间，只需考虑 5 个白球、3 个黄球，则随机抽取黄球的概率是

$$P=\frac{3}{5+3}=\frac{3}{8}$$

答案：（B）。

23. **解**：本题考查常见分布的期望和方差的概念。

已知 X 服从泊松分布：$X\sim P(\lambda)$，有 $\lambda=3$，$E(X)=\lambda, D(X)=\lambda$，故$\frac{D(X)}{E(X)}=\frac{3}{3}=1$。

注：应掌握常见随机变量的期望和方差的基本公式。

答案：（C）。

24. **解**：本题考查样本方差和常用统计抽样分布的基本概念。

样本方差 $S^2=\frac{1}{n-1}\sum_{i=1}^{n}(X_i-\overline{X})^2$，因为总体 $X\sim N(\mu,\sigma^2)$，有以下结论：

$\overline{X}$ 与 S^2 相互独立，且有$\frac{(n-1)S^2}{\sigma^2}\sim\chi^2(n-1)$，则 $\sum_{i=1}^{n}\frac{(X_i-\overline{X})^2}{\sigma^2}=\frac{(n-1)S^2}{\sigma^2}\sim\chi^2(n-1)$。

注：若将样本均值 $\overline{X}$ 改为正态分布的均值 μ，则有 $\sum_{i=1}^{n}\frac{(X_i-\mu)^2}{\sigma^2}\sim\chi^2(n)$。

答案：（D）。

25. **解**：由理想气体状态方程 $pV=\frac{m}{M}RT$，可以得到理想气体的标准体积（摩尔体积），即在标准状态下（压强 $p_0=1\text{atm}$，温度 $T=273.15\text{K}$），一摩尔任何理想气体的体积均为 22.4L。

答案：（A）。

26. **解**：$\bar{\lambda}=\frac{\bar{v}}{\bar{Z}}=\frac{kT}{\sqrt{2}\pi d^2p}$，$\bar{v}=1.6\sqrt{\frac{RT}{M}}$

等温膨胀过程温度不变，压强降低，$\bar{\lambda}$ 变大，而温度不变，$\bar{v}$ 不变，故 $\bar{Z}$ 变小。

答案：（B）。

27. **解**：由热力学第一定律 $Q=\Delta E+W$，知做功为零（$W=0$）的过程为等体过程；内能减少，温度降低为等体降温过程。

答案：（B）。

28. **解**：卡诺正循环由两个准静态等温过程和两个准静态绝热过程组成。

由热力学第一定律 $Q=\Delta E+W$，绝热过程 $Q=0$，两个绝热过程高低温热源温度相同，温差相等，内能差相同。一个过程为绝热膨胀，另一个过程为绝热压缩，$W_2=-W_1$，一个内能增大，一个内能减小，$\Delta E_2=-\Delta E_1$。热力学的功等于曲线下的面积，

故 $S_1=S_2$。

答案：(B)。

29. **解**：热机效率：$\eta=1-\frac{Q_2}{Q_1}=1-\frac{1.26\times10^2}{1.68\times10^2}=25\%$

答案：(A)。

30. **解**：此题考查波动方程的基本关系。

$$y=A\cos(Bt-Cx)=A\cos B\left(t-\frac{x}{B/C}\right)$$

$$u=\frac{B}{C},\ \omega=B,\ T=\frac{2\pi}{\omega}=\frac{2\pi}{B}$$

$$\lambda=u\cdot T=\frac{B}{C}\cdot\frac{2\pi}{B}=\frac{2\pi}{C}$$

答案：(C)。

31. **解**：由波动的能量特征得知：质点波动的动能与势能是同相的，动能与势能同时达到最大、最小。题目给出 A 点处媒质质元的振动动能在增大，则 A 点处媒质质元的振动势能也在增大，故选项（A）不正确；同样，由于 A 点处媒质质元的振动动能在增大，由此判定 A 点向平衡位置运动，波沿 x 负向传播，故选项（B）正确；此时 B 点向上运动，振动动能在增加，故选项（C）不正确；波的能量密度是随时间做周期性变化的，$w=\frac{\Delta W}{\Delta V}=\rho\omega^2A^2\sin^2\left[\omega\left(t-\frac{x}{u}\right)\right]$，故选项（D）不正确。

答案：(B)。

32. **解**：由波动的干涉特征得知：同一播音器初相位差为零。

$$\Delta\varphi=\alpha_2-\alpha_1-\frac{2\pi(r_2-r_1)}{\lambda}=-\frac{2\pi\frac{\lambda}{2}}{\lambda}=\pi$$

相位差为 π 的奇数倍，为干涉相消点。

答案：(B)。

33. **解**：本题考查声波的多普勒效应公式。注意波源不动，$V_S=0$，观察者远离波源运动，V_0 前取负号。设波速为 u，则

$$\nu'=\frac{u-V_0}{u}\nu_0=\frac{u-\frac{1}{2}u}{u}\nu_0=\frac{1}{2}\nu_0$$

答案：(C)。

34. **解**：一束单色光通过折射率不同的两种媒质时，光的频率不变，波速改变，波长 $\lambda=uT=\frac{u}{\nu}$。

答案：(B)。

35. **解**：在单缝衍射中，若单缝处的波面恰好被分成偶数个半波带，屏上出现暗条纹。相邻半波带上任何两个对应点所发出的光，在暗条纹处的光程差为$\frac{\lambda}{2}$，相位差为 π。

答案：(A)。

36. **解**：光栅衍射是单缝衍射和多缝干涉的和效果。当多缝干涉明纹与单缝衍射暗纹方向相同时，将出现缺级现象。

单缝衍射暗纹条件：$a\sin\varphi=k\lambda$

光栅衍射明纹条件：$(a+b)\sin\varphi=k'\lambda$

$$\frac{a\sin\varphi}{(a+b)\sin\varphi}=\frac{k\lambda}{k'\lambda}=\frac{1}{3},\ \frac{2}{6},\ \frac{3}{9},\ \cdots$$

故 $a+b=3a$

答案：(B)。

37. **解：**电离能可以衡量元素金属性的强弱，电子亲和能可以衡量元素非金属性的强弱，元素电负性可较全面地反映元素的金属性和非金属性强弱，离子极化力是指某离子使其他离子变形的能力。

答案：(A)。

38. **解：**分子间力包括色散力、诱导力、取向力。非极性分子和非极性分子之间只存在色散力，非极性分子和极性分子之间存在色散力和诱导力，极性分子和极性分子之间存在色散力、诱导力和取向力。题中，氢气、氦气、氧气、二氧化碳是非极性分子，二氧化硫、溴化氢和一氧化碳是极性分子。

答案：(A)。

39. **解：**在 $BaSO_4$ 饱和溶液中，存在 $BaSO_4 \rightleftharpoons Ba^{2+}+SO_4{}^{2-}$ 平衡，加入 Na_2SO_4，溶液中 $SO_4{}^{2-}$ 浓度增加，平衡向左移动，Ba^{2+} 的浓度减小。

答案：(B)。

40. **解：**根据缓冲溶液 pH 值的计算公式：

$$pH=14-pK_b^{\ominus}+\lg\frac{c_{碱}}{c_{盐}}=14+\lg 1.8\times10^{-5}+\lg\frac{0.1}{0.1}=14-4.74-0=9.26$$

答案：(B)。

41. **解：**由物质的标准摩尔生成焓 $\Delta_f H_m^{\ominus}$ 和反应的标准摩尔反应焓变 $\Delta_r H_m^{\ominus}$ 定义可知，$HCl(g)$ 的 $\Delta_f H_m^{\ominus}$ 为反应 $\frac{1}{2}H_2(g)+\frac{1}{2}Cl_2(g)=HCl(g)$ 的 $\Delta_r H_m^{\ominus}$。反应 $H_2(g)+Cl_2(g)=2HCl(g)$ 的 $\Delta_r H_m^{\ominus}$ 是反应 $\frac{1}{2}H_2(g)+\frac{1}{2}Cl_2(g)=HCl(g)$ 的 $\Delta_r H_m^{\ominus}$ 的 2 倍，即 $H_2(g)+Cl_2(g)=2HCl(g)$ 的 $\Delta_r H_m^{\ominus}=2\times(-92)=-184kJ\cdot mol^{-1}$。

答案：(C)。

42. **解：**对于指定反应，平衡常数 $K^{\ominus}$ 的值只是温度的函数，与参与平衡的物质的量、浓度、压强等无关。

答案：(C)。

43. **解：**原电池 (－)Fe | $Fe^{2+}(1.0mol\cdot L^{-1})$ ‖ $Fe^{3+}(1.0mol\cdot L^{-1})$，$Fe^{2+}(1.0mol\cdot L^{-1})$ | Pt (＋) 的电动势

$$E^{\ominus}=E^{\ominus}(Fe^{3+}/Fe^{2+})-E^{\ominus}(Fe^{2+}/Fe)=0.771-(-0.44)=1.211V$$

两个半电池中均加入 NaOH 后，Fe^{3+}、Fe^{2+} 的浓度：

$$c_{Fe^{3+}}=\frac{K_{sp}^{\ominus}[Fe(OH)_3]}{(c_{OH^-})^3}=\frac{2.79\times10^{-39}}{1.0^3}=2.79\times10^{-39}mol\cdot L^{-1}$$

$$c_{Fe^{2+}}=\frac{K_{sp}^{\ominus}[Fe(OH)_2]}{(c_{OH^-})^2}=\frac{4.87\times10^{-17}}{1.0^2}=4.87\times10^{-17}mol\cdot L^{-1}$$

根据能斯特方程式，正极电极电势：

$$E\ (Fe^{3+}/Fe^{2+}) = E^{\ominus}(Fe^{3+}/Fe^{2+}) + \frac{0.0592}{1}\lg\frac{c_{Fe^{3+}}}{c_{Fe^{2+}}} = 0.771 + 0.0592 \times \lg\frac{2.79\times10^{-39}}{4.87\times10^{-17}}$$

$$= -0.54V$$

负极电极电势：

$$E\ (Fe^{2+}/Fe) = E^{\ominus}(Fe^{2+}/Fe) + \frac{0.0592}{2}\lg c_{Fe^{2+}} = 0.44 + \frac{0.0592}{2}\lg 4.87\times10^{-17}$$

$$= -0.92V$$

则电动势 $E=E(Fe^{3+}/Fe^{2+})-E(Fe^{2+}/Fe)=(-0.54)-(-0.92)=0.38V$

答案：(B)。

可见加入 NaOH 后，原电池的电动势由 1.2V 降到 0.38V，所以变小了。

44. **解：**烯烃和炔烃都可以与溴水反应使溴水褪色，烷烃和苯不与溴水反应。选项（A）中 1—己烯可以使溴水褪色，而己烷不能使溴水褪色。

答案：(A)。

45. **解：**尼泊金丁酯是由对羟基苯甲酸的羧基与丁醇的羟基发生酯化反应生成的。

答案：(C)。

46. **解：**该高分子化合物由单体 CH_2═CHCl 通过加聚反应形成的。

答案：(B)。

47. **解：**根据平面任意力系独立平衡方程组的条件，有三种形式，除了一矩式的基本形式之外，还有二矩式和三矩式。题中所列四组平衡方程中，选项（A）显然不满足三个矩心不共线的三矩式要求，选项（B）、（D）也不满足两矩心连线不垂直于投影轴的二矩式要求。只有选项（C）是正确的。

答案：(C)。

48. **解：**把 A 点的力 F 滑移到 B 点，再把 C 点力 F 平移到 B 点，并加一个附加力偶 m，就静力等效地简化为解图所示的一个汇交力系和一个力偶 m，此汇交力系的三个力合成后可形成自行封闭的三角形，说明此力系主矢为零；根据力系简化结果的分析，主矢为零，主矩不为零，力系可简化为一合力偶。

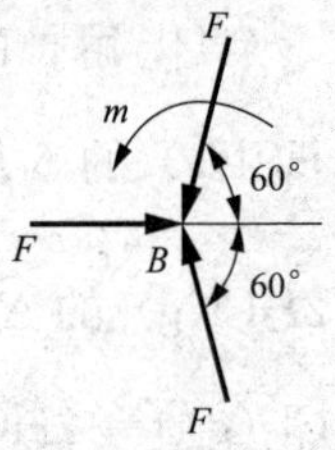

答案：(C)。

49. **解：**以整体为研究对象，其受力如解图所示。由于主动力是一个顺时针转的力偶，所以支反力应是一个与之相反的力偶。

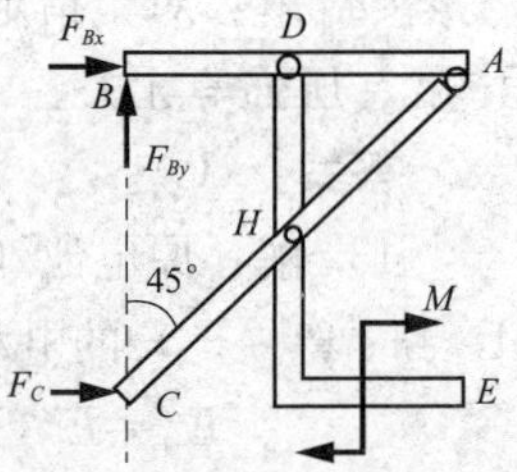

列平衡方程：$\sum M_B=0$，$F_C\cdot 1-M=0$

代入数值得 $F_C=1kN$（水平向右）

答案：(D)。

50. **解：**根据零杆的判断方法，凡是三杆铰接的节点上，有两根杆在同一直线上，那么第三根不在这条直线上的杆必为零杆。先分析节点 I，知 DI 杆为零杆可以去掉，再分析节点 D，此时 D 节点实际铰接的是 CD、DE 和 DH 三杆，由此可判断 DH 杆内力为零。应该选（D）。

答案：(D)。

51. **解：**$t=0$ 时，$x=2m$，点在运动过程中其速度 $v=\frac{dx}{dt}=3t^2-12$。即当 $0<t<2s$

时，点的运动方向是 x 轴的负方向；当 $t=2s$ 时，点的速度为零，此时 $x=-14m$；当 $t>2s$ 时，点的运动方向是 x 轴的正方向；当 $t=3s$ 时，$x=-7m$。所以点经过的路程是：$2+14+7=23m$。

答案：(A)。

52. **解：**四连杆机构在运动过程中，O_1A、O_2B 杆为定轴转动刚体，AB 杆为平行移动刚体。根据平行移动刚体的运动特性，其上各点有相同的速度和加速度，所以有

$$v_A=r\omega=v_M,\ a_A^n=r\omega^2=a_M^n$$

答案：(C)。

53. **解：**定轴转动刚体上一点的速度、加速度与转动角速度、角加速度的关系为

$$v_B=OB\cdot\omega=50\times2=100cm/s,\ a_B^t=OB\cdot\alpha=50\times5=250cm/s^2$$

答案：(A)。

54. **解：**物块围绕 y 轴做匀速圆周运动，其加速度为指向 y 轴的法向加速度 a_n，其运动及受力分析如解图所示。解图中 W 和 F_N 的夹角为 30°

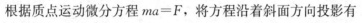

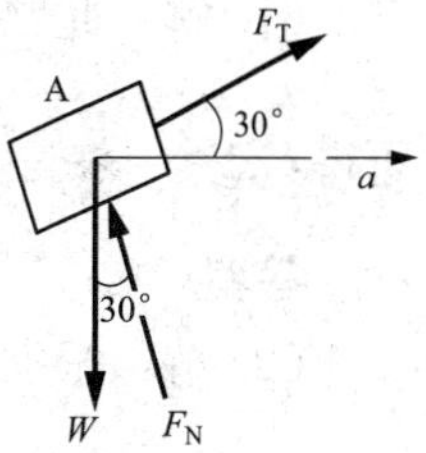

根据质点运动微分方程 $ma=F$，将方程沿着斜面方向投影有

$$\frac{W}{g}a_n\cos30°=F_T-W\sin30°$$

将 $a_n=\omega^2 l\cos30°$代入，解得：$F_T=W\sin30°+\frac{W}{g}\omega^2 l\cos30°\cos30°$

代入数据，可得 $F_T=6+5=11N$

答案：(A)。

55. **解：**根据刚体动量的定义：$p=mv_c=\frac{1}{2}ml\omega\sin\alpha$（其中 $v_C=\frac{1}{2}l\omega\sin\alpha$）

答案：(B)。

56. **解：**此题给出了两个运动状态，所以要用动能定理。根据动能定理，$T_2-T_1=W_{12}$。杆初始水平位置和运动到铅直位置时的动能分别为：$T_1=0$，$T_2=J_0\omega^2/2=\frac{1}{2}\cdot\frac{1}{3}ml^2\omega^2$，运动过程中重力所做之功为：$W_{12}=mg\frac{1}{2}l$，代入动能定理，可得：$\frac{1}{6}ml^2\omega^2-0=\frac{l}{2}mg$，$\omega^2=\frac{3g}{L}$，则 $\omega=\sqrt{\frac{3g}{l}}$。

答案：(B)。

57. **解：**施加于轮的附加动反力 ma_c 是由惯性力引起的约束力，大小与惯性力大小相同，其中 $a_c=\frac{1}{2}R\omega^2$，$F_1=mR\omega^2/2$，方向与惯性力方向相反，与 a_c 方向一致，是向上的。

答案：(C)。

58. **解：**根据系统固有圆频率公式：$\omega_0=\sqrt{\frac{k}{m}}$。系统中 k_2 和 k_3 并联，等效弹簧刚度 $k_{23}=k_2+k_3=9800N/m$；k_1 和 k_{23} 串联，所以 $\frac{1}{k_{123}}=\frac{1}{k_1}+\frac{1}{k_2+k_3}=1/9800+1/9800=1/4900$，$k_{123}=4900N/m$；$k_4$ 和 k_{123} 并联，故系统总的等效弹簧刚度为 $k=k_4+k_{123}=19600+$

4900=24500N/m，代入固有圆频率的公式，可得：$\omega_0=\sqrt{\frac{k}{m}}=\sqrt{24500/50}=22.1\text{rad/s}$。

答案：（B）。

59. **解：**铸铁的力学性能中抗拉能力最差，在扭转试验中沿 45°最大拉应力的截面破坏就是明证，故①不正确；而铸铁的压缩强度比拉伸强度高得多，所以②正确。

答案：（B）。

60. **解：**由于左端 D 固定没有位移，所以 C 截面的轴向位移就等于 CD 段的伸长量 $\Delta l_{CD}=\frac{F\cdot\frac{l}{2}}{EA}$。

答案：（C）。

61. **解：**此题挤压力是 F，计算挤压面积是 db，根据挤压强度条件：$\frac{P_{bs}}{A_{bs}}=\frac{F}{db}\leqslant[\sigma_{bs}]$，可得：$d\geqslant\frac{F}{b[\sigma_{bs}]}$。

答案：（A）。

62. **解：**根据该轴的外力和反力可得其扭矩图如解图所示：

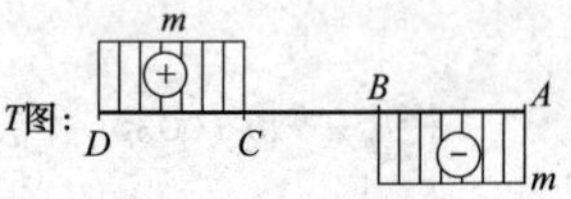

故 $\varphi_{DA}=\varphi_{DC}+\varphi_{CB}+\varphi_{BA}=\frac{ml}{GI_p}+0-\frac{ml}{GI_p}=0$

$\varphi_{DB}=\varphi_{DC}+\varphi_{CB}=\varphi_{DC}+0$

答案：（B）。

63. **解：**$I_z=\frac{a^4}{12}-\frac{\pi d^4}{64}$，$W_z=\frac{I_z}{a/2}=\frac{a^3}{6}-\frac{\pi d^4}{32a}$

答案：（C）。

64. **解：**对称结构梁在反对称荷载作用下，其弯矩图是反对称的，其剪力图是对称的。在对称轴 C 截面上，弯矩为零，剪力不为零，是$-\frac{F}{2}$。

答案：（C）。

65. **解：**根据“突变规律”可知，在集中力偶作用的截面上，左右两侧的弯矩将产生突变，所以若集中力偶 m 在梁上移动，则梁的弯矩图将改变，而剪力图不变。

答案：（C）。

66. **解：**梁的挠曲线形状由荷载和支座的位置来决定，由图中荷载向下的方向可以判定，只有图（C）是正确的。

答案：（C）。

67. **解：**等截面轴向拉伸杆件中只能产生单向拉伸的应力状态，在各个方向的截面上应力可以不同，但是主应力状态都归结为单向应力状态。

答案：（C）。

68. **解：**最大拉应力理论就是第一强度理论，其相当应力就是 σ_1，故选（A）。

答案：（A）。

69. **解：**把作用在角点的偏心压力 F，经过两次平移，平移到杆的轴线方向，形成一轴向压缩和两个平面弯曲的组合变形，其最大压应力的绝对值为

$$
\begin{aligned}
|\sigma_{\max}^-| &= \frac{F}{a^2}+\frac{M_z}{W_z}+\frac{M_y}{W_y} \\
&= \frac{250\times10^3\text{N}}{100^2\text{mm}^2}+\frac{250\times10^3\times50\text{N}\cdot\text{mm}}{\frac{1}{6}\times100^3\text{mm}^3}+\frac{250\times10^3\text{N}\times50\text{mm}}{\frac{1}{6}\times100^3\text{mm}^3} \\
&= 25+75+75=175\text{MPa}
\end{aligned}
$$

答案：(C)。

70. **解**：由临界荷载的公式 $F_{cr}=\frac{\pi^2 EI}{(\mu l)^2}$ 可知，当抗弯刚度相同时，μl 越小，临界荷载越大。

图（A）是两端铰支：$\mu l=1\times5=5$

图（B）是一端铰支、一端固定：$\mu l=0.7\times7=4.9$

图（C）是两端固定：$\mu l=0.5\times9=4.5$

图（D）是一端固定、一端自由：$\mu l=2\times2=4$

所以图（D）的 μl 最小，临界荷载最大。

答案：(D)。

71. **解**：平面静水总压力 P 等于形心点压强 P_c 乘以受压面积 A，而形心点压强 $P_c=\rho gh$，h 为受压面积 A 形心点淹没深度。故静水平面总压力 $P=\rho ghA$。

答案：(D)。

72. **解**：流体的黏性与速度梯度无关。

答案：(D)。

73. **解**：x 方向的流速 $U_x=5x^3$，代入题设数据 $x=1$m 得 $U_x=5$(m/s) y 方向的流速 $U_y=-15x^2y$，代入数据 $x=1$m，$y=2$m 得 $U_y=-30$(m/s) 故 $x=1$m，$y=2$m 处的流速 $U=\sqrt{Ux^2+Uy^2}=\sqrt{5^2+(-30)^2}=30.41$(m/s) 与水平线夹角 θ 的正切 $\tan\theta=U_y/U_x=-30/5=-6$。

答案：(C)。

74. **解**：判断层流与湍流的状态的临界雷诺数为 2000～2320。

答案：(A)。

75. **解**：并联管路两连接点 A、B 向的水头损失 h_{fAB} 与各关联管段的水头损失相等，即 $h_{fAB}=h_{f1}=h_{f2}=h_{f3}$。

答案：(D)。

76. **解**：可能产生明渠均匀流的渠道是正坡棱柱体渠道。

答案：(B)。

77. **解**：工程上常见的集水廊道、无压潜水井，皆为无压渐变渗流。

答案：(B)。

78. **解**：汽车在风洞中作模型试验是为求气流对汽车的绕流阻力，需用雷诺准则设计模型。除要模型与原型几何相似外，还需满足雷诺数相等，即需原型雷诺数 $R_{ep}=\frac{U_p d_p}{\nu_p}$ 与模型雷诺数 $R_{em}=\frac{U_m d_m}{\nu_m}$ 相等，写成表达式

$$\frac{U_p d_p}{\nu_p}=\frac{U_m d_m}{\nu_m} \tag{1}$$

风洞中气流迎风断面可近似设为圆形，故设风洞内模型的迎风面积 $A_m=\frac{\pi}{4}d_m^2$ 原型迎风面积为 $A_p=\frac{\pi}{4}d_p^2$，反求出相应的直径 $d_m=\sqrt{\frac{4A_m}{\pi}}$，$d_p=\sqrt{\frac{4A_p}{\pi}}$，代入式（1）中得

$$\frac{U_p\sqrt{\frac{4A_p}{\pi}}}{\nu_p}=\frac{U_m\sqrt{\frac{4A_m}{\pi}}}{\nu_m} \tag{2}$$

设模型与原型均用同温度的空气作试验，则空气的运动黏度值相等，即 $\nu_p=\nu_m$，则式（2）可化简为

$$U_p\sqrt{A_p}=U_m\sqrt{A_m}$$

解出式（2）中模型迎风面积 A_m 得 $A_m=\left(\frac{U_p}{U_m}\right)^2A_p$ 代入题设数据 $U_p=108(\text{km/h})=108/3.6\text{m/s}=30\text{m/s}$　$U_m=45(\text{m/s})$ $A_m=\left(\frac{30}{45}\right)^2\times1.5=0.67(\text{m}^2)$

答案：(A)。

79. **解**：洛伦兹力是运动电荷在磁场中所受的力。这个力既适用于宏观电荷，也适用于微观电荷粒子。电流元在磁场中所受安培力就是其中运动电荷所受洛伦兹力的宏观表现。

库仑力指在真空中两个静止的点电荷之间的作用力。

电场力是指电荷之间的相互作用，只要有电荷存在就会有电场力。

安培力是通电导线在磁场中受到的作用力。

答案：(B)。

80. **解**：首先假设 12V 电压源的负极为参考点位点，计算 a、b 点位：

$U_a=5\text{V}$，$U_b=12-4=8\text{V}$，故 $U_{ab}=U_a-U_b=-3\text{V}$

答案：(D)。

81. **解**：当电压源单独作用时，电流源断路，电阻 R_2 与 R_1 串联分压，R_2 与 R_1 的数值关系为

$$\frac{U'}{100}=\frac{R_2}{R_1+R_2}=\frac{20}{100}=\frac{1}{4+1}；\ R_2=R_1/4$$

电流源单独作用时，电压源短路，电阻 R_2 压电压 U'' 为

$$U''=-2\frac{R_1\cdot R_2}{R_1+R_2}=-0.4R_1$$

答案：(D)。

82. **解**：$Z_1=R+\text{j}\omega L+\frac{1}{\text{j}\omega C}=R+\text{j}\left(\omega L-\frac{1}{\omega C}\right)=R$

$$\frac{1}{Z_2}=\frac{1}{R}+\frac{1}{\text{j}\omega L}+\frac{1}{\frac{1}{\text{j}\omega C}}=\frac{1}{R}$$

$Z_1=Z_2=R$

答案：(D)。

83. **解**：已知 $Z=R+\text{j}\omega L=100+\text{j}100\Omega$

当 $u=U_m\sin2\omega t$，频率增加时 $\omega'=2\omega$

感抗随之增加：$Z'=R+\mathrm{j}\omega'$，$L=100+\mathrm{j}200\Omega$

功率因数：$\lambda=\dfrac{R}{|Z'|}=\dfrac{100}{\sqrt{100^2+200^2}}=0.447$

答案：(D)。

84. **解**：由于电感及电容元件上没有初始储能，可以确定 $t=0_-$ 时

$$I_{\mathrm{L}_{(0-)}}=0A，U_{\mathrm{C}_{(0-)}}=0\mathrm{V}$$

$t=0_+$ 时，利用储能元件的换路定则，可知

$$I_{\mathrm{L}_{(0+)}}=I_{\mathrm{L}_{(0-)}}=0\mathrm{A}，U_{\mathrm{C}_{(0+)}}=U_{\mathrm{C}_{(0-)}}=0\mathrm{V}$$

两条电阻通道电压为零、电流为零。

$$I_{\mathrm{R}_{(0+)}}=0\mathrm{A}，I_{\mathrm{C}_{(0+)}}=2-I_{\mathrm{R}_{(0+)}}-I_{\mathrm{R}_{(0+)}}-I_{\mathrm{L}_{(0+)}}=2\mathrm{A}$$

答案：(C)。

85. **解**：当 S 分开时，变压器负载电阻 $R_{\mathrm{L(S分)}}=R_{\mathrm{L1}}$

原边等效负载电阻 $R'_{\mathrm{L(S分)}}=k^2R_{\mathrm{L(S分)}}=k^2R_{\mathrm{L1}}$

当 S 闭合以后，变压器负载电阻 $R_{\mathrm{L(S合)}}=R_{\mathrm{L1}}/\!/R_{\mathrm{L2}}<R_{\mathrm{L1}}$

原边等效负载电阻 $R'_{\mathrm{L(S合)}}<R'_{\mathrm{L(S分)}}$减小，变压器原边电压 $U_{1'}$减小，$U_2=U_1/k$，所以 U_2 随之变小。

答案：(B)。

86. **解**：三相异步电动机的转动方向与定子绕组电流产生的旋转磁场的方向一致，那么改变三相电源的相序就可以改变电动机旋转磁场的方向。改变电源的大小、对定子绕组接法进行△—Y 转换以及改变转子绕组上电流的方向都不会变化三相异步电动机的转动方向。

答案：(B)

87. **解**：数字信号是一种代码信号，不是时间信号，也不仅用来表示数字的大小。数字信号幅度的取值是离散的，被限制在有限个数值之内，不能直接表示对象的原始信息。

答案：(C)

88. **解**：周期信号频谱是离散频谱，其幅度频谱的幅值随着谐波次数的增高而减小；而非周期信号的频谱是连续频谱。图（a）和图（b）所示 $u_1(t)$ 和 $u_2(t)$ 的幅值频谱均是连续频谱，所以 $u_1(t)$ 和 $u_2(t)$ 都是非周期性时间信号。

答案：(A)。

89. **解**：从周期信号 $u(t)$ 的幅频特性图（a）可见，其频率范围均在低通滤波器图（b）的通频段以内，这个区间放大倍数相同，各个频率分量得到同样的放大，则该信号通过这个低通滤波以后，其结构和波形的形状不会变化。

答案：(C)。

90. **解**：$ABC+\bar{A}D+\bar{B}D+\bar{C}D=ABC+(\bar{A}+\bar{B}+\bar{C})D=ABC+\overline{ABCD}=ABC+D$

这里利用了逻辑代数的反演定理和部分吸收关系，即 $A+\bar{A}B=A+B$

答案：(D)。

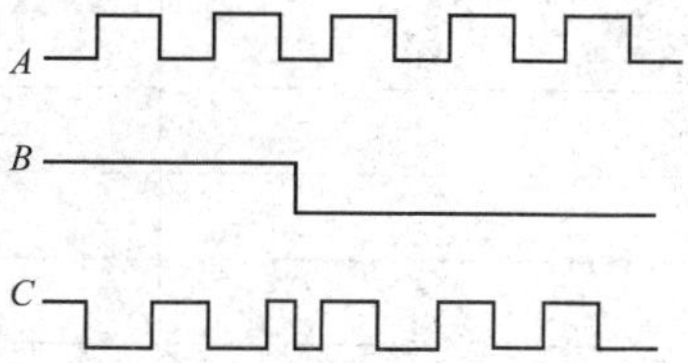

91. **解**：数字信号 $F=\bar{A}B+A\bar{B}$ 为异或门关系，信号 A、B 相同为 0，相异为 1，分析波形如解图所示，结果与选项（C）一致。

答案：(C)。

92. **解**：本题是利用函数的最小项关系表达。从真值表写出逻辑表达式主要有三个步骤：首先，写出真值表中对应 $F=1$ 的输入变量 A、B、C 组合；然后，将输入量写成与逻辑关系（输入变量取值为 1 的写原变量，取值为 0 的写反变量）；最后将函数 F 用或逻辑表达：$F=A\bar{B}\bar{C}+ABC$。

答案：(D)。

93. **解**：该电路是二极管半波整流电路。

当 $u_i>0$ 时，二极管导通，$u_o=u_i$；

当 $u_i<0$ 时，二极管 D 截止，$u_o=0V$。

输出电压 U_o 的平均值可用下面公式计算

$$U_o=0.45U_i=0.45\frac{10}{\sqrt{2}}=3.18V$$

答案：(C)。

94. **解**：该电路为运算放大器构成的电压比较电路，分析过程如解图所示。

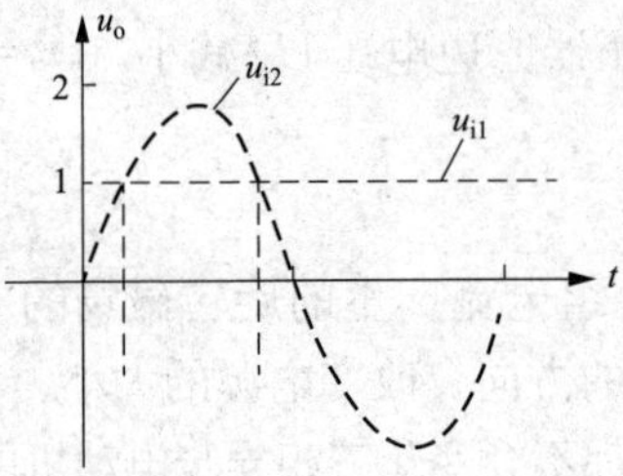

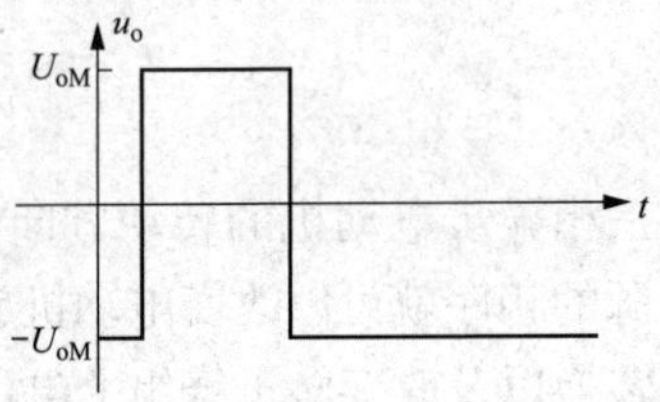

当 $u_{i1}>u_{i2}$ 时，$u_o=-U_{oM}$；

当 $u_{i1}<u_{i2}$ 时，$u_o=+U_{oM}$。

结果与选项（A）一致。

答案：(A)。

95. **解**：写出输出端的逻辑关系式为：

与门　$F_1=A\cdot 1=A$

或非门　$F_2=\overline{B+1}=\bar{1}=0$

答案：(C)。

96. **解**：数据由 D 端输入，各触发器的 Q 端输出数据。在时钟脉冲 cp 的作用下，根据触发器的关系 $Q_{n+1}=D_n$ 分析。

假设清零后 Q_2、Q_1、Q_0 均为零状态，右侧 D 端待输入数据为 D_2、D_1、D_0，在时钟脉冲 cp 作用下，各输出端 Q 的关系列解表说明，可见数据输出顺序向左移动，因此该电路是三位左移寄存器。

题 96 解表

cp	Q_2	Q_1	Q_0
0	0	0	0
1	0	0	D_2
2	0	D_2	D_1
3	D_2	D_1	D_0

答案：(C)。

97. **解**：个人计算机（Personal Computer，PC）指在大小、性能以及价位等多个方面适合于个人使用，并由最终用户直接操控的计算机的统称。它由硬件系统和软件系统组成，是一种能独立运行、完成特定功能的设备。台式机、笔记本电脑、平板电脑等均属于个人计算机的范畴。

答案：(C)。

98. **解**：微机常用的外存储器通常是磁性介质或光盘，像硬盘、软盘、光盘和U盘等，能长期保存信息，并且不依赖于电来保存信息，但是由机械部件带动，速度与CPU相比就显得慢得多。在老式微机中使用软盘。

答案：(A)。

99. **解**：通常是将软件分为系统软件和应用软件两大类。系统软件是生成、准备和执行其他程序所需要的一组程序。应用软件是专业人员为各种应用目的而编制的程序。

答案：(C)。

100. **解**：支撑软件是指支撑其他软件的编写制作和维护的软件。主要包括环境数据库、各种接口软件和工具软件。三者形成支撑软件的整体，协同支撑其他软件的编制。

答案：(B)。

101. **解**：信息的主要特征表现为：①信息的可识别性；②信息的可变性；③信息的流动性和可存储性；④信息的可处理性和再生性；⑤信息的有效性和无效性；⑥信息的属性和使用性。

答案：(A)。

102. **解**：点阵中行数和列数的乘积称为图像的分辨率。例如，若一个图像的点阵总共有480行，每行640个点，则该图像的分辨率为$640\times480=307200$个像素。

答案：(D)。

103. **解**：计算机病毒是指编制或者在计算机程序中插入的破坏计算机功能和破坏计算机中的数据，影响计算机使用并且能够自我复制的一组计算机指令或者程序代码，只要满足某种条件即可起到破坏作用，严重威胁着计算机信息系统的安全。

答案：(B)。

104. **解**：计算机操作系统的存储管理功能主要有：①分段存储管理；②分页存储管理；③分段分页存储管理；④虚拟存储管理。

答案：(D)。

105. **解**：网络协议主要由语法、语义和同步（定时）三个要素组成。语法是数据与控制信息的结构或格式。语义是定义数据格式中每一个字段的含义。同步是收发双方或多方在收发时间和速度上的严格匹配，即事件实现顺序的详细说明。

答案：(C)。

106. **解**：按照数据交换的功能将网络分类，常用的交换方法有电路交换、报文交换和分组交换。电路交换方式是在用户开始通信前，先申请建立一条从发送端到接收端的物理信道，并且在双方通信期间始终占用该信道。报文交换是一种数字化交换方式。分组交换也采用报文传输，但它不是以不定长的报文作为传输的基本单位，而是将一个长的报文划分为许多定长的报文分组，以分组作为传输的基本单位。

答案：(D)。

107. **解**：根据等额支付资金回收公式（已知 P 求 A）

$$A=P\left[\frac{i\ (1+i)^n}{(1+i)^n-1}\right]=1000\times\left[\frac{8\%(1+8\%)^5}{(1+8\%)^5-1}\right]=1000\times0.25046=250.46\text{ 万元}$$

或根据题目给出的已知条件（P/A，8%，5）=3.9927 计算

$1000=A\ (P/A，8\%，5)=3.9927A$

$A=1000/3.9927=250.46$ 万元

答案：(B)。

108. **解**：建设投资中各分项分别形成固定资产原值、无形资产原值和其他资产原值。按现行规定，建设期利息应计入固定资产原值。

答案：(A)。

109. **解**：优先股的股份持有人优先于普通股股东分配公司利润和剩余财产，但参与公司决策管理等权利受到限制。公司清算时，剩余财产先分给债权人，再分给优先股股东，最后分给普通股股东。

答案：(D)。

110. **解**：利息备付率从付息资金来源的充裕性角度反映企业偿付债务利息的能力，表示企业使用息税前利润偿付利息的保证倍率。利息备付率高，说明利息支付的保证度大，偿债风险小。正常情况下，利息备付率应当大于 1，利息备付率小于 1 表示企业的付息能力保障程度不足。另一个偿债能力指标是偿债备付率，表示企业可用于还本付息的资金偿还借款本息的保证倍率，正常情况应大于 1；小于 1 表示企业当年资金来源不足以偿还当期债务，需要通过短期借款偿付已到期债务。

答案：(D)。

111. **解**：注意题干问的是该项目的净年值。等额资金回收系数与等额资金现值系数互为倒数：

等额资金回收系数：$(A/P，i，n)=\dfrac{i\ (1+i)^n}{(1+i)^n-1}$

等额资金现值系数：$(P/A，i，n)=\dfrac{(1+i)^n-1}{i\ (1+i)^n}$

所以 $(A/P，i，n)=\dfrac{1}{(P/A，i，n)}$

方法 1：该项目的净年值　$NAV=-1000(A/P，12\%，10)+200$

$=-1000/(P/A，12\%，10)+200$

$=-1000/5.6502+200=23.02$ 万元

方法 2：该项目的净现值　$NPV=-1000+200\times(P/A，12\%，10)$

$=-1000+200\times5.6502=130.04$ 万元

该项目的净年值为：$NAV=NPV(A/P，12\%，10)=NPV/(P/A，12\%，10)$

$=130.04/5.6502=23.02$ 万元

答案：(B)。

112. **解**：线性盈亏平衡分析的基本假设有：①产量等于销量；②在一定范围内产量变化，单位可变成本不变，总生产成本是产量的线性函数；③在一定范围内产量变化，销售单价不变，销售收入是销售量的线性函数；④仅生产单一产品或生产的多种产品可换算

成单一产品计算。

答案：(D)。

113. **解**：独立的投资方案是否可行，取决于方案自身的经济性。可根据净现值判定项目的可行性。

甲项目的净现值：

$NPV_{甲}=-300+52(P/A,10\%,10)=-300+52\times6.1446=19.52$ 万元

$NPV_{甲}>0$，故甲方案可行。

乙项目的净现值：

$NPV_{乙}=-200+30(P/A,10\%,10)=-200+30\times6.1446=-15.66$ 万元

$NPV_{乙}<0$，故乙方案不可行。

答案：(A)。

114. **解**：价值工程的一般工作程序包括准备阶段、功能分析阶段、创新阶段和实施阶段。功能分析阶段包括的工作有收集整理信息资料、功能系统分析、功能评价。

答案：(B)。

115. **解**：《中华人民共和国注册建筑师条例》第二十一条规定，注册建筑师执行业务，应当加入建筑设计单位。建筑设计单位的资质等级及其业务范围，由国务院建设行政主管部门规定。

《注册结构工程师执业资格制度暂行规定》第十九条规定，注册结构工程师执行业务，应当加入一个勘察设计单位。第二十条规定，注册结构工程师执行业务，由勘察设计单位统一接受委托并统一收费。所以注册建筑师、注册工程师均不能以个人名义承接建筑设计业务，必须加入一个设计单位，以单位名义承接任务，因此必须按照该设计单位的资质证书许可的业务范围承接任务。

答案：(D)。

116. **解**：《中华人民共和国安全生产法》第四十条规定，生产经营单位对重大危险源应当登记建档，进行定期检测、评估、监控，并制定应急预案，告知从业人员和相关人员在紧急情况下应当采取的应急措施。

答案：(A)。

117. **解**：《中华人民共和国招标投标法》第十六条规定，招标人采用公开招标方式的，应当发布招标公告。依法必须进行招标的项目的招标公告，应当通过国家指定的报刊、信息网络或者其他媒介发布。招标公告应当载明招标人的名称和地址，招标项目的性质、数量、实施地点和时间以及获取招标文件的办法等事项。

答案：(D)。

118. **解**：选项（B）乙施工单位不买，选项（C）丙施工单位不同意价格，选项（D）丁施工单位回复过期，承诺均为无效，只有选项（A）甲施工单位的回复属承诺有效。

答案：(A)。

119. **解**：《中华人民共和国节约能源法》第三条规定，本法所称节约能源（以下简称节能），是指加强用能管理，采取技术上可行、经济上合理以及环境和社会可以承受的措施，从能源生产到消费的各个环节，降低消耗、减少损失和污染物排放、制止浪费，有效、合理地利用能源。

答案：(A)。

120. **解**：《建设工程质量管理条例》第三十条规定，施工单位必须建立、健全施工质量的检验制度，严格工序管理，做好隐蔽工程的质量检查和记录。隐蔽工程在隐蔽前，施工单位应当通知建设单位和建设工程质量监督机构。

答案：(B)。

2022年全国勘察设计注册工程师执业资格考试公共基础考试试题（节选）

1. 下列极限中，正确的是（　　）。

(A) $\lim\limits_{x\to0}2^{\frac{1}{x}}=\infty$　　(B) $\lim\limits_{x\to0}2^{\frac{1}{x}}=0$

(C) $\lim\limits_{x\to0}\sin\frac{1}{x}=0$　　(D) $\lim\limits_{x\to\infty}\frac{\sin x}{x}=0$

2. 若当 $x\to\infty$ 时，$\frac{x^2+1}{x+1}-ax-b$ 为无穷大量，则常数 a、b 应为（　　）。

(A) $a=1$，$b=1$　　(B) $a=1$，$b=0$

(C) $a=0$，$b=1$　　(D) $a\neq1$，b 为任意实数

3. 抛物线 $y=x^2$ 上点 $\left(-\frac{1}{2},\frac{1}{4}\right)$ 处的切线是（　　）。

(A) 垂直于 ox 轴　　(B) 平行于 ox 轴

(C) 与 ox 轴正向夹角为$\frac{3\pi}{4}$　　(D) 与 ox 轴正向夹角为$\frac{\pi}{4}$

4. 设 $y=\ln(1+x^2)$，则二阶导数 y'' 等于（　　）。

(A) $\frac{1}{(1+x^2)^2}$　　(B) $\frac{2(1-x^2)}{(1+x^2)^2}$

(C) $\frac{x}{1+x^2}$　　(D) $\frac{1-x}{1+x^2}$

5. 在区间［1，2］上满足拉格朗日定理条件的函数是（　　）。

(A) $y=\ln x$　　(B) $y=\frac{1}{\ln x}$

(C) $y=\ln(\ln x)$　　(D) $y=\ln(2-x)$

6. 设函数 $f(x)=\frac{x^2-2x-2}{x+1}$，则 $f(0)=-2$ 是 $f(x)$ 的（　　）。

(A) 极大值，但不是最大值　　(B) 最大值

(C) 极小值，但不是最小值　　(D) 最小值

7. 设 $f(x)$、$g(x)$ 可微，并且满足 $f'(x)=g'(x)$ 则下列式中正确的是（　　）。

(A) $f'(x)=g'(x)$　　(B) $\int f(x)\mathrm{d}x=\int g(x)\mathrm{d}x$

(C) $(\int f(x)\mathrm{d}x)=(\int g(x)\mathrm{d}x)$　　(D) $\int f'(x)\mathrm{d}x=\int g'(x)\mathrm{d}x$

8. 定积分 $\int_0^1\frac{x^3}{\sqrt{1+x^2}}$ 的值等于（　　）。

(A) $\frac{1}{3}(\sqrt{2}-2)$　　(B) $\frac{1}{3}(2-\sqrt{2})$　　(C) $\frac{2}{3}(1-2\sqrt{2})$　　(D) $\frac{1}{\sqrt{2}}-1$

9. 设向量的模 $|\boldsymbol{\alpha}|=\sqrt{2}$，$|\boldsymbol{\beta}|=2\sqrt{2}$，且 $|\boldsymbol{\alpha}\times\boldsymbol{\beta}|=2\sqrt{3}$，则 $\boldsymbol{\alpha}\cdot\boldsymbol{\beta}$ 等于（　　）。

(A) 8或-8　　(B) 6或-6　　(C) 4或-4　　(D) 2或-2

10. 设平面方程为$Ax+Cz+D=0$，其中A、C、D是均不为零的常数，则该平面(　　)。

(A) 经过ox轴　　(B) 不经过ox轴，但平行于ox轴

(C) 经过oy轴　　(D) 不经过oy轴，但平行于oy轴

11. 函数$z=f(x, y)$在点(x_0, y_0)处连续是它在该点偏导数存在的(　　)。

(A) 必要而非充分条件　　(B) 充分而非必要条件

(C) 充分必要条件　　(D) 既非充分又非必要条件

12. 设D是圆域：$x^2+y^2\leqslant 1$，则二重积分$\iint\limits_D x\,dxdy$等于(　　)。

(A) $2\int_0^{X} d\theta\int_0^1 r^2\sin\theta dr$　　(B) $\int_0^{2\pi} d\theta\int_0^1 r^2\cos\theta dr$

(C) $4\int_0^{\frac{\pi}{2}} d\theta\int_0^1 r\cos\theta dr$　　(D) $4\int_0^{\frac{\pi}{4}} d\theta\int_0^1 r^3\cos\theta dr$

13. 微分方程$y'=2x$的一条积分曲线与直线$y=2x-1$相切，则微分方程的解是(　　)。

(A) $y=x^2+2$　　(B) $y=x^2-1$

(C) $y=x^2$　　(D) $y=x^2+1$

14. 下列级数中，条件收敛的级数是(　　)。

(A) $\sum_{n=2}^{\infty}(-1)^n\frac{1}{\ln n}$　　(B) $\sum_{n=1}^{\infty}(-1)^n\frac{1}{n^{3/2}}$

(C) $\sum_{n=1}^{\infty}(-1)^n\frac{n}{n+2}$　　(D) $\sum_{n=1}^{\infty}\frac{\sin(\frac{4n\pi}{3})}{n^3}$

15. 在下列函数中，为微分方程$y''-2y'+2y=0$的特解的是(　　)。

(A) $y=e^{-x}\cos x$　　(B) $y=e^{-x}\sin x$

(C) $y=e^{x}\sin x$　　(D) $y=e^{x}\cos(2x)$

16. 设L是从点$A(a, 0)$到点$B(0, a)$的有向直线段$(a>0)$，则曲线积分$\int_L x\,dy$的值等于(　　)。

(A) a^2　　(B) $-a^2$　　(C) $\frac{a^2}{2}$　　(D) $-\frac{a^2}{2}$

17. 若幂级数$\sum\limits_{n=1}^{\infty}a_nx^n$的收敛半径3，则幂级数$\sum\limits_{n=1}^{\infty}a_n(x-1)^{n-1}$收敛区间是(　　)。

(A) $(-3, 3)$　　(B) $(-2, 4)$

(C) $(-1, 5)$　　(D) $(0, 6)$

18. 设$z=\frac{1}{x}f(xy)$，其中$f(u)$具有连续的二阶导数，则$\frac{\partial^2 z}{\partial x\partial y}$等于(　　)。

(A) $xf'(xy)+yf''(xy)$　　(B) $\frac{1}{x}f'(xy)+f''(xy)$

(C) $xf''(xy)$　　(D) $yf''(xy)$

19. 设$\boldsymbol{A}$、$\boldsymbol{B}$、$\boldsymbol{C}$为同阶可逆矩阵，则矩阵方程$\boldsymbol{ABXC}=\boldsymbol{D}$的解$\boldsymbol{X}$为(　　)。

(A) $A^{-1}B^{-1}DC^{-1}$　　(B) $B^{-1}A^{-1}DC^{-1}$

(C) $C^{-1}DA^{-1}B^{-1}$　　(D) $C^{-1}DB^{-1}A^{-1}$

20. r（A）表示矩阵 A 的秩，n 元齐次线性方程组 $AX=0$ 有非零解时，它的每一个基础解系中所含解向量的个数都等于（　　）。

(A) $r(A)$　　(B) $r(A)-n$

(C) $n-r(A)$　　(D) $r(A)+n$

21. 若对称矩阵 A 与矩阵 $B=\begin{pmatrix}1&0&0\\0&0&2\\0&2&0\end{pmatrix}$ 合同，则二次型 $f(x_1, x_2, x_3)=x^{T}Ax$ 的标准型是（　　）。

(A) $f=y_1{}^2+2y_2{}^2-2y_3{}^2$　　(B) $f=2y_1{}^2-2y_2{}^2-y_3{}^2$

(C) $f=y_1{}^2-y_2{}^2-2y_3{}^2$　　(D) $f=-y_1{}^2+y_2{}^2-2y_3{}^2$

22. 设 A、B 为两个事件，且 $P(A)=\frac{1}{2}$，$P(B\mid A)=\frac{1}{10}$，$P(B\mid \overline{A})=\frac{1}{20}$，则概率 $P(B)=$（　　）。

(A) $\frac{1}{40}$　　(B) $\frac{3}{40}$　　(C) $\frac{7}{40}$　　(D) $\frac{9}{40}$

23. 设随机变量 X 与 Y 相互独立，且 $E(X)=E(Y)=0$，$D(X)=D(Y)=1$，则数学期望 $E[(X+Y)^2]$ 的值等于（　　）。

(A) 4　　(B) 3　　(C) 2　　(D) 1

24. 设 G 是由抛物线 $y=x^2$ 和直线 $y=x$ 所围的平面区域，而随机变量（X，Y）服从 G 上的均匀分布，则（X，Y）的联合密度 f（x，y）是（　　）。

(A) $f(x, y)=\begin{cases}6, & (x, y)\in G\\0, & 其他\end{cases}$　　(B) $f(x, y)=\begin{cases}\frac{1}{6}, & (x, y)\in G\\0, & 其他\end{cases}$

(C) $f(x, y)=\begin{cases}4, & (x, y)\in G\\0, & 其他\end{cases}$　　(D) $f(x, y)=\begin{cases}\frac{1}{4}, & (x, y)\in G\\0, & 其他\end{cases}$

25. 在热学中经常用 L 作为体积的单位，而（　　）。

(A) $1L=10^{-1}m^3$　　(B) $1L=10^{-2}m^3$

(C) $1L=10^{-3}m^3$　　(D) $1L=10^{-4}m^3$

26. 两容器内分别盛有氢气和氦气，若它们的温度和质量分别相等，则（　　）。

(A) 两种气体分子的平均平动动能相等

(B) 两种气体分子的平均动能相等

(C) 两种气体分子的平均速率相等

(C) 两种气体的内能相等

27. 对于室温下的双原子分子理想气体，在等压膨胀的情况下，系统对外所作的功与从外界吸收的热量之比 W/Q 等于（　　）。

(A) 2/3　　(B) 1/2　　(C) 2/5　　(D) 2/7

28. 设高温热源的热力学温度是低温热源的热力学温度的 n 倍，则理想气体在一次卡诺循环中，传给低温热源的热量是从高温热源吸取热量的（　　）。

(A) n 倍　　(B) $n-1$ 倍

(C) $1/n$ 倍　　(D) $(n+1)/n$ 倍

29. 相同质量的氢气和氧气分别装在两个容积相同的封闭容器内，温度相同，氢气与氧气压强之比为（　　）。

(A) 1/16　　(B) 16/1　　(C) 1/8　　(D) 8/1

30. 一平面简谐波表达式为 $y=-0.05\sin n\pi(t-2x)$(SI)，则该波的频率 v(Hz)、波速 u(m/s) 及波线上各点振动的振幅 A(m) 依次为（　　）。

(A) 1/2、1/2、-0.05　　(B) 1/2、1、-0.05

(C) 1/2、1/2、0.05　　(D) 2、2、0.05

31. 横波以波速 u 沿 x 轴负方向传播。T 时刻波形曲线如图所示，则该时刻（　　）。

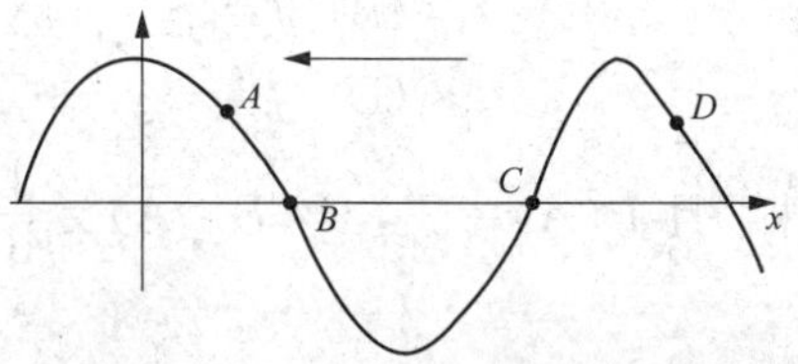

(A) A 点动速度大于零　　(B) B 点静止不动

(C) C 点向下运动　　(D) D 点振动速度小于零

32. 常温下空气中的声速约为（　　）。

(A) 340m/s　　(B) 680m/s　　(C) 1020m/s　　(D) 1360m/s

33. 简谐波在传播过程中，一质元通过平衡位置时，若动能为 ΔE_k，其总机械能等于（　　）。

(A) ΔE_k　　(B) $2\Delta E_k$　　(C) $3\Delta E_k$　　(D) $4\Delta E_k$

34. 两块平玻璃构成空气劈形膜，左边为棱边，用单色平行光垂直入射，看上面的平玻璃慢慢地向上平移，则干涉条纹（　　）。

(A) 向棱边方向平移，条纹间隔变小

(B) 向棱边方向平移，条纹间隔变大

(C) 向棱边方向平移，条纹间隔不变

(D) 向远离棱边的方向平移，条纹间隔不变

35. 在单缝衍射中，对于第二级暗条纹，每个半波带面积 S_2，对于第三级暗条纹，每个半波带的面积 S_3，等于（　　）。

(A) $\frac{2}{3}S_2$　　(B) $\frac{3}{2}S_3$　　(C) S_2　　(D) $\frac{1}{2}S_3$

36. 使一光强为 I_0 的平面偏振光先后通过两个偏振片 P_1 和 P_2。P_1 和 P_2 的偏振化方向与原入射光光矢量振动方向的夹角分别是 α 和 90°，则通过这两个偏振片后的光强 I 是（　　）。

(A) $\frac{1}{2}I_0\cos^2\alpha$　　(B) 0　　(C) $\frac{1}{4}I_0\sin^2(2\alpha)$　　(D) $\frac{1}{4}I_0\sin^2\alpha$

37. 多电子原子在无外场作用下，描述原子轨道能量高低的量子数是（　　）。

(A) n　　(B) n，l　　(C) n，l，m　　(D) n，l，m，m_s

38. 下列化学键中，主要以原子轨道重叠成键的是（　　）。

(A) 共价键　　(B) 离子键　　(C) 金属键　　(D) 氢键

39. 向 $NH_3 \cdot H_2O$ 溶液中加入下列少许固体，使 $NH_3 \cdot H_2O$ 解离度减小的是（　　）。

(A) $NaNO_3$　　　(B) $NaCl$　　　(C) $NaOH$　　　(D) Na_2SO_4

40. 化学反应：$Zn(s)+O_2(g) \rightarrow ZnO(s)$，其熵变 $\Delta_r S_m^\ominus$ 为（　　）。

(A) 大于零　　　(B) 小于零　　　(C) 等于零　　　(D) 无法确定

41. 反应 $A(g)+B(g) \rightleftharpoons 2C(g)$ 达平衡后，如果升高总压，则平衡移动的方向是（　　）。

(A) 向右　　　(B) 向左　　　(C) 不移动　　　(D) 无法判断

42. 已知 $K^\ominus(HOAC)=1.8 \times 10^{-5}$，$K^\ominus(HCN)=6.2 \times 10^{-10}$，下列电对标准电极电势最小的是（　　）。

(A) $E^\ominus_{H^+/H_2}$　　(B) $E^\ominus_{H_2O/H_2}$　　(C) $E^\ominus_{HOAC/H_2}$　　(D) $E^\ominus_{HCN/H_2}$

43. $KMnO_4$ 中 Mn 的氧化数是（　　）。

(A) +4　　　(B) +5　　　(C) +6　　　(D) +7

44. 下列有机物中只有 2 种一氯代物的是（　　）。

(A) 丙烷　　　(B) 异戊烷　　　(C) 新戊烷　　　(D) 2，3-二甲基戊烷

45. 下列各反应中属于加成反应的是（　　）。

(A) $CH_2=CH_2+3O_2 \xrightarrow{点燃} 2CO_2+2H_2O$

(B) $2\,\text{C}_6\text{H}_6+Br_2 \longrightarrow 2\,\text{C}_6\text{H}_5-Br$

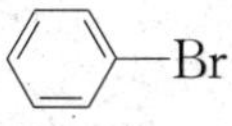

(C) $CH_2=CH_2+Br_2 \longrightarrow BrCH_2-CH_2Br$

D. $CH_3-CH_3+2Cl_2 \xrightarrow{催化剂} ClCH_2-CH_2Cl+2HCl$

46. 某卤代烷烃 $C_5H_{11}Cl$ 发生消除反应时，可以得到两种烯烃，该卤代烷的结构简式可能为（　　）。

(A) $CH_3-\underset{\underset{CH_2Cl}{|}}{CH}-CH_2CH_3$ 　　　(B) $CH_3CH_2CH_2\underset{\underset{Cl}{|}}{CH}CH_3$

(C) $CH_3CH_2\underset{\underset{Cl}{|}}{CH}CH_2CH_3$ 　　　(D) $CH_3CH_2CH_2CH_2CH_2Cl$

47. 图示构架，G、B、C、D 处为光滑铰链，杆及滑轮自重不计。已知悬拉物体重 F_P，且 $AB=AC$。则 B 处约束力的作用线与 x 轴正向所成的夹角为（　　）。

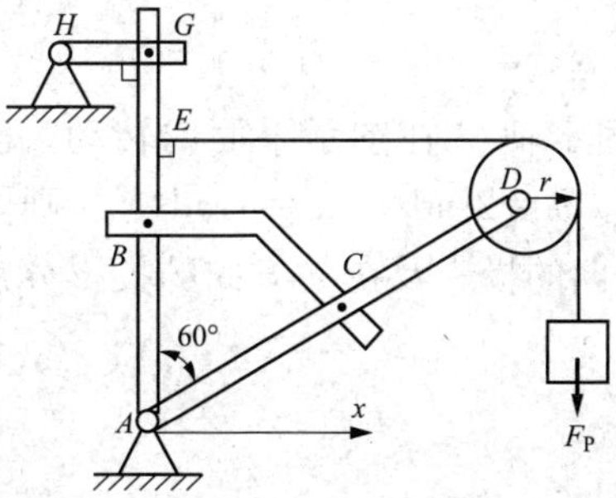

(A) 0°　　　(B) 90°　　　(C) 60°　　　(D) 150°

48. 图示平面力系中，已知 $F=100N$，$q=5N/m$，$R=5cm$，$OA=AB=10cm$，$BC=5cm$。则该力系对 1 点的合力矩为（　　）。

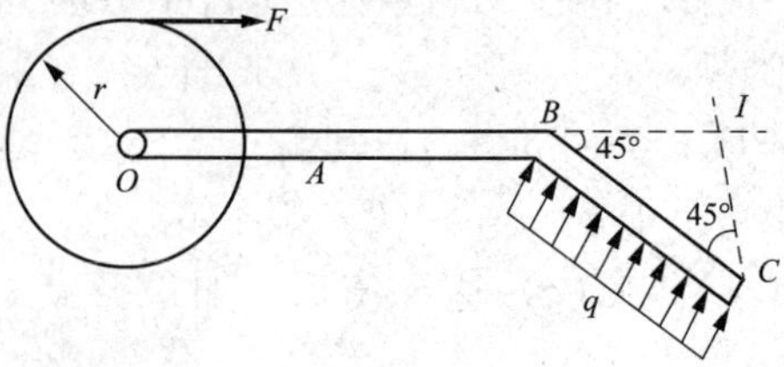

(A) $M_1=1000\text{N}\cdot\text{cm}$（顺时针）　　(B) $M_1=1000\text{N}\cdot\text{cm}$（逆时针）

(C) $M_1=500\text{N}\cdot\text{cm}$（逆时针）　　(D) $M_1=500\text{N}\cdot\text{cm}$（顺时针）

49. 三铰拱上作用有大小相等，转向相反的二力偶，其力偶矩大小为M，如图所示。略去自重，则支座A的约束力大小为(　　)。

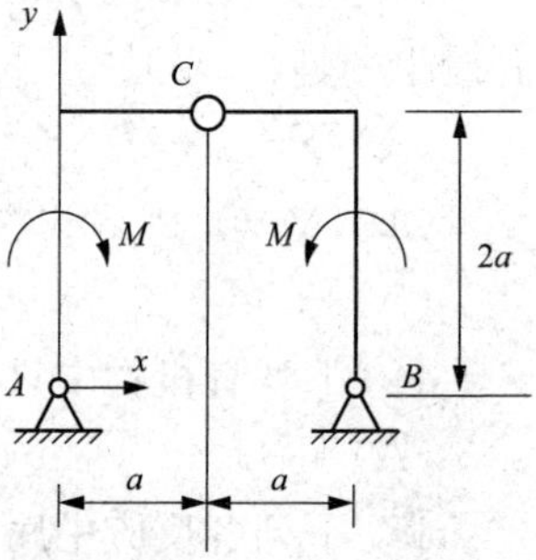

(A) $F_{Ax}=0$；$F_{Ay}=\dfrac{M}{2a}$

(B) $F_{Ax}=\dfrac{M}{2a}$；$F_{Ay}=0$

(C) $F_{Ax}=\dfrac{M}{a}$；$F_{Ay}=0$

(D) $F_{Ax}=\dfrac{M}{2a}$；$F_{Ay}=M$

50. 重$W=60\text{kN}$的物块自由地放在倾角为$\alpha=30^\circ$的斜面上如图所示。已知摩擦角$\varphi_m<\alpha$则物块受到摩擦力的大小是(　　)。

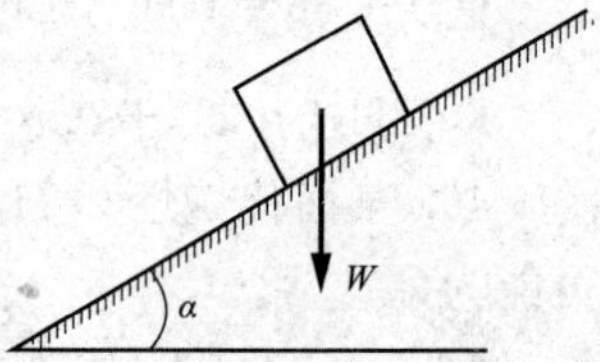

(A) $60\tan\varphi_m\cos\alpha$

(B) $60\sin\alpha$

(C) $60\cos\alpha$

(D) $60\tan\varphi_m\sin\alpha$

51. 点沿直线运动，其速度$v=t^2-20$，则$t=2\text{s}$时，点的速度和加速度为(　　)。

(A) -16m/s，4m/s^2　　(B) -20m/s，4m/s^2

(C) 4m/s，-4m/s^2　　(D) -16m/s，2m/s^2

52. 点沿圆周轨迹以80m/s的常速度运动，法向加速度是120m/s^2，则此圆周轨迹的半径为(　　)。

(A) 0.67m　　(B) 53.3m　　(C) 1.50m　　(D) 0.02m

53. 直角刚杆OAB可绕固定轴O在图示平面内转动，已知$OA=40\text{cm}$，$AB=30\text{cmcm}$，$\omega=2\text{rad/s}$，$\varepsilon=1\text{rad/s}^2$。则图示瞬时，$B$点的加速度在$x$方向的投影及在$y$方向的投影分别为(　　)。

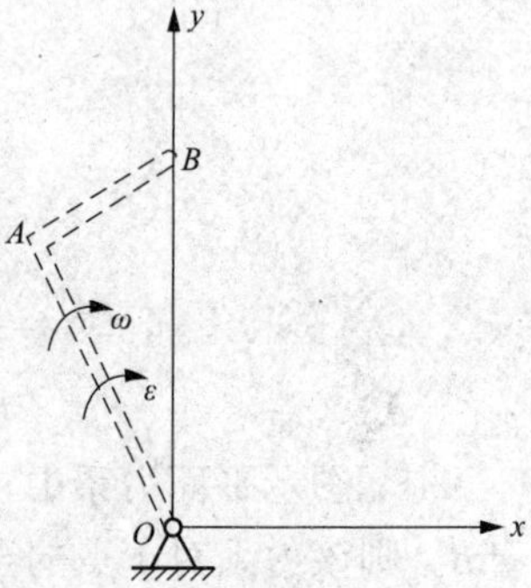

(A) -50m/s^2；200m/s^2

(B) 50m/s^2；200m/s^2

(C) 40m/s^2；-200m/s^2

(D) 50m/s^2；-200m/s^2

54. 在均匀的静液体中，质量为m的物体M从液面处无初速下沉，假设液体阻力 $F_R=-\mu v$，其中 μ 为阻尼系数，v 为物体的速度，该物体所能达到的最大速度为(　　)。

(A) $v_{极限}=mg\mu$　　　　(B) $v_{极限}=\dfrac{mg}{\mu}$

(C) $v_{极限}=\dfrac{g}{\mu}$　　　　(D) $v_{极限}=g\mu$

55. 弹簧原长 $l_0=10$cm，弹簧常量 $k=4.9$N/m，一端固定在 O 点，此点在半径为 $R=10$cm 的圆周上，已知 $AC\perp BC$，OA 为直径，如图所示。当弹簧的另一端由 B 点沿圆圆弧运动至 A 点时，弹性力所作的功是(　　)。

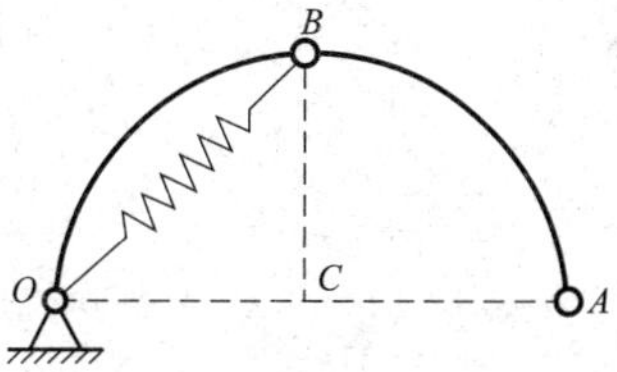

(A) 24.5N·m

(B) −24.5N·m

(C) −20.3N·m

(D) 20.3N·m

56. 如图所示，圆环的半径为 R，对转轴的转动惯量为 I，在圆球中的 A 放一质量为 m 的小球，此时圆环以角速度 ω 绕铅直轴 AC 自由转动，设由于微小的干扰，小球离开 A 点，忽略一切摩擦，则当小球达到 C 点时，圆环的角速度是(　　)。

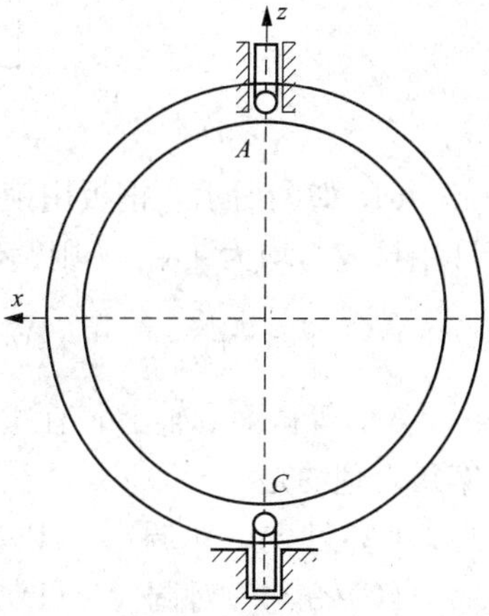

(A) $\dfrac{mR^2\omega}{I+mR^2}$

(B) $\dfrac{I\omega}{I+mR^2}$

(C) ω

(D) $\dfrac{2I\omega}{I+mR^2}$

57. 均质直杆 OA，质量为 m，长 L。在如图位置静止释放，当运动到铅直位置时，速度为 $\omega=\sqrt{\dfrac{3g}{L}}$，角速 $\varepsilon=0$，轴承施加于杆 OA 的附加运力反力为(　　)。

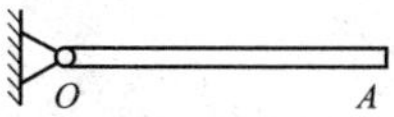

(A) $\dfrac{3}{2}mg(\uparrow)$　　　　(B) $6mg(\downarrow)$

(C) $6mg(\uparrow)$　　　　(D) $\dfrac{3}{2}mg(\downarrow)$

58. 将一刚度为 K，长为 L 的弹簧分成等长（均为$\dfrac{L}{2}$）的两段，则截断后每根弹簧刚度均为(　　)。

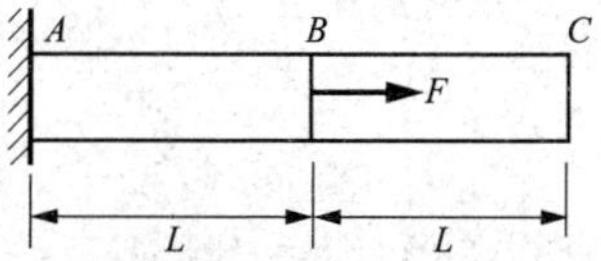

(A) K　　　　(B) $2K$

(C) $\dfrac{K}{2}$　　　　(D) $\dfrac{1}{2K}$

59. 关于铸铁件在拉伸和压缩实验中的破坏现象，下面说法中正确的是(　　)。

(A) 拉伸和压缩断口均垂直于轴线

(B) 拉伸断口垂直于轴线，压缩断口轴线大约成 45°角

(C) 拉伸和压缩断口均与轴线大约成 45°角

(D) 拉伸断口与轴线大约 45°角，压缩断口垂直于轴线

60. 图示等截面直杆，在杆的 B 截面作用有轴向力 F，已知杆的拉刚度为 EA，则直杆轴端 C 的轴向位移为(　　)。

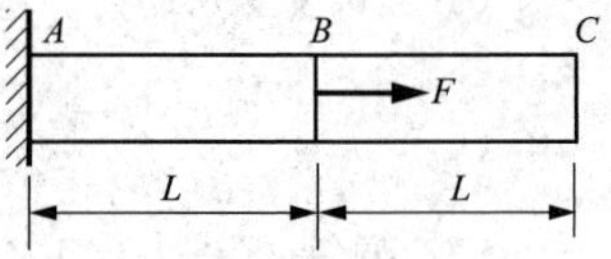

(A) 0　　(B) $\frac{2FL}{EA}$

(C) $\frac{FL}{EA}$　　(D) $\frac{FL}{2EA}$

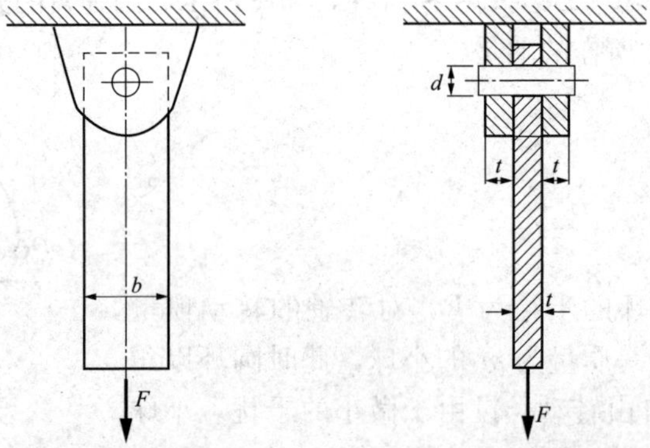

61. 如图所示，钢板用销轴连接在铰支座上，下端受轴向拉力 F，已知钢板和销轴的许用挤应力均为 $[\sigma_{bs}]$，则销轴的合理直径 d 是(　　)。

(A) $d\geqslant\frac{F}{t[\sigma_{bs}]}$　(B) $d\geqslant\frac{F}{2t[\sigma_{bs}]}$　(C) $d\geqslant\frac{F}{b[\sigma_{bs}]}$　(D) $d\geqslant\frac{F}{2b[\sigma_{bs}]}$

62. 等截面圆轴上装有 4 个皮带轮，每个轮传递力偶矩如图所示，为提高承载力，方案最合理的是(　　)。

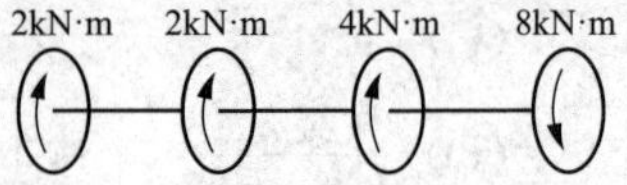

(A) 1 与 3 对调　(B) 2 与 3 对调

(C) 2 与 4 对调　(D) 3 与 4 对调

63. 受扭圆轴横截面上扭矩为 T，在下面圆轴横截面切应力分布中正确的是(　　)。

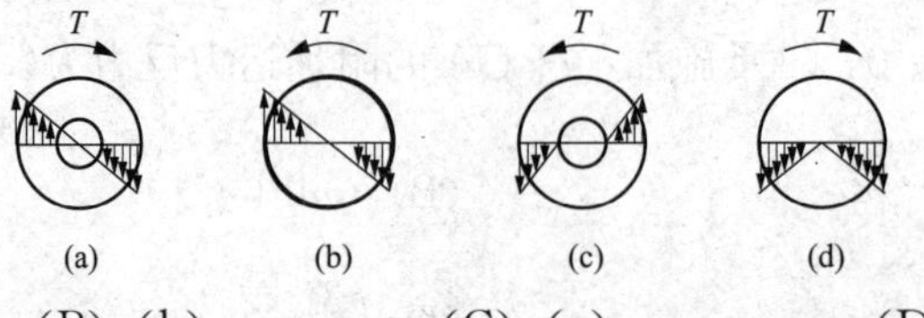

(A) (a)　(B) (b)　(C) (c)　(D) (d)

64. 槽型截面，z 轴通过截面形心 C，z 轴将截面划分为 2 部分，分别用 1 和 2 表示，静矩分别为 S_{z1} 和 S_{z2}，正确的是(　　)。

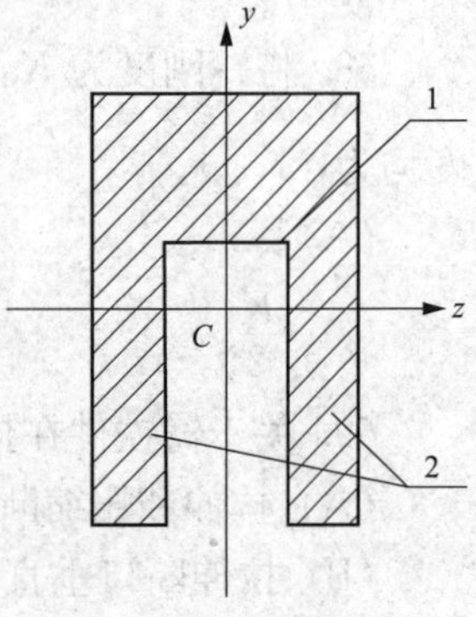

(A) $S_{z1}>S_{z2}$

(B) $S_{z1}=-S_{z2}$

(C) $S_{z1}<S_{z2}$

(D) $S_{z1}=S_{z2}$

65. 梁的弯矩图如图所示，则梁的最大剪力是(　　)。

(A) $0.5F$　(B) F

(C) $1.5F$　(D) $2F$

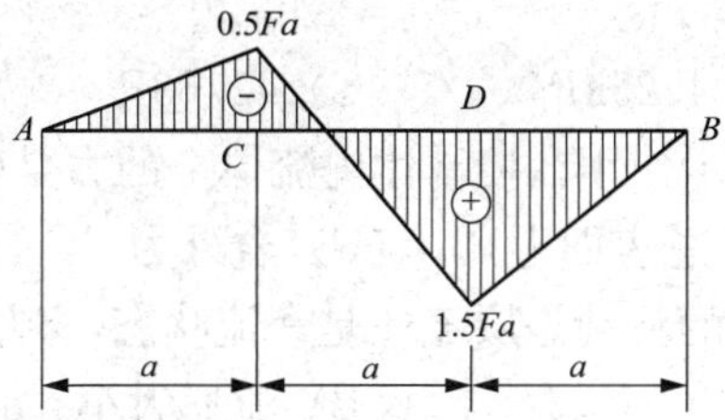

66. 悬臂梁 AB 由两根相同材料和尺寸的矩形截面杆胶合而成，则胶合面的切应力(　　)。

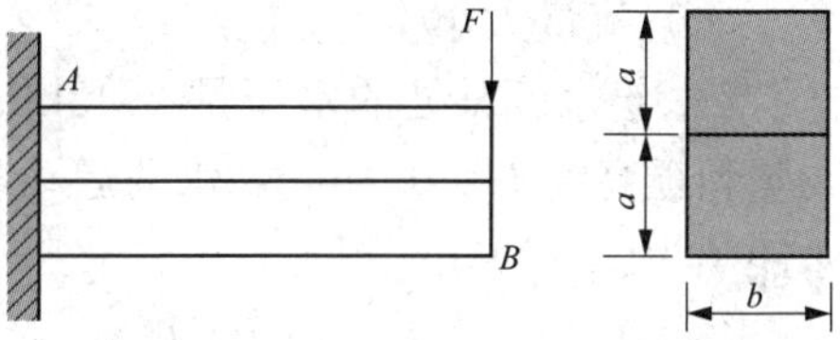

(A) $\dfrac{F}{2ab}$　　(B) $\dfrac{F}{3ab}$

(C) $\dfrac{3F}{4ab}$　　(D) $\dfrac{3F}{2ab}$

67. 圆截面简支梁直径为 d，梁中点承受集中力 F，则梁的最大弯曲正应力是(　　)。

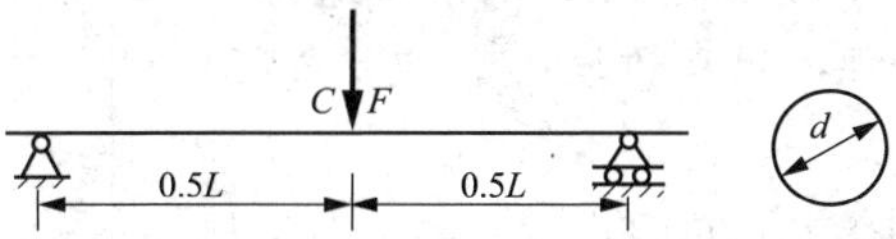

(A) $\sigma_{\max}=\dfrac{8FL}{\pi d^3}$　(B) $\sigma_{\max}=\dfrac{16FL}{\pi d^3}$　(C) $\sigma_{\max}=\dfrac{32FL}{\pi d^3}$　(D) $\sigma_{\max}=\dfrac{64FL}{\pi d^3}$

68. 材料相同的两矩形截面梁如图，其中（b）梁是用两根高 $0.5h$、宽 b 的矩形截面梁叠合而成，且叠合面间无摩擦，则结论正确的是(　　)。

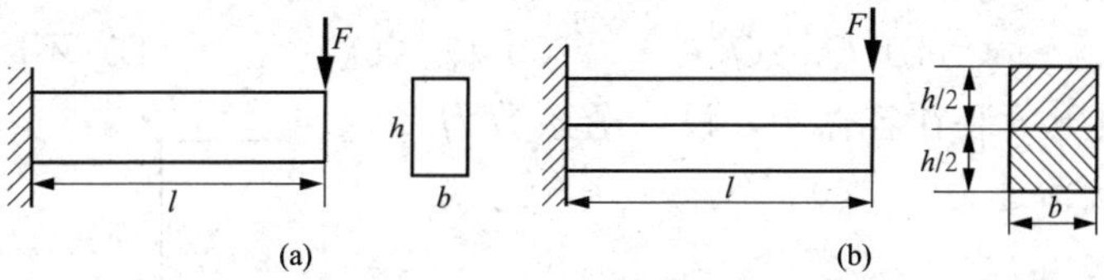

(A) 两梁的强度和刚度均不相同　　(B) 两梁的强度和刚度均相同

(C) 两梁的强度相同，刚度不同　　(D) 两梁的强度不同，刚度相同

69. 下图单元体处于平面应力状态，则图示应力平面内应力圆半径最小的是(　　)。

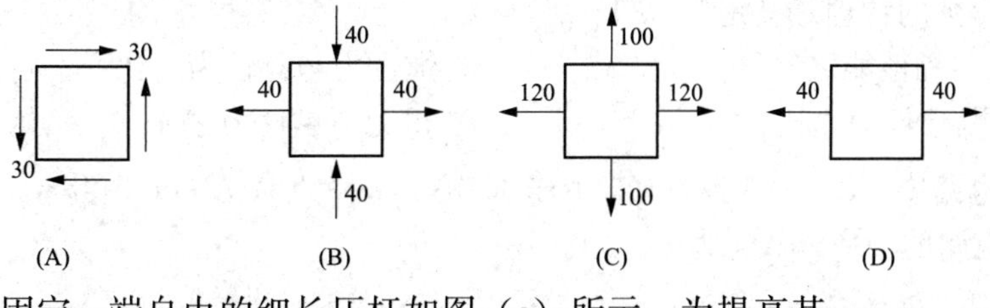

70. 一端固定一端自由的细长压杆如图（a）所示，为提高其稳定性在自由端增加一个活动铰链如图（b）所示，则图（b）压杆临界力是图（a）压杆临界力的(　　)。

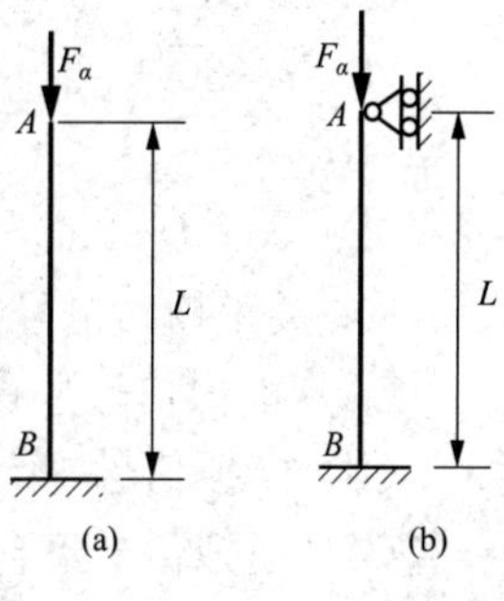

(A) 2 倍　　(B) $\dfrac{2}{0.7}$倍

(C) $\left(\dfrac{2}{0.7}\right)^2$ 倍　　(D) $\left(\dfrac{0.7}{2}\right)^2$ 倍

71. 已知油的密度 ρ 为 850kg/m^2，在露天油池下 5m 深处的

相对压强为(　　)。

(A) 4.25Pa　　(B) 4.25kPa　　(C) 41.68Pa　　(D) 41.68kPa

72. 动量方程中，$\sum F$ 表示作用在控制体内流体上的力是(　　)。

(A) 总质量力　　(B) 总表面力　　(C) 合外力　　(D) 总压力

73. 在圆管中，黏性流体的流动是层流还是紊流状态，判定依据是(　　)。

(A) 流体黏性大小　　(B) 流速大小

(C) 流量大小　　(D) 流动雷诺数的大小

74. 给水管某处的水压是 2943kPa，从该处引出一根水平输水管，直径 $d=250$mm，当量粗糙高度 $K=0.4$mm，水的运动黏性系数为 $0.0131\text{cm}^3/\text{s}$，要保证流量为 50L/s，输水距离为(　　) m。

(A) 6150　　(B) 6250　　(C) 6350　　(D) 6450

75. 如图所示由大体积水箱供水，且水位恒定，水箱顶部压力表读数 19600Pa，水深 $H=2$m，水平管道长 $l=50$m，直径 $d=100$mm，沿程损失系数 0.02，忽略局部根失，购管道通过流量是(　　)。

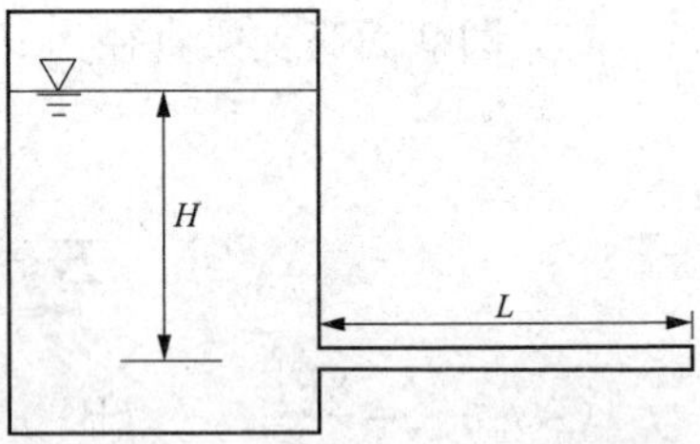

(A) 83.8L/s　　(B) 20.95L/s

(C) 10.48L/s　　(D) 41.9L/s

76. 两条明渠过水断面面积相等，断面形状分别为：(1) 方形，边长为 a；(2) 矩形，底边宽为 $0.5a$，水深为 $2a$。它们的底坡与粗糙系数相同，则两者的均匀流流量关系式为(　　)。

(A) $Q_1>Q_2$　　(B) $Q_1=Q_2$　　(C) $Q_1<Q_2$　　(D) 不能确定

77. 均匀砂质土壤装在容器中，设渗透系数为 0.01cm/s，则渗流流速为(　　)。

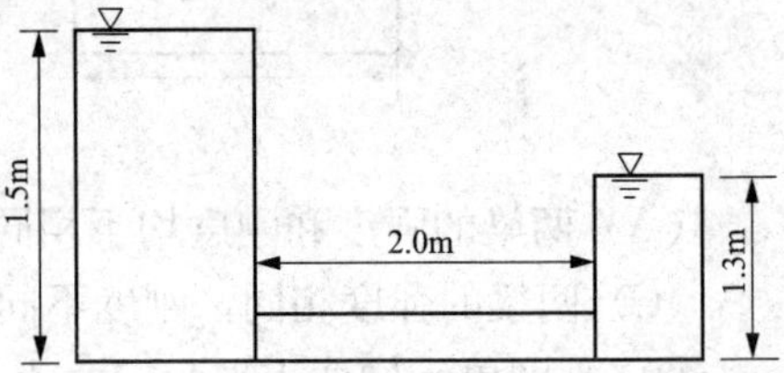

(A) 0.003cm/s

(B) 0.004cm/s

(C) 0.005cm/s

(D) 0.01cm/s

78. 弗劳得数的物理意义是(　　)。

(A) 压力与黏性能之比　　(B) 惯性力与黏性力之比

(C) 重力与惯性力之比　　(D) 重力与黏性力之比

79. 图示电路中，$u=220\sqrt{2}\sin(314t+30°)$V，$u_R=180\sqrt{2}\sin(314t-20°)$V，则该电路的功率因数 λ 为(　　)。

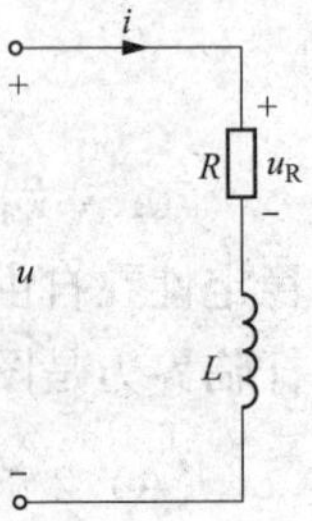

(A) cos10°

(B) cos30°

(C) cos50°

(D) cos (−20°)

80. 关于模拟信号描述错误的是(　　)。

(A) 模拟信号是真实信号的电信号表示

(B) 模拟信号是一种人工生成的代码信号

(C) 模拟信号蕴含对象的原始信号

(D) 模拟信号通常是连续的时间信号

81. 模拟信号可用时，频域描述为(　　)。

(A) 时域形式在实数域描述，频域形式在复数域描述

(B) 时域形式在复数域描述，频域形式在实数域描述

(C) 时域形式在实数域描述，频域形式在实数域描述

(D) 时域形式在复数域描述，频域形式在复数域描述

82. 信号处理器幅频特性如图所示，其为(　　)。

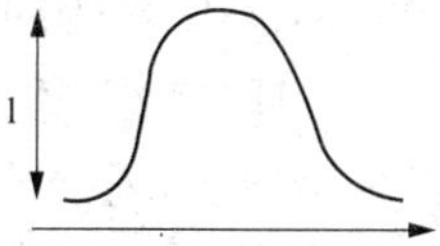

(A) 带通滤波器　　(B) 信号放大器

(C) 高通滤波器　　(D) 低通滤波器

83. 逻辑表达式 $AB+\bar{A}C+BCDE$，化简结果为(　　)。

(A) $A+DE$　　(B) $AB+BCDE$

(C) $AB+\bar{A}C+BC$　(D) $AB+\bar{A}C$

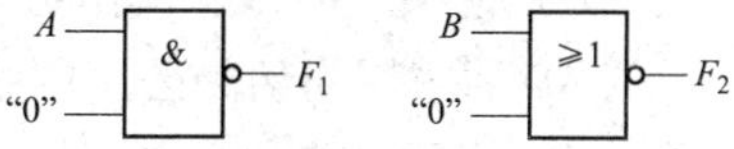

84. F_1、F_2 输出(　　)。

(A) 0　0　　(B) 1　$\bar{B}$　　(C) A　B　　(D) 1　0

85. 图 (a) 所示，复位信号$\overline{R_D}$，置位信号$\overline{S_D}$及时钟脉冲信号 CP 如图 (b) 所示，经分析 t_1、t_2 时刻输出 Q 先后等于(　　)。

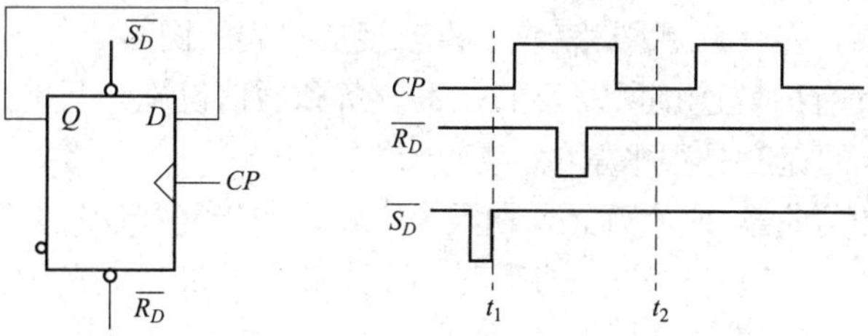

(a)　　(b)

(A) 0　0　　(B) 0　1　　(C) 1　0　　(D) 1　1

……

97. 计算机的新体系结构思想，是在一个芯片上集成(　　)。

(A) 多个控制器　　(B) 多个微处理器

(C) 高速缓冲存储器　　(D) 多个存储器

98. 存储器的主要功能为(　　)。

(A) 存放程序和数据　　(B) 给计算机供电

(C) 存放电压、电流等模拟信号　　(D) 存放指令和电压

99. 计算机系统中，为人机交互提供硬件环境的是(　　)。

(A) 键盘、显示屏　　(B) 输入/输出系统

(C) 键盘、鼠标、显示屏　　(D) 微处理器

100. 下面列出有关操作系统的 4 条描述中错误的是(　　)。

(A) 具有文件处理的功能　　(B) 使计算机系统用起来更方便

(C) 具有对计算机资源管理的功能　　(D) 具有处理硬件故障的功能

101. 在计算机内，汉字也是用二进制数字编码表示，一个汉字的国标码是用(　　)。

(A) 二个七位二进制数码表示的　　(B) 二个八位二进制数码表示的

(C) 三个八位二进制数码表示的　　　(D) 四个八位二进制数码表示的

102. 表示计算机信息数量比较大的单位要用 PB、EB、ZB，YB 等表示，数量级最小单位是(　　)。

(A) YB　　(B) 2B　　(C) PB　　(D) EB

103. 在下面存储介质中，存放的程序不会再次感染上病毒的是(　　)。

(A) 软盘中的程序　　　(B) 硬盘中的程序

(C) U 盘中的程序　　　(D) 只读光盘中的程序

104. 操作系统中的文件管理，是对计算机系统中的(　　)。

(A) 永久程序文件的管理　　　(B) 记录数据文件的管理

(C) 用户临时文件的管理　　　(D) 系统软件资源的管理

105. 计算机网络环境下的硬件资源共享可以(　　)。

(A) 使信息的传送操作更具有方向性

(B) 通过网络访问公用网络软件

(C) 使用户节省投资，便于集中管理和均衡负担负荷，提高资源的利用率

(D) 独立地、平等地访问计算机的操作系统

106. 广域网与局域网有着完全不同的运行环境，在广域网中(　　)。

(A) 由用户自己掌握所有设备和网络的宽带，可以任意使用、维护、升级

(B) 跨越短距离，多个局域网和/或主机连接在一起的网络

(C) 用户无法拥有广域连接所需要的技术设备和通信设施，只能由第三方提供

(D) 100Mbit/s 的速度是很平常的

107. 某项目的银行贷款 2000 万元，期限为 3 年，按年复利计息，到期需还本付息 2700 万元，已知 $(F/P, 9\%, 3)=1.295$，$(F/P, 10\%, 3)=1.331$，$(F/P, 11\%, 3)=1.368$，则银行贷款利率应(　　)。

(A) 小于 9%　　　(B) 在 9%到 10%之间

(C) 在 10%到 11%之间　　　(D) 大于 11%

108. 某建设项目的建设期为两年，第一年贷款额为 1000 万元，第二年贷款额为 2000 万元，贷款的实际利率为 4%，则建设期利息应为(　　)。

(A) 100.8 万元　　(B) 120 万元　　(C) 161.6 万元　　(D) 240 万元

109. 相对于债务融资方式，普通股融资方式的特点(　　)。

(A) 融资风险较高

(B) 资金成本较低

(C) 增发普通股会增加新股东，使原有股东的控制权降低

(D) 普通股的股息和红利有抵税的作用

110. 某建设项目各年的偿债备付率小于 1，其含义是(　　)。

(A) 该项目利息偿付的保障程度高

(B) 该资金来源不足以偿付到期债务，需要通过短期借款偿付已到期债务

(C) 用于还本付息的资金保障程度较高

(D) 表示付息能力保障程度不足

111. 一公司年初投资 1000 万元，从第一年年末开始，每年都有相同的净收益。方案的运营期为 10 年，寿命期结束时净残值为 50，基准收益率为 12%，问每年的净收益至少

为（　　）。

[已知：$(P/A, 12\%, 10)=5.650$，$(P/F, 12\%, 10)=0.322$]

（A）168.14万元　（B）174.14万元　（C）176.99万元　（D）185.84万元

112. 一外贸商品，到岸价格100美元，影子汇率6元人民币/美元，进口费用100美元，求影子价格为（　　）元。

（A）500元人民币　（B）600元人民币　（C）700元人民币　（D）1200元人民币

113. 某企业拟对四个分工厂进行技术改造，每个分厂都提出了三个备选的技改方案，各分厂之间是独立的，而各分厂内部的技术方案是互斥的，则该企业面临的技改方案比选类型是（　　）。

（A）互斥型　（B）独立型　（C）层混型　（D）矩阵型

114. 在价值工程的一般工作程序中，创新阶段要做的工作包括（　　）。

（A）制订工作计划　（B）功能评价　（C）功能系统分析　（D）方案评价

115. 建筑法中，建设单位做的正确的做法（　　）。

（A）将设计和施工分别外包给相应部门

（B）将桩基工程和施工工程分别外包给相应部门

（C）将建筑的基础，主体，装饰分别外包给相应部门

（D）将建筑除主体外的部分外包给相应部门

116. 某施工单位承接了某工程项目的施工任务，下列施工单位的现场安全管理的行为中，错误的是（　　）。

（A）同从业人员告知作业场所和工作岗位存在的危险因素、防范措施以及事故应急措施

（B）安排质量检验员兼任安全管理员

（C）安排用于配备安全防护用品、进行安全生产培训的经费

（D）依法参加工伤社会保险，为从业人员缴纳保险费

117. 某必须进行招标的建设工程项目，若招标人于2018年3月6日发售招标文件，则招标文件要求投标人提交投标文件的截止日期最早的是（　　）。

（A）3月13日　（B）3月21日　（C）3月26日　（D）3月31日

118. 某供货单位要求施工单位以数据电文形式作出购买水泥的承诺，施工单位根据要求按时发出承诺后，双方当事人签订了确认书，则该合同成立的时间是（　　）。

（A）双方签订确认书的时间

（B）施工单位的承诺邮件进入供贷单位系统的时间

（C）施工单位发电子邮件的时间

（D）供货单位查收电子邮件的时间

119. 根据《节约能源法》的规定，下列行为中，不违反禁止性规定的是（　　）。

（A）使用国家明令淘汰的用能设备

（B）冒用能源效率标识

（C）企业制定严于国家标准的企业节能标准

（D）销售应当标注而未标性能源效率标识的产品

120. 在建设工程施工过程中，属于专业监理工程师签的是（　　）。

（A）样板工程专项施工方案　（B）建筑材料、建筑构配件和设备进场验收

（C）拨付工程款　（D）竣工验收

2022 年全国勘察设计注册工程师执业资格考试公共基础考试试题解答（节选）

1. **解**：$\lim\limits_{x\to\infty}\dfrac{\sin x}{x}=\lim\limits_{x\to\infty}\dfrac{1}{x}\cdot\sin x$，当 $x\to0$ 时，$\dfrac{1}{x}\to0$ 是无穷小量，而 $\sin x$ 是有界量，故 $\lim\limits_{x\to\infty}\dfrac{\sin x}{x}=0$，应选（D）。因为 $x\to0^-$，$\dfrac{1}{x}\to-\infty$，$2^{\frac{1}{x}}\to0$，而 $x\to0^+$，$\dfrac{1}{x}\to+\infty$，$2^{\frac{1}{x}}\to\infty$，故极限$\lim\limits_{x\to0}2^{\frac{1}{x}}$不存在；点 $x=0$ 是函数 $\sin\dfrac{1}{x}$ 的振荡间断点，极限$\lim\limits_{x\to0}\sin\dfrac{1}{x}=0$ 也不存在。

答案：(D)。

2. **解**：因当 $x\to\infty$ 时，$\dfrac{x^2+1}{x+1}-ax-b$ 为无穷大量，有理式 $\dfrac{x^2+1}{x+1}-ax-b=\dfrac{(1-a)x^2-(a+b)x+(1-b)}{x+1}$，分子的幂次必须高于分母的幂次，故 $a\neq1$，而 b 可以取任意实数。

答案：(D)。

3. **解**：$y'=2x$，切线斜率 $k=\tan\alpha=y|_{x=-\frac{1}{2}}=-1$，故 $\alpha=\dfrac{3\pi}{4}$。

答案：(C)。

4. **解**：$y'=\dfrac{2x}{1+x^2}$，$y''=\dfrac{2(1+x^2)-2x\cdot2x}{(1+x^2)^2}=\dfrac{2(1-x^2)}{(1+x^2)^2}$。

答案：(B)。

5. **解**：函数 $y=\ln x$ 在闭区间［1，2］上连续，在开区间（1，2）内可导，故满足拉格朗日定理条件。(B)，(C)，(D) 三个选项中的函数都在点 $x=1$ 不连续。

答案：(A)。

6. **解**：因 $f'(x)=\dfrac{x(x+2)}{(x+1)^2}$，在点邻近两侧，$f'(x)$ 由负变正，故 $f(0)=-2$ 是$f(x)$的极小值，又因 $\lim\limits_{x\to-\infty}f(x)=-\infty$，$f(0)=-2$ 不是的最小值。

答案：(C)。

7. **解**：由 $f'(x)=g'(x)$，可得$\int f'(x)\mathrm{d}x=\int g'(x)\mathrm{d}x$。但导数相等，其原函数不一定相等，$f(x)\neq g(x)$，从而$\int f(x)\mathrm{d}x\neq\int g(x)\mathrm{d}x$,以及$\left[\int f(x)\mathrm{d}x\right]'\neq\left[\int g(x)\mathrm{d}x\right]'$。

答案：(D)。

8. **解**：

$$\int_0^1\frac{x^3}{\sqrt{1+x^2}}\mathrm{d}x=\frac{1}{2}\int_0^1\frac{x^2+1-1}{\sqrt{1+x^2}}\mathrm{d}(x^2+1)=\frac{1}{2}\int_0^1(x^2+1)^{\frac{1}{2}}\mathrm{d}(x^2+1)-\frac{1}{2}\int_0^1(x^2+1)^{-\frac{1}{2}}\mathrm{d}(x^2+1)$$

$$=\frac{1}{2}\cdot\frac{1}{\frac{1}{2}+1}(1+x^2)^{\frac{3}{2}}\Big|_0^1-\frac{1}{2}\cdot\frac{1}{-\frac{1}{2}+1}(1+x^2)^{\frac{1}{2}}\Big|_0^1$$

$$=\frac{1}{3}(2^{\frac{3}{2}}-1)-(2^{\frac{1}{2}}-1)=\frac{1}{3}(2-\sqrt{2})$$

答案：（B）。

9. **解**：因 $|\boldsymbol{\alpha}\times\boldsymbol{\beta}|=|\boldsymbol{\alpha}|\,|\boldsymbol{\beta}|\sin(\boldsymbol{\alpha},\boldsymbol{\beta})$，有 $\sqrt{2}\cdot 2\sqrt{2}\cdot\sin(\boldsymbol{\alpha},\boldsymbol{\beta})=2\sqrt{3}$，故 $\sin(\boldsymbol{\alpha},\boldsymbol{\beta})=\frac{\sqrt{3}}{2}$。$\cos(\boldsymbol{\alpha},\boldsymbol{\beta})=\sqrt{1-\sin^2(\boldsymbol{\alpha},\boldsymbol{\beta})}=\sqrt{1-\frac{3}{4}}=\pm\frac{1}{2}$，所以 $\boldsymbol{\alpha}\cdot\boldsymbol{\beta}=|\boldsymbol{\alpha}|\,|\boldsymbol{\beta}|\cos(\boldsymbol{\alpha},\boldsymbol{\beta})=\sqrt{2}\cdot 2\sqrt{2}\cdot\left(\pm\frac{1}{2}\right)=\pm 2$

答案：（D）。

10. **解**：因平面方程 $Ax+Cz+D=0$ 中没 y，故平面平行 oy 轴，又常数项 $D\neq 0$，平面不过原点，故不经过 oy 轴。

答案：（D）。

11. **解**：既非充分又非必要条件。

答案：（D）。

12. **解**：在极坐标下，积分区域 D：$0\leqslant\theta\leqslant 2\pi$，$0\leqslant r\leqslant 1$，$x=r\cos\theta$，$\mathrm{d}x\mathrm{d}y=r\mathrm{d}r\mathrm{d}\theta$，所以

$$\iint_D x\,\mathrm{d}x\mathrm{d}y=\int_0^{2\pi}\mathrm{d}\theta\int_0^1 r^2\cos\theta\mathrm{d}r$$

答案：（B）。

13. **解**：由微分方程 $y'=2x$ 的一条积分曲线与直线 $y=2x-1$ 相切，而直线 $y=2x-1$ 的斜率 $k=2$，故该积分曲线在切点的斜率 $y'=2$，即 $2x=2\Rightarrow x=1$，将 $x=1$ 代入 $y=2x-1$，得 $y=1$，知切点坐标为（1，1）。又对 $y'=2x$ 两边积分，得微分方程通解为 $y=x^2+C$，将切点坐标代入，得 $C=0$，所求微分方程的解为 $y=x^2$。

答案：（C）。

14. **解**：由莱布尼兹判别法，级数 $\sum\limits_{n=2}^{\infty}(-1)^n\frac{1}{\ln n}$ 收敛，但取绝对值后级数 $\sum\limits_{n=2}^{\infty}\frac{1}{\ln n}$ 发散，故是条件收敛。级数 $\sum\limits_{n=1}^{\infty}(-1)^n\frac{1}{n^{\frac{3}{2}}}$ 取绝对值后为 $\sum\limits_{n=1}^{\infty}\frac{1}{n^{\frac{3}{2}}}$ 仍收敛，故是绝对收敛，级数 $\sum\limits_{n=1}^{\infty}\frac{\sin(\frac{4n\pi}{3})}{n^3}$ 的一般项取绝对值后有 $\left|\frac{\sin\left(\frac{4n\pi}{3}\right)}{n^3}\right|\leqslant\frac{1}{n^3}$，故 $\sum\limits_{n=1}^{\infty}\frac{\sin\left(\frac{4n\pi}{3}\right)}{n^3}$ 绝对收敛，级数 $\sum\limits_{n=1}^{\infty}(-1)^n\frac{n}{n+2}$ 的一般项不趋近于零，发散。

答案：（A）。

15. **解**：微分方程 $y''-2y'+2y=0$ 的特征方程为 $r^2-2r+2=0$，解得特征根为 $r_{1,2}=1\pm i$，两个线性无关的特解为 $y=\mathrm{e}^x\sin x$ 和 $y=\mathrm{e}^x\cos x$。该题也可用验证的方法，将各选项依次代入方程 $y''-2y'+2y=0$ 验证，也可得到答案。

答案：（C）。

16. **解**：有向直线段的方程为 $y=-x+a$，于是 $\int_L x\mathrm{d}y=-\int_a^0 x\mathrm{d}x=-\frac{x^2}{2}\Big|_a^0=\frac{a^2}{2}$。

答案：(C)。

17. **解**：因幂级数 $\sum_{n=1}^{\infty}a_nx^n$ 的收敛半径为 3，其收敛范围为 $-3<x<3$，故幂级数 $\sum_{n=1}^{\infty}a_n(x-1)^{n-1}$ 的收敛范围为 $-3<x-1<3$，即 $-2<x<4$，所以幂级数 $\sum_{n=1}^{\infty}a_n(x-1)^{n-1}$ 的收敛区间为（-2，4）。

答案：(B)。

18. **解**：$\frac{\partial z}{\partial x}=-\frac{1}{x}f\ (xy)\ +\frac{y}{x}f'(xy)$，

$\frac{\partial^2 z}{\partial x\partial y}=-\frac{1}{x}f'(xy)\ +\frac{1}{x}f'(xy)\ +yf''(xy)=yf''(xy)$。

答案：(C)。

19. **解**：在方程 $ABXC=D$ 两边左乘以 A^{-1}，得 $BXC=A^{-1}D$，再对 $BXC=A^{-1}D$ 两边左乘以 B^{-1} 并右乘以 C^{-1}，得 $X=B^{-1}A^{-1}DC^{-1}$。

答案：(B)。

20. **解**：n 元齐次线性方程组 $AX=0$ 有非零解时，其基础解系所含向量的个数等于其未知量的个数 n 减去系数矩阵的秩 $r(A)$，即 $n-r(A)$。

答案：(C)。

21. **解**：因矩阵 $\boldsymbol{A}$ 与矩阵 $\boldsymbol{B}=\begin{pmatrix}1&0&0\\0&0&2\\0&2&0\end{pmatrix}$ 合同，故 $f=X^{\mathrm{T}}\boldsymbol{A}X$ 和 $f=X^{\mathrm{T}}\boldsymbol{B}X$ 有相同的标准型。而配方得

$$f=X^{\mathrm{T}}\boldsymbol{B}X=\ (x_1,\ x_2,\ x_3)\ \begin{pmatrix}1&0&0\\0&0&2\\0&2&0\end{pmatrix}\begin{pmatrix}x_1\\x_2\\x_3\end{pmatrix}=x_1^2+4x_2x_3$$

$$=x_1^2+2\ (x_2+\frac{1}{2}x_3)^2-2\ (x_2-\frac{1}{2}x_3)^2$$

令 $\begin{cases}y_1=x_1\\y_2=x_2+\frac{1}{2}x_1\\y_2=x_2-\frac{1}{2}x_1\end{cases}$，则 $f=y_1^2+2y_2^2-2y_3^2$。

答案：(A)。

22. **解**：由 $P(A)=\frac{1}{2}$，得 $P(\bar{A})=1-\frac{1}{2}=\frac{1}{2}$，再由全概率公式

$$P(B)=P(B\mid A)P(A)+P(B\mid \bar{A})P(\bar{A})=\frac{1}{10}\times\frac{1}{2}+\frac{1}{20}\times\frac{1}{2}=\frac{3}{40}$$

答案：(B)。

23. **解**：因随机变量 X 与 Y 相互独立，有 $E(XY)=E(X)E(Y)$，且 $E(X^2)=D(X)+[E(X)]^2$，于是

$$E[(X+Y)^2]=E(X^2+2XY+Y^2)=E(X^2)+2E(XY)+E(Y^2)$$
$$=D(X)+[E(X)]^2+2E(X)E(Y)+D(Y)+[E(Y)]^2$$
$$=1+0+0+1+0=2$$

答案：(C)。

24. **解**：因随机变量（X，Y）服从 G 上的均匀分布，故其联合密度 $f(x,y)=\begin{cases}\frac{1}{A}, & (x,y)\in G\\ 0, & \text{其他}\end{cases}$（其中是 A 区域 G 的面积），由 $A=\iint_G \mathrm{d}x\mathrm{d}y=\int_0^1\mathrm{d}x\int_{x^2}^{x}\mathrm{d}y=\int_0^1(x-x^2)\mathrm{d}x=\frac{1}{6}$，知

$$f(x,y)=\begin{cases}6, & (x,y)\in G\\ 0, & \text{其他}\end{cases}。$$

答案：(A)。

25. **解**：$1\mathrm{m}^3=10^3\mathrm{L}$

答案：(C)。

26. **解**：温度是分子平均平动动能的量度，$\omega=\frac{3}{2}kT$，温度相等，两种气体分子的平均平动动能相等。而两种气体分子的自由度不同，质量与摩尔质量不同，故（B）、（C）、（D）三个选项不正确。

答案：(A)。

27. **解**：双原子分子理想气体自由度 $i=5$，等压膨胀 $W=P(V_2-V_1)=\frac{m}{M}R(T_2-T_1)$，吸收热量 $Q=\frac{m}{M}C_P\Delta T=\frac{m}{M}\frac{7}{2}R(T_2-T_1)$，可以得到 $W/Q=2/7$

答案：(D)。

28. **解**：卡诺循环热机效率 $\eta=1-\frac{Q_2}{Q_1}=1-\frac{T_2}{T_1}=1-\frac{T_2}{nT_2}=1-\frac{1}{n}$，$Q_2=\frac{1}{n}Q_1$

答案：(C)。

29. **解**：相同质量的氢气与氧气分别装在两个容积相同的封闭容器内，温度相同，摩尔质量不同，摩尔数不等，由理想气体状态方程：$\frac{P_{H_2}V}{P_{O_2}V}=\frac{\frac{m}{M_{H_2}}T}{\frac{m}{M_{O_2}}T}=\frac{32}{2}=16$

答案：(B)。

30. **解**：波动方程的标准表达式为：$y=A\cos\left[\omega\left(t-\frac{x}{u}\right)+\varphi_0\right]$

把平面简谐波的表达式改为标准的余弦表达式 $y=-0.05\sin\pi(t-2x)$（SI）

$y=-0.05\sin\pi(t-2x)=0.05\cos\pi\left(t-\frac{x}{\frac{1}{2}}\right)$，$A=0.05$，$\omega=\pi=\frac{2\pi}{T}$，$\nu=\frac{1}{T}=\frac{1}{2}$，$u=\frac{1}{2}$。

答案：(C)。

31. **解**：横波以波速 u 沿 x 轴负方向传播。

A 点振动速度小于零，B 点向下运动，C 点向上运动，D 点向下运动振动速度小于 0

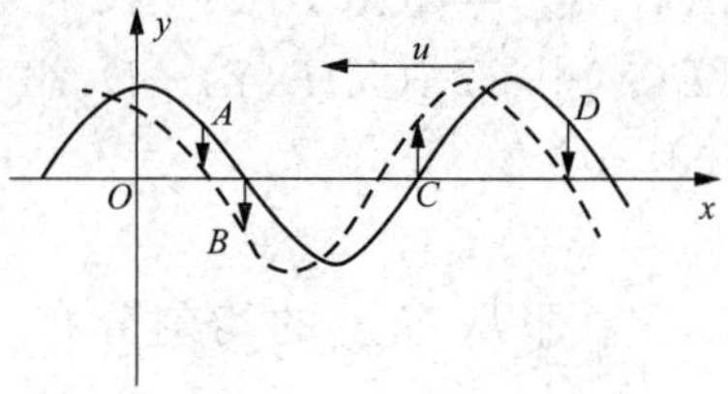

正确。

答案：(D)。

32. **解**：声波常识：常温下空气中的声速为 340m/s。

答案：(A)。

33. **解**：波动的能量特征，动能与势能是同相的，同时达到最大最小，其总机械能为动能（势能）的两倍。

答案：(B)。

34. **解**：等厚干涉，$a=\dfrac{\lambda}{2n\theta}$，夹角不变，条纹间隔不变。

答案：(C)。

35. **解**：在单缝衍射中，对于第二级暗条纹，每个半波带面积为 S_2，它有 4 个半波带，对于第三级暗条纹，每个半波带面积为 S_3，第三级暗纹对应 6 个半波带，缝宽相同 $4S_2=6S_3$，所以 $S_3=\dfrac{2}{3}S_2$。

答案：(A)。

36. **解**：由马吕斯定律：$I=I_0\cos^2\alpha\cos^2(\dfrac{\pi}{2}-\alpha)=I_0\cos^2\alpha\sin^2\alpha=\dfrac{1}{4}I_0(\sin2\alpha)^2$

答案：(C)。

37. **解**：原子轨道能量高低首先取决于主量子数 n（电子层），在同一个电子层内，原子轨道能量高低取决于角量子数 l（亚层），一个原子轨道能量高低由 n、l 共同决定。

答案：(B)。

38. **解**：提示：化学键共有三种，即共价键、离子键和金属键。

(1) 离子键：正、负离子靠静电引力形成的化学键。

(2) 金属键：金属离子与自由电子之间的库仑引力。

(3) 共价键：分子内原子间通过共用电子对所形成的化学键。

电子在配对成键形成共价型分子时，原子轨道发生重叠，形成 σ 键和 π 键。

氢键是一种特殊的分子间力，不属于化学键。

答案：(A)。

39. **解**：提示：在 $NH_3\cdot H_2O$ 溶液中存在下列解离平衡：

$NH_3(aq)+H_2O(l)=NH_4^+(aq)+OH^-(aq)$

在 $NH_3\cdot H_2O$ 溶液中加入含 NH_4^+ 和 OH^- 的物质，均能使解离平衡向左移动，从而使 $NH_3\cdot H_2O$ 解离度减小，即发生同离子效应。由此可见上述物质只有 NaOH 能产生同离子效应。

答案：(C)。

40. **解**：提示：熵（S）是系统内物质微观粒子的混乱度（或无序度）的量度。气态物质的熵值较固态物质要大。该方程式反应物中有气态物质，而生成物中只有固态物质，可见反应是向着熵值减少的方向进行，因此反应的熵变 $\Delta_r S_m^{\ominus}$ 小于零。

答案：(B)。

41. **解**：提示：反应 $A(g)+B(g)\rightleftharpoons 2C(g)$，其反应物与生成物气体分子数相等，改变总压力对平衡没有影响，平衡不移动。

答案：(C)。

42. **解**：提示：氢电极的电极反应为：$2H^+(aq)+2e^-=H_2(g)$，随着氢离子浓度的增加（减少），氢电极的电极电势增大（降低）。

标准氢电极的电极电势为零，即 $E^{\ominus}_{H^+/H_2}=0$。

标准氢电极为：Pt | H_2(100kPa) | H^+($1mol\cdot dm^{-3}$)，即 $C(H^+)=1mol\cdot dm^{-3}$；

$E^{\ominus}_{H_2O/H_2}$中的 H_2O 是中性，pH = 7，$C(H^+)=1.0\times10^{-7}mol\cdot dm^{-3}$，$E^{\ominus}_{HOAc/H_2}$ 与 $E^{\ominus}_{HCN/H_2}$ 对应的 HOAc 与 HCN 为弱酸，pH<7，$C(H^+)>1.0\times10^{-10}mol\cdot dm^{-3}$，可见 $E^{\ominus}_{H/H_2}$ 比 $E^{\ominus}_{H_2O/H_2}$、$E^{\ominus}_{HOAc/H_2}$、$E^{\ominus}_{HCN/H_2}$ 都大，且 $E^{\ominus}_{HOAc/H_2}$ 与 $E^{\ominus}_{HCN/H_2}$ 也比 $E^{\ominus}_{H_2O/H_2}$ 大；又 $K^{\ominus}$(HOAc)$=1.8\times10^{-5}$，$K^{\ominus}$(HCN)$=6.2\times10^{-10}$，$K^{\ominus}$(HOAc)$>K^{\ominus}$(HCN)，HOAc 酸性比 HCN 强，说明 $E^{\ominus}_{HOAc/H_2}>E^{\ominus}_{HCN/H_2}$，可见总的电极电势大小顺序为：$E^{\ominus}_{H^+/H_2}>E^{\ominus}_{HOAc/H_2}>E^{\ominus}_{HCN/H_2}>E^{\ominus}_{H_2O/H_2}$ 因此标准电极电势最小的是 $E^{\ominus}_{H_2O/H_2}$。

答案：(B)。

43. 提示：$KMnO_4$ 为中性分子，$KMnO_4$ 中 K 的氧化数为+1，O 的氧化数为-2，4 个 O 总的氧化数为-8，可见 Mn 的氧化数应是+7。

答案：(D)。

44. 提示：丙烷的结构简式为 $CH_3-CH_2-CH_3$，只有 2 种一氯代物，即 1-氯丙烷和 2-氯丙烷；异戊烷的结构简式 $CH_3-CH(CH_3)-CH_2-CH_3$，可以在 4 个位置发生取代反应，生成 4 种一氯代物；新戊烷的结构式为 C(CH_3)$_4$，只有 1 个位置可以发生取代反应，生成 1 种一氯代物；2，3-二甲基戊烷结构式为 $CH_3CH(CH_3)CH(CH_3)CH_2CH_3$，可以在 6 个位置发生取代反应，生成 6 种一氯代物，可见只有丙烷只能生成 2 种一氯代物。

答案：(A)。

45. 提示：(A) 是乙烯的燃烧反应，属于氧化反应；(B) 是苯环上的一个 H 被 Br 原子取代，(D) 是乙烷上的 2 个 H 被 2 个 Cl 原子取代，(B) 和 (D) 都属于取代反应；(C) 是乙烯的双键打开与 Br_2 发生加成反应，因此答案是 (C)。

答案：(C)。

46. **解**：提示：(A) 发生消除反应后得到的产物为

$$\begin{array}{ccc} CH_3— & C & —CH_2CH_3 \\ & \| & \\ & CH_2 & \end{array}$$

(B) 发生消除反应后可以得到 2 种产物：$CH_3CH_2CH_2CH=CH_3$ 和 $CH_3CH_2CH=CHCH_3$

(C) 发生消除反应后得到的产物为：$CH_3CH=CHCH_2CH_3$

(D) 发生消除反应后得到的产物为：$CH_3CH_2CH_2-CH=CH_3$

可见只有 (B) 发生消除反应后能得到 2 种产物。

答案：(B)。

47. **解**：图示构架中 *BC* 杆是二力杆。根据二力平衡必共线的原理，*BC* 杆的受力方向，也就是 B 点约束力的作用线的方向必定沿着 BC 杆的连线方向，如解图所示，其中 ABC 为等边三角形。由解图可见，BC 杆的连线与 x 轴交于 O 点，B 点约束力的作用线与 x 轴正向所成的夹角为 150°。

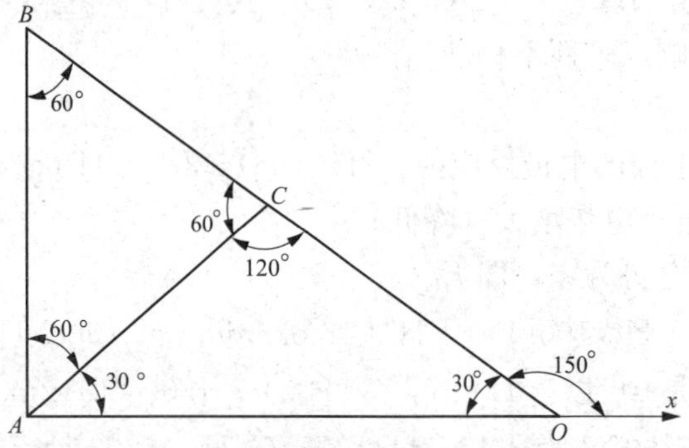

答案：(D)。

48. **解**：均布力的合力作用在 BC 杆的中点，作用线通过 1 点，对 1 点的力矩为零。所以该力系对 1 点的力矩就等于力 F 对 1 点的力矩：

$M_1(F)=FR=100\text{N}\times5\text{cm}=500\text{N}\cdot\text{cm}$（顺时针）

答案：(D)。

49. **解**：首先取整体为研究对象，对 B 点取力矩，由于外力偶是一组平衡力系，所以可知 $FA_y=0$；然后再取 AC 为研究对象，画出其受力图，如解图所示。

$\sum M_C=0$，$F_{A_X}2a=M$　所以 $F_{A_X}=M/2a$

答案：(B)。

50. **解**：取物块为研究对象，重力 W 与法线的夹角为 α，物块受到的正压力为 $F_N=W\cos\alpha=60\cos\alpha$，摩擦系数 $\mu=\tan\phi_m$

物体受到的摩擦力 $F=\mu F_N=60\tan\phi_m\cos\alpha$

答案：(A)。

51. **解**：$v=t^2-20=2^2-20=-16\text{m/s}$

$a=\text{d}v/\text{d}t=2t=4\text{m/s}^2$

答案：(A)。

52. **解**：因为 $a_n=v^2/R$

所以 $R=v^2/a_n=80^2/120=53.3\text{m}$

答案：(B)。

53. **解**：根据勾股定理可知 B 点到转轴的半径 $R=50\text{cm}$

所以，切向加速度 $a_t=R\varepsilon=50\times1=50\text{cm/s}^2$　（方向向右，投影到 x 轴为正）

向心加速度 $a_n=R\omega^2=50\times2^2=200\text{cm/s}^2$　（方向向下，投影到 y 轴为负）

答案：(D)。

54. **解**：取物体 M 为研究对象，画出 M 的受力图如解图所示。

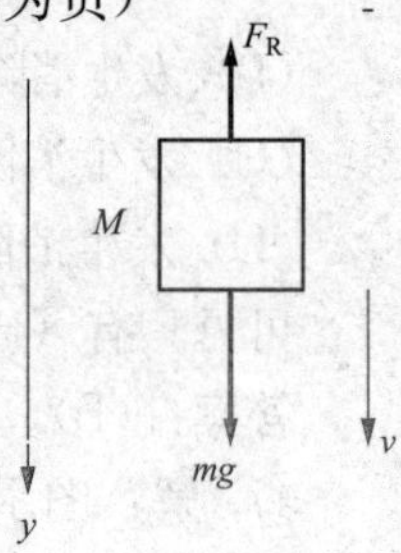

$$\sum F_Y=mg-F_R=ma=m\text{d}v/\text{d}t$$

当该物体达到最大速度时，$a=\text{d}v/\text{d}t=0$

所以 $mg-F_R=mg-\mu v_{极限}=0$，即 $v_{极限}=mg/\mu$

答案：(B)。

55. **解**：变形 $\delta_B=\sqrt{2}R-l_0=1.4142\times10-10=4.142\text{cm}=0.04142\text{m}$

变形 $\delta_A=2R-l_0=20-10=10\text{cm}=0.10\text{m}$

$$W_{BA}=\frac{K}{2}(\delta_B{}^2-\delta_A{}^2)=\frac{4.9}{2}(0.04142^2-0.1^2)=-0.0203\text{N}\cdot\text{m}=-20.3\text{N}\cdot\text{cm}$$

答案：(C)。

56. **解**：此题与 2016 年 56 题类似。本题中小球的重力向下，与 z 轴平行，对 z 轴的力矩为零，故此系统对 z 轴的动量矩守恒。小球在 A、C 两点对 z 轴的动量矩均为零，对此系统的动量矩没有影响，圆环绕铅直轴 AC 自由转动的角速度不变，恒为 ω。

答案：(C)。

57. **解**：均质杆 OA 运动到铅直位置时，如解图所示。

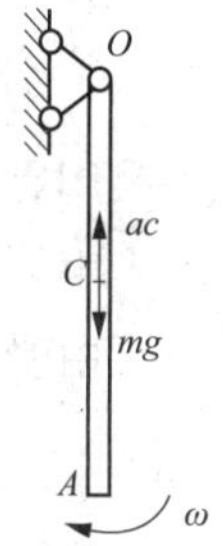

$$a_c=a_n=\frac{L}{2}\omega^2=\frac{L}{2}\frac{3g}{L}=\frac{3g}{2}$$

惯性力的大小 $F_I=ma_C=\dfrac{3mg}{2}$，惯性力的方向与 ac 相反。轴承施加于杆 OA 的附加动反力是由惯性力引起的约束力，大小与惯性力相同，方向与惯性力方向相反，与 ac 相同。

答案：(A)。

58. **解**：弹簧刚度 K(N/m) 是反映弹簧刚硬程度的、弹簧本身固有的性质。K 表示拉长单位长度的弹簧所需要的力，与每根弹簧的长度 L 无关。所以截断后每根弹簧的刚度均为 K。

答案：(A)。

59. **解**：铸铁是脆性材料，抗拉强度最差、抗剪强度次之、而抗压强度最好。所以铸铁试件在拉伸试验中在最大拉应力所在的垂直于轴线的横截面上发生破坏，而在压缩实验中在最大切应力所在的与轴线大约成 45°角的截面上发生破坏。

答案：(B)。

60. **解**：AB 段轴力为 F，伸长量为：$\dfrac{FL}{EA}$，BC 段轴力为 0，伸长量也为 0，则直杆自由端 C 的轴向位移即为 AB 段的伸长量：$\dfrac{FL}{EA}$

答案：(C)。

61. **解**：钢板和销轴的实际承压接触面为圆柱面，名义挤压面面积取为实际承压接触面在垂直挤压力 F 方向的投影面积 dt，根据挤压强度条件：$\sigma_{bs}=\dfrac{F}{dt}\leqslant[\sigma_{bs}]$

可知：$d\geqslant\dfrac{F}{t\,[\sigma_{bs}]}$

答案：(A)。

62. **解**：3 和 4 对调最合理，最大扭矩 4kN·m 最小，如解图所示。如果 1 和 3 对调，或者是 2 和 3 对调，最大扭矩都是 8kN·m；如果 2 和 4 对调，最大扭矩是 6kN·m。所以选 (D)。

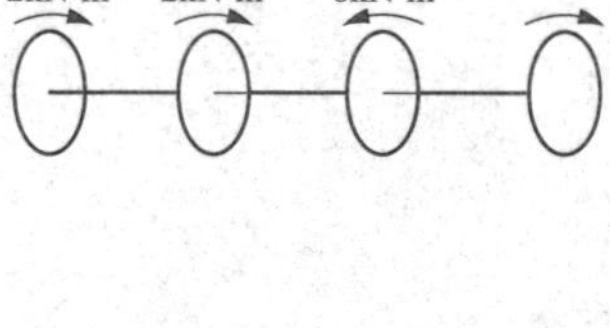

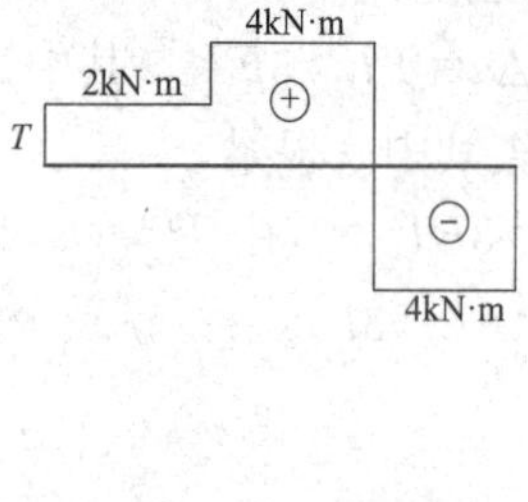

答案：(D)。

63. **解**：在图示圆轴和空心圆轴横截面和空心圆截面切应力分布图中，只有（a）图是正确的。其他图中，有的方向不对，有的分布规律不对。

答案：(A)。

64. **解**：根据截面图形静矩的性质，如果 z 轴过形心，则有 $S_z=0$，

即：$S_{z1}+S_{z2}=0$

所以 $S_{z1}=-S_{z2}$

答案：(B)。

65. **解**：根据梁的弯矩图可以推断其受力图如解图（1）所示。

其中：$P_1a=0.5Fa$，所以 $P_1=0.5F$

$F_Ba=1.5Fa$，所以 $F_B=1.5F$

用直接法求 $M_D=Fca-2aP_1=1.5Fa$，所以 $F_C=2.5F$

由 $\sum Y=0$，$P_1+P_2=F_C+F_B$，可知：$P_2=3.5F$

由受力图可以画出剪力图如解图（2）所示。可见最大剪力是 $2F$。

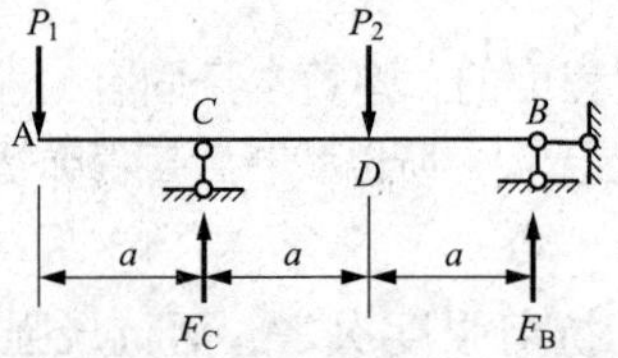

解图（1）

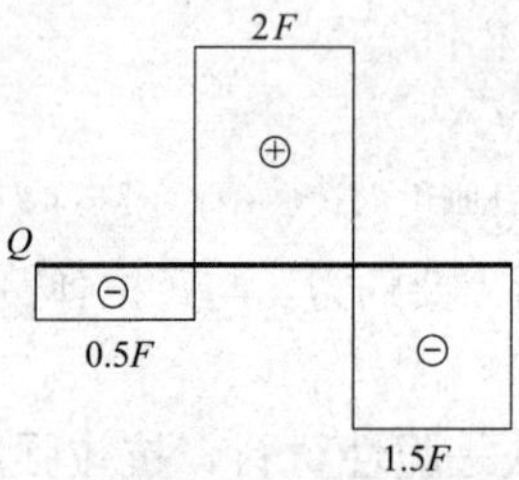

解图（2）

答案：(D)。

66. **解**：两根矩形截面杆胶合在一起成为一个整体梁，最大切应力发生在中性轴（胶合缝）上，最大切应力为

$$\tau_{max}=\frac{3Q}{2A}=\frac{3F}{4ab}$$

答案：(C)。

67. **解**：受集中力的简支梁最大弯矩 $M_{max}=PL/4$，圆截面的抗弯截面系数 $W_z=\pi d^3/32$，所以梁的最大弯曲正应力为

$$\sigma_{max}=\frac{M_{max}}{W_z}=\frac{8FL}{\pi d^3}$$

答案：(A)。

68. **解**：(a) 图中梁，$M^a_{max}=FL$，$W^a_z=bh^2/6$，$\sigma^a_{max}=M^a_{max}/W^a_z=6FL/bh^2$

(b) 图中考查一根梁，$M^b_{max}=FL/2$，$W^b_z=b(h/2)^2/6=bh^2/24$，$\sigma^b_{max}=M^b_{max}/W^b_z=12FL/bh^2$

可见（a）图强度大

(a) 图中梁 $\Delta a=FL^3/3EI^a_z$，其中 $I^a_z=bh^3/12$

(b) 图中考查其中一根梁，

$\Delta b=0.5FL^3/3EI^b_z$，其中 $I^b_z=(h/2)^3/12=I^a_z/8$

所以，$\Delta b=4FL^3/3EI^a_z$

可见（a）图刚度大。（a）、（b）两梁的强度、刚度均不相同。

答案：（A）。

69. **解**：按照“点面对应、先找基准”的方法，可以分别画出 4 个图对应的应力圆。图中横坐标是正应力 σ，纵坐标是切应力 τ。

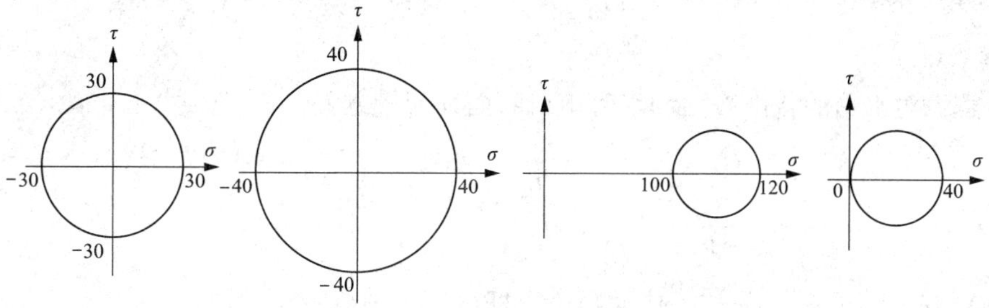

(A)　(B)　(C)　(D)

应力圆的半径大小等于最大切应力 $\tau_{max}=(\sigma_{1}-\sigma_{3})/2$

$$\tau_A=(30-(-30))/2=30\text{MPa}$$

$$\tau_B=(40-(-40))/2=40\text{MPa}$$

$$\tau_C=(120-100)/2=10\text{MPa}$$

$$\tau_D=(40-0)/2=20\text{MPa}$$

可见（D）图应力圆半径最小。

答案：（D）。

70. **解**：$F_{cr}^{a}=\pi^2 EI/(2L)^2$

$F_{cr}^{b}=\pi^2 EI/(0.7L)^2$

所以 $F_{cr}^{b}/F_{cr}^{a}=(2/0.7)^2$

答案：（C）。

71. **解**：根据静压强基本方程 $p=p_0+\rho gh$ 求解。露天油池液面气压为当地大气压，相对压强 $p_0=0$，故油面下 5m 深处的相对压强 $p=0+\rho gh=850\times 9.807\times 5=41680\text{Pa}=41.68\text{kPa}$。

答案：（D）。

72. **解**：动量方程中的 $\sum \overline{F}$ 表示作用在控制体内流体上的合力。

答案：（C）。

73. **解**：判定黏性流体的流动状态的是雷诺数的大小。

答案：（D）。

74. **解**：该管平均流速 $u=\dfrac{Q}{A}=\dfrac{0.05}{\dfrac{\pi}{4}0.25^2}=1.019\text{m/s}$，雷诺数 $\text{Re}=\dfrac{ud}{D}\text{Re}=\dfrac{101.9\times 25}{0.013}=$ 194465.6≫2300 为完全紊流粗糙区。

按尼古拉兹粗糙区公式求沿程损失系数：$\lambda=\dfrac{1}{\left(2\lg 3.7\dfrac{d}{k}\right)^2}$

代入题设数据：$\lambda=\dfrac{1}{\left(2\lg 3.7\times\dfrac{250}{0.4}\right)^2}=0.022$

该管起点作用水头 $H=\dfrac{P}{\rho g}=\dfrac{294.3\text{kN/m}^2}{9.8\text{kN/m}^2}=30.03\text{m}$

设该管 L 长度上的水头损失 $h_f=H=30.03\text{m}$，按沿程损失计算式 $R_f=\lambda\frac{L}{d}\frac{u^2}{g}=H$，解出输水长度 $L=\frac{2gdh_f}{\lambda v^2}$

代入题设数据得输水距离 $L=\frac{2\times9.8\times0.25\times30.03}{0.022\times1.019^2}=6442.5\text{m}\approx6450\text{m}$。

答案：(D)。

75. **解**：对水箱的自由液面和水管出口断面列能量方程

$$H+\frac{p_0}{\rho g}=\frac{v^2}{2g}+h_f=\frac{v^2}{2g}+\lambda\frac{L}{d}\frac{v^2}{2g}=\frac{v^2}{2g}\left(1+\lambda\frac{L}{d}\right)$$

解出流速 $v=\sqrt{\frac{2g\left(H+\frac{p_0}{\rho g}\right)}{l+\lambda\frac{L}{d}}}$ 代入题设数据得

$$v=\sqrt{\frac{2\times9.8\left(2+\frac{19600\text{N/m}^2}{9800\text{N/m}^3}\right)}{1+0.02\frac{50}{0.1}}}=\sqrt{\frac{2\times9.8\ (2+2)}{1+10}}=2.67\text{m/s}$$

流量 $Q=v\times\frac{\pi}{4}d^2=2.67\times\frac{\pi}{4}(0.1)^2=0.02095\text{m}^3/\text{s}=20.95\text{L/s}$。

答案：(B)。

76. **解**：可根据明渠均匀流流量公式 $Q=CA\sqrt{Ri}$ 和谢才系数 $C=\frac{1}{n}R^{\frac{1}{6}}$ 两式求解。

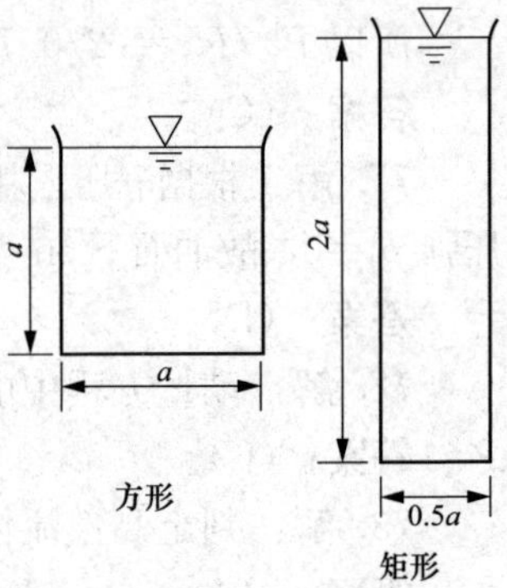

题设过流面 $A_1=A_2=a^2$

粗糙系数 $n_1=n_2$

渠底坡度 $i_1=i_2$

两断面过流量大小，主要取决水力半径 R 的大小。

而水力半径 $R=\frac{面积}{湿周}=\frac{A}{x}$，而面积相等，所以水力半径大小又取决于湿周 x 的大小。由图可知方形断面的湿周 $x_1=a+2a=3a$；矩形断面的湿周 $x_2=0.5a+4a=4.5a$

比较后可知 $x_1<x_2$

所以水力半径 $R_1>R_2$，因此 $Q_1>Q_2$

答案：(A)。

77. **解**：根据均匀砂质土壤渗流达西定律，渗流速度可用 $v=kJ$ 求解。由题设条件水力坡度 $J=\frac{1.5m-1.3m}{2m}=0.1$

$$v=0.1\text{cm/s}\times0.1=0.01\text{cm/s}$$

答案：(D)。

78. **解**：弗劳德数的物理意义是重力与惯性力之比。

答案：(C)。

79. **解**：由题意可知 $\dot{u}=220\angle30^\circ\ \text{V}$

$$\dot{u}_R = 180\angle -20° = R\dot{I}V$$

$$\varphi_u = 30°$$

$$\varphi_i = -20°$$

$$\varphi = \varphi_u - \varphi_i = 50°$$

$$\lambda = \cos 50°$$

答案：(C)。

80. **解**：模拟信号是真实信号的电信号表示；它包含对象的原始信号；通常是一种连续的时间信号。模拟信号不是人为生成的代码信号。

答案：(B)。

81. **解**：模拟信号可以用时域描述，也可以用频域描述。模拟信号的时域形式在实数域描述，频域形式在复数域描述。

答案：(A)。

82. **解**：图示信号处理器的幅频特性表示的是带通滤波器的幅频特性。

答案：(A)。

83. **解**：$AB + \bar{A}C + BCDE$

$= AB + \bar{A}C + BCDE\ (A + \bar{A})$

$= AB(1 + CDE) + \bar{A}C(1 + BDE)$

$= AB + \bar{A}C$

答案：(D)。

84. **解**：$F_1 = \overline{A \cdot 0} = 1$

$F_2 = \overline{B + 0} = \bar{B}$

答案：(B)。

85. **解**：

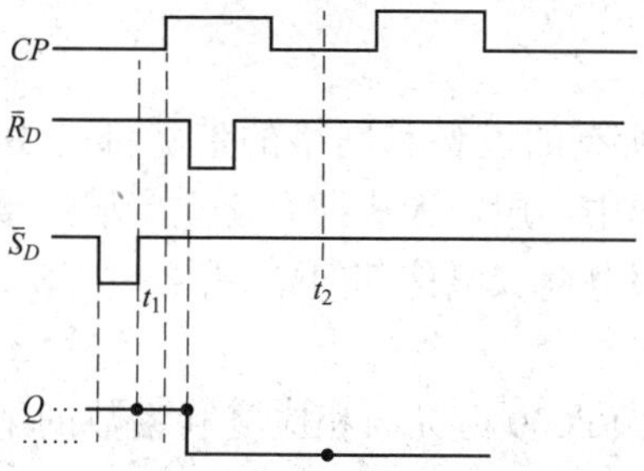

答案：(C)。

……

97. **解**：计算机新的体系结构思想是在单芯片上集成多个微处理器，把主存储器和微处理器做成片上系统，以存储器为中心设计系统等，这是今后的发展方向。

答案：(B)。

98. **解**：存储器的主要功能是存放程序和数据。程序是计算机操作的依据，数据是计算机操作的对象。为了实现自动计算，各种信息必须先存放在计算机内的某个地方，这个地方就是计算机的内存储器。

答案：(A)。

99. **解**：I/O设备实现了外部世界与计算机之间的信息交流，提供了人机交互的硬件环境。由于I/O设备通常设置在主机外部，所以也称为外部设备或外围设备。

答案：(B)。

100. **解**：操作系统主要有两个作用：一是资源管理，操作系统要对系统中的各种资源实施管理，其中包括对硬件及软件资源的管理；二是为用户提供友好的界面，计算机系统主要是为用户服务的，即使用户对计算机的硬件系统或软件系统的技术问题不精通，也照样可以方便地使用计算机。但操作系统不具有处理硬件故障的功能。

答案：(D)。

101. **解**：国标码是二字节码，用二个七位二进制数编码表示一个汉子，目前国标码收入6763个汉字，其中一级汉字也就是最常用汉字3755个，二级汉字3008个，另外还包括682个西文字符、图符。

答案：(A)。

102. **解**：1PB＝2^{50}字节＝1024TB；1EB＝2^{60}字节＝1024PB；1ZB＝2^{70}字节＝1024EB；1YB＝2^{80}字节＝1024ZB。

答案：(C)。

103. **解**：只读光盘只能从盘中读出信息，不能再写入信息，因此存放的程序不会再次感染上病毒。

答案：(D)。

104. **解**：文件管理的主要任务是向计算机用户提供一种简便、统一的管理和使用文件的界面，提供对文件的操作命令，实现按名存取文件，是对系统软件资源的管理。

答案：(D)。

105. **解**：计算机网络环境下的硬件资源共享可以为用户在全网范围内提供对处理资源、存储资源、输入输出资源等昂贵设备的使用，如具有特殊功能的处理部件、高分辨率的激光打印机、大型绘图仪、巨型计算机以及大容量的外部存储器等，从而使用户节省投资，便于集中管理和均衡分担负荷。

答案：(C)。

106. **解**：在局域网中，所有的设备和网络的带宽都是由用户自己掌握，可以任意使用、维护和升级。而在广域网中，用户无法拥有建立广域连接所需要的所有技术设备和通信设施，只能由第三方通信服务商（电信部门）提供。

答案：(C)。

107. **解**：计算原贷款金额2000万元与相应复利系数的乘积，将计算结果与到期本利和2700万元比较并判断。

利率为9％、10％和11％时的还本付息金额分别为：

2000×1.295＝2590万元；2000×1.331＝2662万元；2000×1.368＝2736万元

2662万元＜2700万元＜2736万元，故银行利率应在10％～11％范围。

答案：(C)。

108. **解**：注意题目中给出贷款的实际利率为4％，年实际利率是一年利息额与本金之比。故各年利息及建设期利息为：

第一年利息：1000×4％＝40万元

第二年利息：(1000＋40＋2000) ×4％＝121.6万元

建设期利息＝40＋121.6＝161.6 万元。

答案：(C)。

109. **解**：普通股融资方式的主要特点有：融资风险小，普通股票没有固定的到期日，不用支付固定的利息，不存在不能还本付息的风险；股票融资可以增加企业信誉和信用程度；资本成本较高，投资者投资普通股风险较高，相应地要求有较高的投资报酬率；普通股股利从税后利润中支付，不具有抵税作用，普通股的发行费用也较高；股票融资时间跨度长；容易分散控制权，当企业发行新股时，增加新股东，会导致公司控制权的分散；新股东分享公司未发行新股前积累的盈余，会降低普通股的净收益。

答案：(C)。

110. **解**：偿债备付率是指在借款偿还期内，各年可用于还本付息的资金与当期应还本付息金额之比。该指标从还本付息资金来源的充裕性角度，反映偿付债务本息的保障程度和支付能力。利息备付率小于 1，说明当年可用于还本付息（包括本金和利息）的资金保障程度不足，当年的资金来源不足以偿付当期债务，需要通过短期借款偿付已到期债务。

答案：(B)。

111. **解**：根据资金等值计算公式可列出方程：

$$1000=A(P/A,\ 12\%,\ 10)+50(P/F,\ 12\%,\ 10)$$

$$1000=5.65A+50\times0.322,\ A=174.14\ \text{万元}$$

答案：(B)。

112. **解**：直接进口投入物的影子价格（出厂价）＝到岸价（*CIF*）×影子汇率＋进口费用＝100×6＋100×6＝1200 元

注意本题中进口费用的单位为美元，因此计算影子价格时，应将进口费用换算为人民币。

答案：(D)。

113. **解**：层混型方案是指项目群中有两个层次，高层次是一组独立型方案，每个独立型方案又由若干个互斥型方案组成。本题方案类型属于层混型方案。

答案：(C)。

114. **解**：价值工程的一般工作程序包括准备阶段、功能分析阶段、创新阶段和实施阶段。其中创新阶段的工作步骤包括方案创新、方案评价和提案编写。

答案：(D)。

115. **解**：依据《中华人民共和国建筑法》第二十四条的规定，提倡对建筑工程实行总承包，禁止将建筑工程肢解发包。建筑工程的发包单位可以将建筑工程的勘察、设计、施工、设备采购一并发包给一个工程总承包单位，也可以将建筑工程勘察、设计、施工、设备采购的一项或者多项发包给一个工程总承包单位；但是，不得将应当由一个承包单位完成的建筑工程肢解成若干部分发包给几个承包单位。

答案：(D)。

116. **解**：依据《中华人民共和国安全生产法》第二十四条的规定，有关生产经营单位应当设置安全生产管理机构或者配备专职安全生产管理人员。

答案：(B)。

117. **解**：依据《中华人民共和国招标投标法》第二十四条的规定，招标人应当确定投标人编制投标文件所需要的合理时间；但是，依法必须进行招标的项目，自招标文件开始发出之日起至投标人提交投标文件截止之日止，最短不得少于二十日。

答案：（C）。

118. **解：**依据《中华人民共和国民法典》第四百七十四条的规定，要约生效的时间。以对话方式作出的意思表示，相对人知道其内容时生效。

以非对话方式作出的意思表示，到达相对人时生效。以非对话方式作出的采用数据电文形式的意思表示，相对人指定特定系统接收数据电文的，该数据电文进入该特定系统时生效；未指定特定系统的，相对人知道或者应当知道该数据电文进入其系统时生效。当事人对采用数据电文形式的意思表示的生效时间另有约定的，按照其约定。

答案：（B）。

119. **解：**依据《节约能源法》第十四条的规定，省、自治区、直辖市人民政府建设主管部门可以根据本地实际情况，制定严于国家标准或者行业标准的地方建筑节能标准。

第十七条的规定，禁止生产、进口、销售国家明令淘汰或者不符合强制性能源效率标准的用能产品、设备；禁止使用国家明令淘汰的用能设备、生产工艺。

第十九条的规定，生产者和进口商应当对列入国家能源效率标识管理产品目录的用能产品标注能源效率标识，在产品包装物上或者说明书中予以说明，并按照规定报国务院产品质量监督部门和国务院管理节能工作的部门共同授权的机构备案。

生产者和进口商应当对其标注的能源效率标识及相关信息的准确性负责。禁止销售应当标注而未标注能源效率标识的产品。禁止伪造、冒用能源效率标识或者利用能源效率标识进行虚假宣传。

答案：（C）。

120. **解：**依据《建设工程监理规范》第3.2.3条的规定，总监理工程师代表应履行以下职责：

（1）负责总监理工程师指定或交办的监理工作；

（2）按总监理工程师的授权，行使总监理工程师的部分职责和权力。

第3.2.5的规定，专业监理工程师应履行以下职责：

a. 负责编制本专业的监理实施细则；

b. 负责本专业监理工作的具体实施；

c. 组织、指导、检查和监督本专业监理员的工作，当人员需要调整时，向总监理工程师提出建议；

d. 审查承包单位提交的涉及本专业的计划、方案、申请、变更，并向总监理工程师提出报告；

e. 负责本专业分项工程验收及隐蔽工程验收；

f. 定期向总监理工程师提交本专业监理工作实施情况报告，对重大问题及时向总监理工程师汇报和请示；

g. 根据本专业监理工作实施情况做好监理日记；

h. 负责本专业监理资料的收集、汇总及整理，参与编写监理月报；

i. 核查进场材料、设备、构配件的原始凭证、检测报告等质量证明文件及其质量情况，根据实际情况认为有必要时对进场材料、设备、构配件进行平行检验，合格时予以签认；

j. 负责本专业的工程计量工作，审核工程计量的数据和原始凭证。

答案：（B）。

参 考 文 献

[1] 同济大学. 高等数学：上下册. 6版. 北京：高等教育出版社，2008.

[2] 同济大学数学教研室. 线性代数. 3版. 北京：高等教育出版社，1999.

[3] 东南大学等七院校，马文蔚改编. 物理学. 5版. 北京：高等教育出版社，2006.

[4] 魏京花. 普通物理教程（下）. 北京：清华大学出版社，2013.

[5] 浙江大学. 普通化学. 6版. 北京：高等教育出版社，2011.

[6] 哈尔滨工业大学理论力学教研室. 理论力学. 7版. 北京：高等教育出版社，2009.

[7] 孙训方，方孝淑，关来泰. 材料力学. 5版. 北京：高等教育出版社，2009.

[8] 蔡增基，龙天渝. 流体力学、泵与风机. 5版. 北京：中国建筑工业出版社，2009.

[9] 闻德荪. 工程流体力学（水力学）. 3版. 北京：高等教育出版社，2010.

[10] 徐惠民，等. 计算机基础与因特网应用教程. 北京：机械工业出版社，2001.

[11] 住房和城乡建设部执业资格注册中心组编.《全国勘查设计注册工程师公共基础考试用书》电气与信息技术基础（第三册）. 北京：机械工业出版社，2010.

[12] 秦曾煌. 电工学：上下册. 7版. 北京：高等教育出版社，2010.

[13] 傅家骥，全允桓. 工业技术经济学. 3版. 北京：清华大学出版社，1996.

[14] 吴添祖. 技术经济学概论. 3版. 北京：高等教育出版社，2010.

[15] 曹纬浚. 一级注册结构工程师执业资格考试基础复习教程. 8版. 北京：人民交通出版社，2014.

[16] 李惠升. 注册电气工程师（供配电）执业资格考试辅导教材公共基础部分. 北京：中国电力出版社，2004.

[17] 刘燕. 注册公用设备工程师考试公共基础课精讲精练. 北京：中国电力出版社，2012.